DIE NATUR

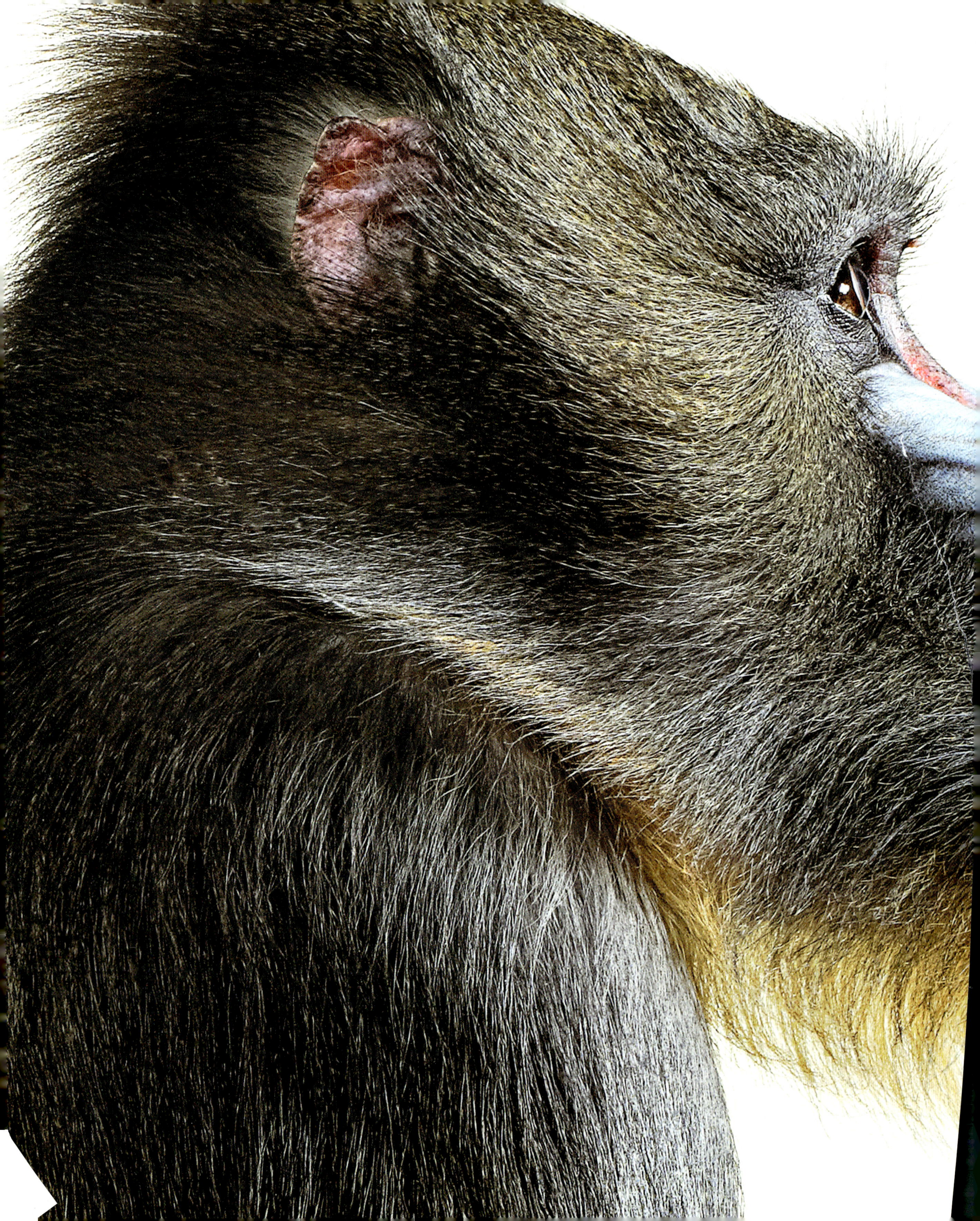

DIE NATUR

Die visuelle Enzyklopädie der Pflanzen, Tiere, Mineralien, Mikroorganismen und Pilze

DORLING KINDERSLEY

DORLING KINDERSLEY
London, New York, Melbourne, München und Delhi

DORLING KINDERSLEY
PROGRAMMLEITUNG Jonathan Metcalf
PROJEKTLEITUNG Liz Wheeler
CHEFLEKTORAT Camilla Hallinan
PROJEKTBETREUUNG Kathryn Hennessy, Victoria Wiggins
REDAKTION Becky Alexander, Ann Baggaley, Kim Dennis-Bryan, Ferdie McDonald, Elizabeth Munsey, Peter Preston, Cressida Tuson, Anne Yelland
BILDREDAKTION Karen Self, Gadi Farlour, Helen Spencer
GESTALTUNG Paul Drislane, Nicola Erdpresser, Phil Fitzgerald, Anna Hall, Richard Horsford, Stephen Knowlden, Dean Morris, Amy Orsborne, Steve Woosnam-Savage
ART DIRECTOR Phil Ormerod
BILDRECHERCHE Neil Fletcher, Peter Cross, Julia Harris-Voss, Sarah Hopper, Liz Moore, Rebecca Sodergren, Jo Walton, Debra Weatherley, Suzanne Williams
DK-BILDARCHIV Claire Bowers
DATENBANK Peter Cook, David Roberts
SPEZIELLE FOTOS Gary Ombler
HERSTELLUNG Tony Phipps, Inderjit Bhullar

DK INDIEN
CHEFLEKTORAT Rohan Sinha
ART DIRECTOR Shefali Upadhyay
PROJEKTMANAGER Malavika Talukder
PROJEKTBETREUUNG Kingshuk Ghoshal
BILDREDAKTION Mitun Banerjee, Ivy Roy, Mahua Mandal, Neerja Rawat
REDAKTION Alka Ranjan, Samira Sood, Garima Sharma
HERSTELLUNG Pankaj Sharma
DTP-KOORDINATOR Sunil Sharma
DTP-DESIGNER Dheeraj Arora, Jagtar Singh, Pushpak Tyagi

Für die deutsche Ausgabe:
PROGRAMMLEITUNG Monika Schlitzer
PROJEKTBETREUUNG Manuela Stern
HERSTELLUNGSLEITUNG Dorothee Whittaker
HERSTELLUNG Anna Strommer

Bibliografische Information Der Deutschen Bibliothek
Die Deutsche Bibliothek verzeichnet diese Publikation in der Deutschen Nationalbibliografie; detaillierte bibliografische Daten sind im Internet über http://dnb.ddb.de abrufbar.

Titel der englischen Originalausgabe:
The Natural History Book

ÜBERSETZUNG Eva Sixt, Michael Kokoscha, Karin Koch
LEKTORAT Agnes Pahler

ISBN 978-3-8310-1986-1

Printed and bound in China by Leo Paper Products Ltd

Besuchen Sie uns im Internet
www.dorlingkindersley.de

INHALT

VORWORT 7
ÜBER DIESES BUCH 8

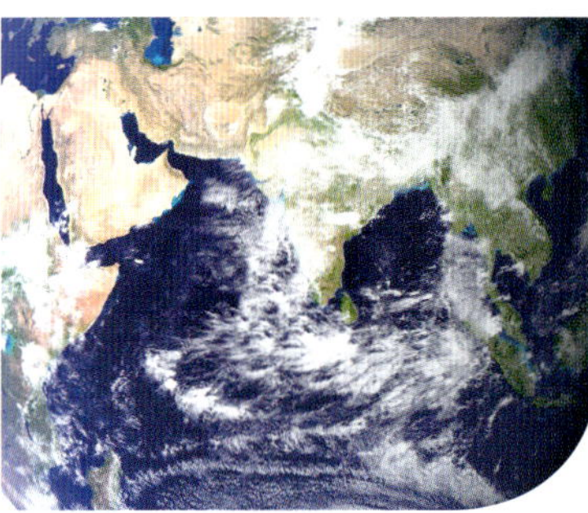

BELEBTE ERDE

Lebender Planet 12
Aktive Erde 14
Klimaveränderung 16
Lebensräume 18
Menschlicher Einfluss 20
Ursprung des Lebens 22
Evolution und Diversität 24
Fortschreitende Evolution 26
Systematik 28
Abstammung der Tiere 30
Baum des Lebens 32

MINERALIEN, GESTEINE & FOSSILIEN

MINERALIEN 38
GESTEINE 62
FOSSILIEN 74

MIKRO-ORGANISMEN

PROKARYOTEN 90
PROTOCTISTEN 94
Amoebozoa und Opisthokonta 96
Excavata 97
Rhizaria 98
Alveolata 100
Chromista 101
Archaeplastida 103

DIE SMITHSONIAN INSTITUTION

wurde 1846 gegründet. Sie ist mit 19 Museen und Galerien sowie einem Nationalzoo der weltweit größte Museumskomplex und eines der bedeutendsten Forschungs- und Bildungszentren der Welt. Die Gesamtzahl an Artefakten, Kunstwerken und Ausstellungsstücken in den Sammlungen der Institution wird auf 137 Millionen geschätzt. Ein Großteil davon steht im National Museum of Natural History in Washington.

HERAUSGEBER

David Burnie erhielt den *Aventis Prize for Science Books* und ist Autor und Herausgeber von zahlreichen Naturbüchern, u. a. von *Tiere – die große Bild-Enzyklopädie*. Er ist Mitglied der Zoological Society of London.

WISSENSCHAFTLICHE MITARBEITER

Richard Beatty, Dr. Amy Beer, Dr. Charles Deeming, Dr. Kim Dennis-Bryan, Dr. Frances Dipper, Dr. Chris Gibson, Derek Harvey, Professor Tim Halliday, Geoffrey Kibby, Joel Levy, Felicity Maxwell, Dr. George C. McGavin, Dr. Pat Morris, Dr. Douglas Palmer, Dr. Katie Parsons, Chris Pellant, Helen Pellant, Michael Scott, Carol Usher

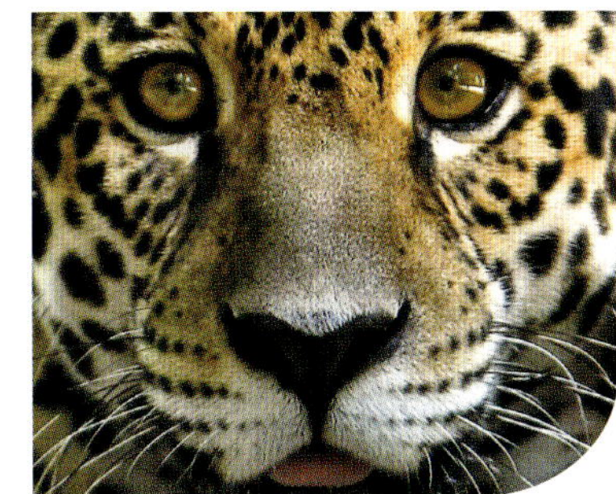

PFLANZEN

LEBERMOOSE 108
LAUBMOOSE 110
FARNE UND VERWANDTE 112
PALMFARNE, GINKGOS, GNETOPHYTEN 116
NADELGEHÖLZE 118
BLÜTENPFLANZEN 122
Basale Angiospermen 124
Magnoliidae 128
Monokotyledonen 130
Eudikotyledonen 150

PILZE

BASIDIENPILZE 210
SCHLAUCHPILZE 236
FLECHTEN 242

TIERE

WIRBELLOSE 248
Schwämme 250
Nesseltiere 252
Plattwürmer 256
Fadenwürmer 257
Ringelwürmer 258
Stummelfüßer 258
Bärtierchen 259
Gliederfüßer 260
Spinnentiere 262
Asselspinnen 268
Pfeilschwanzkrebse 268
Krebstiere 269
Insekten 274
Schnurwürmer 300
Moostierchen 300
Armfüßer 301
Weichtiere 301
Muscheln 302
Schnecken 304
Kopffüßer 309
Käferschnecken 313
Kahnfüßer 313
Stachelhäuter 314

CHORDATIERE 318

FISCHE 320
Neunaugen 322
Knorpelfische 323
Strahlenflosser 330
Fleischflosser 349

AMPHIBIEN 350
Froschlurche 352
Schleichenlurche 365
Schwanzlurche 366

REPTILIEN 370
Schildkröten 372
Brückenechsen 379
Echsen 380
Doppelschleichen 389
Schlangen 390
Panzerechsen 400

VÖGEL 404
Steißhühner 406
Laufvögel 406
Hühnervögel 408
Gänsevögel 412
Pinguine 416
Seetaucher 420
Albatrosse, Sturmvögel und Verwandte 421
Lappentaucher 423
Flamingos 424
Störche, Ibisse und Reiher 425
Pelikane und Verwandte 428
Greifvögel 430
Kraniche und Rallen 438
Watvögel, Möwen und Alken 444
Flughühner 452
Taubenvögel 453
Papageien und Kakadus 456
Kuckucke, Hoatzin und Turakos 460
Eulen 463
Nachtschwalben und Schwalme 467
Kolibris und Segler 469
Trogone 472
Mausvögel 472
Eisvögel und Verwandte 473
Spechte und Tukane 477
Sperlingsvögel 482

SÄUGETIERE 500
Kloakentiere 502
Beuteltiere 503
Rüsselspringer 512
Tanreks und Goldmulle 513
Erdferkel 514
Seekühe 515
Schliefer 515
Elefanten 516
Gürteltiere 517
Zahnarme 520
Hasenartige 521
Nagetiere 523
Spitzhörnchen 533
Riesengleiter 533
Primaten 534
Fledertiere 550
Igel 558
Maulwürfe und Spitzmäuse 559
Schuppentiere 561
Raubtiere 562
Unpaarhufer 588
Paarhufer 594
Wale und Delfine 612

GLOSSAR 618
REGISTER 622
DANK UND BILDNACHWEIS 647

VORWORT

Wir teilen diesen Planeten mit Millionen von Pflanzen-, Tier- und Mikroorganismen-Arten, und unser Leben ist mit ihnen untrennbar verbunden. Wir stehen in einem ständigen Austausch mit ihnen, über unsere Nahrung, unsere Kleidung, die in unseren Körpern lebenden Mikroorganismen sowie die Atemluft und das Trinkwasser. Wir sind ein kleiner Zweig am Baum des Lebens, einem Baum, dessen meiste Äste bereits verloren gegangen sind.

Dieses Buch stellt ein Fenster zur Vielfalt des Lebens dar, das uns umgibt. Es erzählt eine Geschichte, die 4,6 Milliarden Jahre bis zur Entstehung der Erde zurückreicht. Obwohl Astronomen in den letzten Jahrzehnten viele Hundert Planeten in anderen Sonnensystemen entdeckt haben, ist unsere Heimat mit ihrer geologischen Geschichte und der Evolution des Lebens einzigartig. Wäre etwas davon anders gewesen, würden wir heute nicht existieren.

Die Untersuchung der uns umgebenden Arten sowie ihrer Beziehungen untereinander und zu ihrer Umwelt erhellt unsere eigene Geschichte. Bis heute sind über 1,9 Millionen lebender Organismen beschrieben worden, und in jedem Jahr werden über 20 000 neue Arten entdeckt. Jede von ihnen hat eine einzigartige Geschichte und ist das Ergebnis von Millionen von Jahren der Evolution durch natürliche Auslese und Anpassung an die Umwelt. Ihre Leben sind zu einem gigantischen Netz verwoben worden, mit vielfachem, immerzu wechselndem Austausch untereinander. Wir selbst sind nur eine einzige Art, allerdings eine, die einen ständig zunehmenden Einfluss auf diese Welt und darüber hinaus hat.

Fossilien eröffnen uns ein schmales Fenster in die Vergangenheit. Wir wissen, dass die meisten Arten, die in den letzten 530 Millionen Jahren gelebt haben, ausgestorben sind. Es gab auch Massenaussterben, die bis zu 90 Prozent aller Arten betroffen haben. Beispielsweise zeigen fossile Blätter aus Wyoming (USA) einen schnellen Wandel von gemäßigten Grasländern bis zu tropischen Wäldern. Manche der Blätter weisen sogar noch die Fraßspuren der Insekten auf, die vor 50 Millionen Jahren gelebt haben. Indem wir diese fossilen Gemeinschaften räumlich und zeitlich vergleichen, können wir erkennen, dass die Arten ständig auf die Veränderung ihres Lebensraums reagiert haben. Manche haben überlebt – die meisten jedoch nicht. Die Untersuchung dieser Veränderungen vermittelt uns Einsichten in das vergangene, jetzige und zukünftige Leben auf der Erde.

Die Veröffentlichung dieses Buchs fällt mit dem hundertjährigen Jubiläum des Smithsonian's National Museum of Natural History zusammen. Unsere Sammlungen sind Seiten der Enzyklopädie des Lebens, und ihre Geschichte wird von unseren Wissenschaftlern und Dozenten erzählt. Ich bin mir sicher, dass Sie dieses großartige Buch genießen und es als Einladung verstehen werden, die Sie umgebende Welt der Natur zu entdecken.

CRISTIÁN SAMPER

DIREKTOR, NATIONAL MUSEUM OF NATURAL HISTORY,
SMITHSONIAN INSTITUTION

ÜBER DIESES BUCH

Dieses Buch beginnt mit einer Einführung in das Leben auf der Erde und erläutert die geologischen Voraussetzungen, die Evolution der Lebensformen und ihre systematische Einteilung. Die folgenden fünf Kapitel bilden einen Katalog des Lebens von den Mineralien bis zu den Säugetieren, der durch Einleitungen zu jeder Gruppe und vertiefende Features ergänzt wird.

Zum leichteren Nachschlagen weisen Kästen auf die weitere Gliederung eines jeden Abschnitts hin.

EINFÜHRUNG >
Jedes Kapitel ist in Abschnitte unterteilt, die seine wichtigsten Gruppen umfassen. Die Einführung zum Abschnitt beleuchtet die charakteristischen Eigenschaften der vorgestellten Gruppe und diskutiert ihre Entstehung im Lauf der Evolution.

Bei jeder Einleitung zeigen Kästen die zurzeit gültige taxonomische Einteilung. Die jeweils vorgestellte Gruppe ist weiß unterlegt.

STAMM	CHORDATA
KLASSE	REPTILIA
ORDNUNG	4
FAMILIEN	60
ARTEN	etwa 7700

Kästen mit Streitfragen greifen wissenschaftliche Diskussionen auf, die auf neuen Erkenntnissen beruhen.

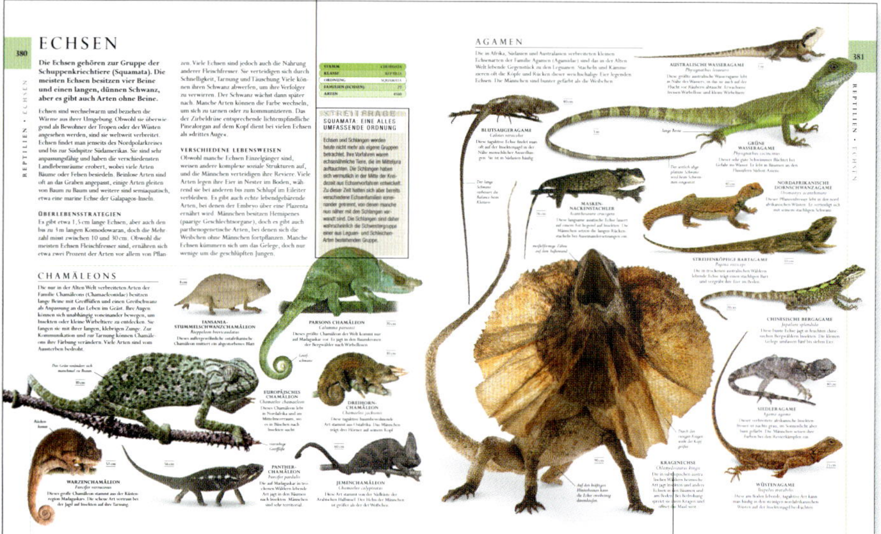

∧ VORSTELLUNG DER GRUPPEN
Innerhalb eines jeden Abschnitts werden – beispielsweise bei den Reptilien – Gruppen niedrigeren taxonomischen Rangs wie hier die Echsen vorgestellt. Charakteristische Eigenschaften wie Verbreitung, anatomische Merkmale, Lebenszyklus, Verhalten und Vermehrung werden beschrieben.

Zu jedem Bild gibt es einen Steckbrief der betreffenden Art.

Männchen dieser Art ♂

♀ *Weibchen dieser Art*

ÜBERSICHT DER ARTEN >
Die Bilderfolgen stellen etwa 5000 Arten mit ihren besonderen Eigenschaften vor. Nah verwandte Arten werden zum Vergleich nebeneinander abgebildet. Der zum Bild gehörige Text weist auf ihre besonderen und interessanten Eigenschaften hin.

Übersichtlich sind Informationen wie Größe, Lebensraum, Verbreitung und Nahrung dargestellt.

GRÖSSE 1,4–2,8 m
LEBENSRAUM Wald- und Buschland, Sümpfe, Steppen, Felslandschaften
VERBREITUNG Indien bis China, Sibirien, Malaiische Halbinsel, Sumatra
NAHRUNG vor allem Huftiere wie Hirsche und Schweine, auch kleinere Säugetiere und Vögel

∨ FEATURES
Doppelseiten zeigen Nahaufnahmen und in die Tiefe gehende Porträts einiger der spektakulärsten Arten der Welt.

Zu jedem Feature gehört eine Seitenansicht des Tiers oder der Pflanze.

KÖNIGSAMAZONE
Amazona guildingii
F: Psittacidae

Die deutschen Namen der Arten sind fett hervorgehoben, die wissenschaftlichen kursiv gesetzt.

30 cm

Die Größenangaben geben die für den entsprechenden Organismus am besten geeigneten Maße an (siehe rechts »Maßeinheiten«).

DATEN

MASSEINHEITEN

Die Angabe der ungefähren Größe von Organismen beruht in diesem Buch auf folgenden Abmessungen:

KLEINSTLEBEWESEN
Länge

PFLANZEN
Höhe über dem Boden mit Ausnahme von:
Höhe über dem Wasser Binsen, Seggen
Ausdehnung Wasserpflanzen

PILZE
Durchmesser (breiteste Stelle) mit Ausnahme von:
Höhe Stinkmorchel, Hundsrute

WIRBELLOSE
Körperlänge des erwachsenen Tiers außer:
Höhe Schwämme, Haarsterne, Seelilien, *Hydra vulgaris*, *Tubularia* spec., Feder-Hydroid, Feuerkoralle, große Korallen und Seeanemonen
Durchmesser Stachelpolyp, Strahlenqualle, *Melicertum octocostatum*, *Phialella quadrata*, Süßwasserqualle
Durchmesser ohne Stacheln Stachelhäuter
Durchmesser der Medusa Quallen
Spannweite Schmetterlinge
Länge des Tierstocks Moostierchen
Länge der Schale (des Gehäuses) Mollusken
Spannweite der Arme Kopffüßer

FISCHE, AMPHIBIEN UND REPTILIEN
Länge von Kopf bis Schwanz

VÖGEL
Länge von Schnabel bis Schwanz

SÄUGETIERE
Länge ohne Schwanz außer:
Schulterhöhe Elefanten, Menschenaffen, Paarhufer, Unpaarhufer

PFLANZEN-PIKTOGRAMME

Die Wuchsform von Bäumen, Sträuchern und weiteren holzigen Pflanzen wird mit einem der folgenden Symbole beschrieben. Krautige Pflanzen außer Kletterpflanzen haben keine Symbole.

BÄUME
- breit säulenförmig
- breit kegelförmig
- groß, hängend
- klein, hängend
- mehrstämmiger Baum
- schmal säulenförmig, mit Spitze
- schmal säulenförmig
- schmal kegelförmig
- rundlich, breit säulenförmig
- rundlich, breit ausladend
- einstämmige Palme
- mehrstämmige Palme, Palmfarn

STRÄUCHER
- buschig, bildet Bestände
- buschig, bildet Ausläufer
- kompakt, buschig
- aufrecht, baumähnlich
- offen, nicht kompakt
- offen, ausladend
- rundlich, buschig
- wüchsig, breitet sich aus
- aufrecht
- aufrecht, überhängend
- aufrecht, kräftig, buschig
- kletternd

ABKÜRZUNGEN

SPEC., SP.: Abkürzung für Spezies = Art (wird bei unbekanntem Artnamen benutzt)
H: Härte eines Minerals nach der Mohs-Skala
D: Relative Dichte. Man misst die Relative Dichte eines Minerals, indem man es mit dem gleichen Volumen an Wasser vergleicht.

BELEBTE ERDE

Unser blauer Planet, der sich in der Weite des Alls dreht, ist der einzige Ort, an dem Leben bisher nachgewiesen worden ist. Nahezu vier Milliarden Jahre lang hat es sich aus den einfachsten Anfängen entwickelt. Viele Arten sind ausgestorben, doch das Leben selbst blüht und besetzt die verschiedensten Lebensräume. Das Ergebnis ist eine unglaubliche Vielfalt lebender Organismen. Wissenschaftler studieren sie beharrlich, um die Geschichte des Lebens auf der Erde nachzuvollziehen.

LEBENDER PLANET

Die Erde ist gut ausgestattet, um eine Vielfalt von Leben zu tragen, sowohl an Land als auch im Meer. Ohne Wärme und Licht von der Sonne, eine reichliche Wasserversorgung, den Schutz der Atmosphäre und die Mineralien, auf denen die Ökosysteme aufbauen, würde das Leben erlöschen.

DYNAMISCHE ERDE

Innerhalb unseres Sonnensystems scheint nur die Erde Leben zu tragen. Als dritter Planet der Sonne ist sie weder zu nah noch zu weit von der Sonnenhitze entfernt. Sie besitzt daher eine Atmosphäre aus Sauerstoff und anderen Gasen sowie eine Hydrosphäre mit genügend Oberflächenwasser. Zusammen bilden sie eine schützende, isolierende Schicht, die das Leben bewahrt. Im Gegensatz dazu sind die anderen Planeten entweder zu heiß oder zu kalt und verfügen nicht über die Sauerstoff- und Wassermengen, die Leben ermöglichen.

Die Erde ist in Schichten aufgebaut, mit einem extrem heißen, festen Metallkern im Zentrum, der von einem flüssigen äußeren Kern umgeben ist. Darauf folgt der heiße Erdmantel, der eine dünne, kühle, brüchige Kruste trägt. Dieser Mantel wird ständig von der aus dem Kern aufsteigenden Hitze umgeschichtet, so entsteht Druck auf die in Platten zerbrochene Erdkruste. In geologischen Zeiträumen hat die Drift dieser Platten die Geografie und die Lebensräume der Erde verändert. Meere, Berge und Landschaften entstehen ständig neu und werden zerstört. Das Leben hat sich diesen Veränderungen angepasst.

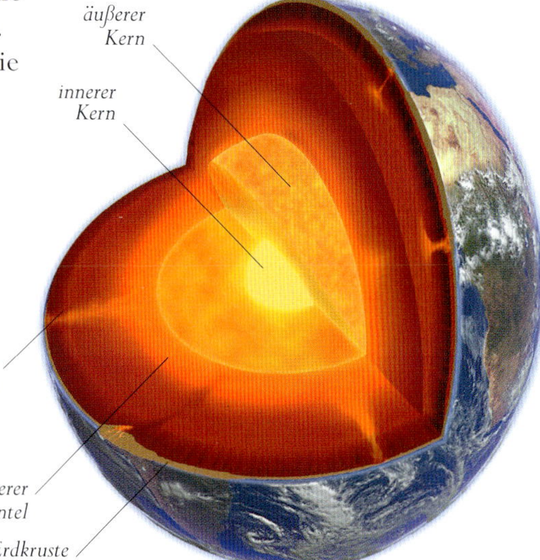

STRUKTUR DER ERDE >
Der flüssige Mantel wird ständig umgeschichtet. Dadurch werden die Platten der Kruste bewegt, was zu Erdbeben und Vulkanausbrüchen an der Erdoberfläche führt.

∧ SONNENERUPTIONEN
Die Sonnenenergie wird immer wieder in gewaltigen Explosionen freigesetzt, die Sonneneruptionen aus heißen ionisierten Gasen hervorrufen.

SONNE UND MOND

Sonne und Mond haben einen direkten Einfluss auf das Leben auf der Erde. Ohne die Sonnenenergie in Form von Licht und Wärme gäbe es kein Leben. Sie erwärmt die Atmosphäre, die Meere und das Land, so entsehen Klimazonen. Da die Erdachse auf ihrer Kreisbewegung um die Sonne geneigt ist, fällt Sonnenenergie ungleichmäßig auf die Erdoberfläche ein. Es kommt zu täglichen und jährlichen Schwankungen der Licht- und Wärmemenge sowie der Lebensbedingungen. Sogar am Äquator erlebt man Temperaturunterschiede zwischen Tag und Nacht. Der um die Erde kreisende Mond beeinflusst mit seiner Gravitation die Gezeiten der Meere. Sie wirken sich vor allem auf das Leben an den Küsten aus, das die sich ständig verändernden Bedingungen tolerieren muss.

WASSER UND LEBEN
Das Leben ist vom Wasser abhängig, aus dem über die Hälfte des Gewebes besteht. Die meisten Niederschläge stammen aus der Verdunstung des Meerwassers, das 97 % des Oberflächenwassers der Erde ausmacht, und eines Netzwerks von Flüssen.

EMPFINDLICHE ATMOSPHÄRE

Die Atmosphäre der Erde ist 120 km dick. Sie besteht aus verschiedenen Schichten, die alle unterschiedliche Temperaturen und Gaszusammensetzungen aufweisen. Ihre Dichte nimmt bis zur äußersten Schicht, der Ionosphäre, beständig ab. Die Ozonschicht in der unteren Atmosphäre spielt eine entscheidende Rolle, da sie zellschädigende Strahlungen wie das ultraviolette Licht absorbiert. Vor ihrer Entstehung war das Leben auf die Meere beschränkt, deren Wasser einigen Schutz vor dem UV-Licht bietet.

Die überwiegende Menge an Wasserdampf findet sich in den untersten 16 km der Atmosphäre, der Troposphäre. Hier spielen sich außerdem die Wetterereignisse ab. Das Oberflächenwasser der Erde wird von der Atmosphäre aufgenommen und in einem Kreislauf in Form von Wolken, Regen und Schnee wieder verteilt. Vom Festland fließt das Wasser in die Meere, obwohl große Mengen in Seen, im Eis und unterirdisch zurückgehalten werden.

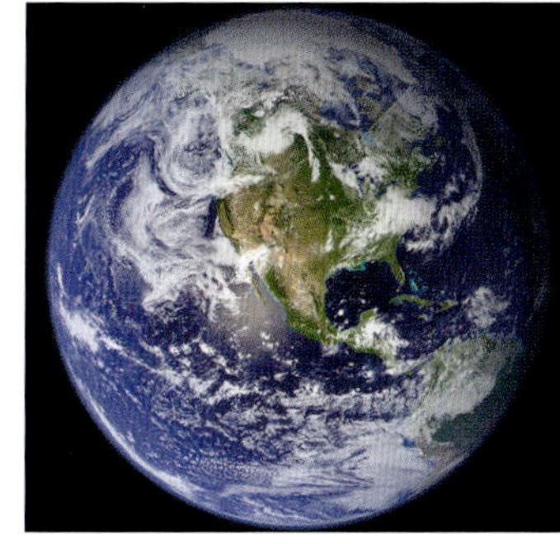

∧ BLAUER PLANET
Etwa zwei Drittel der Erdoberfläche sind mit Wasser bedeckt, das die Vielfalt irdischen Lebens ermöglicht.

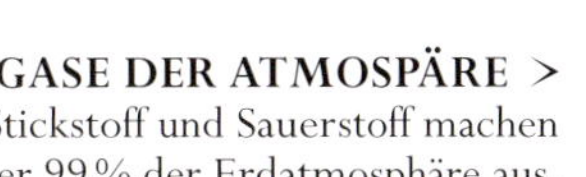

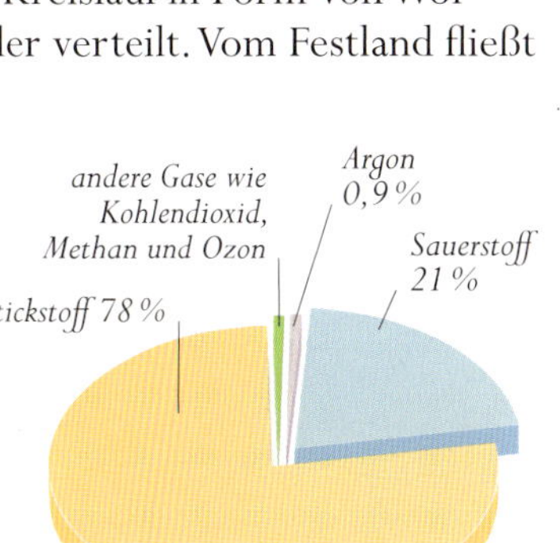

GASE DER ATMOSPÄRE >
Stickstoff und Sauerstoff machen über 99 % der Erdatmosphäre aus. Ein kleiner, aber wichtiger Anteil besteht aus Wasserdampf, Kohlendioxid und anderen Gasen.

∧ ATMOSPHÄRENSCHICHTEN
Die Erde ist von einer aus Wasserdampf und Gasen bestehenden Atmosphäre umgeben. Sie bewahrt die Sonnen- und Oberflächenwärme.

VERSCHIEDENE GESTEINE

Auf der Erde gibt es über 500 verschiedene Arten von Gesteinen, die aus Tausenden von Mineralien bestehen. Alle Gesteine haben eine charakteristische Zusammensetzung und können in drei hauptsächliche Kategorien eingeteilt werden. Magmatische Gesteine waren ursprünglich geschmolzen, metamorphe Gesteine sind aus bestehenden Gesteinen in der Erdkruste gebildet worden und Sedimentgesteine haben sich an der Erdoberfläche abgelagert. Diese Gesteine werden durch die Hebung der sich bewegenden Platten der Erdkruste sowie durch Oberflächenprozesse wie Verwitterung und Erosion freigelegt. Die Erosion formt aus ihnen die verschiedensten Landschaften, Böden und Sedimente. Sie bilden die anorganischen Grundlagen des Lebens.

MAGMATISCHE GESTEINE
Durch die Abkühlung und Erstarrung geschmolzener Gesteine entstehen kristalline magmatische Gesteine. Eine schnelle Abkühlung erzeugt dabei feinkörnige Gesteine, eine langsame grobkörnige.

Basalt

METAMORPHE GESTEINE
Die Hitze und der Druck, die in der Erdkruste auf Gesteine ausgeübt werden, können Form und Zusammensetzung verändern, sodass Gesteine wie Schiefer und Marmor entstehen.

Granatschiefer

SEDIMENTGESTEINE
Schichten aus Sand und Tierresten lagern sich auf dem Grund der Meere und Flüsse ab. Unter dem Gewicht der darüber liegenden Schichten und des Wassers verdichten sich die Sedimente zu Gesteinen.

Sandstein

AKTIVE ERDE

Durch die von der hohen inneren Temperatur der Erde angeregten geologischen Prozesse sind die Platten der brüchigen Erdkruste ständig in Bewegung und verändern dabei die Formen der Meere und Kontinente.

PLATTENTEKTONIK

In der Geschichte der Erde haben sich durch den Prozess der Plattentektonik die Erdoberfläche und mit ihr die Verteilung und Größe der Kontinente und Meere ständig verändert. Die Erdkruste besteht aus verschiedenen mehr oder weniger stabilen tektonischen Platten, sieben in Kontinentgröße und etwa ein Dutzend kleinere. Im Lauf der Zeit sind sie von der Bewegung des unter ihnen liegenden Mantels immer wieder bewegt worden. Wenn Platten auseinandergerissen werden, quillt geschmolzene Magma aus dem Erdmantel hervor und bildet eine neue Kruste. Das geschieht bei auseinanderstrebenden Platten, deren Ränder sich vor allem in den Meeren befinden. Gleichzeitig müssen die Platten an anderen Stellen verkürzt werden. Das geschieht an konvergierenden Grenzen, an denen sich die Platten übereinanderschieben (diesen Prozess bezeichnet man als Subduktion). Oder aber die Platten werden zusammengepresst, sodass sich Gebirge auftürmen.

∧ SAN-ANDREAS-VERWERFUNG
Die sich etwa 1300 km durch Kalifornien ziehende Verwerfung ist eine Transformstörung zwischen der Pazifischen und der Südamerikanischen Platte, die hier aneinander vorbeigleiten.

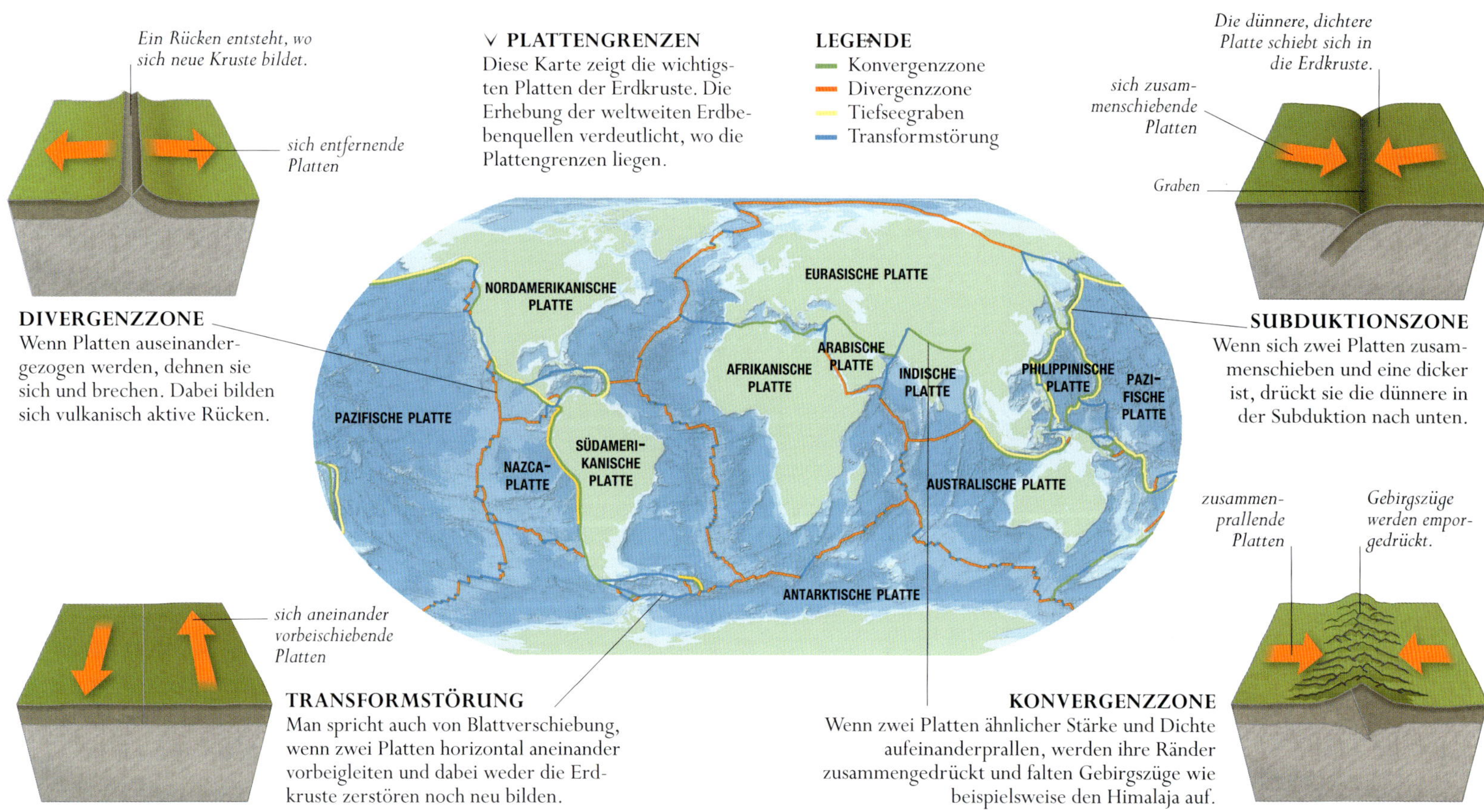

∨ PLATTENGRENZEN
Diese Karte zeigt die wichtigsten Platten der Erdkruste. Die Erhebung der weltweiten Erdbebenquellen verdeutlicht, wo die Plattengrenzen liegen.

DIVERGENZZONE
Wenn Platten auseinandergezogen werden, dehnen sie sich und brechen. Dabei bilden sich vulkanisch aktive Rücken.

SUBDUKTIONSZONE
Wenn sich zwei Platten zusammenschieben und eine dicker ist, drückt sie die dünnere in der Subduktion nach unten.

TRANSFORMSTÖRUNG
Man spricht auch von Blattverschiebung, wenn zwei Platten horizontal aneinander vorbeigleiten und dabei weder die Erdkruste zerstören noch neu bilden.

KONVERGENZZONE
Wenn zwei Platten ähnlicher Stärke und Dichte aufeinanderprallen, werden ihre Ränder zusammengedrückt und falten Gebirgszüge wie beispielsweise den Himalaja auf.

< FALTENGEBIRGE
Der ungeheuere Druck aneinander gepresster Plattenränder kann die Erdkruste so auffalten, dass das Gestein hochgedrückt wird und Gebirge bildet.

AKTIVE VULKANE >
Die meisten Vulkane befinden sich an Plattenrändern. In der Tiefe entsteht heißes Magma, das hier aufsteigt. Auch inaktive Vulkane können an sich verschiebenden Rändern ausbrechen.

BERGE UND VULKANE

Zu den wichtigsten Faktoren, die die Verteilung des Lebens auf der Erde beeinflussen, gehört die Topografie – die Oberflächenbeschaffenheit –, die Berge und Vulkane an Land und im Meer einschließt. An Land stellen Gebirge nicht nur Verbreitungsgrenzen für Lebewesen dar, sondern beeinflussen Wetter und Klima und damit die Vegetation, was sich wiederum auf die Tierwelt auswirkt. Vulkanausbrüche verändern ebenfalls ihre Umgebung. Anfangs wirken sie zerstörend, doch langfristig steigert die Verwitterung der Lava und Asche die Fruchtbarkeit des Bodens. Unter dem Wasserspiegel liegende Berge beeinflussen die Verbreitung marinen Lebens und marine Vulkanausbrüche steigern den Nährstoffgehalt des Wassers.

ABTRAGUNG
Die Verwitterung durch Wind und Wasser führt zu einer Erosion der Felsen und verändert die Form der Landschaft deutlich, wie hier im Bryce Canyon, Utah (USA).

VERWITTERUNG UND EROSION

Viele Gesteine werden unter der Erdoberfläche gebildet, und wenn sie durch den Druck in der Erdkruste oder durch sich zurückziehende Meere freigelegt werden, reagieren sie mit der Atmosphäre, dem Wasser und lebenden Organismen. Die physikalischen und chemischen Prozesse der Interaktion von Gesteinen mit der Atmosphäre bezeichnet man als Verwitterung. Bei diesem Prozess wird Material gelockert, gelöst und abtransportiert, was man als Erosion bezeichnet. Verwitterung und Erosion tragen das Gestein der Erde Schicht für Schicht ab. Exponierte Stellen wie Bergspitzen oder die Außenseiten von Gebäuden sind der chemischen Verwitterung durch sauren Regen und der physikalischen durch Temperaturveränderungen ausgesetzt. Felswände können auch durch vom Wind transportierte Sandkörnchen erodiert werden. Die Kombination von Verwitterung und Erosion löst manche Felsen auf und zerkleinert andere in Stücke. Wenn dieser Schutt weiter zerrieben und von Wind, Wasser und Eis transportiert wird, können ihn Lebewesen immer besser erschließen. Sie entnehmen daraus Nährstoffe und besiedeln diese neuen Flächen.

< ERDRUTSCH, RIO DE JANEIRO
Sogar in einem Gebiet mit gut entwickelter Vegetation kann starker Regen an steilen Abhängen die Erdoberfläche verändernde oder lebensbedrohende Ereignisse auslösen. Es kann zu Lawinen oder Erdrutschen kommen.

WISSENSCHAFT
BODENBILDUNG

Die Entstehung von Böden setzt die Verwitterung und Erosion des Ausgangsgesteins voraus, das in Teilchen (als Regolith bezeichnet) zerlegt wird. Mit dem Zusatz von Humus – organisches Material aus den Resten von Pflanzen und Tieren – entsteht die Basis des Bodens. Er entwickelt sich zum Substrat, in dem das Leben gedeiht.

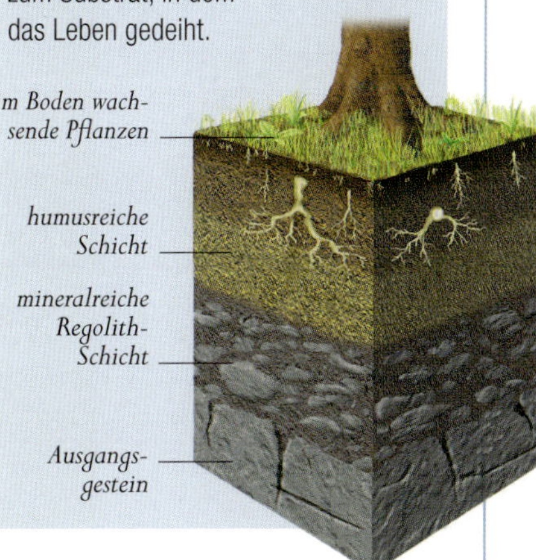

KLIMAVERÄNDERUNG

Die Eigenschaften der vier Jahrenzeiten bilden das Klima einer Region. Das Klima der Erde hat sich immer wieder abhängig von Ort und Zeit verändert, und diese Veränderungen stellen einen wesentlichen und ständigen Einfluss auf die Evolution des Lebens dar.

WAS IST KLIMA?

Das Klima ist das durchschnittliche Wetter einer Region in einem längeren Zeitraum, das von Temperatur, Niederschlägen, Windstärke und Luftdruck beeinflusst wird. Es hängt auch von anderen Faktoren wie der Höhe über dem Meeresspiegel, der örtlichen Topografie, der Nähe zu den Meeren mit ihren vorherrschenden Winden und Strömungen und vor allem ihrem Breitengrad zwischen dem Äquator und den Polen ab. Der Breitengrad bestimmt, wie groß die Menge der Sonneneinstrahlung in verschiedenen Regionen der Welt ist. So gibt es einen gewaltigen Unterschied zwischen den Polregionen, die das wenigste Licht und die wenigste Wärme erhalten, und den äquatornahen Tropen.

< BAUMGRENZE
Mit zunehmender Höhe nimmt die Lufttemperatur ab. Laubbäume werden von Nadelbäumen und dann von Büschen ersetzt.

SICH VERÄNDERNDE BEDINGUNGEN

Das Klima wird allgemein durch die mittlere Temperatur und die durchschnittlichen Niederschläge sowie ihre Auswirkungen auf die Vegetation definiert. So sind die äquatorialen Regionen in der Gegenwart warm und feucht, da hier der Meereseinfluss überwiegt, während die Wüsten trocken und die Pole kalt sind. Das ist aber nicht immer so gewesen. Verschiedene Faktoren für die Wetterbedingungen haben in der Geschichte der Erde das Klima von den Eiszeiten bis zur globalen Erwärmung beeinflusst.

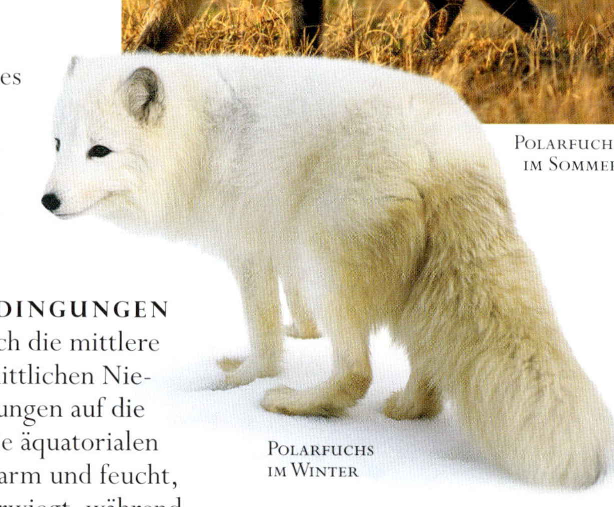

POLARFUCHS IM SOMMER

POLARFUCHS IM WINTER

^ FELLWECHSEL
Das Klima kann die Lebensbedingungen von einer Jahreszeit zur anderen deutlich verändern. Tiere und Pflanzen passen sich dem auf verschiedene Weise an. So bekommt der Polarfuchs ein Winterfell, das er im Sommer wieder verliert.

LEBEN IN DER WÜSTE
Pflanzen wie die Kakteen haben sich an das Leben in semiariden Regionen unter anderem durch ein verlangsamtes Wachstum angepasst. Und Blätter wurden zu Dornen reduziert.

< INDIZIEN DER KLIMAVERÄNDERUNG
Die Untersuchung von polaren Eisbohrkernen hat Details früherer klimatischer Veränderungen erhellt. Die chemische Analyse eingeschlossener Gasblasen ermöglicht die Abschätzung der Lufttemperatur zu dem Zeitpunkt, an dem sich das Eis gebildet hat.

< EISBOHRKERN
Dies ist eine Nahaufnahme eines Bohrkerns aus dem Lake Bonney in der Antarktis, der permanent von Eis bedeckt ist. Sie zeigt die eingeschlossenen Luftblasen und Sedimentpartikel vom Grund des Sees.

KLIMATISCHE ZYKLEN

Gesteine und Fossilien zeigen, dass sich das Erdklima im Lauf der Zeit deutlich geändert und so die Evolution des Lebens beeinflusst und das Aussterben mancher Arten ausgelöst hat. Es gibt dafür verschiedene Gründe, etwa vulkanische Aktivität, die die Atmosphäre mit Gasen und Staub belastet, und die Veränderung von Meeresströmungen, die die Wärme verteilen. Das Klima wird auch durch Zyklen der Erdumlaufbahn und -rotation beeinflusst, die das Ausmaß der Sonneneinstrahlung beeinflussen. Das wiederum beeinflusst Temperatur und Klima und löst den Wechsel zwischen Eis- und Warmzeiten aus.

SICH VERÄNDERNDE GEOLOGIE

Im Lauf der Zeit haben sich die Kontinente verschoben, da sich die Meere unter dem Einfluss der Plattentektonik ausgedehnt oder verkleinert haben. Auf ihrer Bewegung von einer Hemisphäre in die andere passieren sie verschiedene Klimazonen und schließen sich manchmal zu Superkontinenten zusammen. Die veränderte Form des Meeresbeckens beeinflusst die Wasserströmungen, was sich auf Luftfeuchtigkeit und Temperatur und somit auf das Klima auswirkt.

WARM- UND EISZEITEN

Länger andauernde Klimaveränderungen unterteilt man in Warmzeiten mit weitgehend eisfreien Polen und Eiszeiten mit gefrorenen Polkappen. Die Warmzeiten stehen mit der Abgabe von Treibhausgasen wie Kohlendioxid durch Pflanzen in Verbindung. Dadurch staut sich Wärme in der Atmosphäre. Es entstehen große, flache Meere, trockene Gebiete und üppige Wälder, die zur Zeit der Dinosaurier diese Tiere mit reichlich Nahrung versorgt haben. Rückschlüsse auf Eiszeiten, die Millionen von Jahren andauerten, erlauben Spuren der Vereisung in der Landschaft. Fossilien zeigen, welch großen Einfluss der mit den Eiszeiten zusammenhängende schnelle Klimawandel auf das Leben weltweit hatte.

WISSENSCHAFT

DICHTE DER STOMATA

Das Pflanzenwachstum hängt vom Gasaustausch zwischen der Atmosphäre und dem Pflanzengewebe ab, der über Spaltöffnungen in den Blättern (Stomata genannt) stattfindet. Sie können sich öffnen und schließen, um Kohlendioxid aufzunehmen und um überschüssiges Wasser und Sauerstoff abzugeben. Im Allgemeinen reagieren Pflanzen auf hohe Kohlendioxid-Konzentrationen mit einer hohen Dichte der Stomata. Anhand der fossil belegten Werte bestimmter Pflanzen lässt sich die Veränderung der Kohlendioxid-Konzentration in der Atmosphäre nachweisen.

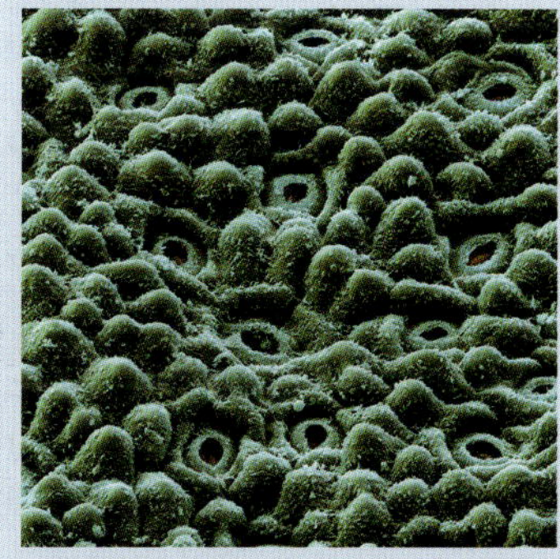

SPALTÖFFNUNGEN EINES EUKALYPTUS

KORALLENRIFF AUS DEM DEVON ∧
Das sich verändernde Klima der Erde wird in den Kimberleys (West-Australien) spektakulär demonstriert. Vor 400 Millionen Jahren im Devon war das Gebiet überflutet und die Berge waren ein Barriereriff.

∨ KOHLENDIOXID UND TEMPERATUR
Die im Polareis eingeschlossenen Gasblasen weisen auf die sich verändernden Temperaturen auf der Erde hin. Je höher der Kohlendioxid-Anteil ist, desto höher war die Temperatur der Atmosphäre zu dieser Zeit.

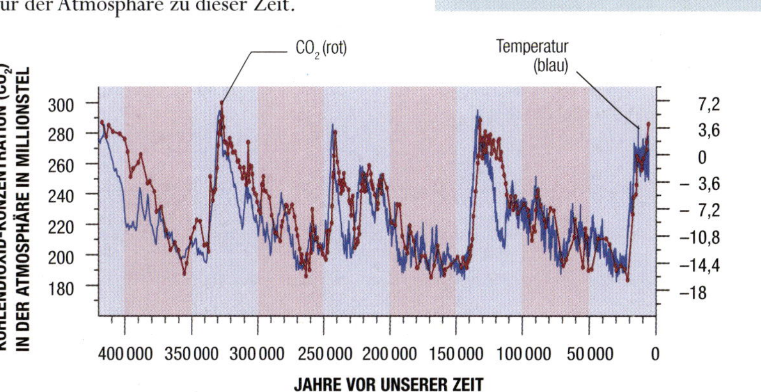

LEBENSRÄUME

Die verschiedenartigen Lebensräume der Erde können eine unglaubliche Diversität an pflanzlichem und tierischem Leben beherbergen – von der Tiefsee bis zum Hochgebirge und von den trockenen Wüsten und Steppen bis zu den warmen, feuchten Tropen.

LEGENDE

- Polargebiet
- Wüste
- Grasland
- tropischer Wald
- gemäßigter Wald
- Nadelwald
- Gebirge
- Korallenriff
- Flüsse, Feuchtgebiete
- Meere

Jede Lebensform hat einen bevorzugten Lebensraum, an den sie sich in Tausenden oder sogar Millionen von Jahren angepasst hat. Allerdings ermöglichen es die verschiedenen Lebensräume, dass viele verschiedene Arten in ihnen leben – ein als Biodiversität bezeichnetes Phänomen. Als sich das Leben entwickelt hat, konnte es aus den Meeren hervortreten und die sich immer weiter differenzierenden Landlebensräume besiedeln. Die Pionierorganismen haben die von ihnen bewohnten Lebensräume verändert, indem sie zum Beispiel Böden geschaffen haben, und diese Veränderungen ermöglichten die Besiedlung durch andere Lebensformen.

Veränderungen der Lebensräume werden von vielen verschiedenen Faktoren hervorgerufen, wie der Höhe über dem Meeresspiegel, der Entfernung vom Äquator und der Topografie. Manche Gegenden sind Hotspots der Biodiversität, vor allem tropische Riffe und Regenwälder, während andere mit extremeren Bedingungen nur wenige, dafür oft in großer Zahl vorkommende Organismen beherbergen.

NORDPOLARMEER
GRÖNLAND
Nordpolarkreis
NORDAMERIKA
ATLANTISCHER OZEAN
EUROP
Wendekreis des Krebses
AFRIKA
PAZIFISCHER OZEAN
Äquator
SÜDAMERIKA
Wendekreis des Steinbocks
Südpolarkreis

KARTE DER BIOME
Ein Biom fasst Ökosysteme in verschiedenen Gebieten zusammen, die sich unter ähnlichen Bedingungen entwickelt haben. Biome werden über Merkmale wie die Pflanzentypen, das Klima, die Geologie und die Topografie definiert.

WISSENSCHAFT
BEZIEHUNGEN DES LEBENS

Organismen existieren selten unabhängig von anderen, auch nicht in den entlegensten Gegenden. Ihre Interaktionen weisen verschiedene Ebenen auf, vom einzelnen Lebewesen bis zum übergreifenden Ökosystem, das Gesellschaften von Organismen vereinigt.

EINZELNER ORGANISMUS
Einzelnes, meist unabhängiges und an einen Lebensraum gebundenes Mitglied einer Population.

POPULATION
Eine Gruppe von Organismen gleicher Art in der gleichen Gegend, die sich fortpflanzen können.

GESELLSCHAFT
Eine Gemeinschaft verschiedener Populationen von Tieren und Pflanzen in einem Gebiet.

ÖKOSYSTEM
Eine Gesellschaft von Lebewesen sowie die sie erhaltenden physikalischen Grundlagen.

GRASLAND
Durch die Evolution von Gräsern vor etwa 20 Millionen Jahren und die Besiedlung durch weidende Tiere hat sich die Erdoberfläche verändert. Die gemäßigten Grasländer tragen meist keine Bäume und weisen sehr fruchtbare Böden auf. Die hier gezeigte Savanne enthält verstreute Büsche und Bäume.

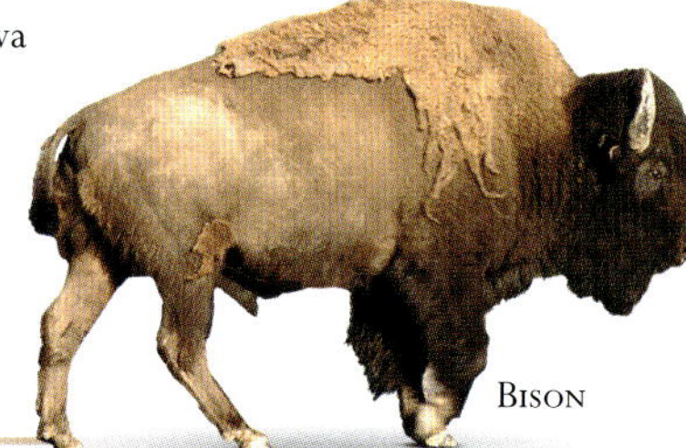

Bison

WÜSTE

Der extreme Mangel an Niederschlägen und das damit verbundene Fehlen von Böden erzeugt Wüsten, die mit zunehmender Tendenz etwa ein Drittel der Landfläche der Erde einnehmen. Die größte Wüste ist die Sahara in Afrika.

KLAPPERSCHLANGE

NORDPOLARMEER

ASIEN

PAZIFISCHER OZEAN

INDISCHER OZEAN

AUSTRALIEN

SÜDPOLARMEER

ANTARKTIS

TROPISCHER WALD

Die an Wildtieren reichsten Lebensräume sind die Wälder in den Tropen, den am Äquator gelegenen warmen Gebieten. Ihre zahlreichen Ökosysteme sind wichtige, aber verletzliche Hotspots der Biodiversität.

ERDBEERFRÖSCHCHEN

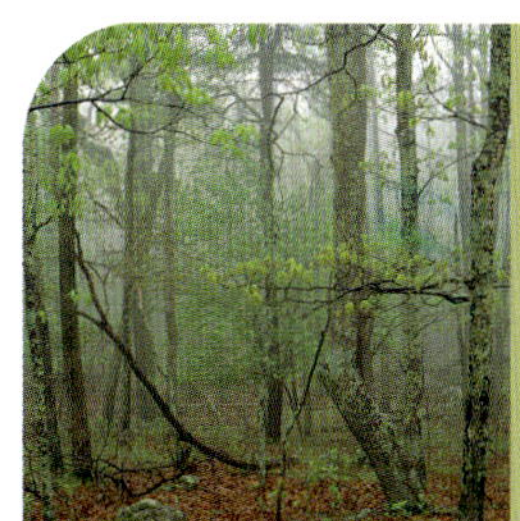

GEMÄSSIGTER WALD

Gemäßigte Lebensräume liegen zwischen den Tropen und den Polarregionen. Der Einfluss der tropischen und polaren Luftmassen begünstigt Wälder mit großer Biodiversität. Durch Abholzung ist ihre Ausdehnung stark verringert worden.

ROTHIRSCH

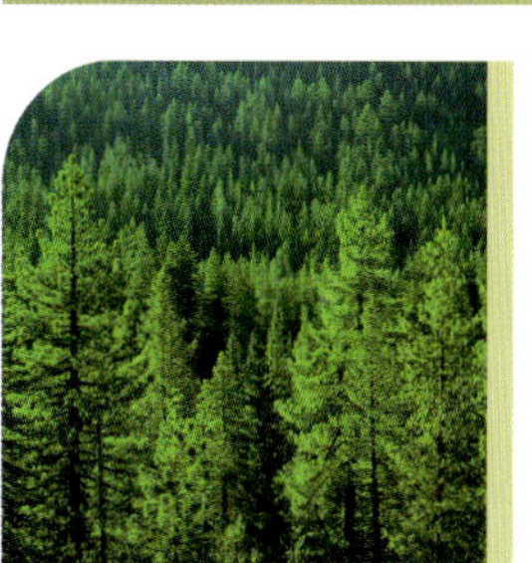

NADELWALD

Nadelbäume gehören zu einer alten Pflanzengruppe und sie sind die widerstandsfähigsten Bäume der Welt. Die immergrüne Nadeln tragenden Gehölze gedeihen in kalten Gebieten und Gebirgen in Bereichen, in denen andere Bäume kaum mehr wachsen.

BRAUNBÄR

GEBIRGE

Die bis zu 9 km über den Meeresspiegel aufragenden Berge umfassen verschiedenste Lebensräume. Ein einzelner Berg kann vom gemäßigten Wald bis zu polaren Bedingungen ansteigen, da sich das Klima mit der Höhe ändert.

WANDERFALKE

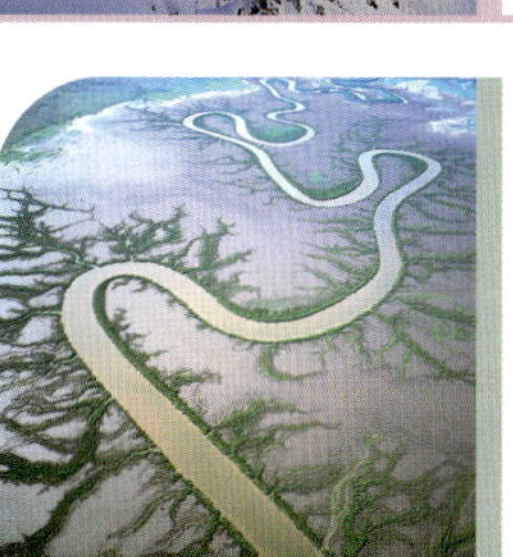

FLÜSSE UND FEUCHTGEBIETE

Ein weites Spektrum verschiedener Tier- und Pflanzen-Arten lebt in Flüssen und Seen. Gebiete, die entweder zeitweilig oder dauerhaft überflutet sind, bilden Feuchtgebiete, wo Wasserflächen und Vegetation ineinander übergehen.

LIBELLE

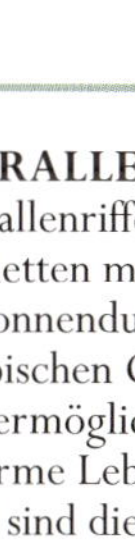

KORALLENRIFF

Korallenriffe entstehen aus den Skeletten mariner Organismen in sonnendurchfluteten tropischen Gewässern. Sie ermöglichen eine enorme Lebensvielfalt und sind die Regenwälder der Meere.

GELBER SEGELFLOSSENDOKTOR

POLARGEBIETE

Die Arktis und die Antarktis haben extreme Jahreszeiten, mit 24-stündigem Licht im Sommer und ununterbrochener Dunkelheit im Winter. Sie werden von großen Eis- und Schneemengen geprägt, doch auch durch die trockenen polaren Wüsten.

SCHOPFPINGUIN

MEERE

Leben findet sich in den Meeren von der hellen Oberfläche bis zur dunklen Tiefsee. Die Meere bedecken zwei Drittel der Erde und bilden ihren größten Lebensraum. Sie beherbergen Lebensformen vom winzigen Plankton bis zum Blauwal, dem größten Tier, das jemals auf der Erde gelebt hat.

HUMMER

MENSCHLICHER EINFLUSS

Das Wachstum der menschlichen Bevölkerung hat starke Auswirkungen auf die Lebensräume und beeinflusst das Klima sowie zahllose Tier- und Pflanzen-Arten. Manche Veränderungen sind unumkehrbar.

^ **VERNARBTE LANDSCHAFT**
Das Wachstum der Industrie setzt die Ausbeutung von Bodenschätzen voraus. Ihr Abbau hat wie bei dieser Kupfermine die Landschaften drastisch verändert.

VERÄNDERUNG DER UMWELT

Die Erde blickt auf eine lange Geschichte klimatischer Veränderungen zurück. Die globale Erwärmung hängt bekanntlich mit den Treibhausgasen in der Atmosphäre zusammen, etwa Kohlendioxid und Methan. Sie fangen die Sonnenenergie ein und führen zur Temperaturerhöhung. In der Vergangenheit sind die natürlichen Anstiege des Kohlendioxid-Gehalts der Luft von der Entwicklung der Wälder und kalkreicher Sedimente im Meer ausgeglichen worden, die das Kohlendioxid als Kohle und Kalkgestein dauerhaft speicherten. Seit der industriellen Revolution im 19. Jahrhundert sind durch menschliche Aktivitäten große Mengen Kohlendioxid und anderer Treibhausgase freigesetzt worden.

^ **LUFTVERSCHMUTZUNG**
Die Brandrodung zur Gewinnung von Ackerland verschmutzt nicht nur die Luft, sondern mindert auch die Bindung von Kohlendioxid durch Pflanzen.

MEERE

Intakte Meere sind wesentlich für alle Lebewesen. Das marine Leben hängt von der Umwälzung des Meerwassers ab, das genug Sauerstoff aufnehmen und Nährstoffe enthalten muss, um die Organismen der Nahrungskette am Leben zu erhalten. Fossilien zeigen, dass die Verschlechterung der Lebensbedingungen in den Meeren zum Aussterben von Leben auf der Erde geführt hat. Heute beeinflusst der Mensch die Meere durch Überfischung und Verschmutzung.

^ **ÖLOPFER**
Im Wasser schwimmende Ölteppiche richten Unheil an. Sie verschmutzen die Küsten und vernichten die Lebewesen.

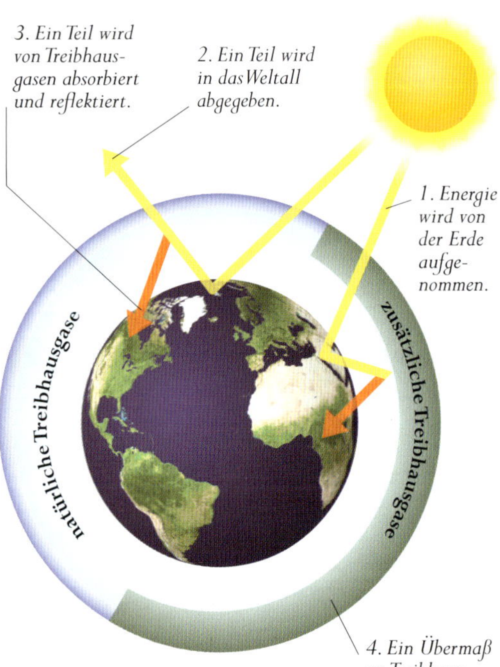
3. Ein Teil wird von Treibhausgasen absorbiert und reflektiert.
2. Ein Teil wird in das Weltall abgegeben.
1. Energie wird von der Erde aufgenommen.
natürliche Treibhausgase
zusätzliche Treibhausgase
4. Ein Übermaß an Treibhausgasen führt schnell zu einem deutlichen Anstieg der Erdtemperatur.

^ **TREIBHAUSEFFEKT**
Ein Übermaß an Treibhausgasen in der Atmosphäre verhindert, dass ein Teil der Sonnenenergie wieder in den Weltraum abgestrahlt wird.

ATMOSPHÄRE

Jahrtausende lang haben menschliche Aktivitäten die Atmosphäre beeinflusst, ursprünglich nur durch den Rauch von Herdfeuern und die Brandrodung. Zu Zeiten der Römer gelangten die ersten industriell erzeugten Schadstoffe in die Atmosphäre, wie man an arktischen Eisbohrkernen nachweisen kann. Im Lauf der letzten 200 Jahre ist die Belastung durch Gase und Feinstäube drastisch gestiegen. So sind saurer Regen und Smog sowie Treibhausgase entstanden, die mit der globalen Erwärmung und der Zerstörung der Ozonschicht in Verbindung stehen.

FESTLAND

Seit dem Entstehen der Landwirtschaft vor etwa 8000 Jahren üben Menschen einen zunehmenden Einfluss auf die Landschaft aus. Durch das Bevölkerungswachstum ist die Besiedelungsdichte dermaßen angestiegen, dass kaum noch unberührte Flächen zwischen den Siedlungen verbleiben. Ein zunehmendes Bewusstsein führt zumindest mancherorts zum Schutz der natürlichen Lebensräume.

^ **SCHELFEIS-ABBRUCH**
Steigende Temperaturen führen zum Schmelzen des polaren Schelfeises. Die Freisetzung dieser großen Wassermengen lässt den Meeresspiegel steigen.

LANDWIRTSCHAFT
Natürliche Lebensräume werden durch Landwirtschaft verändert, etwa durch den Terrassenanbau von Reis in Asien. Solche Methoden ernähren große Bevölkerungen, benötigen aber auch viel Wasser.

AUSSTERBEN

Die Unfähigkeit mancher Organismen, sich an Umweltveränderungen anzupassen, hat in erdgeschichtlichen Zeiträumen zu einer großen Veränderung des Artenspektrums geführt. Tatsächlich ist die überwiegende Mehrheit aller Arten ausgestorben. Nur die am besten angepassten überleben und profitieren manchmal auch von dem Verschwinden eines Konkurrenten. Der große Asteroid, der die Erde vor 65 Millionen Jahren getroffen hatte, führte beispielsweise zum Aussterben der Dinosaurier an Land und der Ammoniten in den Meeren. Doch die Säugetiere überlebten, sodass der Mensch entstehen konnte. Das hat wiederum zum Aussterben des Wollhaarmammuts in Europa und Asien geführt (siehe Kasten rechts). Heute, wo die Bevölkerung immer weiter zunimmt, sind durch ihr Wachstum immer mehr Arten – zum Beispiel der Tiger – vom Aussterben bedroht.

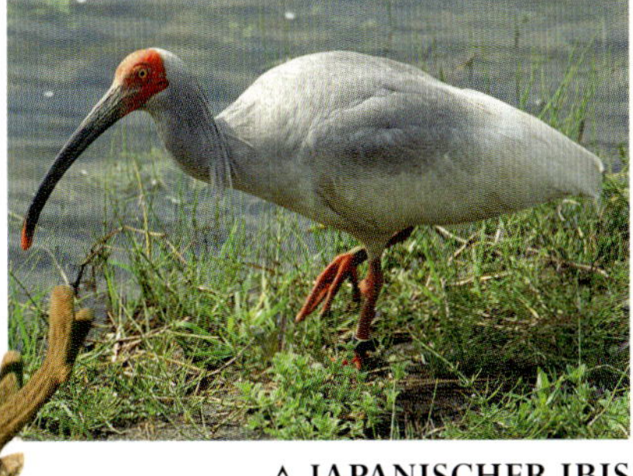

∧ **JAPANISCHER IBIS**
Die einst in Asien weit verbreitete Art ist auf eine kleine Population in China zusammengeschrumpft. Nachzuchten konnten wieder in Japan ausgewildert werden.

< **DAVIDSHIRSCH**
Dieser in der Natur ausgestorbene asiatische Hirsch hat in Herden überlebt, die seit 1900 in England gezüchtet werden. Einige Nachkommen sind in den 1980er-Jahren in China ausgewildert worden.

WISSENSCHAFT

KEINE MAMMUTS MEHR

Wollhaarmammuts waren an die Kälte angepasste Elefanten. Sie zogen in der Eiszeit in großen Herden durch Europa und Asien. Höhlenmalereien beweisen, dass sie schon vor etwa 30 000 Jahren von Menschen gejagt wurden, was zum Aussterben der Wollhaarmammuts vor etwa 11 000 Jahren beigetragen haben kann.

HÖHLENMALEREI, SÜDWEST-FRANKREICH

URSPRUNG DES LEBENS

Anhand von Fossilien wissen wir, dass das erste Leben auf der Erde vor mindestens 3,8 Millionen Jahren aufgetreten ist und dass alle komplexen aus einfachen Formen entstanden sind. Heute gibt es Lebensformen von einfachen Einzellern bis zu Säugetieren wie dem Blauwal.

WAS IST LEBEN?

Verschiedene Eigenschaften definieren das Leben und trennen einen aktiven Organismus von toter Materie. Dazu gehört die Fähigkeit, Energie aufzunehmen und abzugeben, zu wachsen und sich zu vermehren, sich an die Umwelt anzupassen und – bei höheren Arten – zu kommunizieren.

Die Zelle ist die Grundeinheit des Lebens, die sich selbst reproduzieren und alle Lebensprozesse ausüben kann. Sogar die kleinsten unabhängigen Organismen bestehen aus mindestens einer Zelle, und fast jede Zelle enthält ihren eigenen Satz molekular gespeicherter Vorgaben. Innerhalb einer Zelle tragen Chromosomen-Abschnitte Erbinformationen in Form von Genen. Diese Vorschriften werden hauptsächlich in Form eines als Desoxyribonukleinsäure bekannten Moleküls gespeichert (die DNS, die meist nach dem englischen Namen als DNA bezeichnet wird). Die DNA eines Organismus reicht Informationen von einer Generation an die nächste weiter und erlaubt die Vererbung bestimmter Eigenschaften.

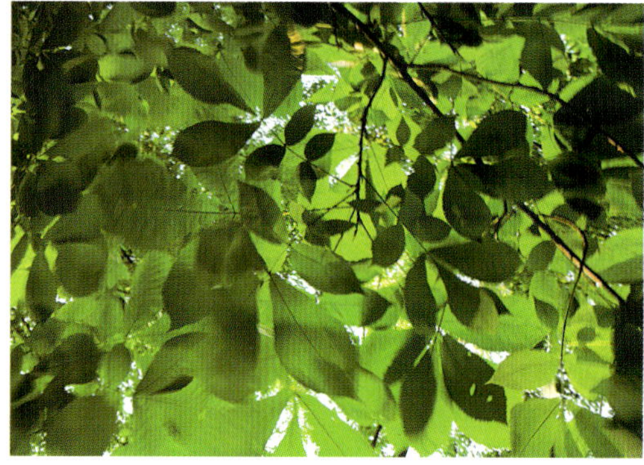

∧ FOTOSYNTHESE
Pflanzen nutzen das Pigment Chlorophyll, um mithilfe von Sonnenenergie Wasser und Kohlendioxid in Zucker und Sauerstoff umzuwandeln. Davon profitieren Pflanzenfresser und Sauerstoff atmende Organismen.

∧ LEBENSENERGIE
Zum Überleben müssen Lebewesen Energie aufnehmen. Energie wird innerhalb einer Nahrungskette von der Fotosynthese in Pflanzen über die Pflanzen- und die Fleischfresser weitergereicht.

WISSENSCHAFT
VIREN

Viren sind die häufigsten biologischen Einheiten auf der Welt und befinden sich an der Grenze von lebenden und nicht lebenden Dingen. Sie sind wie Lebewesen von einer Proteinhülle umgeben und bestehen aus genetisch codiertem Material, sind aber Parasiten und können sich nur in lebenden Zellen anderer Organismen vermehren. Sie sind Pakete von Stoffen, die sich selbst reproduzieren, ohne wirklich zu leben.

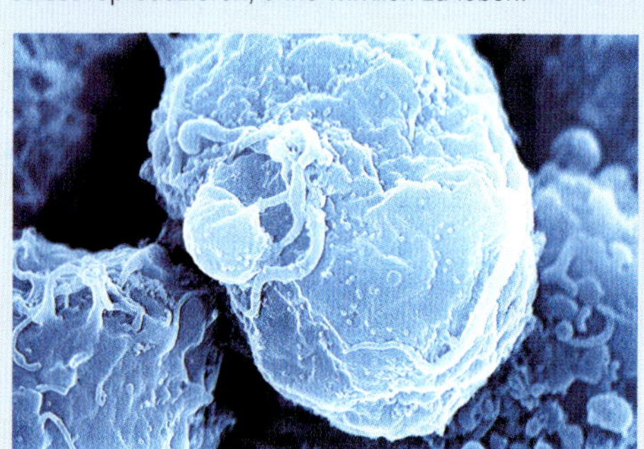

HIV-1-Virus

EINTEILUNG DES LEBENS

Die Vielfalt des Lebens auf der Erde lässt sich in drei Domänen – Archaea, Bacteria und Eukaryota – einteilen, die alle Lebensformen abdecken. Die ersten beiden umfassen Prokaryoten – einfache Organismen, zu denen wahrscheinlich die ersten Lebensformen der Erde zählten. Die weiter fortgeschrittenen Eukaryoten unterscheiden sich von ihnen durch ihren Zellkern, der ihre DNA enthält. Eukaryoten sind in ihrer Form und Größe sehr variabel und umfassen sowohl einfache Einzeller wie auch komplexe, vielzellige Pflanzen und Tiere.

< WACHSTUM
Die Möglichkeit zu wachsen und sich zu reparieren gehört zu den Schlüsseleigenschaften des Lebens. Alle Lebewesen wachsen durch Zellvergrößerung und Zellteilung.

FRÜHES LEBEN

Die frühesten Lebensformen sind in den Meeren entstanden, wie lebende Organismen und Fossilien beweisen. Die meisten einfachen heutigen Lebensformen sind einzellige Prokaryoten, die bei extremen Temperaturen und sauren Bedingungen überleben können. Solche Mikroorganismen ähneln möglicherweise denen, die als erste unter lebensunfreundlichen Bedingungen entstanden sind.

Fossile Hinweise auf frühes Leben bestehen aus den Überresten 3,8 Milliarden Jahre alter Arten. Sie können von den mikroskopisch kleinen Organismen stammen, die anfangs in den Meeren gelebt haben. Einige der ältesten Hinweise auf Lebewesen sind die geschichteten Stromatolithen (siehe rechte Seite).

BLÜHENDES LEBEN
Seit Anbeginn gedieh Leben in den Meeren. Es hat sich zu den Biodiversitäts-Hotspots sonniger Riffe weiterentwickelt, deren Dichte an Leben an jene der Regenwälder heranreicht.

< **STROMATOLITHEN**
Über Milliarden von Jahren haben sich diese Strukturen in seichten tropischen Meeren aus abwechselnden Schichten von Sedimenten und Mikroorganismen, darunter auch Cyanobakterien (blaugrüne Algen), aufgebaut.

Nach den ersten Anzeichen einfachen Lebens dauerte es noch weitere 2,5 Milliarden Jahre, bis komplexe Formen erschienen. Das Fossil einer winzigen Rotalge namens *Bangiomorpha pubescens* liefert den ersten Nachweis der Existenz spezialisierter Zellen. Sie dienten der sexuellen Vermehrung und auch dem Halt am Untergrund.

Vor etwa 750–550 Millionen Jahren sind die ersten Schwämme entstanden. Sie wurden 10 cm hoch und besaßen ein stacheliges Skelett als Stütze und Schutz. Zu Beginn des Kambriums vor 545 Millionen Jahren hatten sich bereits einige vielzellige Organismen entwickelt, einschließlich grabender Würmer und einer Vielzahl kleiner, schalentragender Mollusken, deren Körper Muskelgewebe und Kiemen aufwiesen. Vor 510 Millionen Jahren erschienen die ersten Wirbeltiere mit ihrem Innenskelett. Im späten Devon, vor etwa 380 Millionen Jahren, begannen die Wirbeltiere vom Meer aus das Land zu erobern.

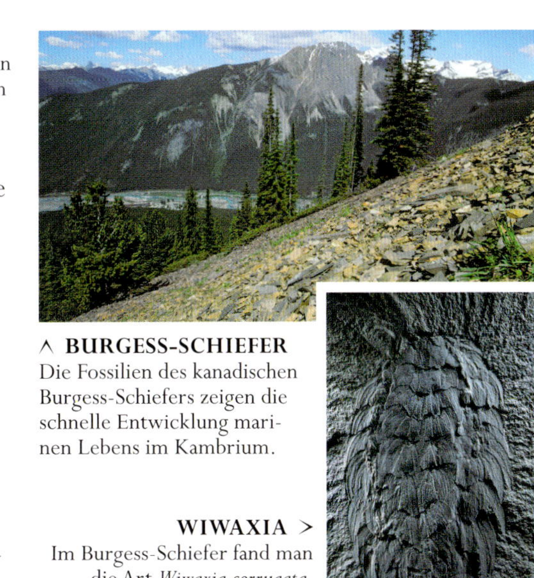

∧ **BURGESS-SCHIEFER**
Die Fossilien des kanadischen Burgess-Schiefers zeigen die schnelle Entwicklung marinen Lebens im Kambrium.

WIWAXIA >
Im Burgess-Schiefer fand man die Art *Wiwaxia corrugata*, ein 5 cm langer, molluskenähnlicher, stacheliger Bewohner des Meeresgrunds.

EVOLUTION UND DIVERSITÄT

Bis ins 19. Jahrhundert hinein, in dem verschiedene Theorien veröffentlicht wurden, war es ein Rätsel, wie sich die unterschiedlichen Lebensformen auf der Erde entwickeln konnten. Heute geben die Theorien von der Evolution und der Kontinentalverschiebung einen faszinierenden Einblick in das sich immer wieder verändernde Leben auf unserem Planeten.

ALLMÄHLICHE VERÄNDERUNG

Alle Arten können sich ihrer Umgebung anpassen. Winzige, kaum zu bemerkende Veränderungen werden von Generation zu Generation weitergegeben, doch nach Tausenden oder sogar Millionen von Jahren können sie das Aussehen oder das Verhalten einer Art beeinflussen. Diesen Prozess bezeichnet man als Evolution.

Die Untersuchung von Fossilien steckte zu den Zeiten Charles Darwins (siehe S. 25) in den Kinderschuhen, hat aber seitdem viel zur Bestätigung der Evolutionstheorie beigetragen. Wir wissen nun, dass das Leben vor etwa 3,8 Milliarden Jahren in den Meeren entstanden ist und dass von diesen einfachen Organismen alle heute existierenden Lebensformen abstammen – einschließlich der Pflanzen, Pilze und Tiere.

Als die Lebensformen immer komplexer wurden und das Land eroberten, entwickelten sich Wälder und an Land lebende Wirbellose. Vor etwa 250 Millionen Jahren, im Mesozoikum, das sich mit seiner Abfolge verschiedener Pflanzen- und Tiergruppen auszeichnete, entstanden die Dinosaurier und die von ihnen abstammenden Vögel. Die Saurier wurden im Kanäozoikum, das vor 65 Millionen Jahren begann und noch andauert, weitgehend von den Säugetieren ersetzt, während sich Blütenpflanzen und sie bestäubende Insekten verbreiteten.

< **RIESENSALAMANDER** Dieses sehr seltene Fossil von *Andrias scheuchzeri* wurde irrtümlich als menschliches Opfer der Sintflut betrachtet, bis der französische Anatom Georges Cuvier es im Jahr 1812 als Amphibie identifizierte.

BELEGE DER EVOLUTION

Der Vergleich des Aufbaus der Gliedmaßen verschiedener Wirbeltier-Arten zeigt, dass sie trotz der Unterschiede in Aussehen und Funktion vom gleichen Bauplan und den gleichen Genen abgeleitet sind.

FROSCH Die Bein-, Arm- und Fingerknochen des Froschs sind zum Schwimmen modifiziert. Große Muskeln ermöglichen das Springen beim Beutefang und auf der Flucht.

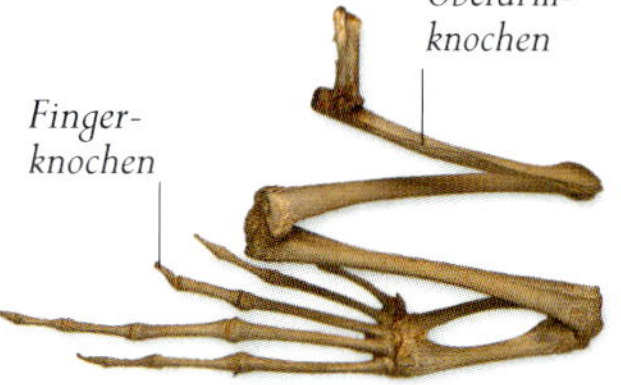

EULE Vogelflügel werden von am Oberarm und am Handgelenk ansetzenden Muskeln bewegt. Die Fingerknochen sind stark verändert und deutlich verlängert.

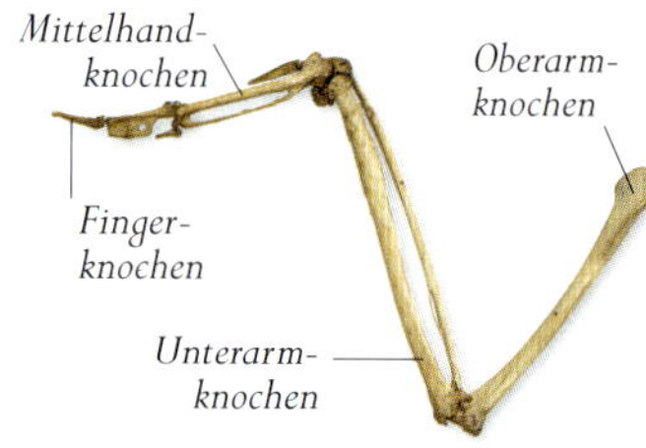

SCHIMPANSE Der Schimpansenarm entspricht unserem eigenen, weist aber etwas andere Proportionen auf, mit längeren Fingern und einem kurzen Daumen.

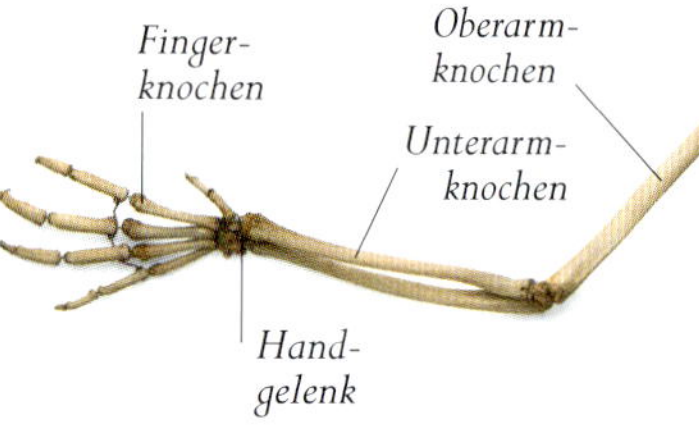

DELFIN Die Armknochen der Wale und Delfine bilden eine Flosse, mit verkürzten, abgeflachten Armknochen und stark verlängerten zweiten und dritten Fingern.

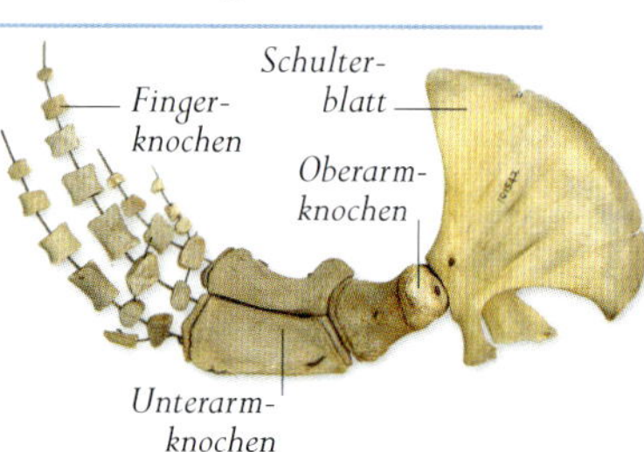

LAMARCK GEHT VORAN

Vom im 18. Jahrhundert lebenden französischen Biologen Jean-Baptiste Lamarck stammt die erste Theorie der Entwicklung von höherem Leben aus einfacherem. Besonders durch seine Arbeiten an Wirbellosen kam er zu dem Schluss, dass notwendige Eigenschaften während des Lebens eines Organismus durch das Verlangen nach Nahrung, Schutz und Partnern erworben würden. Nicht benötigte sollten verloren gehen und nicht an die Nachkommen weitergegeben werden. Obwohl die moderne Genetik dieser Auffassung der Vererbung widerspricht, waren Lamarcks Gedanken ein erster Anhaltspunkt. Sie wurden von dem schottischen Anatomen Robert Grant weiterentwickelt, der in Edinburgh ein Tutor von Charles Darwin war. Darwin glaubte nicht vollständig an die Lamarck'sche Lehre, die er höchstens als Ergänzung der natürlichen Auslese betrachtete.

< ^ **INNERES STREBEN** Lamarck glaubte, dass Evolution durch einen inneren Antrieb wirke. So entwickele die Giraffe den langen Hals, um an die Bäume zu gelangen, und der Reiher lange Beine zum Waten.

∧ GALAPAGOS-FINKEN
Darwin sammelte verschiedene Arten von Galapagos-Finken, von denen er annahm, dass sie von einem gemeinsamen Vorfahren abstammten.

DARWIN UND WALLACE

In der Mitte des 19. Jahrhunderts stellten Charles Darwin und Alfred Russel Wallace unabhängig voneinander die Theorie der Evolution durch natürliche Auslese auf. Sie hatten beide Erlebnisse bei der Feldarbeit in den Tropen, einem Lebensraum von höchster Biodiversität und deutlichen Unterschieden zwischen Organismen, die in verschiedenen Gebieten leben. Beide wunderten sich, wie derartige Phänomene entstehen konnten. Auf seinen Reisen sammelte Wallace viele Arten und im Malaiischen Archipel formulierte er seine Erklärungen für die geografische Verteilung der Organismen – die Biogeografie – und erkannte die Rolle der natürlichen Auslese in der Evolution. In der Zwischenzeit hatte die fünfjährige Reise mit der *HMS Beagle* Darwin mit Material versorgt, auf dessen Basis er seine eigene Theorie formulierte. Im Jahr 1858 veröffentlichten Wallace und Darwin eine gemeinsame Publikation zur natürlichen Auslese, und im folgenden Jahr erweiterte Darwin die Theorie in seinem einflussreichen Buch »Die Entstehung der Arten«.

Schmetterlingsflügel

Schachtel der Sammlung

∧ HISTORISCHE SAMMLUNG
Darwin und Wallace waren besonders von der Diversität der tropischen Insekten fasziniert und eifrige Sammler.

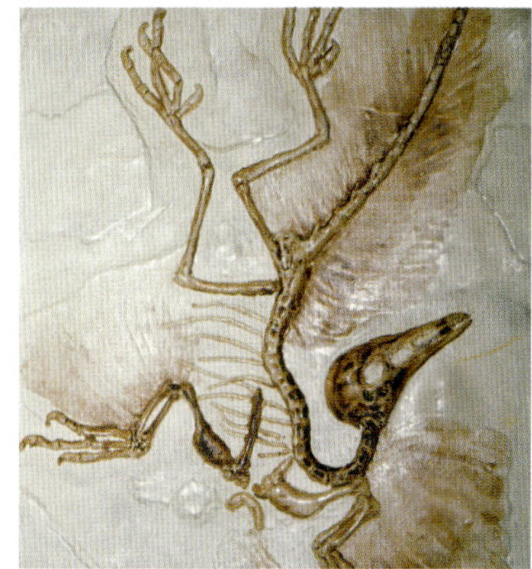

∧ REPTIL ODER VOGEL?
Die Entdeckung des *Archaeopteryx* im Jahr 1861 enthüllte Eigenschaften, die sowohl mit denen der Reptilien als auch mit denen der Vögel übereinstimmen.

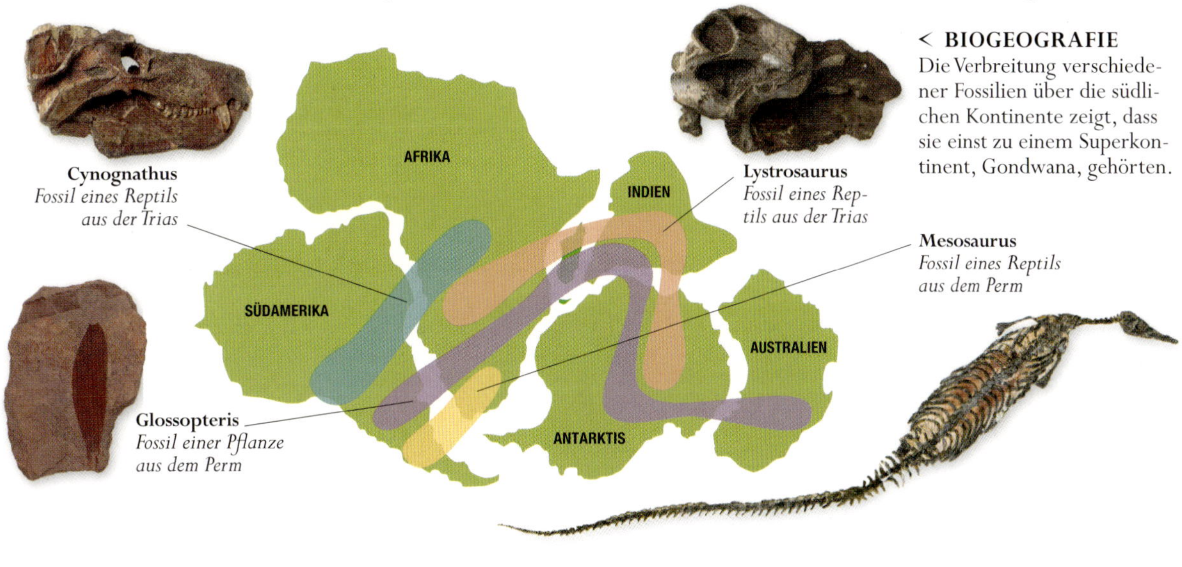

< BIOGEOGRAFIE
Die Verbreitung verschiedener Fossilien über die südlichen Kontinente zeigt, dass sie einst zu einem Superkontinent, Gondwana, gehörten.

AFRIKA
INDIEN
SÜDAMERIKA
AUSTRALIEN
ANTARKTIS

Cynognathus
Fossil eines Reptils aus der Trias

Lystrosaurus
Fossil eines Reptils aus der Trias

Mesosaurus
Fossil eines Reptils aus dem Perm

Glossopteris
Fossil einer Pflanze aus dem Perm

FORTSCHREITENDE EVOLUTION

Darwin und Wallace stellten die Theorie der natürlichen Auslese auf, doch erst die Entdeckung der Gene lieferte den zugrunde liegenden Mechanismus. Das Verständnis der Gene ist der Schlüssel zum Verständnis der Evolution.

NATÜRLICHE AUSLESE

Als Schlüsselmechanismus fördert die natürliche Auslese das Überleben des am besten angepassten Organismus. Individuen mit Eigenschaften, die am besten zu ihren Lebensbedingungen passen, haben eine bessere Überlebenschance, können sich daher besser vermehren und ihre Eigenschaften vererben. Die natürlichen genetischen Variationen erzeugen Unterschiede in Größe, Form und Farbe – manche können für das Überleben nützlich sein. So kann eine bestimmte Färbung ein Tier besser vor Raubtieren verbergen als eine andere. Wenn dadurch das Tier überlebt und sich fortpflanzen kann, wird es diese bessere Färbung auch seinen Nachkommen vererben. Verändert sich die Umgebung im Lauf der Zeit, kann eine andere Färbung von Vorteil sein, und so wird die natürliche Auslese eine weitere Veränderung hervorrufen. Nach einer geografischen Trennung entstehen womöglich zwei verschiedene Populationen, von denen sich jede an leicht unterschiedliche Bedingungen anpasst. Schließlich können sich aus einer Art zwei neue Arten entwickeln.

∧ **INDIVIDUELLE UNTERSCHIEDE**
Unter Katzenwürfen finden sich meist einzelne abweichende Tiere, besonders wenn die Eltern unterschiedlich gefärbt sind.

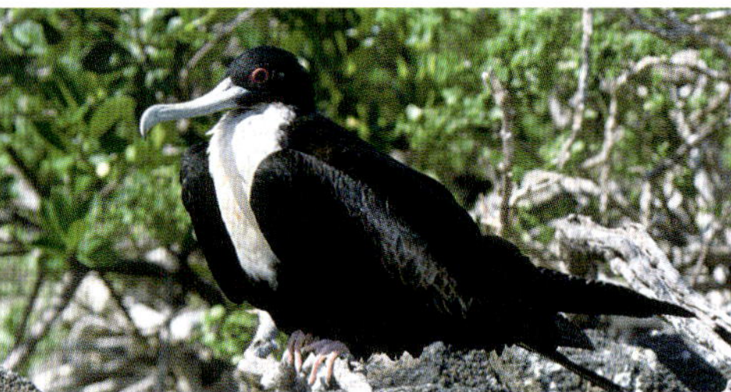

< ∨ **GESCHLECHTSDIMORPHISMUS**
Oft gibt es deutliche Unterschiede zwischen den Männchen und den Weibchen einer Art. Männliche Fregattvögel versuchen die Weibchen mit ihren Kehlsäcken zu beeindrucken.

WISSENSCHAFT

KREATIONISMUS: GLAUBE GEGEN WISSENSCHAFT

Die meisten Religionen der Welt kennen eine Schöpfungsgeschichte, die eine Erklärung für die Entstehung der Erde und des Lebens liefern soll. Viele dieser Erzählungen entstanden lange bevor wissenschaftliche Daten und Theorien zu einem besseren Verständnis beitragen konnten. Manche Anhänger der jüdisch-christlichen Tradition glauben, dass ein komplexes »Design« vieler Organismen auch einen entsprechenden »Designer« – nämlich Gott – voraussetzt, und aus diesem Grund stellen sie die Evolutionstheorie infrage.

GENE UND VERERBUNG

Bestimmte Eigenschaften werden über Gene an die Nachkommen weitergegeben. Die in der DNA als Gene enthaltenen Informationen sind für die Vervielfältigung der Zelle und ihre Erhaltung verantwortlich. Die Gene sind daher Grundeinheiten der Vererbung. Einzelne Chromosomen enthalten Tausende von Genen auf ihren DNA-Strängen. Während der sexuellen Reproduktion werden mit der Verschmelzung der Ei- und Spermienzellen auch je ein Chromosomensatz der Mutter und einer des Vaters zusammengeführt.

∨ **GENE UND ZUFALL**
Manchmal sterben Individuen einer Art zufällig und können ihre Gene nicht an die nächste Generation weitergeben.

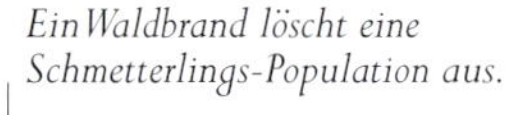

Ein Waldbrand löscht eine Schmetterlings-Population aus.
Zufällig überleben vorwiegend gelbe Schmetterlinge.

Ein zufälliges Ereignis führt zu einem Verlust der violetten Tiere.

ANPASSUNG AN EXTREME Der Zwergflamingo besetzt eine spezielle ökologische Nische in den alkalischen afrikanischen Seen. Da es keine Konkurrenten gibt, kann er sich in großer Zahl fortpflanzen.

EVOLUTION AUF INSELN

Isolierte Inseln stellen ein Labor für eine ungewöhnlich schnelle Evolution dar, weil der Wettbewerb um die begrenzten Ressourcen zu einer schnellen Artenbildung führt. Sein Besuch auf den Galapagos-Inseln im Jahr 1835 erlaubte es Darwin, viele Vogel-Arten zu sammeln. Er hörte auch von den auf verschiedenen Inseln unterschiedlich aussehenden Riesenschildkröten, und die folgenden Besuche auf anderen Pazifik-Inseln ließen ihn über die Entstehung von neuen Arten aus einem gemeinsamen Vorfahren nachdenken. Der Ornithologe John Gould konnte die Galapagos-Finken als neue Gruppe von zwölf Arten identifizieren, die nicht nur Variationen einer Art waren. Dies überzeugte Darwin davon, dass sich Arten unter bestimmten Bedingungen, etwa auf einer Insel, verändern können. Inseln sind auch heute noch interessante Forschungsgebiete für moderne Evolutionsbiologen.

< FLUGUNFÄHIGE VÖGEL Viele flugunfähige Vögel wie der Kiwi sind auf Neuseeland entstanden, da es hier vor Ankunft des Menschen keine Raubtiere gab.

KÜNSTLICHE AUSWAHL

Im Lauf der Jahrtausende haben Menschen viele verschiedene Tier- und Pflanzenarten domestiziert, von Hunden und Rindern bis zu Obstbäumen und Getreidesorten. Vor der Entdeckung der Genetik geschah das einfach durch Verpaarung von Individuen mit den gewünschten Eigenschaften – wie der Fähigkeit zum schnellen Laufen und zur besseren Fruchtbildung – über viele Generationen, bis sich die Eigenschaften manifestiert hatten. Heute ermöglichen gentechnische Eingriffe die unmittelbare Manipulation des Erbguts, um gewünschte Eigenschaften hervorzuheben.

∧ GENETISCHE MODIFIKATION Mit der Änderung der genetischen Ausstattung können unerwünschte Eigenschaften entfernt und erwünschte hinzugefügt werden.

∧ KLONEN Genetisch identische Individuen können durch die Übertragung eines aus dem Gewebe stammenden Zellkerns in eine Eizelle geklont werden.

SYSTEMATIK

Die geschätzte Zahl der heutigen Arten beträgt zwischen 2 und 100 Millionen. 1,4 Millionen davon sind bisher beschrieben worden. Alle werden nach einem bereits vor über 250 Jahren entwickelten System benannt.

»HUNDS-ROSE« >
Die auch als Hag- oder Hecken-Rose bezeichnete Art hat nur einen wissenschaftlichen Namen, *Rosa canina*, der sie eindeutig bezeichnet.

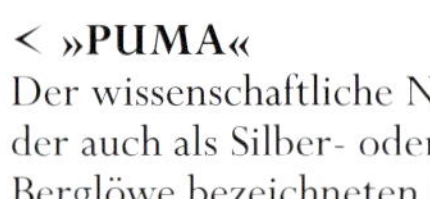

< »PUMA«
Der wissenschaftliche Name der auch als Silber- oder Berglöwe bezeichneten Art, *Puma concolor*, bezieht sich auf das einfarbige Fell.

Jahrhundertelang haben Menschen die Natur studiert. Ursprünglich waren sie auf die lokalen Arten und die Berichte von Reisenden angewiesen, doch später wurden Sammler bezahlt und die auf Schiffen mitreisenden Zeichner bildeten die Arten ab. Anfang des 17. Jahrhunderts waren bereits viele Arten in naturwissenschaftlichen Sammlungen hinterlegt und beschrieben worden, doch es gab keine Vereinbarung, in welcher Form das zu geschehen hatte.

Das Ziel der frühen Taxonomen – der Wissenschaftler, die Arten benennen oder einordnen – war einfach. Sie wollten die Lebewesen so darstellen, wie es dem göttlichen Schöpfungsplan entsprach. Zwischen 1660 und 1713 publizierte John Ray Arbeiten über Pflanzen, Insekten, Vögel, Fische und Säugetiere, in denen er Gruppen auf der Basis ihres Körperbaus zusammenfasste. Diese sogenannte Morphologie bildet zusammen mit anderen Kriterien wie dem Verhalten oder der Genetik die Basis der heutigen Systematik. Im Jahr 1758 gab der schwedische Botaniker Carl von Linné die zehnte Ausgabe seiner »Systema Naturae« heraus. Er und sein Freund Peter Artedi hatten sich entschlossen, die Natur zwischen sich aufzuteilen und alles darin Enthaltene zu beschreiben, um die 7300 beschriebenen Arten im gleichen System einzuordnen. Obwohl Artedi vor der Fertigstellung starb, vervollständigte Linné sein Werk und publizierte es gemeinsam mit seinem eigenen.

WISSENSCHAFTLICHE NAMEN

Alle Lebewesen lassen sich mit einem wissenschaftlichen Namen bezeichnen – etwa der Löwe als *Panthera leo* –, der aus dem groß geschriebenen Gattungs- und der klein geschriebenen Bezeichnung für die Art besteht. Linné benutzte konsequent diese binominalen Bezeichnungen und ersetzte damit frühere Konstruktionen. So vermied er, dass der gleichen Art mehrere Namen gegeben oder verschiedene Arten mit einem Namen bezeichnet werden konnten.

Innerhalb einer Art können unterschiedliche Unterarten beschrieben werden. Im 19. Jahrhundert führten Elliot Coues und Walter Rothschild dafür einen dreiteiligen Namen ein. Die Konventionen für die Benennung von Arten und Unterarten werden auch heute noch eingehalten.

TRADITIONELLE SYSTEMATIK

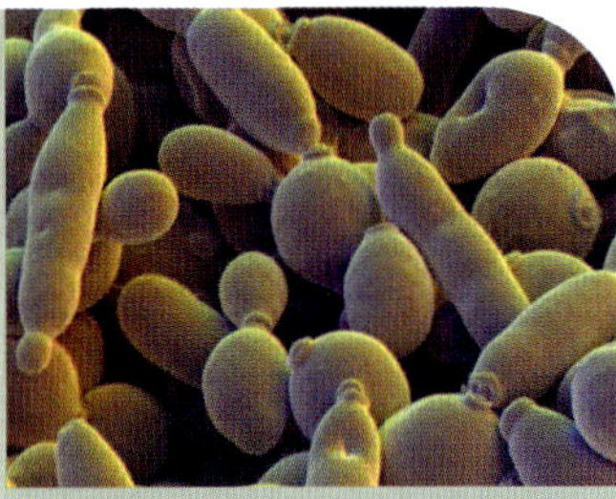

DOMÄNE
Eukaryota
Die zuletzt eingeführte Kategorie ist die Domäne. Bei der Einteilung ist es wichtig, ob Organismen einen Zellkern besitzen (Eukaryoten: Protoctisten, Pflanzen, Pilze und Tiere) oder nicht (Archaeen und Bakterien).

REICH
Animalia
Das Reich im traditionellen Sinn ist eine eher willkürliche Einteilung, die nicht auf den Verwandtschaftsverhältnissen basiert. In den letzten Jahren sind die früheren Reiche der Pflanzen und Tiere weiter unterteilt worden.

STAMM
Chordata
Der Stamm (bei Pflanzen die Abteilung) enthält eine oder mehrere Klassen mit bestimmten Eigenschaften. Die Arten der Chordaten besitzen eine Chorda dorsalis (oder ihre Reste), den Vorläufer der Wirbelsäule.

KLASSE
Mammalia
Die von Linné eingeführte Klasse umfasst eine oder mehrere Ordnungen. Zur Klasse Mammalia gehören Tiere, die warmblütig sind, Haare tragen, einen einzelnen Unterkieferknochen besitzen und ihre Jungen säugen.

> BEITRÄGE ZUR SYSTEMATIK
Im Lauf der Zeit haben viele Wissenschaftler versucht, die Welt der Natur zu ordnen, indem sie frühere Ideen mit neuerer Forschung kombinierten, die oben dargestellte Einteilung entwarfen und mit dem System binominaler und trinominaler Namen zusammenführten. Manche Wissenschaftler waren besonders einflussreich und lieferten nennenswerte Beiträge zur Taxonomie und Systematik.

TIERE UND PFLANZEN

Aristoteles klassifizierte als einer der Ersten Lebewesen und führte die Gattung ein (*genos* im Griechischen, *genus* im Lateinischen). Er unterteilte die Tiere in Arten mit und ohne Blut, wobei er damit rotes Blut meinte. Diese Unterteilung ähnelt der modernen in Wirbeltiere und Wirbellose.

ARISTOTELES, 384–322 V. CHR.

ORDNUNG IM CHAOS

John Ray teilte die Lebewesen auf der Basis ihrer allgemeinen Morphologie ein und konnte so die Ähnlichkeiten zwischen den Arten gut erkennen und sie leicht in Gruppen einordnen. Er unterteilte auch die Blütenpflanzen in zwei Gruppen – die Monokotyledonen und die Dikotyledonen.

JOHN RAY, 1627–1705

INSEKTEN BESTIMMEN
Etwa 17 500 Schmetterlings-Arten sind bisher beschrieben worden. Um sie zu identifizieren oder neue Arten zu erkennen, besitzen Museen zum Vergleich große Sammlungen wie diese.

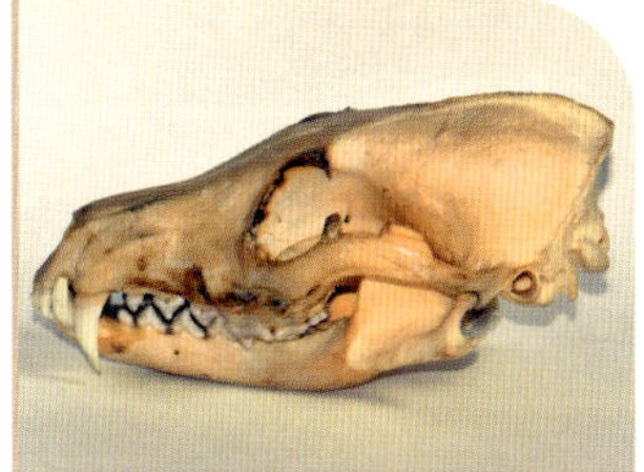

ORDNUNG
Carnivora
Als Nächstes folgt in Linnés Hierarchie die Ordnung, zu der eine oder mehrere Familien gehören. Die Raubtiere haben große Eckzähne und besondere Reißzähne zum Erlegen und Zerteilen der Beute.

FAMILIE
Canidae
Die Familie besteht aus Gattungen und den darin enthaltenen Arten. Die Familie Canidae umfasst 35 heute lebende Arten, die nicht einziehbare Krallen und zwei miteinander verschmolzene Handwurzelknochen besitzen.

GATTUNG
Vulpes
Die zuerst von Aristoteles eingeführte Gattung bezeichnet eine Untereinheit der Familie. *Vulpes* ist eine Gattung innerhalb der Familie Canidae. Alle Füchse haben große, dreieckige Ohren und eine lange, spitze Schnauze.

ART
Vulpes vulpes
Die Art ist die Basiseinheit der Taxonomie und besteht aus Populationen ähnlicher Organismen, die sich miteinander fortpflanzen. Der Rotfuchs paart sich unter natürlichen Umständen nur mit anderen Rotfüchsen.

TIER, PFLANZE ODER MINERAL

Linné unterteilte die Natur in drei Reiche – Tiere, Pflanzen und Mineralien. Er entwarf ein hierarchisches System mit Klassen, Ordnungen, Familien, Gattungen und Arten und begründete die Konvention der binominalen wissenschaftlichen Artnamen.

Carl von Linné, 1707–1778

EIN NEUES REICH

Bisher galten Lebewesen entweder als Tier oder als Pflanze, doch 1866 argumentierte Ernst Haeckel, dass die mikroskopisch kleinen Lebensformen in eine eigene Gruppe (Protista, in diesem Buch Protoctista) eingeordnet werden müssten.

Ernst Haeckel, 1834–1919

EINFÜHRUNG DER ARCHAEA

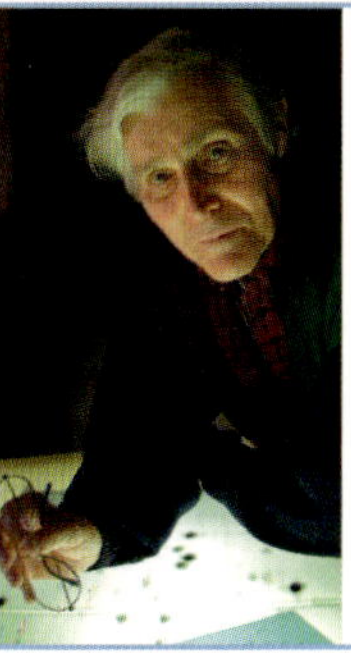

Die von Carl Woese und George Fox 1977 erkannten Archaea sind mikroskopisch kleine Organismen extremer Lebensräume. Die DNA der ursprünglich als Bakterien angesehenen Organismen ist so einzigartig, dass ein System mit drei Domänen eingeführt wurde.

Carl Woese, geboren 1928

ABSTAMMUNG DER TIERE

In den 1950er-Jahren wurde ein revolutionärer neuer Ansatz vorgeschlagen, um Arten zu gruppieren. Diese Phylogenetische Systematik erlaubte es Taxonomen, die Verwandtschaft der Arten durch die Einordnung in Kladen zu verdeutlichen.

Die Phylogenetische Systematik, auch als Kladistik bezeichnet, basiert auf den Arbeiten von Willi Hennig (1913–1976). Er nahm an, dass Organismen mit den gleichen neu entstandenen Eigenschaften näher miteinander verwandt seien als die, denen diese Merkmale fehlen. Daher besäßen diese Arten im Vergleich zu anderen einen jüngeren gemeinsamen Vorfahren. Wie bei Linnés traditionellem Ansatz ist die Gliederung hierarchisch, und es können als Kladogramme bezeichnete Stammbäume erstellt werden.

Damit ein Merkmal in einer phylogenetischen Analyse eingesetzt werden kann, muss es ein gemeinsames neues Merkmal (Synapomorphie) sein und keines, was bereits gemeinsame Vorfahren mit anderen Gruppen besaßen (Symplesiomorphie). Beispielsweise sind die Beine und Pfoten der meisten Raubtiere ursprüngliche und die Flossen der Robben neue, abgeleitete Merkmale. Diese abgeleitete Eigenschaft besitzen drei Gruppen, was suggeriert, dass sie näher miteinander verwandt sind als mit den Gruppen ohne Flossen. Nur für eine einzige Gruppe charakteristische Merkmale helfen bei ihrer Bestimmung, sagen aber nichts über die Verwandtschaftsverhältnisse zu anderen aus. Die Kladistik stützt sich also nur auf die Identifikation von Synapomorphien.

ABSTAMMUNG VERSTEHEN

Je mehr gemeinsame abgeleitete Merkmale Organismen aufweisen, desto näher ist ihre Verwandtschaft. Beispielsweise sehen sich Geschwister ähnlicher als andere Kinder. Sie teilen sich die gleichen Eltern und sind mit anderen Menschen nicht so nah verwandt.

Bei der Verwendung molekularbiologischer Daten wird die Phylogenetische Systematik meistens nicht angewandt, da hier nur selten zwischen Synapomorphien und Symplesiomorphien unterschieden werden kann. Daher können diese Methoden zwar Verwandtschaftsverhältnisse erhellen (etwa, dass die Wale Paarhufer sind), bedürfen aber sehr oft der Bestätigung durch andere, zum Beispiel morphologische Merkmale.

WISSENSCHAFT

AUSSENGRUPPEN

In der phylogenetischen Analyse wählt man eine zwar verwandte, der zu untersuchenden Gruppe aber nicht zu nahe stehende Art als Außengruppe. Auf diese Weise können die apomorphen von den plesiomorphen Merkmalen unterschieden werden. Wenn man ein Kladogramm der Vögel erstellen will, könnte man beispielsweise die Panzerechsen als Außengruppe wählen.

Aussengruppe der Vögel

∨ NAHE VERWANDTSCHAFT
Giraffen und Kudus sind Paarhufer und daher näher miteinander verwandt als mit den Zebras, die Unpaarhufer sind. Als behaarte Tiere sind alle drei näher miteinander verwandt als mit den gefiederten, sie umgebenden Vögeln.

KLADOGRAMME ERSTELLEN

Um ein Kladogramm zu erstellen, muss man die jeweiligen Organismengruppen auf ursprüngliche und abgeleitete Merkmale hin untersuchen. Ihre Verteilung ist nicht immer so eindeutig wie im unten gezeigten Diagramm. Oft lässt das entstehende Kladogramm auch mehrere Interpretationen zu, sodass verschiedene Möglichkeiten gegeneinander abgewogen werden müssen. In diesem Fall kommt das Prinzip der Parsimonie, also der Sparsamkeit, zum Einsatz. Es wird das Kladogramm gewählt, das die wenigsten Merkmalsänderungen erfordert, um die angenommenen Verwandtschaftsverhältnisse zu erklären.

< MILCHNAHRUNG
Alle Säugetiere besitzen Milchdrüsen, ein für die Klasse Mammalia synapomorphes Merkmal auf der Ebene der Klasse. Synapomorphe Merkmale auf Familienebene können zur weiteren Unterteilung eingesetzt werden.

MERKMAL	HUND	BÄR	HUNDS-ROBBE	OHREN-ROBBE	WALROSS
Säugen der Jungen	1	1	1	1	1
kurzer Schwanz	0	1	1	1	1
Vorderbeine zu Flossen umgewandelt	0	0	1	1	1
sehr biegsame Wirbelsäule	0	0	1	1	1
Hinterbeine nach vorn umklappbar	0	0	0	1	1
Stoßzähne vorhanden	0	0	0	0	1

< MERKMALE
Hier sind einige morphologische Merkmale aufgelistet, mit denen das unten abgebildete Kladogramm erstellt worden ist. Das Säugen der Jungen mit Milch ist allen Gruppen gemeinsam, doch andere Eigenschaften treten nur in einzelnen Gruppen auf. Nur das Walross trägt Stoßzähne.

∨ KLADOGRAMM
In diesem Kladogramm stellen die Hunde die Außengruppe dar. Das Walross ist die am stärksten abgeleitete Art. Die jeweiligen Merkmale sind Gemeinsamkeiten der rechts jeder Nummer befindlichen Gruppen – so haben Bären, Hunds- und Ohrenrobben sowie das Walross einen kurzen Schwanz.

LEGENDE

0	Merkmal nicht vorhanden
1	Merkmal vorhanden

HUNDE
BÄREN
HUNDSROBBEN
OHRENROBBEN
WALROSS

1 2 3 4 5

Die Außengruppe weist nicht Merkmal 1 auf.

Zwei Merkmale unterscheiden die Bären von den Hunds- und Ohrenrobben sowie dem Walross.

Nur die Ohrenrobben und das Walross besitzen Merkmal 4.

Das Walross ist die am stärksten abgeleitete Art.

1

KURZER SCHWANZ
Bären, Hunds- und Ohrenrobben sowie das Walross haben einen kurzen Schwanz (Merkmal 1). Hunde besitzen dagegen mit ihrem langen Schwanz das ursprüngliche Merkmal. Merkmal 1 ist also eine Synapomorphie der gezeigten Familien mit Ausnahme der Hunde.

2

FLOSSEN
Unter den Raubtieren sind die Flossen der Hunds- und Ohrenrobben sowie des Walrosses einzigartig. Merkmal 2 (Flossen) ist daher auf dieser Ebene ein synapomorphes Merkmal. Es lässt darauf schließen, dass die drei Gruppen näher miteinander verwandt sind als mit den Bären.

3

FLEXIBLE WIRBELSÄULE
Merkmal 3 (flexible Wirbelsäule) befindet sich auf der gleichen Ebene wie Merkmal 2 und bestätigt die durch die Flossen angedeutete Verwandtschaft. Je mehr Synapomorphien auf einer Ebene vorliegen, desto überzeugender ist das belegte Verwandtschaftsverhältnis.

4

STÜTZENDE FLOSSEN
Sowohl bei den Ohrenrobben als auch beim Walross kann der Beckengürtel gedreht werden, sodass die hinteren Gliedmaßen die Fortbewegung an Land unterstützen. Das deutet darauf hin, dass sie einen jüngeren Vorfahren miteinander teilen als mit den Hundsrobben.

5
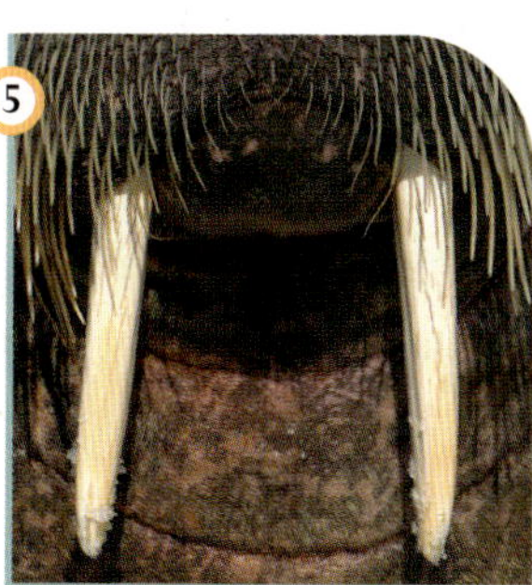

STOSSZÄHNE
Die Stoßzähne sind ein neues, nur für das Walross typisches Merkmal (Autapomorphie), das nichts über das Verwandtschaftsverhältnis zu anderen Tieren aussagt. Das Säugen ist dagegen eine Symplesiomorphie, die ebenfalls nichts über die Verwandtschaft innerhalb der Gruppe aussagt.

BAUM DES LEBENS

Der deutsche Naturkundler Peter Pallas war im Jahr 1766 der Erste, der vorschlug, die Vielfalt des Lebens durch einen Baum darzustellen. Seitdem sind viele Stammbäume erstellt worden, ursprünglich naturnah mit Borke und Blättern, später abstrakter und mit Bezug auf die Evolutionstheorie. Moderne computergenerierte Kladogramme können auf vielfältige Weise darstellen, wie die Lebewesen miteinander verwandt sind.

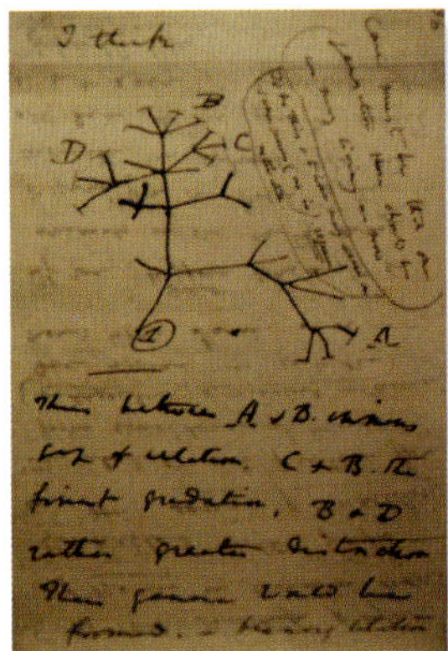

DARWINS ERSTER STAMMBAUM

Charles Darwin war der Erste, der einen Stammbaum auf der Basis der Evolutionstheorie entworfen hat. Den ersten seiner zehn Entwürfe skizzierte er im Jahr 1837. Es war ein einfaches Diagramm, das er weiterentwickelte, bevor er es in »Die Entstehung der Arten« im Jahr 1859 veröffentlichte. Die beschrifteten Äste zeigen, wie die Theorie seiner Meinung nach funktionierte. Je mehr Verzweigungspunkte einen Organismus von seinem Vorfahren trennen, desto unterschiedlicher sollte er sein. Im Jahr 1879 führte Ernst Haeckel die Idee mit einem Baum fort, der die Entwicklung von Tieren aus einzelligen Organismen zeigte. Heute werden auch Analysen der DNA und der Proteine neben der Morphologie hinzugezogen, um die Verwandtschaft der Organismen zu klären. Um große Datensätze verarbeiten zu können, müssen Computer eingesetzt werden.

Stammbäume betonen unweigerlich die Wirbeltiere, da man über sie am meisten weiß. Die vielen mikroskopisch kleinen Prokaryoten (Archaeen und Bakterien) und Protoctisten (nicht als Pflanzen, Tiere oder Pilze eingeordnete Organismen) sind oft unterrepräsentiert, weil ihre Verwandtschaftsverhältnisse oft unklar sind. Wenn mehr über sie bekannt wird, ändern sich die Stammbäume erneut.

MASSENAUSSTERBEN

Alle jemals existierenden Lebensformen in einem Stammbaum unterzubringen, ist schwierig, da 95 % von ihnen ausgestorben sind. Bei einem Massenaussterben verschwinden viele Arten zur gleichen Zeit, was bereits fünfmal geschehen ist. Das bekannteste am Ende der Kreidezeit löschte die Dinosaurier aus. Man vermutet, dass der Einschlag eines Meteors sowie vulkanische Aktivität dafür verantwortlich gewesen sind. Da der Mensch die heutigen Lebensräume zerstört, wird es in naher Zukunft ein weiteres Massenaussterben geben.

MASSENAUSSTERBEN

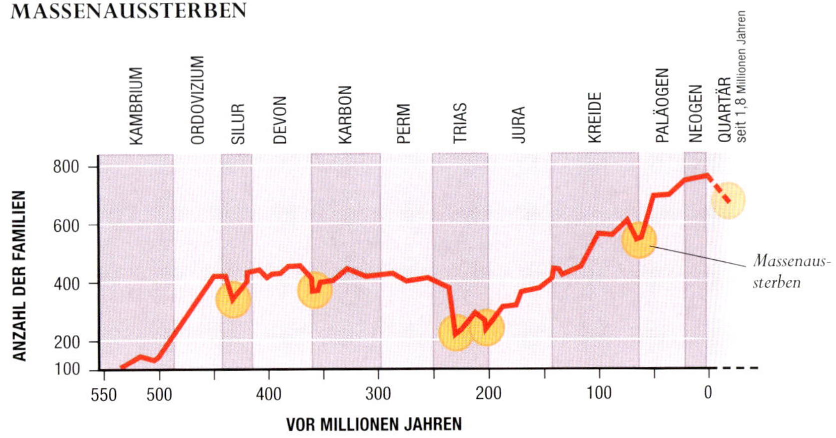

LESEN DES STAMMBAUMS

Dieses Diagramm zeigt, wie sich das Leben von Organismen entwickelt hat, angefangen bei den Archaeen, die vor etwa 3,4 Milliarden Jahren entstanden, bis zu komplexeren Lebensformen wie den Tieren, die vor etwa 540 Millionen Jahren erschienen. Es zeigt auch die Vielfalt der Wirbeltiere (siehe S. 34–35), die hier überdurchschnittlich gut vertreten sind. Die Kreise bezeichnen Punkte, an denen Organismengruppen von einem gemeinsamen Vorfahren etwa zur gleichen Zeit abgezweigt sind. Nur die heute noch existierenden Gruppen werden angezeigt.

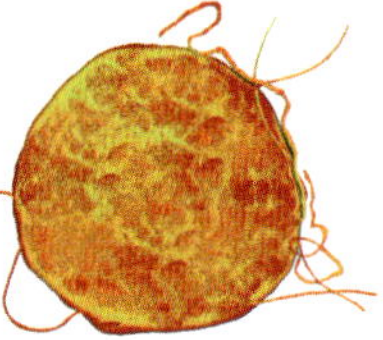

PROKARYOTEN

ARCHAEEN

BAKTERIEN

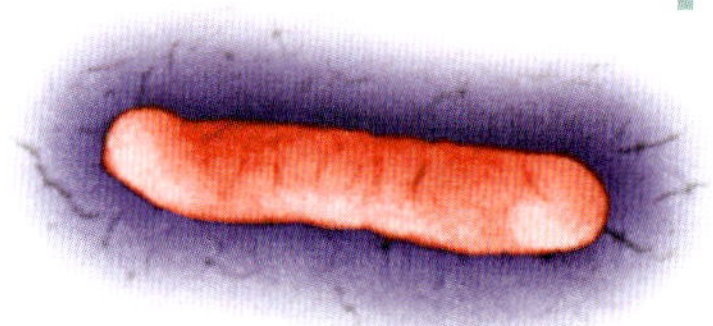

DOMÄNEN DES LEBENS

Alle Lebensformen zählen entweder zu den Prokaryoten oder zu den Eukaryoten. Prokaryoten sind in der Regel Einzeller und besitzen keinen Zellkern. Eukaryoten tendieren zur Vielzelligkeit, und jede Zelle enthält einen Kern, in dem sich DNA befindet. Diese Tabelle zeigt, zu welcher Gruppe die verschiedenen Organismen gehören. Die meisten sind Prokaryoten. Die Archaeen und die Bakterien sind die größten Gruppen. Auch wenn nur etwa 10 000 Arten beschrieben worden sind, gehen die Schätzungen über 10 Millionen Arten hinaus. Unter den Eukaryoten sind die Wirbellosen und die Protoctisten weit zahlreicher als die Wirbeltiere.

PROKARYOTEN	EUKARYOTEN
ARCHAEEN	PROTOCTISTEN
BAKTERIEN	PFLANZEN LEBERMOOSE LAUBMOOSE FARNGEWÄCHSE PALMFARNE, GINKGOGEWÄCHSE, NADELBÄUME BEDECKTSAMER
	PILZE STÄNDERPILZE SCHLAUCHPILZE FLECHTEN
CYANOBAKTERIEN	TIERE WIRBELLOSE CHORDATIERE

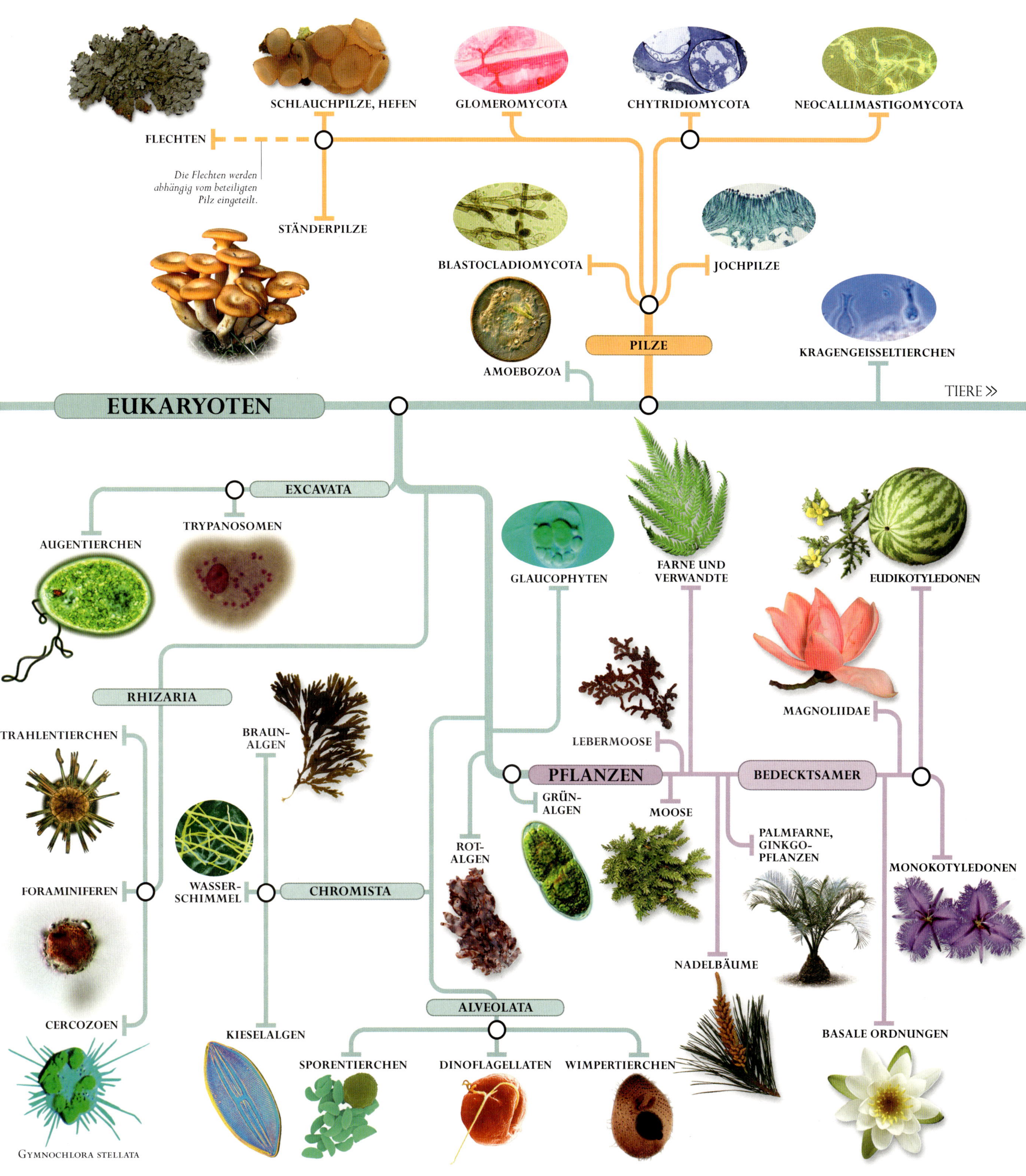

SCHLAUCHPILZE, HEFEN
GLOMEROMYCOTA
CHYTRIDIOMYCOTA
NEOCALLIMASTIGOMYCOTA
FLECHTEN
Die Flechten werden abhängig vom beteiligten Pilz eingeteilt.
STÄNDERPILZE
BLASTOCLADIOMYCOTA
JOCHPILZE
PILZE
AMOEBOZOA
KRAGENGEISSELTIERCHEN
EUKARYOTEN
TIERE »
EXCAVATA
TRYPANOSOMEN
AUGENTIERCHEN
GLAUCOPHYTEN
FARNE UND VERWANDTE
EUDIKOTYLEDONEN
RHIZARIA
STRAHLENTIERCHEN
BRAUN-ALGEN
LEBERMOOSE
MAGNOLIIDAE
PFLANZEN
BEDECKTSAMER
GRÜN-ALGEN
MOOSE
PALMFARNE, GINKGO-PFLANZEN
ROT-ALGEN
MONOKOTYLEDONEN
FORAMINIFEREN
WASSER-SCHIMMEL
CHROMISTA
NADELBÄUME
ALVEOLATA
CERCOZOEN
KIESELALGEN
SPORENTIERCHEN
DINOFLAGELLATEN
WIMPERTIERCHEN
BASALE ORDNUNGEN
GYMNOCHLORA STELLATA

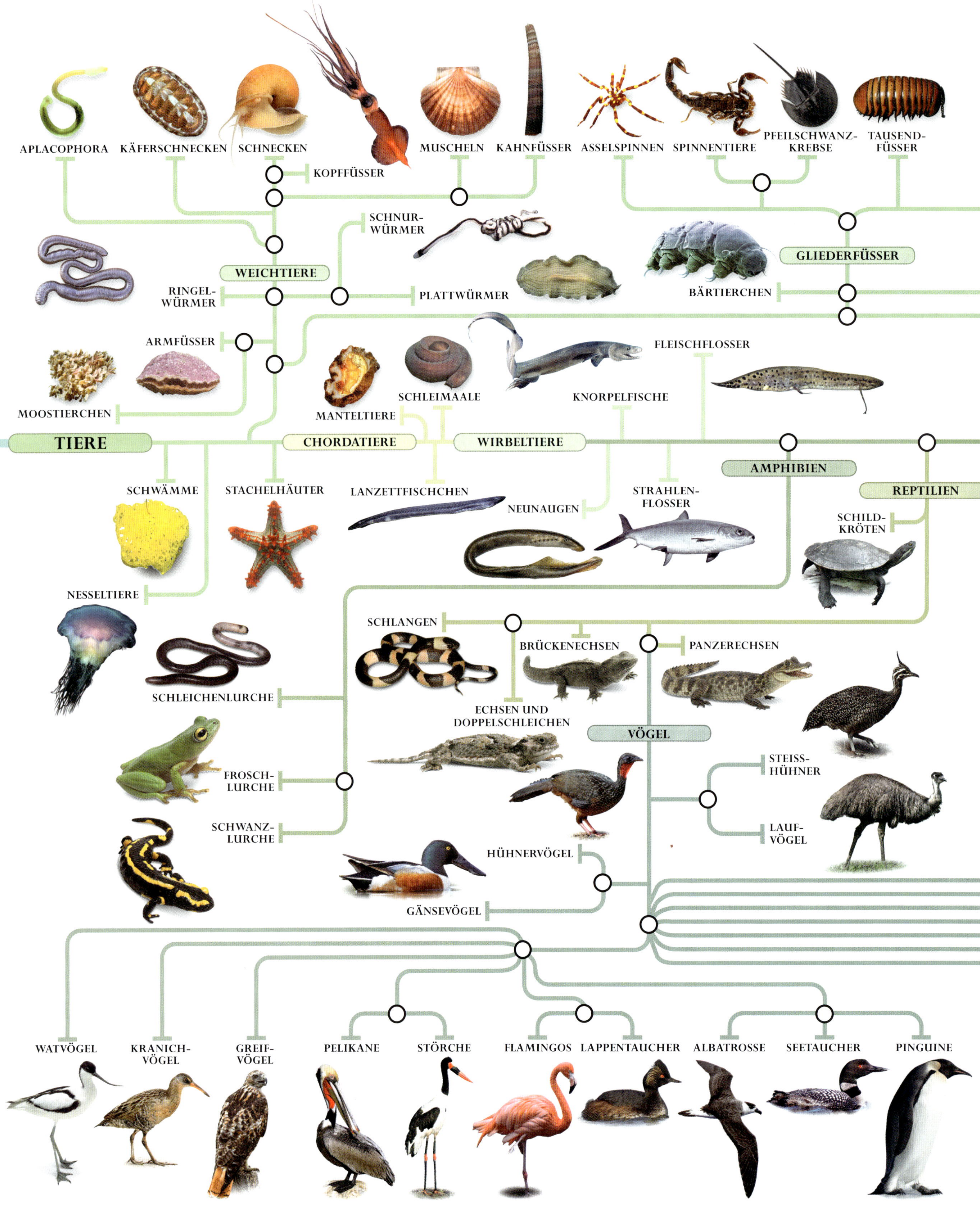
APLACOPHORA
KÄFERSCHNECKEN
SCHNECKEN
KOPFFÜSSER
MUSCHELN
KAHNFÜSSER
ASSELSPINNEN
SPINNENTIERE
PFEILSCHWANZ-KREBSE
TAUSEND-FÜSSER
SCHNUR-WÜRMER
WEICHTIERE
GLIEDERFÜSSER
RINGEL-WÜRMER
PLATTWÜRMER
BÄRTIERCHEN
ARMFÜSSER
FLEISCHFLOSSER
MOOSTIERCHEN
MANTELTIERE
SCHLEIMAALE
KNORPELFISCHE
TIERE
CHORDATIERE
WIRBELTIERE
AMPHIBIEN
REPTILIEN
SCHWÄMME
STACHELHÄUTER
LANZETTFISCHCHEN
NEUNAUGEN
STRAHLEN-FLOSSER
SCHILD-KRÖTEN
NESSELTIERE
SCHLANGEN
BRÜCKENECHSEN
PANZERECHSEN
SCHLEICHENLURCHE
ECHSEN UND DOPPELSCHLEICHEN
VÖGEL
STEISS-HÜHNER
FROSCH-LURCHE
LAUF-VÖGEL
SCHWANZ-LURCHE
HÜHNERVÖGEL
GÄNSEVÖGEL
WATVÖGEL
KRANICH-VÖGEL
GREIF-VÖGEL
PELIKANE
STÖRCHE
FLAMINGOS
LAPPENTAUCHER
ALBATROSSE
SEETAUCHER
PINGUINE

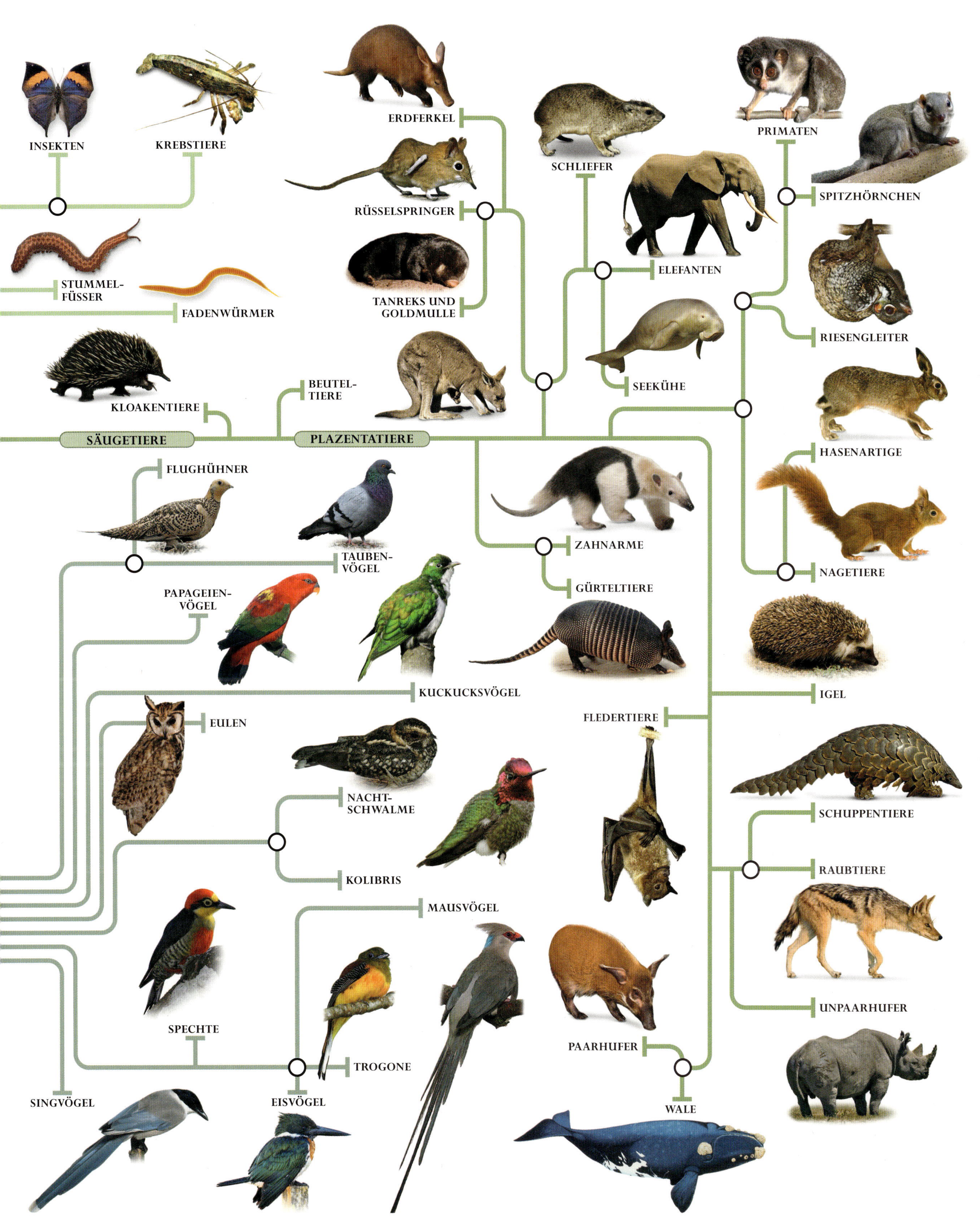

INSEKTEN
KREBSTIERE
STUMMEL-FÜSSER
FADENWÜRMER
KLOAKENTIERE
SÄUGETIERE
BEUTEL-TIERE
PLAZENTATIERE
ERDFERKEL
RÜSSELSPRINGER
TANREKS UND GOLDMULLE
SCHLIEFER
ELEFANTEN
SEEKÜHE
PRIMATEN
SPITZHÖRNCHEN
RIESENGLEITER
HASENARTIGE
NAGETIERE
ZAHNARME
GÜRTELTIERE
IGEL
FLEDERTIERE
SCHUPPENTIERE
RAUBTIERE
UNPAARHUFER
PAARHUFER
WALE
FLUGHÜHNER
TAUBEN-VÖGEL
PAPAGEIEN-VÖGEL
KUCKUCKSVÖGEL
EULEN
NACHT-SCHWALME
KOLIBRIS
MAUSVÖGEL
SPECHTE
TROGONE
SINGVÖGEL
EISVÖGEL

MINERALIEN, GESTEINE & FOSSILIEN

Das Leben auf der Erde wird von den Gesteinen zu unseren Füßen gestaltet. Gesteine bestehen aus verschiedenen Mineralien und haben einen weitreichenden Einfluss auf die Landschaft, die Vegetation und den Boden. In den Gesteinen sind Fossilien erhalten, die uns einen detaillierten Eindruck von den Lebensformen und ihrer Evolution seit der fernen Vergangenheit vermitteln.

» 38

MINERALIEN

Mineralien sind die Bausteine der Gesteine und besitzen in der Regel eine kristalline Struktur. Von mehreren Tausend Mineralen in der Erdkruste sind weniger als 50 weit verbreitet.

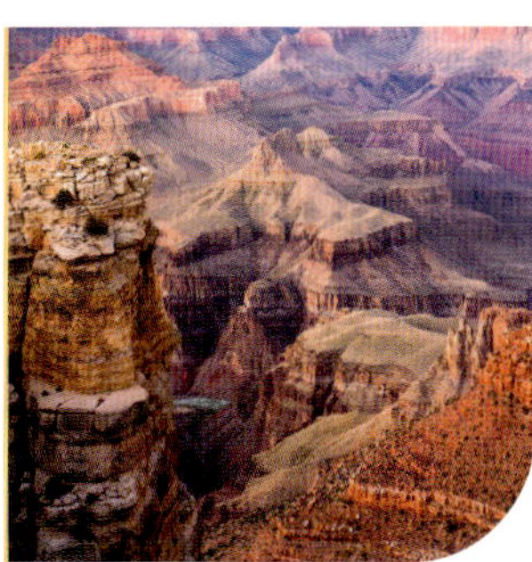

» 62

GESTEINE

Gesteine teilt man nach der Art ihrer Entstehung ein. Sie unterliegen einem ständigem Abbau und Aufbau. Die ältesten Gesteine sind 3,8 Milliarden Jahre alt. Sie entstanden, als die Erdkruste erstarrte.

» 74

FOSSILIEN

Die meisten Fossilien bestehen aus harten Körperteilen wie Zähnen oder Knochen. Aber gelegentlich zeugen auch Fußabdrücke und Weichteilabdrücke von vergangenen Lebewesen.

MINERALIEN

Mineralien sind die Stoffe, aus denen Gesteine bestehen. Auf der Erde kommen mehr als 4000 verschiedene Mineralien mit jeweils eigener chemischer Zusammensetzung vor. Die meisten sind hart und kristallin. Einige sind sehr häufig anzutreffen, während andere, wie der Diamant, sehr selten und teuer sind.

Kupfer kommt oft in dendritischer (baumartig verzweigter) Form vor. Es hat einen hohen wirtschaftlichen Wert.

Malachit kann traubig oder derb, d. h. ohne bestimmte Gestalt, auftreten.

Krokoit oder Bleichromat bildet oft schlanke, lang gestreckte prismatische Kristalle.

Mineralien sind für die Wirtschaft sehr wichtig. Sie liefern nützliche Rohstoffe, von Metallen bis hin zu Katalysatoren für die Industrie, aber auch Objekte, die sich durch außergewöhnliche Schönheit auszeichnen, vor allem wenn sie als Edelsteine geschliffen und poliert sind. Mineralien sind aber auch für das Leben an sich wichtig. Im Boden und im Wasser gelöst liefern sie Nährstoffe für Pflanzen und andere Organismen. Ohne sie würden die Ökosysteme zusammenbrechen.

Mineralien werden nach ihrer chemischen Zusammensetzung klassifiziert. Einige wie zum Beispiel Gold, Silber und Schwefel kommen gediegen, d. h. als reines chemisches Element vor. Alle anderen Mineralien sind chemische Verbindungen. So besteht Quarz aus zwei Elementen (Silicium und Sauerstoff), zwischen denen eine sehr starke Bindung besteht. Dies verleiht ihm seine besondere Härte und Widerstandsfähigkeit. Quarz zählt zu den Silikaten, einer Mineralgruppe, die etwa 75 % der Erdkruste ausmacht. Andere häufige Gruppen sind die Halogenide, zu denen das Steinsalz gehört, sowie die Phosphate und die Carbonate. Die beiden Letzteren sind von besonderer Bedeutung für die Tierwelt, da sie die Hauptbestandteile harter Körperteile (wie Zähne, Knochen) oder Schalen bilden.

MINERALIEN BESTIMMEN

Mit einiger Erfahrung kann man viele Mineralien allein anhand ihres Aussehens identifizieren. Wichtige Bestimmungshilfen sind Farbe, Glanz (die Art und Weise, wie das Licht von ihrer Oberfläche reflektiert wird) und vor allem die Kristallform. Kristalle werden nach ihren Symmetrie-Eigenschaften in sechs Systeme eingeteilt (siehe unten). Die Kristalle selber können unterschiedlich angeordnet sein: parallel, dendritisch (verzweigt) oder traubig.

Mineralien unterscheiden sich auch in ihrer Dichte bzw. ihrem spezifischen Gewicht (SG, ihrem Gewicht im Vergleich zum entsprechenden Wasservolumen) und in ihrer Härte (H). Auf der zehnstufigen Mohs'schen Härteskala hat Talk die Härte 1 und Diamant als härtestes Mineral die Härte 10. Vergleichsmaßstäbe sind unter anderem ein Fingernagel (Härte 2), eine Kupfermünze (3,5) oder eine Messerklinge (6). Erstaunlicherweise ist die Größe wenig aussagekräftig. Gipskristalle beispielsweise sind in der Regel weniger als 1 cm lang, die größten bisher entdeckten Exemplare haben jedoch die Höhe eines zweistöckigen Hauses.

VULKANISCHE MINERALIEN >
Der Boden von Dallol in der äthiopischen Danakil-Wüste ist von Fumarolen übersät und mit elementarem Schwefel bedeckt.

STREITFRAGE

MINERAL: JA ODER NEIN?

Als Mineralien werden üblicherweise nur anorganische Stoffe bezeichnet. Organische Substanzen, die als Schmucksteine oder zu anderen Dekorationszwecken verwendet werden, gelten nicht als echte Mineralien, auch wenn sie eine ähnliche chemische Zusammensetzung aufweisen. Bernstein ist versteinertes Harz, oft aus der Kreidezeit oder dem Tertiär, und kann Insektenfossilien enthalten. Gagat, ein weiches schwarzes Mineral, ist eine Art Kohle. Er kam im 19. Jahrhundert als Schmuckstein in Mode. Perlmutt, Perlen und Korallen enthalten viel Calcit und werden zu Dekorationszwecken verwendet.

KRISTALLSYSTEME

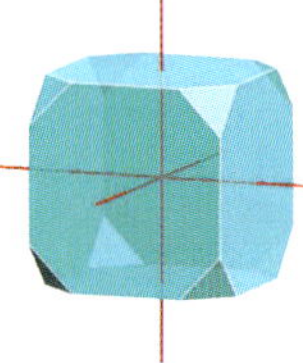

Kubische Kristalle sind weit verbreitet und leicht zu erkennen. Sie haben drei Achsen im rechten Winkel. Hauptformen sind Würfel und Oktaeder.

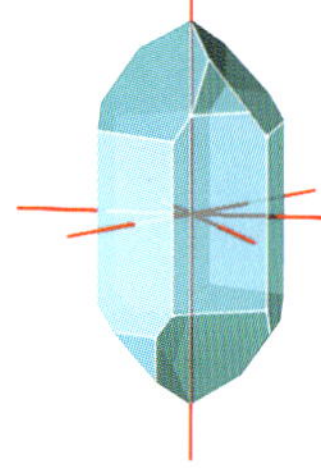

Hexagonale und trigonale Kristalle besitzen vier Symmetrieachsen. Die Kristalle sind oft sechseckige Prismen mit pyramidenförmiger Spitze (links).

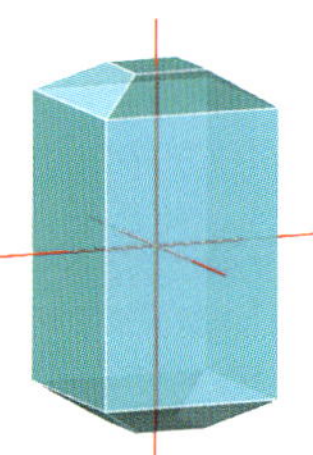

Tetragonale Kristalle besitzen drei Symmetrieachsen im rechten Winkel, von denen zwei gleich lang sind. In großen Prismen (links) ist die vertikale Achse länger.

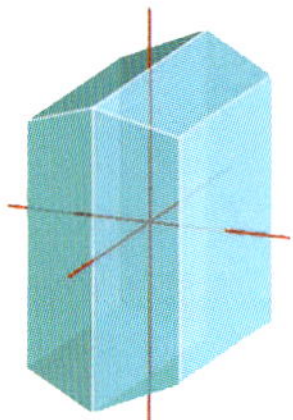

Monokline Kristalle besitzen drei ungleich lange Symmetrie-Achsen, zwei davon im rechten Winkel. Die Kristalle sind oft tafelig flach (links) oder prismatisch.

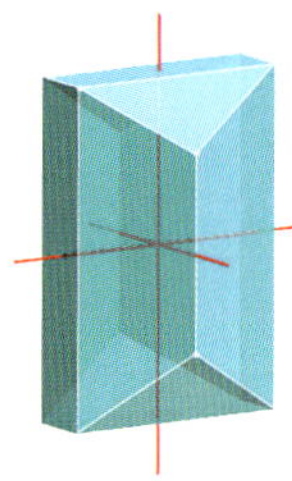

Orthorhombische Kristalle ähneln den monoklinen. Allerdings stehen hier alle drei Achsen senkrecht zueinander. Die Kristalle sind meist tafelig oder prismatisch (links).

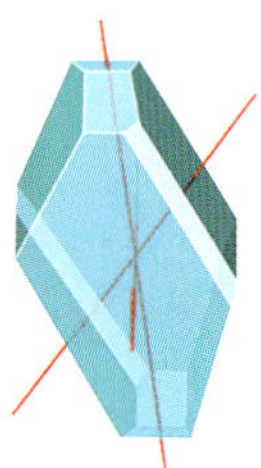

Trikline Kristalle weisen nur eine geringe Symmetrie auf. Die drei Achsen sind ungleich lang und stehen nicht senkrecht aufeinander. Sie bilden häufig Prismen.

GEDIEGENE ELEMENTE

Von den 88 natürlich vorkommenden Elementen sind nur etwa 20 gediegen, das heißt in reiner Form, anzutreffen. Sie werden in drei Gruppen eingeteilt: Metalle bilden nur selten einzelne Kristalle, haben meist ein hohes spezifisches Gewicht und sind weich. Halbmetalle wie Antimon und Arsen sind oft als rundliche Klumpen zu finden. Nichtmetalle wie Schwefel und Kohlenstoff bilden meist Kristalle.

REINES KUPFER

KUPFER
Kubisch • H 2½–3 • SG 8,9
Gediegenes Kupfer ist überwiegend in Klumpen oder drahtartigen Formen anzutreffen, oft vergesellschaftet mit basaltischer Lava. Es ist ein guter Leiter und wird in der Elektroindustrie eingesetzt.

KUPFER AUF GOETHIT-GRUNDMASSE

dendritischer Habitus

ANTIMON
Hexagonal/trigonal
H 3–3½ • SG 6,6–6,7
Dieses seltene silbergraue Halbmetall kommt in hydrothermalen Gängen vor, oft zusammen mit Arsen und Silber. Oxidierte Oberflächen sind weiß.

GRAPHIT
Hexagonal • H 1–2 • SG 2,1–2,3
Graphit besteht aus reinem Kohlenstoff und kommt in metamorphen Gesteinen vor. Er ist grau, weich und ideal für Bleistiftminen.

NICKEL-EISEN
Kubisch
H 4–5 • SG 7,3–8,2
Eisen ist immer mit Nickel legiert. Das Mineral Kamacit enthält bis zu 7,5 % Nickel, Taenit bis zu 50 %.

einzelner Diamantkristall

DIAMANT
Kubisch • H 10 • SG 3,52
Diamant, das härteste Mineral, ist eine wertvolle Form von Kohlenstoff. Er kommt in magmatischen Gesteinen, den Kimberlitröhren, vor.

Grundmasse

Harzglanz

ARSEN
Hexagonal/trigonal • H 3½ • SG 5,7
Das hochgiftige Arsen ist meist in hellgrauen Klumpen in hydrothermalen Gängen anzutreffen. Es riecht nach Knoblauch.

SCHWEFEL
Orthorhombisch • H 1½–2½ • SG 2,0–2,1
Elementarer Schwefel bildet gelbe Kristalle und pulvrige Krusten um Fumarolen. Er wird zu Farbstoffen, Fungiziden und Düngemitteln verarbeitet.

PLATIN-NUGGET

unregelmäßige Oberfläche

PLATIN
Kubisch • H 4–4½ • SG 21,4
Das seltene Metall Platin kommt in Form von Plättchen, Körnern und Nuggets in magmatischen Gesteinen und Schwemmsanden vor. Es findet in der Industrie Verwendung, etwa in Flugzeugzündkerzen.

PLATIN

Gold in Quarz

Goldnugget

GOLD
Kubisch • H 2½–3 • SG 19,3
Das wegen seiner Farbe und Bearbeitbarkeit geschätzte Gold entsteht in hydrothermalen Gängen und ist oft im Flusssand zu finden.

EISEN
Kubisch • H 4 • SG 7,3–7,9
Reines Eisen ist vor allem im Erdkern enthalten, da es sich an der Oberfläche leicht mit anderen Elementen verbindet.

WISMUT
Hexagonal/trigonal
H 2–2½ • SG 9,7–9,8
Elementares Wismut ist recht selten. Einzelkristalle kommen selten vor, meist sind körnige oder verzweigte Formen anzutreffen.

Quecksilberkügelchen in Gesteinshohlräumen

QUECKSILBER
Hexagonal/trigonal
H flüssig • SG 13,6–14,4
Quecksilber ist das einzige Metall, das bei normaler Temperatur flüssig ist. Die Flüssigkeit bildet silberne Kügelchen.

SILBER
Kubisch • H 2½–3 • SG 10,5
Gediegenes Silber ist weit verbreitet, aber selten in größeren Mengen anzutreffen, überwiegend verzweigt, drahtig oder tafelig.

SULFIDE

Sulfide sind Verbindungen aus Schwefel und einem oder mehreren Metallen. Viele Sulfide besitzen ein hohes spezifisches Gewicht und weisen einen Metallglanz auf. Sie bilden oft sehr schöne Kristalle aus. Sulfide kommen in vielen geologischen Umgebungen vor, besonders häufig in hydrothermalen Gängen. Die meisten wirtschaftlich bedeutsamen Erze sind Sulfide.

ZINNOBER
Hexagonal/trigonal
H 2–2½ • SG 8,0–8,2
Das rote Quecksilbersulfid ist seit Jahrhunderten das wichtigste Quecksilbererz. Es ist an Thermalquellen und in Vulkanen zu finden.

KOBALTGLANZ
Orthorhombisch • H 5½ • SG 6,3
Kobaltglanz ist ein Arsen-Kobalt-Sulfid. Es ist ein bedeutendes Kobalterz, das z. B. in Schweden und Norwegen vorkommt.

Lange, gebogene Kristalle ähneln Schwertern.

ANTIMONIT
Orthorhombisch • H 2 • SG 4,63–4,66
Der dunkelgraue Antimonit ist das wichtigste Antimonerz. Ausgedehnte Lagerstätten gibt es in China, Japan und den USA.

Nicht einzeln erkennbare Kristalle bilden Aggregate.

derber Bornit

Bornitkristalle

BORNIT
Tetragonal • H 3 • SG 5,0–5,1
Das Kupfer-Eisen-Sulfid Bornit ist kupferrot und läuft violett und blau an. Es ist ein bedeutendes Kupfererz.

BLEIGLANZ
Kubisch • H 2½ • SG 7,58
Bleiglanz ist eines der häufigsten und am weitesten verbreiteten Sulfidminerale. Es wird als Bleierz in großem Stil abgebaut.

GREENOCKIT
Hexagonal
H 3–3½ • SG 4,7–4,8
Das seltene gelbe, rote oder orangefarbene Kadmiumsulfid wurde nach Lord Greenock benannt, auf dessen schottischen Besitztümern es 1840 entdeckt wurde.

gewöhnlicher derber Kupferkies

Kupferkies-Kristalle

KUPFERKIES
Tetragonal
H 3½–4 • SG 4,3–4,4
Das Kupfer-Eisen-Sulfid Kupferkies ist messinggelb. Es hat als Kupfererz enorme wirtschaftliche Bedeutung.

gewöhnlicher kristalliner Sphalerit

derber Sphalerit

SPHALERIT
Kubisch • H 3½–4 • SG 3,9–4,1
Sphalerit ist ein Zinksulfid mit variablem Eisengehalt. Es ist das wichtigste Zinkerz.

AKANTHIT
Monoklin
H 2–2½ • SG 7,22
Akanthit kommt in Form dunkler, metallisch glänzender, manchmal spitzer Kristalle vor. Er ist das wichtigste Silbererz.

»

» SULFIDE

AURIPIGMENT
Monoklin
H 1½–2 • SG 3,4–3,5
Das goldgelbe Arsensulfid Auripigment kommt als blättriges oder säulenförmiges Aggregat an Thermalquellen vor.

REALGAR
Monoklin • H 1½–2 • SG 3,56
Das leuchtend orangerote Arsensulfid Realgar wurde früher als Farbpigment verwendet.

GLAUKODOT
Orthorhombisch • H 5 • SG 5,9–6,1
Glaukodot ist ein Kobalt-Eisen-Arsen-Sulfid, das als silbrig-weiße, spröde Masse ohne äußere Kristallform auftritt.

MOLYBDÄNIT
Hexagonal/trigonal
H 1–1½ • SG 4,62–5,06
Molybdänsulfid ist bleigrau. Wegen der schwachen Bindungen in einer geschichteten Kristallstruktur fühlt es sich fettig an.

MARKASIT
Orthorhombisch
H 6–6½ • SG 4,92
Das Eisensulfid Markasit ist heller und spröder als Pyrit. Es bildet oft speerförmige Zwillingskristalle oder »Hahnenkämme«.

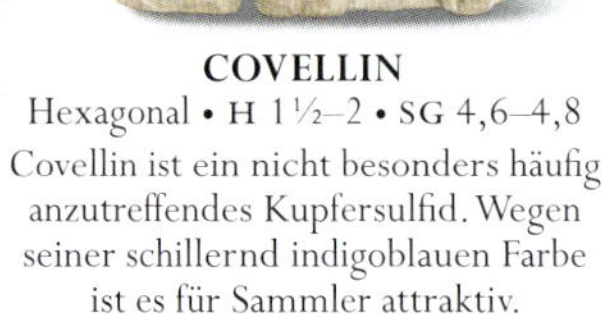

COVELLIN
Hexagonal • H 1½–2 • SG 4,6–4,8
Covellin ist ein nicht besonders häufig anzutreffendes Kupfersulfid. Wegen seiner schillernd indigoblauen Farbe ist es für Sammler attraktiv.

HAUERIT
Kubisch • H 4 • SG 3,46
Hauerit ist ein sehr seltenes Mangansulfid. Die braunen oktaedrischen Kristalle bilden sich in den Spitzen von Salzdomen.

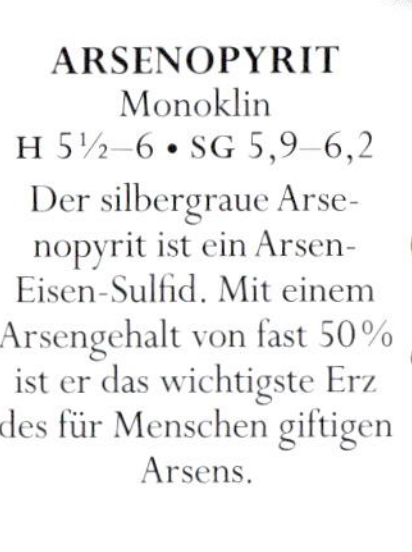

ARSENOPYRIT
Monoklin
H 5½–6 • SG 5,9–6,2
Der silbergraue Arsenopyrit ist ein Arsen-Eisen-Sulfid. Mit einem Arsengehalt von fast 50% ist er das wichtigste Erz des für Menschen giftigen Arsens.

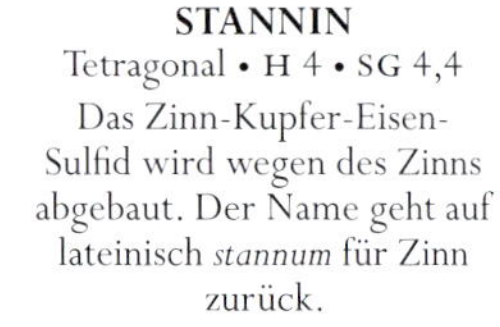

STANNIN
Tetragonal • H 4 • SG 4,4
Das Zinn-Kupfer-Eisen-Sulfid wird wegen des Zinns abgebaut. Der Name geht auf lateinisch *stannum* für Zinn zurück.

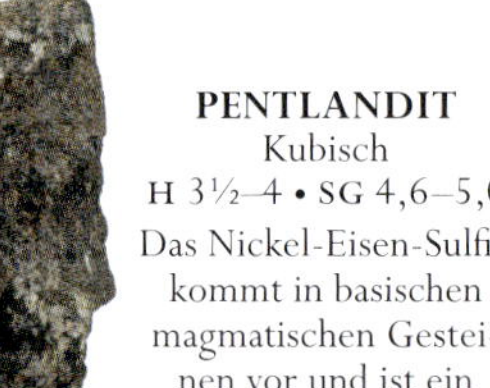

PENTLANDIT
Kubisch
H 3½–4 • SG 4,6–5,0
Das Nickel-Eisen-Sulfid kommt in basischen magmatischen Gesteinen vor und ist ein wichtiges Nickelerz.

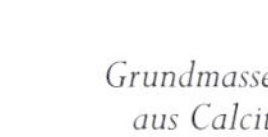

PYRIT
Kubisch
H 6–6½ • SG 5
Das wegen seiner goldenen Farbe auch als »Katzengold« bezeichnete Eisensulfid ist das häufigste Sulfidmineral.

PYRRHOTIN
Monoklin • H 3½–4½ • SG 4,53–4,77
Pyrrhotin ist ein Eisensulfid mit variablem Eisengehalt. Sein Magnetismus nimmt mit abnehmendem Eisengehalt zu.

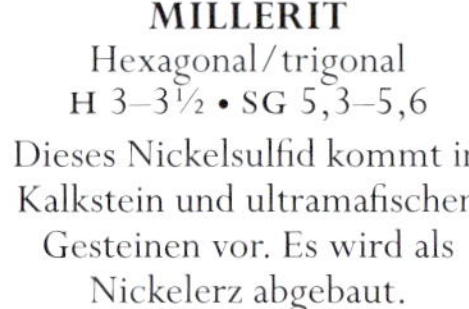

MILLERIT
Hexagonal/trigonal
H 3–3½ • SG 5,3–5,6
Dieses Nickelsulfid kommt in Kalkstein und ultramafischen Gesteinen vor. Es wird als Nickelerz abgebaut.

CHALKOSIN
Monoklin • H 2½–3 • SG 5,5–5,8
Der dunkelgraue bis schwarze Chalkosin wird seit Jahrhunderten als profitables Kupfererz abgebaut.

BISMUTHINIT
Orthorhombisch • H 2 • SG 6,8
Bismuthinit ist ein bedeutendes Wismuterz. Wismut findet vor allem in Medikamenten und Kosmetika Verwendung.

heller Metallglanz

strahlenförmige Kristalle

SULFOSALZE

Sulfosalze sind eine Gruppe aus etwa 200 meist seltenen Mineralen mit ähnlicher Struktur und ähnlichen Eigenschaften wie die Sulfide. Sie sind Verbindungen aus Schwefel, einem Metall – meist Silber, Kupfer, Blei oder Eisen – und einem Halbmetall, oft Antimon oder Arsen. Sulfosalze kommen häufig in hydrothermalen Gängen vor, in der Regel in kleinen Mengen.

POLYBASIT
Monoklin
H 2–3 • SG 6,0–6,3
Der eher seltene Polybasit ist ein Silber-Kupfer-Antimon-Arsen-Sulfid. Stellenweise ist er ein lohnendes Silbererz.

BOULANGERIT
Monoklin
H 2½–3 • SG 5,8–6,2
Das bläulich graue Blei-Antimon-Sulfid Boulangerit ist eines der wenigen Sulfidminerale, die feine, haarähnliche Kristalle ausbilden.

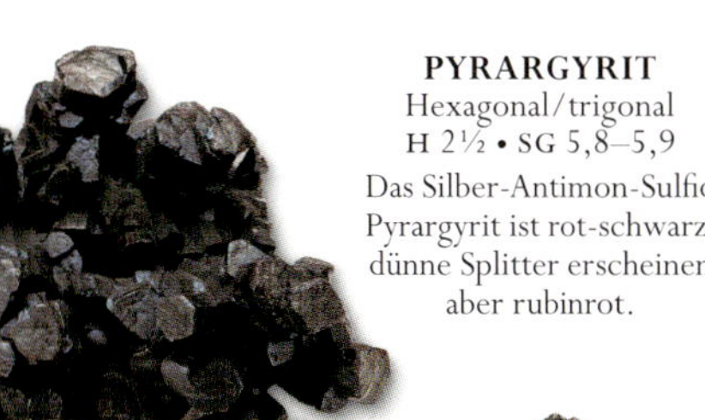

PYRARGYRIT
Hexagonal/trigonal
H 2½ • SG 5,8–5,9
Das Silber-Antimon-Sulfid Pyrargyrit ist rot-schwarz, dünne Splitter erscheinen aber rubinrot.

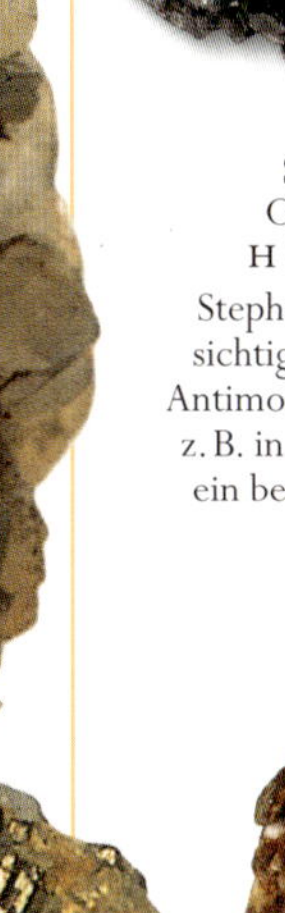

STEPHANIT
Orthorhombisch
H 2–2½ • SG 6,25
Stephanit ist ein undurchsichtiges schwarzes Silber-Antimon-Sulfid. Stellenweise, z. B. in Nevada (USA), ist es ein bedeutendes Silbererz.

JAMESONIT
Monoklin • H 2½ • SG 5,63
Die dunkelgrauen Kristalle des Blei-Eisen-Antimon-Sulfids Jamesonit können haarähnlich dünn oder groß und säulig sein.

prismatische Kristalle mit Rillen

PROUSTIT
Hexagonal/trigonal • H 2–2½ • SG 5,55–5,64
Das Silber-Arsen-Sulfid wird auch als Lichtes Rotgültigerz bezeichnet. Die durchsichtigen Kristalle sind scharlachrot.

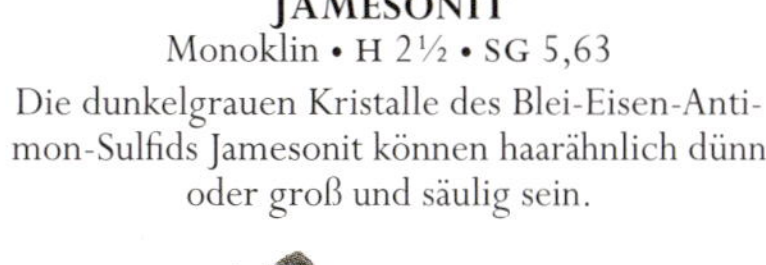

ZINKENIT
Hexagonal • H 3–3½ • SG 5,3
Zinkenit ist ein Blei-Antimon-Sulfid. Es bildet stahlgraue haar- oder nadelähnliche Kristalle aus.

TETRAEDRIT
Kubisch
H 3–4½ • SG 4,6–5,1
Das Kupfer-Eisen-Antimon-Sulfid Tetraedrit ist nach seinen tetraederförmigen Kristallen (mit vier dreieckigen Flächen) benannt.

TENNANTIT
Kubisch • H 3–4½ • SG 4,59–4,75
Tennantit, ein Kupfer-Eisen-Arsen-Sulfid, ähnelt Tetraedrit sehr. Es ist dunkelgrau oder schwarz.

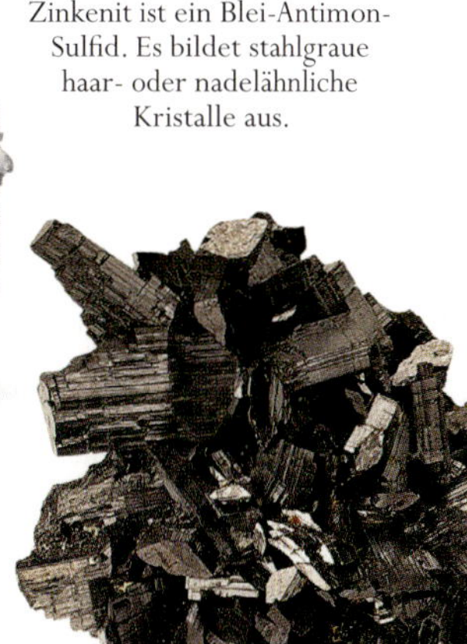

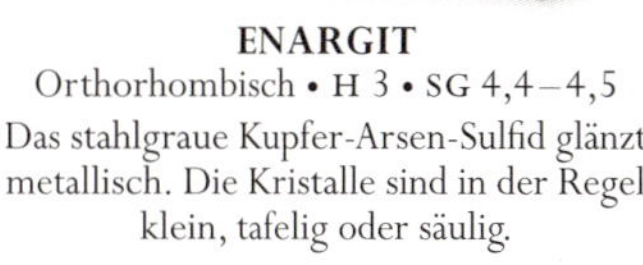

ENARGIT
Orthorhombisch • H 3 • SG 4,4–4,5
Das stahlgraue Kupfer-Arsen-Sulfid glänzt metallisch. Die Kristalle sind in der Regel klein, tafelig oder säulig.

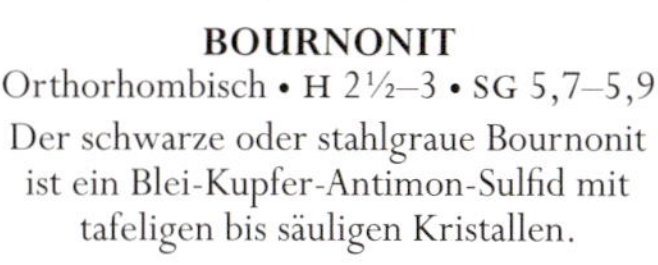

BOURNONIT
Orthorhombisch • H 2½–3 • SG 5,7–5,9
Der schwarze oder stahlgraue Bournonit ist ein Blei-Kupfer-Antimon-Sulfid mit tafeligen bis säuligen Kristallen.

OXIDE

Oxide sind Verbindungen aus Sauerstoff und anderen Elementen. Einige sind sehr hart und besitzen ein hohes spezifisches Gewicht, viele haben leuchtende Farben. Zu den Oxiden zählen die wichtigsten Eisen-, Mangan-, Aluminium-, Zinn- und Chromerze. Manche Oxidminerale sind als Schmucksteine gefragt. Oxide kommen in hydrothermalen Gängen, magmatischen und metamorphen Gesteinen und, da sie nicht verwittern, in Sedimentschichten vor.

CUPRIT
Kubisch • H 3½–4 • SG 6,14
Cuprit ist ein rotes Kupferoxid, das nahe der Erdoberfläche durch Oxidation von Kupfermineralen entsteht.

PEROWSKIT
Orthorhombisch
H 5½ • SG 4,01
Das dunkle Calcium-Titan-Oxid entsteht in magmatischen und metamorphen Gesteinen. Es wurde 1839 in Russland entdeckt.

ILMENTIT
Hexagonal/trigonal • H 5–6 • SG 4,72
Das Eisen-Titan-Oxid ist das wichtigste Titanerz. Titan besitzt eine hohe Festigkeit bei geringer Dichte – wichtig in der Luft- und Raumfahrt.

oktaedrischer Franklinitkristall

FRANKLINIT
Kubisch
H 5½–6½ • SG 5,07–5,22
Das schwarze oder braune Zink-Mangan-Eisen-Oxid ist in metamorphem Kalkstein anzutreffen, vor allem bei Franklin, New Jersey (USA).

KASSITERIT
Tetragonal • H 6–7 • SG 7
Kassiterit ist nahezu der einzige Zinnlieferant. Das Zinnoxid ist überwiegend in Form kleiner Körner im Flusskies anzutreffen.

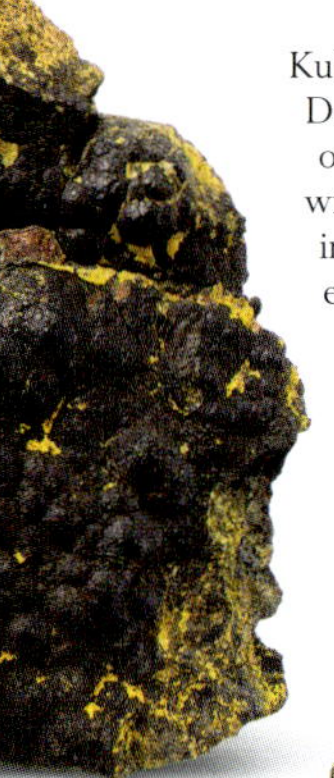

URANINIT
Kubisch • H 5–6 • SG 6,5–10,0
Das hochradioaktive, schwarze oder braune Uranoxid ist das wichtigste Uranerz. Uran wird in Kernreaktoren zur Stromerzeugung und zum Bau von Atomwaffen eingesetzt.

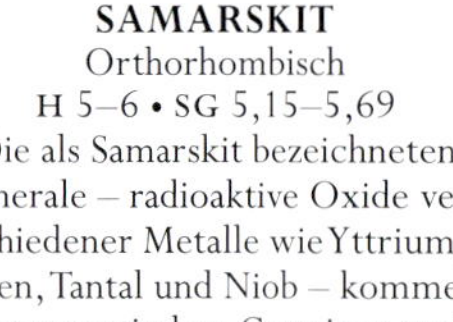

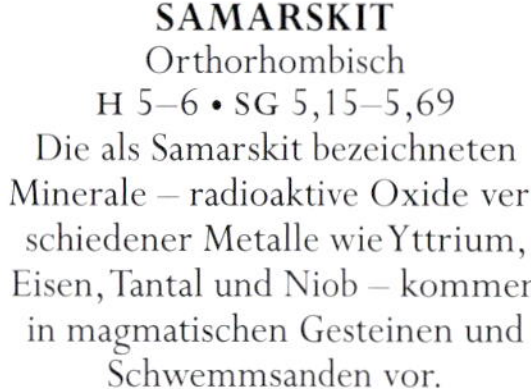

SAMARSKIT
Orthorhombisch
H 5–6 • SG 5,15–5,69
Die als Samarskit bezeichneten Minerale – radioaktive Oxide verschiedener Metalle wie Yttrium, Eisen, Tantal und Niob – kommen in magmatischen Gesteinen und Schwemmsanden vor.

GAHNIT
Kubisch • H 7½–8 • SG 4,6
Gahnit ist ein seltenes Aluminium-Zink-Oxid, das vor allem in metamorphen Gesteinen vorkommt. Es bildet dunkelgrüne oder schwarzblaue Kristalle.

KORUND
Hexagonal/trigonal
H 9 • SG 4,0–4,1
Das Aluminiumoxid Korund ist das zweithärteste Mineral nach Diamant. Rubinrote und saphirblaue Varietäten werden als Schmucksteine verwendet.

CHROMIT
Kubisch • H 5½ • SG 4,5–4,8
Das Eisen-Chrom-Oxid Chromit ist das einzige bedeutende Chromerz. Es wird zur Herstellung von Chrom- und Edelstahl benötigt.

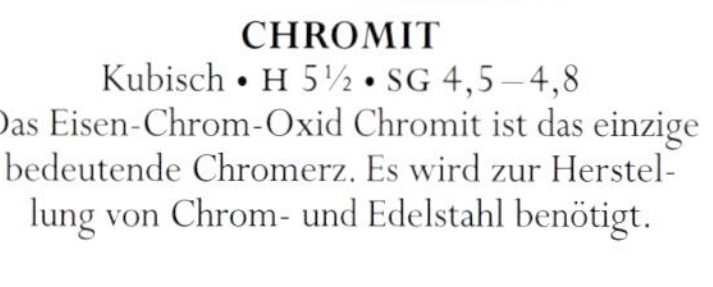

Rillen auf dem Kristall

Glasglanz

heller Metallglanz

HÄMATIT
Hexagonal • H 5–6 • SG 5,26
Das weit verbreitete und in großen Mengen vorkommende Eisenoxid wird als Eisenerz abgebaut. Das Farbspektrum reicht von Metallgrau bis Rot.

FERGUSONIT
Tetragonal
H 5½–6½ • SG 4,2–5,7
Fergusonit ist die Sammelbezeichnung für Oxide verschiedener Metalle, vor allem Yttrium, Lanthan, Niob und Cer.

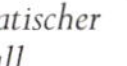

prismatischer Kristall

PYROLUSIT
Tetragonal
H 2–6½ • SG 5,06
Pyrolusit ist ein häufig vorkommendes Manganoxid. Es ist das wichtigste Manganerz, unverzichtbar für die Stahlerzeugung.

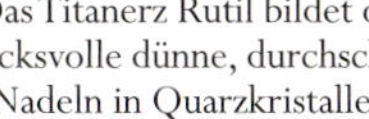

RUTIL
Tetragonal
H 6–6½ • SG 4,23
Das Titanerz Rutil bildet oft eindrucksvolle dünne, durchscheinende Nadeln in Quarzkristallen aus.

CHRYSOBERYLL
Orthorhombisch • H 8½ • SG 3,7–3,8
Das Beryllium-Aluminium-Oxid dient als Schmuckstein. Es ist bekannt für seine Härte und seine grüne oder gelbbraune Farbe.

ZINKIT
Trigonal • H 4–4½ • SG 5,68
Zinkit ist ein seltenes Zink-Mangan-Oxid. Die einzige bedeutende Lagerstätte in den USA ist ausgebeutet.

HYDROXIDE

Hydroxidminerale sind Verbindungen aus einem metallischen Element und der Hydroxylgruppe (OH). Sie kommen häufig vor und entstehen oft durch eine chemische Reaktion zwischen einem Oxid und einsickernden wässrigen Lösungen. Viele Hydroxidminerale sind recht weich. Hydroxide finden sich vor allem in veränderten Teilen hydrothermaler Gänge und in metamorphen Gesteinen.

GIBBSIT
Monoklin
H 2½–3½ • SG 2,4
Das Aluminium-Hydroxid Gibbsit ist einer der Hauptbestandteile des Aluminiumerzes Bauxit. Es kommt auch in hydrothermalen Gängen vor.

STIBICONIT
Kubisch • H 4–5½ • SG 3,3–5,5
Das wenig verbreitete Antimon-Hydroxid Stibiconit ist weiß oder ockerbraun. Es entsteht sekundär aus anderen Antimonmineralen, vor allem Antimonit.

DIASPOR
Orthorhombisch • H 6½–7 • SG 3,3–3,5
Diaspor und seine Varietät Böhmit sind die Hauptbestandteile von Bauxit. Diaspor kommt auch in Marmor und sekundären magmatischen Gesteinen vor.

LEPIDOCROCIT
Orthorhombisch • H 5 • SG 3,9
Das seltene Eisen-Hydroxid kann mit Goethit vergesellschaftet sein. Es ist rotbraun und bildet unregelmäßige oder faserige Formen.

DERBER ROMANECHIT

ROMANECHIT
Orthorhombisch • H 5–6 • SG 4,7
Das dunkle, undurchsichtige, bariumhaltige Manganoxid ist meist in Aggregaten oder in derber Form anzutreffen. Kristalle sind selten.

TRAUBIGER GOETHIT

DERBER GOETHIT

GOETHIT
Orthorhombisch • H 5–5½ • SG 3,3–4,3
Das häufig anzutreffende Eisen-Hydroxid Goethit verleiht freiliegenden Böden und Gesteinen eine gelblich braune Färbung.

BRUCIT
Hexagonal/trigonal • H 2½ • SG 2,38–2,40
Das weiße, graue, blaue oder grüne Magnesium-Hydroxid kommt in metamorphen Gesteinen vor.

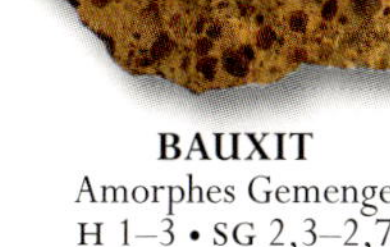

BAUXIT
Amorphes Gemenge
H 1–3 • SG 2,3–2,7
Bauxit ist das wichtigste Aluminiumerz. Es ist kein einzelnes Mineral, sondern aus verschiedenen Aluminium-Hydroxiden und Eisenoxiden zusammengesetzt.

HALOGENIDE

Halogenide sind Verbindungen aus Metallen und den Halogenen Jod, Fluor, Chlor oder Brom. Halogenide besitzen in der Regel eine sehr geringe Härte und ein geringes spezifisches Gewicht. Sie kristallisieren oft im kubischen System. Viele dieser Minerale, wie zum Beispiel Steinsalz und Sylvin, werden als Evaporite durch Eindampfen von Salzwasser gebildet. Andere Halogenide, etwa Fluorit, kommen in hydrothermalen Gängen vor.

GELBER FLUORIT

LILA FLUORIT

FLUORIT
Kubisch • H 4 • SG 3,18
Calciumfluorid bildet oft durchsichtige bis durchscheinende Kristalle in verschiedenen Farben aus. Große Mengen werden zur Herstellung von Flusssäure verwendet.

GRÜNER FLUORIT

Glasglanz

kubischer Kristall

SYLVIN
Kubisch • H 2 • SG 1,99
Sylvin oder Kaliumchlorid ähnelt Steinsalz und kommt gemeinsam mit diesem in Evaporit-Ablagerungen vor. Sylvin wird zu Kalidünger verarbeitet.

körniger Carnallit

CARNALLIT
Orthorhombisch • H 2 • SG 1,6
Carnallit ist ein wasserhaltiges Magnesium-Kalium-Chlorid. Es entsteht durch Eindampfen von Salzwasser und wird zur Herstellung von Düngemitteln benötigt.

durchsichtige würfelige Kristalle

STEINSALZKRISTALLE

DIABOLEIT
Tetragonal • H 2½ • SG 5,42
Das Blei-Kupfer-Chlorid-Hydroxid Diaboleit ist blau. Es entsteht durch Verwitterung anderer Minerale.

BOLEIT
Kubisch • H 3–3½ • SG 5,0–5,1
Der tiefblaue Boleit ist ein seltenes Blei-Silber-Kupfer-Chlor-Hydroxid. Es ist in verwitterten Kupferlagerstätten anzutreffen.

ORANGE-FARBENES STEINSALZ

STEINSALZ
Kubisch • H 2 • SG 2,1–2,2
Steinsalz oder Halit besteht aus Natriumchlorid. Große Lagerstätten sind durch Eindampfen von Meerwasser entstanden.

JARLIT
Monoklin
H 4–4½ • SG 3,87
Der weiße Jarlit ist in magmatischen Gesteinen anzutreffen. Er ist ein seltenes Natrium-Strontium-Mangan-Aluminium-Fluorid-Hydroxid.

Kruste aus Chlorargyrit

CHLORARGYRIT
Kubisch • H 2½ • SG 5,55
Das Silberchlorid Chlorargyrit ist meist schuppig, plättchenartig oder derb und wachsähnlich. Es kommt in verwitterten Silberlagerstätten vor.

dunkelgrüne, tafelige Atacamitkristalle

ATACAMIT
Orthorhombisch • H 3–3½ • SG 3,76
Der grüne Atacamit besteht aus Kupferchlorid-Hydroxid und kommt in oxidierten Kupferlagerstätten vor. Er ist ein minderes Kupfererz.

KALOMEL
Tetragonal
H 1–2 • SG 6,5
Das seltene Quecksilberchlorid Kalomel ist weiß bis grau oder braun. Seine Farbe intensiviert sich unter Lichteinwirkung.

KRYOLITH
Monoklin • H 2½ • SG 2,97
Kryolith ist ein seltenes Aluminium-Natrium-Fluorid und sieht eisähnlich aus. Er ist in granitischen Pegmatiten und in Granit anzutreffen.

CARBONATE

Carbonatminerale sind Verbindungen aus Metallen oder Halbmetallen und der Carbonatgruppe CO_3. Von den mehr als 70 bekannten Carbonatmineralen stellen Calcit, Dolomit und Siderit den größten Teil der Carbonate in der Erdkruste. Carbonate bilden meist gut entwickelte Kristalle mit regelmäßiger Gestalt und ohne Einschlüsse aus. Viele Carbonate haben blasse Farben, einige wie etwa Rhodochrosit, Smithsonit und Malachit zeigen aber auch eine leuchtende Färbung.

Perlglanz

SMITHSONIT
Hexagonal/trigonal
H 4–4½ • SG 4,3–4,45
Das Zink-Carbonat Smithsonit ist in den oxidierten oberen Bereichen von Zinkerzlagerstätten anzutreffen.

Glasglanz

Hundezahn-Calcit

Nagelkopf-Calcit

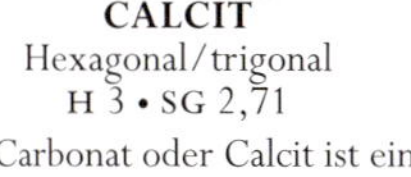

CALCIT
Hexagonal/trigonal
H 3 • SG 2,71
Calcium-Carbonat oder Calcit ist eines der häufigsten Minerale. Es kommt überwiegend derb als Kalkstein oder Marmor vor, kann aber auch exzellente Kristalle bilden.

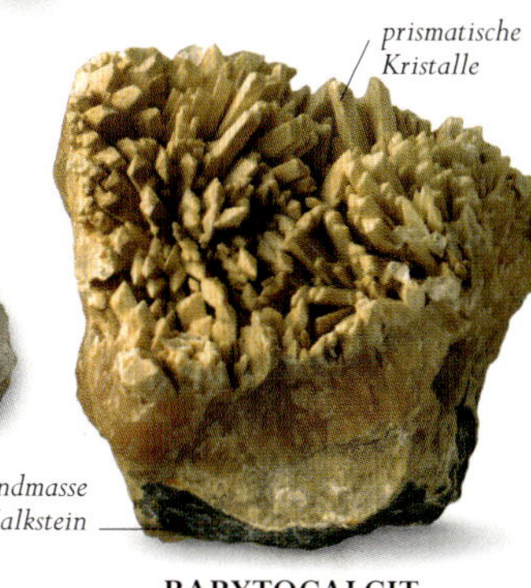
prismatische Kristalle

Grundmasse aus Kalkstein

BARYTOCALCIT
Monoklin • H 4 • SG 3,66–3,71
Das Barium-Calcium-Carbonat ist weiß bis gelblich. Es ist oft in hydrothermalen Gängen in Kalkstein zu finden.

TRONA
Monoklin • H 2½–3 • SG 2,1
Der graue, gelbliche oder braune Trona ist ein wasserhaltiges Natrium-Carbonat. Er entsteht an der Erdoberfläche, vor allem in Salzwüsten.

gekrümmte Kristallflächen

DOLOMIT
Hexagonal/trigonal
H 3½–4 • SG 2,85
Dolomit ist ein Calcium-Magnesium-Carbonat, das in verwittertem Kalkstein weit verbreitet ist. Dolomitgestein, das ausschließlich aus Dolomit besteht, wird als Baumaterial verwendet.

WITHERIT
Orthorhombisch • H 3–3½ • SG 4,29
Das eher seltene Barium-Carbonat-Mineral ist meist weiß oder grau und kommt in hydrothermalen Gängen vor.

MAGNESIT
Hexagonal/trigonal • H 3–4 • SG 3,0–3,1
Das Magnesium-Carbonat tritt meist als weiße bis bräunliche, dichte Masse auf. Es wird zum Bau von Kachelöfen und als Zement verwendet.

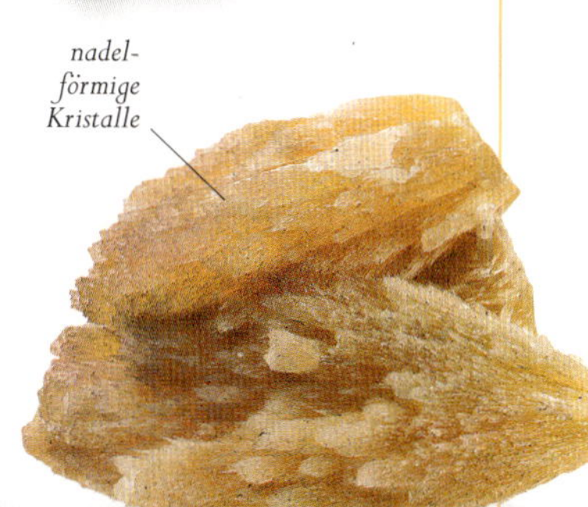
nadelförmige Kristalle

STRONTIANIT
Orthorhombisch • H 3½ • SG 3,78
Das Strontium-Carbonat kommt in hydrothermalen Gängen und Kalkstein vor. Strontium wird in Zuckerraffinerien verwendet.

»

ARAGONIT
Orthorhombisch
H 3½–4 • SG 2,94–2,95
Das Calcium-Carbonat Aragonit weist die gleiche chemische Zusammensetzung auf wie das viel häufigere Calcit, hat aber eine andere Kristallstruktur.

SIDERIT
Hexagonal/trigonal H 4 • SG 3,96
Das nach dem griechischen Wort *sideros* für Eisen benannte braune Eisen-Carbonat Siderit tritt in verschiedenen Formen auf.

PHOSGENIT
Tetragonal • H 2½–3 • SG 6,1
Das seltene Blei-Carbonat-Chlorid entsteht an der Erdoberfläche durch Reaktion stark bleihaltiger Minerale mit Wasser.

ARTINIT
Monoklin • H 2½ • SG 2
Das wasserhaltige Magnesium-Carbonat-Hydroxid hat ein charakteristisches Aussehen mit weißen, nadelförmigen Kristallen. Er kommt in Serpentingesteinen vor.

HYDROZINKIT
Monoklin
H 2–2½ • SG 4
Hydrozinkit oder Zink-Carbonat-Hydroxid ist hellgrau, weiß, rosa oder gelblich. Unter UV-Licht fluoresziert er bläulich weiß.

AZURIT
Monoklin • H 3½–4 • SG 3,77–3,78
Azurit ist ein wasserhaltiges Kupfer-Carbonat. Typisch sind seine tiefblaue Farbe und das gemeinsame Auftreten mit Malachit in hydrothermalen Gängen.

LEADHILLIT
Monoklin • H 2½–3 • SG 6,55
Das Bleisulphat-Carbonat-Hydroxid findet sich in Oxidationszonen von Bleilagerstätten meist in Kristallform.

ANHÄUFUNG VON ZWILLINGSKRISTALLEN

CERUSSIT-KRISTALLE

CERUSSIT
Orthorhombisch • H 3–3½ • SG 6,55
Das Blei-Carbonat Cerussit ist nach Bleiglanz das zweithäufigste Bleierz. Es kommt als Sekundärmineral in bleihaltigen Gängen vor.

rhomboedrische Kristalle

RHODOCHROSIT
Hexagonal/trigonal • H 3½–4 • SG 3,7
Als Schmucksteine geeignete rosa Kristalle dieses Mangan-Carbonats sind in Südafrika, den USA und Peru anzutreffen.

ANKERIT
Hexagonal/trigonal
H 3½–4 • SG 2,97
Ankerit ist ein Calcium-Carbonat mit geringeren Anteilen an Eisen, Magnesium und Mangan. Er ist gelegentlich in goldführenden Quarzadern zu finden.

Aurichalcitkristalle

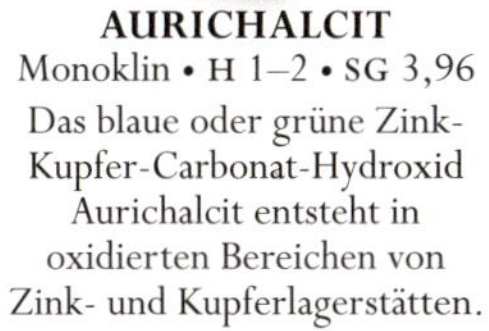

AURICHALCIT
Monoklin • H 1–2 • SG 3,96
Das blaue oder grüne Zink-Kupfer-Carbonat-Hydroxid Aurichalcit entsteht in oxidierten Bereichen von Zink- und Kupferlagerstätten.

charakteristische grüne Farbe

Begleitmineral Azurit

MALACHIT AUF CHRYSOKOLL (SILIKATMINERAL)

MALACHIT
Monoklin • H 3½–4 • SG 4
Das auffällig grüne Kupfer-Carbonat kommt oft in Knollenform vor. Es dient zu Dekorationszwecken und als Kupfererz.

TRAUBIGER MALACHIT

BORATE

Borate entstehen, wenn Metalle eine Verbindung mit der Boratgruppe (BO_3) eingehen. Es gibt mehr als 100 Boratminerale, von denen Borax, Kernit, Ulexit und Colemanit am häufigsten vorkommen. Borate haben meist blasse Farben und sind relativ weich und leicht. Viele Boratminerale bilden sich, wenn Salzwasser verdunstet und Borate anschließend zwischen Sedimentgesteinsschichten ausgefällt werden.

KERNIT
Monoklin • H 2½–3 • SG 1,9
Das farblose oder weiße Kernit, ein Natrium-Borat-Hydrat, enthält weniger Wasser als Borax, das mit Kernit zusammen auftritt.

BORACIT
Orthorhombisch
H 7–7½ • SG 3
Kristalle dieses Magnesium-Borat-Chlorids sind blassgrün oder weiß und glasig. Boracit tritt in Salzlagerstätten auf, vor allem in Deutschland und Polen.

durchscheinende prismatische Kristalle

COLEMANIT
Monoklin • H 4½ • SG 2,42
Das wasserhaltige Calcium-Borat-Hydroxid entsteht durch Verdunstung von Salzwasser. Vor der Entdeckung von Kernit war Colemanit das wichtigste Borerz.

ULEXIT
Monoklin • H 2½ • SG 1,96
Die weißen, faserigen Kristalle des wasserhaltigen Natrium-Calcium-Borat-Hydroxids leiten Licht in Längsrichtung. Es wird wie Borax verwendet.

BORAX
Monoklin • H 2–2½ • SG 1,7
Das kalkweiße Natrium-Borat-Hydrat wird für viele Zwecke eingesetzt, unter anderem in Medikamenten, Waschmitteln, Glas und Textilien.

HOWLIT
Monoklin • H 3½ • SG 2,6
Howlit ist ein Calcium-Borosilikat-Hydroxid. Es bildet meist kreideartige, runde Formen.

NITRATE

Nitrate sind eine kleine Gruppe von Verbindungen aus Metallen und der Nitrogruppe (NO_2). Diese Minerale besitzen in der Regel eine geringe Härte und ein niedriges spezifisches Gewicht. Viele sind leicht wasserlöslich und bilden selten Kristalle aus. Sie kommen fast nur in ariden Regionen vor, wo sie die Landoberfläche oft großflächig bedecken. Nitrate können als Dünger oder Sprengstoffe eingesetzt werden.

NITRONATRIT
Hexagonal/trigonal • H 1½–2 • SG 2,27
Das Natriumnitrat tritt typischerweise als Kruste auf dem Boden arider Regionen auf, besonders in Chile.

SULFATE

Sulfate sind Verbindungen aus Metallen und der Sulfatgruppe (SO_4). Die meisten der etwa 200 Sulfate sind selten. Viele, wie der häufig anzutreffende Gips, bilden sich durch Verdunstung von Salzlösungen. Andere entstehen als Verwitterungsprodukte oder Primärminerale in hydrothermalen Gängen. Viele sind für die Wirtschaft von Bedeutung. So wird zum Beispiel Baryt als Schmiermittel bei der Erdölförderung eingesetzt.

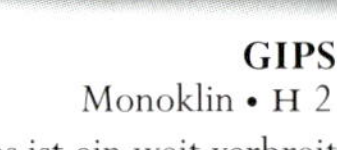

STRAHLENFÖRMIGER GIPS

GIPS
Monoklin • H 2 • SG 2,32
Gips ist ein weit verbreitetes wasserhaltiges Calciumsulfat, aus dem mithilfe von Wasser und durch Erhitzen Stuck hergestellt wird.

SEIDENSPAT

THENARDIT
Orthorhombisch
H 2½–3 • SG 2,66
Der hellgraue oder bräunliche Thenardit besteht aus Natriumsulfat. Er ist auf Lavaströmen und an Salzseen anzutreffen.

prismatischer Kristall

Bleiglanz

ANGLESIT
Orthorhombisch
H 2½–3 • SG 6,3–6,4
Das Bleisulfat Anglesit kommt in verschiedenen Farben und Formen vor. Es entsteht sekundär aus Bleiglanz, dem wichtigsten Bleierz.

kristalliner Chalcanthit

CHALCANTHIT
Triklin
H 2½ • SG 2,28
Das tiefblaue oder grüne wasserhaltige Kupfersulfat Chalcanthit entsteht durch Oxidation von Kupferkies und anderen Kupfersulfaten.

nadelförmige Brochantitkristalle

LINARIT
Monoklin
H 2½ • SG 5,3
Der blaue Linarit ist ein Kupfer-Blei-Sulfat, das in der Oxidationszone von Kupfer- und Bleierzen vorkommt.

strahlige, haarähnliche Kristalle

Gesteinsgrundmasse

CYANOTRICHIT
Orthorhombisch • H 3 • SG 2,74–2,95
Das wasserhaltige Kupfer-Aluminium-Sulfat ist wegen seiner feinen blauen Kristalle nach den griechischen Wörtern für »blau« und »Haar« benannt.

GLAUBERIT
Monoklin
H 2½–3 • SG 2,8
Das Natrium-Calcium-Sulfat Glauberit ist farblos, grau oder gelblich. Es ensteht durch Verdunstung von Salzwasser.

ALUNIT
Hexagonal/trigonal
H 3½–4 • SG 2,6–2,9
Das wasserhaltige Kalium-Aluminium-Sulfat Alunit entsteht an Fumarolen durch Reaktion der Gesteine mit Schwefeldämpfen.

CHROMATE

Chromatminerale sind Verbindungen aus Metallen und der CrO_4-Gruppe. Sie sind selten – Krokoit ist das einzige einigermaßen bekannte Chromatmineral. Die Chromate besitzen meist leuchtende Farben und sind bei Sammlern begehrt. Sie entstehen oft sekundär durch Flüssigkeiten, die in hydrothermale Gänge eindringen.

ROTER KROKOIT

lange, schlanke Kristalle mit Rillen

Diamantglanz

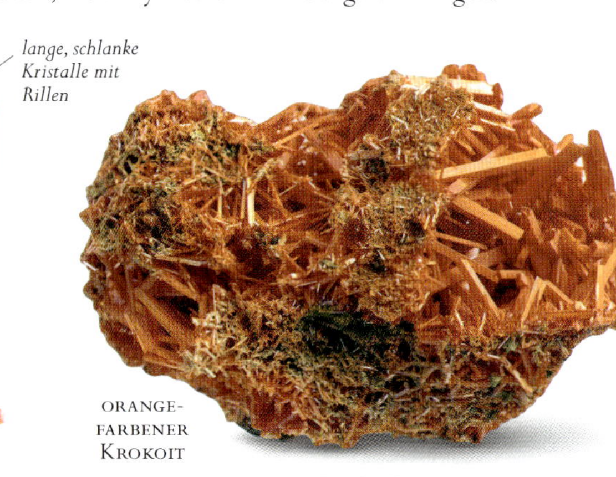

ORANGEFARBENER KROKOIT

KROKOIT
Monoklin • H 2½–3 • SG 6
Das orangerote oder rote Bleichromat entsteht in den oxidierten Bereichen von Bleilagerstätten.

MELANTERIT
Monoklin • H 2 • SG 1,9
Der weiße, grüne oder blaue Melanterit ist ein wasserhaltiges Eisensulfat, das zur Wasseraufbereitung und als Dünger dient.

JAROSIT
Hexagonal/trigonal
H 2½–3½ • SG 2,90–3,26
Jarosit ist ein wasserhaltiges Eisen-Kalium-Sulfat, das als brauner Überzug auf Pyrit und anderen Eisenmineralen vorkommt.

EPSOMIT
Orthorhombisch
H 2–2½ • SG 1,68
Das als Bittersalz bekannte wasserhaltige Magnesiumsulfat kommt in ariden Regionen und in den Wänden von Kalksteinhöhlen vor.

COELESTIN
Orthorhombisch • H 3–3½ • SG 3,96–3,98
Das Strontiumsulfat Coelestin ist nicht nur als wichtigste Quelle für Strontium, sondern auch wegen seiner durchsichtigen, blassen Kristalle begehrt.

schuppige Kristallaggregate

COPIAPIT
Triklin • H 2½–3 • SG 2,08–2,17
Das gelbe oder grüne wasserhaltige Eisensulfat wurde erstmals in Copiapó in Chile gefunden. Er ist ein Sekundärmineral.

Grundmasse aus Eisenoxid

BROCHANTIT
Monoklin
H 3½–4 • SG 3,97
Das Kupfersulfat-Hydroxid Brochantit bildet smaragdgrüne Kristalle, Krusten oder Massen.

ANHYDRIT
Orthorhombisch
H 3–3½ • SG 2,98
Das Calciumsulfat Anhydrit ist mit Gips vergesellschaftet, aber seltener. In feuchter Umgebung wandelt sich Anhydrit in Gips um.

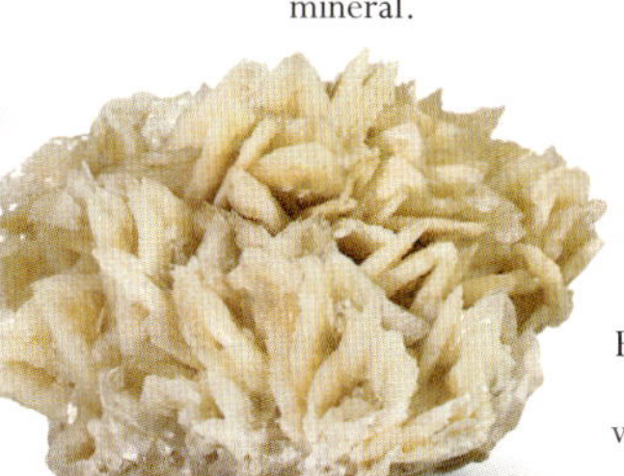

BARYT
Orthorhombisch
H 3–3½ • SG 4,5
Der blass gefärbte Baryt ist das häufigste Bariummineral. Er wird auch als Schwerspat bezeichnet.

POLYHALIT
Triklin • H 3½ • SG 2,78
Polyhalit ist ein wasserhaltiges Kalium-Calcium-Magnesium-Sulfat. Das farblose, weiße, rosa oder rote Mineral ist in Meersalzablagerungen verbreitet.

MOLYBDATE

Molybdate sind Verbindungen aus Metallen und der MoO_4-Gruppe. Sie sind selten und weisen oft eine hohe Dichte und leuchtende Farben auf. Molybdatminerale entstehen sekundär durch zirkulierendes Wasser in Mineraladern. Das bekannteste Molybdatmineral ist Wulfenit. Er wird wegen seiner schönen Kristalle und leuchtenden Farben geschätzt.

WULFENIT
Tetragonal • H 2½–3 • SG 6,5–7,0
Das Bleimolybdat Wulfenit ist in Oxidationszonen von Blei- und Molybdänerzlagerstätten anzutreffen.

WOLFRAMATE

Wolframate sind Verbindungen aus Metallen und der WO_4-Gruppe. Sie sind selten und in der Regel leicht zerbrechlich und schwer. Einige haben dunkle Farben und bilden schöne Kristalle aus. Wolframate kommen in hydrothermalen Gängen und in Pegmatiten (ausgesprochen grobkörnigem Granitgestein, in dem Minerale aus eindringenden Flüssigkeiten entstehen) vor.

Grundmasse aus Quarz

Hübneritkristall

HÜBNERIT
Monoklin
H 4–4½ • SG 7,3
Das Mangan-Eisen-Wolframat ist ein wichtiges Wolframerz. Es wird für Stahllegierungen, Schleifmittel und Glühbirnen benötigt.

SCHEELIT
Tetragonal
H 4½–5 • SG 5,9–6,1
Das Wolframerz ist in hydrothermalen Gängen, metamorphen und magmatischen Gesteinen sowie in Schwemmsanden zu finden.

FERBERIT
Monoklin
H 4–4½ • SG 7,5
Der undurchsichtige blaue Eisen-Wolframat kommt in hydrothermalen Gängen und Pegmatiten vor. Es dient als Wolframerz.

PHOSPHATE

Phosphate sind Verbindungen von Metallen und der Phosphatgruppe (PO_4). Viele der mehr als 200 Minerale dieser Klasse sind sehr selten. Die Phosphatminerale weisen unterschiedliche Härte und Dichte auf, viele zeichnen sich durch kräftige Farben aus. Sie entstehen meist sekundär aus Sulfidmineralen, einige sind aber auch Primärminerale. Manche haben einen hohen Bleigehalt, andere sind radioaktiv.

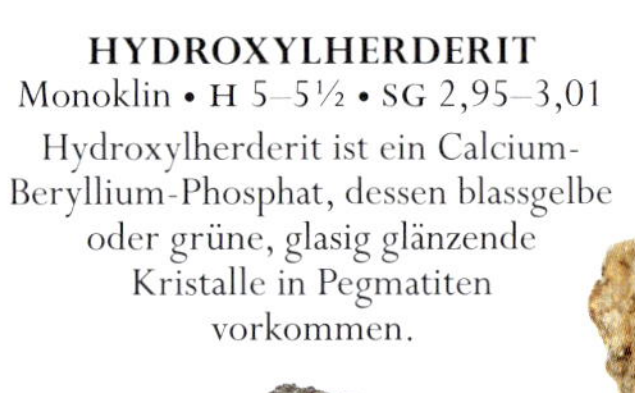

HYDROXYLHERDERIT
Monoklin • H 5–5½ • SG 2,95–3,01
Hydroxylherderit ist ein Calcium-Beryllium-Phosphat, dessen blassgelbe oder grüne, glasig glänzende Kristalle in Pegmatiten vorkommen.

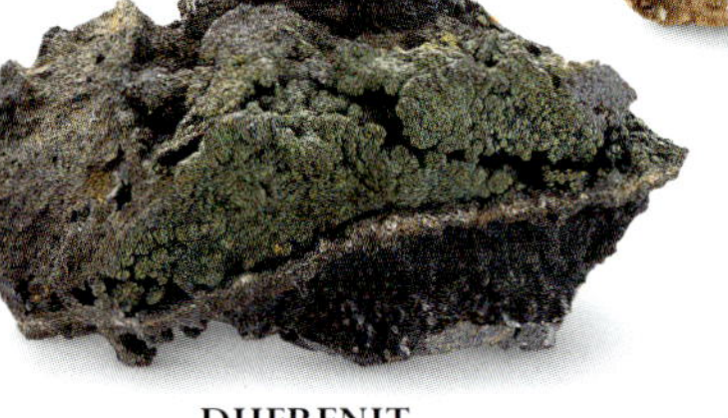

DUFRENIT
Monoklin • H 3½–4½ • SG 3,1–3,34
Das wasserhaltige Eisen-Calcium-Phosphat entsteht sekundär als grüne bis schwarze Masse oder Kruste in Gängen und Eisenerz.

Aggregate aus Xenotimkristallen

XENOTIM
Tetragonal • H 4–5 • SG 4,4–5,1
Das weit verbreitete Yttriumphosphat ist gelbbraun, grau oder grünlich. Es entsteht in magmatischem und metamorphem Gestein.

META-AUTUNIT
Tetragonal
H 2–2½ • SG 3,05–3,2
Der radioaktive Meta-Autunit ist ein zitronengelbes bis hellgrünes wasserhaltiges Calcium-Uran-Phosphat.

TÜRKIS
Triklin • H 5–6 • SG 2,6–2,8
Türkis ist seit Jahrtausenden als Schmuckstein begehrt. Das wasserhaltige Kupfer-Aluminium-Phosphat ist in magmatischem Gestein zu finden.

PYROMORPHIT
Hexagonal • H 3½–4 • SG 6,5–7,1
Das Bleiphosphat-Chlorid Pyromorphit kann grünlich, orange, gelblich oder bräunlich gefärbt sein. Es entsteht in Oxidationszonen von Bleilagerstätten.

prismatischer Kristall

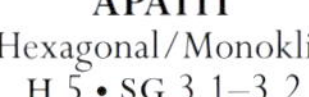

APATIT
Hexagonal/Monoklin
H 5 • SG 3,1–3,2
Apatit ist der Gruppenname für drei Calciumphosphat-Minerale mit gleicher chemischer Struktur: Fluorapatit, Chlorapatit und Hydroxylapatit.

tafeliger Metatorbernitkristall

METATORBERNIT
Tetragonal • H 2–2½ • SG 3,22
Das grüne wasserhaltige Kupfer-Uranyl-Phosphat ist mit Meta-Autunit verwandt und kommt in ähnlicher Umgebung vor.

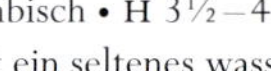

WAVELLIT
Orthorhombisch • H 3½–4 • SG 2,36
Wavellit ist ein seltenes wasserhaltiges Aluminium-Phosphat-Hydroxid. Die farblosen, grauen oder grünen Kristalle bilden sich strahlig auf verwittertem Gestein.

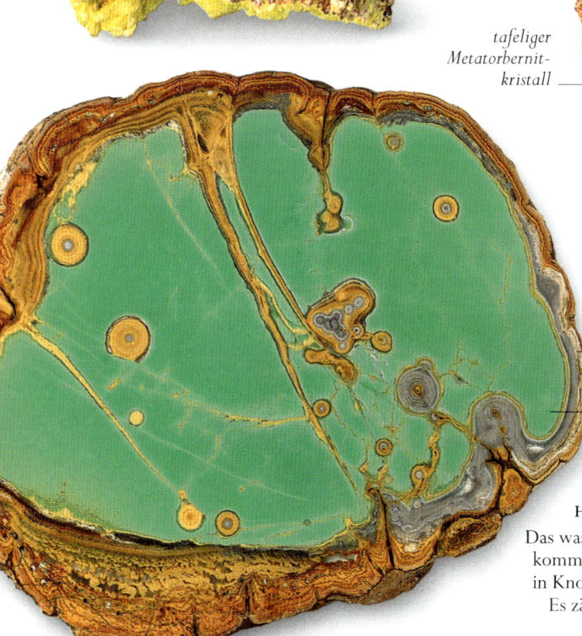

Konkretion

Wachsglanz

VARISCIT
Orthorhombisch
H 3½–4½ • SG 2,6–2,9
Das wasserhaltige Aluminiumphosphat kommt als grüne, feinkörnige Masse in Knollen, Adern oder Krusten vor. Es zählt zu den Halbedelsteinen.

TRIPLIT
Monoklin • H 5–5½ • SG 3,5–3,9
Triplit ist ein Manganphosphat, das bisweilen auch Eisen und Magnesium enthält. Es entsteht in Pegmatiten.

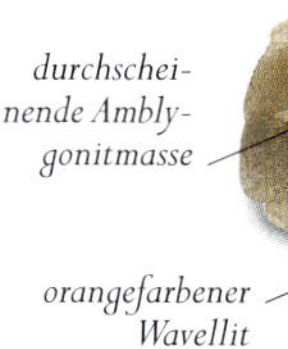

durchscheinende Amblygonitmasse

orangefarbener Wavellit

AMBLYGONIT
Triklin • H 5½–6 • SG 3,08
Das seltene Lithium-Natrium-Aluminium-Fluor-Phosphat bildet meist derbe Massen, es kommen aber auch Kristalle vor.

VIVIANIT
Monoklin • H 1½–2 • SG 2,68
Das wasserhaltige Eisenphosphat Vivianit bildet in Eisenerzlagerstätten Aggregate aus dunklen prismatischen Kristallen.

strahlig angeordnete nadelige Kristalle

Libethenitkristall

LIBETHENIT
Orthorhombisch
H 4 • SG 4
Libethenit ist ein hell- bis dunkelgrünes Kupfer-Phosphat-Hydroxid. Es entsteht in der oberen Oxidationszone von Kupferlagerstätten.

MONAZIT
Monoklin • H 5–5½ • SG 4,6–5,4
Phosphatminerale, die Cer, Lanthan oder Neodym enthalten, werden unter der Bezeichnung Monazit zusammengefasst. Sie werden als Erze abgebaut.

BRAZILIANIT
Monoklin • H 5½ • SG 3
Das in Brasilien entdeckte Natrium-Aluminium-Phosphat-Hydroxid ist gelb oder grünlich und entsteht in Hohlräumen von granitischen Pegmatiten.

LAZULITH
Monoklin
H 5½–6 • SG 3,1
Der relativ seltene blaue Halbedelstein aus Eisen-Magnesium-Aluminium-Phosphat-Hydroxid kommt in metamorphem und magmatischem Gestein vor.

doppelpyramidenförmiger Kristall

VANADINIT
Hexagonal • H 3 • SG 6,88
Das recht seltene Blei-Vanadatchlorid bildet schöne Kristalle aus. Es entsteht in Bleierzlagerstätten und ist ein bedeutendes Vanadiumerz.

VANADATE

Vanadate sind Verbindungen aus Metallen und der VO_4-Gruppe. Viele Minerale aus dieser Klasse sind sehr selten und weisen eine hohe Dichte und leuchtende Farben auf. Vanadate bilden sich oft, wenn Flüssigkeiten in hydrothermale Gänge eindringen. Die meisten Vanadate sind wirtschaftlich bedeutungslos. Eine Ausnahme bildet Carnotit, ein wichtiges Uranerz.

pulvrige Kruste auf Sandstein

CARNOTIT
Monoklin • H 2 • SG 4,75
Carnotit kommt in der Regel als pulvriger gelber Überzug in Uranerzlagerstätten vor. Das radioaktive Mineral besteht aus wasserhaltigem Kalium-Uran-Vanadat.

TYUYAMUNIT
Orthorhombisch
H 2 • SG 3,3–3,6
Das seltene wasserhaltige Calcium-Uran-Vanadat ähnelt Carnotit. Man findet es ebenfalls in Uranerzlagerstätten.

ARSENATE

Arsenate sind überwiegend seltene Minerale aus Metallen und der AsO_3- oder AsO_4-Gruppe. Sie besitzen in der Regel ein recht hohes spezifisches Gewicht und eine geringe Härte. Viele Arsenate haben kräftige Farben – Adamin ist gelb oder grün, Klinoklas grün oder blau. Minerale aus der Klasse der Arsenate kommen in vielen geologischen Umgebungen vor, insbesondere in Erzlagerstätten.

ADAMIN
Orthorhombisch
H 3½ • SG 4,3–4,4
Das Zink-Arsen-Hydroxid kommt in Arsen- und Zinkerzlagerstätten vor, gelegentlich in Form sehr schöner Kristalle.

ERYTHRIN
Monoklin • H 1½–2½ • SG 3,18
Das wasserhaltige Kobalt-Arsenat bildet violette oder rosa Kristalle bzw. Überzüge. Besonders schöne Exemplare gibt es in Kanada und Marokko.

Rosetten aus Klinoklaskristallen

BAYLDONIT
Monoklin
H 4½ • SG 5,6–5,7
Das wasserhaltige Kupfer-Blei-Zink-Arsenat ist meist als grüne oder gelbe Kruste in hydrothermalen Gängen anzutreffen.

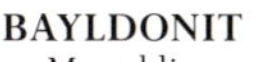

Olivenitkristalle

Quarz

OLIVENIT
Orthorhombisch
H 3 • SG 4,4
Olivenit ist ein Kupfer-Arsenat-Hydroxid. Er kann grünlich, bräunlich, gelb oder grau gefärbt sein und entsteht sekundär in Kupferlagerstätten.

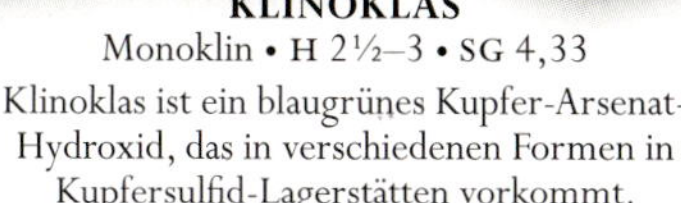

KLINOKLAS
Monoklin • H 2½–3 • SG 4,33
Klinoklas ist ein blaugrünes Kupfer-Arsenat-Hydroxid, das in verschiedenen Formen in Kupfersulfid-Lagerstätten vorkommt.

MIMETESIT
Hexagonal • H 3½–4 • SG 7,0–7,3
Außergewöhnliche tonnenförmige Kristalle sind typisch für dieses Blei-Arsenatchlorid, das aber auch in anderen Formen in Bleierzlagerstätten vorkommt.

CHALCOPHYLLIT
Hexagonal/trigonal • H 2 • SG 2,7
Der blaugrüne Chalkophyllit ist ein wasserhaltiges Kupfer-Aluminium-Arsenatsulfat-Hydroxid. Er entsteht in oxidierten Lagerstätten.

SILIKATE

Silikate sind die größte und am häufigsten vorkommende Mineralklasse. Die Grundbausteine sind Tetraeder aus Silicium und Sauerstoff (SiO_4) in Verbindung mit anderen Elementen. Die Silikate werden nach ihrer Anordnung der Siliciumtetraeder in sechs Gruppen unterteilt: Inselsilikate bestehen aus einzelnen Tetraedern, Gruppensilikate aus zwei Tetraedern. Gerüstsilikate sind dreidimensionale Netze aus Tetraedern, bei Kettensilikaten sind die Tetraeder in Ketten, bei Schichtsilikaten in Lagen und bei Cyclosilikaten ringförmig angeordnet.

INSELSILIKATE

Kruste aus Humit

HUMIT
Orthorhombisch • H 6 • SG 3,24
Das Magnesium-Eisen-Silikat-Fluor-Hydroxid Humit kommt meist als gelbe bis orangefarbene körnige Masse in metamorphem Kalkstein oder Dolomit vor.

NORBERGIT
Orthorhombisch
H 6–6½ • SG 3,1–3,2
Das Magnesium-Silikat-Fluor-Hydroxid Norbergit kommt überwiegend als braungelbe, weiße oder rosafarbene körnige Masse in metamorphem Gestein vor.

ANDRADIT
Kubisch • H 6½–7 • SG 3,8
Das zur Granatgruppe zählende Calcium-Eisen-Silikat ist gelbgrün, braun oder schwarz. Geschliffene Steine spalten Licht in seine Spektralfarben.

DERBER DUMORTIERIT

DUMORTIERIT
Orthorhombisch • H 8½ • SG 3,41
Das Aluminium-Eisen-Bor-Silikat Dumortierit bildet faserige Aggregate aus strahlenförmig angeordneten Kristallen, aber auch derbe Massen.

EUKLAS
Monoklin
H 7½ • SG 3,05–3,10
Euklas ist ein Beryllium-Aluminium-Silikat-Hydroxid. Er kann weiße, farblose, grüne oder blaue prismatische Kristalle mit Rillen bilden.

KYANIT
Triklin • H 5½–7 • SG 3,53–3,67
Kyanit ist ein Aluminium-Silikat. Seine blättrigen Kristalle in Schiefer und Gneis entstehen bei hohem Druck.

DATOLITH
Monoklin
H 5–5½ • SG 2,8–3,0
Datolith ist ein eher seltenes Calcium-Bor-Silikat-Hydroxid. Es kommt in Gängen oder Hohlräumen in magmatischen Gesteinen vor.

PYROP
Kubisch • H 7–7½ • SG 3,6
Pyrop ist ein dunkelrotes Magnesium-Aluminium-Silikat aus der Granatgruppe. Es entsteht bei hohem Druck in metamorphen und magmatischen Gesteinen.

ALMANDIN
Kubisch • H 7–7½ • SG 4,3
Der rote oder rosa Almandin aus Eisen-Aluminium-Silikat ist der am häufigsten anzutreffende Granat und wird als Schmuckstein verwendet.

rhombische Kristallflächen

grüne Färbung durch Vanadium

Glasglanz

rote Färbung durch Eisen

GROSSULAR
Kubisch • H 6½–7 • SG 3,6
Der zu den Granaten zählende Grossular ist ein Calcium-Aluminium-Silikat, das gelegentlich in Marmor entsteht. Er kommt in vielen Farben vor.

GRÜNER GROSSULAR

ROTER GROSSULAR

OLIVIN
Orthorhombisch
H 6½–7 • SG 3,27–4,32
Olivin ist ein Sammelbegriff für Inselsilikate mit unterschiedlicher Zusammensetzung. Er kommt in magmatischen Gesteinen vor.

durchscheinend

typische grüne Farbe

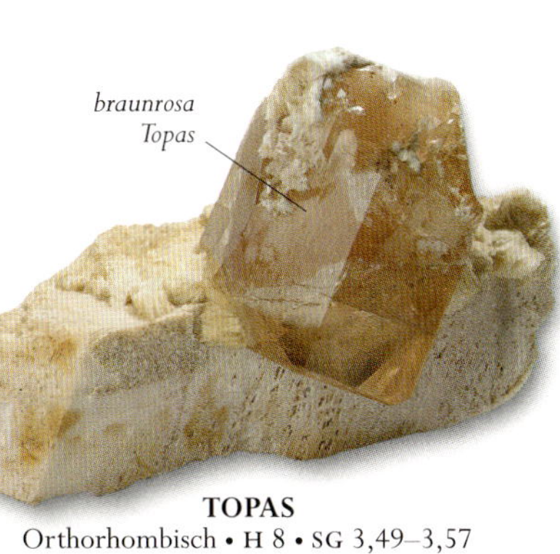

TOPAS
Orthorhombisch • H 8 • SG 3,49–3,57
Topas besteht aus Aluminium-Silikat-Fluorid-Hydroxid. Die Kristalle sind meist klein, doch in Brasilien wurde ein 271 kg schwerer Riesenkristall gefunden.

keilförmiger Kristall

TITANIT-ZWILLINGS-KRISTALLE

TITANIT
Monoklin • H 5–5½ • SG 3,5–3,6
Das Calcium-Titan-Silikat Titanit kommt in verschiedenen Farben vor. Seine Farbdispersion ist noch besser als die von Diamant.

KRISTALLE IN MATRIX

CHLORITOID
Monoklin/Triklin • H 6½ • SG 3,6
Chloritoid ist in metamorphen und vulkanischen Gesteinen weit verbreitet. Das Eisen-Magnesium-Mangan-Aluminium-Silikat-Hydroxid ist dunkelgrün oder schwarz.

ANDALUSIT
Orthorhombisch
H 6½–7½ • SG 3,13–3,16
Das Aluminium-Silikat Andalusit kommt vor allem in schwach metamorphem Gestein als ein etwa prismatischer Kristall mit quadratischem Querschnitt vor.

ZIRKON
Tetragonal • H 7½ • SG 4,6–4,7
Zirkon oder Zirconium-Silikat ist ein beliebter Schmuckstein. Er ist auch das wichtigste Erz des Metalls Zirconium, das in Kernreaktoren verwendet wird.

WILLEMIT
Hexagonal/trigonal
H 5½ • SG 3,89–4,19
Das weiße, grüne, gelbe oder rötliche Zink-Silikat Willemit kommt meist in derber Form in Zinkerzlagerstätten und metamorphem Kalkstein vor.

SILLIMANIT
Orthorhombisch • H 6½–7½ • SG 3,23–3,27
Sillimanit ist ein Aluminium-Silikat mit langen, schlanken Kristallen. Er entsteht bei höherer Temperatur und höherem Druck als der chemisch gleiche Andalusit.

GRUPPENSILIKATE

EPIDOT
Monoklin H 6–7 • SG 3,35–3,50
Epidot ist ein häufig anzutreffendes Mineral. Kristalle des grünen Calcium-Aluminium-Eisen-Silikat-Hydroxids sind prismatisch oder tafelig mit Rillen.

AXINIT
Triklin
H 6–7 • SG 3,2–3,4
Axinit ist ein Calcium-Eisen-Mangan-Aluminium-Bor-Silikat-Hydroxid mit axtähnlich geformten Kristallen.

HEMIMORPHIT
Orthorhombisch
H 4½–5 • SG 3,4–3,5
Das wasserhaltige Zink-Silikat-Hydroxid kommt als Sekundärmineral in Zinkerzlagerstätten vor. Farbe und Form sind variabel.

DANBURIT
Orthorhombisch
H 7–7½ • SG 3
Danburit ist ein Calcium-Bor-Silikat. Er bildet topasähnliche Kristalle in verschiedenen Farben oder körnige Massen.

VESUVIANIT
Tetragonal/Monoklin
H 6–7 • SG 3,33–3,45
Der grüne oder gelbe Vesuvianit ist ein Calcium-Magnesium-Eisen-Aluminium-Silikat-Hydroxid mit Fluor. Er kommt in Marmor und magmatischem Gestein vor.

»

RINGSILIKATE

BENITOIT
Hexagonal
H 6–6½ • SG 3,64–3,68
Das blaue Barium-Titan-Silikat findet man in Serpentinit und in Gängen in Schiefer. Kristalle in Edelsteinqualität kommen aus Kalifornien.

sechseckiger Kristall

TURMALIN
Hexagonal/trigonal
H 7–7½ • SG 3,0–3,2
Als Turmaline werden elf Bor-Silikat-Hydrate mit gleicher Kristallstruktur, aber unterschiedlicher Zusammensetzung bezeichnet.

prismatischer Kristall

AQUAMARIN

SMARAGD

BERYLL
Hexagonal
H 6½–8 • SG 2,6–3,0
Das Beryllium-Aluminium-Silikat ist sowohl ein Berylliumerz als auch ein Edelstein. Edelstein-Varietäten sind Smaragd (grün) und Aquamarin (grünlich blau).

MORGANIT
Hexagonal
H 7½–8 • SG 2,6–2,8
Die rosafarbene Beryll-Varietät erhält ihre Färbung durch Cäsium oder Mangan. Morganit bildet tafelige Kristalle in Pegmatiten.

SUGILITH
Hexagonal
H 5½–6½ • SG 2,7–2,8
Das seltene Kalium-Natrium-Eisen-Aluminium-Lithium-Mangan-Silikat kommt in metamorphen Gesteinen vor.

säuliger, sechskantiger Kristall

HELIODOR
Hexagonal
H 7½–8 • SG 2,6–2,8
Der nach dem griechischen Wort für »Sonne« benannte Heliodor ist eine gelbe Beryll-Varietät. Schöne Exemplare kommen aus Russland.

Gesteinsgrundmasse

KETTENSILIKATE

AKTINOLITH
Monoklin
H 5–6 • SG 3,0–3,44
Aktinolith ist eine durch höheren Eisengehalt dunklere Form des Amphibols Tremolit, eines Asbestminerals.

Glasglanz

TREMOLIT
Monoklin • H 5–6 • SG 2,9–3,2
Tremolit ist ein weit verbreitetes Amphibolmineral. Das Calcium-Magnesium-Eisen-Silikat entsteht in metamorphen Gesteinen und wurde als Asbest verwendet.

strahlige Kristalle

PEKTOLITH
Triklin • H 4½–5 • SG 2,74–2,88
Das Natrium-Calcium-Silikat-Hydroxid entsteht in Hohlräumen in Basalt. Es kommt in Kanada, den USA und England häufig vor.

NEPHRIT
Monoklin • H 6½ • SG 2,9–3,4
Die sehr widerstandsfähige, cremefarbene bis dunkelgrüne Form der Amphibole Tremolit und Aktinolith ist als Jade bekannt.

ÄGIRIN
Monoklin • H 6 • SG 3,55–3,60
Das braune, grüne oder schwarze Pyroxen ist ein Natrium-Eisen-Silikat. Es entsteht in metamorphen und dunklen magmatischen Gesteinen.

HORNBLENDE
Monoklin • H 5–6 • SG 3,28–3,41
Das in magmatischen und metamorphen Gesteinen verbreitete dunkle Amphibol Hornblende ist ein fluorhaltiges Calcium-Magnesium-Eisen-Aluminium-Silikat-Hydroxid.

langer prismatischer Kristall

faserige Masse

Kristallfläche mit Rillen

WOLLASTONIT
Triklin • H 4½–5 • SG 2,87–3,09
Das Calcium-Silikat tritt in metamorphen Gesteinen wie Marmor auf. Es wird für Keramik, Farben und als Asbestersatz verwendet.

RHODONIT
Triklin
H 5½–6½ • SG 3,57–3,76
Der rosafarbene Rhodonit ist ein als Schmuckstein beliebtes Mangan-Calcium-Silikat. Er tritt als Kristall, Aggregat oder körnige Masse auf.

SPODUMEN
Monoklin • H 6½–7½ • SG 3,0–3,2
Das Pyroxenmineral Spodumen ist ein Lithium-Aluminium-Silikat, von dem Riesenkristalle mit einem Gewicht von fast 100 Tonnen gefunden wurden.

DIOPSID
Monoklin • H 5½–6½ • SG 3,22–3,38
Der zu den Pyroxenen zählende Diopsid ist ein grünes Calcium-Magnesium-Silikat. Er kommt in metamorphen und magmatischen Gesteinen vor.

PIGEONIT
Monoklin
H 6 • SG 3,2–3,5
Das verbreitete braune bis rot-schwarze Pyroxenmineral ist ein Magnesium-Eisen-Calcium-Silikat. Es kommt in magmatischen Gesteinen und Meteoriten vor.

RICHTERIT
Monoklin
H 5–6 • SG 2,97–3,13
Das Amphibolmineral Richterit ist ein Natrium-Calcium-Magnesium-Eisen-Silikat-Hydroxid. Er kommt in metamorphem Kalkstein und in magmatischen Gesteinen vor.

AUGIT
Monoklin
H 5½–6 • SG 3,23–3,52
Augit ist das verbreitetste Pyroxenmineral. Das Calcium-Natrium-Magnesium-Eisen-Titan-Aluminium-Silikat kommt in magmatischen und metamorphen Gesteinen vor.

ASTROPHYLLIT
Triklin • H 3 • SG 3,3–3,4
Das komplexe Kalium-Natrium-Eisen-Mangan-Titan-Silikat-Hydroxid kommt in Gneis sowie in Hohlräumen magmatischer Gesteine vor.

JADEIT
Monoklin
H 6–7 • SG 3,24
Jadeit ist eines der zwei als Jade bezeichneten Schnitzmaterialien. Das Pyroxenmineral ist ein Natrium-Aluminium-Eisen-Silikat.

RIEBECKIT
Monoklin • H 5 • SG 3,32–3,38
Das zu den Amphibolen zählende Natrium-Eisen-Magnesium-Silikat-Hydroxid ist in magmatischem Gestein zu finden, die Varietät Krokydolith oder »blauer Asbest« in metamorphem Eisenstein.

»

SCHICHTSILIKATE

PREHNIT
Orthorhombisch
H 6–6½ • SG 2,90–2,95
Das Calcium-Aluminium-Silikat-Hydroxid Prehnit kommt in Basalthohlräumen vor und wird auch als Schmuckstein verwendet.

OKENIT
Triklin • H 4½–5 • SG 2,3
Das wasserhaltige Calcium-Silikat bildet meist weiße, blaue oder gelbe, faserige oder klingenartige Kristalle. Es kommt in Basalt vor.

KLINOCHLOR
Monoklin
H 2–2½ • SG 2,63–2,98
Das Eisen-Magnesium-Aluminium-Silikat-Hydroxid bildet tafelige grüne Kristalle. Es kommt in verschiedenen Gesteinen vor.

MUSKOVIT
Monoklin
H 2½–4 • SG 2,77–2,88
Muskovit oder gewöhnlicher Glimmer ist ein fluorhaltiges Kalium-Aluminosilikat-Hydroxid. Er ist häufig anzutreffen.

strahlenförmige Aggregate

prismatischer Kristall

PHLOGOPIT
Monoklin
H 2–2½ • SG 2,76–2,90
Das farblose, gelbe oder braune Mineral aus der Glimmergruppe ist ein Kalium-Magnesium-Aluminosilikat-Hydroxid.

PETALIT
Monoklin
H 6–6½ • SG 2,3–2,5
Das Lithium-Aluminium-Silikat Petalit bildet meist Aggregate aus grauweißen Kristallen. Er wird als Lithiumerz abgebaut.

CAVANSIT
Orthorhombisch • H 3–4 • SG 2,2–2,3
Cavansit ist ein wasserhaltiges Calcium-Vanadium-Silikat. Er ist blau oder blaugrün und kommt in Hohlräumen in Basalt vor.

kugeliges Kristallaggregat

typische blaue Farbe

SEPIOLIT
Orthorhombisch • H 2–2½ • SG 2
Das wasserhaltige Magnesium-Silikat Sepiolit, ein helles Tonmineral, kommt als erdige Masse in verwittertem Gestein vor. Es wird als Schnitzmaterial verwendet.

glänzender tafeliger Kristall

LEPIDOLIT
Monoklin • H 2½–3 • SG 2,8–3,3
Als Lepidolit werden Glimmerminerale bezeichnet, die aus Kalium-Lithium-Aluminium-Aluminosilikat-Hydroxid mit Fluor bestehen.

GERÜSTSILIKATE

RAUCHQUARZ
Hexagonal/trigonal • H 7 • SG 2,7
Rauchquarz ist eine braune Varietät von Quarz oder Silicium-Dioxid. Er kommt in magmatischen Gesteinen und hydrothermalen Gängen vor.

ROSENQUARZ
Hexagonal/trigonal • H 7 • SG 2,7
Rosenquarz ist eine begehrte, durchscheinende rosa Quarz-Varietät. Gute Kristalle sind selten; häufiger treten derbe Aggregate auf.

MILCHQUARZ
Hexagonal/trigonal
H 7 • SG 2,7
Die häufig anzutreffende milchig weiße Quarz-Varietät kommt in allen Gesteinstypen und in hydrothermalen Gängen vor.

CITRIN
Hexagonal/trigonal
H 7 • SG 2,7
Die gelbe bis bräunliche Varietät von Quarz hat Ähnlichkeit mit Topas und wird oft als Schmuckstein verwendet.

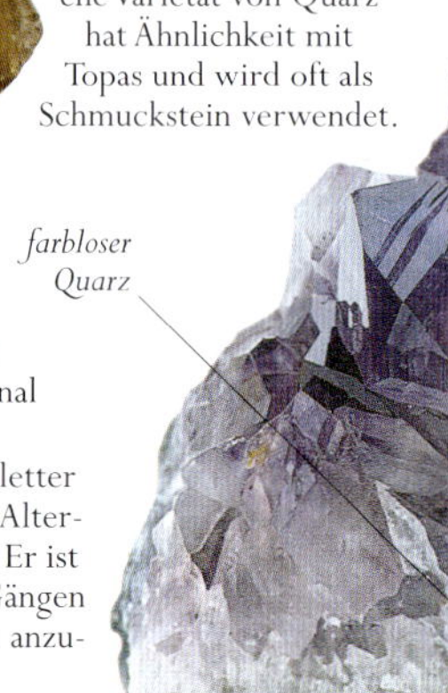

AMETHYST
Hexagonal/trigonal
H 7 • SG 2,7
Amethyst ist ein violetter Quarz, der seit dem Altertum geschätzt wird. Er ist in hydrothermalen Gängen und Lavahohlräumen anzutreffen.

schlanker Kristall

ZINNWALDIT
Monoklin • H 2½–4 • SG 2,9–3,0
Das braune, graue oder grüne Glimmermineral besteht aus Kalium-Lithium-Eisen-Aluminium-Aluminosilikat-Hydroxid mit Fluor.

CHRYSOKOLL
Orthorhombisch
H 2–4 • SG 2,0–2,4
Das blaue oder blaugrüne wasserhaltige Kupfer-Aluminium-Silikat entsteht in verwitterten Kupferlagerstätten. Kristalle sind selten.

VERMIKULIT
Monoklin
H 1½ • SG 2,3
Das grüne oder gelbe Tonmineral tritt oft in verwittertem Glimmer auf. Es ist ein wasserhaltiges Magnesium-Eisen-Aluminium-Silikat.

GLAUKONIT
Monoklin • H 2 • SG 2,4–2,95
Das Glimmermineral Glaukonit ist ein Kalium-Natrium-Magnesium-Aluminium-Eisen-Aluminosilikat-Hydroxid. Es kommt in marinen Sedimenten vor.

CHRYSOTIL
Monoklin • H 2½ • SG 2,53
Das in Form und Farbe variable Magnesium-Silikat-Hydroxid kommt in schwach metamorphem Gestein vor. Es ist ein gutes Isoliermaterial.

tafeliger Biotitkristall

BIOTIT
Monoklin • H 2½–3 • SG 2,7–3,4
Biotit oder schwarzer Glimmer ist ein Kalium-Eisen-Magnesium-Aluminosilikat-Hydroxid. Er tritt in magmatischen und metamorphem Gesteinen auf.

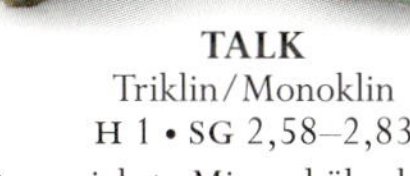

TALK
Triklin/Monoklin
H 1 • SG 2,58–2,83
Das weichste Mineral überhaupt ist ein weißes, graues oder grünliches Magnesium-Silikat-Hydroxid. Es wird für Hygieneartikel, Farben und Keramik eingesetzt.

ALLOPHAN
Amorph
H 3 • SG 2,8
Das wasserhaltige Aluminosilikat, ein Tonmineral, entsteht durch Verwitterung aus Feldspat und anderen Mineralen. Es bildet Krusten.

PYROPHYLLIT
Triklin/Monoklin
H 1–2 • SG 2,65–2,90
Das in Form und Farbe variable Aluminium-Silikat-Hydroxid kommt in schwach metamorphem Gestein vor. Es ist ein gutes Isoliermaterial.

Glasglanz

prismatische Kristalle

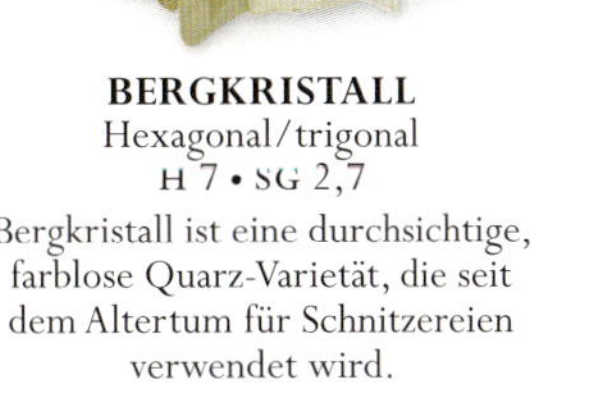

BERGKRISTALL
Hexagonal/trigonal
H 7 • SG 2,7
Bergkristall ist eine durchsichtige, farblose Quarz-Varietät, die seit dem Altertum für Schnitzereien verwendet wird.

weiße Quarzader

JASPIS
Hexagonal/trigonal • H 7 • SG 2,7
Der undurchsichtige, variabel gefärbte Jaspis ist eine Varietät von Chalcedon, einem mikrokristallinen Quarz. Er wird für Schmuck verwendet.

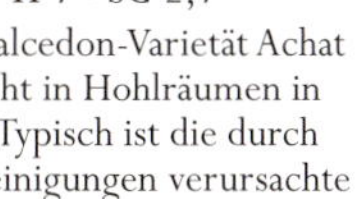

ACHAT
Hexagonal/trigonal
H 7 • SG 2,7
Die Chalcedon-Varietät Achat entsteht in Hohlräumen in Lava. Typisch ist die durch Verunreinigungen verursachte konzentrische Bänderung.

»

CHALCEDON
Hexagonal/trigonal • H 7 • SG 2,65
Chalcedon ist ein mikrokristalliner Quarz, also Silicium-Dioxid. Reiner Chalcedon ist weiß. Er entsteht in Adern und Hohlräumen vieler Gesteine.

KARNEOL
Hexagonal/trigonal • H 7 • SG 2,7
Karneol ist eine durch Eisenoxid rot oder orange gefärbte Chalcedon-Varietät. Die schönsten Exemplare kommen aus Indien.

HELIOTROP
Hexagonal/trigonal • H 7 • SG 2,7
Heliotrop oder Blutstein ist eine Chalcedon-Varietät, die durch Eisensilikate dunkelgrün gefärbt ist. Rote Flecken aus Jaspis ähneln Blut.

ONYX
Hexagonal/trigonal
H 7 • SG 2,7
Onyx ist die gebänderte Halbedelstein-Varietät von Chalcedon. Er ist nicht besonders häufig; nennenswerte Fundstätten gibt es in Indien und Südamerika.

CHRYSOPRAS
Hexagonal/trigonal • H 7 • SG 2,7
Chrysopras ist eine Chalcedon-Varietät, der Nickel eine blassgrüne Färbung verleiht. Er ist das wertvollste Mineral der Chalcedongruppe.

OPAL
Amorph
H 5½–6½ • SG 1,9–2,3
Der Opal ist ein Edelstein aus wasserhaltigem Silicium-Dioxid. Er kommt als Knolle, Kruste oder derbe Masse vor. Verunreinigungen verleihen ihm verschiedene Farben.

CANCRINIT
Hexagonal/trigonal
H 5–6 • SG 2,42–2,51
Cancrinit aus der Gruppe der Feldspatoide ist ein unterschiedlich gefärbtes wasserhaltiges Natrium-Calcium-Aluminosilikat-Carbonat.

SKAPOLITH
Tetragonal
H 5½–6 • SG 2,50–2,78
Skapolith ist die Sammelbezeichnung für eine Reihe komplexer Natrium-Calcium-Silikate, die v. a. in metamorphen Gesteinen vorkommen. Sie gelten als Edelsteine.

MIKROKLIN
Triklin
H 6–6½ • SG 2,55–2,63
Das meist weiße oder rosafarbene Kalium-Aluminosilikat ist das häufigste Alkalifeldspat-Mineral. Die grüne Varietät wird als Amazonit bezeichnet.

ANORTHIT
Triklin
H 6–6½ • SG 2,74–2,76
Das seltene Plagioklasfeldspat-Mineral besteht aus Calcium-Aluminosilikat. Es bildet blasse Kristalle, Körner oder Aggregate.

HEULANDIT
Monoklin
H 3½–4 • SG 2,1–2,2
Heulandit ist ein wasserhaltiges Natrium-Calcium-Aluminosilikat. Das Zeolithmineral wird in Erdölraffinerien als molekulares Sieb verwendet.

SKOLEZIT
Monoklin
H 5 • SG 2,27
Das farblose oder weiße Zeolithmineral ist ein wasserhaltiges Calcium-Aluminosilikat und kommt in magmatischen und metamorphen Gesteinen vor.

lange, dünne Kristallnadeln

ANDESIN
Triklin
H 6–6½ • SG 2,66–2,68
Das Plagioklasfeldspat-Mineral ist ein graues oder weißes Natrium-Calcium-Aluminosilikat, das in magmatischen Gesteinen häufig vorkommt.

NATROLITH
Orthorhombisch
H 5–5½ • SG 2,20–2,26
Das weit verbreitete wasserhaltige Natrium-Aluminosilikat kommt in Hohlräumen in Basalten und in hydrothermalen Gängen vor.

HYALOPHAN
Monoklin
H 6–6½ • SG 2,6–2,8
Das farblose, weiße, gelbe oder rosafarbene Kalium-Barium-Aluminosilikat ist ein relativ seltener Bariumfeldspat.

derber Sodalith

SODALITH
Kubisch
H 5½–6 • SG 2,14–2,40
Das Feldspatmineral Sodalith ist ein Natrium-Aluminium-Silikatchlorid. Selten anzutreffende Kristalle stammen aus Kanada.

STILBIT
Monoklin
H 3½–4 • SG 2,09–2,20
Der weit verbreitete Zeolith ist ein wasserhaltiges Natrium-Calcium-Kalium-Aluminosilikat. Er bildet garbenförmige Kristalle in verschiedenen Gesteinen.

HARMOTOM
Monoklin
H 4½ • SG 2,41–2,50
Das Zeolithmineral ist ein blass gefärbtes, wasserhaltiges Barium-Kalium-Aluminosilikat. Es kommt in hydrothermalen Gängen und vulkanischen Gesteinen vor.

ANALCIM
Kubisch
H 5–5½ • SG 2,22–2,29
Der helle Zeolith, ein wasserhaltiges Natrium-Aluminosilikat, kommt in magmatischen, metamorphen und Sedimentgesteinen vor.

ALBIT
Triklin
H 6–6½ • SG 2,60–2,63
Der zu den Alkali- und Plagioklasfeldspaten zählende Albit ist ein helles Natrium-Aluminosilikat. Er ist häufig anzutreffen.

ANORTHOKLAS
Triklin
H 6–6½ • SG 2,56–2,62
Dieser Alkalifeldspat ist ein Natrium-Kalium-Aluminosilikat, das in Form von prismatischen oder tafeligen Kristallen vorkommt.

Lasuritkristall

Calcit-Grundmasse

LAZURIT
Kubisch
H 5–5½ • SG 2,4–2,5
Das tiefblaue Feldspatoidmineral Lasurit ist ein Natrium-Calcium-Aluminosilikatsulfat. Er ist der Hauptbestandteil von Lapislazuli.

THOMSONIT
Orthorhombisch
H 5–5½ • SG 2,25–2,40
Das helle Zeolithmineral Thomsonit ist ein wasserhaltiges Natrium-Calcium-Aluminosilikat, das oft in Basalthohlräumen vorkommt.

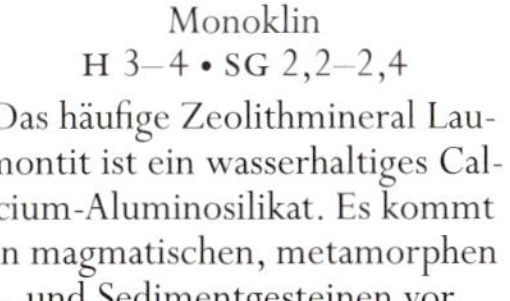

LAUMONTIT
Monoklin
H 3–4 • SG 2,2–2,4
Das häufige Zeolithmineral Laumontit ist ein wasserhaltiges Calcium-Aluminosilikat. Es kommt in magmatischen, metamorphen und Sedimentgesteinen vor.

kurzer, prismatischer Orthoklaskristall

ORTHOKLAS
Monoklin • H 6–6½ • SG 2,55–2,63
Der Alkalifeldspat Orthoklas ist ein Kalium-Aluminosilikat. Er ist der Hauptbestandteil vieler magmatischer und metamorpher Gesteine.

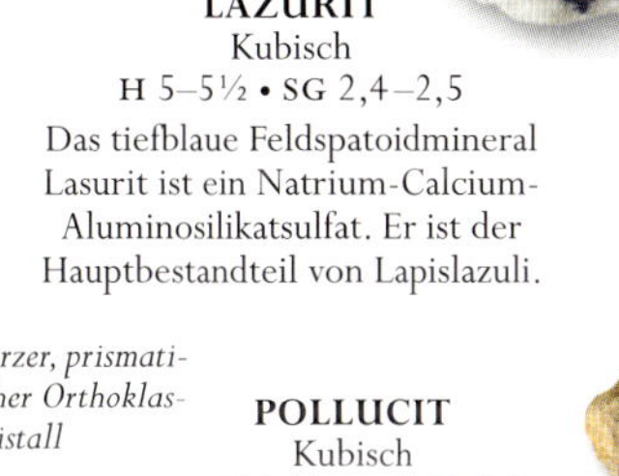

POLLUCIT
Kubisch
H 6½–7 • SG 2,7–3,0
Das seltene Zeolithmineral ist ein komplexes wasserhaltiges Caesium-Natrium-Aluminosilikat mit weiteren Elementen (z. B. Calcium). Er ist ein Caesiumerz.

haarfeine Mesolithkristalle

MESOLITH
Monoklin • H 5 • SG 2,2–2,3
Das weiße oder farblose Zeolithmineral kommt in magmatischen und metamorphen Gesteinen vor. Es ist ein wasserhaltiges Natrium-Calcium-Aluminosilikat.

HAUYN
Kubisch • H 5½–6 • SG 2,5
Das Natrium-Calcium-Aluminosilikat mit Sulfat und Chlor zählt zu den Feldspatoiden. Es kommt vor allem in siliciumarmen Vulkangesteinen vor.

CHABASIT
Hexagonal/trigonal
H 4–5 • SG 2,05–2,16
Das häufige Zeolithmineral ist ein wasserhaltiges Calcium-Aluminosilikat. Kristalle sind farblos, weiß, gelb oder rosa.

pseudokubischer (fast würfelförmiger) rhomboedrischer Kristall

GESTEINE

Die aus verschiedenen Mineralen zusammengesetzten Gesteine bilden die feste Erdkruste. Obwohl sie als Inbegriff von Festigkeit gelten, sind sie ständig im Wandel begriffen: Über lange Zeiträume hinweg werden sie abgebaut und neu gebildet. Gesteine werden nach der Art ihrer Entstehung in drei Hauptgruppen eingeteilt.

Magmatische Gesteine enstehen beim Abkühlen von Magma in der Tiefe, wie Granit, oder durch Vulkanausbrüche.

Sedimentgesteine wie Kreide bilden sich durch Erosion bestehender Gesteine und Rekristallisation ihrer Minerale.

Metamorphe Gesteine wie Glimmerschiefer entstehen, wenn Druck oder Temperatur auf Minerale einwirken.

Die ältesten bekannten Gesteine sind im Nordwesten Kanadas zu finden. Sie sind etwa vier Milliarden Jahre alt. Die meisten Gesteine sind aber weitaus jünger. Die Kalkfelsen am Ärmelkanal stammen aus der Kreidezeit, die vor 65 Millionen Jahren endete (siehe unten, Geologische Zeitskala). Die Alpen sind noch jünger. Selbst im Grand Canyon sind die ältesten Gesteine nur zwei Milliarden Jahre alt – weniger als die Hälfte des Erdalters. Das ist darauf zurückzuführen, dass die Erde tektonisch aktiv ist und durch die innere Wärme des Planeten neues Gestein entsteht. Zugleich wird in einem endlosen Zyklus, der mit der Bildung der Erdkruste begann, bestehendes Gestein abgebaut.

GESTEINSARTEN

Geologen klassifizieren Gesteine nach der Art ihrer Entstehung in drei Hauptgruppen – magmatische, sedimentäre und metamorphe Gesteine. Magmatische Gesteine werden durch Vulkanismus aus flüssigem Magma im Erdmantel gebildet. Der häufigste Vertreter, schwarzer kristalliner Basalt, entsteht bei Vulkanausbrüchen an der Erdoberfläche. Basalt bildet auch den Großteil des Meeresbodens. Vulkanischen Ursprungs sind auch die plutonischen Gesteine, die unter der Erdoberfläche abkühlen und als Batholithe erstarren. Auf diese Weise entsteht Granit.

Sedimentgesteine werden an der Erdoberfläche gebildet. Sie sind durch Schichten gekennzeichnet, die sich über lange Zeiträume hinweg ablagern. Einige Sedimentgesteine – wie Sandstein und Schieferton – entstehen durch Erosion vorhandener Gesteine. Dabei werden kleine Körner freigesetzt und durch Wind und Wasser an andere Stellen verfrachtet, wo sie neue Gesteine bilden. Andere Sedimentgesteine wie Steinsalz und Gips entstehen, wenn beim Verdunsten von Salzwasser die gelösten Minerale übrig bleiben. Sedimentgesteine biochemischen Ursprungs sind Kreide und Kalkstein aus den Skeletten kleinster Meereslebewesen oder Kohle aus pflanzlichen Überresten.

Metamorphose findet in der Tiefe statt, wenn Gesteine durch Wärme oder Druck verändert werden. So entsteht etwa Marmor, wenn Kalkstein durch Lava oder Magma erhitzt wird. Anders als Kalkstein weist Marmor keine Schichtung auf, seine feine Struktur ermöglicht eine Bearbeitung durch Bildhauer, ohne zu splittern. Bei intensiver Metamorphose wird das Gestein aufgeschmolzen. Der Kreislauf schließt sich, indem Gestein schließlich wieder abgebaut wird.

GRAND CANYON (USA) >
Im Grand Canyon sind die horizontalen Schichten der Sedimentgesteine und die Folgen der Erosion zu erkennen.

KREISLAUF DER GESTEINE

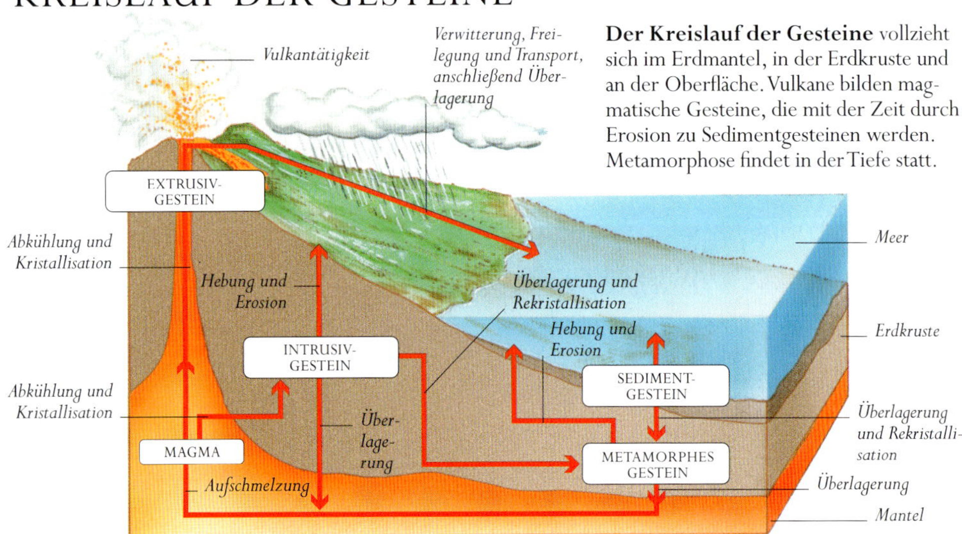

Der Kreislauf der Gesteine vollzieht sich im Erdmantel, in der Erdkruste und an der Oberfläche. Vulkane bilden magmatische Gesteine, die mit der Zeit durch Erosion zu Sedimentgesteinen werden. Metamorphose findet in der Tiefe statt.

GEOLOGISCHE ZEITSKALA

Ära	Zeitalter von heute bis Präkambrium	System	vor Mio. Jahren
Känozoikum	Quartär	Holozän	0,01
		Pleistozän	1,8
	Tertiär	Pliozän	5,3
		Miozän	23
	Paläogen	Oligozän	34
		Eozän	55
		Paläozen	65
Mesozoikum	Kreide		145
	Jura		199
	Trias		251
Paläozoikum	Perm		299
	Karbon (Unter- und Oberkarbon)		359
	Devon		416
	Silur		433
	Ordovizium		488
	Kambrium		542
Präkambrium	Entstehung der Erde		4554

MAGMATISCHE GESTEINE

Gesteine, die aus einer Schmelze erstarren, werden als magmatische Gesteine bezeichnet. Dabei unterscheidet man zwischen Extrusivgesteinen (vulkanischen Gesteinen) und Intrusivgesteinen. Extrusivgesteine entstehen an der Erdoberfläche aus Lava, Intrusivgesteine unterirdisch aus Magma. Lava und Magma haben einen hohen Gehalt an Kieselsäure und Metallen. Beim Abkühlen entstehen Minerale wie Feldspat und Quarz, die in verschiedenen Kombinationen viele Gesteine bilden.

BASALT
Das dunkle, feinkörnige Ergussgestein ist das häufigste Gestein in der ozeanischen Kruste.

BLASIGER BASALT
Das vor allem aus den Mineralen Plagioklas, Pyroxen und Olivin bestehende Ergussgestein ist dunkel und weist zahlreiche leere Gasblasen auf.

RHYOLITH
Das feinkörnige, helle Ergussgestein enthält große Mengen an Quarz, Glimmer und Feldspat. Es ist oft gebändert und weist Phänokristalle (große Kristalle) auf.

GEBÄNDERTER RHYOLITH
Rhyolith ist ähnlich zusammengesetzt wie Granit. Da er schnell erstarrt ist, enthält er auch winzige Glaskristalle. Die Bänderung zeigen die Fließrichtung der Lava an.

PAHOEHOE
Pahoehoe ist eine basaltische Lava mit seilartiger, glasiger Oberfläche, die auf Hawaii häufig auftritt. Der Name kommt vom hawaiianischen *hoe* für wirbeln.

MANDELBASALT
Mandelbasalt hat seinen Namen von den mandelförmigen Gasblasen in basaltischer Lava, die oft mit Sekundärmineralen wie Zeolith, Carbonat oder Achat aufgefüllt sind.

PORPHYRISCHER BASALT
Das dunkle Gestein weist große Kristalle, meist aus Olivin oder Plagioklas, in einer feinkörnigen Grundmasse auf.

BIMS
Der aus schaumiger Lava erstarrte Bims enthält kleine Feldspatkristalle in einer glasigen Grundmasse. Er ist so porös, dass er auf dem Wasser schwimmt.

PÉLÉS HAAR
Die nach einer hawaiianischen Göttin benannten Büschel aus feinen braunen, glasigen Fasern entstehen, wenn Lavaspritzer vom Wind verblasen werden.

STEINTUFF
Steintuff enthält Fragmente älterer Gesteine in einer feinen, glasartigen Grundmasse. Er entsteht bei heftigen Vulkanausbrüchen und ist meist hell.

IGNIMBRIT
Ignimbrit ist ein feinkörniger, glasartiger, heller vulkanischer Tuff, der oft bänderartige Fließstrukturen aufweist.

SPINDELBOMBE
Wenn geschmolzenes, dünnflüssiges basaltisches Magma in die Luft geschleudert wird, bilden sich aerodynamische Formen. Durch Abkühlung der Oberfläche entstehen »Bomben«.

BROTKRUSTENBOMBE
Diese vulkanische Bombe hat eine rissige Kruste wie Brot. Sie entsteht durch anhaltende Ausdehnung des Innern nach Erstarren der Oberfläche.

AGGLOMERAT
Agglomerate bestehen aus relativ großen Gesteinstrümmern in einer feineren Grundmasse. Sie bilden sich nach Vulkanexplosionen.

PECHSTEIN
Pechstein ist ein glasartiges, dichtes Ergussgestein mit variabler Zusammensetzung und Farbe und einem pechähnlichen Glanz.

PORPHYRISCHER TRACHYT
Das komplexe Gestein aus Alkalifeldspat, Quarz, Glimmer, Pyroxen und Hornblende enthält große Kristalle in der Grundmasse.

PORPHYRISCHER ANDESIT
Der aus Plagioklasfeldspat, Pyroxen und Amphibol zusammengesetzte porphyrische Andesit enthält große Kristalle in einer feinkörnigen Grundmasse.

ANDESIT
Der nach den Anden benannte Andesit kommt in vielen vulkanischen Inselbögen in Subduktionszonen vor (Inselketten, die durch Plattenbewegung entstehen). Er besteht zu etwa 60 % aus Siliciumdioxid.

DAZIT
Der fein- bis grobkörnige, helle bis mittelhelle Dazit besteht zum großen Teil aus Plagioklasfeldspat und Quarz, mit Pyroxenen, schwarzem Glimmer und Hornblende.

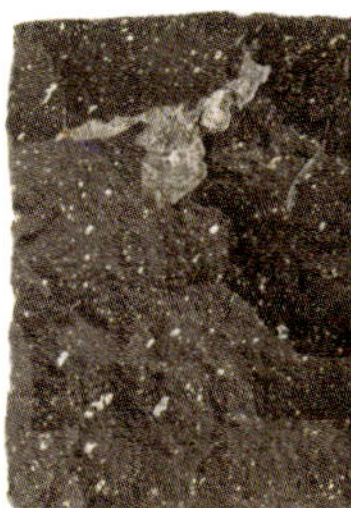

MANDELANDESIT
Das feinkörnige braune, graue, violette oder rote Ergussgestein enthält aufgefüllte mandelförmige Gasblasen.

SPILIT
Das feinkörnige, bräunliche, sekundäre Vulkangestein enthält Augit und Plagioklasfeldspat. Es entsteht, wenn Meerwasser basaltische Lava angreift.

TRACHYT
Als Trachyt wird eine Gruppe feinkörniger vulkanischer Gesteine bezeichnet, die aus Alkalifeldspat und dunklen mafischen Mineralen wie Biotit, Hornblende und Pyroxen bestehen. Sie fühlen sich rau an.

RHOMBENPORPHYR
Typisch für dieses magmatische Gestein sind große Feldspatkristalle mit rhombischem Querschnitt in einer dunklen Grundmasse.

gekrümmte Bruchfläche

OBSIDIAN
Obsidian mit seiner typischen sehr dunklen Farbe und dem glasigen Gefüge entsteht, wenn zähflüssige, heiße rhyolithische Lava so schnell abkühlt, dass sich keine Mineralkristalle bilden können. Er wird seit dem Altertum für Schmuck verwendet.

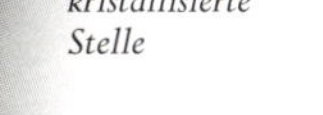

helle auskristallisierte Stelle

SCHNEEFLOCKENOBSIDIAN
Die »Schneeflocken« in diesem glasigen schwarzen Gestein mit hohem Silikatgehalt sind Bereiche, in denen Minerale auskristallisiert sind.

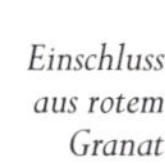

Einschluss aus rotem Granat

GRANATPERIDOTIT
Peridotit ist der Hauptbestandteil des oberen Erdmantels. Diese schwere, grünliche Varietät enthält Minerale wie Granat, Olivin, Klinopyroxen und Orthopyroxen.

»

» MAGMATISCHE GESTEINE

GABBRO
Das grobkörnige, dunkle plutonische Gestein enthält Plagioklas, Pyroxen und Olivin. Es entsteht, wenn basaltisches Magma in der Tiefe langsam abkühlt.

OLIVINGABBRO
Gabbro ist ein dunkles, grobkörniges Gestein mit hohem Pyroxen- und Plagioklasanteil. Diese Varietät enthält größere Mengen Olivin.

GESCHICHTETER GABBRO
Die Bänderung dieses grobkörnigen, dunklen Gabbro entsteht, wenn sich Minerale unterschiedlicher Dichte im Magma übereinander ablagern.

GRANITPORPHYR
Große Kristalle in einer Grundmasse mittlerer Körnung zeichnen dieses Gestein aus, das hauptsächlich aus Quarz, Glimmer und Feldspat besteht.

MIKROGRANIT
Dieser sehr feinkörnige Granit, oft mit porphyrischem Gefüge, kommt in Sills und Dykes (Füllungen aus Intrusivgestein) vor.

ROSA MIKROGRANIT

WEISSER MIKROGRANIT

BOJIT
Das dunkle magmatische Gestein ist eine Sammelbezeichnung für Hornblendegabbro. Bojit ist grobkörnig und entsteht aus Magma.

KIMBERLIT
Der dunkle, grobkörnige Kimberlit ist ein ultramafisches Gestein mit sehr geringem Silikatanteil und unterschiedlicher Zusammensetzung. Aus ihm stammen die meisten Diamanten.

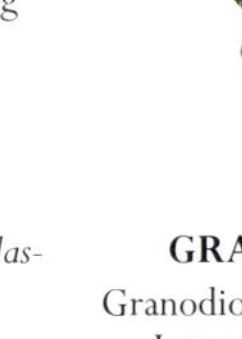

GRANODIORIT
Granodiorit ist das häufigste Intrusivgestein in der kontinentalen Kruste. Er besteht zu mehr als 65 % aus Plagioklas.

PEGMATIT
Pegmatite sind sehr grobkörnige Gesteine, die sich aus dem verbleibenden flüssigen Magma bilden, nachdem der Großteil einer Granitintrusion auskristallisiert ist. Einige Pegmatite sind wichtige Edelsteinlieferanten.

LAMPROPHYR
Der glänzende Lamprophyr enthält deutlich erkennbare Kristalle der wasserhaltigen Glimmer- und Amphibolminerale in einer feinkörnigen Grundmasse.

NEPHELINSYENIT
Nephelinsyenit ist ein grobkörniges, helles Gestein aus Feldspat, Glimmer und Hornblende mit Nephelin, aber ohne Quarz.

SYENIT
Grau oder rosa ist das grobkörnige plutonische Gestein. Es kommt in großen Intrusivkörpern vor, enthält Feldspat, Glimmer und Hornblende.

SCHRIFTGRANIT
Dieses grobkörnige Gestein enthält Quarz und Feldspat, die so miteinander verwachsen sind, dass sie entfernte Ähnlichkeit mit Runen aufweisen. Ein weiterer Bestandteil ist Glimmer.

HORNBLENDE-GRANIT
Diese Granit-Varietät enthält neben den typischen Mineralen Quarz, Feldspat und Glimmer auch Hornblende, ein Amphibolmineral.

GRANITPORPHYR
Das helle Gestein aus Feldspat, Quarz und Glimmer enthält große, gut ausgebildete Kristalle in seiner Grundmasse.

DOLERIT
Der in Sills und Dykes vorkommende Dolerit ist ein dunkles Gestein mit mittlerer Korngröße. Er besteht aus Plagioklas, Pyroxen und Eisenoxiden.

GRANIT
Granit ist grobkörnig und unterschiedlich gefärbt. Der Quarzanteil beträgt mehr als 10%. Er ist verwitterungsbeständig und wird oft als Baumaterial verwendet.

FELSIT
Der feinkörnige Felsit entsteht als schichtförmige Intrusion in Sills und Dykes. Er ist hell und besteht vor allem aus Feldspat und Quarz.

ADAMELLIT
Dieser mittelkörnige Granit entsteht in der Tiefe und enthält Quarz-, Glimmer- und Feldspatkristalle. Ein bis zwei Drittel des Feldspatsanteils ist Plagioklas.

ANORTHOSIT
Der helle Anorthosit besteht überwiegend aus großen Plagioklasfeldspat-Kristallen. Er kann zusätzlich Olivin und Augit enthalten.

DUNIT
Das ausschließlich aus Olivin bestehende Gestein ist dunkelgrün oder braun, mit zuckerähnlichem Gefüge. Er enthält geringe Mengen an Chromit.

PERIDOTIT
Der grobkörnige Peridotit ist ein dunkles, dichtes Gestein, das vorwiegend aus Olivin und Pyroxen besteht und in großer Tiefe gebildet wird.

LARVIKIT
Larvikit ist eine blauschwarze Syenit-Varietät mit einem hohen Anteil an Natriumfeldspat. Er kann blau schillern.

DIORIT
Diorit besteht aus Plagioklasfeldspat mit Amphibolen und Pyroxenen und enthält kaum Quarz. Er wurde im Alten Ägypten als Schmuckstein verwendet.

METAMORPHE GESTEINE

Wenn bestehende Gesteine im Erdinnern hohen Temperaturen und/oder hohem Druck ausgesetzt sind, ändert sich ihre mineralogische Zusammensetzung. Kontaktmetamorphose findet statt, wenn eine kleinräumige Erhitzung durch eine Gesteinsschmelze zur Rekristallisierung des umgebenden Gesteins führt. Wirken extreme Temperaturen und Drücke großräumig ein, spricht man von Regionalmetamorphose. Bei der dynamischen Metamorphose werden Gesteine durch Plattenbewegungen zermahlen.

MYLONIT
Wenn Gesteine in einer Verwerfungszone zermahlen werden, entsteht aus Gesteinsstaub und -trümmern der feinkörnige Mylonit.

GRANULIT
Granulit entsteht bei sehr hohen Temperaturen und Drücken. Er ist dunkel, grobkörnig und reich an Pyroxenen, Granat, Glimmer und Feldspat.

GRANATSCHIEFER
Die roten Granate in diesem Schiefer zeigen, dass er bei relativ hoher Temperatur und hohem Druck tief in der kontinentalen Kruste entstanden ist.

GEFALTETER SCHIEFER
Typisch für Schiefer sind die parallelen Ebenen von Mineralen mit gleicher Ausrichtung. Hier verläuft die Schieferung in Falten.

TONSCHIEFER
Der dunkle, sehr feinkörnige Tonschiefer ist ein kompaktes Gestein mit parallelen Spaltebenen. Er entsteht bei geringem Druck.

KYANITSCHIEFER
Dieser Schiefer besteht überwiegend aus Feldspat, Glimmer und Quarz und enthält Kristalle des blauen Minerals Kyanit.

MUSKOVITSCHIEFER
Muskovitschiefer ist ein typischer kristalliner Schiefer mit hellem Muskovitglimmer, Quarz und Feldspat.

BIOTITSCHIEFER
Biotitschiefer entsteht bei relativ hohen Drücken und Temperaturen. Er enthält Feldspat, Quarz und große Mengen an dunklem Biotitglimmer.

HALLEFLINT
Das aus vulkanischem Tuff, Rhyolith oder Quarzporphyr entstandene Gestein ist eine feinkörnige, helle Hornfelsart mit hohem Quarzanteil.

FLECKIGER TONSCHIEFER
Dieser Schiefer zeichnet sich durch schwarze Flecken (Porphyroblasten) aus Mineralen wie Cordierit und Andalusit aus.

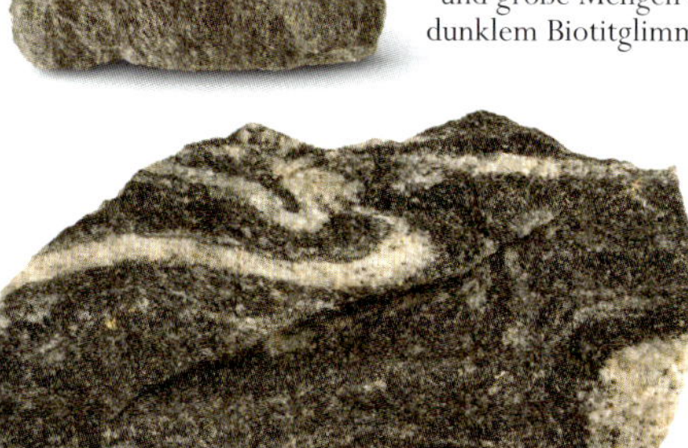

MIGMATIT
Der bei extremen Temperaturen und Drücken entstehende grobkörnige, gefaltete Migmatit enthält Bänder aus dunklen Basalt- und hellen Granitmineralen.

SKARN
Der durch Kontaktmetamorphose aus Carbonatgestein entstandene Skarn enthält Minerale mit hohem Calcium-, Magnesium- und Eisengehalt.

FULGURIT
Wenn der Blitz in Wüsten oder an Stränden einschlägt, verschmilzt der Sand zu kleinen, röhrenförmigen Strukturen, den Fulguriten.

QUARZIT
Mit seinem hohen Quarzanteil ist Quarzit härter als die meisten metamorphen Gesteine. Er entsteht bei hohen Temperaturen aus Sandstein.

klingenförmiger Kristall

CHIASTOLITH-HORNFELS

Hornfels entsteht bei sehr hohen Temperaturen in der Nähe von Magma-Intrusionen. Diese Varietät ist nach den hellen Chiastolithkristallen benannt.

CORDIERIT-HORNFELS

Der dunkle, splittrige Cordierit-Hornfels entsteht in der direkten Umgebung von Magma-Intrusionen. Er ist fein- bis mittelkörnig.

PYROXENHORNFELS

Diese fein- bis mittelkörnige, widerstandsfähige Hornfels-Varietät enthält Quarz, Glimmer und Pyroxenminerale. Er entsteht an Intrusionen.

GRANAT-HORNFELS

Hornfels ist ein dunkles, feuersteinartiges Gestein, das dicht bei einer Magma-Intrusion entsteht. Diese Varietät enthält rote Granatkristalle.

GNEIS

Der mittel- bis grobkörnige Gneis entsteht bei extremen Temperaturen und Drücken. Er ist an seinen abwechselnden dunklen und hellen Kristallschichten zu erkennen.

AUGENGNEIS

Gneis enthält Quarz, Feldspat und Glimmer, oft in parallelen Bändern. Augengneis weist augenförmige Kristalleinschlüsse auf.

GEFALTETER GNEIS

In großer Tiefe wird Gneis plastisch verformt. Die dunklen Bänder enthalten viel Hornblende, die helleren Quarz und Feldspat.

AMPHIBOLIT

Der grobkörnige Amphibolit entsteht bei mittleren Temperaturen und unterschiedlichem Druck tief in der Erdkruste. Er enthält Hornblende und Plagioklas, aber auch andere Minerale.

EKLOGIT

Der aus dem grünen Pyroxenmineral Omphacit und dem roten Granat bestehende Eklogit ist grobkörnig und entsteht bei hohen Temperaturen und Drücken.

PHYLLIT

Phyllit entsteht bei niedrigeren Temperaturen und Drücken als kristalliner Schiefer, aber höheren als Tonschiefer. Er ist feinkörnig. Beim Spalten entstehen glänzende Platten.

KÖRNIGER GNEIS

Dieser Gneis hat eine einheitliche Korngröße. Er enthält dunkle Bänder aus Hornblende und Biotit sowie helle Bänder aus Quarz sowie Feldspat.

Marmorfragment

MARMORBREKZIE

GRAUER MARMOR

MARMOR

Marmor entsteht durch Kontakt- oder Regionalmetamorphose. Das bei Bildhauern beliebte Gestein ist reich an Calcit und oft von farbigen Adern aus anderen Mineralen durchzogen.

GRÜNER MARMOR

gut erkennbare große Kristalle

fleckige Textur

SERPENTINIT

Der gebänderte, fleckige oder streifige Serpentinit ist ein dichtes, aber weiches metamorphes Gestein, das aus Peridotit entstanden ist. Er ist in Konvergenzzonen zwischen tektonischen Platten zu finden.

SEDIMENTGESTEINE

Diese Gesteine entstehen, wenn Sedimente von Wind, Wasser und Eis an der Erdoberfläche abgelagert und anschließend überdeckt werden. Sedimentgesteine weisen eine charakteristische Schichtung auf und enthalten manchmal Fossilien. Man unterscheidet zwischen klastischen Gesteinen – aus Gesteinsfragmenten, weiter unterteilt nach der Korngröße – und chemischen/biochemischen Gesteinen, unterteilt nach ihrer Zusammensetzung.

GRANATAPFEL-SANDSTEIN
Die abgerundeten, einheitlich mittelgroßen Quarzkörner dieses durch Eisenoxid rötlich gefärbten Sandsteins wurden vom Wind geformt.

GLAUKONIT-SANDSTEIN
Der durch das Silikatmineral Glaukonit grün gefärbte Sandstein mit hohem Quarzanteil ist im Meer entstanden.

GLIMMER-SANDSTEIN
Dieser quarzreiche Sandstein enthält glitzernde Glimmerkörner. Er weist meist eine mittlere Korngröße auf.

LIMONIT-SANDSTEIN
Die mittelgroßen bis feinen Quarzkörner dieses Gesteins sind von Limonit überzogen, der eine rotbraune oder gelbliche Färbung bewirkt.

durch Eisenoxid gefärbte Quarzkörner

ROTER SANDSTEIN

STEINSALZ
Das aus kristallinem Halit bestehende Steinsalz ist bräunlich und kann Ton enthalten. Es ist löslich, weich und hat einen typischen Geschmack.

GIPSSTEIN
Der helle, oft faserige Gipsstein ist sehr weich und wasserlöslich. Er ist mit kaliumhaltigem Gestein vergesellschaftet und entsteht durch Eindampfung von Meerwasser.

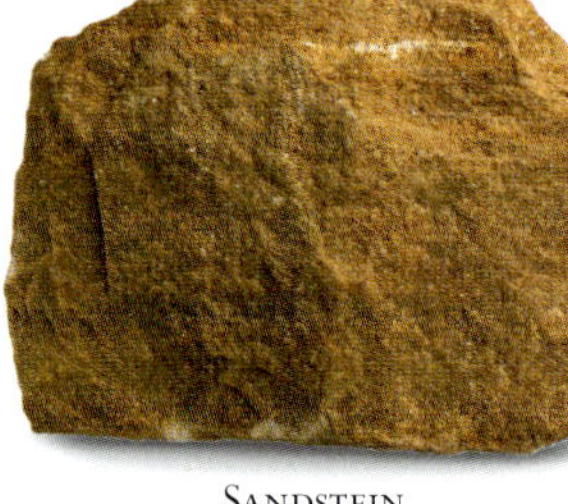

SANDSTEIN

SANDSTEIN
Dieser Sandstein weist Schichten aus Sandkörnern auf, die durch einen unterschiedlich zusammengesetzten, meist quarzreichen Kitt zusammengehalten werden.

GESCHIEBELEHM
Geschiebelehm besteht aus einer feinen tonigen Grundmasse, in die eckige oder abgerundete Gesteinstrümmer eingebettet sind.

TONSTEIN
Der in verschiedenen Farben vorkommende, sehr feinkörnige Tonstein besteht vor allem aus Silikatmineralen wie Kaolinit – meist durch Verwitterung aus Feldspat entstanden.

TRAVERTIN
Der helle, oft geschichtete Travertin besteht fast ausschließlich aus Calcit. Er entsteht an Thermalquellen und Fumarolen.

BÄNDEREISENERZ
Dieses Meeressediment besteht aus abwechselnden Bändern von schwarzem Hämatit und rotem Hornstein. Sehr ergiebiges Eisenerz.

OOLITHISCHER EISENSTEIN
Dieses Gestein besteht aus kleinen, abgerundeten Körnern (Oolithen) aus Eisenmineralen wie Siderit, die durch andere Eisenminerale sowie Calcit und Quarz zusammengehalten werden.

LÖSS
Löss ist ein Tongestein, dessen staubfeine Körner vom Wind verweht wurden. Er ist krümelig und zeigt keine erkennbare Schichtung.

TUFF
Dieses poröse Gestein entsteht durch Ausfällung von Carbonatmineralen aus Wasser, zum Beispiel von Thermalquellen, bei Umgebungstemperatur.

ORTHOQUARZIT
Das fast ausschließlich aus Quarzkörnern in einem Kitt aus Siliciumdioxid bestehende Gestein enthält nur selten Fossilien.

MANGANKNOLLE
Manganknollen sind runde, schwarze Konkretionen, die am Meeresboden entstehen. Sie sind reich an Übergangsmetallen wie Kupfer.

BRAUNKOHLE
Braunkohle hat einen geringeren Kohlenstoffgehalt als Steinkohle. Gagat ist eine harte, schwarze, glänzende Art der Braunkohle. Sie kann poliert werden.

ANTHRAZIT
Anthrazit, die reinste Kohle, ist schwarz und glänzend mit glasiger Oberfläche und muscheligem Bruch.

STEINKOHLE
Steinkohle ist die häufigste Kohle. Sie hat einen geringeren Kohlenstoffgehalt als Anthrazit und ist brüchig und matt.

SEPTARIE
Diese Konkretion tritt in Sedimentgesteinen als einzelne kugelige Knolle mit Quarz oder Calcit als Kitt auf. Sie ist von Septa (vom lateinischen *septum*, »Barriere«) durchzogen.

PYRITKNOLLEN
Die an der Oberfläche grauen oder schwarzen, im Innern messinggelben Knollen kommen in Tonschiefer und Ton vor. Sie bestehen aus reinem Pyrit.

»

NUMMULITENKALK
Das Moostierchen *Nummulites* ist das Hauptfossil in diesem Gestein. Der Kitt besteht aus Calcit, ursprünglich Kalkschlamm.

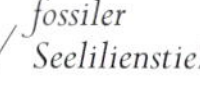

fossiler Seelilienstiel

SEELILIENKALK
Seelilien sind Stachelhäuter, die sich mit einem biegsamen Stiel am Meeresboden festhalten. Seelilienkalk besteht aus Stielbruchstücken in verfestigtem Kalkschlamm.

SÜSSWASSERKALK
Süßwasserkalk ist ein heller, calcitreicher Kalkstein mit Quarz und Ton. Er enthält Fossilien von Süßwasserorganismen, anhand derer sich die Entstehungszeit bestimmen lässt.

abgeflachte Pisolithen in Calcit

ERBSENSTEIN
Erbsenstein besteht aus Pisolithen, erbsengroßen Kalkkügelchen, die oft abgeflacht sind und von Calcit zusammengehalten werden.

KORALLENKALK
Korallenkalk geht aus versteinerten Korallen hervor, die in einem feinkörnigem Calcitkitt liegen. Er ist weiß bis grau oder bräunlich.

OOLITHENKALK
Dieser Kalkstein besteht aus Oolithen – kleinen, runden Sedimentkörnern, die von Meeresströmungen verfrachtet und in Carbonatschlamm eingebettet wurden.

MOOSTIERCHENKALK
Der graue oder rötliche Kalkstein organischen Ursprungs enthält Moostierchenfossilien in verfestigtem calcitreichem Schlamm.

KALKSTEINBREKZIE
Große, kantige Gesteins- und Quarzbrocken in Calcitkitt sind typisch für dieses Gestein, das am Fuß von Klippen entsteht.

FELDSPATGRIT
Der grobkörnige helle bis dunkle Grit besteht zu einem großen Teil aus Quarz. Er enthält bis zu 25 % Feldspat.

QUARZGRIT
Quarzgrit besteht aus Quarz mit Feldspat und Glimmer. Alle Bestandteile sind grobkörnig.

GRAUWACKE
Das dunkle Gestein enthält Quarz, Gesteinstrümmer und Feldspat in feinerem Ton und Chlorit. Er entsteht in Meeresbecken.

ARKOSE
Arkose ist ein Sandstein mit hohem Feldspatanteil. Er ist unterschiedlich gefärbt und mittel- bis grobkörnig.

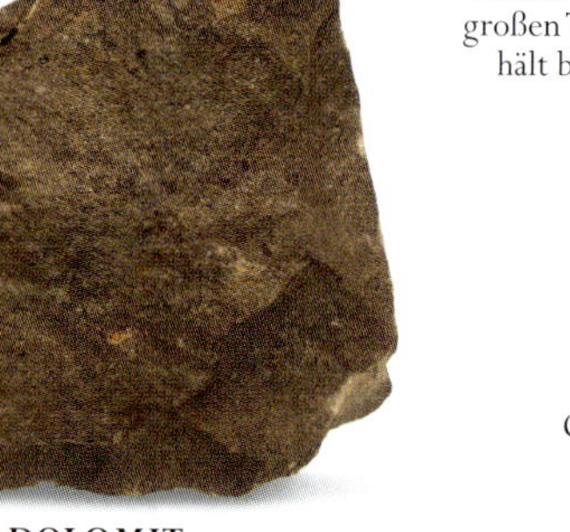

DOLOMIT
Das oft cremefarbene oder ockerbraune Dolomitgestein besteht zum Großteil aus dem gleichnamigen Mineral Dolomit (Calcium-Magnesium-Carbonat).

Schieferton

FOSSILFÜHRENDER SCHIEFERTON
Feinkörnige marine Sedimentgesteine wie Schieferton enthalten oft zahlreiche gut erhaltene Fossilien.

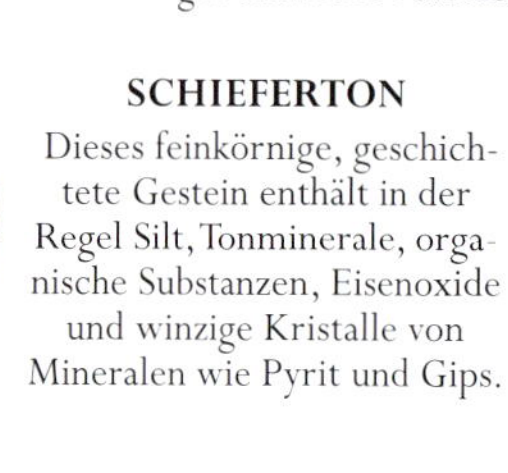

SCHIEFERTON
Dieses feinkörnige, geschichtete Gestein enthält in der Regel Silt, Tonminerale, organische Substanzen, Eisenoxide und winzige Kristalle von Mineralen wie Pyrit und Gips.

NAGELFLUH
Nagelfluh oder Konglomerat ist das grobkörnigste Sedimentgestein. Es besteht aus vielen abgerundeten Gesteinstrümmern in feinem Kitt.

abgerundeter Quarzkiesel

Kitt aus Sandstein

rote Farbe durch Eisenoxid

ROTE KREIDE

QUARZKONGLOMERAT
Das unterschiedlich gefärbte Gestein besteht aus weißen Quarzkieseln in einer feineren, dunkleren Grundmasse.

feinkörnige Grundmasse

BREKZIE
Brekzien enthalten große, kantige Gesteins- und Mineraltrümmer in einem Kitt aus Sand oder Siltstein. Sie besitzen kaum eine Schichtung.

KREIDE
Die aus reinem Calcit bestehende Kreide ist feinkörnig, pulvrig und leicht zu zerkrümeln. Sie besteht aus winzigen Fossilien wie Kokkolithen und Radiolarien.

WEISSE KREIDE

SILTSTEIN
Dieses dunkle Gestein ist feinkörniger als Sand, aber nicht so feinkörnig wie Ton. Der Hauptbestandteil ist Quarz, daneben sind organische Stoffe und Calcit enthalten.

KALKMERGEL
Der feinkörnige, calcitreiche, geschichtete Kalkmergel ist härter als Ton, aber weicher als Kalkstein. Er kann durch Chlorit und Glaukonit grün gefärbt sein.

HORNSTEIN
Hornstein ist eine sehr feinkörnige Form von Siliciumdioxid, die als Band oder Knolle vor allem in Kalkstein auftritt. Roter Hornstein wird als Jaspis bezeichnet.

MERGEL
Der aus viel Ton und kleinsten Quarz- und Feldspatpartikeln zusammengesetzte Mergel weist im Gegensatz zu Schieferton keine Schichtung auf.

FEUERSTEIN
Flint oder Feuerstein tritt meist als Knolle in Kreide auf. Die sehr harte, schwarze Form von Siliciumdioxid zerbricht in scharfe Klingen.

FOSSILIEN

Fossilien sind Zeugen vergangener Lebensformen, die in den Gesteinen der Erdkruste erhalten geblieben sind. Sie geben Aufschluss darüber, wie sich das Leben entwickelt hat, und können auch zur Datierung von Gesteinen und zur Erstellung einer geologischen Zeitskala beitragen.

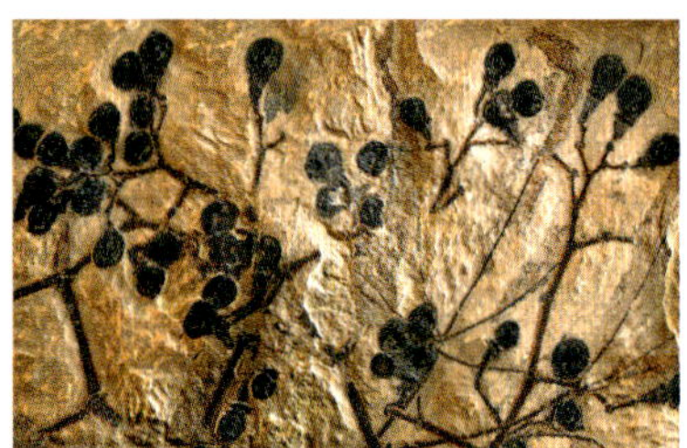

Mit der Zeit wurde die **Pflanze** zu Kohle. Nur die Umrisse, überzogen von einer dünnen Kohleschicht, blieben erhalten.

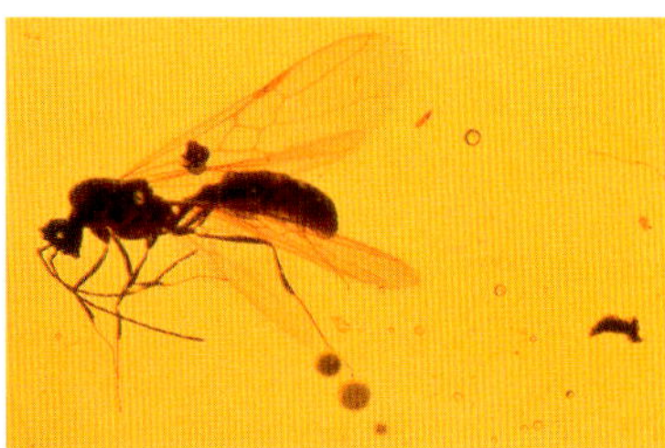

Ein Insekt blieb im Harz eines Baums hängen. Das Harz wurde zu Bernstein, in dem das Tier perfekt erhalten ist.

Dieses **Fischskelett** wurde in Tonschiefer versteinert. Alle Atome des ursprünglichen Skeletts wurden chemisch ersetzt.

Leben gibt es auf der Erde seit 3,8 Milliarden Jahren. Die ersten Lebewesen waren klein und hatten einen weichen Körper, deshalb hinterließen sie keine sichtbaren Spuren. Doch seit einer Milliarde Jahren haben sich Organismen mit harten Körperteilen entwickelt, die – über ausreichend lange Zeiträume – zu Fossilien werden konnten. Diese Entwicklung ist immens wichtig, denn so wurden Sedimentgesteine zu einer globalen Datenbank, in der fossile Arten in der Reihenfolge ihres Auftretens angeordnet sind. Die Fossilien geben Aufschluss über den Ablauf der Evolution. Sie zeigen auch, wann ein Massenaussterben – das Verschwinden vieler Arten in einer relativ kurzer Zeit – stattgefunden hat.

TOT UND BEGRABEN

Die Entstehung von Fossilien ist eine Lotterie, und nur sehr wenige Lebewesen bleiben schließlich erhalten. An Land geschieht dies durch zufällige Ereignisse – etwa wenn Tiere durch Erdrutsch oder plötzliche Überschwemmung getötet werden oder in Seen ertrinken. Meerestiere werden eher zu Fossilien, da sich normalerweise Sedimente auf ihren Kadavern anhäufen. In feinen Sedimenten können sich auch weiche Körper erhalten, die besten Fossilien stammen jedoch von Tieren mit harten Körperteilen wie Schalen oder Knochen. In die von Sedimenten begrabenen Überreste dringen nach und nach gelöste Minerale ein, die sie versteinern lassen. Tief unter der Oberfläche begrabene Fossilien werden aber auch immer wieder durch Wärme, Druck oder Plattenbewegungen zerstört. Fossilien, die überdauern, kommen schließlich durch Hebung wieder an die Oberfläche, wo sie durch Erosion freigelegt werden (siehe unten).

Diese versteinerten Körper stellen beeindruckende Objekte dar, vor allem, wenn es sich um meterlange vollständige Skelette handelt. Es gibt außerdem fossile Spuren – Fußabdrücke, Gänge oder andere sonstige Anzeichen tierischer Aktivität. Fossile Spuren sind indirekte, aber faszinierende Zeugnisse früheren Lebens. So können Fußabdrücke von Dinosauriern darüber Aufschluss geben, wie schnell sie liefen, wie sie in Herden zusammenlebten, und sogar wie sie beim Aufwachsen an Gewicht zulegten.

Von noch früheren Zeiten sind manchmal chemische Fossilien erhalten – Kohlenstoffverbindungen, die durch biologische Vorgänge entstanden sind. Sie sehen zwar unscheinbar aus, sind aber die wichtigsten Zeugen der frühesten Lebewesen auf unserer Erde.

PLÖTZLICHER TOD >
Hier liegen viele Trilobiten aus dem Ordovizium beieinander. Vermutlich wurden sie überraschend von Sedimenten bedeckt.

STREITFRAGE

LEITFOSSILIEN

Die geologische Zeitskala wurde vor allem anhand von Fossilien erstellt. Arten, die nur kurze Zeit existierten, aber ein großes Verbreitungsgebiet hatten, werden als Leitfossilien bezeichnet. Mit ihrer Hilfe können Schichten identifiziert und mit anderen Orten verknüpft werden – gleiche Leitfossilien an verschiedenen Orten weisen darauf hin, dass die Schichten gleichzeitig entstanden sind. So können Geologen eine relative Abfolge ermitteln. Ammoniten (eine Gruppe ausgestorbener Weichtiere aus dem Mesozoikum) zählen zu den besten Leitfossilien – sie können auf eine Million Jahre genau bestimmt werden.

ENTSTEHUNG VON FOSSILIEN

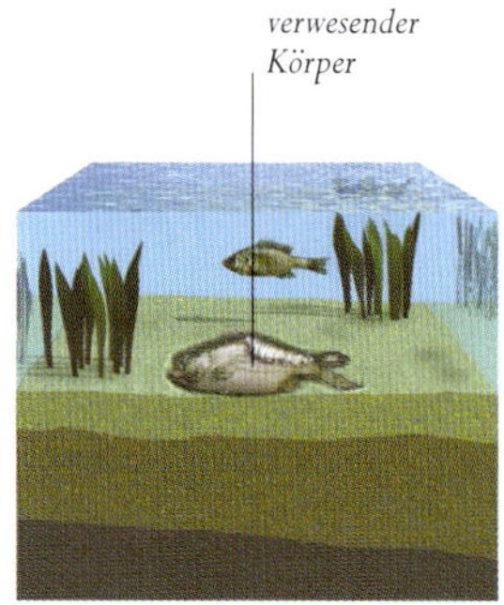

Ein toter Fisch liegt auf dem Meeresboden. Sein Fleisch verweste, Sedimente haben ihn bedeckt. Bei der Umwandlung des Schlamms in Schieferton wird der Fisch platt gedrückt.

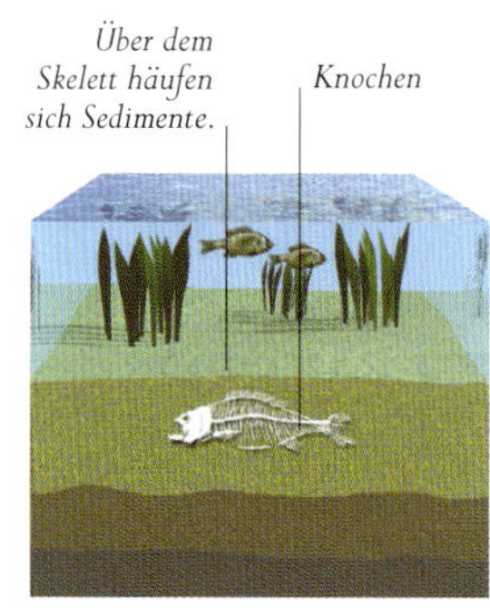

Das Fischskelett ist von Sediment bedeckt. Damit ein Fossil daraus wird, müssen chemische Veränderungen stattfinden, währenddessen die Knochensubstanz durch andere Minerale ersetzt wird.

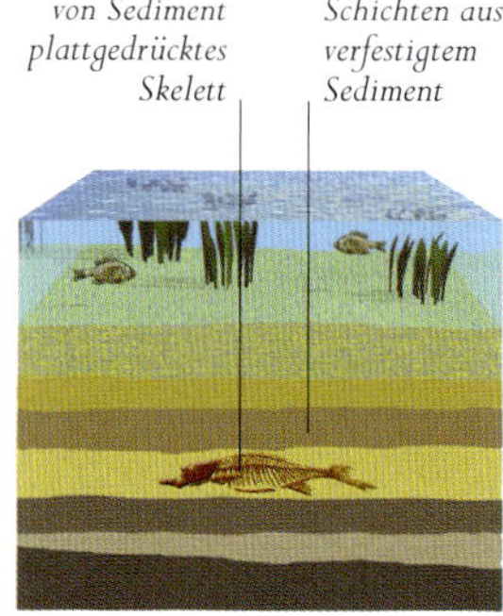

Weitere Sedimente üben Druck auf die unteren Schichten aus. Die Zusammensetzung der Knochen zwischen den Sedimentschichten unterliegt weiteren Veränderungen.

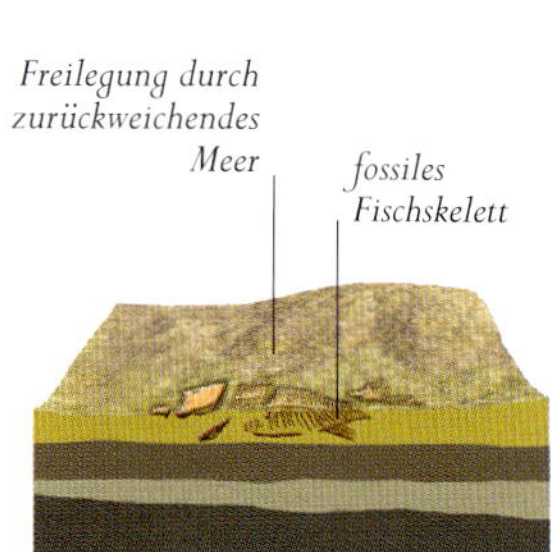

Jahrmillionen später ist der jetzt versteinerte Meeresboden durch zurückweichende Meere an die Oberfläche gekommen, wo durch Verwitterung das fossile Fischskelett zutage tritt.

PFLANZENFOSSILIEN

Pflanzen zählen zu den ersten Lebewesen, die fossil erhalten sind. Algen sind schon in präkambrischen Gesteinen anzutreffen. Gefäßpflanzen (Pflanzen mit Strukturen zum Transport von Wasser und Nährstoffen) kamen im Silur auf. Im Karbon war die Erde von riesigen Sumpfwäldern bedeckt, aus denen Kohle entstand. Blütenpflanzen entwickelten sich erst im Mesozoikum.

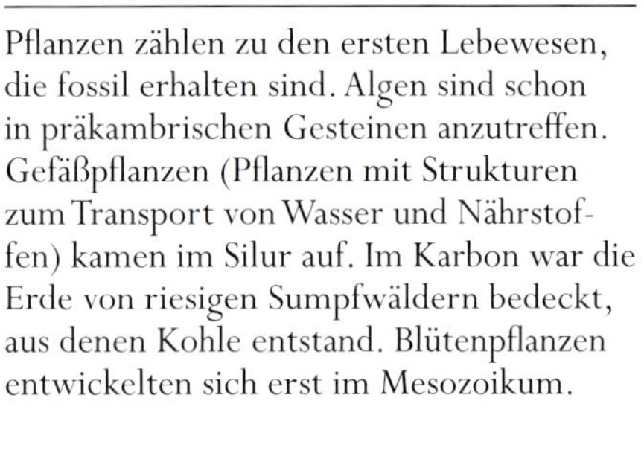

FRÜHE LANDPFLANZE
Cooksonia hemisphaerica
Cooksonia kommt in Gesteinen aus dem Silur und Devon vor. Sie war eine der ersten Gefäßpflanzen und hatte einen festen Stängel sowie blattlose Zweige.

CALAMOPHYTON-STÄMME
Calamophyton primaevum
Calamophyton ist eine primitive, blattlose Pflanze, die wahrscheinlich mit den Farnen verwandt ist. Sie kommt im Devon und im frühen Karbon vor.

CLADOXYLON-STÄNGEL
Cladoxylon scoparium
Cladoxylon, eine niedrig wachsende Pflanze aus dem Devon und dem Karbon, hatte einen festen Stängel und blattlose, lichtabsorbierende Zweige.

SAMENFARN-BLATT
Alethopteris serlii
Alethopteris, ein Samenfarn aus dem Karbon und Perm, hatte zusammengesetzte gefiederte Wedel aus dicken Blättern mit kräftigen Adern.

CYCLOPTERIS-WEDEL
Cyclopteris orbicularis
Ovale Wedel eines Samenfarns mit dem Namen *Neuropteris* aus dem Karbon werden mit dem wissenschaftlichen Namen *Cyclopteris* bezeichnet.

SAMEN EINES SAMENFARNS
Trigonocarpus adamsi
Trigonocarpus ist der Name für fossile Samen von Samenfarnen aus dem Karbon. Jeder Same weist drei Rippen auf.

SCHACHTELHALM-BLATT
Asterophyllites equisetiformis
Der in Schichten aus dem Karbon und dem Perm stammende Schachtelhalm *Asterophyllites* hatte nadelförmige Blätter und ähnelte modernen Schachtelhalmen.

KLIMMENDER SCHACHTELHALM
Sphenophyllum emarginatum
Fossilien dieses Schachtelhalms aus dem Devon bis zur Trias weisen keilförmige Blätter und einen langen, weichen Stängel zum Klimmen auf.

SIGILLARIA-STAMM
Sigillaria aeveolaris
Der im Karbon und dem Perm auftretende gigantische Verwandte der Bärlappgewächse wurde über 30 m hoch. Er hatte einen dünnen Stamm und in Büscheln angeordnete Blätter.

LEPIDODENDRON-WURZEL
Stigmaria ficoides
Stigmaria ist die Bezeichnung für fossile Wurzeln des Bärlappgewächses *Lepidodendron*. Sie sind in Gesteinen aus dem Karbon und dem Perm zu finden.

FARN AUS DEM KARBON
Oligocarpia gothanii
Dieser sich flach ausbreitende Farn kommt in Schichten aus dem Karbon und Perm vor. Er wuchs in Feuchtgebieten.

SALVINIA-WURZELSTOCK
Salvinia formosa
Der schwimmende Wasserfarn aus den Tropen ist in Gesteinen aus der Kreide bis zur Neuzeit fossil erhalten.

KREIDEZEITLICHER FARN
Weichselia reticulata
Das in Kreideschichten anzutreffende Fossil von *Weichselia* ähnelt modernen Farnen und hatte zweifach geteilte Wedel.

SAMENFARNBLÄTTER
Dicrodium spec.
Dicrodium, ein Samenfarn aus der Trias, hatte gefiederte Blätter und etwa 7,5 cm lange Wedel.

KONIFERE AUS DEM PALÄOZOIKUM
Lebachia piniformis
Diese Zapfen bildende Pflanze aus dem Karbon und dem Perm ist ein Vorfahr heutiger Koniferen.

KONIFERENZAPFEN
Taxodium dubium
Taxodium aus dem Jura ist mit heutigen Zypressen verwandt. Sie wuchs in schwülwarmen Lebensräumen und hatte nadelförmige Blätter.

SEQUOIA-ZAPFEN
Sequoia dakotensis
Zapfen des riesigen immergrünen Baums wurden in Gesteinen ab der Kreidezeit gefunden. Einige heutige *Sequoia*-Arten sind über 2000 Jahre alt.

KONIFERE AUS DER KREIDE
Glyptostrobus spec.
Diese Konifere wuchs von der Kreidezeit bis zum Känozoikum. *Glyptostrobus* war ein bedeutender Kohle bildender Baum.

SUBFOSSILES BAUMHARZ
Kauri pine amber
Bernstein ist das versteinerte Harz von Kiefern. Er tritt in der Unterkreide erstmals auf und enthält oft Fossilien von Insekten, die in dem duftenden, klebrigen Harz hängen blieben und starben.

ZAPFEN IM QUERSCHNITT

Same

Mittelachse

KONIFERE AUS DEM JURA
Araucaria mirabilis
Diese ausgestorbene Araukarienart hatte charakteristische weibliche Zapfen mit spiralig um eine Mittelachse angeordneten Schuppen.

NACKTSAMER AUS DEM KARBON
Cordaites spec.
Dieser Vorfahr der Koniferen wuchs im Karbon und im Perm. *Cordaites* war baumgroß und pflanzte sich durch Samen fort.

GIGANTOPTERIS-BLÄTTER
Gigantopteris nicotianaefolia
Die blütenlose Pflanze aus der Zeit des Perms wurde nach dem tabakähnlichen Aussehen ihrer Blätter benannt.

GINKGO-BLÄTTER AUS DEM PERM
Psygmophyllum multipartitum
Die heute noch in China wachsenden Ginkgos kamen im Perm auf. Die fächerförmigen Blätter können in Fossilien von *Psygmophyllum*, einem Vorläufer heutiger Ginkgos, identifiziert werden.

GINKGO AUS DER TRIAS
Baiera munsteriana
Die bis zu 15 cm großen, fächerförmigen Blätter von *Baieria* waren in Rippen gespalten. Die Blätter heutiger Ginkgos sind zweilappig.

Wachstumsringe

EICHENSTAMM
Quercus spec.
Fossilien der altbekannten Eiche (*Quercus*) kommen in Schichten aus der Kreide erstmals vor. Heute gibt es über 500 Eichenarten.

PALMFRUCHT
Nipa burtinii
Nipa-Fossilien gibt es seit dem Eozän. Diese Palmenart bildet verholzte Samen in einer 25 cm großen, kugelförmigen Frucht.

MAGNOLIEN-BLATT
Magnolia longipetiolata
Magnolien zählen zu den frühesten Blütenpflanzen. Sie kamen in der Kreide auf. Frühe Insekten ernährten sich von ihrem Nektar.

FOSSILE WIRBELLOSE

Wirbellose, Tiere, die kein festes Innenskelett besitzen, zählen zu den häufigsten Fossilien. Sie traten im Präkambrium erstmals auf, doch erst ab dem frühen Kambrium sind komplexe Wirbellose wie Trilobiten in großer Zahl erhalten. Fossilien von Wirbellosen wie Gliederfüßern, Weichtieren, Armfüßern, Stachelhäutern und Korallen sind besonders häufig, da sie harte Außenstrukturen besaßen und im Meer lebten, wo die meisten fossilführenden Gesteine entstehen.

ARCHAEOCYATHID
Metaldetes taylori
Diese riffbildenden Lebewesen sind nur aus dem Kambrium bekannt. *Metaldetes* hatte eine korallenähnliche, becherartige Struktur.

KALKSCHWAMM
Peronidella pistilliformis
Der Schwamm mit seinen miteinander verwachsenen Skelettnadeln aus Calcit ist in Gesteinen aus der Trias und der Kreide anzutreffen.

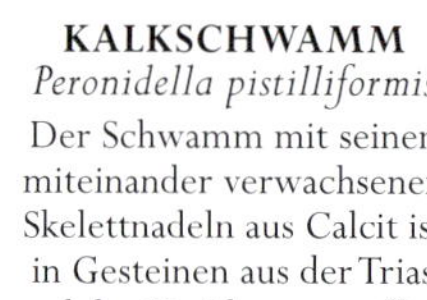

STROMATOPOROID
Stromatopora concentrica
Die fossilen Schwämme dieser Gruppe sind in Gesteinen aus dem Ordovizium und dem Perm anzutreffen, oft in Riffkalk. Sie bestehen aus porösen, calciumreichen Röhren.

CHEILOSTOMATA-MOOSTIERCHEN
Biflustra spec.
Die heute noch lebende Moostierchen-Gattung ist schon in Gesteinen aus dem Känozoikum anzutreffen. In ihren kleinen Poren leben die Einzelorganismen der Kolonie.

TREPOSTOMATA-MOOSTIERCHEN
Diplotrypa spec.
Dieses Moostierchen aus dem Zeitalter des Ordoviziums war ein korallenähnliches, kleines wirbelloses Tier, das in kuppelförmigen Kolonien lebte.

SCHIZORETEPORA NOTOPACHYS
Schizoretepora kommt in Schichten vom Eozän bis zum Pleistozän vor und lebte auf felsigem Meeresboden.

VERZWEIGTE MOOSTIERCHEN-KOLONIE
Constellaria spec.
Constellaria ist ein Moostierchen aus dem Ordovizium, das verzweigte Kolonien am Meeresboden bildete.

RÖHRENWURM
Rotularia bognoriensis
Der in Gesteinen vom Jura bis zum Eozän anzutreffende Röhrenwurm *Rotularia* schützte seinen weichen Körper, indem er spiralige Röhren aus Calciumcarbonat bildete.

SPRIGGINA
Spriggina floundersi
Das sehr frühe Fossil aus dem Präkambrium hatte einen langen, wurmähnlichen Körper. Die Klassifikation ist unsicher.

»STIMMGABEL«-GRAPTOLITH
Didymograptus murchisoni
Der Graptolith (ein ausgestorbener Wirbelloser) mit zwei Zweigen kommt in Gesteinen aus dem Ordovizium vor. Er wurde 2 bis 60 cm groß.

VERZWEIGTER GRAPTOLITH
Rhabdinopora socialis
Bis vor Kurzem hatte dieser Graptolith den Namen *Dictyonema*. Er hatte zahlreiche strahlig angeordnete Zweige und stammt aus dem Ordovizium.

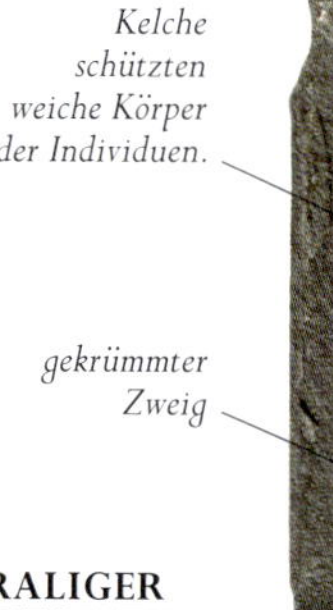

SPIRALIGER GRAPTOLITH
Monograptus convolutus
Ein einzelner Zweig mit Thecae (kelchartigen Gebilden) auf einer Seite ist typisch für *Monograptus* aus dem frühen Silur. *M. convolutus* weist eine ungewöhnliche Spiralform auf.

TAFELKORALLE
Catenipora spec.
Die einfache, tafelförmige Koralle mit kettenähnlicher Struktur lebte im Ordovizium und im Silur in warmen, flachen Meeren.

kettenähnliche Kolonie

dicke Korallenwand

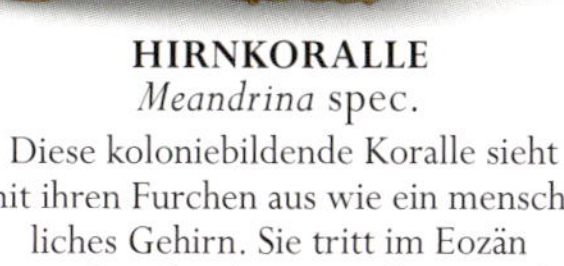

HIRNKORALLE
Meandrina spec.
Diese koloniebildende Koralle sieht mit ihren Furchen aus wie ein menschliches Gehirn. Sie tritt im Eozän erstmals auf und existiert heute noch.

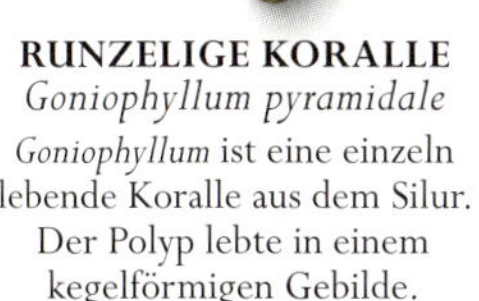

RUNZELIGE KORALLE
Goniophyllum pyramidale
Goniophyllum ist eine einzeln lebende Koralle aus dem Silur. Der Polyp lebte in einem kegelförmigen Gebilde.

TRILOBITEN AUS DEM KAMBRIUM
Paradoxides bohemicus
Einige Trilobiten der Gattung *Paradoxides* wurden fast einen Meter lang. Diese Art aus dem Kambrium hatte am Körper lange Stacheln.

TRILOBITEN AUS DEM SILUR
Dalmanites caudatus
Dieser Trilobit aus dem Silur hatte einen gegliederten Mittelleib und einen spitzen Schwanzstachel.

EINGEROLLTER TRILOBIT AUS DEM SILUR
Phacops spec.
Dieser Trilobit aus dem Silur hatte Facettenaugen. Trilobiten konnten sich wie viele heutige Gliederfüßer einrollen.

TRILOBIT AUS DEM ORDOVIZIUM
Eodalmanitina macrophtalma
Der Trilobit aus dem Ordovizium hatte sichelförmige Augen. Sein Mittelleib bestand aus elf Segmenten.

PFEILSCHWANZKREBS
Euproops rotundatus
Die mit den heutigen Pfeilschwanzkrebsen verwandte Krabbe *Euproops* hatte einen sichelförmigen Kopfschild und einen langen Schwanzstachel.

Schere

HUMMER
Eryma leptodactylina
Der fossile Hummer *Eryma* aus dem Jura und der Kreide war 6 cm lang und hatte Ähnlichkeit mit heutigen Arten.

KRABBE
Avitelmessus grapsoideus
Der Panzer dieser Krabbe aus der Kreide hatte zahlreiche Stacheln. *Avitelmessus* wurde bis zu 25 cm breit.

KÜCHENSCHABE
Archimylacris eggintoni
Der Verwandte der Küchenschabe lebte im Karbon. Die Hinterflügel von *Archimylacris* hatten charakteristische Adern.

»

ARMFÜSSER MIT SCHARNIER
Leptaena rhomboidalis
Leptaena, ein Armfüßer aus dem Ordovizium, Silur und Devon, wurde bis zu 5 cm breit. Seine Schale hatte konzentrische und radiale Rippen.

RHYNCHONELLID-ARMFÜSSER
Homeorhynchia acuta
Der kleine Armfüßer *Homeorhynchia* aus dem frühen Jura wurde nur etwa 1 cm groß.

SPIRIFERINA-ARMFÜSSER
Spiriferina walcotti
Der weit verbreitete Armfüßer aus der Trias und dem Jura hatte eine bis zu 3 cm breite, runde Schale mit deutlich sichtbaren Wachstumslinien.

Wachstumslinie

SÜSSWASSERMUSCHEL
Carbonicola pseudorobusta
Die in Festlandsgesteinen aus dem Karbon vorkommende Muschel hatte eine spitz zulaufende Schale. Sie wurde zur relativen Datierung dieser Gesteine herangezogen.

KAMMMUSCHEL
Pecten maximus
Die Kammmuschel, die vom Jura bis zur Neuzeit lebte, hatte zwei gerippte Schalenhälften, die beim Schwimmen auf- und zuklappten.

VENUSMUSCHEL
Crassatella lamellosa
Die kleine zweischalige Muschel lebte von der Kreide bis zum Miozän. Sie hatte deutlich erkennbare Wachstumslinien.

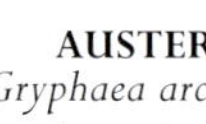

MIESMUSCHEL
Ambonychia spec.
Die frühe zweischalige Muschel aus dem Ordovizium wurde bis zu 6 cm breit. Beide Schalenhälften wiesen radiale Rippen auf.

AUSTER
Gryphaea arcuata
Diese Auster kommt in Gesteinen aus der Trias und dem Jura vor. Sie hatte eine große Schalenhälfte mit Haken und ein kleinere, flache.

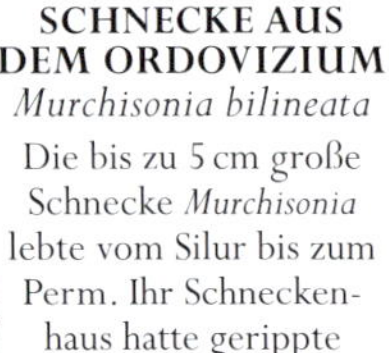

SCHNECKE AUS DEM ORDOVIZIUM
Murchisonia bilineata
Die bis zu 5 cm große Schnecke *Murchisonia* lebte vom Silur bis zum Perm. Ihr Schneckenhaus hatte gerippte Windungen.

Windung mit Rippen

Schneckenhaus-öffnung

ROSTROCONCHIE
Conocardium spec.
Conocardium lebte im Devon und Karbon und ähnelte einer Venusmuschel, die Schale hatte jedoch kein funktionsfähiges Scharnier.

PERLBOOT
Vestinautilus cariniferous
Dieser frühe Verwandte von *Nautilus* hatte eine locker aufgerollte, wenig verzierte Schale. *Vestinautilus* findet sich in Gesteinen des Karbons.

SCHNECKE AUS DEM JURA
Pleurotomaria anglica
Die in Gesteinen aus dem Jura und der Kreide auftretende Schnecke hatte ein breites Haus mit Radial- und Spiralmustern.

AMMONOID AUS DEM KARBON
Goniatites crenistria
Das Weichtier aus dem Devon und Karbon hatte abgewinkelte Nahtstellen, an denen die Kammerwände mit der Schale verwachsen waren.

einfache Rippe

AMMONOID AUS DER TRIAS
Ceratites nodosus
Das ammonitenähnliche Weichtier trat in der Trias auf. Seine verzierte Schale hatte eine offene Spiralform und ausgeprägte Rippen.

AMMONOID AUS DEM DEVON
Soliclymenia paradoxa
Die Schale dieses Ammonoiden aus dem frühen Devon hatte dünne Rippen. Einige Arten hatten ungewöhnliche dreieckige Schalen.

AMMONIT
Mortoniceras rostratum
Dieser Ammonit aus der Kreide hatte einen Durchmesser von bis zu 10 cm und eine gerippte Schale.

BELEMNIT
Pachyteuthis abbreviata
Der mit den Tintenfischen verwandte *Pachytheutis* aus dem Jura hatte ein Rostrum aus Calcit. Das Tier wurde etwa 10 cm lang.

CYSTOID
Pseudocrinites bifasciatus
Das mit einem Fuß am Meeresboden festgewachsene Tier aus dem Silur und Devon besaß charakteristische rautenförmige Atemöffnungen.

SEELILIE AUS DEM DEVON
Cupressocrinites crassus
Diese Seelilie aus dem Devon wurde bis zu 3 cm groß. Sie hatte einen großen, fünfseitigen Becher auf ihrem Stiel.

SEELILIE AUS DEM JURA
Pentacrinites spec.
Die nach ihren sternförmigen Fußsegmenten benannte Seelilie wurde über einen Meter hoch. Sie ist oft auf fossilem Holz anzutreffen.

SEESTERN
Lapworthura miltoni
Der frühe Vertreter der Seesterne lebte im Ordovizium und Silur. Er hatte einen Durchmesser von bis zu 10 cm. Diese Art hatte fünf relativ kurze, dicke Arme.

SEESTERN
Tropidaster pectinatus
Dieser ausgestorbene Seestern aus dem frühen Jura war etwa 2,5 cm groß. Er hatte fünf dicke Arme.

BLASTOID
Pentremites pyriformis
Dieser Stachelhäuter aus der Gruppe der Blastoiden lebte im Karbon. Er hatte lange, armartige Gebilde, die zur Nahrungsaufnahme dienten.

SEEIGEL
Hemicidaris intermedia
Dieser weit verbreitete Seeigel aus dem Jura wurde etwa 4 cm groß. An seinen Knoten waren kräftige Stacheln festgewachsen.

HERZFÖRMIGER SEEIGEL
Lovenia spec.
Der seit dem Paläozän bekannte und heute noch existierende herzförmige Seeigel grub sich im Boden ein. Er wurde bis zu 5 cm groß.

FOSSILE WIRBELTIERE

Fossilien von Wirbeltieren sind nicht so häufig wie die von Wirbellosen, da viele Wirbeltiere an Land lebten, wo weniger Fossilien entstehen, und da sie erst viel später aufkamen als die Wirbellosen. Fische waren die ersten Wirbeltiere; sie sind schon im Kambrium nachzuweisen. Ihre rasche Entwicklung im Silur und Devon führte zur Entstehung von Amphibien im Devon. Die Ära der Dinosaurier war das Mesozoikum, an dessen Ende die Säugetiere begannen, sich in zahlreiche Arten aufzuspalten.

ZENASPIS-FISCH
Zenaspis spec.
Der im Devon auftretende *Zenaspis* hatte einen massiven Schädel. Der Fisch war bis zu 25 cm lang und mit knochigen Schuppen bedeckt.

FRÜHES FISCHÄHNLICHES WIRBELTIER
Loganellia spec.
Der primitive, kieferlose, platte »Fisch« *Loganellia* war mit zahnförmigen Schuppen bedeckt. Das bis zu 12 cm lange Tier lebte im Devon.

FLEISCHFLOSSER
Eusthenopteron foordi
Die Knochen in den kräftigen Flossen dieses Fischs aus dem späten Devon ähneln den Knochen in Gliedmaßen landlebender Vierfüßer.

KIEFERLOSER FISCH
Drepanaspis spec.
Der kieferlose, primitive Fisch *Drepanaspis* hatte einen abgeflachten Schädel. Er kommt nur im Devon vor.

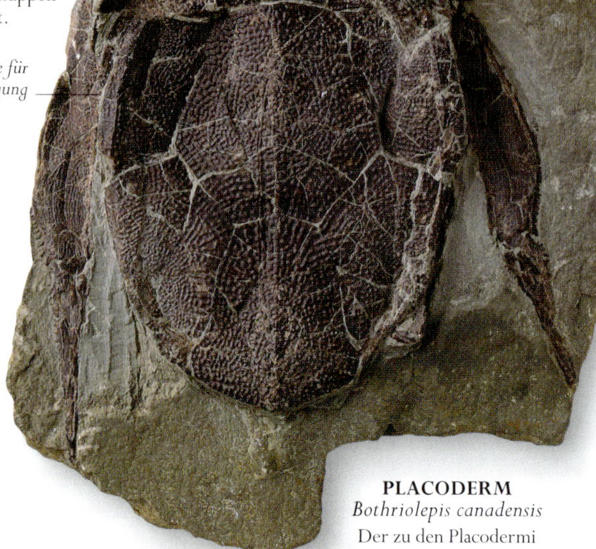

flossenartige Gebilde für Fortbewegung

PLACODERM
Bothriolepis canadensis
Der zu den Placodermi (einer ausgestorbenen Gruppe kieferloser Fische) zählende *Bothriolepis* hatte große Knochenschilde und stachelförmige Brustflossen.

HAIFISCHZAHN
Carcharocles auriculatus
Mit seinen gezackten Zahnkanten konnte dieser Haifisch aus dem Känozoikum leicht ins Fleisch beißen.

Augenhöhle

HASELSCHWARM
Leuciscus pachecoi
Die im Miozän lebende, ausgestorbene Fischart hatte Ähnlichkeit mit modernen Knochenfischen. Diese Art wurde 6 cm lang.

feine Wirbelsäule

ROCHEN
Heliobatis radians
Der primitive Rochen *Heliobatis* wurde in Schichten aus dem Eozän gefunden. Er wurde etwa 30 cm lang und hatte ein Knorpelskelett.

PRIMITIVER FROSCH
Rana pueyoi
Die Froschart aus dem Miozän wurde 15 cm groß und hatte Gemeinsamkeiten mit heutigen Fröschen, zum Beispiel lange Hinterbeine.

SCHÄDEL EINES GROSSEN RAUBFISCHS
Xiphactinus spec.
Der Knochenfisch *Xiphactinus* aus der späten Kreide war ein Raubfisch mit muskulösem Körper und langen Vorderzähnen.

langer, scharfer Zahn

AMPHIBIUM
Diplocaulus magnicornis
Das salamanderähnliche *Amphibium* aus dem Perm hatte Fortsätze an den Schädelseiten. Es wurde bis zu 1 m lang.

DIMETRODON-SCHÄDEL
Dimetrodon loomisi
Der frühe Verwandte der Säugetiere aus dem Perm hatte ein segelartiges Gebilde auf dem Rücken. Ein hoher Schädel und eine kurze Schnauze sorgten für hohe Bisskraft.

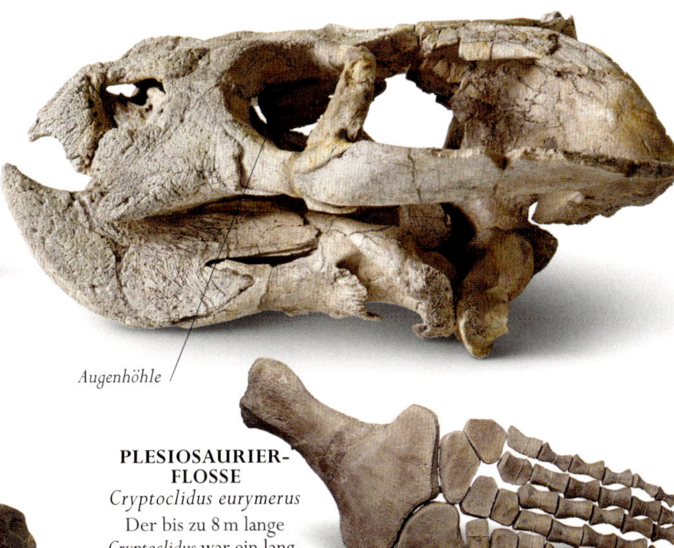

DICYNODONTEN-SCHÄDEL
Pelanomodon spec.
Dieser Pflanzenfresser war ein Hundezähner, ein Tier aus einer Gruppe von Säugetier-Verwandten aus dem Perm und der Trias.

PLESIOSAURIER-FLOSSE
Cryptoclidus eurymerus
Der bis zu 8 m lange *Cryptoclidus* war ein langhalsiger Plesiosaurier aus der Zeit des Juras.

MEERESSCHILDKRÖTEN-SCHÄDEL
Puppigerus crassicostata
Fossile Meeresschildkröten sind in Gesteinen vom Mesozoikum bis zur Neuzeit anzutreffen. *Puppigerus* aus dem Eozän hatte einen schweren Panzer.

WIRBEL EINES RIESENWARANS
Varanus priscus
Der Riesenwaran *Varanus priscus* wurde 7 m lang. Er kommt in Gesteinen aus dem Pleistozän vor.

HUNDEZÄHNER-SCHÄDEL
Cynognathus crateronotus
Der Fleischfresser aus der Trias hatte einen kräftigen Schädel und lange Reißzähne. Er zählt zu den Hundezähnern, einer Gruppe von Säugetier-Vorfahren.

ÄLTESTER VOGEL
Archaeopteryx lithographica
Archaeopteryx ist der älteste bekannte Vogel. Nur sehr wenige Fossilien aus dem Jura wurden in Bayern gefunden.

RIESENVOGEL-SCHÄDEL
Phorusrhacos inflatus
Der fleischfressende, flugunfähige Vogel aus dem Miozän wurde bis zu 2,5 m groß und hatte einen kräftigen Schnabel.

ZÄHNE VON EINEM URPFERD
Protorohippus spec.
Dieser Vorfahr der heutigen Pferde lebte im Eozän und hatte die Größe eines Hunds. Er hatte mehrere Zehen und flache Backenzähne.

SCHÄDEL EINER SÄBELZAHNKATZE
Smilodon spec.
Große, gebogene Reißzähne waren typisch für *Smilodon*, eine im Pleistozän lebende Katze von der Größe eines heutigen Tigers.

KIEFER EINES FRÜHEN ELEFANTEN
Phiomia serridens
Der vom Eozän bis zum Oligozän lebende *Phiomia* wurde 2,5 m groß. Er hatte Stoßzähne im Oberkiefer und einen kleinen Rüssel.

HOMINOIDEN-SCHÄDEL
Proconsul africanus
Das älteste Fossil eines Hominoiden (eines affenähnlichen Primaten) wurde in Afrika in Gestein aus dem Miozän gefunden.

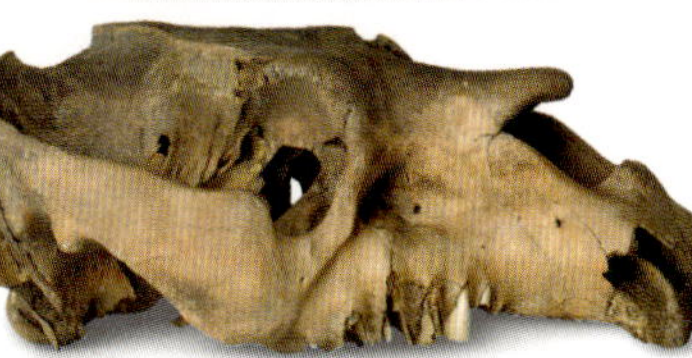

NOTOUNGULAT
Toxodon platensis
Das bis zu 2,7 m große *Toxodon* hatte einen stämmigen Körper mit nilpferdähnlichem Kopf. Es lebte vom Pliozän bis zum Pleistozän.

»

SCHWANZWIRBEL VON DIPLODOCUS
Diplodocus longus
Der Pflanzenfresser *Diplodocus* aus dem Jura wurde bis zu 27 m lang. Er hatte einen langen, peitschenähnlichen Schwanz.

OBERSCHENKEL EINES BRACHIOSAURUS
Brachiosaurus spec.
Der riesige, pflanzenfressende Dinosaurier *Brachiosaurus* mit einer Länge von 25 m lebte im Jura und in der Kreide.

COELOPHYSIS-SKELETT
Coelophysis bauri
Fossilien von *Coelophysis* sind in Gesteinen aus der Trias anzutreffen. Der nur 3 m lange Fleischfresser hatte ein vogelähnliches Skelett.

PLATEOSAURUS-SCHÄDEL
Plateosaurus spec.
Plateosaurus war ein bulliger Pflanzenfresser aus der späten Trias. Er wurde etwa 8 m lang und hatte einen sehr kleinen Kopf.

Knochenstachel

SCHÄDELFRAGMENT EINES PROCERATOSAURUS
Proceratosaurus bradleyi
Fossilien von *Proceratosaurus,* einem Fleischfresser aus dem mittleren Jura mit einem Knochenkamm am Kopf, wurden im Südwesten Englands gefunden.

Schädel

langer Schwanz zum Balancieren

SAKRALWIRBEL VON MEGALOSAURUS
Megalosaurus bucklandi
Der Fleischfresser *Megalosaurus* aus dem mittleren Jura war 9 m lang, hatte einen großen Kopf und kräftige Hinterbeine.

COMPSOGNATHUS-SKELETT
Compsognathus longipes
Der aktive Raubsaurier *Compsognathus* aus dem späten Jura konnte vermutlich sehr schnell laufen. Er wurde nur 1,5 m lang.

lange Hinterbeine für schnelles Laufen

GALLIMIMUS-SCHÄDEL
Gallimimus bullatus
Der bis zu 6 m lange Saurier *Gallimimus* hatte einen vogelähnlichen Schädel, einen langen Hals und lange Beine.

kleine Hirnschale

ALBERTOSAURUS-SCHÄDEL
Albertosaurus spec.
Albertosaurus war ein eng mit *Tyrannosaurus rex* verwandter, 8 m langer Raubsaurier. Er wurde in Gesteinen aus der Kreide gefunden.

kräftige, gezackte Zähne

DASPLETOSAURUS-KIEFER
Daspletosaurus torosus
Dieser Dinosaurier aus der Kreide hatte massige Hinterbeine und kurze Arme. Er wurde 9 m lang und hatte die eindrucksvollen Zähne eines Fleischfressers.

FUSS EINES SCELIDOSAURUS
Scelidosaurus harrisonii
Scelidosaurus aus dem frühen Jura wurde 4 m lang und war mit scharfen, knochigen Buckeln bedeckt. Er hatte lange Zehen und scharfe Krallen.

STEGOSAURUS-KNOCHENPLATTE
Stegosaurus spec.
Der 9 m lange *Stegosaurus* stammt aus dem späten Jura. Er hatte zwei lange Reihen von riesigen Knochenplatten auf seinem Rücken.

ANKYLOSAURUS-SCHÄDEL
Ankylosaurus magniventris
Der in Gesteinen aus der Kreide anzutreffende *Ankylosaurus* war ein Pflanzenfresser mit schwerem Knochenpanzer. Er wurde 6 m lang.

EUOPLOCEPHALUS-SCHWANZSPITZE
Euoplocephalus tutus
Der 7 m lange *Euoplocephalus* aus der Oberkreide verteidigte sich vermutlich mit dieser knochigen Verdickung.

PARASAUROLOPHUS-SCHÄDEL
Parasaurolophus walkeri
Der Pflanzenfresser aus der Kreide hatte einen langen, gekrümmten, hohlen Kamm auf seinem Schädel. Er diente möglicherweise als Resonator für tiefe Rufe.

HYPSILOPHODON-ZEHE
Hypsilophodon foxii
Hypsilophodon aus der Kreide war ein schneller Pflanzenfresser. Er wurde bis zu 2,3 m lang.

PACHYCEPHALOSAURUS-SCHÄDEL
Pachycephalosaurus wyomingensis
Pachycephalosaurus lebte gegen Ende der Kreidezeit. Er hatte einen dicken, hohen Schädel und wurde bis zu 5 m lang.

STEGOCERAS-SCHÄDEL
Stegoceras validum
Dieser Dinosaurier aus der Kreidezeit wurde 2 m lang. Seine kleinen, gezackten Zähne legen nahe, dass er ein Pflanzenfresser war.

große Nasenhöhle

Backenhorn

TRICERATOPS-SCHÄDEL
Triceratops prorsus
Ein massiver Schädel mit Hörnern und Knochenplatten war charakteristisch für *Triceratops*, einen Pflanzenfresser aus der Oberkreide.

zahnloser Schnabel

STYRACOSAURUS-SCHÄDEL
Styracosaurus albertensis
Styracosaurus aus der Oberkreide sah ähnlich aus wie *Triceratops*, hatte aber schlanke Hörner an der Schädelrückseite.

PSITTACOSAURUS-SKELETT
Psittacosaurus spec.
Psittacosaurus aus der Kreidezeit war einer der ersten Dinosaurier mit Hörnern. Er war ein Pflanzenfresser und wurde 2 m lang.

EUOPLOCEPHALUS

Euoplocephalus gehörte zu den Ankylosauriern, einer Dinosaurierfamilie mit gepanzertem Schädel und Knochenplatten auf dem Rücken. Er wurde etwa 7 m lang und wog 2 Tonnen. Schwanz, Rumpf und Hals waren von Knochenplatten und Bändern aus zäher, ledriger Haut mit Knochenstummeln bedeckt. Auf dem Rücken verliefen zwei Reihen größerer Zacken. Selbst die Augen waren durch knochige Augenlider geschützt. Miteinander verwachsene Buckel am Ende des langen Schwanzes bildeten eine Verdickung, mit der der Dinosaurier sich gegen Angreifer wehren konnte. *Euoplocephalus* war ein Pflanzenfresser – sein Schnabel war ideal an das Fressen von Pflanzen in den dichten Wäldern der Oberkreide angepasst. Mit seinen Zehen konnte er möglicherweise sogar Wurzeln und Knollen ausgraben. *Euoplocephalus* war vermutlich ein Einzelgänger, wobei die Jungtiere vielleicht in Rudeln lebten.

GRÖSSE	7 m
ZEIT	Oberkreide
VERBREITUNG	Nordamerika
GRUPPE	Ankylosaurier

> GEPANZERTER KOPF
Der Kopf hatte massive Schädelknochen mit schützenden Stacheln am Hinterkopf und einem Schnabel. Der Name *Euoplocephalus* bedeutet »gut gepanzerter Kopf«.

∨ HALSWIRBEL
Trotz des relativ kleinen Kopfs und des kurzen Halses mussten die Halswirbel kräftig sein, um das Gewicht des gepanzerten Schädels zu tragen.

< PANZERUNG
Eines der typischen Merkmale von *Euoplocephalus* war die Panzerung aus zähen Hautplatten über starren ovalen Knochenbuckeln.

∧ KEULE AM SCHWANZENDE
Die Verdickung an der Schwanzspitze bestand aus miteinander verwachsenen Knochen. Sie diente wahrscheinlich der Verteidigung.

∧ SCHWANZWIRBEL
Etwa in der Mitte des Schwanzes gingen die typischen Schwanzwirbel mit Stacheln über in eine verwachsene Knochenstruktur, die die Verdickung am Schwanzende tragen musste. Der Schwanz muss ziemlich muskulös gewesen sein.

∧ VORDERFUSS
Die Gliedmaßen dieses Dinosauriers waren kurz, gedrungen und kräftig. Die Vorderfüße hatten kurze, kräftige Zehen, die halfen, das beträchtliche Körpergewicht zu tragen.

kurzes Schulterblatt

WANDELNDER PANZER >
Euoplocephalus hatte einen breiten, niedrigen Rumpf, der von kurzen, stämmigen Gliedmaßen getragen wurde. Der Hinterkopf war durch Stacheln geschützt, und das schnabelartige Maul hatte kleine, gerippte Zähne zum Kauen pflanzlicher Nahrung.

breiter, runder Brustkorb

mit schuppigem Horn bedeckte Knochenstummel

Ellbogengelenk

Knochenstummel
und Stacheln auf
dem Rücken
Kopfstachel
Massige Beinknochen
trugen das Gewicht des
gepanzerten Rumpfs.
Große Nasenhöhle
lässt auf guten
Geruchssinn schließen.
Hinterfüße mit
scharfen Krallen an
allen drei Zehen

MIKRO-ORGA-NISMEN

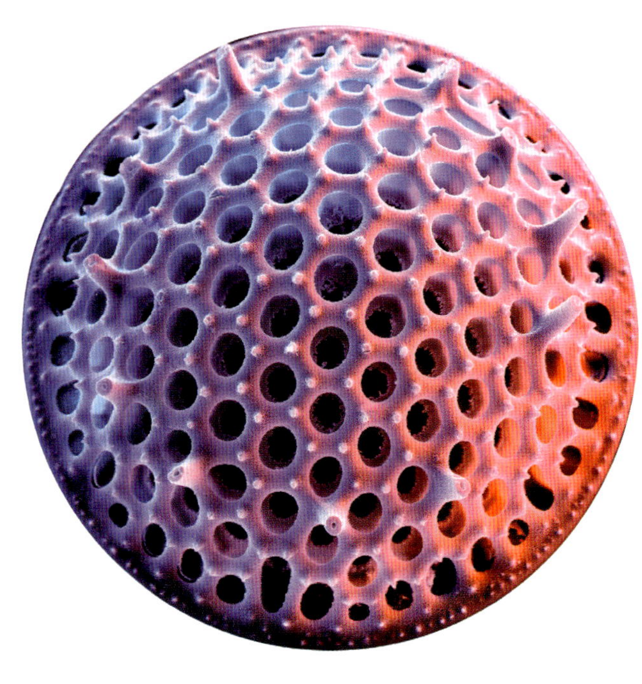

Trotz ihrer winzigen Gestalt spielen mikroskopisch kleine Organismen eine wichtige Rolle für das Leben auf der Erde. Sie gehörten zu den ersten Lebewesen und erhalten auch heute noch die Ökosysteme der Welt, indem sie die Nährstoffe abgeben und wiederverwerten, die andere Lebensformen zum Überleben benötigen. Von den einfachsten Prokaryoten bis zu den komplexen Protoctisten bilden sie ein Spektrum der verschiedensten Formen, die uns meist verborgen bleiben.

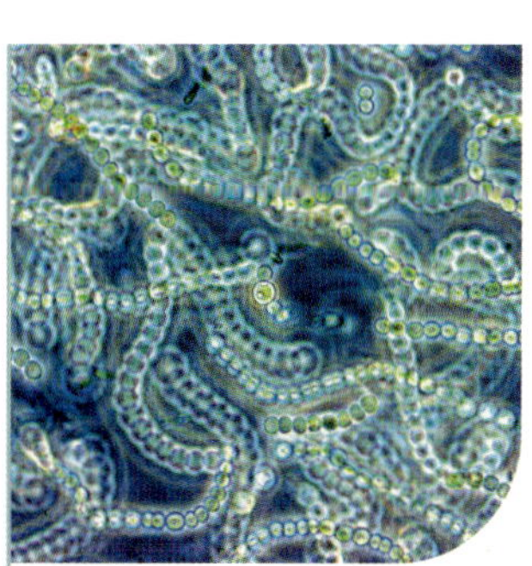

» 90

PROKARYOTEN

Prokaryoten besitzen winzige Zellen ohne Zellkern. Die meisten leben als Einzeller, doch manche bilden auch Ketten. Zu den Prokaryoten gehören die Bakterien und die Archaeen.

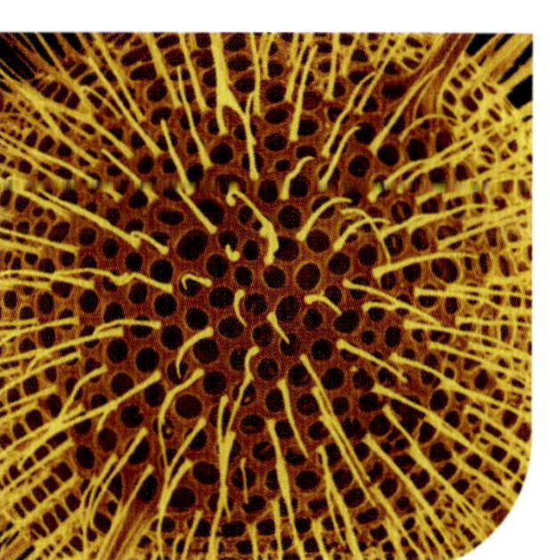

» 94

PROTOCTISTEN

Protoctisten gehören zu den zahlreichsten Organismen. Manche haben keine feste Form, doch viele besitzen ein mineralisiertes Skelett oder eine Schale. Meistens handelt es sich um Einzeller.

PROKARYOTEN

Ein die Erde besuchender Außerirdischer könnte annehmen, dass die wahren Herrscher die Prokaryoten seien – die Archaeen und die Bakterien. Sie sind zahlreicher und weisen vielseitigere Bauweisen als die Eukaryoten auf; sie leben in jeder Nische der Welt.

DOMÄNE	ARCHAEA
REICHE	5
KLASSEN	9
ORDNUNGEN	18
FAMILIEN	28
ARTEN	über 2000 bekannte

DOMÄNE	BACTERIA
REICHE	28
KLASSEN	49
ORDNUNGEN	etwa 79
FAMILIEN	etwa 232
ARTEN	über 8000 bekannte

Hydrothermalquellen am Grund der Ozeane sind der Lebensraum vieler hohe Temperaturen tolerierender Archaeen.

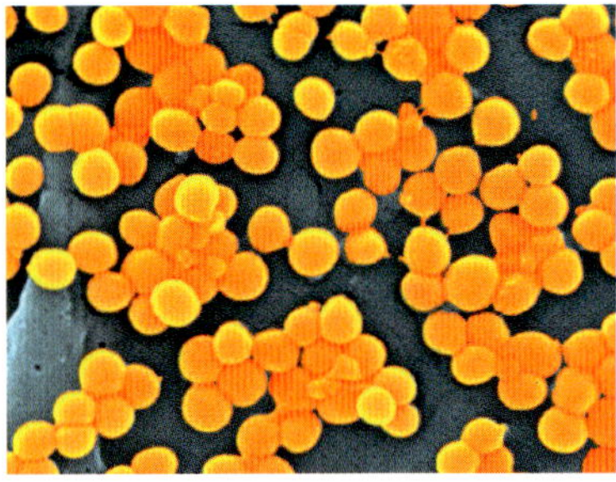

***Staphylococcus*-Bakterien** bilden in der Nahrung Zellhaufen und können eine Lebensmittelvergiftung hervorrufen.

STREITFRAGE

KESSEL DES LEBENS

Viele Archaeen sind an Extreme angepasst. Ihre DNA wird in heißem Wasser von stabilisierenden Eiweißen geschützt. Ähnliche Proteine umgeben die längeren Chromosomen der Eukaryoten. Vielleicht schuf so die Isolation in urzeitlichen Tümpeln die Voraussetzungen für die Stabilität der zusätzlich nötigen DNA der Eukaryoten.

Prokaryoten sind einzellige Organismen und gehören zu den ursprünglichsten Lebensformen. Sie bilden gemeinsam mit den Eukaryoten die beiden großen Gruppen des Lebens. Zwar enthalten alle lebenden Zellen DNA, doch nur die Eukaryoten haben einen Zellkern und in den meisten Fällen Energie liefernde Mitochondrien. Die Archaeen und Bakterien sind nur entfernt miteinander verwandt, da sie von unterschiedlichen, wenn auch bisher unbekannten Vorfahren abstammen. Die Zellen der Archaeen sind von einer Membran umgeben, auf der eine stabile äußere Zellwand liegt. Bakterien unterscheiden sich von ihnen in ihrer physikalischen und chemischen Struktur sehr. Ihre Zellwand ist anders aufgebaut. Diese Eigenschaften ermöglichen den Archaeen vor allem das Überleben in unwirtlichen Gegenden, während Bakterien überall gedeihen und weit verbreitet sind.

KLEINSTE LEBENDE DINGE

Alle Prokaryoten sind winzig, sodass ihre Größe in Mikrometern (µm) angegeben wird, den Tausendsteln eines Millimeters. Ein menschliches Haar ist etwa 80 µm dick, doch die meisten Prokaryoten sind nur 1–10 µm lang. Und doch leben sie in fast jedem Bereich der Biosphäre: in der äußeren Atmosphäre, tief in der Erdkruste, in der Tiefsee und im menschlichen Körper. So sind zum Beispiel im menschlichen Darm zehnmal so viele Bakterien enthalten wie der Körper selbst an Zellen hat. Manche Prokaryoten gedeihen in kochendem Wasser oder in Eis, überleben radioaktive Strahlung und sogar für uns giftige Gase und ätzende Säuren. Die meisten ernähren sich von totem Material, andere von lebenden Körpern. Während manche ihre Energie aus Mineralien beziehen, nutzen andere die Fotosynthese, um mithilfe der Lichtenergie Kohlendioxid und Wasser in Zucker und Sauerstoff umzuwandeln. Obwohl man sie als Krankheitserreger fürchtet, sind Prokaryoten für die menschliche Gesundheit notwendig, da mithilfe der Darmbakterien die Nahrung aufbereitet wird. Fast vier Milliarden Jahre lang haben die Prokaryoten das Klima der Erde, die Bildung des Bodens und die Evolution des Lebens maßgeblich beeinflusst.

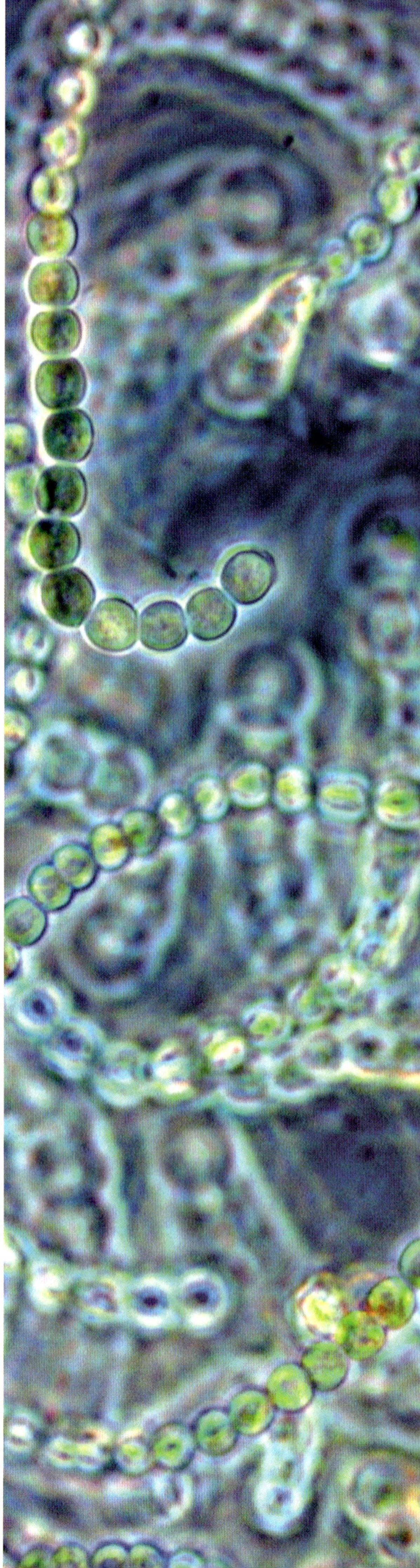

MIKROSKOPISCH KLEINE CYANOBAKTERIEN > Obwohl Bakterien einzellig sind, können sich die Zellen dieser Cyanobakterien zu langen Fäden zusammenschließen.

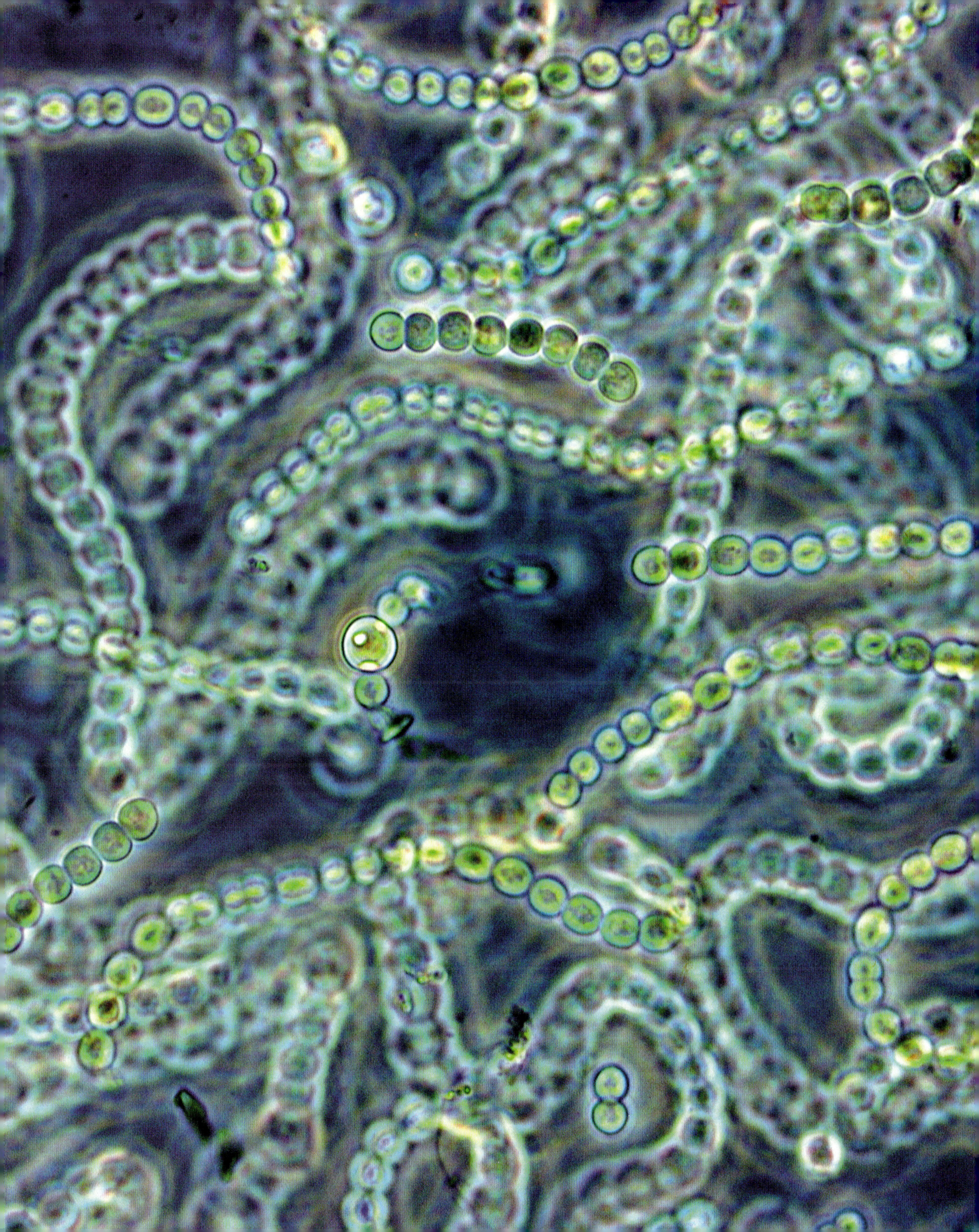

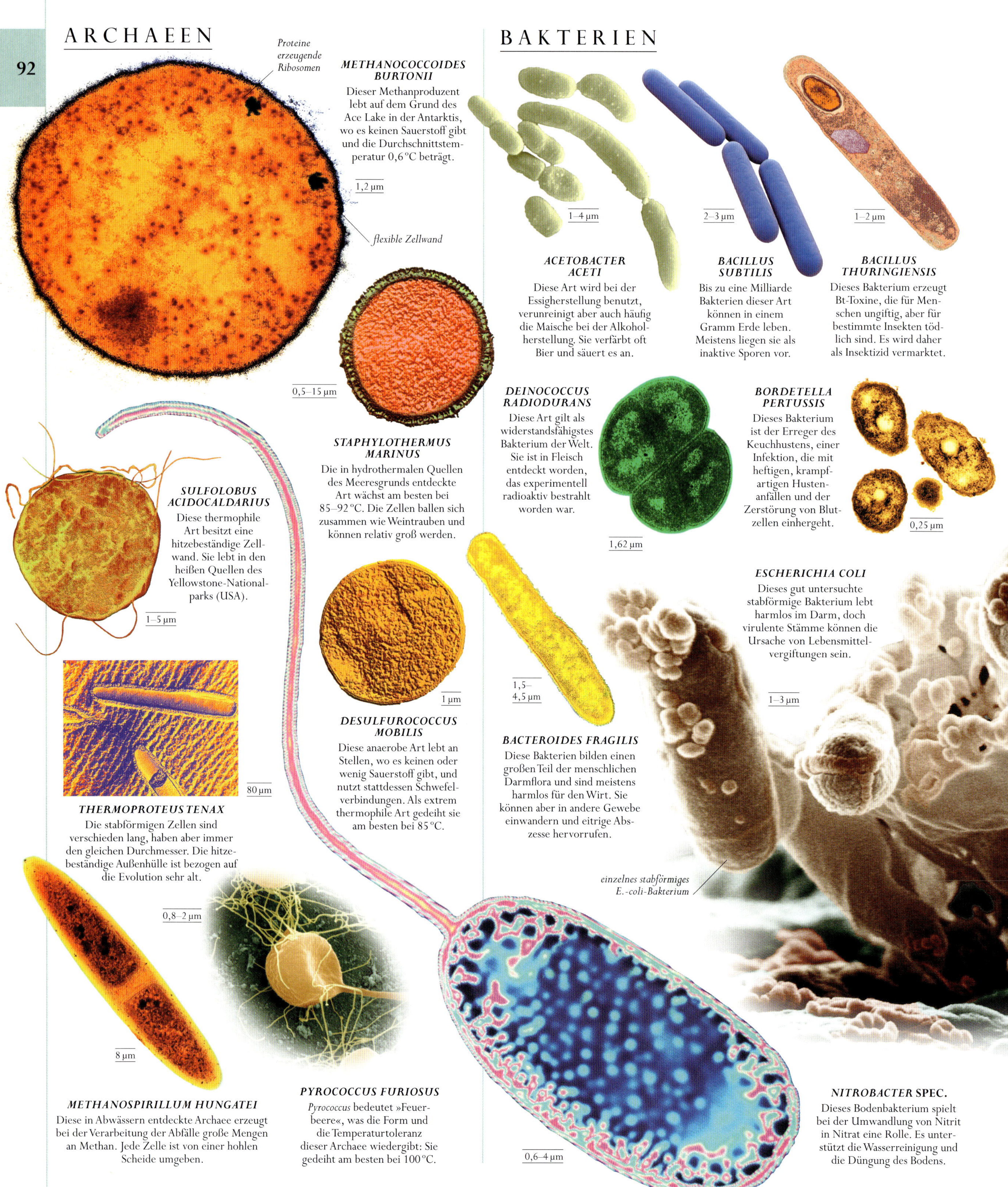

ARCHAEEN

METHANOCOCCOIDES BURTONII

Dieser Methanproduzent lebt auf dem Grund des Ace Lake in der Antarktis, wo es keinen Sauerstoff gibt und die Durchschnittstemperatur 0,6 °C beträgt.

STAPHYLOTHERMUS MARINUS

Die in hydrothermalen Quellen des Meeresgrunds entdeckte Art wächst am besten bei 85–92 °C. Die Zellen ballen sich zusammen wie Weintrauben und können relativ groß werden.

SULFOLOBUS ACIDOCALDARIUS

Diese thermophile Art besitzt eine hitzebeständige Zellwand. Sie lebt in den heißen Quellen des Yellowstone-Nationalparks (USA).

DESULFUROCOCCUS MOBILIS

Diese anaerobe Art lebt an Stellen, wo es keinen oder wenig Sauerstoff gibt, und nutzt stattdessen Schwefelverbindungen. Als extrem thermophile Art gedeiht sie am besten bei 85 °C.

THERMOPROTEUS TENAX

Die stabförmigen Zellen sind verschieden lang, haben aber immer den gleichen Durchmesser. Die hitzebeständige Außenhülle ist bezogen auf die Evolution sehr alt.

METHANOSPIRILLUM HUNGATEI

Diese in Abwässern entdeckte Archaee erzeugt bei der Verarbeitung der Abfälle große Mengen an Methan. Jede Zelle ist von einer hohlen Scheide umgeben.

PYROCOCCUS FURIOSUS

Pyrococcus bedeutet »Feuerbeere«, was die Form und die Temperaturtoleranz dieser Archaee wiedergibt: Sie gedeiht am besten bei 100 °C.

BAKTERIEN

ACETOBACTER ACETI

Diese Art wird bei der Essigherstellung benutzt, verunreinigt aber auch häufig die Maische bei der Alkoholherstellung. Sie verfärbt oft Bier und säuert es an.

BACILLUS SUBTILIS

Bis zu eine Milliarde Bakterien dieser Art können in einem Gramm Erde leben. Meistens liegen sie als inaktive Sporen vor.

BACILLUS THURINGIENSIS

Dieses Bakterium erzeugt Bt-Toxine, die für Menschen ungiftig, aber für bestimmte Insekten tödlich sind. Es wird daher als Insektizid vermarktet.

DEINOCOCCUS RADIODURANS

Diese Art gilt als widerstandsfähigstes Bakterium der Welt. Sie ist in Fleisch entdeckt worden, das experimentell radioaktiv bestrahlt worden war.

BORDETELLA PERTUSSIS

Dieses Bakterium ist der Erreger des Keuchhustens, einer Infektion, die mit heftigen, krampfartigen Hustenanfällen und der Zerstörung von Blutzellen einhergeht.

ESCHERICHIA COLI

Dieses gut untersuchte stabförmige Bakterium lebt harmlos im Darm, doch virulente Stämme können die Ursache von Lebensmittelvergiftungen sein.

BACTEROIDES FRAGILIS

Diese Bakterien bilden einen großen Teil der menschlichen Darmflora und sind meistens harmlos für den Wirt. Sie können aber in andere Gewebe einwandern und eitrige Abszesse hervorrufen.

NITROBACTER SPEC.

Dieses Bodenbakterium spielt bei der Umwandlung von Nitrit in Nitrat eine Rolle. Es unterstützt die Wasserreinigung und die Düngung des Bodens.

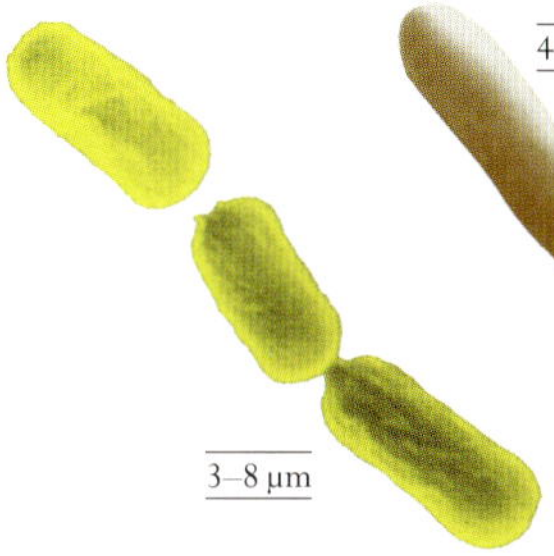

3–8 µm

CLOSTRIDIUM BOTULINUM

Dieses bodenlebende Bakterium gedeiht, wo Sauerstoff fehlt oder begrenzt ist. Es produziert ein Nervengift, das auch in der Medizin und Kosmetik eingesetzt wird.

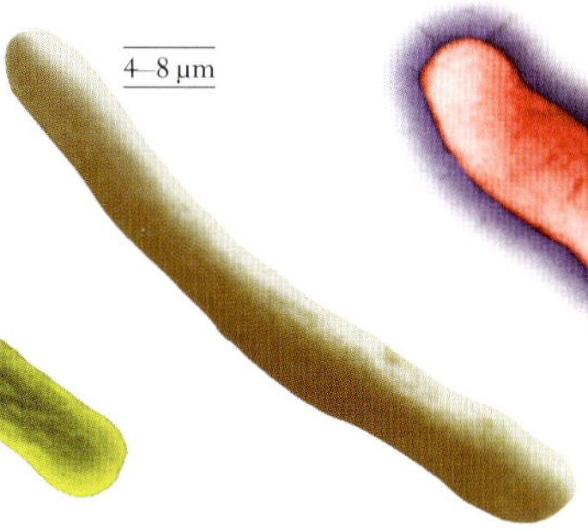

4–8 µm

CLOSTRIDIUM TETANI

Dieses Bodenbakterium kann abgestorbenes Gewebe in Wunden infizieren und produziert Tetanospasmin, ein Wundstarrkrampf auslösendes Nervengift.

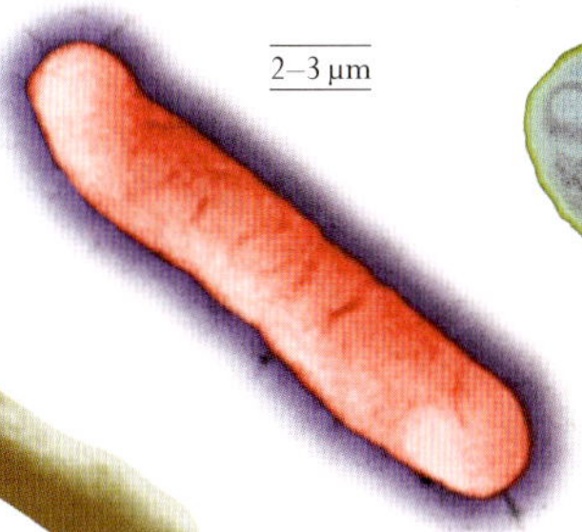

2–3 µm

SALMONELLA ENTERICA

Einige Unterarten dieser zur gleichen Familie wie *E. coli* gehörenden Art können Gastroenteritis, andere Typhus hervorrufen.

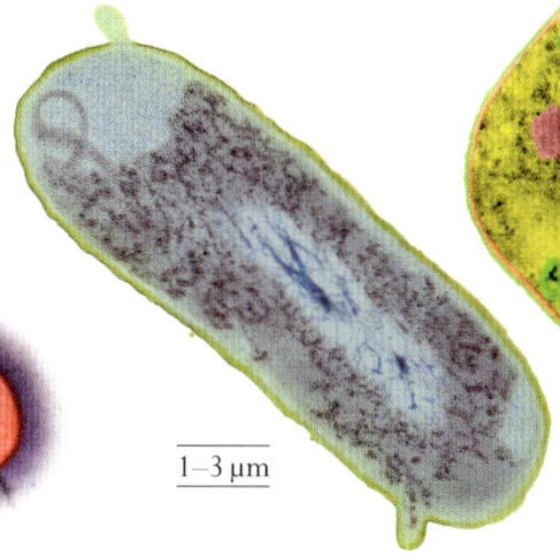

1–3 µm

SHIGELLA DYSENTERIAE

Dieses Darmbakterium erzeugt Shigella-Enterotoxine und verursacht Durchfall. Bereits zehn Bakterien können eine Infektion auslösen.

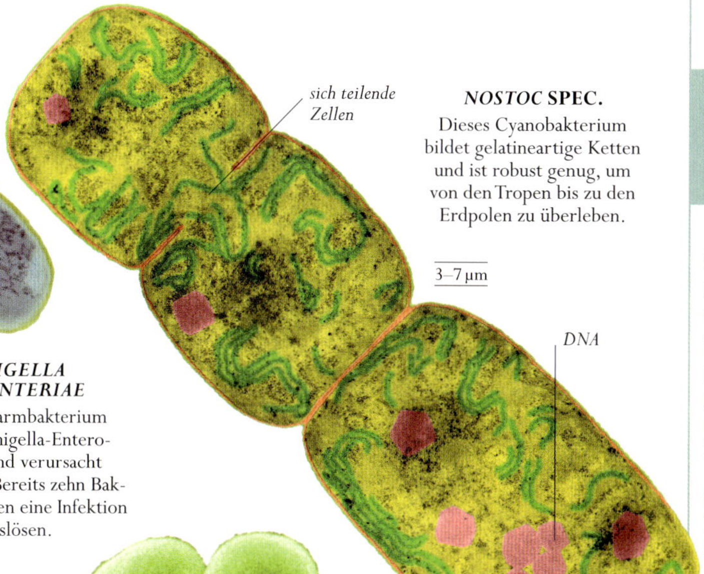

sich teilende Zellen

DNA

pigmentierte, fotosynthetisch aktive Membranen

3–7 µm

NOSTOC SPEC.

Dieses Cyanobakterium bildet gelatineartige Ketten und ist robust genug, um von den Tropen bis zu den Erdpolen zu überleben.

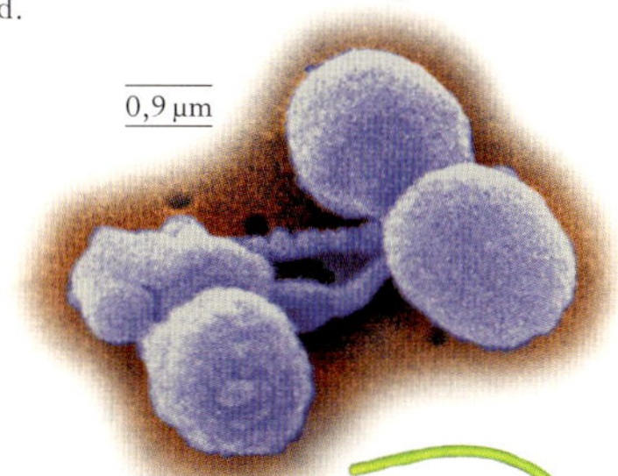

0,9 µm

STREPTOCOCCUS PNEUMONIAE

Diese im menschlichen Körper lebende Art kann Lungenentzündung auslösen. Bei Kindern und älteren Menschen ist sie der Hauptauslöser invasiver Infektionen, die alle Körperteile befallen.

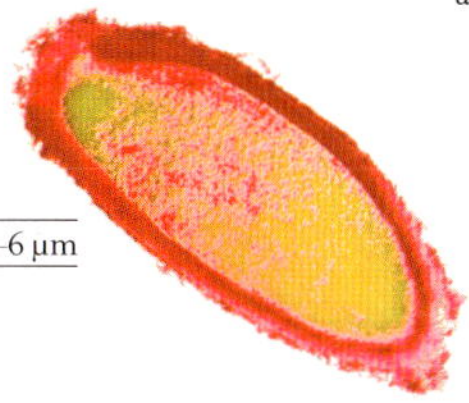

1,5–6 µm

LACTOBACILLUS ACIDOPHILUS

Das in Darm und Vagina lebende Bakterium dient der Ernährung und hat antibakterielle Eigenschaften. Es wird probiotischen Getränken zugesetzt.

1 µm

STAPHYLOCOCCUS EPIDERMIDIS

Dieses kugelförmige Bakterium lebt auf der Haut als Teil der normalen Flora, doch kann es bei immungeschwächten Menschen Infektionen auslösen.

dem Antrieb dienende Geißel

1–3 µm

VIBRIO CHOLERAE

Diese mithilfe ihrer Geißel sehr bewegliche Art in Form eines gekrümmten Stäbchens erzeugt ein starkes Enterotoxin, das Cholera auslöst.

0,4–0,5 µm

FUSOBACTERIUM NUCLEATUM

Diese Art kommt im Mundraum des Menschen vor und bildet einen großen Teil der Plaque. Sie kann auch eine vorzeitige Geburt auslösen.

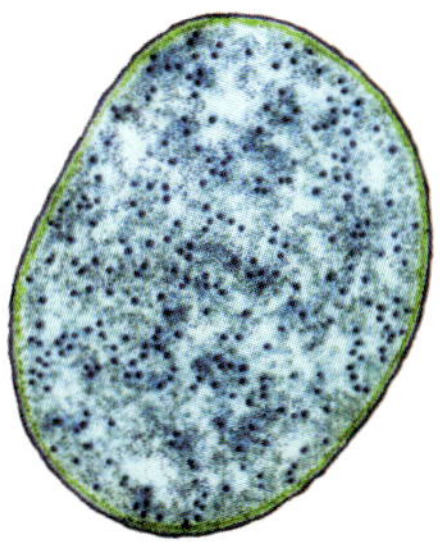

1,5–2 µm

PSYCHROBACTER URATIVORANS

Dies ist eine psychrophile oder cryophile Art. Sie gedeiht also dank natürlicher Frostschutzmoleküle in ihrem Zytoplasma bei sehr niedrigen Temperaturen.

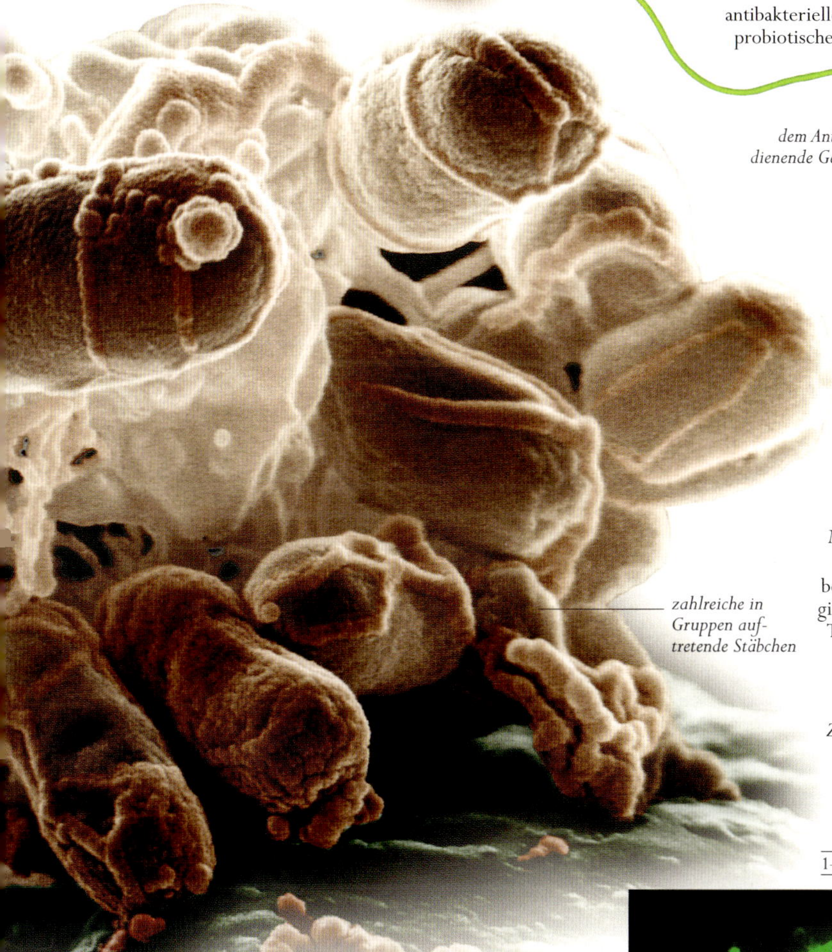

zahlreiche in Gruppen auftretende Stäbchen

NITROSOSPIRA SPEC.

Dieses Bodenbakterium besetzt eine wichtige ökologische Nische. Es oxidiert als Teil des Stickstoffkreislaufs Ammonium zu Nitrit.

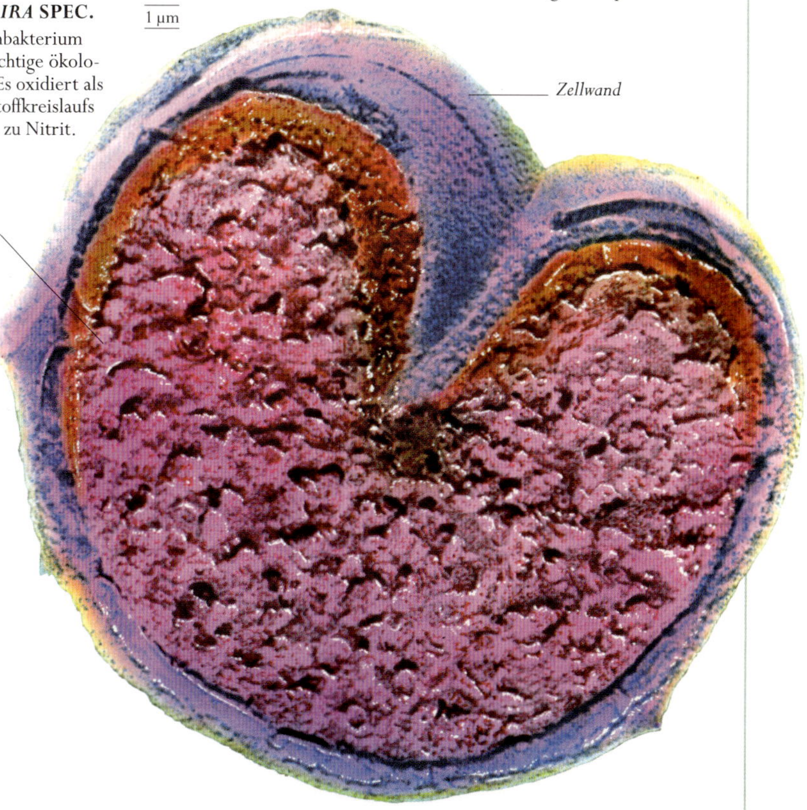

1 µm

Zellwand

Zellinhalt oder Zytoplasma

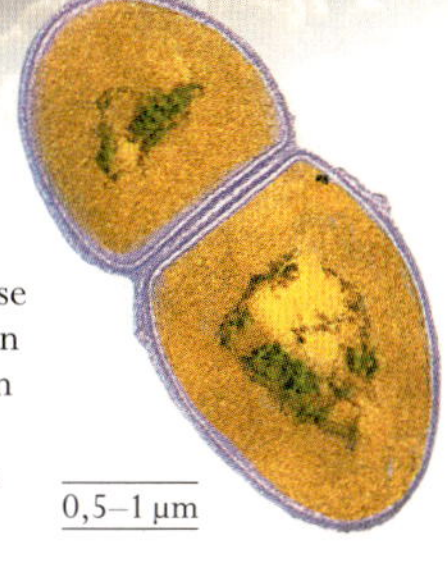

0,5–1 µm

ENTEROCOCCUS FAECALIS

Der normalerweise harmlose Bewohner des menschlichen Darms und der Vagina kann Wunden infizieren und ist gegen viele Antibiotika resistent.

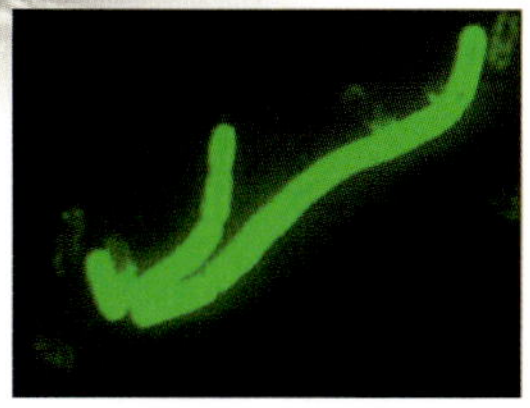

1–3 µm

YERSINIA PESTIS

Dieses Bakterium ist der Erreger der Pest. Die über Rattenflöhe auf Menschen übertragene Krankheit verursacht noch heute weltweit bis zu 3000 Todesfälle im Jahr.

PROTOCTISTEN

Diese Sammelgruppe ist schwer zu beschreiben. Zu ihr gehören winzige Amöben ebenso wie der Riesenkelp. Sie umfasst die ersten höher als Prokaryoten stehenden Lebensformen, die heute noch der Welt die meiste Nahrung und den meisten Sauerstoff liefern.

DOMÄNE	EUKARYOTA
REICH	PROTOCTISTA
KLADEN	7
FAMILIEN	etwa 778
ARTEN	etwa 70 500

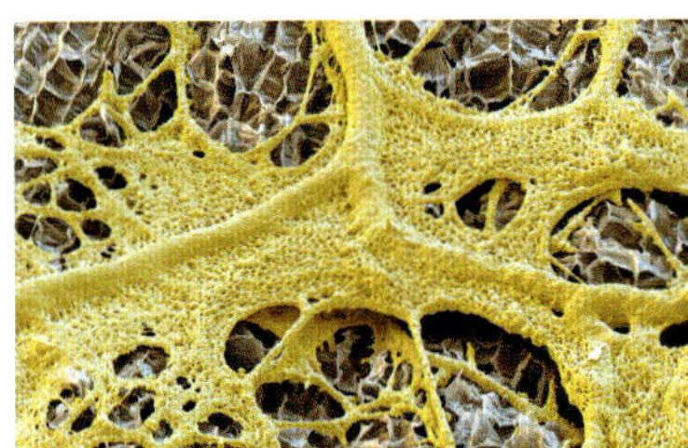

Bei Schleimpilzen, einer Amöbengruppe, können Tausende einzelner Zellkerne in einer riesigen Zelle existieren.

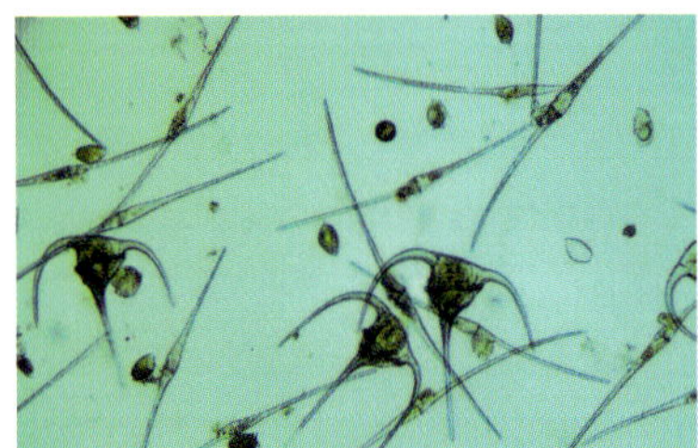

Viele einzellige Protoctisten weisen außergewöhnliche Formen auf, wie diese ankerförmigen Dinoflagellaten.

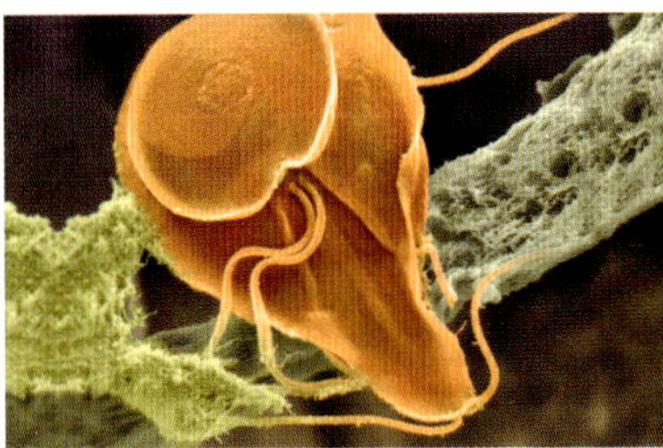

Manche Protoctisten rufen verheerende Krankheiten hervor, wie diese *Giardia*-Art, die den Darm befällt.

STREITFRAGE

SAMMELGRUPPE

Das Reich Protoctista umfasst die nicht als Pilze, Pflanzen oder Tiere zu klassifizierenden Eukaryoten und damit viele nicht nah miteinander verwandte Arten. Tatsächlich gehören Tiere und Pilze in die Gruppe Opisthokonta und die Pflanzen in die Gruppe Archaeplastida, sodass das Reich Protoctista eine künstliche Sammelgruppe darstellt.

Protoctisten sind größtenteils einzellige Organismen, besitzen aber anders als Prokaryoten einen Zellkern. Ihre einfache Zellstruktur unterscheidet sie von den später aus ihnen hervorgegangenen Eukaryoten, den Pilzen, Pflanzen und Tieren. Die Protoctisten umfassen eine Fülle von Organismen unterschiedlicher Lebensweise. Die meisten sind mit 10–100 µm Größe mikroskopisch klein. Manche sind so winzig, dass sie in rote Blutkörperchen eindringen können. Andere haben sich zu vielzelligen Organismen wie dem Dutzende von Metern langen Riesenkelp zusammengeschlossen oder bilden als Schleimpilze kriechende Gebilde, die eigentlich eine riesige Zelle darstellen. Zu den typischen Protoctisten gehören die Amöben, die sich mithilfe ausstreckbarer Scheinfüßchen bewegen und Nahrung erbeuten. Zum im Meer treibenden Plankton zählen die schönen Kieselalgen, die komplizierte aus Siliciumdioxid bestehende Gehäuse haben.

VERBORGENES REICH DES LEBENS

Protoctisten zählen zu den zahlreichsten Organismen der Welt. Viele leben in den Meeren und Flüssen, den Sedimenten der Seen und in der Erde, während andere ihr Leben oder einen Teil ihres Lebenszyklus als Parasiten innerhalb anderer Organismen verbringen. Sie spielen in der Ökosphäre dieses Planeten eine wichtige Rolle, besonders bei der Fotosynthese, indem sie Kohlendioxid und Wasser in Zucker umwandeln und Sauerstoff abgeben. Sie können auch als Räuber oder Wiederverwerter auftreten. Einige Arten sind als Erreger von Krankheiten bekannt: Die *Plasmodium*-Arten verursachen Malaria, *Trypanosoma brucei* die Schlafkrankheit. Bestimmte Dinoflagellaten sind für die durch sie verursachten Algenblüten bekannt, die Fische töten und über die Nahrungskette Menschen vergiften können.

Die Systematik der Protoctisten ist komplex, da sie keine natürliche Gruppe darstellen. Molekularbiologische Untersuchung haben es ermöglicht, die meisten Arten in große Kladen gemeinsamen Ursprungs einzuordnen: die Amoebozoa, die Opisthokonta, die Rhizaria, Alveolata und Chromista (zusammen Chromalveolata), die Excavata und die Archaeplastida.

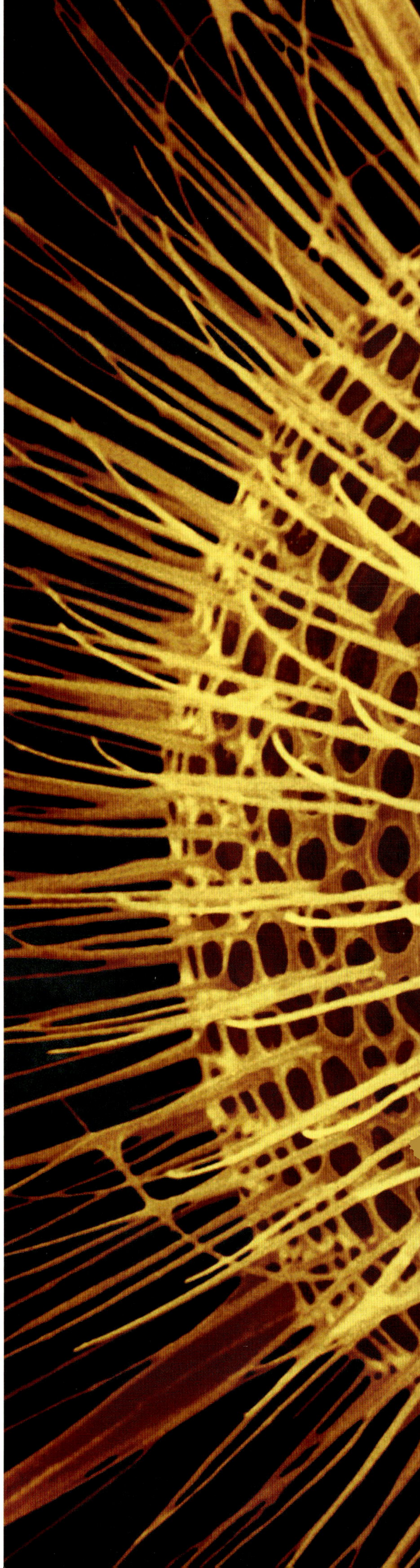

MIKROSKOPISCH KLEINER »TODESSTERN« >
Die Stacheln dieses Strahlentierchens sind mit Zellplasma bedeckt, mit dem es seine Nahrung erbeutet.

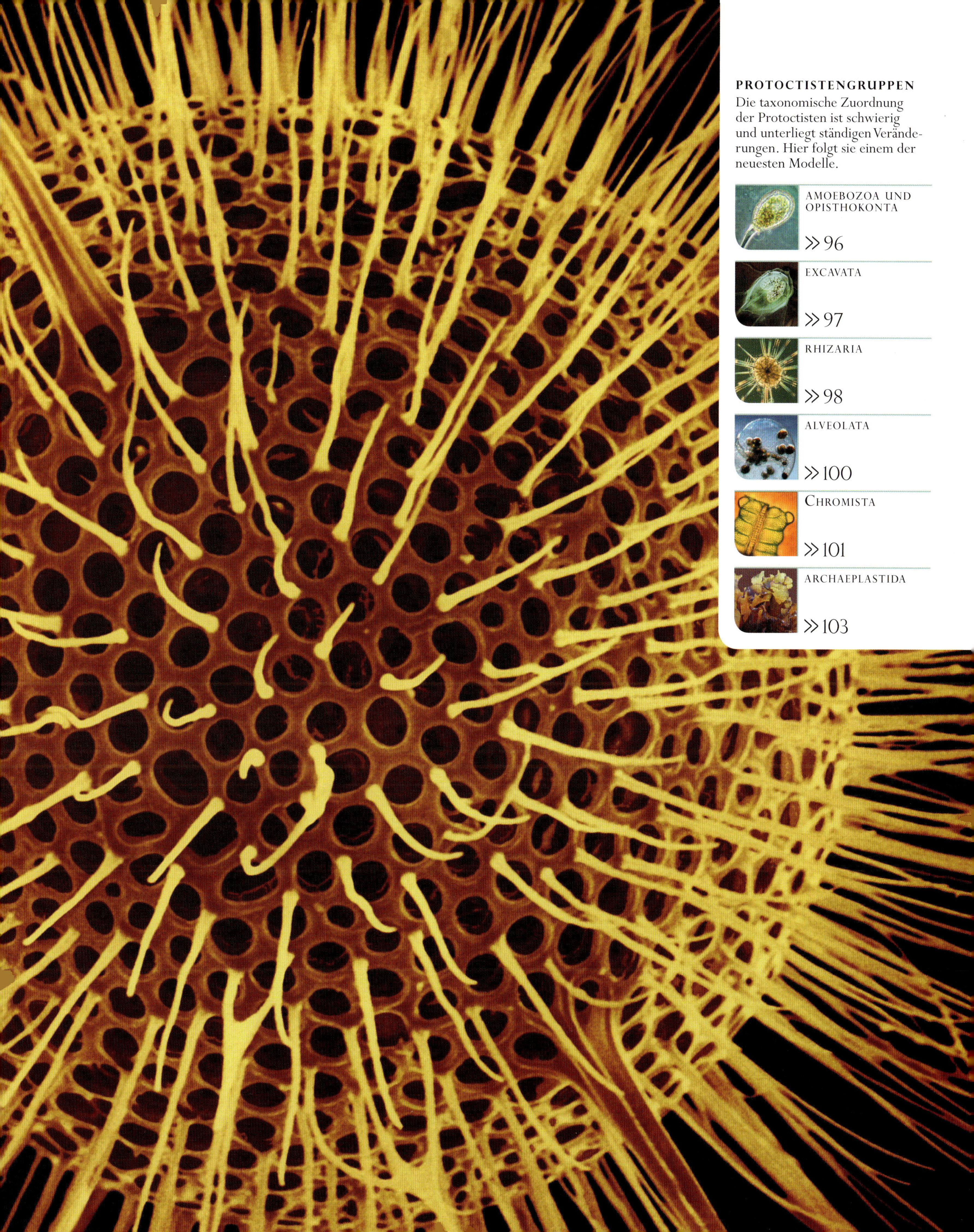

PROTOCTISTENGRUPPEN

Die taxonomische Zuordnung der Protoctisten ist schwierig und unterliegt ständigen Veränderungen. Hier folgt sie einem der neuesten Modelle.

AMOEBOZOA UND OPISTHOKONTA » 96

EXCAVATA » 97

RHIZARIA » 98

ALVEOLATA » 100

CHROMISTA » 101

ARCHAEPLASTIDA » 103

AMOEBOZOA UND OPISTHOKONTA

Zwei Protoctisten-Kladen, Amoebozoa und Opisthokonta, haben verschiedene Methoden der Fortbewegung und des Nahrungserwerbs entwickelt.

Die Amöben der Klade Amoebozoa können als Pseudopodien bezeichnete Zellfortsätze ausstülpen. Diese Scheinfüßchen werden zur Fortbewegung und zum Fang der Beute benutzt, die lebend vom Zellplasma umschlossen und verdaut wird. Manche Amöben sind riesige Zellen und sogar mit dem bloßen Auge sichtbar. Andere sind Darmparasiten und können bei Menschen die Amöbenruhr hervorrufen. Eine Gruppe, die Schleimpilze, hat eine bemerkenswerte Strategie zum Überleben bei Nahrungsmangel entwickelt. Ihre Zellen geben dann ein chemisches Signal ab, das den Zusammenschluss zu einem winzigen schneckenartigen Gebilde auslöst. Aus diesem sprießen Stiele, die platzen und Sporen verbreiten. Aus jeder Spore entsteht eine neue Amöbe.

URSPRUNG VON PILZEN UND TIEREN

Die meisten Arten der Klade Opisthokonta besitzen eine einzelne Geißel zur Fortbewegung im Wasser. Zu dieser Klade gehören auch die Tiere, und die Geißel ist heute noch bei ihren Spermien zu beobachten. Die Angehörigen der Familie Nucleariidae haben dagegen ihre Geißel verloren und sind zu einem amöbenähnlichen Stadium zurückgekehrt. Sie sind möglicherweise nah mit den Pilzen verwandt, die auch zur Klade Opisthokonta gehören und sich gegenseitig ohne frei schwimmende Spermien befruchten.

DOMÄNE	EUKARYOTA
REICH	PROTOCTISTA
KLADEN	2
FAMILIEN	ohne Tiere und Pilze etwa 50
ARTEN	ohne Tiere und Pilze etwa 4000

STREITFRAGE

ZWEIGE DES LEBENS

Nach einer Theorie sollen sich die Eukaryoten in Unikonta (Zellen mit einer Geißel wie die Opisthokonten) und Bikonta (Zellen mit zwei Geißeln) geteilt haben. Aus den Unikonten entstanden die Pilze und Tiere, aus den Bikonten die Pflanzen. Der DNA-Nachweis fällt jedoch nicht eindeutig aus.

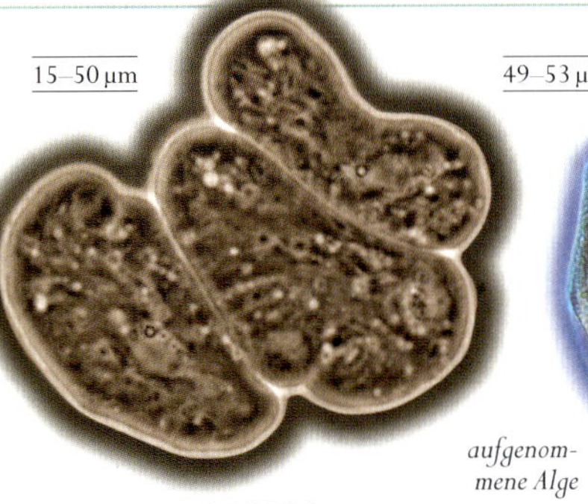

ENTAMOEBA HISTOLYTICA
Diese parasitäre Amöbe lebt im menschlichen Darm und kann Amöbenruhr hervorrufen. Sie enthält bis zu acht Zellkerne.

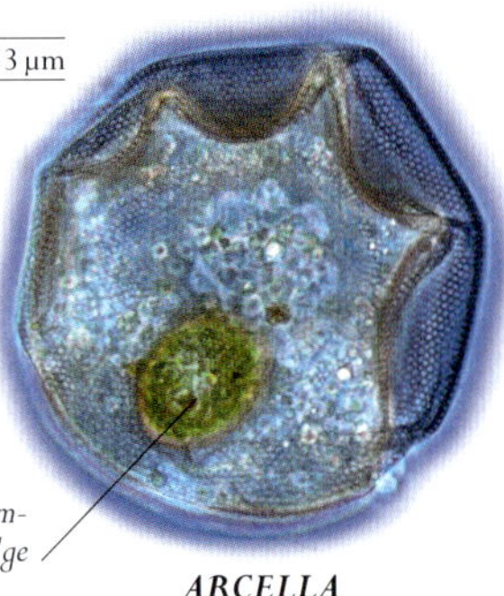

ARCELLA BATHYSTOMA
Diese Amöbe besitzt eine mit Poren versehene Schale, die auf einer Seite gewölbt ist, aber auch manchmal in Spitzen ausläuft.

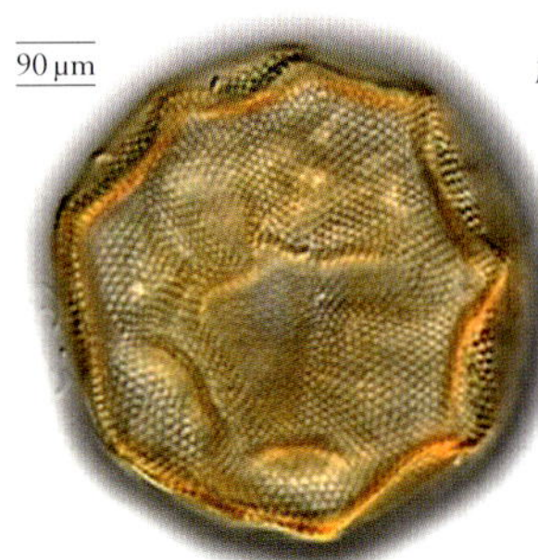

ARCELLA GIBBOSA
Die gelbe oder braune abgerundete Schale weist eine Öffnung auf der flachen Seite und regelmäßige Vertiefungen auf der gewölbten auf.

ARCELLA DISCOIDES
Diese Amöbe besitzt zwei Zellkerne. Sie hat eine gelbbraune Schale mit einem Loch, durch das sie ihre Scheinfüßchen (Pseudopodien) herausstrecken kann.

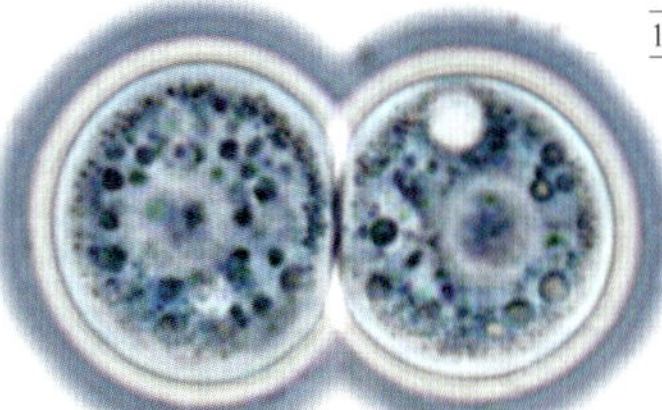

PROTACANTHAMOEBA CALEDONICA
Nahe Verwandte dieser ursprünglich in einer schottischen Flussmündung gefundenen Amöbe sind in der Leber einer tschechischen Schleie entdeckt worden.

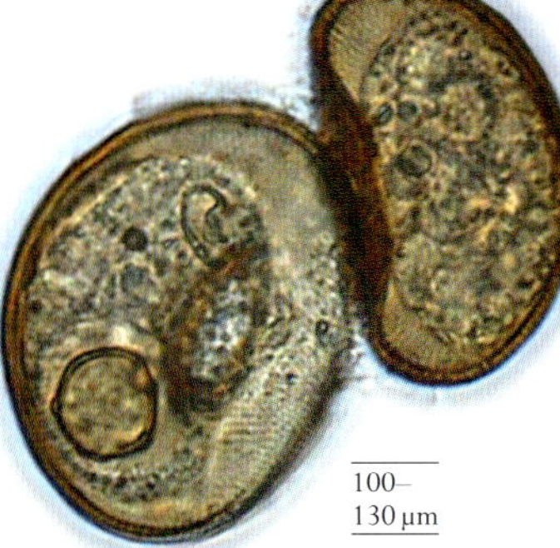

ARCELLA VULGARIS
Die vor allem in stehendem Wasser und in Erde lebende Amöbe hat eine konvexe Schale mit einem Loch, durch das die Pseudopodien ragen.

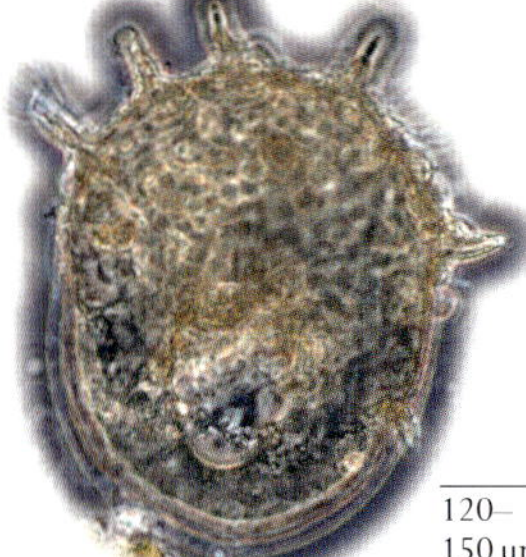
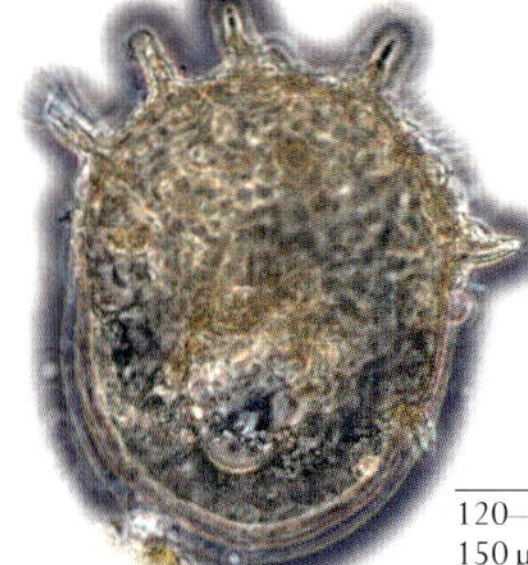

CENTROPYXIS ACULEATA
Diese Amöbe lebt auf Algen in Seen und Feuchtgebieten. Mit Sand und Algenzellwänden baut sie Gehäuse mit vier bis sechs Stacheln auf.

***STEMONITIS* SPEC.**
Dieser im Deutschen als »Fadenstäubling« bezeichnete Schleimpilz bildet ein vielkerniges Plasmodium, dem die Fruchtkörper entspringen.

DIFFLUGIA PROTEIFORMIS
Diese in Teichen lebende Amöbe baut sich eine Schale aus winzigen Sandkörnchen und den Zellwänden mancher Algen.

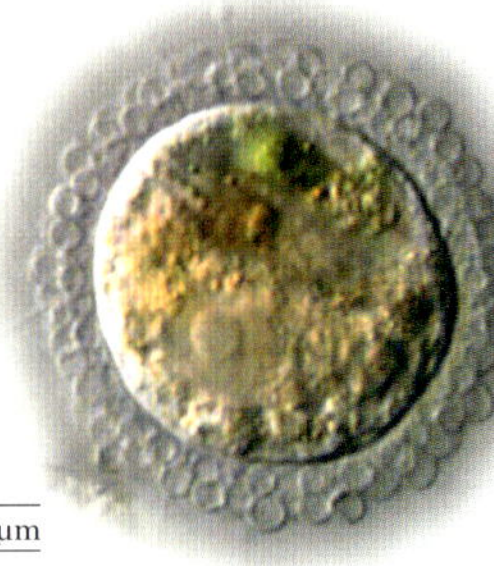

POMPHOLYXOPHRYS OVULIGERA
Dieser früher zu den Sonnentierchen gerechnete Flagellat der Klade Opisthokonta ist mit hohlen perlenartigen Schüppchen bedeckt.

EXCAVATA

Der Geißelantrieb ist in verschiedenen Protoctistengruppen entstanden. Besonders ausgeprägt ist diese Fortbewegungsweise in der Klade Excavata.

Die Flagellaten oder Geißeltierchen, die den größten Teil der Klade Excavata ausmachen, bewegen sich mithilfe einer oder mehrerer Geißeln fort. Viele sind Räuber und ernähren sich von kleineren Organismen wie den Bakterien. Anders als bei den veränderlichen Amöben ist ihre Form festgelegt und sie besitzen einen Zellmund an der Geißelbasis. Bemerkenswert ist, dass beispielsweise die *Euglena*-Arten sich je nach Umweltbedingung wie ein Tier oder wie eine Pflanze ernähren können. In hellem Licht betreiben sie Fotosynthese, doch im Dunkeln verkümmern die Chloroplasten (ihre lichtabsorbierenden Organellen) und die Einzeller kehren zu ihrem räuberischen Leben zurück.

LEBEN IM INNEREN VON TIEREN

Vielen Geißeltierchen dieser Gruppe fehlen die Voraussetzungen zum Atmen von Sauerstoff. Sie leben in der sauerstoffarmen Umgebung von Tierdärmen. Viele sind außergewöhnlich stark spezialisiert und nutzen die teilweise verdaute Nahrung in Insektendärmen, ohne jedoch dem Wirt zu schaden. Andere verursachen verheerende Krankheiten, auch bei Menschen. Die Arten der berüchtigten Trypanosomen werden von blutsaugenden Insekten übertragen und sind für die Tropenkrankheiten Leishmaniose und Schlafkrankheit verantwortlich.

DOMÄNE	EUKARYOTA
REICH	PROTOCTISTA
KLADE	EXCAVATA
FAMILIEN	40
ARTEN	etwa 2500

STREITFRAGE

RÜCKENTWICKLUNG

Den in Termitendärmen lebenden Geißeltierchen fehlen Mitochondrien, die Organellen, mit denen andere Protoctisten Sauerstoff verarbeiten. Sie können ursprüngliche, aber auch weiter entwickelte Flagellaten sein, die ihre Mitochondrien in der sauerstoffarmen Umgebung verloren haben.

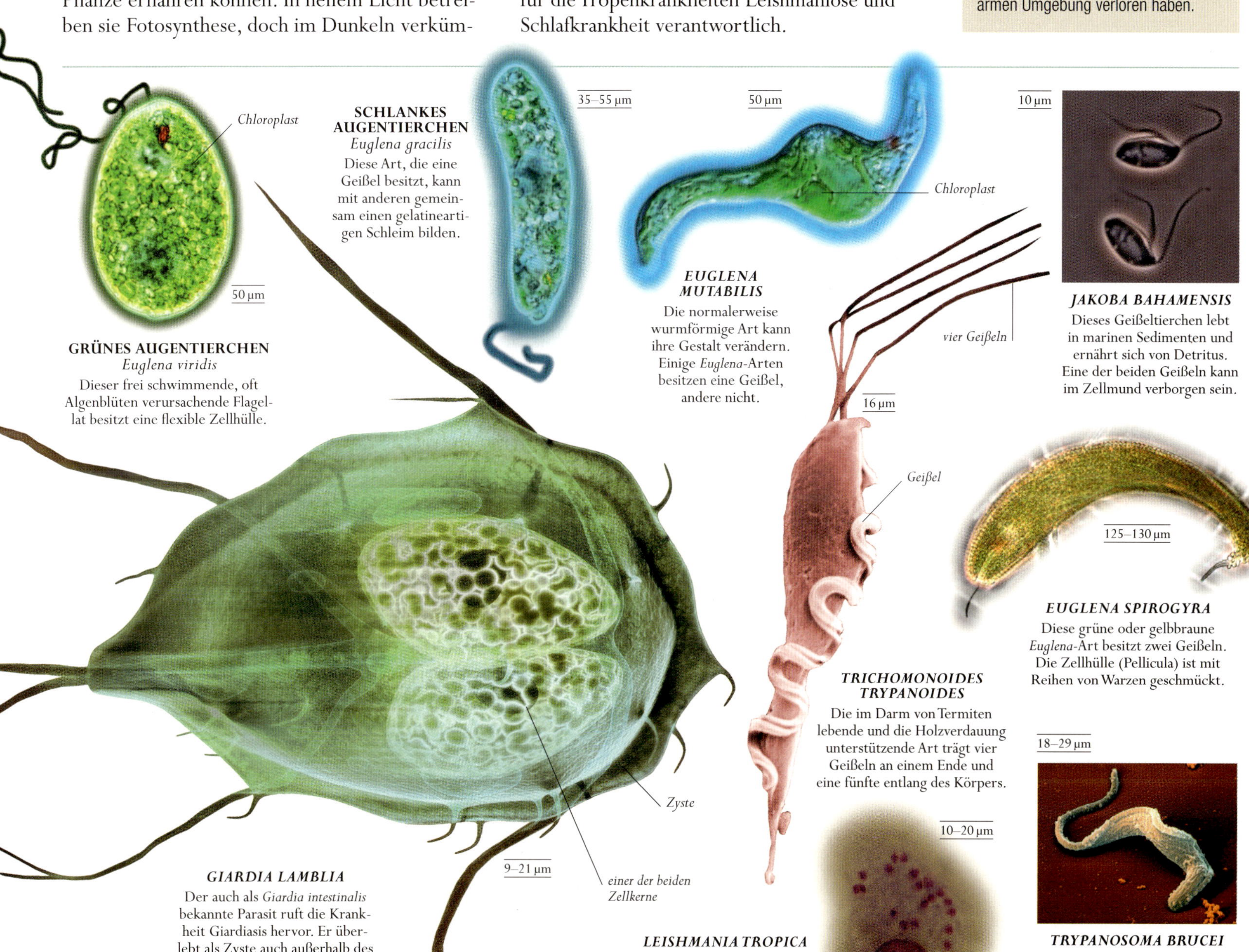

GRÜNES AUGENTIERCHEN
Euglena viridis
Dieser frei schwimmende, oft Algenblüten verursachende Flagellat besitzt eine flexible Zellhülle.

SCHLANKES AUGENTIERCHEN
Euglena gracilis
Diese Art, die eine Geißel besitzt, kann mit anderen gemeinsam einen gelatineartigen Schleim bilden.

EUGLENA MUTABILIS
Die normalerweise wurmförmige Art kann ihre Gestalt verändern. Einige *Euglena*-Arten besitzen eine Geißel, andere nicht.

JAKOBA BAHAMENSIS
Dieses Geißeltierchen lebt in marinen Sedimenten und ernährt sich von Detritus. Eine der beiden Geißeln kann im Zellmund verborgen sein.

EUGLENA SPIROGYRA
Diese grüne oder gelbbraune *Euglena*-Art besitzt zwei Geißeln. Die Zellhülle (Pellicula) ist mit Reihen von Warzen geschmückt.

TRICHOMONOIDES TRYPANOIDES
Die im Darm von Termiten lebende und die Holzverdauung unterstützende Art trägt vier Geißeln an einem Ende und eine fünfte entlang des Körpers.

GIARDIA LAMBLIA
Der auch als *Giardia intestinalis* bekannte Parasit ruft die Krankheit Giardiasis hervor. Er überlebt als Zyste auch außerhalb des Wirts und hat paarige Zellkerne.

LEISHMANIA TROPICA
Die von Sandmücken übertragenen Parasiten verursachen die kutane Leishmaniose, eine Hauterkrankung, mit der sich pro Jahr über eine Million Menschen infizieren.

TRYPANOSOMA BRUCEI
Dieser Organismus verursacht die Schlafkrankheit, die zwischen verschiedenen Wirten durch die blutsaugende Tsetse-Fliege übertragen wird.

RHIZARIA

Die Klade Rhizaria enthält zwei Gruppen, die zu den schönsten aller kleinen Protoctisten gehören: die Radiolaria und die Foraminifera.

Die Gehäuse der Arten dieser beiden Gruppen machen sie zu Besonderheiten, und manche haben eindrucksvolle fossile Spuren hinterlassen. Die Radiolarien oder Strahlentierchen bilden aus Siliciumdioxid glasartige Schalen, sodass das ansonsten häufige Silicium an der Meeresoberfläche selten ist. Die langen Pseudopodien (hier auch Axopodien genannt) durchdringen die Schalen wie Sonnenstrahlen und werden durch Stacheln gestützt. Radiolarien erbeuten damit ihre Nahrung, doch manche enthalten auch fotosynthetisch aktive Algen und ernähren sich von den Zuckern ihrer Partner. Der Siliciumbedarf macht die Radiolarien vom Meer abhängig, doch die verwandte Gruppe Cercozoa hat auch den Boden und das Süßwasser erobert. Auch die meisten Cercozoen besitzen lange Scheinfüßchen, doch gibt es Formen mit und ohne Gehäuse, teils auch begeißelt, was vom Lebensraum abhängt.

Die Foraminiferen bewohnen die Meere schon seit Hunderten von Millionen Jahren, und ihre kalkhaltigen Schalen bedecken den Grund in Form eines kreideartigen Sediments. Foraminiferenschalen sind so charakteristisch, dass man anhand ihrer Fossilien das Alter von Sedimenten bestimmen kann. Jede Schale eines lebenden Tiers enthält eine kleine Amöbe, die Nahrung mit Pseudopodien erbeutet, wobei manche groß genug sind, auch Tierlarven zu überwältigen.

DOMÄNE	EUKARYOTA
REICH	PROTOCTISTA
KLADE	RHIZARIA
FAMILIEN	108
ARTEN	etwa 14 000

STREITFRAGE

ÄHNLICHE RIESEN

Die Pseudopodien der Radiolarien und Foraminiferen umgeben ihre Zellen wie ein Netz. Vielleicht nimmt man daher an, dass sie von gemeinsamen Vorfahren abstammen. Doch kann dieses Netz bei beiden Gruppen unabhängig voneinander entstanden sein, vielleicht weil beide sehr große Zellen haben.

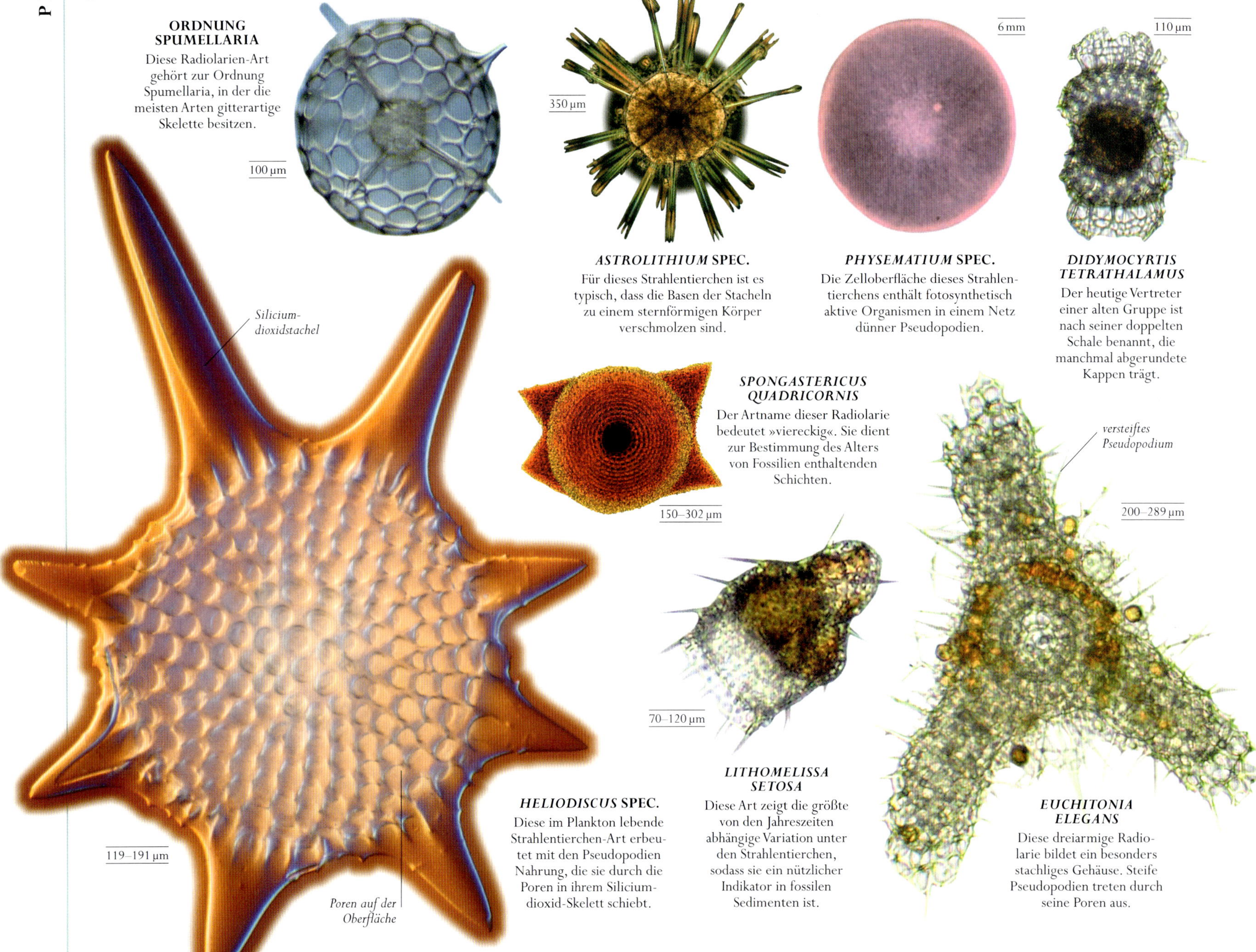

ORDNUNG SPUMELLARIA
Diese Radiolarien-Art gehört zur Ordnung Spumellaria, in der die meisten Arten gitterartige Skelette besitzen.

***ASTROLITHIUM* SPEC.**
Für dieses Strahlentierchen ist es typisch, dass die Basen der Stacheln zu einem sternförmigen Körper verschmolzen sind.

***PHYSEMATIUM* SPEC.**
Die Zelloberfläche dieses Strahlentierchens enthält fotosynthetisch aktive Organismen in einem Netz dünner Pseudopodien.

DIDYMOCYRTIS TETRATHALAMUS
Der heutige Vertreter einer alten Gruppe ist nach seiner doppelten Schale benannt, die manchmal abgerundete Kappen trägt.

SPONGASTERICUS QUADRICORNIS
Der Artname dieser Radiolarie bedeutet »viereckig«. Sie dient zur Bestimmung des Alters von Fossilien enthaltenden Schichten.

***HELIODISCUS* SPEC.**
Diese im Plankton lebende Strahlentierchen-Art erbeutet mit den Pseudopodien Nahrung, die sie durch die Poren in ihrem Silicium-dioxid-Skelett schiebt.

LITHOMELISSA SETOSA
Diese Art zeigt die größte von den Jahreszeiten abhängige Variation unter den Strahlentierchen, sodass sie ein nützlicher Indikator in fossilen Sedimenten ist.

EUCHITONIA ELEGANS
Diese dreiarmige Radiolarie bildet ein besonders stachliges Gehäuse. Steife Pseudopodien treten durch seine Poren aus.

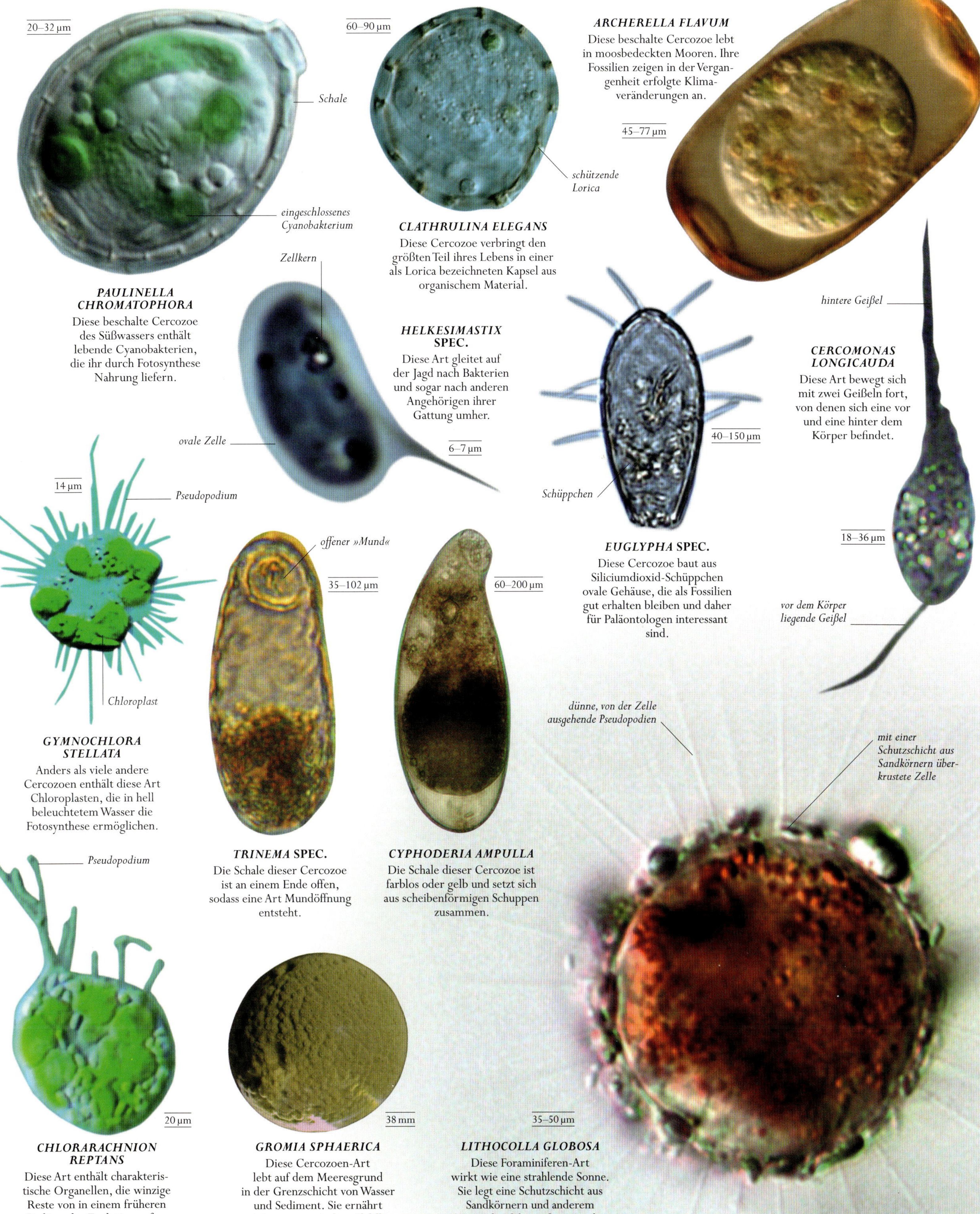

PAULINELLA CHROMATOPHORA
Diese beschalte Cercozoe des Süßwassers enthält lebende Cyanobakterien, die ihr durch Fotosynthese Nahrung liefern.

CLATHRULINA ELEGANS
Diese Cercozoe verbringt den größten Teil ihres Lebens in einer als Lorica bezeichneten Kapsel aus organischem Material.

ARCHERELLA FLAVUM
Diese beschalte Cercozoe lebt in moosbedeckten Mooren. Ihre Fossilien zeigen in der Vergangenheit erfolgte Klimaveränderungen an.

***HELKESIMASTIX* SPEC.**
Diese Art gleitet auf der Jagd nach Bakterien und sogar nach anderen Angehörigen ihrer Gattung umher.

***EUGLYPHA* SPEC.**
Diese Cercozoe baut aus Siliciumdioxid-Schüppchen ovale Gehäuse, die als Fossilien gut erhalten bleiben und daher für Paläontologen interessant sind.

CERCOMONAS LONGICAUDA
Diese Art bewegt sich mit zwei Geißeln fort, von denen sich eine vor und eine hinter dem Körper befindet.

GYMNOCHLORA STELLATA
Anders als viele andere Cercozoen enthält diese Art Chloroplasten, die in hell beleuchtetem Wasser die Fotosynthese ermöglichen.

***TRINEMA* SPEC.**
Die Schale dieser Cercozoe ist an einem Ende offen, sodass eine Art Mundöffnung entsteht.

CYPHODERIA AMPULLA
Die Schale dieser Cercozoe ist farblos oder gelb und setzt sich aus scheibenförmigen Schuppen zusammen.

CHLORARACHNION REPTANS
Diese Art enthält charakteristische Organellen, die winzige Reste von in einem früheren Stadium der Evolution aufgenommenen Grünalgen sind.

GROMIA SPHAERICA
Diese Cercozoen-Art lebt auf dem Meeresgrund in der Grenzschicht von Wasser und Sediment. Sie ernährt sich von organischen Abfallstoffen (Detritus).

LITHOCOLLA GLOBOSA
Diese Foraminiferen-Art wirkt wie eine strahlende Sonne. Sie legt eine Schutzschicht aus Sandkörnern und anderem Material auf der Außenseite der Zellwand an.

ALVEOLATA

Alveolaten besitzen eine gemeinsame anatomische Eigenschaft – einen Saum kleiner, als Alveoli bezeichneter Bläschen, nach denen sie benannt sind.

Zu den Alveolaten gehören drei Gruppen auf den ersten Blick verschiedener, aber einzelliger Protoctisten: die Dinoflagellata, die Ciliophora (Ciliaten, Wimperntierchen) und die Apicomplexa (Sporentierchen). Die räuberischen Dinoflagellaten benutzen zwei in Furchen in ihrer Zellwand befindliche, rechtwinklig zueinander angeordnete Geißeln zum Schwimmen. Manche können ihre Beute mit Stacheln lähmen. Andere sind giftig, und ihre Massenvermehrung führt in vielen Teilen der Welt zu giftigen Algenblüten. Manche Arten sind biolumineszent und verursachen Meeresleuchten.

Die meisten Wimpertierchen leben von Bakterien. Ihre gleichmäßige Bewegung wird durch den Schlag vieler winziger, als Cilien bezeichneter Wimpern hervorgerufen, die den gesamten Einzeller bedecken können. Cilien strudeln auch Nahrung in eine als Mund dienende Furche. Manche Ciliaten leben sogar im Magen von pflanzenfressenden Säugetieren, wo sie dabei helfen, die Zellulose zu verdauen.

Dagegen sind alle Arten der Apicomplexa Parasiten. Diese Sporentierchen sind nach dem Polringkomplex an ihrem apikalen Ende benannt worden, einer Struktur, die ihnen das Eindringen in die Zellen lebender Tiere ermöglicht, von denen sie sich ernähren. Berüchtigt sind die Malariaparasiten, die in die roten Blutkörperchen eindringen und sie dabei zerstören.

DOMÄNE	EUKARYOTA
REICH	PROTOCTISTA
KLADE	ALVEOLATA
FAMILIEN	222
ARTEN	etwa 20 000

STREITFRAGE

PROTOZOEN

In früheren Systematiken wurden die Nahrung aufnehmenden Mikroben in Klassen des Tierstamms Protozoa eingeteilt. Manche, wie die Ciliaten und Dinoflagellaten, werden in der modernen Systematik beide der Klade Alveolata zugeordnet, obwohl die genaue Art ihrer Verwandtschaft strittig ist.

***VORTICELLA* SPEC.**
Dieser Organismus besitzt einen umgekehrt glockenförmigen Körper auf einem Stiel, der sich bei Reizung wie eine Sprungfeder zusammenzieht.
50–160 µm

2–3 mm

STENTOR MUELLERI
Diese sich von Algen ernährende, wie ein Horn geformte Art ist für einen einzelligen Organismus recht groß.

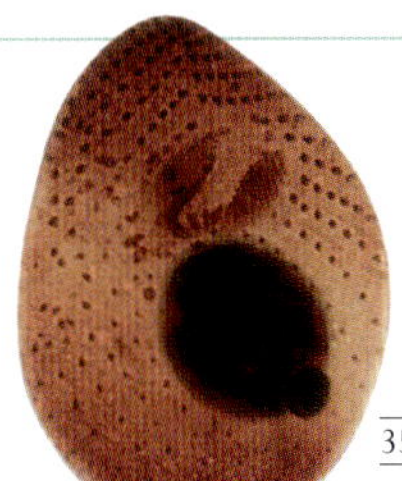

35–90 µm

COLPODA INFLATA
Diese in den meisten Fällen nierenförmige Art ist für die Bodenökologie wichtig, reagiert aber auf Pestizide empfindlich.

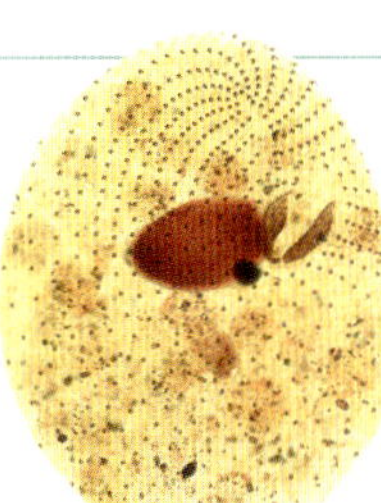

40–110 µm

COLPODA CUCULLUS
Die meist im Süßwasser zwischen verrottenden Pflanzen lebenden Ciliaten enthalten Vakuolen, die ihre Nahrung verdauen.

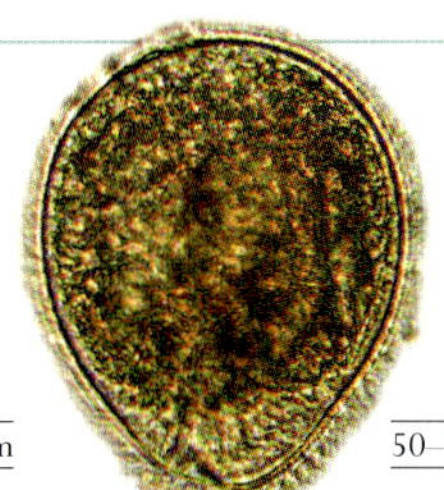

50–130 µm

BALANTIDIUM COLI
Dies ist der einzige Ciliat, der als Parasit des Menschen auftritt. Die Infektion kann Darmgeschwüre oder -infektionen hervorrufen.

6 µm

TOXOPLASMA GONDII
Dieser zwischen Katzen und anderen Säugetieren (auch Menschen) wechselnde Parasit ruft die Toxoplasmose hervor, die ungeborene Kinder schädigen kann.

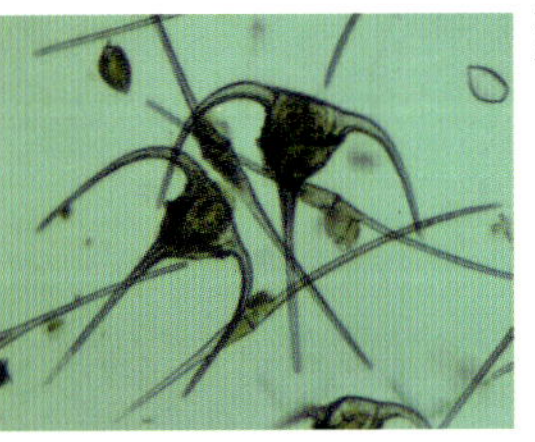

225 µm

CERATIUM TRIPOS
Diese Art gehört zu den Dinoflagellaten, die man am leichtesten erkennt. Sie kann giftige Algenblüten hervorrufen.

38–50 µm

GYMNODINIUM CATENATUM
Dieser Dinoflagellat bildet lange schwimmende Ketten, an denen bis zu 32 Exemplare beteiligt sind.

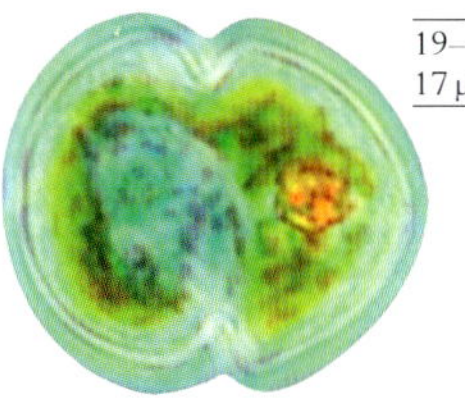

19–17 µm

KARLODINIUM VENEFICUM
Eine Massenvermehrung dieses Dinoflagellaten im Plankton kann zu einer für Fische tödlichen Algenblüte führen.

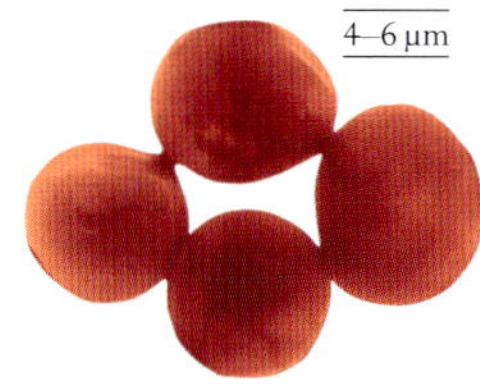

4–6 µm

CRYPTOSPORIDIUM PARVUM
Diese zu den Apicomplexa gehörende Art kann durch Aufnahme der Sporen über verunreinigtes Wasser Kryptosporidiose hervorrufen, eine Durchfallerkrankung.

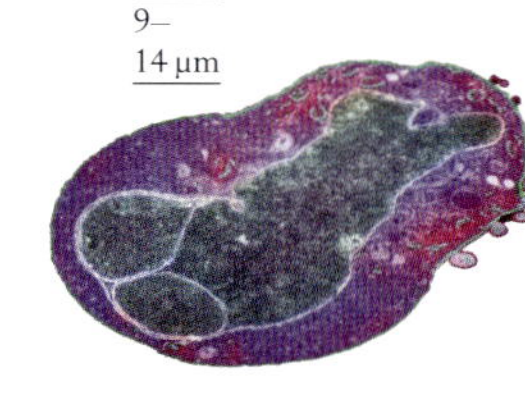

9–14 µm

PLASMODIUM FALCIPARUM
Diese gefährlichste der zu den Apicomplexa gehörenden, Malaria auslösenden *Plasmodium*-Arten ist für den Tod von über einer Million Menschen pro Jahr verantwortlich.

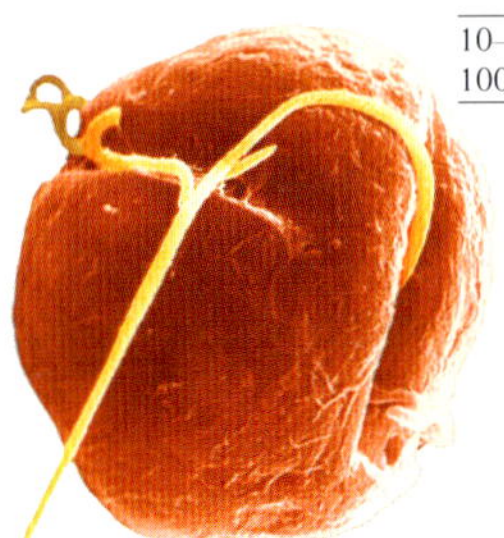

10–100 µm

***GYMNODINIUM* SPEC.**
Dieser in Süß- und Meerwasser lebende Dinoflagellat erzeugt ein Neurotoxin, das bei Algenblüten Muschelvergiftungen hervorruft.

20–40 µm

KARENIA BREVIS
Der früher als *Gymnodinium brevis* bezeichnete Dinoflagellat ist der wichtigste Verursacher der Algenblüten im Golf von Mexiko.

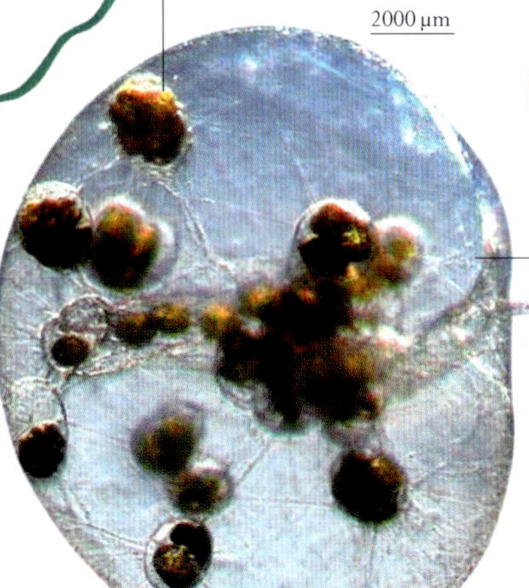

200–2000 µm

NOCTILUCA SCINTILLANS
Diese biolumineszente Art schwebt mithilfe einer Gasblase knapp unter der Wasseroberfläche und ist als Auslöser des Meeresleuchtens bekannt.

40–74 µm

AKASHIWO SANGUINEA
Diese große, für mehrere bekannte Fälle schädlicher Algenblüten verantwortliche Art kann sowohl Fotosynthese betreiben als auch andere Organismen erbeuten.

11–24 µm

AMPHIDINIUM CARTERAE
Diese im Plankton lebende Art löst über die Nahrungskette Ciguatera aus, eine für Menschen manchmal tödliche Fischvergiftung.

CHROMISTA

Zu dieser Gruppe gehören verschiedene Algen. Die fotosynthetisch aktiven Protoctisten wachsen im oder am Wasser, besitzen aber keine echten Blätter.

Die Arten der Chromista zeichnen sich dadurch aus, dass sie zwei verschiedene Geißeltypen besitzen. Eine ihrer Gruppen wird daher als Heterokonta bezeichnet (auch die vorgestellten Arten gehören zu ihr). Eine Geißel ist mit winzigen Härchen (Mastigonemata) bedeckt, die andere ist glatt und peitschenähnlich.

Zu den Chromista gehören die Braun- und Kieselalgen sowie die Ei- oder Algenpilze. Kieselalgen sind einzellige Algen mit Siliciumdioxidschalen, die wie eine Schachtel in zwei als Epi- und Hypotheca bezeichnete Hälften geteilt sind. Sie machen den größten Teil des Phytoplanktons aus. Nahe der Wasseroberfläche können sie die Sonnenenergie zur Nahrungsproduktion nutzen. Kieselalgen enthalten wie die Pflanzen grünes Chlorophyll, doch auch braunes Fucoxanthin, das das nutzbare Lichtspektrum erweitert und die Effektivität der Fotosynthese deutlich steigert.

Braunalgen besiedeln Küstenlebensräume auf der ganzen Welt. Sie enthalten ebenfalls Fucoxanthin und haben sich zu komplexen, an Pflanzen erinnernde Tange entwickelt. Statt echter Wurzeln und Blätter besitzen sie an Felsen haftende Rhizoide und Phylloide, denen die Gefäße eines Pflanzenblatts fehlen. Trotzdem können einige Braunalgen, vor allem die Kelp-Arten, außergewöhnliche Längen erreichen und an manchen Küsten ausgedehnte Unterwasserwälder bilden.

DOMÄNE	EUKARYOTA
REICH	PROTOCTISTA
KLADE	CHROMISTA
FAMILIEN	177
ARTEN	etwa 20 000

STREITFRAGE

ALGE ODER PILZ?

Algenpilze wachsen und ernähren sich wie Pilze, doch anders als echte Pilze haben sie Zellulosewände und ungleiche Geißeln. Die DNA-Analyse stellt sie in die Nähe von Kiesel- und Braunalgen, sodass sie von Algen abstammen könnten, die ihre Chloroplasten verloren haben und zu Parasiten geworden sind.

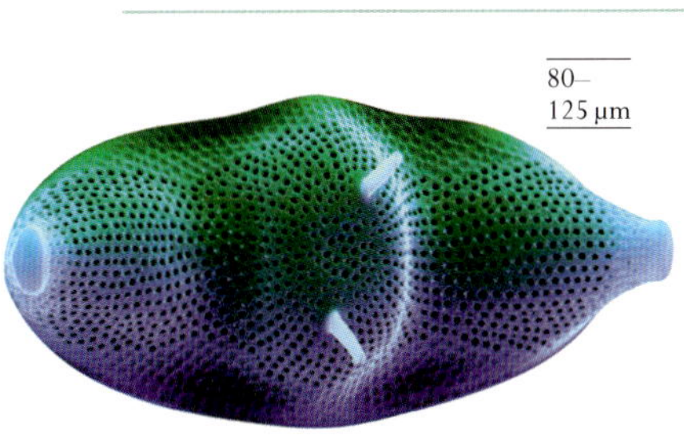

80–125 µm

***BIDDULPHIA* SPEC.**
In der Natur wächst diese Kieselalge als brauner Film auf Tangen und Steinen – im Aquarium auf Scheiben und Einrichtung.

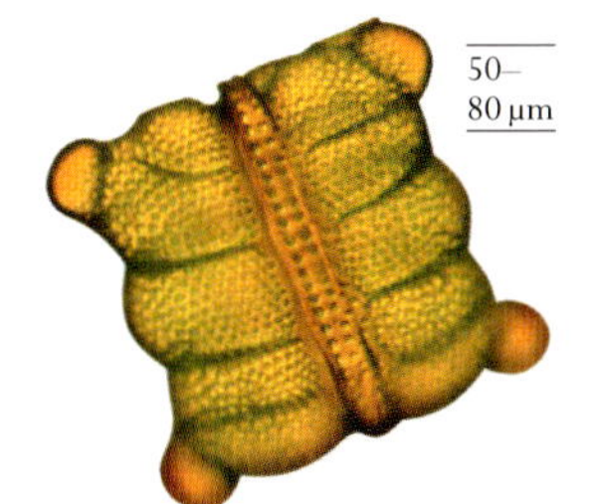

50–80 µm

BIDDULPHIA PULCHELLA
Hier sieht man deutlich die verschiedenen Teile einer Kieselalge: Die beiden Theken sind in der Mitte mit einem sogenannten Gürtelband verbunden.

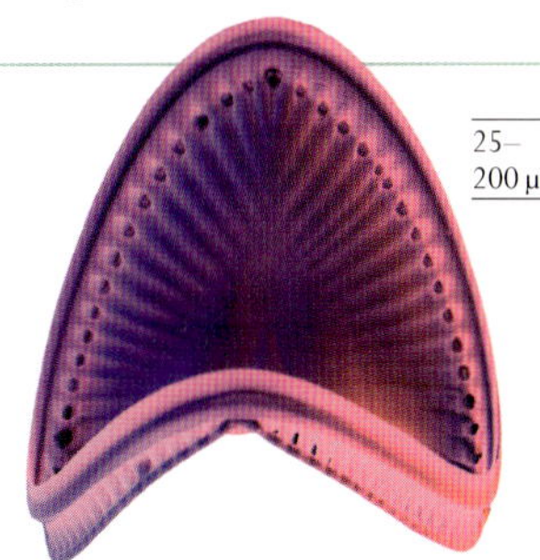

25–200 µm

***CAMPYLODISCUS* SPEC.**
Bei den Arten dieser Kieselalgen-Gattung zieht sich eine Furche an den Rändern der beiden Schalenhälften entlang.

0,3 mm

ISTHMIA NERVOSA
Diese Kieselalge wächst auf anderen Algen, besonders auf Tangen. Sie bildet große verzweigte Kolonien.

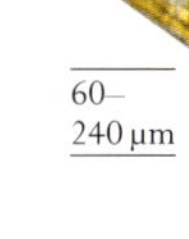

60–240 µm

***GYROSIGMA* SPEC.**
Der Name dieser Kieselalge bezieht sich auf die einer Sigmoidkurve ähnliche Zelle. Sie ist also leicht S-förmig.

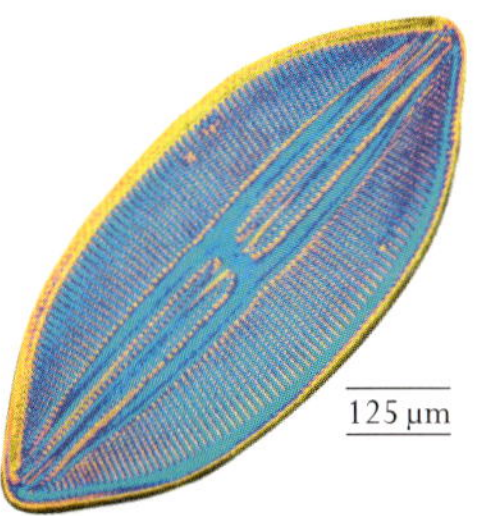

125 µm

LYRELLA LYRA
Die Art gibt aus der zentralen Spalte (Raphe) einen Schleim ab, der den Zellen hilft, über die Oberfläche ihres Wirts zu gleiten.

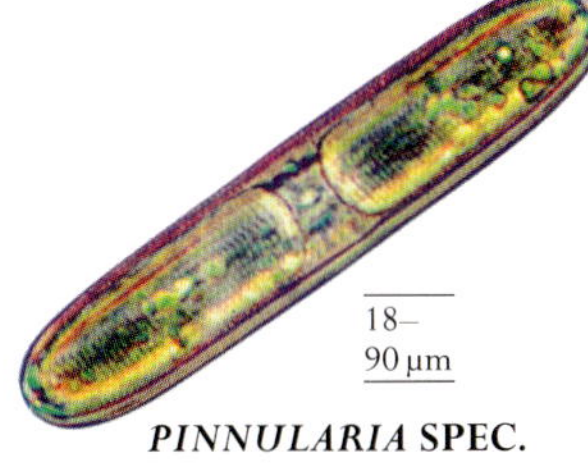

18–90 µm

***PINNULARIA* SPEC.**
Zwei Chloroplasten kann man in dieser pennaten (stabförmigen) Kieselalge erkennen, die man in Teichen und auf feuchtem Boden findet.

200–1000 µm

***ACTINOSPHAERIUM* SPEC.**
Diese Kieselalge ähnelt einem Seeigel. Sie bewegt sich mithilfe ihrer dünnen Pseudopodien, in die sie Teile ihres Zellinhalts verschiebt.

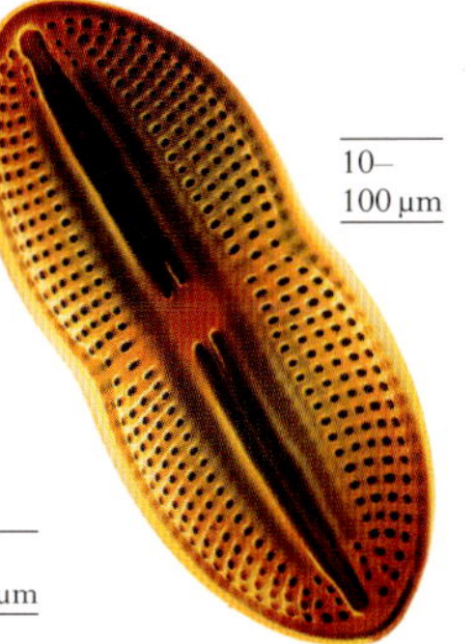

10–100 µm

***DIPLONEIS* SPEC.**
Die Schalenhälften dieser Art wirken wie zwei überbetonte Lippen und umgeben die in der Mitte befindliche schlitzförmige Raphe.

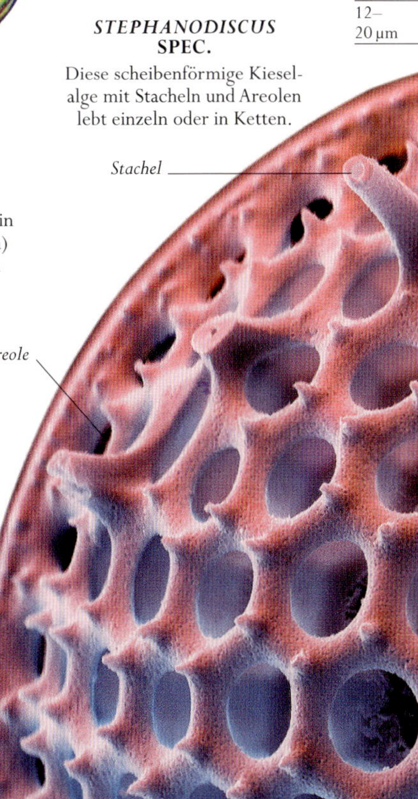

12–20 µm

***STEPHANODISCUS* SPEC.**
Diese scheibenförmige Kieselalge mit Stacheln und Areolen lebt einzeln oder in Ketten.

»

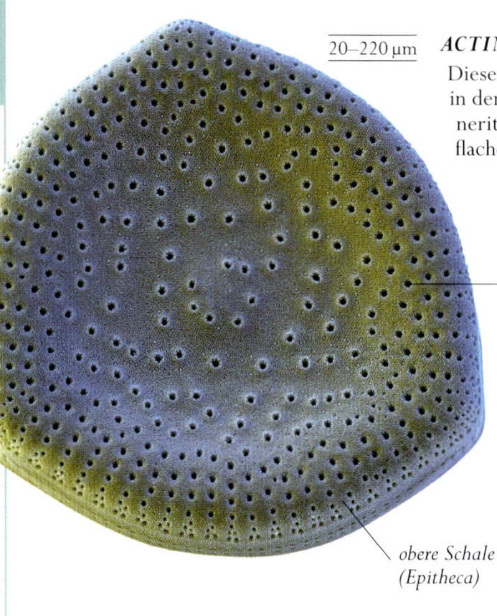

***ACTINOPTYCHUS* SPEC.**
Diese Kieselalge findet man in der sonnendurchfluteten neritischen Zone auf dem flachen Kontinentalschelf.

0,9 mm

***ARACHNOIDISCUS* SPEC.**
Kräftige Radialrippen und das Netzmuster der Ober- und Unterschale sind charakteristische Merkmale dieser scheibenförmigen Kieselalge, die recht groß werden kann.

schützende Zellwand

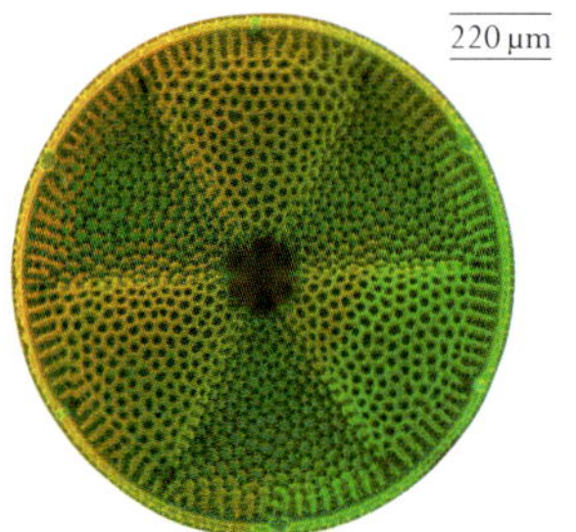

ACTINOPTYCHUS HELIOPELTA
Ein charakteristisches Muster aus Gruben und Aufwölbungen in der oberen und der unteren Schale ist für diese Kieselalge typisch.

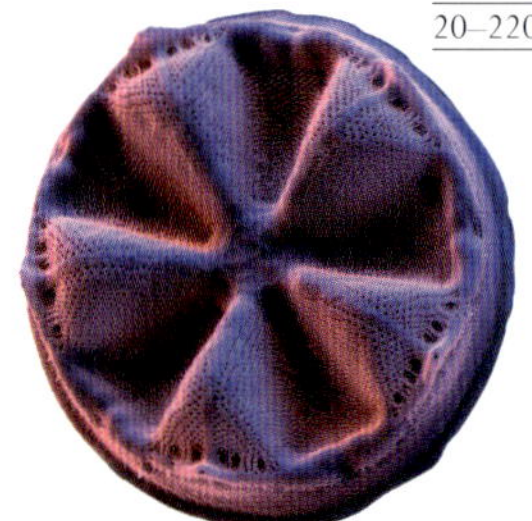

***ACTINOPTYCHUS* SPEC.**
Das fünfstrahlige Erscheinungsbild wird von erhöhten und vertieften Bereichen auf den Schalen dieser Art der Gattung *Actinoptychus* hervorgerufen.

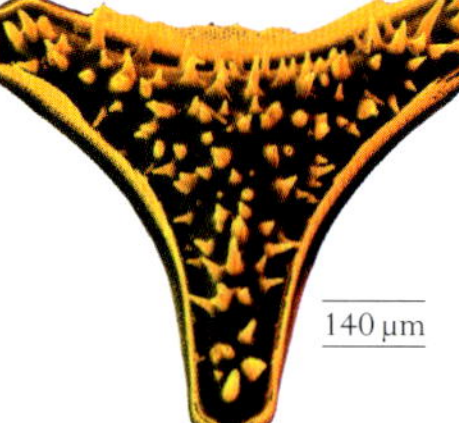

***TRICERATIUM* SPEC.**
Über 400 Arten dieser Gattung mariner Kieselalgen sind bekannt. Sie sind oft, aber nicht immer dreistrahlig geformt.

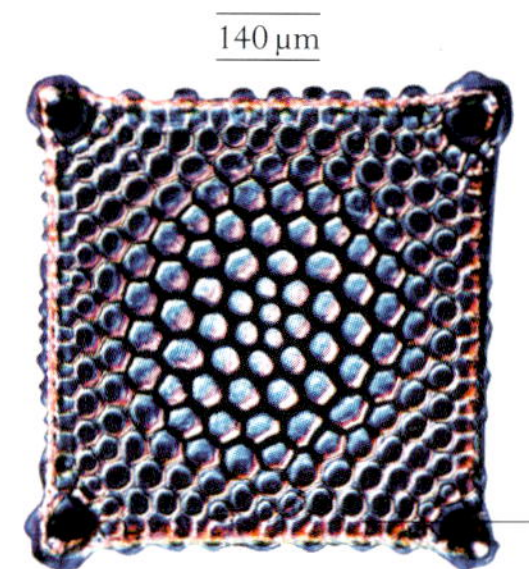

TRICERATIUM FAVUS
Die stark mineralisierten Zellwände hinterlassen eine Siliciumspur im Wasser. So lässt sich das Eindringen von Seewasser in Süßgewässer nachweisen.

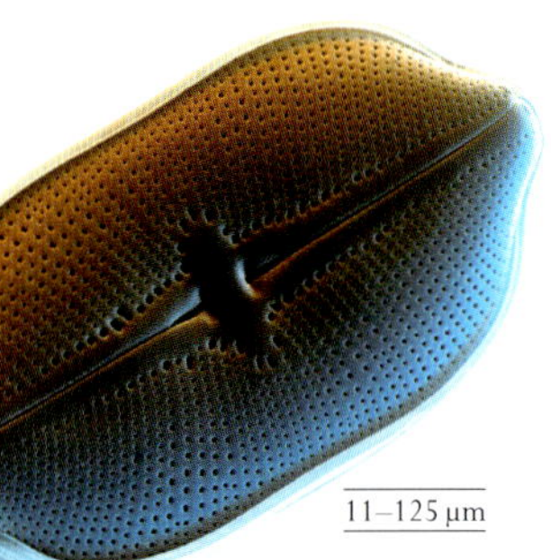

***NAVICULA* SPEC.**
In der größten Gattung der Kieselalgen sind Tausende von Arten beschrieben worden.

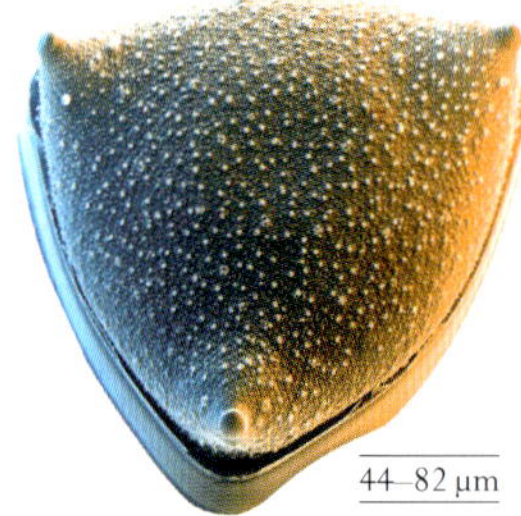

***STICTODISCUS* SPEC.**
Betrachtet man diese Kieselalge unter einem Rasterelektronenmikroskop, erkennt man die Poren auf der Schale und das sie umgebende Gürtelband.

Phylloide sind blattähnlich und dienen der Fotosynthese.

Blasen verleihen den Algen Auftrieb.

buschige Phylloide

2 m

RIEMENTANG
Himanthalia elongata
Während ihrer Reproduktionsphase bildet diese Braunalge der nördlichen Hemisphäre lange riemenartige Gebilde, die aus geteilten Phylloiden bestehen.

60 cm

SÄGETANG
Fucus serratus
Dieser robuste, buschig wachsende olivbraune Tang des unteren Küstenbereichs wächst überall an den nordatlantischen Küsten.

4 m

ZUCKERTANG
Saccharina latifolia
Diese Braunalge kommt an den Felsenküsten der nördlichen Meere in Tiefenbereichen von 8 bis 30 m vor.

PALMENTANG
Laminaria hyperborea
Diese Braunalge wird kommerziell zur Jodgewinnung genutzt. Sie wächst in Tiefen von 8 bis 30 m, vor allem auf der Nordhalbkugel.

JAPANISCHER BEERENTANG
Sargassum muticum
Die aus Japan stammende Art hat sich nun auch in Europa ausgebreitet. Sie kann bis zu 10 cm pro Tag wachsen.

30–100 cm

SCHOTENTANG
Halidrys siliquosa
Diese große, in europäischen Gezeitentümpeln häufige Braunalge wächst in typischer Zickzackform und trägt Blasen.

ARCHAEPLASTIDA

Rot- und Grünalgen sowie Glaucophyten gehören zur Klade Archaeplastida. Während die Diversität der Rotalgen im Meer am größten ist, sind Grünalgen im Süßwasser besser vertreten.

Obwohl manche Arten mikroskopisch klein sind, wachsen die bekanntesten Rotalgen zu mehrzelligen Gebilden heran. Sie haben die verschiedensten Formen entwickelt, von an Flechten erinnernden Krusten bis zu borstigen oder blättrigen Büscheln. Wie Pflanzen benutzen die meisten Algen grünes Chlorophyll, um mithilfe der Fotosynthese die Sonnenenergie zu nutzen. Doch die Rotalgen besitzen Pigmente, die ihnen das Gleiche in größerer Tiefe ermöglichen. Hier erlaubt eine Kombination von Farbstoffen das wenige blaue Licht zu nutzen, das diese Regionen erreicht. Rotalgen können also größere Tiefen besiedeln als Braun- und Grünalgen.

VOM SÜSSWASSER AN LAND

Grünalgen kann man im seichten Meer und im Süßwasser finden, wo sie den größten Teil des fotosynthetisch aktiven Planktons stellen. Auch an Land bilden manche Arten grüne Matten oder überziehen Baumstämme. Viele besitzen die gleichen Chlorophylle wie die Landpflanzen. Während die Gametophyten meistens Gameten mit zwei identischen Geißeln hervorbringen, erzeugt die Sporophytengeneration Sporen. Da einfache Pflanzen ebenfalls einen Generationswechsel aufweisen, kann man annehmen, dass die Höheren Pflanzen von den Grünalgen abstammen.

DOMÄNE	EUKARYOTA
REICH	PROTOCTISTA
KLADE	ARCHAEPLASTIDA
FAMILIEN	181
ARTEN	ohne Pflanzen etwa 10 000

STREITFRAGE

NAHE VERWANDTE?

Die Pflanzen haben die Eroberung des Lands stärker als die Algen vorangetrieben, doch die Armleuchteralgen könnten ihre Schwestergruppe sein. Sie verankern sich mit Rhizoiden, die den Wurzeln einfacher Pflanzen ähneln. Auch ihre Reproduktionsorgane ähneln denen der Pflanzen.

ROTALGEN

Es gibt etwa 6000 Rotalgen-Arten. Anders als die Braun- und Grünalgen besitzen sie keine begeißelten Gameten. Stattdessen findet die Vermehrung mithilfe einer Zellverschmelzung statt, die eher an die Pilze erinnert. Manche Rotalgen lagern Kalk ein und überziehen große Flächen. Trotz ihres Namens können Rotalgen auch oliv oder grau gefärbt sein.

50 cm

LAPPENTANG
Palmaria palmata
In den nordatlantischen Küstensiedlungen ist diese essbare Alge eine traditionelle Protein- und Vitaminquelle.

GLAUCOPHYTA

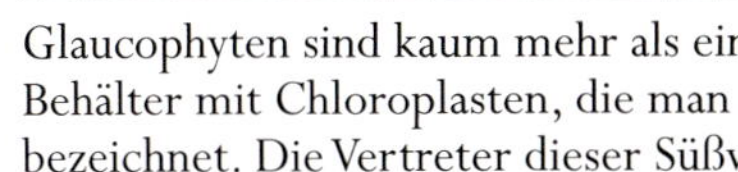

Glaucophyten sind kaum mehr als ein einfacher Behälter mit Chloroplasten, die man als Cyanellen bezeichnet. Die Vertreter dieser Süßwassergruppe sind zwar selten, aber weltweit verbreitet.

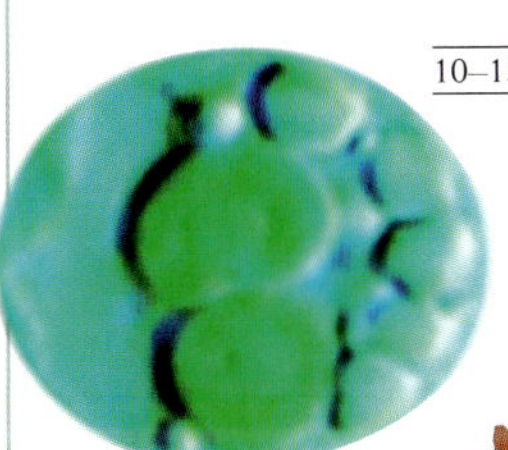

10–15 µm

CYANOPHORA PARADOXA
Wie die Cyanellen anderer Glaucophyten können auch jene dieser Art von Cyanobakterien abstammen, die von den Algen am Anfang ihrer Entwicklung aufgenommen wurden.

1–15 cm

KORALLENMOOS
Corallina officinalis
Diese Rotalge findet sich weltweit häufig in Gezeitentümpeln, wo sie verzweigte Büschel bildet.

30 cm

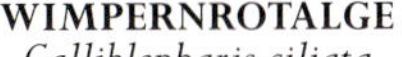

WIMPERNROTALGE
Calliblepharis ciliata
Diese Rotalge der Nordhalbkugel besitzt flache Phylloide, die am Rand stark verästelt sind.

40 cm

AGARDHIELLA SUBULATA
Die ursprünglich vom Westatlantik, der Karibik und dem Golf von Mexiko stammende fleischige Rotalge hat auch Teile Europas besiedelt.

8 cm

SCHMITZIA HISCOCKIANA
Die fleischige Rotalge hat flache Phylloide und fingerartige Fortsätze. Sie lebt in Bereichen, die durch den Einfluss der Gezeiten kaum bewachsen sind.

Phylloid

10–30 cm

GRACILARIA FOLIIFERA
Die bandförmigen rotbraunen Phylloide dieser Art verzweigen sich wenig. Die Alge wächst in großen Mengen in flachen Lagunen auf der ganzen Welt.

30 cm

GRACILARIA BURSA-PASTORIS
Diese lange Rotalge mit gegabelten oder wechselständigen Phylloiden findet man von Südengland bis in den Pazifik und in die Karibik.

17 cm

MASTOCARPUS STELLATUS
Diese Rotalge trägt auffällige Papillen, ihre Sporangien, auf den Phylloiden. Die Alge stammt aus dem Nordatlantik.

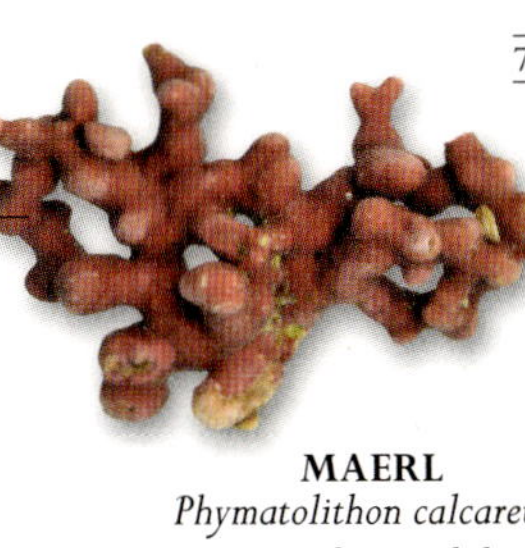

zerbrechliches Gewebe

7 cm

MAERL
Phymatolithon calcareum
Diese krustenbildende Kalkrotalge der Britischen Inseln wird kommerziell als calciumreicher Dünger verwendet.

»

PTEROCLADIELLA CAPILLACEA

Mit gefiederten, sich zur Spitze verjüngenden Zweigen erinnert diese weltweit in Gezeitentümpeln lebende Art an einen Nadelbaum.

***AHNFELTIA* SPEC.**

Die Rotalge der Nordhalbkugel bildet dichte Büschel. Aus ihr wird gelatineartiges Agar gewonnen, das als Bakterienkultursubstrat dient.

MELANAMANSIA FIMBRIFOLIA

Die in Nordamerika und Australien heimische Rotalge wächst auf sedimentbedeckten Riffen in Tiefen von bis zu 55 m.

SPOROLITHON PTYCHOIDES

Diese Rotalge bildet mithilfe des in ihren Zellwänden eingelagerten Kalks eine Kruste. Sie wird weltweit in felsigen Auswaschungen und Gezeitentümpeln gefunden.

CHONDRIA DASYPHYLLA

Diese weltweit vorkommende Art hat gefiederte Phylloide mit verdickten Enden, aus denen die Sporangien und die Fruchtkörper entspringen.

PTILOPHORA LELIAERTII

Die erst 2004 nach ihrer Entdeckung vor der südafrikanischen Küste beschriebene Rotalge besitzt gefiederte zusammengesetzte Phylloide.

CERAMIUM VIRGATUM

Diese kleine Rotalge wächst weltweit auf Steinen und anderen Algen. Aus einem winzigen Rhizoid entspringen fadenartige Phylloide mit gegabelten Spitzen.

GELIDIELLA ACEROSA

Diese indische Rotalge ist ein wichtiger Agarlieferant und hat ein schlankes zylindrisches Cauloid, das man als Stolon bezeichnet.

GELIDIUM PUSILLUM

Die weltweit vorkommende, rasenartig wachsende Rotalge besitzt flache blattähnliche Phylloide. Sie überzieht Muschelschalen und kleine Schnecken.

LENORMANDIOPSIS NOZAWAE

Auf beiden Seiten dieser in gemäßigten Gebieten lebenden breiten Rotalge befinden sich Sporangiengruppen, die winzige parasitäre Algen enthalten.

GELIDIELLA CALCICOLA

Diese Alge der Britischen Inseln wächst kriechend auf Steinen. Unregelmäßige Verzweigungen bilden Büschel. Sie wächst auch auf Algen, vor allem auf Maerl.

BLUTROTER MEERAMPFER
Delesseria sanguinea
Diese bekannte Rotalge wächst im »Unterholz« der europäischen Kelpwälder.

LAURENCIA OBTUSA
Diese tropische Art erzeugt halogenierte Terpenoide, die sie gegen Krabben und Seeigel einsetzt und die auch gegen Fäulnis wirken.

KNORPELTANG
Chondrus crispus
Diese auch als Carrageenalge bekannte Rotalge der Britischen Inseln ist eine wichtige Quelle für Carrageen, das als Geliermittel benutzt wird.

GABELTANG
Furcellaria lumbricalis
Diese Alge der nördlichen Hemisphäre besitzt zylindrische braunschwarze Phylloide, die sich in fleischige Finger verzweigen.

POLYSIPHONIA LANOSA
Diese Rotalge wächst in Büscheln auf anderen Algen der nördlichen Hemisphäre. Sie bildet Filamente, die aus langen röhrenartigen Zellen bestehen.

GRÜNALGEN

Zu den Grünalgen gehören die Zieralgen, die aus zwei symmetrisch geformten Halbzellen bestehen. Es gibt auch vielzellige Grünalgen wie den Meersalat und Süßwasseralgen wie die Armleuchteralgen, nahe Verwandte der Landpflanzen. Manche Arten können der Austrocknung widerstehen und an Land gedeihen.

***CLOSTERIUM* SPEC.**
Diese weltweit vorkommende Zieralge besitzt Halbzellen mit je einem Chloroplasten. Der Zellkern sitzt im Isthmus in der Mitte, wo die Halbzellen verbunden sind.

***PENIUM* SPEC.**
Diese nordamerikanische Zieralge ist symmetrisch in zwei Halbzellen mit stumpfen ovalen Enden und einem Gürtelband unterteilt.

***MICRASTERIAS* SPEC.**
Diese in gemäßigten Zonen wachsende Zieralge hat viele Arme, mit deren stachligen Fortsätzen die Halbzellen verzahnt sind.

MEERSALAT
Ulva lactuca
Diese weltweit auch als Nahrungsquelle dienende Alge hat breite, krause Phylloide und verankert sich mit einem Rhizoid an Felsen. Sie kann flutende Bestände bilden.

NITELLA TRANSLUCENS
Diese Alge gehört zu den Armleuchteralgen, den nächsten Verwandten der Landpflanzen. Sie gedeiht in der Nähe von Torfmooren.

GEWÖHNLICHE ARMLEUCHTERALGE
Chara vulgaris
Diese Armleuchteralge der Nordhalbkugel gibt einen unangenehmen Geruch ab.

SEETRAUBE
Caulerpa lentillifera
Diese Alge wird in Teichen kultiviert und ist auf den Philippinen ein beliebtes Nahrungsmittel. Sie kann roh gegessen werden, zum Beispiel in einem Salat.

PFLANZEN

» 108

LEBERMOOSE

Diese eher einfach gebauten Pflanzen sind klein mit gelapptem Körper oder Blättern. Sie bilden keine Blüten, die sich zu Früchten mit Samen entwickeln, sondern pflanzen sich mit Sporen fort.

Grüne Pflanzen nutzen die Energie des Sonnenlichts, um Nähr- und Aufbaustoffe herzustellen und spielen deshalb für das Leben auf der Erde eine entscheidende Rolle. Sie sind die Nahrung vieler Tiere und anderer Lebewesen und schaffen zudem oft deren Lebensräume. Manche Pflanzen sind klein und einfach gebaut, andere sehr groß. Die Vielfalt der Blütenpflanzen ist überwältigend.

» 110

LAUBMOOSE

Laubmoose sind an feuchten, kühlen Standorten verbreitet. Auch sie gehören nicht zu den Blütenpflanzen und haben kleine Stämmchen, an denen spiralförmig angeordnete Blätter entspringen.

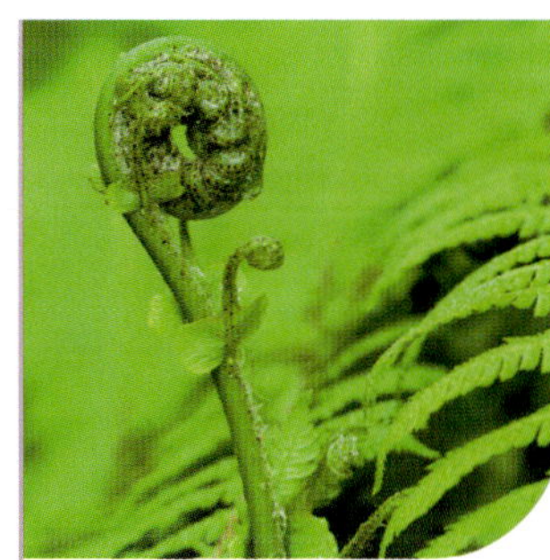

» 112

FARNE UND VERWANDTE

Farne sind die größten Pflanzen, die sich mit Sporen fortpflanzen. Viele werden nicht hoch, manche bilden einen nicht verholzten Stamm mit einer Krone aus Wedeln aus.

» 116

PALMFARNE, GINKGOS UND GNETOPHYTEN

Diese Pflanzen tragen keine Blüten, bilden aber Samen. Vor dem Erscheinen der Blütenpflanzen bestanden große Teile der Vegetation aus Palmfarnen.

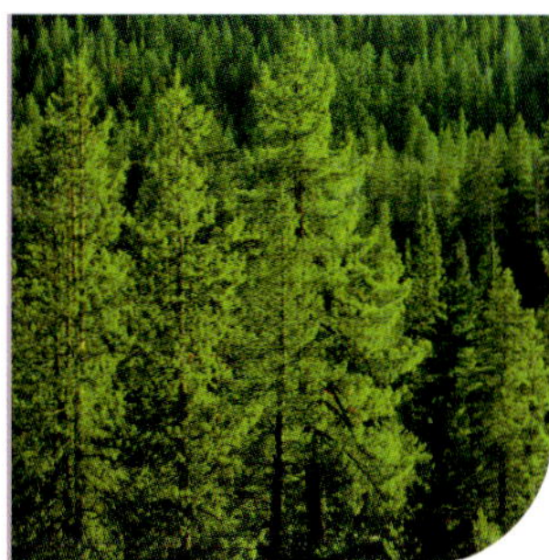

» 118

NADELGEHÖLZE

Obwohl der Gruppe viel weniger Arten angehören als den Blütenpflanzen, dominieren sie in einigen Regionen die Landschaft. Ihre Samen entwickeln sich typischerweise in verholzten Zapfen.

» 122

BLÜTENPFLANZEN

Die heute bei Weitem größte Pflanzengruppe bildet einen großen Teil der Vegetation der Erde. Blütenpflanzen bringen Blüten hervor, die sich zu Früchten mit Samen entwickeln.

LEBERMOOSE

Lebermoose (Marchantiophyta) wachsen vor allem an feuchten schattigen Standorten. Von allen Landpflanzen gelten sie als die am einfachsten gebaute Gruppe. Es gibt zwei charakteristische Wuchsformen: Pflanzen mit einem flachen, gelappten Thallus und laubmoosähnlichere Arten mit dünnen Stämmchen, an denen kleine Blätter sitzen.

ABTEILUNG	MARCHANTIOPHYTA
KLASSEN	3
ORDNUNGEN	13
FAMILIEN	86
ARTEN	8000

STREITFRAGE

SYSTEMATIK DER MOOSE

Zusammen mit den Laub- und Hornmoosen werden die Lebermoose traditionell zu einer Gruppe ursprünglicher Pflanzen zusammengefasst, den Bryophyten. Alle diese Pflanzen haben gemeinsame Merkmale. Die Lebermoose unterscheiden sich aber darin, dass sie die einzigen Landpflanzen sind, bei denen der Sporophyt (die Generation, die Sporen bildet) keine Spaltöffnungen aufweist. Jedes Rhizoid wird außerdem von einer einzigen Zelle gebildet. Deshalb gab man den Lebermoosen den Rang einer eigenen Abteilung: die Marchantiophyta.

Die thallosen Lebermoose haben einen flachen Pflanzenkörper (Thallus), der sich während des Wachstums wiederholt gabelig verzweigt. Die gelappte Form erinnerte die Pflanzenkundler des Mittelalters an eine Leber, daher der deutsche Name. Bei den foliosen Lebermoosen sitzen Blättchen an zarten Stämmchen, üblicherweise in zwei Reihen. An der Unterseite bilden meist kleinere Blätter eine dritte Reihe. Einige Arten wachsen in feuchtem Gras in lockeren Beständen, andere auf Felsen und Bäumen. Es gibt wesentlich mehr foliose als thallose Lebermoose, vor allem in den Tropen, wo viele Arten als Epiphyten die beschatteten Blätter der Regenwaldbäume bedecken.

Anders als bei vielen Blütenpflanzen ist bei Lebermoosen das Wachstum nicht begrenzt. Die meisten Arten werden nicht höher als 2 cm, breiten sich aber viele Jahre lang aus und bilden fragmentierte Teppiche mit einigen Metern Durchmesser. Bei der Fragmentation entstehen neue Pflanzen. Zudem bringen einige Arten in Brutbechern auf der Oberseite Brutkörper (Gemmae) hervor, die mit Regentropfen verbreitet werden und zu neuen Pflanzen heranwachsen.

DIE BILDUNG VON SPOREN

Lebermoose pflanzen sich mit Sporen fort: Diese winzigen Zellen wachsen zu neuen Pflanzen heran. Sie können sich nur bei feuchten Bedingungen bilden, denn die weiblichen Eizellen müssen von schwimmenden männlichen Spermatozoiden befruchtet werden. Bei einigen Arten bilden sich die Ei- und Spermazellen auf derselben Pflanze, bei vielen aber gibt es männliche und weibliche Pflanzen. Die Spermazellen gelangen oft mit Regentropfen zu den Eizellen. Viele Lebermoose produzieren die Sperma- und Eizellen in Gebilden, die wie kleine Schirmchen aussehen. Nach der Befruchtung entwickeln sich Sporen, die sich über die Luft verbreiten.

∨ **ZWEIHÄUSIGKEIT BEIM BRUNNENLEBERMOOS**
In diesen Schirmchen bilden sich die männlichen Geschlechtszellen. Die weiblichen Eizellen entstehen auf getrennten Pflanzen.

KEGELKOPFMOOS
Conocephalum conicum
F: Conocephalaceae
Dieses thallose Lebermoos wächst weltweit auf Felsen an Flussufern oder anderen nassen Standorten. Es hat eine glänzende Oberseite mit winzigen durchscheinenden Luftkammern.

Brutbecher

MONDBECHERMOOS
Lunularia cruciata
F: Lunulariaceae
Die thallose Art findet man häufig in Gärten und Gewächshäusern. Sie ist sattgrün und weist charakteristische Fortpflanzungsorgane auf: Brutbecher, die aussehen wie kleine Fingernagelspitzen.

Die weiblichen Fortpflanzungsorgane sehen aus wie Schirmchen.
gelappter Thallus
glänzende Oberseite

BRUNNENLEBERMOOS
Marchantia polymorpha
F: Marchantiaceae
Im Frühjahr und Sommer bringt dieses thallose Lebermoos auffällige Gebilde hervor, die wie Schirmchen aussehen. Es ist an feuchten Stellen, auch in Gärten, weit verbreitet.

FLUTENDES TEICHLEBERMOOS
Riccia fluitans
F: Ricciaceae
Diese variable Art kommt in zwei Formen vor: Eine wächst auf schlammigem Grund, die andere treibt in Teichen. Bei beiden verzweigen sich die bandförmigen Thallusäste vielfach.

GEMEINES BECKENMOOS
Pellia epiphylla
F: Pelliaceae
Dieses thallose Lebermoos, das auf feuchtem Torf und Felsen wächst, bildet oft Rasen. Die Sporenkapseln erscheinen auf schlanken weißen Stielen.

Die Blätter sind grün bis rötlich.
Dicht stehende Flankenblätter umschließen den Stängel.

MANTELMOOS
Nardia compressa
F: Jungermanniaceae
Dieses foliose Lebermoos wächst an Bergbächen. Die Art bildet Matten, bei denen die Stämmchen sich überlagern. Die runden Flankenblätter stehen in zwei Reihen.

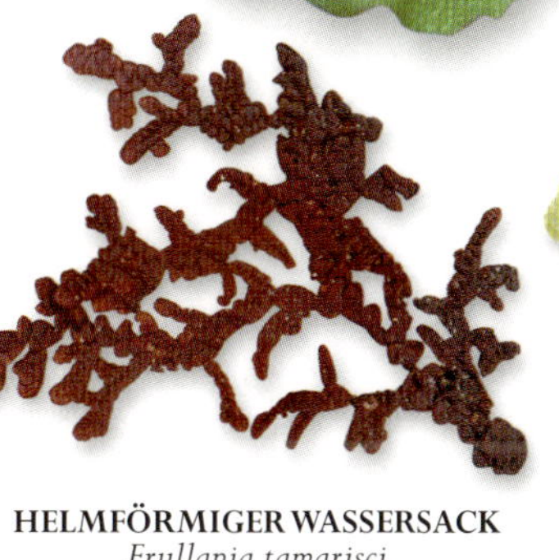

HELMFÖRMIGER WASSERSACK
Frullania tamarisci
F: Frullaniaceae
Dieses foliose Lebermoos, das rotbraun gefärbt ist, bildet Matten auf Baumstämmen und Felsen. In kappenförmigen Lappen der Flankenblätter sammelt sich Wasser.

DREILAPPIGES PEITSCHENMOOS
Bazzania trilobata
F: Lepidoziaceae
Dieses Rasen bildende Lebermoos findet man in feuchtem Waldland. Die Flankenblätter überlappen auf eine Weise, die an eine Raupe erinnert.

BREITBLÄTTRIGES KAHLFRUCHTMOOS
Porella platyphylla
F: Porellaceae
Dieses stark verzweigte foliose Lebermoos wächst an verschiedenen Standorten, im Wald und auf Mauern. Die Flankenblätter überlappen wie Dachziegel.

KRATZLEBERMOOS
Radula complanata
F: Radulaceae
Hellgrün bis braun gefärbt ist diese Art mit schuppenförmigen Blättchen. Sie wächst auf flachen hellen Oberflächen, etwa auf Felsen an der Küste oder an Baumstämmen.

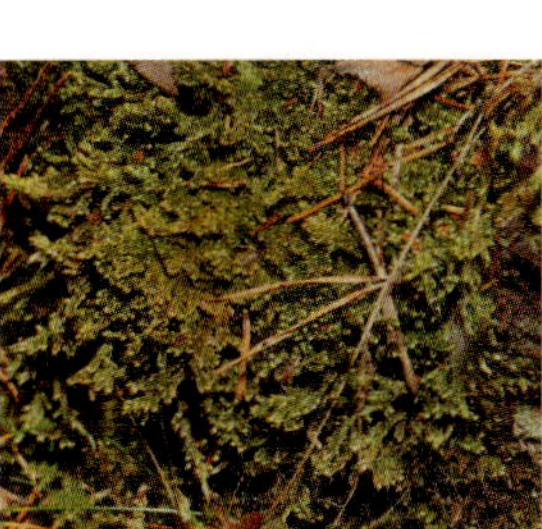

VERSCHIEDENBLÄTTRIGES KAMMKELCHMOOS
Lophocolea heterophylla
F: Geocalycaceae
Das foliose Lebermoos, das auf morschem Holz wächst, hat zwei Reihen durchsichtiger Flankenblätter mit abgerundeter oder eingebuchteter Spitze. Schwarze Sporenkapseln entwickeln sich auf weißen Stielen.

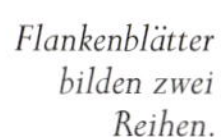

Flankenblätter bilden zwei Reihen.

GROSSES SCHIEFMUNDMOOS
Plagiochila asplenioides
F: Plagiochilaceae
Mit ihren durchscheinenden Blättchen bildet diese Art laubmoosähnliche Polster. Sie wächst an schattigen Felsen und auf dem Boden, vor allem auf kalkhaltigen Substraten.

LAUBMOOSE

Laubmoose (Bryophyta) sind blütenlose Pflanzen, die meistens Rasen oder Polster bilden. Sie sind klein, aber bemerkenswert widerstandsfähig. Laubmoose gedeihen in vielfältigen Lebensräumen, von Wäldern bis hin zu Wüstenregionen. Man findet sie auf jedem Kontinent, sogar in der Antarktis.

ABTEILUNG	BRYOPHYTA
KLASSEN	8
ORDNUNGEN	26
FAMILIEN	118
ARTEN	12000

In nordischen Regionen bilden Torfmoose ausgedehnte Moore – hier stellenweise mit Rentierflechten bewachsen.

Laubmoose haben dünne Blätter, die meist spiralförmig um die schlanken Stämmchen angeordnet sind. Sie pflanzen sich mit Sporen fort. Wie Lebermoose brauchen sie feuchte Bedingungen. An Standorten, an denen es immer feucht ist, können sie sehr häufig sein. Andere Arten überdauern Trockenzeiten. Sie sehen grau und abgestorben aus, ergrünen aber innerhalb kurzer Zeit wieder, wenn es regnet.

Laubmoose haben wie alle Pflanzen einen Lebenszyklus mit zwei Generationen. Die dominante Generation ist der Gametophyt, der männliche und weibliche Geschlechtszellen bildet. Nachdem eine weibliche Eizelle befruchtet wurde, entwickelt sich der Sporophyt. Er wächst auf dem Gametophyten und bildet Sporen. Bei den meisten Sporophyten der Laubmoose entwickelt sich eine Kapsel am Ende eines langen Stiels – dieser Prozess kann jedoch mehrere Monate dauern. Wenn sie dann endlich reif ist, öffnet sie sich und entlässt bis zu 50 Millionen Sporen in die Luft. Weil Laubmoossporen klein und leicht sind, werden sie selbst bei schwachem Luftzug über weite Strecken verdriftet. Laubmoose breiten sich deshalb gut aus und besiedeln ganz unterschiedliche Mikrohabitate, von Ritzen in der Baumrinde hin zu feuchten Mauern und Dächern.

TORFMOOSE

Die Torfmoose können Hochmoore bilden. Der Gametophyt ist ein Stämmchen mit seitlichen Ästen und Endknospe, es gibt keine wurzelähnlichen Gebilde. In den Blättern können tote Zellen, sogenannte Hyalocyten, große Wassermengen speichern, bis zum 30-Fachen der Trockenmasse. Diese wächst an der Spitze weiter und stirbt an der Basis ab. Aus dem Gewebe, das sich unter Sauerstoff-Abschluss unvollständig zersetzt, bilden sich allmählich Torfschichten.

∨ **DICHT MIT MOOSEN BEWACHSEN**
Das kühle, feuchte Klima im neuseeländischen Fjordland-Nationalpark bietet ideale Bedingungen für viele verschiedene Moose.

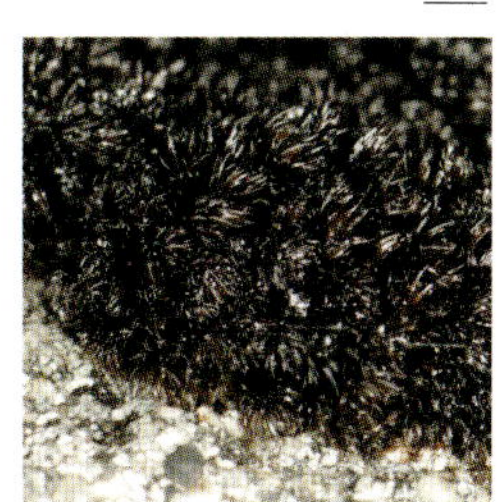

FELSENKLAFFMOOS
Andreaea rupestris
F: Andreaeaceae

Dieses dunkle Moos ist in Gebirgen an nackten Felsen weit verbreitet. Anders als bei den meisten Arten werden die Sporen durch vier Längsrisse der Kapseln entlassen.

HORNZAHNMOOS
Ceratodon purpureus
F: Ditrichaceae

Weltweit verbreitet ist dieses Laubmoos, vor allem in der Nähe menschlicher Siedlungen. Auch auf Dächern und Mauern ist es häufig. Im Frühjahr erscheinen viele Sporenkapseln.

ERD-SPALTZAHNMOOS
Fissidens taxifolius
F: Fissidentaceae

Dieses verbreitete Moos hat kurze Stämmchen, an denen die spitzen Blättchen in zwei Reihen sitzen. Es wächst auf beschattetem Erdboden und an Felsen.

SAMT-KURZBÜCHSENMOOS
Brachythecium velutinum
F: Brachytheciaceae

Mit seinen verzweigten Stämmchen bildet dieses häufige Laubmoos Rasen auf totem Holz und in feuchtem Gras. Es ist weltweit verbreitet.

Sporenkapsel mit kegelförmigem Deckel

WEISSMOOS
Leucobryum glaucum
F: Dicranaceae

In Wäldern bildet diese Art große, hübsche, runde Polster. Sie ist charakteristisch graugrün und bei Trockenheit fast weiß gefärbt.

BERG-GABELZAHNMOOS
Dicranum montanum
F: Dicranaceae

Dieses Moos bildet kompakte Polster. Die Art hat schmale Blättchen, die sich bei Trockenheit zusammenrollen und oft abbrechen und zu neuen Pflanzen heranwachsen.

THUJAMOOS
Thuidium tamariscinum
F: Thuidiaceae

Mit seinen dreifach gefiederten Stämmchen ähnelt dieses Moos den Zweigen einer Thuja. Es wächst in Wäldern in Europa und Asien auf morschem Holz und Felsen.

POLSTER-KISSENMOOS
Grimmia pulvinata
F: Grimmiaceae

Diese verbreitete Art wächst an Felsen, auf Dächern und Mauern. Die Blättchen enden in langen silbrigen Haaren.

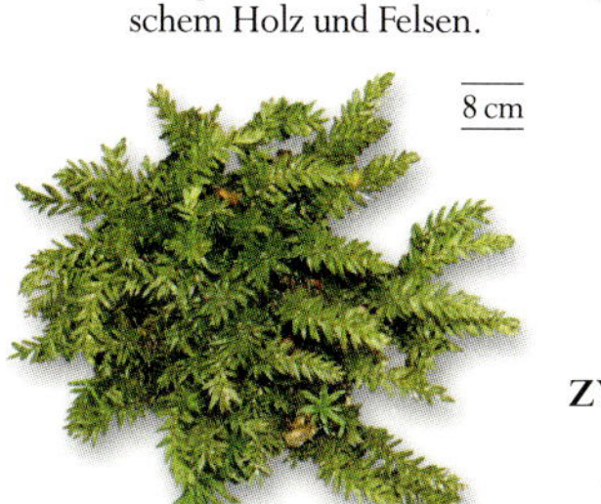

SCHWANENHALS-STERNMOOS
Mnium hornum
F: Mniaceae

Das im Frühjahr leuchtend grüne Moos ist in Wäldern in Europa und Nordamerika häufig. Die Sporenkapsel sitzt an einem gebogenen Stiel, der an einen Schwanenhals erinnert.

ZYPRESSENFÖRMIGES SCHLAFMOOS
Hypnum cupressiforme
F: Hypnaceae

Die Art ist sehr variabel und bildet Rasen. Die dicht stehenden Blättchen überlappen. Sie ist weltweit verbreitet und wächst an Felsen, Mauern und unter Bäumen.

FEDERMOOS
Ptilium crista-castrensis
F: Hypnaceae

Vor allem in nordischen Wäldern kommt das Federmoos vor. Seine Stämmchen sind federförmig und symmetrisch verzweigt. Es bildet oft ausgedehnte Rasen unter Fichten und Kiefern.

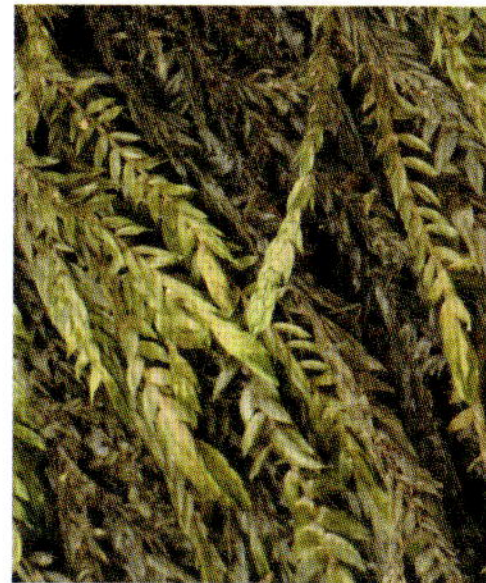

BRUNNENMOOS
Fontinalis antipyretica
F: Fontinalaceae

Das Brunnenmoos wächst in Süßgewässern. Man findet es an Felsen in langsam fließenden Flüssen und Bächen. Es hat drei Reihen gekielter dunkelgrüner Blätter.

Die reifen Sporenkapseln stehen aufrecht.

GERADEZAHNMOOS
Orthodontium lineare
F: Orthodontiaceae

Dieses Laubmoos der Südhalbkugel wurde im frühen 20. Jahrhundert in Europa eingeschleppt und breitet sich aus.

SUMPF-TORFMOOS
Sphagnum palustre
F: Sphagnaceae

Wie seine Verwandten wächst dieses Torf bildende Moos auf nassem Untergrund und kann große Mengen Wasser speichern. Jedes Stämmchen endet in einer abgeflachten Rosette aus kleinen Ästen.

GROSSES HAARMÜTZENMOOS
Polytrichum commune
F: Polytrichaceae

Dieses große Moos bildet Bulten und kommt in Moorgebieten auf der Nordhalbkugel häufig vor. Die Stämmchen sind steif und unverzweigt, die Blättchen schmal und spitz.

BRANDSTELLEN-DREHMOOS
Funaria hygrometrica
F: Funariaceae

Diese Art gehört zu den am weitesten verbreiteten Laubmoosen. Sie wächst v. a. an Ruderalstellen. Die reifen Sporenkapseln haben orangefarbene Stiele.

FARNE UND VERWANDTE

Die meisten Farne kann man an ihren eleganten Wedeln erkennen, die sich wie ein Bischofsstab entrollen. Mit den Schachtelhalmen und Urfarnen bilden sie eine alte und vielfältige Gruppe blütenloser Pflanzen, die sich mit Sporen fortpflanzen. Farngewächse (Pteridophyta) wachsen in vielen Lebensräumen, die meisten bevorzugen aber Schatten und Feuchtigkeit.

ABTEILUNG	PTERIDOPHYTA
KLASSEN	4
ORDNUNGEN	11
FAMILIEN	37
ARTEN	12 000

STREITFRAGE

LEBENDE FOSSILIEN

Die Schachtelhalme haben sich seit über 300 Millionen Jahren kaum verändert. Die meisten heute vorkommenden Arten sind aber viel kleiner als die riesigen Formen früherer Abschnitte der Erdgeschichte. Mitglieder einer der größten Gattungen, der Kalamiten, wurden bis 20 m hoch und hatten massive Stämme mit über 60 cm Durchmesser. Die Verwandtschaftsverhältnisse sind umstritten. Manche Botaniker stellen sie in eine eigene Abteilung, aber es gibt immer mehr Hinweise darauf, dass sie eng mit den Farnen verwandt sind.

Manche Farne sind so klein, dass man sie leicht übersieht, aber zur Gruppe gehören auch große baumähnliche Arten, die über 15 m hoch werden können. Viele von ihnen sind kompakt mit einem einzigen Büschel aus Wedeln, andere haben kriechende Rhizome, aus denen in Abständen Wedel austreiben. Der Adlerfarn, eine weit verbreitete Art, ist besonders wüchsig. Er kann im Lauf vieler Jahre Klone hervorbringen, die ein Gebiet mit 800 m Durchmesser besiedeln. Manche Farne kommen im Süßwasser vor und viele Arten sind Epiphyten, die auf anderen Pflanzen wachsen.

Die Wedel der Farne sind oft fein geteilt und entwickeln sich meistens aus dicht eingerollten Knospen. Farne bilden an der Unterseite ihrer Wedel Sporen. Manche Arten bringen unterschiedliche Wedel hervor: fertile, die Sporen bilden, und sterile, die auf die Fotosynthese spezialisiert sind. Keimt eine Farnspore, wächst ein Gametophyt heran, eine der beiden Generationen im Lebenszyklus einer Farnpflanze. Auf dem flachen unscheinbaren sogenannten Prothallium entwickelt sich schließlich ein neuer Sporophyt, der wieder Sporen bildet.

VERWANDTE DER FARNE

Zu dieser Gruppe gehören neben den echten Farnen nah verwandte Pflanzen. Die charakteristischsten sind die Schachtelhalme, aufrechte Pflanzen mit hohlen, zylindrischen Stängeln. An diesen entspringen in regelmäßigen Abständen schlanke Äste in Quirlen. Siliciumdioxid verleiht den Schachtelhalmen eine raue Oberfläche. Früher reinigte man damit Töpfe und Pfannen.

Gabelblattgewächse, Mondrauten und Natternzungen sind kleine, faszinierende Pflanzen mit verzweigten Stängeln oder einem einzigen in Abschnitte geteilten Wedel. Wie echte Farne und Schachtelhalme verbreiten sie sich mit Sporen.

∨ EIN FARNWEDEL ENTROLLT SICH
Die zarten Spitzen junger Farnwedel sind eingerollt. Sie entfalten sich, wenn die Wedel dem Licht entgegenwachsen.

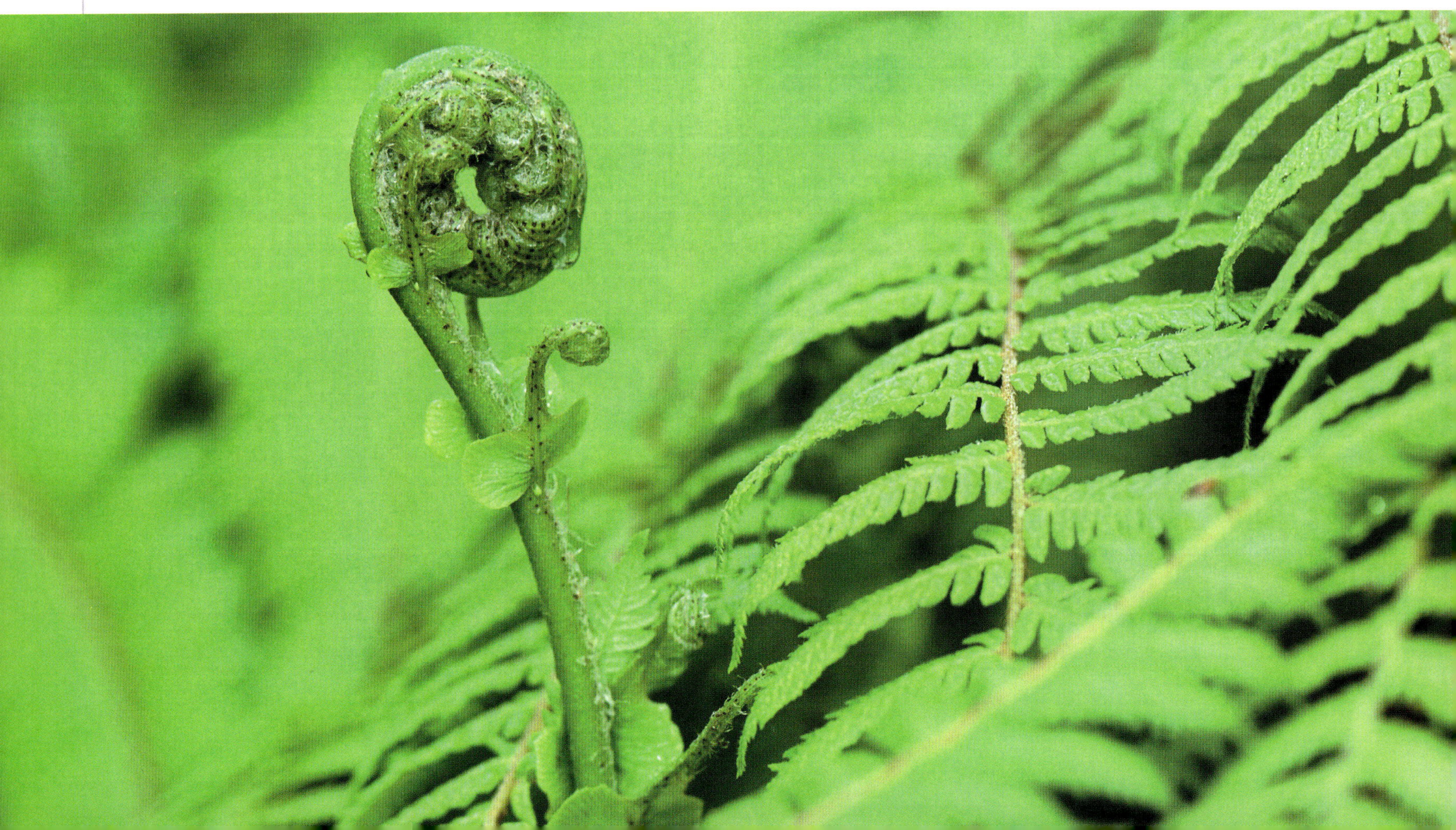

SCHACHTELHALME

80 cm

ACKER-SCHACHTELHALM
Equisetum arvense
F: Equisetaceae
Dieser Schachtelhalm kann ein hartnäckiges Unkraut sein. An schwarzen unterirdischen Rhizomen treiben hohle Sprosse aus, an denen die verzweigten Äste in Wirteln entspringen.

URFARNE, MONDRAUTEN, NATTERNZUNGEN U.A.

60 cm

PSILOTUM NUDUM
F: Psilotaceae
Dieser ursprüngliche Verwandte der Farne ist vor allem in den Tropen verbreitet. Die blattlosen Sprosse tragen runde Sporenkapseln.

20 cm

GEWÖHNLICHE NATTERNZUNGE
Ophioglossum vulgatum
F: Ophioglossaceae
Der Farn der Nordhalbkugel in Grasland hat ein einziges eiförmiges, den Blattteil umfassendes Blatt, an dem sich Sporangien entwickeln.

20 cm

ECHTE MONDRAUTE
Botrychium lunaria
F: Ophioglossaceae
Die Mondraute, die in den gemäßigten Breiten weltweit vorkommt, bringt ein einziges Blatt hervor. Die Sporangien bilden sich am oberen fruchtbaren Blattabschnitt.

Der untere Teil des einzigen Blatts ist steril.

ECHTE FARNE

10 cm

binsenartige Blätter

Rhizom

PILLENFARN
Pilularia globulifera
F: Marsileaceae
Dieser Farn bildet in mitteleuropäischen Sümpfen binsenartige Bestände. Die Sporen entwickeln sich an der Basis in pillenförmigen Sporenbehälter.

15 cm

VIERBLÄTTRIGER KLEEFARN
Marsilea quadrifolia
F: Marsileaceae
Mit den vierteiligen Blättern sieht dieser im Wasser lebende Farn wie eine Blütenpflanze aus. Er ist auf der Nordhalbkugel weit verbreitet.

1,5 cm

GROSSER ALGENFARN
Azolla filiculoides
F: Azollaceae
Dieser Farn mit seinen schuppenförmigen Blättern bildet auf dem Wasser Decken. Er breitet sich auf Teichen und Seen rasch aus und ist in warmen Regionen verbreitet.

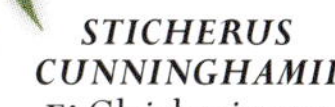
1 m

STICHERUS CUNNINGHAMII
F: Gleicheniaceae
Die neuseeländische Art hat einen bleistiftdünnen Stamm, der eine Krone schmaler, ausladender Wedel trägt. Sie verbreitet sich mit Rhizomen.

1,5 m

KÖNIGSFARN
Osmunda regalis
F: Osmundaceae
Der stattliche Farn der Nordhalbkugel wird häufig kultiviert. Er hat eine Rosette ausladender Wedel. Die Fiedern des oberen Blattabschnitts tragen die Sporangien.

2 cm

SCHWIMMFARN
Salvinia natans
F: Salviniaceae
Im Wasser bildet der Schwimmfarn Decken. Die Schwimmblätter sind mit wasserabweisenden Papillen bedeckt. Die Art ist in den Tropen häufig.

10 m

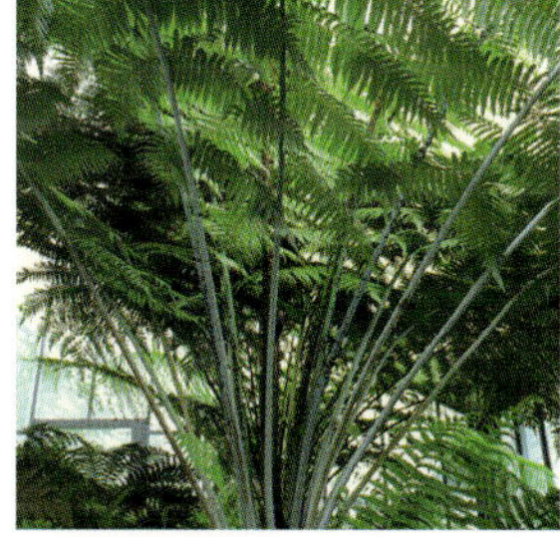

CYATHEA DEALBATA
F: Cyatheaceae
Die Wedel dieses neuseeländischen Baumfarns sind unterseits silbrig. Er wächst in offenen Wäldern und Gebüschen.

6 m

Die Wedel sind in mildem Klima immergrün.

AUSTRALISCHER TASCHENFARN
Dicksonia antarctica
F: Dicksoniaceae
Dieser Baumfarn mit seinem kräftigen Stamm ist in Tasmanien und im Südosten Australiens weit verbreitet. Er wächst im Schatten zwischen Bäumen.

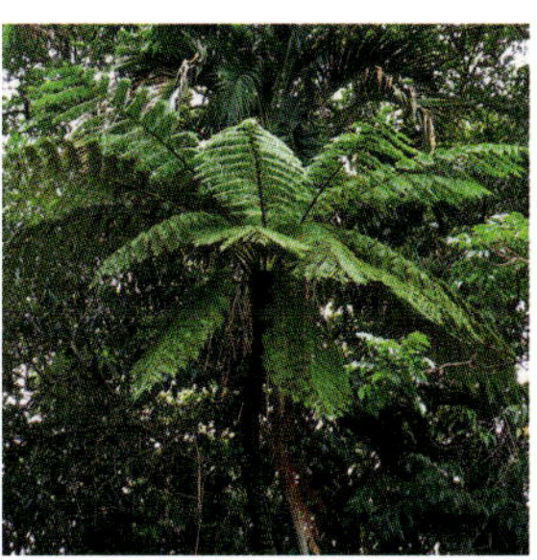

18 m

SCHWARZER BECHERFARN
Cyathea medullaris
F: Cyatheaceae
Einen rußschwarzen Stamm und leuchtend grüne Wedel hat dieser hohe, schlanke neuseeländische Baumfarn.

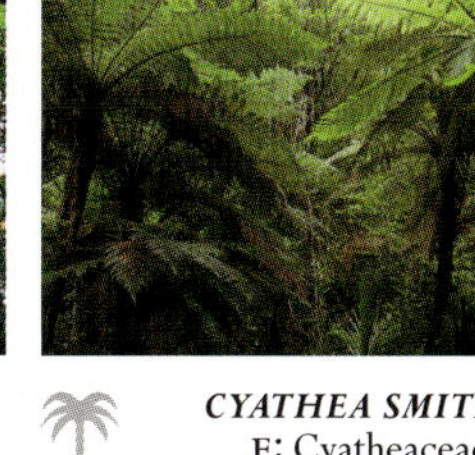
8 m

CYATHEA SMITHII
F: Cyatheaceae
Dies ist der Baumfarn mit der südlichsten Verbreitung. Er ist in Neuseeland und auf subantarktischen Inseln heimisch. Unter der Krone hängt oft eine Manschette aus toten Wedeln herab.

»

PTERIS ARGYRAEA
F: Pteridaceae
Charakteristische Wedel mit einem silbrig-weißen zentralen Streifen hat dieser schattenliebende Farn. Die pantropische Art bildet ausgedehnte Bestände.

PTERIS QUADRIAURITA
F: Pteridaceae
Die Art aus Malaysia besitzt eine ungewöhnliche Färbung: Die jungen Wedel sind violett und werden später metallisch grün.

GRÜNER KLIPPENFARN
Pellaea viridis
F: Pteridaceae
Dieser südafrikanische Farn erträgt Trockenheit. Die grünen Wedel haben drahtige schwarze Stiele. Er wächst in offenen Wäldern im Gebirge.

GEWÖHNLICHER FRAUENHAARFARN
Adiantum capillus-veneris
F: Adiantaceae
Die verbreitete Art gedeiht in Ritzen auf Kalksteinfelsen. Sie hat hellgrüne, durchscheinende Fiedern, die im Kontrast zu den schlanken schwarzen Stielen stehen.

CHEILANTHES ARGENTEA
F: Adiantaceae
Aus Ostasien stammt der kleine immergrüne Farn. Er hat dreieckige Wedel mit schwarzen Adern und einer charakteristischen silbrigen Zeichnung auf der Unterseite.

LEITERN-SAUMFARN
Pteris vittata
F: Pteridaceae
Diese in warmen Regionen verbreitete Art hat aufrechte oder überhängende Wedel mit schmalen Fiedern. Meist wächst sie auf alkalischen Böden.

GEWÖHNLICHER BUCHENFARN
Phegopteris connectilis
F: Thelypteridaceae
Diesen Farn, der nördlich bis Grönland verbreitet ist, findet man an verschiedenen Standorten, von Wäldern bis in die felsige Tundra.

GEWÖHNLICHER BERGFARN
Oreopteris limbosperma
F: Thelypteridaceae
Zerreibt man die Wedel dieses in Europa verbreiteten Farns, riechen sie nach Zitrone. Er bildet an feuchten Standorten auf sauren Böden Bestände.

ADLERFARN
Pteridium aquilinum
F: Dennstaedtiaceae
Der Adlerfarn, der auf jedem Kontinent außer in der Antarktis vorkommt, verbreitet sich mit unterirdischen Rhizomen. Oft stirbt er im Winter ab. Im Frühjahr treiben neue Wedel aus.

DAVALLIA TRICHOMANOIDES
F: Davalliaceae
Dieser epiphytische Farn aus Malaysia wächst auf Bäumen und anderen Pflanzen. Die Rhizome sind pelzähnlich beschuppt und die Spitzen ähneln den Pfoten eines Hasen.

EUROPÄISCHER KETTENFARN
Woodwardia radicans
F: Blechnaceae
Diese europäische Art gedeiht an schattigen Standorten. Sie hat große überhängende Wedel, an deren Spitze sich manchmal Brutknospen bilden.

GEWÖHNLICHER RIPPENFARN
Blechnum spicant
F: Blechnaceae
Dieser immergrüne Farn hat überhängende sterile Wedel und aufrechte fertile Wedel, deren Fiedern wie Rippen aussehen. Er kommt auf der Nordhalbkugel in den gemäßigten Breiten vor.

ONOCLEA SENSIBILIS
F: Woodsiaceae
Dieser in Nordamerika und Ostasien heimische Farn wächst in Feuchtgebieten. Die sterilen Wedel sterben nach den ersten Frösten ab.

EICHENFARN
Gymnocarpium dryopteris
F: Woodsiaceae
Die zarten hellgrünen Wedel dieser nordischen Art erscheinen einzeln. Sie wächst auf schattigen Geröllhalden und in Wäldern.

GEWÖHNLICHER WURMFARN
Dryopteris filix-mas
F: Dryopteridaceae
Dies ist einer der häufigsten europäischen Farne. Die Rosette aus Wedeln erinnert an den Bürzel eines Hahns.

BORSTIGER SCHILDFARN
Polystichum setiferum
F: Dryopteridaceae
Der Borstige Schildfarn, der in europäischen Laubwäldern heimisch ist, hat fedrige Wedel. Er gedeiht auf kalkarmen, frischen Böden.

ZERBRECHLICHER BLASENFARN
Cystopteris fragilis
F: Woodsiaceae
Die Art ist nach den rundlichen Sori (Sporangiengruppen) an der Unterseite der Wedel benannt. Sie kommt weltweit in den gemäßigten Breiten vor.

EUROPÄISCHER STRAUSSFARN
Matteuccia struthiopteris
F: Woodsiaceae
Diese hohe Art der Nordhalbkugel findet man an Gewässern. Die sterilen Wedel bilden einen Trichter. Die kürzeren fertilen Blätter im Inneren des Trichters bleiben im Winter grün.

HIRSCHZUNGENFARN
Asplenium scolopendrium
F: Aspleniaceae
Dieser Farn mit seinen glänzenden ungeteilten Blattspreiten wird oft kultiviert. Sein natürliches Verbreitungsgebiet erstreckt sich über Europa, Westasien und Nordamerika.

MAUERRAUTE
Asplenium ruta-muraria
F: Aspleniaceae
Die Mauerraute ist auf der Nordhalbkugel weit verbreitet. Sie wächst an Mauern und Felsen aus Kalkstein oder in Fugen mit kalkreichem Mörtel.

BRAUNER STREIFENFARN
Asplenium trichomanes
F: Aspleniaceae
Von den Tropen bis in subantarktische Regionen kommt dieser kleine Farn vor. Er wächst in Felsspalten. Die elliptischen Fiedern sitzen beiderseits der Blattspindel.

GEWÖHNLICHER GEWEIHFARN
Platycerium bifurcatum
F: Polypodiaceae
Dieser beeindruckende Epiphyt kommt in Indonesien und in Australasien vor. Er wächst auf Baumstämmen und hat sterile nierenförmige und fertile geweihförmige Wedel.

GEWÖHNLICHER TÜPFELFARN
Polypodium vulgare
F: Polypodiaceae
Diese Art mit einzeln erscheinenden Wedeln an kriechenden Rhizomen ist an Felsen, Bäumen und in Laubwäldern der gemäßigten Breiten weit verbreitet.

PALMFARNE, GINKGOS, GNETOPHYTEN

Die Palmfarne, Ginkgos und Gnetophyten sind drei alte Abteilungen blütenloser und erstaunlich vielgestaltiger Pflanzen. Dazu gehören Kletterpflanzen, niedrige Sträucher und palmenähnliche Gewächse.

ABTEILUNG	CYCADOPHYTA
KLASSEN	1
ORDNUNGEN	1
FAMILIEN	3
ARTEN	304

ABTEILUNG	GINKGOPHYTA
KLASSEN	1
ORDNUNGEN	1
FAMILIE	1
ARTEN	1

ABTEILUNG	GNETOPHYTA
KLASSEN	1
ORDNUNGEN	3
FAMILIEN	3
ARTEN	70

Diese drei Gruppen werden traditionell mit den Nadelgehölzen zu den Gymnospermen (Nacktsamern) zusammengefasst. Bei Gymnospermen entwickeln sich die Samen meist auf Samenschuppen, bei Blütenpflanzen hingegen sind sie in Fruchtblättern eingeschlossen.

Die genauen Verwandtschaftsverhältnisse von Palmfarnen, Ginkgos und Gnetophyten sind noch nicht bekannt. Auch weiß man noch nicht, wie sie mit den Nadelgehölzen und Blütenpflanzen verwandt sind. Auf zellulärer Ebene legen einige Merkmale der Gnetophyten nahe, dass sie enger mit den Nadelgehölzen als mit den Palmfarnen und Ginkgos verwandt sind, aber auch mit den Blütenpflanzen gibt es Übereinstimmungen.

Außer der Bildung ihrer Samen weisen die drei Gruppen wenige Gemeinsamkeiten auf. Palmfarne kommen vor allem in den Tropen und Subtropen vor, während die einzige überlebende Ginkgo-Art aus China stammt. Gnetophyten sind eine vielfältige Gruppe, der Bäume und Kletterpflanzen aus den Tropen, stark verzweigte Sträucher trockener Lebensräume und die bizarre Welwitschie angehören, die nur in der Namibwüste in Namibia vorkommt.

UNTERSCHIEDLICHE SCHICKSALE

Palmfarne entwickelten sich vor fast 300 Millionen Jahren. Einst waren sie ein wichtiger Bestandteil der Vegetation der Erde, dann wurden sie nach und nach von den Blütenpflanzen verdrängt. Heute ist fast ein Viertel aller Palmfarn-Arten bedroht. Gründe sind illegaler Handel und Veränderungen der Lebensräume.

Die Gnetophyten sind weniger gefährdet, der Ginkgo ist heute ein sehr geschätzter Zierbaum. Buddhistische Mönche pflanzen ihn seit Jahrhunderten in Tempelgärten. Sie bewahrten die Art, die in freier Natur nicht mehr vorkommt. In Europa wurde der Ginkgo um 1700 eingeführt. Die Bäume sind unkompliziert und tolerieren Luftverschmutzung. Heute findet man sie weltweit in Stadtparks.

∨ **WIDERSTANDSFÄHIG**
Wie Palmen haben die meisten Palmfarne eine Krone aus zusammengesetzten Blättern, die einen zentralen Wachstumspunkt (Apikalmeristem) umgibt. Die robusten Blätter ertragen Sonne und Trockenheit.

PALMFARNE

JAPANISCHER SAGOPALMFARN
Cycas revoluta
F: Cycadaceae
Die palmenähnliche Art aus dem Süden Japans hat einen dicken Stamm und glänzende Blätter. Sie wird häufig als Zierpflanze kultiviert.

ENCEPHALARTOS HORRIDUS
F: Zamiaceae
Anders als die meisten Palmfarne hat diese niedrigwüchsige Art aus Südafrika blaugraugrüne Blätter, die aus steifen Fiedern mit Stachelspitzen zusammengesetzt sind.

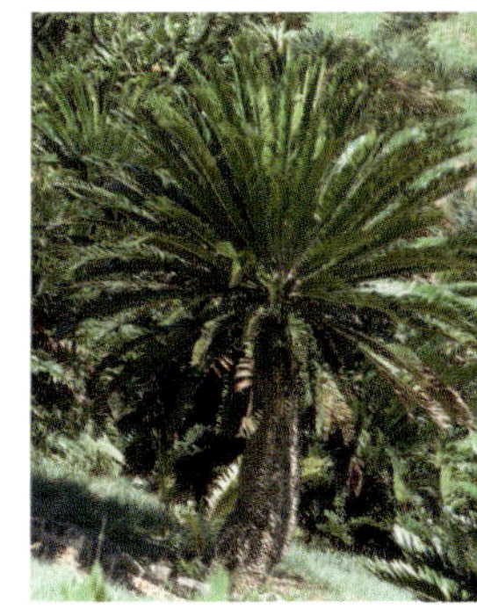

ENCEPHALARTOS ALTENSTEINII
F: Zamiaceae
Dieser hohe subtropische Palmfarn, der an der Ostküste Südafrikas vorkommt, hat stachelige Blätter. In gelben Zapfen bilden sich leuchtend rote Samen.

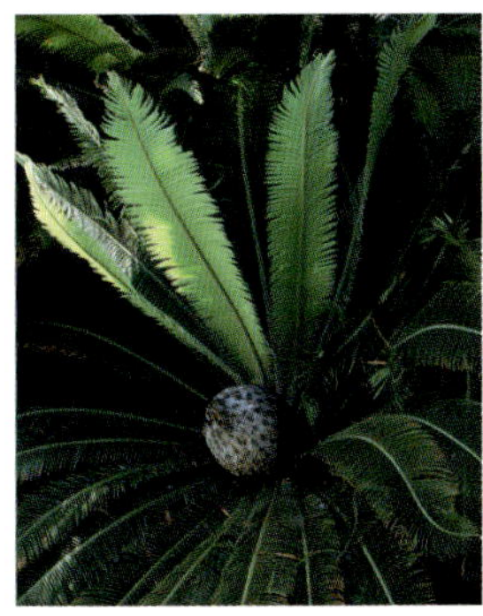

MEXIKANISCHER DOPPELPALMFARN
Dioon edule
F: Zamiaceae
Die langsam wachsende Art stammt aus Ostmexiko. Die Samenzapfen werden 30 cm lang.

CERATOZAMIA MEXICANA
F: Zamiaceae
Aus dem östlichen Mexiko stammt dieser robuste Palmfarn. Er hat eine große, ausladende Krone. Die graugrünen Zapfen tragen charakteristische Hörner auf den Schuppen.

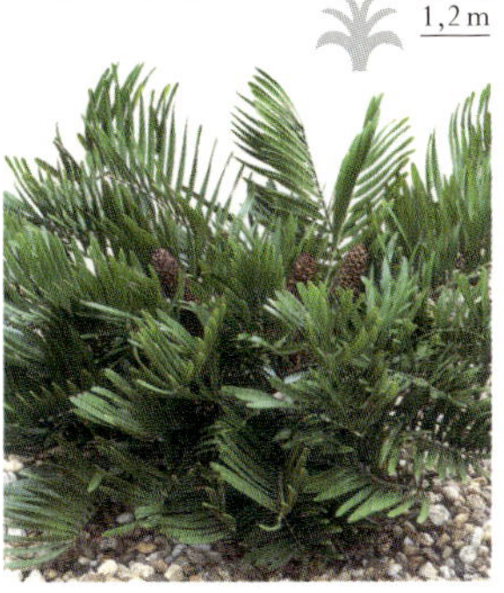

ZAMIA PUMILA
F: Zamiaceae
Früher wurde dieser kleine Palmfarn in der Karibik als Stärkelieferant genutzt. Er hat kurze Sprosse und bildet aufrechte rotbraune Zapfen.

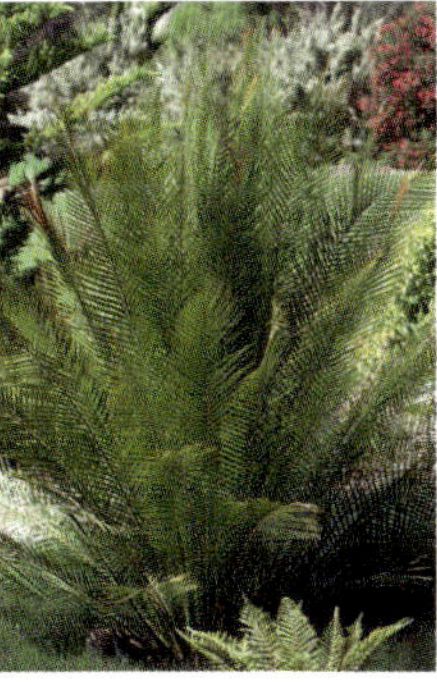

MACROZAMIA MOOREI
F: Zamiaceae
Dies ist einer der höchsten Palmfarne Australiens. Er bildet bis 90 cm lange Samenzapfen aus und kommt in trockenen Wäldern vor.

BURRAWANG
Macrozamia communis
F: Zamiaceae
Diese Art der Südküste Australiens bildet große Zapfen mit roten fleischigen Samen. Sie wächst oft in dichten Beständen.

GNETOPHYTEN

EPHEDRA TRIFURCA
F: Ephedraceae
Diese Pflanze, auch Mormonentee genannt, bildet eine dichte Masse unbeblätterter Sprosse. Sie wächst in Wüstengebieten in Mexiko und im Süden der USA.

GNETUM GNEMON
F: Gnetaceae
Aus Südost-Asien und der Pazifikregion stammt dieser Baum. Er hat immergrüne Blätter und bildet nussähnliche Samen. Samen wie Blätter sind essbar.

CHINESISCHES MEERTRÄUBEL
Ephedra sinica
F: Ephedraceae
Die sparrige Pflanze aus Südost-Asien enthält Alkaloide und wird seit Langem als Heilpflanze verwendet.

verdrehte Blätter

Die männlichen Zapfen bilden sich in der Mitte der Pflanze.

1 m

WELWITSCHIA
Welwitschia mirabilis
F: Welwitschiaceae
Die Welwitschie ist in der Namibwüste in Namibia endemisch. Die langlebige Pflanze hat ein einziges Paar streifenförmiger Blätter. Im Lauf der Jahrhunderte zerschlitzen sie.

GINKGO

GINKGO
Ginkgo biloba
F: Ginkgoaceae
Der Ginkgo ist seiner fächerförmigen Blätter wegen unverwechselbar, die sich im Herbst leuchtend gelb färben. Früher kam er nur in Südchina vor,

NADELGEHÖLZE

Nadelgehölze (Pinophyta) haben sich vor über 300 Millionen Jahren entwickelt, lange vor den Blütenpflanzen. Durch ihre mit Wachs überzogenen Blätter gedeihen sie auch in extremem Klima. Die Gruppe ist weniger artenreich als die der Laubgehölze, Nadelgehölze dominieren aber die Wälder in Gebirgen und im hohen Norden.

ABTEILUNG	PINOPHYTA
KLASSEN	1
ORDNUNGEN	1
FAMILIEN	7
ARTEN	630

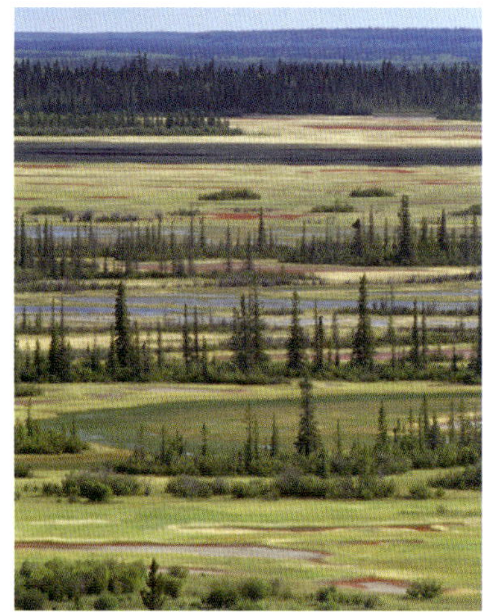

Zwischen offener Tundra wachsen Nadelbäume nördlich des Polarkreises. Sie bilden die größten Wälder der Erde.

Obwohl es relativ wenige Arten gibt, sind die höchsten, die schwersten und die langlebigsten Bäume der Erde Nadelgehölze. Auch einige der am weitesten verbreiteten Baumarten gehören zu dieser Gruppe. Nadelgehölze ordnet man traditionell gemeinsam mit Palmfarnen, Ginkgos und Gnetophyten den Gymnospermen zu. Anders als Laubbäume bilden sie keine Blüten, sondern Zapfen, in denen sich Pollen und Samen entwickeln.

BLÄTTER UND ZAPFEN

Die meisten Nadelgehölze sind immergrün. Die Blätter enthalten viele Harze und ertragen kalte Winde wie auch heiße Sonne. Kiefern und Tannen haben schlanke Nadelblätter. Andere Nadelgehölze tragen flache Blätter oder Schuppenblätter. Einige Nadelgehölze, darunter Lärchen, werfen ihre Blätter einmal im Jahr ab.

Nadelgehölze bringen zwei Typen von Zapfen hervor. Die männlichen Zapfen produzieren Pollen. Sie sind weich, klein und erscheinen typischerweise im Frühjahr in großer Zahl. Nachdem sie ihren Pollen an die Luft abgegeben haben, welken sie meist bald. In den größeren weiblichen Zapfen reifen ein oder viele Samen heran. Das kann mehrere Jahre dauern. Meist verholzen die Zapfen, während sie reifen.

Die Zapfen einiger Arten, wie Zedern und Tannen, zerfallen am Baum und entlassen die Samen nach und nach. Kiefernzapfen bleiben intakt und hängen oft noch lange Zeit am Baum. Bei den meisten öffnen sich die Schuppen bei Trockenheit, um die Samen zu entlassen. Bei einigen Arten bleiben die Samen im Zapfen eingeschlossen. Erst nach einem Waldbrand können sie keimen, sodass die Keimlinge die Brandfläche neu besiedeln.

Eiben, Wacholder und Steineibengewächse bringen kleine, beerenähnliche Zapfen mit fleischigem Samenmantel hervor. Vögel fressen sie und verbreiten die Samen mit ihrem Kot.

∨ RIESIGE NADELWÄLDER
Auch große Koniferenbestände werden oft nur von einer Art gebildet. Diese Kiefern wachsen im Yosemite-Nationalpark (USA).

BLAU-FICHTE
Picea pungens
F: Pinaceae

Dieser beliebte Zierbaum hat blaugraue, spitze Nadeln. Er ist im westlichen Nordamerika heimisch und wächst typischerweise in Gebirgen.

KÜSTEN-TANNE
Abies grandis
F: Pinaceae

Im westlichen Nordamerika kommt diese hohe, schnellwüchsige Tanne vor. Die Nadeln verströmen beim Zerreiben einen Orangenduft.

40 m

PRÄCHTIGE TANNE
Abies magnifica
F: Pinaceae

Diese Tanne findet man an trockenen Berghängen. Die Nadeln sind gekrümmt. Die Zapfen werden bis 20 cm lang.

40 m

WEISS-TANNE
Abies alba
F: Pinaceae

Die Weiß-Tanne, die nach den weißen Streifen auf der Unterseite ihrer Nadeln benannt ist, trägt aufrechte Zapfen, die am Baum zerfallen.

50 m

NORDMANNS-TANNE
Abies nordmanniana
F: Pinaceae

Die Tanne, oft als Weihnachtsbaum angepflanzt, ist der höchste europäische Nadelbaum. Er stammt aus den Bergen am Schwarzen Meer.

SITKA-FICHTE
Picea sitchensis
F: Pinaceae

Die Sitka-Fichte, die bei kalten, feuchten Bedingungen gedeiht, wird oft in Plantagen gepflanzt. Sie stammt von den Westküsten Nordamerikas.

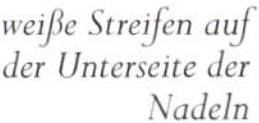

weiße Streifen auf der Unterseite der Nadeln

50 m

zylindrische Zapfen

50 m

GEWÖHNLICHE FICHTE
Picea abies
F: Pinaceae

Spitze Nadeln und zylindrische Zapfen hat dieser wichtige rasch wachsende Forstbaum. Er kommt in weiten Teilen Nordeuropas vor.

35 m

WALD-KIEFER
Pinus sylvestris
F: Pinaceae

Die Wald-Kiefer oder Föhre, die von den Britischen Inseln bis nach China vorkommt, ist der Nadelbaum mit der weitesten Verbreitung. Alte Bäume wachsen oft asymmetrisch.

10 m

DREH-KIEFER
Pinus contorta
F: Pinaceae

Diese nordamerikanische Kiefer, die auf Küstendünen und in Sümpfen wächst, trägt paarige Nadeln und stachelige Zapfen. Sie entlassen die Samen erst nach Bränden.

PINIE, SCHIRM-KIEFER
Pinus pinea
F: Pinaceae

Die Pinie aus der Mittelmeerregion ist ihrer essbaren Samen wegen bekannt. Sie trägt große ovale Zapfen und hat eine elegante schirmförmige Krone.

15 m

EINNADELIGE WEYMOUTHS-KIEFER
Pinus monophylla
F: Pinaceae

Dies ist die einzige Kiefer, bei der die Nadeln einzeln statt in Gruppen stehen. Sie stammt aus Mexiko und dem Südwesten der USA.

steife, spitze Nadeln

30 m

Die männlichen Zapfen bilden Pollen.

20 m

ZIRBEL-KIEFER
Pinus cembra
F: Pinaceae

Dieser niedrige Baum europäischer Gebirge bildet kleine Zapfen, die wie bei allen Kiefern im Ganzen vom Baum fallen. Die Samen werden von Vögeln verbreitet.

35 m

STRAND-KIEFER
Pinus pinaster
F: Pinaceae

Diese Kiefer aus der westlichen Mittelmeerregion wächst auf armen, sandigen Böden schnell. Sie trägt glänzend braune Zapfen, die bis 20 cm lang werden.

40 m

SCHWARZ-KIEFER
Pinus nigra
F: Pinaceae

Diese hohe, offenkronige Kiefer hat lange Nadeln, die in Paaren stehen. Sie ist in ganz Europa verbreitet und wächst typischerweise auf Kalkböden.

25 m

CHINESISCHE ROT-KIEFER
Pinus tabuliformis
F: Pinaceae

Im Alter entwickelt diese Kiefer eine typische flache, ausladende Krone. Sie kommt in Gebirgen vor und trägt kleine, eiförmige Zapfen.

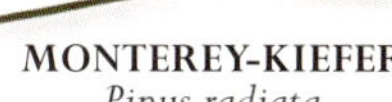

MONTEREY-KIEFER
Pinus radiata
F: Pinaceae

Diese rasch wachsende Kiefer, die ursprünglich nur in einem kleinen Gebiet in Kalifornien vorkam, wird heute vor allem auf der Südhalbkugel gepflanzt.

»

HIMALAYA-ZEDER
Cedrus deodara
F: Pinaceae
Diese schnellwüchsige Zeder aus dem westlichen Himalaya-Gebiet hat herabhängende Zweige. Die Zapfen reifen violettbraun.

GEWÖHNLICHE DOUGLASIE
Pseudotsuga menziesii
F: Pinaceae
Die Douglasie, der höchste Nadelbaum, stammt aus dem westlichen Nordamerika. Typisch sind die langen Deckschuppen.

WESTLICHE HEMLOCKTANNE
Tsuga heterophylla
F: Pinaceae
Die größte Hemlocktanne ist im westlichen Nordamerika heimisch. Sie kann 1000 Jahre alt werden.

GOLDLÄRCHE
Pseudolarix amabilis
F: Pinaceae
Aus Ostchina stammt die Goldlärche, deren Laub sich im Herbst leuchtend gelb färbt, bevor sie es abwirft. Ihre Zapfen zerfallen am Baum.

ATLAS-ZEDER
Cedrus atlantica
F: Pinaceae
Diese nordafrikanische Zeder hat kurze Nadeln und aufrechte fassförmige Zapfen. Die reifen Zapfen zerfallen langsam und entlassen die Samen.

LIBANON-ZEDER
Cedrus libani
F: Pinaceae
Die Libanon-Zeder, ein majestätischer Baum mit ausladenden Ästen, kommt in der Natur nur noch selten vor, wird aber oft als Zierbaum gepflanzt.

JAPANISCHE LÄRCHE
Larix kaempferi
F: Pinaceae
Im Herbst wirft diese Lärche ihre weichen Nadeln ab, während die verholzten Zapfen am Baum hängen bleiben. Die Art kommt in Bergen in Nordjapan vor.

CHILENISCHE ARAUKARIE
Araucaria araucana
F: Araucariaceae
Die Art aus den Gebirgen Chiles wirkt mit ihren spiralig angeordneten, spitzen Blättern urzeitlich. Alte Bäume bilden eine schirmförmige Krone aus.

CHINESISCHE KOPFEIBE
Cephalotaxus fortunei
F: Cephalotaxaceae
Fleischige Zapfen, die rötlich braun reifen, bildet dieser kleine, verzweigte Nadelbaum. Man findet ihn in Gebirgswäldern in Zentral- und Ostchina.

Reife Zapfen zerfallen.

JAPANISCHE SCHIRMTANNE
Sciadopitys verticillata
F: Cupressaceae

In der Natur kommt dieser kiefernähnliche Baum nur in den Gebirgen Japans vor. Die Nadeln erinnern an die Speichen eines Regenschirms.

LAWSONS SCHEINZYPRESSE
Chamaecyparis lawsoniana
F: Cupressaceae

Wie andere Zypressen trägt diese nordamerikanische Art kleine Zapfen und Schuppenblätter. Es gibt viele Kulturformen.

JAPANISCHE SICHELTANNE
Cryptomeria japonica
F: Cupressaceae

Diese Art ist trotz des deutschen Namens eine Zypresse. Man findet sie in Gebirgen in China und Japan.

WESTLICHER WACHOLDER
Juniperus occidentalis
F: Cupressaceae

Der langlebige Baum wächst an felsigen Gebirgshängen im Westen der USA. Wie alle Wacholder trägt er beerenähnliche Zapfen.

CHINESISCHER WACHOLDER
Juniperus chinensis
F: Cupressaceae

Dieser Strauch oder kleine Baum, der in gemäßigten Regionen Ostasiens verbreitet ist, hat als junge Pflanze spitze und später schuppenförmige Blätter.

Die linealischen Blätter stehen in gegenüberliegenden Reihen.

KÜSTENMAMMUTBAUM
Sequoia sempervirens
F: Cupressaceae

An der nordkalifornischen Küste ist diese Art heimisch. Alte Bäume haben unglaublich hohe Stämme mit relativ wenigen Ästen. Sie können über 1000 Jahre alt werden.

BERGMAMMUTBAUM
Sequoiadendron giganteum
F: Cupressaceae

Dieser kalifornische Mammutbaum ist der massivste Baum der Erde. Das größte lebende Exemplar wiegt über 5000 Tonnen. Die feuerfeste Borke ist bis 60 cm dick.

Reifender Zapfen

URWELT-MAMMUTBAUM
Metasequoia glyptostroboides
F: Cupressaceae

In der Natur ist dieser in China heimische Mammutbaum sehr selten. Bis 1940 hielt man ihn für ausgestorben, denn man kannte ihn nur von Fossilien.

MONTEREY-ZYPRESSE
Cupressus macrocarpa
F: Cupressaceae

Die Art wird vielerorts kultiviert, kommt aber in der Natur nur in einer kleinen Region an der Küste Kaliforniens vor. Alte Bäume haben einen unregelmäßigen Wuchs.

Der Arillus färbt sich rot.

TAIWANIA CRYPTOMERIOIDES
F: Cupressaceae

Die tropische Art, eine der größten Nadelbäume Asiens, hat einen bis zu 3 m dicken Stamm, spitze Blätter und trägt kleine, runde Zapfen.

ZWEIZEILIGE SUMPFZYPRESSE
Taxodium distichum
F: Cupressaceae

In Sümpfen im Südosten der USA wächst diese Art, die ihre Nadeln abwirft. Der Stamm bildet oft Brettwurzeln aus.

RIESEN-LEBENSBAUM
Thuja plicata
F: Cupressaceae

Dieser große Baum mit flachen, schuppenförmigen Blättern kommt im nordwestlichen Nordamerika vor. Das Holz ist sehr hitzebeständig.

KALIFORNSICHE NUSSEIBE
Torreya californica
F: Taxaceae

Die seltene Art kommt nur in Canyons und Gebirgen Kaliforniens vor. Sie bildet nussähnliche Samen.

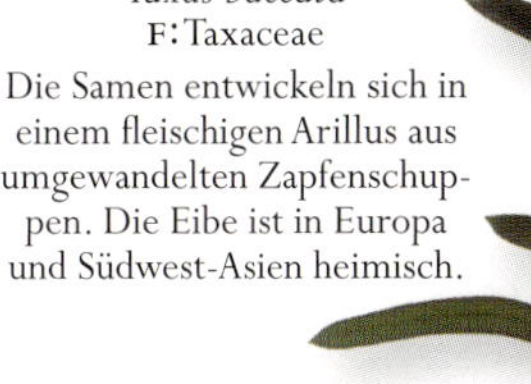

EUROPÄISCHE EIBE
Taxus baccata
F: Taxaceae

Die Samen entwickeln sich in einem fleischigen Arillus aus umgewandelten Zapfenschuppen. Die Eibe ist in Europa und Südwest-Asien heimisch.

BLÜTEN-PFLANZEN

Mit über 250 000 Arten sind die Blütenpflanzen oder Angiospermen bei Weitem die größte und vielfältigste Pflanzengruppe. In den meisten Ökosystemen auf dem Festland sind sie unersetzlich, denn sie bieten Tieren und anderen Lebewesen Nahrung und Lebensraum.

ABTEILUNG	ANGIOSPERMAE
KLADEN	3
ORDNUNGEN	58
FAMILIEN	417
ARTEN	etwa 255 000

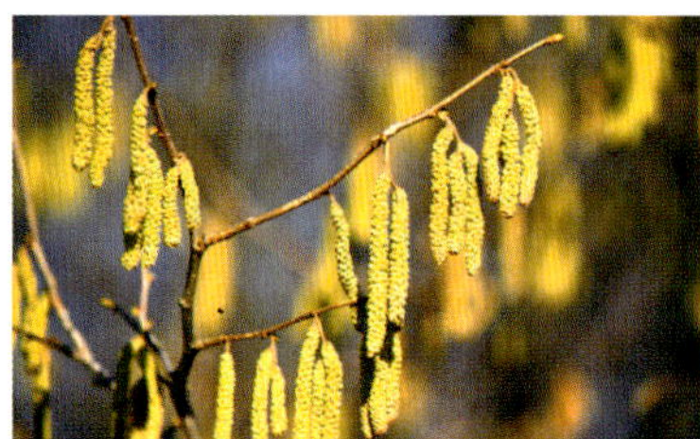

Windbestäubte Blüten wie die Kätzchen der Hasel verstreuen ihren Pollen in die Luft. Sie sind selten auffällig gefärbt.

Von Tieren bestäubte Blüten wirken meist auffällig. Kolibris befördern den Pollen, wenn sie den Blütennektar trinken.

Fleischige Früchte locken Tiere an. Diese fressen die Frucht und verbreiten die Samen mit ihrem Kot.

Reife, trockene Früchte springen meist auf. Das Weidenröschen verstreut seine haarigen Samen in den Wind.

Die ersten Blütenpflanzen erschienen vor geschätzten 140 Millionen Jahren und sind demnach Spätankömmlinge auf der Erde. Seit damals haben sie sich zu den dominierenden Pflanzen entwickelt. Die kleinsten Blütenpflanzen sind nicht größer als ein Stecknadelkopf, aber auch Laubbäume und viele andere Formen, von Kakteen über Gräser hin zu Orchideen und Palmen, gehören zur Gruppe.

Die Blütenpflanzen weisen bestimmte Merkmale auf, die sie so erfolgreich machen. Das bedeutendste sind die Blüten, Gebilde aus stark modifizierten Blättern. Bei den meisten Blüten umgibt ein äußerer Ring aus Sepalen (Kelchblättern) einen Ring aus Petalen (Kronblättern). Diese Blütenhüllblätter umschließen die männlichen Staubblätter, in denen Pollen gebildet wird und die weiblichen Fruchtblätter, in denen sich die Samenanlagen zu Samen entwickeln, wenn eine Befruchtung mit Pollen stattfindet. Manche Blüten verbreiten ihren Pollen in der Luft, bei den meisten aber transportieren Tiere die Pollenkörner. Diese Arten locken mit auffälligen Blüten Tiere an, die den zuckerhaltigen Blütennektar trinken und dabei mit Pollen eingestäubt werden. Neben Insekten sind Vögel und Fledertiere wichtige Bestäuber.

VERBREITUNGSSTRATEGIEN

Nicht nur Blütenpflanzen bringen Samen hervor, aber nur sie bilden Früchte. Eine Frucht entwickelt sich aus den Fruchtblättern der Blüte. Früchte haben eine zweifache Funktion: Sie schützen die Samen und tragen zu deren Ausbreitung bei. Fleischige Früchte locken Tiere an, die die Frucht fressen und die Samen mit ihren Exkrementen verbreiten. Trockene Früchte funktionieren unterschiedlich: Einige springen auf, wenn die Samen reif sind. Andere heften sich mit Häkchen an Fell, Federn oder Kleidung. Noch mehr verdriften im Wasser oder in der Luft. Viele Blütenpflanzen vermehren sich vegetativ: An kriechenden Ausläufern bilden sich junge Pflanzen. Dabei können riesige, miteinander verbundene Klone entstehen.

AUFMERKSAMKEIT ERREGEN >
Bei dieser bienenbestäubten Christrose sind die Kelchblätter bunt gefärbt und die Kronblätter klein, grün und unauffällig.

BLÜTENPFLANZENGRUPPEN

Die Systematik der Angiospermen ist zur Zeit im Umbruch, denn genetische Methoden führen zu neuen Erkenntnissen. Dieser Vorschlag der Einteilung beruht auf neuesten Forschungen.

BASALE ANGIOSPERMEN » 124

MAGNOLIIDAE » 128

MONOKOTYLEDONEN » 130

EUDIKOTYLEDONEN » 150

BASALE ANGIOSPERMEN

Unter den über 50 Ordnungen von Blütenpflanzen oder Angiospermen haben sich fünf, die sogenannten basalen Angiospermen, früh entwickelt.

Auf den ersten Blick haben die basalen oder ursprünglichen Angiospermen wenig gemeinsam. Sie kommen in verschiedenen Teilen der Erde vor. Zu ihnen gehören Bäume, Sträucher, Kletterpflanzen und Wasserpflanzen. Manche haben große, auffällige Blüten, bei anderen sind sie klein oder unauffällig. Die meisten werden von Insekten bestäubt, Hornblattgewächse jedoch blühen unter Wasser und bilden verdriftende Pollenkörner.

Fossilien und genetische Untersuchungen belegen, dass sich die basalen Angiospermen zu verschiedenen Zeiten entwickelt haben. Die ersten Angiospermen erschienen vor etwa 140 Millionen Jahren. Es waren wahrscheinlich die Amborellales, eine Ordnung, von der heute nur noch eine Art existiert, die auf einer einzigen Insel im Südpazifik vorkommt. Später erschienen die Nymphaeales. Zu dieser Gruppe von Wasserpflanzen mit weltweiter Verbreitung gehören etwa 50 Seerosen-Arten. Zwei andere Ordnungen folgten: Die Austrobaileyales mit heute fast 100 Arten, die verholzte Stämme ausbilden, kommen vor allem in den Tropen vor. Die Chloranthales mit etwa 60 Arten findet man im tropischen Amerika, in Ostasien und in der Pazifikregion. Die Ceratophyllales haben sich wahrscheinlich als letzte Gruppe abgetrennt. Währenddessen durchlief die Hauptlinie der Blütenpflanzen eine adaptive Radiation. Darauf beruht die enorme Zahl der heute vorkommenden Arten.

ABTEILUNG	ANGIOSPERMAE
GRUPPE	BASALE ANGIOSPERMEN
ORDNUNGEN	5
FAMILIEN	9
ARTEN	251

STREITFRAGE

UNKLARE ABSTAMMUNG

Die Angiospermen haben sich aus blütenlosen Samenpflanzen entwickelt, aus welcher Gruppe ist jedoch nicht bekannt. Es wurden verschiedene vorgeschlagen, wie die Samenfarne, eine Gruppe, die vor über 50 Millionen Jahren ausgestorben ist, oder (wahrscheinlicher) die Gnetophyten, von denen einige noch heute existieren.

CHLORANTHALES

Vier Gattungen gehören der Familie Chloranthaceae an, der einzigen Familie der Ordnung Chloranthales. Die Mitglieder dieser ursprünglichen Ordnung sind Bäume und Sträucher mit gegenständigen gezähnten Blättern und unauffälligen Blüten, meist ohne Kronblätter.

60 cm

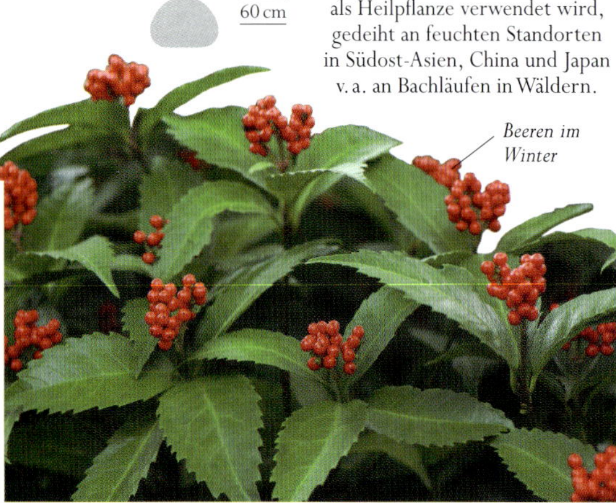

SARCANDRA GLABRA
F: Chloranthaceae
Dieser immergrüne Strauch, der als Heilpflanze verwendet wird, gedeiht an feuchten Standorten in Südost-Asien, China und Japan v. a. an Bachläufen in Wäldern.

AMBORELLALES

2 m

Zu dieser Ordnung immergrüner Sträucher gehört eine einzige Familie mit einer Gattung und einer Art, *Amborella trichopoda*. Die kleinen männlichen und weiblichen Blüten erscheinen an verschiedenen Pflanzen. Die roten Beeren enthalten je einen einzigen Samen.

AMBORELLA TRICHOPODA
F: Amborellaceae
Diese ursprüngliche Art kommt nur in Regenwäldern auf der Insel Neukaledonien im Südpazifik vor und ist wegen Lebensraumzerstörung gefährdet.

CERATOPHYLLALES

Diese Ordnung in Süßgewässern vorkommender Wasserpflanzen ist mit keiner anderen näher verwandt. Die Mitglieder gehören einer einzigen Familie an, den Ceratophyllaceae. Die Blätter sind gabelig verzweigt. Die Pflanzen haben keine Wurzeln und bilden eingeschlechtige Blüten. Die Früchte sind einsamig.

1 m

RAUES HORNBLATT
Ceratophyllum demersum
F: Ceratophyllaceae
Diese Pflanze wächst unter Wasser und hat keine Wurzeln. Sie kommt in Europa in Teichen und Gräben vor. Die Blätter sind gabelig verzweigt.

AUSTROBAILEYALES

Zur Ordnung Austrobaileyales gehören nur vier Familien. Die Mitglieder sind Bäume, Sträucher und Kletterpflanzen. Die Blüten der meisten Arten haben viele Kronblätter. Die wahrscheinlich bekannteste Art ist der Chinesische Sternanis.

BLÜHENDER TRIEB

FRUCHT

18 m

CHINESISCHER STERNANIS
Illicium verum
F: Illiciaceae
Die verholzten, sternförmigen Früchte werden als Gewürz verwendet. Die Art ist in Wäldern in China und Vietnam heimisch.

15 m

AUSTROBAILEYA SCANDENS
F: Austrobaileyaceae
Die Blüten der seltenen Kletterpflanze, die nur in Regenwäldern in Queensland in Australien vorkommt, locken mit fauligem Fischgeruch Fliegen an.

NYMPHAEALES

Zu dieser ursprünglichen Ordnung von Wasserpflanzen gehören Arten mit Schwimm-, Tauch- und selten über die Oberfläche ragenden Blättern. Zu den Nymphaeales zählen die Seerosen, die auf der ganzen Erde wegen ihrer herrlichen Blüten kultiviert werden.

AMAZONAS-RIESENSEEROSE
Victoria amazonica
F: Nymphaeaceae
Diese Art der Nebengewässer des Amazonas hat riesige runde Blätter mit aufrecht stehenden Blatträndern.

SEEROSEN-SORTE
Nymphaea 'Sunrise'
F: Nymphaeaceae
Vermutlich aus Amerika stammt diese Hybride mit großen, duftenden Blüten und sattgrünen Schwimmblättern. Sie ist eine der großblütigsten Seerosen.

CABOMBA CAROLINIANA
F: Cabombaceae
Die Art kommt in Stillgewässern im Zentrum und im Südosten der USA vor. Sie hat Schwimm- und Tauchblätter und kann stark wuchern.

WEISSE SEEROSE
Nymphaea alba
F: Nymphaeaceae
Duftende Blüten bringt diese europäische Art hervor. Die Früchte reifen unter Wasser. Sie kommt in Seen, Teichen und langsam fließenden Flüssen vor.

STACHELSEEROSE
Euryale ferox
F: Nymphaeaceae
Diese Art langsam fließender und stehender Gewässer in Teilen Asiens hat stachelige Blätter und Blüten und bildet einsamige Beeren.

˅ SCHWIMMENDE BLÜTEN
Die Blüten der Seerose sind zwittrig: Sie haben männliche und weibliche Organe. Normalerweise bestäuben sie sich aber nicht selbst, denn die weiblichen Blütenteile reifen, bevor die männlichen Pollen bilden. So ist die Chance größer, dass die Blüte mit fremdem Pollen bestäubt wird, den Insekten herbeitransportieren.

˄ BLÜTE
Die Blüte hat zahlreiche weiße Kronblätter und leuchtend gelbe Staubblätter. Sie kann einen Durchmesser von 15 cm haben.

˂ FRUCHTKNOCHEN
Die weiblichen Fortpflanzungsorgane bestehen aus Fruchtknoten, Griffel und Narbe. Aus den Samenanlagen bilden sich nach der Befruchtung Samen.

˅ BLÄTTER
Die großen Blätter haben einen Durchmesser von bis zu 30 cm. Ungewöhnlicherweise befinden sich die Spaltöffnungen für den Luftaustausch an der wasserabweisenden Oberseite.

˄ STÄNGEL-QUERSCHNITT
Die Stängel besitzen ein Gewebe mit großen Hohlräumen (Aerenchym). Die Blätter haben deshalb Auftrieb, Sauerstoff kann zirkulieren.

WEISSE SEEROSE
Nymphaea alba

Diese attraktive Pflanze, eine von etwa 50 in freier Natur vorkommenden Seerosen-Arten, wächst in stehenden oder langsam fließenden Gewässern in bis 1,5 m tiefem Wasser. Die weißen Blüten erscheinen eine nach der anderen zur Mitte des Sommers bis in den Spätsommer. Jede Blüte blüht drei bis vier Tage. Sie öffnet sich am Morgen und schließt sich am späten Nachmittag. Käfer werden angelockt und verbringen oft die Nacht im Inneren der Blüte. Die Weiße Seerose spielt eine wichtige ökologische Rolle: Schlammschnecken kleben ihre Eier an die Unterseite der Blätter und Fische verstecken sich unter den Spreiten vor hungrigen Vögeln. Die Pflanze bildet schwimmende Samen, die nach einigen Wochen auf den Grund sinken.

GRÖSSE Blattdurchmesser 10–30 cm
LEBENSRAUM Teiche, Seen, Bäche
VERBREITUNG Europa
BLATTTYP einfache runde Spreite mit Kerbe

< WURZELSYSTEM
Die kleinen Wurzeln sind im Schlamm eingebettet. Ihre Hauptaufgabe ist es, Wasser und Sauerstoff aufzunehmen. Außerdem verankern sie die Pflanze.

< IN DER KNOSPE
Dieser Längsschnitt zeigt die Fortpflanzungsorgane der Seerose. Vier oder fünf hellgrüne Kelchblätter schließen die Blütenknospe ein.

MAGNOLIIDAE

Die Magnoliidae sind eine große Gruppe ursprünglicher Blütenpflanzen, die systematisch zwischen den basalen Angiospermen und den Monokotyledonen stehen.

Die Magnoliidae, die in tropischen und gemäßigten Regionen vorkommen, sind eine der bedeutendsten Pflanzengruppen und erschienen früh in der Entwicklung der Blütenpflanzen. Sie sind nach der Familie der Magnoliengewächse benannt, einer der größten Gruppen. Fast alle dieser Pflanzen haben eine verholzende Sprossachse, einige Arten wachsen zu großen Bäumen heran, aber auch Kräuter gehören zur Gruppe.

Einige krautige Magnoliidae haben stark spezialisierte Blüten. Bei Pfeifenwinden sind sie geformt wie eine Röhre, in deren Innerem nach hinten weisende Haare stehen. Solche Blüten sind Kesselfallen, die ihre Bestäuber mit starken Gerüchen anlocken und für gewisse Zeit gefangen halten. Aber sie sind die Ausnahme. Die meisten Blüten der Magnoliidae sind einfach gebaut. Die zahlreichen spiralig angeordneten Blütenteile sind nicht verwachsen. Statt verschieden gestalteter Kelch- und Kronblätter (siehe S. 122) haben sie Blütenhüllblätter, die ähnlich gefärbt und geformt sind, sogenannte Tepalen. Fossile Funde belegen, dass es ähnliche Blüten seit über 100 Millionen Jahren gibt.

GEMEINSAME MERKMALE

Die Magnoliidae wurden vor allem aufgrund genetischer Untersuchungen zu einer Gruppe zusammengefasst. Einige gemeinsame Merkmale sind jedoch mit bloßem Auge oder unter dem Mikroskop zu erkennen. Die Pollenkörner haben nur eine einzige Keimfurche. Dieses kleine, aber signifikante Merkmal verbindet sie mit den Monokotyledonen und unterscheidet sie von den Eudikotyledonen, der größten Blütenpflanzengruppe, deren Pollenkörner drei Furchen aufweisen.

Die meisten Magnoliidae haben ganzrandige Blätter und netzförmig verzweigte Adern. Die Früchte können fleischig oder hart und zapfenähnlich sein und einen oder mehrere Samen enthalten. Bei fleischigen Früchten verbreiten Tiere die Samen: Oft werden sie im Ganzen von Vögeln verschluckt, die das Fruchtfleisch verdauen und die intakten Samen mit ihrem Kot ausscheiden.

ABTEILUNG	ANGIOSPERMAE
KLADE	MAGNOLIIDAE
ORDNUNGEN	4
FAMILIEN	20
ARTEN	7100

STREITFRAGE

PIONIERPFLANZEN?

Es gibt unterschiedliche Theorien, wie die ersten Blütenpflanzen ausgesehen haben könnten und welche Lebensweise sie hatten. Eine Hypothese besagt, dass diese Pflanzen Bäume oder Sträucher wie die heutigen Magnoliidae waren. Nach einer anderen Theorie waren die ersten Angiospermen krautige Pflanzen mit einem relativ kurzen Lebenszyklus. Das würde bedeuten, dass sie rasch unbesiedelte Stellen wie Flussufer besiedeln konnten. Keine der Hypothesen ist bisher eindeutig belegt, molekulare Analysen sprechen aber eher dafür, dass die ersten Blütenpflanzen verholzte Arten waren.

CANELLALES

Diese Ordnung besteht aus zwei Familien: den Canellaceae und den Winteraceae. Die aromatisch duftenden Bäume und Sträucher tragen ganzrandige, robuste Blätter. Die Blüten der meisten Arten sind zwittrig, als Früchte bilden sich Beeren. Blätter und Rinde einiger Arten werden als Heilmittel verwendet. Die Winteraceae sind eine ursprüngliche Familie: Die Mitglieder haben verholzte Sprosse ohne Tracheen.

WINTERRINDE
Drimys winteri
F: Winteraceae
Die aromatisch riechende Art aus den Küstenregenwäldern Chiles und Argentiniens trägt duftende Blüten.

5 m

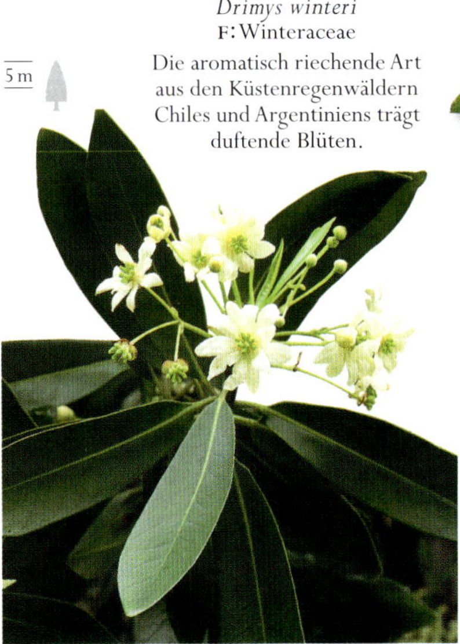

PIPERALES

Zur Ordnung Piperales gehören krautige Pflanzen, Kletterpflanzen, Bäume und Sträucher, die in den Tropen weit verbreitet sind. Die Leitbündel sind in der Sprossachse zerstreut angeordnet, ein Merkmal der Monokotyledonen. Mitglieder der Familie Piperaceae haben kleine Blüten ohne Kronblätter, die in Ähren stehen. Viele Arten duften aromatisch.

1 m

GEWÖHNLICHE OSTERLUZEI
Aristolochia clematitis
F: Aristolochiaceae
Früher wurde diese giftige Pflanze als Heilpflanze angepflanzt. Sie kommt in Europa an warmen Standorten vor.

10 cm

GEWÖHNLICHE HASELWURZ
Asarum europaeum
F: Aristolochiaceae
Die kriechende Art kommt in Wäldern in Europa vor. Die purpurbraunen Blüten erscheinen in Bodennähe.

4 m

ECHTER PFEFFER
Piper nigrum
F: Piperaceae
Diese Kletterpflanze schattiger Habitate in Südindien und Sri Lanka wird vielerorts als Gewürzpflanze kultiviert.

Früchte (»Pfefferkörner«)

MAGNOLIALES

Die Magnoliales, zu denen fast nur Bäume und Sträucher gehören, sind eine ursprüngliche Ordnung. Ihre Fossilien fand man in vielen Gegenden. Die meisten Arten haben einfache, wechselständig angeordnete Blätter und zwittrige Blüten. Zur Ordnung gehören sechs Familien, von denen die Familie Magnoliaceae die bekannteste ist. Ihrer auffälligen Blüten wegen sind Magnolien beliebte Gartenpflanzen.

30 m

TULPENBAUM
Liriodendron tulipifera
F: Magnoliaceae
Der nordamerikanische Tulpenbaum stammt aus Waldgebieten. Die Blätter färben sich im Herbst gelb, bevor sie abfallen.

Tepalen schützen die Staubblätter.

20 m

CAMPBELLS HIMALAYA-MAGNOLIE
Magnolia campbellii
F: Magnoliaceae
Die Blüten dieses Baums erscheinen im zeitigen Frühjahr vor den Blättern. Die Art stammt aus Gebirgswäldern in China, Indien und Nepal.

LAURALES

Die Ordnung Laurales umfasst sieben Familien von Bäumen, Sträuchern und verholzten Kletterpflanzen. Einige Gattungen kommen in den gemäßigten Breiten vor, die meisten in den Tropen und Subtropen. Ihre systematische Zuordnung beruht auf genetischen Analysen. Viele Pflanzen riechen aromatisch und werden zur Parfümherstellung oder als Gewürze verwendet. Andere sind Zierpflanzen oder Holzlieferanten.

SASSAFRAS
Sassafras albidum
F: Lauraceae
Dieser Laubbaum stammt aus Wäldern im östlichen Nordamerika. Die aromatischen Blätter färben sich im Herbst leuchtend bunt.

25 m

ECHTER GEWÜRZSTRAUCH
Calycanthus floridus
F: Calycanthaceae
Blätter und Rinde dieses Strauchs, der in Wäldern und an Bachläufen im Südosten der USA wächst, duften aromatisch.

2,5 m

BLÄTTER

LORBEERBAUM
Laurus nobilis
F: Lauraceae
Die aromatischen Blätter werden als Gewürz verwendet. Der Baum kommt in Wäldern und an felsigen Standorten im Mittelmeergebiet vor.

unreife Frucht

15 m

FRUCHT

ZIMTSTANGE

18 m

BLÄTTER

CEYLON-ZIMTBAUM
Cinnamomum zeylandicum
F: Lauraceae
Das Gewürz Zimt stammt von der getrockneten Rinde dieses Baums aus Tieflandwäldern in Sri Lanka.

18 m

BERGLORBEER
Umbellularia californica
F: Lauraceae
Der Geruch der zerriebenen Blätter kann Kopfschmerzen hervorrufen. Die nordamerikanische Art blüht im Winter.

ESSBARE FRUCHT

18 m

AVOCADO
Persea americana
F: Lauraceae
Avocado-Bäume werden heute ihrer essbaren Früchte wegen vielerorts kultiviert. Die Art stammt aus Regenwaldgebieten im Süden Mexikos.

Die weißen oder dunkelrosa Blüten öffnen sich im zeitigen Frühjahr.

DUFTENDE BLÜTEN

IMMERGRÜNE BLÄTTER

20 m

YLANG-YLANG
Cananga odorata
F: Annonaceae
Das Öl aus den duftenden Blüten wird Parfüms zugesetzt. Der immergrüne Baum ist in Teilen Asiens und in Australien heimisch.

8 m

ZIMTAPFEL
Annona squamosa
F: Annonaceae
Man vermutet, dass der Zimtapfel aus der Karibik stammt. Er wird vielerorts kultiviert, denn das Fruchtfleisch ist essbar und schmeckt wie Eiercreme.

GLÄNZENDE BLÄTTER

MUSKATNUSS
Myristica fragrans
F: Myristicaceae
Die Gewürze Muskatnuss und Muskatblüte (Macis) sind Samen und Samenmantel dieser Art. Sie stammt von den indonesischen Banda-Inseln.

Macis

SAMEN MIT SAMENMANTEL

18 m

8 m

BLÄTTER

ESSBARE FRÜCHTE

DREILAPPIGE PAPAU
Asimina triloba
F: Annonaceae
Dieser Laubbaum ist in feuchten Wäldern im Osten der USA heimisch. Er trägt essbare Früchte.

MONOKOTYLEDONEN

Monokotyledonen oder einkeimblättrige Pflanzen weisen typische Merkmale auf. Zu ihnen gehören unter anderem Gräser, Palmen, Lilien und Orchideen.

Früh in der Evolution der Blütenpflanzen spaltete sich der Stammbaum in zwei Hauptäste auf. Ein kleiner, aber noch heute bedeutender Ast entwickelte sich zu den Monokotyledonen, der größere zu den Eudikotyledonen. Die Bezeichnung »Monokotyledonen« bezieht sich auf die Samen, in denen nur ein Keimblatt (Kotyledone) angelegt ist. Sonst gibt es kein eindeutiges Merkmal für eine Einkeimblättrige, aber mehrere Hinweise. Die meisten Arten haben schmale Blätter mit parallelen Adern, die Blütenteile sind in Dreizahl oder einem Vielfachen von drei vorhanden. Die Pollenkörner haben eine einzige Keimfurche (die der Eudikotyledonen haben drei). Bei vielen Blüten sind Kelch- und Kronblätter kaum zu unterscheiden und werden als Tepalen bezeichnet. Dieses Merkmal zeigen aber auch viele Magnoliidae.

Monokotyledonen haben meist statt einer Hauptwurzel viele Adventivwurzeln. Ein weiteres wichtiges Merkmal, das nur unter dem Mikroskop zu erkennen ist, betrifft den Bau der Sprossachse. Bei Monokotyledonen sind die Leitbündel (die spezialisierten Gewebe, die Wasser und Assimilate transportieren) zerstreut angeordnet. Bei Eudikotyledonen hingegen bilden sie einen Ring nahe der Epidermis. Deshalb sind die Sprossachsen der Einkeimblättrigen biegsamer, aber sie können sich nicht so gut zu Baumstämmen entwickeln. Baumähnliche Formen bilden vor allem die Palmen aus. Ihr Wachstum unterscheidet sich stark von dem typischer Laub- und Nadelbäume. Die Stämme wachsen in die Höhe, verdicken sich dabei aber nicht. Sie tragen meist eine einzige Blattrosette.

ÜBERLEBENSSTRATEGIEN

Kleinere Monokotyledonen sind sehr vielgestaltig. Zu ihnen gehören Kletterpflanzen und Wasserpflanzen, die schwierige Bedingungen mit unterirdischen Speicherorganen wie Zwiebeln oder Knollen überdauern. Gräser überstehen starke Beweidung und sind die einzige Pflanzenfamilie, die einen ganzen Vegetationstyp bilden, die Grasländer. In den Tropen sind viele Einkeimblättrige Epiphyten, die auf anderen Bäumen wachsen, darunter viele Bromelien und Orchideen.

ABTEILUNG	ANGIOSPERMAE
KLADE	MONOCOTYLEDONEAE
ORDNUNGEN	11
FAMILIEN	81
ARTEN	58 000

STREITFRAGE

LIEGEN DIE URSPRÜNGE IM SÜSSWASSER?

Zu den heute vorkommenden Einkeimblättrigen gehören viele Süßwasserpflanzen und einige der wenigen Blütenpflanzen, die im Meer wachsen. Eine Theorie besagt, dass sich die Gruppe ursprünglich im Süßwasser entwickelt hat und später das Festland besiedelte und vielfältiger wurde. Dafür würden die langen, dünnen Blätter vieler Arten und auch der innere Bau der Sprossachse sprechen (siehe links). Nach der Besiedlung des Festlands hätten sich dann einige Arten wieder zu aquatischen Formen entwickelt, darunter die Wasserlinsen.

ACORALES

Nur eine Gattung mit zwei Arten bildet die Ordnung Acorales. Diese Pflanzen nasser Standorte bringen einen fleischigen Kolben mit kleinen Blüten hervor und wurden früher den Aronstabgewächsen zugeordnet (siehe rechts). Botaniker glauben heute, dass sie einen frühen Zweig im Stammbaum der Monokotyledonen repräsentieren und Hinweise geben, wie die ersten dieser Pflanzen ausgesehen haben könnten.

1 m

KALMUS
Acorus calamus
F: Acoraceae
Diese Uferpflanze, die man ihres Zitrusdufts wegen früher auf Fußböden streute, kommt auf der gesamten Nordhalbkugel vor.

ALISMATALES

Zur Ordnung gehören viele häufige Wasserpflanzen und die Familie Araceae (Aronstabgewächse), die vor allem auf dem Land verbreitet ist. Bei den oft sehr auffälligen Aronstabgewächsen sind die Strukturen zur Fortpflanzung charakteristisch gebaut: Die kleinen Blüten sitzen an einem fleischigen Kolben, dem sogenannten Spadix, die von einer Spatha umgeben ist. Zu den anderen Familien der Ordnung gehören viele Süßwasserpflanzen und verschiedene Meeresgräser.

GEWÖHNLICHER FROSCHLÖFFEL
Alisma plantago-aquatica
F: Alismataceae
Diese Uferpflanze ist auf der Nordhalbkugel häufig. Die weißen oder rosa Blüten welken nach einem Tag.

1 m

Blätter elliptisch bis eiförmig

KAP-WASSERÄHRE
Aponogeton distachyos
F: Aponogetonaceae
Diese südafrikanische Pflanze wurde vielerorts eingebürgert. Die nach Vanille duftenden Blüten öffnen sich direkt über der Wasseroberfläche.

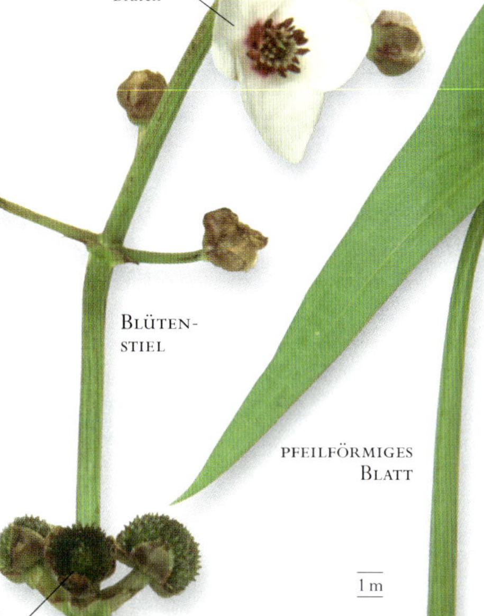

GEWÖHNLICHES PFEILKRAUT
Sagittaria sagittifolia
F: Alismataceae
Diese Art europäischer Feuchtgebiete bildet über der Wasseroberfläche pfeilförmige, unterhalb bandförmige und manchmal schwimmende Blätter aus.

RIESENBLÄTTRIGES PFEILKRAUT
Alocasia macrorrhizos
F: Araceae
Diese Art, deren Heimat nicht bekannt ist, kommt in ganz Asien und der Pazifikregion vor und wird als Zierpflanze kultiviert.

GEFLECKTER ARONSTAB
Arum maculatum
F: Araceae
Der Kolben dieser europäischen Art blüht im Frühjahr und erwärmt sich, um Bestäuber anzulocken. Im Sommer entstehen giftige rote Beeren.

GEWÖHNLICHER FEUERKOLBEN
Arisarum vulgare
F: Araceae
Die Spatha dieser im Mittelmeergebiet verbreiteten Art wölbt sich wie eine Haube über den Kolben.

GOLDENE KALLA
Zantedeschia elliottiana
F: Araceae
Diese auffällige Pflanze kennt man nur in Kultur. Ihre wilden Verwandten kommen in Südafrika vor allem in Feuchtgebieten vor.

WASSERSALAT
Pistia stratiotes
F: Araceae
Das salatähnliche Mitglied der Familie der Aronstabgewächse schwimmt weltweit auf warmen Süßgewässern. Oft wuchert es Wasserstraßen zu.

FENSTERBLATT
Monstera deliciosa
F: Araceae
Ältere Blätter dieser mittelamerikanischen Kletterpflanze sind aufgespalten und durchlöchert. Das Fensterblatt ist eine beliebte Zimmerpflanze.

DIEFFENBACHIE
Dieffenbachia seguine
F: Araceae
Diese Art amerikanischer Tropenwälder verursacht schmerzhafte Schwellungen, wenn man sie kaut. Zimmerpflanzen haben attraktive Blätter.

KLETTERNDER PHILODENDRON
Philodendron hederaceum
F: Araceae
Die schnell kletternde Art aus Mittelamerika ist eine beliebte Zimmerpflanze.

TARO
Colocasia esculenta
F: Araceae
Diese Pflanze, die im tropischen Asien und der Pazifikregion heimisch ist, wird ihrer essbaren Rhizomknollen wegen seit langer Zeit angebaut.

BUCKLIGE WASSERLINSE
Lemna gibba
F: Araceae
Trotz ihres abweichenden Aussehens sind Wasserlinsen Aronstabgewächse. Die Pflanzen sind bis 5 mm breit.

DRACHENWURZ
Dracunculus vulgaris
F: Araceae
Diese Art der Mittelmeerregion lockt mit ihrer dunkelroten Spatha und dem Geruch nach verwesendem Fleisch Fliegen an.

CHINESISCHER FEUERKOLBEN
Arisaema consanguineum
F: Araceae
Aus dem östlichen Himalaya und China stammt dieses Aronstabgewächs mit gestreifter Spatha. Alle Teile der Pflanze sind giftig.

WURZELLOSE ZWERGWASSERLINSE
Wolffia arhiza
F: Araceae
Diese Wasserlinse ist die kleinste Blütenpflanze der Erde: Die Sprossglieder sind nur 1 mm breit.

TITANENWURZ
Amorphophallus titanum
F: Araceae
Nachdem der 3 m lange Blütenstand abgestorben ist, treibt an dieser Art aus Sumatra ein einziges langlebiges Blatt aus.

GELBE SCHEINKALLA
Lysichiton americanum
F: Araceae
Die Gelbe Scheinkalla, die aus Feuchtgebieten im westlichen Nordamerika stammt, verströmt einen strengen Geruch, um Insekten anzulocken.

SCHLANGENWURZ
Calla palustris
F: Araceae
Diese Art der Feuchtgebiete und seichten Gewässer ist eine beliebte Zierpflanze. Sie ist in kühlen Regionen der Nordhalbkugel heimisch.

SCHWANENBLUME
Butomus umbellatus
F: Butomaceae
Die attraktive Uferpflanze ist das einzige in Eurasien heimische Mitglied seiner Familie. In Nordamerika gilt die Art als invasiv.

»

» ALISMATALES

DICHTBLÄTTRIGE WASSERPEST
Egeria densa
F: Hydrocharitaceae
Diese Wasserpest, die aus dem Südosten Brasiliens stammt, wuchert heute in manchen Regionen Wasserwege zu und muss beseitigt werden.

SCHWIMMENDES LAICHKRAUT
Potamogeton natans
F: Potamogetonaceae
Breite Schwimm- und schmale Tauchblätter bildet diese Süßwasserpflanze aus. Sie ist auf der gesamten Nordhalbkugel verbreitet.

POSIDONIA OCEANICA
F: Posidoniaceae
Dieses Seegras aus dem Mittelmeer ist mit dem Froschbiss verwandt. Die Unterwasserblätter entspringen in bis zu 30 m Tiefe.

VALLISNERIA AMERICANA
F: Hydrocharitaceae
Die Süßwasserart ist in Nordamerika verbreitet. Die männlichen Blüten brechen ab und treiben im Wasser. Treffen sie auf eine weibliche Blüte, bestäuben sie diese.

EUROPÄISCHER FROSCHBISS
Hydrocharis morsus-ranae
F: Hydrocharitaceae
Mit Ausläufern verbreitet sich diese frei schwimmende europäische Süßwasserpflanze. Männliche und weibliche Blüten erscheinen an verschiedenen Pflanzen.

GEWÖHNLICHES SEEGRAS
Zostera marina
F: Zosteraceae
Auf sandigen Meeresböden der Nordhalbkugel bildet diese Pflanze Unterwasserwiesen, die bedeutende marine Lebensräume sind.

ASPARAGALES

Zu dieser vielfältigen Ordnung gehören beliebte Gartenflanzen wie Narzissen und Iris, an Wüstengebiete angepasste Pflanzen wie Agaven, einige Bäume und die hochspezialisierten Orchideen. Viele der Arten wurden früher der Ordnung Liliales zugeordnet. Genetische Untersuchungen haben aber gezeigt, dass die Asparagales eine einzige Verwandtschaftsgruppe darstellen.

KÜCHEN-ZWIEBEL
Allium cepa
F: Alliaceae
Im Alten Ägypten wurde die Küchen-Zwiebel bereits vor mindestens 5000 Jahren angebaut.

KUGEL-LAUCH
Allium sphaerocephalon
F: Alliaceae
Die europäische Verwandte der Küchen-Zwiebel bevorzugt kalkhaltige Böden. Sie wird ihrer kugeligen Blütenstände wegen kultiviert.

BÄR-LAUCH
Allium ursinum
F: Alliaceae
Diese europäische Pflanze, die mit Knoblauch verwandt ist und ähnlich riecht, bildet im Frühjahr auf dem Waldboden oft ausgedehnte Bestände.

AFRIKANISCHE SCHMUCKLILIE
Agapanthus africanus
F: Agapanthaceae
Aus Südafrika stammt diese langstielige Art. Sie übersteht Brände und treibt aus einem fleischigen unterirdischen Rhizom wieder aus.

KLEINES SCHNEEGLÖCKCHEN
Galanthus nivalis
F: Amaryllidaceae
Die drei weißen Kelchblätter der Blüten dieser europäischen Art sind viel länger als die Kronblätter.

45 cm

ZIMMER-CLIVIE
Clivia minima
F: Amaryllidaceae
Viele Sorten der südafrikanischen Art hat man ihrer auffälligen Blüten und immergrünen Blätter wegen gezüchtet.

1,5 m

HAKENLILIE
Crinum × powellii
F: Amaryllidaceae
Die Zwiebelpflanze ist eine Hybride aus zwei südafrikanischen *Crinum*-Arten.

Tragblätter schützen den sich entwickelnden Blütenstand.

trompetenförmige Blüten

75 cm

auffällige Blüte mit sechs Tepalen

RITTERSTERN, »AMARYLLIS«
Hippeastrum spec.
F: Amaryllidaceae
Diese Gattung auffälliger Zwiebelpflanzen ist in wärmeren Teilen Amerikas heimisch. Es gibt viele Kultursorten und Hybriden.

1 m

DICHELOSTEMMA IDA-MAIA
F: Asparagaceae
Diese Art der Waldländer Oregons und des nördlichen Kaliforniens hat attraktive röhrenförmige Blüten und ist eine beliebte Gartenpflanze.

Rosette aus graugrünen fleischigen Blättern

8 m

HUNDERTJÄHRIGE AGAVE
Agave americana
F: Asparagaceae
Aus Mexiko und dem Südwesten der USA stammt diese Sukkulente. Sie blüht nach vielen Jahren ein einziges Mal und stirbt dann ab.

60 cm

GRÜNLILIE
Chlorophytum comosum
F: Asparagaceae
Die Grünlilie, an deren herabhängenden Ausläufern sich neue Pflänzchen bilden, ist eine Form einer afrikanischen Art und eine beliebte Zimmerpflanze.

70 cm

zart gefiederte Blätter

steife immergrüne Blätter

2 m

GEMÜSE-SPARGEL
Asparagus officinalis
F: Asparagaceae
Aus Europa stammt der Gemüse-Spargel, der wegen seiner zarten jungen Sprosse angebaut wird. Sticht man die »Stangen« nicht, entwickelt sich eine filigrane Pflanze.

50 cm

5 m

herabhängende glockenförmige Blüten

15 m

NARZISSE
Narcissus pseudonarcissus
F: Amaryllidaceae
Die Stammart vieler Kultursorten stammt aus europäischem Bergland und Wäldern und ist heute gefährdet.

ASTLOSE GRASLILIE
Anthericum liliago
F: Asparagaceae
Diese europäische Graslilie liebt sonnige Hänge und andere offene Standorte. Sie bevorzugt kalkhaltige Böden.

KERZEN-PALMLILIE
Yucca gloriosa
F: Asparagaceae
Wie alle Palmlilien hat sich diese Art aus dem Südosten der USA eng an eine Yuccamotte angepasst, die die Blüten bestäubt.

JOSUA-PALMLILIE
Yucca brevifolia
F: Asparagaceae
Diese verholzende Palmlilie stammt aus der Mojave-Wüste in den USA. Man vermutet, dass sie mehrere Hundert Jahre alt werden kann.

»

GEWÖHNLICHES MAIGLÖCKCHEN
Convallaria majalis
F: Asparagaceae
Das süßlich duftende Maiglöckchen der gemäßigten Breiten Eurasiens bildet giftige rote Beeren.

VIELBLÜTIGE WEISSWURZ
Polygonatum multiflorum
F: Asparagaceae
Die eurasische Art kommt vor allem in Mischwäldern vor. Sie trägt geruchlose Blüten.

STACHLIGER MÄUSEDORN
Ruscus aculeatus
F: Asparagaceae
Blüten und Früchte erscheinen auf den »Blättern« (umgebildeten Kurztrieben) dieses europäischen Strauchs.

WEISSE MEERZWIEBEL
Drimia maritima
F: Asparagaceae
Diese Zwiebelpflanze der Mittelmeerküste bildet im Spätsommer, nachdem die Blätter verwelkt sind, eine hohe Ähre mit weißen Blüten.

GEWÖHNLICHE SCHUSTERPALME
Aspidistra elatior
F: Asparagaceae
Die Art aus Wäldern Japans ist eine beliebte Zimmerpflanze. Die kleinen violetten Blüten öffnen sich in Bodennähe.

STERN VON BETHLEHEM
Ornithogalum umbellatum
F: Asparagaceae
Die verbreitete europäische Pflanze schließt ihre Blüten bei trübem Wetter rasch. Die schmalen Blätter haben einen weißen Mittelstreifen.

SCHWIEGERMUTTERZUNGE
Sansevieria trifasciata
F: Asparagaceae
Diese Art aus den Tropen Westafrikas ist mit ihren gemusterten Blättern eine beliebte Zimmerpflanze. Sie wird auch als Faserpflanze genutzt.

PERUANISCHER BLAUSTERN
Scilla peruviana
F: Asparagaceae
Bei dieser südwesteuropäischen Zwiebelpflanze treiben an der Basis lange, breite Blätter aus.

BINSENLILIE
Aphyllanthes monspeliensis
F: Asparagaceae
Wenn sie nicht blüht, sieht diese mediterrane Pflanze wie ein Büschel Binsen aus, denn die schlanken Sprosse tragen kaum Blätter.

HYAZINTHE
Hyacinthus orientalis
'Blue jacket'
F: Asparagaceae
Dies ist eine von vielen duftenden Sorten, die während der letzten Jahrhunderte aus einer südwestasiatischen Art gezüchtet wurden.

ECHTE KAPHYAZINTHE
Lachenalia aloides
F: Asparagaceae
Diese Zwiebelpflanze aus der Kapregion Afrikas bildet nur ein Paar streifenförmiger Blätter aus.

FUNKIE
Hosta 'Halycon'
F: Asparagaceae
Diese Funkie ist eine von vielen Gartensorten. Die schattentoleranten Arten der Gattung *Hosta* stammen aus Nordost-Asien.

HASENGLÖCKCHEN
Hyacinthoides non-scripta
F: Asparagaceae
Im Frühjahr bilden die blauen Blüten dieser westeuropäischen Zwiebelpflanze mancherorts herrliche ausgedehnte Teppiche.

ESSBARE PRÄRIELILIE
Camassia quamash
F: Asparagaceae
Die essbaren Zwiebeln dieses Frühjahrsblühers aus dem westlichen Nordamerika waren für indigene Völker Amerikas ein Grundnahrungsmittel.

ECHTER DRACHENBAUM
Dracaena draco
F: Asparagaceae
In seiner Heimat, den Kanarischen Inseln, ist der auffällige Baum heute selten. Als Zierpflanze hat er überlebt. Sein roter Saft wird »Drachenblut« genannt.

SCHOPFIGE TRAUBENHYAZINTHE
Muscari comosum
F: Asparagaceae
Die Blütenstände dieser mediterranen Art tragen fertile und sterile Blüten. Letztere bilden den violetten Schopf.

THYSANOTUS TUBEROSUS
F: Asparagaceae
Die Blüten dieser Fransenlilie aus Südost-Australien öffnen sich nur für einen Tag.

CORDYLINE AUSTRALIS
F: Asparagaceae
Diese Keulenlilie, hier eine junge Pflanze, bringt ein Büschel duftender Blüten hervor. Für die Maori Neuseelands war er früher eine wichtige Nahrungsquelle.

SAAT-SIEGWURZ
Gladiolus italicus
F: Iridaceae
Zwischen März und Juni blüht dieses Schwertliliengewächs aus dem Mittelmeerraum.

DEUTSCHE SCHWERTLILIE
Iris × germanica
F: Iridaceae
Häufig sieht man diese Hybride in Gärten. Sie stammt vermutlich aus Südost-Europa und wurde in vielen Regionen eingebürgert.

MONTBRETIE
Crocosmia × crocosmiiflora
F: Iridaceae
Im 19. Jahrhundert züchtete man diese Hybride aus zwei südafrikanischen Arten. Die beliebte Gartenpflanze kann stark wuchern.

GESTREIFTES GRASSCHWERTEL
Sisyrinchium striatum
F: Iridaceae
Diese Vertreterin einer großen neuweltlichen Gattung, die in Chile und Argentinien heimisch ist, trägt helle Blüten mit feinen violetten Streifen.

FREESIE
Freesia × kewensis
F: Iridaceae
Diese Freesie mit südafrikanischen Vorfahren ist eine süß duftende Gartenhybride der Nordhalbkugel.

BLANDFORDIA GRANDIFLORA
F: Blandfordiaceae
Nektar trinkende Vögel besuchen die großblütige Art der australischen Ostküste. Die Blätter sind grasähnlich.

ECHTER SAFRAN
Crocus sativus
F: Iridaceae
Die getrockneten Narbenäste dieses kultivierten Krokus aus der Mittelmeerregion ergeben das gelb färbende Gewürz Safran.

GYNANDRIRIS SISYRINCHIUM
F: Iridaceae
Mit einer Knolle überdauert diese Iris aus der Mittelmeerregion ungünstige Zeiten.

»

KAPPEN-STÄNDEL
Calypso bulbosa
F: Orchidaceae
Diese duftende, einblütige Orchidee, die in kühleren Regionen der Nordhalbkugel verbreitet ist, wächst in Sümpfen und Mooren.

ONCIDIUM SPEC.
F: Orchidaceae
Zu dieser Gattung breitlippiger Orchideen, die im tropischen Amerika heimisch sind, gehören etwa 400 epiphytische Arten.

CYMBIDIUM TRACYANUM
F: Orchidaceae
Der Epiphyt aus Burma, Thailand und dem Südwesten Chinas trägt im Herbst stark duftende Blüten.

PHRAGMIPEDIUM × SEDENII
F: Orchidaceae
Diese duftende Orchidee ist eine Hybride aus Arten der Gattung *Phragmipedium*, die im tropischen Amerika vorkommen.

DIPODIUM SQUAMATUM
F: Orchidaceae
Nur wenn sie eine Symbiose mit einem Wurzelpilz bildet, kann diese blattlose australische Orchidee gedeihen. Sie wächst in Wäldern.

WEISSE WALDHYAZINTHE
Platanthera bifolia
F: Orchidaceae
In verschiedenen Lebensräumen der gemäßigten Regionen Eurasiens kommt diese süßlich duftende Orchidee vor. Sie wird von Nachtfaltern bestäubt.

PYRAMIDEN-HUNDSWURZ
Anacamptis pyramidalis
F: Orchidaceae
Die Blüten dieser kalkliebenden Art aus den gemäßigten Breiten Eurasiens werden von Schmetterlingen bestäubt.

KURZSTÄNGELIGER FRAUENSCHUH
Cypripedium acaule
F: Orchidaceae
Die Art aus dem östlichen Nordamerika bevorzugt saure Böden, etwa in Kiefernwäldern.

PAPHIOPEDILUM VILLOSUM
F: Orchidaceae
Aus dieser Venusschuh-Art, die in Südchina und Teilen Südost-Asiens heimisch ist, hat man viele Ziersorten gezüchtet.

MASDEVALLIA WAGNERIANA
F: Orchidaceae
Die Kelchblätter dieser kleinen epiphytischen Orchidee aus den Gebirgen im Norden Venezuelas tragen schmale Anhängsel, ein Merkmal der Gattung.

Blüten mit drei Kelch- und drei Kronblättern

ORANGE GUARIANTHE
Guarianthe aurantiaca
F: Orchidaceae
Diese epiphytische Art stammt aus dem tropischen Mittelamerika. Viele Ziersorten und Hybriden wurden daraus gezüchtet.

Kronblätter mit fransigem Saum

PLEIONE FORMOSANA
F: Orchidaceae
Während der Wintermonate stirbt diese kleine, im Boden wurzelnde Orchidee ab. Sie ist in Teilen Chinas heimisch.

ROTES WALDVÖGELEIN
Cephalanthera rubra
F: Orchidaceae
Die hübsche Art mit pinkfarbenen oder violetten Blüten findet man von Europa bis nach Zentralasien in offenen Wäldern.

VIOLETTER DINGEL
Limodorum abortivum
F: Orchidaceae
Diese südeuropäische Orchidee hat keine grünen Blätter. Die feinen Wurzeln nehmen Nährstoffe aus Pilzfäden eines Symbiosepartners auf.

80 cm

***DENDROBIUM* SPEC.**
F: Orchidaceae
Mit über 1000 Arten in verschiedenen Formen, Farben und Größen kommt diese Gattung epiphytischer Orchideen von Südost-Asien bis Neuseeland vor.

2 m

1 m

SCHMETTERLINGSORCHIDEE
Phalaenopsis 'Lipperose'
F: Orchidaceae
Diese Hybride ist eine von vielen, die aus Arten der südostasiatischen Gattung *Phalaenopsis* gezüchtet wurden.

30 cm

SERAPIAS LINGUA
F: Orchidaceae
Die Lippe dieser ungewöhnlichen mediterranen Orchidee hängt wie eine Zunge herab. Sie bietet bestäubenden Insekten eine Landeplattform.

90 cm

BOCKS-RIEMENZUNGE
Himantoglossum hircinum
F: Orchidaceae
Bei der größten europäischen Orchidee sind die mittleren Lappen der Lippen lang und verdreht. Sie riecht stark nach Ziegenbock.

Blüte mit drei Kelch- und zwei Blütenblättern

60 cm

1 m

60 cm

Kelchblatt

30 cm

HELM-KNABENKRAUT
Orchis militaris
F: Orchidaceae
Die Blüten dieser kalkliebenden eurasischen Orchidee erinnern an kleine Figuren, die riesige Helme tragen.

DIURIS CORYMBOSA
F: Orchidaceae
Aus dem Südosten und Südwesten Australiens stammt diese Art. In ihrer Heimat wird sie Donkey Orchid genannt, denn die Blütenblätter ähneln Eselsohren.

SAMENKAPSEL

IMMERGRÜNE BLÄTTER

***VANDA* 'Rothschildiana'**
F: Orchidaceae
Diese Sorte entstand durch Kreuzung von Arten aus der Gattung *Vanda*. Das sind epiphytische Orchideen aus dem tropischen Asien.

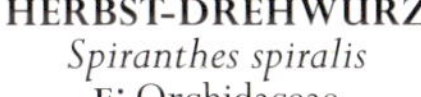

ECHTE VANILLE
Vanilla planifolia
F: Orchidaceae
Aus Mexiko und Mittelamerika stammt diese Kletterpflanze, die uns die Vanilleschoten liefert.

***PTEROSTYLIS* SPEC.**
F: Orchidaceae
Bei dieser vor allem in Australien vorkommenden Gattung epiphytischer Orchideen bilden die oberen Kelchblätter eine Haube über der Blüte.

HERBST-DREHWURZ
Spiranthes spiralis
F: Orchidaceae
Bei der kleinen Art, die auf Mager- und Trockenrasen in gemäßigten Regionen Eurasiens vorkommt, sind die Blüten spiralig angeordnet.

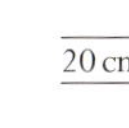

lanzettliche Blätter

20 cm

Blüte ähnelt einer Biene oder Hummel.

Blüte lockt bestäubende Insekten an.

Kelchblatt bildet eine Haube.

Staubblatt mit Pollen

1 m

40 cm

50 cm

Lippe schließt sich bei Berührung um das Insekt, sodass Pollen angeheftet wird.

35 cm

BRAUNROTE STÄNDELWURZ
Epipactis atrorubens
F: Orchidaceae
Mit ihren langen Wurzeln kann diese duftende eurasische Orchidee sogar Spalten in Kalkfelsen besiedeln.

PHAIUS TANKERVILLEAE
F: Orchidaceae
Die duftende Orchidee wird häufig kultiviert. Ihre Heimatregion ist das tropische und subtropische Südost-Asien und der südpazifische Raum.

BIENEN-RAGWURZ
Ophrys apifera
F: Orchidaceae
Bei den Mitgliedern dieser Gattung locken die Blüten bestäubende Insekten an, indem sie weibliche Insekten nachahmen. Diese Art bestäubt sich aber häufig selbst.

»

Weißliches Kronblatt bildet eine Lippe, die wie eine Flagge bestäubende Insekten anlockt.
Die drei äußeren Kelchblätter schließen die Knospe ein.

∨ **AUSBREITUNG**
Dinema polybulbon überwuchert ihre Unterlage, sei es ein Fels oder eine andere Pflanze. Sie bildet dichte Matten aus einem Geflecht waagrechter Triebe (Ausläufer).

DINEMA POLYBULBON

Diese kleine Orchidee ist die einzige Art der Gattung *Dinema*. Üppig wuchert sie als Epiphyt auf Bäumen oder als Lithophyt auf Felsen. Die Nährstoffe nimmt sie aus der Luft oder tierischen und pflanzlichen Abfallstoffen auf, Wasser liefern ihr Regen oder Nebel. Die Feuchtigkeit sammelt sich auf den dicken, mit einer Wachsschicht überzogenen Blättern. Die Spaltöffnungen sind reduziert, was die Verdunstung herabsetzt. Die Blätter leiten Wasser in verdickte Teile der Sprossachse, die Pseudobulben. Mit diesen Speicherorganen übersteht die Orchidee tropische Trockenzeiten. Die Pseudobulben entspringen waagrecht verlaufenden Rhizomen, denen im Substrat verankerte Wurzeln sowie Luftwurzeln entspringen. Diese nehmen mit ihrer äußeren Zellschicht, dem Velamen, Nährstoffe auf.

Im Winter entwickelt sich aus jeder Pseudobulbe eine einzige Blüte. Diese Art, die Fröste bis –10 °C erträgt, ist bei Orchideensammlern sehr begehrt.

GRÖSSE Höhe etwa 7,5 cm
LEBENSRAUM feuchter Mischwald
VERBREITUNG Mexiko, Mittelamerika, Jamaika, Kuba
BLATTTYP parallele Blattadern

Kerbe an der Blattspitze

PSEUDOBULBE >
Diese ovalen, zwiebelähnlichen Gebilde, die an waagrechten Ausläufern entspringen, speichern Wasser, das in Trockenzeiten verbraucht wird.

∧ BLÜTE
Der Pseudobulbe entspringt eine kleine, süß riechende Blüte mit gelbbraunen Kelchblättern, violetten Kronblättern und weißer Lippe.

< POLLENSÄCKE
Die Pollenkörner werden in den Pollensäcken gebildet. Sie sind zu Klumpen verklebt, den Pollinien, die dem Bestäuber angeheftet werden.

< LUFTWURZELN
Die Luftwurzeln entspringen über der Erde. Die älteren Teile der Wurzel sind von einer Schicht aus toten Zellen umgeben, die wie Löschpapier Wasser aufsaugen und speichern.

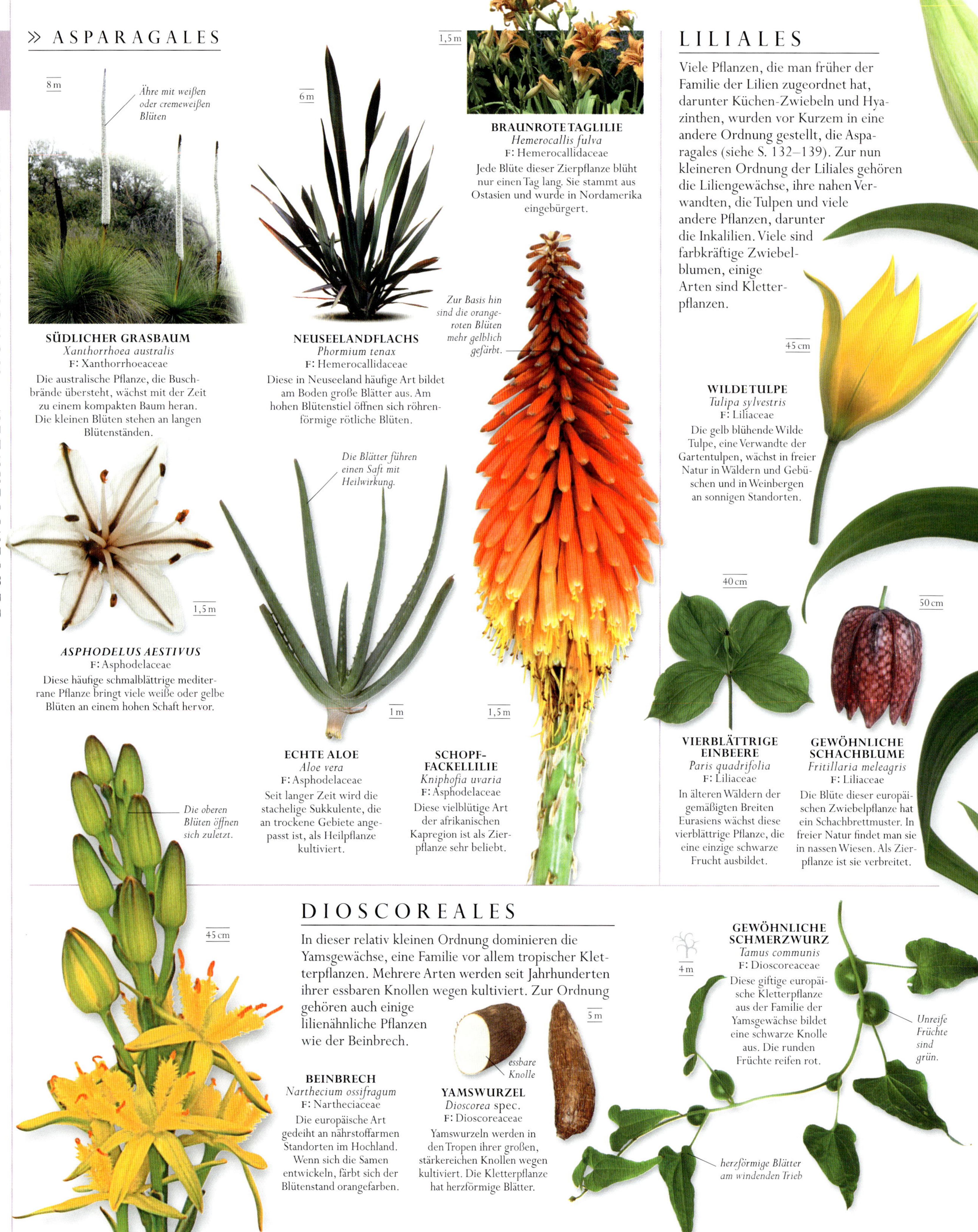

SÜDLICHER GRASBAUM
Xanthorrhoea australis
F: Xanthorrhoeaceae
Die australische Pflanze, die Buschbrände übersteht, wächst mit der Zeit zu einem kompakten Baum heran. Die kleinen Blüten stehen an langen Blütenständen.

NEUSEELANDFLACHS
Phormium tenax
F: Hemerocallidaceae
Diese in Neuseeland häufige Art bildet am Boden große Blätter aus. Am hohen Blütenstiel öffnen sich röhrenförmige rötliche Blüten.

BRAUNROTE TAGLILIE
Hemerocallis fulva
F: Hemerocallidaceae
Jede Blüte dieser Zierpflanze blüht nur einen Tag lang. Sie stammt aus Ostasien und wurde in Nordamerika eingebürgert.

ASPHODELUS AESTIVUS
F: Asphodelaceae
Diese häufige schmalblättrige mediterrane Pflanze bringt viele weiße oder gelbe Blüten an einem hohen Schaft hervor.

ECHTE ALOE
Aloe vera
F: Asphodelaceae
Seit langer Zeit wird die stachelige Sukkulente, die an trockene Gebiete angepasst ist, als Heilpflanze kultiviert.

SCHOPF-FACKELLILIE
Kniphofia uvaria
F: Asphodelaceae
Diese vielblütige Art der afrikanischen Kapregion ist als Zierpflanze sehr beliebt.

LILIALES

Viele Pflanzen, die man früher der Familie der Lilien zugeordnet hat, darunter Küchen-Zwiebeln und Hyazinthen, wurden vor Kurzem in eine andere Ordnung gestellt, die Asparagales (siehe S. 132–139). Zur nun kleineren Ordnung der Liliales gehören die Liliengewächse, ihre nahen Verwandten, die Tulpen und viele andere Pflanzen, darunter die Inkalilien. Viele sind farbkräftige Zwiebelblumen, einige Arten sind Kletterpflanzen.

WILDE TULPE
Tulipa sylvestris
F: Liliaceae
Die gelb blühende Wilde Tulpe, eine Verwandte der Gartentulpen, wächst in freier Natur in Wäldern und Gebüschen und in Weinbergen an sonnigen Standorten.

VIERBLÄTTRIGE EINBEERE
Paris quadrifolia
F: Liliaceae
In älteren Wäldern der gemäßigten Breiten Eurasiens wächst diese vierblättrige Pflanze, die eine einzige schwarze Frucht ausbildet.

GEWÖHNLICHE SCHACHBLUME
Fritillaria meleagris
F: Liliaceae
Die Blüte dieser europäischen Zwiebelpflanze hat ein Schachbrettmuster. In freier Natur findet man sie in nassen Wiesen. Als Zierpflanze ist sie verbreitet.

DIOSCOREALES

In dieser relativ kleinen Ordnung dominieren die Yamsgewächse, eine Familie vor allem tropischer Kletterpflanzen. Mehrere Arten werden seit Jahrhunderten ihrer essbaren Knollen wegen kultiviert. Zur Ordnung gehören auch einige lilienähnliche Pflanzen wie der Beinbrech.

BEINBRECH
Narthecium ossifragum
F: Nartheciaceae
Die europäische Art gedeiht an nährstoffarmen Standorten im Hochland. Wenn sich die Samen entwickeln, färbt sich der Blütenstand orangefarben.

YAMSWURZEL
Dioscorea spec.
F: Dioscoreaceae
Yamswurzeln werden in den Tropen ihrer großen, stärkereichen Knollen wegen kultiviert. Die Kletterpflanze hat herzförmige Blätter.

GEWÖHNLICHE SCHMERZWURZ
Tamus communis
F: Dioscoreaceae
Diese giftige europäische Kletterpflanze aus der Familie der Yamsgewächse bildet eine schwarze Knolle aus. Die runden Früchte reifen rot.

MADONNEN-LILIE
Lilium candidum
F: Liliaceae
Im Christentum ist diese Lilie ein Symbol der Reinheit. Sie ist im östlichen Mittelmeergebiet heimisch und wird vielerorts kultiviert.

GAGEA RETICULARIS
F: Liliaceae
Diese kleine Zwiebelpflanze wächst in weiten Teilen der gemäßigten Regionen Asiens, in Südost-Europa und Nordafrika an offenen Standorten.

TÜRKENBUND-LILIE
Lilium martagon
F: Liliaceae
Die verbreitete eurasische Lilie hat charakteristische zurückgebogene Tepalen.

RUHMESKRONE
Gloriosa superba
F: Colchicaceae
In Wäldern in Südafrika ist diese auffällige Kletterpflanze heimisch, die mit Ranken klettert.

HERBST-ZEITLOSE
Colchicum autumnale
F: Colchicaceae
Die krokusähnlichen Blüten der europäischen Herbst-Zeitlose erscheinen im Herbst Monate vor den Blättern. Obwohl sie giftig ist, wird sie häufig in Gärten gepflanzt.

RIESENLILIE
Cardiocrinum giganteum
F: Liliaceae
Vom Himalaya bis nach China kommt diese Art vor. Sie blüht erst nach mehreren Jahren und stirbt dann ab.

BOMAREA MULTIFLORA
F: Alstroemeriaceae
Diese Kletterpflanze mit ihren auffälligen Blüten ist eine nahe Verwandte der Inkalilien. Sie stammt aus Südamerika.

INKALILIE
Alstroemeria spec.
F: Alstroemeriaceae
Viele beliebte Zierpflanzen gehören dieser lilienähnlichen südamerikanischen Gattung an. Die Blätter verdrehen sich während der Entwicklung.

»

CHILEGLÖCKCHEN
Lapageria rosea
F: Philesiaceae
Diese Art stammt aus temperierten Regenwäldern Chiles und wird ihrer auffälligen glockenförmigen Blüten wegen kultiviert.

RAUE STECHWINDE
Smilax aspera
F: Smilacaceae
Bei dieser Kletterpflanze aus der Mittelmeerregion und Südwest-Asien bilden sich männliche und weibliche Blüten an getrennten Pflanzen.

GERMER
Veratrum spec.
F: Melanthiaceae
Diese Gattung giftiger Pflanzen der Nordhalbkugel bringt verzweigte Blütenstände mit oft grünlichen Blüten hervor.

PANDANALES

Diese Ordnung, zu der über 1300 Bäume, Sträucher, Kräuter und Kletterpflanzen gehören, kommt vor allem in den Tropen vor. Viele Arten ähneln auf den ersten Blick Palmen, haben aber einfachere linealische Blätter. Über die Hälfte gehören zur Gattung *Pandanus* (Schraubenbäume).

PANDANUS TECTORIUS
F: Pandanaceae
Verschiedene Teile dieses Schraubenbaums tropischer Küsten werden seit langer Zeit von Kulturen der pazifischen Inseln verarbeitet.

ARECALES

Diese Ordnung besteht aus einer großen Familie, den Palmen. Sie haben typischerweise einen zentralen Vegetationskegel. Manche sind klein, andere hohe Bäume. Außerdem gibt es viele Arten kletternder Rotangpalmen. Die oft riesigen Blätter sind gefiedert oder fächerförmig. Obwohl man sie im Allgemeinen mit Sandstrand assoziiert, kommen die meisten Arten in tropischen Regenwäldern vor.

MOLUKKEN-ZUCKERPALME
Arenga pinnata
F: Arecaceae
Die in Indien und Südost-Asien heimische Art hat auffällige gelbe Blütenstände.

DATTELPALME
Phoenix dactylifera
F: Arecaceae
Bei dieser Kulturpflanze aus dem Nahen Osten (hier eine junge Pflanze) bilden sich männliche und weibliche Blüten an verschiedenen Pflanzen.

KOKOSPALME
Cocos nucifera
F: Arecaceae
Die Kokospalme, die vielerorts kultiviert wird, stammt wahrscheinlich aus der westlichen Pazifikregion. Mit ihren schwimmenden Früchten besiedelt sie neue Inseln.

BETELPALME
Areca catechu
F: Arecaceae
Diese Palme, die aus Südost-Asien stammt, wird ihrer Samen wegen kultiviert. Kaut man sie, wird eine psychoaktive Substanz freigesetzt.

KALIFORNISCHE WASHINGTONPALME
Washingtonia filifera
F: Arecaceae
Tote Blätter, die unter der Krone herabhängen, bieten Vögeln und Insekten in den Wüsten im Südwesten der USA Schutz.

COPERNICIA MACROGLOSSA
F: Arecaceae
Diese kubanische Palme ist relativ klein. Unter dem Blattschopf hängt ein Ring toter Blätter herab.

GEFIEDERTES BLATT

20 m

REIFE FRUCHT

AFRIKANISCHE ÖLPALME
Elaeis guineensis
F: Arecaceae

Ihrer ölhaltigen Früchte wegen wird die afrikanische Art feuchter tropischer Tiefländer in vielen Regionen der Erde kultiviert.

6 m

HYOPHORBE LAGENICAULIS
F: Arecaceae

Diese Palme mit verdickter Basis stammt von der kleinen Insel Round Island bei Mauritius. Sie ist eine beliebte Zierpalme.

15 m

SAGOPALME
Metroxylon sagu
F: Arecaceae

Diese in Sümpfen vorkommende Palme (hier ein junges Exemplar) stammt wahrscheinlich aus Neuguinea, wächst aber heute überall in Südost-Asien.

20 m

CHINESISCHE HANFPALME
Trachycarpus fortunei
F: Arecaceae

Bei dieser kältetoleranten Art aus Zentralchina bilden sich männliche und weibliche Blüten an verschiedenen Pflanzen.

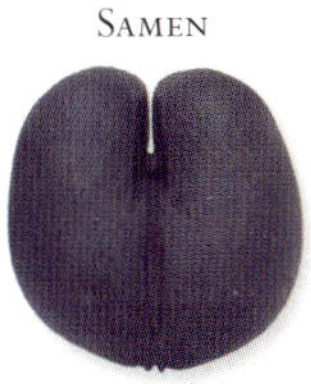

30 m

SAMEN

SEYCHELLENNUSS
Lodoicea maldivica
F: Arecaceae

Die Samen dieser Palme von den Seychellen sind die größten im Pflanzenreich. Es dauert sechs Jahre, bis sie reifen.

25 m

KUBANISCHE KÖNIGSPALME
Roystonea regia
F: Arecaceae

In den Tropen sind viele Alleen mit dieser attraktiven Palme gesäumt. Sie stammt von den karibischen Inseln.

10 m

BASTPALME
Raphia farinifera
F: Arecaceae

Die 20 m langen Blätter dieser Palme aus Afrika und Madagaskar sind die größten Blätter im Pflanzenreich.

20 m

PALMYRAPALME
Borassus flabellifer
F: Arecaceae

Diese hochstämmige Art aus Südasien bevorzugt trockenere Standorte. Man kultiviert sie wegen ihrer Früchte und ihres zuckerhaltigen Safts.

fächerförmiges Blatt mit bis zu 1 m Durchmesser

10 m

KARNAUBAPALME
Copernicia prunifera
F: Arecaceae

Aus Zentral- und Nordost-Brasilien stammt diese Art mit braunen Blüten. Die »Rinde« besteht aus Blattbasen, die Blätter sind mit Wachs überzogen.

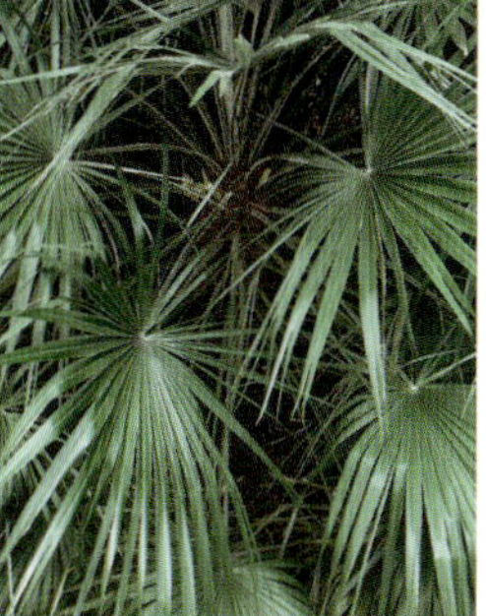

3 m

EUROPÄISCHE ZWERGPALME
Chamaerops humilis
F: Arecaceae

Die Art aus der Mittelmeerregion hat in der Natur oft keinen Stamm. Kultivierte Palmen haben mehrere kurze Stämme.

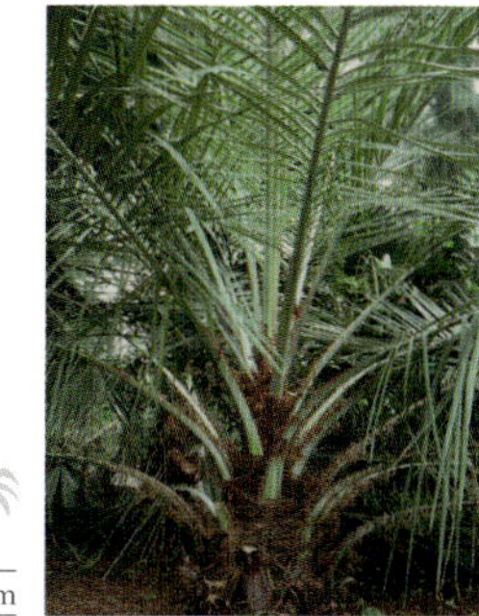

25 m

HONIGPALME
Jubaea chilensis
F: Arecaceae

Diese kältetolerante Palme mit ihrem massiven Stamm ist in Zentralchile heimisch, wo sie heute unter Schutz steht.

COMMELINALES

Zu dieser Ordnung gehören viele meist niedrige Pflanzen vor allem aus wärmeren Regionen der Erde. Viele haben attraktive blaue Blüten mit drei Kronblättern (bei einigen Arten sind sie auf zwei Kronblätter reduziert) und sind beliebte Zierpflanzen. Blätter und Stängel sind oft fleischig und führen einen klebrigen Saft, der an der Luft erstarrt.

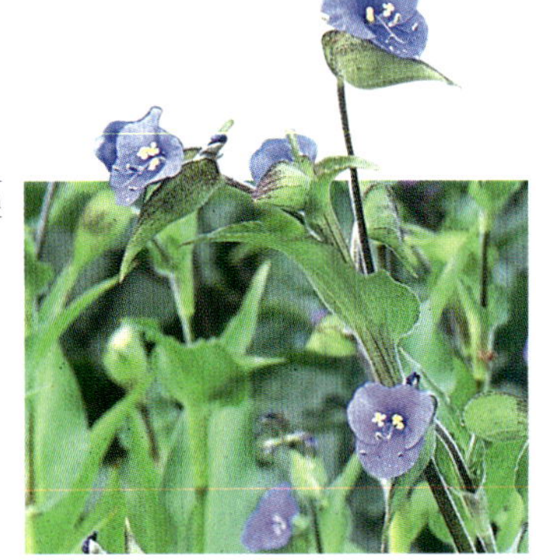
60 cm

COMMELINA COELESTIS
F: Commelinaceae
Diese Art wird manchmal als Bodendecker gepflanzt. Sie stammt aus Mexiko und Mittelamerika.

DICHORISANDRA REGINAE
F: Commelinaceae
In wärmeren Gegenden ist die tropische Waldpflanze aus Peru eine beliebte Gartenpflanze. Sie trägt blaue Blüten mit weißer Mitte.
30 cm

10 cm

KRIECHENDES SCHÖNPOLSTER
Callisia repens
F: Commelinaceae
An Waldrändern der amerikanischen Tropen findet man diese Art. Sie verbreitet sich über die Stängel, die an den Knoten Wurzeln ausbilden.

70 cm
herabhängende Triebe

TRIPOGANDRA MULTIFLORA
F: Commelinaceae
Die in Mittel- und Südamerika heimische Art hat schwache Stängel. Die Blätter sind unterseits violett.

15 cm

SILBER-DREIMASTERBLUME
Tradescantia zebrina
F: Commelinaceae
Diese beliebte Zimmerpflanze stammt aus dem tropischen Amerika.

POALES

Die Gräser herrschen in dieser Ordnung vor. Ihre Blüten sind windbestäubt und brauchen deshalb keine auffälligen Kronblätter. Auch Seggen und Binsen gehören zur Ordnung. Die meisten Bromelien sind Epiphyten: Sie leben auf anderen Pflanzen, beziehen aber keine Nährstoffe von ihnen. Viele bringen bunte Blütenstände hervor, die einer Blattrosette entspringen.

45 cm

GUZMANIA LINGULATA
F: Bromeliaceae
Von Mittelamerika bis nach Brasilien ist diese epiphytische Bromelie verbreitet. Sie ist eine beliebte Zierpflanze.

NIEDERE MOORBINSE
Isolepis cernua
F: Cyperaceae
Diese Binse mit silbrigen Blütenständen ist in den gemäßigten Zonen weit verbreitet.
30 cm

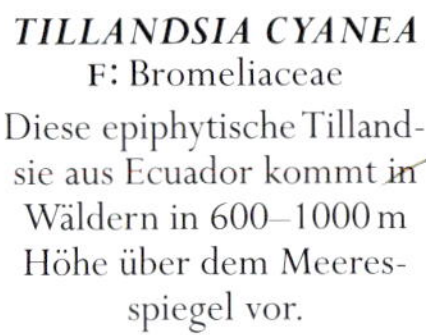

TILLANDSIA CYANEA
F: Bromeliaceae
Diese epiphytische Tillandsie aus Ecuador kommt in Wäldern in 600–1000 m Höhe über dem Meeresspiegel vor.
30 cm

1,5 m
lange, schmale Blätter

ANANAS
Ananas comosus
F: Bromeliaceae
Christoph Kolumbus brachte diese Kulturpflanze mit ihren großen Früchten erstmals nach Europa. Vermutlich stammt sie aus Brasilien.

30 cm
Rote Hochblätter umgeben die Blüten.

NIDULARIUM INNOCENTII
F: Bromeliaceae
Die kleinen Blüten dieser brasilianischen Bromelie sitzen in der Zisternenmitte an einer gestauchten Sprossachse. Der Gattungsname bedeutet »kleines Nest«.

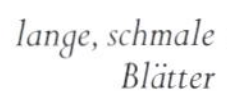

Blütenstiel hängt über.
Blütenstand
In der Zisterne der Blattrosette sammelt sich Regenwasser.
35 cm

TILLANDSIA DYERIANA
F: Bromeliaceae
Wegen der Zerstörung von Mangrovenwäldern in Ecuador ist diese epiphytische Art gefährdet.

Rosette aus stacheligen Blättern
25 cm

DEUTEROCOHNIA LORENTZIANA
F: Bromeliaceae
Aus großer Höhe in den Anden Argentiniens stammt diese Bromelie. Sie wächst am Boden.

30 cm

NEOREGELIA CAROLINAE
F: Bromeliaceae
Zur Blütezeit färben sich die zentralen Blätter dieser brasilianischen Bromelie karminrot. Die Blüten sind blau oder violett.

GROSSE KÄNGURUPFOTE
Anigozanthos flavidus
F: Haemodoraceae

Der deutsche Name dieser Art aus sandigen Gebieten im Südwesten Australiens bezieht sich auf die wollig behaarten Blütenknospen.

WASSERHYAZINTHE
Eichhornia crassipes
F: Pontederiaceae

Diese Wasserpflanze aus Amazonien breitet sich in den Tropen stark aus. Sie kann gepflanzt werden, um Luftschadstoffe zu absorbieren.

HERZFÖRMIGES HECHTKRAUT
Pontederia cordata
F: Pontederiaceae

Die schnellwüchsige Art mit auffälligen blauen Blütenständen ist im östlichen Nordamerika häufig. Andernorts kann sie stark wuchern.

HÄNGE-SEGGE
Carex pendula
F: Cyperaceae

Wie andere Seggen (Gattung *Carex*) hat diese europäische Art dreikantige Halme. Männliche und weibliche Blüten stehen in getrennten Ähren.

CHINESISCHE WASSERNUSS
Eleocharis dulcis
F: Cyperaceae

Die in Ostasien heimische Art bildet hohe, blattlose Halme aus. Sie wird wegen ihrer essbaren Knollen kultiviert.

CYPERUS PAPYRUS
F: Cyperaceae

An Ufern und in Marschen wächst diese hohe afrikanische Art. Die alten Ägypter stellten aus dem Mark ihrer Halme Papyruspapier her.

AECHMEA CHANTINII
F: Bromeliaceae

Diese große epiphytische Bromelie mit spitzen Blättern ist in den Regenwäldern Südamerikas heimisch. Sie wird von Kolibris bestäubt.

HAHNS RIEMENTILLANDSIE
Catopsis hahnii
F: Bromeliaceae

In den Nebelwäldern Südmexikos und Mittelamerikas kommt diese epiphytische Art vor.

PUYA RAIMONDII
F: Bromeliaceae

Die Art aus den Anden ist die größte Bromelie der Erde. Nach vielen Jahren bringt sie einen einzigen Blütenstand hervor und stirbt dann ab.

» POALES

FLATTER-BINSE
Juncus effusus
F: Juncaceae
Auf feuchten bis nassen Böden gedeiht diese verbreitete Binse. Das schwammige Mark der zylindrischen Halme ist nicht gekammert.

GRÖSSTES ZITTERGRAS
Briza maxima
F: Poaceae
Die zart gestielten Ähren des einjährigen europäischen Grases zittern schon bei schwachem Luftzug.

GEWÖHNLICHER GLATTHAFER
Arrhenatherum elatius
F: Poaceae
Diese wilde Verwandte des Hafers ist in Europa weit verbreitet.

GEWÖHNLICHE STRAND-QUECKE
Elymus farctus
F: Poaceae
Die robuste Art besiedelt Sanddünen in Europa. Ihre Wurzeln und Rhizome halten den Sand fest.

WIESEN-KAMMGRAS
Cynosurus cristatus
F: Poaceae
Dieses ausdauernde Gras aus Europa und Westasien ist trittfest und daher in einigen Rasenmischungen enthalten.

WIESEN-KNÄUELGRAS
Dactylis glomerata
F: Poaceae
Auch als Futtergras wird dieses sehr häufige Gras angesät. Der Blütenstand ist unverkennbar. Die Art stammt aus Eurasien und Nordafrika.

HIOBSTRÄNE
Coix lacryma-jobi
F: Poaceae
Die Art stammt aus dem tropischen Asien und wird vielerorts angepflanzt. Die Samen einer Varietät werden als Schmuckperlen verarbeitet.

HASENSCHWANZGRAS
Lagurus ovatus
F: Poaceae
Seiner weichhaarigen Blütenstände wegen wird dieses Gras von den Küstenregionen am Mittelmeer häufig in Trockensträußen verarbeitet.

PFAHLROHR
Arundo donax
F: Poaceae
Das große Gras aus Zentralasien wird auch andernorts in Feuchtgebieten angepflanzt. Die verholzten Halme verwendet man zu verschiedenen Zwecken.

SCHWARZROHRBAMBUS
Phyllostachys nigra
F: Poaceae
Wie alle Bambuspflanzen hat diese Art verholzte Halme. Sie ist in Ost- und Südchina heimisch. Die Bambus-Arten sind die am schnellsten wachsenden verholzten Pflanzen. Einige können an einem Tag bis zu 60 cm wachsen.

ÜBERSEHENER WALCH
Aegilops neglecta
F: Poaceae
Die niedrig bleibende und trockenheitsresistente Verwandte des Weizens ist in Eurasien und Teilen Afrikas heimisch.

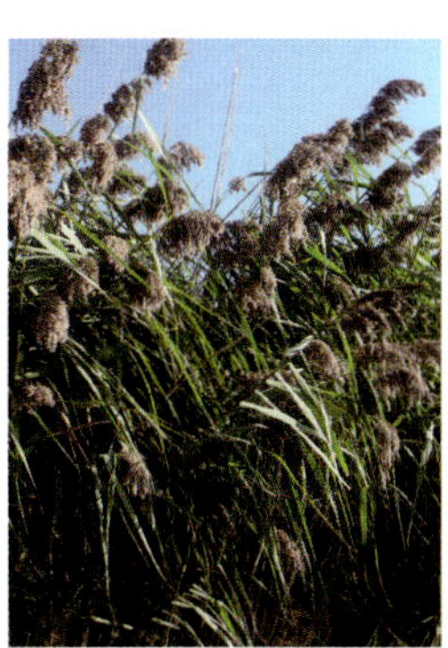

SCHILFROHR
Phragmites australis
F: Poaceae
Schilfrohr, das in gemäßigten und tropischen Regionen in seichtem Wasser wächst, kann mit seinen kriechenden Rhizomen große Gebiete besiedeln.

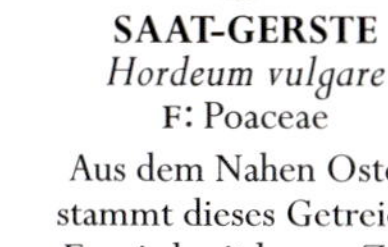

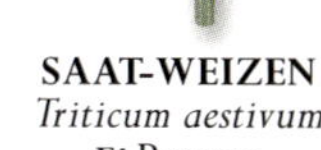

GEWÖHNLICHES RUCHGRAS
Anthoxanthum odoratum
F: Poaceae
Dieses früh blühende Gras enthält Kumarin. Dieser Stoff ist für den angenehmen Geruch frisch gemähter Wiesen verantwortlich.

GEWÖHNLICHER STRANDHAFER
Ammophila arenaria
F: Poaceae
Diese Art wächst auf Sanddünen und stabilisiert den Sand mit seinen langen unterirdischen Sprossachsen und Wurzeln.

SAAT-HAFER
Avena sativa
F: Poaceae
Der Saat-Hafer wird als Getreide und Futterpflanze vielerorts angesät. Er gedeiht in kühlem, feuchtem Klima.

SAAT-GERSTE
Hordeum vulgare
F: Poaceae
Aus dem Nahen Osten stammt dieses Getreide. Es wird seit langer Zeit kultiviert. Charakteristisch sind die langen Grannen.

SAAT-WEIZEN
Triticum aestivum
F: Poaceae
Der Saat-Weizen, der ursprünglich aus dem Nahen Osten stammt, ist das Getreide mit dem weltweit größten Ertrag. Er ist eine Hybride aus wilden und früher kultivierten Weizen-Arten.

GEWÖHNLICHES WEISSES STRAUSSGRAS
Agrostis stolonifera
F: Poaceae
Dieses häufige Gras mit zarten Rispen kommt weltweit vor. Es breitet sich mit unterirdischen Stolonen aus.

DICHTBLÄTTRIGES ZITRONELLAGRAS
Cymbopogon nardus
F: Poaceae
Die Art stammt aus dem tropischen Asien. Sie enthält ein ätherisches Öl, das Parfüms zugesetzt wird.

REIS
Oryza sativa
F: Poaceae
Reis ist in wärmeren Regionen ein Grundnahrungsmittel. Er wird meistens in seichtem Wasser angebaut.

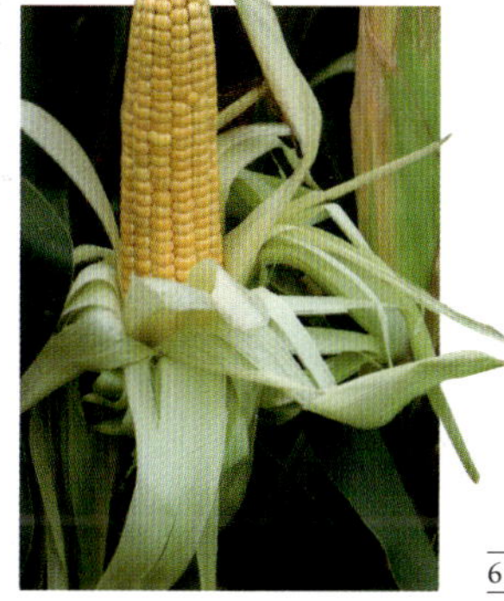

MAIS
Zea mays
F: Poaceae
Mais wurde bereits im alten Mexiko kultiviert. Die männlichen und weiblichen Blütenstände stehen getrennt.

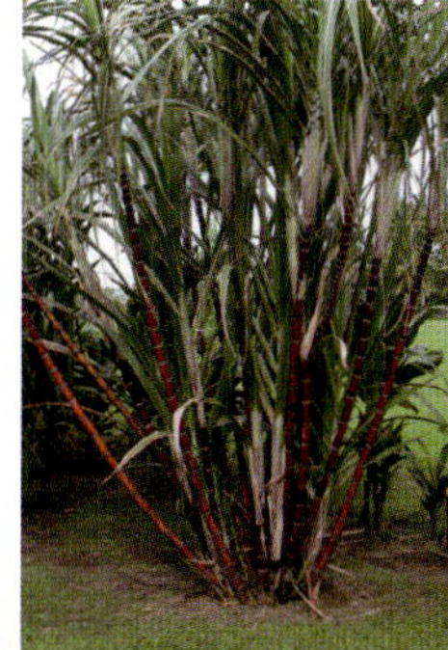

ZUCKERROHR
Saccharum officinarum
F: Poaceae
Dieses tropische Gras, das wahrscheinlich mit dem Mais verwandt ist, stammt möglicherweise aus Neuguinea. Zucker wird aus den dicken Halmen gewonnen.

»

DEUTSCHES WEIDELGRAS
Lolium perenne
F: Poaceae
In Saatgutmischungen für Futterwiesen, Rasen und Sportplätze ist dieses eurasische Gras oft enthalten. Es hat sich weltweit ausgebreitet.

CHRYSOPOGON ZIZANIOIDES
F: Poaceae
Aus Indien stammt dieses tropische Gras. Es wird seiner duftenden Öle wegen und als Erosionsschutz vielerorts angepflanzt.

WOLLIGES HONIGGRAS
Holcus lanatus
F: Poaceae
Dieses häufige europäische Gras, das meist in frischen Wiesen vorkommt, hat weich behaarte Blätter.

PAMPASGRAS
Cortaderia selloana
F: Poaceae
Das hohe Gras aus dem südlichen Südamerika ist ein beliebtes Ziergras. In einigen Regionen breitet es sich stark aus.

RIESEN-FEDERGRAS
Stipa gigantea
F: Poaceae
Gärtner kultivieren dieses hohe Gras seiner auffälligen Blütenstände wegen, die noch im Winter attraktiv aussehen. Es stammt aus Spanien und Portugal.

GEWÖHNLICHER ÄSTIGER IGELKOLBEN
Sparganium erectum
F: Sparganiaceae
Getrennte kugelige männliche und weibliche Blütenstände entwickeln sich an dieser Uferpflanze, die auf der Nordhalbkugel verbreitet ist.

BREITBLÄTTRIGER ROHRKOLBEN
Typha latifolia
F: Typhaceae
Die zigarrenförmigen weiblichen Kolben dieser Feuchtgebietspflanze sind wohlbekannt. Der dünne männliche Blütenstand befindet sich darüber.

DEGENBINSE
Xyris spec.
F: Xyridaceae
Diese Gattung ist in wärmeren Regionen weltweit verbreitet. Die kleinen gelben Blüten stehen an schlanken Stielen.

ZINGIBERALES

Ein Merkmal dieser vorwiegend tropisch verbreiteten Ordnung sind die riesigen Blätter. Obwohl es sich um keine verholzten Bäume handelt, werden einige, wie Bananenstauden, sehr groß. Viele Zingiberales haben auffällige Blüten und Blätter und werden als Zierpflanzen kultiviert. Die Zingiberaceae (Ingwergewächse) sind die größte Familie. Neben dem Ingwer gehören ihr noch weitere Gewürzpflanzen an.

CTENANTHE AMABILIS
F: Marantaceae
Auf Waldböden in den Tropen Brasiliens ist diese wärmeliebende Art heimisch. Sie braucht in Kultur hohe Luftfeuchtigkeit.

CALATHEA CROCATA
F: Marantaceae
Diese Art aus Brasilien, die mit *Ctenanthe* und *Maranta* verwandt ist und in ähnlichen Waldlebensräumen vorkommt, trägt auffälligere Blüten als diese Arten.

ESSBARES BLUMENROHR
Canna indica
F: Cannaceae
Bei den Blüten dieser südamerikanischen Pflanze sind einige der »Kronblätter« umgebildete Staubblätter, die Pollen bilden. Es gibt viele Kultursorten.

CHAMAECOSTUS IGNEUS
F: Costaceae
Diese Verwandte der Ingwergewächse ist im tropischen östlichen Brasilien heimisch und wird als Zierpflanze kultiviert.

BUNTE PFEILWURZ
Maranta leuconeura
F: Marantaceae
Nachts faltet diese brasilianische Waldpflanze ihre Blätter zusammen, um die Verdunstung zu senken. Kultursorten haben auffallend gemustertes Laub.

ZIERBANANE
Ensete ventricosum
F: Musaceae
Diese afrikanische Verwandte der Banane wird in Äthiopien ihrer nährstoffreichen Wurzeln und Sprosse wegen kultiviert. Die Früchte sind ungenießbar.

BANANE
Musa acuminata
F: Musaceae
Kultivierte Bananenstauden sind samenlose Hybriden von Vorfahren aus Asien. An der Spitze der Fruchtstände bilden sich unter violetten Hochblättern Blüten.

MUSELLA LASIOCARPA
F: Musaceae
Der Blütenstand dieser Art aus den Gebirgen Chinas, die in der Natur wahrscheinlich ausgestorben ist, kann monatelang blühen.

MALABAR-KARDAMOM
Elettaria cardamomum
F: Zingiberaceae
Aus Wäldern Südindiens und Sri Lankas stammt diese tropische Pflanze. Die Samen sind das Gewürz Kardamom.

GALGANT
Alpinia officinarum
F: Zingiberaceae
Diese Verwandte des Ingwers, die aus Südchina stammt, hat ein verdicktes unterirdisches Rhizom, das ebenfalls als Gewürz verwendet wird.

INDISCHE GEWÜRZLILIE
Kaempferia galanga
F: Zingiberaceae
Die kurzstämmige Art aus dem tropischen Asien trägt kleine Blüten und ist als Zierpflanze beliebt.

KURKUMA
Curcuma longa
F: Zingiberaceae
Diese Pflanze, die aus Südost-Asien stammt, entwickelt ein verdicktes Rhizom, aus dem das gelbe Gewürz Kurkuma gewonnen wird.

GEWÖHNLICHER INGWER
Zingiber officinale
F: Zingiberaceae
Das Gewürz Ingwer ist das Rhizom der südostasiatischen Pflanze, die heute nur noch in Kultur bekannt ist.

BAUM DER REISENDEN
Ravenala madagascariensis
F: Strelitziaceae
In Wäldern Madagaskars ist diese Verwandte der Paradiesvogelblume heimisch. In ihrem natürlichen Lebensraum wird sie von Lemuren bestäubt.

PARADIESVOGELBLUME
Strelitzia reginae
F: Strelitziaceae
Bei dieser südafrikanischen Art öffnen sich die spektakulären orangefarbenen und blauen vogelbestäubten Blüten eine nach der anderen.

ROSCOEA HUMEANA
F: Zingiberaceae
Diese Verwandte des Ingwers bringt orchideenähnliche Blüten hervor. Ihr natürlicher Lebensraum sind die Gebirge im Südwesten Chinas.

BANANENBLÄTTRIGE HUMMERSCHERE
Heliconia stricta
F: Heliconiaceae
In ihrem natürlichen Lebensraum wird diese großblättrige Pflanze aus dem Norden Südamerikas von Kolibris bestäubt.

EUDIKOTYLEDONEN

Etwa drei Viertel der Blütenpflanzen der Erde werden den Eudikotyledonen zugeordnet. Die Gruppe entwickelte sich vor über 125 Millionen Jahren.

In den Samen der Eudikotyledonen sind anders als bei den Monokotyledonen (einkeimblättrige Pflanzen) zwei Keimblätter (Kotyledonen) angelegt. Zur Gruppe gehören sehr vielfältige Pflanzen, von Ackerunkräutern bis hin zu riesigen Regenwaldbäumen. Viele Arten sind wirtschaftlich bedeutend oder geschätzte Zierpflanzen. Viele Eudikotyledonen sind Einjährige, die nur wenige Wochen oder Monate leben. Andere können ein Alter von mehreren Jahrhunderten erreichen.

Trotz ihrer Vielfalt weisen alle Eudikotyledonen viele gemeinsame morphologische Merkmale auf: Die Blätter haben eine Netznervatur, keine Parallelnervatur wie die Einkeimblättrigen. Die Leitbündel in der Sprossachse sind gut entwickelt und ringförmig angeordnet. Wenn eine verholzte Pflanze in die Höhe wächst, wird ihr Stamm gleichzeitig dicker. Dieses sogenannte sekundäre Dickenwachstum zeigen die Einkeimblättrigen nicht in dieser Weise. Deshalb sind die meisten Blüten tragenden Sträucher und Bäume Eudikotyledonen. Das Wurzelsystem besteht meist aus einer Hauptwurzel, an der kleinere Wurzeln entspringen.

Die Blütenteile der Eudikotyledonen sind meistens in Vier- oder Fünfzahl vorhanden, nicht in Dreizahl wie bei Monokotyledonen. Die Kelch- und Kronblätter unterscheiden sich in Farbe und Form. Bei jeder Art sind die Pollenkörner charakteristisch gebaut, weisen aber immer drei Furchen auf, anders als die einfurchigen Pollenkörner der Monokotyledonen.

PFLANZEN MIT GROSSER BEDEUTUNG

Die Analyse fossiler Pollenkörner deutet darauf hin, dass der Zweig der Eudikotyledonen sich vor etwa 125 Mio. Jahren von den anderen Blütenpflanzen abgetrennt hat. Seit damals haben diese Pflanzen jeden Festland-Lebensraum besiedelt. Relativ wenige Arten sind Wasserpflanzen. Für die Tierwelt haben sie eine immense Bedeutung. Zahllosen Tieren (außer den Weidetieren, die einkeimblättrige Gräser fressen) liefern sie Nahrung und Lebensräume.

ABTEILUNG	ANGIOSPERMAE
KLADE	EUDICOTYLEDONAE
ORDNUNGEN	38
FAMILIEN	307
ARTEN	182 227

STREITFRAGE

VIER GRUPPEN

Lange Zeit hat man alle Blütenpflanzen in zwei Gruppen unterteilt, die Monokotyledonen (Einkeimblättrige) und die Dikotyledonen (Zweikeimblättrige). DNA-Analysen in Verbindung mit Pollenuntersuchungen haben jedoch gezeigt, dass diese Klassifikation die Evolution nicht wirklich widerspiegelt. Heute teilt man die Blütenpflanzen in vier große Gruppen ein: die basalen Angiospermen, die Magnoliidae, die Monokotyledonen und die Eudikotyledonen oder Rosidae.

BUXALES

Die Ordnung Buxales mit zwei Familien ist in gemäßigten, subtropischen und tropischen Zonen verbreitet. Die meisten der Arten sind Bäume und Sträucher, die einfache immergrüne Blätter ohne Nebenblätter tragen. Viele Arten sind Zierpflanzen. Buchsbaumholz wird zum Drechseln geschätzt.

PROTEALES

Zur größten Familie der Proteales, den Proteaceae, gehören immergrüne Bäume und Sträucher der Südhalbkugel. Die Platanaceae sind Laubbäume der Nordhalbkugel. Die Nelumbonaceae sind Wasserpflanzen, die in Asien, Australien und Nordamerika vorkommen.

HIMALAYA-SCHLEIMBEERE
Sarcococca hookeriana
F: Buxaceae
Die Art trägt im Winter Blütenstände mit kleinen, duftenden Blüten. Sie gedeiht an schattigen Standorten in Westchina.

GEWÖHNLICHER BUCHSBAUM
Buxus sempervirens
F: Buxaceae
Der immergrüne Buchsbaum, der in Wäldern und Gebüschen an Felshängen wächst, wird häufig als geschnittenes Ziergehölz gepflanzt.

BANKSIA SERRATA
F: Proteaceae
Im australischen Waldland und im Busch findet man diese Banksie. Mit ihrer feuerresistenten Rinde übersteht sie Buschbrände.

INDISCHE LOTOSBLUME
Nelumbo nucifera
F: Nelumbonaceae
In seichten Süßgewässern in Teilen Asiens und Australiens wächst die Indische Lotosblume. Sie bildet große, duftende, langstielige Blüten.

KÖNIGS-PROTEE
Protea cynaroides
F: Proteaceae
Diese Art ist in südafrikanischem Hügelland und im Busch heimisch. Der Blütenstand ist von kronblattartigen Hochblättern umgeben.

CHILENISCHER FLAMMENBUSCH
Embothrium coccineum
F: Proteaceae
Diese Art aus Wäldern und offenen Lebensräumen Südchiles trägt flammend gefärbte Blüten. Das frostempfindliche Gehölz wird als Kübelpflanze gezogen.

ROTBLÜHENDE SILBEREICHE
Grevillea banksii
F: Proteaceae
Ihrer auffälligen bürstenartigen Blütenstände wegen wird diese Art australischer Wälder und offener Lebensräume als Zierpflanze kultiviert.

AUSTRALISCHE SILBEREICHE
Grevillea robusta
F: Proteaceae
Diese schnellwüchsige Art stammt aus australischen Regenwäldern. Die Kelchblätter sind statt der Kronblätter bunt gefärbt.

TELOPEA SPECIOSISSIMA
F: Proteaceae
In trockenem Waldland in New South Wales in Australien ist diese Protee heimisch, die dort Waratah heißt.

LAMBERTIA FORMOSA
F: Proteaceae
Bei dieser Pflanze, die in Heidegebieten, Küsten und Wäldern in New South Wales in Australien heimisch ist, umgeben rosa getönte Hochblätter die Blütenstände.

HERZBLÄTTRIGES NADELKISSEN
Leucospermum cordifolium
F: Proteaceae
Die südafrikanische Art bringt auffällige kugelige Blütenstände hervor. Sie wächst auf sauren Böden.

ISOPOGON ANEMONIFOLIUS
F: Proteaceae
Kugelige Blütenstände und gefiederte Blätter kennzeichnen diese Art, die in trockenen Wäldern und Heidegebieten in New South Wales in Australien vorkommt.

ECHTE MACADAMIANUSS
Macadamia integrifolia
F: Proteaceae
Die Echte Macadamianuss ist in Küstenregenwäldern Australiens heimisch. Sie wird ihrer essbaren »Nüsse« wegen kultiviert.

BASTARD-PLATANE
Platanus × hispanica
F: Platanaceae
In London wird diese Hybride aus zwei *Platanus*-Arten seit dem 17. Jahrhundert angepflanzt. Weil sie hohe Luftverschmutzung erträgt, sieht man sie vielerorts als Straßen- und Parkbaum.

RANUNCULALES

Die Ordnung Ranunculales umfasst einjährige Kräuter und Stauden, holzige und krautige Kletterpflanzen, Sträucher und Bäume. Sie ist nach der Familie der Hahnenfußgewächse (Ranunculaceae) benannt, der die meisten Arten der Ordnung angehören. Viele der Pflanzen sind beliebte Gartenpflanzen, darunter Waldreben (*Clematis*), Akeleien, Mohn, Rittersporn und Windröschen.

GEWÖHNLICHE BERBERITZE
Berberis vulgaris
F: Berberidaceae
Die europäische Art, die man in Hecken und Gebüschen findet, hat dreiteilige Dornen. Die Blüten stehen in Trauben und entwickeln sich zu roten Beeren.

HIMMELSBAMBUS
Nandina domestica
F: Berberidaceae
In Gebirgstälern in Indien, China und Japan findet man diese Art.

FINGERBLÄTTRIGE AKEBIE
Akebia quinata
F: Lardizabalaceae
Die Fingerblättrige Akebie trägt im Frühjahr duftende Blüten. Sie kommt vor an Waldrändern in China, Korea und Japan.

EPIMEDIUM DAVIDII
F: Berberidaceae
Diese immergrüne Elfenblume aus Westchina findet man in Wäldern und Gebüschen. Die jungen Blätter sind kupferbraun und färben sich später grün.

AMERIKANISCHER MONDSAME
Menispermum canadense
F: Menispermaceae
Die Früchte dieser Kletterpflanze, die schwarzen Weintrauben ähneln, sind sehr giftig. Sie kommt in Kanada und den USA in Wäldern und an Ufern vor.

CAROLINA-KOKKELSTRAUCH
Cocculus carolinus
F: Menispermaceae
Diese zweihäusige Kletterpflanze findet man in Waldland im Südosten der USA.

LEONTICE LEONTOPETALUM
F: Berberidaceae
Die Art, die auf Kulturflächen und trockenem Hügelland in Nordafrika und der östlichen Mittelmeerregion heimisch ist, hat ein knolliges Rhizom.

GEWÖHNLICHER MAIAPFEL
Podophyllum peltatum
F: Berberidaceae
In offenen Wäldern des östlichen Nordamerika ist diese wArt verbreitet.

STAUNTONIA HEXAPHYLLA
F: Lardizabalaceae
Die verholzte, immergrüne Kletterpflanze gedeiht in Waldland in Japan und Südkorea. Die wüchsige Pflanze hat duftende Blüten.

RANKENDER LERCHENSPORN
Ceratocapnos claviculata
F: Papaveraceae
Dieser Lerchensporn wächst in Wäldern und an schattigen Standorten. Mit Blattranken verschafft er sich Halt.

30 cm

GELBER SCHEINLERCHENSPORN
Pseudofumaria lutea
F: Papaveraceae
Dieser europäische Lerchensporn wächst an Mauern und steinigen Standorten. Er breitet sich mit seinen Samen schnell aus.

90 cm

SCHÖLLKRAUT
Chelidonium majus
F: Papaveraceae
Das Schöllkraut kommt in Europa und Nordasien in Waldland, Gebüschen und an Ruderalstandorten vor. Sie diente einst als Arzneipflanze.

90 cm

GELBER HORNMOHN
Glaucium flavum
F: Papaveraceae
In weiten Teilen Europas und Westasiens findet man diesen Mohn an Stränden und auf Schuttfeldern. Die gebogenen Kapseln sind charakteristisch.

1,2 m

herzförmige Blüte

TRÄNENDES HERZ
Dicentra spectabilis
F: Papaveraceae
Das Tränende Herz mit seinen unverkennbaren Blüten kommt in Sibirien, Nordchina und Korea an Waldrändern vor.

30 cm

KALIFORNISCHER KAPPENMOHN
Eschscholzia californica
F: Papaveraceae
Diese Art offener Plätze aus den westlichen USA und Mexiko wird wegen ihrer leuchtend bunten Blüten kultiviert.

GEFIEDERTES BLATT

45 cm

GELBE ODER ORANGEFARBENE BLÜTE

KAMBRISCHER SCHEINMOHN
Meconopsis cambrica
F: Papaveraceae
Schattige, felsige Standorte im Hügelland besiedelt dieser westeuropäische Mohn. Häufig sieht man ihn in Gärten.

30 cm

GEWÖHNLICHER ERDRAUCH
Fumaria officinalis
F: Papaveraceae
Diese Art wächst in weiten Teilen Europas auf Äckern und an Schuttplätzen.

Die dunklen Staubblätter stehen in einem Ring.

KALIFORNISCHER STRAUCHMOHN
Romneya coulteri
F: Papaveraceae
Aus dem Busch und Grasland Kaliforniens und Mexikos stammt diese Art, eine hübsche Gartenpflanze.

20 cm

60 cm

Der Stängel führt giftigen Milchsaft.

HYPECOUM IMBERBE
F: Papaveraceae
Diese südeuropäische Art wächst auf Kulturflächen, Brachland und Mauern.

KLATSCH-MOHN
Papaver rhoeas
F: Papaveraceae
In Feldern und auf Brachland gedeiht dieser Mohn. Er ist in Europa, Nordafrika und Teilen Asiens heimisch. In England gilt er als Symbol für den ersten Weltkrieg.

SCHLAF-MOHN
Papaver somniferum
F: Papaveraceae
Aus dem Milchsaft der Kapseln werden Opium und Heroin gewonnen. Die Art wächst in Eurasien auf offenen Flächen.

50 cm

2 m

»

HERBST-ADONISRÖSCHEN
Adonis annua
F: Ranunculaceae

Diese Art, die auf Kultur- und Brachland in Südeuropa und Südwest-Asien vorkommt, findet man immer seltener.

GEWÖHNLICHER SCHARFER HAHNENFUSS
Ranunculus acris
F: Ranunculaceae

Dieser Hahnenfuß kommt in weiten Teilen Europas und in gemäßigten Regionen Westasiens in feuchten Wiesen und Gebüschen vor.

GEWÖHNLICHE WALDREBE
Clematis vitalba
F: Ranunculaceae

An Waldrändern und in Hecken in Europa und Nordafrika gedeiht diese Kletterpflanze, die weißgrau gefiederte Früchte trägt.

KLEINER WINTERLING
Eranthis hyemalis
F: Ranunculaceae

Den Winterling, der mit Knollen überwintert, findet man in Mitteleuropa vor allem in feuchten Wäldern und Gebüschen. Er blüht im späten Winter und zeitigen Frühjahr.

ACKER-SCHWARZKÜMMEL
Nigella arvensis
F: Ranunculaceae

Der einjährige Acker-Schwarzkümmel ist in Mittel- und Südeuropa, Nordafrika und Südwest-Asien heimisch. Er besiedelt Kulturland und gestörte Flächen.

GARTEN-RITTERSPORN
Consolida ajacis
F: Ranunculaceae

Der Garten-Rittersporn, der aus der Mittelmeerregion stammt, wächst auf Kulturflächen und auf Brachland.

SUMPF-DOTTERBLUME
Caltha palustris
F: Ranunculaceae

Diese Art kommt in Sümpfen, Gräben, nassen Wäldern und Wiesen in weiten Teilen Europas, Asiens und Nordamerikas vor.

GARTEN-ANEMONE
Anemone coronaria
F: Ranunculaceae

Die Mittelmeerländer sind die Heimat der Garten-Anemone, die an steinigen Hängen, Straßenrändern und auf Kulturland wächst.

GEWÖHNLICHE KÜCHENSCHELLE
Anemone pulsatilla
F: Ranunculaceae

Diese Küchenschelle, die in Mitteleuropa und Westasien heimisch ist, wächst auf Magerrasen und an sonnigen Hängen mit kalkreichen Böden.

ROTER RITTERSPORN
Delphinium cardinale
F: Ranunculaceae

In Kalifornien (USA) und Niederkalifornien (Mexiko) findet man diese ausdauernde Pflanze an trockenen Hängen.

GELBE WIESENRAUTE
Thalictrum flavum
F: Ranunculaceae

Die Gelbe Wiesenraute wächst in Europa und gemäßigten Regionen Asiens in nassen Wiesen, entlang von Wasserläufen.

BLAUER EISENHUT
Aconitum napellus
F: Ranunculaceae

Nach seinen helmartigen Blüten ist der Blaue Eisenhut benannt. Er kommt in Europa in Wäldern und an Bachläufen vor. Die Art ist sehr giftig.

grüne Blüten

60 cm

gezähntes Blatt

MALLORQUINISCHE NIESWURZ
Helleborus lividus
F: Ranunculaceae
Auf den Balearen, vor allem auf Mallorca, kommt diese Art vor. Man findet sie in Wäldern und an steinigen Hängen.

70 cm

EUROPÄISCHE TROLLBLUME
Trollius europaeus
F: Ranunculaceae
Die ausdauernde Art ist eine Art feuchter Gebirgswiesen Nord- und Mitteleuropas sowie Westasiens.

15 cm

LEBERBLÜMCHEN
Anemone hepatica
F: Ranunculaceae
Das Leberblümchen mit seinen unverkennbaren dreilappigen Blättern kommt in Wäldern in weiten Teilen Europas vor.

KLEINES MÄUSESCHWÄNZCHEN
Myosurus minimus
F: Ranunculaceae
Das »Schwänzchen« dieser Art ist die längliche Frucht. Die einjährige Pflanze wächst in Teilen Europas, Nordafrikas und Asiens auf feuchten, blanken Böden.

10 cm

In der Mitte der Pflanze entspringen die Blütenstiele.

Die Blüten stehen einzeln.

schmale Blätter

Blüte mit Spornen

1 m

Blätter

GEWÖHNLICHE AKELEI
Aquilegia vulgaris
F: Ranunculaceae
An schattigen, feuchten Standorten auf kalkhaltigen Böden findet man diese Art in weiten Teilen Europas, Nordafrikas und in den gemäßigten Regionen Asiens.

GEWÖHNLICHE MAHONIE
Mahonia aquifolium
F: Berberidaceae
Der immergrüne Strauch aus dem Nordwesten der USA blüht im Frühjahr. Er wächst an schattigen Standorten.

1,5 m

GUNNERALES

Die beiden Familien der Ordnung Gunnerales standen früher in verschiedenen Ordnungen, denn sie sehen sehr unterschiedlich aus. Inzwischen haben Genanalysen gezeigt, dass sie nahe miteinander verwandt sind. Zur Familie Gunneraceae gehört eine einzige Gattung großer krautiger Pflanzen feuchter Standorte. Die Arten der Familie Myrothamnaceae hingegen kommen in afrikanischen Wüsten vor. *Gunnera*-Arten werden in wintermilden Regionen gern in Gärten und Parks gepflanzt.

2,5 m

MAMMUTBLATT
Gunnera manicata
F: Gunneraceae
Riesige Blätter und ein hoher Blütenstand charakterisieren diese Art. Sie wächst in der Natur in Brasilien und Kolumbien an Süßgewässern.

DILLENIALES

Früher ordnete man der Ordnung Dilleniales die Familien Dilleniaceae und Paeoniaceae zu. Heute gehören nur noch die Dilleniaceae, eine Familie mit Bäumen, Sträuchern und Kletterpflanzen tropischer Regionen, zur Ordnung. Die meisten Arten haben wechselständige Blätter, zwittrige Blüten mit fünf Kelch- und fünf Kronblättern sowie vielen Staubblättern. Manche bilden trockene Früchte, die ihre Samen ausstreuen, andere Beeren.

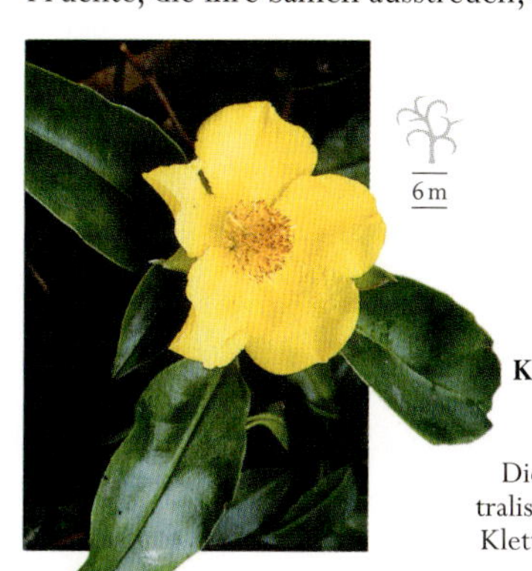

6 m

KLETTERNDES MÜNZGOLD
Hibbertia scandens
F: Dilleniaceae
Die immergrüne, wüchsige australische Art wächst als Strauch oder Klettergehölz häufig in Küstennähe.

7 m

DILLENIA SUFFRUTICOSA
F: Dilleniaceae
Der große, kräftige, immergrüne Strauch, heimisch in Malaysia, auf Sumatra und auf Borneo, gedeiht auf sumpfigen Standorten und an Waldrändern.

CARYOPHYLLALES

Zu dieser ausgesprochen vielfältigen Ordnung gehören Bäume, Sträucher, Kletterpflanzen, Sukkulenten und krautige Pflanzen. Die Nelken wie auch die Kakteen finden sich darunter. Die meisten trifft man an trockenen Standorten an, viele haben verschiedene Anpassungen an schwierige Bedingungen entwickelt. Das vielleicht extremste Beispiel sind die fleischfressenden Arten, die Insekten fangen und verdauen, um Nährstoffe zu erhalten.

CONOPHYTUM MINUTUM
F: Aizoaceae
Die winzige Pflanze mit ihren fleischigen, kieselsteinähnlichen Blättern wächst in Halbwüsten in Südafrika.

FAUCARIA TUBERCULOSA
F: Aizoaceae
Die Blätter der in Halbwüsten Südafrikas heimischen Art ähneln einem aufgesperrten Maul. Daher lautet der deutsche Name der Gattung »Tigerschlund«.

DISPHYMA CRASSIFOLIUM
F: Aizoaceae
Diese kriechende Art hat fleischige Blätter und gänseblümchenartige Blüten. Sie kommt in Südafrika, Australien und Neuseeland auf salzhaltigen Böden vor.

SCHWANTESIA RUEDEBUSCHII
F: Aizoaceae
Diese Sukkulente mit ungleichen Paaren fleischiger, gekielter Blätter wächst in Namibia und Südafrika an Berghängen.

***LAMPRANTHUS* SPEC.**
F: Aizoaceae
In Halbwüstengebieten, vor allem in Küstennähe, findet man diese südafrikanische Sukkulente. Die zahlreichen gänseblümchenartigen Blüten sind auffällig gefärbt.

TITANOPSIS CALCAREA
F: Aizoaceae
Die südafrikanische Sukkulente, die in Halbwüsten vorkommt, hat fleischige Blätter. Sie blüht im Spätsommer und Herbst.

HOTTENTOTTENFEIGE
Carpobrotus edulis
F: Aizoaceae
Die fleischige südafrikanische Art mit auffallenden Blüten und essbaren feigenähnlichen Früchten wächst an trockenen Standorten und kann stark wuchern.

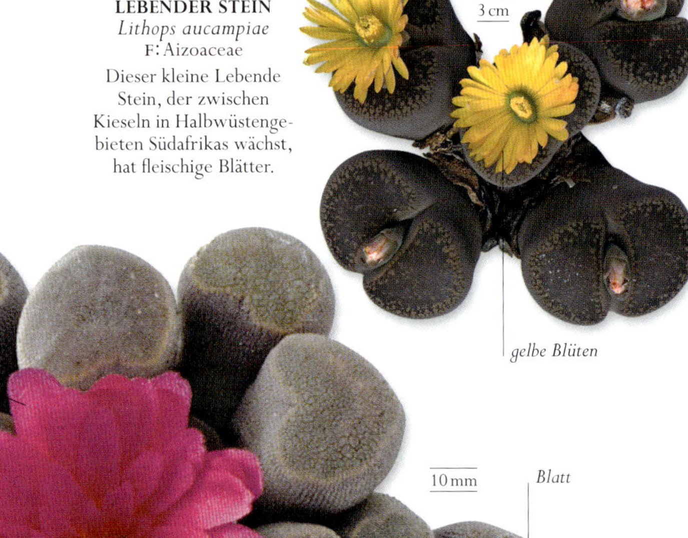

LEBENDER STEIN
Lithops aucampiae
F: Aizoaceae
Dieser kleine Lebende Stein, der zwischen Kieseln in Halbwüstengebieten Südafrikas wächst, hat fleischige Blätter.

EISKRAUT
Mesembryanthemum crystallinum
F: Aizoaceae
Die ganze Pflanze ist mit kleinen glitzernden Verdickungen bedeckt. Die Mittagsblume kommt auf salzhaltigen Böden in Teilen Afrikas, Europas und Westasiens vor.

FRITHIA PULCHRA
F: Aizoaceae
Diese winzige Sukkulente besiedelt offene Böden in gemäßigten Regionen Südafrikas. Die fassförmigen Früchte öffnen sich nach Regenfällen, um die Samen zu entlassen.

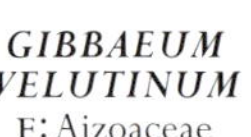

GIBBAEUM VELUTINUM
F: Aizoaceae
Paarige, ungleich große, fleischige Blätter, die an der Basis verwachsen sind, kennzeichnen diese Art, die in Halbwüsten in Südafrika dichte Bestände bildet.

GARTEN-FUCHSSCHWANZ
Amaranthus caudatus
F: Amaranthaceae

Diese essbare Pflanze, die vermutlich aus Südamerika stammt, wird seit langer Zeit als Nahrungspflanze genutzt.

AERVA LANATA
F: Amaranthaceae

Die ausdauernde Art trägt kätzchenähnliche Blütenstände. Man findet sie in tropischen Regionen Asiens und Afrikas an trockenen Standorten und auf Ödland.

ACHYRANTHES BIDENTATA
F: Amaranthaceae

Diese Art stammt von Waldrändern, Bachufern und anderen feuchten, schattigen Standorten in China, Japan, Indien und Nepal.

STRAND-SODE
Suaeda maritima
F: Amaranthaceae

In Salzmarschen in Europa und im Binnenland in Teilen Asiens und Nordamerikas kommt die Strand-Sode vor. Die grünen Blätter verfärben sich rot.

BETE
Beta vulgaris
F: Amaranthaceae

Die Stammform von Roter Bete, Zuckerrübe und Mangold kommt in Teilen Europas, Nordafrikas und Asiens an Küsten und auf blanken Flächen entlang der Küste vor.

PORTULAK-SALZMELDE
Halimione portulacoides
F: Amaranthaceae

In Salzwiesen findet man die Portulak-Salzmelde. Die silbrige Art ist in Europa, Afrika und Asien verbreitet.

KURZÄHREN-QUELLER
Salicornia europaea
F: Amaranthaceae

Diese Salzpflanze wächst in Westeuropa in nassem Schlick am Meer. Die sukkulenten Sprosse werden als Gemüse zubereitet.

DYSPHANIA AMBROSIOIDES
F: Amaranthaceae

Die aromatisch riechende Art, die man im tropischen Amerika auf Kultur- und Brachland findet, verwendet man als Gewürz und in Teemischungen.

GARTEN-MELDE
Atriplex hortensis
F: Amaranthaceae

Die spinatähnliche Art mit essbaren Blättern wächst an Stränden und anderen Standorten mit salzhaltigen Böden. Sie stammt aus Asien.

SILBER-BRANDSCHOPF
Celosia argentea
F: Amaranthaceae

Diese auffällige Art kommt in tropischen Regionen an trockenen Hängen und auf steinigem Grund vor. Sie ist eine beliebte Gartenpflanze.

»

PARODIA GRAESSNERI
F: Cactaceae
Dieser Kaktus hat einen kugeligen Spross und trichterförmige Blüten. Er wächst in Bergregionen in Südamerika.

15 cm

Dornen schützen die langsam wachsende Art.

ERIOSYCE SUBGIBBOSA
F: Cactaceae
Die kugelige Art findet man in ihrem Heimatland Chile an trockenen, steinigen Standorten, oft an der Küste.

30 cm

ungestielte Blüte

1,5 m

ESPOSTOA LANATA
F: Cactaceae
Aus dem Hügelland von Peru und Südecuador stammt diese säulenförmige, langsam wachsende Art. Sie ist an ihren langen, weißen Haaren zu erkennen.

40 cm

ECHINOCACTUS SPEC.
F: Cactaceae
Der fassförmige Kaktus aus Nordargentinien gedeiht auf steinigem Grund und an felsigen-Abhängen.

Das Gewebe der Sprossen speichert Wasser.

10 cm

REBUTIA HELIOSA
F: Cactaceae
Diese Art mit leuchtend gefärbten Blüten ist in Bolivien heimisch. Sie wächst an halbschattigen Standorten im Gebirge.

60 cm

CLEISTOCACTUS BROOKEI
F: Cactaceae
Die Art mit ihren halb aufrechten oder kriechenden sukkulenten Sprossen kommt in bergigen Regionen Boliviens vor.

60 cm

12 m

CEPHALOCEREUS SENILIS
F: Cactaceae
Mit langen weißen Haaren ist dieser Kaktus bedeckt. Er ist in steinigen Gebieten in Mexiko heimisch.

WEBERBAUEROCEREUS JOHNSONII
F: Cactaceae
Auf sandigen Böden findet man die hohe peruanische Art.

LEUCHTENBERGIA PRINCIPIS
F: Cactaceae
Dieser Kaktus ist entweder kugelig oder kurz und zylindrisch. Er trägt duftende Blüten. Er kommt in Nordmexiko in hügeligem Gelände vor.

4 m

6 m

16 m

Zweige oder Arme

SAGUARO
Carnegiea gigantea
F: Cactaceae
Der beeindruckend hohe Kaktus gedeiht in den Wüstengebieten Mexikos, Arizonas und Kaliforniens und kann 150 Jahre alt werden.

RHIPSALIS BACCIFERA
F: Cactaceae
Dieser epiphytische Binsenkaktus ist im tropischen Afrika, auf Madagaskar, Sri Lanka und im tropischen Amerika verbreitet.

1 m

5 m

15 m

PACHYCEREUS SCHOTTII
F: Cactaceae
Die unangenehm riechenden Blüten dieser hohen, langsam wachsenden Art aus dem Süden Arizonas öffnen sich nachts.

HARRISIA JUSBERTII
F: Cactaceae
Nachts öffnet dieser Säulenkaktus seine Blüten. Er stammt möglicherweise aus dem Hügelland Argentiniens oder Paraguays.

PACHYCEREUS PRINGLEI
F: Cactaceae
Diese hohe, verzweigte, baumähnliche Art findet man in Halbwüstengebieten in Mexiko. Die Blüten öffnen sich nachts.

MATUCANA INTERTEXTA
F: Cactaceae
Bergland in Peru und Bolivien ist die Heimat dieser Art. Die kugeligen oder zylindrischen Sprosse bilden Kolonien.

ASTROPHYTUM ORNATUM
F: Cactaceae
Dieser Kaktus mit langen gelbbraunen Dornen wächst kugelig oder säulenförmig. Er kommt in trockenen Regionen Mexikos vor.

ECHINOCEREUS TRIGLOCHIDIATUS
F: Cactaceae
Die Blüten dieser variablen Pflanze, die in Wüsten, im Busch und an felsigen Hängen im Süden der USA und in Nordmexiko vorkommt, werden von Kolibris bestäubt.

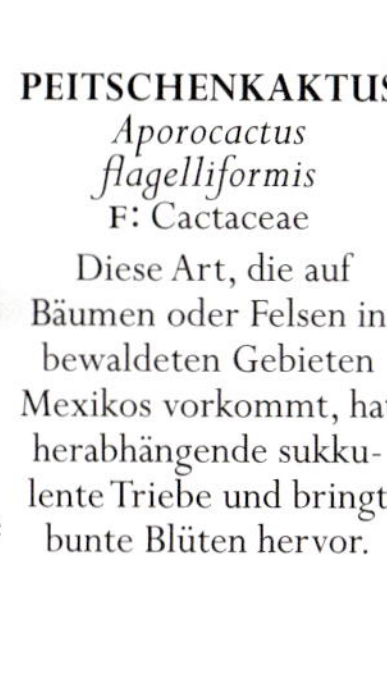

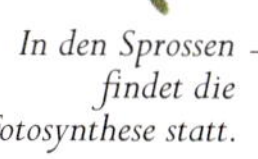

PEITSCHENKAKTUS
Aporocactus flagelliformis
F: Cactaceae
Diese Art, die auf Bäumen oder Felsen in bewaldeten Gebieten Mexikos vorkommt, hat herabhängende sukkulente Triebe und bringt bunte Blüten hervor.

MELOCACTUS SALVADORENSIS
F: Cactaceae
Diese Pflanze bildet oben am Spross ein charakteristisches Cephalium aus, in dem sich die Blüten bilden. Man findet sie im Nordosten Brasiliens auf offenen, steinigen Böden.

MAMMILLARIA HAHNIANA
F: Cactaceae
Dieser Warzenkaktus wächst in Halbwüstenregionen in Mexiko. Er ist kugelig und gräulich behaart.

STENOCACTUS MULTICOSTATUS
F: Cactaceae
Die kugelige Art kommt an schattigen Standorten des Tieflands im Nordosten Mexikos vor. Die trichterförmigen Knospen öffnen sich zu rosa, gestreiften Blüten.

GYMNOCALYCIUM HORSTII
F: Cactaceae
Der kugelige Kaktus besiedelt felsige Hänge in Argentinien, Uruguay, Paraguay und Teilen Brasiliens.

SCHLUMBERGERA TRUNCATA
F: Cactaceae
Dieser epiphytische Weihnachtskaktus aus den tropischen Regenwäldern im Südosten Brasiliens blüht im Winter. Er ist eine beliebte Zimmerpflanze.

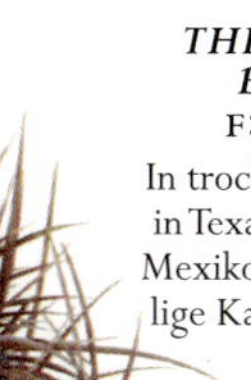

THELOCACTUS BICOLOR
F: Cactaceae
In trockenen Regionen in Texas und Nordost-Mexiko ist dieser kugelige Kaktus verbreitet.

FEIGENKAKTUS
Opuntia ficus-indica
F: Cactaceae
Der Feigenkaktus mit seinen flachen gegliederten Sprossen und den essbaren eiförmigen Früchten ist in Mexiko an steinigen Hängen und auf trockenen Böden heimisch.

»

Die Dornen
entspringen kleinen
Areolen, die von
weißen Haaren
umgeben sind.

∨ **BEDORNTER STERN**
Von oben betrachtet, ähnelt *Astrophytum ornatum* einem Stern. Die Blüte ist von Dornenbüscheln umgeben. Bänder aus weißen, wolligen Haaren ziehen sich über die acht Rippen.

MÖNCHSKAPPE
Astrophytum ornatum

Die Dornen schützen die langsam wachsende Pflanze vor Fraß.

Der wissenschaftliche Name der Gattung bedeutet »Sternpflanze«. Erstmals sammelte Thomas Coulter *Astrophytum ornatum* im Jahr 1827. Der irische Arzt und Botaniker schickte die Pflanze an den Botanischen Garten in Genf zu Professor de Candolle. Als de Candolle sie auspackte, vermutete er zunächst einen Pilzbelag. Dann bemerkte er, dass die weißen Flecken kleine, wollige Büschel von Haaren waren. Sie vermindern vielleicht die Verdunstung, schützen vor starker Sonneneinstrahlung und sind eine Tarnung. Diese Art ist die am dichtesten behaarte und dornigste *Astrophytum*-Art. In freier Natur ist sie heute selten.

GRÖSSE 1,2 m
LEBENSRAUM heiß und trocken
VERBREITUNG Mexiko
BLATTTYP Dornen

Das schwammige Gewebe speichert Wasser.

faserige Wurzeln

< WURZELSYSTEM
Mit seinem flachen Wurzelsystum muss der Kaktus großflächig Wasser aufnehmen, denn in seiner Umgebung sind nach kurzen Regenschauern nur einige Zentimeter Boden nass.

KRONBLÄTTER >
Die zahlreichen schmalen äußeren Kronblätter der Blüte sind blassgelb mit brauner Spitze. Die Blüte hat bis zu 11 cm Durchmesser.

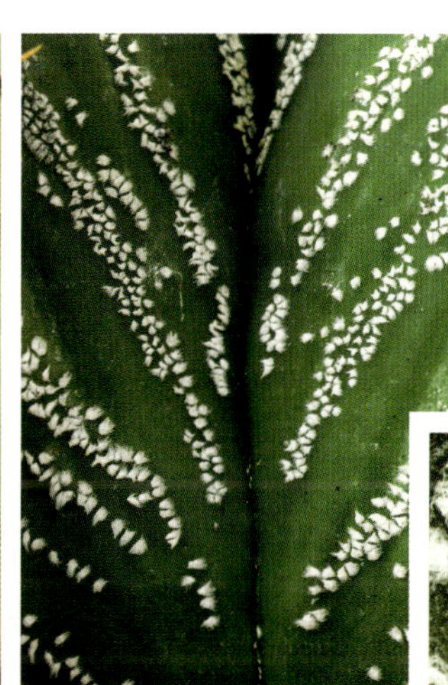

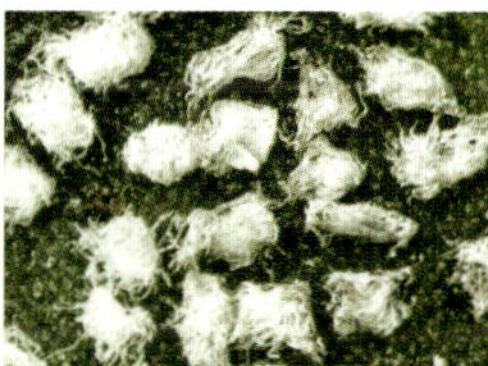

< ∨ HAARE
Bei diesem Kaktus ist die Oberhaut der Rippen mit Bändern aus weißen Wollflöckchen überzogen. Jüngere Pflanzen sind meist dicht beflockt, ältere spärlicher.

Kronblatt

Staubblätter (männliche Blütenteile, die Pollen bilden)

Narbe

Griffel, der die Narbe mit dem Fruchtknoten verbindet

Fruchtknoten

> BLÜTENBAU
Die gelblichen Kronblätter sind länglich, die Spitze ist leicht gesägt. Die Staubblätter sind gelb, ebenso die weiblichen Fortpflanzungsorgane (Narbe, Griffel und Fruchtknoten).

∧ FRUCHTKNOTEN
Im Fruchtknoten der Blüte befinden sich die Samenanlagen, die sich zu Samen entwickeln.

∧ NARBE
Die Narbe der Blüte ist in sieben bis zwölf Lappen geteilt. Dieser Teil der Blüte nimmt den Pollen auf. Bei dieser Art ist die Narbe etwa 1,5 cm lang.

BÜSCHEL-NELKE
Dianthus armeria
F: Caryophyllaceae
Diese Nelke kommt in weiten Teilen Europas in trockenem Grasland, vor allem auf sandigen Böden, vor. Die Kronblätter sind charakteristisch gezähnt.

GEWÖHNLICHE KORNRADE
Agrostemma githago
F: Caryophyllaceae
Früher war die Kornrade aus der östlichen Mittelmeerregion ein häufiges Unkraut in Kornfeldern. Heutzutage sieht man sie selten.

KUHKRAUT
Vaccaria hispanica
F: Caryophyllaceae
Das Kuhkraut, das in Teilen Europas und Asiens auf Kultur- und Ödland vorkommt, hat rosa Blüten und blaugrüne Blätter.

SALZMIERE
Honckenya peploides
F: Caryophyllaceae
Diese fleischige niederliegende Art gedeiht an Sand- und Kiesstränden in Europa, Asien und Nordamerika.

THYMIANBLÄTTRIGES SANDKRAUT
Arenaria serpyllifolia
F: Caryophyllaceae
Auf Brachland in Europa, gemäßigten Regionen Asiens und Nordamerikas findet man diese kleinblättrige Art.

ALPEN-PECHNELKE
Silene suecica
F: Caryophyllaceae
In den europäischen Alpen, den Pyrenäen und subpolaren Regionen Europas, Westasiens und Nordamerikas ist diese Art heimisch, die auf Felsen wächst.

KUCKUCKS-LICHTNELKE
Lychnis flos-cuculi
F: Caryophyllaceae
Die Kronblätter dieser Art sind tief geschlitzt. Sie besiedelt in Europa nasse Wiesen, Moore und Sümpfe.

GEWÖHNLICHES ACKER-HORNKRAUT
Cerastium arvense
F: Caryophyllaceae
Diese Art ist an trockenen Feldrainen in Europa, Nordafrika, Nordamerika und im westlichen Asien verbreitet.

STÄNGELLOSES LEIMKRAUT
Silene acaulis
F: Caryophyllaceae
An ein Moospolster erinnert dieses Leimkraut, das in Gebirgen in West-, Zentral- und Nordeuropa sowie in Asien und Nordamerika vorkommt.

TAUBENKROPF-LEIMKRAUT
Silene vulgaris
F: Caryophyllaceae
Mit ihrem aufgeblähten Kelch ist diese Art unverkennbar. Sie besiedelt offene Grasflächen in Europa, Nordafrika und gemäßigten Regionen Asiens.

Hochblätter umgeben die Blütenknospen.
50 cm
1 m
50 cm
An den Fangtentakeln bleiben Insekten kleben.
10 cm
unscheinbare Blüten
leuchtend bunte Hochblätter
8 m
Haare auf der Spreite lösen bei Berührung den Schnappmechanismus aus.
»Zähne« greifen ineinander und halten das Insekt gefangen.
10 cm
Deckel schließt sich über der Kesselfalle.
Kesselrand sondert Zucker ab, um Insekten anzulocken.
30 cm
Trichter enthält Verdauungsflüssigkeit.
12 cm
1 m

RUNDBLÄTTRIGER SONNENTAU
Drosera rotundifolia
F: Droseraceae
Die Blätter dieser fleischfressenden Pflanze, die in Mooren und Feuchtgebieten in Europa, Nordasien und Nordamerika vorkommt, sind mit Fangtentakeln besetzt, die klebrige Tropfen absondern.

PETRORHAGIA NANTEUILII
F: Caryophyllaceae
Alle Blüten dieser Art, die in weiten Teilen Europas vorkommt, öffnen sich gleichzeitig. Sie wächst in Trockenrasen auf sandigen Böden.

ECHTES SEIFENKRAUT
Saponaria officinalis
F: Caryophyllaceae
Früher verwendete man das Seifenkraut beim Waschen. Es kommt an Bächen und auf feuchten Böden in Europa und Asien vor.

VOGEL-STERNMIERE
Stellaria media
F: Caryophyllaceae
Diese Art besiedelt weltweit Kulturland und freie Flächen. Sie breitet sich oft stark aus. Man kann sie als Salat essen.

VENUSFLIEGENFALLE
Dionaea muscipula
F: Droseraceae
Diese fleischfressende Pflanze aus Küstensümpfen in North und South Carolina (USA) hat zweiklappige Fangblätter, die bei Berührung zuschnappen.

GLATTE BOUGAINVILLEE
Bougainvillea glabra
F: Nyctaginaceae
Die »Blütenblätter« der Bougainvillee sind korrekt Hochblätter. Die langsam wachsende Kletterpflanze aus Brasilien wird vielerorts kultiviert.

GLATTE SEEHEIDE
Frankenia laevis
F: Frankeniaceae
Diese Art wächst in Europa und Westasien auf offenen, sandigen Böden in trockneren Bereichen von Salzwiesen.

WUNDERBLUME
Mirabilis jalapa
F: Nyctaginaceae
Die duftenden Blüten dieser Art trockener Lebensräume im tropischen Mittel- und Südamerika öffnen sich am späten Nachmittag.

NEPENTHES VOGELII
F: Nepenthaceae
Diese fleischfressende Art wächst auf Borneo in Wäldern der montanen und submontanen Stufe.

»

ACKER-FLÜGELKNÖTERICH
Fallopia convolvulus
F: Polygonaceae
Diese Art, die auf Kultur- und Brachland wächst, ist in weiten Teilen Europas, Nordafrikas und der gemäßigten Regionen Asiens heimisch.

FLAUMIGER WOLLKNÖTERICH
Eriogonum umbellatum
F: Polygonaceae
Die Blüten der Art, die in Gebirgswäldern und Gebüschen in Kanada und dem Norden und Westen der USA Polster bildet, halten sich lange Zeit.

ERIOGONUM GIGANTEUM
F: Polygonaceae
Diese Art mit kleinen, langlebigen Blüten wird von vielen Schmetterlingen besucht. Sie stammt aus trockenen Regionen im Südwesten der USA.

ECHTER BUCHWEIZEN
Fagopyrum esculentum
F: Polygonaceae
Die Samen des kultivierten Buchweizens werden zu Mehl vermahlen. Die Pflanze stammt aus gemäßigten Regionen Asiens.

KRAUSER AMPFER
Rumex crispus
F: Polygonaceae
Der Krause Ampfer kommt in feuchten Wiesen, auf Äckern und an Kiesstränden in Europa und weiten Teilen Afrikas vor. Er kann stark wuchern.

ACKER-VOGELKNÖTERICH
Polygonum aviculare
F: Polygonaceae
Die Pionierpflanze besiedelt in Europa und Asien Wege, Kies, Schutt, Kulturland und Triften.

SÄUERLING
Oxyria digyna
F: Polygonaceae
Der Säuerling, der an feuchtem Felsschutt und Bachufern in Gebirgen der arktischen und gemäßigten Regionen der Nordhalbkugel vorkommt, ist oft rötlich getönt.

SCHLANGEN-WIESEN-KNÖTERICH
Bistorta officinalis
F: Polygonaceae
In weiten Teilen Europas und Zentalasiens findet man auf Wiesen diesen Knöterich mit zylindrischen Blütenständen.

DÜNNSTIELIGER KORALLENWEIN
Antigonon leptopus
F: Polygonaceae
Diese wüchsige Art klettert mit Ranken. Sie kommt in Mexiko in tropischen Wäldern und im Busch vor.

AMERIKANISCHE KERMESBEERE
Phytolacca americana
F: Phytolaccaceae
Diese Pflanze, deren giftige Früchte Brombeeren ähneln, ist an offenen, schattigen Standorten im östlichen Nordamerika und in Mexiko heimisch.

HANDLAPPIGER RHABARBER
Rheum palmatum
F: Polygonaceae
Diese Art mit riesigen Wurzeln und großen, giftigen Blättern findet man in China und Tibet an Bachufern und auf feuchten Böden im Gebirge.

WINTER-PORTULAK
Claytonia perfoliata
F: Portulacaceae
Der Winter-Portulak ist in Kultur- und Ödland im westlichen Nordamerika, Mexiko und auf Kuba heimisch. Unterhalb der Blüten umschließen zwei verwachsene Hochblätter den Stängel.

TALINUM OKANOGANENSE
F: Portulacaceae
Die Blüten dieser niedrigen Art öffnen sich nachmittags. Sie wächst im trockenen Gras- und Buschland im westlichen Nordamerika.

8 cm

LEWISIA BRACHYCALYX
F: Portulacaceae
Diese Art, die auf feuchten, steinigen Wiesen in Gebirgsregionen im Südwesten der USA heimisch ist, hat eine Grundrosette aus fleischigen Blättern.

50 cm

PORTULAK
Portulaca oleracea
F: Portulacaceae
Der Portulak kommt in vielen Regionen der Erde auf lockeren Böden vor, auch in weiten Teilen Europas, Chinas und Japans. Die fleischigen Blätter sind essbar.

CALANDRINIA FELTONII
F: Portulacaceae
Diese Art, die man heute auf den Falkland-Inseln und auch in Gärten antrifft, stammt aus felsigen Gebieten und Grasländern Argentiniens.

30 cm

PLUMBAGO ZEYLANICA
F: Plumbaginaceae
Offene Böden und Gestrüpp besiedelt diese Pflanze. Sie ist in tropischen Regionen Afrikas, des Nahen Ostens und Südwest-Asiens heimisch.

1,5 m

25 cm

3 m

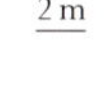

2 m

40 cm

LIMONIUM SINUATUM
F: Plumbaginaceae
Die Stängel dieses Strandflieders haben Flügelleisten. Man findet ihn in der Mittelmeerregion an Küstenstandorten und auf salzhaltigen Böden im Binnenland.

GEWÖHNLICHE GRASNELKE
Armeria maritima
F: Plumbaginaceae
In weiten Teilen Westeuropas wächst diese formenreiche Art auf Klippen und Dünen, in Salzwiesen und Trockenrasen im Bergland.

FRANZÖSISCHE TAMARISKE
Tamarix gallica
F: Tamaricaceae
Diese Art kommt an der Küste und auf salzhaltigen Böden im Binnenland vor. Sie stammt aus Südeuropa, Nordafrika und von den Kanarischen Inseln.

JOJOBASTRAUCH
Simmondsia chinensis
F: Simmondsiaceae
Der wegen seines Öls angepflanzte Jojobastrauch ist in Wüsten in Arizona, Kalifornien und Mexiko heimisch.

SANTALALES

Zur Ordnung, deren Vertreter vor allem in tropischen und subtropischen Regionen vorkommen, gehören viele parasitische und halbparasitische Arten. Halbparasiten wachsen auf anderen Pflanzen und entnehmen ihnen Wasser und Nährsalze. Die systematische Zuordnung beruht auf DNA-Analysen. Die Gruppe wird noch diskutiert. Die Früchte sind meist klebrige Beeren.

9 m

WEISSES SANDELHOLZ
Santalum album
F: Santalaceae
Diese halbparasitische Art, die ihres Holzes und duftenden Öls wegen kultiviert wird, wächst in Teilen Asiens.

10 m

NUYTSIA FLORIBUNDA
F: Loranthaceae
Diese Art ist ein Halbparasit, der Wasser und Nährsalze von den Wurzeln der Pflanzen in seiner Umgebung bezieht. Er kommt in Wäldern im Südwesten Australiens vor.

Die Beeren sind klebrig.

1 m

MISTEL
Viscum album
F: Santalaceae
Misteln wachsen auf den Ästen von Bäumen und bilden eine kugelige Wuchsform aus. Die Halbschmarotzer bilden weiße Beeren. Man findet sie in weiten Teilen Europas, Nordafrikas und Asiens.

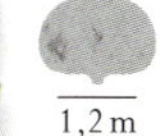

1,2 m

OSYRIS ALBA
F: Santalaceae
Die halbparasitische Art mit duftenden Blüten ist in Südeuropa, Nordafrika und Südwest-Asien heimisch und besiedelt trockene, felsige Standorte.

SAXIFRAGALES

Der lateinische Wissenschaftsname *Saxifraga* bedeutet »Steinbrecher«. Viele Vertreter der Familie Saxifragaceae, nach der die Ordnung benannt ist, wachsen in Ritzen von Felsen und Mauern. Zu den mehr als 1000 Arten der Familie zählen viele Kulturpflanzen, darunter Johannisbeeren (*Ribes*), Hortensien und die Crassulaceen (Dickblattgewächse). Letztere sind Sukkulenten, die Wasser speichern, eine Anpassung an trockene Standorte.

5 cm

ECHEVERIA SETOSA
F: Crassulaceae
Die sukkulente Blattrosette dieser mexikanischen Art mit bunten Blüten ist dicht mit weißen Haaren bedeckt.

DACH-HAUSWURZ
Sempervivum tectorum
F: Crassulaceae
Die Dach-Hauswurz aus den Gebirgen Mitteleuropas wird oft auf Flachdächern und Mauern gepflanzt. Diese Pflanze besitzt sukkulente Blattrosetten.

50 cm

15 cm

CRASSULA DECEPTOR
F: Crassulaceae
Aus Südafrika stammt die variable Art mit süß duftenden Blüten. Ein weißer, mehliger Belag schützt die Blätter vor Sonneneinstrahlung und Austrocknung.

AEONIUM TABULIFORME
F: Crassulaceae
Die sukkulente Art von Berghängen und Küstenkliffen der Insel Teneriffa bildet eine flache Rosette aus. Nach der Blüte stirbt die Pflanze ab.

60 cm

PURPUR-FETTHENNE
Sedum telephium
F: Crassulaceae
In steinigem Gelände, Hecken und Wäldern findet man diese Art. Sie kommt in weiten Teilen Europas, in gemäßigten Regionen Asiens und in Nordamerika vor.

60 cm

ECHTER VENUSNABEL
Umbilicus rupestris
F: Crassulaceae
Diese Pflanze hat runde, fleischige Blätter mit einer Vertiefung. Sie wächst in vielen Regionen Europas auf Felsen und Mauern.

50 cm

40 cm

FLAMMENDES KÄTHCHEN
Kalanchoe blossfeldiana
F: Crassulaceae
Trockene Gebiete in Madagaskar sind die Heimat dieser Art mit glänzenden, sukkulenten Blättern und leuchtend bunten Blüten.

40 cm

ROSENWURZ
Rhodiola rosea
F: Crassulaceae
Die Sukkulente, die auf Felsen im Gebirge und an der Küste vorkommt, findet man in arktischen und alpinen Regionen Europas, Nordamerikas und Asiens.

SCHWARZE JOHANNISBEERE
Ribes nigrum
F: Grossulariaceae
Dieser Strauch kommt in weiten Teilen Europas und Zentralasiens in Wäldern auf feuchten Böden vor. Er wird seiner Beeren wegen kultiviert.

2 m

1 m

WOHLRIECHENDE JOHANNISBEERE
Ribes odoratum
F: Grossulariaceae
Diese Art hat duftende Blüten und stachellose Stängel. Man findet sie in steinigen und sandigen Gebieten im Zentrum der USA.

TANNENWEDEL-TAUSENDBLATT
Myriophyllum hippuroides
F: Haloragaceae
Diese Wasserpflanze hat fein zerschlitzte Blätter. Sie wächst an Wasserläufen im westlichen Nordamerika.

2 m

SCHEINPARROTIE
Parrotiopsis jacquemontiana
F: Hamamelidaceae
Statt Kronblättern haben die Blüten dieser Waldpflanze aus dem westlichen Himalaya weiße Hochblätter.

6 m

LIQUIDAMBAR FORMOSANA
F: Hamamelidaceae
Dieser Amberbaum kommt in feuchten Wäldern in China und Taiwan vor. Sein Laub färbt sich im Herbst leuchtend bunt.

12 m

VIRGINISCHE ZAUBERNUSS
Hamamelis virginiana
F: Hamamelidaceae
Die Blüten dieser Zaubernuss duften und die Blätter färben sich im Herbst gelb. Sie kommt in Wäldern im östlichen Nordamerika vor.

4 m

Knospen und Blüten
Blätter verändern ihre Farbe.

PURPUR-ASTILBE
Astilbe chinensis var. *taquetii*
F: Saxifragaceae
Die feuchtigkeitsliebende Art mit ihren fedrigen Blütenständen wächst in China, Korea und Sibirien in feuchten Wäldern und entlang von Bächen.

1 m

PARROTIE
Parrotia persica
F: Hamamelidaceae
Dieser Baum, der aus Wäldern im Kaukasusgebiet und dem nördlichen Iran stammt, blüht im Winter. Im Herbst färbt sich sein Laub leuchtend bunt.

15 m

JUDENBART
Saxifraga stolonifera
F: Saxifragaceae
Diese Pflanze, die an schattigen Standorten in China und Japan vorkommt, vermehrt sich mit Stolonen, die Wurzeln ausbilden und junge Pflanzen hervorbringen.

30 cm

FETTHENNEN-STEINBRECH
Saxifraga aizoides
F: Saxifragaceae
Bachufer und nasse steinige Böden im Gebirge sind die Standorte dieser Art aus Europa, Nordamerika und Westasien.

20 cm

HOHES PURPURGLÖCKCHEN
Heuchera americana
F: Saxifragaceae
Das Hohe Purpurglöckchen wächst in Nordamerika in Wäldern auf felsigem Gelände. Es hat glänzende Blätter.

60 cm

HIMALAYA-BERGENIE
Bergenia stracheyi
F: Saxifragaceae
Die Art kommt in feuchten Wäldern und Wiesen im westlichen Himalaya und Afghanistan vor. Sie hat duftende Blüten und große, glänzende Blätter.

30 cm

Blüten formen einen abgeflachten Blütenstand.
robuste, glänzende Blätter

GEGENBLÄTTRIGES MILZKRAUT
Chrysosplenium oppositifolium
F: Saxifragaceae
Die wüchsigen Triebe dieser Art bilden in West- und Mitteleuropa an feuchten, schattigen Standorten ausgedehnte Bestände.

15 cm

BAUERN-PFINGSTROSE
Paeonia officinalis
F: Paeoniaceae
Diese krautige südeuropäische Pflanze mit auffälligen Blüten findet man in Wäldern, auf Wiesen und in Gebüschen.

70 cm

HENNE UND KÜKEN
Tolmiea menziesii
F: Saxifragaceae
Auf junge Pflänzchen, die sich an der Basis der Blätter bilden, bezieht sich der deutsche Name. Die Art mit behaarten Blättern wächst in Nordamerika an feuchten, schattigen Standorten.

70 cm

VITALES

Diese Ordnung besteht aus einer einzigen Familie, den Vitaceae oder Weinrebengewächsen. Ihr gehören 14 Gattungen und 850 Arten an, darunter die Weinrebe und der Wilde Wein. Die meisten Mitglieder der Vitaceae kommen in den Tropen oder warm gemäßigten Zonen vor. Sehr viele sind Kletter- oder Schlingpflanzen und haben dafür Ranken und verdickte Knoten (Nodien). Die Blütenstände sind meistens Rispen oder Trugdolden.

WEINREBE
Vitis vinifera
F: Vitaceae
Seit dem Neolithikum nutzen die Menschen Weintrauben, um Wein herzustellen, als Arznei oder Nahrung. Die verbreitete Weinrebe ist im Mittelmeergebiet, Europa und Asien heimisch.

ROSTROTE REBE
Vitis coignetiae
F: Vitaceae
Ihrer riesigen Blätter (30 cm Durchmesser) und der attraktiven Herbstfärbung wegen wird diese Art aus gemäßigten Zonen Asiens kultiviert.

WILDER WEIN
Parthenocissus quinquefolia
F: Vitaceae
Diese wüchsige Kletterpflanze aus dem östlichen und nördlichen Amerika klettert mit scheibenförmigen Haftorganen an ihren gegabelten Ranken glatte Oberflächen empor.

GERANIALES

Nur vier Familien gehören zu den Geraniales. Die Geraniaceae (Storchschnabelgewächse) sind mit 800 Arten in sieben Gattungen die größte. Zur Gattung *Geranium* (Storchschnäbel) gehören 260 Arten. Zur Gattung *Pelargonium* zählen 280 Arten, darunter die Beet- und Balkonpflanzen, die man landläufig als Geranien bezeichnet. Eine weitere Familie sind die Melianthaceae, Bäume und Sträucher des tropischen und südlichen Afrika.

ECHTER HONIGSTRAUCH
Melianthus major
F: Melianthaceae
Nektar tropft aus den bronzefarbenen Blütenständen dieser südafrikanischen Art. Die Blätter riechen beim Berühren intensiv.

RUPRECHTSKRAUT
Geranium robertianum
F: Geraniaceae
Diese Art ist auf der Nordhalbkugel weit verbreitet. Sie hat rote Stängel sowie lange Blütenstiele und riecht unangenehm.

APFELDUFT-PELARGONIE
Pelargonium odoratissimum
F: Geraniaceae
Diese Art stammt aus Südafrika. Aus den Blättern gewinnt man das ätherische »Geraniumöl«, das intensiv nach Apfel und Rose duftet.

WIESEN-STORCHSCHNABEL
Geranium pratense
F: Geraniaceae
Dieser Storchschnabel kommt in Europa und Asien vor allem auf kalkhaltigen Wiesen vor. Er ist die wichtigste Futterpflanze für die Raupen des Storchschnabel-Bläulings.

ERODIUM FOETIDUM
F: Geraniaceae
Storch- und Reiherschnäbel sind nach der Form ihrer Spaltfrüchte benannt. Diese Art der Mittelmeerregion ist eine beliebte Steingartenpflanze.

MYRTALES

Die Ordnung Myrtales kommt in den gesamten Tropen und wärmeren Regionen vor. Von den 14 Familien sind die Myrtaceae (Myrtengewächse) mit über 5650 Arten die größte. Viele produzieren ätherische Öle, wie Myrten, Nelken und Eukalyptus. Bei den Lythraceae (Weiderichgewächsen) entspringen die Blütenblätter einem schalen- oder röhrenförmigem Achsenbecher. Die meisten Mitglieder der Onagraceae (Nachtkerzengewächse) haben jeweils vier gefärbte Kelch- und Kronblätter.

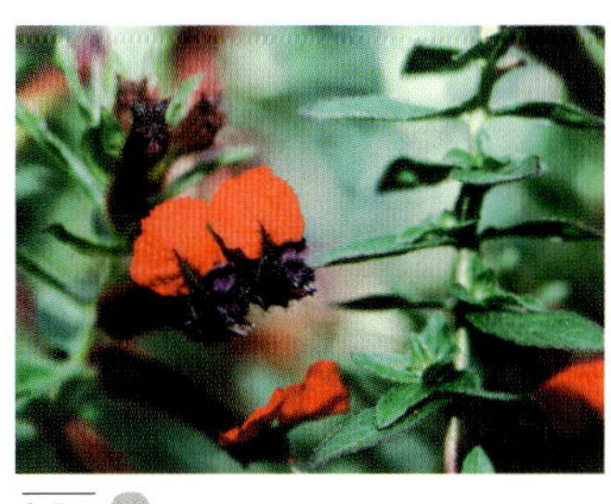

DECODON VERTICILLATUS
F: Lythraceae
Dieser Strauch wächst im Nordosten Amerikas in Sümpfen. Seine Stängel sind bis zu sechskantig, die Blätter stehen zu dritt in Quirlen und die Blüten erreichen Durchmesser von 1 cm.

BLUT WEIDERICH
Lythrum salicaria
F: Lythraceae
Zahlreiche violettrote, vierkantige Stängel entspringen dem verholzten Rhizom. Die Art ist in Europa, Asien, Südost-Australien und Nordwest-Afrika heimisch.

1,5 m

Blüten haben fünf oder sechs Kronblätter.

CHINESISCHE KRÄUSELMYRTE
Lagerstroemia indica
F: Lythraceae
In China, Korea und Japan ist dieser Baum verbreitet. Er trägt bis zu 120 Tage lang Blüten und hat eine glatte, gefleckte rosa-graue Borke, die abblättert.

6 m

HENNASTRAUCH
Lawsonia inermis
F: Lythraceae
Der Hennastrauch stammt aus Nordafrika und dem Nahen Osten. Mit den Blättern kann man Rot- und Brauntöne färben und aus den Blüten ätherische Öle gewinnen.

GEWÖHNLICHE WASSERNUSS
Trapa natans
F: Lythraceae
Diese Schwimmpflanze ist in Europa und Asien heimisch. Die harte Frucht mit vier »Hörnern« enthält einen essbaren Samen.

Aus der Blüte entwickelt sich eine vielsamige Frucht.

7 m

GRANATAPFEL
Punica granatum
F: Lythraceae
Der zum Teil bedornte Baum aus Vorderasien wird in der Mittelmeerregion seiner essbaren Früchte wegen kultiviert, die unzählige Samen enthalten.

ZIGARETTENBLÜMCHEN
Cuphea ignea
F: Lythraceae
Der dicht verzweigte Strauch ist eine beliebte Zierpflanze. Er stammt aus Mexiko und von den karibischen Inseln.

18 m

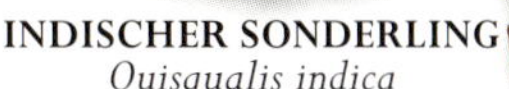

INDISCHER SONDERLING
Quisqualis indica
F: Combretaceae
Diese Kletterpflanze aus dem tropischen Asien trägt röhrenförmige rote Blüten. Die Früchte mit fünf Flügeln schmecken nach Mandeln.

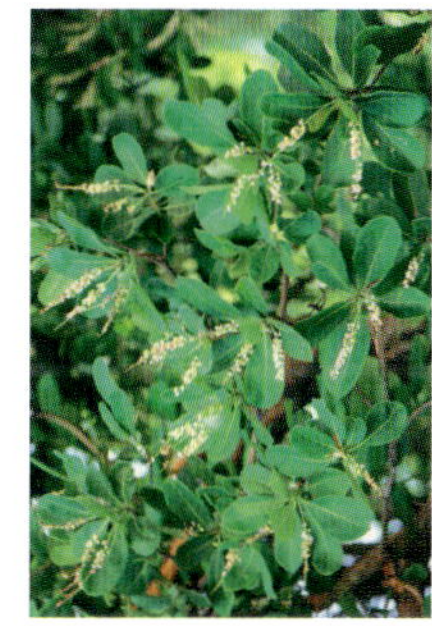

INDISCHE MYROBALANE
Terminalia catappa
F: Combretaceae
Dieser Baum kommt an den Küsten des Indopazifiks vor. Die korkigen Nussfrüchte, die im Wasser verbreitet werden, schmecken nach Mandeln.

MEDINILLA MAGNIFICA
F: Melastomataceae
Diese Zierpflanze von den Philippinen ist ein Epiphyt. Die Blätter weisen eine Längsaderung auf, ein Merkmal der Melastomataceae.

GLÄNZENDE TIBOUCHE
Tibouchina urvilleana
F: Melastomataceae
In warmen Regionen Brasiliens blüht diese Zierpflanze fast das ganze Jahr über. Die samtigen Blätter haben einen roten Rand und drei bis fünf auffällige Längsadern.

VIRGINISCHER BRUCHHEIL
Rhexia virginica
F: Melastomataceae
Die behaarte Staude aus dem Osten der USA kommt in Feuchtgebieten vor. Sie hat vierkantige Stängel und ungestielte Blätter mit gezähnten Rändern.

CALLISTEMON VIRIDIFLORUS
F: Myrtaceae
Der ausladende Strauch aus dem südlichen Australien trägt spitze Blätter. Er erträgt Schnee, Frost und Trockenheit. Er lockt Vögel und Schmetterlinge an.

CALLISTEMON SUBULATUS
F: Myrtaceae
Dieser Strauch bringt kleine verholzte Früchte hervor, die Hunderte von Samen enthalten. Er kommt vor allem in New South Wales und Victoria in Australien vor.

ROTER EUKALYPTUS
Eucalyptus camaldulensis
F: Myrtaceae
In Australien ist dieser Baum mit sehr haltbarem Holz verbreitet. Er hat eine glatte, helle Rinde und blaugrüne Blätter.

TRICHTERFRUCHT-EUKALYPTUS
Eucalyptus coccifera
F: Myrtaceae
Diese Art aus Tasmanien hat eine grau-weiße Borke, die sich in Streifen abschält, sodass die cremeweiße Rinde darunter sichtbar wird. Die runden, ungestielten Blätter sind gegenständig.

MOSTGUMMI-EUKALYPTUS
Eucalyptus gunnii
F: Myrtaceae
Die jungen Blätter dieses tasmanischen Baums sind rund und silbrig, die älteren sichelförmig und blaugrau.

KUNZEA BAXTERI
F: Myrtaceae
Anders als bei *Callistemon* fallen bei den einsamigen Früchten dieser Sträucher von der Südküste Westaustraliens die fünf Kelch- und Kronblätter ab.

BRAUT-MYRTE
Myrtus communis
F: Myrtaceae
Die Blätter der Braut-Myrte enthalten ätherische Öle. Die Pflanze stammt aus der Mittelmeerregion. Aus den duftenden Blüten entwickeln sich blauschwarze Beeren.

NELKENPFEFFER
Pimenta dioica
F: Myrtaceae
Dieser Baum aus der Karibik, Südmexiko und Mittelamerika trägt kleine weiße Blüten, die sich zu braunen Steinfrüchten entwickeln. Getrocknet und gemahlen ergeben sie das Gewürz Nelkenpfeffer (Piment).

EUCALYPTUS URNIGERA
F: Myrtaceae
Krugförmige Früchte bildet dieser Baum aus dem Südosten Tasmaniens. Die jungen Blätter sind blaugrau, die weißen Blüten mit vielen Staubblättern stehen zu dritt in Büscheln.

MELALEUCA CAJUPUTI
F: Myrtaceae
Dieser Baum von den indonesischen Inseln hat aromatisch duftende Blätter, die ein smaragdgrünes Öl enthalten.

LUMA APICULATA
F: Myrtaceae
Der langsam wachsende Baum hat einen verdrehten Stamm. Die glatte orange-graue Borke schält sich ab. Die Frucht ist eine schwarze Beere.

POHUTUKAWA-EISENHOLZ
Metrosideros excelsa
F: Myrtaceae
Im Dezember trägt dieser Baum rote Blüten. Er ist auf der Nordinsel Neuseelands heimisch und heftet sich mit seinen langen Wurzeln an Klippen an.

GEWÜRZNELKENBAUM
Syzygium aromaticum
F: Myrtaceae
Die trockenen Blütenknospen dieser in Indonesien und auf den Philippinen heimischen Art ergeben die Gewürznelken. Die Blüten sind cremefarben mit roten Staubblättern, die Früchte violette Beeren.

GUAVE
Psidium guajava
F: Myrtaceae
Dieser Baum aus Südmexiko hat eine schuppige kupferfarbene Borke. Die reifen Früchte riechen süß und moschusartig. Sie enthalten viele harte gelbe Samen.

ATLASBLUME
Clarkia amoena
F: Onagraceae
Diese einjährige Art stammt aus dem Hügelland an der Küste des westlichen Nordamerika. Die Blüten der Zierpflanze haben vier breite Kronblätter, die trockene Kapselfrucht enthält viele Samen.

FUCHSIA FULGENS
F: Onagraceae
An Felsen oder auf Bäumen wächst diese Fuchsie, die lange, rübenförmige Wurzeln hat. Sie stammt aus den Bergen Mexikos.

SCHARLACH-FUCHSIE
Fuchsia magellanica
F: Onagraceae
Diese verbreitete Zierpflanze stammt aus Chile, wo sie gewöhnlich in Wasser wurzelt. Sie bildet schwarze Beeren.

SCHMALBLÄTTRIGES WEIDENRÖSCHEN
Epilobium angustifolium
F: Onagraceae
Die Staude der gemäßigten Zonen auf der Nordhalbkugel breitet sich mit Rhizomen rasch aus. Samen werden freigesetzt, wenn die vierklappigen Fruchtkapseln aufspringen.

WEISSE NACHTKERZE
Oenothera speciosa
F: Onagraceae
Diese krautige glattstielige Nachtkerze aus dem Südosten der USA und aus Mexiko trägt weiße Blüten, die sich nach einiger Zeit rosa färben. Sie schließen sich in voller Sonne.

GEWÖHNLICHE NACHTKERZE
Oenothera biennis
F: Onagraceae
Aus dem östlichen Nordamerika stammt diese zweijährige Art, deren blaugrüne Blätter in einer Rosette stehen. Die Blüten öffnen sich nachts. Aus den Samen presst man Nachtkerzenöl.

GEWÖHNLICHES HEXENKRAUT
Circaea lutetiana
F: Onagraceae
Diese Pflanze ist in den gemäßigten Zonen der Nordhalbkugel in Wäldern verbreitet. Aus den Blüten entwickeln sich kleine runde, haarige Früchte.

KLAPPERHEUSENKRAUT
Ludwigia alternifolia
F: Onagraceae
Diese Art, die aus Missouri (USA) stammt, wächst vor allem in Sümpfen.

ZOTTIGES WEIDENRÖSCHEN
Epilobium hirsutum
F: Onagraceae
Das stark behaarte Weidenröschen bildet mit seinen Rhizomen große Bestände. Es kommt in weiten Teilen Europas, Nordamerikas und Asiens vor.

CELASTRALES

Die vielfältige Ordnung weist wenige sichtbare typische Merkmale auf, abgesehen von kleinen Blüten mit einem deutlich erkennbaren, Nektar absondernden Diskus. Zu ihr gehören etwa 1300 Arten in 100 Gattungen. Die systematische Gliederung der Ordnung ist noch nicht abgeschlossen, 93 der Gattungen gehören jedoch zur Familie Celastraceae (Spindelbaumgewächse).

PFAFFENHÜTCHEN
Euonymus europaeus
F: Celastraceae
Aus dem Holz dieses europäischen Strauchs drechselte man Spindeln zum Spinnen von Wolle. Die reifen rosa Früchte springen mit vier Klappen auf, dann sieht man die orangefarbenen giftigen Samen.

SUMPF-HERZBLATT
Parnassia palustris
F: Parnassiaceae
Diese Pflanze wächst in sumpfigen Wiesen und Flachmooren der nördlichen gemäßigten Zone. Am Grund jedes Blütenstiels sitzt ein stängelumfassendes Blatt.

CUCURBITALES

Zu den Cucurbitales, die vor allem in den Tropen vorkommen, gehören Bäume, Sträucher, Kräuter und Kletterpflanzen. Es gibt etwa 2300 Arten in sieben Familien. Zur Familie der Schiefblattgewächse gehören einschließlich der Begonien 1400 Arten, von denen 130 Gartenpflanzen sind. Die Familie der Kürbisgewächse umfasst 825 Arten, darunter wichtige Gemüsepflanzen wie Gurken und Kürbisse. Beide Familien sind einhäusig (männliche und weibliche Blüten erscheinen an derselben Pflanze).

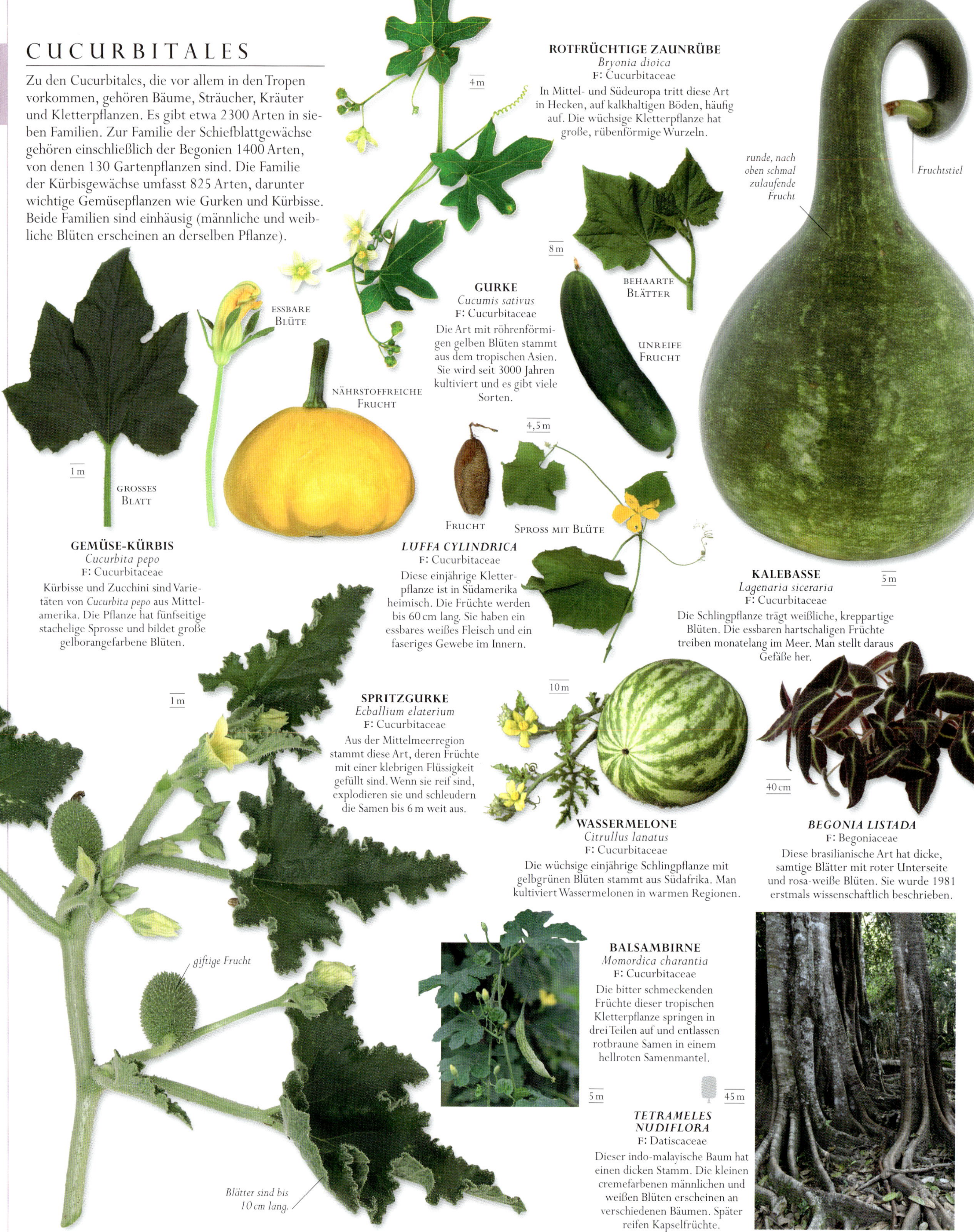

ROTFRÜCHTIGE ZAUNRÜBE
Bryonia dioica
F: Cucurbitaceae

In Mittel- und Südeuropa tritt diese Art in Hecken, auf kalkhaltigen Böden, häufig auf. Die wüchsige Kletterpflanze hat große, rübenförmige Wurzeln.

GURKE
Cucumis sativus
F: Cucurbitaceae

Die Art mit röhrenförmigen gelben Blüten stammt aus dem tropischen Asien. Sie wird seit 3000 Jahren kultiviert und es gibt viele Sorten.

GEMÜSE-KÜRBIS
Cucurbita pepo
F: Cucurbitaceae

Kürbisse und Zucchini sind Varietäten von *Cucurbita pepo* aus Mittelamerika. Die Pflanze hat fünfseitige stachelige Sprosse und bildet große gelborangefarbene Blüten.

LUFFA CYLINDRICA
F: Cucurbitaceae

Diese einjährige Kletterpflanze ist in Südamerika heimisch. Die Früchte werden bis 60 cm lang. Sie haben ein essbares weißes Fleisch und ein faseriges Gewebe im Innern.

KALEBASSE
Lagenaria siceraria
F: Cucurbitaceae

Die Schlingpflanze trägt weißliche, kreppartige Blüten. Die essbaren hartschaligen Früchte treiben monatelang im Meer. Man stellt daraus Gefäße her.

SPRITZGURKE
Ecballium elaterium
F: Cucurbitaceae

Aus der Mittelmeerregion stammt diese Art, deren Früchte mit einer klebrigen Flüssigkeit gefüllt sind. Wenn sie reif sind, explodieren sie und schleudern die Samen bis 6 m weit aus.

WASSERMELONE
Citrullus lanatus
F: Cucurbitaceae

Die wüchsige einjährige Schlingpflanze mit gelbgrünen Blüten stammt aus Südafrika. Man kultiviert Wassermelonen in warmen Regionen.

BEGONIA LISTADA
F: Begoniaceae

Diese brasilianische Art hat dicke, samtige Blätter mit roter Unterseite und rosa-weiße Blüten. Sie wurde 1981 erstmals wissenschaftlich beschrieben.

BALSAMBIRNE
Momordica charantia
F: Cucurbitaceae

Die bitter schmeckenden Früchte dieser tropischen Kletterpflanze springen in drei Teilen auf und entlassen rotbraune Samen in einem hellroten Samenmantel.

TETRAMELES NUDIFLORA
F: Datiscaceae

Dieser indo-malayische Baum hat einen dicken Stamm. Die kleinen cremefarbenen männlichen und weißen Blüten erscheinen an verschiedenen Bäumen. Später reifen Kapselfrüchte.

FABALES

Die Fabales, die außer in der Antarktis überall auf der Erde verbreitet sind, haben zusammengesetzte Blätter, häufig mit Nebenblättern. Zu den Fabaceae (Hülsenfrüchtlern), der größten der vier Familien, zählen zum Beispiel Bohnen und Erbsen. Die Kronblätter der Schmetterlingsblütler bilden Fahne, Flügel und Schiffchen. Die Früchte sind meist Hülsen. Viele der Pflanzen bilden Wurzelknöllchen aus, in denen Bakterien Luftstickstoff fixieren.

50 cm

gefiederte Blätter

HÜLSE

KRAUTIGE PFLANZE

ERDNUSS
Arachis hypogaea
F: Fabaceae
Die Erdnuss, die aus Mittel- und Südamerika stammt, trägt gelbe, rot geaderte Schmetterlingsblüten. Die Hülsen reifen in der Erde und enthalten die Erdnüsse.

1,5 m

SINNPFLANZE
Mimosa pudica
F: Fabaceae
Die Fiederblättchen dieses stacheligen brasilianischen Strauchs klappen zusammen, wenn man sie berührt. Aus den kugeligen Blütenständen ragen rosa Staubblätter hervor.

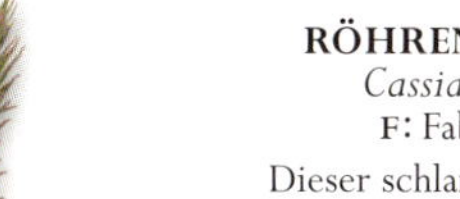

20 m

ACACIA DEALBATA
F: Fabaceae
Dieser Baum hat duftende Blüten und eine blaugrüne Borke, die im Alter schwarz wird. Er ist in Gebirgen in Südost-Australien heimisch.

80 cm

FUTTER-ESPARSETTE
Onobrychis viciifolia
F: Fabaceae
Die zusammengesetzten Blätter dieser eurasischen Futterpflanze tragen 6–14 Fiederpaare. Die rosa Blüten stehen in einer dichten Traube.

RÖHREN-KASSIE
Cassia fistula
F: Fabaceae
Dieser schlanke Baum aus Südost-Asien trägt herabhängende Schmetterlingsblüten und gefiederte Blätter mit drei bis acht Fiederpaaren. Die Samen sind giftig.

20 m

UNGETEILTES BLATT

BLÜTENSTÄNDE

GLÄNZENDE BLÄTTER

HÜLSE ENTHÄLT ESSBARE SAMEN.

40 m

BRASILIANISCHER HEUSCHRECKENBAUM
Hymenaea courbaril
F: Fabaceae
Der Stamm dieses Baums ist dick und gerade. Die weißrötlichen Blüten haben große Kron- und lange Staubblätter. Aus dem Stamm tritt orangefarbener Gummi aus.

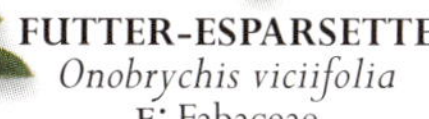

1,2 m

60 cm

GEWÖHNLICHER WUNDKLEE
Anthyllis vulneraria
F: Fabaceae
Die Art kommt vor allem in Trockenrasen auf kalkreichen Böden vor. Die hellgelben bis roten Blüten sitzen in zottig behaarten Kelchen.

BEBLÄTTERTER ZWEIG

20 m

HÜLSEN

TAMARINDE
Tamarindus indica
F: Fabaceae
Dieser immergrüne Baum mit herabhängenden Ästen aus Ostafrika und Asien trägt orangegelbe Blüten. Das Mark der Hülsenfrüchte ist essbar.

Die Blüten haben keine Kronblätter.

LEHM-AKAZIE
Acacia glaucoptera
F: Fabaceae
Im Südwesten Australiens ist dieser Strauch heimisch, der schmale schwarze, verdrehte Hülsen und gelbe Blüten trägt.

längliches Blatt mit 20–30 Fiederpaaren

12 m

SEIDENAKAZIE
Albizia julibrissin
F: Fabaceae
Der schnell wachsende Baum stammt aus Vorderasien. Er hat eine dunkelgrüne Borke, die sich im Alter in senkrechten Streifen schält.

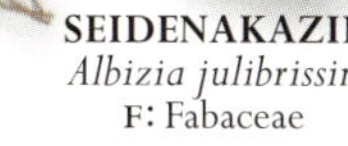

»

BÄRENSCHOTE
Astragalus glycyphyllos
F: Fabaceae

Die Bärenschote aus Nordwest-Europa hat gebogene Hülsen. Aus dem Kraut kann man Tee bereiten.

BLAUE FÄRBERHÜLSE
Baptisia australis
F: Fabaceae

Der Saft dieser krautigen Art, die in Wäldern und an Bachufern im Osten der USA heimisch ist, färbt sich an der Luft violett. Sie wird wie Indigo zum Färben verwendet.

AUSTRALISCHE KASTANIE
Castanospermum australe
F: Fabaceae

Dieser Baum, der Nutzholz liefert, trägt orangerote Blüten, die sich zu verholzten Hülsen entwickeln. Die Samen sind giftig.

JOHANNISBROTBAUM
Ceratonia siliqua
F: Fabaceae

Aus der Mittelmeerregion stammt dieser dickstämmige, dicht belaubte Baum. Die Blüten sind klein und grünlich. Das Mark der Hülsen dient als Schokoladenersatz.

GEWÖHNLICHER JUDASBAUM
Cercis siliquastrum
F: Fabaceae

Der Laubbaum aus der östlichen Mittelmeerregion blüht im Frühjahr üppig. Später bilden sich flache, 10 cm lange Hülsen.

KICHERERBSE
Cicer arietinum
F: Fabaceae

Die Kichererbse gehört zu den ältesten Kulturpflanzen des Nahen Ostens. In den Hülsen entwickeln sich ein bis drei Samen, aus denen Hummus bereitet wird.

ECHTE GEISSRAUTE
Galega officinalis
F: Fabaceae

In gemäßigten Regionen wurde die ausdauernde Art vielerorts eingebürgert. Sie hat lange rotbraune Hülsen und soll den Milchfluss fördern, Fieber und Blutzuckergehalt senken.

ÄTNA-GINSTER
Genista aetnensis
F: Fabaceae

In Sizilien an den Hängen des Ätna und auf Sardinien ist dieser kleine Baum heimisch. Er trägt nur wenige Blätter. Die Fotosynthese findet in den grünen Sprossen statt.

BEHAARTER BACKENKLEE
Dorycnium hirsutum
F: Fabaceae

Der kleine Strauch aus dem Mittelmeerraum hat graugrüne Blätter. Die rotbraunen Hülsen erinnern an kleine Beeren.

KLEINBLÜTIGER STECHGINSTER
Ulex parviflorus
F: Fabaceae

Die gelben Blüten dieses stacheligen Strauchs aus der Mittelmeerregion entwickeln sich zu schwarzbraunen Hülsen. Nach Buschbränden keimen die Samen schneller.

BREITBLÄTTRIGE PLATTERBSE
Lathyrus latifolius
F: Fabaceae

Diese kräftige, rankende Art, die in Mitteleuropa verbreitet ist, hat geflügelte Stängel. Die Blüten sind weiß oder rosa, die Samen entwickeln sich in langen Hülsen.

GEWÖHNLICHER HORNKLEE
Lotus corniculatus
F: Fabaceae

In Weideland in Europa, Asien und Afrika kommt der Hornklee vor. Er hat gelbe Blüten und fünfteilige Blätter, bei denen die unteren beiden Fiedern abgesetzt sind. Der Fruchtstand ähnelt einem Vogelfuß.

SAAT-WICKE
Vicia sativa
F: Fabaceae

Diese verbreitete einjährige Art ist in Europa und der Mittelmeerregion heimisch. Die Blüten der Futterpflanze stehen meist in Paaren, die Ranken können verzweigt sein.

BUNTE KRONWICKE
Securigera varia
F: Fabaceae
Diese mitteleuropäische Staude breitet sich rasch aus. Sie hat dicke Blätter. Ihre tief reichenden Wurzeln stabilisieren den Boden und verhindern Erosion.

GEWÖHNLICHER HUFEISENKLEE
Hippocrepis comosa
F: Fabaceae
Diese Art ist in England, den Niederlanden und Deutschland heimisch. Sie ist eine wichtige Futterpflanze für die Raupen verschiedener Bläuling-Arten.

LUZERNE
Medicago sativa
F: Fabaceae
Diese tief wurzelnde Art wächst in Südwest-Asien, Europa und in den USA in Wiesen auf kalkhaltigen Böden. Sie ist eine gute Futterpflanze und gilt auch als Heilpflanze.

BESENGINSTER
Cytisus scoparius
F: Fabaceae
Der Besenginster kommt in Heidegebieten in Nordwest-Europa vor. Die Blüten duften stark. Aus den schlanken Zweigen bindet man traditionell Besen.

ROT-KLEE
Trifolium pratense
F: Fabaceae
Diese Futterpflanze hat lang gestielte, dreiteilige Blätter. In den Blütenständen entwickeln sich längliche Hülsenfrüchte.

SPANISCHES SÜSSHOLZ
Glycyrrhiza glabra
F: Fabaceae
Diese Staude bildet glatte, kleine, längliche Hülsen aus und wurzelt tief. Ein Extrakt aus den Wurzeln ist 50-mal süßer als Zucker.

FEUER-BOHNE
Phaseolus coccineus
F: Fabaceae
Die Triebe dieser ausdauernden Art aus den Gebirgen Mittelamerikas winden sich im Uhrzeigersinn um eine Stütze. Die Samen haben verschiedene Farben.

GEWÖHNLICHER GOLDREGEN
Laburnum anagyroides
F: Fabaceae
Dieser hochgiftige Baum ist in Mittel- und Südeuropa heimisch. In den braunen, behaarten Hülsen entwickeln sich giftige schwarze Samen.

ROBINIE
Robinia pseudoacacia
F: Fabaceae
Rinde und Wurzeln dieses Baums sind giftig. Er bildet Ausläufer und trägt flache braune Hülsen. Die Robinie stammt aus dem Südosten der USA.

PANNONISCHES KREUZBLÜMCHEN
Polygala nicaeensis
F: Polygalaceae
Die Blüten dieser Art aus dem Mittelmeerraum haben drei Kronblätter, von denen das unterste schiffchenartig ist und ein Anhängsel trägt. Die Frucht ist eine kleine Kapsel.

VIELBLÄTTRIGE LUPINE
Lupinus polyphyllus
F: Fabaceae
Diese Art aus dem westlichen Nordamerika wurde überall in Europa eingebürgert. Die schwarzen Hülsen und die Unterseite der Blätter dieser beliebten Zierpflanze sind behaart, die Blüten duften.

FAGALES

Einige der bekanntesten Bäume der Erde gehören zu dieser Ordnung. Zu den Fagales gehört die Gattung *Fagus* (Buchen), die Betulaceae (Birkengewächse) und die Juglandaceae (Walnussgewächse) sowie fünf weitere Familien. Die männlichen und weiblichen Blüten stehen getrennt an der Pflanze. Die Blüten sind windbestäubt.

CASUARINA TORULOSA
F: Casuarinaceae
Das Holz dieses westaustralischen Baums ist bei Drechslern beliebt. An den herabhängenden Ästen sitzen lange, nadelförmige Blätter und kleine, warzige Zapfen.

JAPANISCHE HOPFENBUCHE
Ostrya japonica
F: Betulaceae
Diese Art aus dem Fernen Osten hat eine graubraune, schuppige Borke. Die Nussfrüchte bilden sich in langen, hängenden Fruchtständen.

GEWÖHNLICHE HAINBUCHE
Carpinus betulus
F: Betulaceae
Diese europäische Art, die auch in Hecken gepflanzt wird, trägt kleine, grüne männliche und weibliche Blütenstände. Dreilappige Hochblätter umgeben die Nussfrüchte.

GEWÖHNLICHE HASEL
Corylus avellana
F: Betulaceae
Dieser europäische Strauch trägt die essbaren Haselnüsse. Die männlichen und weiblichen Blütenkätzchen erscheinen im Spätwinter.

OREGON-ERLE
Alnus rubra
F: Betulaceae
Im Nordwesten Amerikas ist dieser Baum heimisch. Er wächst bevorzugt an feuchten Berghängen und an Ufern. Die hellgraue Borke färbt sich rot, wenn sie verletzt wird.

ECHTE WALNUSS
Juglans regia
F: Juglandaceae
Diese Art aus den Gebirgen Zentralasiens ist ihrer Früchte und ihres Holzes wegen begehrt. Die Borke ist glatt und grau, die männlichen Kätzchen werden bis 10 cm lang.

PLATYCARYA STROBILACEA
F: Juglandaceae
Dieser in Ostasien heimische Baum trägt aufrechte männliche Kätzchen. Die Frucht erinnert an einen Koniferenzapfen.

PEKANNUSS
Carya illinoinensis
F: Juglandaceae
Die Pekannuss ist in Nordamerika heimisch und wird ihrer essbaren Nüsse wegen kultiviert. Die Schale reifer Früchte springt entlang von vier Furchen auf.

BUTTERNUSS
Juglans cinerea
F: Juglandaceae
Dieser Laubbaum, der in Nordamerika heimisch ist, trägt gelbgrüne Kätzchen. Die eiförmigen, büschelig stehenden Nüsse enthalten süße Samen.

ERMANS BIRKE
Betula ermanii
F: Betulaceae
Diese Birke hat eine weißliche Borke, die sich schält, ihre Zweige hängen herab. Die Art aus Europa und Nordasien bevorzugt leichte, sandige Böden.

EDEL-KASTANIE
Castanea sativa
F: Fagaceae
Der Baum aus Südost-Europa und Westasien wird seit 3000 Jahren seiner Nussfrüchte wegen kultiviert. In den Kätzchen sitzen oben die männlichen, unten die weiblichen Blüten.

AMERIKANISCHE BUCHE
Fagus grandifolia
F: Fagaceae
Dieser breit ausladende Baum aus Nordamerika hat eine graubraune Borke und glänzende Blätter. Die Nussfrüchte sitzen in Paaren in Fruchtbechern.

STIEL-EICHE
Quercus robur
F: Fagaceae

Diese langlebige Eiche, deren Holz sehr geschätzt ist, kommt in Westeuropa häufig vor. Die männlichen Blüten stehen in Kätzchen. Die Eicheln sind lang gestielt.

SCHARLACH-EICHE
Quercus coccinea
F: Fagaceae

Die Blätter dieses nordamerikanischen Baums färben sich im Herbst tiefrot. Diese Eiche trägt lange gelbgrüne männliche Kätzchen.

KERMES-EICHE
Quercus coccifera
F: Fagaceae

Dieser immergrüne Baum aus dem Mittelmeergebiet hat stechpalmenähnliche Blätter. Die männlichen Blüten sind gelbbraun.

LITHOCARPUS EDULIS
F: Fagaceae

Dieser japanische immergrüne Baum trägt aufrechte cremeweiße Kätzchen. Die weiblichen Blüten stehen an der Basis und die männlichen darüber. Die essbaren Eicheln reifen nach über zwei Jahren.

NOTHOFAGUS NERVOSA
F: Nothofagaceae

Das Holz dieses in Argentinien und Chile heimischen Baums ist geschätzt. Die jungen Blätter sind bronzefarben. Die grünlichen weiblichen Blüten bilden stachelige Fruchtbecher, die kleine Nüsse einschließen.

GAGELSTRAUCH
Myrica gale
F: Myricaceae

Dieser süß riechende Strauch wächst oft an Rändern von Mooren der nördlich gemäßigten Zonen. Die rötlichen Kätzchen sind entweder männlich oder weiblich. Man nutzt die Art zur Insektenabwehr.

MALPIGHIALES

Die Malpighiales sind eine der größten und vielfältigsten Ordnungen vorwiegend tropischer Pflanzen. Zu ihnen gehören über 16 000 Arten. Die Pflanzen sind genetisch ähnlich, unterscheiden sich aber morphologisch. Eine bekannte Familie sind die Wolfsmilchgewächse. Zu den anderen Familien gehören die Weiden-, Passionsblumen- und Veilchengewächse. Viele Familien dieser Ordnung kennt man außerhalb ihrer Heimatgebiete kaum.

MANNSBLUT
Hypericum androsaemum
F: Clusiaceae

Dieser kleine Strauch aus Westeuropa hat rötliche Stängel mit zwei Längskanten. Die aromatisch riechenden Blätter haben medizinischen Nutzen, die Beeren aber sind giftig.

GEWÖHNLICHES TÜPFEL-JOHANNISKRAUT
Hypericum perforatum
F: Clusiaceae

Diese europäische Art kommt an Böschungen, in Feldern und an Straßenrändern häufig vor. Sie hat runde Stängel mit zwei Längskanten. In den Blättern sind durchscheinende Öldrüsen sichtbar.

GAUGAUHOLZ
Mesua ferrea
F: Clusiaceae

Das Holz dieses Baums ist schwer. Er trägt große Blüten mit vier weißen Kronblättern. Die jungen Blätter sind leuchtend rot.

»

LICHTNUSSBAUM
Aleurites moluccana
F: Euphorbiaceae

Aus dem Öl der Nüsse dieses tropischen Baums stellte man früher Kerzen her. Er trägt kleine cremeweiße Blüten, die variablen Blätter sind anfangs graugrün.

ECHTER MANIOK
Manihot esculenta
F: Euphorbiaceae

Die Wurzelknollen dieser aus Südamerika stammenden Pflanze werden zu Tapioka verarbeitet, einem stärkehaltigen Nahrungsmittel.

CHRISTUSDORN
Euphorbia milii
F: Euphorbiaceae

Diese halbsukkulente Kletterpflanze aus Madagaskar hat sehr stachelige Triebe. Vor allem die jungen Triebe tragen Blätter.

LEBENDER BASEBALL
Euphorbia obesa
F: Euphorbiaceae

Aus der Karoo, einer Halbwüstenlandschaft in Südafrika, stammt diese Art. Die kleinen Blüten entspringen »Augen« an der Oberseite.

KROTONÖLBAUM
Croton tiglium
F: Euphorbiaceae

Der Baum aus Südost-Asien, wird in der chinesischen Heilkunde eingesetzt. Die Blätter riechen unangenehm. Er trägt männliche und weibliche Blüten.

RIZINUS
Ricinus communis
F: Euphorbiaceae

Rizinusöl wird aus den giftigen Samen dieser Art aus dem tropischen Afrika gewonnen. Die weiblichen Blüten stehen in aufrechten Blütenständen und haben rote Narben. Die unteren männlichen Blüten haben gelbe Staubblätter.

JATROPHA GOSSYPIFOLIA
F: Euphorbiaceae

Diese in Australien invasive, giftige Pflanze stammt aus dem tropischen Amerika. Sie hat klebrige Blätter und Blüten mit violetten Hochblättern.

PALISANDEN-WOLFSMILCH
Euphorbia characias
F: Euphorbiaceae

Aus dem Mittelmeergebiet stammt diese Staude. Sie hat rötliche, behaarte Stängel, die an der Basis kahl und glatt sind. Die Frucht ist eine behaarte, beerenähnliche Kapsel.

AMAZONAS-PARAKAUTSCHUKBAUM
Hevea brasiliensis
F: Euphorbiaceae

Diese in Brasilien heimische Art ist bekannt, weil ihr Milchsaft (Latex) zu Gummi verarbeitet wird. Die Blätter sind aus drei Fiedern zusammengesetzt.

AUSDAUERNDES BINGELKRAUT
Mercurialis perennis
F: Euphorbiaceae

Diese niedrige zweihäusige Pflanze hat einen einzigen aufrechten Stängel und trägt kleine grüne Blüten an dünnen Stielen.

GARTEN-WOLFSMILCH
Euphorbia peplus
F: Euphorbiaceae

Die giftige einjährige Art stammt aus Europa, Nordafrika und Westasien. Die gelbgrünen weiblichen Blüten entwickeln sich zu Kapselfrüchten.

MONADENIUM GUENTHERI
F: Euphorbiaceae

Im tropischen Afrika ist diese immergrüne Sukkulente heimisch. Die weißen Hochblätter sind violett gezeichnet. Vor allem junge Triebe tragen dicke, sichelförmige Blätter.

AUSDAUERNDER LEIN
Linum perenne
F: Linaceae

Diese zarte Art mit blauen Blüten ist in Europa heimisch. Die Blüten entstehen schubweise an den Sprossspitzen.

ECHTER KOKASTRAUCH
Erythroxylum coca
F: Erythroxylaceae

Die Blätter dieses Strauchs aus dem Nordwesten Südamerikas enthalten Kokain. Er hat eine graue Rinde und gelblich weiße Blüten in Büscheln.

BLAUE PASSIONSBLUME
Passiflora caerulea
F: Passifloraceae

Die Kletterpflanze aus Südamerika trägt duftende Blüten, die christliche Symbolik zum Ausdruck bringen. Die Blüten haben je fünf Kelch-, Kron- und Staubblätter sowie drei violette Narben.

BANISTERIOPSIS CAAPI
F: Malpighiaceae
Aus diesem Klettergehölz der Amazonas-Region brauen indigene Völker ein sakrales Getränk mit halluzinogener Wirkung. Die rosa Blüten entwickeln sich zu geflügelten Kapseln.

MANGROVEBAUM
Rhizophora mangle
F: Rhizophoraceae
Den Mangrovebaum findet man überall in den Tropen, vor allem in sumpfigen Salzmarschen. Er hat Stelzwurzeln, die Samen keimen bereits am Elternbaum.

ORANGEN-KIRSCHE
Idesia polycarpa
F: Salicaceae
Dieser Gebirgsbaum aus Ostasien trägt kleine gelbgrüne duftende Blüten, die sich zu rotvioletten Beeren entwickeln.

RAFFLESIA ARNOLDII
F: Rafflesiaceae
An Schlingpflanzen in Regenwäldern Südost-Asiens parasitiert diese Rafflesie. Die faulig riechenden Blüten sind mit bis zu 1 m Durchmesser die größten der Erde.

Blüten haben bis 12 cm Durchmesser.

KÖNIGS-GRENADILLE
Passiflora quadrangularis
F: Passifloraceae
Diese Passionsblume ist eine ausdauernde Art aus Südamerika. Sie bildet große, längliche Früchte.

Die duftenden Blüten sind weiß, rot oder violett.

SAL-WEIDE
Salix caprea
F: Salicaceae
In Europa und Asien ist die Sal-Weide heimisch. Der verzweigte Baum hat eiförmige, gezähnte, wechselständige Blätter. Die weiblichen Kätzchen bilden Kapseln mit behaarten Samen.

ZITTER-PAPPEL
Populus tremula
F: Salicaceae
Die graue Borke dieses in Europa und Asien heimischen Baums weist rautenförmige Korkwarzen auf. Da die Blätter an abgeflachten Blattstielen sitzen, zittern sie im Wind.

SILBER-WEIDE
Salix alba
F: Salicaceae
An Ufern in Europa und Asien gedeiht diese Weide. Die Bäume tragen entweder nur männliche oder nur weibliche Kätzchen. Die Rinde enthält Salicin, den Wirkstoff in Aspirin.

SILBER-PAPPEL
Populus alba
F: Salicaceae
Der Laubbaum, der in Mitteleuropa und Zentralasien heimisch ist, toleriert Wasser und Salz. Er ist zweihäusig, dabei sind die meisten Bäume weiblich. Die Kätzchen bilden Kapseln mit flaumig behaarten Samen.

AZARA MICROPHYLLA
F: Salicaceae
Dieser immergrüne Baum aus Argentinien und Chile trägt kleine, nach Vanille duftende Blüten mit gelben Staubblättern. Die Nebenblätter an der Blattbasis sind halbrund.

GEWÖHNLICHES WILDES STIEFMÜTTERCHEN
Viola tricolor
F: Violaceae
An grasbewachsenen Standorten auf neutralen und sauren Böden wächst diese europäische Art. Sie findet in pflanzlichen Arzneimitteln Verwendung.

HYBANTHUS FLORIBUNDUS
F: Violaceae
Der Strauch aus Australien akkumuliert Nickel. Er trägt kleine dunkelgrüne, eiförmige Blätter. Die Kronblätter der Blüten sind bläulich mit einem gelben Fleck.

OXALIDALES

Zu dieser Ordnung gehören etwa 2300 Arten in sechs Familien. Zu den Cephalotaceae gehört nur eine Art, das fleischfressende Drüsenköpfchen. Die Cunoniaceae sind Gehölze, die als Früchte verholzte Kapseln mit kleinen Samen ausbilden. Zu den Sauerkleegewächsen (Oxalidaceae), der größten der Familien, gehören 560 Arten in acht Gattungen. Sie haben zusammengesetzte Blätter, die sich tagsüber öffnen und nachts zusammenfalten.

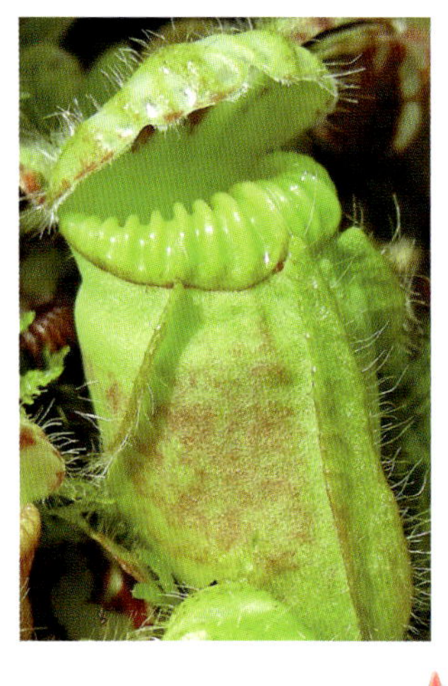

DRÜSENKÖPFCHEN
Cephalotus follicularis
F: Cephalotaceae
Diese fleischfressende Pflanze ist an den Küsten Südwest-Australiens heimisch. Sie hat basale ovale Blätter. In einer mit einer Flüssigkeit gefüllten Kanne fängt sie Insekten, aber sie gehört nicht zu den Schlauchpflanzen (siehe S. 192).

20 cm

Blüten mit fünf Kronblättern

35 cm

RAUPEN-SAUERKLEE
Oxalis articulata
F: Oxalidaceae
Die südamerikanische Art mit verdicktem Rhizom bildet Polster aus Blättern und Blüten. Die Samenkapseln springen auf, um die Samen zu entlassen.

BLÜTENSTAND

ZUSAMMENGESETZTES BLATT

4 m

CERATOPETALUM GUMMIFERUM
F: Cunoniaceae
An den Ostküsten Australiens wächst dieser Strauch. Er trägt im Frühjahr unauffällige weiße Blüten. Die rosa und roten Kelchblätter vergrößern sich und umschließen die Frucht.

12 m

CALLICOMA SERRATIFOLIA
F: Cunoniaceae
An der Küste von New South Wales in Australien wächst dieser Baum. Aus dem Holz bauten frühe Siedler einfache Bauten in Lehmfachwerk. Das junge Laub ist bronzefarben.

REIFE FRUCHT

ZWEIG MIT BLÜTEN

STERNFRUCHT
Averrhoa carambola
F: Oxalidaceae
Dieser Baum ist im Südosten Asiens heimisch und wird vielerorts seiner essbaren Früchte wegen kultiviert. Er blüht viermal im Jahr.

15 m

ROSALES

Zu dieser Ordnung gehören neun Familien, darunter die Rosaceae (Rosengewächse), Cannabaceae (Hanfgewächse), Moraceae (Maulbeergewächse), Rhamnaceae (Kreuzdorngewächse), Ulmaceae (Ulmengewächse) und Urticaceae (Brennnesselgewächse). Viele Mitglieder der Rosales werden ihrer Früchte oder anderer Pflanzenteile wegen kultiviert. Die Blüten der meisten Arten haben fünf Kelchblätter und viele Staubblätter. Viele werden von Insekten bestäubt und tragen Dornen, Stacheln oder Haare.

ölhaltige Beeren

10 m

SANDDORN
Hippophae rhamnoides
F: Elaeagnaceae
Die gelben Blüten dieses Strauchs, der in Asien und Europa weit verbreitet ist, öffnen sich vor den Blättern. Die kleinen orangefarbenen Beeren sind reich an Vitamin C.

SCHMALBLÄTTRIGE ÖLWEIDE
Elaeagnus angustifolia
F: Elaeagnaceae

Dieser ausladende Baum aus Westasien hat stachelige Triebe, die mit silbernen Schuppen bedeckt sind. Die eiförmigen rot-gelben Früchte sind essbar.

KULTUR-HANF
Cannabis sativa
F: Cannabaceae

Aus dieser Art aus Zentral- und Westasien werden Haschisch und Marihuana gewonnen. Aus ihren Fasern stellt man Seile her und aus den Samen gewinnt man Öl.

GEWÖHNLICHER HOPFEN
Humulus lupulus
F: Cannabaceae

Die Kletterpflanze ist in den gemäßigten Zonen der Nordhalbkugel verbreitet. Die rundlichen weiblichen Blütenstände dienen dazu, dem Bier Aroma zu verleihen und es haltbar zu machen.

JACKFRUCHTBAUM
Artocarpus heterophyllus
F: Moraceae

Dieser Baum aus dem Tiefland Südost-Asiens trägt die größten Baumfrüchte: Sie wiegen bis zu 30 kg und sind reif 90 cm lang.

SCHWARZER MAULBEERBAUM
Morus nigra
F: Moraceae

Seiner schmackhaften Früchte wegen wird dieser ausladende Baum in vielen Regionen kultiviert. Er stammt aus dem Nahen Osten und hat eine rissige orangefarbene Borke.

ECHTE FEIGE
Ficus carica
F: Moraceae

In Südwest-Asien und der östlichen Mittelmeerregion ist die Echte Feige heimisch. Alle Feigen sind die urnenförmig umgebildete Blütenstandsachse, auf der viele Blüten sitzen, die von Feigenwespen bestäubt werden.

BOBAUM
Ficus religiosa
F: Moraceae

Unter diesem Baum hatte Buddha der Legende nach seine Erleuchtung. Er stammt aus Südost-Asien. Die Blüten entwickeln sich in violetten, gefleckten Feigen.

PAPIERMAULBEERBAUM
Broussonetia papyrifera
F: Moraceae

Aus der inneren Rinde dieses Baums aus Japan und Taiwan stellt man ein feines Papier her. Er bildet große Mengen an Pollen.

OSAGEDORN
Maclura pomifera
F: Moraceae

Dieser Baum aus Nordamerika wird in Hecken gepflanzt. Wurzeln und Holz waren einst bei indigenen Völkern geschätzt.

CHINESISCHE DATTEL
Ziziphus jujuba
F: Rhamnaceae

In China und Indien wird der dornige Baum oder Strauch häufig kultiviert. Die unreifen ovalen grünen Steinfrüchte schmecken wie Äpfel.

ECHTER KREUZDORN
Rhamnus cathartica
F: Rhamnaceae

Der stark wachsende Strauch oder Baum hat Dornen, kleine gelbe Blüten und schwarze Beeren. Er ist in Europa, Asien und Afrika heimisch.

AMERIKANISCHE SÄCKELBLUME
Ceanothus americanus
F: Rhamnaceae

Dieser Busch aus dem Nordosten Amerikas trägt violette, dreikantige Samenkapseln. Aus den roten Wurzeln und den behaarten Blättern wird Tee bereitet.

»

KAHLE GLANZMISPEL
Photinia serratifolia
F: Rosaceae
Diese Art aus chinesischen Wäldern wird oft als Ziergehölz gepflanzt. Aus dem dichten Holz werden Möbel gefertigt.

GÄNSE-FINGERKRAUT
Potentilla anserina
F: Rosaceae
Die seidig behaarte, kriechende Art wächst auf Wiesen, Brachen und an Wegrändern in Europa, Asien, Amerika, Australien und Neuseeland.

KUPFER-FELSENBIRNE
Amelanchier lamarckii
F: Rosaceae
Aus den duftigen sternförmigen Blüten, die im Frühjahr erscheinen, entwickeln sich im Sommer schwarzrote Beeren.

VOGEL-KIRSCHE
Prunus avium
F: Rosaceae
Die Stammart der domestizierten Süßkirschen-Sorten wächst in Wäldern und Hecken in Europa, Asien und Nordafrika. In Nordamerika ist sie verwildert.

PRÄRIE-APFEL
Malus ioensis
F: Rosaceae
Diese Art ist eine von mehreren Zieräpfeln, die in Nordamerika heimisch sind. Sie wird ihrer herb schmeckenden Früchte wegen kultiviert.

WALD-ERDBEERE
Fragaria vesca
F: Rosaceae
Die Wald-Erdbeere findet man in Wäldern in Europa und Nordamerika. Die kleinen essbaren Scheinfrüchte sind die verdickten Blütenstandsachsen.

GEWÖHNLICHE PFLAUME
Prunus domestica
F: Rosaceae
Diese Bäume sind Hybriden aus der Kirschpflaume und der Schlehe. Sie tragen aber keine Dornen wie die Schlehe.

KARTOFFEL-ROSE
Rosa rugosa
F: Rosaceae
Diese Rose aus Ostasien, die Salz im Boden und Gischt erträgt, wird oft in Hecken gepflanzt. Sie hat stachelige Triebe und rosa, knittrige Blütenblätter.

HUNDS-ROSE
Rosa canina
F: Rosaceae
Diese Rose mit übergeneigten, stacheligen Trieben sieht man in Hecken Europas häufig. Die Art ist auch in Nordamerika verwildert.

ESSIG-ROSE
Rosa gallica var. *officinalis*
F: Rosaceae
Diese beliebte Gartenpflanze ist die europäische Stammart vieler Floribunda-Rosen und Teerosen-Hybriden. Sie selbst hat einen langen Stammbaum. Rosenöl wird aus den Blüten gewonnen.

50 cm

EICHENÄHNLICHE BLÄTTER

BLÜTE MIT ACHT KRONBLÄTTERN

WEISSE SILBERWURZ
Dryas octopetala
F: Rosaceae
Die Blüten dieser in der Arktis und in Gebirgen vorkommenden Art wenden sich der Sonne zu, damit die erwärmte Mitte bestäubende Insekten anlockt.

FÄCHER-ZWERGMISPEL
Cotoneaster horizontalis
F: Rosaceae
Der kriechende chinesische Strauch wird häufig seiner Blüten und Früchte wegen in Gärten angepflanzt und verwildert gelegentlich.

1 m

3 m

GELBFRÜCHTIGER FEUERDORN
Pyracantha rogersiana
F: Rosaceae
Aus dem Osten Chinas stammt dieser dornige Strauch. Er gehört zu einer Gattung, die oft ihrer attraktiven, aber ungenießbaren orangefarbenen Beeren wegen angepflanzt wird.

WEISSE ODER ROSA BLÜTEN

ESSBARE FRÜCHTE

2,5 m

ECHTE BROMBEERE
Rubus fruticosus
F: Rosaceae
Diese Brombeere, die man als Rankpflanze häufig in europäischen Hecken sieht, trägt essbare Früchte. Die Brombeeren bilden eine Sektion innerhalb der Gattung *Rubus*.

25 m

ELSBEERE
Sorbus torminalis
F: Rosaceae
Der seltene Baum wächst in alten Wäldern in Europa, Kleinasien und Nordafrika. Aus den Früchten brauten Römer das Getränk Cerevisia.

viele kleine Blüten

12 m

AMERIKANISCHE EBERESCHE
Sorbus americana
F: Rosaceae
Im östlichen Nordamerika ist dieser Baum heimisch. Die orangefarbenen Beeren hängen bis in den Winter am Baum und locken Drosseln und Häher an.

6 m

BLÜTE MIT FÜNF KRONBLÄTTERN

ECHTE MISPEL
Mespilus germanica
F: Rosaceae
Die Echte Mispel, die aus Mittel- und Südeuropa stammt, trägt harte gelbbraune Früchte. Im Herbst werden sie weich und sind dann essbar.

FRÜCHTE MIT RESTEN DES KELCHS

weiße Blüten mit fünf Kronblättern

WEIDEN-BIRNE
Pyrus salicifolia
F: Rosaceae
Dieser Baum aus dem Nahen Osten wird seines silbrigen Laubs wegen kultiviert. Die Früchte sind ungenießbar. Der Artbestand ist in der Türkei gefährdet.

12 m

GEZÄHNTE FIEDERN

BLÜTENSTÄNDE

60 cm

KLEINER WIESENKNOPF
Sanguisorba minor
F: Rosaceae
Die Blätter dieser Art, die in Wiesen von Europa bis in den Iran vorkommt, sind essbar. In Nordamerika wurde die Art eingeführt.

geteiltes Blatt

duftende Blüten

60 cm

NICKENDE BLÜTEN

KLETTENFRUCHT

BACH-NELKENWURZ
Geum rivale
F: Rosaceae
An feuchten Stellen in Europa, Kleinasien und Nordamerika kommt diese Art vor. Die Früchte haften mit Häkchen im Fell von Tieren und werden so verbreitet.

60 cm

GEWÖHNLICHER FRAUENMANTEL
Alchemilla vulgaris
F: Rosaceae
Der Name dieser Sammelart bezeichnet mehrere nahe verwandte Arten aus Europa, Asien und dem östlichen Nordamerika.

gestielte Früchte

ROTE FRÜCHTE

GEWÖHNLICHER EINGRIFFELIGER WEISSDORN
Crataegus monogyna
F: Rosaceae
Der kleine, dicht verzweigte Baum, der in Wäldern und Hecken von Europa bis Afghanistan wächst, trägt im Frühjahr unzählige weiße Blüten, die sich zu roten Früchten entwickeln. Er wird auch in Gärten kultiviert.

BLÜHENDER ZWEIG

10 m

»

» ROSALES

JAPANISCHE ZELKOVE
Zelkova serrata
F: Ulmaceae

In den USA ersetzt man manchmal Ulmen, die am Ulmensterben zugrunde gegangen sind, mit diesem asiatischen Baum. In Japan zieht man ihn als Bonsai.

EINGEHÜLLTE KANONIERBLUME
Pilea involucrata
F: Urticaceae

Mehrere *Pilea*-Arten sind Zimmerpflanzen, darunter diese Art aus Mittel- und Südamerika.

AMERIKANISCHER ZÜRGELBAUM
Celtis occidentalis
F: Ulmaceae

Diese nordamerikanische Art trägt ulmenähnliche Blätter und rote Früchte, die viele Vögel und Säugetiere anlocken.

FELD-ULME
Ulmus minor
F: Ulmaceae

Dieser Baum prägte früher europäische Landschaften. Heute ist er wegen des Ulmensterbens selten geworden.

GROSSE BRENNNESSEL
Urtica dioica
F: Urticaceae

Mit ihren Brennhaaren schützt sich die Brennnessel vor Pflanzenfressern. Sie wächst in Europa, Asien, Nordafrika und Nordamerika v. a. als Ruderalpflanze.

BRASSICALES

Die Blätter, Stängel oder verdickten Wurzeln vieler Mitglieder der Ordnung Brassicales enthalten bittere oder duftende Öle, die vor Fraß schützen sollen. Für uns sind viele der Pflanzen deshalb aber wohlschmeckend, andere werden in der Parfümherstellung verwendet. Die Brassicaceae (Kreuzblütler) sind mit 3300 Arten die wichtigste Gruppe.

WILD-KOHL
Brassica oleracea
F: Brassicaceae

Seit Jahrhunderten kultivieren Menschen diese westeuropäische Art. Blumenkohl, Brokkoli und Rosenkohl sind kultivierte Varietäten.

PAPAYA
Carica papaya
F: Caricaceae

Dieser Obstbaum aus Südamerika trägt gelbe Blüten. Die weiblichen entwickeln sich zu großen Früchten mit orangefarbenem Fruchtfleisch.

MEERRETTICHBAUM
Moringa oleifera
F: Moringaceae

Aus dem tropischen Asien stammt dieser Baum mit korkiger grauer Rinde und farnähnlichen Blättern. Die zermahlenen Wurzeln ergeben ein Gewürz.

ECHTE KAPUZINERKRESSE
Tropaeolum majus
F: Tropaeolaceae

Die einjährige Pflanze aus Mittel- und Südamerika ist eine beliebte Gartenpflanze. Blüten und Blätter sind essbar.

KAPERNSTRAUCH
Capparis spinosa
F: Capparaceae

Dieser stachelige Strauch ist in der Mittelmeerregion heimisch. Die Blütenknospen (Kapern) werden in Salzlake eingelegt.

GARTEN-RESEDE
Reseda odorata
F: Resedaceae

Die Garten-Resede, die aus Nordafrika stammt, sieht man oft in Gärten in Südeuropa. Das Öl aus den duftenden Blüten wird Parfüms zugesetzt.

GOLDLACK
Erysimum cheiri
F: Brassicaceae

Wahrscheinlich stammt diese Art von Klippen und Wiesen aus der östlichen Mittelmeerregion. In Europa wird sie seit dem Mittelalter kultiviert.

ZWIEBEL-ZAHNWURZ
Cardamine bulbifera
F: Brassicaceae

Diese Pflanze aus mitteleuropäischen Buchenwäldern kommt von den Britischen Inseln bis zum Kaukasus und nach Kleinasien vor.

70 cm

GRIECHISCHES BLAUKISSEN
Aubrieta deltoides
F: Brassicaceae

Aus der Region um das Ägäische Meer stammt diese Art, die in wärmeren Teilen Europas an Mauern gedeiht.

30 cm

SCHÖTCHEN

EINJÄHRIGES SILBERBLATT
Lunaria annua
F: Brassicaceae

Oft sieht man diese Art, die aus Südost-Europa stammt, in Gärten. Die Trennwände der Schötchen eignen sich für Trockensträuße.

1,5 m

BLÜTENSTAND

GEWÖHNLICHER MEERRETTICH
Armoracia rusticana
F: Brassicaceae

Der scharfe Geschmack der Meerrettichwurzel hat sich entwickelt, um Pflanzenfresser abzuschrecken.

1,2 m

GEWÖHNLICHES BARBARAKRAUT
Barbarea vulgaris
F: Brassicaceae

Früher kultivierte man die Art als Wintersalat und führte sie aus diesem Grund in Nordamerika, Australien und Neuseeland ein.

BLÜTENSTAND

ESSBARE BLÄTTER

1 m

STRAND-SILBERKRAUT
Lobularia maritima
F: Brassicaceae

Die Einjährige aus der Mittelmeerregion wird ihrer süß duftenden Blüten wegen vielerorts kultiviert. Die alten Griechen glaubten, sie könne Geisteskrankheit heilen.

30 cm

GEWÖHNLICHES HIRTENTÄSCHEL
Capsella bursa-pastoris
F: Brassicaceae

Nach ihren Schötchen, die an Täschchen erinnern, ist diese Art benannt. Vom Mittelmeergebiet aus hat sie sich auf der ganzen Erde verbreitet.

40 cm

Blätter an der Basis des Stängels

KÜSTEN-MEERKOHL
Crambe maritima
F: Brassicaceae

Diese kohlähnliche ausdauernde Art wächst in Eurasien an Kiesstränden und Klippen am Meer. Sie breitet sich mit ihren runden Früchten aus, die tagelang im Meer treiben.

BLÜTENSTAND

60 cm

TYPISCHES BLATT

ACKER-HEDERICH
Raphanus raphanistrum
F: Brassicaceae

Diese eurasische Art, die in Nordamerika eingeführt wurde, könnte der Vorfahr der Radieschen sein. Ihre Wurzel ist jedoch nicht rundlich.

vier Kronblattlappen

60 cm

BLÜTENSTAND

BLATT

ECHTE BRUNNENKRESSE
Nasturtium officinale
F: Brassicaceae

An Gewässern wächst diese eurasische Art, die als Salatpflanze kultiviert wird. Die jungen Triebe und Blätter schmecken scharf und sind reich an Vitamin C.

60 cm

GARTEN-LEVKOJE
Matthiola incana
F: Brassicaceae

Diese Art ist an Küsten in Südwest-Europa und Westasien heimisch und wird vielerorts kultiviert. Es gibt viele Gartensorten.

duftende violette, rote oder weiße Blüten

80 cm

Blätter unterseits graugrün

MALVALES

Zur Ordnung gehören vor allem Bäume und Sträucher, von denen die meisten in tropischen und warm gemäßigten Zonen vorkommen. Aber auch in kühleren Gegenden sind einige Arten vertreten. Die Zistrosengewächse (Cistaceae), die vor allem auf der Nordhalbkugel vorkommen, und die weiter verbreiteten Malvengewächse (Malvaceae), zu denen Kräuter, Sträucher und Bäume gehören, sind die beiden wichtigsten Familien.

GEWÖHNLICHES SONNENRÖSCHEN
Helianthemum nummularium
F: Cistaceae
Der niedrige Strauch, der auf sonnigen Böschungen in weiten Teilen Europas vorkommt, bevorzugt lehmige Böden.

ANNATTOSTRAUCH
Bixa orellana
F: Bixaceae
Die Speisefarbe Annatto wird aus den Früchten dieses Buschs oder kleinen Baums aus dem tropischen Amerika gewonnen, der rosa Blüten trägt.

CISTUS INCANUS
F: Cistaceae
Diesem im Mittelmeergebiet verbreiteten Strauch gab man mehrere wissenschaftliche Namen, denn die Größe und Behaarung der Blätter variiert.

KALIFORNISCHER FLANELLSTRAUCH
Fremontodendron californicum
F: Malvaceae
Im Frühsommer trägt der weit ausgreifende Strauch viele auffällige Blüten. Er kommt in den Granitbergen in Kalifornien vor.

CHINESISCHER ROSENEIBISCH
Hibiscus rosa-sinensis
F: Malvaceae
Diese tropische Art ist eine von mehreren *Hibiscus*-Arten, die ihrer auffälligen Blüten wegen kultiviert werden.

ECHTER KAKAOBAUM
Theobroma cacao
F: Malvaceae
Aus den Regenwäldern Brasiliens stammt der Kakaobaum, der in den Tropen vielerorts kultiviert wird. Kakao gewinnt man aus den Samen (Kakaobohnen) in den Früchten.

GEWÖHNLICHER SEIDELBAST
Daphne mezereum
F: Thymelaeaceae
Feuchte Wälder und schattige Schluchten sind die typischen Standorte dieses europäischen Strauchs.

MOSCHUS-MALVE
Malva moschata
F: Malvaceae
Die Art, die in Nordafrika und Südeuropa heimisch ist, ist weiter nördlich eine Gartenpflanze. Sie wächst in Stauden- und Unkrautfluren.

BITTERE KOLANUSS
Cola nitida
F: Malvaceae
Die koffeinreichen Samen (Kolanüsse) aus den Kapseln dieses westafrikanischen Baums wirken anregend, wenn man sie kaut.

AFFENBROTBAUM
Adansonia digitata
F: Malvaceae
Wenn dieser afrikanische Baum keine Blätter trägt, sieht er aus, als hätte man ihn mit den Wurzeln nach oben eingepflanzt. Er kann 3000 Jahre alt werden.

KRIECHENDE SAMTPAPPEL
Abutilon megapotamicum
F: Malvaceae
Dieser Strauch stammt aus Argentinien, Brasilien und Uruguay. Er ist in warmen, sonnigen Gegenden auch als bunter Zierstrauch beliebt.

DURIANBAUM
Durio zibethinus
F: Malvaceae
Die Früchte dieses Baums aus den Regenwäldern Asiens riechen wie ungewaschene Socken. Der »Duft« lockt Tiere an, die die Früchte fressen und die Samen verbreiten.

AMERIKANISCHE LINDE
Tilia americana
F: Malvaceae
Dieser mittelgroße bis große Laubbaum trägt im Nordosten Amerikas zur prächtigen Herbstfärbung bei. Er ist oft mit Zucker-Ahorn vergesellschaftet.

BLASSE STOCKROSE
Alcea pallida
F: Malvaceae
Die hohe immergrüne ausdauernde Art, eine nahe Verwandte der Garten-Stockrose, stammt aus der östlichen Mittelmeerregion. Sie wächst an steinigen Standorten und im Buschland.

WEISSER KAPOKBAUM
Ceiba pentandra
F: Malvaceae
Gewaltige Kapokbäume wachsen in Westafrika, Mittel- und Südamerika in der Natur. Mit den Haaren aus ihren Kapselfrüchten stopft man zum Beispiel Kuscheltiere aus.

AMERIKANISCHE BAUMWOLLE
Gossypium hirsutum
F: Malvaceae
Der mittelamerikanische Strauch ist die am häufigsten kultivierte Baumwoll-Art. Die Samenhaare schützen die Samen in der Kapselfrucht.

SAPINDALES

Die Sapindales sind eine große Ordnung, der vor allem Bäume, Sträucher und holzige Kletterpflanzen angehören, darunter viele wichtige Arten der Wälder und wirtschaftlich bedeutende Pflanzen wie die Zitrusfrüchte. Über die Hälfte der Mitglieder gehören zu zwei Familien: den Seifenbaumgewächsen (Sapindaceae) mit etwa 1900 Arten und den Rautengewächsen (Rutaceae) mit 1700 Arten, die vor allem in Australien und Südafrika heimisch sind.

CASHEWNUSS
Anacardium occidentale
F: Anacardiaceae
Dieser Baum aus Venezuela und Brasilien wurde um 1500 seiner Samen (»Nüsse«) wegen in Asien und Afrika eingeführt.

ESSIGBAUM
Rhus typhina
F: Anacardiaceae
Der Strauch oder kleine Baum wächst an Waldrändern und in Brachland im Nordosten Amerikas. Er trägt rote Beeren in Büscheln.

EUROPÄISCHER PERÜCKENSTRAUCH
Cotinus coggygria
F: Anacardiaceae
Fein verzweigte, duftige Blütenstände zieren den Strauch. Er kommt in Südeuropa und Asien vor.

ECHTE MANGO
Mangifera indica
F: Anacardiaceae
Die Früchte dieser Art, die aus Asien stammt, wird überall in den Tropen angebaut. Sie sind reich an Vitamin A.

»

55 m

LÄUSEHOLZ
Carapa guianensis
F: Meliaceae

Das dunkle Holz dieses tropischen Baums aus Südamerika kommt öfter als Mahagoniholz in den Handel. Aus den Samen stellt man Seife her.

40 m

FRÜCHTE BLATT

GEWÖHNLICHER BURMA-NIMBAUM
Azadirachta indica
F: Meliaceae

Dieser Baum aus den Tropen der Alten Welt liefert Nutzholz, medizinisch wirksames Öl und essbare Triebe. In Indien stellt man Insektizide aus Öl und Blättern her.

25 m

CHINESISCHER SURENBAUM
Toona sinensis
F: Meliaceae

In China isst man die Blätter dieses Baums aus Ostasien als Gemüse. Aus dem harten rötlichen Holz stellt man Möbel her.

2 m

DUFTENDE KORALLENRAUTE
Boronia megastigma
F: Rutaceae

Der aufrechte Strauch von nassen, sandigen Standorten Westaustraliens hat glockenförmige Blüten, die außen bräunlich und innen goldgrün sind.

60 cm

RUTA CHALEPENSIS
F: Rutaceae

Die in Südeuropa und Südwest-Asien auf steinigen Flächen wachsende Art ist vermutlich die in der Bibel erwähnte Raute.

1,5 m

ERIOSTEMON SPICATUS
F: Rutaceae

Dieser niedrige Strauch, der an sandigen und kiesigen Standorten in Südwest-Australien verbreitet ist, hat schmale Blätter und rosa, weiße oder violette Blüten.

1,5 m

BORONIA SERRULATA
F: Rutaceae

Zu einer australischen Gattung gehört dieser kleine Strauch. Er wächst in Heidegebieten an der Küste in der Nähe von Sydney.

2 m

glänzende Blätter

MEXIKANISCHE ORANGENBLUME
Choisya ternata
F: Rutaceae

Aus Mexiko stammt diese hübsche Kübelpflanze. Der immergrüne Strauch trägt Büschel süß duftender, weißer Blüten.

6 m

DREIBLÄTTRIGER LEDERSTRAUCH
Ptelea trifoliata
F: Rutaceae

Der kleine Baum aus dem nordöstlichen Amerika wird als Zierbaum gepflanzt. Die Blüten der männlichen Bäume sind kleiner als die der weiblichen.

1 m

LACHS-CORREA
Correa pulchella
F: Rutaceae

Die südaustralische Art besitzt zarte, hängende, röhrenförmige Blüten. Daher wird sie als Kübelpflanze kultiviert.

10 m

ZANTHOXYLUM AMERICANUM
F: Rutaceae

Dieser stachelige nordamerikanische Baum kommt nördlich bis ins kanadische Quebec vor. Indigene Völker kauten die Rinde, um Zahnschmerzen zu lindern.

2 m

JAPANISCHE SKIMMIE
Skimmia japonica
F: Rutaceae

Der immergrüne Strauch aus Ostasien wird häufig in Gärten und im öffentlichen Grün gepflanzt. Im Spätsommer trägt er rote Beeren.

ZWEIG

GOLFBALL-GROSSE FRUCHT

8 m

BITTERORANGE
Poncirus trifoliata
F: Rutaceae

Die kleinen, ungenießbaren gelben Früchte dieses Strauchs ähneln Orangen mit einer behaarten Schale.

6 m

IMMERGRÜNE BLÄTTER

REIFENDE FRUCHT

ZITRONE
Citrus limon
F: Rutaceae

Die Römer führten die Zitrone in weiten Teilen Europas ein. Sie stammt vermutlich aus Asien und wird ihrer Früchte wegen vielerorts angepflanzt.

unreife Frucht

9 m

BITTERORANGE
Citrus aurantium
F: Rutaceae

Anders als die süße Orange (*C. sinensis*), die man roh essen kann, eignen sich die bitteren Früchte dieser Art nur zum Einkochen. Beide Arten stammen aus dem tropischen Asien.

FÄCHER-AHORN
Acer palmatum
F: Sapindaceae

Im Lauf von Jahrhunderten wurden viele Kultursorten dieses japanischen Baums ausgelesen. Sie weisen verschiedene Blattformen und leuchtende Herbstfarben auf.

BERG-AHORN
Acer pseudoplatanus
F: Sapindaceae

Der Berg-Ahorn stammt aus europäischen und asiatischen Bergwäldern. Die geflügelten Samen werden mit dem Wind verbreitet.

GEWÖHNLICHER ZUCKER-AHORN
Acer saccharum
F: Sapindaceae

Dieser Baum ist im Nordosten der USA und im Südosten Kanadas heimisch. Ahornsirup ist der eingekochte Baumsaft, den man im Frühjahr abzapft.

RISPIGER BLASENBAUM
Koelreuteria paniculata
F: Sapindaceae

Dieser auffällige Baum aus Ostasien wird in gemäßigten Regionen gern gepflanzt. Er hat hängende Stände gelber Blüten und Früchte mit einer blasig aufgetriebenen Hülle.

LITSCHI
Litchi chinensis
F: Sapindaceae

Dieser Baum, der wahrscheinlich aus Südchina stammt, wird seiner Früchte wegen kultiviert. Das süße Fleisch ist in einer zähen Schale eingeschlossen.

GEWÖHNLICHE ROSSKASTANIE
Aesculus hippocastanum
F: Sapindaceae

Aus Südost-Europa stammt dieser Park- und Straßenbaum. Die ungenießbaren Früchte ähneln Esskastanien.

GALIPNUSS
Canarium indicum
F: Burseraceae

In Regenwäldern der pazifischen Inseln ist diese Art heimisch. Sie liefert Holz, Öl und essbare Nüsse.

GELBHORN
Xanthoceras sorbifolium
F: Sapindaceae

Diesen kleinen Baum findet man in Nordchina. Der wissenschaftliche Name bezieht sich auf die Blätter, die denen der Eberesche (*Sorbus*) ähneln.

AILANTHUS ALTISSIMA
F: Simaroubaceae

Dieser leicht ranzig riechende chinesische Baum wird häufig an Straßen gepflanzt, denn er erträgt Luftverschmutzung und toleriert die meisten Böden.

BITTERHOLZ
Quassia amara
F: Simaroubaceae

Gekochte Extrakte aus der Rinde und dem Holz dieses Baums werden im tropischen Amerika Malariakranken verabreicht.

BOSWELLIA SACRA
F: Burseraceae

Der Milchsaft, der aus angeritzten Stämmen dieses arabischen Baums austritt, verfestigt sich zu einem gummiartigen Harz, dem Weihrauch.

CORNALES

In verschiedenen Klassifikationssystemen werden den Cornales unterschiedlich viele Pflanzengruppen zugeordnet. Hier sind sie als kleine Ordnung mit nur fünf oder sechs Familien vorgestellt. Die wichtigste Familie sind die Hartriegelgewächse (Cornaceae), eine noch unsichere taxonomische Gruppe, zu der Sträucher und kleine Bäume gehören. Auch die Hortensiengewächse (Hydrangeaceae) gehören dazu.

BLUMEN-HARTRIEGEL
Cornus florida
F: Cornaceae
Die auffälligen weißen »Blütenblätter« dieses nordamerikanischen Hartriegels sind in Wirklichkeit Hochblätter, die die kleinen Blütenstände umgeben.

12 m

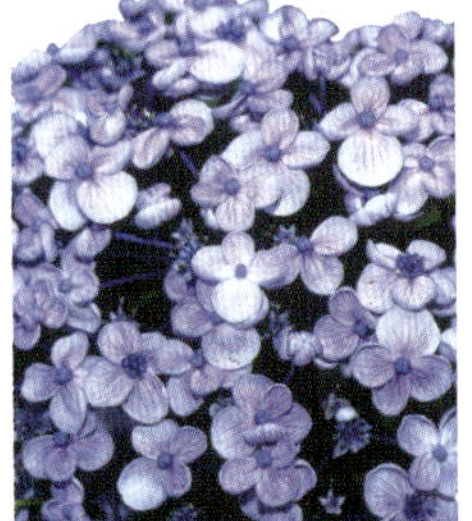

GARTEN-HORTENSIE
Hydrangea macrophylla
F: Hydrangeaceae
In China und Japan ist dieser auffällige Strauch heimisch. Er wird aufgrund seiner auffälligen rosa, lila, blauen oder weißen Blütenstände kultiviert.

1,5 m

TASCHENTUCHBAUM
Davidia involucrata
F: Cornaceae
Dieser kleine Baum aus dem Südwesten Chinas hat beeindruckende Blütenstände: Sie haben 2 cm Durchmesser und sind von cremeweißen Hochblättern umgeben.

25 m

SOMMERJASMIN
Philadelphus spec.
F: Hydrangeaceae
Etwa 65 Arten dieser Gattung, deren Blüten einen Orangenduft verströmen, sind in Asien, dem westlichen Nordamerika und Mexiko heimisch.

4,5 m

ERICALES

Zu dieser bedeutenden Ordnung gehört die Familie der Heidekrautgewächse (Ericaceae), die saure Böden liebt. Ihr gehören über 4000 Arten blühender Sträucher an. Die Primelgewächse (Primulaceae) kommen vor allem in Gebirgen der nördlichen gemäßigten Breiten vor. Auch die fleischfressenden Schlauchpflanzengewächse (Sarraceniaceae) gehören zur Ordnung.

GEWÜRZBEERE
Ardisia crenata
F: Myrsinaceae
Dieser asiatische Strauch wird wegen seiner Beeren gern gepflanzt. Er ist in Hawaii, Florida und Texas zur invasiven Art geworden.

1,8 m

BLAUE HIMMELSLEITER
Polemonium caeruleum
F: Polemoniaceae
Die hohe Pflanze hat becherförmige lilablaue oder weiße Blüten. Sie kommt an offenen, feuchten Standorten, oft an Flüssen, in Nord- und Mitteleuropa vor.

1 m

1 m

STAUDEN-PHLOX
Phlox paniculata
F: Polemoniaceae
Blütenstände mit röhrigen rosa oder lila Blüten trägt diese ausdauernde Art, die in offenem Waldland im Südosten der USA heimisch ist.

BESENHEIDE
Calluna vulgaris
F: Ericaceae
Hell violettrosa blüht die immergrüne Besenheide, die Heidelandschaften in Nordeuropa und im östlichen Nordamerika dominiert.

HEIDE
Erica spec.
F: Ericaceae
Man kennt mehrere ähnliche *Erica*-Arten. Sie kommen in Südengland, Westirland und Frankreich vor.

WESTLICHER ERDBEERBAUM
Arbutus unedo
F: Ericaceae
Obwohl mit Heidengewächsen verwandt, sehen die roten Früchte dieses Baums aus der Mittelmeerregion wie Erdbeeren aus. Sie haben aber kaum Geschmack.

BAUM-ALPENROSE
Rhododendron arboreum
F: Ericaceae
Es gibt etwa 850 *Rhododendron*-Arten, von denen die meisten ledrige immergrüne Blätter und auffällige Blüten tragen. Viele, wie diese, stammen aus dem Himalaya.

PREISELBEERE
Vaccinium vitis-idaea
F: Ericaceae
Dieser hübsche Strauch mit ledrigen Blättern und glänzenden roten Beeren kommt in Nordeuropa, Asien und Nordamerika vor.

FORMOSA-LAVENDELHEIDE
Pieris formosa
F: Ericaceae
Formosa bedeutet »herrlich« und meint die hängenden Blütenstände mit weißen, urnenförmigen Blüten dieses asiatischen Strauchs.

NIEDERE REBHUHNBEERE
Gaultheria procumbens
F: Ericaceae
Unter Eichen und Nadelbäumen bildet der Strauch im östlichen Nordamerika Bestände. Die roten Früchte halten sich bis in den Winter.

ERLENBLÄTTRIGE ZIMTERLE
Clethra alnifolia
F: Clethraceae
Dieser Strauch wächst in feuchten Wäldern und Sümpfen im östlichen Nordamerika. Die Blätter färben sich im Herbst gelb oder orangefarben.

PERSIMONE
Diospyros virginiana
F: Ebenaceae
Der in Nordamerika heimische Baum trägt gelblichweiße glockenförmige Blüten, die sich zu orangefarbenen Früchten entwickeln.

DRÜSIGES SPRINGKRAUT
Impatiens glandulifera
F: Balsaminaceae
Die Art aus dem Himalaya, deren Kapselfrüchte explodieren, hat sich in Europa auf nassen Böden vielerorts ausgebreitet.

KIWIFRUCHT
Actinidia chinensis
F: Actinidiaceae
Die verholzte chinesische Kletterpflanze, auch Chinesische Stachelbeere genannt, wurde in Neuseeland zum Obstanbau eingeführt.

PARANUSS
Bertholletia excelsa
F: Lecythidaceae
Paranüsse sind die Samen in der harten, runden Frucht dieses Baums aus Südamerika. In der Natur öffnen Agutis (große Nagetiere) die herabgefallenen Früchte.

FOUQUIERIA COLUMNARIS
F: Fouquieriaceae
Dieser merkwürdige Baum wächst vor allem in Niederkalifornien (Mexiko). Der Stamm und die aufrechten stacheligen Äste sind grün, denn in ihnen findet die Fotosynthese statt.

»

GEWÖHNLICHE FENSTERFALLE
Sarracenia minor

Diese fleischfressende Pflanze ist an nährstoffarme Standorte auf sauren Böden angepasst. Sie verdaut Insekten, um Phosphor und Stickstoff aus deren Körpern aufzunehmen. Die Insekten werden vom Nektar im langen, schmalen Schlauch aus modifizierten Blättern angelockt. Innen ist er mit einer glitschigen Wachsschicht und Haaren ausgekleidet, die nach unten weisen. Wenn ein Insekt in den Schlauch fällt, kann es nicht mehr entkommen und stirbt schließlich an Erschöpfung. Verdauungsdrüsen an den Wänden der Falle geben Enzyme ab, die das Gewebe aufschließen. Diese Flüssigkeit wird vom Blatt aufgenommen und versorgt die Pflanze mit wertvollen Nährstoffen.

GRÖSSE bis 30 cm hoch
LEBENSRAUM Savannen, feuchte Kiefernwälder, Sümpfe
VERBREITUNG SO der USA
BLATTTYP zu Schlauch mit Deckel umgebildet

BLÜTE ∨
Die nickenden Blüten haben fünf Kelchblätter, fünf gelbe Kronblätter (die sich später rötlich färben) und einen weißlichen Griffel.

SAMENKAPSEL ∨
Die breiten Samenkapseln mit rauen Wänden springen auf und verstreuen viele Samen, die etwa 3 mm lang sind.

RHIZOM ∨
Die Schläuche der Pflanze treiben aus einem waagrechten, verzweigten unterirdischen Rhizom aus.

WURZELN >
Die Wurzeln sind 20 bis 30 cm lang und entspringen am Rhizom.

∧ **»FENSTER«**
Insekten werden von den durchsichtigen »Fenstern« oder Areolae im oberen Teil des Schlauchs angelockt und stürzen dann in die Falle.

∧ **FALLE**
Wenn ein Insekt in den Schlauch gefallen ist, kann es kaum entkommen. Das Blatt verdaut den Körper, sodass nur der Chitinpanzer übrig bleibt.

< EINE GEFÄHRDETE ART
Heute ist diese Art selten und gefährdet, weil ihr Lebensraum immer kleiner wird. Sie kommt in North Carolina, South Carolina, Georgia und Florida vor. Es gibt zwei Varietäten: *S. minor* var. *minor* wird 30 cm hoch. Die 1,2 m hohe *S. minor* var. *okefenokeensis* kommt nur im Okefenokee-Sumpf in Georgia vor.

Der rotviolett gefärbte Deckel lockt Insekten in die Falle.

< DECKEL
Die gewölbten Deckel verhindern, dass Regenwasser in den Schlauch gelangt. Wenn ein Insekt einmal hineingefallen ist, kann es kaum entkommen.

Nektardrüsen unter dem Deckel

^ IN BLÜTE
Die gelben, geruchlosen Blüten öffnen sich von Ende März bis Mitte Mai. Die wichtigsten Bestäuber sind Bienen, die diese Art anderen benachbarten Pflanzen vorziehen.

12 m

BORSTIGER FLÜGELSTORAX
Pterostyrax hispidus
F: Styracaceae
Der großblättrige Baum aus Ostasien wird wegen seiner hängenden Blütenstände mit duftenden cremeweißen Blüten kultiviert.

4,5 m

STEWARTIA MALACODENDRON
F: Theaceae
In Wäldern im Osten der USA wächst dieser Strauch oder Baum. Die jungen Triebe sind seidig behaart.

10 m

CAMELLIA GRANTHAMIANA
F: Theaceae
Dieser Baum ist eine von etwa 80 *Camellia*-Arten, die alle aus Asien stammen. Er wurde 1955 entdeckt und ist gefährdet.

17 m

TEESTRAUCH
Camellia sinensis
F: Theaceae
Aus den Blättern und Knospen dieses asiatischen Strauchs bereitet man Schwarz- und Grüntee. Die adstringierenden Tannine sind ein Schutz gegen Pflanzenfresser.

45 cm

SARRACENIA × STEVENSII
F: Sarraceniaceae
Schlauchpflanzen wie diese Hybride locken mit Nektar Insekten an. Sie fallen in das schlauchförmig umgebildete Blatt, wo sie von Enzymen verdaut werden.

1 m

GEWÖHNLICHE GELBE SCHLAUCH-PFLANZE
Sarracenia flava
F: Sarraceniaceae
Verdaute Insekten liefern Schlauchpflanzen an ihren nährstoffarmen Standorten zusätzliche Nährstoffe. Diese Art ist im Südosten der USA heimisch.

35 cm

PAPAGEIEN-SCHLAUCHPFLANZE
Sarracenia psittacina
F: Sarraceniaceae
Schlauchpflanzen kommen in der Natur nur im Nordosten Amerikas vor. Bei dieser Art aus Florida und Louisiana wachsen die Schläuche waagrecht.

8 m

MIMUSOPS ELENGI
F: Sapotaceae
Diesen immergrünen Baum aus Indien pflanzt man in tropischen Ländern seiner duftenden Blüten wegen. Sein haltbares Holz wird als Bauholz und für Schiffe verwendet.

1 m

Der Deckel ähnelt einer aufgerichteten Kobra.

KOBRALILIE
Darlingtonia californica
F: Sarraceniaceae
Diese fleischfressende Art, die einzige der Gattung *Darlingtonia*, gedeiht im Westen der USA in Küstensümpfen und an Gebirgsbächen.

50 cm

PHAZELIA
Phacelia tanacetifolia
F: Boraginaceae
Die einjährige Art trockener Standorte blüht nach Regenfällen üppig. Über 80 *Phacelia*-Arten kommen in Kalifornien vor.

Rote Staubblätter ragen hervor.

rau behaarte Blätter

1 m

GEWÖHNLICHER NATTERNKOPF
Echium vulgare
F: Boraginaceae
In Europa und in gemäßigten Regionen Asiens ist diese rau behaarte Art verbreitet. Die rosa Blütenknospen öffnen sich zu tiefblauen Blüten.

1,2 m

GEWÖHNLICHER BEINWELL
Symphytum officinale
F: Boraginaceae
Symphytum bedeutet »zusammenwachsen«, denn mit dieser eurasischen Art feuchter Böden heilte man früher offene Wunden.

70 cm

SUMPF-VERGISSMEINICHT
Myosotis scorpioides
F: Boraginaceae
Diese Art, die in Bächen und Teichen über die Wasseroberfläche ragt, ist in Eurasien weit verbreitet und wurde in Amerika und Neuseeland eingeführt.

60 cm

BLAUROTER STEINSAME
Lithospermum purpureocaeruleum
F: Boraginaceae
Bei dieser Art entspringen die Blütenstiele kriechenden Stängeln. Sie kommt in Südeuropa und Südwest-Asien in Wäldern auf kalkhaltigen Böden vor.

PFENNIGKRAUT
Lysimachia nummularia
F: Primulaceae
Von Schweden östlich bis zum Kaukasus findet man diese kriechende Pflanze mit runden Blättern auf feuchten, nährstoffreichen Plätzen, auf Wiesen, in Hecken und an Bachläufen.

Blüten mit fünf Kronblättern

60 cm

gegenständige rundliche Blätter

30cm

ECHTES LUNGENKRAUT
Pulmonaria officinalis
F: Boraginaceae
Da die gefleckten Blätter an eine kranke Lunge erinnern, behandelte man mit der Pflanze früher Lungenkrankheiten wie Tuberkulose. Sie gedeiht in Mitteleuropa an schattigen Standorten.

60 cm

EINJÄHRIGER BORRETSCH
Borago officinalis
F: Boraginaceae
Raue Haare bedecken die Stängel und Blätter dieser Würzpflanze aus Südeuropa, von der man auch die ölhaltigen Samen nutzt.

30 cm

ACKER-GAUCHHEIL
Anagallis arvensis
F: Primulaceae
Die Blüten des Acker-Gauchheils können tiefblau oder hellrot sein. Die Pflanze ist auf gestörten Standorten außer in den Tropen weltweit verbreitet.

15cm

PRIMULA SCANDINAVICA
F: Primulaceae
An Gebirgshängen in Norwegen und Schweden wächst diese Art, die der häufigeren europäischen Mehlprimel ähnelt, aber viel kleiner ist.

30 cm

HENDERSONS GÖTTERBLUME
Dodecatheon hendersonii
F: Primulaceae
Diese Art mit rosavioletten bis weißen Blüten kommt im westlichen Nordamerika vor. Götterblumen heißen dort »shooting stars«.

7 cm

ZOTTIGER MANNSSCHILD
Androsace villosa
F: Primulaceae
Die Art der Gebirge Südeuropas, die zu einer Gattung arktisch-alpiner Pflanzen gehört, hat dichte weiße Blütenstände und seidige Blätter.

10 cm

HERBST-ALPENVEILCHEN
Cyclamen hederifolium
F: Primulaceae
Die Blätter entspringen Knollen. Die Kronblätter der Blüten sind zurückgebogen. Die im Herbst blühende Art findet man in schattigen Gebüschen in Südeuropa.

30 cm

ECHTE SCHLÜSSELBLUME
Primula veris
F: Primulaceae
Diese Art mit ihren bis zu 30 nickenden Blüten wächst auf lehmreichen Wiesen in Südeuropa und den gemäßigten Regionen Asiens.

15 cm

SCHLÜSSELBLUME
Primula spec.
F: Primulaceae
Der Wissenschaftsname bezieht sich auf die zeitige Blüte. Schlüsselblumen wachsen auf Waldlichtungen und in Hecken in West- und Südeuropa.

GARRYALES

In jedem Klassifikationssystem gibt es Abweichungen, und die Ordnung Garryales ist so ein Fall. Früher stellte man die Arten zu den Cornales, aber nach genetischen Analysen trennte man die Ordnung mit zwei Familien und etwa 20 Arten ab. Zu den Becherkätzchengewächsen (Garryaceae) gehören zwei Gattungen, *Garrya* aus Nordamerika und *Aucuba* aus Ostasien. Zu den Eucommiaceae gehört nur ein chinesischer Baum, *Eucommia ulmoides*.

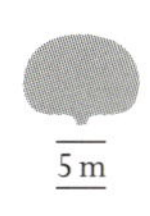

5 m

JAPANISCHE AUKUBE
Aucuba japonica
F: Garryaceae
Einige Sorten dieses japanischen Zierstrauchs haben gelb gefleckte Blätter. Die Pflanzen sind entweder männlich mit aufrechten Blütenständen oder weiblich mit kleinen büscheligen Blütenständen.

5 m

SPALIER-BECHERKÄTZCHEN
Garrya elliptica
F: Garryaceae
Der kleine Baum wächst entlang der Küsten Kaliforniens und Oregons. Er trägt auffällige graugrüne männliche und kürzere silbrige weibliche Kätzchen.

GENTIANALES

Die Ordnung ist nach den bekannten Enziangewächsen (Gentianaceae) benannt, obwohl diese Familie klein ist. Die größte Familie sind die Rötegewächse (Rubiaceae) mit über 13 000 Arten, darunter tropische Sträucher wie der Kaffeestrauch. Außerdem gehören die Hundsgiftgewächse (Apocynaceae), Brechnussgewächse (Loganiaceae) und Jasminwurzelgewächse (Gelsemiaceae) zur Ordnung.

1 m

ROSAFARBENES ZIMMERIMMERGRÜN
Catharanthus roseus
F: Apocynaceae

Die Blätter dieser Zimmerpflanze, die in ihrer Heimat Madagaskar gefährdet ist, enthält Alkaloide, mit denen man bestimmte Leukämie-Erkrankungen behandeln kann. Das hat die Art vor dem Aussterben bewahrt.

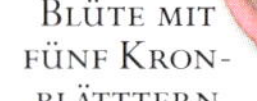

15 m

Blüte mit fünf Kronblätttern

Eiförmiges Blatt

ROTE FRANGIPANI
Plumeria rubra
F: Apocynaceae

Dieser in Mexiko und auf den karibischen Inseln heimische Zierbaum trägt Blüten, die nachts duften. Sie locken Schwärmer an, die die Blüten bestäuben.

1,5 m

GEWÖHNLICHES GROSSES IMMERGRÜN
Vinca major
F: Apocynaceae

Die bewurzelten Triebe dieser immergrünen Pflanze kriechen über den Waldboden. Sie kommt in Süd- und Mitteleuropa und Nordafrika vor.

4 m

OLEANDER
Nerium oleander
F: Apocynaceae

Alle Teile dieses immergrünen Strauchs mit duftenden rosa Blüten sind giftig. Man findet ihn von der Mittelmeerregion bis nach China an Bachläufen. Er trägt Büschel duftender Blüten.

75 cm

KNOLLIGE SEIDENPFLANZE
Asclepias tuberosa
F: Apocynaceae

Indigene Völker Amerikas kauten die Wurzeln dieser Art bei Rippenfellentzündung. Sie wächst im Nordosten der USA auf Feldern und an Straßenrändern.

15 cm

KORALLENMOOS
Nertera granadensis
F: Rubiaceae

Die ausdauernde Pflanze mit ihren kugeligen Früchten, die sich aus kleinen grünen Blüten bilden, ist in Australien, Neuseeland und Südamerika heimisch.

sukkulenter unbeblätterter Spross

3 m

KLETTEN-LABKRAUT
Galium aparine
F: Rubiaceae

Mit Häkchen an Früchten, Stängeln und Blatträndern haften Pflanzenteile dieser europäisch-westasiatischen Art im Fell von Tieren.

glänzendes immergrünes Blatt

60 cm

GEWÖHNLICHES KREUZLABKRAUT
Cruciata laevipes
F: Rubiaceae

In kreuzförmigen Quirlen stehen die Blätter dieser Art am Stängel, die Blüten duften nach Honig. Die Art wächst an nährstoffreichen grasbewachsenen Stellen in Europa und Asien.

15 m

CINCHONA CALISAYA
F: Rubiaceae

Das Malariamittel Chinin wird aus der Rinde dieses südamerikanischen Chinarindenbaums gewonnen. Mitte des 19. Jahrhunderts schmuggelte man Samen nach Asien, um den Baum dort zu kultivieren.

Früchte färben sich bei der Reife rot.

10 m

ARABISCHER KAFFEESTRAUCH
Coffea arabica
F: Rubiaceae

Aus Äthiopien stammt dieser immergrüne Strauch, der in vielen Gegenden kultiviert wird. Die Steinfrüchte enthalten zwei Samen (Kaffeebohnen).

2 m

KAP-GARDENIE
Gardenia jasminoides
F: Rubiaceae

Dieser immergrüne Strauch, der aus Asien stammt, trägt duftende weiße Blüten, die sich später gelb färben.

EIFÖRMIGE BLÄTTER

25 m

SAMEN ENTHALTEN STRYCHNIN.

GEWÖHNLICHE BRECHNUSS
Strychnos nux-vomica
F: Loganiaceae
Das Gift Strychnin ist in den Samen dieses immergrünen Baums aus Südost-Asien enthalten.

30 cm

BLAUES LIESCHEN
Exacum affine
F: Gentianaceae
Die Zimmerpflanze, die von der Insel Sokotra im Indischen Ozean stammt, trägt violette Blüten mit gelber Mitte.

12 cm

FRÜHLINGS-ENZIAN
Gentiana verna
F: Gentianaceae
Dieser Enzian mit einer grundständigen Blattrosette und tiefblauen Blüten ist in der Arktis und in Gebirgsregionen in Europa und Asien verbreitet.

Rosette aus eiförmigen Blättern

50 cm

ECHTES TAUSENDGÜLDENKRAUT
Centaurium erythraea
F: Gentianaceae
Auf Wiesen, an Trockenhängen und Dünen in Europa bis Südwest-Asien gedeiht diese Einjährige mit trichterförmigen fünflappigen rosa Blüten.

30 cm

Die Blüte verströmt einen Aasgeruch.

Kronblätter mit behaarten Rändern

STAPELIA GETTLEFFII
F: Apocynaceae
Aasblumen wie diese Art sind sukkulente Pflanzen aus dem südlichen Afrika. Der Aasgeruch ihrer fleckigen oder gebänderten Blüten lockt Fliegen an, die die Blüten bestäuben.

6 m

MADAGASKAR-KRANZSCHLINGE
Stephanotis floribunda
F: Gentianaceae
Diese verholzende Kletterpflanze aus Madagaskar ist eine beliebte Zimmerpflanze. Sie hat ledrige Blätter und duftende weiße Blüten.

LAMIALES

Diese Ordnung wurde in jüngerer Zeit erweitert. Zu ihr gehören nun bis zu 21 Familien, typischerweise mit nicht radiärsymmetrischen Blüten. Die größten sind die Lippenblütler (Lamiaceae, oft unter ihrem alten Namen Labiatae bekannt) und die Braunwurzgewächse (Scrophulariaceae) mit je 5000–6000 Arten. Weitere sind die Ölbaumgewächse (Oleaceae) und Wegerichgewächse (Plantaginaceae).

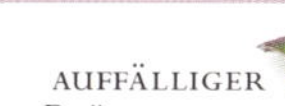

50 cm

GARNELEN-JUSTIZIE
Justicia brandegeana
F: Acanthaceae
Diese Zierpflanze aus dem tropischen Amerika und der Karibik hat weiße röhrenförmige Blüten, die von rötlichen Blättern umgeben sind und an Garnelen erinnern.

1,5 m

dunkelgrüne, cremeweiß geäderte Blätter

GLANZKÖLBCHEN
Aphelandra squarrosa
F: Acanthaceae
Diese beliebte Zimmerpflanze aus Küstenwäldern Brasiliens hat hell geäderte Blätter. Die gelben Blüten sind in den Ähren von gelben modifizierten Blättern umgeben.

AUFFÄLLIGER BLÜTENSTAND

AKANTHUSBLATT

1 m

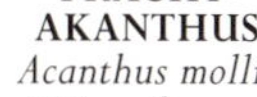

PRACHT-AKANTHUS
Acanthus mollis
F: Acanthaceae
Diese robuste Art steiniger Standorte der westlichen Mittelmeerregion bildet auffällige Blütenstände mit violett geäderten weißen Blüten.

15 m

AVICENNIA GERMINANS
F: Acanthaceae
An Ästuaren an der tropischen Atlantikküste bildet dieser Baum Dickichte. Wenn die spitzen Früchte in den Schlamm fallen, treiben neue Pflanzen aus.

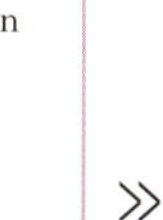

»

30 cm

KRIECHENDER GÜNSEL
Ajuga reptans
F: Lamiaceae
Diese ausdauernde Art findet man in Europa, Nordafrika und Südwest-Asien in Wäldern und auf Wiesen. An langen Ausläufern entspringen die Blütenstiele.

röhrenförmige Blüte mit dreilappiger Lippe

eiförmige, unterseits oft bronzefarbene Blätter

60 cm

ECHTER SALBEI
Salvia officinalis
F: Lamiaceae
Dieser Strauch aus Spanien, Südfrankreich und dem Balkan wird vielerorts kultiviert. Mit seinen aromatischen graugrünen Blättern würzt man Speisen.

2 m

ROSMARIN
Rosmarinus officinalis
F: Lamiaceae
In trockenen mediterranen Habitaten vermindert das Öl in den Blättern dieser bekannten Gewürzpflanze womöglich die Transpiration.

80 cm

ECHTER LAVENDEL
Lavandula angustifolia
F: Lamiaceae
Auch dieser immergrüne Strauch kommt in trockenen mediterranen Standorten vor. Die Öle in den Blättern werden Parfüms zugesetzt.

BLÜTEN IM SPÄTSOMMER

80 cm

ESSBARE BLÄTTER

BASILIKUM
Ocimum basilicum
F: Lamiaceae
Basilikum stammt aus Indien und dem Iran. Die Blätter der einjährigen Pflanze sind ein beliebtes Küchenkraut.

DICHT STEHENDE BLÜTEN

BLATT

80 cm

HEIL-ZIEST
Betonica officinalis
F: Lamiaceae
In Hecken und auf Grasland in weiten Teilen Europas, der Kaukasusregion und Nordafrikas kommt diese Pflanze mit rotvioletten oder weißen Blüten vor.

6 m

MÖNCHSPFEFFER
Vitex agnus-castus
F: Lamiaceae
Früher glaubte man, dass diese Pflanze von feuchten Plätzen in Südeuropa den Geschlechtstrieb mindern würde. In der alternativen Heilkunde verabreicht man sie zur Hormonregulation.

1,5 m

STRAUCHIGES BRANDKRAUT
Phlomis fruticosa
F: Lamiaceae
Dieser immergrüne Strauch mit grau filzigen Blättern, der im östlichen Mittelmeergebiet heimisch ist, wird häufig als Zierpflanze gezogen.

LANZETTLICHES BLATT

BLÜTENSTAND

1,2 m

SPÄTE INDIANERNESSEL
Monarda fistulosa
F: Lamiaceae
Aus den Blättern dieser amerikanischen Art bereitet man einen Tee. Sie gedeiht von Neuengland bis Texas auf trockenen Feldern und in Gebüschen.

Blütenstand mit rosa Blüten

1 m

GEWÖHNLICHER DOST
Origanum vulgare
F: Lamiaceae
Das aromatisch duftende Kraut warmer Standorte auf Kalk ist in Südeuropa und Südwest-Asien heimisch und wird als Gewürzpflanze kultiviert.

eiförmiges Blatt

3 m

AUSTRALISCHER MINZESTRAUCH
Prostanthera rotundifolia
F: Lamiaceae
Der aromatisch duftende australische Strauch wächst in offenen Wäldern von Queensland bis nach Tasmanien. Im Frühjahr trägt er rosa bis violette Blüten.

40 cm

ECHTER THYMIAN
Thymus vulgaris
F: Lamiaceae
Die Blätter dieses Strauchs, der an trockenen felsigen Standorten in der westlichen Mittelmeerregion heimisch ist, werden als Gewürz sowie für Parfüms und Seifen verwendet.

1 m

WASSER-MINZE
Mentha aquatica
F: Lamiaceae
In Teichen und Gräben in Europa, Afrika und Südwest-Asien gedeiht die Wasser-Minze. Aus ihr ging die Pfefferminze als Hybride zweier Arten hervor.

Zweig mit Blüten

eiförmige Frucht

15 m

OLIVENBAUM
Olea europaea
F: Oleaceae

Die fleischigen Früchte dieses immergrünen Baums aus der Mittelmeerregion enthalten zu 40% ungesättigte Fettsäuren. Oliven werden in Salzlake eingelegt.

3 m

HÄNGE-FORSYTHIE
Forsythia suspensa
F: Oleaceae

Dieser Strauch hat hohle, herabhängende Äste und trägt gelbe Blüten. Er ist in China und möglicherweise Japan heimisch.

20 m

BLUMEN-ESCHE
Fraxinus ornus
F: Oleaceae

Diese südeuropäische Esche trägt ungewöhnliche Büschel weißer Blüten. Ein zuckerhaltiger Gummi, der aus der Rinde austritt, hat heilende Wirkung.

herzförmiges Blatt

Blätter bis 12 m lang

dichter Blütenstand mit duftenden Blüten

7 m

GARTEN-FLIEDER
Syringa vulgaris
F: Oleaceae

Gärtner haben viele Sorten dieses attraktiven kleinen Baums gezüchtet, der in Südost-Europa im Gebüsch an Hängen von Natur aus vorkommt.

30 cm

STREPTOCARPUS SAXORUM
F: Gesneriaceae

Aus Kenia und Tansania stammt diese immergrüne Pflanze. Die behaarten, leicht sukkulenten Blätter stehen in Quirlen, die röhrenförmigen fünfteiligen Blüten haben breite Lappen.

12 m

ECHTER JASMIN
Jasminum officinale
F: Oleaceae

Dieser kletternde Strauch wird vielerorts seiner duftenden Blüten wegen gepflanzt. Er ist vom Kaukasus bis nach China heimisch und umrankt seine Stütze gegen den Uhrzeigersinn.

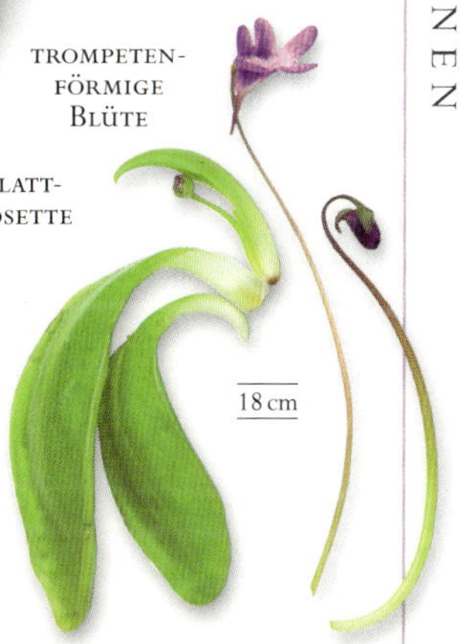

trompetenförmige Blüte

Blattrosette

18 cm

GEWÖHNLICHES FETTKRAUT
Pinguicula vulgaris
F: Lentibulariaceae

Diese Pflanze nasser Standorte in Nordeuropa, Asien und Nordamerika fängt mit ihren klebrigen Blättern Insekten.

15 cm

SAINTPAULIA TONGWENSIS
F: Gesneriaceae

Usambaraveilchen sind beliebte Zimmerpflanzen. Natürlicherweise kommen sie in Regenwäldern im tropischen Ostafrika vor. Die meisten der 20 Arten sind gefährdet.

18 m

lange, schmale Früchte

langer Blütenstand

GEWÖHNLICHER TROMPETENBAUM
Catalpa bignonioides
F: Bignoniaceae

Dieser Baum stammt aus dem Süden der USA. Weiter nördlich und in Europa pflanzt man ihn wegen seiner auffälligen Blüten.

60 cm

STÄNGELLOSE FREILANDGLOXINIE
Incarvillea delavayi
F: Bignoniaceae

Diese Gartenpflanze mit rosavioletten trompetenförmigen Blüten hat ihr natürliches Verbreitungsgebiet in Gebirgen in Indien, Tibet und China.

15 m

JACARANDABAUM
Jacaranda mimosifolia
F: Bignoniaceae

Dieses tropische Nutzholz aus Argentinien und Brasilien trägt hängende Blütenstände mit lilablauen Blüten. Es wird oft als Zierbaum und Schattenspender gepflanzt.

12 m

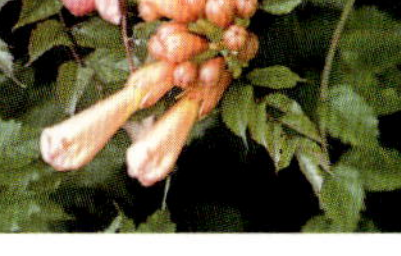

HYBRID-TROMPETENWINDE
Campsis × tagliabuana
F: Bignoniaceae

Diese Hybride aus einer nordamerikanischen und einer asiatischen Art ist eine Kletterpflanze mit orangeroten Röhrenblüten.

»

TANNENWEDEL
Hippuris vulgaris
F: Plantaginaceae
Zahlreiche Quirle schmaler Blätter trägt diese Wasserpflanze, die man in Europa, Asien, Afrika und Südamerika vorfindet. Sie wächst schnell und kann zum lästigen Unkraut werden.

SPITZ-WEGERICH
Plantago lanceolata
F: Plantaginaceae
Die Art, die in Fettwiesen, auf Wegen und Äckern wächst, hat lanzettliche, stark geäderte Blätter. Sie kommt in vielen Regionen der gemäßigten Breiten vor.

BREIT-WEGERICH
Plantago major
F: Plantaginaceae
Diese variable Pflanze wächst an offenen Standorten wie etwa Trittfluren in Europa, Nordafrika und Nord- und Zentralasien.

GLOBULARIA ALYPUM
F: Plantaginaceae
Dieser giftige immergrüne Strauch aus der Mittelmeerregion, der in Gebüschen an trockenen Standorten vorkommt, trägt kugelige Blütenstände mit süß duftenden, blaulila Blüten.

ECHTER EHRENPREIS
Veronica officinalis
F: Plantaginaceae
Der Echte Ehrenpreis mit blaulila Blüten wächst in Heidegebieten und lichten Wäldern in Europa und Asien, in Nordamerika wurde er eingeführt.

ROTER FINGERHUT
Digitalis purpurea
F: Scrophulariaceae
Herzwirksame Glykoside enthalten die Blätter dieser zweijährigen Art, die in Mittel- und Südeuropa sowie Marokko verbreitet ist.

BARTFADEN
Penstemon spec.
F: Scrophulariaceae
Die 250 Mitglieder dieser nordamerikanischen Gattung, die in den westlichen USA häufig ist, haben große, bunte, röhrenförmige Blüten.

GARTEN-LÖWENMAUL
Antirrhinum majus
F: Scrophulariaceae
Viele Sorten hat man von dieser Art aus Südwest-Europa gezüchtet. Die Blüten haben einen gelben oder weißen Schlund.

GEFLECKTE GAUKLERBLUME
Mimulus guttatus
F: Scrophulariaceae
Die Blüten dieser Art aus Sümpfen und von Bachufern aus dem Nordwesten Amerikas haben eine dreilappige Ober- und eine zweilappige Unterlippe.

NIEDRIGE SCHUPPENWURZ
Lathraea clandestina
F: Scrophulariaceae
Diese parasitische europäische Art hat keine grünen Blätter. Sie zapft die Wurzeln von Weiden und Pappeln an und entnimmt ihnen Nährstoffe.

KLEINER KLAPPERTOPF
Rhinanthus minor
F: Scrophulariaceae
Die halbparasitische Art zapft mit ihren Wurzeln die Wurzeln von Gräsern an. Die variable gelbblütige Art findet man auf Wiesen der nördlichen gemäßigten Breiten.

SCHMETTERLINGSSTRAUCH
Buddleja davidii
F: Scrophulariaceae
Die röhrenförmigen Blüten dieses Strauchs, der aus China stammt, sind eine reiche Nektarquelle. Sie locken viele Schmetterlinge an, daher kommt der deutsche Name.

KLEINBLÜTIGE KÖNIGSKERZE
Verbascum thapsus
F: Scrophulariaceae
Die zweijährige europäisch-asiatische Art kommt auf Ruderalflächen vor. Am Blütenstand öffnen sich fünflappige Blüten.

GEWÖHNLICHES LEINKRAUT
Linaria vulgaris
F: Scrophulariaceae
Auf Böschungen in Europa und Westasien findet man diese Art. Die Blüten haben einen langen Sporn.

CHINESISCHER BLAUGLOCKENBAUM
Paulownia tomentosa
F: Scrophulariaceae
Häufig wächst dieser chinesische Baum in Parks. Die röhrenförmigen blaulila Blüten mit breiten Zipfeln duften stark.

EREMOPHILA MACULATA
F: Scrophulariaceae
Dieser Strauch ist in Australien auf zeitweise überschwemmten Flächen verbreitet. Die röhrenförmigen orangefarbenen, gelben oder roten Blüten sind innen gefleckt.

50 cm

VERONICA HULKEANA
F: Plantaginaceae

Der immergrüne Strauch ist eine beliebte Gartenpflanze. Er trägt auffällige lila Blütenstände. Wild wächst er an Klippen an den Ostküsten der Südinsel Neuseelands.

60 cm

STRAUCHVERONIKA
Hebe 'Red Edge'
F: Plantaginaceae

Dieser Strauchehrenpreis ist vermutlich eine Kreuzung aus *Veronica albicans* und *Veronica pimeleoides*.

Die Blüten locken Schmetterlinge an.

gegenständige, glänzende Blätter

3 m

BODINIERES SCHÖNFRUCHT
Callicarpa bodinieri
F: Verbenaceae

Dieser chinesische Zierstrauch ist mit der Amerikanischen Schönfrucht verwandt. Er trägt dekorative violette Beeren, die bitter schmecken, aber nicht giftig sind.

1,5 m

WANDELRÖSCHEN
Lantana camara
F: Verbenaceae

Die röhrenförmigen Blüten dieses Strauchs sind anfangs gelb und färben sich dann orangefarben oder rot. Er stammt aus Amerika und ist in wärmeren Regionen invasiv.

1 m

ECHTES EISENKRAUT
Verbena officinalis
F: Verbenaceae

Diese ausdauernde Art trägt schlanke Ähren mit lila zweilippigen Blüten. In gemäßigten und tropischen Regionen ist sie an Wegen und in Hecken verbreitet.

CLERODENDRUM SPLENDENS
F: Verbenaceae

Röhrenförmige rote Blüten trägt diese afrikanische Kletterpflanze. In ihrer Heimatregion windet sie sich um Bäume und Rankgitter in Gärten.

3,7 m

SOLANALES

Die Familie der Nachtschattengewächse (Solanaceae), eine wirtschaftlich bedeutende Familie mit bis zu 4000 Arten, dominiert die Ordnung. Viele Arten enthalten giftige Alkaloide. Zu den Windengewächsen (Convolvulaceae) gehören tropische Kletterpflanzen und niedrige Kräuter. Weitere Familien sind die Hydrolacaceae mit einer Gattung, fünf afrikanische Bäume der Familie Montiniaceae und ein pantropisch verbreitetes Kraut der Familie Sphenocleaceae.

3 m

CONVOLVULUS SYLVATICUS
F: Convolvulaceae

In Hecken und auf Brachland, auch in Städten, findet man diese großblütige Art aus der Mittelmeerregion. Sie verbreitet sich mit der unterirdisch verlaufenden Sprossachse (Rhizom).

gelapptes Blatt

4 m

violettblaue Blüten mit hellerer oder gelber Mitte

HIMMELBLAUE PRUNKWINDE
Ipomoea tricolor
F: Convolvulaceae

Diese krautige Kletterpflanze aus dem tropischen Amerika trägt trichterförmige Blüten, die sich nur am Morgen öffnen.

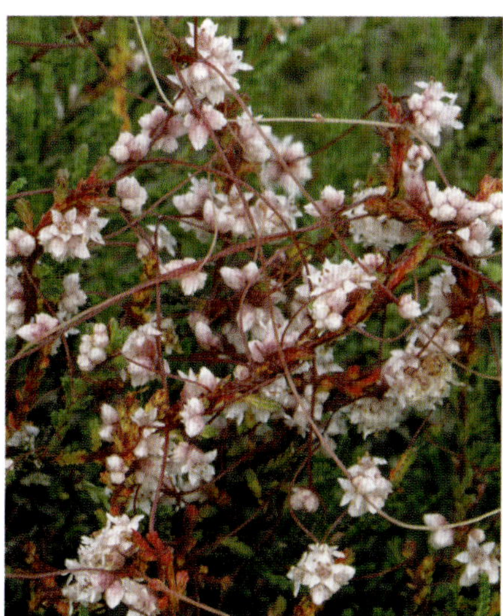

60 cm

THYMIAN-SEIDE
Cuscuta epithymum
F: Convolvulaceae

Ein dichtes Netz aus fadenartigen, windenden Stängeln bildet die Thymian-Seide. Sie parasitiert auf Ginster, Heidekraut und anderen Arten.

»

» SOLANALES

WEISSER STECHAPFEL
Datura stramonium
F: Solanaceae
Diese hochgiftige, unangenehm riechende einjährige Art ist weit verbreitet. Vermutlich stammt sie aus Amerika.

ECHTE TOLLKIRSCHE
Atropa belladonna
F: Solanaceae
Diese hochgiftige Staude, die man in Wäldern und Gebüschen in Europa, Nordafrika und Westasien findet, enthält verschiedene narkotische Substanzen.

ROTE ENGELSTROMPETE
Brugmansia sanguinea
F: Solanaceae
Das immergrüne Gehölz aus dem Westen Südamerikas hat giftige Blätter. Seiner auffälligen Röhrenblüten wegen zieht man es häufig als Kübelpflanze.

SCHWARZES BILSENKRAUT
Hyoscyamus niger
F: Solanaceae
Auf Ödland in Europa, Asien und Nordafrika wächst die giftige und übel riechende einjährige Art vor allem auf Rinderweiden.

TOMATE
Lypopersicon esculentum
F: Solanaceae
Wahrscheinlich wurde die Tomate aus gelbfrüchtigen Kirschtomaten gezüchtet, die aus Peru und Ecuador stammten. Sie wird ihrer essbaren Beeren wegen kultiviert.

BLASENKIRSCHE
Physalis alkekengi
F: Solanaceae
Dieser Zierstrauch stammt aus Südamerika und ist mit der Kapstachelbeere verwandt. In den laternenförmigen Kelchblättern entwickelt sich eine Beere.

APIALES

Die Ordnung Apiales wird von den sehr charakteristischen und wirtschaftlich bedeutenden Doldenblütlern (Apiaceae, früher Umbelliferae) dominiert. Ihr gehören mindestens 3500 Arten an. Die Araliaceae, zu denen Efeu und Ginseng gehören, sind eine weitere große Familie, die der Klebsamengewächse (Pittosporaceae) mit Sträuchern und Bäumen ist mittelgroß. Zur Ordnung gehören außerdem sieben kleinere Familien.

GEWÖHNLICHE WALD-ENGELWURZ
Angelica sylvestris
F: Apiaceae
Dieser typische Doldenblütler bringt 15–40 schirmförmige Dolden hervor. Er wächst in Staudenfluren und Feuchtwiesen in Europa und gemäßigten Regionen Asiens.

GROSSE STERNDOLDE
Astrantia major
F: Apiaceae
Auffällige Hochblätter umgeben bei dieser Art europäischer Bergwiesen und offener Wälder die kleinblütigen Blütenstände.

GEWÖHNLICHER WIESEN-BÄRENKLAU
Heracleum sphondylium
F: Apiaceae
Mit ihrem hohlen, behaarten Stängel und den schirmförmigen Dolden gedeiht die Art von Osteuropa bis zu den Britischen Inseln oft an Straßenrändern.

RIESENFENCHEL
Ferula communis
F: Apiaceae
Die robuste, große ausdauernde Art riecht aromatisch und hat einen hohlen Stängel. Sie ist in der Mittelmeerregion, in Asien und Nordafrika verbreitet.

GEFLECKTER SCHIERLING
Conium maculatum
F: Apiaceae
Diese zweijährige Art kommt an feuchten Standorten in Europa und Asien vor und wurde andernorts eingeführt. Der hohle Stängel ist gefleckt. Alle Pflanzenteile sind giftig.

WILDE MÖHRE
Daucus carota
F: Apiaceae
Der wilde Vorfahr der Karotte hat eine leicht verdickte Pfahlwurzel. Er kommt in Europa, gemäßigten Regionen Asiens und in Nordafrika vor.

CHILI
Capsicum frutescens
F: Solanaceae
Chili stammt aus Südamerika und wird im tropischen Asien und Amerika kultiviert. Die Früchte des kleinen Strauchs sind die Chili-Schoten.

VIRGINISCHER TABAK
Nicotiana tabacum
F: Solanaceae
Dieses Kraut, das aus Südamerika stammt, ist die häufigere der beiden Arten, deren nikotinhaltige Blätter zu Tabak verarbeitet werden.

KARTOFFEL
Solanum tuberosum
F: Solanaceae
Kartoffeln gehören zu den wichtigsten Grundnahrungsmitteln. Die Knollen werden in der Sonne grün und giftig. Die Pflanze stammt aus Südamerika.

GEWÖHNLICHE STECHPALME
Ilex aquifolium
F: Aquifoliaceae
Dieser immergrüne Strauch oder Baum aus Wäldern in Europa, Nordafrika und Nordwest-Asien trägt stachelige Blätter zum Schutz vor Fraß.

SCHMALBLÄTTRIGER KLEBSAME
Pittosporum tenuifolium
F: Pittosporaceae
In Gebirgswäldern der Nord- und Südinsel Neuseelands ist dieser immergrüne Baum heimisch. Die Zweige sind fast schwarz und die Blüten duften nach Honig.

SEE-MANNSTREU
Eryngium maritimum
F: Apiaceae
Die ledrigen Blätter dieser Art vermindern den Wasserverlust und ertragen salzige Gischt. Sie wächst auf Sanddünen in Europa, Nordafrika und Südost-Asien.

GEWÖHNLICHER EFEU
Hedera helix
F: Araliaceae
Dieser immergrüne Strauch aus Wäldern Europas und Südwest-Asiens klettert an anderen Pflanzen empor.

KOREANISCHER GINSENG
Panax ginseng
F: Araliaceae
Die Wurzeln dieses asiatischen Krauts sind ein traditionelles Heilmittel. Der Gattungsname *Panax* kommt vom griechischen *panacea*, was »Allheilmittel« bedeutet.

AQUIFOLIALES

Zur vorwiegend tropischen Familie der Stechpalmengewächse (Aquifoliaceae) gehören Bäume und Sträucher mit typisch gezähnten Blättern. Sie sind die Hauptvertreter der Ordnung Aquifoliales. Weitere Mitglieder dieser jungen und kleinen Ordnung sind eine Familie windender Kräuter, die Cardiopteridaceae, drei asiatische Sträucher der Helwingiaceae, vier südamerikanische Gehölze der Phyllonomaceae und eine Familie tropischer Bäume, die Stemonuraceae.

ASTERALES

Etwa 13 Familien gehören zu den Asterales. Die größte ist die der Korbblütler (Asteraceae) mit etwa 25 000 Arten. Ein Blütenkörbchen oder Köpfchen ist aus vielen einzelnen Blüten zusammengesetzt, am Rand sitzen oft auffällige Strahlenblüten. Einige Arten der Glockenblumengewächse (Campanulaceae) zeigen ähnliche Merkmale. Zur Ordnung gehören die Fieberkleegewächse (Menyanthaceae), die Goodeniaceae und mehrere kleinere Familien.

GLATTBLATT-ASTER
Aster novi-belgii
F: Asteraceae

Diese variable Gartenpflanze stammt aus dem östlichen Nordamerika. Es gibt viele Sorten der dekorativen Art.

HAFERWURZEL
Tragopogon porrifolius
F: Asteraceae

Diese zweijährige Art aus der Mittelmeerregion trägt lila oder violettrote Blütenkörbe, die von längeren, spitzen Hüllblättern umgeben sind.

GEWÖHNLICHES JAKOBS-GREISKRAUT
Senecio jacobaea
F: Asteraceae

Aus Europa und Westasien stammt diese Art, die für Weidetiere giftig ist und von Kaninchen gemieden wird. Sie hat sich fast weltweit ausgebreitet.

GEWÖHNLICHE SONNENBLUME
Helianthus annuus
F: Asteraceae

Die hohe Einjährige, die wahrscheinlich aus Mexiko stammt, wird als Zierblume und ihrer Samen wegen angebaut. Die »Sonnenblumenkerne« enthalten ungesättigte Fettsäuren und Proteine.

KORNBLUME
Centaurea cyanus
F: Asteraceae

Die Kornblume stammt wahrscheinlich aus Südeuropa und Westasien und wurde mit dem Getreide verbreitet. Vor dem Einsatz von Herbiziden war sie ein häufiges Unkraut in Feldern.

MAGERWIESEN-MARGERITE
Leucanthemum vulgare
F: Asteraceae

Die variable Art gehört in Europa und Westasien zu den häufigsten weißblütigen Asteraceen. Sie sät sich auf gestörten Flächen schnell aus.

GÄNSEBLÜMCHEN
Bellis perennis
F: Asteraceae

Das Gänseblümchen, das in Europa und Westasien heimisch ist, kommt auf Weideland und Rasenflächen nahezu weltweit vor.

WIESEN-LÖWENZAHN
Taraxacum officinale
F: Asteraceae

Mit diesem Namen bezeichnet man eine Sektion der Gattung *Taraxacum*. In Europa und Asien gibt es ungefähr 1000 anerkannte sehr ähnliche Arten.

ROTER SCHEINSONNENHUT
Echinacea purpurea
F: Asteraceae

Diese Zierpflanze mit kegelförmigem Blütenstandsboden stammt aus dem östlichen Nordamerika. Sie wird angebaut, um pflanzliche Heilmittel gegen Erkältungen herzustellen.

GEWÖHNLICHE MARIENDISTEL
Silybum marianum
F: Asteraceae
Diese zweijährige Art mit weiß gezeichneten stacheligen Blättern wächst auf Brach- und Kulturland in Südeuropa, Nordafrika und Westasien.

KANADISCHE GOLDRUTE
Solidago canadensis
F: Asteraceae
Die nordamerikanische Art wurde in Gärten gepflanzt und hat sich in Europa in freier Natur stark ausgebreitet.

BANATER KUGELDISTEL
Echinops bannaticus
F: Asteraceae
In Südost-Europa und Westasien ist diese Art heimisch. Sie hat ein kugelförmiges Köpfchen mit bläulichen Röhrenblüten.

WILDE ARTISCHOCKE
Cynara cardunculus
F: Asteraceae
Als Gemüsepflanze wird diese Art in milden Regionen angebaut. In der Natur ist sie nicht bekannt und vielleicht eine Varietät der wilden Cardone von Brachland.

GEWÖHNLICHE PESTWURZ
Petasites hybridus
F: Asteraceae
Die Blütenstiele dieser Art tragen entweder männliche oder weibliche Blüten. Sie kommt in Europa in nassen Wiesen und an Bachläufen vor.

FILZBLUME
Otanthus maritimus
F: Asteraceae
Die buschige Filzblume wächst an Küsten in Südeuropa, Nordafrika und Südwest-Asien. Stängel und Blätter sind filzig behaart.

ÄHRIGE PRACHTSCHARTE
Liatris spicata
F: Asteraceae
Auf feuchten Böden im Osten der USA gedeiht diese Art. Am langen Blütenstand öffnen sich violettrosa Blüten.

GEWÖHNLICHE KRATZDISTEL
Cirsium vulgare
F: Asteraceae
Diese Kratzdistel ist auf Ödland in Europa und Westasien häufig. Die Art mit stacheligen Blättern wurde mit der Landwirtschaft weltweit verbreitet.

WIESEN-SCHAFGARBE
Achillea millefolium
F: Asteraceae
In Europa und Westasien findet man diese Schafgarbe auf Wiesen, Weiden und an Wegrändern. Sie wurde in Nordamerika, Australien und Neuseeland eingebürgert.

ZICHORIE
Cichorium intybus
F: Asteraceae
Von Europa, Westasien und Nordafrika aus wurde die Zichorie fast weltweit verbreitet. Aus einer Varietät zieht man Radicchio und Chicorée.

ESTRAGON
Artemisia dracunculus
F: Asteraceae
Die Blätter dieses aromatisch duftenden Krauts aus Südost-Europa, Asien und Nordamerika werden als Gewürz für Fisch und andere Speisen verwendet.

GRAUES HEILIGENKRAUT
Santolina chamaecyparissus
F: Asteraceae
Dieser aromatisch duftende, kleine, immergrüne Strauch mit grau behaarten Blättern ist an steinigen Standorten der Mittelmeerregion heimisch.

GARTEN-RINGELBLUME
Calendula officinalis
F: Asteraceae
Diese Art wird schon so lange Zeit kultiviert, dass ihr Ursprung unbekannt ist. Mit einer Salbe aus den Blüten behandelt man gereizte Haut.

GAZANIE
Gazania spec.
F: Asteraceae
In Südafrika kommen 17 *Gazania*-Arten vor, die meisten an trockenen Standorten. Kultursorten wie diese kommen mit wenig Wasser aus.

GEÄUGTE GAZANIE
Gazania rigens
F: Asteraceae
Die Art bildet Matten auf Dünen und Felsen entlang der Küsten in der südafrikanischen Kapregion. Sie blüht oft üppig.

»

1,2 m

LANZETTLICHES BLATT

BLÜTENSTAND

BLAUE KARDINALS-LOBELIE
Lobelia siphilitica
F: Campanulaceae

Von Neuengland bis Alabama findet man diese Art in Wäldern und auf Wiesen. Früher setzte man sie bei der Behandlung von Syphilis ein.

Röhrenblüten

1 m

NESSELBLÄTTRIGE GLOCKENBLUME
Campanula trachelium
F: Campanulaceae

In Europa, dem Iran und Nordafrika gedeiht diese rau behaarte Art mit brennnesselartigen Blättern und glockenförmigen blauen Blüten.

40 cm

WAHLENBERGIA GLORIOSA
F: Campanulaceae

Die Nationalblume der Australischen Hauptstadt-Territorien ist diese ausdauernde Art mit tiefblauen Blüten. Sie kommt auf Bergwiesen in Südaustralien vor.

70 cm

GLOCKENFÖRMIGE BLÜTEN

OVALES BLATT

GROSSBLÜTIGE BALLONBLUME
Platycodon grandiflorum
F: Campanulaceae

Das einzige Mitglied der Gattung ist eine asiatische Staude mit blauen oder weißen glockenförmigen Blüten. Es gibt davon viele Gartensorten.

1,5 m

FIEBERKLEE
Menyanthes trifoliata
F: Menyanthaceae

Der Fieberklee bildet bohnenähnliche Kapselfrüchte. Er wächst in Sümpfen und seichten Gewässern in Nordamerika, auf Grönland, in Nordeuropa und Asien.

50 cm

KUGELIGER BLÜTENSTAND

LANZETTLICHES BLATT

KUGEL-TEUFELSKRALLE
Phyteuma orbiculare
F: Campanulaceae

Diese ausdauernde Art mit einem kugeligen dunkelblauen Blütenstand wächst von Südengland bis Griechenland in Magerrasen und Flachmoorwiesen auf Kalkböden.

15 cm

BLÜTE NICHT RADIÄRSYMMETRISCH

FLEISCHIGES BLATT

SELLIERA RADICANS
F: Goodeniaceae

Dieses kriechende Kraut kommt an Sandstränden in Chile, Australien und Neuseeland vor. In Neuseeland wächst es auch an Gebirgsbächen.

1,5 m

GEWÖHNLICHE SEEKANNE
Nymphoides peltata
F: Menyanthaceae

Diese Wasserpflanze ähnelt der Gelben Teichrose, hat aber kleinere Blüten mit fünf fransigen Kronblättern.

DIPSACALES

Die Mitglieder dieser Ordnung kommen weltweit vor, vor allem aber auf der Nordhalbkugel. Charakteristisch sind kleine Blüten, die oft in kompakten Blütenständen stehen. Auch viele beliebte Zierpflanzen sind darunter. Die Baldriangewächse (Valerianaceae) sind die vielfältigste Familie mit etwa 350 Arten. Außerdem gehören die Kardengewächse (Dipsacaceae), Geißblattgewächse (Caprifoliaceae) und Moschuskrautgewächse (Adoxaceae) zur Ordnung.

15 cm

MOSCHUSKRAUT
Adoxa moschatellina
F: Adoxaceae

Die Blütenstände dieser zierlichen Art, die in Europa, Asien und Nordamerika in Wäldern wächst, bestehen aus fünf Blüten, die in rechten Winkeln zueinander stehen (eine weist nach oben).

80 cm

ROTE SPORNBLUME
Centranthus ruber
F: Valerianaceae

Schmetterlinge lieben die Blüten dieser Art. Sie kommt an Felsküsten und auf alten Mauern in der Mittelmeerregion und in Westasien vor und wurde andernorts eingebürgert.

drei- bis fünffach geteilte Blätter

glänzende rote Beeren

4 m

GEWÖHNLICHER SCHNEEBALL
Viburnum opulus
F: Adoxaceae

Dieser Strauch, der in Europa und Asien heimisch ist, trägt Trugdolden mit großen sterilen äußeren und kleineren fertilen inneren Blüten.

HOLUNDERBEEREN

12 m

BLÜTENSTAND

SCHWARZER HOLUNDER
Sambucus nigra
F: Adoxaceae

Der Strauch oder kleine Baum mit oben abgeflachten Blütenständen ist in Europa, Westasien und Nordafrika verbreitet.

2 m

ECHTER ARZNEI-BALDRIAN
Valeriana officinalis
F: Valerianaceae

Von Nordeuropa bis Japan kommt diese Art auf Wiesen, Schuttfluren und in Wäldern vor. Die Blüten mit fünf Kronblättern stehen in Schirmrispen.

DUFTENDE BLÜTEN

BLÄTTER EINFACH GEFIEDERT

WALD-GEISSBLATT
Lonicera periclymenum
F: Caprifoliaceae

In Wäldern und Hecken in Europa und Nordafrika schlingt sich dieser Strauch an anderen Pflanzen hoch, um zum Sonnenlicht zu gelangen.

SCHÖNE LEYCESTERIE
Leycesteria formosa
F: Caprifoliaceae

Dieser Strauch, der aus dem Himalaya und Burma stammt, hat herabhängende Stängel und dicht stehende weiße Blüten mit rotvioletten Hochblättern.

TROMPETEN-GEISSBLATT
Lonicera sempervirens
F: Caprifoliaceae

Diese Art klettert im Osten der USA an Waldbäumen empor. Die trompetenförmigen roten Blüten sind innen gelb und locken Kolibris an, die sie bestäuben.

GEWÖHNLICHE SCHNEEBEERE
Symphoricarpos albus
F: Caprifoliaceae

Dieser Strauch, der von Alaska bis Colorado verbreitet ist, wird vielerorts gepflanzt. Die dicht stehenden rosa Blüten reifen zu weißen Beeren.

LIEBLICHE WEIGELIE
Weigela florida
F: Caprifoliaceae

Dieser aus China und Korea stammende Strauch trägt Blütenstände mit trichterförmigen Blüten, die außen dunkel- und innen hellrosa sind.

WIESEN-WITWENBLUME
Knautia arvensis
F: Dipsacaceae

In Blütenständen dieser Art, die auf trockenen Weiden von Europa bis Sibirien vorkommt, haben die äußeren Blüten größere Kronblätter als die inneren.

SCABIOSA PROLIFERA
F: Dipsacaceae

Die Blütenstände dieser robusten Art aus dem östlichen Mittelmeergebiet bestehen aus blassgelben großen äußeren und kleineren inneren Blüten. Sie wächst auf Feldern.

GEWÖHNLICHER TEUFELSABBISS
Succisa pratensis
F: Dipsacaceae

Der Legende nach hat der Teufel das Rhizom dieser ausdauernden Pflanze abgebissen. Sie wächst in Europa und Nordafrika auf feuchten Böden.

WILDE KARDE
Dipsacus fullonum
F: Dipsacaceae

Diese kräftige zweijährige Art besiedelt Rohböden in Europa, Westasien und Nordafrika. Stängel, Blätter und Tragblätter der Blüten sind stachelig. Im Winter fressen Vögel die Samen.

PILZE

Früher ordnete man die Pilze dem Pflanzenreich zu, heute bilden diese Lebewesen ein eigenes Reich. Mit ihren Hyphen durchsetzen sie das Substrat, in dem sie wachsen, und nehmen aus ihm organische Stoffe auf. Oft werden sie erst dann sichtbar, wenn sie Fruchtkörper bilden. Pilze können sowohl Verbündete als auch Feinde anderer Lebewesen sein: Viele sind Wiederverwerter oder Symbiosepartner, aber auch Parasiten und Krankheitserreger gehören dieser großen Gruppe an.

» 210

BASIDIENPILZE

Arten dieser Gruppe bilden Fruchtkörper mit Stiel und Hut, aber auch Boviste und viele andere Formen. Die Sporen werden immer an speziellen Trägerzellen abgeschnürt, den Basidien.

» 236

SCHLAUCHPILZE

Diese Pilze bilden ihre Sporen in Schläuchen, die oft eine Schicht auf den Fruchtkörpern bilden. Viele sind becherförmig, aber auch Trüffeln, Morcheln und einzellige Hefen gehören zur Gruppe.

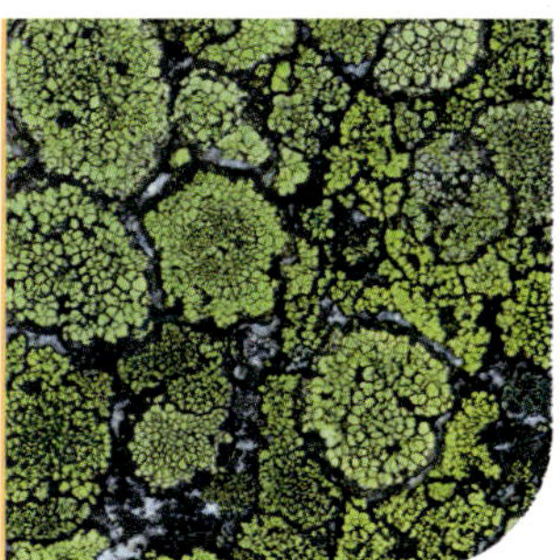

» 242

FLECHTEN

Eine Flechte ist eine Partnerschaft aus einem Pilz und einer Alge. Manche bilden Krusten, andere erinnern an kleine Sträucher. Die meisten wachsen langsam und sind außerordentlich langlebig.

BASIDIENPILZE

Zu den Basidienpilzen (Basidiomycota) gehören die meisten Pilze, deren Fruchtkörper einen Stiel mit Hut ausbilden. Sie sind vor allem in Wäldern der gemäßigten Zonen verbreitet. Sie bilden ihre Sporen in typischen Sporenständern, den Basidien.

STAMM	BASIDIOMYCOTA
KLASSEN	3
ORDNUNGEN	52
FAMILIEN	177
ARTEN	etwa 32 000

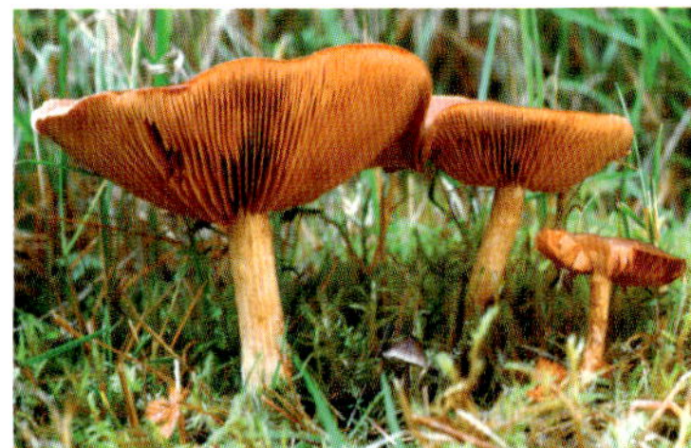

Diese typischen Basidienpilze haben einen Stiel und einen Hut mit Lamellen auf der Unterseite.

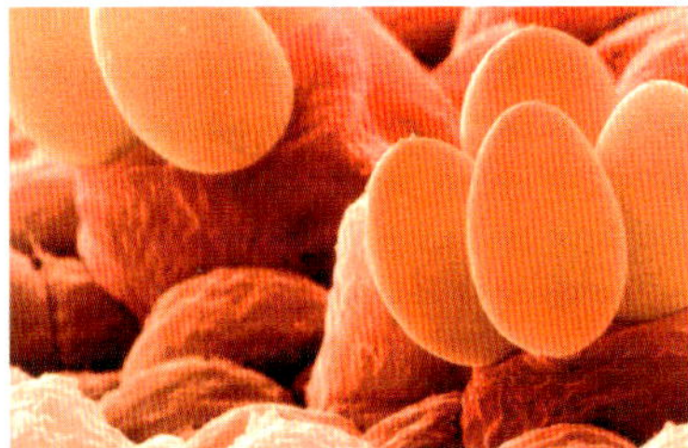

Die winzigen Sporen des Wiesenchampignons sind hier noch an den Trägerzellen (Basidien) befestigt.

Mit einer dunklen Sporenmasse ist diese Stinkmorchel bedeckt. Sie verströmt einen intensiven Verwesungsgeruch.

STREITFRAGE

RÄTSELHAFTE FARBEN

Viele Basidienpilze sind auffällig bunt. Man weiß noch nicht, welche Vorteile die Farben den Pilzen verschaffen. Anders als Blütenpflanzen müssen Pilze keine Bestäuber anlocken. Rötliche Pigmente könnten vor starker Sonneneinstrahlung schützen, andere Farben warnen Pilzfresser vor den Pilzgiften.

Wenige Pilzgruppen sind so formenreich wie die Basidiomycota. Die Fruchtkörper (die über der Erde erscheinenden Teile des Pilzes, in denen die Sporen gebildet werden) haben sich entwickelt, um die Sporen effizient zu verbreiten. Viele Fruchtkörper haben einen Stiel und einen Hut mit Lamellen. Es gibt aber auch einfacher gebaute, krustenartige Fruchtkörper und komplexere Formen. Noch exotischer erscheinen uns kugelige Pilze, wie die Stäublinge und Erdsterne. Daneben gibt es hübsche korallenähnliche Formen und die Rutenpilze, deren Gestalten oft bizarr anmuten. Im Fruchtkörper bilden spezialisierte Trägerzellen, die Basidien, die Sporen. Diese werden mit verschiedenen Mechanismen verbreitet. Lamellenpilze zum Beispiel setzen ihre Sporen frei, sodass diese mit dem Wind verdriften. Rutenpilze hingegen locken mit Verwesungsgerüchen und bunten Farben Insekten und andere wirbellose Tiere an. Diese fressen die Sporenmasse, die ihren Verdauungstrakt unbeschadet passiert und verbreiten die Sporen mit ihren Exkrementen.

WIE PILZE NÄHRSTOFFE AUFNEHMEN

Der größte Teil eines Pilzes ist meistens nicht zu sehen: Ein Netz aus feinen Pilzfäden, den Hyphen, bilden ein Mycel. Die Hyphen durchdringen die Substanz, auf der der Pilz wächst, sei es der Erdboden, alte Laubstreu, morsches Holz, lebendes Pflanzengewebe oder tote und verwesende Tiere. Das Mycel breitet sich über ein großes Gebiet aus und viele Pilze gehen mit Pflanzen eine Partnerschaft zum gegenseitigen Nutzen ein, die man Mycorrhiza nennt. Dabei umwachsen Pilzhyphen die Wurzeln der Pflanzen und dringen mitunter in sie ein, sodass der Pilz Kohlenhydrate aus der Pflanze aufnehmen kann. Die Pflanze kann im Gegenzug über das Mycel mehr Wasser und Mineralstoffe aufnehmen. Andere Pilze schließen tote organische Stoffe auf oder verdauen Lebewesen. Bei beiden Prozessen wird der Boden so verändert, dass bessere Wachstumsbedingungen für die Pflanzen geschaffen werden.

BASIDIENPILZE IN DER LAUBSTREU >
Viele Pilze ernähren sich von verrottenden Pflanzenresten. Ihre Fruchtkörper erscheinen, wo Feuchtigkeit und Nährstoffe vorhanden sind.

AGARICALES

Etliche bekannte Speisepilze gehören zur Ordnung Agaricales (Blätterpilze). Viele haben einen Stiel und einen Hut mit Lamellen, andere Poren statt Lamellen. Weitere Fruchtkörperformen sind die nestförmigen Teuerlinge, trüffelähnliche und breit am Substrat ansetzende Formen und die Stäublinge. Die meisten leben in der Laubstreu, im Erdboden oder auf Holz, das sie zersetzen. Andere leben parasitisch oder bilden mit den Wurzeln von Pflanzen eine Mycorrhiza aus.

4–10 cm

WIESENCHAMPIGNON
Agaricus campestris
F: Agaricaceae
Auf Wiesen in Eurasien und Nordamerika ist dieser Speisepilz häufig. Die rosafarbenen Lamellen werden bei älteren Pilzen braun. Der Stiel mit vergänglichem Ring ist kurz.

5–10 cm

KULTURCHAMPIGNON
Agaricus bisporus
F: Agaricaceae
In riesigen Mengen ist dieser bekannte Speisepilz weltweit im Handel. Der schuppige Hut ist weiß bis dunkelbraun.

faserige Oberfläche

5–12 cm

gellbe Stielbasis

KARBOL-CHAMPIGNON
Agaricus xanthodermus
F: Agaricaceae
Bei dieser unangenehm riechenden giftigen Art ist der Hut in der Mitte abgeflacht. In Eurasien und im westlichen Nordamerika ist sie häufig.

8–15 cm

RIESENCHAMPIGNON
Agaricus augustus
F: Agaricaceae
Ein großer orangebrauner, schuppiger Hut und ein weißer, wollig-schuppiger Stiel mit einem hängenden Ring kennzeichnen diesen essbaren Pilz, der von Eurasien bis Nordamerika verbreitet ist.

5–15 cm

SPITZSCHUPPIGER SCHIRMLING
Lepiota aspera
F: Agaricaceae
In Wäldern und Gärten Eurasiens und Nordamerikas findet man diesen seltenen Giftpilz. Der Hut ist mit braunen spitzkegeligen Schuppen besetzt, die sich ablösen.

3–8 cm

ANLAUFENDER EGERLINGSSCHIRMPILZ
Leucoagaricus badhamii
F: Agaricaceae
Der seltene eurasische Giftpilz wächst in Wäldern und Gärten mit nährstoffreichen Böden. Junge Pilze sind weiß. Die Art färbt sich beim Anfassen erst blutrot, dann schwarz.

REIFER HUT

JUNGE HÜTE

2–6 cm

SCHOPFTINTLING
Coprinus comatus
F: Agaricaceae
In Eurasien und Nordamerika findet man diesen Pilz häufig an Wegen und auf Wiesen. Der unverkennbare hohe, schuppige Hut löst sich in eine tintenartige Flüssigkeit auf.

7–15 cm

WEISSER ANISCHAMPIGNON
Agaricus arvensis
F: Agaricaceae
Dieser Speisepilz, der in Parks in Eurasien und Nordamerika häufig ist, färbt sich schmutzig gelb. Der Stiel hat einen kräftigen hängenden Ring.

1–4 cm

STINKSCHIRMLING
Lepiota cristata
F: Agaricaceae
Der gummiartige Geruch ist ein typisches Merkmal dieser giftigen Art, die in Eurasien und Nordamerika vor allem in Wäldern und Wiesen vorkommt.

5–8 cm

ROSABLÄTTRIGER EGERLINGSSCHIRMLING
Leucoagaricus leucothites
F: Agaricaceae
Auf Wiesen und an Straßenrändern in Eurasien und Nordamerika wächst dieser ungenießbare Pilz. Der elfenbeinweiße Fruchtkörper färbt sich später graubraun.

4–11 cm

Ring

FEUERFÜSSIGER SCHIRMLING
Lepiota ignivolvata
F: Agaricaceae
Der in Eurasien seltene Pilz hat einen Ring mit orangefarbenem Rand weit unten am keuligen weißen Stiel.

5–15 cm

SAFRANSCHIRMLING
Chlorophyllum rhacodes
F: Agaricaceae
In Eurasien und Nordamerika ist der giftverdächtige Pilz häufig. Er hat einen schuppigen braunen Hut, einen Ring und ein sich rötendes Fleisch.

knollige Stielbasis

1–5 cm

GELBER FALTENSCHIRMLING
Leucocoprinus birnbaumii
F: Agaricaceae
Die ungenießbare Art wächst weltweit in Töpfen von Zimmerpflanzen. Sie hat einen zarten goldgelben Hut und einen schlanken Stiel mit Ring.

1–3 cm

AUSSENHÜLLE

INNENHÜLLE

BLEIGRAUER BOVIST
Bovista plumbea
F: Agaricaceae
Dieser kugelige Pilz ist glatt, wenn er jung ist. Später schuppt sich die Außenhülle und eine papierartige Innenhülle wird sichtbar. Er ist in Eurasien und Nordamerika häufig.

20–50 cm

RIESENBOVIST
Calvatia gigantea
F: Agaricaceae
Der große, glatte weiße Fruchtkörper dieser jung essbaren Art, die man in Hecken, Feldern und Gärten in Eurasien und Nordamerika häufig findet, ist innen weiß bis gelb.

WIESEN-STÄUBLING
Lycoperdon pratense
F: Agaricaceae
Bei dieser kurzstieligen, jung essbaren Art trennt eine innere Zwischenwand die Sporenmasse vom Stiel. Man findet sie in Wiesen in Eurasien oft.

FLASCHENSTÄUBLING
Lycoperdon perlatum
F: Agaricaceae
Der häufigste weiße Stäubling kommt in Eurasien und Nordamerika vor und ist jung essbar. Die körnigen Stacheln fallen ab und hinterlassen ein netzartiges Muster.

PARASOLPILZ
Macrolepiota procera
F: Agaricaceae
Der hohe Speisepilz, der in Wiesen in Eurasien und Nordamerika vorkommt, trägt einen schuppigen Hut. Der Stiel hat ein schlangenhautähnliches Muster und einen dicken Ring.

IGELSTÄUBLING
Lycoperdon echinatum
F: Agaricaceae
In Birkenwäldern in Eurasien und Nordamerika kommt die ungenießbare Art vor. Gruppen der Stacheln sind an den Spitzen verbunden. Die Sporen sind rötlich braun.

BEUTELSTÄUBLING
Lycoperdon excipuliforme
F: Agaricaceae
Der eurasische, jung ungiftige Pilz ist einer der größten Stäublinge. Der gelbbraune oder weißliche Stiel bleibt zurück, wenn die Sporen entlassen sind.

BIRNENSTÄUBLING
Lycoperdon pyriforme
F: Agaricaceae
Die birnenförmige, in Eurasien und Nordamerika häufige Art wächst auf Holz. An der Basis erkennt man auffällige Mycelstränge. Junge Pilze sind fest und essbar.

STINKENDER STÄUBLING
Lycoperdon foetidum
F: Agaricaceae
Der gelblich braune Stäubling mit dunklen Stacheln ist in Heidegebieten und Wäldern mit sauren Böden in Eurasien häufig. Das Fleisch riecht unangenehm.

SÜDLICHER ACKERLING
Agrocybe cylindracea
F: Bolbitiaceae
Der seltene Speisepilz kommt in Eurasien auf Pappelholz vor. Der Hut reißt ein, wenn er austrocknet.

RAUSTIELIGER ACKERLING
Agrocybe pediades
F: Bolbitiaceae
Meist findet man die eurasische ungenießbare Art auf Rasen. Sie hat einen glatten, gelblichen Hut und riecht mehlig.

VOREILENDER ACKERLING
Agrocybe praecox
F: Bolbitiaceae
Im Frühjahr ist der ungenießbare Pilz in Eurasien und Nordamerika häufig. Der Hut kann am Rand ein Velum tragen.

WINTER-STIELBOVIST
Tulostoma brumale
F: Agaricaceae
Den ungenießbaren Pilz findet man typischerweise auf Sandböden in Eurasien und Nordamerika. Er bildet kleine, weißlich gelbe runde »Köpfe« auf schlanken Stielen.

BATTARREA DIGUETI
F: Tulostomataceae
Auf sehr trockenen, sandigen Böden in Nordamerika erscheint diese hohe Art aus einem ledrigen »Ei«. Im braunen Hut bilden sich die Sporen.

CONOCYBE APALA
F: Bolbitiaceae
Die ungenießbare Art findet man in Eurasien und Nordamerika häufig auf Rasen. Der kegelförmige elfenbeinweiße Hut hat orangebraune Lamellen und sitzt auf einem hohen Stiel.

GOLD-MISTPILZ
Bolbitius vitellinus
F: Bolbitiaceae
In Wiesen in Eurasien und Nordamerika erscheint die ungenießbare Art häufig. Der zarte, schleimige Hut hält sich nur etwa einen Tag.

»

KAISERLING
Amanita caesarea
F: Amanitaceae
Unter Eichen findet man die essbare Art v. a. vom Mittelmeergebiet bis nach Zentraleurasien. Hut und Stiel sind orangefarben.

GRÜNER KNOLLENBLÄTTERPILZ
Amanita phalloides
F: Amanitaceae
Der tödlich giftige Pilz ist in Eurasien und Teilen Nordamerikas häufig. Er hat einen Ring und eine große Scheide am Stiel und riecht unangenehm süßlich.

GELBER KNOLLENBLÄTTERPILZ
Amanita citrina
F: Amanitaceae
Dieser Giftpilz, der in Eurasien und dem östlichen Nordamerika vorkommt, hat einen Stiel mit charakteristisch gerandeter Knolle. Das Fleisch riecht nach rohen Kartoffeln.

ROTBRAUNER SCHEIDENSTREIFLING
Amanita fulva
F: Amanitaceae
Dem Hut des roh giftigen Pilzes, der in Wäldern in Eurasien und Nordamerika häufig ist, können Velumfetzen anhaften. Der Stiel ist von einer Scheide umgeben.

PERLPILZ
Amanita rubescens
F: Amanitaceae
In Mischwäldern in Eurasien und Nordamerika ist diese roh giftige Art häufig. Der Hut ist cremeweiß bis braun, das Fleisch verfärbt sich rötlich.

FLIEGENPILZ
Amanita muscaria
F: Amanitaceae
Der hochgiftige Fliegenpilz ist in Eurasien und Nordamerika verbreitet, besonders unter Birken. Die weißen »Tupfen« werden manchmal vom Regen abgespült.

KEGELHÜTIGER KNOLLENBLÄTTERPILZ
Amanita virosa
F: Amanitaceae
Im nördlichen Eurasien kommt dieser tödlich giftige Pilz vor. Er ist reinweiß mit glockenförmigem Hut und weißer Scheide.

PANTHERPILZ
Amanita pantherina
F: Amanitaceae
Die hochgiftige Art trägt weiße Velumflocken auf dem Hut. Sie hat einen Stiel mit Ring, eine wulstig gerandete Knolle und ist in Eurasien und Nordamerika verbreitet.

GELBE WIESENKORALLE
Clavulinopsis corniculata
F: Clavariaceae
Der ungenießbare Pilz mit geweihähnlichen Ästen ist auf sauren, ungedüngten Wiesen und grasbewachsenen Waldlichtungen in Eurasien recht häufig.

GOLDGELBE WIESENKEULE
Clavulinopsis helvola
F: Clavariaceae
An grasigen Standorten in Eurasien und Nordamerika ist die ungenießbare Art häufig. Es gibt mehrere ähnliche Arten, die nur anhand der Sporen sicher bestimmt werden können.

AMETHYSTFARBENE KORALLE
Clavaria zollingeri
F: Clavariaceae
Auf vermoosten Wiesen und in Wäldern in Eurasien und Nordamerika findet man die ungenießbare seltene Art mit korallenförmigem Wuchs.

WURMFÖRMIGE KEULE
Clavaria fragilis
F: Clavariaceae
Dieser nicht genießbare Pilz bildet in Wäldern und Wiesen in Eurasien dicht stehende, weiße einfache Keulen.

NIEDERGEDRÜCKTER RÖTLING
Entoloma rhodopolium
F: Entolomataceae
In Eurasien kommt dieser blassgraue bis graubraune Giftpilz vor. Der Hut hat einen zentralen Buckel, der Stiel ist schlank.

BLAUGRÜNER ZÄRTLING
Entoloma incanum
F: Entolomataceae
Nach Mäusen riecht der ungenießbare Pilz mit grünem Hut, der sich später braun färbt. Er wächst in ungedüngten Wiesen in Eurasien.

GESÄGTBLÄTTRIGER RÖTLING
Entoloma serrulatum
F: Entolomataceae
Der Pilz mit blauschwarzem Hut hat rosabläuliche Lamellen mit dunklen gesägten Schneiden. Er wächst in Wiesen und Parks in Eurasien und Nordamerika.

PORPHYRBRAUNER RÖTLING
Entoloma porphyrophaeum
F: Entolomataceae
Manchmal findet man den ungenießbaren Pilz in Eurasien in Wiesen. Hut und Stiel sind graulila, die Lamellen blassrosa.

MEHLPILZ
Clitopilus prunulus
F: Entolomataceae
In Mischwäldern ist der essbare, nach Mehl riechende Pilz in Eurasien und Nordamerika verbreitet. Der konvexe Hut ist später oft fast trichterförmig.

VIOLETTER RÖTELRITTERLING
Lepista nuda
F: Tricholomataceae
Der Speisepilz, der in Mischwäldern in Eurasien und Nordamerika häufig ist, hat einen violetten Hut, der braun verblasst.

LILASTIEL-RÖTELRITTERLING
Lepista personata
F: Tricholomataceae
Einen gelbbraunen Hut und einen lilablauen Stiel hat dieser ungiftige Ritterling. Er kommt in offenen Wiesen in Eurasien häufig vor.

NEBELGRAUER TRICHTERLING
Clitocybe nebularis
F: Tricholomataceae
Der nicht essbare Pilz hat dicht stehende Lamellen, die oft am Stiel herablaufen. Man findet ihn häufig in Hexenringen in Eurasien und Nordamerika.

GRÜNER ANIS-TRICHTERLING
Clitocybe odora
F: Tricholomataceae
Unverkennbar ist dieser in Eurasien und Nordamerika häufige Speisepilz, denn er riecht stark nach Anis. Die meergrüne Farbe verblasst zu Graugrün.

FELDTRICHERLING
Clitocybe dealbata
F: Tricholomataceae
Die giftige Art wächst in Hexenringen in Wiesen in Eurasien und Nordamerika. Sie sieht bereift aus und hat leicht herablaufende Lamellen.

SCHWEFELRITTERLING
Tricholoma sulphureum
F: Tricholomataceae
Der unangenehme Geruch des schwefelgelben Giftpilzes erinnert an verbrannte Kohle. Er ist in Mischwäldern in Eurasien und Teilen Nordamerikas häufig.

RIESEN-KREMPENTRICHTERLING
Leucopaxillus giganteus
F: Tricholomataceae
Oft wächst dieser ungenießbare Pilz in Eurasien und Nordamerika in großen Hexenringen. Der Hutrand ist anfangs eingerollt.

SCHWARZFASERIGER RITTERLING
Tricholoma portentosum
F: Tricholomataceae
Meist findet man die essbare Art bei Nadelbäumen im nördlichen Nordamerika und Nordeurasien. Der glockenförmige Hut ist glatt, der weiße Stiel gelblich überzogen.

SEIFENRITTERLING
Tricholoma saponaceum
F: Tricholomataceae
Die variabel gefärbte Art (graubraun, grünlich oder rosa-grau bis gefleckt) riecht nach Seife. Sie kommt in Mischwäldern in Eurasien und Nordamerika häufig vor.

RÖHRIGE KEULE
Macrotyphula fistulosa
F: Typhulaceae
In Eurasien und Teilen Nordamerikas findet man den ungenießbaren Pilz oft in großen Gruppen. Er bildet an herabgefallenen Ästen schlanke Keulen.

»

Die große
Manschette reißt
leicht ein.

FLIEGENPILZ
Amanita muscaria

Der Fliegenpilz ist höchstwahrscheinlich der bekannteste Pilz. In Kinderbüchern aus aller Welt wird er dargestellt. An seinem leuchtend roten Hut, der meistens weiße Punkte aus Hüllresten trägt, ist er leicht zu erkennen. Ursprünglich war er in Europa, Nordasien und Nordamerika verbreitet. Heute wächst er überall, wo Menschen Birken und andere Baumarten gepflanzt haben, mit denen der Pilz eine Partnerschaft zum gegenseitigen Nutzen (Mycorrhiza) eingeht. Deshalb findet man ihn heute auch in Teilen Afrikas, Indiens und Australasiens. Alle Teile sind sehr giftig, Vergiftungen sind aber selten lebensbedrohlich.

GRÖSSE Hutdurchmesser 6–15 cm
LEBENSRAUM Laub- und Nadelwälder
VERBREITUNG nahezu weltweit
SPORENFARBE weiß

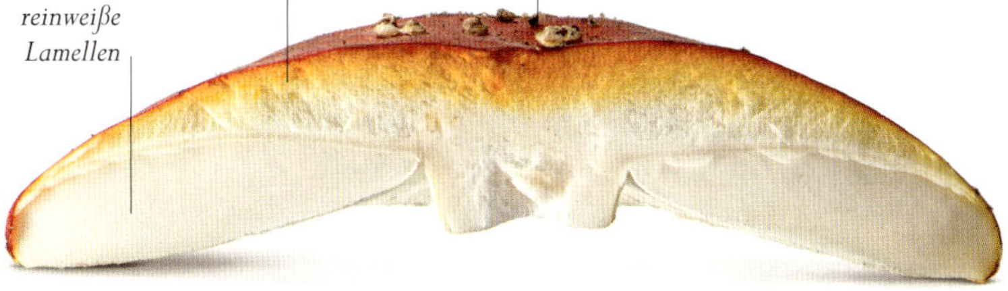

Weiße Hüllreste sitzen locker auf.

gelbliche Haut unter dem Fleisch

reinweiße Lamellen

∨ SCHNITT DURCH DEN HUT
Im Schnitt sieht man das gelblich orangefarbene Fleisch unter der roten Haut. Die weißen Lamellen bilden einen Kontrast.

Stiel

eng stehende Lamellen

∨ HÜLLRESTE
Die weißen oder blassgelben warzigen Punkte sind die Reste einer Hülle, die einst den ganzen jungen Hut eingeschlossen hat.

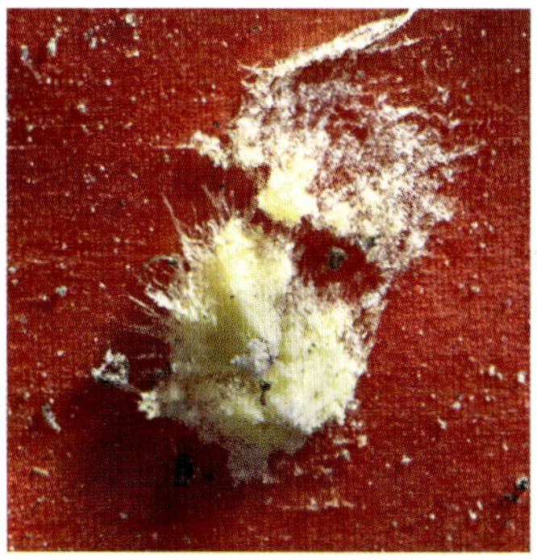

Rote Haut lässt sich leicht abziehen.

< WOHLBEKANNTER PILZ
Die Gestalt des Pilzes verändert sich während des Wachstums stark, die Farbe und die wesentlichen Merkmale bleiben jedoch erhalten. Der Hut kann gelb verblassen, wenn es längere Zeit regnet. Der deutsche Name verweist darauf, dass man die rote Haut des Huts früher in einer Schüssel mit Milch aufstellte, um lästige Stubenfliegen zu vergiften.

STIELBASIS >
Die Knolle an der Basis ist durch mehrere Warzengürtel abgesetzt. Pilzhyphen (Zellfäden) überziehen die Spitzen der Baumwurzeln und bilden eine Mycorrhiza.

∧ LAMELLEN
Die Lamellen des Fliegenpilzes sind unterschiedlich lang, einige enden bereits deutlich vor dem Stiel. Sie füllen den vorhandenen Platz effizient, sodass möglichst viele Sporen gebildet werden können.

WACHSTUMSSTADIEN

∧ JUNGE PILZE
Der junge Pilz ist noch völlig in eine warzige Hülle eingeschlossen.

∧ HÜLLRESTE
Der Stiel beginnt zu wachsen und die Hülle bricht auf.

∧ WACHSTUM
Der Hut wird größer, die Hülle ist unterseits aber noch intakt.

∧ DIE LAMELLEN
Die Teilhülle zerreißt und bildet die Manschette. Die Lamellen liegen frei.

∧ SPORENBILDUNG
Die Sporen bilden sich an den Lamellen und werden dann in die Luft entlassen.

∧ ALTER PILZ
Zum Ende des Lebens verblasst der Hut und ist manchmal aufgewölbt.

ZIGEUNERPILZ
Cortinarius caperatus
F: Cortinariaceae
Aus dem Norden Eurasiens und Nordamerika stammt dieser Speisepilz, den man in Nadelwäldern findet. Der Hut ist bereift.

ROTSCHUPPIGER RAUKOPF
Cortinarius bolaris
F: Cortinariaceae
In Birkenwäldern in Eurasien ist dieser giftige Pilz häufig. Auf dem Hut und Stiel hat er kleine rotbraune Schuppen.

HYGROPHANER DICKFUSS
Cortinarius malachius
F: Cortinariaceae
Unter Kiefern im nördlichen Eurasien wächst diese seltene ungenießbare Art. Der blassbraune Hut ist lila getönt. Am Stiel findet man weiße Schleierreste.

PRÄCHTIGER KLUMPFUSS
Cortinarius elegantissimus
F: Cortinariaceae
Dieser hochgiftige Pilz, der in Eurasien in Birkenwäldern auf kalkhaltigen Böden vorkommt, hat einen ockergelben Hut und einen gelben Stiel mit knolliger Basis.

WEISSVIOLETTER DICKFUSS
Cortinarius alboviolaceus
F: Cortinariaceae
Die ungenießbare Art ist in Mischwäldern in Eurasien und Nordamerika häufig. Der Fruchtkörper ist lilafarben getönt. Die Lamellen färben sich später zimtbraun.

BRAUNSCHUPPIGER DICKFUSS
Cortinarius pholideus
F: Cortinariaceae
Die ungenießbare Art wächst in Eurasien unter Birken. Typischerweise sind Hut und Stiel schuppig. Bei jungen Pilzen erscheinen Lamellen und Stielspitze violett.

VIOLETTROTER KLUMPFUSS
Cortinarius rufoolivaceus
F: Cortinariaceae
Diese seltene, nicht essbare Art kommt in ganz Eurasien vor. Der kupferbraune Hut hat einen rosa oder olivgrünen Rand. Der knollige Stiel ist violett bis grüngelb.

HEIDE-SCHLEIMFUSS
Cortinarius mucosus
F: Cortinariaceae
Nur im Norden Eurasiens und in Nordamerika kommt die ungenießbare Art in Kiefernwäldern vor. Der orangebraune Hut und der weiße Stiel sind sehr schleimig.

GESCHMÜCKTER GÜRTELFUSS
Cortinarius armillatus
F: Cortinariaceae
Die zimtroten Velumzonen um den Stiel sind für den ungenießbaren Pilz typisch, den man in Birkenwäldern in Eurasien und Nordamerika findet.

ROSAVIOLETTER KLUMPFUSS
Cortinarius sodagnitus
F: Cortinariaceae
Die seltene ungenießbare Art, die vor allem in Südengland und in der Mittelmeerregion vorkommt, wächst in Buchenwäldern auf Kalkböden.

DUNKELVIOLETTER SCHLEIERLING
Cortinarius violaceus
F: Cortinariaceae
Der seltene essbare Pilz, der in Laub- und Nadelwäldern in Eurasien und Nordamerika gedeiht, hat einen intensiv violett gefärbten Hut und Stiel.

SCHÖNGELBER KLUMPFUSS
Cortinarius splendens
F: Cortinariaceae
Der seltene eurasische Giftpilz hat einen goldgelben Hut und einen knolligen Stiel mit schwefelgelben Schleierresten. Er wächst in Eurasien v. a. in Birkenwäldern.

DUFTENDER GÜRTELFUSS
Cortinarius flexipes
F: Cortinariaceae
Ein Geruch nach Pelargonien und weiße Härchen auf dem spitzen Hut charakterisieren diese ungenießbare Art. Sie ist unter Birken in Nordeurasien und Nordamerika häufig.

GELBGESTIEFELTER SCHLEIMKOPF
Cortinarius triumphans
F: Cortinariaceae
Dieser ungenießbare Pilz ist in Eurasien unter Birken verbreitet. Der Stiel ist mit auffälligen gelben Bändern gegürtelt.

HUT (OBERSEITE) HUT (UNTERSEITE)

GALLERTFLEISCHIGES KRÜPPELFÜSSCHEN
Crepidotus mollis
F: Crepidotaceae

Der Hut der ungenießbaren Art aus Eurasien und Nordamerika hat eine abziehbare Haut. Der Stiel fehlt oder ist sehr kurz.

GEWÖHNLICHES STUMMELFÜSSCHEN
Crepidotus variabilis
F: Crepidotaceae

Bei dieser von mehreren ähnlichen, in Eurasien und Nordamerika verbreiteten, nicht essbaren Art fehlt meist der Stiel.

GALERINA CALYPTRATA
F: Hymenogastraceae

Dieser eurasische giftige Pilz ist eine von vielen Arten, die nur unter dem Mikroskop bestimmbar sind. Der runde Hut ist orangebraun.

WURZELNDER MARZIPAN-FÄLBLING
Hebeloma radicosum
F: Hymenogastraceae

Der hellbeige Hut ist mit angedrückten Schuppen besetzt. Der eurasische Giftpilz riecht nach Bittermandel.

GIFTHÄUBLING
Galerina marginata
F: Hymenogastraceae

Einen orangebraunen Hut und einen kleinen Ring am Stiel hat dieser Giftpilz. Er wächst in Eurasien und Nordamerika auf morschem Holz.

TONGRAUER TRÄNENFÄLBLING
Hebeloma crustuliniforme
F: Hymenogastraceae

Nach Rettich riecht diese giftige Art aus Eurasien und Nordamerika. Bei Nässe ist der Hut schleimig und die Lamellen scheiden Tröpfchen ab.

KEGELIGER RISSPILZ
Inocybe rimosa
F: Inocybaceae

Der spitzbuckelige Hut dieses Giftpilzes ist strohgelb, der Stiel hoch und schlank. Er ist in Mischwäldern in Eurasien und Nordamerika verbreitet.

STERNSPORIGER RISSPILZ
Inocybe asterospora
F: Inocybaceae

Die abgeflachte Stielknolle und die sternförmigen Sporen charakterisieren diesen kleinen braunen eurasischen Giftpilz.

ERDBLÄTTRIGER RISSPILZ
Inocybe geophylla
F: Inocybaceae

Dies ist eine der häufigsten *Inocybe*-Arten in den Wäldern Eurasiens und Nordamerikas. Er hat einen kegelförmigen seidigglatten Hut und einen schlanken Stiel.

SPINDELSPORIGER RISSPILZ
Inocybe lacera
F: Inocybaceae

Dieser Gipfpilz, den man in Eurasien und Nordamerika findet, hat charakteristische zylindrische Sporen.

ZIEGELROTER RISSPILZ
Inocybe erubescens
F: Inocybaceae

In Mischwäldern auf Kalk wächst dieser seltene Giftpilz. Der faserige Hut entfärbt sich im Alter. Der kräftige Stiel erscheint bei Druck rötlich.

GRAUVIOLETTER RISSPILZ
Inocybe griseolilacina
F: Inocybaceae

Der in Buchenwäldern Eurasiens häufige Giftpilz hat einen schuppigen Hut und einen blassvioletten schlanken Stiel.

»

KIRSCHROTER SAFTLING
Hygrocybe coccinea
F: Hygrophoraceae
Mit ihrem hellroten Hut und Stiel wirkt die ungenießbare Art, die in ungedüngten Wiesen in Eurasien und Nordamerika wächst, auffällig.

JUNGFERN-ELLERLING
Hygrocybe virginea
F: Hygrophoraceae
Der essbare Ellerling ist an grasbewachsenen Standorten in Eurasien häufig. Der wachsartige Hut und der schlanke Stiel sind durchscheinend.

PAPAGEIGRÜNER SAFTLING
Hygrocybe psittacina
F: Hygrophoraceae
In Eurasien und Nordamerika kommt der ungenießbare Pilz vor. Der schleimige Hut ist meist lebhaft grün bis orangefarben und der Stiel oben kräftig grün.

ROSENROTER SAFTLING
Hygrocybe calyptriformis
F: Hygrophoraceae
Einen rosa Hut, einen brüchigen hellen Stiel und wachsartige Lamellen hat dieser charakteristische, aber seltene, ungenießbare Pilz. Er kommt in Europa auf ungedüngten Wiesen vor.

1–5 cm

SCHWÄRZENDER SAFTLING
Hygrocybe conica
F: Hygrophoraceae
In Wiesen und Wälderm in Eurasien und Nordamerika findet man die giftige Art häufig. Der kegelförmige orangerote Hut und der Stiel färben sich im Alter schwarz.

WIESENELLERLING
Hygrocybe pratensis
F: Hygrophoraceae
Dies ist einer der größeren Ellerlinge, die in Wiesen wachsen. Man findet den essbaren Pilz in Eurasien und Nordamerika. Die Lamellen laufen am kräftigen Stiel herab.

4–12 cm

hellgelber Rand

1,5–7 cm

STUMPFER SAFTLING
Hygrocybe chlorophana
F: Hygrophoraceae
Dies ist die häufigste *Hygrocybe*-Art. Man findet den essbaren Pilz in Eurasien in Wiesen. Der orangegelbe Hut ist leicht schleimig.

GRÖSSTER SAFTLING
Hygrocybe punicea
F: Hygrophoraceae
Auf ungedüngten Wiesen in Eurasien und Nordamerika findet man die seltene große ungiftige Art. Der Stiel ist trocken und faserig mit weißlicher Basis.

KEULENFUSS-TRICHTERLING
Ampulloclitocybe clavipes
F: Hygrophoraceae
Die ungenießbare Art aus Eurasien und Nordamerika ist im Spätherbst in Mischwäldern häufig. Die Lamellen laufen am Stiel herab.

ELFENBEINSCHNECKLING
Hygrophorus eburneus
F: Hygrophoraceae
In Buchenwäldern in Eurasien und Nordamerika findet man die ungenießbare Art. Hut und Stiel sind schleimig und die dicken Lamellen riechen blumig.

3–8 cm

VIOLETTER LACKTRICHTERLING
Laccaria amethystina
F: Hydnangiaceae
Der fast unverkennbare, schlanke ungiftige Pilz aus Eurasien und Nordamerika ist frisch intensiv violett gefärbt.

1–5 cm

RÖTLICHER LACKTRICHTERLING
Laccaria laccata
F: Hydnangiaceae
Dieser variable Speisepilz ist ziegelrot bis fleischfarben. Der trockene Hut hat dicke Lamellen. In Wäldern im gemäßigten Eurasien und Nordamerika ist er häufig.

MÄUSESCHWANZ
Baeospora myosura
F: Cyphellaceae
Der Mäuseschwanz ist einer der wenigen Pilze, die vor allem auf Kiefernzapfen wachsen. Er kommt in Eurasien und Nordamerika vor und hat eng stehende Lamellen.

FROSTSCHNECKLING
Hygrophorus hypothejus
F: Hygrophoraceae
Nach Frösten erscheint die essbare Art in Kiefernwäldern in Eurasien und Nordamerika. Der olivbraune Hut ist klebrig, der Stiel gelb.

MAIRITTERLING
Calocybe gambosa
F: Lyophyllaceae
Die wollweiße bis hellbeige essbare Art aus Eurasien erscheint oft im späten Frühjahr in Hexenringen an Waldrändern. Die Pilze riechen nach frisch gemahlenem Mehl.

FLEISCHROTER SCHÖNKOPF
Calocybe carnea
F: Lyophyllaceae
In kurzem Gras in Eurasien und Nordamerika wächst dieser ungenießbare Pilz. Der glatte Hut und der Stiel sind rosa, die Lamellen weiß.

BESCHLEIERTER ZWITTERLING
Asterophora parasitica
F: Lyophyllaceae
Die ungenießbare Art ist eine von zwei bekannten Arten aus Eurasien und Nordamerika, die auf verfaulenden Fruchtkörpern von Faserlingen wachsen.

GESELLIGER RASLING
Lyophyllum decastes
F: Lyophyllaceae
An Straßen- und Wegrändern und auf Ödland in Eurasien und Nordamerika bildet dieser essbare Pilz Büschel. Der Hut ist zäh und der Stiel kräftig.

ROSSHAAR-SCHWINDLING
Marasmius androsaceus
F: Marasmiaceae
Einen typischen haarähnlichen schwarzen Stiel hat die ungenießbare eurasische Art. Der radial gerunzelte Hut ist hell lilabraun.

NELKENSCHWINDLING
Marasmius oreades
F: Marasmiaceae
Dieser klassische Hexenringpilz ist in offenem Grasland in Eurasien und Nordamerika verbreitet. Der Speisepilz hat einen fleischigen beigefarbenen Hut mit dicken Lamellen.

BRAUNER HAARSCHWINDLING
Crinipellis scabella
F: Marasmiaceae
Auf abgestorbenen Gräsern findet man diese charakteristische eurasische Art. Der Hut ist klein und der lange, schlanke Stiel mit dichten stacheligen braunen Haaren bedeckt.

TIEGELTEUERLING
Crucibulum laeve
F: Nidulariaceae
Die in Eurasien und Nordamerika verbreitete ungenießbare Art bildet Nester mit »Eiern« (Peridiolen), die Sporen enthalten. Sie wächst auf morschem Holz und ist oft schwer zu entdecken.

LANGSTIELIGER KNOBLAUCH-SCHWINDLING
Marasmius alliaceus
F: Marasmiaceae
In Buchenwäldern in Eurasien ist dieser essbare Schwindling verbreitet. Er hat einen hohen, schlanken schwärzlichen Stiel und riecht stark nach ranzigem Knoblauch.

HALSBAND-SCHWINDLING
Marasmius rotula
F: Marasmiaceae
Wie kleine Regenschirme sind die Hüte dieses ungenießbaren Pilzes radial gefurcht. Die kräftigen Stiele sitzen auf morschem Holz. Er kommt in Eurasien und Nordamerika vor.

STRIEGELIGER TEUERLING
Cyathus striatus
F: Nidulariaceae
In den haarigen braunen, großen Nestern dieser ungenießbaren Art befinden sich 10–15 eiförmige Peridiolen. Sie kommt auf morschem Holz in Eurasien und Nordamerika vor, ist aber nicht häufig.

»

VIOLETTER RINDENPILZ
Chondrostereum purpureum
F: Cyphellaceae
Den ungenießbaren Pilz findet man in Eurasien und Nordamerika an Kirsch- und Pflaumenbäumen. Junge Pilze sind unterseits violett, ältere braunrot.

GELBMILCHENDER HELMLING
Mycena crocata
F: Mycenaceae
Die ungenießbare Art ist in Eurasien in Wäldern auf kalkhaltigen Böden verbreitet. Bei Verletzung tritt ein leuchtend safrangelber Saft aus.

ROSABLÄTTRIGER HELMLING
Mycena galericulata
F: Mycenaceae
Dieser variabel gefärbte ungenießbare Pilz ist in Wäldern in den gemäßigten Zonen Eurasiens und Nordamerikas häufig.

ORANGEGELBER HELMLING
Mycena acicula
F: Mycenaceae
In Laubwäldern in Eurasien und Nordamerika ist dieser ungenießbare Pilz in der Laubstreu verbreitet. Der kleine Hut ist durchscheinend.

DEHNBARER HELMLING
Mycena epipterygia
F: Mycenaceae
Den ungenießbaren Pilz findet man auf sauren Böden in Wäldern und Heiden in Eurasien und Nordamerika. Hut und Stiel sind mit einer abziehbaren Schicht überzogen.

BUNTSTIELIGER BÜSCHELHELMLING
Mycena inclinata
F: Mycenaceae
In dichten Büscheln wächst der ungenießbare Pilz in Eurasien und Nordamerika auf Holz. Der Hut mit gezähntem Rand riecht nach Seife.

SCHWARZGEZÄHNELTER HELMLING
Mycena pelianthina
F: Mycenaceae
In Eurasien wächst der ungenießbare Pilz, der nach Rettich riecht. Die violetten Lamellen haben schwarz gezähnelte Schneiden.

ROSA RETTICHHELMLING
Mycena rosea
F: Mycenaceae
In Buchenwäldern in Eurasien findet man die giftige Art. Der rosa Hut und der Stiel sind dauerhaft. Der Pilz riecht nach Rettich.

GELBSTIELIGER MUSCHELSEITLING
Panellus serotinus
F: Mycenaceae
Die ungenießbare Art aus Eurasien und Nordamerika bildet im Winter an Baumstämmen, oft in Wassernähe, Fruchtkörper.

SPINDELIGER RÜBLING
Gymnopus fusipes
F: Omphalotaceae
Ab dem Frühsommer erscheint dieser ungenießbare Pilz in Eurasien in Eichenwäldern. Die zähen Fruchtkörper bilden auf Baumwurzeln große Büschel.

BRENNENDER BLASSSPORRÜBLING
Gymnopus peronatus
F: Omphalotaceae
Die nicht essbare Art, die in Eurasien verbreitet ist, hat steife Haare an der Basis des Stiels.

GEFLECKTER RÜBLING
Rhodocollybia maculata
F: Omphalotaceae
Hut, Stiel und Lamellen des nicht essbaren Pilzes, der in Mischwäldern in Eurasien und Nordamerika häufig ist, sind weiß. Die Lamellen stehen eng und färben sich bei alten Pilzen rostrot.

BUTTERRÜBLING
Rhodocollybia butyracea
F: Omphalotaceae
Der Speisepilz kommt in Wäldern in Eurasien und Nordamerika vor. Er kann schwärzlich, rotbraun oder dunkelockerfarben gefärbt sein. Der Hut fühlt sich fettig an.

LEUCHTENDER BAUMTRICHTERLING
Omphalotus illudens
F: Omphalotaceae
Der orangefarbene Giftpilz ist in Eurasien und Nordamerika verbreitet. Die Lamellen schimmern in der Dunkelheit grünlich, daher der deutsche Name.

FLEISCHFARBENER HALLIMASCH
Armillaria gallica
F: Physalacriaceae
In Wäldern in Eurasien findet man die roh giftige Art meist am Boden. Sie parasitiert an Bäumen, in deren Umgebung die Fruchtkörper erscheinen.

ORANGERÖTLICHER ADERNSEITLING
Rhodotus palmatus
F: Physalacriaceae
Häufig wächst die ungenießbare seltene Art an umgestürzten Ulmen in Eurasien und Nordamerika. Der pfirsichfarbene Hut ist runzelig.

SAMTFUSSRÜBLING
Flammulina velutipes
F: Physalacriaceae
Im Winter erscheint dieser in Eurasien und Nordamerika verbreitete Speisepilz. Der Hut ist oft klebrig und der Stiel samtig.

BUCHEN-RINGRÜBLING
Oudemansiella mucida
F: Physalacriaceae
Der essbare Pilz, den man meistens an Buchenstämmen findet, bildet einen grauweißen Hut, der nassschleimig ist. Am zähen Stiel befindet sich ein dünner Ring.

WURZEL-SCHLEIMRÜBLING
Xerula radicata
F: Physalacriaceae
In Eurasien und Nordamerika ist die ungenießbare Art mit hohem Stiel verbreitet. Der Hut ist bei Nässe schleimig, die Lamellen stehen entfernt.

RILLSTIELIGER SEITLING
Pleurotus cornucopiae
F: Pleurotaceae
In Büscheln erscheint dieser Speisepilz auf umgefallenen Stämmen, meistens von Ulmen. Er kommt in Eurasien und Nordamerika vor. Die Hüte sind trompetenförmig, die Lamellen laufen weit an den kurzen Stielen herab.

AUSTERNSEITLING
Pleurotus ostreatus
F: Pleurotaceae
In Eurasien und Nordamerika findet man diesen Speisepilz an toten oder absterbenden Baumstämmen. Der Stiel ist kaum ausgebildet.

GLIMMERTINTLING
Coprinellus micaceus
F: Psathyrellaceae
Meist wächst der in Verbindung mit Alkohol giftige Pilz in Büscheln auf Holz. Er kommt in Eurasien und Nordamerika häufig vor. Die gerieften Hüte tragen jung glimmerige Velumflocken.

GESÄTER TINTLING
Coprinellus disseminatus
F: Psathyrellaceae
Oft erscheint dieser in Eurasien und Nordamerika verbreitete ungenießbare Pilz massenhaft an morschen Baumstümpfen. Die reifen Lamellen sind schwärzlich.

TRÄNENDER SAUMPILZ
Lacrymaria lacrymabunda
F: Psathyrellaceae
In Eurasien und Nordamerika ist der essbare Pilz auf gestörten Flächen verbreitet. Die schwarzen reifen Lamellen scheiden klare Tröpfchen aus.

BEHANGENER SAUMPILZ
Psathyrella candolleana
F: Psathyrellaceae
Meist erscheint die genießbare Art im Frühsommer in Büscheln an morschem Holz. Die Stiele sind zerbrechlich und schlank, die Hüte hell- oder blassbraun.

BÜSCHELIGER FASERLING
Psathyrella multipedata
F: Psathyrellaceae
Die Stiele der ungenießbaren eurasischen Art sind an der Basis verwachsen. Meist findet man sie in offenem Grasland.

GRAUER FALTENTINTLING
Coprinopsis atramentaria
F: Psathyrellaceae
Der eurasisch-nordamerikanische ungenießbare Pilz bildet eiförmige Hüte, die in eine schwärzliche Flüssigkeit zerfließen.

SPECHTTINTLING
Coprinopsis picacea
F: Psathyrellaceae
Die seltene nicht essbare Art findet man auf kalkhaltigen Böden in Waldland in Eurasien. Der graubraune Hut trägt weiße Flecken.

»

REHBRAUNER DACHPILZ
Pluteus cervinus
F: Pluteaceae

In Eurasien und Nordamerika ist der verschiedenfarbige Speisepilz verbreitet. Der Hut ist in der Mitte gebuckelt, die Lamellen nicht mit dem Stiel verwachsen.

GOLDBRAUNER DACHPILZ
Pluteus chrysophaeus
F: Pluteaceae

Der gold- bis grüngelbe Hut, die gelben Lamellen, die sich rosa färben, und der helle Stiel kennzeichnen die ungenießbare eurasische Art. Sie wächst auf morschem Holz.

GRAUGRÜNER DACHPILZ
Pluteus salicinus
F: Pluteaceae

Diese ungenießbare Art ist in Laubwäldern in Eurasien verbreitet. Der schlanke Stiel ist an der Basis graugrün getönt.

LEBERREISCHLING
Fistulina hepatica
F: Schizophyllaceae

An ein Stück rohes Fleisch erinnert die essbare Art. Sie ist vor allem in wärmeren Regionen Eurasiens und Nordamerikas häufig.

WOLLIGER SCHEIDLING
Volvariella bombycina
F: Pluteaceae

Auf Laubbäumen in Eurasien und Nordamerika wächst diese seltene ungiftige Art. Der Hut ist weiß bis hellgelb. Die Basis des Stiels ist in eine lappige dünne Scheide eingeschlossen.

SPALTBLÄTTLING
Schizophyllum commune
F: Schizophyllaceae

Dieser fächerförmige ungenießbare Pilz, den man in Eurasien und Nordamerika findet, hat an der Hutunterseite Lamellen.

GROSSER SCHEIDLING
Volvariella gloiocephala
F: Pluteaceae

Recht häufig wächst die ungiftige Art auf Äckern, Komposthaufen und in Mulch aus Holzhackschnitzel in Eurasien und Nordamerika. Der graue Hut ist klebrig.

GRAUBLÄTTRIGER SCHWEFELKOPF
Hypholoma capnoides
F: Strophariaceae

In Eurasien und Nordamerika wächst die seltene essbare Art auf Nadelholz. Die weißlichen Lamellen färben sich später graulila.

GRÜNBLÄTTRIGER SCHWEFELKOPF
Hypholoma fasciculare
F: Strophariaceae

Häufig findet man den Giftpilz in Wäldern der gemäßigten Zonen Eurasiens und Nordamerikas. Die grünlich gelben Lamellen färben sich im Alter rotschwarz.

ZIEGELROTER SCHWEFELKOPF
Hypholoma sublateritium
F: Strophariaceae

Die giftige Art hat einen fleischigen Hut mit zerfetzten Velumresten und hellgelbe Lamellen, die sich grauviolett färben. Sie wächst in Eurasien und Nordamerika auf totem Laubholz.

2–7 cm

Ring am Stiel

STOCK-SCHWÄMMCHEN
Kuehneromyces mutabilis
F: Strophariaceae

Oft wird dieser Speisepilz mit dem tödlich giftigen Nadelholzhäubling (*Galerina marginata*) verwechselt. Er hat einen bei Nässe klebrigen Hut, einen schuppigen Stiel und braune Lamellen.

1,5–6 cm

ORANGEROTER TRÄUSCHLING
Leratiomyces ceres
F: Strophariaceae

Die nicht essbare Art (früher *Stropharia aurantiaca*) hat einen leuchtend roten Hut und einen rötlich angelaufenen Stiel. Sie wächst in Eurasien und Nordamerika auf Mulch aus Holzhackschnitzel.

ZITRONENGELBER ERLENSCHÜPPLING
Pholiota alnicola
F: Strophariaceae

In Eurasien findet man die ungenießbare Art, die am klebrigen Hut und büscheligem Wuchs zu erkennen ist.

3–7 cm

3–12 cm

GOLDFELL-SCHÜPPLING
Pholiota aurivella
F: Strophariaceae

Die häufige ungenießbare Art findet man an Buchenstämmen in Eurasien und Nordamerika. Die goldgelben Hüte sind mit orangebraunen Schuppen besetzt.

0,5–4 cm

HALBKUGELIGER TRÄUSCHLING
Stropharia semiglobata
F: Strophariaceae

Auf Kot von Tieren und auf Tierweiden ist die ungenießbare Art in Eurasien und Nordamerika verbreitet. Der Hut ist klebrig, der Stiel schlank.

5–15 cm

SPARRIGER SCHÜPPLING
Pholiota squarrosa
F: Strophariaceae

Der ungenießbare Pilz aus Eurasien und Nordamerika hat einen trockenen, mit aufgerichteten Schuppen besetzten Hut und Stiel. Er riecht nach Mais oder Rettich.

0,5–2 cm

SPITZKEGELIGER KAHLKOPF
Psilocybe semilanceata
F: Strophariaceae

Dieser halluzinogene Giftpilz hat einen kegelförmigen Hut mit typischem Buckel. Man findet ihn in Eurasien und Nordamerika im Spätherbst in Wiesen.

3–7 cm

BRAUNSPORIGER TRÄUSCHLING
Stropharia cyanea
F: Strophariaceae

Der blaugrüne Hut dieser nicht essbaren Art verfärbt sich später ockergelb. Sie kommt in Eurasien und Nordamerika vor.

6–15 cm

schuppige Oberfläche

4–7 cm

5–10 cm

5–15 cm

Hutrand mit Velumresten

BREITBLÄTTRIGER RÜBLING
Megacollybia platyphylla
F: Incertae sedis

Die ungenießbare Art aus Eurasien und Nordamerika hat einen radialfaserigen graubraunen Hut und entfernt stehende Lamellen. Auffällig sind die Mycelstränge an der Basis.

DUNKELFLEISCHIGER WEICHRITTERLING
Melanoleuca polioleuca
F: Incertae sedis

An grasigen Standorten in Eurasien ist die essbare Art häufig. Der Hut ist graubraun, die Lamellen sind weißlich.

RÖTLICHER HOLZRITTERLING
Tricholomopsis rutilans
F: Incertae sedis

Häufig wächst die ungenießbare Art an Kiefernstümpfen in Eurasien und Nordamerika. Hut und Stiel sind rotviolett, die Lamellen goldgelb.

PRÄCHTIGER FLÄMMLING
Gymnopilus junonius
F: Incertae sedis

Dieser eurasische Giftpilz erscheint meistens in Büscheln an der Basis von Bäumen. Der Hut ist trocken, die eng stehenden Lamellen sind gelblich.

1–4 cm

GLOCKENDÜNGERLING
Panaeolus papilionaceus
F: Incertae sedis

Der Hutrand ist von Velumresten gefranst, die Lamellen sind schwarz marmoriert. Die ungenießbare Art ist in Eurasien und Nordamerika verbreitet.

5–20 cm

2–8 cm

Die Art wächst auf Nadelholz.

1–6 cm

3–7 cm

RINGDÜNGERLING
Panaeolus semiovatus
F: Incertae sedis

Auf dem Dung von Tieren findet man den ungenießbaren Pilz in Eurasien und Nordamerika. Er hat einen klebrigen grauen Hut. Der dünne Stiel trägt einen Ring.

KAFFEEBRAUNER GABELTRICHTERLING
Pseudoclitocybe cyathiformis
F: Incertae sedis

Die charakteristische essbare Art ist sehr dunkel gefärbt und hat einen hohen, faserigen Stiel. Im Spätherbst und Winter ist sie in Eurasien häufig.

ZINNOBERBRAUNER KÖRNCHENSCHIRMLING
Cystodermella cinnabarina
F: Incertae sedis

Den ungenießbaren Pilz mit ziegelrotem Hut und cremeweißen Lamellen findet man in Eurasien und Nordamerika. Hut und Stiel haben eine körnige Oberfläche.

MÖNCHSKOPF
Clitocybe geotropa
F: Incertae sedis

Einen trichterförmigen fleischigen Hut mit zentralem Buckel hat dieser essbare Pilz. Er ist in Eurasien verbreitet.

BOLETALES

Zur Ordnung Boletales (Röhrenpilze) gehören Pilze, deren Fruchtkörper sowohl Röhren als auch Lamellen haben können. Die meisten haben Hut und Stiel, aber es gibt auch krusten- und trüffelartige Formen und Boviste. Die meisten Arten bilden eine Mycorrhiza mit Bäumen aus. Einige ernähren sich von totem Holz, andere leben parasitisch. Das Hymenium (Fruchtschicht, die Sporen bildet) lässt sich meist leicht vom Fleisch ablösen.

MARONENRÖHRLING
Boletus badius
F: Boletaceae
Den häufigen Speisepilz findet man in Eurasien und Nordamerika unter Nadelbäumen und Buchen. Die Farbe variiert von Orange- bis Rotbraun.

SCHÖNFUSSRÖHRLING
Boletus calopus
F: Boletaceae
Die Poren und das Fleisch dieses in Eurasien und im westlichen Nordamerika verbreiteten ungenießbaren Pilzes färben sich bei Druck blau.

SOMMERSTEINPILZ
Boletus reticulatus
F: Boletaceae
Der mattbraune Hut reißt am Rand oft auf. Ein feines weißes Netz auf dem Stiel kennzeichnet die essbare Art aus Eurasien und dem östlichen Nordamerika.

STEINPILZ
Boletus edulis
F: Boletaceae
Dieser Speisepilz kommt weltweit vor und ist am feinen weißen Adernetz am Stiel, dem cremeweißen Fleisch, das sich nicht verfärbt, und den weißen Poren zu erkennen, die sich später olivgrünlich färben.

PARASITISCHER RÖHRLING
Boletus parasiticus
F: Boletaceae
Der kleine, in Eurasien und Nordamerika verbreitete ungenießbare Pilz wächst nur auf dem Dickschaligen Kartoffelbovist, der dann hohl wird.

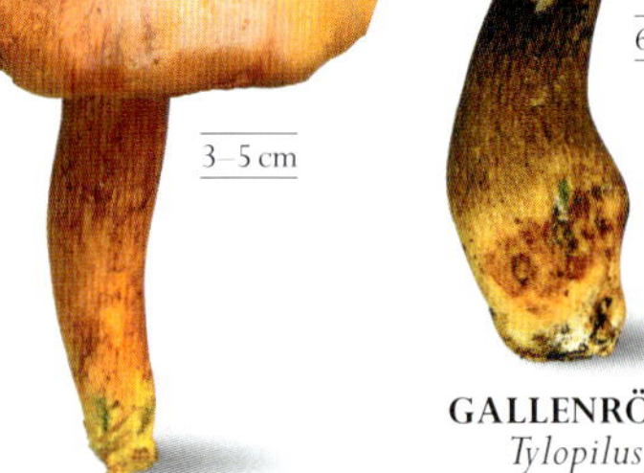

PFEFFERRÖHRLING
Chalciporus piperatus
F: Boletaceae
Häufig findet man die Art mit zimtbraunen Poren in Eurasien und Nordamerika gemeinsam mit dem Fliegenpilz unter Birken. Sie ist gekocht in kleinen Mengen essbar.

GALLENRÖHRLING
Tylopilus felleus
F: Boletaceae
Der bittere Pilz, der in Eurasien und Nordamerika vorkommt, ist daran zu erkennen, dass sich die Poren im Alter rosa färben. Die Netzzeichnung am Stiel ist kräftig.

STRUBBELKOPF-RÖHRLING
Strobilomyces strobilaceus
F: Boletaceae
Mit ihren schwarzen wolligen Schuppen auf dem Hut ist die seltene essbare Art aus Eurasien und Nordamerika unverwechselbar.

8–15 cm

HEIDEROTKAPPE
Leccinum versipelle
F: Boletaceae
Einen orangegelben Hut hat dieser eurasische Speisepilz. Der Stiel ist mit schwarzen Schüppchen bedeckt, das Fleisch färbt sich beim Anschnitt schwärzlich.

6–15 cm

BIRKENRÖHRLING
Leccinum scabrum
F: Boletaceae
Der essbare Pilz ist eine von vielen ähnlichen Arten, die man in Eurasien und Nordamerika findet. Das Fleisch kann sich beim Anschnitt rosa verfärben. Bei Nässe ist der Hut klebrig.

1–2 cm

CALOSTOMA CINNABARINUM
F: Calostomataceae
Der nordamerikanische, nicht essbare Pilz bildet eine bräunlich rote gestielte Kugel auf einer gallertartigen Masse.

5–100 cm

BRAUNER KELLERSCHWAMM
Coniophora puteana
F: Coniophoraceae
Weltweit ist dieser Pilz verbreitet, der auf nassem Holz ein braunes wurzelartiges Strangmycel bildet. Er kann Gebäudeschäden anrichten.

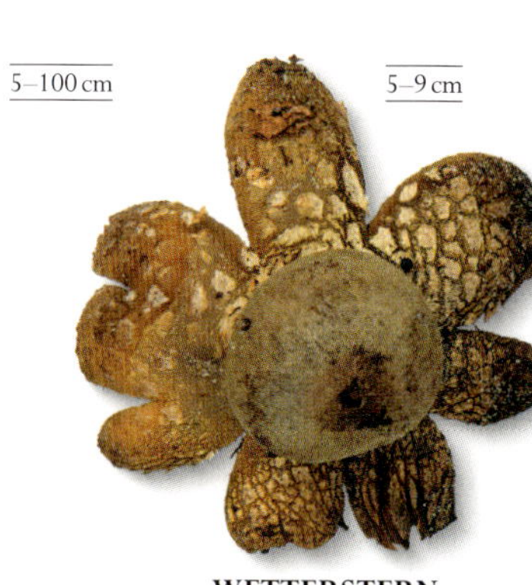

5–9 cm

WETTERSTERN
Astraeus hygrometricus
F: Diplocystidiaceae
Die Lappen der in Eurasien und Nordamerika häufigen ungenießbaren Art öffnen sich bei Feuchtigkeit sternförmig, sodass die Sporenkugel im Inneren frei liegt.

5–8 cm

KORNBLUMENRÖHRLING
Gyroporus cyanescens
F: Gyroporaceae
Auf sauren Böden findet man diese seltene essbare Art in Eurasien und dem östlichen Nordamerika. Der Stiel ist hohl.

1,5–5 cm

GROSSER GELBFUSS
Gomphidius roseus
F: Gomphidiaceae
Oft wächst dieser eurasische Pilz gemeinsam mit dem Kuhröhrling unter Kiefern. Der rosafarbene Hut ist schleimig, die Lamellen sind gräulich.

4–8 cm

KUPFERROTER GELBFUSS
Chroogomphus rutilus
F: Gomphidiaceae
Der unter Kiefern in Eurasien und im Westen Nordamerikas häufige ungenießbare Pilz hat einen kupferbraunen Hut.

6–15 cm

KAHLER KREMPLING
Paxillus involutus
F: Paxillaceae
In Mischwäldern Eurasiens und Nordamerikas ist der Giftpilz häufig, sein wollig-filziger Hutrand oft eingerollt. Die gelben Lamellen färben sich bei Druck braun.

4–10 cm

DICKSCHALIGER KARTOFFELBOVIST
Scleroderma citrinum
F: Sclerodermataceae
Der giftige Pilz kommt in feuchten Wäldern in Eurasien und Nordamerika vor. Die dicke Außenhülle trägt dunkle Schuppen.

2–5 cm

NETZSPORIGER KARTOFFELBOVIST
Scleroderma bovista
F: Sclerodermataceae
Die Außenhülle dieser in Wäldern Eurasiens und Nordamerikas häufigen Art springt in ein feines Mosaikmuster auf.

2–8 cm

FALSCHER PFIFFERLING
Hygrophoropsis aurantiaca
F: Hygrophoropsidaceae
Die ungenießbare Art aus Eurasien und Nordamerika wird manchmal mit dem Pfifferling verwechselt. Die weichen, eng stehenden Lamellen sind gegabelt.

10–30 cm

5–10 cm

ERBSENSTREULING
Pisolithus arhizus
F: Sclerodermataceae
Diesen ungenießbaren Pilz findet man weltweit auf mageren sandigen Böden unter Kiefern. Kugelige Gebilde im Inneren sind in eine schwärzliche gallertartige Masse eingebettet.

SAMTFUSSKREMPLING
Tapinella atrotomentosa
F: Tapinellaceae
Die auf Kiefernstümpfen in Eurasien und Nordamerika häufige ungenießbare Art hat einen eingerollten Hutrand und dicke Lamellen.

Haut schält sich.

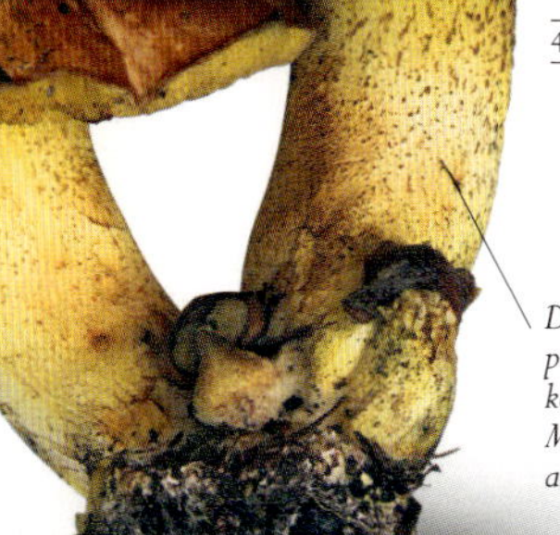

4–10 cm

Drüsenpunkte können Milch absondern.

KÖRNCHENRÖHRLING
Suillus granulatus
F: Suillaceae
Unter Kiefern in Eurasien und Nordamerika wächst die unbekömmliche Art. Der ringlose Stiel ist mit Drüsenpunkten besetzt.

5–10 cm

BUTTERPILZ
Suillus luteus
F: Suillaceae
Der oft unverträgliche Pilz, den man in Eurasien und Nordamerika unter Kiefern findet, hat einen schleimigen Hut und gelbe Poren.

3–7 cm

KUHRÖHRLING
Suillus bovinus
F: Suillaceae
Häufig findet man den essbaren Pilz in Eurasien und Nordamerika unter Kiefern. Der Hut ist klebrig, die unregelmäßigen Poren sind eckig.

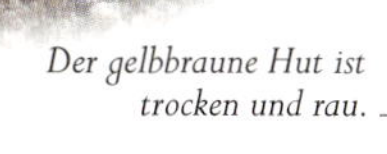

Der gelbbraune Hut ist trocken und rau.

7–13 cm

SANDRÖHRLING
Suillus variegatus
F: Suillaceae
Diese Art, die unter Kiefern in Eurasien häufig ist, hat einen filzig-schuppigen Hut und zimtbraune Poren. Der Stiel trägt keinen Ring.

5–10 cm

GOLDRÖHRLING
Suillus grevillei
F: Suillaceae
Der Speisepilz, der in Lärchenwäldern in Eurasien und Nordamerika wächst, ist gelborange bis ziegelrot. Der Stiel trägt einen häutigen gelbweißen Ring.

CANTHARELLALES

Viele Arten der Ordnung Cantharellales (Leistenpilze) sehen ähnlich aus wie Arten der Agaricales, sie unterscheiden sich aber in wichtigen Merkmalen: Sie haben fleischige Fruchtkörper mit Hut und Stiel, aber keine Lamellen, sondern eine glatte, runzelige oder leistenartige (lamellenähnliche) Fruchtschicht (Hymenium) auf der Unterseite. Die Sporen sind glatt und meist weiß bis cremeweiß.

0,5–2 cm

TOTENTROMPETE
Craterellus cornucopioides
F: Cantharellaceae
Die charakteristische essbare Art findet man in ganz Eurasien. Die trompetenförmigen Fruchtkörper erscheinen zu mehreren in der Laubstreu unter Buchen.

1–6 cm

TROMPETENPFIFFERLING
Craterellus tubaeformis
F: Cantharellaceae
In Gruppen findet man diesen essbaren Pilz in Mischwäldern in Eurasien und Nordamerika. Er ist variabel gefärbt und hat statt Lamellen flache Leisten.

3–8 cm

KAMMKORALLE
Clavulina coralloides
F: Clavulinaceae
Sehr häufig wächst dieser Pilz in Wäldern in Eurasien und Nordamerika. Die ungenießbaren Fruchtkörper sehen aus wie weißliche, fein verzweigte Korallen.

5–15 cm

unregelmäßig geformter Hut

SEMMELSTOPPELPILZ
Hydnum repandum
F: Hydnaceae
Der rosa-ockerfarbene Speisepilz, der in Eurasien und Nordamerika verbreitet ist, hat eine unregelmäßige Gestalt. An der Hutunterseite sitzen spröde Stacheln.

Hut in der Mitte oft eingedrückt

2–12 cm

eingerollter Rand

Stiel läuft schmal zu.

PFIFFERLING
Cantharellus cibarius
F: Cantharellaceae
In Eurasien und Nordamerika findet man den begehrten Speisepilz. Er hat unterseits lamellenähnliche stumpfe gerunzelte Leisten und riecht nach Aprikosen.

GEASTRALES

Die Geastrales oder Erdsterne weisen als gemeinsames Merkmal eine dicke Außenhülle (Peridium) auf, die in Lappen aufspringt, die sich sternförmig einrollen. Dabei wird eine bovistähnliche Innenkugel sichtbar, die die grobwarzigen Sporen durch einen Porus an der Spitze entlässt. Erdsterne findet man in der Laubstreu und auf blanken sandigen Böden.

KRAGEN-ERDSTERN
Geastrum striatum
F: Geastraceae
Diese eurasisch verbreitete Art ist einer der kleineren Erdsterne und wie alle Arten ungenießbar. Die Innenkugel ist gestielt und hat eine zugespitzte streifige Öffnung.

3–6,5 cm

Kragen unter Innenkugel

HALSKRAUSEN-ERDSTERN
Geastrum triplex
F: Geastraceae
Der in Eurasien und Nordamerika verbreitete Pilz ist der häufigste Erdstern. Die Außenhülle reißt auf und bildet eine aufgewölbte »Halskrause«.

4–12 cm

3–6 cm

GEWIMPERTER ERDSTERN
Geastrum fimbriatum
F: Geastraceae
Der kugelige blassbraune Fruchtkörper dieser eurasisch-nordamerikanischen Art springt in fünf bis neun Arme auf. Der Porus der Innenkugel ist ausgefranst.

5–8 cm

GROSSER NEST-ERDSTERN
Geastrum fornicatum
F: Geastraceae
Die Arme der in Eurasien und Nordamerika verbreiteten Art bleiben an einer Gewebescheibe befestigt. Die Innenkugel hat eine auffällige Öffnung.

7–15 cm

SIEB-ERDSTERN
Myriostoma coliforme
F: Geastraceae
Diese seltene Art, die man auf trockenen, sandigen Böden in Eurasien und Nordamerika findet, hat eine charakteristische Innenkugel mit Löchern.

GOMPHALES

Einige frühere Arten wurden den Cantharellales zugeordnet. DNA-Analysen lassen aber darauf schließen, dass die Gomphales (Korallenpilze) näher mit den Rutenpilzen (Phallales) verwandt sind. Sie bilden oft große Fruchtkörper mit unterschiedlicher Gestalt. Bei der Gattung *Clavariadelphus* sind es einfache Keulen, bei der Gattung *Gomphus* trompeten- oder pfifferlingsähnliche Formen.

HERKULESKEULE
Clavariadelphus pistillaris
F: Clavariadelphaceae
Die seltene eurasisch-nordamerikanische ungenießbare Art bildet einen keulenförmigen Fruchtkörper mit glatter oder leicht gerunzelter Oberfläche, die sich bei Druck violettbraun verfärbt.

GOMPHUS FLOCCOSUS
F: Gomphaceae
Dieser in Nordamerika verbreitete Pilz ähnelt einer Vase, die oben schuppig ist und unterseits runzelige »Lamellen« trägt.

STEIFE KORALLE
Ramaria stricta
F: Gomphaceae
Die in Eurasien und Nordamerika verbreitete ungenießbare Art wächst auf Totholz oder Mulch aus Holzhackschnitzel. Die Äste sind hellockerfarben und verfärben sich bei Druck rötlich.

HAHNENKAMM
Ramaria botrytis
F: Gomphaceae
In Buchenwäldern in Eurasien und Nordamerika findet man die essbare seltene Art. Die Äste sind cremeweiß bis blassbraun mit weinroten Enden.

GRÜNFLECKENDE FICHTENKORALLE
Ramaria abietina
F: Gomphaceae
In Nadelwäldern in Eurasien und Nordamerika ist der ungenießbare Pilz verbreitet. Die dichten Äste verfärben sich bei Druck grün.

GLOEOPHYLLALES

Diese holzzersetzenden Pilze rufen Braunfäule hervor. Zur Ordnung gehört eine einzige Familie, die Gloeophyllaceae. Zur Gattung *Gloeophyllum* gehören einige bekannte Porlinge auf Nadelgehölzen.

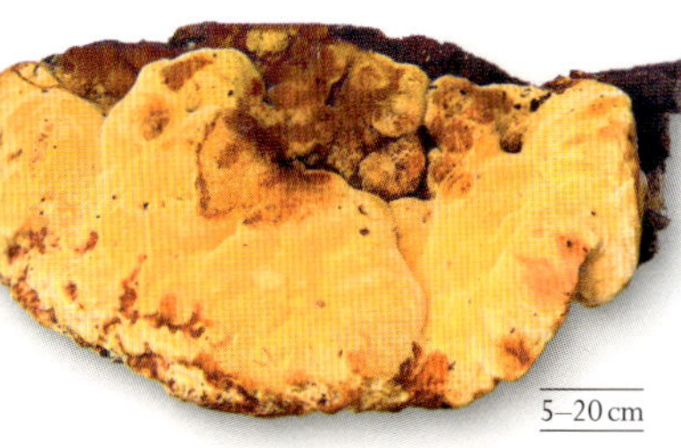

FENCHELPORLING
Gloeophyllum odoratum
F: Gloeophyllaceae
Dieser Pilz kommt in Eurasien und Nordamerika an toten Nadelgehölzen vor. Er bildet unregelmäßige Fruchtkörper mit gelben Poren und riecht nach Anis.

DACRYMYCETALES

Mitglieder dieser Ordnung bilden einfache runde oder verzweigte gelatinöse Fruchtkörper, die meistens leuchtend orangefarben sind. Sie können glatt oder gerunzelt sein. Die Dacrymycetales besitzen ungewöhnliche Basidien: Typischerweise bilden sie zwei Sterigmen, von denen jede eine Spore trägt. Sie leben vor allem auf Totholz.

KLEBRIGER HÖRNLING
Calocera viscosa
F: Dacrymycetaceae
Auf totem Nadelholz wächst dieser Pilz, den man in Eurasien und Nordamerika findet. Die verzweigten Äste sind gelatine- bis gummiartig.

HYMENOCHAETALES

Zu dieser Gruppe gehören verschiedene Pilztypen, darunter breit am Substrat ansetzende Formen wie *Inonotus* und *Phellinus* und einige Arten mit Hut und Stiel, wie *Rickenella*. Die Hymenochaetales (Gallerttränenpilze) wurden aufgrund molekularer Merkmale definiert und zeigen wenige gemeinsame morphologische Merkmale.

UMBERBRAUNER BORSTENSCHEIBLING
Hymenochaete rubiginosa
F: Hymenochaetaceae
Vor allem an umgestürzten Eichenstämmen bildet diese eurasische Art überlappende Fruchtkörper mit konzentrischer Zonierung.

FALSCHER ZUNDERSCHWAMM
Phellinus igniarius
F: Hymenochaetaceae
Der graue bis fast schwarze Pilz aus Eurasien und Nordamerika kann viele Jahre alt werden. Die hufförmigen Fruchtkörper sind sehr hart.

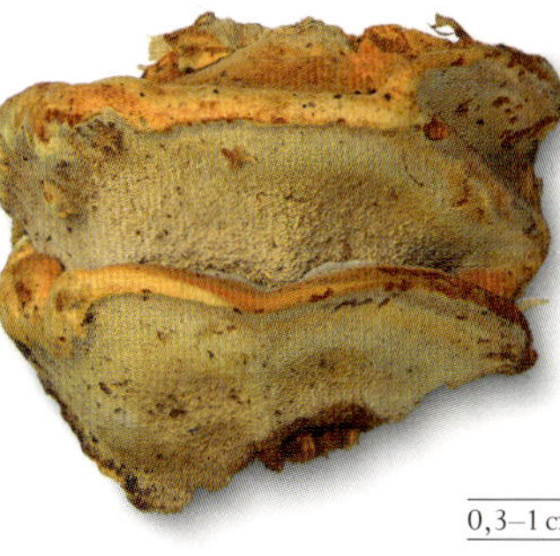

ERLEN-SCHILLERPORLING
Inonotus radiatus
F: Hymenochaetaceae
Dieser rotbraune Pilz mit hellerem Rand bildet an Erlen und anderen Bäumen in Eurasien und Nordamerika oft senkrechte Ketten aus Fruchtkörpern.

DAUERPORLING
Coltricia perennis
F: Hymenochaetaceae
Häufig findet man diese Art in Heidegebieten in Eurasien und Nordamerika. Die Fruchtkörper sind trichterförmig und dünn mit konzentrischer Zonierung.

BLAUSTIELIGER HEFTELNABELING
Rickenella fibula
F: Incertae sedis im Kladus Rickenella
In moosbewachsenem Grasland in Eurasien und Nordamerika ist diese winzige, nicht essbare Art verbreitet.

POLYPORALES

Die Polyporales (Porenpilze) bilden eine große Gruppe vielfältiger Pilze. Die meisten sind Holzzersetzer, deren Sporen sich in Röhren (ähnlich wie bei den Boletales) oder manchmal in Stacheln bilden. Die meisten bilden keine voll entwickelten Stiele, sondern breit ansitzende oder krustenförmige Fruchtkörper auf Holz. Einige haben eine Art zentralen Stiel und wachsen am Grund von Bäumen.

geschichteter Fruchtkörper

15–30 cm

haarige Oberfläche

NADELHOLZ-BRAUNPORLING

Phaeolus schweinitzii

F: Fomitopsidaceae

Meist findet man diesen tellerförmigen Porling am Grund von Nadelbäumen in Eurasien und Nordamerika. Aus den großen, flaumigen Fruchtkörpern lässt sich ein gelbbraunes Pigment zum Färben gewinnen.

10–25 cm

ROTRANDIGER SCHICHTPORLING

Fomitopsis pinicola

F: Fomitopsidaceae

Dieser hufförmige Porling ist in Eurasien und Nordamerika verbreitet. Man findet ihn meist an Kiefern, manchmal an Birken.

OBERSEITE

10–30 cm

UNTERSEITE

EICHENWIRRLING

Daedalea quercina

F: Fomitopsidaceae

Auf umgestürzten Eichen in Eurasien und Nordamerika findet man diese mehrjährige Art. Die Poren sind lamellenartig verlängert.

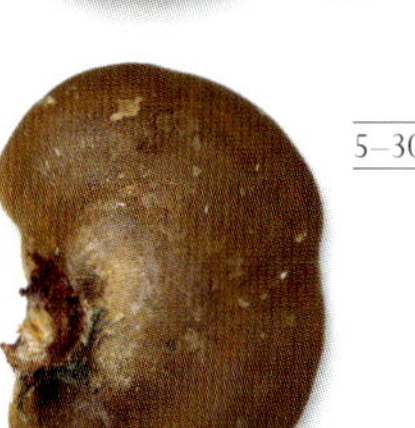

5–30 cm

BIRKENPORLING

Piptoporus betulinus

F: Fomitopsidaceae

Der nierenförmige Pilz ist hellbraun bis weiß. Er kann Birken zum Absterben bringen und ist in Eurasien und Nordamerika verbreitet.

10–50 cm

SCHWEFELPORLING

Laetiporus sulphureus

F: Fomitopsidaceae

Die großen, geschichteten Fruchtkörper findet man meistens an Eichen, aber auch an anderen Bäumen in Eurasien und Nordamerika.

gewellter, gelappter Rand

10–60 cm

FLACHER LACKPORLING

Ganoderma applanatum

F: Ganodermataceae

In Eurasien und Nordamerika findet man diesen Pilz, der viele Jahre alt und sehr groß werden kann. Die entlassenen Sporen sind zimtbraun.

10–30 cm

GLÄNZENDER LACKPORLING

Ganoderma lucidum

F: Ganodermataceae

Dieser rötliche bis violettbraune Pilz mit glänzender Oberfläche kann einen langen seitlichen Stiel ausbilden. Er kommt in Eurasien und Nordamerika vor.

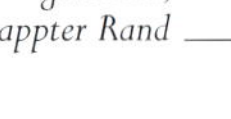

RIESENPORLING

Meripilus giganteus

F: Meripilaceae

Dies ist einer der größten Porlinge. Die überlappenden Fruchtkörper sind dick und fleischig. Er wächst an Buchen und anderen Bäumen in Eurasien und Nordamerika.

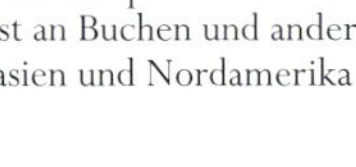

10–50 cm

Oberfläche schwärzt sich bei Druck.

10–20 cm

GEZONTER BÜSCHELSCHWÄRZLING

Podoscypha multizonata

F: Meruliaceae

Diese seltene eurasische Art kommt am Boden über Eichenwurzeln vor. Sie bildet Rosetten aus zähen Lappen.

GALLERTFLEISCHIGER FÄLTLING

Phlebia tremellosa

F: Meruliaceae

Die eurasische Art mit heller, samtiger Oberseite und gelber bis orangefarbener Unterseite findet man an Baumstämmen.

4–15 cm

3–7 cm

ANGEBRANNTER RAUCHPORLING

Bjerkandera adusta

F: Meruliaceae

Dieser in Eurasien und Nordamerika häufige Porling ist an der rauchgrauen Porenschicht an der Unterseite zu erkennen.

5–30 cm

ECHTER ZUNDERSCHWAMM
Fomes fomentarius
F: Polyporaceae
Dieser hufförmige mehrjährige Pilz wächst an Birken und anderen Laubbäumen. Man findet ihn in Eurasien und Nordamerika.

8–15 cm

RÖTENDE TRAMETE
Daedaleopsis confragosa
F: Polyporaceae
Dies ist einer der häufigsten Porlinge in Eurasien und Nordamerika. Er wächst vor allem an Weiden. Die cremefarbenen Poren färben sich bei Druck rötlich.

LAUBHOLZ-BLÄTTLING
Lenzites betulina
F: Polyporaceae
Diese zähe Art, die man in Eurasien und Nordamerika meist an Birken findet, hat Poren, die oft stark verlängert sind und lamellenähnliche Strukturen bilden.

Oberseite

3–10 cm

Unterseite

10–60 cm

SCHUPPIGER PORLING
Polyporus squamosus
F: Polyporaceae
Im Frühsommer erscheinen diese halbrunden oder fächerförmigen Pilze in Eurasien und Nordamerika. Sie haben konzentrische Schuppen und unterseits Poren.

trichterförmiger Hut

5–20 cm

samtige Stielbasis

SCHWARZROTER STIELPORLING
Polyporus badius
F: Polyporaceae
Der ungenießbare Pilz hat einen trichterförmigen, ledrigen Hut. Die Stielbasis ist schwarz. Er wächst in Eurasien und Nordamerika auf umgestürztem Buchenholz.

5–20 cm

SKLEROTIEN-PORLING
Polyporus tuberaster
F: Polyporaceae
Die jung essbare Art, die auf herabgestürzten Ästen wächst, kann im Erdboden verankert sein und eine große, knollige Masse bilden.

3–8 cm

WINTERPORLING
Polyporus brumalis
F: Polyporaceae
Der kleine Porling wächst in Eurasien und Nordamerika auf abgefallenen Ästen. Er hat recht große Poren. Der Stiel kann in der Mitte oder seitlich ansetzen.

3–10 cm

ZINNOBERROTE TRAMETE
Pycnoporus cinnabarinus
F: Polyporaceae
Diese seltene Art wächst auf toten Laubbäumen in Eurasien und Nordamerika. Die einjährigen zähen Fruchtkörper sind zinnoberrot.

2–4 cm

GEWÖHNLICHER VIOLETTPORLING
Trichaptum abietinum
F: Polyporaceae
Auf umgestürzten Nadelbäumen in Eurasien und Nordamerika findet man diese Art mit konzentrischer Zonierung und violettem Rand. Sie ist oft mit Grünalgen bewachsen.

5–12 cm

STRIEGELIGE TRAMETE
Trametes hirsuta
F: Polyporaceae
Dieser halbkreisförmige Pilz ist mit winzigen Härchen bedeckt. Er wächst in Eurasien und Nordamerika auf totem Laubholz.

SCHMETTERLINGSTRAMETE
Trametes versicolor
F: Polyporaceae
Diese Art kommt in Eurasien und Nordamerika in vielen Farben vor. Die Fruchtkörper weisen eine konzentrische Zonierung und eine weiße Röhrenschicht auf.

2–7 cm

fleischige orangegelbe Fruchtkörper

GEBUCKELTE TRAMETE
Trametes gibbosa
F: Polyporaceae
Dieser cremefarbene Pilz ist oft mit Grünalgen bewachsen. Die Poren sind typisch in die Länge gezogen. Er erscheint in Eurasien und Nordamerika auf umgestürzten Laubbäumen.

10–30 cm

gelappter Fruchtkörper

10–40 cm

KRAUSE GLUCKE
Sparassis crispa
F: Sparassidaceae
Die essbare Krause Glucke wächst in Eurasien und Nordamerika am Grund von Nadelbäumen. Die cremefarbenen Lappen erinnern an einen Blumenkohl.

2–6 cm

KLAPPERSCHWAMM
Grifola frondosa
F: Sparassidaceae
In Eurasien und Nordamerika bildet sich diese jung essbare Art an der Basis von Eichen. Sie hat büschelartige Fruchtkörper.

Stiel

RUSSULALES

Die bekanntesten Gattungen der Ordnung Russulales (Sprödblättler) sind *Russula* und *Lactarius*, die zwar typischen Agaricales mit Hut und Stiel ähneln, aber nicht näher mit ihnen verwandt sind. Außer diesen Fruchtkörpern gibt es in der Ordnung noch viele weitere Formen. Die meisten Vertreter der Ordnung bilden warzige Sporen, die sich in Iodlösung blauschwarz färben. Schneidet man die *Lactarius*-Arten an, sondern sie weiße oder farbige Milch ab.

GRAUGRÜNER MILCHLING
Lactarius blennius
F: Russulaceae
Dies ist eine ungenießbare Art, die in Eurasien bei Buchen vorkommt. Nass ist sie schleimig. Der Rand des graugrünen Huts ist oft dunkel gefleckt.

EICHENMILCHLING
Lactarius quietus
F: Russulaceae
Unter Eichen in Eurasien ist dieser Pilz häufig. Der rötlich braune Hut hat dunklere Zonen. Das ungenießbare Fleisch riecht süßlich und nach Schmieröl.

LEBERBRAUNER MILCHLING
Lactarius hepaticus
F: Russulaceae
Dieser eurasische Pilz kommt zusammen mit Kiefern vor. Schneidet man die Lamellen an, tritt eine weiße Milch aus, die sich gelb färbt.

OLIVBRAUNER MILCHLING
Lactarius turpis
F: Russulaceae
Die in Birkenwäldern Eurasiens und Nordamerikas häufige giftige Art ist olivgrün bis fast schwarz und hat einen schleimigen Hut.

EDELREIZKER
Lactarius deliciosus
F: Russulaceae
Unter Kiefern in Eurasien und Nordamerika findet man diesen Speisepilz. Er hat orangefarbene Zonen auf dem Hut, der blassgrün überlaufen sein kann. Die Milch ist orangerot.

ZOTTIGER BIRKENMILCHLING
Lactarius torminosus
F: Russulaceae
Der giftige Pilz wächst in Eurasien und Nordamerika häufig unter Birken. Er hat einen fleischrosa, behaarten Hut mit dunkleren Zonen.

KAMPFERMILCHLING
Lactarius camphoratus
F: Russulaceae
Wenn der Fruchtkörper dieser Art trocknet, riecht er lange Zeit nach Kampfer oder Maggi. Man findet diesen Gewürzpilz in Eurasien und Nordamerika.

RUSSBRAUNER MILCHLING
Lactarius fuliginosus
F: Russulaceae
Der seltene ungenießbare Pilz mit dunkelbraunem Hut und Stiel gedeiht in den Laubwäldern Eurasiens. Die weiße Milch färbt sich rasch rosa.

PFEFFERMILCHLING
Lactarius piperatus
F: Russulaceae
Die seltene, manchmal unbekömmliche Art aus Mischwäldern Eurasiens und Nordamerikas hat einen trichterförmigen Hut mit sehr eng stehenden Lamellen. Die Milch ist weiß.

trockener, glatter Hut

5–15 cm

FRAUENTÄUBLING
Russula cyanoxantha
F: Russulaceae

In Mischwäldern in Eurasien und Nordamerika gedeiht dieser Speisepilz. Der Hut ist violett bis einheitlich grün. Die Lamellen sind gegabelt, biegsam und fühlen sich schmierig an.

5–10 cm

BLUTROTER TÄUBLING
Russula sanguinaria
F: Russulaceae

Diese eurasische und nordamerikanische ungenießbare Art ist mit Kiefern vergesellschaftet. Der Hut ist hellrot, der Stiel rot streifig. Die Sporen sind blass ockergelb.

4–9 cm

GRASGRÜNER BIRKENTÄUBLING
Russula aeruginea
F: Russulaceae

Häufig findet man diesen essbaren Pilz in Eurasien und Nordamerika unter Birken. Der oliv- bis grasgrüne Hut trägt kleine rostrote Flecken.

3–7 cm

BUCHEN-SPEITÄUBLING
Russula nobilis
F: Russulaceae

Dieser eurasische Giftpilz, den man nur bei Buchen findet, hat einen scharlachroten Hut und bläulich weiße Lamellen.

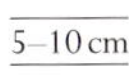

5–10 cm

GELBER GRAUSTIELTÄUBLING
Russula claroflava
F: Russulaceae

Auf Moos in sumpfigen Birkenwäldern findet man den Speisepilz in Eurasien und Nordamerika. Der Hut, die gelblichen Lamellen und der weiße Stiel verfärben sich grauschwarz.

5–12 cm

OCKERTÄUBLING
Russula ochroleuca
F: Russulaceae

Dies ist eine der häufigsten eurasischen Arten. Sie ist kein Speisepilz und hat einen matt ockergelben oder hellgelben Hut und weiße Lamellen.

3–8 cm

KIRSCHROTER SPEITÄUBLING
Russula emetica
F: Russulaceae

Dieser Giftpilz wächst in feuchten Kiefernwäldern in Eurasien und Nordamerika. Er hat einen hellroten Hut, Stiel und Lamellen sind weiß.

trockener, matter Hut

4–12 cm

Lamellen können rote Schneiden haben.

Stamm oft rot überlaufen

ZINNOBER-TÄUBLING
Russula rosea
F: Russulaceae

In Eurasien findet man diesen ungenießbaren Pilz mit karminrotem trockenem Hut, der schnell verfault. Der Stiel kann ebenfalls rot sein. Der Geruch des Fleischs erinnert an Zedernholz.

4–10 cm

ZITRONENBLÄTTRIGER TÄUBLING
Russula sardonia
F: Russulaceae

In Eurasien findet man diesen Pilz, der an Kiefern gebunden ist. Die Färbung variiert von Violett bis Grün oder Gelb.

8–15 cm

STINKTÄUBLING
Russula foetens
F: Russulaceae

Der große orangebraune Pilz mit gerieftem, gewölbtem Hut wächst in Eurasien und Nordamerika. Er riecht ranzig und ist ungenießbar.

6–15 cm

HERINGSTÄUBLING
Russula xerampelina
F: Russulaceae

In Eurasien und Nordamerika ist der ungenießbare Pilz verbreitet, eine von vielen verwandten Arten, die man schwer unterscheiden kann.

0,5–2 cm

OHRLÖFFEL-STACHELING
Auriscalpium vulgare
F: Auriscalpiaceae

Auf Kiefernzapfen in Eurasien und Nordamerika wächst diese nicht essbare Art. Sie sieht aus wie ein verbogener Löffel. Am filzigen Hut hängen Stacheln herab.

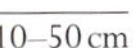

10–50 cm

ZOTTIGER SCHICHTPILZ
Stereum hirsutum
F: Stereaceae

Dieser in Eurasien und Nordamerika verbreitete Pilz bildet Krusten oder überlappende Fruchtkörper. Oberseits ist er haarig-filzig, unterseits glatt.

BLUTENDER LAUBHOLZ-SCHICHTPILZ
Stereum rugosum
F: Stereaceae

Die in Eurasien und Nordamerika verbreitete Art bildet Krusten und manchmal kleine, breit ansitzende Fruchtkörper auf Holz. Beim Anschneiden rötet sich die Oberseite.

5–25 cm

WURZELSCHWAMM
Heterobasidion annosum
F: Bondarzewiaceae

Die in Eurasien und Nordamerika verbreitete Art parasitiert meist an Nadelbäumen. Die rotbraune Oberfläche wird im Alter dunkler.

10–40 cm

ÄSTIGER STACHELBART
Hericium coralloides
F: Hericiaceae

Meist findet man diese gefährdete essbare Art in Eurasien und Nordamerika unter Buchen. An der Unterseite der verzweigten Fruchtkörper hängen Stacheln.

AURICULARIALES

Obwohl man die Auriculariales (Ohrlappenpilze) oft mit anderen gallertartigen Pilzen zusammenfasst, bilden sie ihrer ungewöhnlichen Basidien wegen eine eigene Gruppe. Diese sind unterschiedlich geformt, aber bei allen Arten quer geteilt, und tragen vier Sporen.

2–10 cm

HEXENBUTTER
Exidia glandulosa
F: Auriculariaceae

In gemäßigten Zonen Eurasiens und Nordamerikas findet man diesen Pilz häufig an Laubbäumen. Er sieht aus wie runzeliger Teer. Trocken schrumpelt er zu einem harten schwarzen Gebilde.

4–15 cm

GEZONTER OHRLAPPENPILZ
Auricularia mesenterica
F: Auriculariaceae

In Eurasien findet man diese Art häufig an Totholz, vor allem an Ulmenholz. Sie erinnert von oben an einen kleinen Porling, hat aber eine runzelige gummiartige grauviolette Unterseite.

4–12 cm

JUDASOHR
Auricularia auricula-judae
F: Auriculariaceae

Der essbare Pilz wächst in Eurasien und Nordamerika häufig an toten Laubbäumen. Die dünnen, elastischen »Ohren« sind außen samtig und innen gerunzelt.

1–8 cm

dicker gallertartiger Fruchtkörper

unterseits weiche Stacheln, an denen sich die Sporen bilden

ZITTERZAHN
Pseudohydnum gelatinosum
F: Incertae sedis

Diese essbare Art aus Eurasien und Nordamerika ist transparent grau bis hellbraun. Gelegentlich findet man sie an den Stümpfen von Nadelbäumen.

THELEPHORALES

Zu dieser vielfältigen Gruppe gehören breit ansetzende, krusten- oder fächerförmige sowie Zähne tragende Formen. Viele haben zähes, ledriges Fleisch. Die Thelephorales (Warzenpilze) zeigen wenige gemeinsame morphologische Merkmale und wurden aufgrund molekularer Merkmale zu einer Ordnung zusammengefasst.

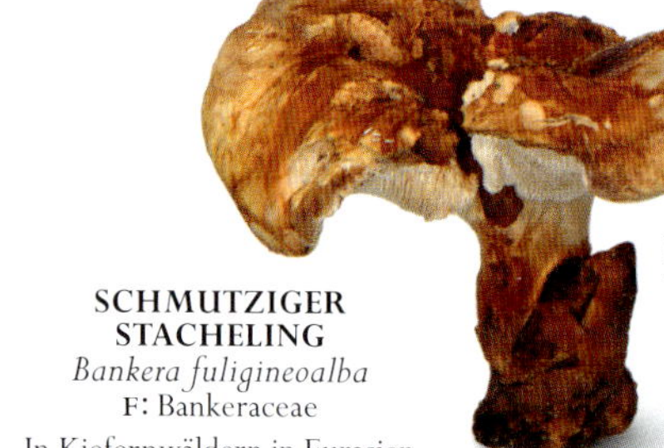

5–10 cm

SCHMUTZIGER STACHELING
Bankera fuligineoalba
F: Bankeraceae

In Kiefernwäldern in Eurasien kommt die seltene ungenießbare Art vor. Sie hat einen kurzen, kräftigen Stiel. Der Hut trägt unterseits grauweiße Stacheln.

4–14 cm

dicke Schuppen

Stielbasis blaugrün

GALLENSTACHELING
Sarcodon scabrosus
F: Bankeraceae

In Mischwäldern in Eurasien und Nordamerika findet man die bittere Art. Der Hut ist in der Mitte eingedellt und trägt unregelmäßige Schuppen. Die Stacheln auf der Unterseite sind hellbraun.

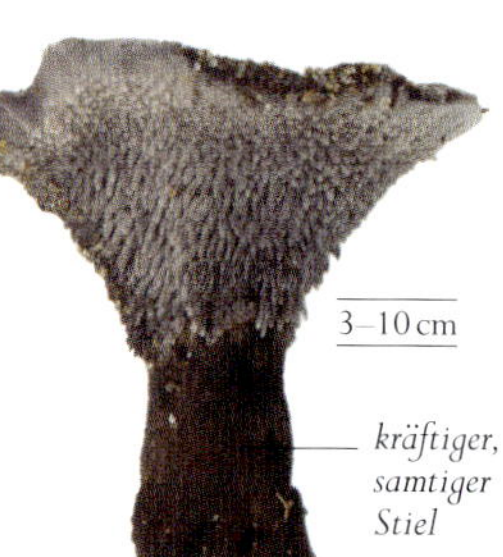

3–10 cm

kräftiger, samtiger Stiel

SCHWARZER DUFTSTACHELING
Phellodon niger
F: Bankeraceae

In Mischwäldern in Eurasien und Nordamerika wächst die seltene, nicht genießbare Art. Sie riecht trocken nach Bockshornklee. Der unregelmäßige Hut ist grau bis rötlich schwarz und trägt unterseits graue Stacheln.

3–15 cm

SCHARFER KORKSTACHELING
Hydnellum peckii
F: Bankeraceae

Die in Eurasien und Nordamerika verbreitete ungenießbare Art wächst in Nadelwäldern. Der wollig-filzige Hut sondert oft blutrote Tröpfchen ab. Unterseits ist er mit blassbraunen Stacheln besetzt.

unregelmäßige Ränder

4–10 cm

ERDWARZENPILZ
Thelephora terrestris
F: Thelephoraceae

Recht häufig wächst dieser Pilz in Wäldern oder Heidegebieten in Eurasien und Nordamerika am Boden oder an morschem Holz. Die fächerförmigen Fruchtkörper überlappen und bilden Büschel mit helleren Rändern.

PHALLALES

Die Gestalt vieler Arten der Ordnung Phallales (Rutenpilze) erinnert an einen Phallus. Aber auch trüffelähnliche Formen gehören dazu. Rutenpilze »schlüpfen« oft innerhalb weniger Stunden aus einer eiförmigen Struktur, einem sogenannten Hexenei.

Sporen an der Innenseite

10 cm

Fruchtkörper entspringt einem »Hexenei«.

ROTER GITTERLING
Clathrus ruber
F: Clathraceae

In Parks und Gärten findet man die seltene, nicht essbare eurasische Art. Der käfigartige Fruchtkörper ist innen mit einer schwarzen übelriechenden Sporenmasse bedeckt. Er entspringt einem hellen »Hexenei«.

2,5–14 cm

TINTENFISCHPILZ
Clathrus archeri
F: Clathraceae

Die ungenießbare Art wurde aus Australasien eingeführt. Selten sieht man sie im südlichen Eurasien. Die roten Arme erscheinen aus einem »Hexenei« und sind auf der Innenseite mit stinkendem schwarzem Sporenschleim bedeckt.

EXOBASIDIALES

Diese kleine Gruppe besteht vor allem aus Gallen bildenden Pflanzenparasiten, deren Sporen bildende Zellen eine Schicht auf der Blattoberfläche bilden. Manche rufen Krankheiten an Kulturpflanzen der Gattung *Vaccinium* hervor, zu der die Heidelbeere gehört.

ROTBLÄTTRIGKEIT
Exobasidium vaccinii
F: Exobasidiaceae

Dieser in Eurasien und Nordamerika häufige Pilz infiziert Preiselbeeren. Die Blätter werden rot und bilden Gallen.

UROCYSTIDIALES

Zur Ordnung gehören bekannte Brandpilze, besonders die Arten der Gattung *Urocystis*. Sie parasitieren an Blütenpflanzen wie Anemonen, Zwiebeln, Weizen und Roggen. Oft entsteht an den Wirtspflanze schwerer Schaden.

ANEMONENBRAND
Urocystis anemones
F: Urocystidaceae

Der Pilz bildet in Eurasien und Nordamerika auf den Blättern von Anemonen und einigen anderen Pflanzen dunkelbraune erhabene Pusteln.

HUNDSRUTE
Mutinus caninus
F: Phallaceae

Dieser häufige ungenießbare Rutenpilz wächst in Mischwäldern in Eurasien und Nordamerika. Die Spitze ist mit einer grünlich schwarzen Sporenmasse bedeckt. Der Stiel entspringt einem weißen »Hexenei«.

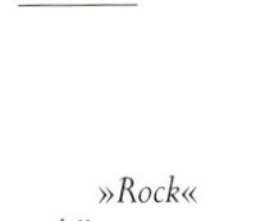

PHALLUS MERULINUS
F: Phallaceae

Die tropische Art findet man vor allem in Australasien. Sie entspringt einem weißen »Hexenei«. Es gibt viele ähnliche Arten, manche mit auffällig gefärbtem »Rock«.

STINKMORCHEL
Phallus impudicus
F: Phallaceae

In Mischwäldern in Eurasien kommt dieser Pilz vor. Der Hut auf dem porösen Stiel entspringt innerhalb weniger Stunden einem (essbaren) »Hexenei«. Den üblen Geruch kann man oft schon aus einiger Entfernung wahrnehmen.

PUCCINIALES

Zu den Rostpilzen, einer der größten Pilzordnungen mit über 7000 Arten, gehören viele Parasiten an Nutzpflanzen. Manche haben einen sehr komplexen Lebenszyklus mit Wirtswechsel. Sie bilden in verschiedenen Stadien unterschiedliche Sporentypen.

HIMBEERROST
Phragmidium rubi-idaei
F: Phragmidiaceae

Dieser Rost aus Eurasien und Nordamerika ruft Pusteln an der Oberseite der Blätter hervor. Er überwintert mit schwarzen Sporen an der Unterseite der Blätter.

ROSENROST
Phragmidium tuberculatum
F: Phragmidiaceae

Dieser häufige Rostpilz ist in Nordamerika und Eurasien verbreitet. Er verursacht orangefarbene Pusteln an den Unterseiten von Blättern und Trieben von Rosen. Die Pusteln färben sich im Spätsommer schwarz.

GELBDOLDENROST
Puccinia smyrnii
F: Pucciniaceae

In ganz Eurasien kommt dieser häufige Rostpilz vor. Er bildet erhabene Beläge oder Warzen an den Blättern der Schwarzen Gelbdolde (*Smyrnium olusatrum*).

MALVENROST
Puccinia malvacearum
F: Pucciniaceae

Dieser Pilz schädigt Stockrosen. Er kommt in Eurasien und Nordamerika vor und überzieht die Blätter mit kleinen Pusteln. Ältere Blätter sterben ab und fallen ab.

PORREROST
Puccinia allii
F: Pucciniaceae

Häufig befällt dieser Pilz in Eurasien und Nordamerika Zwiebeln, Knoblauch und Porree. Auf infizierten Blättern entstehen Pusteln mit Sporen.

JOHANNISKRAUT-ROST
Melampsora hypericorum
F: Melampsoraceae

Der in Eurasien häufige Pilz verursacht verstreute, erhabene Pusteln an der Blattunterseite.

TANNENNADELROST
Pucciniastrum epilobii
F: Pucciniastraceae

Dieser weltweit verbreitete Pilz lebt an einigen Tannen-Arten. Er infiziert ab Frühjahr die Blätter von Fuchsien und Weidenröschen.

SCHLAUCHPILZE

Die Ascomycota oder Schlauchpilze bilden ihre Sporen in kleinen Schläuchen am Fruchtkörper, den Asci. Sie sind die größte Pilzgruppe. Die Fruchtkörper (die Teile des Pilzes, die auf dem Substrat erscheinen) vieler Arten sind becher- oder schüsselförmig.

STAMM	ASCOMYCOTA
KLASSEN	7
ORDNUNGEN	56
FAMILIEN	226
ARTEN	etwa 33 000

Viele Schlauchpilze sind bunt gefärbt. Man weiß jedoch noch nicht, welche biologische Funktion die Farben haben.

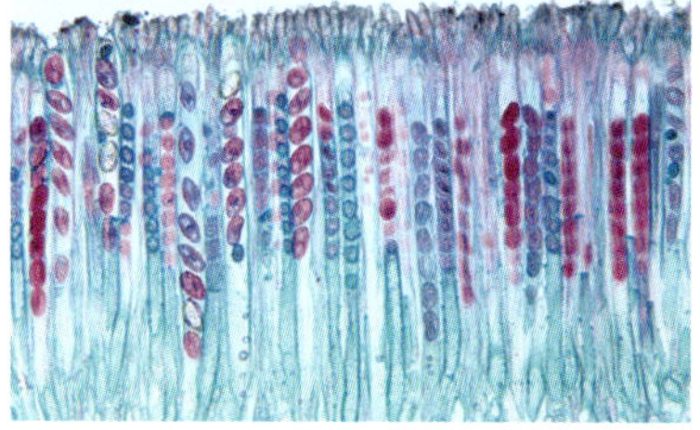

Hier sind Asci unter dem Mikroskop zu sehen. Dicht an dicht stehend, enthält jeder Ascus acht Sporen.

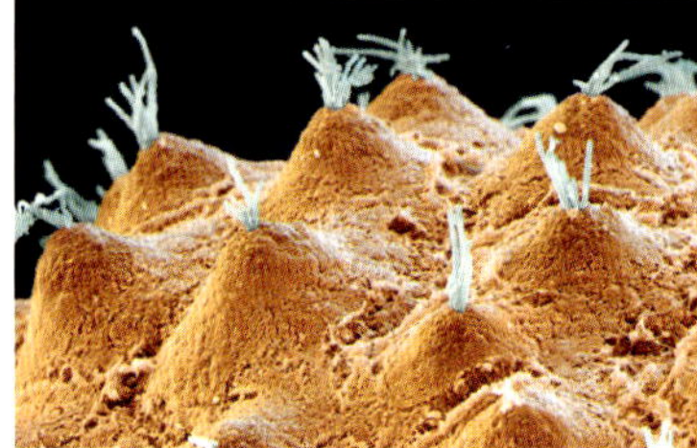

Bei vielen Arten bilden sich die Asci in schützenden Gebilden, den Perithecien. Sie entlassen später die Sporen.

STREITFRAGE

HELDEN ODER SCHURKEN?

Schlauchpilze gehen Partnerschaften zum gegenseitigen Nutzen mit Pflanzen, Algen und sogar Gliederfüßern wie Käfern ein. Auch einige gefährliche Krankheitserreger sind Schlauchpilze: *Cryphonectria* zum Beispiel ist dafür verantwortlich, dass in den letzten Jahren Millionen von Edelkastanienbäumen an dem Krebs gestorben sind.

Die Schlauchpilze, zu denen winzige bis etwa 20 cm hohe Arten gehören, kommen in einer Vielzahl von Lebensräumen vor. Sie wachsen an toten, absterbenden und lebenden Geweben, einige treiben in Süßgewässern und im Meer. Viele Arten sind parasitisch, einige richten schwere Schäden an Nutzpflanzen an. Andere bilden eine Mycorrhiza mit Pflanzen aus, eine Partnerschaft zum gegenseitigen Nutzen. Manche Arten spielen in der Medizin eine wichtige Rolle, wie *Penicillium notatum*, die erste Quelle des Antibiotikums Penicillin. Andere sind gefährliche Krankheitserreger. *Pneumocystis jirovecii* zum Beispiel kann bei Menschen mit geschwächtem Immunsystem Lungenentzündung hervorrufen. Zu den Ascomycota gehören auch die Hefen, die bei der Herstellung von Alkohol und Brot eine wichtige Rolle spielen.

Die Ascomycota bilden vielgestaltige Fruchtkörper aus, wie Becher, Keulen, kartoffelähnliche Formen, einfache Krusten, Pusteln, korallen- und schildartige Formen oder Pilze mit Stiel und Hut. Je nach Fruchtkörpertyp wachsen die Asci, in denen die Sporen gebildet werden, außen in einer spezialisierten Schicht oder innen. Nicht bei allen Arten gibt es ein sexuelles Stadium, viele vermehren sich ungeschlechtlich. Die meisten Hefen vermehren sich schnell, indem sie sich ungeschlechtlich teilen. Die Hefezelle schnürt eine Knospe ab, die sich zu einer neuen Zelle entwickelt.

BECHERFÖRMIGE FRUCHTKÖRPER

Viele Arten der Ascomycota haben becher- oder scheibenförmige Fruchtkörper. Da diese oben offen sind, können der Wind oder Regentropfen die Sporen verbreiten, die die Becher innen auskleiden. Bei manchen Pilzen nehmen die Asci, die die Sporen enthalten, Wasser auf, sodass sich Druck aufbaut und die Sporen bis zu 30 cm weit ausgeschleudert werden. Untersucht man die Oberflächen von morschen Baumstümpfen, herabgestürzten Ästen oder Falllaub, tut sich oft eine faszinierende Welt winziger Becher auf. Bei größeren Arten schleudern die Becher bei Berührung die Sporen manchmal so kraftvoll aus, dass man die Staubwolke nicht nur sehen, sondern die Entladung sogar hören kann.

ORANGEBECHERLING >
Dieser Pilz bildet einfache becherförmige Fruchtkörper, die für viele Arten dieser Gruppe charakteristisch sind.

HYPOCREALES

Die Pilze dieser Ordnung sind häufig an ihren auffällig gefärbten Sporen bildenden Strukturen zu erkennen. Sie sind meist gelb, orangefarben oder rot. Die Hypocreales leben oft parasitisch auf anderen Pilzen oder Insekten. Am bekanntesten ist die Gattung *Cordyceps* mit keuligen oder verästelten Fruchtkörpern. Einige Arten finden in der Medizin Anwendung.

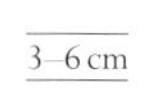
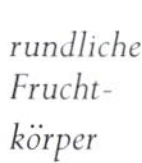

3–6 cm

PUPPEN-KERNKEULE
Cordyceps militaris
F: Cordycipitaceae
Diese Art, die auf Schmetterlingspuppen parasitiert, findet man in Eurasien und Nordamerika. Im Kopfteil der Keule werden die Sporen gebildet.

5–13 cm

Zungen-Kernkeule auf Hirschtrüffel

ZUNGEN-KERNKEULE
Elaphocordyceps ophioglossoides
F: Ophiocordycipitaceae
Diese Art parasitiert an Hirschtrüffeln im Boden. Sie ist in Eurasien und Nordamerika verbreitet und bildet gelbe Keulen mit langen grünlich schwarzen Köpfen.

rundliche Fruchtkörper

ROTPUSTELPILZ
Nectria cinnabarina
F: Nectriaceae
Auf feuchtem Holz in Eurasien und Nordamerika wächst dieser Pilz häufig. Unreif bildet er blassrote Pusteln, die rotbraun reifen.

Mutterkorn an Getreideähre

1,5 cm

MUTTERKORNPILZ
Claviceps purpurea
F: Clavicipitaceae
Diese Art hat in der Vergangenheit zu massenhaften Vergiftungen geführt. Sie parasitiert in Eurasien und Nordamerika auf Gräsern, vor allem Roggen.

befallener Röhrling

20–30 cm

GOLDSCHIMMEL
Hypomyces chrysospermus
F: Hypocreaceae
Den Pilz findet man in Nordamerika und Eurasien auf Röhrlingen. Er bildet einen erst weißen, dann gelben Überzug.

XYLARIALES

Bei Mitgliedern dieser Ordnung befinden sich die Sporen bildenden Zellen oft in Kammern, die in ein sogenanntes Stroma eingebettet sind. Viele Arten leben auf Holz, einige auf Tierexkrementen, Früchten, Blättern, im Erdboden oder sind mit Insekten vergesellschaftet. Zur Ordnung gehören wirtschaftlich bedeutende Pflanzenparasiten.

Spitzen mit Sporen bedeckt

1–4 cm

GEWEIHFÖRMIGE HOLZKEULE
Xylaria hypoxylon
F: Xylariaceae
Diese geweihförmige Art findet man in Eurasien und Nordamerika häufig auf Totholz.

2–8 cm

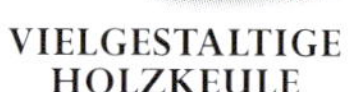

VIELGESTALTIGE HOLZKEULE
Xylaria polymorpha
F: Xylariaceae
Auf Totholz in Eurasien und Nordamerika bildet dieser Pilz spröde schwarze Keulen mit rauer Oberfläche. Sie haben winzige Poren und dickes weißes Fleisch.

1–1,5 cm

ROSSAPFEL-KERNPILZ
Poronia punctata
F: Xylariaceae
Die seltener werdende Art wächst in Eurasien und Nordamerika auf Pferdemist. Aus den vielen Löchern in den Scheiben werden die Sporen entlassen.

0,5–1 cm

KOHLENBEERE
Hypoxylon fragiforme
F: Xylariaceae
Diese in Europa und Nordamerika verbreitete Art bildet harte, runde Fruchtkörper Sie wächst in Scharen auf totem Buchenholz.

ungestielter Fruchtkörper mit harter Oberfläche

totes Eschenholz

2–10 cm

KOHLIGER KUGELPILZ
Daldinia concentrica
F: Xylariaceae
Der Pilz aus Eurasien und Nordamerika hat rundliche Fruchtkörper. Schneidet man sie auf, wird eine konzentrische weiße Bänderung sichtbar. Die schwarzen Sporen werden ausgeschleudert.

ERYSIPHALES

Die Mitglieder dieser Ordnung leben parasitisch auf Blättern und Früchten von Blütenpflanzen und rufen Echten Mehltau hervor. Die Pilzfäden (Hyphen) dringen in die Zellen der Wirtspflanze ein und nehmen Nährstoffe auf.

Filziges weißes Mycel bedeckt die Blattoberfläche.

ECHTER MEHLTAU AN EICHEN
Erysiphe alphitoides
F: Erysiphaceae
Der Pilz bedeckt in Eurasien und Nordamerika junge Blätter von Eichen, die dadurch verkrüppeln.

Blatt eines Apfelbaums

ECHTER MEHLTAU AN APFELBÄUMEN
Podosphaera leucotricha
F: Erysiphaceae
Der Pilz tritt in Eurasien und Nordamerika auf. Der Befall erscheint zunächst als weißliche Flecken auf den Blattunterseiten. Er breitet sich schnell aus.

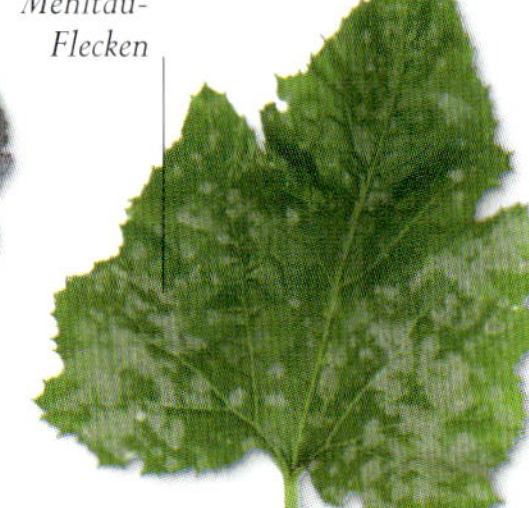

Mehltau-Flecken

GOLOVINOMYCES CICHORACEARUM
F: Erysiphaceae
In Eurasien und Nordamerika ist diese Art verbreitet. Sie erscheint auf verschiedenen Korbblütlern. Zuerst bilden sich Flecken auf den Blättern, dann sterben sie ab.

CAPNODIALES

Diese Schlauchpilze findet man häufig auf Blättern. Sie ernähren sich von Honigtau, den Insekten ausscheiden, oder von Flüssigkeiten, die die Blätter absondern, und bilden Rußtau. Einige verursachen beim Menschen Hautkrankheiten.

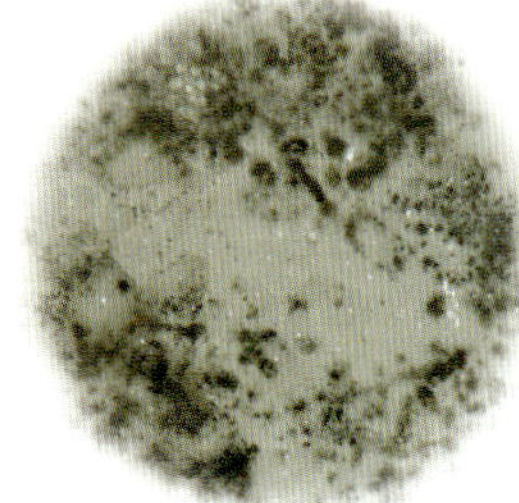

CLADOSPORIUM CLADOSPORIOIDES
F: Davidiellaceae
Dieser Schimmelpilz wächst in Eurasien und Nordamerika häufig an feuchten Wänden in Badezimmern. Bei manchen Menschen ruft er allergische Reaktionen hervor.

HELOTIALES

Die Pilze dieser Ordnung bilden meist scheiben- oder becherförmige Fruchtkörper. Ihre Sporen bildenden Asci haben kein Operculum (Deckel) an der Spitze, mit dem sie sich öffnen. Die meisten Arten leben in humusreichem Erdboden, an toten Baumstämmen und anderen organischen Stoffen. Zur Ordnung gehören Erreger von gefährlichen Pflanzenkrankheiten.

0,5–1,5 cm

HARTER STROMABECHERLING
Rutstroemia firma
F: Rutstroemiaceae

Dieser in Europa verbreitete Pilz mit hellbraunem Becher auf einem dünnen Stiel wächst an herabgefallenen Ästen, vor allem von Eichen. Er färbt das Holz schwarz.

In Pünktchen werden Sporen gebildet.

TROCHILA ILICINA
F: Dermateaceae

Auf den abgefallenen Blättern von Stechpalmen wächst dieser Pilz in Eurasien und Nordamerika. Auf der Blattoberseite erscheinen Pünktchen, in denen Sporen gebildet werden.

schwarze Flecken

STERNRUSSTAU
Diplocarpon rosae
F: Dermateaceae

Häufig findet man diese Art in Eurasien und Nordamerika auf den Blättern von Rosen. Sie verursacht schwarze Flecken, die zu großen schwarzen Feldern verschmelzen.

3–7 cm

TÄUSCHENDE ERDZUNGE
Geoglossum fallax
F: Geoglossaceae

Auf Wiesen in Eurasien und Nordamerika kommt dieser seltene Pilz vor. Er ist eine von mehreren Arten mit schwärzlichen abgeflachten Keulen, die man nur unter dem Mikroskop unterscheiden kann.

0,5–4 cm

SCHMUTZBECHERLING
Bulgaria inquinans
F: Bulgariaceae

Die Art ist in Eurasien und Nordamerika verbreitet. Der Becher ist außen braun, die Innenseite, die Sporen bildet, glatt, schwarz und gummiartig.

Sporen bildende Schicht

glatte Oberfläche

0,5–3 cm

ANEMONENBECHERLING
Dumontinia tuberosa
F: Sclerotiniaceae

Die in Eurasien häufige Art parasitiert vor allem an den Wurzelstöcken von Buschwindröschen. Auf einem langen Stiel sitzt ein brauner Becher.

0,5–3 cm

BLASSROTER GALLERTBECHER
Neobulgaria pura
F: Helotiaceae

Oft findet man diesen durchscheinenden Pilz in Eurasien auf umgestürzten Buchen. Er ist hellrosa bis blasslila. Die Scheiben sind oft deformiert, weil sie sehr dicht stehen.

0,2–1 cm

blassbraune Pusteln an befallener Frucht

FRUCHTFÄULE
Monilia fructigena
F: Sclerotiniaceae

Der in Eurasien sehr häufige Pilz befällt vor allem Apfel- und Birnbäume, aber auch *Prunus*-Arten, an denen er ebenfalls Fruchtfäule hervorruft.

1–3 mm

ZITRONENGELBES REISIGBECHERCHEN
Bisporella citrina
F: Helotiaceae

Diese Art ist auf toten Laubhölzern in Eurasien sehr verbreitet. Die Fruchtkörper erscheinen in Herden.

0,3–1 cm

GRÜNGELBES GALLERTKÄPPCHEN
Leotia lubrica
F: Leotiaceae

In Mischwäldern in Eurasien und Nordamerika gedeiht dieser Pilz häufig. Er hat einen lappigen Kopf, dessen Rand sich einrollt.

0,2–1 cm

KLEINSPORIGER GRÜNSPANBECHERLING
Chlorociboria aeruginascens
F: Helotiaceae

Die Becher der eurasisch-nordamerikanischen Art findet man selten, aber die grünen Verfärbungen auf totem Eichenholz sind leicht zu erkennen.

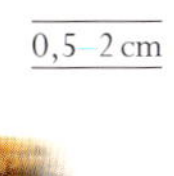

0,5–2 cm

GROSSSPORIGER GALLERTBECHERLING
Ascocoryne cylichnium
F: Helotiaceae

Auf totem Buchenholz in Eurasien ist diese Art recht häufig. Reif bildet sie gelatinöse unregelmäßige Scheiben.

SUMPF-HAUBENPILZ
Mitrula paludosa
F: Helotiaceae

Die Art, die in Eurasien und Nordamerika vorkommt, wächst im Frühjahr und Frühsommer auf Pflanzenresten in seichtem Wasser. Sie bildet einen rundlichen Kopf aus.

PEZIZALES

Mitglieder dieser Ordnung bilden Asci, die sich am Scheitel mit einem Deckel öffnen. Die Sporen werden ausgeschleudert. Zur Ordnung gehören einige Arten mit wirtschaftlicher Bedeutung, wie Morcheln, Lorcheln und Trüffeln.

0,5–2 cm

GROSSSPORIGER GALLERTBECHER
Geopora arenicola
F: Pyronemataceae
Der in Eurasien häufige ungenießbare Pilz ist schwierig zu entdecken, da er sich in sandigen Böden entwickelt. Er hat eine glatte Fruchtschicht auf der Becherinnenseite.

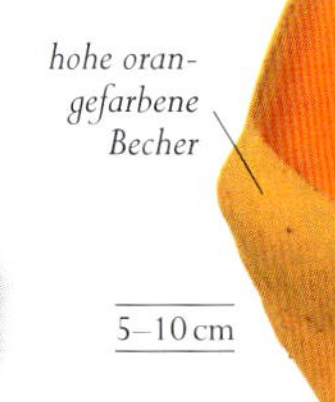

hohe orangefarbene Becher

5–10 cm

ESELSOHR
Otidea onotica
F: Pyronemataceae
In Laubwäldern in Eurasien und Nordamerika findet man die essbare seltene Art in Gruppen. Die großen Becher reißen auf einer Seite ein.

0,5–1 cm

GEWÖHNLICHER SCHILDBORSTLING
Scutellinia scutellata
F: Pyronemataceae
Eine von vielen ähnlichen ungenießbaren Arten wächst in Eurasien und Nordamerika auf morschem Holz. Die Becher haben einen Saum aus schwarzen Wimpern.

0,5–1,5 cm

KERNBRANDIGER NAPFBECHERLING
Tarzetta cupularis
F: Pyronemataceae
Die auf alkalischen Böden in Wäldern häufige, nicht essbare Art bildet kelchförmige, gestielte Becher.

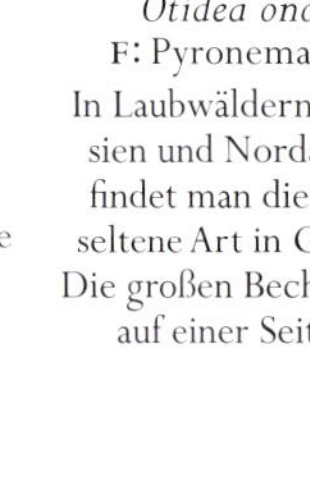

dunkelbrauner gerunzelter Hut

5–15 cm

FRÜHJAHRSLORCHEL
Gyromitra esculenta
F: Discinaceae
Die giftige Art kommt in ganz Nordamerika und Eurasien vor. Meist erscheint sie im Frühjahr unter Nadelbäumen. Die glänzend braunen Hüte erinnern an Gehirne.

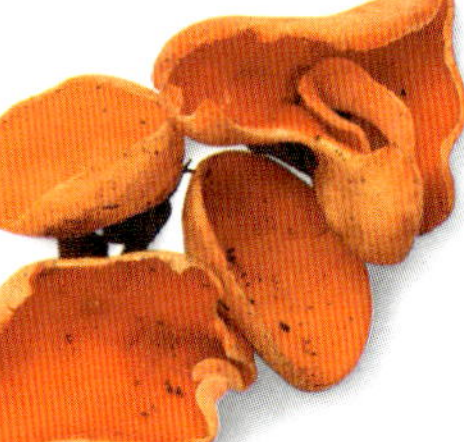

ORANGEBECHERLING
Aleuria aurantia
F: Pyronemataceae
Oft findet man diese unverwechselbare essbare Art in Eurasien und Nordamerika auf Pisten oder an Wegrändern. Sie bildet dünne orangefarbene Becher.

2–10 cm

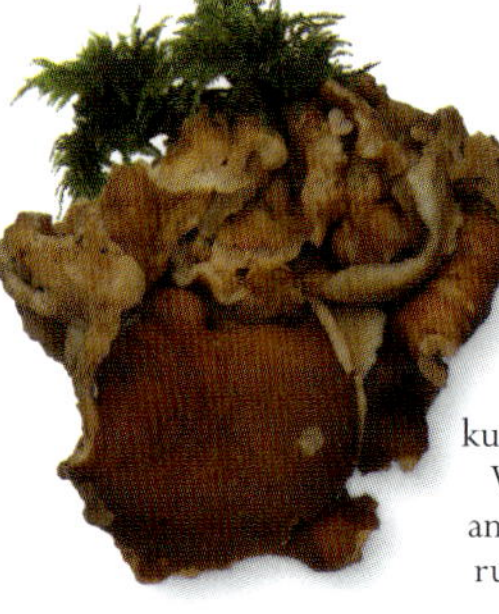

4–10 cm

MORCHELBECHERLING
Disciotis venosa
F: Morchellaceae
Im Frühjahr erscheint dieser kurzstielige essbare Pilz in feuchten Wäldern in Eurasien und Nordamerika. Er riecht nach Chlor. Die runzelige Innenseite ist braun, die Außenseite blass.

glatte Hutoberfläche

5–10 cm

FINGERHUT-VERPEL
Verpa conica
F: Morchellaceae
Der seltene, gekocht essbare Pilz wächst in Eurasien und Nordamerika in Wäldern und Hecken auf kalkhaltigen Böden. Der kleine Hut sitzt auf einem hohlen Stiel.

5–15 cm

KÄPPCHEN-MORCHEL
Morchella semilibera
F: Morchellaceae
Wie ein durchbrochener Fingerhut auf einem Stiel sieht diese essbare Morchel aus. Sie tritt im Frühjahr in Mischwäldern in Eurasien und Nordamerika häufig auf.

5–15 cm

SPITZMORCHEL
Morchella elata
F: Morchellaceae
Dieser geschützte Speisepilz ist in Eurasien und Nordamerika im Frühjahr in Wäldern häufig. Er hat einen hell rotbraunen bis schwarzen wabigen Hut und einen hohlen Stiel.

wabige Struktur

hohler Stiel

5–20 cm

SPEISEMORCHEL
Morchella esculenta
F: Morchellaceae
Der geschätzte Speisepilz erscheint im Frühjahr in Waldland auf kalkhaltigen Böden. Er ist in Nordamerika und Eurasien verbreitet. Der bienenwabenartige Hut und der Stiel sind hohl.

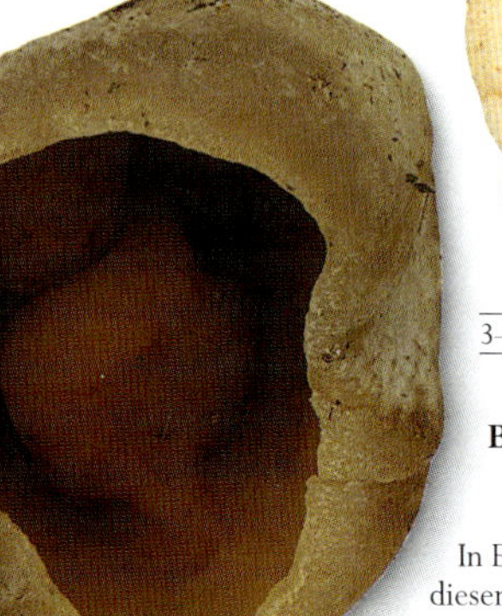

3–10 cm

BLASENBECHERLING
Peziza vesiculosa
F: Pezizaceae
In Eurasien und Nordamerika ist dieser Pilz verbreitet. Typischerweise wächst er auf Komposthaufen, Stroh oder Dung. Die brüchigen Becher haben unregelmäßige Ränder.

2,5–7,5 cm

KELLERBECHERLING
Peziza cerea
F: Pezizaceae
Die Becher der in Eurasien und Nordamerika verbreiteten Art erscheinen oft an feuchtem Mauerwerk. Innen sind sie dunkelockergelb, außen hell.

1,5–7 cm

KASTANIENBRAUNER BECHERLING
Peziza badia
F: Pezizaceae
Der häufige Pilz, eine von vielen ähnlichen, in Wäldern Eurasiens und Nordamerikas verbreiteten Art, wird im Alter braun.

PÉRIGORD-TRÜFFEL
Tuber melanosporum
F: Tuberaceae
Diese sehr geschätzte Trüffel wächst in der Mittelmeerregion in der Umgebung von Eichen unter der Erde. Zur Suche setzt man Hunde und Trüffelschweine ein.

WEISSE TRÜFFEL
Tuber magnatum
F: Tuberaceae
In Italien und Frankreich gilt diese Trüffel als Delikatesse. Sie wächst in Südeuropa in alkalischen Böden. Bei Wirtsbäumen wie Eichen und Pappeln kann sie durch Animpfen kultiviert werden.

SOMMERTRÜFFEL
Tuber aestivum
F: Tuberaceae
In Süd- und Mitteleuropa findet man diese begehrte unterirdisch wachsende Trüffel in der Nähe verschiedener Laubbäume.

SCHARLACHROTER KELCHBECHERLING
Sarcoscypha austriaca
F: Sarcoscyphaceae
Auf heruntergestürzten Ästen kann man die ungenießbare Art im Winter und zeitigen Frühjahr in Eurasien und Nordamerika finden. Die hochroten Becher sind außen hell.

HERBSTLORCHEL
Helvella crispa
F: Helvellaceae
Diese möglicherweise giftige Art ist in Mischwäldern in Eurasien und Nordamerika häufig. Der sattelförmige Hut sitzt auf einem gefurchten Stiel.

GRUBENLORCHEL
Helvella lacunosa
F: Helvellaceae
In Mischwäldern in Eurasien und Nordamerika kommt die ungenießbare Art vor. Sie hat einen gelappten dunklen Hut und einen gerippten Stiel.

EUROTIALES

Zu dieser Ordnung gehören die Gattungen *Penicillium* (die Quelle des Antibiotikums Penicillin) und *Aspergillus* (einige Mitglieder sind gefährliche Krankheitserreger, die Menschen befallen können).

WARZIGE HIRSCHTRÜFFEL
Elaphomyces granulatus
F: Elaphomycetaceae
In sandigen Böden unter Nadelgehölzen findet man den ungenießbaren rotbraunen Pilz. Er hat eine raue Oberfläche und im Inneren eine rotschwarze Sporenmasse.

RHYTISMATALES

Die Arten dieser Ordnung infizieren Pflanzenteile wie Blätter, Zweige, Rinde, weibliche Zapfen von Nadelgehölzen und manchmal Beeren. Viele Arten befallen die Nadeln von Koniferen. Am häufigsten sieht man wahrscheinlich die Teerfleckenkrankheit an Ahornbäumen.

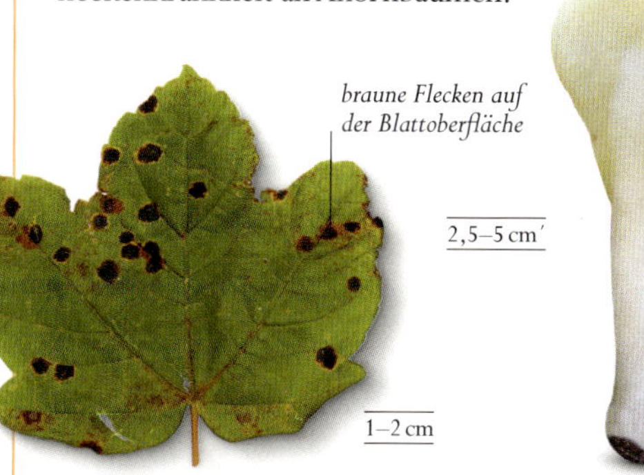

TEERFLECKENKRANKHEIT AN AHORN
Rhytisma acerinum
F: Rhytismataceae
An Ahorn-Arten in Nordamerika und Eurasien ruft der Pilz unregelmäßige Flecken mit hellen gelben Rändern hervor.

DOTTERGELBER SPATELING
Spathularia flavida
F: Cudoniaceae
Diesen Pilz findet man in feuchten Nadelwäldern in Eurasien und Nordamerika. Er bildet flache gelbe Köpfe.

TAPHRINALES

Zur Ordnung gehören viele Pflanzenparasiten. Die meisten Arten stehen in der Gattung *Taphrina*. Alle Arten haben zwei Stadien: Im saprophytischen Stadium sind sie hefeartig und vermehren sich durch Knospung. Im parasitischen Stadium erscheinen sie auf Pflanzengeweben und verursachen Gallen und verkrüppelte Blätter.

TAPHRINA BETULINA
F: Taphrinaceae
Die in Eurasien verbreitete Art befällt Birken und ruft Hexenbesen hervor. Bei dieser Krankheit bilden sich an den Enden der Äste dichte Büschel aus Zweigen.

20–95 cm

TAPHRINA DEFORMANS
F: Taphrinaceae
Der Pilz ist der Erreger der Kräuselkrankheit, er infiziert die meisten Pfirsich- und Nektarinen-Sorten in Eurasien und Nordamerika. Die befallenen Blätter sind eingerollt und färben sich oft violettrot.

14–40 cm

rote Flecken auf infiziertem Blatt

PLEOSPORALES

Typische Mitglieder dieser Ordnung bilden ihre Asci in flaschenähnlichen Fruchtkörpern. Die Asci haben eine zweischichtige Zellwand. Die Sporen werden ausgeschleudert. Viele Arten wachsen auf Pflanzen, andere sind Flechtenpartner.

LEPTOSPHAERIA ACUTA
F: Leptosphaeriaceae
Diese Art, die tote Stängel der Brennnessel befällt, ist in Eurasien und Nordamerika häufig. Sie bildet kleine, spitzkugelige Gebilde, die sich durch die Stängeloberfläche des Wirts schieben, um die Sporen auszuschleudern.

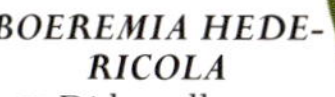

BIRNENSCHORF
Venturia pyrina
F: Venturiaceae
Dieser parasitische Pilz befällt ganze Birnenplantagen in Eurasien und Nordamerika und ruft Schorf hervor. Die Früchte verkrüppeln und fallen manchmal ab, bevor sie reif sind.

BOEREMIA HEDERICOLA
F: Didymellaceae
In Eurasien und Nordamerika verursacht der Pilz kreisförmige weiße Flecken auf den Blättern von Efeu, die braun werden und absterben.

FLECHTEN

Flechten überleben in den unwirtlichsten Gegenden, wie an Felsen, die der Meeresbrandung ausgesetzt sind, oder in Wüsten, wo nur die Steine selbst Lebensräume bieten. Sie sind Pionierorganismen und schaffen oft für nachfolgende Besiedler Wachstumsbedingungen.

STÄMME	ASCOMYCOTA BASIDIOMYCOTA
KLASSEN	10
ORDNUNGEN	15
FAMILIEN	40
ARTEN	etwa 18 000

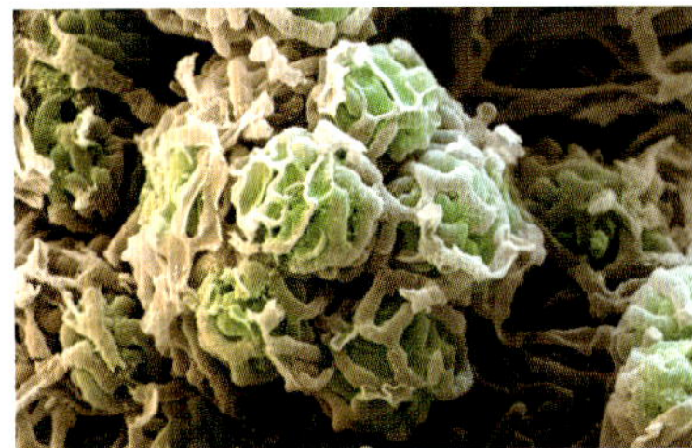

Soredien sind Bündel aus Pilzhyphen und Algenzellen. Sie dienen der ungeschlechtlichen Fortpflanzung.

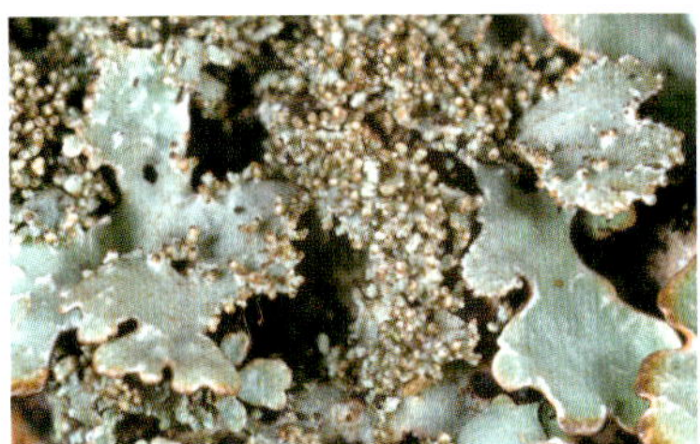

Isidien sind stiftförmige Verbreitungseinheiten, die abbrechen und zu neuen Flechten heranwachsen können.

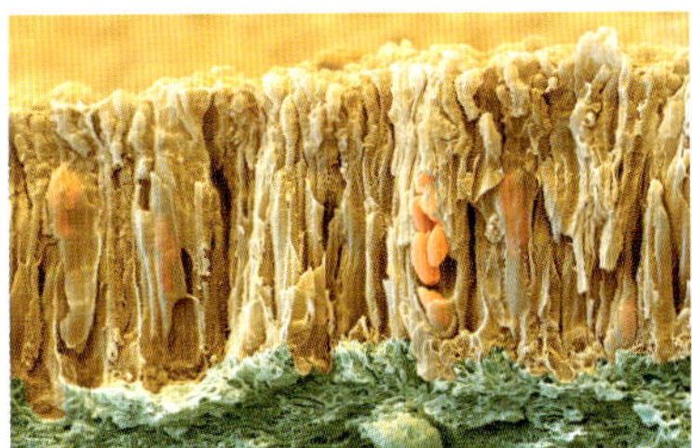

Hier sind sporenbildende Asci (Schläuche) unter dem Mikroskop zu sehen, darunter eine Algenschicht.

STREITFRAGE

EVOLUTION DER FLECHTEN

Wissenschaftler versuchen noch immer zu verstehen, wie und warum Pilze und Algen diese Lebensgemeinschaften gebildet haben. Vielleicht war es anfangs ein Angriff eines Partners auf den anderen, der sich dann zu einer Partnerschaft entwickelt hat. Nicht alle diese Gemeinschaften sind zum gegenseitigen Nutzen.

Eine Flechte ist keine einzelne Lebensform, sondern eine Lebensgemeinschaft aus einer Grünalge oder einem Cyanobakterium und einem Pilz, meist zum gegenseitigen Nutzen. Die Alge liefert Nährstoffe, die sie bei der Fotosynthese herstellt, der Pilz unterstützt die Alge bei der Wasser- und Mineralstoffaufnahme. Der Pilz ist meistens ein Vertreter der Schlauchpilze (Ascomycota), seltener der Basidienpilze (Basidiomycota). Die systematische Zuordnung der Flechten beruht auf der systematischen Stellung des beteiligten Pilzes. Typischerweise umschließt der Pilz die Algenzellen, die Fotosynthese betreiben. Die Gewebe der Flechten sind einzigartig, gemeinsam meistern beide Partner die extremsten Bedingungen. Flechten hat man nur 400 km vom Südpol entfernt gefunden, aber sie wachsen auch in unserer unmittelbaren Umgebung an Mauern, Felsen und Baumrinde.

Je nach Gestalt teilt man Flechten in drei Haupttypen ein: Krustenflechten mit Loben (Thalluslappen), Laubflechten und Strauchflechten. Aber es gibt auch Arten, die sich nicht in diese Kategorien einordnen lassen, wie Fadenflechten und Gallertflechten.

FORTPFLANZUNG

Viele Flechten pflanzen sich mit Sporen fort. Der Pilzpartner bildet sie, meistens in becher- oder scheibenförmigen Strukturen, den Apothecien. Sind die Sporen freigesetzt, müssen sie bei einem geeigneten Algenpartner landen, damit eine neue Flechte heranwachsen kann. Andere Flechten produzieren ihre Sporen in Gebilden, die man Perithecien nennt. Sie erinnern an winzige Vulkane und entlassen ihre Sporen durch ein Loch an der Spitze. Flechten können sich ungeschlechtlich durch Knospung oder abgebrochene Teile vermehren. Diese Gebilde, die sogenannten Soredien oder Isidien, enthalten sowohl Pilz- als auch Algenzellen. Landen diese in einem geeigneten Lebensraum, können neue Flechten wachsen. An Felsküsten in Nordamerika findet man riesige, mehrere Kilometer lange Flechtenkolonien. Es hat Jahrhunderte, vielleicht Jahrtausende gedauert, bis sie dieses Ausmaß erreicht haben.

EXTREME LEBENSRÄUME >

Diese *Rhizocarpon*-Art gehört zu den vielen Flechten, die unwirtliche Lebensräume wie trockene, exponierte Felsen besiedeln.

5–10 cm

ZITRONEN-SCHÖNFLECHTE
Caloplaca verruculifera
F: Teloschistaceae

Diese Flechte bildet ein rissig gegliedertes Lager mit Apothecien. Man findet sie an Felsen an Küsten in Eurasien und Nordamerika, oft dort, wo sich Vögel niedergelassen haben.

2,5–7,5 cm

GELBE GOLDFLECHTE
Teloschistes chrysophthalmus
F: Teloschistaceae

Die vom Aussterben bedrohte Flechte kommt in Eurasien, Amerika und in den Tropen vor. Sie wächst an Sträuchern und kleinen Bäumen in alten Hainen und Hecken. Am strauchigen Lager bilden sich orangerote Apothecien.

2,5–7,5 cm

rundliche Loben mit erhabenen Rändern

WAND-GELBFLECHTE
Xanthoria parientina
F: Teloschistaceae

An Bäumen, Mauern und Dächern in Nordamerika, Eurasien, Afrika und Australien findet man diese Flechte mit gelborangefarbenen Loben.

5–15 cm

GEWÖHNLICHER BAUMBART
Usnea filipendula
F: Parmeliaceae

Besonders in nordischen Regionen findet man diese Bartflechte. Sie bildet verzweigte Lager an Bäumen. An den Spitzen bilden sich Apothecien.

2,5–7,5 cm

SCHNEEFLECHTE
Flavocetraria nivalis
F: Parmeliaceae

In Heidegebieten und Mooren im Hochland gedeiht diese Flechte in Nordamerika und Eurasien. Sie hat bräunlich grüne Loben mit gezähnten Rändern.

2,5–7,5 cm

SCHÜSSELFLECHTE
Parmelia sulcata
F: Parmeliaceae

Diese Flechte hat ein blättriges graugrünes Lager. Die Fortpflanzungsstrukturen auf der Oberfläche sind pudrig. Man sieht sie in Nordamerika und Eurasien häufig an Baumrinde.

2,5–7,5 cm

PHYSCIA AIPOLIA
F: Physciaceae

Diese graue bis braungraue Flechte wächst in Eurasien und Amerika an Baumrinde. Sie bildet große Lager mit gelappten Rändern. Die Apothecien sind schwarz.

2,5–7,5 cm

RÖHRIGE BLASENFLECHTE
Hypogymnia tubulosa
F: Parmeliaceae

Diese Flechte wächst in Eurasien und Nordamerika an Zweigen und Baumstämmen. Die Loben sind oberseits graugrün und unterseits dunkel.

2,5–7,5 cm

LIPPEN-SCHÜSSELFLECHTE
Hypogymnia physodes
F: Parmeliaceae

Weltweit kommt diese Flechte an Bäumen, Felsen und Mauern vor. Die blass graugrünen Loben haben wellige Ränder. Die seltenen Apothecien sind rotbraun mit grauem Rand.

1–5 cm

ROTFRÜCHTIGE SÄULENFLECHTE
Cladonia floerkeana
F: Cladoniaceae

Die Art ist auf sumpfigen Böden in Eurasien und Nordamerika verbreitet. Sie bildet Krusten mit graugrünen Schuppen. An den Enden von Podetien erscheinen hochrote Apothecien.

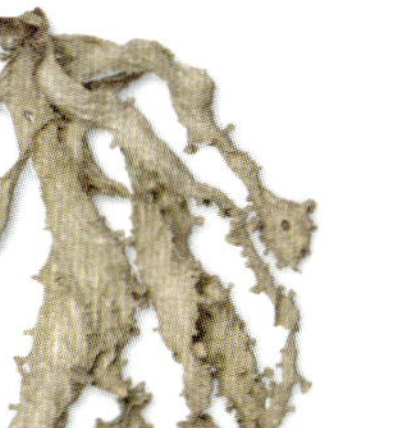

2,5–12,5 cm

GRUBIGE ASTFLECHTE
Ramalina fraxinea
F: Ramalinaceae

Diese Art wächst an Bäumen in Eurasien und Nordamerika. Sie bildet flache graugrüne Äste, die mit Apothecien besetzt sind.

2,5–10 cm

KUGELTRÄGERFLECHTE
Sphaerophorus globosus
F: Sphaerophoraceae

An Felsen in Bergregionen im Norden Eurasiens und Nordamerikas entwickelt diese Flechte dichte strauchige Lager mit kopfartig verdickten Fruchtkörpern.

2,5–10 cm

TEPHROMELA ATRA
F: Mycoblastaceae

Diese Flechte bildet ein graues krustenförmiges Lager, das wie trockener Haferbrei aussieht. Die Apothecien sind schwärzlich. Man findet die Art an exponierten Felsen in Nordamerika und Eurasien.

2,5–10 cm

MAUER-KRUSTENFLECHTE
Lecanora muralis
F: Lecanoraceae

Häufig findet man diese Flechte auf Beton und Felsen. Das krustenförmige Lager ist am Rand lappig. Die Art kommt in Eurasien und Nordamerika vor.

2,5–10 cm

GRAUE RENTIERFLECHTE
Cladonia portentosa
F: Cladoniaceae

Dies ist eine von mehreren Rentierflechten. Sie ist in Heidegebieten und Mooren in Nordamerika und Eurasien verbreitet. Die dünnen, hohlen Äste sind mehrfach verzweigt.

5–50 cm

VERRUCARIA MAURA
F: Verrucariaceae
Diese Flechte kommt an Klippen in Eurasien und Nordamerika vor. Auf der dunkelgrauen, aufgesprungenen Kruste bilden sich Apothecien.

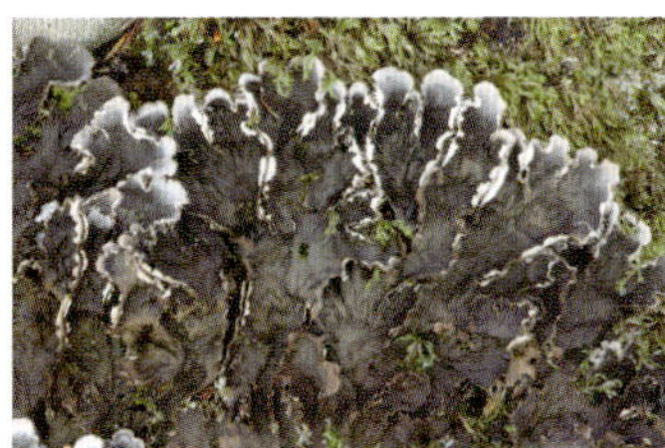

20–30 cm

SCHUPPEN-HUNDSFLECHTE
Peltigera praetextata
F: Peltigeraceae
Diese Flechte, die grauschwarze Loben mit helleren Rändern formt, wächst an Felsen in Eurasien und Nordamerika.

2,5–5 cm

COLLEMA FURFURACEUM
F: Collemataceae
Diese Flechte bildet gelatinöse runzelige Loben. Man findet sie in Eurasien und Nordamerika in Gebieten mit starken Regenfällen an Felsen und Bäumen.

verzweigte grüne Loben

5–15 cm

BRAUNE LUNGENFLECHTE
Lobaria pulmonaria
F: Lobariaceae
In Eurasien, Nordamerika und Afrika kommt diese Art v. a. an Baumrinde in Küstenregionen vor. Sie wird wegen Lebensraumverlust seltener. Die Lappen sind unterseits orangefarben.

5–20 cm

PUSTELFÖRMIGE NABELFLECHTE
Lasallia pustulata
F: Umbilicariaceae
Die Flechte aus Eurasien und Nordamerika bildet auf nährstoffreichen Felsen (durch Staub oder Vogeldung) an Küsten oder im Inland Bestände. Die Oberseite ist graubraun mit vielen ovalen Pusteln.

2,5–7,5 cm

UMBILICARIA POLYPHYLLA
F: Umbilicariaceae
Diese an Felsen in Gebirgen häufige Art ist in Eurasien und Nordamerika verbreitet. Sie hat glatte breite Loben, die oberseits dunkelbraun und unterseits schwarz sind.

5–10 cm

Durch schlitzförmige Öffnungen werden Sporen entlassen.

SCHRIFTFLECHTE
Graphis scripta
F: Graphidaceae
Oft sieht man die Schriftflechte in Nordamerika und Eurasien an Baumrinde. Sie bildet eine dünne graugrüne Kruste mit schlitzförmigen Öffnungen.

2,5–7,5 cm

PERTUSARIA PERTUSA
F: Pertusariaceae
An Baumrinde ist diese Flechte in Eurasien und Nordamerika häufig. Sie bildet graue Krusten mit hellen Rändern, die mit Warzen und kleinen Öffnungen bedeckt sind.

2,5–10 cm

LECIDEA FUSCOATRA
F: Lecideaceae
Die Flechte ist an Silikatfelsen und alten Ziegelmauern in Nordamerika und Eurasien häufig. Sie bildet graue, aufgesprungene Krusten mit eingesunkenen schwarzen Apothecien.

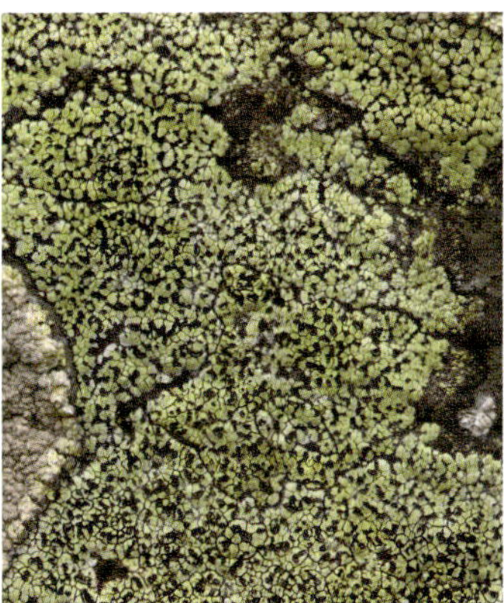

5–65 mm

LANDKARTENFLECHTE
Rhizocarpon geographicum
F: Rhizocarpaceae
In nordischen Regionen und in der Antarktis ist diese Flechte auf Felsen in Gebirgen verbreitet. Sie bildet krustige gelbgrüne Lager mit schwarzen Vorlagern, die Sporen freisetzen. Die Flechte ist durch Risse in kleine Felder geteilt.

5–20 cm

OCHROLECHIA PARELLA
F: Ochrolechiaceae
Diese Flechte bildet an Mauern und Felsen in Nordamerika und Eurasien krustige Lager. An der Oberfläche findet man meist viele rosabraune Apothecien.

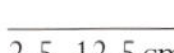

2,5–12,5 cm

pilzförmige Apothecien

BRAUNE KÖPFCHENFLECHTE
Baeomyces rufus
F: Baeomycetaceae
Diese Flechte bildet auf sandigen Böden und an Felsen krustenförmige Lager. Die braunen pilzförmigen gestielten Apothecien sind einige Millimeter hoch. Man findet die Art in Eurasien und Nordamerika.

TIERE

Die Tiere bilden das größte Reich. Da sie Nahrung aufnehmen und sich vor ihren Fressfeinden schützen müssen, reagieren sie auf einzigartige Weise auf die Welt, die sie umgibt. Die meisten Tiere sind Wirbellose. Säugetiere und andere Chordatiere sind meist größer, kräftiger und schneller.

» 248

WIRBELLOSE

Zu den Wirbellosen gehören Tiere mit vielen verschiedenen Bauplänen. Die größte Gruppe bilden die Insekten. Andere Gruppen sind die Nesseltiere, verschiedene Würmer und die Weichtiere.

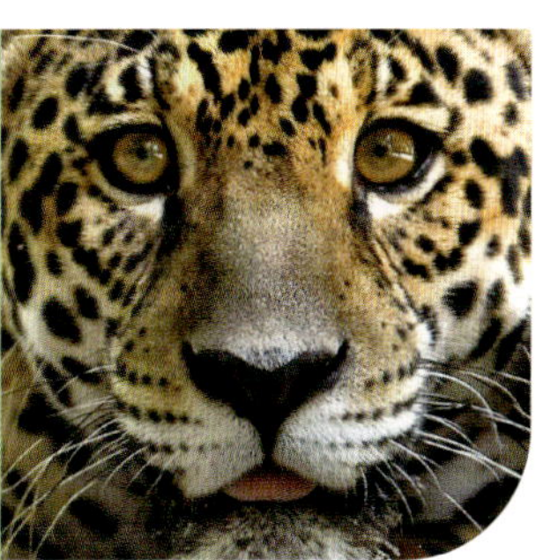

» 318

CHORDATIERE

Die meisten der größten Tiere sind Chordatiere. Viele von ihnen tragen ein Fell, Federn oder ein Schuppenkleid. Fast alle haben ein knöchernes Skelett mit einer Wirbelsäule.

WIRBELLOSE

Mit fast zwei Millionen bisher bekannten Arten bilden die Tiere das größte Reich. Die meisten Arten sind Wirbellose (Tiere ohne Wirbelsäule). Diese Gruppe ist sehr vielfältig. Einige Mitglieder sind winzig, die größten über 10 m lang.

Die ersten Tiere auf der Erde waren Wirbellose. Sie waren klein und lebten im Wasser. Diese Merkmale zeigen viele der heute lebenden Arten noch heute. Im Kambrium, das vor rund 488 Millionen Jahren endete, entstanden geradezu explosionsartig neue Tiergruppen. Lebewesen mit vielen verschiedenen Gestalten und unterschiedlichen Lebensweisen entwickelten sich damals. Fast alle großen Gruppen (oder Stämme) der Wirbellosen, die heute auf der Erde leben, entwickelten sich damals.

GROSSE VIELFALT

Es gibt kein typisches wirbelloses Tier und viele der Stämme weisen nur wenige gemeinsame morphologische Merkmale auf. Die einfachsten Formen haben weder Kopf noch Gehirn. Viele besitzen ein sogenanntes Hydroskelett. Gliederfüßer hingegen haben gut entwickelte Nervensysteme und leistungsfähige Sinnesorgane, wie Komplexaugen. An ihrem Außenskelett sitzen gegliederte Beine. Dieser Bauplan erwies sich als sehr erfolgreich, die Gliederfüßer konnten jeden natürlichen Lebensraum im Wasser, an Land und in der Luft besiedeln. Unter den Wirbellosen sind auch Tiere mit harten Schalen und solche, die ein Skelett aus mineralischen Strukturen haben. Anders als die Wirbeltiere besitzt aber keine der Gruppen ein knöchernes Innenskelett.

LEBENSZYKLEN

Die meisten Wirbellosen entwickeln sich aus Eiern. Einige sehen beim Schlüpfen bereits wie Miniaturausgaben ihrer Eltern aus, bei vielen anderen unterscheidet sich das Jugendstadium stark vom erwachsenen Tier. Seeigel-Larven etwa treiben im Wasser und filtern Nahrungspartikel aus dem Meer, während adulte Seeigel Algen von Gesteinen abweiden. Diese Metamorphose kann allmählich oder sehr schnell vonstattengehen. Im zweiten Fall wird der Körper der Larve gleichsam aufgelöst und zum erwachsenen Körper umgebildet. Wirbellose, die eine Metamorphose durchlaufen, können in verschiedenen Stadien unterschiedliche Nahrungsquellen nutzen und sich oft besser ausbreiten.

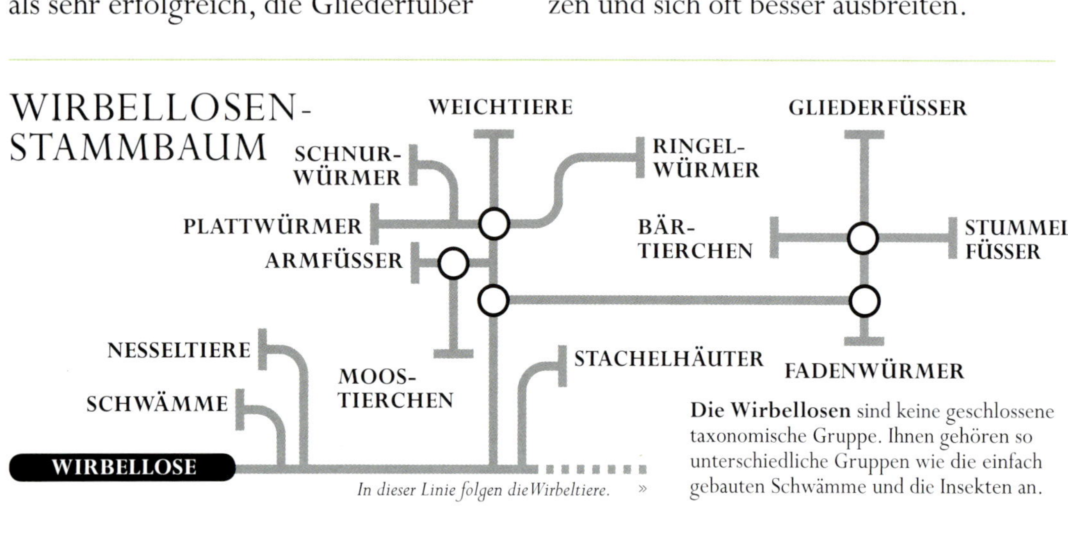

Die Wirbellosen sind keine geschlossene taxonomische Gruppe. Ihnen gehören so unterschiedliche Gruppen wie die einfach gebauten Schwämme und die Insekten an.

SCHWÄMME
Schwämme (Porifera) gehören zu den am einfachsten gebauten Tieren. Ein inneres Skelett aus mineralischen Strukturen stützt ihren Körper. Zum Stamm Porifera gehören etwa 15 000 Arten.

GLIEDERFÜSSER
Der Stamm Gliederfüßer (Arthropoda) ist der größte im Tierreich. Über eine Million Arten sind bekannt, darunter Insekten, Spinnentiere, Hundert- und Tausendfüßer.

NESSELTIERE
Die Mitglieder des Stamms Nesseltiere (Cnidaria) sind Wirbellose mit weichen Körpern. Die meisten der 11 000 bekannten Arten leben im Meer.

PLATTWÜRMER
Zum Stamm Plattwürmer (Plathelminthes) gehören etwa 20 000 Arten. Sie haben flache, dünne Körper. Kopf und Hinterende kann man bei dieser Gruppe unterscheiden.

RINGELWÜRMER
Dem Stamm Ringelwürmer (Annelida) gehören etwa 15 000 Arten an. Ihre Körper sind in Segmente untergliedert. Regenwürmer und Egel sind Annelida.

KREBSTIERE
Die vorwiegend aquatischen Krebstiere (Crustacea) sind Gliederfüßer, die mit Kiemen atmen. Ihnen gehören über 50 000 Arten an, darunter Krabben und Garnelen.

WEICHTIERE
Zum sehr vielfältigen Stamm Weichtiere (Mollusca) gehören etwa 110 000 Arten, darunter die Schnecken, Muscheln und Kopffüßer wie Kraken und Kalmare.

STACHELHÄUTER
An ihrer fünfstrahligen Radiärsymmetrie erkennt man die Mitglieder des Stamms Stachelhäuter (Echinodermata). Kleine Kalkplatten bilden ihre Hautskelette.

SCHWÄMME

Schwämme sind einfach gebaut. Adulte Schwämme sitzen an Felsen oder Korallen fest. Die meisten Arten kommen im Meer vor, einige in Süßgewässern.

Manche Arten der Schwämme (Porifera) bilden dünne Krusten, andere entwickeln sich zu riesigen, vasenförmigen Gebilden. Alle haben jedoch denselben Grundbauplan: Sie bestehen aus verschiedenen spezialisierten Zelltypen, haben aber keine Organe.

Ein Schwamm ist von einem System aus Kanälen durchzogen. Wasser gelangt durch Poren in den Körper. In Hohlräumen oder Geißelkammern werden Nahrungspartikel wie Plankton-Organismen filtriert und einverleibt. Durch Öffnungen, die Oscula, werden Abfallstoffe ausgeschieden.

Manche Schwämme sind weich, andere hart wie Stein. Ihr Stützskelett besteht aus kleinen Spicula aus Silicium oder Calcium-Carbonat. Jede Art besitzt typisch geformte Spicula.

STAMM	PORIFERA
KLASSEN	3
ORDNUNGEN	24
FAMILIEN	127
ARTEN	etwa 15 000

BLAUER SCHWAMM
Haliclona spec.
F: Chalinidae
Diese Art ist einer der wenigen blauen Schwämme. Sie wächst im Norden Borneos in Gruppen an Korallenriffen und auf Felsen.

KALKSCHWÄMME

Die Skelette der Kalkschwämme oder Calcera sind aus meist sternförmigen calcitischen Spicula aufgebaut. Sie bestehen aus je drei oder vier spitzen Strahlen, sind aber unterschiedlich geformt. Die meisten Kalkschwämme sind klein und unregelmäßig oder wie Röhren geformt.

GELBER SCHWAMM
Leucetta chagosensis
F: Leucettidae
An steilen Korallenriffen im westlichen Pazifik bildet dieser beutelförmige Schwamm bunte Farbtupfer.

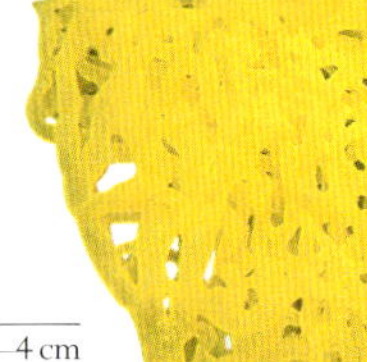

CLATHRINA CLATHRUS
F: Clathrinidae
Aus vielen Röhren mit nur wenigen Millimetern Durchmesser setzt sich dieser gelbe Schwamm zusammen, den man im nordöstlichen Atlantik findet.

PAPILLEN-KALKSCHWAMM
Sycon ciliatum
F: Sycettidae
Dieser hohle Schwamm ist an Küsten des nordöstlichen Atlantiks verbreitet. Spitze Spicula aus Kalk umgeben das Osculum.

LEUCONIA NIVEA
F: Baeriidae
Die Form dieses Schwamms aus dem nordöstlichen Atlantik kann gelappt, kissen- oder krustenartig sein. Man findet ihn an Stellen mit starker Wasserbewegung.

***GRANTESSA* SPEC.**
F: Heteropiidae
Dieser zierliche Schwamm ist wie ein kleiner Flaschenkürbis geformt. Er wächst an flachen Riffen um Malaysia und Indonesien zwischen Korallen.

HORNSCHWÄMME

Rund 95 % aller Schwamm-Arten gehören der Klasse Hornschwämme (Demospongiae) an. Obwohl sie unterschiedlich aussehen, haben die meisten ein Skelett, das aus Spicula aus Siliciumdioxid und dem elastischen Kollagen Spongin besteht. Einige krustenbildende Arten bilden kein Skelett aus.

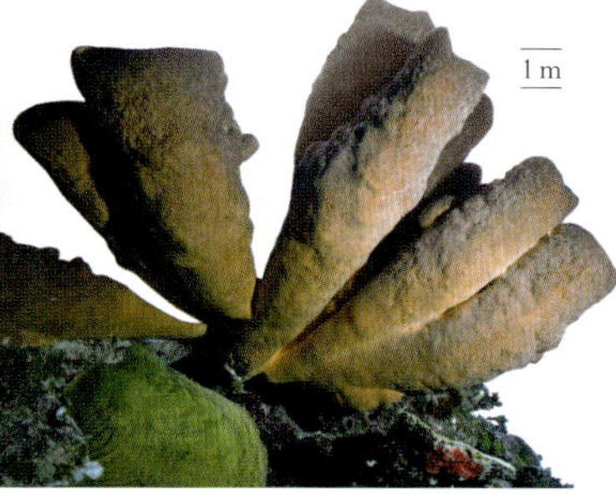

AGELAS TUBULATA
F: Agelasidae
Dieser Schwamm besteht aus ungleichmäßigen braunen Röhren. An Riffen in der Karibik und um die Bahamas ist er häufig.

MITTELMEER-BADESCHWAMM
Spongia officinalis adriatica
F: Spongiidae
Dieser Schwamm hat ein elastisches Sponginskelett. Es behält seine Form, nachdem er gereinigt und getrocknet wurde. Er wird als Badeschwamm verwendet.

PACHYMATISMA JOHNSTONIA
F: Geodiidae
Die Körper dieses recht harten Schwamms bedecken manchmal große Stellen an Felsen oder Schiffswracks. Er kommt in klaren Küstengewässern im nordöstlichen Atlantik vor.

BEERENSCHWAMM
Paratetilla bacca
F: Tetillidae
Die Art ist eine von vielen tropischen kugeligen Schwämmen. Sie wächst an Korallenriffen im westlichen Pazifik.

GIFTIGER FINGERSCHWAMM
Negombata magnifica
F: Podospongiidae
Versuche, diesen Schwamm zu züchten, zeigen Erfolge. Inhaltsstoffe sind von medizinischer Bedeutung.

50 cm

GELBER BOHRSCHWAMM
Cliona celata
F: Clionaidae

Ein großer Teil dieses europäischen Schwamms bleibt verborgen, denn er durchdringt Kalkschalen und -steine. An der Oberfläche bildet er gelbe klumpige Körper.

15–30 cm

ROTER BOHRSCHWAMM
Cliona delitrix
F: Clionaidae

Das Wasser tritt bei diesem karibischen Schwamm durch mehrere große Oscula aus (wie abgebildet). Der Schwamm bohrt sich in Korallen, indem er eine Säure absondert.

30–40 cm

CALLYSPONGIA RAMOSA
F: Callyspongiidae

Chemische Stoffe verleihen diesem Schwamm aus dem tropischen Pazifik seine auffällige Farbe. Extrakte finden in der Pharmaindustrie Verwendung.

30 cm

BROTKRUMENSCHWAMM
Halichondria panicea
F: Halichondriidae

Dieser Schwamm bildet an Felsenstränden und in seichtem Wasser im nordöstlichen Atlantik Krusten. Symbiontische Algen verleihen ihm seine Farbe.

1–2 cm

SPIRASTRELLA CUNCTATRIX
F: Spirastrellidae

Dies ist einer von vielen bunten, Krusten bildenden Schwämmen. Die Art bedeckt im Mittelmeer und im Nordatlantik Felsen in Küstennähe.

45 cm

AZURBLAUER VASENSCHWAMM
Callyspongia plicifera
F: Callyspongiidae

In der Karibik ist diese Art häufig. Die hellblauen oder violetten Vasen bilden an Riffen Farbtupfer. Die Oberfläche ist mit Graten skulpturiert.

5–10 cm

***NIPHATES* SPEC.**
F: Niphatidae

Wie viele Schwämme bildet diese Art unregelmäßige Gebilde und Krusten. Die Oberfläche ist mit kleinen Spitzen bedeckt.

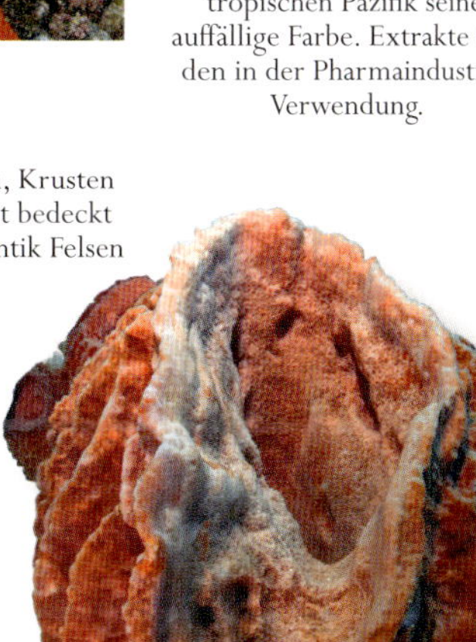

30 cm

ROSA VASENSCHWAMM
Niphates digitalis
F: Niphatidae

Dieser karibische Riffschwamm bildet eine Röhre oder eine offene Vase. Oft sitzen kleine Seeanemonen auf der rauen Oberfläche.

2 m

FASS-SCHWAMM
Xestospongia testudinaria
F: Petrosiidae

Fische und Wirbellose leben auf und in diesem riesigen Schwamm aus dem Indopazifik. In manchen Exemplaren findet ein Taucher Platz.

GLASSCHWÄMME

Die Glasschwämme (Hexactinellida) sind eine kleine Gruppe von Schwämmen, von denen die meisten in großer Tiefe vorkommen. Manche Glasschwämme bilden riffähnliche, bis 20 m hohe Gebilde. Die sechsstrahligen sternförmigen Spicula sind meistens zu einem festen Gerüst verschmolzen.

35 cm

GIESSKANNENSCHWAMM
Euplectella aspergillum
F: Euplectellidae

In über 150 m Tiefe in tropischen Ozeanen kommt dieser Schwamm vor. In der zweiten Hälfte des 19. Jahrhunderts sammelte man die zarten Skelette.

Skelett aus Spicula

48–80 cm

HYALONEMA SIEBOLDI
F: Hyalonematidae

Dieser Glasschwamm kommt in großen Tiefen vor. Er hat einen langen, dünnen Stiel, der ihn über den Schlamm erhebt.

10 cm

GEWEIHSCHWAMM
Axinella damicornis
F: Axinellidae

Dieser häufige hellgelbe Schwamm kommt im Mittelmeer, an steilen Felsen an den irischen Küsten und an der Westküste Großbritanniens vor.

APLYSINA ARCHERI
F: Aplysinidae

Die eleganten langen Röhren dieser Art schwanken sanft in der Strömung. Sie wächst an Riffen in der Karibik.

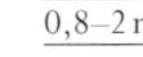

0,8–2 m

NESSELTIERE

Zum Stamm Cnidaria gehören Quallen, Korallen und Seeanemonen. Ihre Tentakel sind mit Nesselzellen besetzt. Damit fangen sie ihre Beute, die sie in einem einfachen Gastralraum verdauen.

Alle Nesseltiere (Cnidaria) sind aquatisch, die meisten leben im Meer. Sie bilden zwei Generationen, die unterschiedlich gebaut sind: ein freischwimmendes Medusenstadium (zum Beispiel eine Qualle) und einen festsitzendes Polypenstadium (zum Beispiel eine Seeanemone). Weder Medusen noch Polypen haben einen Kopf. Tentakel umgeben die einzige Öffnung des Gastralraums.

Das Nervensystem ist einfach, ohne Gehirn. Das Verhalten der Tiere ist deshalb meist nicht komplex. Zwar sind die Tiere Fleischfresser, sie können ihre Beute aber nicht aktiv verfolgen (möglicherweise sind Würfelquallen eine Ausnahme). Die meisten Arten erbeuten Tiere, die in die Reichweite ihrer Tentakel schwimmen.

NESSELZELLEN

Die äußere Körperschicht der Nesseltiere – bei einigen Arten auch die innere – ist mit vielen kleinen, für den Tierstamm typischen Nesselzellen durchsetzt. An den Tentakeln sind diese Nesselzellen konzentriert. Bei Berührung oder durch ein chemisches Signal (beim Kontakt mit Beute oder einem Angriff) wird ein kleiner Schlauch ausgeschleudert, der wie eine Harpune Gift in das Fleisch des Opfers injiziert. Einige Nesselzellen können menschliche Haut durchschlagen und rufen starke Schmerzen hervor. Die meisten Nesseltiere sind aber für Menschen ungefährlich.

DER LEBENSZYKLUS

Viele Nesseltiere haben einen Lebenszyklus mit zwei Generationen: Ein Polypen- und ein Medusenstadium. Meist dominiert eine der beiden Formen und bei einigen Gruppen wird nur eine Generation ausgebildet. Die freischwimmende Meduse ist das geschlechtliche Stadium. Bei den meisten Arten findet eine äußere Befruchtung statt: Die Spermien und Eier werden ins Wasser abgegeben. Nach der Befruchtung entwickeln sich planktonische Larven. Sie setzen sich schließlich am Substrat fest und wachsen zu Polypen heran. Manche Polypen schnüren ungeschlechtlich eine neue Medusengeneration ab.

STAMM	CNIDARIA
KLASSEN	4
ORDNUNGEN	22
FAMILIEN	278
ARTEN	11 300

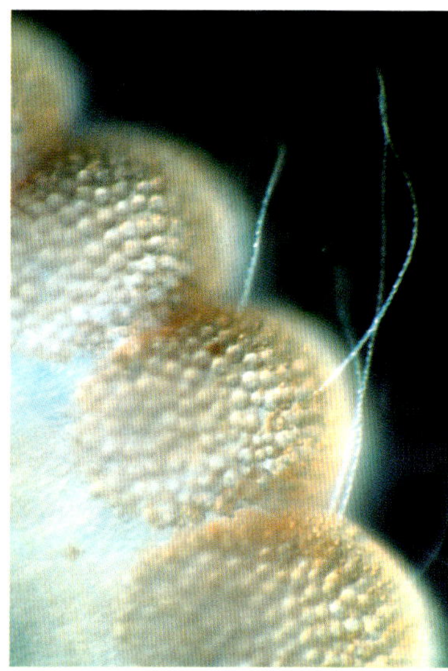

Hier sind Nesselzellen in starker Vergrößerung zu sehen, die ihre Schläuche ausgeschleudert haben.

WÜRFELQUALLEN

Die Mitglieder der Klasse Würfelquallen (Cubozoa) kommen in tropischen und subtropischen Gewässern vor. Anders als andere Quallen können sie ihre Geschwindigkeit und die Richtung, in die sie sich fortbewegen, besser steuern, statt sich passiv mit den Strömungen verdriften zu lassen. Würfelquallen haben Augen, die in Gruppen an den Seiten des transparenten Schirms sitzen. Sie sehen so viel, dass sie Hindernisse meiden und Beute erkennen können.

Schirm

0,3–3 m

SEEWESPE
Chironex fleckeri
F: Chirodropidae
Diese Art aus dem Indopazifik ist die größte Würfelqualle. Für Menschen ist der Kontakt mit ihr besonders schmerzhaft. Es kam bereits zu Todesfällen.

SCHEIBENQUALLEN

Die Qualle ist das Medusenstadium im Lebenszyklus der Arten aus der Klasse Scheibenquallen (Scyphozoa). Das Polypenstadium ist reduziert oder fehlt bei einigen Formen der Tiefsee ganz. Bei der sogenannten Strobilation werden neue kleine Medusen abgeschnürt.

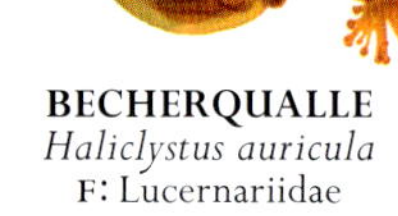

4 cm

BECHERQUALLE
Haliclystus auricula
F: Lucernariidae
Obwohl sie wie ein festsitzender Polyp lebt, gehört diese Art des Nordatlantiks zu den Medusen. Sie ist wahrscheinlich nahe mit den Würfelquallen verwandt.

20–30 cm

MANGROVENQUALLE
Cassiopea andromeda
F: Cassiopeidae
Oberflächlich ähnelt diese Wurzelmundqualle, die im Indopazifik vorkommt, einer Seeanemone. Sie lebt am Grund von Lagunen. Die Mundöffnung weist nach oben und der Schirm pulsiert, um einen Wasserstrom zu erzeugen.

20–40 cm

OHRENQUALLE
Aurelia aurita
F: Ulmaridae
Diese weltweit verbreitete Gattung hat vier lange »Arme« und feine Tentakel am Schirmrand. Ohrenquallen pflanzen sich in Küstennähe fort. Die Polypen setzen sich in Ästuaren fest.

10–20 cm

KRONENQUALLE
Periphylla periphylla
F: Periphyllidae
Dies ist eine von vielen wenig bekannten Arten einer Gruppe von Quallen, die in der Tiefsee leben. Der Schirm hat einen gelappten Rand.

45–70 cm

GEPUNKTETE WURZELMUNDQUALLE
Phyllorhiza punctata
F: Mastigiidae
Diese Art ist im Westpazifik heimisch, wurde aber in Nordamerika eingeschleppt, wo sie Fischern mitunter Probleme bereitet.

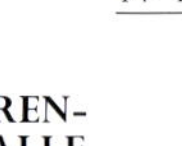

14–16 cm

MASTIGIAS PAPUA
F: Mastigiidae
Wie andere Wurzelmundquallen fängt diese Art, die Algen enthält, Plankton-Organismen mit Schleim. Im Südpazifik trifft man sie in Lagunen auf Inseln an.

HYDROZOEN

Die meisten Tiere der Klasse Hydrozoen (Hydrozoa) leben als verzweigte Kolonien im Meer. Ihre ungegliederten Hohlräume weisen eine Öffnung auf. Manche verankern sich mit kriechenden sogenannten Stolonen an Oberflächen. Viele Arten bilden eine Medusengeneration aus, nicht jedoch Süßwasserpolypen der Gattung *Hydra*. Stattdessen entwickeln sich die Eier und Spermien direkt in den zylindrischen Polypen.

STACHELPOLYP
Hydractinia echinata
F: Hydractiniidae
Zu einer Familie stacheliger Hydrozoen, die in Kolonien leben, gehört diese Art aus dem nordöstlichen Atlantik. Sie wächst auf Schneckenhäusern, die von Einsiedlerkrebsen bewohnt sind.

10 mm

STRAHLENQUALLE
Porpita porpita
F: Porpitidae
Diese quallenähnliche Art ist eine Hydrozoenkolonie tropischer Ozeane. Mitunter wird sie als stark modifizierter einzelner Polyp angesehen.

DISTICHOPORA VIOLACEA
F: Stylasteridae
Wie bei mehreren Hydrozoen sind die Polypen dieser Art auf verschiedene Aufgaben spezialisiert, wie die Nahrungsaufnahme oder Verteidigung.

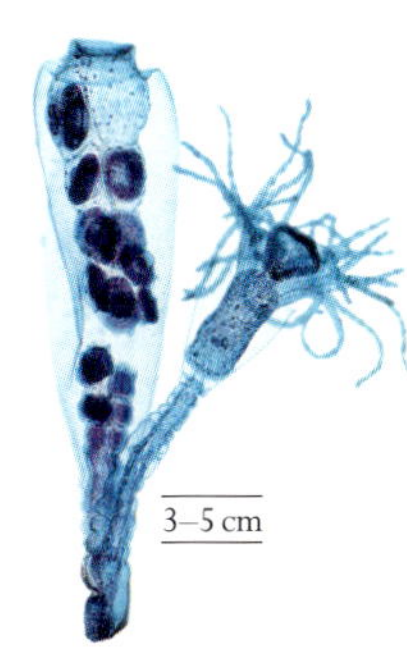

GLOCKENPOLYP
Obelia geniculata
F: Campanulariidae
Fast weltweit findet man diese Art, häufig an Algen in der Gezeitenzone. Die Kolonien wachsen zickzackförmig. Die Polypen sitzen in Theken an kriechenden Stolonen.

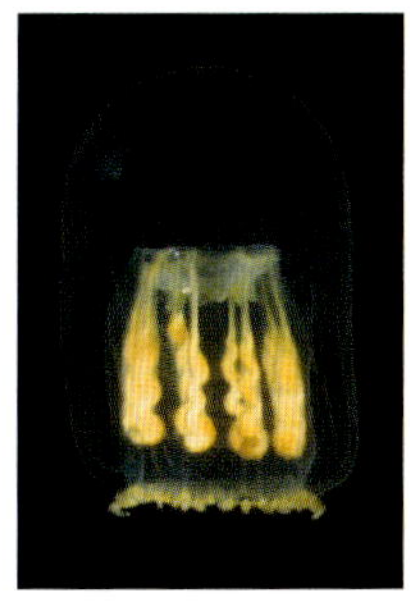

MELICERTUM OCTOCOSTATUM
F: Melicertidae
Im Nordatlantik und Nordpazifik kommt diese Art vor. Von ihr kennt man vor allem die Medusen.

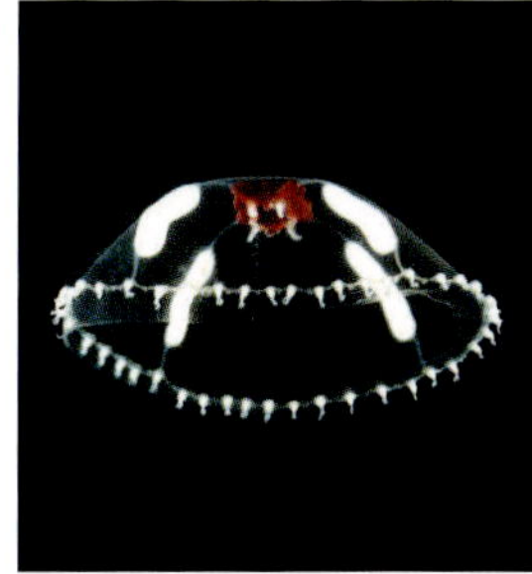

PHIALELLA QUADRATA
F: Phialellidae
Wie bei der verwandten *Obelia* schnüren Kolonien dieser weltweit verbreiteten Art freischwimmende Medusen ab, die sich geschlechtlich fortpflanzen.

PORTUGIESISCHE GALEERE
Physalia physalis
F: Physaliidae
Diese Hydrozoenkolonie, die ähnlich wie eine Qualle aussieht, lebt in den Ozeanen. An einem mit Gas gefüllten Segel hängen nesselnde Tentakeln und spezialisierte Polypen herab.

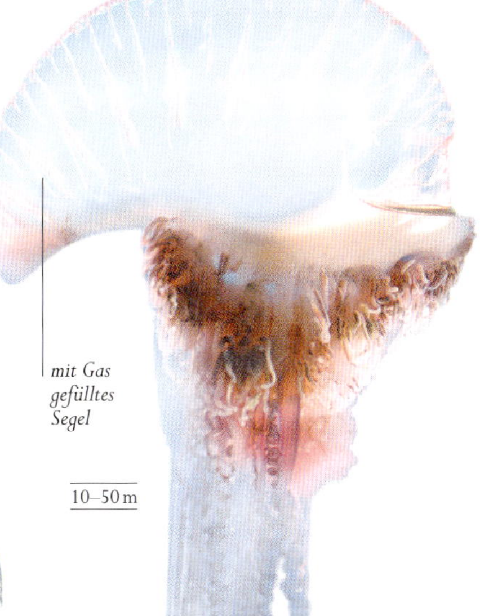

FEDER-HYDROID
Aglaophenia cupressina
F: Aglaopheniidae
Diese Art gehört zu einer Gruppe von Hydrozoen, bei denen die Polypen der Kolonie von einer stützenden Theka umgeben sind. Sie lebt im Indopazifik.

GELBE HAARQUALLE
Cyanea capillata
F: Cyaneidae
Die vielen Tentakel dieser großen Art arktischer Meere sind in dichten Gruppen angeordnet. Sie nesselt stark und erbeutet auch Fische.

BLAUE NESSELQUALLE
Cyanea lamarckii
F: Cyaneidae
Dieser kleinere Cousin der Gelben Haarqualle kommt im Nordatlantik vor und nesselt weniger stark. Er erbeutet Rippenquallen und andere Quallen.

40 cm

PHYSOPHORA HYDROSTATICA
F: Physophoridae
Diese weit verbreitete frei driftende Hydrozoenkolonie hat ein kleineres Segel als ihre Verwandte, die Portugiesische Galeere, dazu auffällige Schwimmglocken.

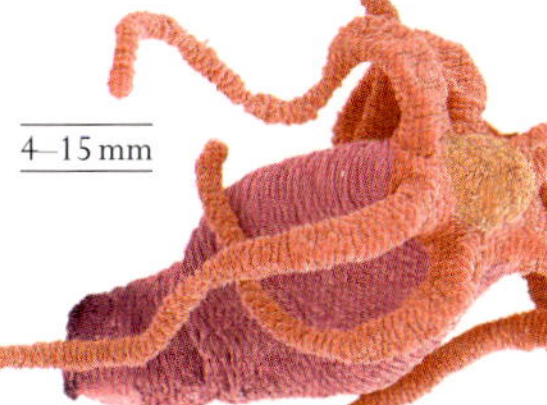

HYDRA VULGARIS
F: Hydridae
Hydra-Arten bilden keine Medusen-Generation aus. Die kleinen Süßwasserpolypen pflanzen sich ungeschlechtlich durch Knospung fort. Diese Kaltwasser-Art ist in weiten Teilen der Erde verbreitet. Hier ist sie in falschen Farben abgebildet.

***TUBULARIA* SPEC.**
F: Tubulariidae
Bei der Gattung *Tubularia* sitzen die Polypen an langen Stielen und haben zwei Tentakelringe, einen an der Basis und einen um den Mund.

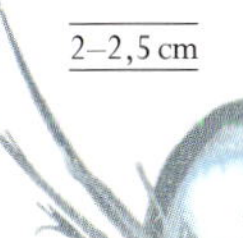

FEUERKORALLE
Millepora spec.
F: Milleporidae
Wie andere Mitglieder ihrer Familie bildet diese Art, die stark nesselt, ein verkalktes Skelett und ist eine Riffbildnerin. Sie ist entfernt mit den Steinkorallen verwandt.

SÜSSWASSERQUALLE
Craspedacusta sowerbyi
F: Olindiasidae
Weltweit kommt diese Art sporadisch in Süßwasserteichen und Bächen vor. Die Polypen sind klein, die Medusen-Generation dominiert.

ANEMONEN UND KORALLEN

Die Blumentiere (Anthozoa) bilden kein freischwimmendes Medusenstadium aus wie andere Nesseltiere, die meisten Arten sitzen während ihres ganzen Lebens fest. Die Polypen, die oft an Blumen erinnern, bilden Spermien und Eier. Zu den Mitgliedern dieser Klasse gehören solitäre Seeanemonen, Seefedern, die in Kolonien leben, Weichkorallen und Steinkorallen, die tropische Riffe bilden.

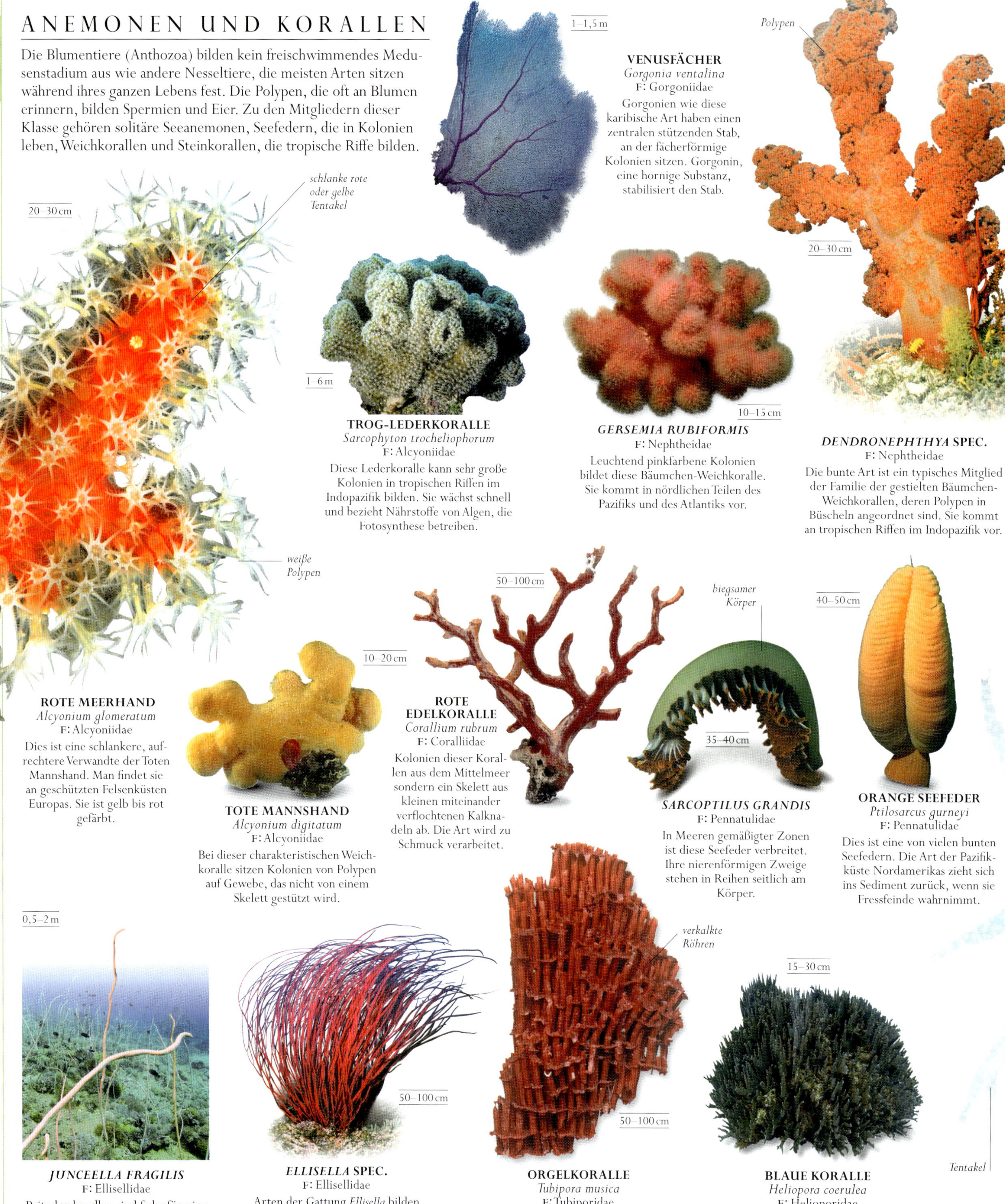

VENUSFÄCHER
Gorgonia ventalina
F: Gorgoniidae
Gorgonien wie diese karibische Art haben einen zentralen stützenden Stab, an der fächerförmige Kolonien sitzen. Gorgonin, eine hornige Substanz, stabilisiert den Stab.

TROG-LEDERKORALLE
Sarcophyton trocheliophorum
F: Alcyoniidae
Diese Lederkoralle kann sehr große Kolonien in tropischen Riffen im Indopazifik bilden. Sie wächst schnell und bezieht Nährstoffe von Algen, die Fotosynthese betreiben.

GERSEMIA RUBIFORMIS
F: Nephtheidae
Leuchtend pinkfarbene Kolonien bildet diese Bäumchen-Weichkoralle. Sie kommt in nördlichen Teilen des Pazifiks und des Atlantiks vor.

***DENDRONEPHTHYA* SPEC.**
F: Nephtheidae
Die bunte Art ist ein typisches Mitglied der Familie der gestielten Bäumchen-Weichkorallen, deren Polypen in Büscheln angeordnet sind. Sie kommt an tropischen Riffen im Indopazifik vor.

ROTE MEERHAND
Alcyonium glomeratum
F: Alcyoniidae
Dies ist eine schlankere, aufrechtere Verwandte der Toten Mannshand. Man findet sie an geschützten Felsenküsten Europas. Sie ist gelb bis rot gefärbt.

TOTE MANNSHAND
Alcyonium digitatum
F: Alcyoniidae
Bei dieser charakteristischen Weichkoralle sitzen Kolonien von Polypen auf Gewebe, das nicht von einem Skelett gestützt wird.

ROTE EDELKORALLE
Corallium rubrum
F: Coralliidae
Kolonien dieser Korallen aus dem Mittelmeer sondern ein Skelett aus kleinen miteinander verflochtenen Kalknadeln ab. Die Art wird zu Schmuck verarbeitet.

SARCOPTILUS GRANDIS
F: Pennatulidae
In Meeren gemäßigter Zonen ist diese Seefeder verbreitet. Ihre nierenförmigen Zweige stehen in Reihen seitlich am Körper.

ORANGE SEEFEDER
Ptilosarcus gurneyi
F: Pennatulidae
Dies ist eine von vielen bunten Seefedern. Die Art der Pazifikküste Nordamerikas zieht sich ins Sediment zurück, wenn sie Fressfeinde wahrnimmt.

JUNCEELLA FRAGILIS
F: Ellisellidae
Peitschenkorallen sind fadenförmige Verwandte der Seefedern. Sie haben eine hornige Achse, die mit Calcium verstärkt ist. Diese Art findet man an indonesischen Riffen.

***ELLISELLA* SPEC.**
F: Ellisellidae
Arten der Gattung *Ellisella* bilden verzweigte Kolonien und manchmal dichte Büschel. Sie kommen in Meeren der tropischen und gemäßigten Zonen vor.

ORGELKORALLE
Tubipora musica
F: Tubiporidae
Bei dieser Weichkoralle aus dem Indopazifik sitzen die Polypen in aufrechten, verkalkten Röhren, die durch ein wurzelähnliches Geflecht mit der Kolonie verbunden sind.

BLAUE KORALLE
Heliopora coerulea
F: Helioporidae
Trotz ihres harten, verkalkten Skeletts ist diese Art näher mit den Weichkorallen verwandt als mit den Steinkorallen. Sie ist die einzige Art in ihrer Ordnung.

10–20 cm

GONIOPORA COLUMNA
F: Poritidae
An weiße Blütenkörbe erinnern die Polypen dieser Art, einer indopazifisch verbreiteten Verwandten der Porenkoralle.

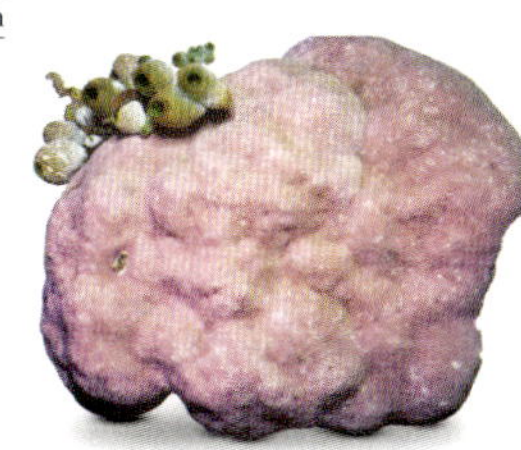

4–5 m

PORENKORALLE
Porites lobata
F: Poritidae
Zu den häufigsten Riffbildnern im Indopazifik gehört diese Koralle. Sie bildet an Stellen mit starker Wasserbewegung große Kolonien.

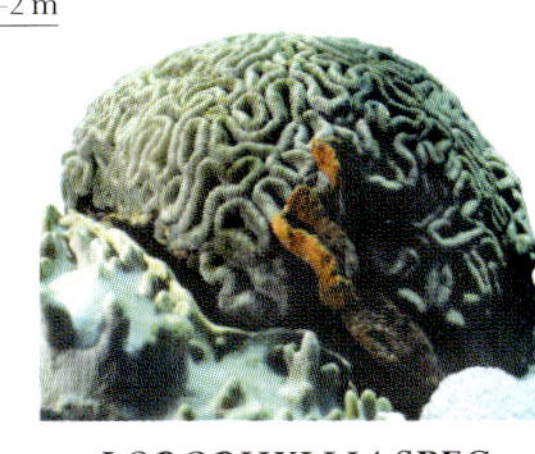

1–2 m

***LOBOPHYLLIA* SPEC.**
F: Mussidae
Die massiven Kolonien dieser Steinkoralle sind entweder flach oder kuppelförmig. Sie wachsen an Riffen in tropischen Bereichen des Indopazifik.

10–12 cm

DICKHÖRNIGE SEEROSE
Urticina felina
F: Actiniidae
Klebrige Verdickungen dieser Seeanemone können mit Steinchen bedeckt sein, sodass sie mit eingezogenen Tentakeln wie ein Kieshaufen aussieht. Sie ist um den Nordpol verbreitet.

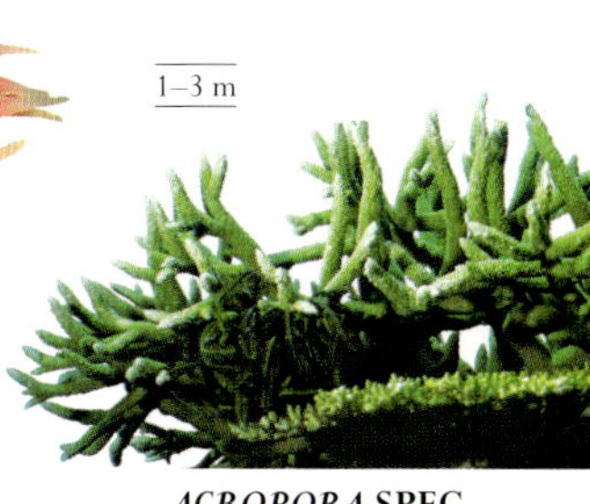

1–3 m

***ACROPORA* SPEC.**
F: Acroporidae
Die verzweigten Korallen dieser Familie gehören zu den bedeutendsten Riffbildnern der Tropen. Weil sie von fotosynthetisierenden Algen Nährstoffe beziehen, wachsen sie schnell.

1 m

***GONIOPORA* SPEC.**
F: Poritidae
Die Polypen der Steinkorallen der Gattung *Goniopora* haben meist 24 Tentakel. Diese Korallen erinnern stark an Blumen.

1–3 m

***COLPOPHYLLIA* SPEC.**
F: Faviidae
Die halbkugelige gehirnähnliche Struktur dieser Koralle ist für die Familie typisch. Sie ist ein tropischer Riffbildner mit symbiontischen Algen.

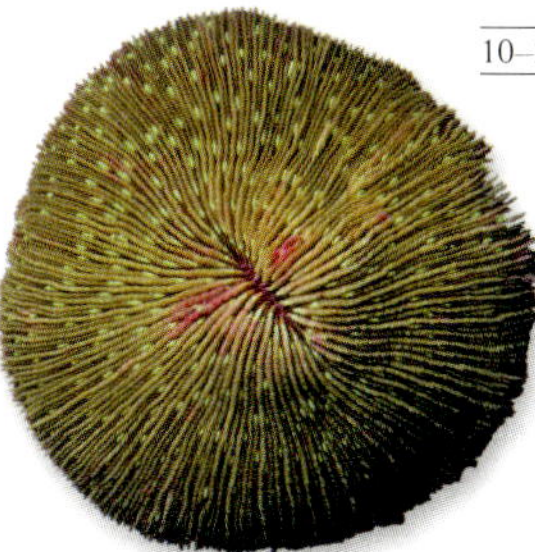

10–20 cm

FUNGIA FUNGITES
F: Fungiidae
Dies ist eine von vielen tropischen Pilzkorallen, die keine Riffbildner sind. Die solitären Polypen leben zwischen anderen Arten.

50–100 cm

PRACHTANEMONE
Heteractis magnifica
F: Stichodactylida
Diese riesige Seenemone kommt an Riffen im Indopazifik vor. Sie geht Partnerschaften mit verschiedenen Riffbewohnern ein, darunter Anemonenfischen.

100–200 m

LOPHELIA PERTUSA
F: Caryophylliidae
Anders als viele Tiefseekorallen ohne symbiontische Algen bildet diese Art im Nordatlantik ausgedehnte Riffe, die aber sehr langsam entstehen.

2,5–15 cm

SEENELKE
Metridium senile
F: Metridiidae
Dies ist ein weltweit verbreitetes Mitglied einer Familie von Seeanemonen, deren Tentakel eine pelzige Masse bilden. Sie kann durch Knospung genetisch identische Populationen bilden.

5–7 cm

WACHSROSE
Anemonia viridis
F: Actiniidae
Diese Seeanemone zieht ihre auffälligen langen Tentakel selten ein, auch wenn sie bei Ebbe trocken liegt. Sie kommt in Europa in der Gezeitenzone vor.

10–15 mm

CARYOPHYLLIA SMITHII
F: Caryophylliidae
Diese im nordöstlichen Atlantik verbreitete Steinkoralle ist ein Mitglied einer Familie, der Kaltwasserkorallen angehören. Die Polypen einiger Arten ähneln großen Seeanemonen. Oft hängen sich Seepocken an.

10–15 cm

ZYLINDERROSE
Cerianthus membranaceus
F: Cerianthidae
Zylinderrosen bohren sich ins Sediment. Mit ihren nicht nesselnden Cnidocysten (Nesselkapseln) bilden sie Röhren aus Schleim. Die Art lebt vor europäischen Küsten im Schlamm.

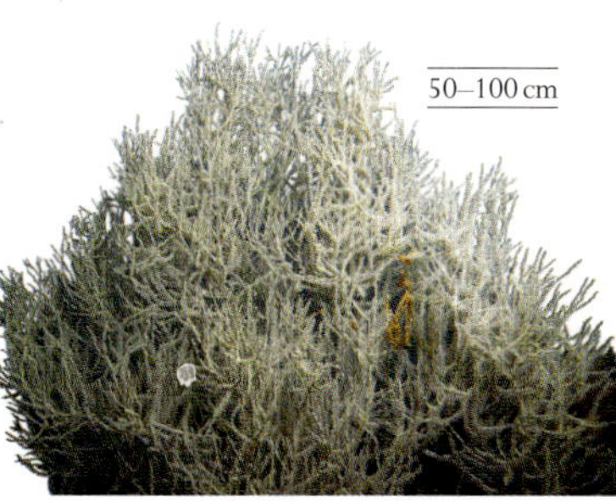

50–100 cm

***ANTIPATHES* SPEC.**
F: Antipathidae
Meist findet man die Korallen dieser Familie in tiefen Meeresbereichen. Die stacheligen Polypenkolonien sind von schlanken Außenskeletten aus einer hornartigen Substanz umgeben.

PLATTWÜRMER

Plattwürmer sind recht einfach gebaute Tiere. In feuchten Lebensräumen nehmen sie mit ihren flachen Körpern Sauerstoff und Nährstoffe auf.

Die Plattwürmer bilden den Stamm Plathelminthes. Verschiedene Gruppen leben im Meer, in Süßwasserteichen und in den Körpern anderer Tiere. Auf den ersten Blick ähneln sie Egeln, aber sie sind viel einfacher gebaut. Sie haben weder einen Blutkreislauf noch Atmungsorgane, sondern Sauerstoff dringt über die Körperoberfläche ein. Die kleinsten Formen haben keinen Darmtrakt und nehmen auch Nährstoffe über ihre Körperoberfläche auf. Die Nährstoffe gelangen zu allen Geweben, ohne mit dem Blutstrom transportiert zu werden.

Einige Plattwürmer sind Detritusfresser, die auf mikroskopisch kleinen Haaren dahingleiten, andere Räuber, die wirbellose Tiere erbeuten.

PARASITISCHE FORMEN

Bandwürmer und Saugwürmer sind Parasiten. Ihre flachen Körper ohne Darmtrakt sind daran angepasst, in den Körpern ihrer Wirte Nährstoffe aufzunehmen. Viele Arten werden auf sehr komplizierte Weisen von einem Wirt zum anderen übertragen und befallen mehrere Tier-Arten. Mit infizierter Nahrung gelangen viele in ihren Wirt, manche dringen sogar in seine Haut ein. Sind die Parasiten erst in den Körper gelangt, können sie ihren Aufenthaltsort wechseln, indem sie sich durch die Darmwand bohren und in lebenswichtigen Organen festsetzen.

STAMM	PLATHELMINTHES
KLASSEN	5
ORDNUNGEN	33
FAMILIEN	etwa 400
ARTEN	etwa 20 000

STREITFRAGE

EIN NEUER STAMM?

Traditionell ordnet man die Acoela, kleine Meerestiere ohne Darm und Gehirn, den Plathelminthes zu. Neuere Forschungen weisen aber darauf hin, dass sie zu einem neuen, eigenen Stamm gehören. Dies wäre der ursprünglichste Tierstamm mit einem »Kopf-« und einem »Schwanzende«.

GROSSER LEBEREGEL
Fasciola hepatica
F: Fasciolidae
Leberegel sind Parasiten mit einem komplizierten Lebenszyklus. Diese Art infiziert über Süßwasserschnecken Rinder. In diesen Endwirten parasitiert sie in der Leber.

RIESENDARMEGEL
Fasciolopsis buski
F: Fasciolidae
Diese Art aus Ostasien, die auch Menschen befällt, ist eines der größten Mitglieder der Familie. Sie lebt nur im oberen Darmtrakt und dringt nicht in andere Organe ein.

SCHISTOSOMA NASALE
F: Schistosomatidae
Der parasitische Pärchenegel nutzt Süßwasserschnecken als Zwischenwirte. Er infiziert Rinder und ruft Auswüchse in der Nase hervor, die zum Schnarchen führen.

SCHWEINEBANDWURM
Taenia solium
F: Taeniidae
Bandwürmer sind Darmparasiten. Ein Stadium kann in Muskelgewebe Zysten bilden. Diese Art lebt in Schweinen und kann über infiziertes Fleisch auch Menschen befallen.

PROVITELLUS TURRUM
F: Monorchiidae
Provitellus-Arten leben im Darm von Fischen tropischer Riffe. Diese Art hat man in Stachelmakrelen nachgewiesen.

KORALLENSTRUDELWURM
Aminoa spec.
F: Convolutidae
Diese Art lebt auf Korallen. Sie ist eine der vielen marinen kleinen Plattwürmer, die den planktonischen Larven der Nesseltiere ähneln.

KABURAKIA EXCELSA
F: Stylochidae
Wie andere Arten der Familie lebt diese Art, die an nordamerikanischen Küsten in der Gezeitenregion vorkommt, vor allem räuberisch. Sie stülpt ihren Darm über die Beute, um sie zu verdauen.

TIGERWURM
Prostheceraeus vittatus
F: Euryleptidae
Dieser Strudelwurm, der im Atlantik verbreitet ist, gehört zu einer Gruppe meist mariner Hermaphroditen, den Polycladida. Die Tiere befruchten sich gegenseitig.

GESTREIFTER STRUDELWURM
Pseudoceros dimidiatus
F: Pseudocerotidae
Die marinen Polycladida (Vielästige) sind große frei lebende Strudelwürmer. Bei vielen warnt die auffällige Färbung Fressfeinden vor Ungenießbarkeit. Diese Art stammt aus dem Indopazifik.

BIPALIUM KEWENSE
F: Bipaliidae
Landlebende Plattwürmer sind vor allem in den Tropen verbreitet und brauchen feuchte Bedingungen. Diese asiatische Art wurde in Gewächshäusern auf der ganzen Erde eingeschleppt.

PSEUDOBICEROS FLOWERSI
F: Pseudocerotidae
Wie viele riffbewohnende Arten der Ordnung Polycladida schwimmt dieser Strudelwurm, indem er seinen Rand wellenförmig bewegt. Er ist im Indopazifik verbreitet und lebt unter Steinen in Lagunen.

STERNENHIMMEL-STRUDELWURM
Thysanozoon nigropapillosum
F: Pseudocerotidae
Viele Arten der Gattung *Thysanozoon* sind mit Warzen bedeckt. Bei dieser samtschwarzen Art aus dem Indopazifik sind die Spitzen gelb.

TRAUER-STRUDELWURM
Dugesia lugubris
F: Planariidae
Tricladida sind Strudelwürmer, deren Darm in drei Äste verzweigt ist. Wie diese europäische Art leben viele in Süßgewässern. Einige Arten sind marin.

NEUSEELAND-PLATTWURM
Arthurdendyus triangulatus
F: Geoplanidae
Diese große Art, die im Boden lebt, stammt aus Neuseeland und wurde in Europa eingeschleppt. Sie erbeutet Regenwürmer.

TIGERPLANARIE
Dugesia tigrina
F: Planariidae
Diese Planarie ist in Süßgewässern in Nordamerika heimisch und wurde in Europa eingeschleppt.

BACHPLANARIE
Dugesia gonocephala
F: Planariidae
Viele der Süßwasser-Arten der Gattung *Dugesia*, wie diese hier, die in Europa in Fließgewässern vorkommt, haben ohrenähnliche Anhänge, mit denen sie die Wasserströmung wahrnehmen.

FADENWÜRMER

Die einfach gebauten Fadenwürmer sind bemerkenswert erfolgreich. Sie kommen fast überall vor, überstehen Trockenheit und vermehren sich schnell.

STAMM	NEMATODA
KLASSEN	2
ORDNUNGEN	12
FAMILIEN	etwa 160
ARTEN	etwa 20 000

Überall kann man die Mitglieder des Stamms Fadenwürmer (Nematoda) antreffen. In einem Quadratmeter Erde leben oft Millionen. Auch in Süßgewässern und im Meer kommen sie vor, viele sind Parasiten. Diese Würmer vermehren sich oft außerordentlich schnell, manche Arten legen täglich Tausende von Eiern. Verschlechtern sich die Umweltbedingungen, überstehen die Tiere Hitze, Frost oder Trockenheit, indem sie in ein Ruhestadium eintreten.

Fadenwürmer haben eine von Längsmuskeln umgebene Leibeshöhle. Ihr Darm hat zwei Öffnungen, Mund und After. Die zylindrischen Körper sind mit einer robusten Cuticula umgeben. Die Tiere häuten sich regelmäßig, während sie wachsen.

CAENORHABDITIS ELEGANS
F: Rhabditidae
Viele Genetiker und Entwicklungsbiologen forschen an dieser weit verbreiteten farblosen Art, die im Erdboden lebt.

NECATOR AMERICANUS
F: Uncinariidae
Hakenwurmlarven durchdringen die Haut des Wirts und gelangen mit dem Blutstrom in seine Lungen. Sie kriechen von dort aus in den Rachen, werden verschluckt und reifen im Darm heran. Diese Art befällt Menschen, Hunde und Katzen.

HETERODERA GLYCINES
F: Heteroderidae
Dieser farblose, im Boden lebende Nematode infiziert weltweit die Wurzeln von Leguminosen. An den Pflanzen bilden sich Zysten und der Ertrag fällt wesentlich geringer aus.

PEITSCHENWURM
Trichuris trichiura
F: Trichuridae
Wie viele Darmparasiten infiziert die vor allem tropisch verbreitete Art Menschen, die mit Fäkalien infizierte Lebensmittel essen. Im Darm schließt der Peitschenwurm seinen Lebenszyklus ab.

SPULWÜRMER
Ascaris spec.
F: Acarididae
In Regionen mit schlechten sanitären Verhältnissen befallen parasitische Spulwürmer häufig Menschen. Mit kontaminierter Nahrung gelangen sie in den Darm und befallen später die Lungen.

RINGELWÜRMER

Muskulatur und Organe der Ringelwürmer (Annelida) sind komplizierter gebaut als die der Plattwürmer. Viele Arten des Stammes Annelida sind gute Schwimmer, andere graben Baue.

Zu den Ringelwürmern gehören die Regenwürmer, Vielborster und Egel. Ihr Blut zirkuliert in Gefäßen und ein mit Flüssigkeit gefülltes Coelom verläuft durch ihren Körper. Die Bewegungen des Darms sind unabhängig von denen der Körperwand. Der Körper ist in Segmente gegliedert, von denen jedes einen eigenen Satz Muskeln aufweist. Die Bewegungsabläufe dieser Muskeln werden koordiniert, sodass Kontraktionswellen entlang des Körpers verlaufen. Ringelwürmer sind dadurch an Land und im Wasser sehr beweglich.

Die meisten im Meer lebenden Ringelwürmer tragen Borsten am Körper. Typischerweise entspringen sie in Bündeln an kleinen Anhängen, die zum Schwimmen, Graben oder sogar zum »Laufen« eingesetzt werden. Diese Gruppe der Ringelwürmer nennt man Polychaeten oder Vielborster.

Landlebende Regenwürmer haben spärlichere Borsten. Sie fressen Detritus und tote Pflanzenteile. Als Wiederverwerter und weil sie den Boden durchlüften, sind sie ökologisch bedeutend. Viele Egel sind stärker spezialisiert und besitzen Saugnäpfe, mit denen sie sich an ihrem Wirt festheften, um Blut zu saugen. Ihr Speichel enthält Stoffe, die die Blutgerinnung hemmen. Andere Egel sind Räuber. Regenwürmer und Egel haben ein Clitellum, eine drüsenreiche Epidermis-Region, die ein Sekret für die Hülle der Eikokons absondert.

STAMM	ANNELIDA
KLASSEN	4
ORDNUNGEN	8
FAMILIEN	etwa 130
ARTEN	etwa 15 000

2–7 cm

SCHLAMM-RÖHRENWURM
Tubifex spec.
F: Naididae
Dieser verbreitete Wurm lebt im Schlamm auf dem Gewässergrund. Das Hinterende ragt heraus, um Sauerstoff aufzunehmen.

50 cm

***GLOSSOSCOLEX* SPEC.**
F: Glossoscolecidae
Arten der Gattung *Glossoscolex* sind große Regenwürmer aus dem tropischen Mittel- und Südamerika. Viele kommen in Regenwäldern vor.

10–15 cm

KOMPOSTWURM
Eisenia foetida
F: Lumbricidae
Der in Europa verbreitete Bewohner verrottender Vegetation sondert zur Abwehr ätzende Flüssigkeit ab. Wie andere Regenwürmer hat er ein Clitellum, mit dem er Eikokons produziert.

TAUWURM
Lumbricus terrestris
F: Lumbricidae
In Europa ist dieser Regenwurm heimisch, andernorts wurde er eingebürgert. Er zieht nachts Blätter in seinen Bau, um sie zu verspeisen.

4–7 cm

WEIHNACHTSBAUM-WURM
Spirobranchus giganteus
F: Serpulidae
Diese Art filtriert mit ihren spiralförmig ansetzenden Tentakeln und nimmt mit ihnen auch Sauerstoff auf. Sie ist an tropischen Riffen verbreitet.

STUMMELFÜSSER

Diese Vettern der Gliederfüßer bewegen sich wie große Schmetterlingsraupen langsam auf dunklen Waldböden vorwärts. Sie sind hervorragende Jäger.

Stummelfüßer (Onychophora) haben einen regenwurmähnlichen Körper und viele Beine wie Tausendfüßer. Sie bilden aber einen eigenen Stamm. Die Tiere kommen in warmen Regenwäldern im tropischen Amerika, in Afrika und Australasien vor. Man sieht sie selten, denn sie verbergen sich meist in Spalten oder in der Laubstreu. Nachts und nach Regenschauern kommen sie heraus, um andere Wirbellose zu erbeuten. Die Tiere haben eine einzigartige Jagdmethode: Sie besprühen ihr Opfer mit klebrigem Schleim, um es an der Flucht zu hindern. Der Schleim wird in Drüsen gebildet und durch Poren der Mundpapillen versprüht.

STAMM	ONYCHOPHORA
KLASSEN	1
ORDNUNGEN	1
FAMILIEN	2
ARTEN	etwa 200

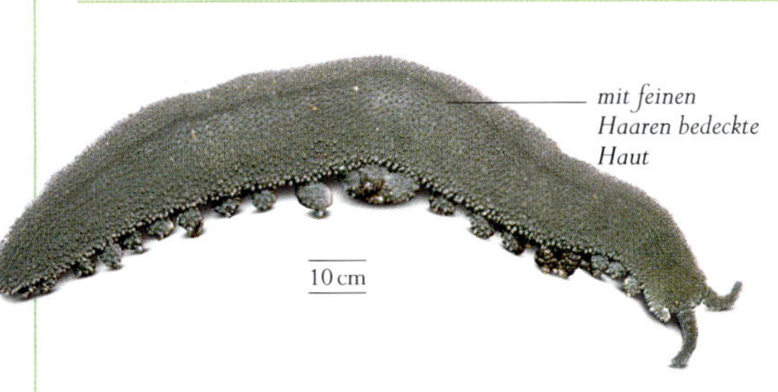

PERIPATOPSIS MOSELEYI
F: Peripatopsidae
Diese Art gehört zu einer Familie, die auf der Südhalbkugel verbreitet ist.

EPIPERIPATUS BROADWAYI
F: Peripatidae
Zu einer Familie, die in der Äquatorregion verbreitet ist, gehört diese Art. Die Mitglieder haben meist mehr Beine als Stummelfüßer, die in südlicheren Regionen vorkommen.

6–30 cm

BART-FEUERBORSTENWURM
Hermodice carunculata
F: Amphinomidae
Dieser Vielborster lebt an tropischen Küsten. Er saugt die weichen Gewebe aus den harten Skeletten von Korallen. Borsten an den Körperanhängen rufen ein starkes Brennen hervor.

10–20 cm

SEEMAUS
Aphrodita aculeata
F: Aphroditidae
Die Seemaus lebt im Schlamm. Man findet sie in seichten Meeren in Nordeuropa. Sie trägt dichte, fellähnliche Borsten.

2,5–3 cm

GASTROLEPIDIA CLAVIGERA
F: Polynoidea
Dieser im Indopazifik verbreitete Vielborster hat flache Schuppen am Rücken. Er parasitiert an Seegurken.

12–25 cm

WATTWURM
Arenicola marina
F: Arenicolidae
Der Vielborster lebt in Bauen an Stränden und in Watten. Er vertilgt Sedimente und ernährt sich von Detritus.

1–4 m

SABELLARIA ALVEOLATA
F: Sabellaridae
Dieser Röhrenwurm baut Röhren aus Sand und Muschelteilchen. Seine Populationen bilden im Atlantik und im Mittelmeer Riffe, die an Bienenwaben erinnern.

5–15 cm

GRÜNER BLATTWURM
Eulalia viridis
F: Phyllodocidae
Die Arten der Familie Phyllodocidae sind aktive Fleischfresser mit blattartigen Anhängen. Diese europäische Art lebt zwischen Steinen und Kelp in der Gezeitenzone.

8–10 cm

SABELLASTARTE SANCTIJOSEPHI
F: Sabellidae
Dieser Kalkröhrenwurm aus dem tropischen Indopazifik kommt an Küsten häufig vor. Man findet ihn an Korallenriffen und in Gezeitentümpeln.

25–40 cm

ALITTA VIRENS
F: Nereididae
Die Arten der Familie Nereididae, nahe Verwandte der Phyllodocidae, haben zweigeteilte Körperanhänge. Diese Art, die im Atlantik im Schlamm bohrt, kann schmerzhaft zubeißen.

5–7 cm

BUNTER KALKRÖHRENWURM
Serpula vermicularis
F: Serpulidae
Kalkröhrenwürmer bauen verkalkte Röhren. Wie die meisten hat diese weit verbreitete Art umgebildete Tentakel, mit denen sie die Röhre verschließen kann.

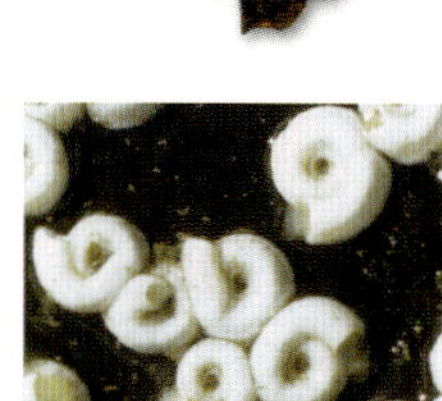

2–3 mm

SPIRORBIS BOREALIS
F: Serpulidae
Die kleine, aufgerollte Röhre dieser Art wird an braune *Fucus*-Tange und Kelp an den Küsten des Nordatlantiks zementiert.

RIESEN-RÖHRENWURM
Riftia pachyptila
F: Siboglinidae
Dieser Bartwurm lebt im Pazifik bei vulkanischen Schloten auf dem Ozeanboden. Im roten »Bart« befinden sich Bakterien, die aus den hier austretenden Verbindungen Energie gewinnen.

2–2,4 m

Körperende ist im Schlamm verankert.

BÄRTIERCHEN

Nur unter dem Mikroskop sind die stummelbeinigen Bärtierchen zu erkennen. Mit Mikroben und Wirbellosen teilen sie ihre Lebensräume im Wasser.

Die winzigen Bärtierchen oder Tardigrada (der Name bedeutet »langsame Geher«) klettern in kleinen Algen umher. Dank ihrer vier kurzen Beinpaare mit Krallen halten sie sich fest. Die meisten sind kürzer als ein Millimeter. In Moosen oder Algen kommen sie häufig vor. Viele stechen mit ihren nadelähnlichen Kiefern die Zellen von Pflanzen an, um sie auszusaugen. Von vielen Arten kennt man nur Weibchen, die sich über unbefruchtete Eiern vermehren. Trocknet sein Lebensraum aus, tritt ein Bärtierchen in eine Kryptobiose ein: Im sogenannten Tönnchenstadium kommt der Stoffwechsel fast zum Erliegen. Das Tier überdauert mitunter Jahre, bis es wieder regnet.

STAMM	TARDIGRADA
KLASSEN	3
ORDNUNGEN	5
FAMILIEN	20
ARTEN	etwa 1000

***ECHINISCUS* SPEC.**
F: Echiniscidae
Viele Bärtierchen leben in Moosen. Da sie in ausgetrocknetem Zustand überleben können, haben sich einige von ihnen auf der ganzen Erde ausgebreitet.

0,25 mm

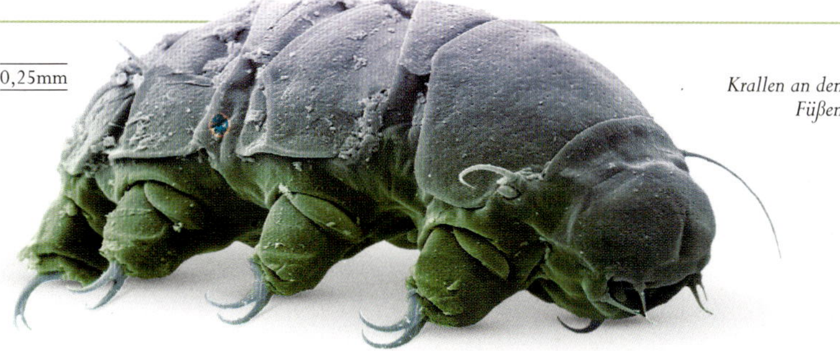

Krallen an den Füßen

ECHINISCOIDES SIGISMUNDI
F: Echiniscoididae
Diese Art ist eine von vielen wenig bekannten marinen Bärtierchen. Man hat sie vielerorts auf der Erde an Küsten zwischen Algen nachgewiesen.

0,25 mm

GLIEDERFÜSSER

Gliederfüßer (Arthropoda) haben gegliederte Beine und einen beweglichen Panzer. Sie entwickelten sich zu unübertroffener Formenvielfalt.

Es wurden mehr Gliederfüßer-Arten wissenschaftlich beschrieben als die Arten aller anderen Stämme des Tierreichs zusammen. Zweifellos sind sehr viele Arten der Wissenschaft noch gar nicht bekannt. In der Lebensweise zeigen Gliederfüßer eine außerordentliche Vielfalt: Viele sind Pflanzenfresser, andere Räuber, Filtrierer oder ernähren sich von Flüssigkeiten wie Nektar oder Blut.

Gliederfüßer haben ein Außenskelett aus dem stabilen Stoff Chitin. An den Gelenken ist dieser schützende Panzer biegsam, aber er ist nicht dehnbar. Wenn Gliederfüßer wachsen, müssen sie ihre Körperhülle in regelmäßigen Abständen abwerfen und durch eine etwas größere ersetzen.

KÖRPERTEILE

Gliederfüßer haben sich aus einem segmentierten Vorfahren entwickelt, vielleicht einem Ringelwurm. Alle Gruppen besitzen noch einen gegliederten Körper, besonders deutlich ist dies bei Tausend- und Hundertfüßern. Bei anderen Gruppen sind Segmente zu Körperabschnitten verschmolzen. Insekten haben einen Kopf mit Sinnesorganen, eine Brust (Thorax), an der Beine und Flügel ansetzen, und einen Hinterleib (Abdomen), in dem sich die meisten inneren Organe befinden. Bei Spinnentieren und einigen Krebstieren sind Kopf und Brust zu einem einzigen Abschnitt verschmolzen.

SAUERSTOFFAUFNAHME

Viele im Wasser lebende Gliederfüßer wie die meisten Krebstiere atmen mit Kiemen. Die Körper der landlebenden Insekten und Myriapoden sind mit winzigen, mit Luft gefüllten Röhren durchzogen, den Tracheen. Die Öffnungen an der Körperoberfläche werden als Stigmen bezeichnet. Meist weist jedes Segment des Körpers ein Stigmenpaar auf. Kleine Muskeln in den Stigmen regulieren den Luftein- und -austritt. So gelangt Sauerstoff direkt zu allen Zellen des Körpers und muss nicht mit dem Blutstrom transportiert werden. Einige Spinnentiere atmen mit Tracheen, andere mit Buchlungen, die sich aus den Kiemen ihrer aquatischen Vorfahren entwickelt haben. Die meisten kombinieren beide Atmungsweisen.

STAMM	ARTHROPODA
KLASSEN	14
ORDNUNGEN	69
FAMILIEN	etwa 2650
ARTEN	etwa 230000

STREITFRAGE

SCHUTZ DURCH TARNUNG UND MIMIKRY

Viele Gliederfüßer sind in ihrem Lebensraum hervorragend getarnt. Stabheuschrecken zum Beispiel sehen aus wie Zweige. Ein Fressfeind kann sie nur mit Schwierigkeiten erkennen. Wespen hingegen sind auffällig gefärbt und warnen Angreifer vor ihrer Ungenießbarkeit oder Wehrhaftigkeit. Der Hornissenschwärmer ist harmlos, imitiert aber das Aussehen und die Geräusche einer Hornisse. So schützt er sich vor Feinden. Zwar sehen Hornissenschwärmer und Wespen ähnlich aus, sie gehören aber zwei verschiedenen Ordnungen an: der Hornissenschwärmer den Lepidoptera, die Hornisse den Hymenoptera.

HUNDERT- UND TAUSENDFÜSSER

Hundert- und Tausendfüßer gehören zur Gruppe der Myriapoden, deren Mitglieder viele Segmente aufweisen. Bei Tausendfüßern entspringen an jedem Segment zwei Beinpaare, bei Hundertfüßern nur je eines. Tausendfüßer sind Pflanzenfresser, Hundertfüßer leben räuberisch.

POLYXENUS LAGURUS
F: Polyxenidae
Der kleine Tausendfüßer der Nordhalbkugel, ein Mitglied einer Familie, die Borsten zur Abwehr besitzt, lebt unter Baumrinde und in der Laubstreu.

***BRACHYCYBE* SPEC.**
F: Andrognathidae
Dies ist ein nordamerikanischer Vertreter einer Familie kleiner, flacher Tausendfüßer, die in morschem Holz und in der Laubstreu leben.

***ZEPHRONIA* SPEC.**
F: Sphaerotheriidae
Riesenkugler wie diese Art aus Borneo haben 13 Körpersegmente, ihre kleineren Verwandten der Nordhalbkugel hingegen nur 12.

***ZOOSPHAERIUM* SPEC.**
F: Sphaerotheriidae
Dies ist eine von vielen Riesenkugler-Arten der Südhalbkugel. Sie ist in Madagaskar heimisch.

GERANDETER SAFTKUGLER
Glomeris marginata
F: Glomeridae
Saftkugler wie diese europäische Art haben weniger Körpersegmente als andere Tausendfüßer und können sich bei Gefahr zu einer Kugel zusammenrollen.

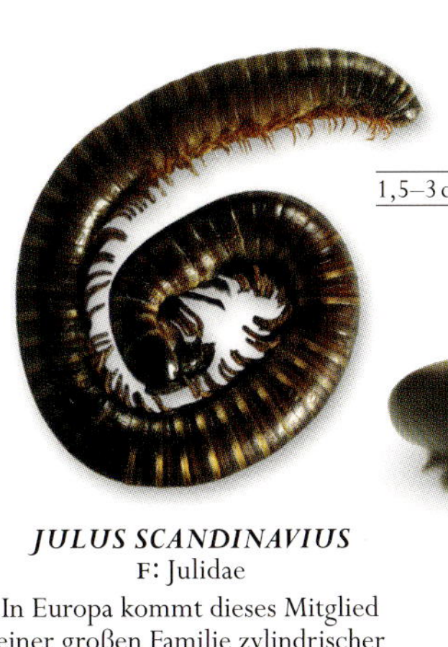

1,5–3 cm

JULUS SCANDINAVIUS
F: Julidae

In Europa kommt dieses Mitglied einer großen Familie zylindrischer Tausendfüßer, der Schnurfüßer, in Wäldern vor, bevorzugt auf sauren Böden.

1,5–4 cm

SCHWARZER SCHNURFÜSSER
Tachypodoiulus niger
F: Julidae

Anders als seine nahen Verwandten verbringt dieser weißbeinige, in Westeuropa verbreitete Tausendfüßer viel Zeit an der Erdoberfläche. Er klettert sogar an Bäumen und Mauern empor.

7,5–13 cm

NARCEUS AMERICANUS
F: Spirobolidae

Zu einer Familie vor allem in Amerika verbreiteter Tausendfüßer gehört diese große Art der Atlantikküste. Wie seine Verwandten verteidigt er sich mit abschreckenden Substanzen.

20–28 cm

AFRIKANISCHER RIESENTAUSENDFÜSSER
Archispirostreptus gigas
F: Spirostreptidae

Dies ist einer der größten Tausendfüßer. Die Art ist im tropischen Afrika verbreitet. Zur Verteidigung sondert sie wie viele Arten reizende chemische Stoffe ab.

DEUTSCHE SAUGASSEL
Polyzonium germanicum
F: Polyzoniidae

Der ursprüngliche Tausendfüßer hat in Europa eine zerstreute Verbreitung. Er bewohnt Wälder und ähnelt zusammengerollt der Blattknospen von Buchen.

0,5–1,8 cm

POLYDESMUS COMPLANATUS
F: Polydesmidae

Bandfüßer der Familie Polydesmidae haben Fortsätze an ihrer Cuticula, sodass sie abgeflacht aussehen. Die in Osteuropa verbreitete Art kann schnell laufen.

1,5–3 cm

GEOPHILUS FLAVUS
F: Geophilidae

Die augenlosen Geophilidae haben mehr Segmente (und deshalb mehr Beine) als andere Hundertfüßer. Dieser europäische Bodenbewohner wurde in Amerika und Australien eingeschleppt.

2–3,5 cm

4–6 cm

COROMUS DIAPHORUS
F: Oxydesmidae

Die glänzende Oberfläche mit Grübchen ist typisch für viele der augenlosen abgeflachten Arten der Familie Oxydesmidae. Diese Art ist in den Tropen verbreitet.

2–3 cm

GEWÖHNLICHER STEINLÄUFER
Lithobus forficatus
F: Lithobiidae

Steinläufer kann man unter Rinde und Steinen finden. Sie haben 15 Körpersegmente. Diese verbreitete Art kommt in Wäldern, Gärten und an Stränden vor.

2,5–5 cm

2–3 cm

LITHOBIUS VARIEGATUS
F: Lithobiidae

Früher dachte man, diese Art wäre nur in Großbritannien verbreitet. Heute ist sie auch von Kontinentaleuropa bekannt. Hier haben die Populationen ungebänderte Beine.

SPINNENLÄUFER
Scutigera coleoptrata
F: Scutigeridae

Dieser unverkennbare langbeinige Hundertfüßer hat Facettenaugen und ist einer der schnellsten Läufer unter den Wirbellosen. Er ist in der Mittelmeerregion heimisch und wurde andernorts eingeschleppt.

giftige Kieferklauen

20–25 cm

An jedem Segment entspringt ein Beinpaar.

SCOLOPENDRA HARDWICKEI
F: Scolopendridae

Viele Arten der Gattung *Scolopendra* haben auffällige Warnfarben. Dieser indische Riesenläufer ist eine von mehreren gestreiften Arten.

10–15 cm

ETHMOSTIGMUS TRIGONOPODUS
F: Scolopendridae

Der nahe Verwandte der *Scolopendra*-Arten ist in Afrika weit verbreitet. Wie mehrere verwandte Arten hat er bläuliche Beine.

SPINNENTIERE

Spinnentiere (Arachnida) bilden eine Klasse innerhalb des Stamms Arthropoda. Ihr gehören die Spinnen, Skorpione, Milben, Zecken und andere an.

Die Spinnentiere und die verwandten Pfeilschwänze sind Cheliceraten. Diese Gliederfüßer sind nach ihren Mundwerkzeugen, den Cheliceren oder Kieferklauen benannt. Kopf und Brust sind zu einem einzigen Körperabschnitt mit Sinnesorganen, Gehirn und vier Laufbeinpaaren verschmolzen. Anders als andere Gliederfüßer haben Cheliceraten keine Antennen.

SPEZIALISIERTE RÄUBER

Skorpione, Spinnen und ihre Verwandten sind an Land lebende Räuber, die ihre Beute schnell außer Gefecht setzen und töten. Spinnen injizieren ihren Opfern mit den Cheliceren Gift. Viele Arten fangen die Beute mit einem gewebten Netz. Skorpione vergiften ihre Beute durch einen Stich mit ihrem Stachel. Zwischen den Cheliceren und dem ersten Beinpaar befindet sich ein Paar Pedipalpen. Diese Körperanhänge sind bei Skorpionen zu Scheren modifiziert.

WINZIG UND VIELFÄLTIG

Viele Milben sind mit bloßem Auge nicht zu erkennen. In fast jedem Lebensraum kommen sie in großer Zahl vor. Sie fressen Detritus, erbeuten andere Wirbellose oder leben parasitisch. Manche leben in der Haut, im Federkleid oder Fell. Die Zecken sind Blutsauger, die Krankheitserreger übertragen können.

STAMM	ARTHROPODA
KLASSE	ARACHNIDA
ORDNUNG	13
FAMILIEN	650
ARTEN	65 000

Dieses Wespenspinnen-Weibchen wartet in der Mitte ihres Netzes auf ein Opfer, dass sich hier verfangen könnte.

10 cm

CENTROMACHETES POCOCKI
F: Bothriuridae
Der grabende Skorpion der Südhalbkugel kommt in Wäldern gemäßigter Zonen in Südamerika vor, oft unter morschem Holz.

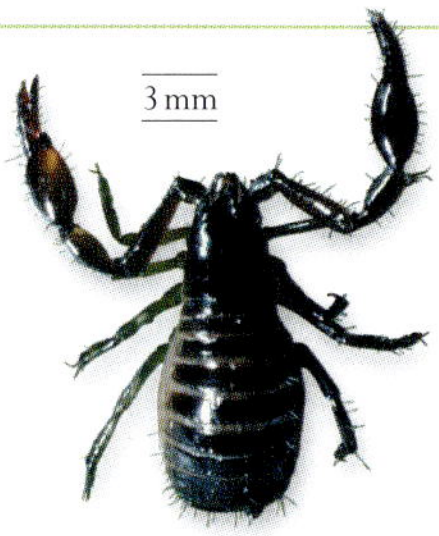

3 mm

NEOBISIUM MARITIMUM
F: Neobisiidae
An europäischen Küsten ist dieser Pseudoskorpion häufig. Er lebt unter Steinen und Tangen in der Spritzwasser- und oberen Gezeitenzone.

3 mm

DACTYLOCHELIFER LATREILLEI
F: Cheliferidae
Pseudoskorpione sind kleine Spinnentiere, die ihrer Beute mit ihren Scheren Gift injizieren. Diese europäische Art lebt an Strandgräsern.

2 mm

CHTHONIUS ISCHNOCHELES
F: Chthoniidae
Dieser europäische Pseudoskorpion hefet sich manchmal ins Fell oder Gefieder von Tieren und wird in deren Nester transportiert. Dort erbeutet er winzige Tiere.

Stachel

Zwei Giftdrüsen bilden Gift.

festes Außenskelett

zu Scheren umgebildete Pedipalpen

3–4 cm

FELDSKORPION
Buthus occitanus
F: Buthidae
In Nordafrika und in der Mittelmeerregion kommt diese Art vor, deren Gift schwächer ist als das ihrer weiter im Süden verbreiteten Verwandten.

15–25 cm

KAISERSKORPION
Pandinus imperator
F: Scorpionidae
Dies ist einer der größten Skorpione. Die Art afrikanischer Wälder ist weniger aggressiv und hat ein schwächeres Gift als viele wüstenbewohnende Arten.

10–18 cm

HADOGENES PHYLLODES
F: Liochelidae
Wie viele Arten der Familie kann diese südafrikanische Art mit ihrem breiten, flachen Körper in Gesteinsspalten schlüpfen.

7–10 cm

ANDROCTONUS AMOREUXI
F: Buthidae
Die meisten Dickschwanzskorpione sind klein, haben aber starke Gifte. Das dieser großen Art, die in der Sahara und im Nahen Osten vorkommt kann für Menschen tödlich sein.

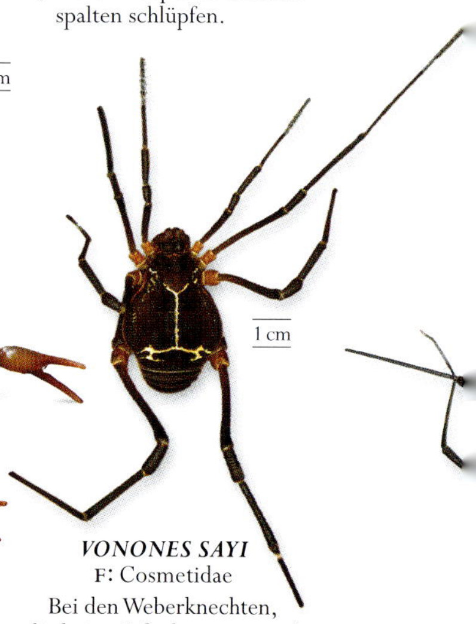

1 cm

VONONES SAYI
F: Cosmetidae
Bei den Weberknechten, die keine Gifte besitzen, sind Pro- und Opisthosoma miteinander verschmolzen. Viele, wie diese amerikanische Art, schrecken mit übel schmeckenden Stoffen Fressfeinde ab.

kleine, paarige Augen
kräftige Kiefer-klauen
bein-ähnliche Pedipal-pen
gegliederter Hinterleib
2,5–3 cm

EREMOBATES SPEC.
F: Eremobatidae

Die Walzenspinnen der Gattung *Eremobates* haben besonders lange Kieferklauen. Diese nachtaktive Art lebt in warmen Gegenden in Nord- und Mittelamerika.

METASOLPUGA PICTA
F: Solpugidae

Walzenspinnen sind Verwandte der echten Spinnen. Die schnellen Läufer trifft man in Wüstengebieten an. Diese tagaktive Art ist in Afrika verbreitet.

5–8 cm

GALEODES ARABS
F: Galeodidae

Diese häufige Art der größten Walzenspinnen-Gattung kommt im Nahen Osten vor und überlebt Sandstürme.

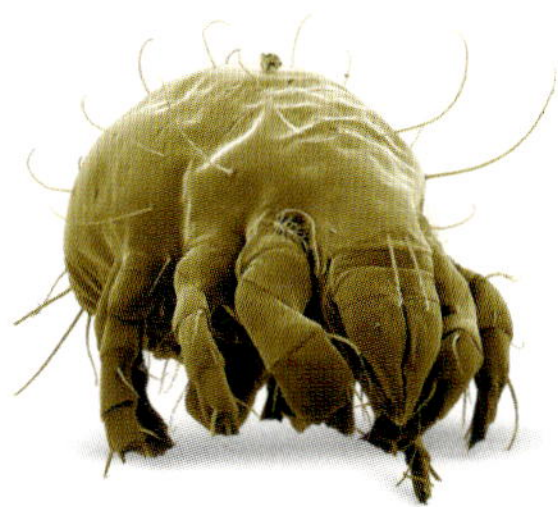

MEHLMILBE
Acarus siro
F: Acaridae

Die Mehlmilbe richtet in gelagerten Getreideprodukten oft ernsthafte Schäden an. Wie viele Milben ruft sie bei manchen Menschen allergische Reaktionen hervor.

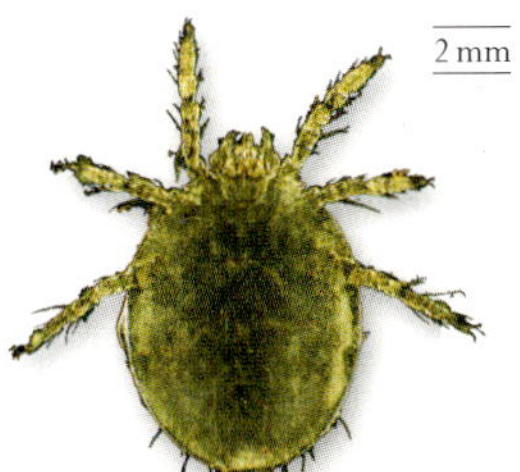

HERBST-GRASMILBE
Neotrombicula autumnalis
F: Trombiculidae

Adulte Herbst-Grasmilben sind Pflanzenfresser, die Larven ernähren sich von der Haut anderer Tiere und befallen auch Menschen. Der Befall ruft starken Juckreiz hervor.

ROTE SAMTMILBE
Trombidium holosericeum
F: Trombidiidae

Dies ist eine in Eurasien verbreitete Samtmilben-Art. Die jungen Milben parasitieren an anderen Gliederfüßern. Später leben sie als aktive Räuber.

GEWÖHNLICHE SPINNMILBE
Tetranychus urticae
F: Tetranychidae

Spinnmilben-Arten saugen Pflanzensäfte. Sie schwächen die Pflanze und können Viruserkrankungen übertragen.

8–12 mm
charakteristischer weißer Fleck

AMBLYOMMA AMERICANUM
F: Ixodidae

Wie andere blutsaugende Zecken kann diese Art, die in Wäldern in den USA häufig vorkommt, verschiedene Krankheitserreger übertragen.

VARROAMILBE
Varroa cerana
F: Varroidae

Die Larven dieser berüchtigten Milbe parasitieren an Bienenlarven. Die adulten Tiere heften sich an Honigbienen-Arbeiterinnen und werden in andere Bienenstöcke transportiert.

SARCOPTES SCABIEI
F: Sarcoptidae

Diese Milbe lebt in der Haut verschiedener Säugetier-Arten und schließt hier ihren Lebenszyklus ab. Bei Menschen ruft sie Krätze hervor, bei Raubtieren Räude.

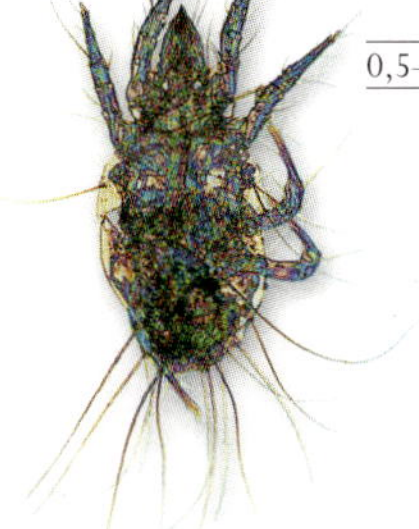

ROTE VOGELMILBE
Dermanyssus gallinae
F: Dermanyssidae

Diese Milbe saugt an Geflügel Blut. Sie hält sich in Spalten in der Nähe der Vögel auf und befällt ihre Wirte nachts.

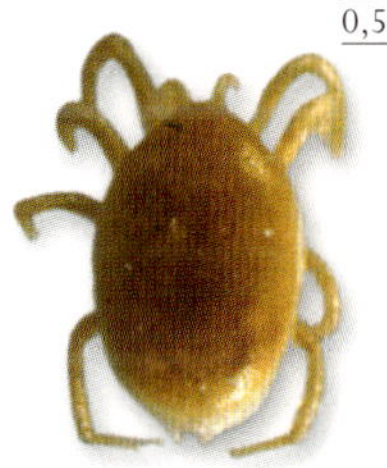

ARGAS PERSICUS
F: Argasidae

Diese Zecke ist eine Blutsaugerin, die Geflügel befällt, wie Haushühner. Sie verbreitet Krankheitserreger.

DISCOCYRTUS SPEC.
F: Gonyleptidae

Dieser südamerikanische Weberknecht hat Stacheln an den Hinterbeinen, mit denen er sich wohl gegen Fressfeinde verteidigt. Er lebt in Wäldern unter Steinen und altem Holz.

PHALANGIUM OPILIO
F: Phalangiidae

In Eurasien und Nordamerika ist dieser Weberknecht häufig. Die Kieferklauen der Männchen sind zu Spitzen ausgezogen.

3–4 cm
sehr lange Vorderbeine

PHRYNUS SPEC.
F: Phrynidae

Geißelspinnen sind keine echten Spinnen. Sie haben lange, geißelartige Vorderbeine und Fangzangen, mit denen sie Beute packen, sind aber ungiftig. Alle Arten kommen in den Tropen vor.

2–3 cm
zangenartige Pedipalpen

GEISSELSKORPION
Thelyphonus spec.
F: Thelyphonidae

Tropische Geißelskorpione haben einen geißelähnlichen Anhang am Hinterleib, aber keinen Giftstachel. Mit ihrem Hinterleib können sie eine Säure versprühen.

»

2–7 cm

SYDNEY-TRICHTER-NETZSPINNE
Atrax robustus
F: Hexathelidae
Weibchen dieser aggressiven, giftigen australischen Art leben in Bauen mit trichterförmigen Eingängen. Meist beißen Männchen zu, die auf der Suche nach Partnerinnen umherwandern.

5–7,5 cm

MEXIKANISCHE ROTKNIE-VOGELSPINNE
Brachypelma smithi
F: Theraphosidae
Die vielen Arten der Familie Theraphosidae sind sehr groß. Vogelspinnen erbeuten große Insekten und manchmal kleine Wirbeltiere.

5–7,5 cm

ACANTHOSCURRIA INSUBTILIS
F: Theraphosidae
Viele große Vogelspinnen, wie diese südamerikanische Art, leben in verlassenen Bauen von Nagetieren. Trotz ihres deutschen Namens erbeuten sie keine Vögel.

ROTE USAMBARA-VOGELSPINNE
Pterinochilus murinus
F: Theraphosidae
Diese afrikanische Vogelspinne kommt in verschiedenen Farbformen vor, es gibt graue, braune, ziegel- und orangerote Exemplare. Wie verwandte Arten gräbt sie Wohnröhren mit ihren Kieferklauen und Pedipalpen.

Pedipalpe

5–6 cm

Die Kieferklauen weisen nach vorn.

acht kleine Augen

braun behaarter Körper

Spinndrüsen

1–2 cm

UMMIDIA AUDOUINI
F: Ctenizidae
Diese nordamerikanische Spinne webt eine »Falltür« aus Seide, vor der sie Fallstricke spannt. Berührt ein Beutetier einen Fallstrick, kann die Spinne dies in ihrem Bau wahrnehmen.

2 mm

ZWERG-SECHSAUGENSPINNE
Oonops domesticus
F: Oonopidae
In warmen Regionen Eurasiens kommt diese kleine rosafarbene Spinne vor. Weiter nördlich findet man sie nur in Häusern.

1–1,2 cm

KRABBENSPINNE
Dysdera crocata
F: Dysderidae
Die nachtaktive europäische Spinne hat große Kieferklauen, mit denen sie das harte Außenskelett von Asseln durchdringen kann. Wie ihre Beute lebt sie in feuchten Lebensräumen.

0,6–1,6 cm

weiß gebänderte Beine

ROTE RÖHREN-SPINNE
Eresus kollari
F: Eresidae
Nur Männchen dieser eurasisch verbreiteten Spinne tragen das auffällige Marienkäfer-Muster. Die Art lauert u.a. in Heidegebieten in mit Spinnfäden ausgekleideten Bauen ihren Opfern auf.

3 mm

***GONATIUM* SPEC.**
F: Linyphiidae
Die Art der Nordhalbkugel baut flache Netze, was für Mitglieder der großen Familie der Baldachinspinnen typisch ist. Die Tiere verdriften an Seidenfäden mit dem Wind.

3–6 mm

SCYTODES THORACICA
F: Scytodidae
Speispinnen sind träge Spinnen, die eine zähe, giftige Flüssigkeit auf ihr Opfer sprühen, bevor sie zubeißen. Diese Art ist auf der ganzen Nordhalbkugel verbreitet.

4–13 mm

GARTENKREUZSPINNE
Araneus diadematus
F: Araneidae
Diese Spinne, die in Wäldern, Heidegebieten und Gärten auf der Nordhalbkugel verbreitet ist, trägt ein charakteristisches weißes Kreuz auf dem variabel gefärbten Körper.

7–10 mm

GROSSE ZITTERSPINNE
Pholcus phalangioides
F: Pholcidae
Die dünnbeinigen Mitglieder der Familie vibrieren bei Gefahr im Netz. Viele leben in Höhlen, diese kosmopolitisch verbreitete Art kommt in Häusern vor. Weibchen tragen Eier in ihren Kieferklauen.

1,2 cm

Eikokon

HÖHLEN-KREUZSPINNE
Meta menardi
F: Araneidae
Viele Spinnen der Gattung *Meta*, wie diese europäische Art, leben in Höhlen, wo sie ihre tropfenförmigen Eikokons aufhängen.

2–9 mm

GASTERACANTHA CANCRIFORMIS
F: Araneidae
Dies ist eine von vielen amerikanischen Radnetzspinnen, die Stacheln zur Abwehr tragen. Sie kommt im Süden der USA und in der Karibik vor. Die Körperfärbung ist variabel.

LATRODECTUS MACTANS
F: Theridiidae
Dies ist eine der kleinen Spinnen, die man als Schwarze Witwen bezeichnet. Ihr Gift ist für Menschen gefährlich. Weibchen dieser nordamerikanischen Art fressen das kleinere Männchen nach der Paarung oft.

LYCOSA TARANTULA
F: Lycosidae
Diese Art ist ein großes Mitglied der Familie der Wolfsspinnen. Sie ist in der Mittelmeerregion verbreitet.

DUNKLE WOLFSSPINNE
Pardosa amentata
F: Lycosidae
Ohne Netz jagt diese typische pelzige Wolfsspinne. Die Weibchen tragen die Eikokons und transportieren die Jungspinnen auf ihrem Rücken.

LISTSPINNE
Pisaura mirabilis
F: Pisauridae
Weibchen dieser eurasisch verbreiteten Spinne tragen ihre Eikokons in ihren Kieferklauen unter ihrem Körper. Später weben sie ein Netz aus Spinnfäden, in dem die Jungspinnen geschützt sind.

NEPHILA CLAVIPES
F: Nephilidae
Dies ist die einzige amerikanische Art einer Gruppe tropischer Seidenspinnen. Sie hat arttypische fiedrige Büschel an den Beinen.

GERANDETE JAGDSPINNE
Dolomedes fimbriatus
F: Dolomedidae
In Sümpfen in Europa kommt diese Art vor, die auch kleine Fische erbeutet. Sie lockt sie an, indem sie mit ihren Beinen die Wasseroberfläche in Schwingungen versetzt.

WASSERSPINNE
Argyroneta aquatica
F: Cybaeidae
Die einzige Spinne, die ständig unter Wasser lebt, kommt in Europa in Teichen vor. Sie hält sich in einer Luftblase im Wasser auf und verzehrt hier auch ihre Beute, etwa kleine Fische.

TEGENARIA DUELLICA
F: Agelenidae
Dieses Mitglied einer Gruppe von Spinnen, die flache Netze mit trichterförmigen Röhren als Rückzug weben, trifft man in Häusern auf der Nordhalbkugel häufig an.

BRASILIANISCHE WANDERSPINNE
Phoneutria nigriventer
F: Ctenidae
Wanderspinnen streifen nachts umher, daher ihr Name. Diese Art lebt in Brasilien in Wäldern und kann gefährlich zubeißen.

VERÄNDERLICHE KRABBENSPINNE
Misumena vatia
F: Thomisidae
Weibchen dieser Art der Nordhalbkugel können ihre Farbe wechseln. Je nachdem, in welcher Blüte sie Insekten auflauern, sind sie weiß oder gelb gefärbt.

HETEROPODA VENATORIA
F: Sparassidae
In den tropischen und subtropischen Regionen ist diese große, aber harmlose Riesenkrabbenspinne weit verbreitet. In manchen Häusern ist sie gern gesehen, weil sie Schaben erbeutet.

CHRYSILLA LAUTA
F: Salticidae
Springspinnen kommen in den Tropen in großer Vielfalt vor. Viele Arten, wie diese aus Ostasien, sind auffällig gefärbt, was manchmal der Kommunikation dient.

EVARCHA ARCUATA
F: Salticidae
In Grasländern in Eurasien ist diese Art verbreitet, eine von Tausenden Arten von Springspinnen mit binokularem Sehsinn und kompliziertem Balzverhalten.

MEXIKANISCHE ROTKNIE-VOGELSPINNE

Brachypelma smithi

Mit ihrem pelzigen Körper erinnert die Mexikanische Rotknie-Vogelspinne beinahe an ein Säugetier. Das Weibchen kann bis zu 30 Jahre alt werden, ein ungewöhnlich hohes Alter für ein wirbelloses Tier. Männchen werden nur sechs Jahre alt. Trotz ihres Namens erbeuten die Vogelspinnen-Arten keine Vögel. Ein großer Teil ihrer Nahrung besteht aus anderen Gliederfüßern, aber auch kleine Saugetiere und Reptilien gehören zum Beutespektrum. Diese Art ist in Mexiko heimisch, wo sie in Erdbauen in Böschungen lebt. Hier kann sie sich ungestört häuten, Eier legen und ihrer Beute auflauern. Wegen Lebensraumzerstörung ist diese Art gefährdet. Als »Haustiere« züchtet man die Spinnen in menschlicher Obhut.

GRÖSSE Länge 5–7,5 cm
LEBENSRAUM tropischer Laubwald
VERBREITUNG Mexiko
NAHRUNG vor allem Insekten

Die Beine sind mit spezialisierten Haaren besetzt, die Luftbewegungen und Berührungen wahrnehmen.

gepolsterte Fußspitze

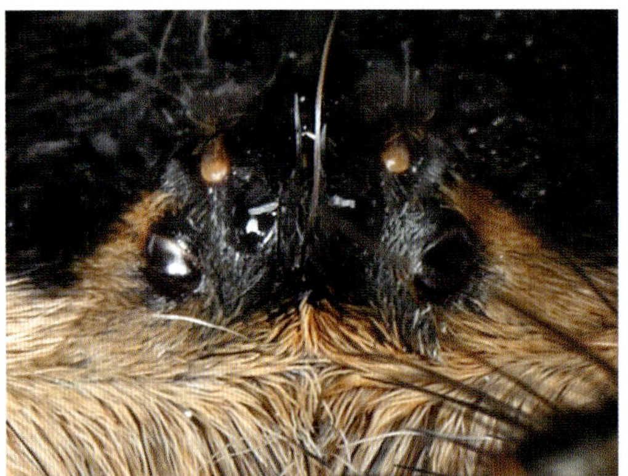

< AUGEN
Wie die meisten Spinnen hat diese Art acht Punktaugen. Dennoch sieht sie schlecht und ist auf ihren Tastsinn angewiesen, mit dem sie auch die Anwesenheit von Beute wahrnimmt.

< GELENKE
Wie alle Gliederfüßer haben Vogelspinnen gegliederte Beine. Jedes besteht aus sieben röhrenförmigen Abschnitten, die gelenkig verbunden sind. Muskeln in den Abschnitten ermöglichen die Bewegung.

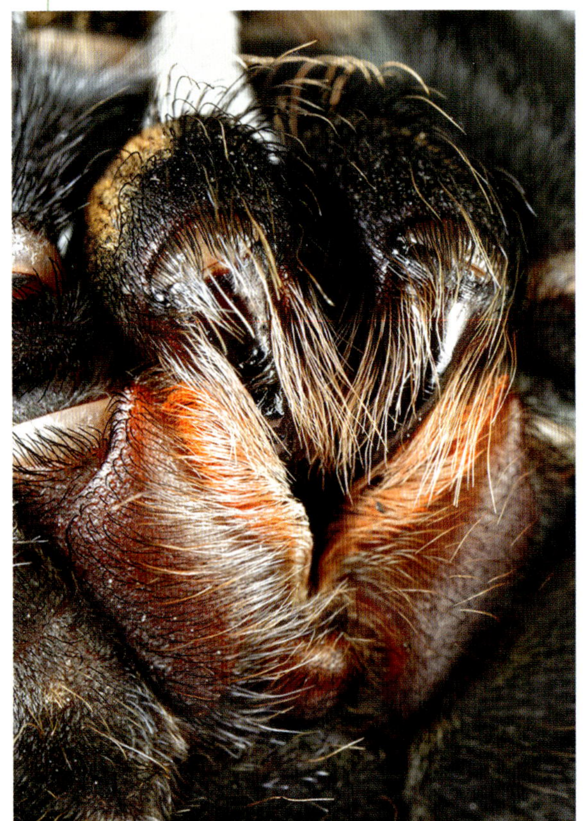

∧ GIFTIGER BISS
Die Vogelspinne öffnet ihre Kieferklauen, wenn sie Beute angreift. In den Giftdrüsen wird ein lähmendes Gift gebildet, das dem Opfer eingespritzt wird.

< FUSS
An der Spitze jedes Fußes sitzen zwei Krallen. Wie andere jagenden Spinnen hat sie außerdem »Sohlen« aus Härchen, die ihr auf glatten Oberflächen zusätzlich Halt verschaffen.

< SPINNDRÜSEN
Drüsen im Hinterleib produzieren flüssige Seide. Mit den hinteren Beinen zieht die Spinne den Spinnfaden heraus. Er verfestigt sich an der Luft, sodass das Tier Eikokons weben und seinen Bau mit Spinnfäden auskleiden kann.

Der dunkle Hinterleib birgt die meisten lebenswichtigen inneren Organe.
orangerotes Knie
Mit den Pedipalpen tastet die Spinne nach Beute und überträgt ihr Sperma auf das Weibchen.

∧ Brennhaare
Wie viele Vogelspinnen wehrt sich diese Art, indem sie ihre hinteren Beine am Hinterleib reibt, um Brennhaare abzubrechen, die hier wachsen. Die kleinen, leichten Haare fliegen dem Feind ins Gesicht und gelangen in Augen, Nase und Mund. Auf der Haut jucken sie höchst unangenehm.

UNTERSEITE >
Kopf und Brust sind zu einem einzigen Körperabschnitt verschmolzen, an dem die Beine und Mundwerkzeuge ansetzen. Am Hinterleib befinden sich Öffnungen zur Atmung und Fortpflanzung und zwei Paar Spinndrüsen.

ASSELSPINNEN

Diese fragil wirkenden Tiere leben zwischen Tangen in seichten Meeren und an Korallenriffen. Die größten Arten kommen in der Tiefsee vor.

Asselspinnen (Klasse Pycnogonida) sind keine echten Spinnen und unterscheiden sich so stark von anderen Gliederfüßern, dass einige Wissenschaftler der Ansicht sind, dass sie einer alten Gruppe angehören, die nicht näher mit einer der heute vorkommenden Gruppen verwandt ist. Andere halten sie für entfernte Verwandte der Spinnentiere. Die meisten Asselspinnen sind klein. Sie haben drei oder vier Beinpaare, Kopf und Brust sind miteinander verwachsen. Statt Kieferklauen haben sie einen Rüssel, mit der sie ihre Beutetiere (andere Wirbellose) wie mit einer Injektionsnadel aussaugen. Sie haben keine Kiemen. Sauerstoff kann durch die Oberfläche der dünnen Körperteile direkt in die Zellen diffundieren.

STAMM	ARTHROPODA
KLASSE	PYCNOGONIDA
ORDNUNG	1
FAMILIEN	8
ARTEN	etwa 1000

2 cm

COLOSSENDEIS MEGALONYX
F: Colossendeidae
Dies ist eine der größten Asselspinnen. Sie kommt in der Subantarktis in der Tiefsee vor und hat bis zu 70 cm Durchmesser.

8 mm

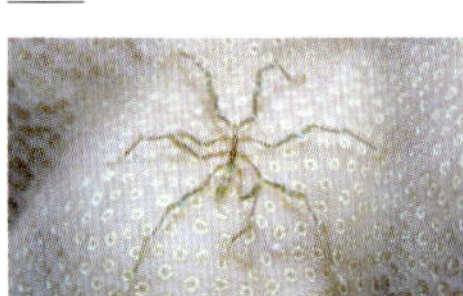

ENDEIS SPINOSA
F: Endeidae
An europäischen Küsen findet man diese Asselspinne. Vielleicht ist sie auch andernorts verbreitet. Ihr Körper ist besonders feingliedrig, der Rüssel lang und zylindrisch.

5 mm

KÜSTEN-ASSELSPINNE
Pycnogonum littorale
F: Pycnogonidae
Anders als die meisten Asselspinnen hat diese europäische Art einen dicken Körper und recht kurze Beine mit Krallen. Sie frisst Seeanemonen.

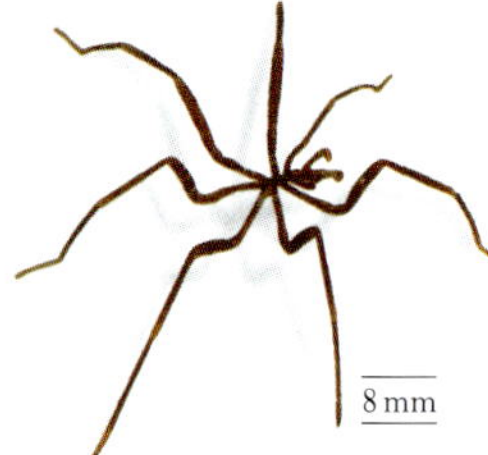

8 mm

SCHLANKE KREBSSPINNE
Nymphon gracile
F: Nymphonidae
Im nordöstlichen Atlantik ist dies eine der häufigsten Asselspinnen. Sie kommt in der Gezeitenzone und in Meeresuntiefen vor.

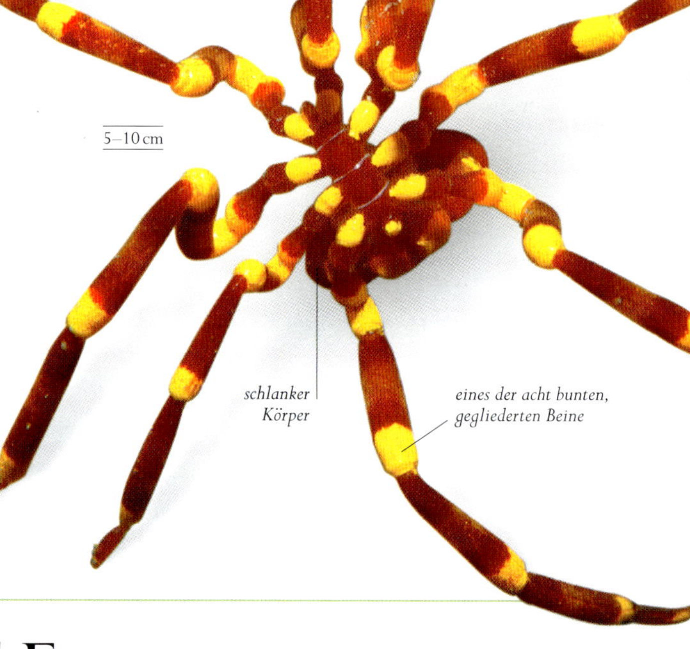

5–10 cm

schlanker Körper

eines der acht bunten, gegliederten Beine

Unbekannte Art
F: Callipallenidae
Einige Asselspinnen-Arten, wie diese Bewohnerin australischer Riffe, sind auffällig gefärbt. In der bunten Umgebung handelt es sich um eine Tarnfärbung.

PFEILSCHWANZKREBSE

Pfeilschwanzkrebse (Merostomata) sind eine kleine Klasse im Meer lebende Verwandte der Spinnen und Skorpione. Diese Tiere sind »lebende Fossilien«.

In der Urzeit war die Gruppe der Pfeilschwanzkrebse wesentlich vielfältiger. Derartige Tiere könnten die ersten Cheliceraten (Kieferklauenträger) der Erde gewesen sein. Der Bau ihrer Mundwerkzeuge und das Fehlen der Antennen weisen darauf hin, dass diese Tiere trotz ihres harten Panzers am engsten mit den Spinnentieren verwandt sind. Die Buchkiemen an der Unterseite ihres Hinterleibs sind Vorläufer ähnlicher Strukturen, der Buchlungen, mit denen Spinnen auf dem Festland atmen. Die Pedipalpen werden als fünftes Laufbeinpaar eingesetzt. Pfeilschwanzkrebse erbeuten in schlammigen Meeren andere Tiere. Sie kommen in großer Zahl an Strände, um ihre Eier dort im Sand abzulegen.

STAMM	ARTHROPODA
KLASSE	MEROSTOMATA
ORDNUNG	1
FAMILIEN	1
ARTEN	4

40–60 cm

TACHYPLEUS TRIDENTATUS
F: Limulidae
In Ostasien an sandigen Stränden laicht diese Art. Wegen Lebensraumzerstörung und Verschmutzung sind die Bestände in Teilen ihres Verbreitungsgebiets kleiner geworden.

Kopf und Brust sind miteinander verwachsen und von einem Carapax bedeckt.

langer stachelähnlicher Schwanz

Stacheln am Hinterleib

40–60 cm

LIMULUS POLYPHEMUS
F: Limulidae
Diese Art trifft man an den nordwestlichen Atlantikküsten an. Die Tiere sammeln sich im Frühjahr in großer Zahl an amerikanischen Küsten, vor allem um den Golf von Mexiko.

KREBSTIERE

Die meisten Krebstiere (Crustacea) leben im Wasser und atmen mit Kiemen. Mit gegliederten Extremitäten laufen oder schwimmen sie. Einige leben als adulte Tiere festsitzend, andere sind Parasiten.

Der Körper der Krebstiere ist in Kopf, Brust und Hinterleib gegliedert, bei vielen Gruppen sind jedoch Kopf und Brust miteinander verwachsen. Bei Krabben, Hummern und Garnelen bedeckt eine Chitinfalte, die vom Kopfhinterrand nach hinten wächst, den Kopf und die Brust. Sie wird als Carapax bezeichnet. Krebstiere sind die einzigen Gliederfüßer, die zwei Antennenpaare und ursprüngliche Spaltbeine haben. Mit den an der Brust sitzenden Beinen bewegen sich die meisten Arten fort. Bei etlichen ist ein Paar zu Scheren umgewandelt, mit denen die Tiere fressen oder sich verteidigen. Viele Krebstiere haben auch am Hinterleib gut entwickelte Extremitäten. Die meisten Gruppen besitzen Kiemen und sind ans Wasser gebunden. Asseln und einige Krabben können mit umgebildeten Atmungsorganen in feuchten Lebensräumen auf dem Land leben.

Da Krebstiere im Wasser Auftrieb haben, können sie ein dickes, schweres Außenskelett ausbilden, das häufig mit Mineralien gehärtet ist. Viele wasserlebende Krebstiere konnten sich wegen des Auftriebs zu größeren Formen entwickeln als ihre landbewohnenden Verwandten. Der größte Gliederfüßer der Erde ist die Japanische Riesenkrabbe (Durchmesser 4 m). Am anderen Ende der Skala bilden winzige Krillkrebschen und Garnelen mit ihren Larven einen großen Teil des tierischen Planktons.

STAMM	ARTHROPODA
UNTERSTAMM	CRUSTACEA
ORDNUNGEN	42
FAMILIEN	etwa 850
ARTEN	etwa 50 000

STREITFRAGE

ABSTAMMUNG

Krebstiere haben viele einzigartige Merkmale, wie zwei Antennenpaare und Spaltbeine. Dies lässt darauf schließen, dass sie von einem einzigen Vorfahren abstammen. Jüngere DNA-Analysen weisen darauf hin, dass sich die Insekten ebenfalls aus einer Gruppe der Krebstiere entwickelt haben.

BLATTFUSSKREBSE

Zur Klasse Blattfußkrebse (Branchiopoda) gehören ursprüngliche Süßwasserkrebse. Sie leben als Plankton-Organismen in temporären Gewässern, ihre Eier überstehen lange Perioden der Austrocknung. An der Brust sitzen blattartige Extremitäten, mit denen die Tiere atmen und filtrieren. Wasserflöhe haben einen durchsichtigen Carapax.

1–1,5 cm

SALINENKREBSCHEN
Artemia salina
F: Artemiidae
Weltweit findet man dieses Tier mit weichem Körper und Stielaugen in Salzwassertümpeln. Es schwimmt kopfüber. Die hartschaligen Eier überstehen jahrelange Austrocknung.

2–5 mm

DAPHNIA MAGNA
F: Daphniidae
Dieser nordamerikansiche Wasserfloh brütet wie seine Verwandten seine Eier im Carapax aus. Aus unbefruchteten Eiern schlüpfen Larven, sodass die Art Teiche schnell besiedeln kann.

1,5 mm

EVADNE NORDMANNI
F: Podonidae
Die meisten Wasserflöhe, die nach ihrer ruckartigen Schwimmweise benannt sind, leben in Süßwasserteichen. Diese Art ist jedoch ein mariner Plankton-Organismus.

5 cm

zwei Schwanzanhänge

LEPIDURUS PACKARDI
F: Triopsidae
Rückenschaler sind ursprüngliche, am Grund lebende Krebstiere temporärer Süßgewässer. Die Verwandten dieser kalifornischen Art haben sich seit 220 Millionen Jahren kaum verändert.

RANKENFÜSSER UND RUDERFUSSKREBSE

Wie andere marine Krebstiere entwickeln sich die Arten der Klasse Maxillipoda aus winzigen planktonischen Larven. Rankenfüßer heften sich später mit dem Kopf nach unten an Felsen. Die meisten Ruderfußkrebse leben freischwimmend, einige parasitisch.

0,5–1,5 cm

GEWÖHNLICHE SEEPOCKE
Semibalanus balanoides
F: Archaeobalanidae
Die Art der Gezeitenzone, die sensibel auf Austrocknung reagiert, findet man an Felsenküsten des Nordatlantiks häufig.

5–10 cm

BALANUS NUBILUS
F: Balanidae
Der größte Rankenfüßer der Erde setzt sich an Felsen unterhalb der Gezeitenzone fest. Er kommt an der nordamerikanischen Pazifikküste vor.

1–2,5 mm

WEISSER RIESENHÜPFERLING
Macrocyclops albidus
F: Cyclopidae
Ruderfußkrebse ernähren sich von Plankton. Diese verbreitete Art erbeutet auch Larven von Mücken und trägt zu deren Bekämpfung bei.

***NEOLEPAS* SPEC.**
F: Scalpellidae
Diese Verwandte der Entenmuschel lebt in der Umgebung vulkanischer Schlote auf dem Ozeanboden. Sie filtriert unter anderem Bakterien.

5–10 cm

ENTENMUSCHEL
Lepas anatifera
F: Lepadidae
Entenmuscheln leben festsitzend – oft an Treibgut – und haben einen beweglichen Stiel. Diese Art ist in den gemäßigten Zonen des nordöstlichen Atlantiks verbreitet.

8–90 cm

1,8 cm

***CALIGUS* SPEC.**
F: Caligidae
Die Vertreterin einer Gruppe mariner Ruderfußkrebse, die parasitisch an Fischen leben, befällt Lachse und verwandte Arten.

2–3 cm

TETRACLITA SQUAMOSA
F: Tetraclitidae
Diese Seepocke lebt im Indopazifik in der Gezeitenzone. Jüngeren Forschungen zufolge handelt es sich wahrscheinlich um eine Sammelart aus mehreren ähnlichen Arten.

FISCHLAUS
Argulus spec.
F: Argulidae
Dieses flache, schnell schwimmende Krebstier hat einen ovalen Carapax. Mit Saugnäpfen heftet es sich an Fische, um deren Blut zu saugen.

3–5 mm

CALANUS GLACIALIS
F: Calanidae
Im Plankton des Arktischen Ozeans ist dieser Ruderfußkrebs ein wichtiger Bestandteil der Nahrungsketten.

MUSCHELKREBSE

Bei den Muschelkrebsen (Klasse Ostracoda) ist der ganze Körper in einem zweiklappigen Carapax eingeschlossen, aus dem nur die Extremitäten ragen. Bei Gefahr können die Tiere sich zurückziehen. Diese kleinen Krebstiere krabbeln im Meer und Süßgewässern durch die Vegetation. Einige schwimmen mit ihren Antennen.

GIGANTOCYPRIS SPEC.
F: Cypridinidae
Die meisten Muschelkrebse sind winzig mit zweiklappigem Carapax. Dies ist eine recht große Art der Tiefsee. Sie hat große Augen, mit denen sie biolumineszierende Beute jagt.

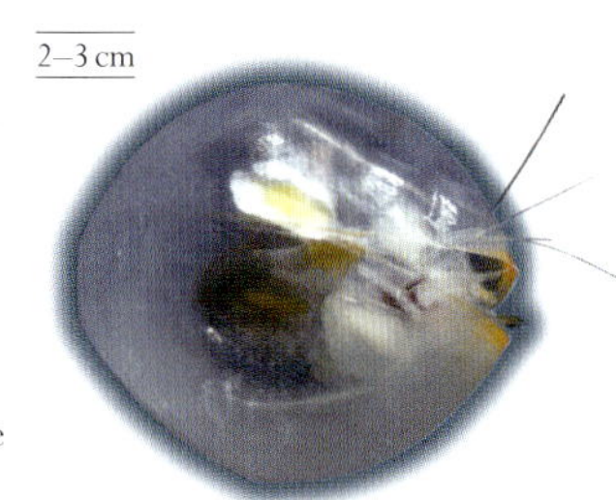

2–3 cm

CYPRIS SPEC.
F: Cyprididae
Diese verbreitete Süßwasser-Art gehört zu einer Gruppe kleiner, hartschaliger Muschelkrebse, die im Detritus umherkrabbeln.

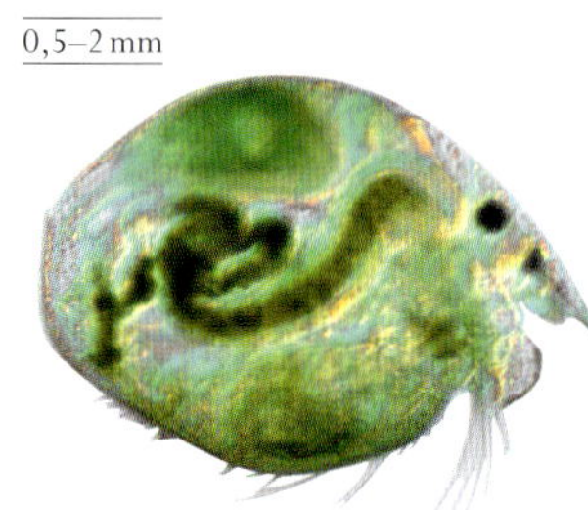

0,5–2 mm

HÖHERE KREBSE

Die Grundmerkmale der vielfältigen Klasse Malacostraca sind eine Unterteilung in Kopf, Brust und Hinterleib und zahlreiche Extremitäten. Die Zehnfußkrebse bilden eine große Ordnung innerhalb der Klasse. Ein Carapax schließt Kopf und Brust ein und bildet eine Kiemenhöhle. Eine weitere große Ordnung bilden die Isopoden (Asseln und Verwandte). Ihr gehören die meisten landlebenden Krebstiere an.

4–6 cm

ANTARKTISCHER KRILL
Euphausia superba
F: Euphausiidae
Schwärme dieser Planktonfresser sind bedeutende Glieder der Nahrungsketten im Südlichen Ozean. An der Spitze dieser Nahrungsketten stehen die Wale, Robben und Seevögel.

RELIKTKREBSCHEN
Mysis relicta
F: Mysidae
Die durchsichtigen Reliktkrebschen mit ihren gefiederten Beinen transportieren ihre Larven in einer Bruttasche. Die meisten leben im Küstenbereich der Meere, diese Art kommt jedoch in Süßgewässern auf der Nordhalbkugel vor.

1–1,8 cm

1,5–2,2 cm

ORCHESTIA GAMMARELLUS
F: Talitridae
Dies ist einer von vielen seitlich abgeflachten Flohkrebsen. Er kommt an europäischen Küsten im Gezeitenbereich vor, wo man beobachten kann, dass er Sprünge macht.

1–2 cm

BACHFLOHKREBS
Gammarus pulex
F: Gammaridae
Dieser nordeuropäische Flohkrebs ist in Bächen häufig. Er gehört zu einer Familie von Süßwasserkrebsen, die sich von Detritus ernähren. Verwandte Arten kommen in Brackwasser vor.

CAPRELLA ACANTHIFERA
F: Caprellidae
Wie andere Arten der Familie bewegt sich diese räuberische europäische Art, die nur wenige Beine hat, langsam vorwärts. Sie heftet sich an Algen in Gezeitentümpeln.

13 mm

Hinterleib

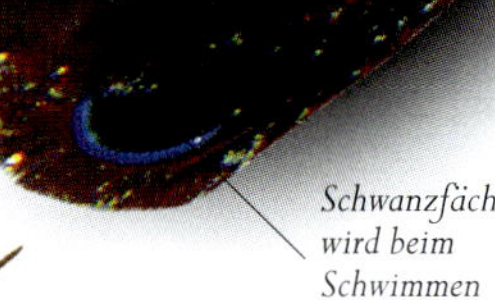

WASSERASSEL
Asellus aquaticus
F: Asellidae
Dieses häufige europäische Mitglied einer Familie von Süßwasser-Asseln krabbelt in stehenden Gewässern im Detritus umher.

1–1,5 cm

BATHYNOMUS GIGANTEUS
F: Cirolanidae
Die riesige marine Verwandte der Asseln ernährt sich auf dem Grund des Ozeans von Aas. Gelegentlich erbeutet sie lebende Tiere.

Schwanzfächer wird beim Schwimmen eingesetzt.

19–36 cm

2–3 cm

KLIPPENASSEL
Ligia oceanica
F: Ligiidae
Diese große Assel kommt an europäischen Küsten vor. Sie lebt in Felsspalten über der Gezeitenzone und ernährt sich von Detritus.

10–12 cm

DORNFÜHLERASSEL
Porcellio spinicornis
F: Porcellionidae
Die charakteristisch gezeichnete Assel lebt oft in der Nähe menschlicher Siedlungen, vor allem in kalkreichen Lebensräumen. Sie ist in Europa heimisch und wurde in Nordamerika eingeschleppt.

gegliedertes Außenskelett

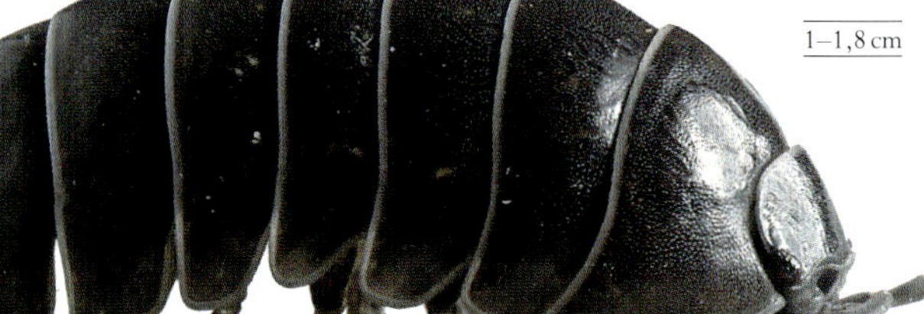

1–1,8 cm

GEWÖHNLICHE ROLLASSEL
Armadillidium vulgare
F: Armadillidiidae
Rollasseln können sich bei Gefahr zu einer Kugel zusammenrollen. Diese Art ist in Eurasien weit verbreitet und wurde in andere Regionen eingeschleppt.

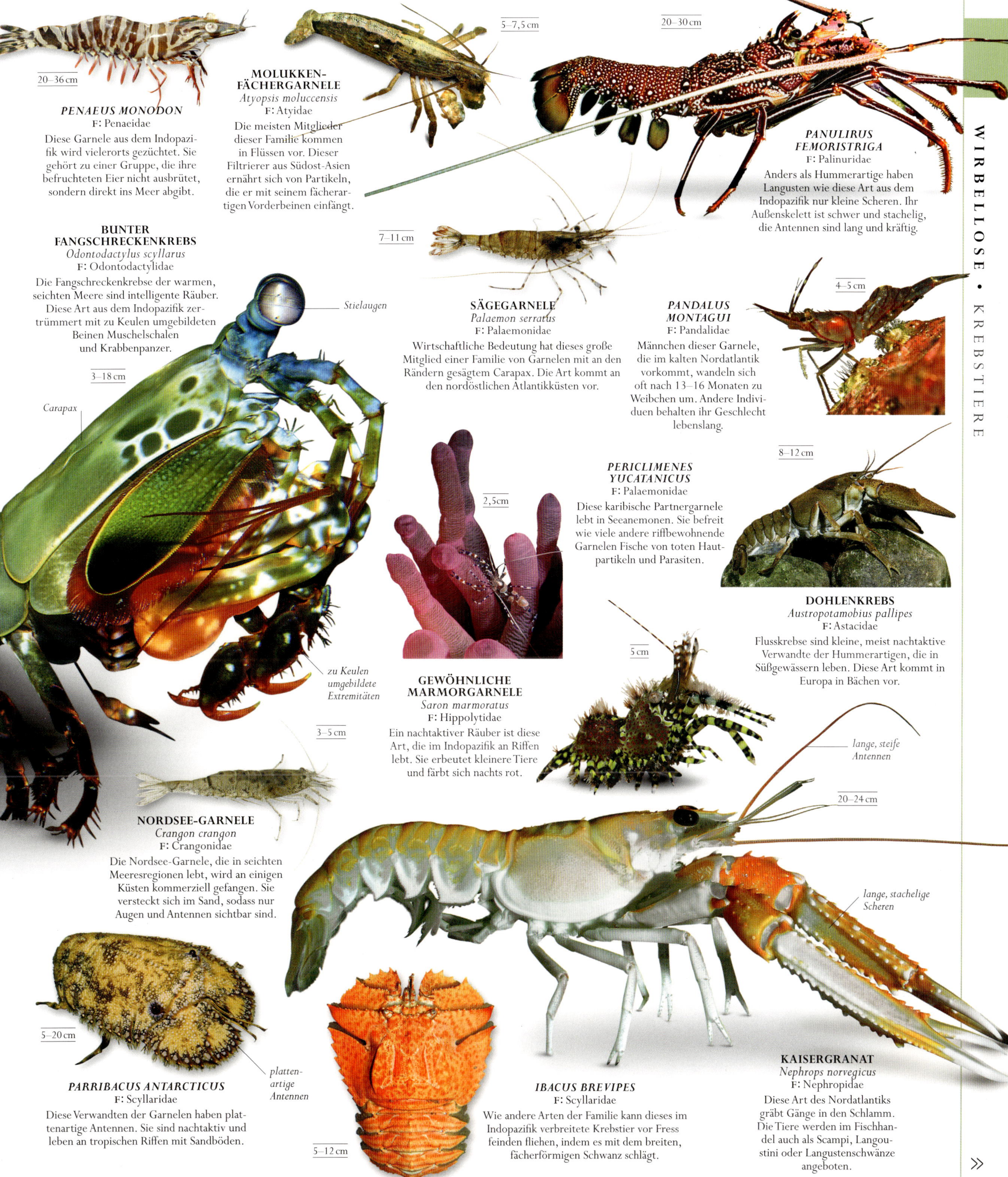

PENAEUS MONODON
F: Penaeidae

Diese Garnele aus dem Indopazifik wird vielerorts gezüchtet. Sie gehört zu einer Gruppe, die ihre befruchteten Eier nicht ausbrütet, sondern direkt ins Meer abgibt.

MOLUKKEN-FÄCHERGARNELE
Atyopsis moluccensis
F: Atyidae

Die meisten Mitglieder dieser Familie kommen in Flüssen vor. Dieser Filtrierer aus Südost-Asien ernährt sich von Partikeln, die er mit seinem fächerartigen Vorderbeinen einfängt.

PANULIRUS FEMORISTRIGA
F: Palinuridae

Anders als Hummerartige haben Langusten wie diese Art aus dem Indopazifik nur kleine Scheren. Ihr Außenskelett ist schwer und stachelig, die Antennen sind lang und kräftig.

BUNTER FANGSCHRECKENKREBS
Odontodactylus scyllarus
F: Odontodactylidae

Die Fangschreckenkrebse der warmen, seichten Meere sind intelligente Räuber. Diese Art aus dem Indopazifik zertrümmert mit zu Keulen umgebildeten Beinen Muschelschalen und Krabbenpanzer.

SÄGEGARNELE
Palaemon serratus
F: Palaemonidae

Wirtschaftliche Bedeutung hat dieses große Mitglied einer Familie von Garnelen mit an den Rändern gesägtem Carapax. Die Art kommt an den nordöstlichen Atlantikküsten vor.

PANDALUS MONTAGUI
F: Pandalidae

Männchen dieser Garnele, die im kalten Nordatlantik vorkommt, wandeln sich oft nach 13–16 Monaten zu Weibchen um. Andere Individuen behalten ihr Geschlecht lebenslang.

PERICLIMENES YUCATANICUS
F: Palaemonidae

Diese karibische Partnergarnele lebt in Seeanemonen. Sie befreit wie viele andere riffbewohnende Garnelen Fische von toten Hautpartikeln und Parasiten.

DOHLENKREBS
Austropotamobius pallipes
F: Astacidae

Flusskrebse sind kleine, meist nachtaktive Verwandte der Hummerartigen, die in Süßgewässern leben. Diese Art kommt in Europa in Bächen vor.

GEWÖHNLICHE MARMORGARNELE
Saron marmoratus
F: Hippolytidae

Ein nachtaktiver Räuber ist diese Art, die im Indopazifik an Riffen lebt. Sie erbeutet kleinere Tiere und färbt sich nachts rot.

NORDSEE-GARNELE
Crangon crangon
F: Crangonidae

Die Nordsee-Garnele, die in seichten Meeresregionen lebt, wird an einigen Küsten kommerziell gefangen. Sie versteckt sich im Sand, sodass nur Augen und Antennen sichtbar sind.

PARRIBACUS ANTARCTICUS
F: Scyllaridae

Diese Verwandten der Garnelen haben plattenartige Antennen. Sie sind nachtaktiv und leben an tropischen Riffen mit Sandböden.

IBACUS BREVIPES
F: Scyllaridae

Wie andere Arten der Familie kann dieses im Indopazifik verbreitete Krebstier vor Fress feinden fliehen, indem es mit dem breiten, fächerförmigen Schwanz schlägt.

KAISERGRANAT
Nephrops norvegicus
F: Nephropidae

Diese Art des Nordatlantiks gräbt Gänge in den Schlamm. Die Tiere werden im Fischhandel auch als Scampi, Langoustini oder Langustenschwänze angeboten.

»

» KRABBEN UND VERWANDTE

PALMENDIEB
Birgus latro
F: Coenobitidae

Der Palmendieb ist der größte landbewohnende Gliederfüßer. Er bewohnt auf Inseln im Indopazifik Wälder. Hier bricht er mit seinen massiven Scheren Kokosnüsse auf, um sie zu fressen.

SCHWAMM-SPRINGKRABBE
Lauriea siagiani
F: Galatheidae

Viele tropische Arten der Familie sind mit Riffbewohnern assoziiert. Diese kleine, behaarte indonesische Art lebt auf Vasenschwämmen der Gattung *Xestospongia*.

BLAUSTREIFEN-SPRINGKREBS
Galathea strigosa
F: Galatheidae

Die Arten der Familie haben schlanke Scheren, wie diese europäische Art. Sie gehören zu den Decapoden (Zehnfußkrebsen), aber das letzte Beinpaar ist bei ihnen zurückgebildet.

PETROLISTHES OHSHIMAI
F: Porcellanidae

Porzellankrebse sind kleine achtbeinige Decapoden. Diese Art aus dem Indopazifik lebt in riesigen Seeanemonen der Gattung *Stichodactyla*.

***PINNOTHERES* SPEC.**
F: Pinnotheridae

Die kleinen Erbsenkrabben schließen ihren Lebenszyklus auf oder im Körper anderer mariner Wirbelloser ab. Diese Art der Philippinen lebt auf Becherkorallen.

PAGURISTES CADENATI
F: Diogenidae

Einsiedlerkrebse leben in leeren Schneckenhäusern, in denen ihr weicher Hinterleib geschützt ist. Diese Art kommt im Indopazifik und östlichen Atlantik vor.

WEISSPUNKT-EINSIEDLER
Dardanus megistos
F: Diogenidae

Dieser Einsiedlerkrebs, der an Küsten des östlichen Atlantiks und Indopazifiks vorkommt, ist ein »Linkshänder«, dessen linke Schere vergrößert ist.

DARDANUS PEDUNCULATUS
F: Diogenidae

An Riffen im Indopazifik lebt dieser Einsiedlerkrebs. Er trägt immer zur Tarnung und als Schutz eine Seeanemone der Gattung *Calliactis* auf seinem Gehäuse, mit der er seine Nahrung teilt.

5–6,5 cm

SAMTKRABBE
Necora puber
F: Portunidae

Schwimmkrabben der Familie Portunidae haben paddelförmige hintere Beine. Diese aggressive rotäugige Art ist an Felsenküsten des nordöstlichen Atlantik häufig.

5–7 cm

PORTUNUS PELAGICUS
F: Portunidae

Die im Indopazifik verbreitete Schwimmkrabbe bevorzugt sandige oder schlammige Küsten. Die Jungtiere kommen in den Gezeitenbereich. Wie ihre Verwandten erbeutet die Art andere Wirbellose.

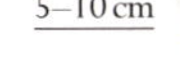

5–10 cm

muschelförmiger Karapax

TASCHENKREBS
Cancer pagurus
F: Cancridae

Von wirtschaftlicher Bedeutung ist der Taschenkrebs. Die europäische Art lebt vor der Küste und hat einen charakteristischen breiten Panzer. Sie kann über 20 Jahre alt werden.

CARPILIUS MACULATUS
F: Carpiliidae

Dies ist eine von drei verwandten bunt gefärbten Krabben, die an Korallenriffen leben. In der Urzeit war die Gruppe vielfältig. Die große Art fand man bisher im Indischen und Pazifischen Ozean.

4,5–9 cm

CALAPPA HEPATICA
F: Calappidae

Diese schildkrötenähnliche Krabbe des Indopazifiks gräbt Baue im Sand. Sie bedeckt ihr Gesicht oft mit den Scheren und wird deshalb auch »schüchterne Krabbe« genannt.

4–6 cm

4–5 cm

WOLLKRABBE
Dromia personata
F: Dromiidae

Diese im Atlantik verbreitete Krabbe tarnt sich oft mit Stücken von Schwämmen vor Fressfeinden. Wie bei den verwandten Einsiedlerkrebsen sind ihre Hinterbeine zurückgebildet.

2–3 cm

LEUCOSIA ANATUM
F: Leucosiidae

Zu einer Familie kleiner, meist rautenförmiger Krabben mit langen Scheren gehört diese bunte Art, die im Indischen Ozean vorkommt.

30–40 cm

JAPANISCHE RIESENKRABBE
Macrocheira kaempferi
F: Inachidae

Mit einem Durchmesser von bis zu 4 m ist dies der größte Gliederfüßer der Erde. Er kommt im nordwestlichen Pazifik vor und kann angeblich 100 Jahre alt werden.

8–10 cm

WEIHNACHTSINSEL-KRABBE
Gecarcoidea natalis
F: Gecarcinidae

Diese Krabbe lebt in Bauen an Land in den Wäldern der Weihnachtsinsel. Einmal im Jahr laufen die Tiere in riesigen Schwärmen zum Meer, um dort ihre Eier abzulegen.

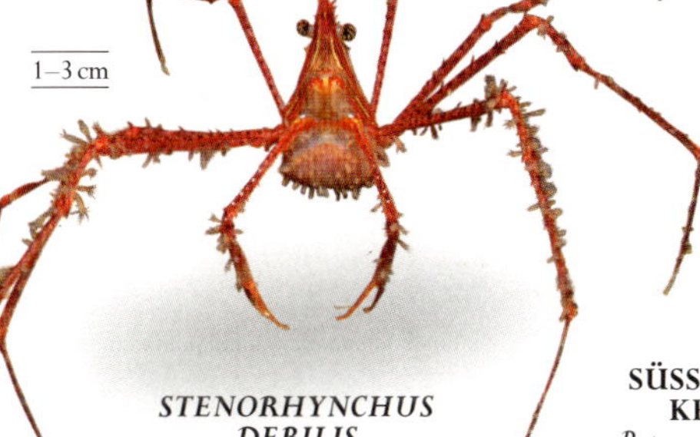

1–3 cm

STENORHYNCHUS DEBILIS
F: Inachidae

Die Arten der Familie Inachidae sind kleine stieläugige, stachelige Krabben. Diese Art aus dem östlichen Pazifik lebt als Aasfresserin an Riffen.

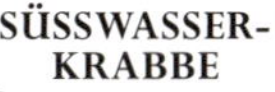

4–5 cm

SÜSSWASSER-KRABBE
Potamon potamios
F: Potamidae

Dieses Mitglied einer großen Familie, die in alkalischen Süßgewässern verbreitet ist, kommt in Südeuropa vor und verbringt viel Zeit an Land.

Stielaugen

1–2 cm

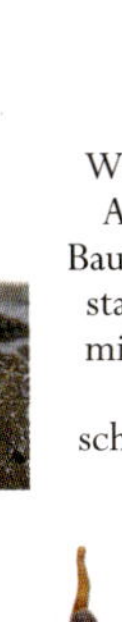

UCA VOCANS
F: Ocypodidae

Winkerkrabben wie diese Art graben an Stränden Baue. Männchen haben eine stark vergrößerte Schere, mit der sie Signale geben. Diese Art lebt an schlammigen Stränden des westlichen Pazifiks.

5–6 cm

pelzige Schere

CHINESISCHE WOLLHANDKRABBE
Eriocheir sinensis
F: Varunidae

Diese Art mit pelzigen Scheren ist in Ostasien heimisch. Sie wurde in Nordamerika und Europa eingeschleppt, wo sie sich als Schädling erwies. Sie lebt vor allem in Süßwasser.

OCYPODE SARATAN
F: Ocypodidae

Diese Art gehört zu einer Gruppe blass gefärbter Verwandter der Winkerkrabben. Beide Gruppen kommen an Stränden vor. Sie haben Stielaugen und sind schnelle Läufer.

2–4 cm

INSEKTEN

Die Insekten (Insecta) erschienen vor über 400 Millionen Jahren auf dem Festland. Heute gehören dieser Klasse die meisten Tierarten an.

Insekten haben unterschiedliche Lebensweisen entwickelt. Die meisten Arten leben auf dem Festland, viele andere in Süßgewässern, aber nur sehr wenige im Meer. Insekten haben mehrere charakteristische Merkmale: Sie sind klein und haben ein effizientes Nervensystem und eine hohe Fortpflanzungsrate. Viele von ihnen können fliegen. All dies hat zu ihrem Erfolg beigetragen.

Zu den Insekten gehören unter anderem die Käfer, Fliegen, Schmetterlinge, Ameisen, Bienen und Wanzen. Trotz der unglaublichen Vielfalt ist der Körperbau aller Gruppen sehr ähnlich. Ein Insekt hat drei Körperabschnitte: Kopf, Brust (Thorax) und Hinterleib (Abdomen). Im Kopf befindet sich das Gehirn. Die wichtigsten Sinnesorgane, die Komplexaugen, die Punktaugen (Ocellen) und die Antennen befinden sich ebenfalls am Kopf. Die Mundwerkzeuge sind an die jeweilige Ernährungsweise angepasst: Viele Insekten saugen Flüssigkeiten, andere nehmen feste Nahrung auf.

Die Brust besteht aus drei Segmenten, an denen je ein Beinpaar entspringt. Die beiden hinteren Segmente tragen bei den meisten Arten je ein Flügelpaar. Die Beine bestehen aus mehreren Gliedern und können stark modifiziert sein. Sie werden zum Laufen, Springen, Graben oder Schwimmen eingesetzt. Im Hinterleib, der meistens aus bis zu elf Segmenten besteht, befinden sich das Verdauungssystem und die Fortpflanzungsorgane.

STAMM	ARTHROPODA
KLASSE	INSECTA
ORDNUNGEN	30
FAMILIEN	etwa 1000
ARTEN	etwa 1 000 000

STREITFRAGE

WIE VIELE ARTEN?

Wahrscheinlich leben auf der Erde weit mehr als die bisher bekannten Insektenarten. Jedes Jahr werden neue Arten entdeckt. Schätzungen zufolge gibt es etwa 2 Millionen Arten. Stichproben aus den artenreichen Regenwäldern lassen sogar auf bis zu 30 Millionen Arten schließen.

SILBERFISCHCHEN

Die lang gestreckten Körper der ursprünglichen flügellosen Insekten der Ordnung Thysanura sind oft mit Schuppen besetzt. Die Tiere haben lange Antennen und kleine Augen. Der Hinterleib trägt Anhänge, die Styli.

1,2 cm

SILBERFISCHCHEN
Lepisma saccharina
F: Lepismatidae
Diese Art kommt in Häusern vor und wird manchmal als lästig empfunden. Sie ernährt sich von stärke- und zuckerhaltigen Stoffen.

1–1,5 cm

OFENFISCHCHEN
Thermobia domestica
F: Lepismatidae
Fast weltweit kann man das Ofenfischchen unter Steinen und in der Laubstreu finden. Im Haus bevorzugt es warme Stellen. Es kann in Bäckerein Schäden hervorrufen.

EINTAGSFLIEGEN

Die Arten der Ordnung Eintagsfliegen (Ephemeroptera) sind Insekten mit schlanken Beinen und zwei Flügelpaaren. Sie haben kurze Antennen und große Komplexaugen. Der Hinterleib trägt zwei oder drei Schwanzanhänge. Im Lebenszyklus dominiert die Larve, die im Wasser lebt. Die adulten Tiere werden nur Stunden oder Tage alt.

Lange vordere Beine werden ausgestreckt gehalten.

erstes Brustsegment (Prothorax)

große dreieckige vordere Flügel

heller Hintereib

1,7–2,5 cm

DÄNISCHE EINTAGSFLIEGE
Ephemera danica
F: Ephemeridae
In Flüssen und Seen mit schlammigem Grund leben die Larven dieser großen Art. Sie ist in Europa weit verbreitet. Die adulten Insekten haben drei Schwanzanhänge.

7–11 mm

FLIEGENHAFT
Cloeon dipterum
F: Baetidae
Die in Europa verbreitete Art pflanzt sich in verschiedenen Lebensräumen fort, in Teichen, Gräben, Trögen und Regentonnen.

8–12 mm

EPHEMERELLA IGNITA
F: Ephemerellidae
Ausgewachsene Insekten dieser nordeuropäischen Art haben drei Schwanzanhänge. Die runden Augen der Männchen sind zweigeteilt: Mit dem größeren oberen Teil halten sie nach Weibchen Ausschau.

1,2–1,8 cm

SIPHLONURUS LACUSTRIS
F: Siphlonuridae
In Nordeuropa ist diese Art in Seen höherer Lagen sehr häufig. Sie hat zwei Schwanzanhänge und grünlich graue Flügel. Die Hinterflügel sind klein.

LIBELLEN

Die Libellen (Ordnung Odonata) haben einen typischen langen, schlanken Körper. Mit den großen Augen am beweglichen Kopf sehen sie hervorragend. Adulte Libellen jagen im Flug andere Insekten. Die Larven leben im Wasser und fangen mit ihren zu einer Fangmaske umgebildeten Mundwerkzeugen Beute. Großlibellen sind untersetzt und haben rundliche Köpfe, Kleinlibellen sind schlanker und haben breitere Köpfe mit weit voneinander entfernt stehenden Augen.

HUFEISEN-AZURJUNGFER
Coenagrion puella
F: Coenagrionidae
Die blau-schwarz gezeichneten Männchen dieser Kleinlibelle aus dem nordwestlichen Europa rasten häufig auf Blättern von Schwimmpflanzen. Die Weibchen sind grün mit schwarzer Zeichnung.

CORDULEGASTER MACULATA
F: Cordulegastridae
Diese Großlibelle trifft man im Osten der Vereinigten Staaten und im südöstlichen Kanada an, vor allem in sauberen Bächen bewaldeter Gegenden.

EPITHECA PRINCEPS
F: Corduliidae
Die in Nordamerika weit verbreitete Großlibelle patrouilliert von der Morgen- bis zur Abenddämmerung an Teichen, Seen, Bächen und Flüssen.

GEWÖHNLICHE BINSENJUNGFER
Lestes sponsa
F: Lestidae
In einer breiten Zone in Europa und Asien ist diese Kleinlibelle häufig. Man findet sie an stehenden oder langsam fließenden Gewässern mit viel Vegetation.

4,6 cm

GEBÄNDERTE PRACHTLIBELLE
Calopteryx splendens
F: Calopterygidae
Männchen dieser Kleinlibelle, die im nordwestlichen Europa verbreitet ist, haben einen blaugrün schillernden Körper und dunkelblau gebänderte Flügel. Die Flügel der grün schillernden Weibchen sind durchsichtig.

GOMPHUS EXTERNUS
F: Gomphidae
An warmen Sonnentagen fliegen diese in den USA verbreiteten Großlibellen. Die Larven leben in langsam fließenden, schlammigen Bächen und Flüssen.

ANAX LONGIPES
F: Aeshnidae
Von Brasilien bis nach Massachusetts kommt diese Großlibelle vor. Man kann sie über Seen und großen Teichen fliegen sehen.

MACROMIA ILLINOIENSIS
F: Macromiidae
Die nordamerikanische Großlibelle patrouilliert über Flüssen und Bächen mit steinigen Betten, aber auch abseits von Gewässern kann man sie an Straßen und Pisten beobachten.

an der Basis rötliche Flügel

drei lange Schwanzanhänge

TACHOPTERYX THOREYI
F: Petaluridae
Diese beeindruckende Großlibelle kommt in feuchten Laubwäldern an der Ostküste Nordamerikas vor. Die Larven leben in sumpfigen Gebieten.

BLAUE FEDERLIBELLE
Platycnemis pennipes
F: Platycnemididae
Die Larven dieser in Mitteleuropa verbreiteten Kleinlibelle leben in langsam fließenden, zugewachsenen Gewässern. Die verbreiterte Schiene des hinteren Beins (Tibia) ist mit Dornen besetzt.

PLATTBAUCH
Libellula depressa
F: Libellulidae
Die Larven dieser mitteleuropäischen Großlibelle leben in Gräben und Teichen. Der Hinterleib des Männchens ist oben blau, der des Weibchens gelbbraun.

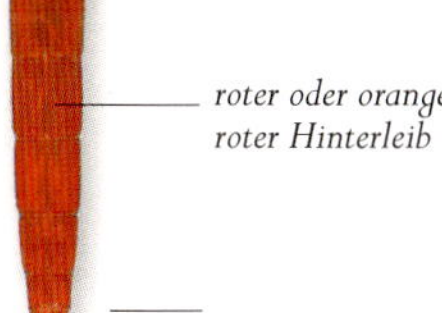

LIBELLULA SATURATA
F: Libellulidae
Diese Großlibelle, die man an warmen Teichen und Bächen und sogar an heißen Quellen antrifft, ist im Südwesten der USA häufig.

STEINFLIEGEN

Die Mitglieder der Ordnung Steinfliegen (Plecoptera) haben schlanke Körper, zwei Schwanzanhänge und zwei Flügelpaare. Die Larven entwickeln sich im Wasser.

2–2,8 cm

PERLA BIPUNCTATA
F: Perlidae
Die Männchen dieser Art, die in steinigen Bächen in höheren Lagen vorkommt, haben viel kürzere Flügel und sind oft nur halb so groß wie die Weibchen.

9–1,3 cm

RAUTEN-UFERBOLD
Isoperla grammatica
F: Perlodidae
Die Art, die in Gegenden mit Kalkstein besonders häufig ist, bevorzugt saubere Bäche und Seen mit Kiesgrund. Männchen sind kürzer als Weibchen.

GESPENST-HEUSCHRECKEN

Die pflanzenfressenden Insekten der Ordnung Gespenstheuschrecken (Phasmatodea) sehen aus wie Äste oder Blätter und bewegen sich langsam. Viele sind hervorragend getarnt.

4,2–6,8 cm

ANISOMORPHA BUPRESTOIDES
F: Phasmatidae
Im Süden der USA trifft man diese Stabheuschrecke an. Sie sondert zur Abwehr eine Säure ab, die sie in Drüsen in der Brust produziert.

15,5 cm

MALAIISCHE RIESEN-GESPENSTSCHRECKE
Heteropteryx dilatata
F: Heteropterygidae
Diese beeindruckende Art kommt in Malaysia vor. Die flugunfähigen Weibchen sind grün, die kleineren geflügelten Männchen braun.

PHYLLIUM BIOCULATUM
F: Phylliidae
Die Weibchen dieser Art aus Südost-Asien sind groß, tragen Flügel und sehen aus wie Blätter. Die kleineren, schlankeren Männchen sind braun.

7–9,4 cm

große hintere Flügel

flacher, blattähnlicher Hinterleib

OHRWÜRMER

Die Insekten der Ordnung Ohrwürmer (Dermaptera) haben flache Körper und ernähren sich von Abfallstoffen. Unter den kurzen Vorderflügeln sind ihre großen, fächerförmigen Hinterflügel zusammengefaltet. Der Hinterleib trägt eine Zange.

1,4 cm

GEWÖHNLICHER OHRWURM
Forficula auricularia
F: Forficulidae
Diese Art trifft man unter Baumrinde und in der Laubstreu an. Die Weibchen bewachen das Gelege und füttern die Larven.

1,8 cm

SANDOHRWURM
Labidura riparia
F: Labiduridae
Der Sandohrwurm, der größte europäische Ohrwurm, ist an sandigen Flussufern und Küsten besonders häufig.

GOTTESANBETERINNEN

Die räuberischen Insekten der Ordnung Gottesanbeterinnen (Mantodea) haben dreieckige, sehr bewegliche Köpfe mit großen Augen. Die vorderen Beine sind zu stacheligen Fangbeinen umgebildet. Die robusten vorderen Flügel schützen die zusammengefalteten Hinterflügel.

dreieckiger Kopf mit großen Komplexaugen

verlängerter Prothorax

blattähnliche Vorderflügel

5–7,4 cm

mit Stacheln besetztes Fangbein

EUROPÄISCHE GOTTESANBETERIN
Mantis religiosa
F: Mantidae
In einem Bruchteil einer Sekunde schlägt die Gottesanbeterin zu. Die Beute wird auf den Stacheln ihrer Fangbeine aufgespießt.

Haube

6 cm

HAUBEN-FANGSCHRECKE
Empusa pennata
F: Empusidae
Diese schlanke Gottesanbeterin mit Haube auf dem Kopf kommt in Südeuropa vor. Sie kann grün oder braun gefärbt sein.

3–6 cm

ORCHIDEENMANTIS
Hymenopus coronatus
F: Hymenopodidae
Die Beine der südostasiatischen Art ähneln Blütenblättern. So ist sie bestens getarnt, wenn sie im Blattwerk anderen Insekten auflauert.

GRILLEN UND HEUSCHRECKEN

Die meisten Geradflügler (Orthoptera) sind Pflanzenfresser. Die hinteren Beine sind meist groß und an das Springen angepasst. Die Tiere »singen«, indem sie ihre Vorderflügel aneinander oder die hinteren Beine an einer Schrillleiste am Vorderflügel reiben.

BRAUNER GRASHÜPFER
Chorthippus brunneus
F: Acrididae

Den häufigen Braunen Grashüpfer trifft man typischerweise auf trockenen Weiden an. An sonnigen Tagen sind die Insekten am aktivsten.

WELLINGTON-BAUMWETA
Hemideina crassidens
F: Stenopelmatidae

Dieses nachtaktive Insekt ist in Neuseeland heimisch. Es lebt in morschem Holz und Baumstümpfen und ernährt sich hier von Pflanzenteilen und kleinen Insekten.

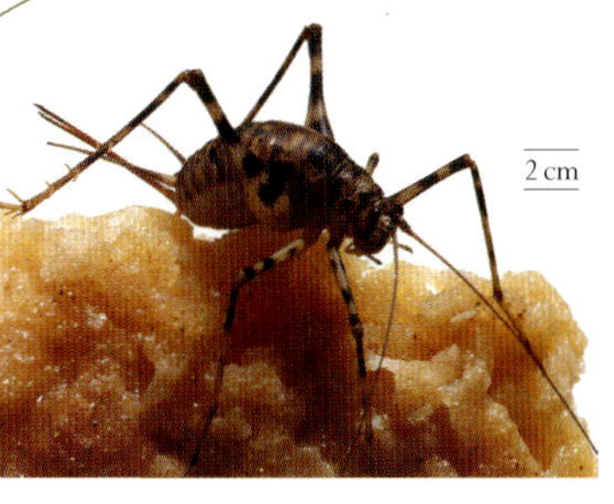

PHAEOPHILACRIS GEERTSI
F: Rhaphidophoridae

Eine Allesfresserin ist diese Art aus Zentralafrika. Ihre sehr langen Antennen sind eine Anpassung an das Leben in dunklen Höhlen.

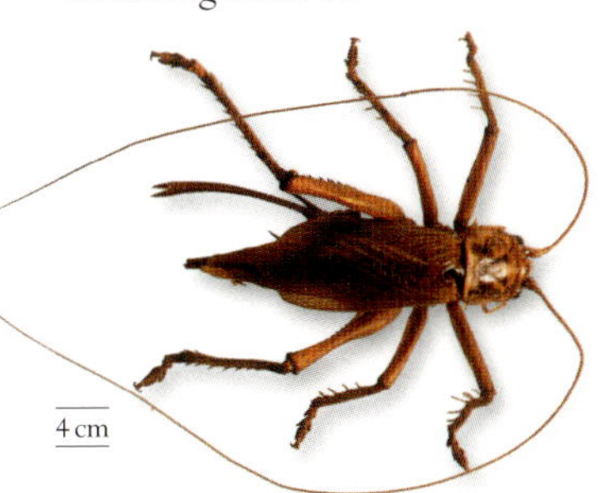
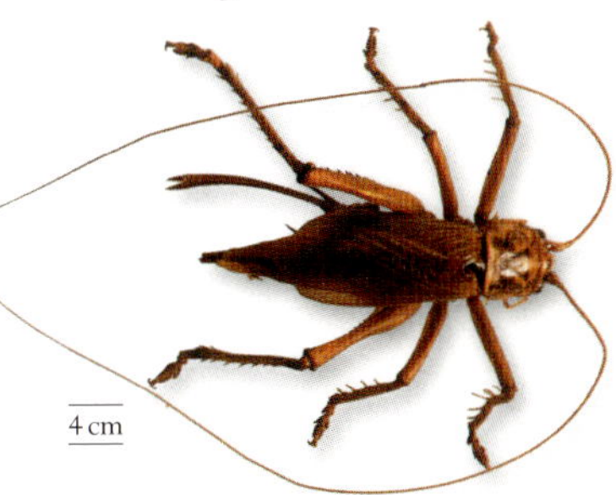

GRYLLACRIS SUBDEBILIS
F: Gryllacrididae

Diese Grille ist in Australien heimisch. Sie hat relativ lange Flügel. Die Antennen sind bis zu dreimal so lang wie ihr Körper.

WÜSTENHEUSCHRECKE
Schistocerca gregaria
F: Acrididae

Wenn die Populationsdichte dieser Art hoch ist, wandelt sich die Einzel- in die Schwarmphase um. Die Insekten schwärmen zu Milliarden und richten verheerende Schäden an.

GEWÖHNLICHE EICHENSCHRECKE
Meconema thalassinum
F: Tettigoniidae

An verschiedenen Laubbäumen findet man diese europäische Art, die nach Einbruch der Dunkelheit kleine Insekten erbeutet. Weibchen haben einen langen Legebohrer.

4–4,5 cm

MAULWURFSGRILLE
Gryllotalpa gryllotalpa
F: Gryllotalpidae

Die europäische Art gräbt wie ein winziger Maulwurf mit ihren kräftigen Vorderbeinen. Sie lebt in Kulturböden und an Böschungen in Gewässernähe in feuchten, sandigen Böden.

2,4 cm

HEIMCHEN
Acheta domestica
F: Gryllidae

Das nachtaktive Heimchen zirpt hübsch. Es stammt aus dem südwestlichen Asien und Nordafrika und hat sich bis nach Europa ausgebreitet.

SCHAUMHEUSCHRECKE
Dictyophorus spumans
F: Pyrgomorphidae

Mit ihren bunten Farben warnt diese Art aus Südafrika vor ihrer Giftigkeit. Aus Drüsen in der Brust kann sie einen übel schmeckenden Schaum absondern.

MITTELMEERFELDGRILLE
Gryllus bimaculatus
F: Gryllidae

Diese Grille ist in Südeuropa, Teilen Afrikas und Asiens weit verbreitet und lebt unter Holz und toten Pflanzenteilen.

SCHABEN

Die Mitglieder der Ordnung Schaben (Blattodea) haben ovale, flache Körper und fressen Abfälle. Der nach unten weisende Kopf ist meist unter dem Halsschild verborgen. Die meisten Arten haben zwei Flügelpaare. Am Hinterleib sitzen Anhänge (Cerci), die als Sinnesorgane fungieren.

MADAGASKAR-FAUCHSCHABE
Gromphadorhina portentosa
F: Blaberidae

Diese große, flügellose Schabe kennt man weltweit als »Haustier«. Die Männchen haben Höcker auf der Brust, die sie bei Kämpfen mit Rivalen einsetzen.

AMERIKANISCHE GROSSSCHABE
Periplaneta americana
F: Blattidae

Diese Art, die aus Afrika stammt, ist heute weltweit verbreitet. Sie lebt auf Schiffen und überall dort, wo Nahrungsmittel gelagert werden.

LAPPLAND-WALDSCHABE
Ectobius lapponicus
F: Blattellidae

Die kleine europäische Art, eine schnelle Läuferin, findet man in der Laubstreu und gelegentlich auf Blättern. Sie wurde in den USA eingeschleppt.

TERMITEN

Die sozialen Insekten der Ordnung Termiten (Isoptera) leben in Kolonien mit verschiedenen Kasten: Könige und Königinnen, Arbeiter und Soldaten. Arbeiter sind flügellos. Könige und Königinnen tragen Flügel, die sie nach dem Paarungsflug abwerfen. Soldaten haben große Köpfe und Mandibeln.

COPTOTERMES FORMOSANUS
F: Termitidae

In Südchina, Taiwan und Japan ist diese invasive Art heimisch. Sie hat sich mittlerweile in andere Teile der Welt ausgebreitet, wo sie ernsthafte Schäden anrichtet.

6–7 mm

ZOOTERMOPSIS ANGUSTICOLLIS
F: Termopsidae

Diese Termite, die man entlang der nordamerikanischen Pazifikküste findet, ernährt sich von einem Pilz, der Holz befällt.

∧ LARVE
An den kleinen Flügelanlagen erkennt man, dass dieses Weibchen noch eine Larve ist. Nach der nächsten Häutung wird es zur Imago mit kurzen Flügeln und einem funktionsfähigen Legebohrer. Nach der Paarung wird sein Hinterleib anschwellen, in dem sich die Eier entwickeln.

< UNTERSEITE
Die Unterseite des Weibchens ist dunkler und weniger stachelig als die Oberseite. Die Stacheln an den Beinen dienen der Verteidigung.

MALAIISCHE RIESENGESPENST-SCHRECKE

Heteropteryx dilatata

Weibchen dieser Art sind groß und hellgrün gefärbt, adulte (erwachsene) Männchen sind wesentlich kleiner, schlanker und dunkler. Beide Geschlechter haben Flügel, Weibchen sind aber flugunfähig. Larven und Adulte vertilgen die Blätter verschiedener Pflanzen, darunter Durian-, Guaven- und Mangobäume. Weibchen, die Eier gelegt haben, können sehr aggressiv sein. Fühlen sie sich bedroht, erzeugen sie mit ihren kurzen Flügeln ein lautes, zischendes Geräusch und gehen mit ihren stacheligen Hinterbeinen in Abwehrposition. Dieses beeindruckende Insekt wird gern als Haustier gehalten.

GRÖSSE bis 15,5 cm
LEBENSRAUM tropische Wälder
VERBREITUNG Malaysia
NAHRUNG verschiedene Pflanzen

MUNDWERKZEUGE >
In Ruhe sind die Mandibeln (Oberkiefer) unter den beiden Palpen (Tastern) mit Sinneszellen verborgen. Mit den Palpen nimmt das Insekt den Geschmack der Blätter wahr, die es frisst.

< KOMPLEXAUGE
Die Komplexaugen erzeugen kein scharfes Bild wie bei räuberischen Gliederfüßern. Mit ihnen nimmt das Insekt Bewegung wahr und kann Fressfeinde erkennen.

KÖRPERSEGMENTE >
Die stabilen, stacheligen Körpersegmente sind mit weichen, biegsamen Membranen verbunden.

∧ LEGEBOHRER
Ein Weibchen kann im Lauf seines Lebens mit dem Legebohrer bis zu 150 Eier ablegen. Sie sind groß, doch auf geeignetem Substrat, wie in der Laubstreu, gut getarnt.

Mit den langen Antennen nimmt das Insekt seine Umgebung und auch Luftbewegung wahr.

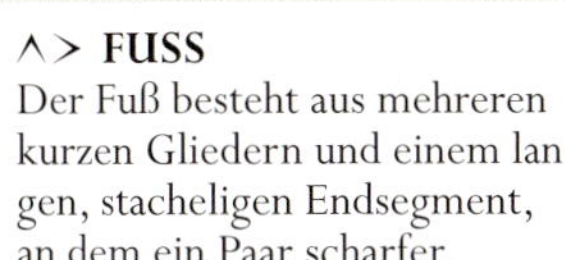

∧ > FUSS
Der Fuß besteht aus mehreren kurzen Gliedern und einem langen, stacheligen Endsegment, an dem ein Paar scharfer, gekrümmter Krallen sitzt.

SCHNABELKERFE

Die Mitglieder der Ordnung Schnabelkerfe (Hemiptera) sind in terrestrischen und aquatischen Lebensräumen verbreitet. Zur Gruppe gehören winzige Insekten sowie Riesenwanzen, die Fische und Frösche erbeuten. Mit den stechend-saugenden Mundwerkzeugen nehmen sie Flüssigkeiten wie Pflanzensäfte, die aufgelösten Gewebe ihrer Beutetiere oder Blut auf. Viele Arten richten Schäden an, einige übertragen Krankheitserreger.

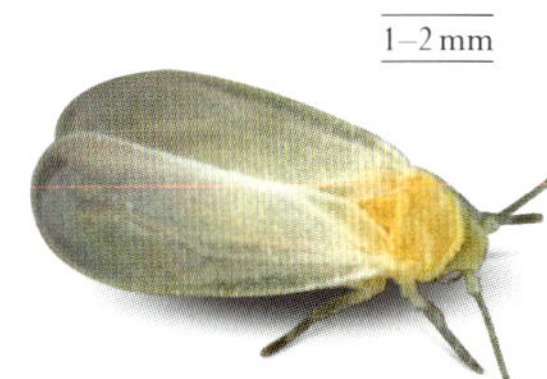

1–2 mm

GEWÄCHSHAUS-WEISSE-FLIEGE
Trialeurodes vaporariorum
F: Aleyrodidae
Dieses kleine Insekt kommt in den gemäßigten Zonen weltweit vor und richtet in Gewächshäusern mitunter ernsthafte Schäden an.

5 mm

LUPINENBLATTLAUS
Macrosiphum albifrons
F: Aphididae
Blattläuse wie diese nordamerikanische Art vermehren sich auf befallenen Pflanzen schnell, denn die Weibchen können ohne Befruchtung Larven zur Welt bringen.

dunkler Flügelrand

helle Flügelbasis

3,5–4 cm

ANGAMIANA AETHEREA
F: Cicadidae
In Indien kommt diese Zikade vor. Wie bei allen Zikaden singen die Männchen laut, um Weibchen anzulocken oder Aggression zu signalisieren.

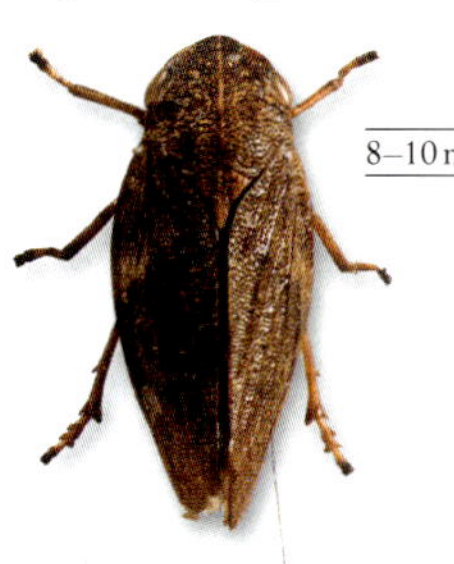

8–10 mm

ERLEN-SCHAUMZIKADE
Aphrophora alni
F: Aphrophoridae
Auf verschiedenen Bäumen und Sträuchern in Europa kann man diese hell- bis dunkelbraun gefärbte Schaumzikade finden.

1–1,2 cm

GEWÖHNLICHE BLUTZIKADE
Cecopis vulnerata
F: Cercopidae
Die Larven dieser auffällig gefärbten europäischen Art leben gruppenweise im Boden in einer schützenden schaumigen Masse. Sie saugen an Pflanzenwurzeln.

2,2–2,6 cm

PYCNA REPANDA
F: Cicadidae
In Nordindien und Teilen Chinas und Nepals findet man diese Art in kühlen Laubwäldern in hohen Lagen.

6–8 mm

PULVINARIA REGALIS
F: Coccidae
Diese europäische Napfschildlaus kann man häufig auf der Rinde von Rosskastanien entdecken, sie befällt aber auch andere Pflanzen.

1,3 cm

ECHTE OHRZIKADE
Ledra aurita
F: Cicadellidae
Mit ihrer fleckigen Färbung ist diese in Nordeuropa verbreitete Zikade auf mit Flechten bewachsener Rinde von Eichen kaum zu erkennen.

7–9 mm

BINSEN-SCHMUCKZIKADE
Cicadella viridis
F: Cicadellidae
Von Gräsern und Seggen in Feuchtgebieten in Europa und Asien ernährt sich diese Zikade. Auch bei Gartenteichen kann man sie finden.

8 cm

großer Augenfleck

LATERNENTRÄGER
Fulgora laternaria
F: Fulgoridae
Diese Art ist in Mittel- und Südamerika und auf den Westindischen Inseln verbreitet. Früher dachte man, ihr aufgetriebener Kopf würde leuchten.

1–1,2 cm

UMBONIA CRASSICORNIS
F: Membracidae
In Mittel- und Südamerika kommt diese Art vor. Der Körper ist fast völlig unter dem dornartigen, vergrößerten Halsschild verborgen.

verlängerter Kopf

5,5 cm

Vorderflügel mit typischer Zeichnung

leuchtend bunter Hinterflügel

PHRICTUS QUINQUEPARTITUS
F: Fulgoridae
Diese Art, die Einheimische »Drachenkopfwanze« nennen, ist in Costa Rica, Panama, Kolumbien und Teilen Brasiliens verbreitet.

2–3 mm

ESCHEN-BLATTFLOH
Psyllopsis fraxini
F: Psyllidae
Häufig findet man diese Art an Eschen. Die Larven lösen beim Fressen die Bildung roter Gallen an den Blatträndern aus.

3–4 mm

DISTEL-NETZWANZE
Tingis cardui
F: Tingidae
Die in Westeuropa verbreitete Wanze frisst an verschiedenen Disteln. Ihr Körper ist mit einer mehligen Wachsschicht bedeckt.

GEWÖHNLICHE GETREIDEWANZE
Eurygaster maura
F: Scutelleridae
Diese Wanze ernährt sich von vielen verschiedenen Gräsern. An Getreide kann sie (meist unbedeutende) Schäden anrichten.

WIPFEL-STACHELWANZE
Acanthosoma haemorrhoidale
F: Acanthosomatidae
Von den Knospen und Beeren des Weißdorns ernährt sich diese europäische Art. Gelegentlich findet man sie an anderen Laubbäumen und Sträuchern wie Haseln.

WALD-BLUMENWANZE
Anthocoris nemorum
F: Anthocoridae
Diese räuberische Blumenwanze lebt auf verschiedenen Pflanzen. Trotz ihrer geringen Größe kann sie die menschliche Haut durchstechen.

BIRKEN-RINDENWANZE
Aradus betulae
F: Aradidae
Mit ihrem flachen Körper lebt diese europäische Wanze unter der Rinde von Birken, wo sie sich von Pilzen ernährt.

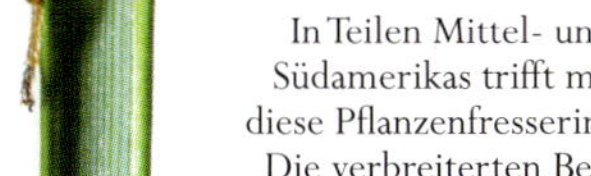

BITTA FLAVOLINEATA
F: Coreidae
In Teilen Mittel- und Südamerikas trifft man diese Pflanzenfresserin an. Die verbreiterten Beine dienen vermutlich der Tarnung.

BETTWANZE
Cimex lectularius
F: Cimicidae
Die verbreitete Bettwanze saugt an Menschen und anderen Säugetieren Blut. Die flügellosen Insekten sind nach Einbruch der Dunkelheit aktiv.

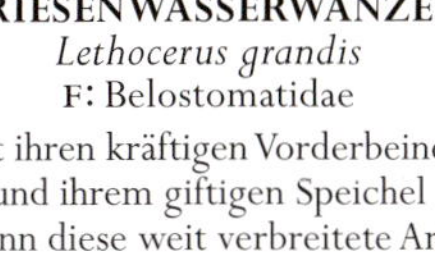

RIESENWASSERWANZE
Lethocerus grandis
F: Belostomatidae
Mit ihren kräftigen Vorderbeinen und ihrem giftigen Speichel kann diese weit verbreitete Art größere Wirbeltiere wie Frösche und Fische überwältigen.

GEWÖHNLICHER WASSERLÄUFER
Gerris lacustris
F: Gerridae
Der Gewöhnliche Wasserläufer ist weit verbreitet und unverkennbar, wenn er über die Wasseroberfläche eilt. Seine Beute lokalisiert er an den Wellen, die sie erzeugt.

CORIXA PUNCTATA
F: Corixidae
Diese häufige europäische Ruderwanze schwimmt mit ihren kräftigen, padddelförmigen Hinterbeinen. Sie ernährt sich in Teichen von Algen und Detritus.

NERTHRA GRANDICOLLIS
F: Gelastocoridae
Mit ihrer warzigen Oberfläche und der Tarnfärbung verbirgt sich diese afrikanische Art im Schlamm, wo sie anderen Insekten auflauert.

ILYOCORIS CIMICOIDES
F: Naucoridae
Diese europäische Schwimmwanze nimmt unter ihren Flügeln Luftblasen mit unter Wasser. Sie jagt im Uferbereich von Seen und langsam fließenden Flüssen.

GEWÖHNLICHER TEICHLÄUFER
Hydrometra stagnorum
F: Hydrometridae
Die Art lebt an den Ufern von Teichen, Seen und Flüssen und ernährt sich von kleinen Insekten und Krebstieren.

GRÜNE FUTTERWANZE
Lygocoris pabulinus
F: Miridae
Diese verbreitete Wanze kann an vielen Pflanzen Schäden anrichten, darunter Nutzpflanzen wie Himbeeren, Birnen und Äpfel.

»

» WANZEN

8 mm

ZIERLICHE GEMÜSEWANZE
Eurydema dominulus
F: Pentatomidae
Diese europäische Art ist rot oder orangefarben. Sie frisst an Kreuzblütlern und kann Schäden anrichten.

1 cm

FEUERWANZE
Pyrrhocoris apterus
F: Pyrrhocoridae
Diese unverwechselbare rote und schwarze Wanze ist eine gesellige flugunfähige Art, die in Mittel- und Südeuropa weit verbreitet ist. Sie ernährt sich von Samen.

1,2–1,4 cm

GRÜNE STINKWANZE
Palomena prasina
F: Pentatomidae
In Europa ist diese Wanze sehr häufig und weit verbreitet. Sie frisst an verschiedenen Pflanzen und richtet manchmal unbedeutende Schäden an.

1,4 cm

ROTBEINIGE BAUMWANZE
Pentatoma rufipes
F: Pentatomidae
In verschiedenen Laubbäumen findet man diese europäische Art. Sie ernährt sich von Pflanzensäften und kleinen Insekten.

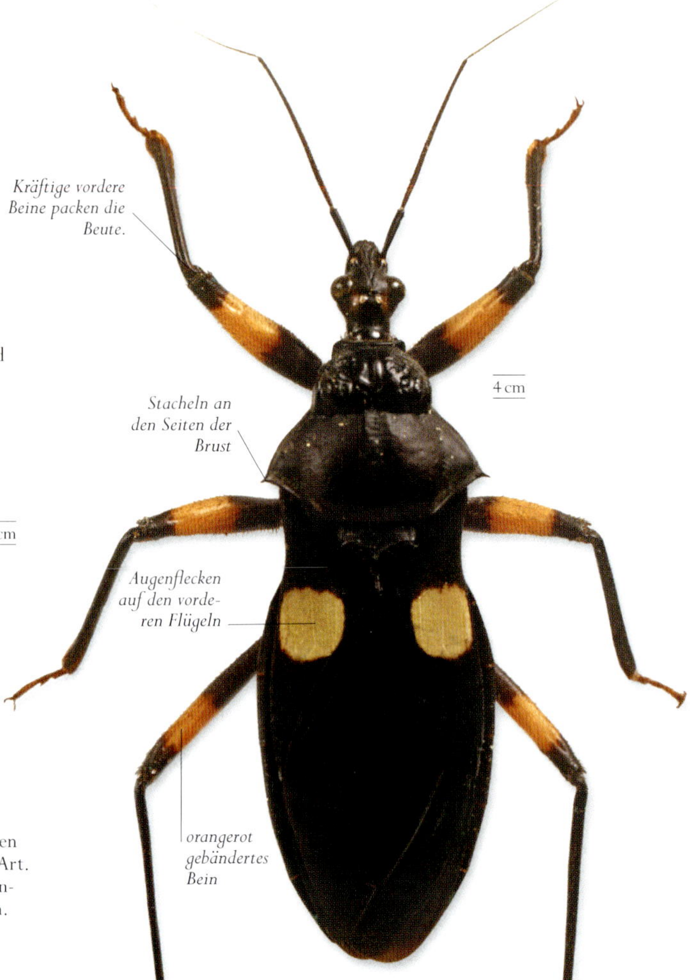

Kräftige vordere Beine packen die Beute.

Stacheln an den Seiten der Brust

Augenflecken auf den vorderen Flügeln

orangerot gebändertes Bein

4 cm

PLATYMERIS BIGUTTATA
F: Reduviidae
Wie alle Raubwanzen hat diese westafrikanische Art giftigen Speichel. Sie kann ihn einem Angreifer entgegenspritzen, sodass dieser zeitweilig erblindet.

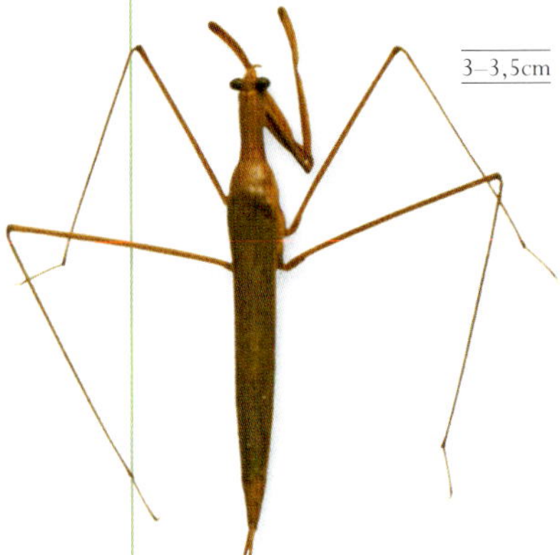

3–3,5 cm

STABWANZE
Ranatra linearis
F: Nepidae
Mit ihren spezialisierten Vorderbeinen fängt die Stabwanze Beute, auch kleine Fische. Sie bevorzugt tiefere, gut zugewachsene Teiche.

1,8–2,2 cm

WASSERSKORPION
Nepa cinera
F: Nepidae
Dieses aquatische Insekt erbeutet im Uferbereich seichter Teiche kleine Tiere. Mit dem langen Atemrohr atmet es Luftsauerstoff.

Die mit Haaren gesäumten hinteren Beine dienen als Paddel.

1,7 cm

GEWÖHNLICHER RÜCKENSCHWIMMER
Notonecta glauca
F: Notonectidae
In Teichen, Seen und Gräben in Europa kommt dieser Rückenschwimmer vor, der auch kleine Wirbeltiere wie Kaulquappen und Fischchen erbeutet. Er schwimmt kopfüber.

TIERLÄUSE

Die flügellosen Insekten der Ordnung Tierläuse (Phthiraptera) sind Ektoparasiten, die am Körper von Vögeln und Säugetieren leben. Mit ihren umgebildeten Mundwerkzeugen fressen sie Hautpartikel oder saugen Blut. Mit ihren Beinen klammern sie sich an Haaren oder Federn fest.

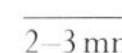

KOPFLAUS
Pediculus humanus capitis
F: Pediculidae
Die Kopflaus klebt ihre Eier (Nissen) an Kopfhaare. Bei Schulkindern kommt es immer wieder zu Befall. Eine verwandte Art befällt Schimpansen.

KLEIDERLAUS
Pediculus humanus humanus
F: Pediculidae
Diese Unterart hat sich vielleicht nach der Erfindung der Kleidung aus der Kopflaus entwickelt. Sie klebt ihre Eier an Kleidungsstücke und überträgt Krankheitserreger.

2–3 mm

5 mm

MENACANTHUS STRAMINEUS
F: Menoponidae
Diese Federlinge sind Ektoparasiten an Haushühnern und rufen Infektionen hervor. Manchmal fallen den Hühnern die Federn aus.

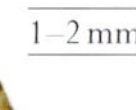

DAMALINIA CAPRAE
F: Trichodectidae
Weltweit befällt diese Laus Ziegen. Auch auf Schafen kann sie einige Tage überleben, sich aber auf ihnen nicht fortpflanzen.

STAUBLÄUSE

Die kleinen Insekten der Ordnung Staubläuse (Psocoptera) sind an Pflanzen und in der Laubstreu häufig. Sie haben fadenförmige Antennen und aufgewölbte Augen. Sie fressen winzige Pflanzenteile und Pilze. Einige Arten richten an gelagerten Lebensmitteln Schäden an.

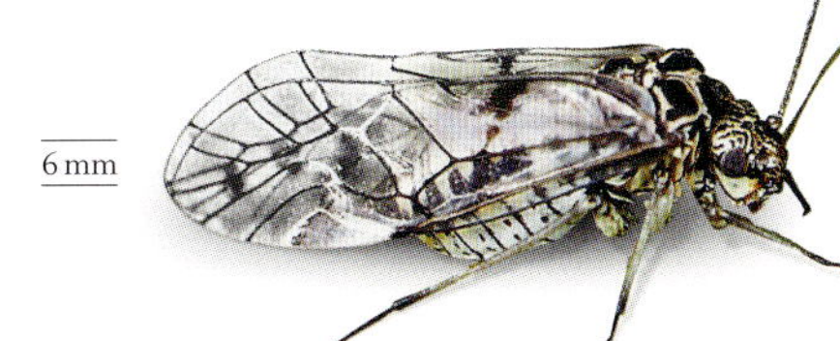

6 mm

PSOCOCERASTIS GIBBOSA
F: Psocidae
Diese relativ große Art ist in Europa und Teilen Asiens heimisch und lebt an vielen verschiedenen Laub- und Nadelbäumen.

1,5 mm

LIPOSCELIS LIPARIUS
F: Liposcelididae
Die verbreitete Staublaus bevorzugt dunkle, feuchte Bedingungen und kann in Bibliotheken und Vorratslagern Schäden anrichten, wenn die Luft dort zu feucht ist.

THRIPSE

Mitglieder der Ordnung Thripse (Thysanoptera) sind winzige Insekten mit zwei Paaren schmaler, mit Haaren gesäumter Flügel. Sie haben große Komplexaugen und stechend-saugende Mundwerkzeuge.

1–1,5 mm

FRANKLINIELLA SPEC.
F: Thripidae
Arten der Gattung *Frankliniella* kommen weltweit vor und können Nutzpflanzen wie Baumwolle, Süßkartoffeln und Kaffee schädigen.

KAMELHALSFLIEGEN

Kamelhalsfliegen (Ordnung Raphidioptera) sind Waldlandbewohner mit langem Prothorax (Vorderbrust) und zwei Flügelpaaren. Adulte und Larven fressen unter anderem Blattläuse.

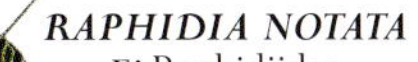

1,6–1,8 cm

RAPHIDIA NOTATA
F: Raphidiidae
In Laub- und Nadelwäldern in Europa kann man diese Art beobachten. Meist findet man sie an Eichen, wo sie Blattläuse frisst.

SCHLAMMFLIEGEN

Schlammfliegen (Megaloptera) haben zwei Flügelpaare, die sie in Ruhe dachförmig über ihrem Körper falten. Die aquatischen Larven sind räuberisch und haben Kiemen am Hinterleib. Sie verpuppen sich an Land im Boden, in Moos oder morschem Holz.

CORYDALUS CORNUTUS
F: Corydalidae
Diese Art kommt in Nordamerika vor. Die Männchen haben sehr lange Mandibeln, mit denen sie kämpfen und die Weibchen greifen.

10 cm

1,4–1,8 cm

SIALIS LUTARIA
F: Sialidae
Weibchen dieser verbreiteten Art legen bis zu 2000 Eier an Zweigen oder Blättern in Gewässernähe ab.

NETZFLÜGLER

Die Insekten der Ordnung Netzflügler (Neuroptera) haben auffällige Augen und beißend-kauende Mundwerkzeuge. Ihre netzartig geäderten Flügel falten sie in Ruhe dachförmig über dem Körper. Die Mundwerkzeuge der Larven sind zu Saugzangen umgebildet.

1,4 cm

MANTISPA STYRIACA
F: Mantispidae
Wie eine kleine Gottesanbeterin jagt diese Art Fliegen. Man findet sie in Süd- und Mitteleuropa in lichten Wäldern.

4 cm

SCHWALBENSCHWANZ-SCHMETTERLINGSHAFT
Nemoptera sinuata
F: Nemopteridae
Die zarte Art, die in Südost-Europa mancherorts häufig ist, ernährt sich in Wäldern und auf Wiesen von Blütennektar und Pollen.

3 cm

ÖSTLICHER SCHMETTERLINGSHAFT
Libelloides macaronius
F: Ascalaphidae
Diese Art, die ihre Beute im Flug fängt, fliegt nur an warmen, sonnigen Tagen. Man trifft sie in Mittel- und Südeuropa und Teilen Asiens an.

1–1,2 cm

FLORFLIEGE
Chrysopa perla
F: Chrysopidae
Diese verbreitete europäische Art ist charakteristisch grün mit schwarzer Zeichnung. Häufig sieht man sie in Laubwäldern.

EUROPÄISCHER BACHHAFT
Osmylus fulvicephalus
F: Osmylidae
In schattigem Waldland an Bächen findet man diese europäische Art. Sie ernährt sich von kleinen Insekten und Pollen.

1,5 cm

5–5,5 cm

PALPARES LIBELLULOIDES
F: Myrmeleontidae
Die große tagaktive mediterrane Ameisenjungfer mit typisch gefleckten Flügeln findet man in Grasland und warmen Lebensräumen mit Gebüschen.

Männchen halten mit diesen Organen das Weibchen fest.

KÄFER

Die Käfer (Coleoptera) sind die größte Ordnung der Insekten. Viele Arten sind winzig, andere beeindruckend groß. Ein charakteristisches Merkmal sind die robusten Elytren oder Flügeldecken. Sie schützen die größeren Hinterflügel. Käfer kommen in sämtlichen Lebensräumen im Wasser und an Land vor. Unter ihnen sind Aasfresser, Pflanzenfresser oder Räuber.

2,8–3,4 cm

VIOLETTER LAUFKÄFER
Carabus violaceus
F: Carabidae
Dieser nachtaktive Jäger ist in vielen Lebensräumen verbreitet, auch in Gärten. Er ist in Europa und Teilen Asiens häufig.

3–5 mm

GEWÖHNLICHER NAGEKÄFER
Anobium punctatum
F: Anobiidae
Die Larven leben im Holz von Gebäuden und Möbeln. Die Art ist heute weit verbreitet und richtet oft Schäden an.

4 cm

CHRYSOCHROA CHINENSIS
F: Buprestidae
Dieser schillernde Prachtkäfer ist in Indien und Südost-Asien heimisch. Die Larven fressen sich in Holz von Laubbäumen ein.

1 cm

ROTGELBER WEICHKÄFER
Rhagonycha fulva
F: Cantharidae
Im Sommer sieht man diesen europäischen Käfer auf Blüten in Wiesen und an Waldrändern häufig.

Fortsatz am Kopf

breite, flache Flügeldecken

8–10 cm

GESPENSTLAUFKÄFER
Mormolyce phyllodes
F: Carabidae
Der flache Gespenstlaufkäfer krabbelt unter Konsolenpilze und in Rindenspalten, wo er Insektenlarven und Schnecken erbeutet.

7–10 mm

AMEISENBUNTKÄFER
Thanasimus formicarius
F: Cleridae
Diese Art ist an Nadelbäume in Europa und Nordasien gebunden. Die Larven und die adulten Käfer erbeuten die Larven anderer Käfer-Arten.

8–10 mm

SPECKKÄFER
Dermestes lardarius
F: Dermestidae
In Europa und Teilen Asiens kommt der Speckkäfer vor. Er ernährt sich von tierischen Überresten. Man trifft ihn auch in Gebäuden an, wo er sich über gelagerte Lebensmittel hermacht.

0,2–4 cm

GELBRANDKÄFER
Dytiscus marginalis
F: Dytiscidae
Dieser große Käfer lebt in Europa und Nordasien in zugewachsenen Teichen und Seen. Er erbeutet Insekten, Frösche, Molche und kleine Fische.

3–4 cm

CHALCOLEPIDIUS LIMBATUS
F: Elateridae
In wärmeren Teilen Südamerikas kann man diesen Schnellkäfer in Wald- und Grasland antreffen. Die Larven leben räuberisch in morschem Holz und im Boden.

glänzende Flügeldecken

5–8 mm

TAUMELKÄFER
Gyrinus marinus
F: Gyrinidae
Diese häufige europäische Art lebt auf der Oberfläche von Teichen und Seen. Mit ihren paddelförmigen Hinterbeinen schwimmen die Tiere in Kreisen oder Spiralen.

1 cm

HYGROBIA HERMANNI
F: Hygrobiidae
In langsam fließenden Flüssen und schlammigen Teichen erbeutet diese europäische Art kleine Wirbellose. Wenn man den Käfer anfasst, gibt er ein quietschendes Geräusch von sich.

2,5 cm

GROSSER LEUCHTKÄFER
Lampyris noctiluca
F: Lampyridae
Diesen Käfer sieht man in Europa und Asien vor allem in Wiesen und an Waldrändern. Das flügellose Weibchen lockt mit grünlichem Licht Partner an.

6–10 mm

VIERFLECK-GAUKLER
Hister quadrimaculatus
F: Histeridae
In Europa ist dieser Stutzkäfer weit verbreitet. Man findet ihn auf Dung und manchmal an Aas, wo er kleine Insekten und ihre Larven erbeutet.

1,5–2 cm

gekrümmte Hörner

STIERKÄFER
Typhoeus typhoeus
F: Geotrupidae
Der Stierkäfer kommt in sandigen Gebieten in Westeuropa vor. Er vergräbt den Kot von Schafen und Kaninchen, von dem sich seine Larven ernähren.

3–4 mm

LYCTUS OPACULUS
F: Lyctidae
Die Larven dieses nordamerikanischen Splintholzkäfers leben in trockenem Holz . Sie hinterlassen feines Mehl.

8 mm

gelbe Antennenspitze

rote Flügeldecken

PLATYCIS MINUTA
F: Lycidae
Dieser kleine Splintholzkäfer kommt an Totholz in alten Wäldern in Eurasien vor.

2,6 cm

KLEINER TOTENGRÄBER
Necrophorus investigator
F: Silphidae
Auf der ganzen Nordhalbkugel trifft man diesen Käfer in Wäldern und auf Wiesen an. Er vergräbt tote kleine Tiere, in die das Weibchen Eier legt. Die Larven ernähren sich vom Kadaver.

6–17 cm

HERKULESKÄFER
Dynastes hercules
F: Dynastidae
Die größte Art der Gattung *Dynastes* ernährt sich von faulenden Früchten. Sie kommt in Regenwäldern in Mittel- und Südamerika vor. Sie entwickeln sich in morschem Holz.

5,5–10 cm

GOLIATHKÄFER
Goliathus cacicus
F: Cetoniidae
Das schwerste Insekt der Erde lebt in Afrika in der Äquatorregion. Die adulten Käfer ernähren sich von reifen Früchten und Baumsäften.

riesige Mandibeln

7,5 cm

HIRSCHKÄFER
Lucanus cervus
F: Lucanidae
Dieser beeindruckende Käfer lebt in Wäldern in Süd- und Mitteleuropa. Die Larven entwickeln sich in vier bis sechs Jahren vor allem in morschen Eichenstümpfen. Mit ihren vergrößerten, geweihartigen Mandibeln kämpfen die Männchen um die Weibchen.

4–5 mm

GARTENGLANZKÄFER
Glischrochilus hortensis
F: Nitidulidae
Oft sieht man diesen Käfer an Blüten oder reifen Früchten fressen. Die westeuropäische Art ist an morsche Bäume wie Birken gebunden.

1,6–2,6 cm

PHANAEUS DEMON
F: Scarabaeidae
In Mittelamerika kommt dieser grün schillernde Blatthornkäfer vor. Die Larven leben auf Weiden und Wiesen im Kot großer Pflanzenfresser.

keulige Antenne

goldene Färbung

SCHWARZER MODERKÄFER
Staphylinus olens
F: Staphylinidae
Die europäische Art kommt in Waldland und in Gärten in der Laubstreu vor. Fühlt er sich bedroht, hebt der Käfer seinen Hinterleib zur Abschreckung.

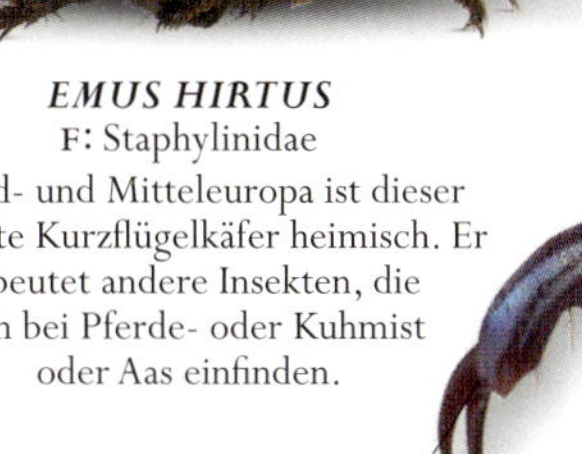

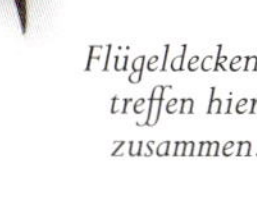

2–2,8 cm

EMUS HIRTUS
F: Staphylinidae
In Süd- und Mitteleuropa ist dieser behaarte Kurzflügelkäfer heimisch. Er erbeutet andere Insekten, die sich bei Pferde- oder Kuhmist oder Aas einfinden.

3 cm

lange Antennen

Flügeldecken treffen hier zusammen.

Krallen

PLUSIOTIS RESPLENDENS
F: Scarabaeidae
Im Hochland in Costa Rica und Panama kann man diesen prächtigen Blatthornkäfer finden. Er lebt in nassen Wäldern und in Plantagen. Seine Larven entwickeln sich in morschem Holz.

2 cm

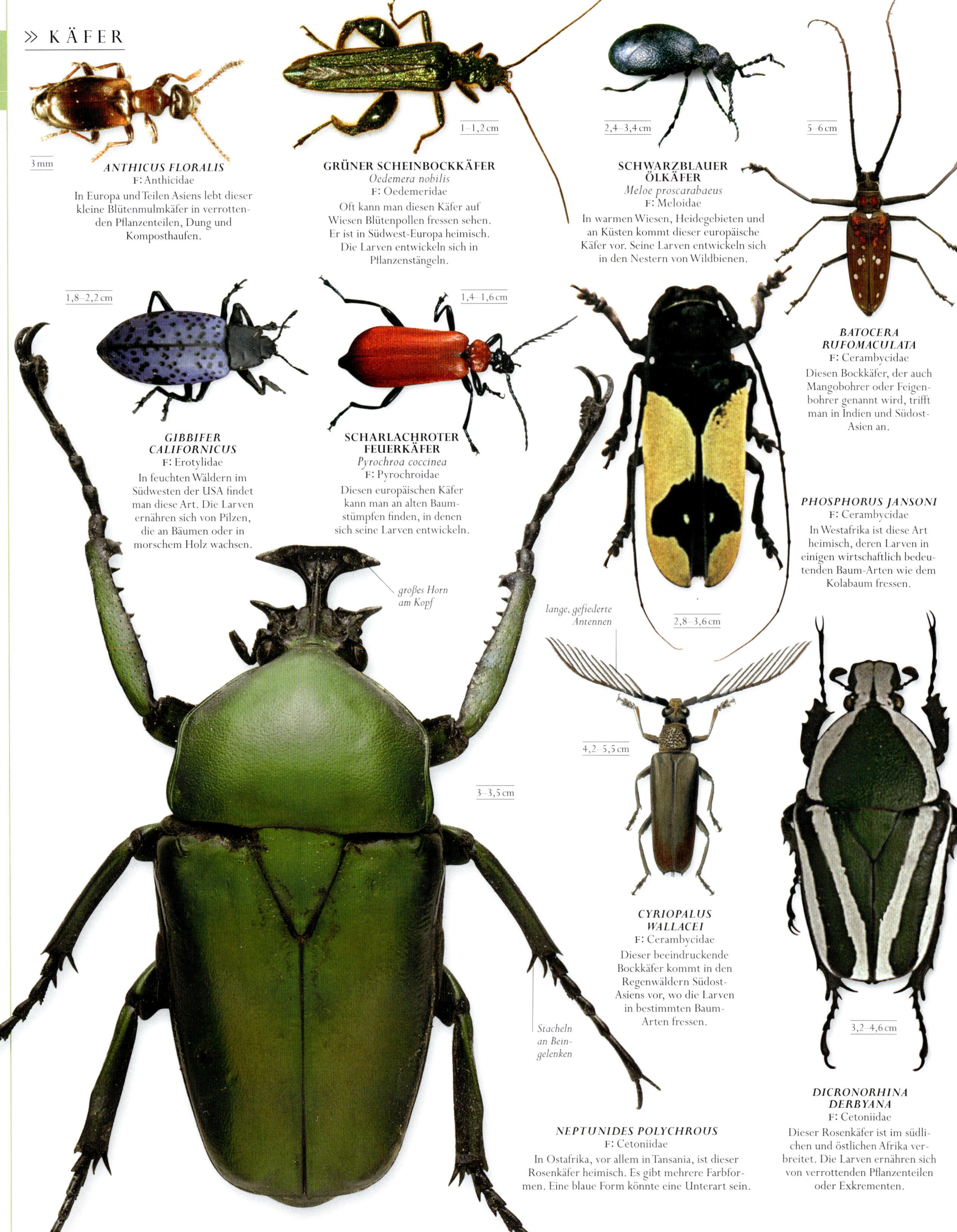

ANTHICUS FLORALIS
F: Anthicidae
In Europa und Teilen Asiens lebt dieser kleine Blütenmulmkäfer in verrottenden Pflanzenteilen, Dung und Komposthaufen.

GRÜNER SCHEINBOCKKÄFER
Oedemera nobilis
F: Oedemeridae
Oft kann man diesen Käfer auf Wiesen Blütenpollen fressen sehen. Er ist in Südwest-Europa heimisch. Die Larven entwickeln sich in Pflanzenstängeln.

SCHWARZBLAUER ÖLKÄFER
Meloe proscarabaeus
F: Meloidae
In warmen Wiesen, Heidegebieten und an Küsten kommt dieser europäische Käfer vor. Seine Larven entwickeln sich in den Nestern von Wildbienen.

BATOCERA RUFOMACULATA
F: Cerambycidae
Diesen Bockkäfer, der auch Mangobohrer oder Feigenbohrer genannt wird, trifft man in Indien und Südost-Asien an.

GIBBIFER CALIFORNICUS
F: Erotylidae
In feuchten Wäldern im Südwesten der USA findet man diese Art. Die Larven ernähren sich von Pilzen, die an Bäumen oder in morschem Holz wachsen.

SCHARLACHROTER FEUERKÄFER
Pyrochroa coccinea
F: Pyrochroidae
Diesen europäischen Käfer kann man an alten Baumstümpfen finden, in denen sich seine Larven entwickeln.

PHOSPHORUS JANSONI
F: Cerambycidae
In Westafrika ist diese Art heimisch, deren Larven in einigen wirtschaftlich bedeutenden Baum-Arten wie dem Kolabaum fressen.

CYRIOPALUS WALLACEI
F: Cerambycidae
Dieser beeindruckende Bockkäfer kommt in den Regenwäldern Südost-Asiens vor, wo die Larven in bestimmten Baum-Arten fressen.

NEPTUNIDES POLYCHROUS
F: Cetoniidae
In Ostafrika, vor allem in Tansania, ist dieser Rosenkäfer heimisch. Es gibt mehrere Farbformen. Eine blaue Form könnte eine Unterart sein.

DICRONORHINA DERBYANA
F: Cetoniidae
Dieser Rosenkäfer ist im südlichen und östlichen Afrika verbreitet. Die Larven ernähren sich von verrottenden Pflanzenteilen oder Exkrementen.

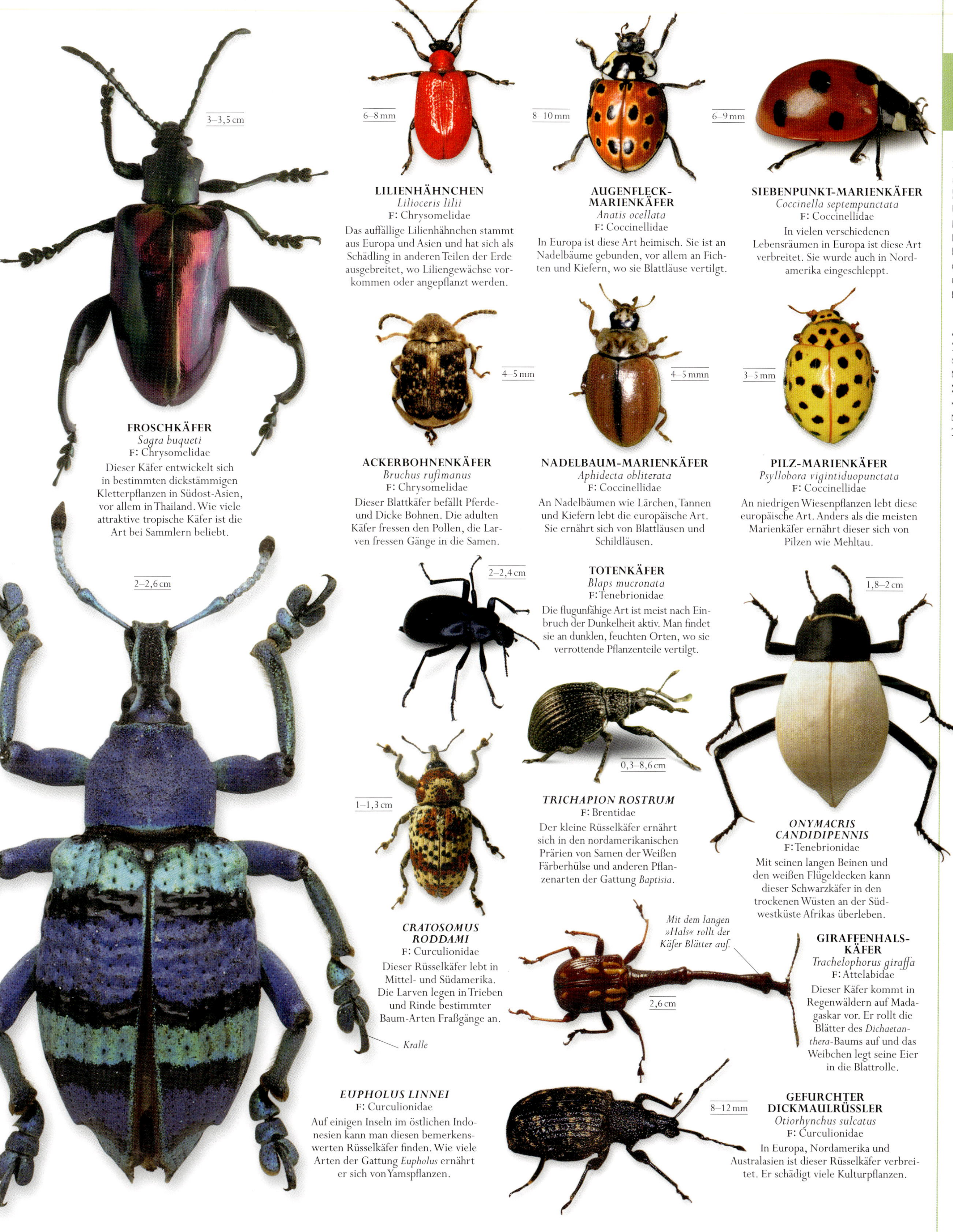

FROSCHKÄFER
Sagra buqueti
F: Chrysomelidae
Dieser Käfer entwickelt sich in bestimmten dickstämmigen Kletterpflanzen in Südost-Asien, vor allem in Thailand. Wie viele attraktive tropische Käfer ist die Art bei Sammlern beliebt.

LILIENHÄHNCHEN
Lilioceris lilii
F: Chrysomelidae
Das auffällige Lilienhähnchen stammt aus Europa und Asien und hat sich als Schädling in anderen Teilen der Erde ausgebreitet, wo Liliengewächse vorkommen oder angepflanzt werden.

AUGENFLECK-MARIENKÄFER
Anatis ocellata
F: Coccinellidae
In Europa ist diese Art heimisch. Sie ist an Nadelbäume gebunden, vor allem an Fichten und Kiefern, wo sie Blattläuse vertilgt.

SIEBENPUNKT-MARIENKÄFER
Coccinella septempunctata
F: Coccinellidae
In vielen verschiedenen Lebensräumen in Europa ist diese Art verbreitet. Sie wurde auch in Nordamerika eingeschleppt.

ACKERBOHNENKÄFER
Bruchus rufimanus
F: Chrysomelidae
Dieser Blattkäfer befällt Pferde- und Dicke Bohnen. Die adulten Käfer fressen den Pollen, die Larven fressen Gänge in die Samen.

NADELBAUM-MARIENKÄFER
Aphidecta obliterata
F: Coccinellidae
An Nadelbäumen wie Lärchen, Tannen und Kiefern lebt die europäische Art. Sie ernährt sich von Blattläusen und Schildläusen.

PILZ-MARIENKÄFER
Psyllobora vigintiduopunctata
F: Coccinellidae
An niedrigen Wiesenpflanzen lebt diese europäische Art. Anders als die meisten Marienkäfer ernährt dieser sich von Pilzen wie Mehltau.

TOTENKÄFER
Blaps mucronata
F: Tenebrionidae
Die flugunfähige Art ist meist nach Einbruch der Dunkelheit aktiv. Man findet sie an dunklen, feuchten Orten, wo sie verrottende Pflanzenteile vertilgt.

TRICHAPION ROSTRUM
F: Brentidae
Der kleine Rüsselkäfer ernährt sich in den nordamerikanischen Prärien von Samen der Weißen Färberhülse und anderen Pflanzenarten der Gattung *Baptisia*.

ONYMACRIS CANDIDIPENNIS
F: Tenebrionidae
Mit seinen langen Beinen und den weißen Flügeldecken kann dieser Schwarzkäfer in den trockenen Wüsten an der Südwestküste Afrikas überleben.

CRATOSOMUS RODDAMI
F: Curculionidae
Dieser Rüsselkäfer lebt in Mittel- und Südamerika. Die Larven legen in Trieben und Rinde bestimmter Baum-Arten Fraßgänge an.

GIRAFFENHALS-KÄFER
Trachelophorus giraffa
F: Attelabidae
Dieser Käfer kommt in Regenwäldern auf Madagaskar vor. Er rollt die Blätter des *Dichaetanthera*-Baums auf und das Weibchen legt seine Eier in die Blattrolle.

EUPHOLUS LINNEI
F: Curculionidae
Auf einigen Inseln im östlichen Indonesien kann man diesen bemerkenswerten Rüsselkäfer finden. Wie viele Arten der Gattung *Eupholus* ernährt er sich von Yamspflanzen.

GEFURCHTER DICKMAULRÜSSLER
Otiorhynchus sulcatus
F: Curculionidae
In Europa, Nordamerika und Australasien ist dieser Rüsselkäfer verbreitet. Er schädigt viele Kulturpflanzen.

SKORPIONSFLIEGEN

Die räuberischen Insekten der Ordnung Skorpionsfliegen (Megaloptera) haben lang gestreckte, zylindrische Körper. Ihre großen, schmalen Flügel sind durchsichtig oder tragen dunkle Flecken oder Bänder. Die Köpfe mit den großen Augen und den fadenförmigen Antennen sind zu einem charakteristischen »Schnabel« verlängert, an dessen Ende sich die kauend-beißenden Mundwerkzeuge befinden.

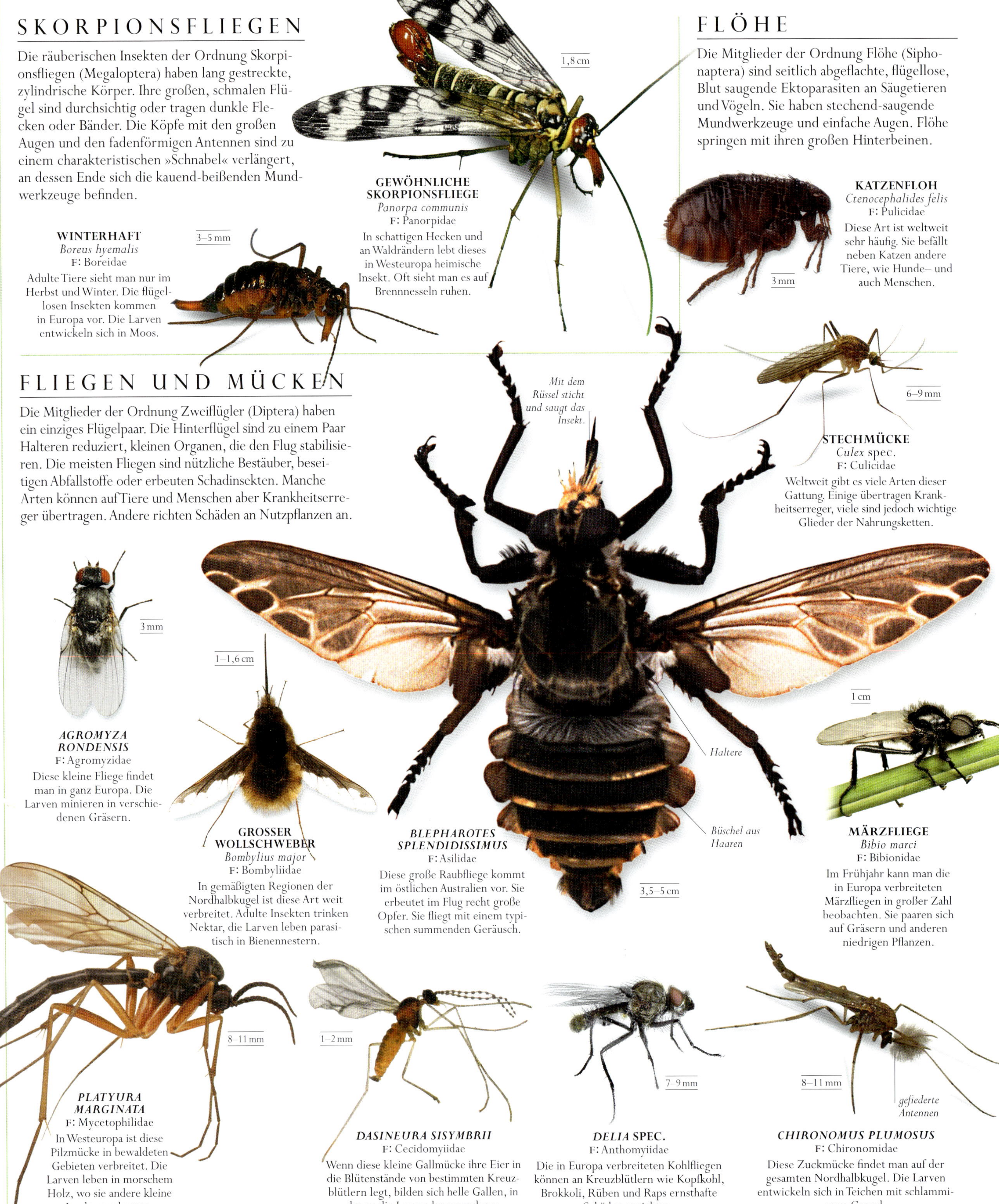

GEWÖHNLICHE SKORPIONSFLIEGE
Panorpa communis
F: Panorpidae
In schattigen Hecken und an Waldrändern lebt dieses in Westeuropa heimische Insekt. Oft sieht man es auf Brennnesseln ruhen.

WINTERHAFT
Boreus hyemalis
F: Boreidae
Adulte Tiere sieht man nur im Herbst und Winter. Die flügellosen Insekten kommen in Europa vor. Die Larven entwickeln sich in Moos.

FLÖHE

Die Mitglieder der Ordnung Flöhe (Siphonaptera) sind seitlich abgeflachte, flügellose, Blut saugende Ektoparasiten an Säugetieren und Vögeln. Sie haben stechend-saugende Mundwerkzeuge und einfache Augen. Flöhe springen mit ihren großen Hinterbeinen.

KATZENFLOH
Ctenocephalides felis
F: Pulicidae
Diese Art ist weltweit sehr häufig. Sie befällt neben Katzen andere Tiere, wie Hunde– und auch Menschen.

FLIEGEN UND MÜCKEN

Die Mitglieder der Ordnung Zweiflügler (Diptera) haben ein einziges Flügelpaar. Die Hinterflügel sind zu einem Paar Halteren reduziert, kleinen Organen, die den Flug stabilisieren. Die meisten Fliegen sind nützliche Bestäuber, beseitigen Abfallstoffe oder erbeuten Schadinsekten. Manche Arten können auf Tiere und Menschen aber Krankheitserreger übertragen. Andere richten Schäden an Nutzpflanzen an.

STECHMÜCKE
Culex spec.
F: Culicidae
Weltweit gibt es viele Arten dieser Gattung. Einige übertragen Krankheitserreger, viele sind jedoch wichtige Glieder der Nahrungsketten.

AGROMYZA RONDENSIS
F: Agromyzidae
Diese kleine Fliege findet man in ganz Europa. Die Larven minieren in verschiedenen Gräsern.

GROSSER WOLLSCHWEBER
Bombylius major
F: Bombyliidae
In gemäßigten Regionen der Nordhalbkugel ist diese Art weit verbreitet. Adulte Insekten trinken Nektar, die Larven leben parasitisch in Bienennestern.

BLEPHAROTES SPLENDIDISSIMUS
F: Asilidae
Diese große Raubfliege kommt im östlichen Australien vor. Sie erbeutet im Flug recht große Opfer. Sie fliegt mit einem typischen summenden Geräusch.

MÄRZFLIEGE
Bibio marci
F: Bibionidae
Im Frühjahr kann man die in Europa verbreiteten Märzfliegen in großer Zahl beobachten. Sie paaren sich auf Gräsern und anderen niedrigen Pflanzen.

PLATYURA MARGINATA
F: Mycetophilidae
In Westeuropa ist diese Pilzmücke in bewaldeten Gebieten verbreitet. Die Larven leben in morschem Holz, wo sie andere kleine Insekten erbeuten.

DASINEURA SISYMBRII
F: Cecidomyiidae
Wenn diese kleine Gallmücke ihre Eier in die Blütenstände von bestimmten Kreuzblütlern legt, bilden sich helle Gallen, in denen die Larven heranwachsen.

***DELIA* SPEC.**
F: Anthomyiidae
Die in Europa verbreiteten Kohlfliegen können an Kreuzblütlern wie Kopfkohl, Brokkoli, Rüben und Raps ernsthafte Schäden anrichten.

CHIRONOMUS PLUMOSUS
F: Chironomidae
Diese Zuckmücke findet man auf der gesamten Nordhalbkugel. Die Larven entwickeln sich in Teichen mit schlammigem Grund.

1 cm

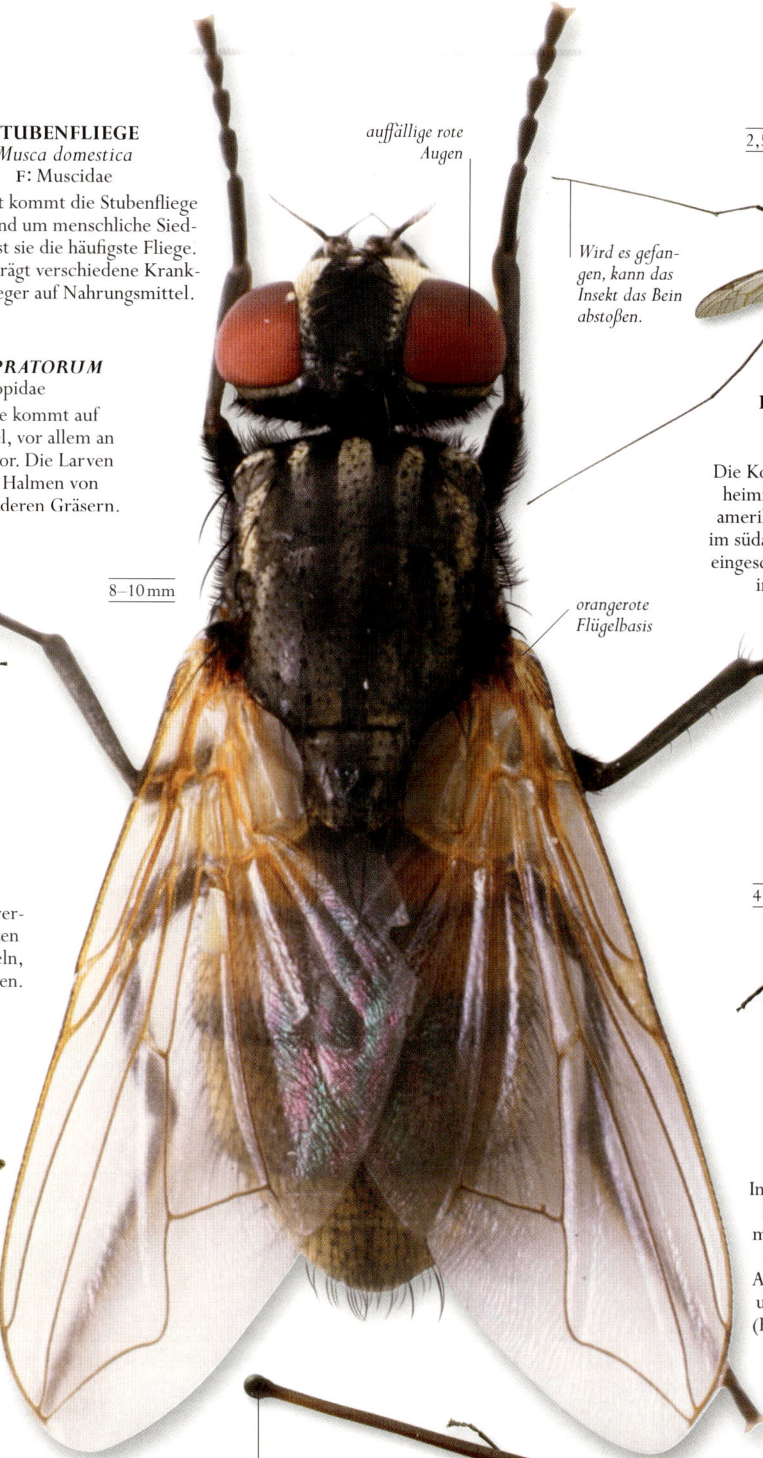

MEROMYZA PRATORUM
F: Chloropidae
Diese Halmfliege kommt auf der Nordhalbkugel, vor allem an sandigen Küsten vor. Die Larven minieren in den Halmen von Strandhafer und anderen Gräsern.

STUBENFLIEGE
Musca domestica
F: Muscidae
Weltweit kommt die Stubenfliege vor. In und um menschliche Siedlungen ist sie die häufigste Fliege. Sie überträgt verschiedene Krankheitserreger auf Nahrungsmittel.

auffällige rote Augen

8–10 mm

orangerote Flügelbasis

2,5 cm

Wird es gefangen, kann das Insekt das Bein abstoßen.

KOHLSCHNAKE
Tipula oleracea
F: Tipulidae
Die Kohlschnake, die in Europa heimisch ist, wurde in Nordamerika und einigen Regionen im südamerikanischen Hochland eingeschleppt. Oft trifft man sie in Gewässernähe an.

6–7 mm

POECILOBOTHRUS NOBILITATUS
F: Dolichopodidae
In Gewässernähe kann man diese europäische Langbeinfliege beobachten. Die Männchen präsentieren ihre abgespreizten Flügel an sonnigen Stellen.

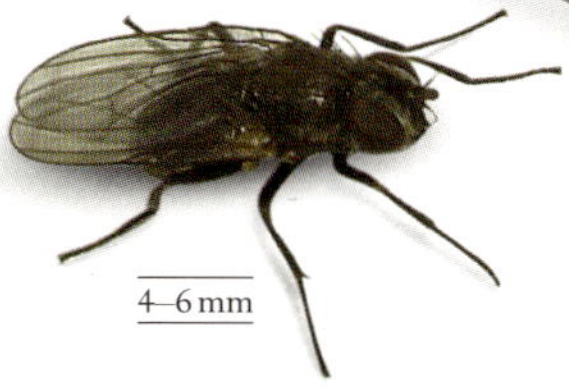

4–6 mm

KLEINE STUBENFLIEGE
Fannia canicularis
F: Fanniidae
Diese Art, deren Larven sich in verfaulenden, zähflüssigen Substanzen unterschiedlichster Art entwickeln, ist eng an den Menschen gebunden.

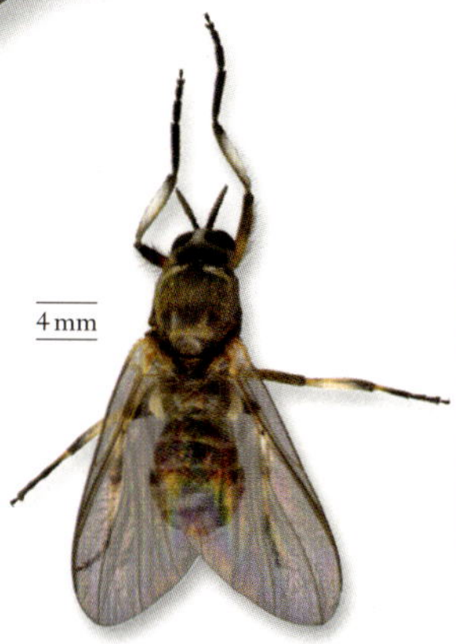

4 mm

SIMULIUM ORNATUM
F: Simuliidae
In Europa und Asien ist diese kleine Kriebelmücke heimisch, in anderen Regionen wurde sie eingeschleppt. Adulte Insekten saugen Blut und können Onchozerkose (Flussblindheit) übertragen.

3–5 mm

CLOGMIA ALBIPUNCTATA
F: Psychodidae
Diese Schmetterlingsmücke mit weiter Verbreitung sieht aus wie eine Motte. Die Larven entwickeln sich an dunklen, feuchten Orten wie in Gräben und Baumlöchern.

1,4–1,8 cm

GRAUE FLEISCHFLIEGE
Sarcophaga carnaria
F: Sarcophagidae
In Europa und Asien ist diese Art weit verbreitet. Sie ernährt sich von Nektar und gärenden Flüssigkeiten. Die Weibchen legen ihre Larven auf Aas ab.

Männchen mit besonders langen Augenstielen gewinnen Revierkämpfe.

SICUS FERRUGINEUS
F: Conopidae
Diese europäische Blasenkopffliege legt ihre Eier in den Hinterleib von Hummeln. Die Larve entwickelt sich in ihrem Wirt und tötet ihn schließlich.

heller Kopf mit großen Komplexaugen

1,4 cm

ACHIAS ROTHSCHILDI
F: Platystomatidae
Männchen dieser Breitmundfliege aus Papua-Neuguinea haben sehr lange Augenstiele. Kein anderes Insekt hat eine größere Kopfkapsel.

1,5–1,8 cm

2 mm

CULICOIDES NUBECULOSUS
F: Ceratopogonidae
Die Larven dieser verbreiteten europäischen Gnitze entwickeln sich in Schlamm, der mit Dung oder Abfällen verschmutzt ist. Die adulten Insekten saugen an Pferden und Rindern Blut.

1–1,2 cm

BLAUE SCHMEISSFLIEGE
Calliphora vicina
F: Calliphoridae
In Europa und Nordamerika trifft man diese Art an, häufig in städtischen Gebieten. Die Larven entwickeln sich in toten Tauben und Nagetieren.

»

GELBE DUNGFLIEGE
Scathophaga stercoraria
F: Scathophagidae

Diese häufige Fliege kommt in vielen Regionen auf der Nordhalbkugel vor. Die Larven entwickeln sich im Dung von Rindern und Pferden. Die adulten Fliegen erbeuten andere Insekten, die ebenfalls vom Dung angelockt werden.

8–11 mm

Mit dem gezähnten Rüssel wird die Beute angegriffen.

gelber, borstiger Körper

1,3–1,5 cm

GEWÖHNLICHE VIEHBREMSE
Tabanus bromius
F: Tabanidae

In Europa und im Nahen Osten ist diese Bremse verbreitet. Sie sticht Pferde und andere Tiere, auch Menschen.

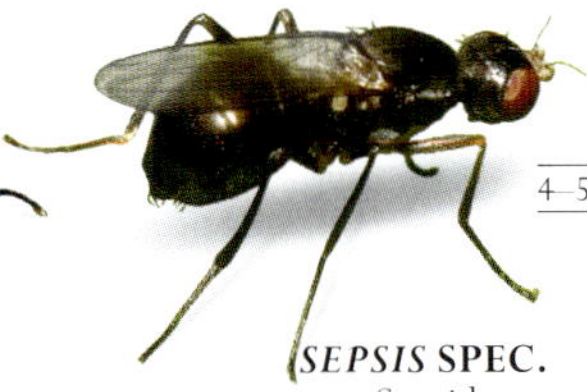

4–5 mm

***SEPSIS* SPEC.**
F: Sepsidae

Diese Schwingfliegen sind in vielen verschiedenen Lebensräumen verbreitet. Die Larven entwickeln sich in Exkrementen und fauligen Abfällen.

3 mm

SCHWARZBÄUCHIGE TAUFLIEGE
Drosophila melanogaster
F: Drosophilidae

Diese Art, ein bei Genetikern beliebtes Versuchstier, hat einen dunklen Fleck auf dem Hinterleib. Die Larven entwickeln sich in fauligen Früchten.

GOLDGELBE SCHNEPFENFLIEGE
Rhagio tringarius
F: Rhagionidae

Diese räuberische Fliege findet man in sumpfigem oder feuchtem Gelände auf niedriger Vegetation. Sie ist in weiten Teilen Europas verbreitet.

1–1,3 cm

8 mm

PFERDELAUSFLIEGE
Hippobosca equina
F: Hippoboscidae

Vor allem in bewaldeten Gebieten in Europa und Teilen Asiens kommt diese Blutsaugerin vor. Sie befällt Pferde, Rotwild und manchmal Rinder.

0,9–1,2 cm

HAINSCHWEBFLIEGE
Episyrphus balteatus
F: Syrphidae

In einer Vielzahl von Lebensräumen, auch in Gärten, ernährt sich diese häufige Schwebfliege von Nektar und Pollen. Die Larven erbeuten Blattläuse.

1–1,2 cm

LEUCOZONA LEUCORUM
F: Syrphidae

Diese europäische Schwebfliege besucht im Frühjahr und Frühsommer in feuchten Wäldern Blüten. Ihre Larven vertilgen Blattläuse.

1,1–1,3 cm

MISTBIENE
Eristalis tenax
F: Syrphidae

Diese in Europa verbreitete Schwebfliege ahmt eine Honigbiene nach. Sie wurde in Nordamerika eingebürgert. Die Larven entwickeln sich in stehenden Gewässern.

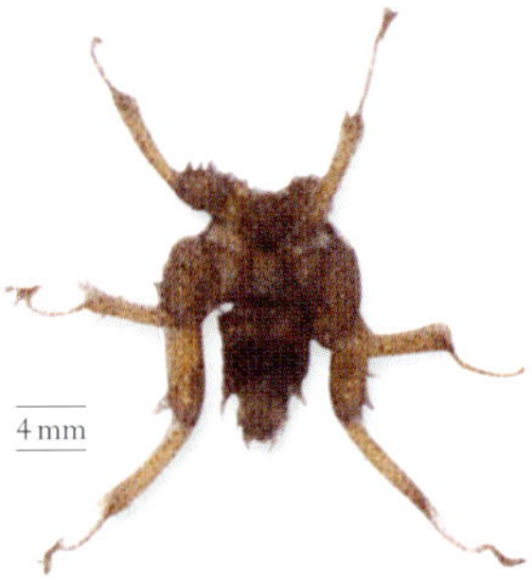

4 mm

PENICILLIDIA FULVIDA
F: Nycteribiidae

In Afrika südlich der Sahara ist diese flügellose, Blut saugende Fledermausfliege verbreitet. Sie lebt als Ektoparasit an verschiedenen Fledertier-Arten.

1,2 cm

GROSSE SCHWEBFLIEGE
Syrphus ribesii
F: Syrphidae

Die Larven dieser in ganz Europa verbreiteten Schwebfliege sind wichtige Blattlaus-Vertilger. Die wespenähnliche Zeichnung schreckt Feinde ab.

6 cm

GAUROMYDAS HEROS
F: Mydidae

Dieses südamerikanische Insekt ist die größte Fliege der Erde. Die Larven entwickeln sich in den Nestern von Blattschneiderameisen.

2,5 cm

CUTEREBRA FONTINELLA
F: Oestridae
Diese parasitische Dasselfliege kommt in Nordamerika vor. Die Larven entwickeln sich in toten Nagetieren wie Weißfußmäusen.

5 mm

APFELFRUCHTFLIEGE
Rhagoletis pomonella
F: Tephritidae
In Apfelplantagen richtet diese nordamerikanische Fliege Schäden an, befällt aber auch Pflaumen, Kirschen und verwandte Obstbäume.

0,9–1,4 cm

GLOSSINA MORSITANS
F: Glossinidae
Diese Tsetsefliege, die nur in bestimmten Regionen Afrikas vorkommt, überträgt Trypanosomen auf Menschen, die Erreger der Schlafkrankheit.

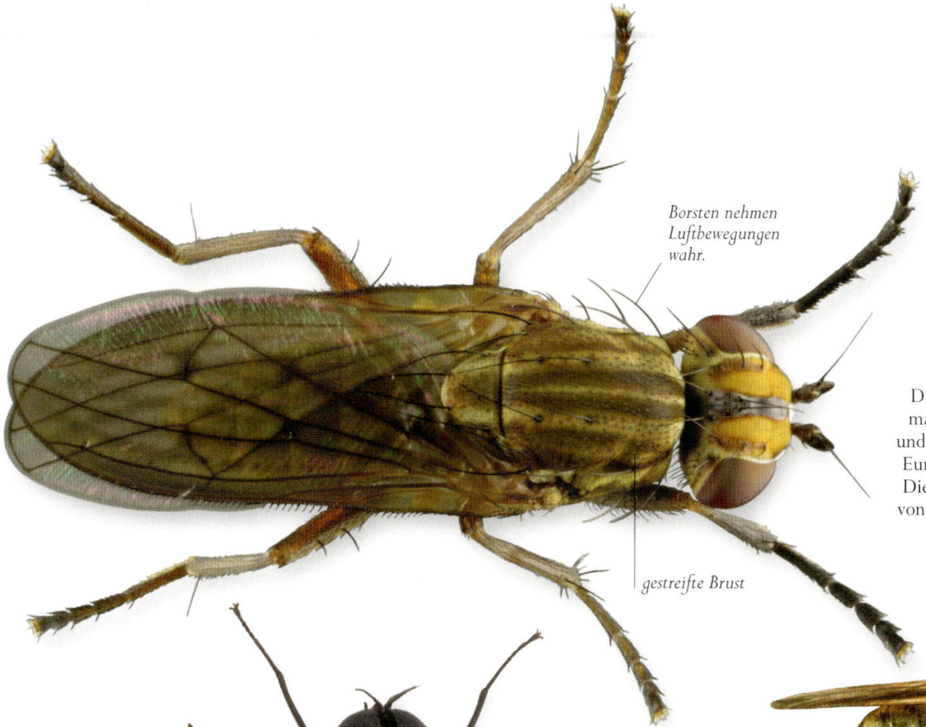

4–6 mm

Borsten nehmen Luftbewegungen wahr.

gestreifte Brust

PHERBELLIA CINERELLA
F: Sciomyzidae
Diese Hornfliege findet man in feuchten Wiesen und sumpfigen Gebieten in Europa und Teilen Asiens. Die Larven ernähren sich von Schnecken der Familie Helicidae.

3,4 cm

rauchgraue Flügel

eckiger Körper

PANTOPHTHALMUS BELLARDII
F: Pantophthalmidae
In Regenwäldern in Costa Rica und Ecuador ernährt sich diese große Fliege vermutlich von Pflanzensäften und anderen Flüssigkeiten.

1–1,2 cm

EMPIS TESSELLATA
F: Empididae
In Europa und Asien ist diese Tanzfliege heimisch. Man kann sie in Wiesen und Hecken antreffen, wo sie sich von Nektar und anderen Insekten ernährt.

KÖCHERFLIEGEN

Die Insekten der Ordnung Köcherfliegen (Trichoptera) sind nahe mit den Lepidoptera verwandt, ihre Flügel sind jedoch statt mit Schuppen mit Haaren besetzt. Am Kopf sitzen lange, fadenförmige Antennen und schwach entwickelte Mundwerkzeuge. Die beiden Flügelpaare werden in Ruhe dachförmig über dem Körper gefaltet. Köcherfliegenlarven entwickeln sich im Wasser. Viele Arten umgeben sich mit einem artspezifischen Köcher aus Steinchen oder Pflanzenteilen.

3–4,5 mm

AGRAYLEA MULTIPUNCTATA
F: Hydroptilidae
Diese kleine, schmalflügelige Köcherfliege ist in Nordamerika weit verbreitet und häufig. Die Larven entwickeln sich in mit Algen bewachsenen Teichen und Seen.

3 cm

PHRYGANEA GRANDIS
F: Phryganeidae
Die Larven dieser europäischen Art leben in Seen und langsam fließenden Flüssen mit Wasserpflanzen. Sie bauen Köcher aus spiralförmig angeordneten Blattstückchen.

1,4 cm

1,1–1,3 cm

PHILOPOTAMUS MONTANUS
F: Philopotamidae
Die Larven dieser europäischen Art entwickeln sich in schnell fließenden, steinigen Bächen. Sie weben an der Unterseite von Steinen trichterförmige Netze.

1,6–1,7 cm

HYDROPSYCHE CONTUBERNALIS
F: Hydropsychidae
Am Abend fliegt diese Köcherfliege. Sie legt ihre Eier in Flüssen und Bächen ab. Die Larven spinnen Netze, in denen sich Nahrung verfängt.

GLYPHOTAELIUS PELLUCIDUS
F: Limnephilidae
In Seen und kleinen Teichen entwickeln sich die Larven dieser Art. Sie bauen aus welken Blattstückchen einen Köcher.

SCHMETTERLINGE

Die Flügel der Schuppenflügler (Lepidoptera) sind mit winzigen Schuppen bedeckt. Ihre Mundwerkzeuge bilden einen Saugrüssel. Schmetterlinge durchlaufen eine vollständige Verwandlung. Die Raupe verpuppt sich und in der Puppe bildet sich ihr Körper zum Falter um. Die meisten Nachtfalter sind nachtaktiv und ruhen mit dachförmig über dem Körper gefalteten Flügeln. Die Mehrzahl der Tagfalter ist tagaktiv, Sie legen in Ruhe ihre Flügel aufrecht aneinander.

HERKULESSPINNER
Coscinocera hercules
F: Saturniidae

In Neuguinea und Australien kommt dieser Pfauenspinner vor, einer der größten Schmetterlinge der Erde.

ACTIAS LUNA
F: Saturniidae

Dieser lindgrüne nordamerikanische Pfauenspinner hat lange Schwanzanhänge. Die Raupen fressen an verschiedenen Laubbäumen.

ANTHERAEA POLYPHEMUS
F: Saturniidae

In den USA und im Süden Kanadas ist dieser Pfauenspinner häufig und weit verbreitet. Er trägt große Augenflecken auf den Flügeln, die Feinde erschrecken.

GROSSE LEOPARDENMOTTE
Hypercompe scribonia
F: Arctiidae

Vom südöstlichen Kanada südlich bis nach Mexiko ist dieser auffällige Nachtfalter verbreitet. Die Raupen fressen an vielen verschiedenen Pflanzen.

EICHENSPINNER
Lasiocampa quercus
F: Lasiocampidae

Die Raupen dieses Nachtfalters, den man von Europa bis Nordafrika antreffen kann, fressen die Blätter von Brombeeren, Eichen, Heidekraut und anderen Pflanzen.

KUPFERGLUCKE
Gastropacha quercifolia
F: Lasiocampidae

Die Kupferglucke, die in Europa und Asien verbreitet ist, sieht aus wie welkes Eichenlaub, wenn sie auf einem Ast ruht.

KIEFERNSPINNER
Dendrolimus pini
F: Lasiocampidae

In Nadelwäldern in ganz Europa ist dieser Nachtfalter verbreitet. Die Raupen fressen an Kiefern, Fichten und Tannen.

NYCTEMERA AMICA
F: Arctiidae

In Australien ist dieser Bärenspinner weit verbreitet und auch in Neuseeland kommt er vor. Die Raupen fressen unter anderem an Greis- und Kreuzkräutern.

PELZMOTTE
Tinea pellionella
F: Tineidae

In Westeuropa und Teilen Nordamerikas kann diese Art Kleidungsstücke und Teppiche aus Wolle zerstören.

BRAUNER BÄR
Arctia caja
F: Arctiidae

Dieser unverkennbare Nachtfalter kommt auf der ganzen Nordhalbkugel vor. Die behaarten Raupen fressen an verschiedenen Sträuchern.

VITESSA SURADEVA
F: Pyralidae

In Indien, Teilen Südost-Asiens und Neuguinea ist dieser Zünsler verbreitet. Die Raupen fressen in einem Gespinst die jungen Blätter giftiger Sträucher.

BRENNNESSELZÜNSLER
Eurrhypara hortulata
F: Pyralidae

In Hecken und an Ruderalstellen fressen die Raupen dieser häufigen europäischen Art in zusammengerollten Blättern von Brennnesseln.

RIESENEULE
Thysania agrippina
F: Noctuidae
In Mittelamerika und Teilen Südamerikas ist diese Art verbreitet. Sie ist einer der Nachtfalter mit der größten Flügelspannweite.

CATOCALA ILIA
F: Noctuidae
Diese verbreitete nordamerikanische Eule hat charakteristische rote Bänder auf den Hinterflügeln. Die Raupen fressen Eichenlaub.

SCHLEHEN-BÜRSTENSPINNER
Orgyia antiqua
F: Lymantriidae
Die Weibchen dieser europäischen Art, die man heute auf der ganzen Nordhalbkugel antreffen kann, haben reduzierte Flügel.

STHENOPIS ARGENTEOMACULATUS
F: Hepialidae
Dieser Wurzelbohrer kommt im südlichen Kanada und Teilen der USA vor. Die Raupen minieren in den Wurzeln von Erlen.

XYLEUTES EUCALYPTI
F: Cossidae
Die dicken weißen Raupen dieses großen und charakteristischen australischen Nachtfalters aus der Familie der Holzbohrer fressen im Holz bestimmter Akazien-Arten.

DIVANA DIVA
F: Castniidae
In tropischen Wäldern Südamerikas kommt diese tagaktive Art vor. In Ruhe ist sie trotz ihrer bunten Hinterflügel gut getarnt.

GRÜNES BLATT
Geometra papilionaria
F: Geometridae
Dieser Nachtfalter kommt in ganz Europa und in gemäßigten Zonen Asiens vor. Die Raupen fressen vor allem an den Blättern von Birken.

GROSSER SPEERSPANNER
Rheumaptera hastata
F: Geometridae
Dieser auffällig gemusterte Nachtfalter ist auf der Nordhalbkugel verbreitet. Er ist nach der Zeichnung auf seinen Flügeln benannt, die an Speerspitzen erinnert.

THALAINA CLARA
F: Geometridae
Die Raupen dieses Nachtfalters aus der Familie der Spanner, der in Ost- und Südost-Australien und im Norden Tasmaniens vorkommt, ernähren sich von Akazienlaub.

SEIDENSPINNER
Bombyx mori
F: Bombycidae
Der Seidenspinner stammt aus China. Seit Jahrtausenden züchtet man die Falter in Gefangenschaft und füttert die Raupen mit den Blättern des Weißen Maulbeerbaums.

BRAHMAEA WALLICHII
F: Brahmaeidae
Diesen großen Brahmaspinner kann man von Nordindien bis nach China und Japan antreffen. Die Raupen fressen die Blätter von Esche, Liguster und Flieder.

DYSPHANIA CUPRINA
F: Geometridae
Am Tag ist dieser bunte Nachtfalter aus der Familie der Spanner aktiv. Er kommt in Südost-Asien weit verbreitet vor. Vermutlich ist er für Vögel ungenießbar.

SCHLEHEN-FEDERGEISTCHEN
Pterophorus pentadactyla
F: Pterophoridae
In trockenem Grasland, Ödland und in Gärten ist diese charakteristische Art häufig. Die Larven fressen an Zaunwinden.

»

5–6 cm

EUSCHEMON RAFFLESIA
F: Hesperiidae
Dieser auffällig gefärbte Dickkopffalter ist in tropischen und subtropischen Wäldern im östlichen Australien heimisch, wo er an Blüten Nektar trinkt.

4,5–6,2 cm

PHOCIDES POLYBIUS
F: Hesperiidae
Vom südlichen Texas bis nach Argentinien kann man diesen Dickkopffalter antreffen. Die Raupen fressen in eingerollten Blättern von Guaven.

3–4,5 cm

HORNISSEN-GLASFLÜGLER
Sesia apiformis
F: Sesiidae
Um Fressfeinde abzuschrecken, ahmt dieser harmlose Falter eine Hornisse nach. Die Raupen fressen Gänge in Stämme und Wurzeln von Pappeln und Weiden.

4,5–6,5 cm

MONDVOGEL
Phalera bucephala
F: Notodontidae
Dieser Nachtfalter kommt von Europa bis nach Sibirien vor. In Ruhe faltet er seine Flügel so, dass er aussieht wie ein abgebrochener Zweig.

5,5–6 cm

MITTLERER WEINSCHWÄRMER
Deilephila elpenor
F: Sphingidae
In gemäßigten Teilen Europas und Asiens ist dieser hübsche Schwärmer verbreitet. Die Raupen fressen an Weidenröschen, Labkräutern und Fuchsien.

7–11 cm

EUCHLORON MEGAERA
F: Sphingidae
In Afrika südlich der Sahara ist dieser charakteristische Schwärmer weit verbreitet. Die Raupen fressen an Weinrebengewächsen.

BLAUER MORPHOFALTER
Morpho peleides
F: Nymphalidae
In tropischen Wäldern in Mittel- und Südamerika kann man diese herrlichen Tagfalter beobachten. Sie ernähren sich von Säften faulender Früchte.

9,5–15 cm

Die schillernd blaue Färbung wirkt auf Partner attraktiv.

2,5–3,8 cm

SECHSFLECK-WIDDERCHEN
Zygaena filipendulae
F: Zygaenidae
Diesen tagaktiven Nachtfalter kann man auf Wiesen und Waldlichtungen in Europa beobachten. Seine auffälligen Farben warnen Vögel vor seiner Ungenießbarkeit.

4,5–5 cm

EUPTYCHIA CYMELA
F: Nymphalidae
Von Südkanada bis Nordmexiko ist dieser Tagfalter verbreitet. Die Raupen fressen auf Lichtungen in Gewässernähe an Gräsern.

7,5–10 cm

MONARCHFALTER
Danaus plexippus
F: Nymphalidae
Der Monarchfalter ist sehr bekannt, denn er zieht über weite Strecken. Von Amerika hat er sich in viele Teile der Erde ausgebreitet. Seine Raupen ernähren sich von Seidenpflanzen.

5–6 cm

KLEINER EISVOGEL
Ladoga camilla
F: Nymphalidae
In den gemäßigten Zonen kann man diesen Tagfalter in Europa und Asien bis nach Japan antreffen. Die Raupen fressen an Heckenkirsche und Geißblatt.

Schwanzanhänge

lange Antennen

6–7 cm

HAMADRYAS ARETHUSA
F: Nymphalidae
Dieser Tagfalter, den man in Wäldern von Mexiko bis Bolivien antreffen kann, macht im Flug ein klickendes Geräusch.

7–9 cm

GROSSER SCHILLERFALTER
Apatura iris
F: Nymphalidae
In Wäldern in Europa und Asien östlich bis nach Japan kommt dieser Tagfalter vor. Die Männchen schillern violettblau, die Weibchen sind braun.

9–12 cm

INDISCHER BLATTSCHMETTERLING
Kallima inachus
F: Nymphalidae
Sitzend ist dieser Tagfalter perfekt getarnt, denn seine Flügelunterseiten ahmen ein welkes Blatt täuschend nach. Er ist in Indien und Südchina verbreitet.

KLEINER KOHLWEISSLING
Pieris rapae
F: Pieridae
Diesen Tagfalter trifft man weltweit an. Die Raupen fressen an wilden und kultivierten Kreuzblütlern wie Kohl und Senf und können Schäden anrichten.

CHRYSIRIDIA RHIPHEUS
F: Uraniidae
Dieser tagaktive Nachtfalter aus der Familie der Uraniafalter mit bunt schillernden Flügelschuppen ist auf Madagaskar endemisch. Die Raupen ernähren sich von giftigen Wolfsmilchgewächsen.

ZERENE EURYDICE
F: Pieridae
Nur in bestimmten Regionen Kaliforniens und manchmal im westlichen Arizona kommt dieser Weißling vor. Die Nahrungspflanze der Raupen ist ein Strauch aus der Familie der Hülsenfrüchtler.

AURORAFALTER
Anthocharis cardamines
F: Pieridae
Diesen Tagfalter kann man in Wiesen in gemäßigten Zonen Europas und Asiens bis nach Japan antreffen. Die Futterpflanzen der Raupen sind Wiesenschaumkraut und Knoblauchsrauke.

ORANGEGEBÄNDERTER SCHWEFELFALTER
Phoebis philea
F: Pieridae
Das Verbreitungsgebiet dieses Tagfalters erstreckt sich vom südlichen Brasilien über Mittelamerika bis in den Süden der USA und weiter nördlich. Die Raupen fressen an *Senna*-Arten.

DISMORPHIA AMPHIONE
F: Pieridae
Dieser bunte Tagfalter ahmt eine ungenießbare Art nach, um sich vor Fressfeinden zu schützen. Er ist von Mexiko bis nach Südamerika verbreitet.

HELICONIUS ERATO
F: Nymphalidae
An Waldrändern und in offenem Gelände von Mittelamerika bis nach Südbrasilien ist dieser Tagfalter verbreitet. Seine Raupen fressen an Blättern von Passionsblumen.

CALIGO IDOMENEUS
F: Nymphalidae
Auf den Flügelunterseiten trägt dieser in Südamerika heimische Tagfalter große Augenflecken. Sie sehen aus wie Eulenaugen und schrecken Fressfeinde ab, wenn der Schmetterling ruht.

BAUMWEISSLING
Aporia crataegi
F: Pieridae
Die Futterpflanzen der Raupen dieser in Europa, Nordafrika und Asien bis nach Japan verbreiteten Art sind Rosengewächse wie Weißdorn, Schlehe, Obstbäume und Ebereschen.

MITTELMEER-ZITRONENFALTER
Gonepteryx cleopatra
F: Pieridae
In den Ländern um das Mittelmeer ist diese Art verbreitet, vor allem in bewaldeten Küstengebieten. Die Raupen fressen an Kreuzdorn-Arten.

»

CRESSIDA CRESSIDA
F: Papilionidae
In Grasländern und trockeneren Wäldern in Australien und Papua-Neuguinea findet man diesen Ritterfalter dort, wo als Nahrung Pfeifenwinden wachsen.

EURYTIDES MARCELLUS
F: Papilionidae
Dieser Ritterfalter, der in feuchten Waldländern im östlichen Nordamerika vorkommt, hat eine charakteristische schwarz-weiße Zeichnung. Die Raupen fressen an Papaya-Blättern.

KÖNIGIN-ALEXANDRA-VOGELFLÜGLER
Ornithoptera alexandrae
F: Papilionidae
Nur im südöstlichen Papua-Neuguinea östlich des Owen-Stanley-Gebirges findet man diese gefährdete Art. Der größte Tagfalter der Erde steht heute unter Schutz.

TROIDES BROOKIANA
F: Papilionidae
In den tropischen Wäldern Borneos und Malaysias lebt dieser Tagfalter. Die adulten Schmetterlinge trinken Nektar und die Säfte von Früchten. Die Raupen fressen an Pfeifenwinden (*Aristolochia*-Arten).

ORNITHOPTERA PRIAMUS
F: Papilionidae
Der große Vogelflügler kommt von Papua-Neuguinea und den Salomon-Inseln bis ins tropische Nordaustralien vor. Die Nahrungspflanzen der Raupen sind Pfeifenwinden (*Aristolochia*-Arten).

SCHWALBENSCHWANZ
Papilio machaon
F: Papilionidae
Diese Art kann man auf feuchten Wiesen und in anderen offenen, sonnigen Lebensräumen auf der Nordhalbkugel beobachten. Die Raupen ernähren sich von Doldenblütlern.

LAMPROPTERA MEGES
F: Papilionidae
Wenn er Blütennektar trinkt, steht dieser unverkennbare Tagfalter in der Luft still. Man kann ihn von Indien bis nach China und im südlichen und südöstlichen Asien antreffen.

APOLLO
Parnassius apollo
F: Papilionidae
Auf blütenreichen Wiesen in bergigen Regionen Europas und Asiens kommt der Apollofalter vor. Die Raupen fressen an Fetthennen (*Sedum*-Arten).

GRAPHIUM SARPEDON
F: Papilionidae
Von Indien bis nach China, Papua-Neuguinea und Australien ist dieser Ritterfalter verbreitet. Er trinkt Nektar und auch Wasser aus Pfützen.

SEGELFALTER
Iphiclides podalirius
F: Papilionidae
Der Segelfalter ist in Europa und in den gemäßigten Zonen Asiens bis nach China verbreitet. Die Raupen fressen unter anderem an Schlehe und Weißdorn.

SPANISCHER OSTERLUZEIFALTER
Zerynthia rumina
F: Papilionidae
Diese Art lebt im südöstlichen Frankreich, in Spanien, Portugal und Teilen Nordafrikas auf Wiesen und an steinigen Hängen. Die Osterluzei ist die Nahrungspflanze der Raupen.

9–14 cm

PAPILIO GLAUCUS
F: Papilionidae
Dieser Ritterfalter ist in Nordamerika verbreitet. Die jungen Raupen sehen aus wie Vogelkot. Sie fressen an vielen verschiedenen Bäumen und Sträuchern.

KLEINER FEUERFALTER
Lycaena phlaeas
F: Lycaenidae
In Europa, Nordafrika und Asien bis nach Japan kommt dieser Tagfalter vor, auch in Nordamerika kann man ihn antreffen. Die Raupen fressen an Ampfer-Arten.

2,5–3 cm

3,5–4,5 cm

NIERENFLECK
Thecla betulae
F: Lycaenidae
Diesen Tagfalter sieht man in Hecken, Gebüschen und Wäldern in Europa und den gemäßigten Zonen Asiens. Die Raupen fressen in der Nacht unter anderem an Schlehen.

3–4 cm

MENANDER MENANDER
F: Lycaenidae
Der schnell fliegende Bläuling kommt in tropischen Wäldern von Panama bis ins nördliche Südamerika vor. Über den Lebenszyklus oder die Raupen ist wenig bekannt.

2,5–3,5 cm

HIMMELBLAUER BLÄULING
Lysandra bellargus
F: Lycaenidae
In Wiesen auf kalkhaltigem Boden kann man diese europäische Art beobachten. Die Raupen fressen an Hufeisenklee.

2–2,5 cm

PHILOTES SONORENSIS
F: Lycaenidae
Dieser seltene Bläuling kommt nur in steinigen Lebensräumen und Wüsten in Kalifornien vor. Die Raupen ernähren sich von Sukkulenten wie Fetthennen und Hauswurz.

3–4 cm

SCHLÜSSELBLUMEN-WÜRFELFALTER
Hamearis lucina
F: Lycaenidae
Diese Art kommt von Mitteleuropa bis zum Ural vor. Sie bevorzugt Wiesen, wo Schlüsselblumen wachsen, die Nahrungspflanzen der Raupen.

WESPEN, BIENEN UND AMEISEN

Die Mitglieder der Ordnung Hautflügler (Hymenoptera) haben zwei Flügelpaare, die mit kleinen Häkchen verbunden sind. Viele Wespen sind Räuber oder Parasiten. Bienen sind wichtige Blütenbestäuber und Ameisen spielen in vielen Ökosystemen eine Schlüsselrolle.

weiße Haare am Flügelrand

CEPHUS NIGRINUS
F: Cephidae
Diese schlanke schwarze Halmwespe ist in Westeuropa weit verbreitet. Die Larven fressen in den Halmen von wild wachsenden und kultivierten Gräsern.

7–9 mm

1,8–2,2 cm

TRICHIOSOMA LUCORUM
F: Cimbicidae
Diese gedrungene europäische Pelzblattwespe kommt in Wäldern, Hecken und Gegenden mit Gebüschen vor. Die Larven fressen an Birken und Weiden.

7–9 mm

TENTHREDO ARCUATA
F: Tenthredinidae
In Wiesen ist diese schwarz-gelb gezeichnete europäische Pflanzenwespe verbreitet. Sie legt ihre Eier auf Klee ab.

PFLANZENWESPE
unbekannte Art
F: Pergidae
Die Pflanzenwespen der Familie Pergidae kommen in Australien und Südamerika vor. Etliche Arten befallen Eukalyptusbäume. Die jungen Larven fressen in großen Gruppen.

2 cm

7–10 mm

ROSENBÜRSTEN-HORNWESPE
Arge ochropus
F: Argidae
Diese europäische Pflanzenwespe ist an ihren schwarz gerandeten Flügeln zu erkennen. Die Nahrungspflanzen der Larven sind Wildrosen.

7–9 mm

ACANTHOLYDA ERYTHROCEPHALA
F: Pamphiliidae
Ursprünglich kam diese Gespinstblattwespe in Europa und Asien vor. Sie hat sich nach Kanada ausgebreitet. Die Larven fressen in Gruppen in seidigen Gespinsten oder in eingerollten Blättern.

3,5–4 cm

schlanke Antenne

großer Kopf

Legebohrer

RIESEN-HOLZWESPE
Urocerus gigas
F: Siricidae
Die beeindruckende Art trifft man auf der ganzen Nordhalbkugel an. Mit dem Legebohrer legt das Weibchen in Kiefernholz Eier ab.

»

» WESPEN, BIENEN UND AMEISEN

FEIGENWESPE
unbekannte Art
F: Agaonidae
Feigenwespen kommen in den Tropen und Subtropen vor. Viele sind an eine bestimmte Feigen-Art gebunden, deren Blüten sie bestäuben.

BRACKWESPE
unbekannte Art
F: Braconidae
Brackwespen sind weltweit verbreitet. Die meisten Arten parasitieren in Schmetterlingsraupen, Käferlarven und Fliegenmaden. Die Weibchen einiger Arten haben einen langen Legebohrer.

EICHENSCHWAMM-GALLWESPE
Biorhiza pallida
F: Cynipidae
Diese Gallwespe ist in Europa und Asien verbreitet. Sie legt ihre Eier in Eichenknospen. Dadurch wird die Bildung einer Galle ausgelöst, in der sich die Larven entwickeln.

***RHYSSA* SPEC.**
F: Ichneumonecidae
Diese große Schlupfwespe lebt in Kiefernwäldern auf der Nordhalbkugel. Sie bohrt in Baumrinde und legt ihre Eier in die Larven von Holzwespen.

***LISSONOTA* SPEC.**
F: Ichneumonidae
Zur Gattung *Lissonota* gehören viele sehr ähnliche Schlupfwespen. Diese Art legt ihre Eier in Schmetterlingsraupen ab, die im Holz fressen.

GLÄNZENDE DORNGOLDWESPE
Stilbum splendidum
F: Chrysididae
Diese große Goldwespe kommt in Nordaustralien vor und parasitiert in den Larven solitärer Wespen.

***TORYMUS* SPEC.**
F: Torymidae
Diese Wespe bohrt mit ihrem langen Legebohrer in Gallen und legt ihre Eier in die Larven, die sich im Inneren entwickeln.

MESOPOLOBUS TYPOGRAPHI
F: Pteromalidae
In Europa und Asien ist dieser Hyperparasitoid verbreitet: Er parasitiert in einer anderen Wespen-Art, die sich wiederum parasitisch in Borkenkäferlarven entwickelt.

CHALCIS SISPES
F: Chalcididae
Diese Erzwespe trifft man in Europa und Teilen Asiens an, wo sie in den aquatischen Larven großer Fliegen parasitiert.

BIENENWOLF
Philanthus triangulum
F: Sphecidae
In Süd- und Mitteleuropa kann man diese Grabwespe antreffen, die in sandigen Gebieten Röhren gräbt. Der Bienenwolf erbeutet Honigbienen als Nahrung für seine Larven.

PEPSIS HEROS
F: Pompilidae
Diese große südamerikanische Wegwespe jagt Vogelspinnen, die sie lähmt und als Nahrung für ihre Larven vergräbt.

SCOLIA PROCER
F: Scoliidae
In Borneo, Java und Sumatra ist diese Dolchwespe heimisch. Sie lähmt die Larven von Blatthornkäfern und legt ihre Eier in ihnen ab.

GROSSE SPINNENAMEISE
Mutilla europaea
F: Mutillidae
In sandigen Regionen und auf offenen Flächen kommt diese Art vor. Die Weibchen sind flügellos. Die Larven vertilgen Hummellarven.

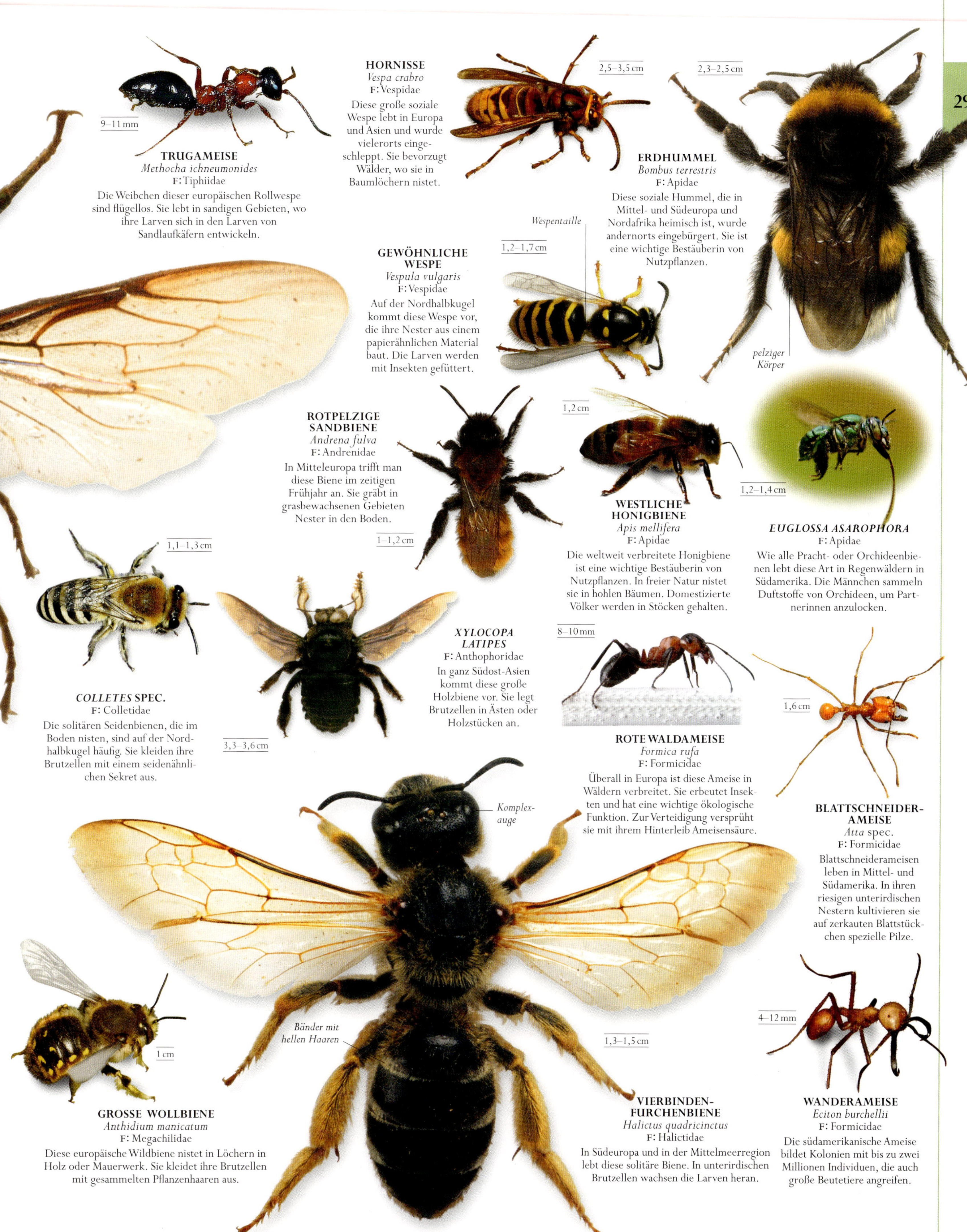

TRUGAMEISE
Methocha ichneumonides
F: Tiphiidae

Die Weibchen dieser europäischen Rollwespe sind flügellos. Sie lebt in sandigen Gebieten, wo ihre Larven sich in den Larven von Sandlaufkäfern entwickeln.

HORNISSE
Vespa crabro
F: Vespidae

Diese große soziale Wespe lebt in Europa und Asien und wurde vielerorts eingeschleppt. Sie bevorzugt Wälder, wo sie in Baumlöchern nistet.

ERDHUMMEL
Bombus terrestris
F: Apidae

Diese soziale Hummel, die in Mittel- und Südeuropa und Nordafrika heimisch ist, wurde andernorts eingebürgert. Sie ist eine wichtige Bestäuberin von Nutzpflanzen.

GEWÖHNLICHE WESPE
Vespula vulgaris
F: Vespidae

Auf der Nordhalbkugel kommt diese Wespe vor, die ihre Nester aus einem papierähnlichen Material baut. Die Larven werden mit Insekten gefüttert.

ROTPELZIGE SANDBIENE
Andrena fulva
F: Andrenidae

In Mitteleuropa trifft man diese Biene im zeitigen Frühjahr an. Sie gräbt in grasbewachsenen Gebieten Nester in den Boden.

WESTLICHE HONIGBIENE
Apis mellifera
F: Apidae

Die weltweit verbreitete Honigbiene ist eine wichtige Bestäuberin von Nutzpflanzen. In freier Natur nistet sie in hohlen Bäumen. Domestizierte Völker werden in Stöcken gehalten.

EUGLOSSA ASAROPHORA
F: Apidae

Wie alle Pracht- oder Orchideenbienen lebt diese Art in Regenwäldern in Südamerika. Die Männchen sammeln Duftstoffe von Orchideen, um Partnerinnen anzulocken.

***COLLETES* SPEC.**
F: Colletidae

Die solitären Seidenbienen, die im Boden nisten, sind auf der Nordhalbkugel häufig. Sie kleiden ihre Brutzellen mit einem seidenähnlichen Sekret aus.

XYLOCOPA LATIPES
F: Anthophoridae

In ganz Südost-Asien kommt diese große Holzbiene vor. Sie legt Brutzellen in Ästen oder Holzstücken an.

ROTE WALDAMEISE
Formica rufa
F: Formicidae

Überall in Europa ist diese Ameise in Wäldern verbreitet. Sie erbeutet Insekten und hat eine wichtige ökologische Funktion. Zur Verteidigung versprüht sie mit ihrem Hinterleib Ameisensäure.

BLATTSCHNEIDER-AMEISE
Atta spec.
F: Formicidae

Blattschneiderameisen leben in Mittel- und Südamerika. In ihren riesigen unterirdischen Nestern kultivieren sie auf zerkauten Blattstückchen spezielle Pilze.

GROSSE WOLLBIENE
Anthidium manicatum
F: Megachilidae

Diese europäische Wildbiene nistet in Löchern in Holz oder Mauerwerk. Sie kleidet ihre Brutzellen mit gesammelten Pflanzenhaaren aus.

VIERBINDEN-FURCHENBIENE
Halictus quadricinctus
F: Halictidae

In Südeuropa und in der Mittelmeerregion lebt diese solitäre Biene. In unterirdischen Brutzellen wachsen die Larven heran.

WANDERAMEISE
Eciton burchellii
F: Formicidae

Die südamerikanische Ameise bildet Kolonien mit bis zu zwei Millionen Individuen, die auch große Beutetiere angreifen.

SCHNURWÜRMER

Viele marinen Arten des Stamms Schnurwürmer (Nemertea) sind Räuber, die ihre Beute mit dem Rüssel packen und im Ganzen verschlingen oder aussaugen.

STAMM	NEMERTEA
KLASSEN	2
ORDNUNGEN	3
FAMILIEN	41
ARTEN	etwa 1150

Schnurwürmer sind weiche zylindrische oder etwas abgeflachte Tiere. Viele schlängeln sich über den Meeresgrund, einige Arten können schwimmen. Die Art *Lineus longissimus* kann bis 30 m lang werden. Sein Körper zerreißt leicht in Stücke. Auch bei anderen Arten ist das der Fall.

Der Rüssel eines Schnurwurms liegt in einer Scheide oberhalb des Darms. Bei einigen Arten ist er mit einem Stilett besetzt, mit denen die Tiere die Beute festhalten oder stechen und ihnen Gift injizieren. Diese Arten erbeuten andere Wirbellose wie Krebstiere, andere Würmer und Weichtiere. Andere Schnurwürmer ernähren sich von toten organischen Stoffen.

MOOSTIERCHEN

Diese kleinen Tiere bilden Kolonien, die Korallen ähneln. Sie filtrieren mit kleinen Tentakeln Nahrungspartikel und sind selbst die Nahrung Wirbelloser.

STAMM	BRYOZOA
KLASSEN	3
ORDNUNGEN	4
FAMILIEN	etwa 160
ARTEN	etwa 4150

Viele Moostierchen (Bryozoa) ähneln Korallen, sie sind jedoch höher entwickelt als die Nesseltiere. Eine Kolonie, deren Individuen genetisch identisch sind, besteht aus Tausenden kleiner Einzelkörpern, den Zooiden. Ein einziehbarer Tentakelkranz umgibt einen Mund. Winzige schlagende Wimpern an den Tentakeln befördern Nahrungspartikel zum Mund, der in einen U-förmigen Darm mündet. Abfallstoffe werden durch den After abgegeben. Die Einzeltiere (Zooide) kann man nur mit einer Lupe erkennen, die Kolonien haben aber vielfältige, artspezifische Formen. Manche bilden an Felsen oder Tangen Krusten, andere formen Blätter oder lappige Gebilde. Viele sind verkalkt wie Steinkorallen, andere weich.

BASEODISCUS HEMPRICHII
F: Valenciniidae
Dieser bunte Schnurwurm lebt an Riffen im Indopazifik. Er jagt am Meeresgrund Wirbellose.

NIPPONNEMERTES PULCHRA
F: Cratenemertidae
In vielen kalten Ozeanen kommt diese Art vor. Die Färbung ist orangefarben, rosa oder rot.

RINGEL-SCHNURWURM
Tubulanus annulatus
F: Tubulanidae
Dieser große Schnurwurm lebt im nordöstlichen Atlantik und im Mittelmeergebiet im schlammigen Sediment der Gezeitenzone oder vor der Küste.

TRUGKORALLE
Myriapora truncata
F: Myriaporidae
Im Mittelmeer kommt dieses charakteristische Moostierchen vor. Die Kolonien bilden dicke, sich wiederholt verzweigende Zylinder.

BLÄTTER-MOOSTIERCHEN
Flustra foliacea
F: Flustridae
Wie viele Arten der Familie bildet diese blättrige Kolonien. Sie ist an felsigen Küsten in Nordeuropa häufig.

IODICTYUM PHOENICEUM
F: Phidoloporidae
Die Arten der Familie Phidoloporidae bilden hohe, harte Kolonien. Diese bunte Art kommt an Küsten im südlichen und östlichen Australien vor.

SEERINDE
Membranipora membranacea
F: Membraniporidae
Diese Moostierchen bilden Krusten. Die Kolonien dieser Art, die im nordöstlichen Atlantik auf Kelpwedeln leben, wachsen schnell.

ARMFÜSSER

Armfüßer (Brachiopoda) ähneln Muscheln, fangen ihre Nahrung aber mit Tentakeln. Sie gehören einem anderen Stamm an.

STAMM	BRACHIOPODA
KLASSEN	2
ORDNUNGEN	5
FAMILIEN	etwa 25
ARTEN	etwa 300

Der weiche Körper eines Armfüßers ist in eine zweiklappige Schale eingeschlossen. Eine der beiden Klappen ist dabei größer, eine setzt oben am Tier an, eine unten, nicht seitlich wie bei den Muscheln. Das Tier sitzt entweder mit einem elastischen Stiel am Meeresgrund fest oder zementiert seine Schale direkt an einen Felsen. Wie Weichtiere haben Armfüßer einen fleischigen Mantel, der innen an der Schale festgewachsen ist und eine Mantelhöhle bildet. In der Mantelhöhle transportiert ein Armapparat, der mit winzigen schlagenden Wimpern besetzt ist, Nahrungspartikel zu einer Mundöffnung, ähnlich wie bei Moostierchen.

Von Fossilien wissen wir, dass Armfüßer in den warmen, seichten Meeren des Paläozoikums vielfältiger und häufiger waren. Im Zeitalter der Dinosaurier gingen sie deutlich zurück und wurden viel seltener, vielleicht weil sich die Muscheln als erfolgreicher erwiesen.

2–3 cm

TEREBRATULINA RETUSA
F: Cancellothyrididae
Im nordöstlichen Atlantik und im Mittelmeer kommt diese Art vor. Sie hat birnenförmige Klappen und setzt sich mit einem kurzen Stiel an senkrechten Felsen fest.

3–5,5 cm

Schale mit zwei Klappen

TEREBRATALIA TRANSVERSA
F: Terebrataliidae
Im nördlichen Pazifik ist diese Art häufig. Sie hat einen kurzen Stiel. Die Klappen können glatt sein oder Rippen tragen.

1–1,5 cm

NOVOCRANIA ANOMALA
F: Craniidae
Diese Art lebt im Nordatlantik. Sie zementiert sich an einen Felsen und ähnelt auf den ersten Blick einer Napfschnecke.

WEICHTIERE

Weichtiere oder Mollusken sind eine große, sehr vielfältige Gruppe. Ihr gehören die filtrierenden Muscheln wie auch die Schnecken und die intelligenten Kraken und Kalmare an.

STAMM	MOLLUSCA
KLASSEN	7
ORDNUNGEN	46
FAMILIEN	609
ARTEN	etwa 110 000

Ein typisches Weichtier hat einen weichen Körper mit einem großen muskulösen Fuß und einem Kopf. Es nimmt die Welt mit Augen und Tentakeln wahr. Die inneren Organe befinden sich in einem Eingeweidesack, der vom fleischigen Mantel überwachsen ist. Zwischen Mantel und Eingeweidesack befindet sich eine Mantelhöhle, die der Atmung dient. Bei den meisten Arten sondert eine Rinne am Mantelrand die Substanzen ab, aus denen die Schale besteht. Die meisten Weichtiere nehmen mit einer Raspelzunge (Radula) Nahrung auf. Diese mit Chitinzähnchen besetzte harte Struktur bewegt das Tier vor und zurück, um Nahrung abzuraspeln. Muscheln haben keine Radula. Sie leiten Wasser durch ihre Schale. Die meisten Arten filtern mit ihren Kiemen Nahrungspartikel aus dem Wasser.

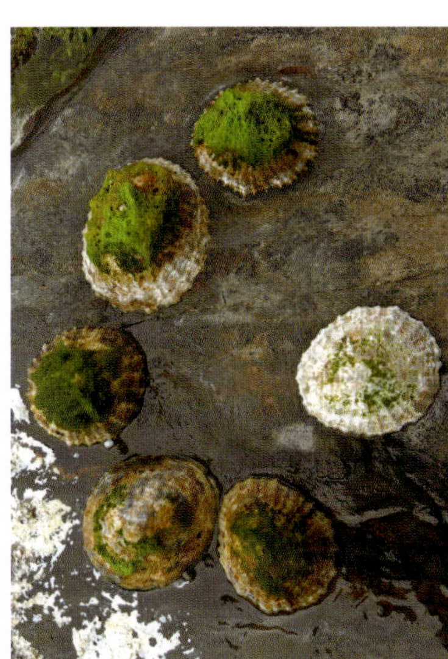

Diese Napfschnecken haben den Felsen in ihrer Umgebung abgeweidet. Die Grünalgen auf ihren Schalen erreichen sie aber nicht.

TIERE MIT UND OHNE SCHALEN

In eine Schale kann man sich bei Gefahr zurückziehen und sie schützt zudem vor Austrocknung. Einige Schnecken versiegeln die Öffnung ihres Gehäuses mit einem Deckel (Operculum). Die Schale besteht aus Mineralien, die das Tier mit der Nahrung oder aus dem Wasser der Umgebung aufnimmt. Sie ist mit einer robusten Proteinschicht bedeckt. Innen ist sie glatt, sodass der Körper hinein- und herausgleiten kann. Bei einigen Gruppen ist die Schale mit Perlmutt ausgekleidet. Viele Weichtiere, die keine Schale besitzen, verteidigen sich mit giftigen oder schlecht schmeckenden Stoffen. Mit einer Warnfärbung signalisieren sie dies ihren Fressfeinden. Die meisten Kopffüßer, wie Kalmare und Kraken, besitzen keine Schale außen am Körper. Die Mitglieder dieser Gruppe sind Räuber mit einem Hornschnabel. Mit ihren Armen greifen und schwimmen die Tiere.

SAUERSTOFFAUFNAHME

Sehr viele Weichtiere leben im Wasser und atmen mit Kiemen, die in die Mantelhöhle ragen. Bei den meisten landlebenden Schnecken ist die Mantelhöhle mit Luft gefüllt und fungiert als Lunge. Da sich viele Süßwasserschnecken wahrscheinlich aus dieser Gruppe entwickelt haben, besitzen auch sie Lungen und atmen Luftsauerstoff.

WURMMOLLUSKEN

Die Aplacophora sind kleine, grabende Weichtiere, die wie Würmer aussehen und sich in der Tiefsee von Detritus oder anderen Wirbellosen im Sediment ernähren. Sie besitzen keine Schale, doch ihre Radula verweist auf die Zugehörigkeit zu den Weichtieren. Die Mantelhöhle ist zu einer Öffnung hinten am Körper reduziert, um Exkremente auszuscheiden.

3 mm–8 cm

CHAETODERMA
SPEC.
F: Chaetodermatidae
Dieses wurmähnliche Weichtier, das im Nordatlantik vorkommt, bohrt sich in der Tiefsee durch schlammiges Sediment.

MUSCHELN

Muscheln (Bivalvia) sind hochspezialisierte, im Wasser lebende Weichtiere. Sie leiten sauerstoff- und nährstoffreiches Wasser durch ihre zweiklappige Schale.

Muscheln erkennt man an ihren Schalen, deren beide Klappen mit einem Schlossband verbunden sind. Um sich vor Fressfeinden und Austrocknung zu schützen, schließen die Tiere die Klappen, indem sie kräftige Muskeln zusammenziehen. Viele Arten, die an Küsten vorkommen, liegen bei Ebbe regelmäßig trocken.

Die Größe der Arten variiert stark: Winzige Erbsenmuscheln haben nur etwa 6 mm Durchmesser, die Große Riesenmuschel kann 1,4 m Durchmesser erreichen. Einige Muscheln heften sich mit sogenannten Byssusfäden an Felsen und anderen harten Oberflächen fest. Andere graben sich mit ihrem muskulösen Fuß in schlammige Sedimente. Einige Arten, wie Kammmuscheln, können nach dem Rückstoßprinzip schwimmen.

Muscheln leiten Wasser in ihre Mantelhöhle und wieder heraus. Die Kiemen nehmen aus dem Wasser, das über sie strömt, Sauerstoff auf und filtern Nahrungspartikel ab. Die Teilchen werden in Schleim eingebettet und mit schlagenden Wimpern zum Mund transportiert.

NUTZUNG DER MUSCHELN

Austern, Herzmuscheln und andere Arten werden in großen Mengen verzehrt. Einige Austern bilden Perlen, indem sie Fremdkörper mit Perlmuttschichten umkleiden. Viele Arten sind Indikator-Organismen, die in verschmutztem Wasser sterben.

STAMM	MOLLUSCA
KLASSE	BIVALVIA
ORDNUNGEN	10
FAMILIEN	105
ARTEN	etwa 8000

Eine Kleine Pilgermuschel schließt ihre Klappen, um vor einem räuberischen Seestern zu flüchten, der sich nähert.

AUSTERN UND KAMMMUSCHELN

Die Ostreoida ernähren sich von winzigen Nahrungspartikeln, die sie aus dem Meerwasser filtern. Viele Austern leben ständig unter Wasser. Mit der Fußdrüse, die bei anderen Muscheln Byssusfäden erzeugt, zementieren sie sich an Felsen. Kammmuscheln können schwimmen, indem sie ihre Schalen öffnen und schließen.

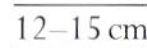

12–15 cm

GROSSE PILGERMUSCHEL
Pecten maximus
F: Pectinidae
Kammmuscheln können aktiv schwimmen und zeigen eine Fluchtreaktion. Diese Art, die auch gefischt wird, lebt an europäischen Küsten auf feinem Sand.

10–12 cm

Linke Klappe trägt Stacheln.

SPONDYLUS LINGUAFELIS
F: Spondylidae
Diese Art gehört zu einer Familie von Muscheln mit buntem Mantel, die Stacheln aufweisen. Sie ist im Pazifik verbreitet.

10–12 cm

HAHNENKAMM-AUSTER
Lopha cristagalli
F: Ostreidae
Viele Austern sind Perlenlieferanten und geschätzte Delikatessen. Diese Art kommt im Indopazifik vor.

8–10 cm

EUROPÄISCHE AUSTER
Ostrea edulis
F: Ostreidae
Früher war diese Art in Europa häufig. Sie ist wirtschaftlich bedeutend, heute aber in einigen Gebieten sehr selten geworden. Zur Fortpflanzungszeit im Sommer ist sie ungenießbar.

ARCHENMUSCHELN UND VERWANDTE

Zwei kräftige Muskeln schließen die Schalen dieser Muscheln, das Schloss der meisten Arten trägt viele gleichförmige Zähnchen. Die Arcoida haben einen reduzierten Fuß und große Kiemen, mit denen sie Nahrung filtern.

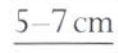

5–7 cm

ARCHE-NOAH-MUSCHEL
Arca noae
F: Arcidae
Archenmuscheln sind eckige Muscheln mit dicken Schalen. Diese Art setzt sich mit Byssusfäden an Felsküsten im östlichen Atlantik fest.

5–6 cm

MEERMANDEL
Glycymeris glycymeris
F: Glycymerididae
Meermandeln sind rundliche Verwandte der Archenmuscheln. Die Art aus dem Nordost-Atlantik, die gefischt wird, schmeckt süß. Zu lang gekocht wird sie zäh.

MIESMUSCHELN UND VERWANDTE

Die im Meer lebenden Mytiloida haben typisch längliche, asymmetrische Klappen und heften sich mit Byssusfäden an Felsen. Nur einer der beiden Schließmuskeln ist gut entwickelt.

8–10 cm

MIESMUSCHEL
Mytilus edulis
F: Mytilidae
Dies ist die europäische Muschel mit der größten wirtschaftlichen Bedeutung. Sie ist langlebig und erträgt den niedrigen Salzgehalt in Ästuaren.

STECKMUSCHELN UND VERWANDTE

Zu den Pterioida gehören Steckmuscheln sowie Arten mit langem Schloss und T-förmige Hammermuscheln. Auch Arten, die zur Perlenzucht verwendet werden, gehören zur Gruppe.

25–40 cm

SCHWARZE SCHINKENMUSCHEL
Atrina vexillum
F: Pinnidae
Steckmuscheln wie diese Art der Küsten Westeuropas haben dreieckige Schalen und verankern sich mit Byssusfäden in weichem Sediment.

FLUSSMUSCHELN UND VERWANDTE

Dies ist die einzige Ordnung, deren Mitglieder nur im Süßwasser vorkommen. Die Larven der Unionoida heften sich an die Kiemen von Fischen. Hier ernähren sie sich von Blut und Schleim, bis sie sich abfallen lassen.

10–15 cm

9–10 cm

TEICHMUSCHEL
Anodonta spec.
F: Unionidae
Bitterlinge legen ihre Eier in lebende Teichmuscheln. Im Schutz der Atemhöhle entwickeln sich die Eier und Larven der Fische.

FLUSSPERLMUSCHEL
Margaritifera margaritifera
F: Margaritiferidae
Die Flussperlmuschel bildet hochwertige Perlen. Sie lebt in Eurasien und Nordamerika vergraben in sandigen oder kiesigen Betten schnell fließender Flüsse.

KLAFF- UND BOHRMUSCHELN

Die Muscheln der Ordnung Myoida haben lange Siphos. Sie graben im Schlamm oder bohren sich durch Holz oder weiche Substrate. Bohrmuscheln setzen den vorderen Teil der Schale wie eine Feile ein. Schiffsbohrwürmer bohren mit ihren kleinen Klappen.

12–15 cm

12–15 cm

GROSSE BOHRMUSCHEL
Pholas dactylus
F: Pholadidae
Die im nordöstlichen Atlantik verbreitete biolumineszierende Art lebt wie andere Arten in Gängen in Holz oder Lehm.

SANDKLAFFMUSCHEL
Mya arenaria
F: Myidae
Diese essbare Muschel mit dünner Schale ist in schlammigen Ästuaren besonders häufig, wo sie sich durch weiches Sediment gräbt.

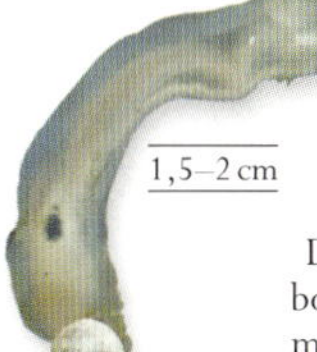

1,5–2 cm

SCHIFFSBOHRWURM
Teredo navalis
F: Teredinidae
Diese stark modifizierte, weit verbreitete Art bohrt mit ihren Klappen Gänge in Holz, die sie mit Kalk auskleidet. Sie kann Schiffe zerstören.

PHOLADOMYOIDA

Zur Ordnung Pholadomyoida gehören Formen, die kaum als Muscheln zu erkennen sind. Wegen dem röhrenförmigen Gehäuse nennt man sie »Watering pots« (Gießkannen). Sie saugen durch eine perforierte Platte Detritus und Wasser in die Röhre.

15–17 cm

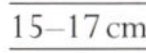

PENICILLUS PHILIPPINENSIS
F: Clavagellidae
Diese merkwürdige indopazifisch verbreitete Art gehört zu einer Familie mit röhrenförmigen Gehäusen. Sie lebt teilweise im Sediment vergraben.

HERZMUSCHELN UND VERWANDTE

Zur größten Muschelordnung, den Veneroida, gehören vielfältige Formen. Die meisten haben kurze Siphos, die miteinander verwachsen sind. Einige, vor allem Herzmuscheln, können sich flink eingraben oder sogar mit ihrem Fuß springen. Andere verankern sich mit Byssusfäden.

3–4 cm

WANDERMUSCHEL
Dreissena polymorpha
F: Bivalvia
Die Süßwassermuschel verankert sich mit Byssusfäden, kann aber mit ihrem schlanken Fuß kriechen. Sie stammt aus Osteuropa und wurde andernorts eingeschleppt.

2–4 cm

DONAX CUNEATUS
F: Donacidae
Diese Art gehört zu einer Familie dreieckiger, schnell grabender Muscheln. Sie kommt im tropischen Indopazifik vor.

15–20 cm

5–6 cm

4–5 cm

ESSBARE HERZMUSCHEL
Cerastoderma edule
F: Cardiidae
Herzmuscheln haben Klappen mit fächerförmigen Rippen und graben im Sand. Diese Art aus dem nordöstlichen Atlantik, die man oft in großer Zahl findet, wird in Nordeuropa gefischt.

SCHOTENFÖRMIGE SCHEIDENMUSCHEL
Ensis siliqua
F: Pharidae
Scheidenmuscheln wie diese Art des nordöstlichen Atlantiks nehmen durch ihren aufragenden Sipho Wasser auf. Bei Störung ziehen sie ihn schnell zurück.

TRAPEZIUM OBLONGUM
F: Trapezidae
Diese im Indopazifik verbreitete Trapezmuschel heftet sich mit Byssusfäden an Felsen, meistens in Spalten oder zwischen Korallentrümmern.

2,5–3 cm

konzentrische Ringe

PITAR DIONE
F: Veneridae
Diese Venusmuschel kommt an Küsten im tropischen Amerika vor. Sie hat kammähnliche Stacheln am Gehäuse.

5–7 cm

TELLINA RADIATA
F: Tellinidae
Die Schalen dieser karibischen Art sind variabel gemustert. Man findet sie oft an Stränden.

8–9 cm

TELLINA MADAGASCARIENSIS
F: Tellinidae
Arten der Familie Tellinidae, wie diese rosafarbene tropische Art, ernähren sich von Partikeln im Sediment, das sie durch ihre langen Siphos aufnehmen.

TELLINA VIRGATA
F: Tellinidae
Die Schalen vieler Arten der Familie, wie die von dieser im Indopazifik verbreiteten Art, sind dekorativ gemustert.

3–4 cm

5–8 cm

CALLISTA ERYCINA
F: Veneridae
Die Schalen vieler Venusmuscheln sind bei Sammlern geschätzt, auch die von dieser im Indopazifik verbreiteten Art.

6–8 cm

DOSINIA ANUS
F: Veneridae
An neuseeländischen Küsten findet man diese Venusmuschel. Sie ist eine der vielen Arten, die gefischt werden.

Algen im Mantelgewebe sind dem Sonnenlicht ausgesetzt.

1–1,4 m

GROSSE RIESENMUSCHEL
Tridacna gigas
F: Cardiidae
Die größte Muschel der Erde ist eine langlebige und heute gefährdete Art, die Korallenriffe im Indopazifik besiedelt.

schuppenförmige Strukturen

30–40 cm

SCHUPPIGE RIESENMUSCHEL
Tridacna squamosa
F: Cardiidae
Wie andere Riesenmuscheln des Indopazifiks öffnet diese Art ihre Klappen tagsüber, sodass die Algen in ihrem Mantelgewebe Fotosynthese betreiben können.

SCHNECKEN

Die Schnecken bilden die größte Klasse der Weichtiere. Der Name Gastropoda bedeutet »Magen-Fuß«, denn die Tiere scheinen auf dem Bauch zu kriechen.

Die meisten Schnecken gleiten auf ihrem muskulösen Fuß und weiden mit ihrer Raspelzunge (Radula) Nahrung ab. Die meisten Arten fressen Pflanzen, Algen oder den dünnen Mikrobenfilm, der im Wasser Felsen überzieht. Einige Arten sind Räuber. Die meisten haben einen deutlich erkennbaren Kopf mit gut entwickelten Fühlern. Gehäuseschnecken besitzen ein eingerolltes Gehäuse, in das sie sich zurückziehen können. Nacktschnecken haben im Lauf der Evolution ihr Gehäuse zurückgebildet. Zur Klasse gehören auch einige Tiere, die vom Grundbauplan abweichen, wie freischwimmende Formen. Die Schnecken haben sich in den Ozeanen entwickelt und sind hier noch immer am vielfältigsten. Andere Arten leben in Süßgewässern oder auf dem Festland.

TORSION

Eine Schnecke macht in ihrer Entwicklung eine sogenannte Torsion durch: Der Eingeweidesack dreht sich um 180 Grad um seine Längsachse, sodass die Mantelhöhle schließlich auf der Körpervorderseite liegt. So kann das Tier seinen Kopf in das schützende Gehäuse zurückziehen. Bei Prosobranchiern oder Vorderkiemerschnecken bleibt dieser Bauplan bei adulten Tieren erhalten, die Kiemen liegen vor dem Herzen. Bei Opisthobranchiern oder Hinterkiemerschnecken findet eine teilweise Rückdrehung statt.

STAMM	MOLLUSCA
KLASSE	GASTROPODA
ORDNUNGEN	21
FAMILIEN	409
ARTEN	etwa 90 000

STREITFRAGE

SYSTEMATIK

Früher stellte man alle Vorderkiemerschnecken in eine Gruppe, denn während der Entwicklung verdreht sich ihr Körper so, dass die Kiemen vor dem Herzen liegen. Wahrscheinlich wies aber bereits der Vorfahr aller Schnecken dieses Merkmal auf. Heute werden die Verwandtschaftsverhältnisse neu diskutiert.

NAPFSCHNECKEN

Die ursprünglichen Patellogastropoda haben eine kegelförmige Schale. Mit ihren kräftigen Muskeln heften sie sich an Felsen in der Gezeitenzone, sodass sie vor Fressfeinden, Austrocknung und Brandung geschützt sind. Sie weiden Algen ab.

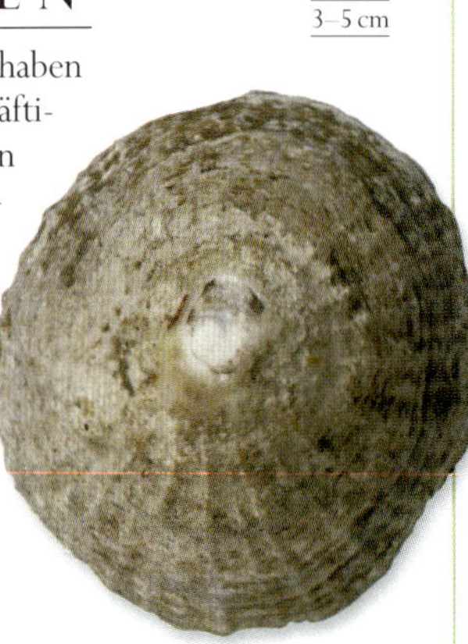

3–5 cm

GEWÖHNLICHE NAPFSCHNECKE
Patella vulgata
F: Patellidae
Diese Art weidet an den Küsten des nordöstlichen Atlantiks Algen von Felsen ab. Sie gräbt mit der Zeit eine Mulde in den Fels, die genau die passende Größe hat.

KAHNSCHNECKEN UND VERWANDTE

Man kennt viele Fossilien der kleinen, aber vielfältigen Ordnung Cycloneritimorpha. Zu ihr gehören Meeres-, Süßwasser- und Landschnecken. Bei manchen ist das Gehäuse spiralig gewunden, bei anderen napfschneckenähnlich.

1,2–2 cm

NERITINA COMMUNIS
F: Neritidae
Diese Art lebt in Mangrovensümpfen der indopazifischen Region. In derselben Population kommen oft Tiere mit weißen, schwarzen, roten und gelben Schalen vor.

2–5 cm

BLUTENDER ZAHN
Nerita peloronta
F: Neritidae
Die Art ist nach dem blutroten Fleck an der Gehäuseöffnung benannt. Sie lebt in der Karibik in der Gezeitenzone und kann längere Zeit trocken liegen.

KREISELSCHNECKEN UND VERWANDTE

Die Vetigastropoda sind Meeresbewohner, die mit ihrer bürstenartigen Radula Algen und Mikroben abweiden. Die Schalen der Schlüssellochschnecken sind nicht eingerollt, die anderer Arten sind spiralig zu kugeligen Gebilden oder Pyramiden eingerollt und können mit einem Operculum verschlossen werden.

8-12 cm

Gehäuse läuft spitz zu.

Bänderung

TECTUS NILOTICUS
F: Turbinidae
Die Gehäuse vieler Turbanschnecken sind innen mit einer dicken Perlmuttschicht ausgekleidet. Diese große, im Indopazifik verbreitete Art wird zu Schmuck verarbeitet.

DIODORA LISTERI
F: Fissurellidae
Schlüssellochschnecken sind eng mit den Seeohren und Kreiselschnecken verwandt. Sie stoßen das Wasser, dem sie den Sauerstoff entzogen haben, durch ihr »Schlüsselloch« aus.

1,5–4,5 cm

2–2,5 cm

WÜRFELSCHNECKE
Osilinus turbinatus
F: Trochidae
Kreiselschnecken der Familie Trochidae haben spitz zulaufende Gehäuse, die sie mit einem Operculum verschließen können. Diese Art kommt im Mittelmeer vor.

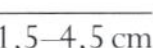

5–7 cm

SILBERMUND-TURBANSCHNECKE
Turbo argyrostomus
F: Turbinidae
Turbanschnecken sind nahe Verwandte der Kreiselschnecken, haben aber ein verkalktes Operculum. Diese Art kommt im Indopazifik vor.

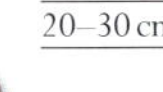

20–30 cm

ROTES SEEOHR
Haliotis rufescens
F: Haliotidae
Seeohren haben ohrförmige Gehäuse, die mit einer dicken Perlmuttschicht ausgekleidet sind und Löcher aufweisen, um Atemwasser auszustoßen. Diese Art aus dem nordöstlichen Pazifik ist die größte.

TURMSCHNECKEN UND VERWANDTE

Diese Schnecken mit spitz aufgerollten Gehäusen leben typischerweise in schlammigem oder sandigem Sediment. Sie ernähren sich von Partikeln aus dem Wasser, das durch ihre Mantelhöhle zirkuliert. Die Arten der Ordnung Cerithioidea kommen im Meer, in Süßgewässern und in Ästuaren vor. Sie bewegen sich langsam und sammeln sich oft in großer Zahl.

2,5–5,5 cm

GROSSE TURMSCHNECKE
Turritella terebra
F: Turritellidae
Diese im Indopazifik verbreitete Schnecke filtriert in schlammigen Sedimenten.

6–17 cm

RHINOCLAVIS ASPER
F: Cerithiidae
Arten der Familie Cerithiidae sind in Sedimenten in seichten tropischen Meeren häufig. Sie heften ihre Eischnüre an feste Gegenstände. Diese Art ist im Indopazifik verbreitet.

2,5–16 cm

VERMICULARIA SPIRATA
F: Turritellidae
Die freischwimmenden Männchen dieser in der Karibik verbreiteten Art heften sich an feste Objekte und oft an Schwämme. Dann wandeln sie sich zu größeren festsitzenden Weibchen um.

STRAND- UND WELLHORN-SCHNECKEN SOWIE VERWANDTE

Die größte und vielfältigste Ordnung der Meeresschnecken, die Caenogastropoda, unterteilt man in drei Gruppen: Die Ptenoglossa (Wendeltreppen und Veilchenschnecken) treiben im Wasser oder schwimmen aktiv und erbeuten Nesseltiere. Die Littorinimorpha weiden Algen ab. Zu ihnen gehören die Strand- und Kaurischnecken. Die Neogastropoda (Neuschnecken) sind Räuber, die ihren langen Sipho durch einen Kanal im Gehäuse ausstrecken.

2,5–7 cm

ECHTE WENDELTREPPE
Epitonium scalare
F: Epitoniidae
Wendeltreppen erbeuten Seeanemonen und Korallen. Diese Art kommt im Indopazifik vor.

2–4 cm

VEILCHENSCHNECKE
Janthina janthina
F: Janthinidae
Veilchenschnecken treiben in tropischen Ozeanen und erbeuten Nesseltiere. Sie sondern Schleim ab, der Blasen bildet und ihnen Auftrieb verschafft.

10–15 cm

TIGER-KAURISCHNECKE
Cypraea tigris
F: Cypraeidae
Die im Indopazifik verbreitete Art erbeutet andere Wirbellose. Der Mantel erstreckt sich bis auf das Gehäuse.

Ältere Stacheln sind oft abgebrochen.

angeheftetes Material

6–13 cm

SONNENRADSCHNECKE
Stellaria solaris
F: Xenophoridae
Trägerschnecken wie diese Art heften zur Tarnung Steinchen oder die Schalen anderer Tiere an ihr Gehäuse. Die Sonnenradschnecke kommt im Indopazifik vor.

1,5–6 cm

UNGARNKAPPE
Capulus ungaricus
F: Capulidae
Diese im Nordatlantik verbreitete Schnecke ähnelt den nicht näher verwandten Napfschnecken. Sie heftet sich an Steine oder die Schalen anderer Weichtiere, wie Kammmuscheln.

2–5 cm

CREPIDULA FORNICATA
F: Calyptraeidae
Pantoffelschnecken sind Filtrierer, die »Paarungstürme« bilden: Oben befinden sich die kleineren Männchen, die sich später zu Weibchen umwandeln.

PELIKANFUSS
Aporrhais pespelecani
F: Aporrhaidae
Pelikanfüße leben im Schlamm, wo sie sich von Detritus ernähren. Die Fortsätze an ihren Gehäusen erinnern an Füße mit Schwimmhäuten. Diese Art kommt im Mittelmeer und in der Nordsee vor.

30–42 cm

2–3 cm

GEWÖHNLICHE STRANDSCHNECKE
Littorina littorea
F: Littorinidae
Strandschnecken wie diese europäische Art kommen in der Gezeitenzone vor. Die kugelig gewundenen Gehäuse werden mit einem Operculum verschlossen.

15–31 cm

GROSSE FECHTERSCHNECKE
Strombus gigas
F: Strombidae
Die großen Flügelschnecken sind vor allem in den Meeren der Tropen verbreitet. Diese riesige Art aus dem westlichen Atlantik hat ein Gehäuse mit einer auffälligen Lippe.

»

» STRAND- UND WELLHORN-SCHNECKEN SOWIE VERWANDTE

TUTUFA BUBO
F: Bursidae
Froschschnecken sind tropische Meeresschnecken mit warzigen Gehäusen. Diese im Indopazifik verbreitete Art lähmt mit ihrem Speichel Borstenwürmer, bevor sie sie mit ihrem Rüssel verspeist.

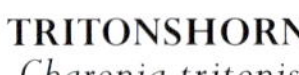

TRITONSHORN
Charonia tritonis
F: Ranellidae
Tritonschnecken, die in den Tropen in der Gezeitenzone vorkommen, und die verwandten Froschschnecken erbeuten andere Wirbellose. Diese im Indopazifik verbreitete Art stellt dem aggressiven Dornenkronen-Seestern nach.

EUSPIRA PULCHELLA
F: Naticidae
Dies ist ein europäisches Mitglied der Familie der Nabelschnecken, im Sand grabender Räuber, die Muscheln erbeuten. Nabelschnecken legen ihren Laich in spitzenartigen Bändern ab.

GEWÖHNLICHE WELLHORNSCHNECKE
Buccinum undatum
F: Buccinidae
Diese Art, die im Nordatlantik lebt, erbeutet Weichtiere und Röhrenwürmer, frisst aber auch Aas. Sie gilt in manchen Regionen als Delikatesse.

DRUPA RICINUS
F: Muricidae
Dieses Mitglied der Familie der Stachelschnecken lebt an Korallenriffen im Indopazifik, wo sie Borstenwürmer erbeutet.

NUCELLA LAPILLUS
F: Muricidae
Die im Nordatlantik verbreitete Schnecke gehört zu einer Gruppe, deren Mitglieder mit ihrer Radula Löcher in die Schalen von Entenmuscheln und Weichtieren bohren.

TEXTIL-KEGELSCHNECKE
Conus textile
F: Conidae
Kegelschnecken harpunieren mit einem Zahn ihrer Radula die Beute und injizieren ihr Gift. Einige, wie diese Art aus dem Indopazifik, sind auch für Menschen gefährlich.

CINCTURA LILIUM
F: Fasciolariidae
Dies ist eine in der Karibik an Korallenriffen verbreitete Art, die mit der Gattung *Buccinum* verwandt ist.

HARPA COSTATA
F: Harpidae
Harfenschnecken leben im Sand und erbeuten Krabben. Sie überwältigen sie mit ihrem breiten Fuß und verdauen sie mit Speichel. Diese Art kommt im Indischen Ozean vor.

TEREBRA SUBULATA
F: Terebridae
Das gemusterte Gehäuse dieser im Indopazifik verbreiteten Art ist typisch für Schraubenschnecken. Sie graben sich durch die oberen Sandschichten, um Würmer zu erbeuten.

OLIVA PORPHYRIA
F: Olividae
Die größte Olivenschnecke kommt an den Pazifikküsten von Mexiko und Südamerika vor. Ihr Gehäuse ist bunt glänzend.

APFEL- UND SUMPFDECKEL-SCHNECKEN SOWIE VERWANDTE

Die Architaenioglossa sind die einzige Ordnung Kiemen besitzender Schnecken, der keine im Meer lebenden Arten angehören. Die meisten leben im Süßwasser, einige an Land. Bei Apfelschnecken können die Kiemen in der Mantelhöhle als Lungen fungieren, sodass sie Perioden der Austrocknung überleben. Alle haben ein Operculum.

POMACEA CANALICULATA
F: Ampullariidae
Diese typische Apfelschnecke ist im tropischen Amerika heimisch und wurde andernorts eingeschleppt. In einigen Regionen wurde sie zur invasiven, schädlichen Art.

FLUSSDECKEL-SCHNECKE
Viviparus viviparus
F: Viviparidae
Diese europäische Süßwasserschnecke mit Kiemen ist eine Verwandte der Apfelschnecken. Wie diese verschließt sie ihr Gehäuse mit einem Operculum.

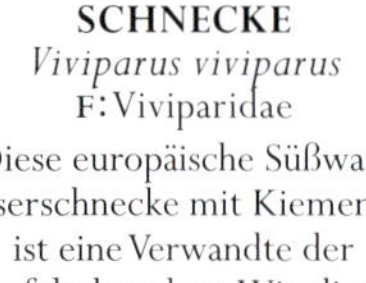

SEEHASEN

Die Sinnesorgane, mit denen viele Schnecken im Wasser Geruchsstoffe wahrnehmen (Rhinophoren), erinnern an Hasenohren. Die Seehasen (Anaspidea) haben einen Schalenrest im Weichkörper und schwimmen mit Lappen am Fuß.

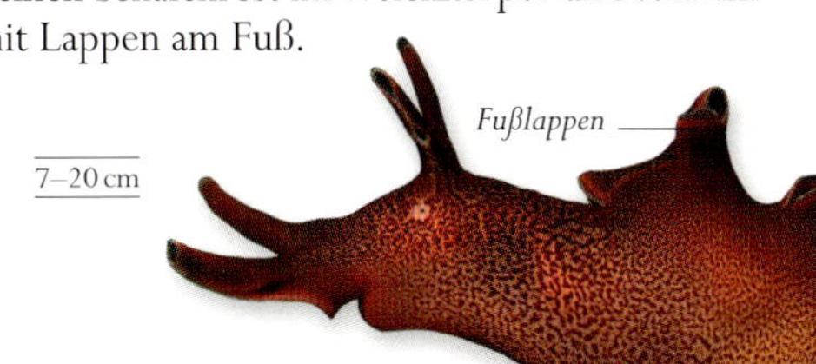

GEPUNKTETER SEEHASE
Aplysia punctata
F: Aplysiidae
Wie andere Algen fressende Seehasen sammelt sich diese europäische Art zur Fortpflanzung in großen Gruppen. Wird sie bedroht, stößt sie zur Abwehr Tinte aus.

RUDER- UND FLÜGELSCHNECKEN

Ruderschnecken (Gymnosomata) gleiten mit Fortsätzen am Fuß (Parapodien) durchs Wasser. Die verwandten Flügelschnecken (Thecosomata) haben ebenfalls Parapodien, besitzen aber noch ein zartes Gehäuse.

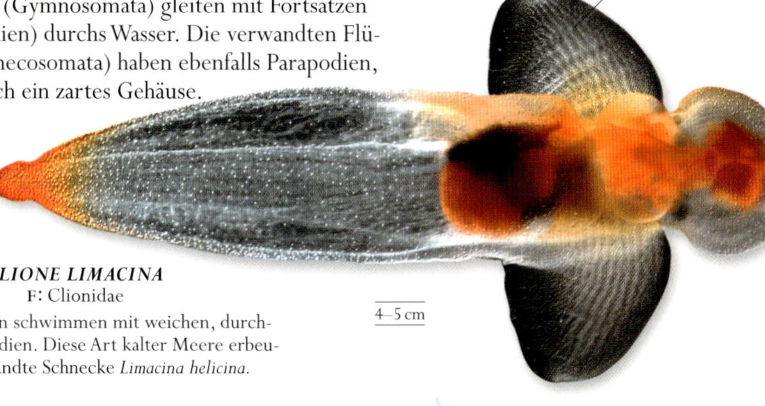

CLIONE LIMACINA
F: Clionidae
Ruderschnecken schwimmen mit weichen, durchsichtigen Parapodien. Diese Art kalter Meere erbeutet die verwandte Schnecke *Limacina helicina*.

NACKTKIEMER

Nacktkiemer (Nudibranchia) sind die größte Gruppe der Meeresschnecken. Ihr Name verweist darauf, dass die Kiemen dieser Tiere frei liegen und nicht in eine Mantelhöhle eingeschlossen sind. Viele Arten warnen mit bunten Farben vor ihrer Giftigkeit.

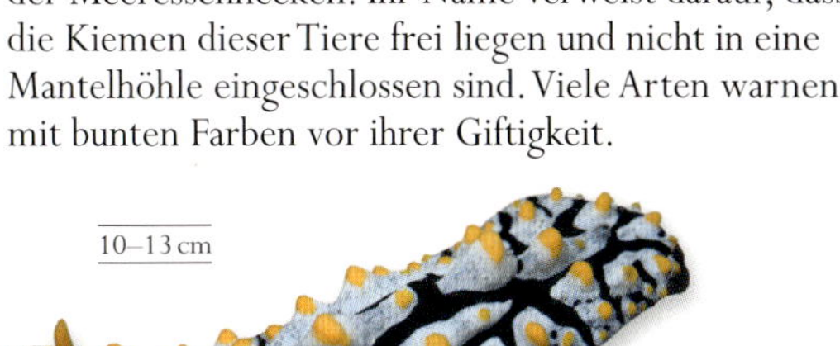

PHYLLIDIA VARICOSA
F: Phyllidiidae
Diese im Indopazifik verbreitete Warzenschnecke kommt zwischen Steinen und Sand in Küstennähe häufig vor. Sie vertilgt Schwämme.

SCHWARZRAND-PRACHTSTERNSCHNECKE
Glossodoris atromarginata
F: Chromodorididae
Diese im Indopazifik häufige Schnecke lebt in seichtem Wasser und ernährt sich von Schwämmen. Sie ist weißlich bis hellgelb gefärbt.

HERMISSENDA CRASSICORNIS
F: Facelinidae
Diese Art der Gezeitenzone des Nordpazifiks gehört zu einer Gruppe von Schnecken, die zu ihrem eigenen Schutz funktionsfähige Nesselzellen ihrer Beutetiere im Körper einlagern.

CHROMODORIS ANNAE
F: Chromodorididae
Wie andere Arten der Gattung *Chromodoris* ist diese variable, im westlichen Pazifik verbreitete Art auf das Fressen von Schwämmen spezialisiert.

OKENIA ELEGANS
F: Goniodorididae
Diese Art ernährt sich von Seescheiden, was für die Familie typisch ist. Sie kommt in Meeren um Europa vor, auch im Mittelmeer.

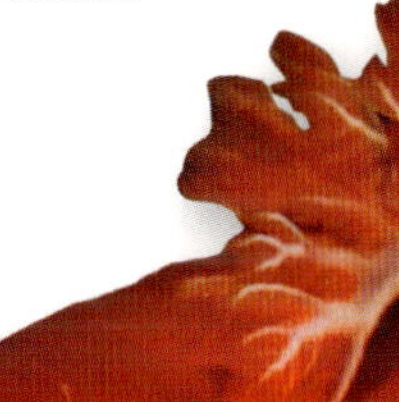

SPANISCHE TÄNZERIN
Hexabranchus sanguineus
F: Chromodorididae
Diese große, im Indopazifik verbreitete Art ist nach ihren undulierenden Schwimmbewegungen benannt. Der rote Mantel erinnert an den Rock einer Flamenco-Tänzerin.

NEMBROTHA KUBARYANA
F: Polyceridae
Diese im Indopazifik verbreitete Schnecke erbeutet Seescheiden und nimmt deren chemische Abwehrstoffe auf, um sich selbst mit ihnen zu schützen. Viele ihrer Verwandten erbeuten Moostierchen.

WASSERLUNGENSCHNECKEN

Bei Schnecken der Ordnung Wasserlungenschnecken (Basommatophora) fungiert die Mantelhöhle als Lunge. Deshalb müssen die Tiere zur Wasseroberfläche kommen, um Luft zu atmen. Die meisten Arten sind Pflanzenfresser, die in stehenden oder langsam fließenden Gewässern leben.

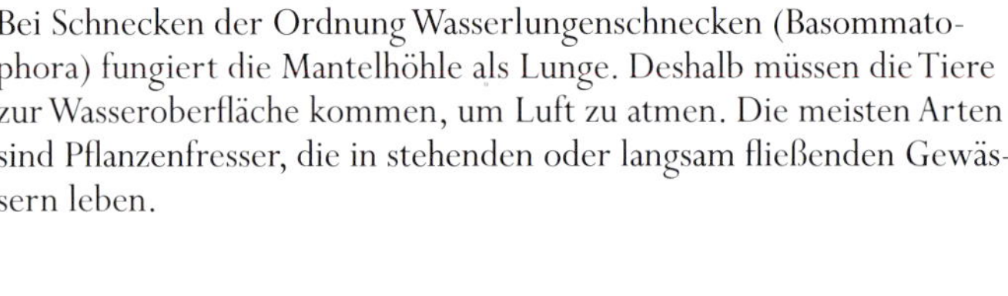

2,5–5 cm

SPITZSCHLAMMSCHNECKE
Lymnaea stagnalis
F: Lymnaeidae
Diese häufige Art ist in gemäßigten Zonen der Nordhalbkugel weit verbreitet. Sie lebt in stehenden oder langsam fließenden Süßgewässern.

SPITZE BLASENSCHNECKE
Physella acuta
F: Physidae
Die meisten Schnecken haben rechtsgewundene Gehäuse (wenn die Öffnung zum Betrachter weist), jene der Familie Physidae sind linksgewunden.

5–8 mm

FLUSSMÜTZENSCHNECKE
Ancylus fluviatilis
F: Planorbidae
Dieses napfschneckenähnliche Mitglied der Tellerschnecken ist in schnell fließenden Gewässern in Europa häufig.

POSTHORNSCHNECKE
Planorbarius corneus
F: Planorbidae
Die gewundenen Gehäuse der Tellerschnecken sind flach, nicht zugespitzt wie bei den meisten Gehäuseschnecken. Die meisten leben, wie das in Eurasien verbreitete Posthörnchen, in stehenden Süßgewässern.

LANDLUNGENSCHNECKEN

Landlungenschnecken (Stylommatophora) sind Landschnecken mit oder ohne Gehäuse, die mit Lungenhöhlen Luftsauerstoff atmen. Das hintere Fühlerpaar trägt Augen. Viele Arten haben männliche und weibliche Geschlechtsorgane, sie sind somit Hermaphroditen. Vor der Paarung stimulieren sich die Tiere mit Kalkpfeilen.

GROSSE ACHATSCHNECKE
Achatina fulica
F: Achatinidae
Diese riesige Landschnecke ist in Ostafrika heimisch und wurde in vielen warmen Regionen der Welt eingeschleppt, wo sie Schäden anrichtet.

POLYMITA PICTA
F: Cepolidae
Diese Schnecke findet man nur in Bergwäldern auf Kuba. Die Gehäuse können verschiedene Farben haben und sind bei Sammlern sehr begehrt.

2,5–4,5 cm

8–12 cm

Schale

10–20 cm

GEFLECKTE WEINBERGSCHNECKE
Helix aspersa
F: Helicidae
Diese variabel gefärbte Art mit runzeligem Gehäuse ist in Europa in Wäldern, Hecken, Dünen und Gärten weit verbreitet.

GRAUGELBE RUCKSACKSCHNECKE
Testacella haliotidea
F: Testacellidae
Dieses typische Mitglied einer Familie mit kleiner Schale erbeutet Regenwürmer.

DISCUS PATULUS
F: Discidae
Die Arten der Familie Discidae weisen ursprüngliche Merkmale auf und haben flache, gewundene Gehäuse. Diese Art kommt in Nordamerika in Wäldern vor.

SCHWARZE WEGSCHNECKE
Arion ater
F: Arionidae
Die Schwarze Wegschnecke ist in Nord- und Nordwest-Europa verbreitet. Die Pflanzenfresserin kommt bevorzugt in feuchten bewaldeten Gebieten vor.

BANANENSCHNECKE
Ariolimax columbianus
F: Ariolimacidae
Nach ihrer gelben Färbung ist die Bananenschnecke benannt. Sie lebt in feuchten Nadelwäldern an der Westküste Nordamerikas.

WEINBERGSCHNECKE
Helix pomatia
F: Helicidae
Die größte in Mitteleuropa verbreitete Gehäuseschnecke kommt auf kalkreichen Böden vor. Weinbergschnecken werden zum Verzehr gezüchtet.

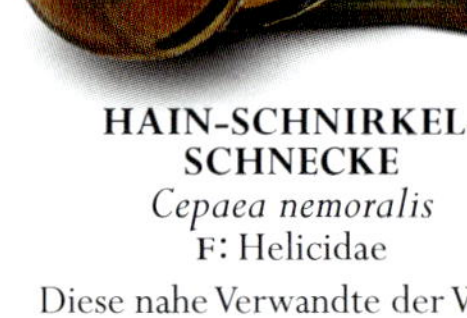

HAIN-SCHNIRKELSCHNECKE
Cepaea nemoralis
F: Helicidae
Diese nahe Verwandte der Weinbergschnecke ist in Westeuropa verbreitet. Die Gehäuse sind sehr variabel gefärbt. Mit der Bänderung sind die Tiere in verschiedenen Lebensräumen getarnt.

SCHWARZER SCHNEGEL
Limax cinereoniger
F: Limacidae
Schnegel haben eine kleine Kalkschale im Weichkörper. Diese große Art lebt in europäischen Wäldern. Es gibt verschiedene Farbformen.

KOPFFÜSSER

Kopffüßer (Cephalopoda) sind flinke Räuber. Mit ihrem hochentwickelten Nervensystem können sie Beute jagen, die sich schnell bewegt.

Die intelligentesten wirbellosen Tiere sind Kopffüßer. Viele Arten signalisieren ihre Stimmung, indem sie mit Hautzellen, die Pigmente enthalten, ihre Farbe wechseln. An der Zahl der Arme kann man die Gruppen unterscheiden. Kalmare und Sepien haben acht Arme, mit denen sie schwimmen, und zwei längere, mit Saugnäpfen besetzte Tentakel, mit denen sie Beute ergreifen. Bei Kraken sind alle acht Arme mit Saugnäpfen besetzt. Zur Atmung nehmen Kopffüßer Wasser durch Spalten in die Mantelhöhle auf. Es fließt über die Kiemen und wird durch einen kurzen Trichter ausgestoßen. Die Tiere können sich außerdem schnell nach hinten katapultieren, indem sie Wasser durch den Trichter ausstoßen. Kalmare und Sepien haben einen Flossensaum oder seitliche Flossen, mit denen sie in offenem Wasser schwimmen. Die meisten Kraken leben auf dem Meeresgrund.

Nur das Perlboot, das im offenen Meer vorkommt, hat ein großes spiraliges, gekammertes Gehäuse. Bei Kalmaren ist das Gehäuse zu einer stützenden inneren Schale reduziert, bei Sepien zu einer inneren verkalkten Struktur, dem Schulp. Kraken haben ihr Gehäuse ganz zurückgebildet.

Kopffüßer sind schnelle Räuber. Mit den Armen greifen sie ihre Beute, die sie dann mit ihrem Schnabel zerteilen. Kalmare jagen freischwimmende Beute, während Sepien und Kraken langsamere Tiere am Grund erbeuten, wie Krabben.

STAMM	MOLLUSCA
KLASSE	CEPHALOPODA
ORDNUNGEN	etwa 8
FAMILIEN	etwa 45
ARTEN	etwa 750

Ein Pazifischer Riesenkrake stößt schwarze Tinte zur Abschreckung aus, während er vor einem Fressfeind flieht.

15–24 cm

PERLBOOT
Nautilus pompilius
F: Nautilidae
Diese im Indopazifik verbreitete Art ist das größte und bekannteste heute noch vorkommende Mitglied einer kleinen Gruppe von Kopffüßern. Weitere Arten sind nur als Fossilien bekannt.

6–7 cm

Tentakel

FLAMMENDE SEPIA
Metasepia pfefferi
F: Sepiidae
Ungewöhnlicherweise läuft diese Art mit ihren Tentakeln auf dem Meeresboden. Sie kommt im Indopazifik vor. Vor Kurzem stellte sich heraus, dass sie giftig ist.

45–50 cm

BREITKEULEN-SEPIA
Sepia latimanus
F: Sepiidae
Diese große Sepie ist in der indopazifischen Region weit verbreitet. An Korallenriffen erbeutet sie Garnelen und andere Krebstiere.

40–50 cm

GEWÖHNLICHER TINTENFISCH
Sepia officinalis
F: Sepiidae
Wie viele ihrer Verwandten laicht diese Art auf schlammigen Sedimenten. Sie kommt vor den Küsten von Europa und Südafrika vor.

45–50 cm

AUSTRALISCHE RIESENSEPIE
Sepia apama
F: Sepiidae
Die größte bekannte Sepie kommt vor den Südküsten Australiens vor. Sie lebt in Seegraswiesen und an Felsenriffen.

20–50 cm

Mit den Tentakeln wird die Beute ergriffen.

***MASTIGOTEUTHIS* SPEC.**
F: Mastigoteuthidae
Die Tiefseekalmare der Familie Mastigoteuthidae schweben mit ihren breiten Flossen in tiefen Gewässern und lauern mit ausgestreckten Armen Beutetieren auf.

2–3 cm

BERRYS STUMMELSCHWANZSEPIA
Euprymna berryi
F: Sepiolidae
Stummelschwanzsepien wie diese im Indopazifik verbreitete Art sind kleine Verwandte der Sepien. Sie haben lappenförmige Flossen am rundlichen Körper.

25–35 cm

GROSSFLOSSEN-RIFFKALMAR
Sepioteuthis lessoniana
F: Loliginidae
Mit seinen großen paarigen Flossen ähnelt dieser Kalmar einer Sepie. Die Tiere kommunizieren mit Organen, in denen Bakterien Licht erzeugen.

30–45 cm

GEWÖHNLICER KALMAR
Loligo vulgaris
F: Loliginidae
Diese wirtschaftlich bedeutende Art ist im nordöstlichen Atlantik und im Mittelmeer häufig. Wie verwandte Arten hat sie an den Seiten auffällige Flossen.

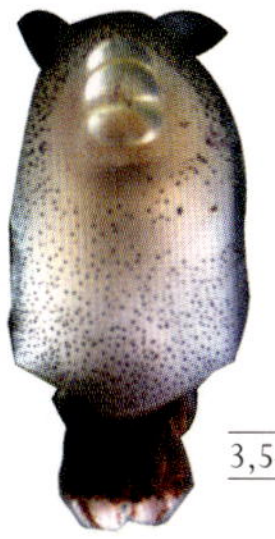

3,5–4,5 cm

POSTHÖRNCHEN
Spirula spirula
F: Spirulidae
In der Tiefsee kommt diese kleine Art vor, deren Gehäuse mit Gas gefüllt ist. Das Tier steuert so seinen Auftrieb und steigt nachts zur Wasseroberfläche empor.

»

GEWÖHNLICHER KRAKE
Octopus vulgaris

Dies ist einer der intelligentesten Wirbellosen. Das wird deutlich, wenn er äußerst geschickt einen Krebs aus einer Hummerreuse holt oder eine im Sediment verborgene Krabbe erbeutet. Der Krake hat hervorragende Augen und acht Greifarme, mit denen er läuft. Er kann blitzschnell seine Farbe wechseln und sich durch sehr enge Spalten zwängen. Mit seinem Hornschnabel zerteilt er seine Beute, und um seine Höhle sieht man oft verstreute Schalenreste. Ein Gewöhnlicher Krake wird nicht alt. Nach dem Schlüpfen lebt ein Jungtier mit einer halben Million Geschwistern im Plankton. Nach zwei Monaten begibt es sich auf den Meeresgrund. Nach über einem Jahr ist das Tier geschlechtsreif, wenn es bis dahin keinem Fressfeind zum Opfer gefallen ist. Nach der Eiablage stirbt es. Der Gewöhnliche Krake ist in Meeren der Tropen und warm gemäßigten Zonen verbreitet. Möglicherweise handelt es sich um eine Sammelart aus mehreren ähnlichen Arten.

GRÖSSE Tentakelspanne 1,5–3 m
LEBENSRAUM felsiger Meeresrand
VERBREITUNG in tropischen und warm-gemäßigten Zonen
NAHRUNG Krebstiere, Muscheln

Der Mantel umgibt den Eingeweidesack mit den inneren Organen.

> EIN INTELLIGENTES WEICHTIER
Ein Krake ist ein flinker Räuber mit einem hochentwickelten Nervensystem. Zwei Drittel seiner Neuronen befinden sich in den Armen, die bemerkenswert unabhängig vom Gehirn agieren. Bei Experimenten bewiesen Kraken, dass sie Probleme lösen können und ein hervorragendes Langzeit- und Kurzzeitgedächtnis haben.

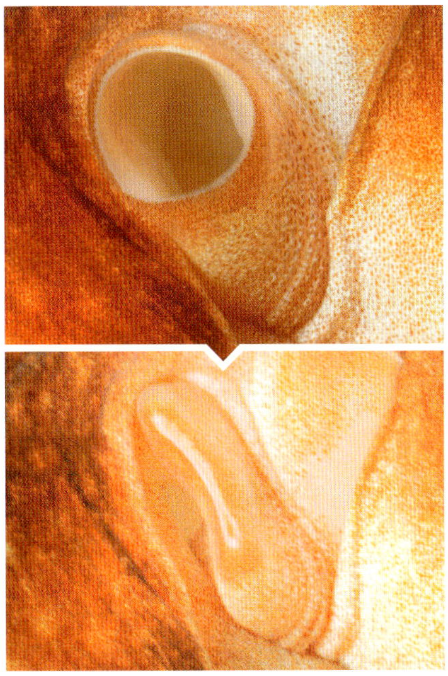

∨ **UNTERSEITE**
Der Krake ist ein Kopffüßer oder Cephalopode. Die acht beweglichen Arme hängen dem Kopf an. Die Mundöffnung ist in der Mitte zu sehen.

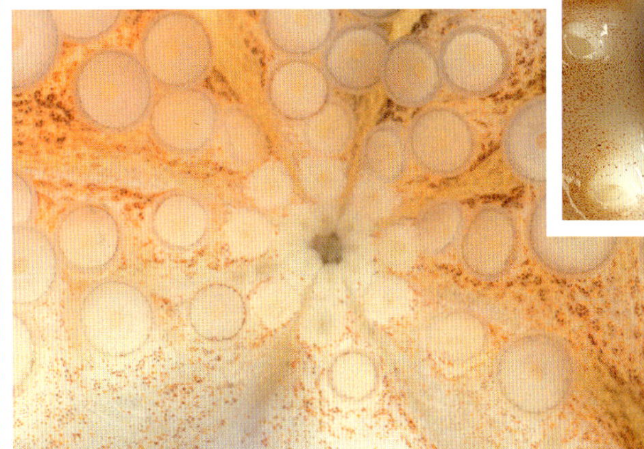

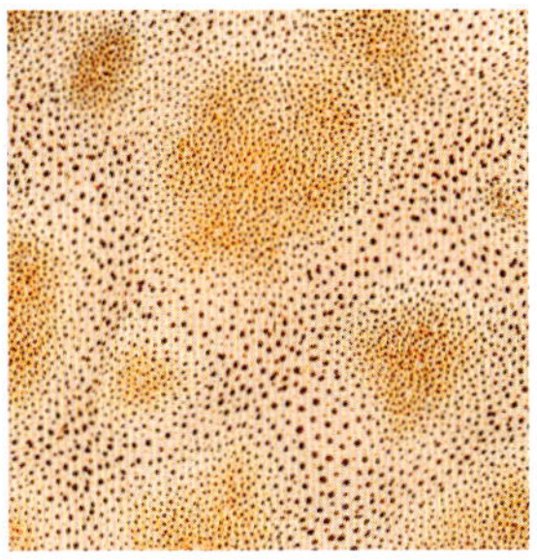

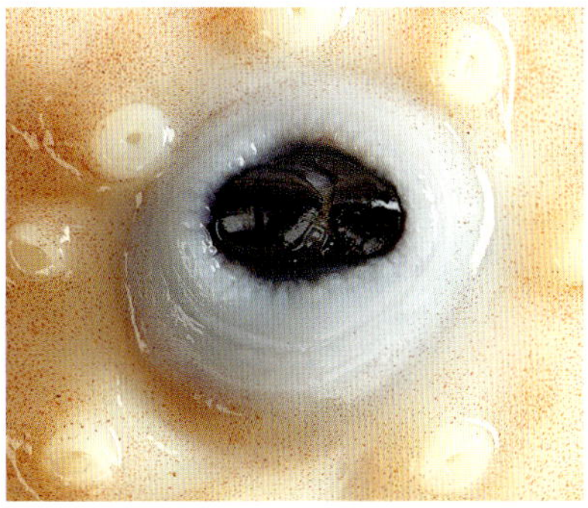

< **SCHNABEL**
Dieser Krake erbeutet unter anderem Krebstiere. Sein Schnabel ähnelt einem Papageienschnabel. Mit ihm kann das Tier den Panzer einer Krabbe oder Garnele knacken.

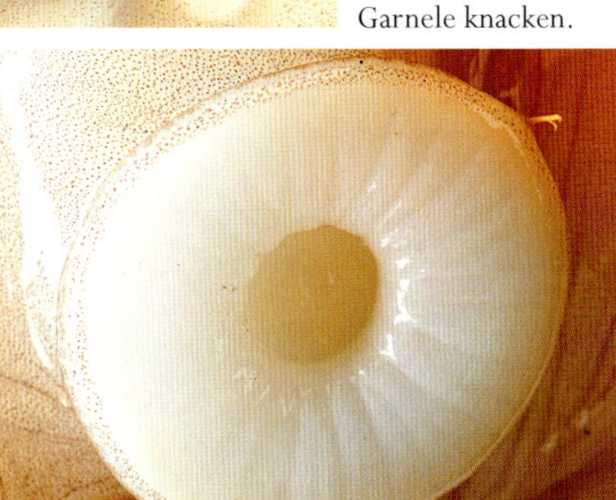

∧ **TRICHTER**
Auf einer Seite des Mantels, direkt hinter dem Kopf, befindet sich ein Trichter, der drei Zwecken dient: Aus ihm wird Wasser ausgeschieden, das über die Kiemen geströmt ist. Durch einen raschen Wasserausstoß kann das Tier fliehen. Auch Tintenwolken, die Feinde verwirren, werden durch den Trichter ausgeschieden.

< **HAUT**
In der Haut befinden sich spezielle Zellen, die Chromatophoren, die Pigmente enthalten. Mit ihnen kann der Krake seine Farbe wechseln, um sich zu tarnen oder Aggression oder Angst zu signalisieren.

∧ **SAUGNAPF**
An jedem Arm sitzen Saugnäpfe in zwei Reihen. Mit ihnen kann sich der Krake hervorragend festheften und geschickt über den Meeresgrund und Korallenriffe laufen. Mit Rezeptoren an den Saugnäpfen schmeckt das Tier, was es berührt.

Auge mit schlitzförmiger Pupille

Die zähe, warzige Haut kann die Farbe und Struktur wechseln. So tarnt sich der Krake.

Mit den langen, muskulösen Armen bewegt sich der Krake über den Grund und ergreift Gegenstände.

Saugnäpfe

10–15 cm

TIEFSEEVAMPIR
Vampyroteuthis infernalis
F: Vampyroteuthidae

Diese Tiefsee-Art sieht wie eine Mischung aus Kalmar und Krake aus: Sie hat Flossen, und Organe, in denen Licht erzeugt wird, bedecken den Körper.

20 cm

DUMBO-OKTOPUS
Grimpoteuthis plena
F: Grimpoteuthidae

Dieser Oktopus schwimmt mit seinen ohrähnlichen Flossen. Er erbeutet in Tiefen von 3000–4000 m andere Wirbellose.

3–6 cm

GEFLÜGELTES PAPIERBOOT
Argonauta hians
F: Argonautidae

Papierboote sind mit den Kraken verwandt. Die Weibchen bilden papierdünne Gehäuse. Diese Art ist weltumspannend verbreitet.

2 m

PAZIFISCHER RIESENKRAKE
Enteroctopus dofleini
F: Octopodidae

Der wahrscheinlich größte Krake ist überraschend kurzlebig. Die Weibchen kümmern sich intensiv um ihre zahlreichen Nachkommen.

JUNGTIER

5 cm

***OCTOPUS* SPEC.**
F: Octopodidae

Dies ist einer von mehreren Kraken mit besonders langen Armen. Die adulten Tiere kann man in sandigen Lagunen antreffen, die durchsichtigen Jungtiere hingegen haben eine planktonische Lebensweise.

1–1,5 m

KARIBISCHER RIFFKRAKE
Octopus briareus
F: Octopodidae

Der im westlichen Atlantik und in der Karibik verbreitete Krake lebt an Korallenriffen. Oft fängt er Beute, indem er seine mit Häuten verbundenen Arme wie ein Netz ausbreitet.

1,3 m

GEWÖHNLICHER KRAKE
Octopus vulgaris
F: Octopodidae

Weltweit ist dieser Krake in tropischen und warm gemäßigten Meeren verbreitet. Er hat einen warzigen Körper. Die Saugnäpfe an seinen Armen bilden zwei Reihen.

50–70 cm

***OCTOPUS* SPEC.**
F: Octopodidae

Mit DNA-Analysen hat man mehrere ähnliche *Octopus*-Arten identifiziert, die mit dem Gewöhnlichen Kraken verwandt sind. Dies ist eine der Arten.

gelbe Grundfarbe

1 m

KARNEVALS-TINTENFISCH
Thaumoctopus mimicus
F: Octopodidae

Viele Kraken wechseln ihre Farbe, diese asiatische Art aber kann sogar ihre Gestalt ändern. Sie tarnt sich, indem sie ein anderes Meerestier, einen Schwamm, eine Koralle oder eine Qualle nachahmt.

Trichter

15–20 cm

GROSSER BLAUGERINGELTER KRAKE
Hapalochlaena lunulata
F: Octopodidae

Dieser Krake erbeutet im westlichen Pazifik Krebstiere und Fische. Er lähmt sie mit seinem giftigen Speichel, der auch für Menschen tödlich sein kann.

Die blau-schwarzen Ringe warnen vor der Giftigkeit des Kraken.

KÄFERSCHNECKEN

Käferschnecken (Polyplacophora) gehören zu den ursprünglichsten Weichtieren. Die meisten Arten weiden in Küstennähe Algen und Mikrobenfilme ab.

Die Schale einer Käferschnecke besteht aus bis zu acht Einzelplatten, die sich gegeneinander bewegen, wenn das Weichtier über unebene Steine kriecht. Bei Gefahr kann eine Käferschnecke sich zusammenrollen. Die Tiere haben weder Augen noch Tentakeln, in den Platten befinden sich aber Zellen, die Licht wahrnehmen. Die Platten sind vom Rand des Mantels umgeben, der den sogenannten Gürtel (Perinotum) bildet. Eine Mantelrinne, in der viele paarige Kiemen stehen, umgibt u-förmig den hinteren Teil des Körpers. Die Radula oder Raspelzunge ist mit winzigen Zähnchen besetzt, die mit Eisen und Siliciumdioxid gehärtet sind. Käferschnecken können deshalb auch harte Krustenalgen abweiden.

STAMM	MOLLUSCA
KLASSE	POLYPLACOPHORA
ORDNUNGEN	4
FAMILIEN	10
ARTEN	etwa 850

8 cm

CHITON MARMORATUS
F: Chitonidae
Wie bei anderen Käferschnecken bestehen die Platten dieser in der Karibik verbreiteten Art aus Aragonit, einem Calcium-Carbonat.

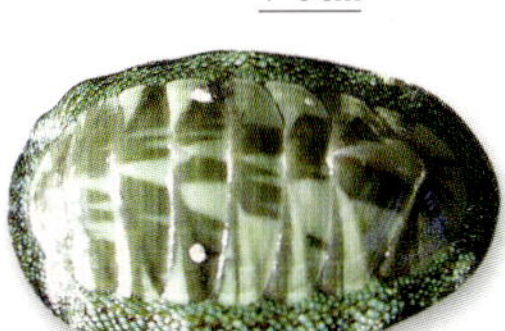

4–5 cm

CHITON GLAUCUS
F: Chitonidae
Diese variabel gefärbte Art kommt an den Küsten von Neuseeland und Tasmanien vor. Wie die meisten Käferschnecken ist sie nachtaktiv.

2–8 cm

ACANTHOPLEURA GRANULATA
F: Chitonidae
Diese karibische Art mit stacheligem Gürtel erträgt es, der Sonne ausgesetzt zu sein. Sie kann weit oben in der Gezeitenzone überleben.

2,5 cm

ISCHNOCHITON COMPTUS
F: Ischnochitonidae
Käferschnecken der Gattung *Ischnochiton* haben einen stacheligen oder schuppigen Gürtel. Diese Art ist in der Gezeitenzone des westlichen Pazifiks häufig.

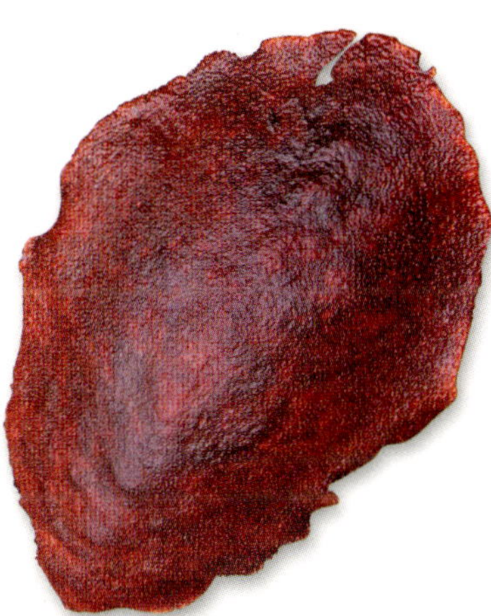

30–33 cm

CRYPTOCHITON STELLERI
F: Acanthochitonidae
Bei einer Familie der Käferschnecken überwächst der fleischige Gürtel die Platten. Bei dieser im Nordpazifik verbreiteten Art bildet er eine ledrige Haut.

5–8 cm

MOPALIA CILIATA
F: Mopaliidae
Diese Art hat einen mit haarähnlichen Borsten besetzten Gürtel. Sie kommt an der Pazifikküste Nordamerikas vor. Manchmal findet man sie unter vertäuten Booten.

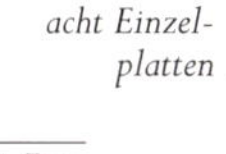

4–7 cm

CHAETOPLEURA PAPILIO
F: Ischnochitonidae
Diese Art mit borstigem Gürtel hat braun gestreifte Platten. Man findet sie an südafrikanischen Küsten unter Felsen.

4–5 cm

LINIEN-KÄFERSCHNECKE
Tonicella lineata
F: Ischnochitonidae
Diese bunt gefärbte Käferschnecke kommt an Küsten des Nordpazifiks vor. Wenn sie rote Krustenalgen abweidet, ist sie gut getarnt.

KAHNFÜSSER

Kahnfüßer leben vergraben in marinen Sedimenten. Sie sind die einzigen Weichtiere mit einer röhrenförmigen, gekrümmten Schale, die an beiden Enden offen ist.

STAMM	MOLLUSCA
KLASSE	SCAPHOPODA
ORDNUNGEN	2
FAMILIEN	12
ARTEN	etwa 500

Kahnfüßer (Scaphopoda) sind nicht selten, aber man bekommt sie nicht oft zu Gesicht. Sie leben meist weit von der Küste entfernt und ein Teil ihrer Schale ist im Schlamm vergraben. Der augenlose Kopf und der Fuß befinden sich tief im Sediment. Mit Fangfäden suchen die Tiere Nahrung und mit Sinneszellen nehmen sie Geschmacksstoffe wahr. Wenn sie Nahrung – kleine Wirbellose oder Detritus – finden, befördern sie Fangfäden in den Mund, wo eine Radula sie zerkleinert. Kahnfüßer haben keine Kiemen. Wimpern erzeugen einen Wasserstrom in die Mantelhöhle, in der Sauerstoff aufgenommen wird. Ist der Sauerstoffgehalt im Atemwasser gering, zieht der Kahnfüßer seinen Weichkörper zusammen und stößt das Wasser durch das obere Ende der Schale wieder aus.

3–4 cm

ELEFANTENZAHN
Antalis dentalis
F: Dentaliidae
Diese Art aus dem nordöstlichen Atlantik ist in sandigen Gebieten in Küstennähe verbreitet. Manchmal findet man die leeren Schalen in großer Zahl. Die Art gehört wie die folgende zur Ordnung Dentaliida.

5–8 cm

PICTODENTALIUM FORMOSUM
F: Dentaliidae
In Meeressedimenten in Japan, auf den Philippinen, in Australasien und Neukaledonien hat man diese bunte tropische Art nachgewiesen.

STACHELHÄUTER

Zu den Stachelhäutern gehören vielfältige Meerestiere, darunter Filtrierer wie die Haarsterne, die weidenden Seeigel und die räuberischen Seesterne.

Die Stachelhäuter (Echinodermata) bilden den einzigen großen Stamm wirbelloser Tiere, dessen Mitglieder nur im Meer vorkommen. Stachelhäuter sind Bewohner des Meeresbodens, die sich langsam bewegen. Die Körper der meisten Gruppen weisen eine fünfstrahlige Symmetrie auf. Der Name des Stamms bezieht sich auf die harten, verkalkten Ossikel, die das Hautskelett der Tiere bilden. Bei Seesternen sind die Ossikel in weiches Gewebe eingebettet, sodass die Tiere recht beweglich sind, bei Seeigeln sind sie hingegen zu einem festen Kalkskelett verschmolzen. Bei Seegurken sind die Ossikel sehr klein oder fehlen völlig.

EIN HYDRAULISCHES SYSTEM

Stachelhäuter weisen ein besonderes Wassergefäßsystem zur Fortbewegung auf: Meerwasser wird durch eine Siebplatte in den Körper aufgenommen, die sich meistens auf der Körperoberseite befindet. Die Körperflüssigkeit zirkuliert in einem System von Kanälen, die das Tier durchziehen, und wird in kleine, weiche Fortsätze an der Oberfläche gepresst. Diese sogenannten Ambulakralfüßchen können sich vor und zurück bewegen und an Oberflächen haften. Bei Federsternen weisen sie auf den gefiederten Armen nach oben und fangen Nahrungspartikel ein, die dann zum Mund befördert werden. Andere Stachelhäuter bewegen sich mit unzähligen nach unten weisenden Füßchen fort.

METHODEN DER ABWEHR

Die robuste, stachelige Haut der meisten Stachelhäuter bietet Schutz vor Fressfeinden, aber die Tiere haben auch andere Möglichkeiten der Verteidigung. Viele Seeigel sind mit kräftigen Stacheln besetzt, an denen sich auch Menschen ernsthaft verletzen können. Viele Arten haben winzige pinzettenähnliche, manchmal Gift enthaltende Anhänge, mit denen sie sowohl Schmutz entfernen als auch Angreifer abwehren können. Seegurken sind weich und müssen sich mit giftigen Chemikalien schützen. Oft tragen sie deshalb bunte Warnfarben. Als letzte Abwehr schleudern einige Arten sogar klebrige Fäden oder ihren Darm dem Angreifer entgegen.

STAMM	ECHINODERMATA
KLASSEN	5
ORDNUNGEN	31
FAMILIEN	147
ARTEN	etwa 7000

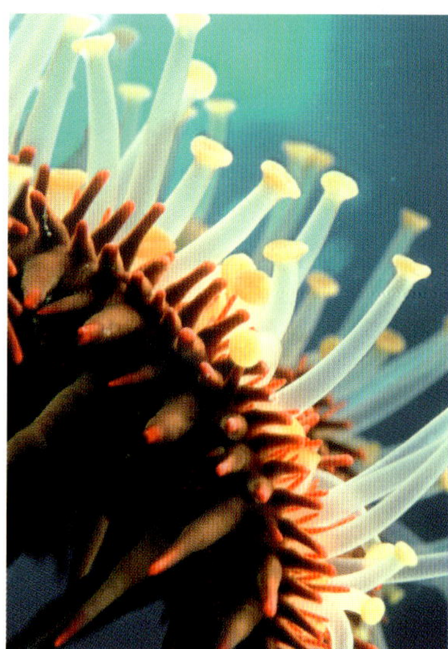

Die Ambulakralfüßchen, mit denen sich viele Stachelhäuter fortbewegen, sieht man bei diesem Dornenkronen-Seestern deutlich.

HAARSTERNE UND SEELILIEN

Ein Haarstern hat fünf Arme, mit denen er filtriert. Bei manchen Arten verzweigen sie sich zu einem dichten Büschel. Mundöffnung und Anus weisen in der Mitte nach oben. Einige Mitglieder der Klasse Haarsterne und Seelilien (Crinoidea) bewegen sich auf ihren Armen vorwärts.

CENOMETRA EMENDATRIX
F: Colobometridae

Die Arme eines Haarsterns sind mit kleineren Fortsätzen gesäumt, den Pinnulae, die Nahrungspartikel einfangen. Bei dieser im tropischen Pazifik verbreiteten Art sind sie weiß.

10–15 cm

DAVIDASTER RUBIGINOSUS
F: Comasteridae

Wie andere Haarsterne ernährt sich diese Art aus dem westlichen Atlantik von schwebenden Partikeln. Er fängt mit seinen verzweigten Armen Plankton ein.

10–20 cm

TROPISCHER HAARSTERN
Oxycomanthus bennetti
F: Comasteridae

Koralle

Wie viele Haarsterne filtriert diese im westlichen Pazifik häufige Art vor allem nachts, wenn die Strömung besonders stark ist.

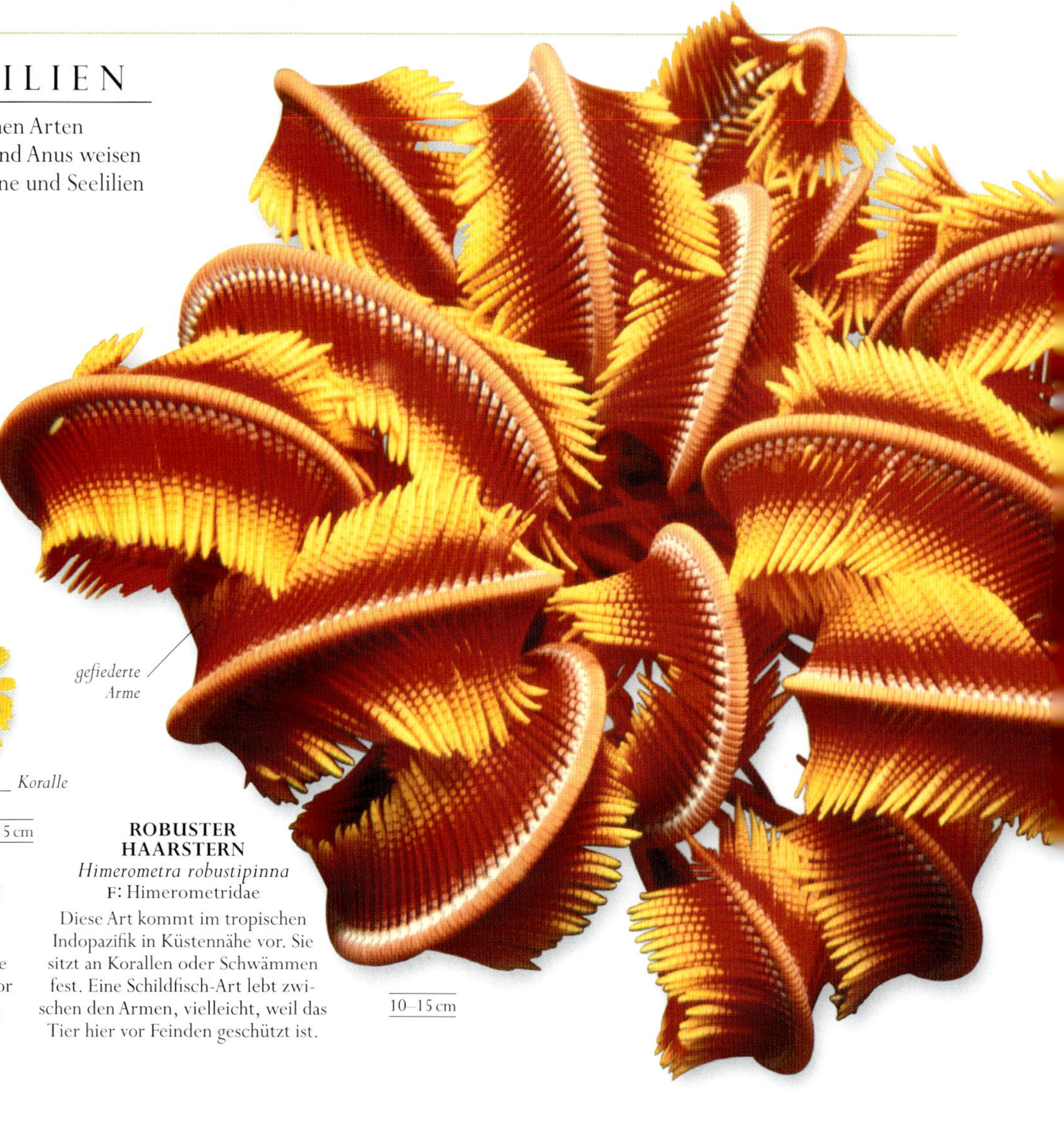

10–15 cm

ROBUSTER HAARSTERN
Himerometra robustipinna
F: Himerometridae

gefiederte Arme

Diese Art kommt im tropischen Indopazifik in Küstennähe vor. Sie sitzt an Korallen oder Schwämmen fest. Eine Schildfisch-Art lebt zwischen den Armen, vielleicht, weil das Tier hier vor Feinden geschützt ist.

10–15 cm

SEEIGEL UND VERWANDTE

Seeigel bilden die Klasse Echinoidea. Danach ist der Stamm Echinodermata benannt. Die plattenförmigen Ossikel sind zu einem Kalkskelett verwachsen. Die Stacheln dienen der Verteidigung und Fortbewegung. Der Mund weist meistens nach unten und der After nach oben. Zwischen beiden Polen verlaufen Reihen mit Ambulakralfüßchen.

ZWEIKERBEN-SANDDOLLAR
Echinodiscus auritus
F: Astriclypeidae

Diese Art, die im Indopazifik im Sand an Küsten vorkommt, ist ein typisches Mitglied der Gruppe im Sand grabender Sanddollars.

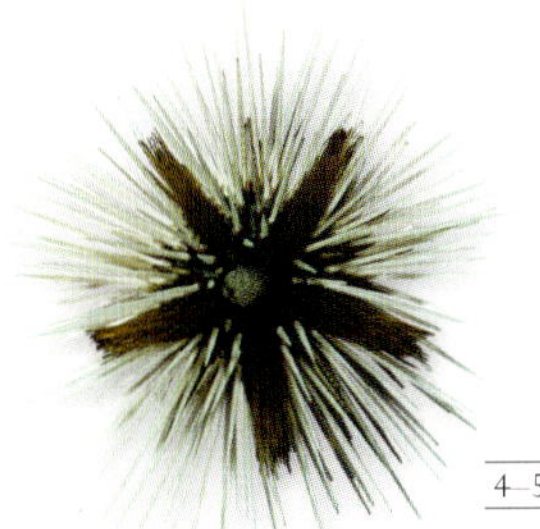

BLEISTIFT-DIADEMSEEIGEL
Echinothrix calamaris
F: Diadematidae

Die Stacheln dieser Art, die im Indopazifik an Riffen lebt, injizieren ein Gift, das Schmerzen hervorruft. Oft suchen Kardinalbarsche (Apogonidae) zwischen den Stacheln Schutz.

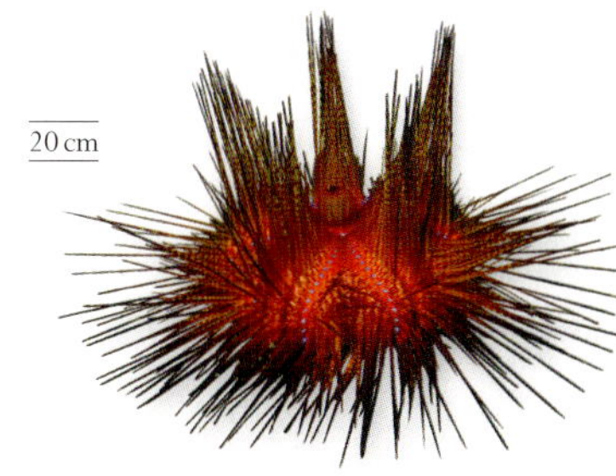

ROTER DIADEMSEEIGEL
Astropyga radiata
F: Diadematidae

In Lagunen im Indopazifik lebt diese Art. Sie gehört zu einer Familie tropischer Seeigel mit langen, hohlen Stacheln. Oft trägt die Krabbe *Dorippe frascone* diese Seeigel mit sich herum.

RIFFDACH-BOHRSEEIGEL
Echinometra mathaei
F: Echinometridae

Die im Indopazifik verbreitete Art gehört zu einer Gruppe von Seeigeln mit dicken Stacheln. Sie lebt an Korallenriffen in Spalten.

ESSBARER SEEIGEL
Echinus esculentus
F: Echinidae

Dieser große, kugelige, im nordöstlichen Atlantik häufige Seeigel ist variabel gefärbt. Er vertilgt Wirbellose und Algen, vor allem Kelp.

FEUERSEEIGEL
Asthenosoma varium
F: Echinothuridae

Der Feuerseeigel lebt im Indopazifik in sandigen Lagunen. Er hat eine bewegliche Schale, mit dem er in Spalten gelangen kann. Stiche der Stacheln sind schmerzhaft.

PURPUR-SEEIGEL
Strongylocentrotus purpuratus
F: Strongylocentrotidae

Dieser Bewohner von Kelpwäldern an der nordamerikanischen Pazifikküste ist ein Objekt biomedizinischer Forschung.

KLEINER HERZIGEL
Echinocardium cordatum
F: Loveniidae

Herzigel wie diese Art, die in vielen Meeren der Erde vorkommt, graben im Sediment, wo sie sich von Detritus ernähren. Sie sind nicht radiärsymmetrisch.

SEEGURKEN

Seegurken (Klasse Holothuriodea) sind Tiere mit weichem Körper. Die Mundöffnung ist von einem Ring von Tentakeln umgeben, mit denen das Tier Nahrung aufnimmt. Der After befindet sich am anderen Ende. Einige Arten graben mit ihren Tentakeln im Sediment, andere bewegen sich mit Ambulakralfüßchen am Meeresboden vorwärts.

GELBE SEEWALZE
Colochirus robustus
F: Cucumariidae

Diese Stachelhäuter gehören zu einer Familie von Seewalzen mit dicker Haut. Wie die im Indopazifik verbreitete Art sind viele mit warzigen Fortsätzen bedeckt.

SEEAPFEL
Pseudocolochirus violaceus
F: Cucumariidae

Seeäpfel sind bunt gefärbte, hochgiftige Riffbewohner. Diese Art hat gelbe oder orangefarbene Ambulakralfüßchen. Die Färbung ist variabel.

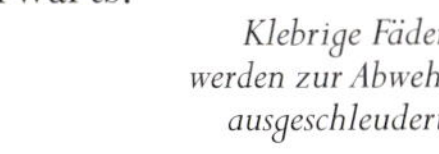

AUGENFLECK-SEEWALZE
Bohadschia argus
F: Holothuriidae

Vom westlichen Indischen Ozean um Madagaskar bis zum Südpazifik ist diese große Art verbreitet. Die Exemplare sind unterschiedlich gefärbt, aber immer gepunktet.

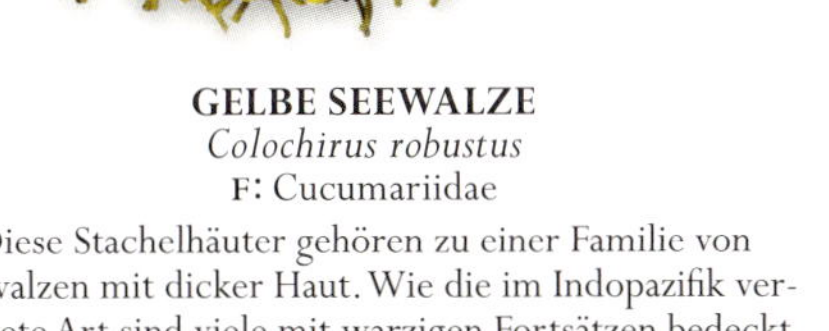

ROTE ESSBARE SEEWALZE
Holothuria edulis
F: Holothuriidae

Große Seewalzen sind in tropischen Meeren besonders häufig. Diese im Indopazifik verbreitete wird getrocknet und ist eine begehrte Suppenzutat.

GEFLECKTE WURMSEEGURKE
Synapta maculata
F: Synaptidae

Eine typische Vertreterin ihrer Familie ist diese im Indopazifik verbreitete Art. Sie hat einen wurmähnlichen Körper und gräbt in weichen Sedimenten.

KALIFORNISCHE SEEGURKE
Stichopus californicus
F: Stichopodidae

An der nordamerikanischen Pazifikküste ist diese Art eine der größten Seegurken. Sie gilt als Delikatesse.

ANANAS-SEEWALZE
Thelenota ananas
F: Stichopodidae

Die Art gehört zu einer Familie von Seewalzen mit fleischigen Stacheln. Sie kommt im Indopazifik auf sandigen Meeresböden um Korallenriffe vor.

KOLGA HYALINA
F: Elpidiidae

In Tiefen von bis zu 1500 m ist diese Art fast weltweit verbreitet. Sie ist eine der wenig bekannten Seegurken, die in der Tiefsee leben.

SCHLANGENSTERNE

Diese Tiere haben lange, dünne, manchmal verzweigte Arme, die leicht abbrechen. In der Zentralscheibe befindet sich eine nach unten weisende Mundöffnung. Manche Mitglieder der Klasse Schlangensterne (Ophiuroidea) fangen mit ihren Armen Nahrungspartikel, andere sind Räuber.

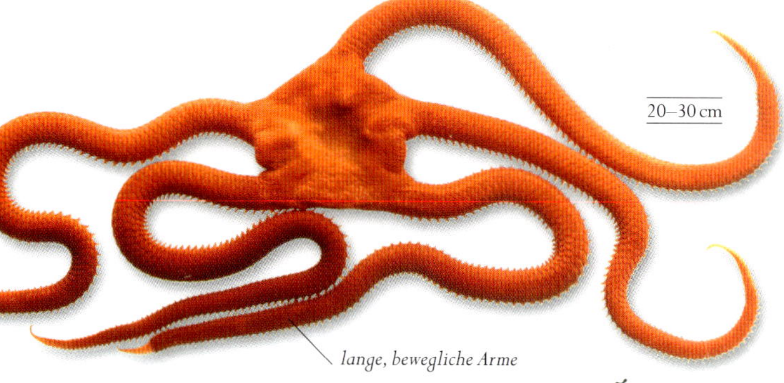

GLATTER SCHLANGENSTERN
Ophioderma spec.
F: Ophiodermatidae
Im westlichen Atlantik lebt diese Art in Seegraswiesen in Küstennähe. Sie erbeutet andere Wirbellose, unter anderem Garnelen.

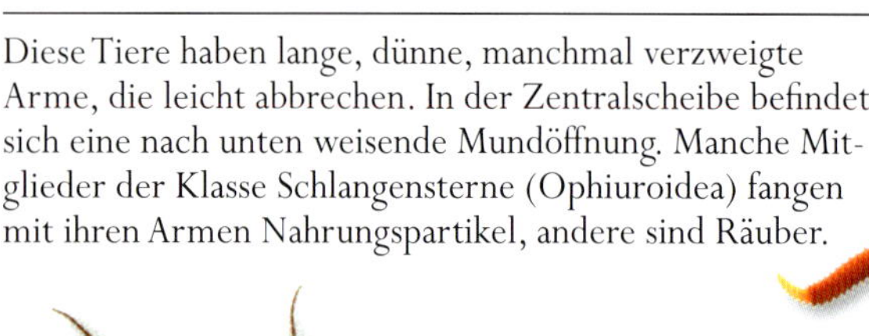

ZERBRECHLICHER SCHLANGENSTERN
Ophiothrix fragilis
F: Ophiotrichidae
Dieser Schlangenstern kommt im nordöstlichen Atlantik vor, oft in dichten Populationen. Er breitet seine Arme aus, um Nahrungspartikel einzufangen.

20–30 cm

SCHWARZER SCHLANGENSTERN
Ophiocoma nigra
F: Ophiocomidae
Die große Art kommt in europäischen Meeren vor. Sie filtriert Nahrungspartikel und frisst Detritus. An Felsenküsten mit starken Strömungen kann sie häufig sein.

GORGONENHAUPT
Gorgonocephalus caputmedusae
F: Gorgonocephalidae
Nach ihren eingerollten schlangenähnlichen Armen ist diese Art benannt. Sie ist an europäischen Küsten häufig. Größere Tiere findet man an Stellen mit starken Strömungen, wo sie mehr Nahrung einfangen können.

SEESTERNE

Wie die meisten Stachelhäuter bewegen sich Seesterne mit ihren Ambulakralfüßchen auf dem Meeresboden fort. Die meisten Arten der Klasse Seesterne (Asteroidea) haben fünf Arme, einige haben mehr. Manche Arten sind kugelig oder kissenförmig. Viele Seesterne erbeuten andere Wirbellose, die sich langsam fortbewegen, andere fressen Aas oder Detritus. Obwohl sich in ihrer Haut harte Ossikel befinden, sind diese Stachelhäuter sehr beweglich.

VIOLETTER SONNENSTERN
Solaster endeca
F: Solasteridae
Sonnensterne sind große, stachelige Seesterne mit vielen Armen. Sie sind auf der Nordhalbkugel verbreitet und leben auf Schlammböden kalter Meere in Küstennähe.

50–60 cm

SIEBENARMIGER SEESTERN
Luidia ciliaris
F: Luidiidae
Anders als die meisten Seesterne hat diese große, im Atlantik verbreitete Art sieben Arme. Mit ihren langen Ambulakralfüßchen bewegt sie sich schnell fort.

20–24 cm

MOSAIKSEESTERN
Plectaster decanus
F: Echinasteridae
Wie einige andere Arten der Familie ist dieser auffällige Seestern, der an Felsenküsten im südwestlichen Pazifik vorkommt, sehr variabel gefärbt.

BLASENSEESTERN
Echinaster callosus
F: Echinasteridae
Zu einer Familie von Seesternen mit steifen Körpern und kegelförmigen Armen gehört diese Art des westlichen Pazifiks. Ungewöhnlicherweise ist sie mit rosa und weißen Warzen bedeckt.

SONNENBLUMEN-SEESTERN
Pycnopodia helianthoides
F: Pycnopodiidae
Dies ist einer der größten Seesterne der Erde. Die vielarmige Art erbeutet Weichtiere und andere Stachelhäuter. Sie lebt an den Küsten des nordöstlichen Pazifiks zwischen Tangen.

10–12 cm

BLUTSEESTERN
Henricia oculata
F: Echinasteridae
Dieser Verwandte des Blasenseesterns kommt in Gezeitentümpeln und Kelpwäldern des nordöstlichen Atlantiks vor. Mit Schleim fängt er Nahrungspartikel ein.

OCKERSEESTERN
Pisaster ochraceus
F: Asteriidae
Im Atlantik kommt dieser Verwandte des Gewöhnlichen Seesterns vor. Er jagt Wirbellose, darunter andere Arten seiner Familie und Muscheln.

GEWÖHNLICHER SEESTERN
Asterias rubens
F: Asteriidae
Im nordöstlichen Atlantik ist diese Art, die andere Wirbellose erbeutet, häufig. Sie kommt auch im Brackwasser von Ästuaren vor. In vielen Regionen sind die Populationen sehr groß.

KACHELSEESTERN
Iconaster longimanus
F: Goniasteridae
Viele Stachelhäuter entwickeln sich aus planktonischen Larven. Die im Indopazifik verbreitete Art hat jedoch kein Larvenstadium.

DORNENKRONEN-SEESTERN
Acanthaster planci
F: Acanthasteridae
Dieser große, im Indopazifik verbreitete Seestern erbeutet Korallenpolypen und ist für manche Riff-Ökosysteme eine Bedrohung. Er hat 10–20 Arme und spitze, schwach giftige Dornen, an denen sich auch Menschen verletzen können.

BLAUER SEESTERN
Linckia laevigata
F: Ophidiasteridae
Die Arten der Familie Ophidiasteridae haben eine dornenlose Oberfläche. Diese im Indopazifik verbreitete Art ist meist blau, einige Individuen sind violett oder orangefarben.

PURPURROTER SEESTERN
Ophidiaster ophidianus
F: Ophidiasteridae
Diese Art kommt in wärmeren Bereichen des nordöstlichen Atlantiks und im Mittelmeer vor. Sie lebt auf steinigem Meeresgrund.

PERLSEESTERN
Fromia monilis
F: Ophidiasteridae
Wie viele andere Mitglieder der Familie schreckt diese Art mit bunten Farben Fressfeinde ab. Sie ist im Indopazifik westlich bis ins Rote Meer verbreitet.

PANAMAISCHER NOPPENSEESTERN
Pentaceraster cumingi
F: Oreasteridae
Dieser große, auffällige Kissenseestern kommt auf sandigem und steinigem Grund vor. Er ist im tropischen mittleren und östlichen Pazifik verbreitet.

NEOFERDINA CUMINGI
F: Ophidiasteridae
Alle Arten der Familie Ophidiasteridae sind oberseits mit Reihen aus körnigen Platten bedeckt. Bei Plattenseesternen wie dieser Art aus dem Pazifik sind sie besonders auffällig.

ROTGRAUER NOPPENSEESTERN
Protoreaster lincki
F: Oreasteridae
Die Jungtiere dieser Art aus dem Indischen Ozean, die zur Familie der Kissenseesterne gehört, weiden Algen ab. Adulte Tiere erbeuten Wirbellose.

WALZENSEESTERN
Choriaster granulatus
F: Oreasteridae
Der große Stachelhäuter lebt auf steinigen Hängen und an Korallenriffen. Er weidet in seichtem Wasser Algen und Detritus.

GROSSER KISSENSTERN
Culcita novaeguineae
F: Oreasteridae
Im Indopazifik ist dieser Korallenfresser verbreitet. Er gehört zur Familie der Kissenseesterne, deren Arme im Alter kürzer werden. Schließlich sind die Tiere kissenförmig.

KURZARMIGER SEESTERN
Porania pulvillus
F: Poraniidae
Diese charakteristische Art mit glatter Oberfläche hat kurze Arme und einen Saum aus Stacheln. Sie lebt an europäischen Felsenküsten, oft an den Rhizoiden von Kelp.

GÄNSEFUSS-SEESTERN
Anseropoda placenta
F: Asterinidae
Der dünne, flache Seestern, bei dem die Arme kaum zu erkennen sind, kommt im östlichen Atlantik vor. Er erbeutet am Grund lebende Krebstiere.

FÜNFECKSTERN
Asterina gibbosa
F: Asterinidae
Zur selben Familie wie der Gänsefuß-Seestern gehört dieser kurzarmige, variabel gefärbte Seestern. Er vertilgt an Felsenküsten des nordöstlichen Atlantiks tote organische Stoffe.

CHORDATIERE

Weniger als drei Prozent aller Tierarten sind Chordatiere. Dennoch gehören zur Gruppe die größten, schnellsten und intelligentesten heute lebenden Tiere. Die meisten haben ein knöchernes Skelett, ihr kennzeichnendes Merkmal jedoch ist die Chorda dorsalis, die Vorläuferin der Wirbelsäule.

Die ältesten bekannten Chordatiere waren stromlinienförmig und nur wenige Zentimeter lang. Sie lebten vor über 550 Millionen Jahren. Außer einer steifen, aber biegsamen knorpeligen Chorda dorsalis hatten sie keine harten Strukturen in ihren Körpern. Die heute lebenden Chordatiere haben dieses Merkmal geerbt und bei einigen bleibt die Chorda dorsalis lebenslang erhalten. Bei den meisten aber, von Fischen und Amphibien hin zu Reptilien, Vögeln und Säugetieren, ist dieser stützende Stab nur in einem frühen embryonalen Stadium ausgebildet. Später in der Entwicklung verschwindet er und wird durch ein knorpeliges oder knöchernes Skelett ersetzt. Diese Tiere werden als Wirbeltiere bezeichnet, denn entlang ihres Rückens verläuft eine Wirbelsäule.

Anders als eine Schale oder ein Chitinpanzer »funktionieren« knöcherne Innenskelette bei sehr unterschiedlich großen Tieren. Das kleinste Wirbeltier, *Paedocypris progenetica*, ein Fisch, der in Süßgewässern vorkommt, ist kürzer als 1 cm. Der Blauwal, das größte Chordatier und zudem das größte Tier, das je auf der Erde gelebt hat, wiegt mehrere Milliarden Male so viel.

VIELFÄLTIGE LEBENSWEISEN

Die am einfachsten gebauten Chordatiere, die Manteltiere, haben kein Skelett. Die Adulten leben festsitzend an einer Stelle. Die meisten Chordatiere bewegen sich jedoch schnell fort und zeigen dank ihrer gut entwickelten Nervensysteme und verhältnismäßig großen Gehirne schnelle Reaktionen. Vögel und Säugetiere können mit aus der Nahrung gewonnener Energie eine gleichmäßige optimale Körpertemperatur aufrechterhalten.

Chordatiere pflanzen sich auf unterschiedliche Weise fort. Außer den Säugetieren legen die meisten Wirbeltiere Eier. In fast jeder Gruppe gibt es jedoch Arten, die weit entwickelte Junge zur Welt bringen. Die Zahl der Nachkommen steht in direktem Verhältnis zum Aufwand der Brutpflege. Einige Fische legen Millionen von Eiern und betreiben keine Brutpflege, während Säugetiere und Vögel viel weniger Junge großziehen.

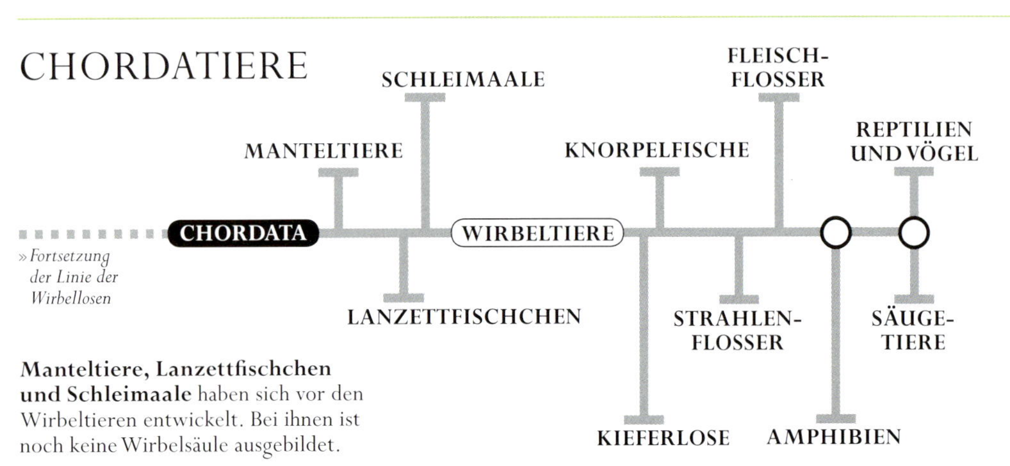

Manteltiere, Lanzettfischchen und Schleimaale haben sich vor den Wirbeltieren entwickelt. Bei ihnen ist noch keine Wirbelsäule ausgebildet.

MANTELTIERE
Dem Unterstamm Manteltiere (Tunicata) gehören etwa 3000 Arten an. Die Larven haben eine Chorda dorsalis und ähneln Kaulquappen. Die adulten Tiere sind Filtrierer.

AMPHIBIEN
Zu den über 6000 Amphibien-Arten gehören Frösche, Kröten, Salamander, Molche und Blindwühlen. Meist entwickeln sich Larven im Wasser, die Adulten leben an Land.

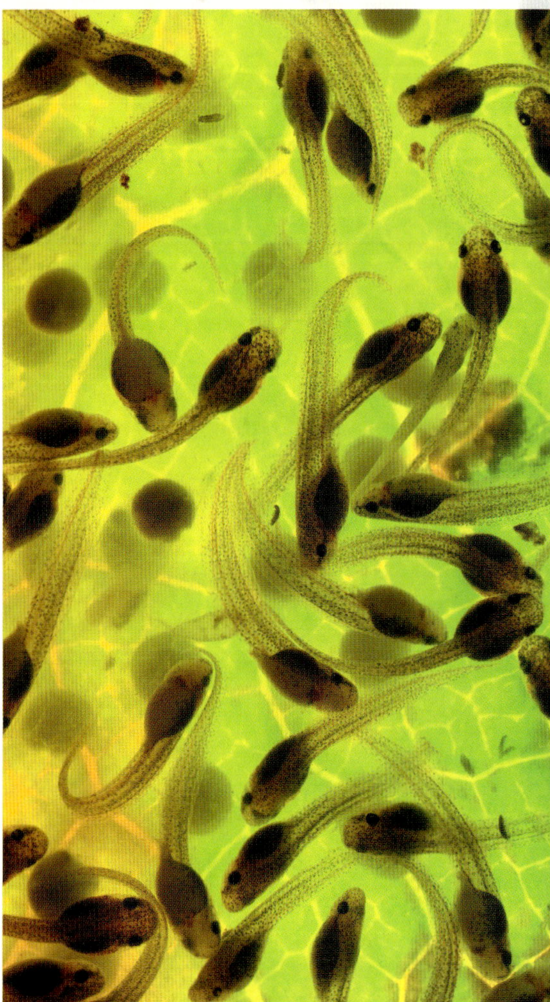

LANZETTFISCHCHEN
Diese kleinen Meeresbewohner behalten ihre Chorda dorsalis ein Leben lang. 20 Arten gehören zum Unterstamm Lanzettfischchen (Cephalochordata).

SCHLEIMAALE
Diese am Meeresgrund lebenden Aasfresser gehören dem Unterstamm Craniata an, wie alle Tiere mit Schädel. Die 60 Schleimaal-Arten bilden keine Wirbelsäule aus.

FISCHE
Die Fische bildeten als erste Gruppe eine Wirbelsäule aus. Sie werden mehreren verschiedenen Klassen zugeordnet. Es sind über 30 000 heute lebende Arten bekannt.

REPTILIEN
Die Reptilien kommen mit fast 8000 Arten auf jedem Kontinent außer in der Antarktis vor. Anders als Vögel und Säugetiere sind sie wechselwarm und mit Schuppen bedeckt.

VÖGEL
Die Vögel sind die einzigen heute lebenden Tiere mit Federn. Es gibt etwa 10 000 Arten. Alle legen Eier und viele kümmern sich intensiv um ihre Jungen.

SÄUGETIERE
Säugetiere haben ein Fell und sind die einzigen Chordatiere, bei denen die Weibchen die Jungen mit Milch säugen. Es sind etwa 5400 Arten bekannt.

FISCHE

Die Fische weisen unter den Chordatieren die größte Vielfalt auf und kommen in fast jedem Gewässer vor, von kleinen Süßwasserpfützen bis zur Tiefsee. Fast ausnahmslos atmen sie über an Federn erinnernde Kiemen und schwimmen mithilfe von Flossen.

STAMM	CHORDATA
KLASSEN	PETROMYZONTIDA CHONDRICHTHYES ACTINOPTERYGII SARCOPTERYGII
ORDNUNGEN	63
FAMILIEN	538
ARTEN	31 254

Sich überlappende Schuppen bedecken den Körper eines Masken-Papageifischs und schützen ihn vor Verletzungen.

Haie stürzen sich in einen großen Sardinenschwarm, dessen Tiere sich zum Schutz zusammendrängen.

Das große Maul eines Brunnenbauers schützt seine Eier. Während der Maulbrutzeit kann das Tier nicht fressen.

Fische stellen keine natürliche, in sich geschlossene Tiergruppe dar, sondern eine willkürliche Zusammenstellung mehrerer im Wasser lebender Chordatenklassen, von denen die der Strahlenflosser (Actinopterygii) die bekannteste ist. Die Mehrzahl der Fische ist wechselwarm, und so entspricht ihre Körpertemperatur der ihrer Umgebung. Einige wenige Top-Prädatoren wie der Weiße Hai können die Augen, das Gehirn und die wichtigsten Muskeln mit wärmerem Blut versorgen, sodass sie auch in kaltem Wasser effektiv jagen können. Die meisten Fische sind durch in die Haut eingebettete Schuppen oder Knochenplatten geschützt. Bei schnellen Schwimmern sind sie leicht und verleihen ihnen Stromlinienform und Schutz. Obwohl einige Fische auf dem Meeresboden leben, schwimmen die meisten mithilfe von Flossen. Bei der Mehrzahl der Fische sorgt die Schwanzflosse für den Antrieb. Die paarigen Brust- und Bauchflossen stabilisieren und steuern, wobei sie von den bis zu drei Rücken- und ein oder zwei Afterflossen unterstützt werden. Fische vermeiden auch in dichten Schwärmen Zusammenstöße, indem sie die Bewegungen anderer mit speziellen Sinnesorganen wahrnehmen. Bei den meisten Fischen sind diese Seitenlinienorgane an beiden Seiten jeweils in einer Reihe angeordnet. Auch einige ständig im Wasser lebende Amphibien verfügen über dieses System.

VERMEHRUNGSSTRATEGIEN

Fische verfolgen sehr unterschiedliche Vermehrungsstrategien. Die meisten Strahlenflosser mit äußerer Befruchtung geben Unmengen von Eiern und Spermien ins Wasser ab, um den Verlust der Jungfische zu kompensieren, die gefressen werden oder nicht aufwachsen. Im Gegensatz dazu verfügen die Knorpelfische (Haie, Rochen und Chimären) über eine innere Befruchtung. Sie laichen bereits weiter entwickelte Eier ab oder gebären lebende Jungtiere. Das erfordert einen hohen Energieeinsatz – nur wenige Junge entstehen gleichzeitig, haben jedoch gute Überlebenschancen. Aus den Eiern der Neunaugen schlüpfen Larven, die sich erst nach einigen Monaten in einer Metamorphose in erwachsene Tiere umwandeln.

BUNTES SPEKTAKEL >
Die relativ leichte Vermehrung des maulbrütenden Banggai-Kardinalbarschs macht ihn für Meerwasser-Aquarianer interessant.

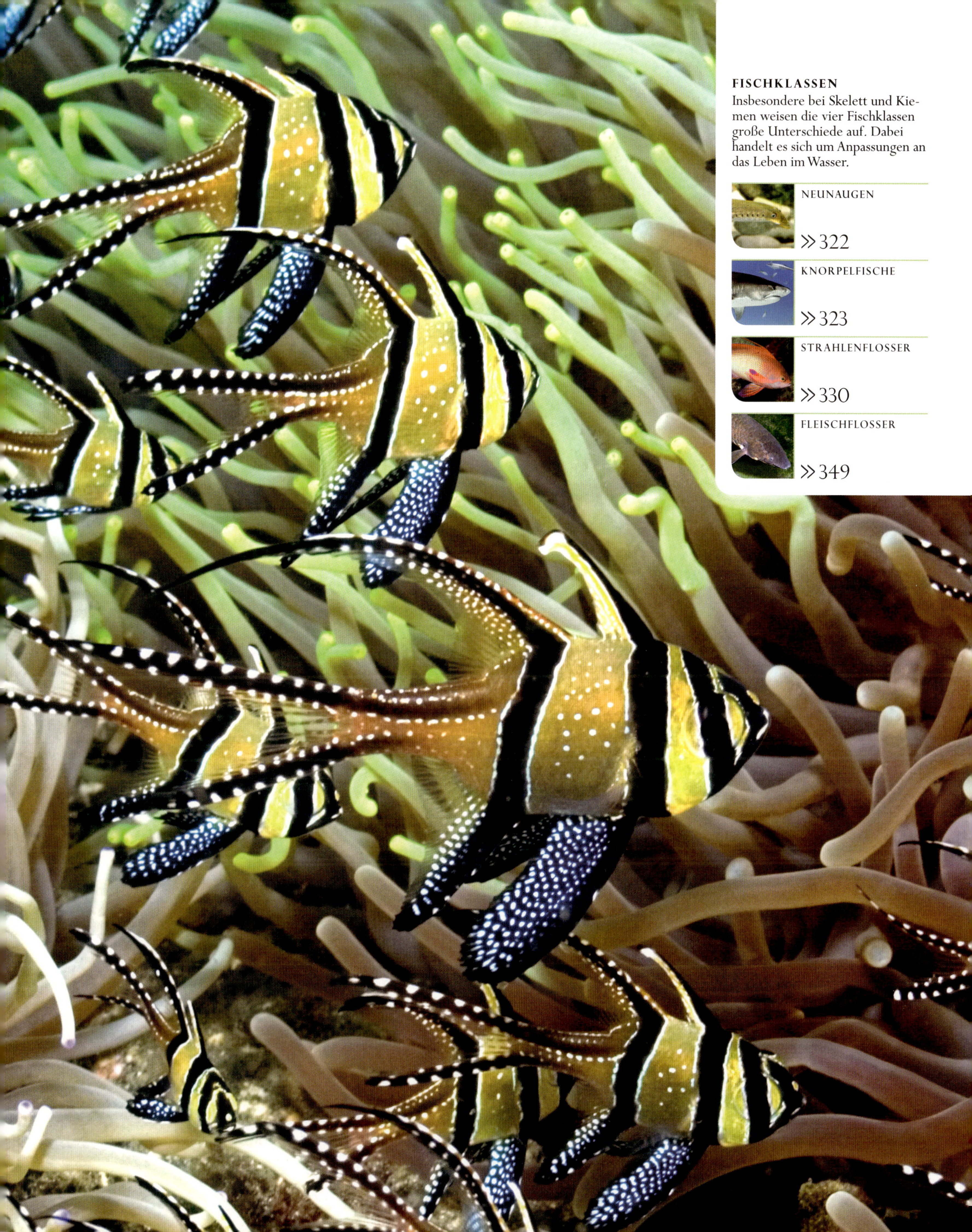

FISCHKLASSEN

Insbesondere bei Skelett und Kiemen weisen die vier Fischklassen große Unterschiede auf. Dabei handelt es sich um Anpassungen an das Leben im Wasser.

NEUNAUGEN
>> 322

KNORPELFISCHE
>> 323

STRAHLENFLOSSER
>> 330

FLEISCHFLOSSER
>> 349

NEUNAUGEN

Anders als alle anderen Wirbeltiere besitzen Neunaugen (Petromyzontida) keine Kiefer. Die alte Tiergruppe umfasst nur noch wenige Vertreter.

Anstelle von Kiefern besitzen Neunaugen eine runde Saugscheibe mit konzentrischen Raspelzahn-Reihen. Hinter den Augen verläuft auf jeder Körperseite eine Reihe von sieben kleinen, runden Kiemenöffnungen. Die schuppenlose Haut ist glatt, ein oder zwei Rückenflossen befinden sich in der Nähe des Schwanzes. Neunaugen besitzen einen Schädel, der jedoch aus Knorpel besteht. Sie haben kein Knochenskelett und eine nur teilweise ausgebildete Wirbelsäule. Ein biegsamer Stab, die Chorda, stützt den Körper.

VERSCHIEDENE LEBENSZYKLEN

Neunaugen leben auf der ganzen Welt in gemäßigt temperierten Küsten- und Süßgewässern. Sie vermehren sich im Süßwasser. Die an der Küste lebenden Arten sind wie Lachse anadrome Fische – sie schwimmen zum Laichen die Flüsse hinauf und sterben danach. Aus den Eiern schlüpfen wurmförmige Querder, die im Schlamm leben und sich von Detritus ernähren. Nach etwa drei Jahren wandeln sich die Larven der anadromen Arten in erwachsene Tiere um und schwimmen zum Meer, wo sie einige Jahre lang heranwachsen. Die Süßwasser-Arten bleiben in Flüssen und Seen und vermehren sich dort.

UNERWÜNSCHTE PARASITEN

Viele Neunaugen können sich als erwachsene Tiere parasitär von Fischen ernähren. Mit ihrem Saugmaul bohren sie sich durch die Haut ihres Opfers und ernähren sich von Blut und Fleisch. So können sie in der Aquakultur einigen Schaden anrichten. Allerdings sind die meisten Arten nicht von dieser Ernährungsweise abhängig und fressen auch Wirbellose. Im Süßwasser gibt es einige nicht parasitäre Arten. Sie vermehren sich im Zeitraum von bis zu sechs Monaten nach der Metamorphose, doch fressen sie nun nichts mehr. Die Saugmäuler sind auch nützlich, wenn die Fische gegen die Strömung anschwimmen, da sie sich zum Ausruhen an Steinen festsaugen können.

In den USA sind drei fossile Neunaugen-Arten aus dem späten Karbon gefunden worden, von denen eine den heutigen Neunaugen sehr ähnelt.

STAMM	CHORDATA
KLASSE	PETROMYZONTIDA
ORDNUNG	1
FAMILIEN	3
ARTEN	38

STREITFRAGE

SIND NEUNAUGEN UND SCHLEIMAALE VERWANDT?

Die Tiefsee ist die Heimat der aasfressenden Schleimaale, kieferloser, aalähnlicher Tiere ohne Knochenskelett. Sie besitzen nur ein schlitzartiges Maul und verkümmerte Augen. Aus den Eiern schlüpfen Miniaturausgaben ihrer Eltern. Früher wurden Neunaugen und Schleimaale als Rundmäuler (Cyclostomata) von den kiefertragenden Wirbeltieren unterschieden. Morphologische Untersuchungen deuten darauf hin, dass die Neunaugen näher mit den kiefertragenden Wirbeltieren verwandt sind. Molekularbiologische Untersuchungen scheinen jedoch die Cyclostomata-Hypothese zu stützen.

NEUNAUGEN

Die Arten der Ordnung Petromyzontiformes besitzen ein saugnapfartiges Maul, das mit konzentrischen Reihen kleiner, scharfer Zähnchen besetzt ist. Hinter den Augen befinden sich sieben runde Kiemenöffnungen. Neunaugen laichen in Flüssen und Bächen in gemäßigtem Klima, doch manche leben in Küstengewässern.

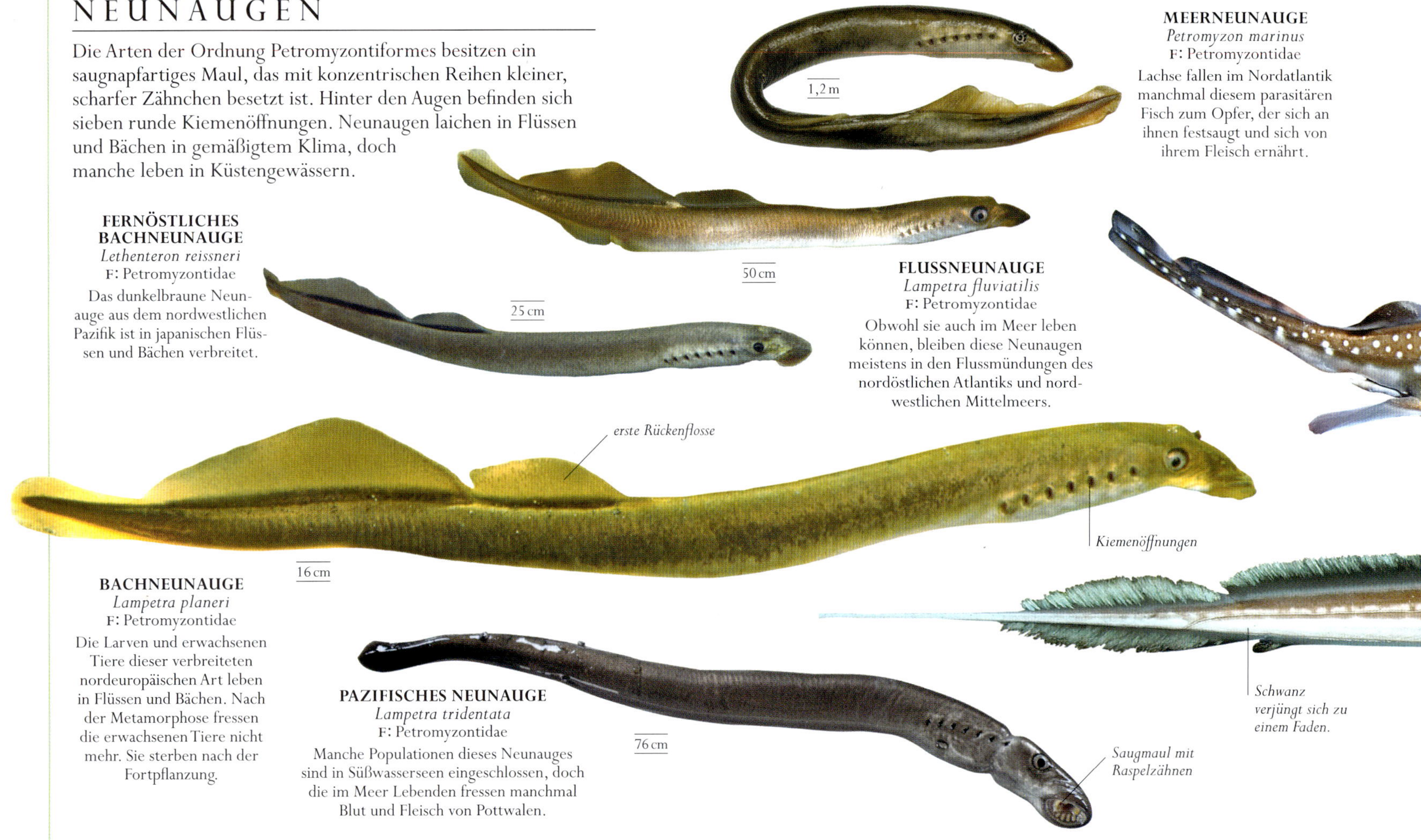

MEERNEUNAUGE
Petromyzon marinus
F: Petromyzontidae
Lachse fallen im Nordatlantik manchmal diesem parasitären Fisch zum Opfer, der sich an ihnen festsaugt und sich von ihrem Fleisch ernährt.

FERNÖSTLICHES BACHNEUNAUGE
Lethenteron reissneri
F: Petromyzontidae
Das dunkelbraune Neunauge aus dem nordwestlichen Pazifik ist in japanischen Flüssen und Bächen verbreitet.

FLUSSNEUNAUGE
Lampetra fluviatilis
F: Petromyzontidae
Obwohl sie auch im Meer leben können, bleiben diese Neunaugen meistens in den Flussmündungen des nordöstlichen Atlantiks und nordwestlichen Mittelmeers.

BACHNEUNAUGE
Lampetra planeri
F: Petromyzontidae
Die Larven und erwachsenen Tiere dieser verbreiteten nordeuropäischen Art leben in Flüssen und Bächen. Nach der Metamorphose fressen die erwachsenen Tiere nicht mehr. Sie sterben nach der Fortpflanzung.

PAZIFISCHES NEUNAUGE
Lampetra tridentata
F: Petromyzontidae
Manche Populationen dieses Neunauges sind in Süßwasserseen eingeschlossen, doch die im Meer Lebenden fressen manchmal Blut und Fleisch von Pottwalen.

KNORPELFISCHE

Anstelle eines Knochenskeletts besitzen diese Fische ein Skelett aus biegsamem Knorpel. Die meisten sind Raubfische mit scharfen Sinnen.

Haie, Rochen und Chimären bilden die Knorpelfische (Chondrichthyes), obwohl sich Chimären von den anderen Gruppen deutlich unterscheiden. Bei ihnen ist der Oberkiefer mit dem Hirnschädel verbunden und kann nicht unabhängig bewegt werden. Ihre Zähne wachsen ständig nach. Dagegen verlieren Haie und Rochen ihre schmelzüberzogenen Zähne regelmäßig und ersetzen sie durch Zähne, die in Reihen flach dahinter liegen. Die Haut aller drei Gruppen – Haie, Rochen und Chimären – wird von kleinen Hautzähnchen geschützt.

NACH BEUTE SUCHEN

Die meisten Knorpelfische leben im Meer, wobei die Rochen im Allgemeinen den Meeresgrund und größere Haie das freie Wasser bevorzugen. Der Bullenhai und über 100 andere Arten können Flüsse hinaufschwimmen, und einige wenige Arten leben sogar vollständig im Süßwasser. Die Knorpelfische des Freiwassers sind ständig in Bewegung, da sie anders als Knochenfische keine Schwimmblase besitzen und daher absinken, wenn sie nicht schwimmen. Der Walhai und andere in Nähe der Wasseroberfläche lebende Arten haben eine große, ölhaltige Leber, die das verhindert. Räuberische Haie sind dafür bekannt, dass sie Blut riechen und verwundete Fische und Säugetiere finden können. Knorpelfische können auch die schwachen elektrischen Felder wahrnehmen, die von Lebewesen ausgehen. Diese Eigenschaft findet man zwar auch in anderen Tiergruppen, doch bei den Knorpelfischen ist sie besonders stark ausgeprägt.

FORTPFLANZUNG

Alle Knorpelfische paaren sich und haben eine innere Befruchtung. Chimären sowie manche Rochen und Haie legen Eier, die von einer stabilen Eikapsel geschützt sind. Die meisten Haie und Rochen gebären jedoch lebende Junge, die sich im Körper der Mutter entweder von Eidotter, ihren Geschwistern, Uterinmilch oder über eine Plazenta ernähren. Anders als Säugetiere sind die Jungen von Geburt an unabhängig. Die Eltern kümmern sich nicht um sie.

STAMM	CHORDATA
KLASSE	CHONDRICHTHYES
ORDNUNGEN	12
FAMILIEN	51
ARTEN	1171

Ein Weißer Hai (*Carcharodon carcharias*) zeigt seine Zahnreihen. Sie machen ihn zum furchterregenden Räuber.

CHIMÄREN

Die wegen ihrer großen Augen auch als Seekatzen bezeichneten rund 34 Arten bilden die kleine Knorpelfischordnung Chimären (Chimaeriformes). Ein kräftiger Giftstachel vorn in der ersten der beiden Rückenflossen schützt die Tiere in ihrem Tiefseelebensraum.

1,3 m

LANGNASEN-CHIMÄRE
Rhinochimaera pacifica
F: Rhinochimaeridae
Die lange, spitze Schnauze dieser Chimäre enthält Elektrorezeptoren, mit deren Hilfe sie ihre Beute aufspürt.

1 m

Mit ihren großen Augen können die Tiere im dunklen Wasser besser sehen.

GEFLECKTE SEERATTE
Hydrolagus colliei
F: Chimaeridae
Wie die meisten Chimären benutzt diese nordostpazifische Art ihre großen Brustflossen, um über den Grund zu gleiten.

1,3 m

PFLUGNASENCHIMÄRE
Callorhinchus milii
F: Callorhinchidae
Indem sie ihre Schnauze wie einen Pflug einsetzt, gräbt diese Chimäre Muscheln aus dem schlammigen Grund des Südwest-Pazifiks und der australischen Gewässer.

1,5 m

Die Brustflossen bewegen sich flatternd.

SEEKATZE
Chimaera monstrosa
F: Chimaeridae
Diese meist in über 300 m Tiefe im Mittelmeer und Ostatlantik lebende Chimäre sucht in kleinen Gruppen im Meeresgrund nach Wirbellosen.

KRAGEN- UND KAMMZÄHNERHAIE

Während die meisten Haie fünf Paar Kiemenspalten besitzen, verfügen die Arten der Ordnung Hexanchiformes entweder über sechs oder sieben Paare. Die einzige Rückenflosse sitzt weit hinten in der Nähe des Schwanzes. Die sechs bekannten Arten leben hauptsächlich in großer Tiefe.

5,5 m

STUMPFNASEN-SECHSKIEMERHAI
Hexanchus griseus
F: Hexanchidae
Felsige Seamounts auf der ganzen Welt bilden den Lebensraum dieses grünäugigen, bis zu 600 kg schweren Hais.

2 m

KRAGENHAI
Chlamydoselachus anguineus
F: Chlamydoselachidae
Die vereinzelten Funde dieses Hais deuten auf eine weltweite Verbreitung hin. Er hat leuchtend weiße Zähne, die Fische und Kalmare anlocken können.

HUNDSHAIE

Die große und vielfältige Ordnung Hundshaie (Squaliformes) umfasst mindestens 130 Arten, darunter Dorn-, Schlinger-, Laternen-, Schlaf-, Nagel- und Schweinshaie. Sie besitzen zwei Rückenflossen, aber keine Afterflosse. Alle bisher untersuchten Arten gebären lebende Junge.

1,5 m

DORNHAI
Squalus acanthias
F: Squalidae
Der früher in gemäßigten Gewässern häufige Dornhai ist heute gefährdet. Er wird bis zu 100 Jahre alt, wächst und vermehrt sich aber nur langsam.

56 cm

GROSSZAHN-ZIGARRENHAI
Isistius plutodus
F: Dalatiidae
Im westlichen Atlantik und nordwestlichen Pazifik leiden Delfine und große Fische unter diesem Hai, der kleine Fleischstücke aus ihrem Körper herausbeißt.

45 cm

SCHWARZER DORNHAI
Etmopterus spinax
F: Etmopteridae
Dieser Laternenhai lebt in den Tiefen des östlichen Atlantiks. Leuchtorgane am Bauch helfen ihm bei der Partnersuche.

2,4–4,3 m

GRÖNLANDHAI
Somniosus microcephalus
F: Somniosidae
Der Grönlandhai zählt zu den wenigen arktischen Haien und verzehrt oft das Aas ertrunkener Landtiere.

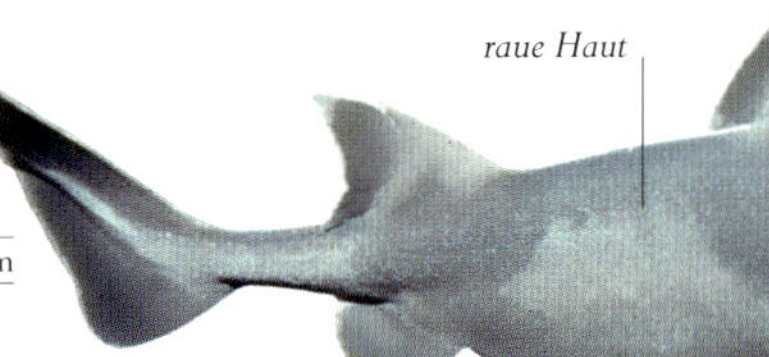

MEERSAU
Oxynotus centrina
F: Oxynotidae
Dieser Hai besitzt zwei segelartige Rückenflossen und eine sehr raue Haut. Er lebt im Ostatlantik in Tiefen von über 100 m.

TEPPICHHAIE UND VERWANDTE

Die etwa 33 Arten der Teppichhaiartigen (Orectolobiformes) haben zwei Rücken- und eine Afterflosse sowie Barteln, die von den Nasenlöchern herabhängen. Mit Ausnahme des Walhais leben sie auf dem Meeresgrund und ernähren sich von Fischen und Wirbellosen.

weiße Flecken
endständiges Maul
12–20 m

WALHAI
Rhincodon typus
F: Rhincodontidae
Dieser größte bekannte Fisch durchquert die tropischen Meere auf der Suche nach Plankton. Jeder Walhai hat eine individuelle Fleckenzeichnung.

1,1 m

EPAULETTENHAI
Hemiscyllium ocellatum
F: Hemiscylliidae
Dieser kleine Hai klettert mit seinen Flossen zwischen den Korallen umher. Er besitzt einen langen Schwanz und lebt im Südpazifik.

1,2 m
„Bart" verzweigter Fransen

FRANSEN-TEPPICHHAI
Eucrossorhinus dasypogon
F: Orectolobidae
Mit seinen Hautanhängen, dem flachen Körper und der Tarnzeichnung ist dieser Bewohner südwestpazifischer Korallenriffe nur schwer zu entdecken.

3 m

ATLANTISCHER AMMENHAI
Ginglymostoma cirratum
F: Ginglymostomatidae
Tagsüber versteckt sich der Hai in Felsspalten und nachts jagt er in den warmen Küstengewässern des Atlantiks und des Ostpazifiks.

SÄGEHAIE

Sägehaie (Pristiophoriformes) besitzen einen flachen Kopf mit seitlichen Kiemen und ein langes Rostrum mit seitlichen Zähnen. Die beiden Nasenbarteln helfen bei der Suche nach im Boden verborgener Nahrung. Die meisten der neun Arten leben in den Tropen.

1,4 m

LANGNASEN-SÄGEHAI
Pristiophorus cirratus
F: Pristiophoridae
Dieser Sägehai lebt im Süden Australiens auf sandigem Grund. Mit dem Rostrum schlägt er in Fischschwärmen um sich.

STIERKOPFHAIE

Die Arten der Ordnung Stierkopfhaie (Heterodontiformes) sind kleine, am Boden lebende Haie mit paddelartigen Brustflossen. Sie besitzen einen stumpf endenden Kopf, Mahlzähne und zwei jeweils mit einem spitzen Stachel versehene Rückenflossen.

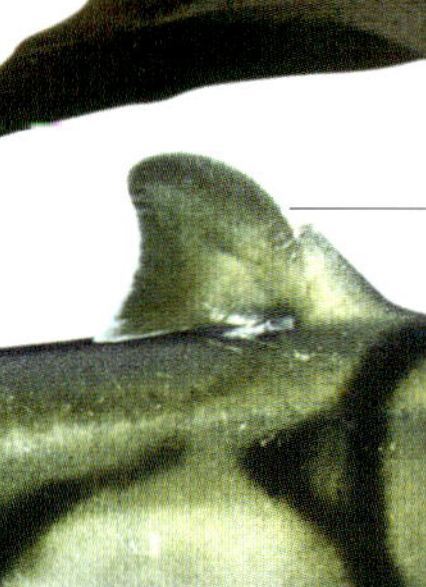
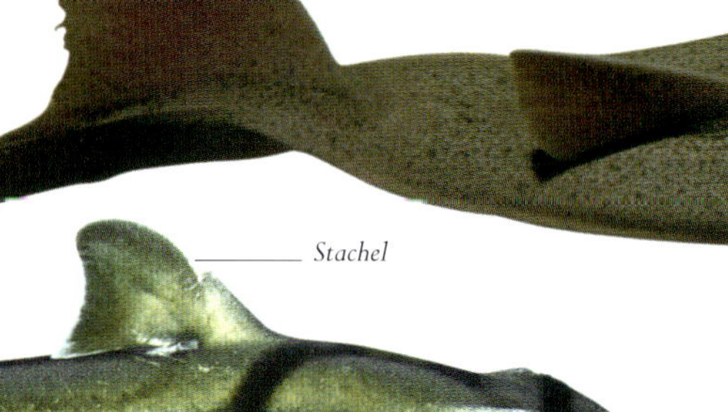
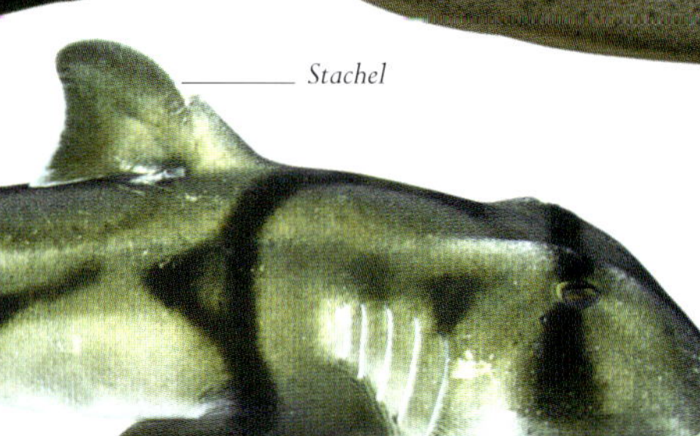

PORT-JACKSON-STIERKOPFHAI
Heterodontus portusjacksoni
F: Heterodontidae
Mit den paddelartigen Brustflossen bewegt sich der Hai auf der Seeigelsuche vor der australischen Küste über den Grund.

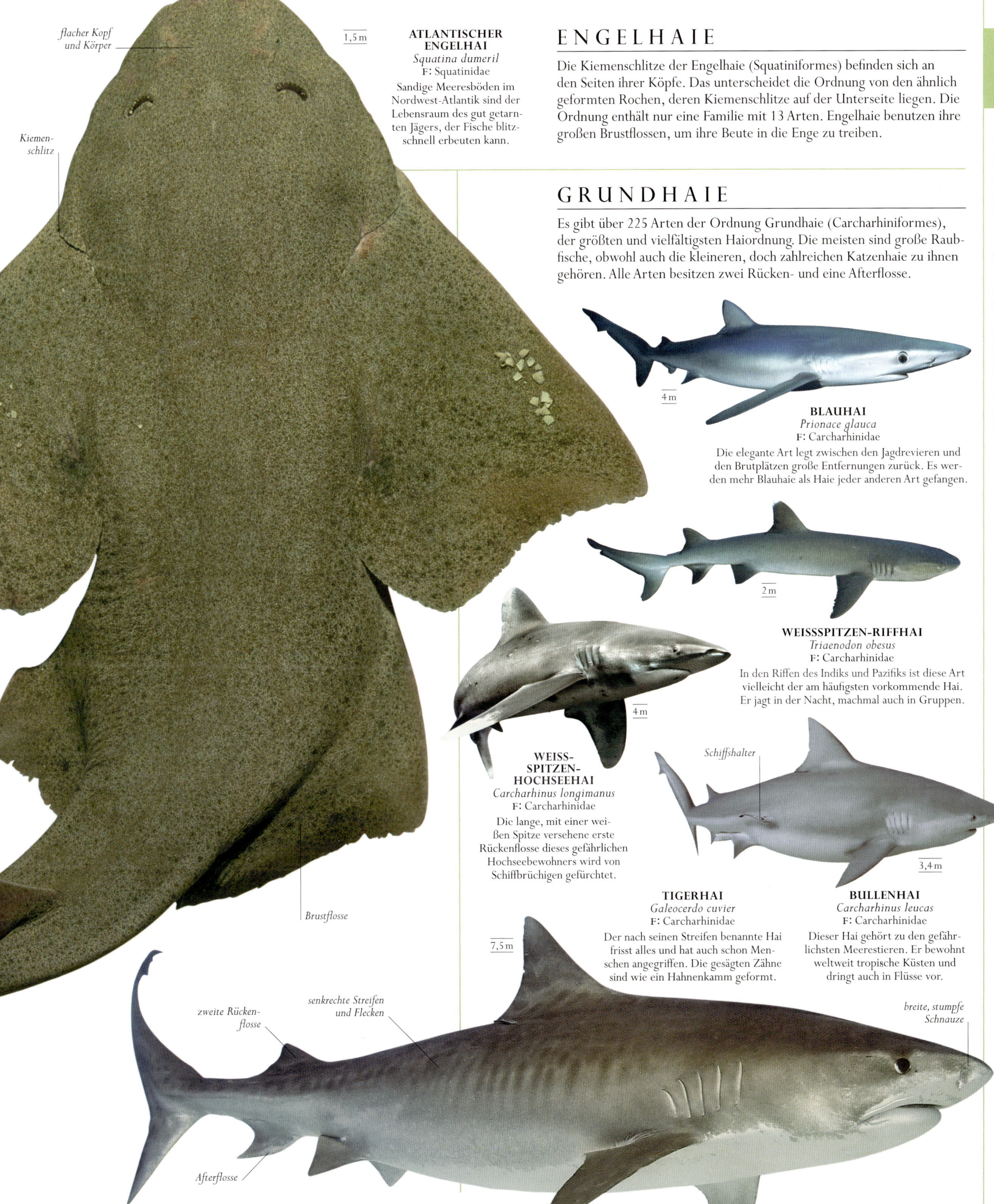

ATLANTISCHER ENGELHAI
Squatina dumeril
F: Squatinidae
Sandige Meeresböden im Nordwest-Atlantik sind der Lebensraum des gut getarnten Jägers, der Fische blitzschnell erbeuten kann.

ENGELHAIE

Die Kiemenschlitze der Engelhaie (Squatiniformes) befinden sich an den Seiten ihrer Köpfe. Das unterscheidet die Ordnung von den ähnlich geformten Rochen, deren Kiemenschlitze auf der Unterseite liegen. Die Ordnung enthält nur eine Familie mit 13 Arten. Engelhaie benutzen ihre großen Brustflossen, um ihre Beute in die Enge zu treiben.

GRUNDHAIE

Es gibt über 225 Arten der Ordnung Grundhaie (Carcharhiniformes), der größten und vielfältigsten Haiordnung. Die meisten sind große Raubfische, obwohl auch die kleineren, doch zahlreichen Katzenhaie zu ihnen gehören. Alle Arten besitzen zwei Rücken- und eine Afterflosse.

BLAUHAI
Prionace glauca
F: Carcharhinidae
Die elegante Art legt zwischen den Jagdrevieren und den Brutplätzen große Entfernungen zurück. Es werden mehr Blauhaie als Haie jeder anderen Art gefangen.

WEISSSPITZEN-RIFFHAI
Triaenodon obesus
F: Carcharhinidae
In den Riffen des Indiks und Pazifiks ist diese Art vielleicht der am häufigsten vorkommende Hai. Er jagt in der Nacht, machmal auch in Gruppen.

WEISS-SPITZEN-HOCHSEEHAI
Carcharhinus longimanus
F: Carcharhinidae
Die lange, mit einer weißen Spitze versehene erste Rückenflosse dieses gefährlichen Hochseebewohners wird von Schiffbrüchigen gefürchtet.

TIGERHAI
Galeocerdo cuvier
F: Carcharhinidae
Der nach seinen Streifen benannte Hai frisst alles und hat auch schon Menschen angegriffen. Die gesägten Zähne sind wie ein Hahnenkamm geformt.

BULLENHAI
Carcharhinus leucas
F: Carcharhinidae
Dieser Hai gehört zu den gefährlichsten Meerestieren. Er bewohnt weltweit tropische Küsten und dringt auch in Flüsse vor.

»

» GRUNDHAIE

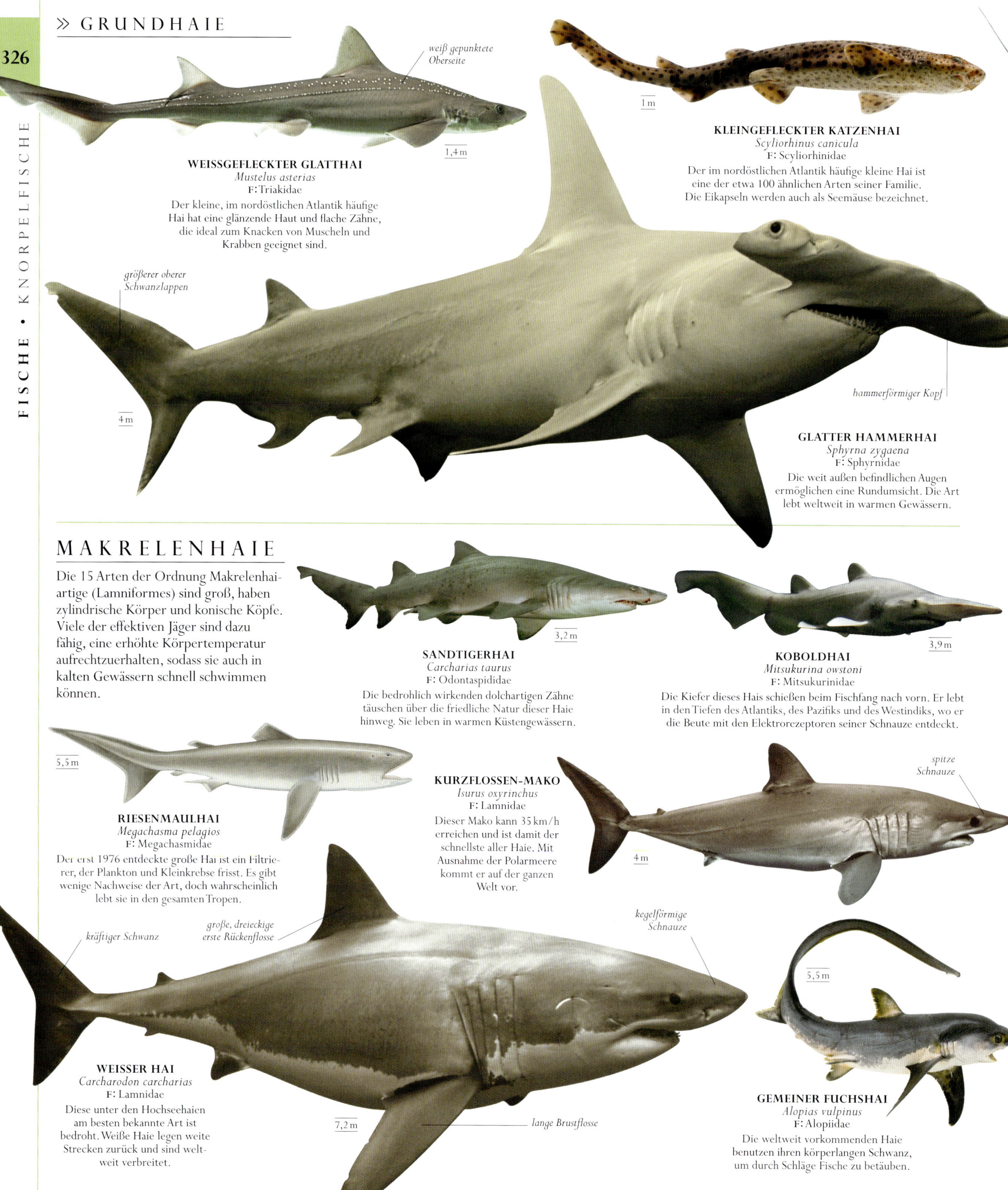

WEISSGEFLECKTER GLATTHAI
Mustelus asterias
F: Triakidae
Der kleine, im nordöstlichen Atlantik häufige Hai hat eine glänzende Haut und flache Zähne, die ideal zum Knacken von Muscheln und Krabben geeignet sind.

KLEINGEFLECKTER KATZENHAI
Scyliorhinus canicula
F: Scyliorhinidae
Der im nordöstlichen Atlantik häufige kleine Hai ist eine der etwa 100 ähnlichen Arten seiner Familie. Die Eikapseln werden auch als Seemäuse bezeichnet.

GLATTER HAMMERHAI
Sphyrna zygaena
F: Sphyrnidae
Die weit außen befindlichen Augen ermöglichen eine Rundumsicht. Die Art lebt weltweit in warmen Gewässern.

MAKRELENHAIE

Die 15 Arten der Ordnung Makrelenhaiartige (Lamniformes) sind groß, haben zylindrische Körper und konische Köpfe. Viele der effektiven Jäger sind dazu fähig, eine erhöhte Körpertemperatur aufrechtzuerhalten, sodass sie auch in kalten Gewässern schnell schwimmen können.

SANDTIGERHAI
Carcharias taurus
F: Odontaspididae
Die bedrohlich wirkenden dolchartigen Zähne täuschen über die friedliche Natur dieser Haie hinweg. Sie leben in warmen Küstengewässern.

KOBOLDHAI
Mitsukurina owstoni
F: Mitsukurinidae
Die Kiefer dieses Hais schießen beim Fischfang nach vorn. Er lebt in den Tiefen des Atlantiks, des Pazifiks und des Westindiks, wo er die Beute mit den Elektrorezeptoren seiner Schnauze entdeckt.

RIESENMAULHAI
Megachasma pelagios
F: Megachasmidae
Der erst 1976 entdeckte große Hai ist ein Filtrierer, der Plankton und Kleinkrebse frisst. Es gibt wenige Nachweise der Art, doch wahrscheinlich lebt sie in den gesamten Tropen.

KURZFLOSSEN-MAKO
Isurus oxyrinchus
F: Lamnidae
Dieser Mako kann 35 km/h erreichen und ist damit der schnellste aller Haie. Mit Ausnahme der Polarmeere kommt er auf der ganzen Welt vor.

WEISSER HAI
Carcharodon carcharias
F: Lamnidae
Diese unter den Hochseehaien am besten bekannte Art ist bedroht. Weiße Haie legen weite Strecken zurück und sind weltweit verbreitet.

GEMEINER FUCHSHAI
Alopias vulpinus
F: Alopiidae
Die weltweit vorkommenden Haie benutzen ihren körperlangen Schwanz, um durch Schläge Fische zu betäuben.

ROCHEN

Bei den Arten der Ordnung Rochen (Rajiformes) sind der flache Körper und die in den Kopf übergehenden flügelartigen Brustflossen Anpassungen an das Leben auf dem Meeresboden. Doch manche Rochen schwimmen auch im freien Wasser. Der lange, dünne Schwanz hilft ihnen, dabei die Balance zu halten. Er ist manchmal mit einem Stachel bewaffnet.

körperlanger Schwanz

bräunliche Oberseite

Brustflosse

1,4 m

GEWÖHNLICHER STECHROCHEN
Dasyatis pastinaca
F: Dasyatidae
Während die meisten Stechrochen in den Tropen leben, ist dieser vom Mittelmeer bis nach Nordeuropa verbreitet.

90 cm

BLAUPUNKTROCHEN
Taeniura lymma
F: Dasyatidae
Der in den meisten Korallenriffen des Indischen Ozeans und westlichen Pazifiks vorkommende Rochen trägt einen Giftstachel an seinem Schwanz.

90 cm

NAGELROCHEN
Raja clavata
F: Rajidae
Dieser europäische Rochen wird von Reihen charakteristischer gekrümmter Dornen geschützt, die über seinen Rücken verlaufen.

2,9 m

GLATTROCHEN
Dipturus batis
F: Rajidae
Dieser größte europäische Rochen erbeutet Fische im mittleren Wasserbereich und Wirbellose auf dem Grund. Er besitzt eine spitze Schnauze und eine blaue Unterseite.

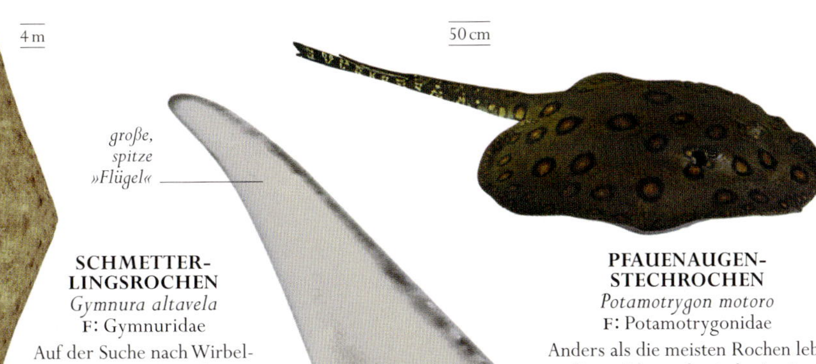

4 m

große, spitze »Flügel«

SCHMETTERLINGSROCHEN
Gymnura altavela
F: Gymnuridae
Auf der Suche nach Wirbellosen und Fischen gleitet dieser Rochen in wärmeren Teilen des Atlantiks über den Meeresgrund.

50 cm

PFAUENAUGEN-STECHROCHEN
Potamotrygon motoro
F: Potamotrygonidae
Anders als die meisten Rochen lebt diese südamerikanische Art in Flüssen. Sie kann mit ihrem Schwanzstachel schmerzhafte Stiche austeilen.

58 cm

HALLERS RUNDROCHEN
Urobatis halleri
F: Urotrygonidae
Da die Tiere flache Sandböden bewohnen, stellt ihr giftiger Schwanzstachel eine Gefahr für Badende dar. Diese Rochen leben in den Küstengewässern von Kalifornien bis Kanada.

3,3 m

GEFLECKTER ADLERROCHEN
Aetobatus narinari
F: Myliobatidae
Diese Rochen sind weltweit in den Tropen zu finden. Sie schwimmen, indem sie mit ihren Brustflossen wie mit Flügeln schlagen.

75 cm

spitze Schnauze mit abgerundeter Spitze

ATLANTISCHER GEIGENROCHEN
Rhinobatos lentiginosus
F: Rhinobatidae
Ungewöhnlich ist, dass dieser Rochen mithilfe seiner Schwanzflosse schwimmt. Mit der Schnauze gräbt er nach Mollusken und Krebsen.

9 m

MANTAROCHEN
Manta birostris
F: Myliobatidae
Dieser riesige tropische Filtrierer leitet mithilfe seiner Kopfflossen Plankton in sein Maul.

Kopfflossen zur Konzentration des Planktons

SÄGEROCHEN

Diese Tiere besitzen eine schwertähnliche Schnauze, die auf beiden Seiten Zähne trägt. Die Arten der Ordnung Sägerochen (Pristiformes) erinnern an Sägehaie, doch ihre Kiemen befinden sich an der Körperunterseite.

WESTLICHER SÄGEROCHEN
Pristis pectinata
F: Pristidae
Die Schnauze der lebend geborenen Jungen ist noch weich, um die Mutter nicht zu verletzen. Die seltene Art lebt weltweit in warmen Küstenmeeren und Flussmündungen.

7,6 m

ZITTERROCHEN

Die »Flügel« der Zitterrochenartigen (Torpediniformes) enthalten elektrische Organe, mit denen sie Beute betäuben und Feinde abschrecken können. Die Tiere besitzen einen kräftigen, in einer fächerartigen Spitze endenden Schwanz.

MARMOR-ZITTERROCHEN
Torpedo marmorata
F: Torpedinidae
Wenn er sich auf einen am Grund liegenden Fisch stürzt, kann dieser Rochen ihn mit bis zu 200 V betäuben. Sogar neugeborene Tiere können schon Stromschläge abgeben.

1 m

BLAUPUNKT-ROCHEN

Taeniura lymma

Stechrochen sind für die schmerzhaften Wunden bekannt, die sie mit ihren Schwanzstacheln verursachen und die in Ausnahmefällen sogar tödlich sein können. Der Blaupunktrochen benutzt seinen Stachel jedoch wie andere Stechrochen nur zur Verteidigung. Die meiste Zeit verbringt er bewegungslos auf Sandflächen zwischen den Korallen und versteckt sich unter Überhängen. Oft verrät ihn nur sein blau gerandeter Schwanz. Bei Störungen schwimmt er weg, indem er seine beiden Brustflossen wie Flügel einsetzt. Am besten kann man ihn bei Flut beobachten, wenn er sich der Küste nähert, um Wirbellose im flachen Wasser zu erbeuten.

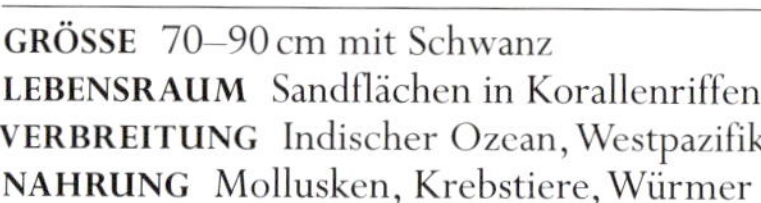

GRÖSSE 70–90 cm mit Schwanz
LEBENSRAUM Sandflächen in Korallenriffen
VERBREITUNG Indischer Ozean, Westpazifik
NAHRUNG Mollusken, Krebstiere, Würmer

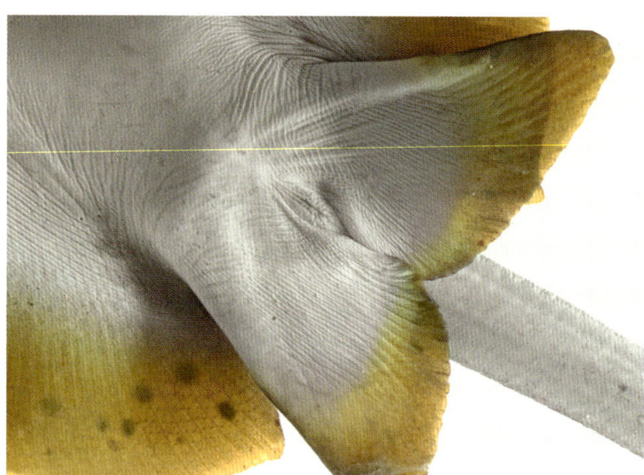

BAUCHFLOSSEN >
Bei diesem Weibchen kann man die Urogenitalöffnung zwischen den beiden Bauchflossen auf der Körperunterseite erkennen. Nach der Paarung bekommt das Weibchen bis zu sieben Junge, die nach einer von wenigen Monaten bis zu einem Jahr langen Schwangerschaft geboren werden.

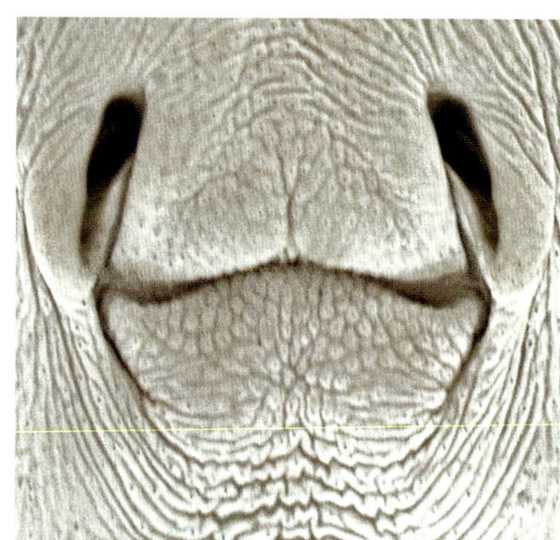

< MAUL
Das Maul befindet sich an der Unterseite des Rochens, sodass er im Sand versteckte Weich- und Krebstiere fressen kann. Mit seinen Plattenzähnen zerdrückt er die Schalen seiner Beute.

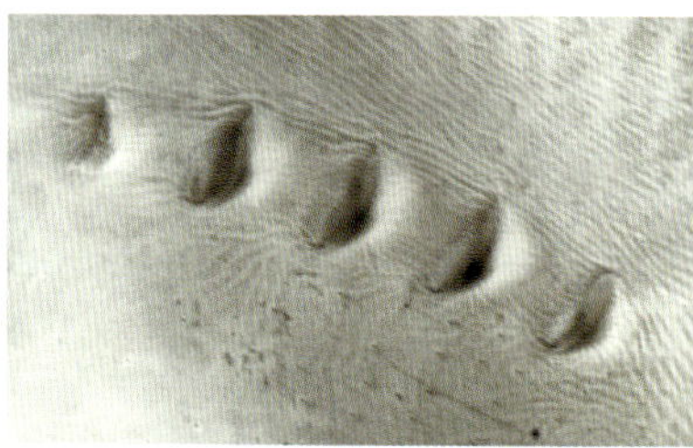

< KIEMENSCHLITZE
Nachdem das Wasser durch die Kiemen geflossen ist, verlässt es den Körper über fünf Paar Kiemenschlitze an der Unterseite.

∨ SPRITZLOCH
Sauerstoffreiches Wasser gelangt über zwei Spritzlöcher hinter den Augen zu den Kiemen. Ihre erhöhte Position verhindert, dass Sand hineingerät.

< RÜCKENSTACHEL
Diese Art hat relativ glatte Haut, besitzt aber zwei Reihen kleiner Rückenstacheln sowie ein paar verstreute Stacheln.

∧ BEWAFFNETER SCHWANZ
Der Schwanz ist mit ein oder zwei mit Widerhaken versehenen, giftigen Stacheln bewaffnet, mit denen sich der Rochen verteidigt, wenn man ihn angreift oder auf ihn tritt.

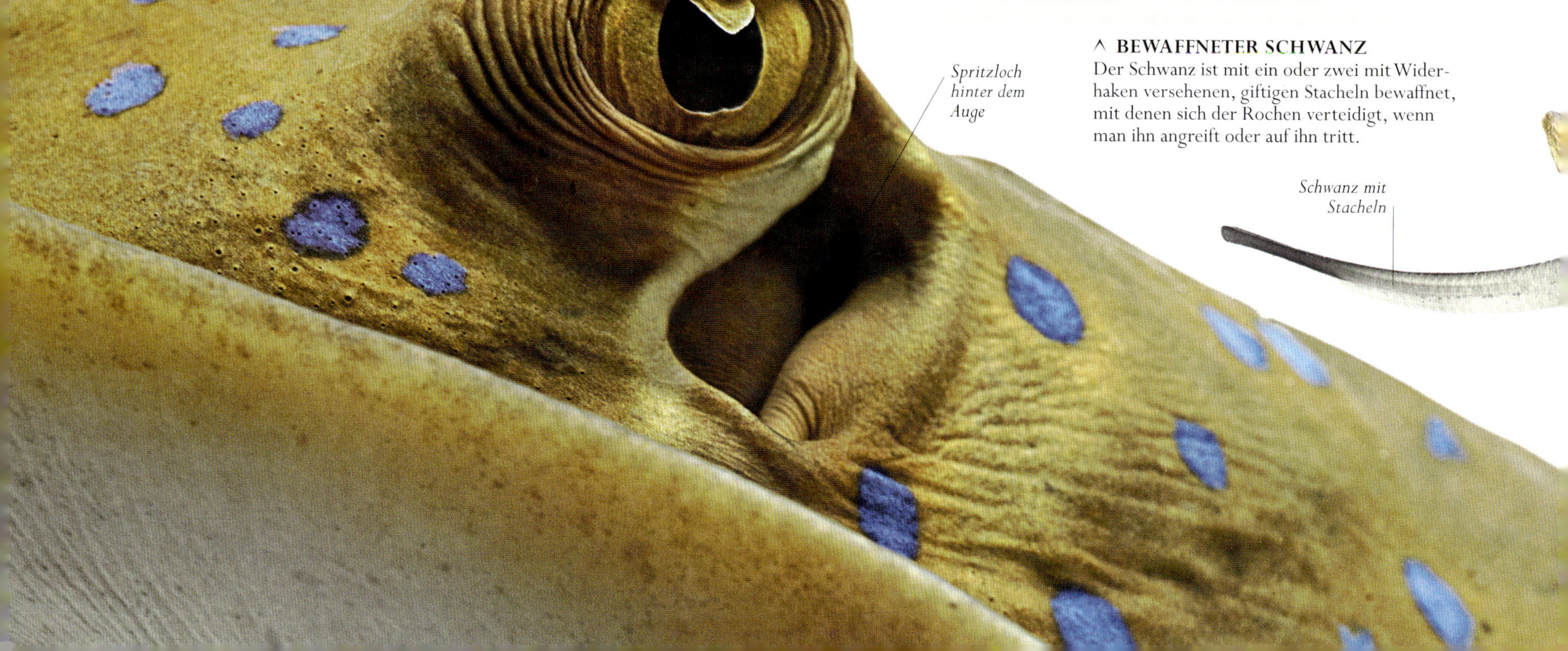

Schwanz mit Stacheln

Spritzloch hinter dem Auge

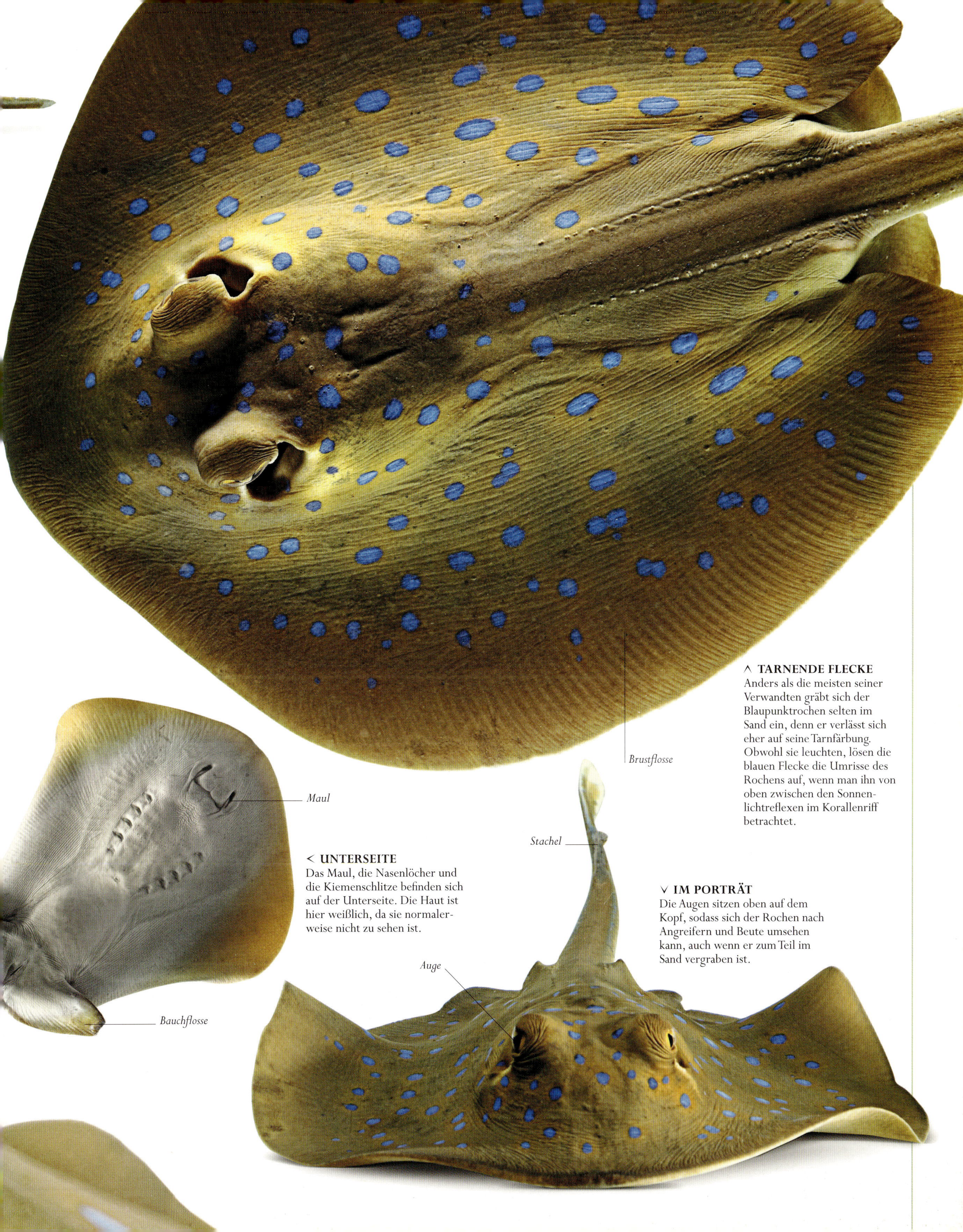

∧ TARNENDE FLECKE
Anders als die meisten seiner Verwandten gräbt sich der Blaupunktrochen selten im Sand ein, denn er verlässt sich eher auf seine Tarnfärbung. Obwohl sie leuchten, lösen die blauen Flecke die Umrisse des Rochens auf, wenn man ihn von oben zwischen den Sonnenlichtreflexen im Korallenriff betrachtet.

< UNTERSEITE
Das Maul, die Nasenlöcher und die Kiemenschlitze befinden sich auf der Unterseite. Die Haut ist hier weißlich, da sie normalerweise nicht zu sehen ist.

∨ IM PORTRÄT
Die Augen sitzen oben auf dem Kopf, sodass sich der Rochen nach Angreifern und Beute umsehen kann, auch wenn er zum Teil im Sand vergraben ist.

STRAHLENFLOSSER

Strahlenflosser (Actinopterygii) besitzen ein hartes, verkalktes Knochenskelett. Ihre Flossen werden von aufgerichteten Flossenstrahlen aufgespannt, die aus Knochen oder Knorpel bestehen.

Strahlenflosser können präziser als Knorpelfische schwimmen. Mithilfe ihrer sehr beweglichen Flossen können sie auf der Stelle stehen, abbremsen und sogar rückwärts schwimmen. Die Flossen können zart und biegsam oder robust und stachelig sein. Oft dienen sie auch anderen Zwecken wie Verteidigung, Balz und Tarnung.

Mit Ausnahme der am Grund lebenden Arten regulieren die meisten Strahlenflosser ihren Auftrieb über eine Schwimmblase. Das erlaubt es ihnen, in einer bestimmten Tiefe zu bleiben und Auf- und Abtrieb über den Gasdruck zu regeln.

UNZÄHLIGE ANPASSUNGEN

Die überwiegende Mehrzahl der Fische gehört zu den Strahlenflossern – von winzigen Grundeln bis zum riesigen Mondfisch. Die Arten bewohnen nahezu jede ökologische Nische von tropischen Korallenriffen bis zum Meer unter dem Eis der Antarktis und von der Tiefsee bis zu seichten Wüstentümpeln. Pflanzen-, Fleisch- und Aasfresser sind hier gut vertreten und sie verfolgen viele Strategien der Nahrungssuche und Verteidigung bis hin zur Kooperation zwischen Arten.

SICHERHEIT IN DER MENGE

Die meisten Strahlenflosser geben Eier und Spermien ins Wasser ab, sodass die Befruchtung extern erfolgt. In manchen Fällen werden weniger Eier abgelegt und die Eltern betreiben Brutpflege. So schützen Brunnenbauer und einige Buntbarsche ihre Eier im Maul, wohingegen Stichlinge und manche Lippfische Nester aus Pflanzenteilen und organischen Resten bauen.

Die meisten Arten legen allerdings große Laichmengen ab. Die Millionen treibender Eier und Larven sind eine wichtige Nahrungsquelle für andere Wassertiere, doch die Überlebenden erweitern das Verbreitungsgebiet der Art. Diese Populationen sind gegenüber der Überfischung nicht so empfindlich, da ihre Zahl nach der Einstellung des Fangs wieder steigt. Wenn die Überfischung fortgesetzt wird, werden jedoch auch sich gut vermehrende Arten wie der Kabeljau verschwinden.

STAMM	CHORDATA
KLASSE	ACTINOPTERYGII
ORDNUNGEN	46
FAMILIEN	482
ARTEN	30033

Ein Pärchen Masken-Falterfische (*Chaetodon semilarvatus*) schwimmt gemeinsam durch sein Revier im Korallenriff.

STÖRE UND LÖFFELSTÖRE

Innerhalb der Ordnung Störartige (Acipenseriformes) findet man nur bei der Familie der Echten Störe marine Arten. Der Schädel und ein Teil des Stützskeletts der Flossen bestehen aus festen Knochen, doch der Rest vor allem aus biegsamem Knorpel. Wie bei den Haien ist der Schwanz asymmetrisch mit längerem oberem Lappen.

1,8 m

LÖFFELSTÖR
Polyodon spathula
F: Polyodontidae
Die nordamerikanische Art besitzt einen langen, löffelartigen Oberkiefer. Sie ist einer der wenigen Süßwasserfische, der sich von Plankton ernährt.

Knochenschuppen

flacher, knochiger Schädel

3,5 m

Die Barteln helfen bei der Beutesuche.

EUROPÄISCHER STÖR
Acipenser sturio
F: Acipenseridae
Die mit Reihen von Knochenplatten gepanzerte Art ist als Kaviarlieferant vom Aussterben bedroht. Sie bewohnt Küstengewässer und laicht in Flüssen ab.

KNOCHENHECHTE

Die Fische der Ordnung Knochenhechte (Lepisosteiformes) sind ursprüngliche nordamerikanische Süßwasser-Raubfische mit langen, zylindrischen Körpern, die von eng aneinander liegenden Schuppen geschützt werden. In den langen Kiefern sitzen nadelartige Zähne.

1,8 m

GEWÖHNLICHER KNOCHENHECHT
Lepisosteus osseus
F: Lepisosteidae
Dieser Räuber lauert seiner Beute, versteckt in der Vegetation, bewegungslos auf.

TARPUNE UND FRAUENFISCHE

Die Arten der kleinen Ordnung Tarpunartige (Elopiformes) sind silbrig, haben nur eine Rückenflosse und einen gegabelten Schwanz. Sie besitzen spezielle Knochen in der Kehle (Gularen). Obwohl sie Meeresfische sind, schwimmen sie auch Flüsse hinauf.

2,5 m

ATLANTISCHER TARPUN
Megalops atlanticus
F: Megalopidae
Der an den Küsten des Atlantiks lebende Tarpun dringt manchmal in Flüsse vor. In stehenden Gewässern nimmt er Luft von der Wasseroberfläche auf.

1 m

FRAUENFISCH
Elops saurus
F: Elopidae
Frauenfische leben in großen Schwärmen vor den westatlantischen Küsten und springen bei Gefahr über das Wasser.

KNOCHENZÜNGLER UND VERWANDTE

Arten der Ordnung Knochenzünglerartige (Osteoglossiformes) besitzen viele scharfe Zähne auf der Zunge und dem Gaumendach, die sie beim Ergreifen der Beute unterstützen. Diese Fische leben in Süßwasser, vor allem in den Tropen. Zu ihnen gehören viele Arten mit ungewöhnlichen Formen.

ARAPAIMA
Arapaima gigas
F: Arapaimidae
Der bis zu 200 kg schwere Arapaima aus Südamerika ist einer der größten Süßwasserfische. Die Flossen erleichtern das Zustoßen beim Beutefang.

ELEFANTENRÜSSELFISCH
Gnathonemus petersii
F: Mormyridae
Dieser afrikanische Fisch orientiert sich mit schwachen elektrischen Impulsen im trüben Wasser. Der lange Unterkiefer dient der Nahrungssuche.

TAUSENDDOLLAR-FISCH
Chitala ornata
F: Notopteridae
Dieser schmale Fisch stammt aus Südost-Asien. Er kann Luft schlucken und sie in der Schwimmblase veratmen.

AALE UND VERWANDTE

Die Arten der Ordnung Aalartige (Anguilliformes) besitzen schlangenähnliche Körper mit glatter Haut, in der die Schuppen entweder fehlen oder tief eingebettet sind. Oft umgibt ein langer Flossensaum Rücken, Schwanz und Bauch. Die Arten kommen in Süß- und Meerwasser vor.

1,5 m

ZEBRAMURÄNE
Gymnomuraena zebra
F: Muraenidae
Diese tropische Muräne besitzt dichte Pflasterzähne, um Krabben, Mollusken und Seeigel fressen zu können.

lange Rückenflosse

60 cm

große Kiefer

gefleckte Tarnfärbung

LEOPARDENMURÄNE
Muraena lentiginosa
F: Muraenidae
Die Muräne, die Korallenriffe im Ostpazifik bewohnt, öffnet und schließt bei der Atmung das Maul rhythmisch.

OHRFLECK-RÖHRENAAL
Heteroconger hassi
F: Congridae
In sandigen Flächen in der Nähe von Korallenriffen leben ganze Kolonien dieser Aale. Ihre Hinterleiber stecken in Röhren, in die sie sich bei Störungen blitzschnell zurückziehen.

40 cm

MEERAAL
Conger conger
F: Congridae
Dieser Aal des Nordatlantiks und des Mittelmeers ist oft in Schiffswracks zu finden. Er versteckt sich tagsüber in Spalten und jagt nachts andere Fische.

dicker Körper

3 m

glatte Haut

1,3 m

GEISTERMURÄNE
Rhinomuraena quaesita
F: Muraenidae
Aus jungen Geistermuränen, die schwarz mit gelben Flossen sind, wachsen blaue Männchen heran, die später das Geschlecht wechseln und zu gelben Weibchen werden. Sie leben im Indischen und Westpazifischen Ozean.

RINGEL-SCHLANGENAAL
Myrichthys colubrinus
F: Ophichthidae
Der einer giftigen Seeschlange ähnliche, harmlose Aal des Indiks und des Westpazifiks wird von Raubfischen gemieden. Er lebt in Röhren im Sand und frisst kleine Fische.

97 cm

EUROPÄISCHER AAL
Anguilla anguilla
F: Anguillidae
Den größten Teil seines Lebens verbringt der gefährdete Aal im Süßwasser. Er durchquert zum Laichen den Atlantik bis zur Sargassosee, wo er schließlich stirbt.

1,3 m

PELIKAN-AALE UND VERWANDTE

Die in der Tiefsee lebenden Arten der Ordnung Saccopharyngiformes besitzen weder Schwanz- und Bauchflossen noch Schuppen. Ihnen fehlen die Rippen und ihre Kiefer lassen sich sehr weit öffnen. Man nimmt an, dass sie wie echte Aale einmal ablaichen und dann sterben.

1 m

langer, peitschenähnlicher Schwanz

locker aufgehängte Kiefer

PELIKAN-AAL
Eurypharynx pelecanoides
F: Eurypharyngidae
Dieser aalähnliche Tiefseefisch hat riesige Kiefer und einen dehnbaren Magen, sodass er Beute verschlingen kann, die fast so groß wie er selbst ist.

SANDFISCHE UND VERWANDTE

Mit zwei Ausnahmen, zu denen der Milchfisch gehört, leben die Sandfischartigen (Gonorynchiformes) im Süßwasser. Ihre Bauchflossen sitzen weit hinten am Körper.

MILCHFISCH
Chanos chanos
F: Chanidae
Der schnelle Schwimmer hat eine tief gegabelte Schwanzflosse und frisst Plankton. Er wird in Südost-Asien auch gezüchtet.

GREYS SANDFISCH
Gonorynchus greyi
F: Gonorynchidae
Der bei Neuseeland und Australien vorkommende Fisch taucht bei Gefahr in den Sand ein.

HERINGE UND VERWANDTE

Viele Arten der überwiegend marinen Ordnung Heringsartige (Clupeiformes) sind für die Fischerei wichtig. Die Fische besitzen lockere Schuppen, eine Rückenflosse, eine gegabelte Schwanzflosse und einen kielförmigen Bauch. Die meisten Arten leben in großen Schwärmen.

SÜDAMERIKANISCHE SARDELLE
Engraulis ringens
F: Engraulidae
Dieser Planktonfresser lebt in riesigen Schwärmen vor der südamerikanischen Westküste, wo er als Nahrung für Menschen, Pelikane und große Fische wichtig ist.

MAIFISCH
Alosa alosa
F: Clupeidae
Im Frühjahr wandern die Maifische aus dem Meer in europäische Flüsse, um zu laichen. Manchmal legen sie dazu große Entfernungen zurück.

ATLANTISCHER HERING
Clupea harengus
F: Clupeidae
Dieser silbern geschuppte Fisch sucht in großen Schwärmen nach Plankton. In Nordost-Atlantik und Nordsee leben unterschiedliche Populationen.

KARPFENFISCHE

Mit über 3000 Arten sind die Karpfenfische (Cypriniformes) eine der größten Süßwasserfisch-Ordnungen weltweit. Sie haben meist eine typische Fischgestalt mit nur einer Rückenflosse. Die Zähne befinden sich im Schlund und nicht auf den Kiefern. Zu ihnen gehören viele bekannte Aquarienfische wie Schmerlen, Barben und Bärblinge.

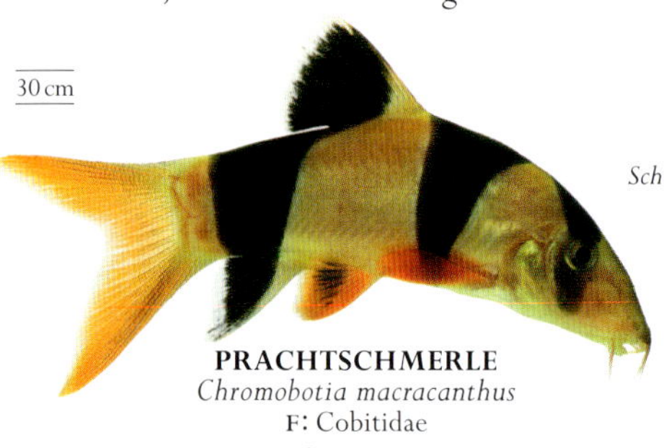

PRACHTSCHMERLE
Chromobotia macracanthus
F: Cobitidae
Diese aus Südost-Asien stammende Schmerle sucht ihre Nahrung am Grund. Sie kann sich mit Dornen an den Augen verteidigen.

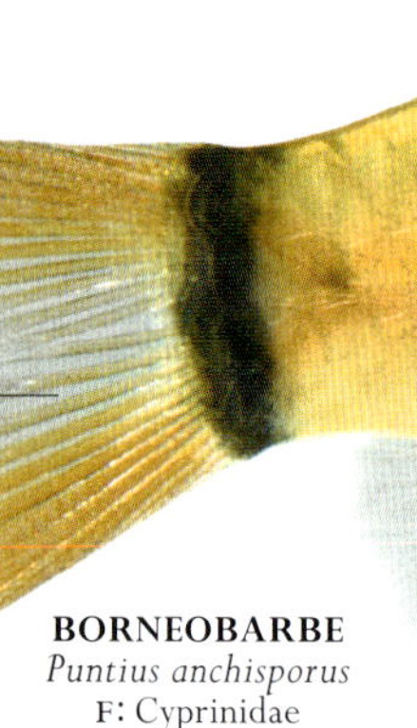

BORNEOBARBE
Puntius anchisporus
F: Cyprinidae
Der bekannte Aquarienfisch wird meist als Sumatrabarbe bezeichnet. Die Sumatrabarbe (*P. tetrazona*) ist jedoch wohl noch nie eingeführt worden.

BITTERLING
Rhodeus amarus
F: Cyprinidae
Dieser europäische Fisch legt seine Eier in die Mantelhöhle einer Muschel, in der die Larven schlüpfen.

GRASKARPFEN
Ctenopharyngodon idella
F: Cyprinidae
Die aus Asien stammende Art frisst Wasserpflanzen und ist in Europa und den USA eingeführt worden, um Entwässerungskanäle frei von Pflanzen zu halten.

GOLDFISCH
Carassius gibelio
F: Cyprinidae
Der vom eurasischen Giebel abstammende Goldfisch ist als Zuchtform weltweit verbreitet. Es gibt viele verschiedene Varianten.

KARPFEN
Cyprinus carpio
F: Cyprinidae
Mit seinem vorstreckbaren Maul und seinen Barteln findet der Karpfen seine Nahrung im Schlamm des Bodengrunds. Der heute weltweit vorkommende Fisch stammt aus Asien.

ZEBRABÄRBLING
Danio rerio
F: Cyprinidae
Dieser muntere kleine Fisch der südasiatischen Seen vermehrt sich schnell. Er wird in Aquarien und Laboratorien gezüchtet.

SALMLER

Diese mit gut ausgebildeten Zähnen ausgestatteten Süßwasserfische sind überwiegend Fleischfresser. Neben der Rückenflosse besitzen die meisten Arten eine kleine Fettflosse in der Nähe des Schwanzes. Unter den 18 Familien der Ordnung Salmler (Characiformes) sind die Piranhas die bekanntesten Raubfische.

12 cm

BLINDER HÖHLENSALMLER
Astyanax mexicanus
F: Characidae
Während die normale Form dieses Salmlers in Bächen lebt und sehen kann, ist die aquaristisch bekannte Höhlenform blind.

Fettflosse

dunkelgrauer Kopf

33 cm

Flecke auf dem Körper

bei erwachsenen Tieren roter Bauch

ROTER PIRANHA
Pygocentrus nattereri
F: Characidae
Diese aus südamerikanischen Flüssen stammenden Salmler ernähren sich von Wirbellosen und Fischen, können in Schwärmen aber auch größere Säugetiere töten.

6,5 cm

SILBER-BEILBAUCHFISCH
Gasteropelecus sternicla
F: Gasteropelecidae
Die großen Brustmuskeln dieses südamerikanischen Insektenfressers erlauben ihm kurze Flüge über die Wasseroberfläche.

1 m

TIGERSALMLER
Hydrocynus vittatus
F: Alestidae
Dieser afrikanische Raubfisch hat lange Zähne und kann Fische fressen, die halb so lang wie er selbst sind.

40 cm

LANGSCHNAUZEN-DISTICHODUS
Distichodus lusosso
F: Distichodontidae
Anders als die verwandten Piranhas sind diese äquatorialafrikanischen Fische Pflanzenfresser.

WELSE

Diese überwiegend im Süßwasser lebenden Fische haben meist einen gestreckten Körper und viele Barteln. Die meisten Arten der Ordnung Welse (Siluriformes) besitzen wie die Salmler eine Fettflosse in der Nähe des Schwanzes.

32 cm

GESTREIFTER KORALLENWELS
Plotosus lineatus
F: Plotosidae
Jungtiere dieses tropischen Meeresfischs bilden zu ihrem Schutz kugelförmige Schwärme. Die einzeln lebenden, erwachsenen Tiere verteidigen sich mit ihren giftigen Flossenstrahlen.

1 m

TIGERSPATELWELS
Pseudoplatystoma fasciatum
F: Pimelodidae
Die langen Barteln helfen diesem südamerikanischen Fisch, seine Nahrung zu finden, wenn er nachts über dem Grund kleine Fische jagt.

5 m

FLUSSWELS
Silurus glanis
F: Siluridae
Der in Mitteleuropa und Asien lebende Wels kann über 300 kg Gewicht erreichen, doch durch die starke Befischung gibt es keine Welse dieser Größe mehr.

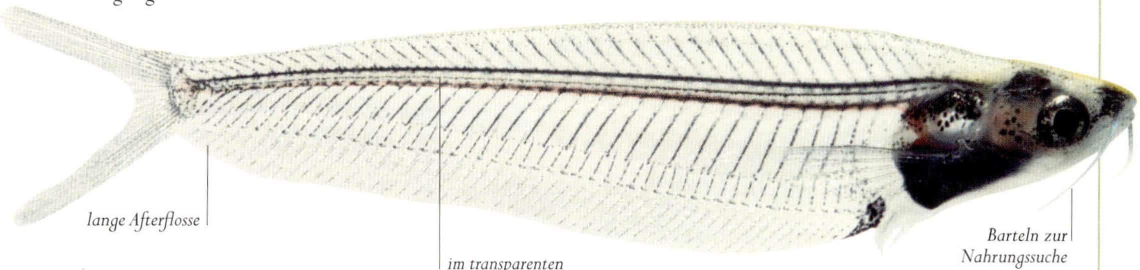

lange Afterflosse

im transparenten Körper sichtbare Wirbelsäule

Barteln zur Nahrungssuche

52 cm

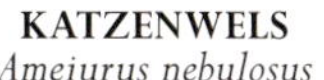

KATZENWELS
Ameiurus nebulosus
F: Ictaluridae
Dieser nordamerikanische Wels kann sich bei der Brutpflege mit seinen giftigen Flossenstrahlen verteidigen.

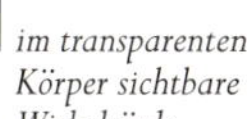

15 cm

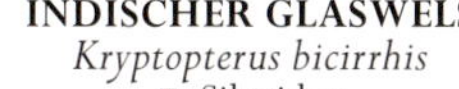

INDISCHER GLASWELS
Kryptopterus bicirrhis
F: Siluridae
Dieser südostasiatische Fisch steht oft bewegungslos im Wasser und ist dann nahezu unsichtbar.

LACHSFISCHE

Zu den Süß- und Meerwasserfischen der Ordnung Lachsartige (Salmoniformes) gehören viele anadrome Arten, die vom Meer zum Laichen ins Süßwasser wandern. Die kräftigen Fische besitzen eine große Schwanzflosse, eine einzelne Rückenflosse und eine viel kleinere Fettflosse.

ROTLACHS
Oncorhynchus nerka
F: Salmonidae

Dieser Fisch wandert zum Laichen aus dem Nordpazifik in asiatische und nordamerikanische Seen. Zu dieser Zeit färben sich beide Geschlechter rot und die Kiefer der Männchen bekommen einen Haken.

AMERIKANISCHE KLEINE MARÄNE
Coregonus artedi
F: Salmonidae

Der in Nordamerika verbreitete Schwarmfisch ernährt sich von Plankton und Wirbellosen.

1 m

SEESAIBLING
Salvelinus alpinus
F: Salmonidae

Dieser Fisch benötigt sauberes kaltes Wasser. Er lebt in hoch gelegenen Seen oder wandert vom Meer in die Flüsse ein.

1,2 m

REGENBOGENFORELLE
Oncorhynchus mykiss
F: Salmonidae

Die aus Nordamerika stammende Art ist als Nutzfisch und zum Angeln weltweit in Süßgewässern ausgesetzt worden.

HECHTE UND VERWANDTE

Die in den kühlen Süßgewässern der nördlichen Hemisphäre heimischen Arten der Ordnung Hechtartige (Esociformes) sind schnell und gewandt. Die Rücken- und die Afterflosse sitzen zur schnellen Beschleunigung sehr weit hinten.

weit hinten sitzende Rückenflosse

typische Zeichnung

EUROPÄISCHER HUNDSFISCH
Umbra krameri
F: Umbridae

Dieser Fisch ist selten geworden, da die kleinen Gräben und Kanäle in seiner Heimat, den Einzugsbereichen von Donau und Dnjestr, verschwinden.

EIDECHSENFISCHE UND VERWANDTE

Die Arten der Ordnung Eidechsenfischverwandte (Aulopiformes) bewohnen Küstengewässer und die Tiefsee. Mit ihren großen Mäulern können sie auch große Beutetiere bewältigen. Sie besitzen eine einzige Rücken- und eine kleinere Fettflosse.

RIFF-EIDECHSENFISCH
Synodus variegatus
F: Synodontidae

Dieser Bewohner der tropischen Riffe des Indiks und des Pazifiks ruht bewegungslos auf Korallen und schießt nur vor, um Fische zu erbeuten.

BUMMALO
Harpadon nehereus
F: Synodontidae

Während der indopazifischen Regenzeit versammeln sich Bummalo-Schwärme an Flussmündungen, um nach Nahrung zu suchen.

verlängerte Brustflossen

37 cm

verlängerte Bauchflossen

NETZAUGENFISCH
Bathypterois longifilis
F: Ipnopidae

Dieser weltweit verbreitete Fisch sitzt auf dem Tiefseeboden und erbeutet seine Nahrung mithilfe der fadenartig verlängerten Brustflossen.

LATERNENFISCHE

Die Arten der Ordnung Laternenfische (Myctophiformes) sind kleine, schlanke Fische mit vielen Photophoren (Leuchtorganen). Damit verständigen sie sich in ihren dunklen Lebensräumen in der Tiefsee. Sie haben große Augen, viele steigen nachts zum Fressen zur Oberfläche auf.

GEPUNKTETER LATERNENFISCH
Myctophum punctatum
F: Myctophidae

Der in den Tiefen des Atlantiks lebende Fisch benutzt seine auffälligen Leuchtorgane oder Photophoren, um Signale an Artgenosse auszusenden.

MAULSTACHLER

Die Mehrzahl dieser Tiefseefische besitzt Photophoren, die sie zur Jagd, zur Tarnung und zur Partnersuche einsetzen können. Die meisten Arten der Ordnung Maulstachler (Stomiiformes) sind furchterregend aussehende Räuber mit großen Zähnen und manchmal einer langen Kinnbartel.

langer, schlanker Körper

35 cm

24 cm

SCHWARZER DRACHENFISCH
Malacosteus niger
F: Stomiidae

Die weltweit in gemäßigten, tropischen und subtropischen Meeren lebenden Fische strahlen rotes Licht aus, das ihre Garnelenbeute nicht sehen kann.

SLOANES VIPERFISCH
Chauliodus sloani
F: Stomiidae

Dieser Fisch hat transparente Fangzähne, die aus dem geschlossenen Maul ragen. Seine Photophoren strahlen in den Tiefen tropischer und subtropischer Ozeane Licht ab.

silbriger Körper

große Augen

7 cm

SILBERPFEIL
Argyropelecus affinis
F: Sternoptychidae

Der silbrige, schmale Körper dieses Fischs hilft ihm, sich vor seinen Feinden zu verstecken. Er lebt in gemäßigten, tropischen und subtropischen Gewässern.

entenschnabelähnliches Maul

99 cm

KETTENHECHT
Esox niger
F: Esocidae

Bei der Jagd steht dieser nordamerikanische Fisch mithilfe vorsichtiger Flossenbewegungen auf der Stelle, bevor er blitzschnell zustößt.

NEUWELT-MESSERFISCHE

Sie besitzen schmale, gestreckte Körper und eine lange Afterflosse, mit der sie vorwärts und rückwärts schwimmen können. Der lange, drehrunde Körper des Zitteraals bildet eine Ausnahme. Die Arten der Ordnung Neuwelt-Messerfische (Gymnotiformes) leben im Süßwasser und können elektrische Spannungen erzeugen.

60 cm

2,5 m

ZITTERAAL
Electrophorus electricus
F: Gymnotidae

Dieser große südamerikanische Fisch kann elektrische Schläge von bis zu 600 V abgeben – genug, um Fische zu töten und Menschen zu betäuben.

GEBÄNDERTER MESSERFISCH
Gymnotus carapo
F: Gymnotidae

Der in trüben mittel- und südamerikanischen Gewässern lebende Fisch orientiert sich mit elektrischen Impulsen.

STINTARTIGE

Stinte ähneln kleinen Lachsen und tragen meistens ebenfalls eine Fettflosse zwischen Rücken- und Schwanzflosse. Manche Arten der Ordnung Stintartige (Osmeriformes) wie der Europäische Stint riechen nach frischen Gurken.

10 cm

HOCHGUCKER
Opisthoproctus soleatus
F: Opisthoproctidae

Die weltweit im Dunkel der Meere lebende Art hat nach oben gerichtete Augen, mit denen sie das einfallende Licht optimal nutzen kann.

25 cm

LODDE
Mallotus villosus
F: Osmeridae

Der in der Arktis und angrenzenden Gewässern lebende Fisch bildet große Schwärme, die eine wichtige Nahrungsquelle für Seevögel sind. Von seinen Beständen hängt der Bruterfolg der Vögel ab.

GLANZFISCHARTIGE

Die 18 Arten der marinen Ordnung Glanzfischartige (Lampridiformes) sind Hochseebewohner. Erwachsene Tiere besitzen meist dunkelrote Flossen. Viele Arten haben stark verlängerte Strahlen der Rückenflosse. Die meisten Arten sind selten zu beobachtende Wanderer der Meere.

Krone aus verlängerten Flossenstrahlen

RIEMENFISCH
Regalecus glesne
F: Regalecidae

Dieser längste Knochenfisch der Welt ist der Ursprung vieler Sagen über Seeschlangen. Er lebt weltweit in tropischen, subtropischen und gemäßigten Gewässern.

JUNGTIER

11 m

Brustflosse

2 m

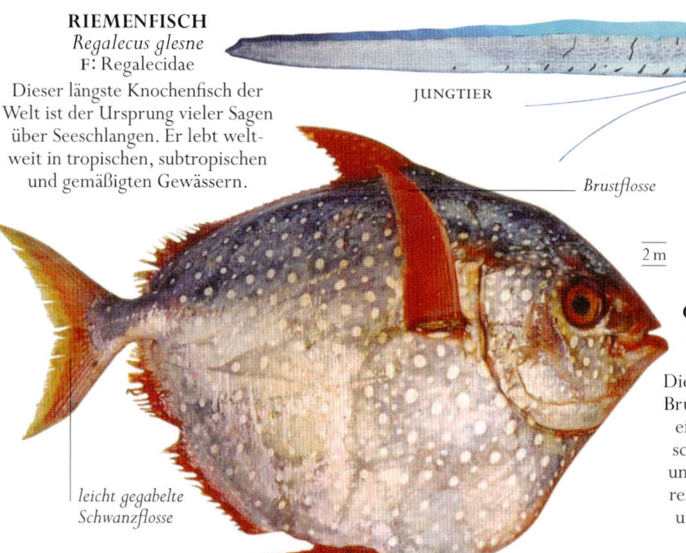

leicht gegabelte Schwanzflosse

GOTTESLACHS
Lampris guttatus
F: Lampridae

Dieser Fisch setzt seine Brustflossen wie Flügel ein. Er lebt in tropischen, subtropischen und gemäßigten Meeren. Er frisst Kalmare und kleinere Fische.

ARMFLOSSER

Zu den etwa 300 Arten der Ordnung Armflosser (Lophiiformes) gehören einige der bizarrsten Meeresfische. Ein modifizierter Flossenstrahl auf dem Kopf dient als Angel und lockt die Beute vor das riesige Maul. Bei Tiefsee-Arten leuchtet diese Angel sogar.

20 cm

ROTLIPPEN-SEE-FLEDERMAUS
Ogcocephalus darwini
F: Ogcocephalidae
Dieser Fisch stützt sich auf seine paarigen Brust- und Bauchflossen und bewegt sich so auf der Nahrungssuche fort.

22 cm

SEEKRÖTE
Chaunax endeavouri
F: Chaunacidae
Diese Fische liegen auf schlammigem Grund im Südwest-Pazifik und lauern kleinen Fischen auf.

2 m

SEETEUFEL
Lophius piscatorius
F: Lophiidae
Die das Maul umgebenden algenähnlichen Fransen tarnen diesen nordostatlantischen Fisch. Er kann blitzschnell zustoßen.

11,5 cm

FÄCHERFLOSSEN-ANGLERFISCH
Caulophryne jordani
F: Caulophrynidae
In der dunklen Tiefsee ist die Partnersuche schwierig. Das winzige Männchen heftet sich daher permanent an das Weibchen.

20 cm

WARZEN-ANGLERFISCH
Antennarius maculatus
F: Antennariidae
Der gut getarnte Warzen-Anglerfisch klettert mit seinen beinähnlichen Brustflossen über die Korallenriffe.

20 cm

SARGASSUM-ANGLERFISCH
Histrio histrio
F: Antennariidae
Während die meisten Anglerfische auf dem Meeresgrund leben, versteckt sich dieser zwischen treibenden *Sargassum*-Algen.

der Tarnung dienende Hautlappen

große, zum Klettern geeignete Brustflossen

DORSCHE UND VERWANDTE

Zur Ordnung Dorschartige (Gadiformes) gehören viele kommerziell wichtige Meeresfische. Die meisten besitzen zwei bis drei Rückenflossen und viele eine Kinnbartel. Grenadierfische leben in der Tiefsee und fallen durch ihren langen, dünnen Schwanz auf.

2 m

Kinnbartel

KABELJAU
Gadus morhua
F: Gadidae
Die Überfischung hat das Durchschnittsgewicht des Kabeljaus von über 90 kg in früheren Zeiten auf 11 kg in der Gegenwart reduziert.

91 cm

PAZIFISCHER POLLACK
Theragra chalcogramma
F: Gadidae
Durch die fehlende Kinnbartel und den vorspringenden Unterkiefer lässt sich dieser Fisch vom Kabeljau unterscheiden. Er lebt in arktischen Gewässern.

50 cm

farbig gesäumte Schwanzflosse

MITTELMEER-QUAPPE
Gaidropsarus mediterraneus
F: Lotidae
Die mit drei Barteln am Maul ausgestattete aalähnliche Quappe sucht ihre Nahrung in den Gezeitentümpeln des Nordost-Atlantiks.

1,2 m

QUAPPE
Lota lota
F: Lotidae
Anders als die meisten ihrer Verwandten lebt die Quappe im Süßwasser. Sie bewohnt tiefe Seen und Flüsse auf der nördlichen Hemisphäre.

1 m

PAZIFISCHER GRENADIER
Coryphaenoides acrolepis
F: Macrouridae
Wegen des langen, schuppigen Schwanzes wird dieser verbreitete Tiefseefisch auch als Pazifischer Rattenschwanz bezeichnet.

EINGEWEIDEFISCHE

Die meisten Arten der Ordnung Eingeweidefische (Ophidiiformes) leben als aalähnliche Fische im Meer. Sie besitzen schmale Bauch- sowie lange Rücken- und Afterflossen.

21 cm

EINGEWEIDEFISCH
Carapus acus
F: Carapidae
Erwachsene Fische dringen mit dem Schwanz voran durch den After in eine Seegurke ein, die sie nachts zum Fressen verlassen.

MEERÄSCHEN

Meeräschen sind silbrige gestreifte Fische mit zwei voneinander getrennten Rückenflossen, von denen die erste Hart- und die zweite Weichstrahlen enthält. Die Arten der Ordnung Meeräschen (Mugiliformes) sind weltweit verbreitet und ernähren sich von Algen und Detritus.

75 cm

GOLD-MEERÄSCHE
Liza aurata
F: Mugilidae
Häfen, Flussmündungen und Küstengewässer des Nordost-Atlantiks zählen zu den Lebensräumen dieser Meeräsche, die oft in Schwärmen auftritt.

FROSCHFISCHE

Frosch- oder Krötenfische sind von breiter und flacher Gestalt, mit breitem Maul und oben auf dem Kopf gelegenen Augen. Von den beiden Rückenflossen ist die erste kurz und stachlig, die zweite lang und weich. Viele Arten der Ordnung Froschfischartige (Batrachoidiformes), besonders die Bootsmannfische, sind dafür bekannt, mit ihren Schwimmblasen Töne erzeugen zu können.

KORALLEN-KRÖTENFISCH
Sanopus splendidus
F: Batrachoididae
Diesen seltenen Krötenfisch findet man nur in den Riffen, die eine einzige Insel vor der mexikanischen Küste umgeben. Er versteckt sich unter Korallen und in Spalten.

NÖRDLICHER BOOTSMANNFISCH
Porichthys notatus
F: Batrachoididae
Die an den Felsenküsten der nordamerikanischen Westküste lebenden Fische können bei Ebbe auch Luft atmen.

ÄHRENFISCHARTIGE

Diese schlanken, silbrigen Fische leben oft in großen Schwärmen. Die Ordnung Ährenfischartige (Atheriniformes) umfasst über 300 Arten, die Lebensräume im Meeres- wie im Süßwasser besiedeln. Die meisten haben zwei Rückenflossen, von denen die erste aus Weichstrahlen besteht, und eine einzige Afterflosse.

4 cm

PRACHT-REGENBOGENFISCH
Iriatherina werneri
F: Melanotaeniidae
Männchen dieser Art präsentieren ihre langen Flossen bei der Balz. Die Fische leben auf Neuguinea und in Nordaustralien in verkrauteten Süßgewässern.

19 cm

GRUNION
Leuresthes tenuis
F: Atherinopsidae
Beim Laichen riskieren diese Fische an Land gespült zu werden, da sie ihre Eier während einer Springflut am Strand ablegen.

HORNHECHTARTIGE

Mit ihren langen, dünnen Körpern und den lang ausgezogenen Kiefern sind diese silbrigen Fische auf dem offenen Meer gut getarnt. Auch die Fliegenden Fische mit ihren langen, paarigen Brust- und Bauchflossen gehören zur Ordnung Hornhechtartige (Beloniformes).

93 cm

HORNHECHT
Belone belone
F: Belonidae
Der Hornhecht bleibt nahe der Wasseroberfläche des Nordost-Atlantiks und jagt kleine Fische, vor allem aus der Familie der Heringe.

ATLANTISCHER KINNBARTEL-FLUGFISCH
Cheilopogon heterurus
F: Exocoetidae
Wird dieser Fisch aufgeschreckt, springt er aus dem Wasser und fliegt kurze Strecken mit ausgestreckten Flossen.

ZAHNKÄRPFLINGE

Die meisten Arten der Ordnung Zahnkärpflinge (Cyprinodontiformes) sind kleine Süßwasserfische mit einer einzigen Rücken- und einer großen Schwanzflosse. Unter ihren zehn Familien ist die der Lebendgebärenden Zahnkarpfen vielleicht die bekannteste, da zu ihr viele beliebte Aquarienfische wie Guppys und Schwertträger gehören.

7 cm

für die Balz wichtiger Schwanz

AMIETS PRACHTKÄRPFLING
Fundulopanchax amieti
F: Nothobranchiidae
Dieser kleine Fisch lebt in den Regenwaldbächen Kameruns in Afrika. Es gibt viele mit ihm verwandte Arten, die man als Killifische bezeichnet.

VIERAUGENFISCH
Anableps anableps
F: Anablepidae
Die Augen dieses südamerikanischen Fischs sind geteilt, sodass er sowohl über als auch unter Wasser klar sehen kann.

32 cm

7,5 cm

FLORIDAKÄRPFLING
Jordanella floridae
F: Cyprinodontidae
Sümpfe und Bäche in Florida sind die Heimat dieses friedlichen Fischs. Das Männchen balzt vor dem Weibchen und bewacht den Laich.

SCHWARZER FÄCHERFISCH
Austrolebias nigripinnis
F: Rivulidae
Subtropische südamerikanische Flüsse sind die Heimat dieser Art sowie der übrigen Mitglieder dieser Familie.

7 cm

5 cm

BREITFLOSSEN-KÄRPFLING
Poecilia latipinna
F: Poeciliidae
Die Rückenflosse des lebendgebärenden nordamerikanischen Fischs wird bei der Balz präsentiert.

SCHLEIMKOPFARTIGE

Diese Meeresfische sind hochrückig, haben große Schuppen, einen gegabelten Schwanz und spitze Flossenstrahlen. Die meisten Arten der Ordnung Schleimkopfartige (Beryciformes) sind nachtaktiv und häufig rot gefärbt, da der rote Spektralbereich im Wasser mit zunehmender Tiefe zuerst ausgelöscht wird. Ab einer bestimmten Tiefe wirken die Fische also schwarz.

DIADEM-HUSARENFISCH
Sargocentron diadema
F: Holocentridae
Neben diesem Husarenfisch gibt es viele ähnliche Arten in tropischen Meeren. Am Tag verstecken sie sich in Spalten.

17 cm

TANNENZAPFENFISCH
Cleidopus gloriamaris
F: Monocentridae
Nur wenige Räuber werden einen derartigen Fisch angreifen, der mit dicken Schuppen gepanzert ist. Seine Färbung warnt davor, dass er ungenießbar ist.

22 cm

12 cm

KLEINER LATERNENFISCH
Photoblepharon palpebratum
F: Anomalopidae
Nachts sendet dieser Fisch mit den Leuchtorganen unter den Augen Lichtsignale aus. Eine Membran kann die Lichtquelle abdecken und Blitzlichteffekte erzeugen.

FANGZAHNFISCH
Anoplogaster cornuta
F: Anoplogastridae
Die langen Zähne dieses Tiefseebewohners verhindern ein Entkommen der Beute, die unzerteilt geschluckt wird.

18 cm

75 cm

GRANATBARSCH
Hoplostethus atlanticus
F: Trachichthyidae
Dies ist einer der langlebigsten und am langsamsten wachsenden Fische. Er kann mindestens 150 Jahre alt werden.

PETERSFISCHARTIGE

Die 42 zur Ordnung Petersfischartige (Zeiformes) gehörenden Arten leben im Meer und sind hochrückige, aber schmale Fische mit langen Rücken- und Afterflossen. Petersfische haben vorstreckbare Kiefer, die sie bei der Jagd einsetzen. Sie fressen verschiedene kleine Fische.

vorstreckbarer Kiefer

90 cm

PETERSFISCH
Zeus faber
F: Zeidae
Von vorn ist dieser extrem schmale Fisch kaum zu sehen, sodass er sich leicht an seine Beute anschleichen kann.

STICHLINGSARTIGE

Die meisten Stichlingsartigen leben im stehenden oder langsam fließenden Süßwasser, doch gibt es auch Arten, die ins Meerwasser vordringen. Der lange, steife Körper der Stichlinge wird an den Seiten durch Knochenplatten und auf dem Rücken durch spitze Stacheln geschützt.

SCHILDBÄUCHE UND VERWANDTE

Sie sind kleine, überwiegend marine Bodenbewohner. Die meisten Arten der Ordnung Schildbäuche (Gobiesociformes) besitzen einen aus den Brustflossen entstandenen Saugnapf, mit dem sie sich an Felsen anheften können. Ihre Augen sitzen oben auf dem Kopf, und sie haben eine Rückenflosse.

DREISTACHLIGER STICHLING
Gasterosteus aculeatus
F: Gasterosteidae
Dieser kleine Fisch ist im Süßwasser und im küstennahen Meerwasser weit verbreitet. Die Männchen führen einen komplizierten Balztanz auf.

KLEINER FLÜGELROSSFISCH
Eurypegasus draconis
F: Pegasidae
Anders als die übrigen Seenadelartigen ist dieser Fisch flach und hat große Brustflossen.

CONNEMARA-SCHILDBAUCH
Lepadogaster candolii
F: Gobiesocidae
Der in den felsigen Untiefen des Nordost-Atlantiks lebende, kleine Fisch ist starken Wellen ausgesetzt, kann sich jedoch sehr gut festsaugen.

SEENADELARTIGE

Die Seepferdchen und die übrigen Fische der Ordnung Seenadelartige (Syngnathiformes) sind von einem Knochenpanzer geschützt, der ihre Körper versteift. Die Gruppe umfasst sowohl Meer- als auch Süßwasser-Arten. Seepferdchen besitzen ein kleines Maul am Ende einer röhrenförmigen Schnauze, mit dem sie winzige planktonische Krebstierchen einsaugen.

ROBUSTER GEISTERPFEIFENFISCH
Solenostomus cyanopterus
F: Solenostomidae
Die großen Brustflossen ermöglichen es dem Geisterpfeifenfisch, auf der Jagd nach winzigen Wirbellosen langsam zwischen Seegras und Algen dahinzutreiben.

ÄSTUAR-SEEPFERDCHEN
Hippocampus kuda
F: Syngnathidae
Wie bei allen Seepferdchen besitzt das Männchen eine Bauchtasche, in dem es die vom Weibchen abgelaichten Eier bis zum Schlupf der Jungen trägt.

SEEDRACHE
Phyllopteryx taeniolatus
F: Syngnathidae
Dieser bizarre australische Fisch verbirgt sich zwischen den Algen der Felsenriffe, wo er mit seinen Hautlappen sehr gut getarnt ist.

SCHNEPFEN-MESSERFISCH
Aeoliscus strigatus
F: Centriscidae
Diese Fische können sich mit dem Kopf nach unten zwischen Seeigelstacheln verstecken und schwimmen immer in dieser Position. Die Art stammt aus dem Indopazifik.

GEBÄNDERTE SEENADEL
Doryrhamphus dactyliophorus
F: Syngnathidae
Der lange, dünne Körper dieses Korallenriffbewohners ist für Seenadeln typisch. Sie leben unter und zwischen Korallen und Felsen.

PAZIFISCHER TROMPETENFISCH
Aulostomus chinensis
F: Aulostomidae
Trompetenfische folgen oft Muränen, um Fische zu erbeuten, die jene aufgescheucht haben.

KIEMENSCHLITZAALE UND VERWANDTE

Diese Süßwasserfische haben einen aalähnlichen Körper, jedoch keine Brustflossen. Einige der Arten der Ordnung Kiemenschlitzaalartige (Synbranchiformes) können auch in Brackwasser leben.

ROTSTREIFEN-STACHELAAL
Mastacembelus erythrotaenia
F: Mastacembelidae
Der in südostasiatischen Überschwemmungsgebieten und Flüssen lebende Fisch frisst Insektenlarven und Würmer.

1 m

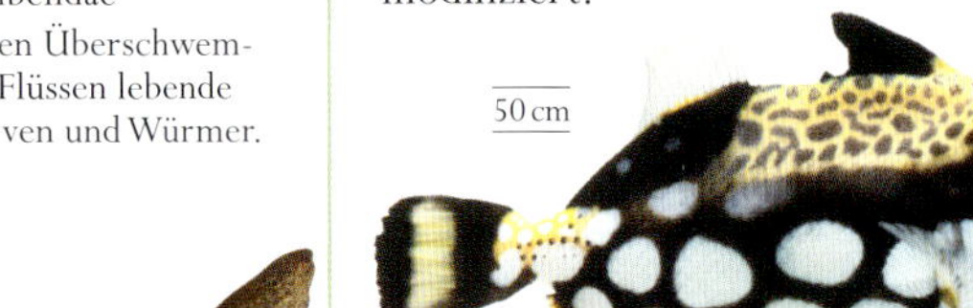

MARMORIERTER KIEMENSCHLITZAAL
Synbranchus marmoratus
F: Synbranchidae
Der fast flossenlose, mittel- und südamerikanische Fisch kann auch Luft atmen und auf diese Weise überleben.

1,5 m

PLATTFISCHE

Die Arten der Ordnung Plattfische (Pleuronectiformes) beginnen ihr Leben als normal gestaltete Fische, doch während des Heranwachsens plattet sich der Körper ab und ein Auge wandert auf die andere Seite.

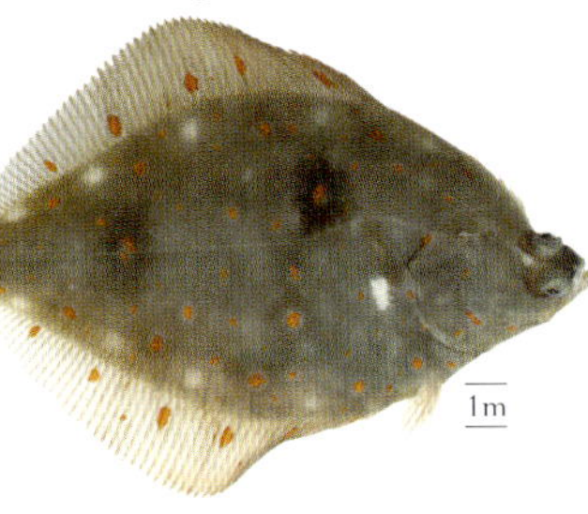

1 m

SCHOLLE
Pleuronectes platessa
F: Pleuronectidae
Dieser kommerziell wichtige nordatlantische Plattfisch liegt mit der rechten Seite nach oben auf dem Meeresgrund. Nachts schwimmt er zur Nahrungssuche umher.

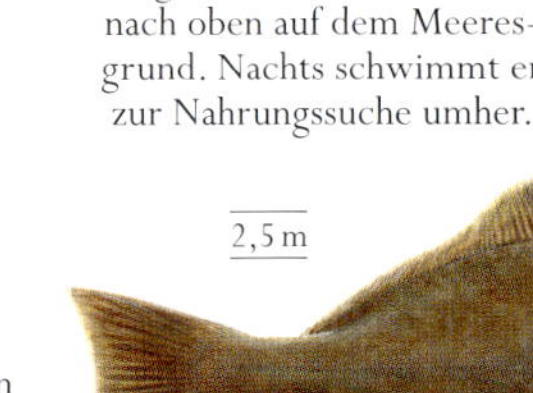

2,5 m

HEILBUTT
Hippoglossus hippoglossus
F: Pleuronectidae
Der Heilbutt ist einer der größten Plattfische. Er liegt auf der linken Seite und die rechte weist nach oben.

70 cm

SEEZUNGE
Solea solea
F: Soleidae
Obwohl Seezungen bis zu 30 Jahre alt werden können, überleben sie als gefragte Speisefische selten so lang.

Die Oberseite ist die linke Seite des Fischs.

Das rechte Auge ist nach oben gewandert.

STEINBUTT
Psetta maxima
F: Scophthalmidae
Da der Steinbutt seine Färbung der des Meeresgrunds anpassen kann, kann er oft Raubfischen entgehen. Er lebt im Nordatlantik.

1 m

KUGELFISCHE UND VERWANDTE

Zu dieser vielfältigen Gruppe von Meer- und Süßwasserfischen gehören der riesige Mondfisch und die giftigen Kugelfische. Anstelle normaler Zähne besitzen die Arten der Ordnung Kugelfischverwandte (Tetraodontiformes) miteinander verschmolzene Zahnschneiden oder große Einzelzähne. Die Schuppen sind zu schützenden Platten oder Stacheln modifiziert.

50 cm

LEOPARD-DRÜCKERFISCH
Balistoides conspicillum
F: Balistidae
Dieser bunt gefärbte Korallenfisch kann sich in Spalten festklemmen, indem er den ersten Rückenflossenstrahl aufstellt und arretiert.

großer Schwanz

25 cm

WEISSPUNKT-KOFFERFISCH
Ostracion meleagris
F: Ostraciidae
Dieser von Knochenplatten und giftiger Haut umgebene indopazifische Korallenfisch wird von Raubfischen gemieden.

Männchen zeigen blauviolette Flanken.

15 cm

WEISSFLECKEN-KUGELFISCH
Arothron hispidus
F: Tetraodontidae
Das in der Haut und den Organen enthaltene Neurotoxin kann einen Menschen töten und schreckt Raubfische ab.

50 cm

BRAUNFLECKEN-IGELFISCH
Diodon holocanthus
F: Diodontidae
Der in allen tropischen Meeren heimische Fisch kann seinen Körper durch Wasserschlucken zu einer stachligen Kugel aufblasen – eine effektive Abschreckung.

PANZERWANGEN

Die meist am Grund lebenden marinen Fische der großen Ordnung Panzerwangen (Scorpaeniformes) besitzen einen großen, Stacheln tragenden Kopf mit einer Knochenspange unterhalb des Auges. Die meisten Arten besitzen spitze, manchmal giftige Rückenflossenstrahlen. Viele sind hervorragend getarnt.

11 cm

MIMIK-FEILENFISCH
Paraluteres prionurus
F: Monacanthidae

Dieser Feilenfisch wird von Raubfischen gemieden, weil er den giftigen Sattel-Spitzkopfkugelfisch nachahmt.

37 cm

BRAUNER DRACHENKOPF
Scorpaena porcus
F: Scorpaenidae

Dieser Drachenkopf ist durch Hautlappen gut getarnt und kann seine Färbung verändern, sodass er kaum zu entdecken ist.

75 cm

ROTER KNURRHAHN
Chelidonichthys lucerna
F: Triglidae

Der auf je drei einzelnen Strahlen seiner Brustflossen über den Meeresgrund laufende Knurrhahn sucht nach Wirbellosen.

JUNGTIER

38 cm

ROTFEUERFISCH
Pterois volitans
F: Scorpaenidae

Die Farben warnen Raubfische davor, dass dieser Korallenfisch giftige Rückenflossenstrahlen besitzt. Erwachsene Tiere sind dunkler, tragen aber weiße Flecke auf den Seiten.

Der flache Rücken ist die Oberseite des Knochenpanzers.

kleines Maul mit kräftigen Zähnen zum Abreißen von Schwämmen

60 cm

SEEHASE
Cyclopterus lumpus
F: Cyclopteridae

Ein Saugnapf auf der Bauchseite erlaubt es diesem nordatlantischen Fisch, sich an wellenumspülte Felsen zu heften und sein Gelege zu bewachen.

21 cm

GROSSER BAIKAL-ÖLFISCH
Comephorus baikalensis
F: Comephoridae

Etwa ein Viertel des Körpers dieses Fischs besteht aus Öl, das für seinen Auftrieb sorgt. Er ist im russischen Baikalsee endemisch.

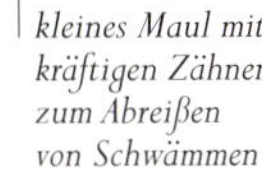

4 m

MONDFISCH
Mola mola
F: Molidae

Mit bis zu 2300 kg Gewicht ist der Mondfisch der schwerste Knochenfisch. Er ernährt sich von Quallen.

25 cm

LANGSTACHLIGER SEESKORPION
Taurulus bubalis
F: Cottidae

Abhängig vom Untergrund ist die Farbe dieses Fischs unterschiedlich ausgeprägt. So sind die zwischen Rotalgen lebenden Tiere rot gefärbt.

giftige Rückenflossenstrahlen

großes, oberständiges Maul

40 cm

STEINFISCH
Synanceia verrucosa
F: Synanceiidae

Diesen gut getarnten tropischen Riffbewohner zu entdecken ist sehr schwierig. Das Gift seiner Flossenstrahlen kann sogar für Menschen tödlich sein.

50 cm

FLUGHAHN
Dactylopterus volitans
F: Dactylopteridae

Dieser Fisch kann mit seinen riesigen Brustflossen durch das Wasser »fliegen«, wenn er gestört wird.

18 cm

GROPPE
Cottus gobio
F: Cottidae

Die Groppe lebt in einem großen Teil Europas in Flüssen und Bächen zwischen Steinen und Pflanzen. Das Männchen bewacht den Laich.

ROTFEUERFISCH
Pterois volitans

Der nachtaktive Rotfeuerfisch patrouilliert auf der Suche nach kleinen Fischen und Krebstieren in den tropischen Riffen des Westpazifiks und des Indiks. Er drängt seine Beute mit den ausgebreiteten Brustflossen gegen das Riff, bevor er blitzschnell zuschnappt. Manchmal schleicht er sich auch im freien Wasser an und setzt auf den Endspurt. Gut geschützt durch seine giftigen Stacheln begegnet er dem Taucher oder einem potenziellen Fressfeind oft mit dem Kopf voran. Ein Männchen kann eine kleine Gruppe von Weibchen um sich versammeln und andere Männchen angreifen, wenn sie zu nahe kommen. Nachdem das Männchen vor einem Weibchen gebalzt hat, umkreisen sich die Fische und schwimmen zur Wasseroberfläche, um Laich und Spermien abzugeben. Nach wenigen Tagen schlüpfen aus den Eiern Larven, die mit dem Plankton etwa einen Monat lang mit der Strömung umhertreiben, bevor sie sich auf dem Grund niederlassen.

GRÖSSE 38 cm Länge
LEBENSRAUM Riffe
VERBREITUNG Pazifik, Indik, im Westatlantik eingeführt
NAHRUNG Fische, Krebstiere

> DEUTLICHE WARNUNG
Das kontrastreiche Streifenmuster warnt Raubfische davor, dass der Rotfeuerfisch giftig ist. An Land verwenden Bienen und Wespen eine ähnliche Warnzeichnung.

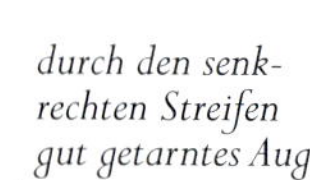

durch den senkrechten Streifen gut getarntes Auge

Kopftentakel

< BEEINDRUCKENDER RÄUBER
Die Abenddämmerung ist die bevorzugte Jagdzeit. Der Fisch kann mit seinen großen Augen gut sehen und hat auch einen guten Geruchssinn.

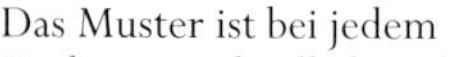

∧ STREIFENMUSTER
Das Muster ist bei jedem Fisch unterschiedlich und bei ablaichbereiten, sehr dunklen Männchen oft schwächer ausgeprägt.

< BRUSTFLOSSEN
Die Weichstrahlen der Brustflossen sind zu einem Teil durch die Flossenmembranen verbunden, auf denen sich runde, farbige Flecken befinden.

GIFTSTACHELN >
Die Hartstrahlen in den Rücken-, After- und Brustflossen dieser Fische können Gift injizieren, das bei Menschen starke Schmerzen hervorruft, aber sehr selten tödlich ist. Die Stacheln dienen nur der Verteidigung.

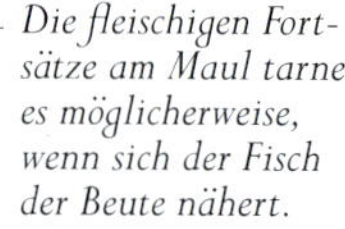

Die fleischigen Fortsätze am Maul tarnen es möglicherweise, wenn sich der Fisch der Beute nähert.

< SCHWANZ OBEN
Rotfeuerfische schwimmen meist mit gesenktem Kopf, um vorbeischwimmende Fische erbeuten zu können. Der Schwanz hilft diese Position zu halten und dient weniger dem schnellen Schwimmen.

Rückenflossen mit einzeln stehenden Hartstrahlen
Die Brustflossen werden gespreizt, wenn der Fisch seine Beute in die Enge treibt.
Schwanzflosse
Afterflosse

BARSCHFISCHE

Mit 156 Familien und nahezu 10 000 Arten ist die Ordnung Barschfische (Perciformes) die größte und variabelste der Wirbeltiere. Auf den ersten Blick scheinen die Arten nicht viel gemein zu haben, doch teilen sie den gleichen Körperbau. Die meisten tragen sowohl Hart- als auch Weichstrahlen in ihren Rücken- und Afterflossen. Die Bauchflossen sitzen weit vorn in der Nähe der Brustflossen.

60 cm

LANGFLOSSEN-FLEDERMAUSFISCH
Platax teira
F: Ephippidae
Der in kleinen Gruppen in indopazifischen Korallenriffen lebende Fisch frisst Algen und Wirbellose.

16 cm

VIERFLECK-FALTERFISCH
Chaetodon quadrimaculatus
F: Chaetodontidae
In den Korallenriffen der Welt findet man viele unterschiedliche Falterfisch-Arten. Die abgebildete stammt aus dem Westpazifik.

90 cm

BLAUGEFLECKTE MEERBRASSE
Pagrus caeruleostictus
F: Sparidae
Mit ihrem steilen Kopfprofil, dem gegabelten Schwanz und den langen Rückenflossenstrahlen ist diese ostatlantische Art eine typische Meerbrasse.

12 cm

PUNKTSTREIFEN-KARDINALBARSCH
Apogon compressus
F: Apogonidae
Dieser nachtaktive Korallenfisch besitzt zwei Rückenflossen und große Augen. Die Männchen betreiben Maulbrutpflege.

80 cm

ROTER BANDFISCH
Cepola macrophthalma
F: Cepolidae
Die in senkrechten Röhren im Grund lebenden nordostatlantischen Fische fressen vorbeitreibendes Plankton.

40 cm

STREIFENBARBE
Mullus surmuletus
F: Mullidae
Die in Mittelmeer und Nordost-Atlantik lebende Art entdeckt eingegrabene Beute mit den Barteln. Sie ist mit den tropischen Meerbarben verwandt.

31 cm

GRASBARSCH
Lepomis cyanellus
F: Centrarchidae
Diese große, gut bekannte Art ist einer der häufigsten Fische in den Seen und Flüssen Nordamerikas.

30 cm

SCHÜTZENFISCH
Toxotes jaculatrix
F: Toxotidae
Dieser häufig in brackigen Mangrovengürteln in Südost-Asien, Australien und im Westpazifik vorkommende Fisch schießt Insekten von überhängenden Ästen mit einem Wasserstrahl ab.

72 cm

Jungtier mit braunem Körper und weißen Flecken

HARLEKIN-SÜSSLIPPE
Plectorhinchus chaetodonoides
F: Haemulidae
Die erwachsenen Tiere sind cremeweiß mit schwarzen Flecken gefärbt. Die Farbe und Bewegungsweise der Jungen imitiert einen giftigen Plattwurm.

1,2 m

BLAUFISCH
Pomatomus saltatrix
F: Pomatomidae
Dieser weit verbreitete, gefräßige Räuber durchstreift tropische und subtropische Meere in Schwärmen, die kleinere Fische zusammentreiben und fressen.

10 cm

GOLDSTIRN-BRUNNENBAUER
Opistognathus aurifrons
F: Opistognathidae
Das Männchen dieses karibischen Fischs betreibt Brutpflege.

51 cm

FLUSSBARSCH
Perca fluviatilis
F: Percidae
Der in Eurasien weit verbreitete Raubfisch des Süßwassers ist als Sportfisch in Australien und anderen Ländern eingeführt worden, wo er sich zu einer Plage entwickelte.

40 cm

IMPERATOR-KAISERFISCH
Pomacanthus imperator
F: Pomacanthidae

Diese Art lebt in indopazifischen Korallenriffen. Junge Tiere sind anders gezeichnet als die erwachsenen, sodass sie von deren Aggressionen verschont bleiben.

bunte Streifen

PFAUEN-KAISERFISCH
Pygoplites diacanthus
F: Pomacanthidae

Die auffälligen Farben dieses und anderer Korallenfische ermöglichen die gegenseitige Kommunikation.

25 cm

einzelne große Rückenflosse

10 cm

BLATTFISCH
Monocirrhus polyacanthus
F: Polycentridae

Mit dem großen Maul und dem Verhalten, wie ein totes Blatt durch das Wasser zu treiben, erbeutet dieser südamerikanische Räuber schnell kleinere Fische.

2 m

WRACKBARSCH
Polyprion americanus
F: Polyprionidae

Junge Tiere leben nomadisch zwischen an der Oberfläche treibendem Material, während die erwachsenen Wracks und Höhlen bevorzugen. Man findet sie in den meisten Meeren.

25 cm

SILBER-FLOSSENBLATT
Monodactylus argenteus
F: Monodactylidae

Diese kleine Schwärme bildende indopazifische Art lebt vor allem in brackigen Flussmündungen.

Der Körper steigt hinter dem Kopf steil an.

15 cm

JUWELEN-FAHNENBARSCH
Pseudanthias squamipinnis
F: Serranidae

Diese kleinen Fische sammeln an den Hängen der Korallenriffe Plankton. Die Männchen verteidigen einen Harem von Weibchen.

70 cm

MEERRABE
Sciaena umbra
F: Sciaenidae

Der zu einer als Trommler bezeichneten Familie gehörende Fisch des Nordatlantiks und des Mittelmeers kommuniziert über mit der Schwimmblase erzeugte Töne.

70 cm

PADDELBARSCH
Cromileptes altivelis
F: Serranidae

Wie die meisten Zackenbarsche wechselt der Paddelbarsch sein Geschlecht von weiblich zu männlich, wenn er heranwächst.

2,5 m

RIESEN-ZACKENBARSCH
Epinephelus lanceolatus
F: Serranidae

Dieser größte Zackenbarsch kann bis zu 400 kg Gewicht erreichen. Er lebt in indopazifischen Korallenriffen, ist aber durch die starke Befischung selten geworden.

lange Rückenflosse

GEBÄNDERTER RITTERFISCH
Equetus lanceolatus
F: Sciaenidae

Die Korallenriffe des Westatlantiks sind die Heimat dieses durch Form und Zeichnung gut getarnten Fischs.

25 cm

40 cm

BLAUSTREIFEN-SCHNAPPER
Lutjanus kasmira
F: Lutjanidae

Dieser schnelle Schnapper bildet tagsüber in den Korallenriffen große Schwärme, die sich nachts bei der Nahrungssuche auflösen.

1,2 m

GRAUER ZIEGELBARSCH
Caulolatilus microps
F: Malacanthidae

Der über dem Schlamm vor der nordamerikanischen Ostküste lebende Fisch meidet zu kaltes Wasser und kommt nicht tiefer als 200 m vor.

»

KLEINER SANDAAL
Ammodytes tobianus
F: Ammodytidae
Diese silbrige Art ist für alle Seevögel eine wichtige Nahrungsquelle. Sie lebt in großen Schwärmen in den sandigen Buchten des Nordost-Atlantiks.

GESTREIFTER SEEWOLF
Anarhichas lupus
F: Anarhichadidae
Ein großes Maul und kräftige Zähne ermöglichen es dieser nordatlantischen Art, hartschalige Wirbellose zu fressen.

VIPERQUEISE
Echiichthys vipera
F: Trachinidae
Der giftige nordatlantische Fisch vergräbt sich im Sand und kann mit der schwarzen ersten Rückenflosse schmerzhafte Stiche austeilen.

SCHWARZER SCHLINGER
Chiasmodon niger
F: Chiasmodontidae
Die in der tropischen und subtropischen nahrungsarmen Tiefsee lebende Art kann Beute überwältigen, die größer als sie selbst ist.

KUCKUCKS-LIPPFISCH
Labrus mixtus
F: Labridae
Die Männchen dieser Art sind blau und orange, die Weibchen rosa gefärbt. Manche Weibchen ändern ihre Farbe und werden zu Männchen. Die Art lebt im Nordatlantik und im Mittelmeer.

HARLEKIN-LIPPFISCH
Choerodon fasciatus
F: Labridae
Diese westpazifische Art kann ihre vorstehenden, eckzahnähnlichen Zähne einsetzen, um auf der Suche nach Wirbellosen Steine zu bewegen.

PUTZERLIPPFISCH
Labroides dimidiatus
F: Labridae
Dieser kleine Lippfisch unterhält eine mutualistische Beziehung zu anderen Fischen. Er säubert sie und frisst ihre Parasiten an speziellen Putzstationen im Riff.

ANTARKTISCHER KABELJAU
Dissostichus mawsoni
F: Nototheniidae
Wie viele andere Fische des Südpolarmeers wächst diese Art langsam, wird aber groß. Das Blut enthält ein natürliches Frostschutzmittel, das das Leben im eisigen Wasser ermöglicht.

MAORI-KABELJAU
Paranotothenia magellanica
F: Nototheniidae
Diese im Norden bis Argentinien und Neuseeland vorkommende Art des Südpolarmeers ist ein gefragter Speisefisch.

GROSSE GOLDMAKRELE
Coryphaena hippurus
F: Coryphaenidae
Dieser Räuber des offenen Meers kann bis zu 60 km/h Geschwindigkeit erreichen. Er lebt weltweit in warmen Gewässern.

SCHIFFSHALTER
Echeneis naucrates
F: Echeneidae
Diese Art trägt einen Saugnapf auf dem Kopf und kann sich an große Fische, Delfine und Schildkröten anheften. Sie lebt von Nahrungsresten des Wirts.

LANGSCHNAUZEN-BÜSCHELBARSCH
Oxycirrhites typus
F: Cirrhitidae
Diese indopazifische Art lebt gut getarnt zwischen Gorgonien und Schwarzen Korallen, wo sie sich von kleinen Wirbellosen ernährt.

GROSSAUGEN-MAKRELE
Caranx sexfasciatus
F: Carangidae
Dieser schnelle Räuber jagt nachts in den Riffen des Indiks und des Pazifiks. Jungfische leben in Küstennähe und können in Flussmündungen eindringen.

11 cm

ORANGERINGEL-ANEMONENFISCH
Amphiprion ocellaris
F: Pomacentridae
Dieser von einem speziellen Schleim geschützte bunte Fisch des tropischen Westpazifiks kann zwischen den Tentakeln der Seeanemonen sicher leben.

15 cm

BLAUES SCHWALBEN-SCHWÄNZCHEN
Chromis cyanea
F: Pomacentridae
Die im tropischen Westatlantik lebende, sehr häufige Art legt ihre Eier mithilfe einer orangefarbenen Laichröhre.

23 cm

GESTREIFTER SERGEANT
Abudefduf saxatilis
F: Pomacentridae
Dieser häufige Vertreter der Riffbarsche ist leicht in den Korallenriffen des Atlantiks zu beobachten.

49 cm

NIL-TILAPIA
Oreochromis niloticus eduardianus
F: Cichlidae
Diese in afrikanischen Seen verbreitete Tilapien-Unterart dient als Speisefisch. Das Weibchen brütet etwa 2000 Eier in seinem Maul aus.

JUNGTIER

13 cm

CHIPOKA-MAULBRÜTER
Melanochromis chipokae
F: Cichlidae
Diese Art lebt nur an den Felsenküsten des afrikanischen Malawi-Sees. In den ostafrikanischen Seen gibt es noch viele andere endemische Vertreter der Buntbarsche.

6,5 cm

KÖNIG-SALOMON-ZWERGBARSCH
Pseudochromis fridmani
F: Pseudochromidae
Diese zu den buntesten Korallenfischen gehörende Art versteckt sich unter den Überhängen steiler Abhänge im Roten Meer.

10 cm

ZEBRABUNTBARSCH
Amatitlania nigrofasciata
F: Cichlidae
Der aus Mittelamerika stammende Buntbarsch ist auch in anderen Ländern eingeschleppt worden und hat sich zu einem Schädling entwickelt.

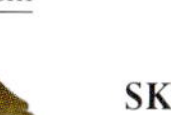

15 cm

SKALAR
Pterophyllum scalare
F: Cichlidae
Dieser ungewöhnlich hochrückige Buntbarsch stammt aus südamerikanischen Flüssen. Beide Eltern betreiben Brutpflege.

verlängerte Bauchflossen

75 cm

HIMMELSGUCKER
Kathetostoma laeve
F: Uranoscopidae
Die südlich von Australien lebende Art gräbt sich so tief im Sand ein, dass nur die Augen und das Maul herausschauen.

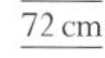

72 cm

SCOTIA-SEE-EISFISCH
Chaenocephalus aceratus
F: Channichthyidae
Mit einem natürlichen Frostschutzmittel im Blut kann dieser Fisch des Südpolarmeers noch bei Temperaturen von –2 °C überleben.

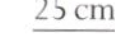

25 cm

BUTTERFISCH
Pholis gunnellus
F: Pholidae
Der oft in nordatlantischen Gezeitentümpeln zu findende Fisch ist schuppenlos und schlüpfrig, sodass er Räubern leicht entkommen kann.

50 cm

SEEPAPAGEI
Sparisoma cretense
F: Scaridae
Diese aus dem Mittelmeer stammende Papageifisch-Art ist die einzige, bei der das Weibchen bunter als das Männchen ist. Die meisten anderen Papageifische leben in den Tropen.

1,3 m

BÜFFELKOPF-PAPAGEIFISCH
Bolbometopon muricatum
F: Scaridae
Sein schnabelartiges Maul erlaubt es diesem Bewohner indopazifischer Korallenriffe, lebende Korallen zu zerbeißen und die Reste als Sand wieder auszuscheiden.

»

LEOPARD-BUSCHFISCH
Ctenopoma acutirostre
F: Anabantidae
Dieser Fisch stammt aus dem afrikanischen Kongobecken. Er nähert sich seiner Beute oft mit nach unten geneigtem Kopf.

SEESCHMETTERLING
Blennius ocellaris
F: Blenniidae
Wie viele andere Schleimfische lebt diese nordatlantische Art auf dem Grund und bewacht den Laich, der oft in leeren Muschelschalen abgelegt wird.

PRACHTSCHWERTGRUNDEL
Nemateleotris magnifica
F: Microdesmidae
Die über ihrem Bau im Korallenriff stehende Grundel frisst Plankton und verschwindet beim ersten Anzeichen von Gefahr.

SIAMESISCHER KAMPFFISCH
Betta splendens
F: Osphronemidae
Die ursprüngliche Verbreitung dieses südostasiatischen Fischs ist unklar, doch er wird schon seit langer Zeit gezüchtet.

MANDARINFISCH
Synchiropus splendidus
F: Callionymidae
Dieser pazifische Fisch ist einer der buntesten unter den tropischen Korallenfischen. Die Farben warnen Räuber vor dem scheußlichen Geschmack.

WEISSKEHL-DOKTORFISCH
Acanthurus leucosternon
F: Acanthuridae
Dieser aus dem Indischen Ozean stammende Fisch trägt an beiden Seiten des Schwanzstils einen skalpellartigen Stachel, mit dem er Gegner verletzen kann.

ATLANTISCHER SEGELFISCH
Istiophorus albicans
F: Istiophoridae
Dieser Meeresfisch benutzt seinen langen Oberkiefer, um in Fischschwärmen um sich zu schlagen und Tiere zu betäuben.

GROSSER BARRAKUDA
Sphyraena barracuda
F: Sphyraenidae
Der weltweit in tropischen und subtropischen Meeren lebende Einzelgänger beschleunigt beim Zustoßen rasant.

ATLANTISCHE MAKRELE
Scomber scombrus
F: Scombridae
Dieser nordatlantische Schwarmfisch ernährt sich von kleinen Fischen und Plankton. Der stromlinienförmige Körper macht ihn zum schnellen Schwimmer.

GOLDRINGELGRUNDEL
Brachygobius doriae
F: Gobiidae
Dieser südostasiatische Bodenbewohner verträgt auch Brackwasser und lebt in Flussmündungen und Mangrovensümpfen.

SANDKÜLING
Pomatoschistus minutus
F: Gobiidae
Dieser Fisch lebt in sandigen Küstenbereichen des nordöstlichen Atlantiks. Bei der Balz zeigen Männchen einen Fleck in der ersten Rückenflosse.

ROTER THUN
Thunnus thynnus
F: Scombridae
Dieser weltweit vorkommende Fisch ist einer der am meisten gefragten Speisefische. Er ernährt sich von kleineren Fischen.

ATLANTISCHER SCHLAMMSPRINGER
Periophthalmus barbarus
F: Gobiidae
Der Schlammspringer kann außerhalb des Wassers Sauerstoff über die Haut aufnehmen.

FLEISCHFLOSSER

Die als Vorfahren der Landwirbeltiere angesehenen Fleischflosser (Sarcopterygii) besitzen Flossen mit fleischigem Ansatz, die an einfache Beine erinnern.

Wie die Strahlenflosser besitzen die Fleischflosser ein Knochenskelett, doch ihre Flossen sind anders gebaut. Die Membran sitzt an einem fleischigen Stiel, der kräftig genug ist, dass manche Fleischflosser auf den Flossen vorwärtskriechen können. An den Knochen und Knorpeln der Flossen befinden sich Ansatzstellen für Muskeln. Es gibt viele fossile Fleischflosser, doch heute leben nur noch Lungenfische und Quastenflosser.

EIN LEBENDES FOSSIL

Quastenflosser sind nachtaktiv und leben versteckt. Das erste bekannte Exemplar ist 1938 gefangen worden (bis dahin kannte man nur 65 Millionen Jahre alte Fossilien). Es gehörte zu einer im westlichen Indik lebenden Art. Eine zweite Art ist 1998 in indonesischen Gewässern gefunden worden. Die Entwicklung der Wirbelsäule aus der Chorda dorsalis ist unvollständig und die Schwanzflosse weist einen mittleren Lappen auf. Die Schuppen dieser sicher nicht zum Langstreckenschwimmer geeigneten Fische sind schwere Knochenplatten. Anders als die eierlegenden Lungenfische sind Quastenflosser lebendgebärend, da die Jungen noch im Körper schlüpfen. Die Entwicklungszeit kann bis zu drei Jahre dauern, was das Überleben der Art gefährdet, wenn sich die Tiere weiterhin in den Schleppnetzen der Fischer verfangen.

AUSSERHALB DES WASSERS ATMEN

Obwohl die meisten Vorfahren der Lungenfische im Meer gelebt haben, sind die heutigen Arten auf Süßwasserbiotope in Südamerika, Afrika und Australien beschränkt. Alle können über ihre Lungen Luft atmen, was nützlich ist, wenn die Gewässer je nach Jahreszeit austrocknen. Manche Arten können monatelang im Schlamm überleben und würden ständig in Wasser untergetaucht ertrinken, während andere vor allem über ihre Kiemen atmen. Wegen der Form und der Außenkiemen der Larven haben frühe Zoologen geglaubt, dass die Lungenfische Amphibien seien.

STAMM	CHORDATA
KLASSE	SARCOPTERYGII
ORDNUNGEN	3
FAMILIEN	4
ARTEN	8

STREITFRAGE

FISCHE AN LAND

Obwohl es bekannt ist, dass Landwirbeltiere von fischähnlichen Meerestieren abstammen, ist es schwierig, den tatsächlichen Vorfahren zu finden. Neuere Arbeiten legen nahe, dass die Fleischflosser näher mit den Tetrapoden (Vierfüßern) als zum Beispiel mit den Knorpelfischen verwandt sind. Fleischflosser und Tetrapoden werden daher gemeinsam in die Gruppe Sarcopterygii gestellt. Die Quastenflosser sind jedoch nicht die direkten Vorfahren der Tetrapoden. Im Jahr 2002 ist ein fossiler Fleischflosser, *Styloichthys*, in China gefunden worden. Er scheint sowohl Eigenschaften der Lungenfische als auch der Tetrapoden aufzuweisen.

AFRIKANISCHE LUNGENFISCHE

Alle vier Arten der Ordnung Afrikanische Lungenfische (Lepidosireniformes) atmen über paarige Lungen und besitzen fadenartige, paarige Flossen.

AFRIKANISCHER LUNGENFISCH
Protopterus annectens
F: Protopteridae
Wenn die Seen seines Lebensraums austrocknen, gräbt sich dieser Fisch im Schlamm ein und bildet einen Kokon mit einem Lufteinlass.

AUSTRALISCHER LUNGENFISCH

Die einzige Art der Ordnung Australische Lungenfische (Ceratodontiformes) besitzt große Schuppen und paddelartige paarige Flossen. Sie kann für kurze Zeit nur über ihre Lungen atmen.

AUSTRALISCHER LUNGENFISCH
Neoceratodus forsteri
F: Ceratodontidae
Dieser Lungenfisch kann mithilfe seiner unpaarigen Lunge in sauerstoffarmem Wasser überleben.

QUASTENFLOSSER

Die beiden Arten der Ordnung Quastenflosser (Coelacanthiformes) besitzen beinähnliche Brust- und Bauchflossen sowie große Knochenschuppen. Mit ihnen verwandte Arten starben vor 65 Millionen Jahren aus. Die Fische sind metallisch blau mit weißen Flecken gefärbt, bleichen jedoch konserviert aus.

MANADO-QUASTENFLOSSER
Latimeria menadoensis
F: Latimeriidae
Molekularbiologische Untersuchungen haben gezeigt, dass sich diese Art aus der Sulawesisee von ihrem südafrikanischen Verwandten unterscheidet, obwohl sie ihm sehr ähnlich sieht.

KOMOREN-QUASTENFLOSSER
Latimeria chalumnae
F: Latimeriidae
Dieser Fisch lebt in einem felsigen Lebensraum vor der Küste Südafrikas und Madagaskars und versteckt sich nachts in Höhlen in großer Tiefe.

AMPHIBIEN

Amphibien (Lissamphibia) sind wechselwarme Wirbeltiere, die im oder am Süßwasser leben. Manche verbringen das ganze Leben darin, andere suchen es nur zum Laichen auf. An Land benötigen sie Feuchtigkeit, da ihre Haut sie nicht vor dem Austrocknen schützt.

STAMM	CHORDATA
KLASSE	LISSAMPHIBIA
ORDNUNGEN	3
FAMILIEN	54
ARTEN	etwa 6670

Eine große Anzahl Goldkröten aus Costa Rica versammelt sich zur Paarung. Die Art ist mittlerweile ausgestorben.

Ein Weibchen des nordamerikanischen Jefferson-Querzahnmolchs befestigt den Laich an einem untergetauchten Ast.

Beim Netz-Baumsteiger, *Ranitomeya reticulata*, tragen die Eltern die Kaulquappen von einem Minigewässer zum anderen.

STREITFRAGE

DROHENDES AUSSTERBEN

Ein Drittel aller Amphibien-Arten ist vom Aussterben bedroht, was für den Naturschutz eine große Herausforderung bedeutet. Die Gefahr besteht v.a. in der Zerstörung und Verschmutzung der Lebensräume, doch Amphibien sind auch durch die weltweite Ausbreitung der Chytridiomykose bedroht, einer Pilzerkrankung der Haut.

Die drei Ordnungen der heutigen Amphibien haben vermutlich einen gemeinsamen, uns unbekannten Ahnen. Es gibt nämlich eine Lücke in den Fossilien zwischen den ersten von den Fischen abstammenden Landwirbeltieren – den vor etwa 375 Millionen Jahren erschienenen Tetrapoden – und einem froschähnlichen Tier, das vor 230 Millionen Jahren gelebt hat.

Amphibien weisen einen komplexen Lebenszyklus auf und besetzen in verschiedenen Lebensabschnitten unterschiedliche ökologische Nischen. Aus den Eiern schlüpfen im Wasser lebende Larven, die bei Fröschen und Kröten Kaulquappen genannt werden und sich von pflanzlichem Material ernähren. Die Larven verändern ihre Form vollständig (Metamorphose) und werden zu landlebenden erwachsenen Tieren. Nun sind sie Fleischfresser und fressen vor allem Insekten und andere kleine Wirbellose. Sie leben meist versteckt und einzeln, außer wenn sie zum Ablaichen die Gewässer aufsuchen. Amphibien benötigen daher zwei unterschiedliche Lebensräume: Wasser und Land. Während der Metamorphose machen sie viele morphologische und physiologische Änderungen durch und entwickeln sich von mit dem Schwanz schwimmenden und über Kiemen atmenden Wassertieren zu vierbeinigen, über Lungen atmenden Landtieren.

UNTERSCHIEDLICHE BRUTPFLEGE

Manche Amphibien produzieren große Mengen an Laich und kümmern sich nicht mehr um ihn, sodass nur wenige Junge aufwachsen. Andere haben verschiedene Formen der Brutpflege entwickelt. Sie bekommen meist weniger Nachwuchs, sodass der Reproduktionserfolg von der Fürsorge für eine überschaubare Zahl an Jungen abhängt. Bei der Brutpflege können die Eltern die Eier oder Jungen gegen Feinde verteidigen, Kaulquappen mit unbefruchteten Eiern füttern oder sie von einem Platz zu einem anderen tragen. Bei Arten wie der Geburtshelferkröte oder manchen Baumsteigerfröschen ist die Brutpflege die Aufgabe des Vaters. Nur die Mutter beschützt die Jungen bei vielen Schwanzlurchen und Blindwühlen. Bei einigen Froscharten gehen die Eltern eine Paarbindung ein und teilen sich die Brutpflege.

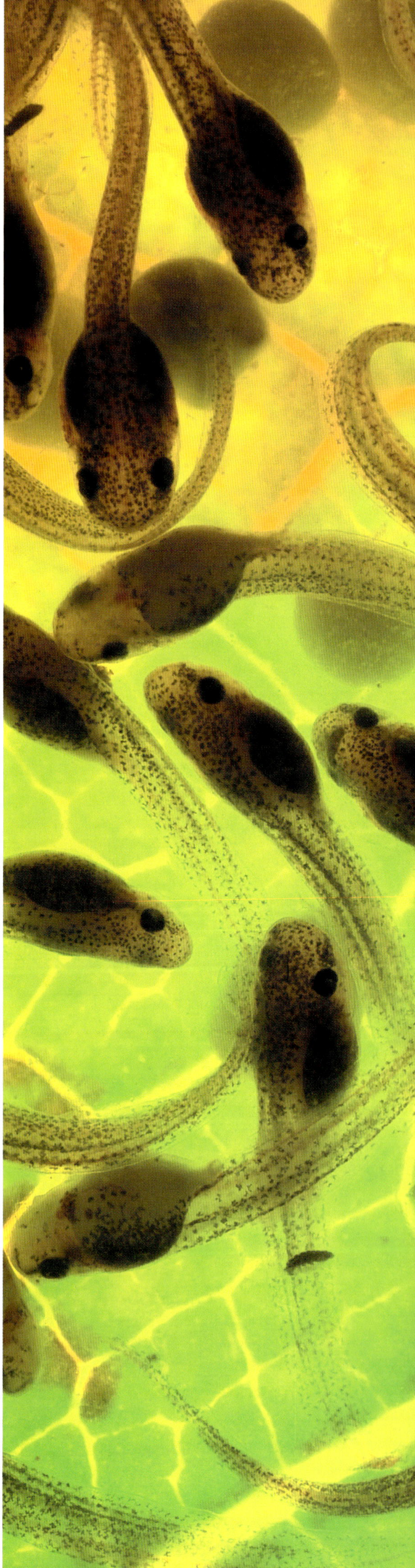

BEREIT ZUM SCHLUPF >
Kaulquappen von Mitchells Riedfrosch aus Tansania bewegen sich kurz vor dem Schlupf in ihren Eihüllen.

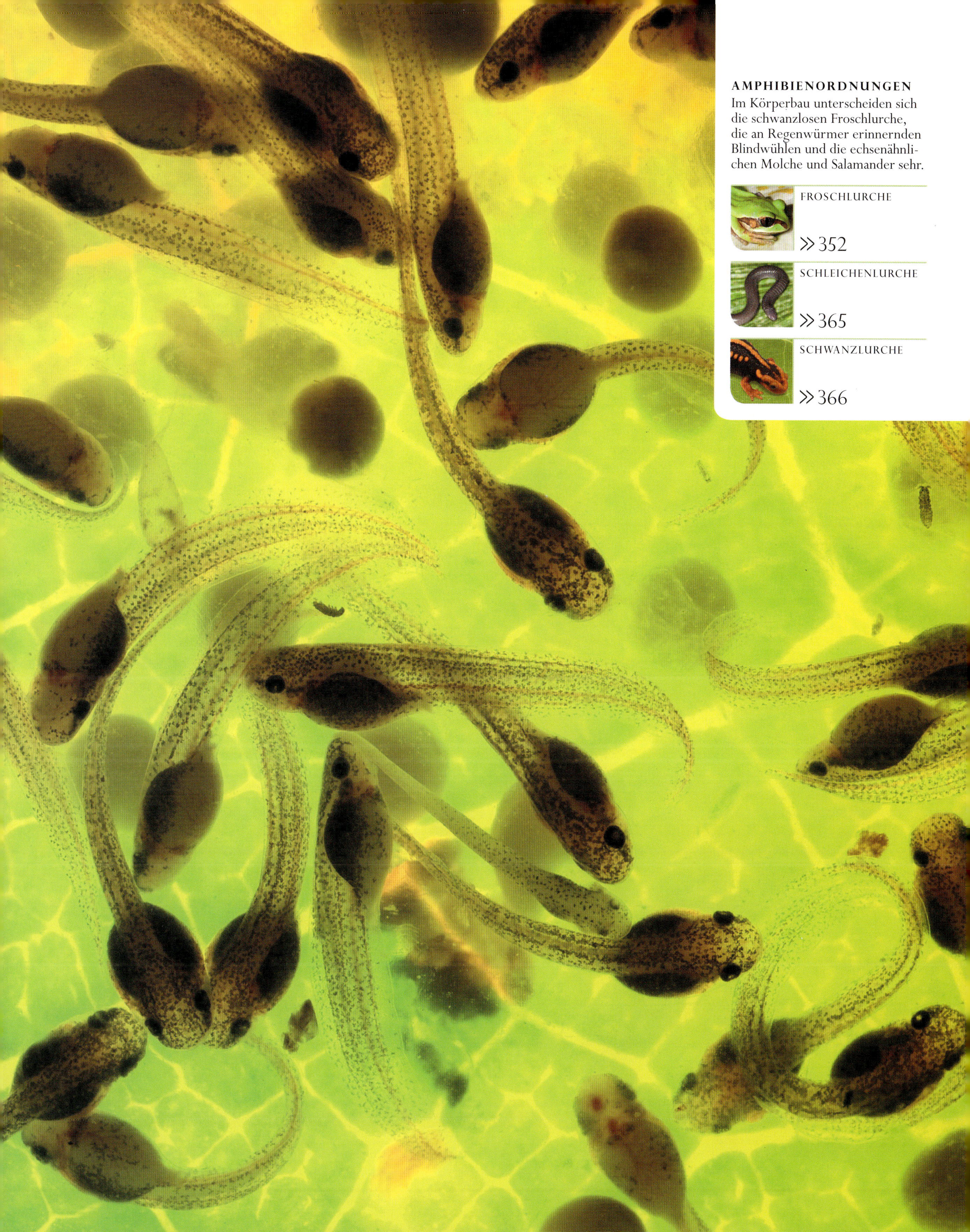

AMPHIBIENORDNUNGEN
Im Körperbau unterscheiden sich die schwanzlosen Froschlurche, die an Regenwürmer erinnernden Blindwühlen und die echsenähnlichen Molche und Salamander sehr.

FROSCHLURCHE
» 352

SCHLEICHENLURCHE
» 365

SCHWANZLURCHE
» 366

FROSCHLURCHE

Mit kräftigen Hinterbeinen, einem breiten Maul und vorstehenden Augen weist der typische Froschlurch einen unverwechselbaren Körperbau auf.

Die Bezeichnung der Ordnung der Froschlurche, Anura, bedeutet »ohne Schwanz«. Als erwachsene Tiere besitzen alle übrigen Amphibien einen ausgeprägten Schwanz, doch bei Fröschen und Kröten wird er während der Metamorphose zurückgebildet. Die als Kaulquappen bezeichneten Larven ernähren sich vor allem vegetarisch und haben einen rundlichen Körper, der den dafür erforderlichen langen Darm enthält. Die erwachsenen Tiere sind reine Fleischfresser, sie ernähren sich von Insekten und anderen Wirbellosen, wobei große Arten sogar kleine Reptilien, Säugetiere und andere Froschlurche erbeuten.

RAFFINIERTE ANPASSUNGEN

Froschlurche überfallen ihre Beute, häufig im Sprung. Daher sind bei vielen Arten die Hinterbeine länger als die Vorderbeine und sehr muskulös. Springend entkommen sie auch ihren zahlreichen Fressfeinden. Bei vielen Arten sind die Gliedmaßen auch an andere Fortbewegungsweisen angepasst, etwa ans Schwimmen, Graben und Klettern und bei manchen sogar an das Gleiten durch die Luft. Die meisten Froschlurche leben in feuchten Lebensräumen in der Nähe ihrer Laichgewässer, doch es gibt auch an trockene Umgebungen angepasste Arten. Die größte Diversität erreichen sie in den Tropen, besonders in den Regenwäldern. Viele Arten sind tag-, andere nachtaktiv. Manche sind sehr gut getarnt, während andere mit leuchtenden Farben warnen, dass sie schlecht schmecken oder giftig sind.

BALZ UND VERMEHRUNG

Froschlurche unterscheiden sich von anderen Amphibien darin, dass sie eine Stimme haben und sehr gut hören können. Die Männchen der meisten Arten rufen auf arttypische Weise, um Weibchen anzulocken. Mit Ausnahme weniger Arten ist die Befruchtung extern: Die Männchen besamen die von den Weibchen abgelegten Eier. Dazu umklammert das Männchen das Weibchen in einem sogenannten Amplexus. Die Dauer des Amplexus kann artabhängig von ein paar Minuten zu mehreren Tagen reichen.

STAMM	CHORDATA
KLASSE	LISSAMPHIBIA
ORDNUNG	ANURA
FAMILIEN	38
ARTEN	5891

STREITFRAGE

FROSCH ODER KRÖTE?

Der Unterschied zwischen Frosch und Kröte ist biologisch bedeutungslos und die beiden Begriffe werden in unterschiedlichen Teilen der Welt auch verschieden benutzt. In Europa und Nordamerika bezieht sich der Begriff »Kröte« auf die Arten der Familie Bufonidae, die jedoch auch die südamerikanischen Stummelfußfrösche umfasst. Meistens gelten rauhäutige, langsame und grabende Arten als Kröten, während Frösche glatthäutig, schnell und überwiegend wasserbewohnend sind. Eine Gruppe von Froschlurchen wird auch als Krötenfrösche bezeichnet, weil sie sowohl Kröten- als auch Froschmerkmale zeigt.

GEBURTSHELFERKRÖTEN

Die Männchen der Familie Geburtshelferkröten (Alytidae) rufen nachts, um Weibchen anzulocken, und heften sich die befruchteten Eier auf den Rücken. Wenn die Kaulquappen schlupfbereit sind, entlassen sie sie in ein Gewässer.

GEMEINE GEBURTSHELFERKRÖTE
Alytes obstetricans
Die auf dem europäischen Festland weit verbreitete Kröte hat kräftige, zum Graben geeignete Vorderbeine. Tagsüber versteckt sie sich in ihrem Bau.

LANGFINGERFRÖSCHE

Die Familie Langfingerfrösche (Arthroleptidae) umfasst verschiedene Arten, die in Afrika südlich der Sahara leben – in Wäldern und Steppen, manche in großer Höhe. Zu den Langfingerfröschen gehören Arten verschiedener Größe, von winzigen Pfeiffrosch- bis zu großen Waldsteiger-Arten.

2–3 cm

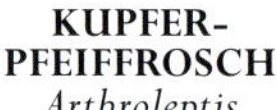

KUPFER-PFEIFFROSCH
Arthroleptis poecilonotus
Das Weibchen dieser kleinen Art legt Eier in Erdhöhlen ab. Das Männchen ist für seinen lauten Ruf bekannt.

RIO-BENITO-HERZZÜNGLER
Cardioglossa gracilis
Dieser Bewohner des Tieflandwalds laicht in Bächen. Die Männchen rufen an den nahe gelegenen Hängen.

KAMERUN-WALDSTEIGERFROSCH
Leptopelis nordequatorialis
Dieser große Frosch lebt in den höher gelegenen Grassteppen Westafrikas. Die Männchen rufen in der Nähe von Gewässern und der Laich wird in Teichen oder Sümpfen abgegeben.

BRAUNER WALDSTEIGERFROSCH
Leptopelis modestus
Diese Art lebt in der Nähe von Bächen in den Wäldern West- und Zentralafrikas.

GLASFRÖSCHE

Die in Mittel- und Südamerika heimischen Arten der Familie Glasfrösche (Centrolenidae) werden so genannt, da die Haut auf der Bauchseite oft durchsichtig ist, sodass die inneren Organe zu sehen sind.

GEISTER-GLASFROSCH
Sachatamia ilex
Dieser Frosch lebt in feuchter Vegetation in der Nähe von Bächen. Die dunkelgrünen Knochen schimmern durch die Haut.

FLEISCHMANNS GLASFROSCH
Hyalinobatrachium fleischmanni
Die Männchen verteidigen ihr Revier und locken Weibchen mit Rufen an. Die Eier werden auf Blättern über dem Wasser abgelegt.

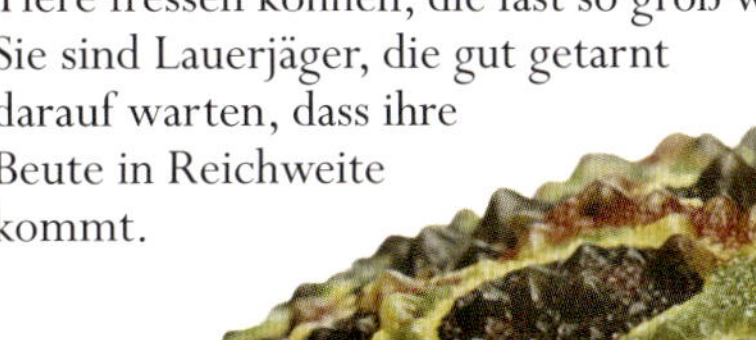

WEISSGEFLECKTER GLASFROSCH
Sachatamia albomaculata
Diese Art lebt in feuchten Tieflandwäldern und laicht in Bächen. Die Männchen rufen in der nahe gelegenen niedrigen Vegetation.

NICARAGUA-GLASFROSCH
Espadarana prosoblepon
Die Männchen dieses Baumbewohners verteidigen ihr Revier durch Rufe und bekämpfen Rivalen gelegentlich, während sie an einem Ast hängen.

SÜDFRÖSCHE

Diese südamerikanischen Frösche der Familie Südfrösche (Ceratophryidae) haben sehr große Köpfe und breite Mäuler, sodass sie Tiere fressen können, die fast so groß wie sie selbst sind. Sie sind Lauerjäger, die gut getarnt darauf warten, dass ihre Beute in Reichweite kommt.

SCHMUCK-HORNFROSCH
Ceratophrys ornata
Dieser gefräßige Räuber lebt in der argentinischen Savanne und laicht nach starken Regenfällen in temporären Gewässern.

CHACO-HORNFROSCH
Ceratophrys cranwelli
Der einen großen Teil seines Lebens unterirdisch lebende Frosch erscheint nach starkem Regen, um in Pfützen abzulaichen.

GLATTER KOKONFROSCH
Lepidobatrachus laevis
Dieser Frosch übersteht Trockenzeiten unterirdisch in einem Kokon und erscheint erst dann zum Laichen, wenn es geregnet hat.

SCHEIBENZÜNGLER

Die in Europa und Nordwest-Afrika lebenden Arten der Familie Scheibenzüngler (Discoglossidae) sind nachtaktiv. Bei manchen antworten die Weibchen auf die Rufe der Männchen.

GEMALTER SCHEIBENZÜNGLER
Discoglossus pictus
Dieser Frosch trägt seinen Namen wegen seiner Zeichnung. Ein Weibchen lässt den Laich von mehreren Männchen besamen.

CRAUGASTORIDAE

Die in Nord-, Mittel- und Südamerika lebenden Arten der Familie Craugastoridae legen auf dem Boden oder in der Vegetation Eier, aus denen ohne Kaulquappenstadium kleine Frösche schlüpfen. Viele Arten betreiben Brutpflege.

FITZINGERS PFEIFFROSCH
Craugastor fitzingeri
Bei diesem Waldbewohner ruft das Männchen von einem erhöhten Ansitz. Der auf dem Boden abgelegte Laich wird vom Männchen bewacht.

BREITKOPF-PFEIFFROSCH
Craugastor megacephalus
Dieser mittelamerikanische Frosch versteckt sich tagsüber in Bauen. Seine Eier legt er im Falllaub ab.

ISLA-BONITA-PFEIFFROSCH
Craugastor crassidigitus
Der aus feuchten mittelamerikanischen Wäldern stammende Bodenbewohner lebt auch in Kaffeeplantagen und auf Weiden.

ECHTE KRÖTEN

Die weltweit verbreitete Familie Echte Kröten (Bufonidae) ist sehr groß und vielfältig. Die Arten zeichnen sich durch verkürzte Vorderbeine, zum Laufen oder Hüpfen benutzte Hinterbeine, trockene warzige Haut und Parotiden (Ohrdrüsen) hinter den Augen aus. Zur Familie gehören auch die schlankeren und langbeinigen südamerikanischen Stummelfußfrösche.

waagerechte Pupille

grüne Rückenflecke

warzige Haut

9–12 cm

WECHSELKRÖTE
Pseudepidalea viridis
Diese sandige Lebensräume bewohnende Kröte lebt in Europa und Westasien. Sie verlässt im Frühjahr ihren Bau, um in Teichen abzulaichen.

RANGERS KRÖTE
Amietophrynus rangeri
Die in Südafrika weit verbreitete Kröte laicht in Stauseen und Teichen. Die Rufe der Männchen erinnern an Enten.

5–11,5 cm

5–10 cm

BAUMKRÖTE
Pedostibes hosii
Diese ostasiatische Kröte lebt vor allem auf Bäumen. Die Haftscheiben an den Zehen ermöglichen den Tieren das Klettern.

5–10 cm

KREUZKRÖTE
Epidalea calamita
Im Vergleich zu anderen Kröten hat diese Art kurze Beine, sodass sie wie eine Maus läuft. Die in Europa vorkommende Kröte laicht vom Frühjahr bis zum Sommer.

CERATOBATRACHIDAE

Die in Südost-Asien, China und auf verschiedenen pazifischen Inseln vorkommenden Frösche dieser Familie legen große Eier, aus denen unmittelbar kleine Frösche schlüpfen. Bei vielen Arten sind die Spitzen der Finger und Zehen vergrößert.

FIDSCHI-BODENFROSCH
Platymantis vitianus
Die auf verschiedenen Fidschi-Inseln lebenden Populationen dieser Art sind von eingeführten Mangusten ausgelöscht worden.

2,5–11 cm

hornartiger Fortsatz über dem Auge

flacher, dreieckiger Kopf

5–8 cm

NASHORNFROSCH
Ceratobatrachus guentheri
Diese Art hat eine spitze Schnauze und hornartige Fortsätze über den Augen. Sie versteckt sich im Falllaub.

UNKEN

Diese kleinen, wasserlebenden Arten der Familie Unken (Bombinatoridae) kommen in Europa und Asien vor. Sie haben abgeplattete Körper und sind oft bunt gefärbt. Rotbauchunken sind tagaktiv, doch die Barbourfrösche auf den Philippinen und auf Borneo sind nachtaktiv.

vorstehende Augen

leuchtend rote Unterseite

grüner Rücken

3–5 cm

CHINESISCHE ROTBAUCHUNKE
Bombina orientalis
Die in China und Korea lebende aquatische Art gibt ein Hautgift ab und zeigt die leuchtenden Bauchfarben, wenn sie angegriffen wird.

KURZKOPF-FRÖSCHE

Die Arten der Familie Kurzkopffrösche (Brevicipitidae) leben in Ost- und Südafrika. Das viel kleinere Männchen klebt die Eier auf den Rücken des Weibchens.

3–5 cm

WÜSTEN-KURZKOPFFROSCH
Breviceps macrops
Dieser grabende Frosch lebt in den Sanddünen der Namib-Wüste, die nur gelegentlich vom Nebel des Meers Feuchtigkeit erhalten.

5–9 cm

AMERIKANISCHE KRÖTE
Anaxyrus americanus
Die im östlichen Nordamerika lebende Kröte ist in ihrer Färbung sehr variabel. Sie laicht in Teichen, wo die Männchen trillernd rufen.

große Ohrdrüsen

warzige Beine

PRACHT-STUMMELFUSS
Atelopus varius
Diese aggressive Art aus Panama und Costa Rica ist leuchtend bunt und sehr variabel gefärbt. Sie lebt an Bächen und ist tagaktiv.

2,5–6 cm

4–8 cm

SCHWARZBAUCHKRÖTE
Rhaebo haematiticus
Die im mittel- und südamerikanischen Falllaub lebende breitköpfige Kröte legt ihre langen Laichschnüre in steinigen Tümpeln ab.

2,5–4 cm

GUYANA-STUMMELFUSS
Atelopus barbotini
Diese Kröte aus Guyana hat einen abgeplatteten Körper. Sie laicht unabhängig von der Jahreszeit in Waldbächen.

5–10 cm

PANAMA-STUMMELFUSS
Atelopus zeteki
Dieser Frosch aus Panama laicht nach starkem Regen in Pfützen. Vielleicht ist er in der Natur bereits ausgestorben.

8–20 cm

ERDKRÖTE
Bufo bufo
Die in Europa und Nordafrika lebende Art laicht im Frühjahr, wobei die Zahl der Männchen die der viel größeren Weibchen etwa drei zu eins übertrifft.

5,5–9,5 cm

GRÜNE BAUMSTEIGERKRÖTE
Incilius coniferus
Die in Mittel- und Südamerika heimische, nachtaktive Kröte klettert oft in den Pflanzen umher.

Die Ohrdrüsen geben Gift ab.

olivbraune, warzige Haut

10–24 cm

AGA-KRÖTE
Rhinella marina
Diese amerikanische Art ist eine der größten Kröten. Sie wurde in Australien eingeschleppt und bedroht dort die einheimische Tierwelt.

CYCLORAMPHIDAE

Zu dieser südamerikanischen Familie gehört eine Anzahl von Arten, die mithilfe ihrer Farbe und der hornähnlichen Fortsätze das Aussehen von abgestorbenen Blättern nachahmen können.

fleischiger Fortsatz

grüner Rücken

Augen mit waagerechten Pupillen

2–3 cm

DARWINFROSCH
Rhinoderma darwinii
Dieser in Chile und Argentinien vorkommende Frosch betreibt eine einzigartige Form der Brutpflege: Die Jungen wachsen in der Schallblase des Vaters heran.

ELEUTHERODACTYLIDAE

Diese Froschfamilie, bei der sich die Eier unmittelbar zu kleinen Fröschchen entwickeln, findet man in der Karibik, dem Süden der USA und im nördlichen Südamerika. Manche der sehr kleinen Arten haben eine reduzierte Zehenzahl und legen nur sehr wenige Eier – manchmal nur ein einziges.

1,5–8 cm

COQUI-PFEIFFROSCH
Eleutherodactylus coqui
Der aus Puerto Rico stammende Frosch verdankt seinen Namen seinem zweiteiligen Ruf – das »co« warnt die anderen Männchen und das »qui« lockt die Weibchen an.

1,5–2,5 cm

große Haftscheiben

CARETTA-PFEIFFROSCH
Diasporus diastema
Dieser kleine, sehr agile, nachtaktive Frosch lebt in den Bäumen. Er legt seine Eier in die wassergefüllten Trichter der Bromelien, die als Epiphyten wachsen.

AGA-KRÖTE
Rhinella marina

Als eine der größten Kröten der Welt ist die Aga-Kröte ein robustes Tier mit riesigem Appetit. Sie bewohnt überwiegend trockene Lebensräume, wie Buschland und Steppe, und lebt häufig in der Nähe menschlicher Ansiedlungen, wo sie unter der Straßenbeleuchtung auf herabfallende Insekten wartet. Das Weibchen ist größer als das Männchen, die größten Exemplare können 20 000 Eier auf einmal ablaichen. Die Männchen rufen mit einem langsamen, tiefen Triller. Die Kröten haben kaum Feinde, da sie in allen Lebensabschnitten schlecht schmecken oder giftig sind. In Australien gelten sie als Plage – sie sind für Haus- und einheimische Tiere giftig, für Menschen schädlich und vermehren sich so schnell, dass man sie nicht bekämpfen kann.

GRÖSSE 10–24 cm
LEBENSRAUM unbewaldete Gegenden
VERBREITUNG Mittel- und Südamerika, in Australien und anderswo eingeführt
NAHRUNG Landwirbellose

Ohrdrüse

Erwachsene Tiere sind gelb, olivfarben oder rötlich braun.

Auf den Warzen der Männchen entstehen zur Laichzeit dunkle, spitze Dornen.

NÄCHTLICHER JÄGER >
Die von ihrem giftigen Hautsekret geschützten Aga-Kröten kommen nachts aus ihren Tagesverstecken hervor und hüpfen auf der Suche nach Beute umher.

dunkle Bauchzeichnung

kurze Beine mit kräftigen Muskeln zum Springen

∧ HELLER BAUCH
Bauch und Kehle der Aga-Kröte sind verhältnismäßig glatt und überwiegend hell gefärbt. Die Haut ist wasserdurchlässig, sodass die Tiere sich am Tag verstecken müssen, um nicht auszutrocknen.

STREITFRAGE
SCHÄDLINGSBEKÄMPFUNG

Die Aga-Kröte ist 1935 in Queensland, Australien, zur Insektenbekämpfung auf Zuckerplantagen eingeführt worden. Die Kröten gediehen, ließen sich die heimischen Tiere schmecken und bauten einen viel dichteren Bestand als in ihrer Heimat auf. Sich immer noch mit enormer Geschwindigkeit ausbreitend, kommen sie heute im ganzen Osten und Norden Australiens vor. Wissenschaftler suchen nun nach Methoden, um ihre Zahl und territoriale Ausbreitung zu begrenzen.

Nasenloch

breites Maul, mit dem die Kröte alles frisst, was hineinpasst

Die Kehle des Männchens bläht sich auf, wenn es seinen lauten, trillernden Ruf erzeugt.

∨ IRISIERENDE IRIS
Wie die meisten Kröten besitzen auch die Aga-Kröten große, vorstehende Augen. Sie können kleine, sich bewegende Objekte leicht entdecken und Insekten mit gezieltem Sprung erbeuten.

OHRDRÜSEN >
Die riesigen Parotiden oder Ohrdrüsen geben ein starkes Gift ab, das manchen Räubern nur schlecht schmeckt, für die meisten jedoch tödlich ist.

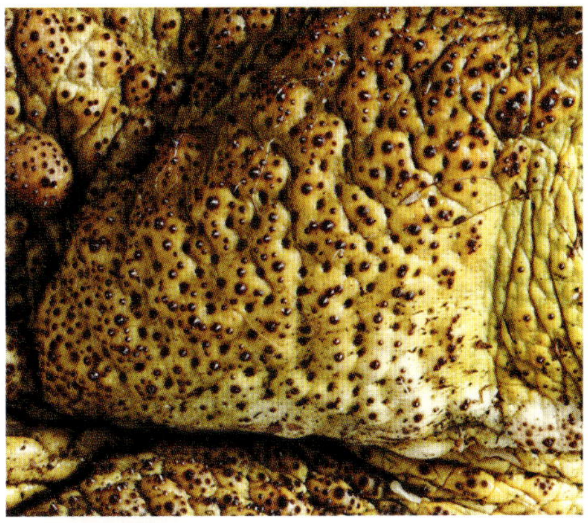

OHR >
Die Kröten verlassen sich bei der Erkennung von Feinden auf ihr Gehör. Nachts ist es für Weibchen wichtig, die Männchen anhand ihrer Rufe zu finden.

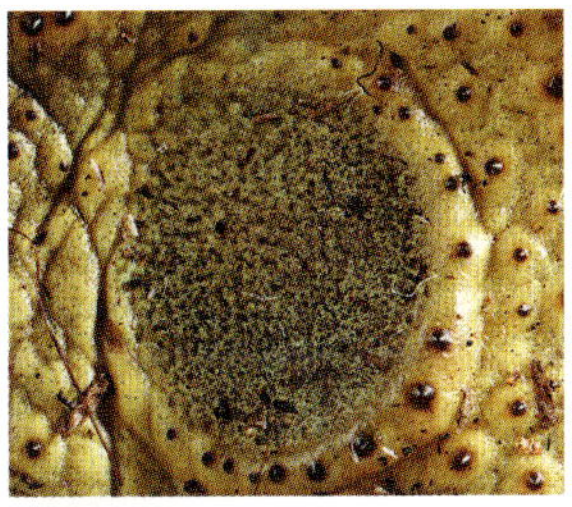

∧ NASENLOCH
Die Aga-Kröten orientieren sich bei der Beutesuche stärker am Geruch als andere Kröten und atmen mehr über die Lungen als über die Haut.

VORDERFUSS ∧
Zur Brutzeit entwickeln Männchen dunkle, hornige Schwielen auf den ersten drei Fingern. Mit ihnen halten sie die Weibchen beim Ablaichen fest.

< HINTERFUSS
Die langen Zehen des Hinterfußes sorgen mit ihren hornigen Spitzen für festen Halt auf dem Boden, wenn sich eine Kröte zum Sprung abstößt.

deutliche Warzen

SCHWIMMHÄUTE >
Im Vergleich zu vielen anderen Froschlurchen besitzen Aga-Kröten nur schwach ausgebildete Schwimmhäute. Das verdeutlicht, dass sie nur einen geringen Teil ihres Lebens im Wasser verbringen.

Schwimmhäute

AROMOBATIDAE

Die Arten der in Süd- und Mittelamerika heimischen Froschfamilie sind nah mit den Baumsteigerfröschen verwandt und wurden früher zu ihnen gerechnet, erzeugen aber im Vergleich zu ihnen erheblich schwächere Hautgifte. Die meisten Arten sind daher unauffällig gefärbt.

weißer Streifen auf dunkelbraunem Rücken

2,5–3,5 cm

GLANZSCHENKEL-BAUMSTEIGER
Allobates femoralis
Die Männchen dieser südamerikanischen Art bewachen die zwischen Blätter gelegten Eier und bringen die Kaulquappen später auf ihrem Rücken zu einem Gewässer.

BAUMSTEIGER

Die auch als Pfeilgiftfrösche bezeichneten Arten der Familie Baumsteiger (Dendrobatidae) sind leuchtend bunt gefärbt. Das warnt Räuber vor dem starken Hautgift, das die Frösche aus ihrer Insektennahrung synthetisieren. Sie leben in den Wäldern Mittel- und Südamerikas und sind nachtaktiv.

2 cm

lange, schlanke Beine

FALSCHER FÜNFSTREIFEN-BAUMSTEIGER
Ranitomeya imitator
Die sehr variable peruanische Art kann in ihrer Färbung mindestens drei anderen Arten gleichen.

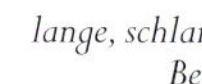

2–2,5 cm

3–4,5 cm

DÜSTERER BLATTSTEIGER
Phyllobates lugubris
Dieser Frosch lebt im Falllaub der Tieflandwälder von Nicaragua bis Panama. Die Männchen kümmern sich um Eier und Larven.

GOLDENER BLATTSTEIGER
Phyllobates terribilis
Dieser vermutlich giftigste aller Pfeilgiftfrösche lebt auf dem Boden der kolumbianischen Tieflandwälder.

BEUTELFRÖSCHE

Die in Süd- und Mittelamerika lebenden Arten der Familie Beutelfrösche (Hemiphractidae) tragen ihre Eier auf dem Rücken, wo aus ihnen bereits kleine Fröschchen schlüpfen. Manche tragen sie auch in einem Brutbeutel.

6,5–8 cm

GEHÖRNTER BEUTELFROSCH
Gastrotheca cornuta
Das Weibchen dieses mittel- und südamerikanischen Baumkronenbewohners legt große Eier, die sich in einem Beutel auf seinem Rücken entwickeln.

4,5–6,5 cm

SUMACO-HORN-LAUBFROSCH
Hemiphractus proboscideus
Diese Art kommt in Kolumbien, Ecuador und Peru vor. Das Weibchen trägt die Eier auf dem Rücken, besitzt aber keinen Beutel.

1–2 cm

3,5–4,5 cm

REGENWALD-RAKETENFROSCH
Silverstoneia flotator
Diese Art lebt in Costa Rica und Panama. Mit dem nach oben gerichteten Maul können die Kaulquappen besser von der Wasseroberfläche fressen.

DREISTREIFEN-BAUMSTEIGER
Ameerega trivittata
Dieser südamerikanische Frosch ruft am Tag, vor allem nach Regenfällen. Er legt die Eier in Falllaub ab und ist in der Nähe von Ansiedlungen häufig.

RIEDFRÖSCHE

Zur großen afrikanischen Familie Riedfrösche (Hyperoliidae) gehören viele kletternde Arten, die sich in Bäumen, Büschen oder Schilf in Wassernähe versammeln, um dort abzulaichen. Manche Arten sind leuchtend gefärbt, mit deutlichen Unterschieden zwischen den Geschlechtern.

KAMERUN-BANANENFROSCH
Afrixalus paradorsalis
Die westafrikanische Art laicht in einem Blatt über dem Wasser. Die Männchen rufen klickend.

2,5–3,5 cm

vorstehende Augen

roter Fleck am Bein

5,5–6,5 cm

ROTBEINIGER RENNFROSCH
Kassina maculata
Diese wasserlebende ostafrikanische Art hat Haftscheiben an den Zehen. Aus den in Wasserpflanzen gelegten Eiern schlüpfen große Kaulquappen.

GOLDBAUMSTEIGER
Dendrobates auratus
Die Männchen dieser Art kämpfen um ein Revier und verteidigen auch den Laich. Nach dem Schlupf tragen sie die Kaulquappen in kleine Wasserlachen in Astlöchern.

3–4 cm

GELBGEBÄNDERTER BAUMSTEIGER
Dendrobates leucomelas
Der in den Regenwäldern des nördlichen Südamerikas lebende Frosch synthetisiert sein Gift aus den von ihm gefressenen Ameisen.

leuchtend blaue Haut

3–4,5 cm

lange Vorderbeine

FÄRBERFROSCH
Dendrobates tinctorius
Diese südamerikanische Art ist sehr variabel gefärbt. Beide Eltern bewachen die Eier und verteidigen ihr Revier vehement.

ERDBEERFRÖSCHCHEN
Oophaga pumilio
Bei dieser Art trägt das Weibchen die geschlüpften Kaulquappen zu wassergefüllten Astlöchern und füttert sie mit unbefruchteten Eiern.

BERNSTEIN-BAUMSTEIGER
Adelphobates galactonotus
Die im Falllaub brasilianischer Wälder lebenden Frösche legen ihre Eier am Boden ab und tragen die Kaulquappen zum Wasser.

1,5–2 cm

FÜNFSTREIFEN-BAUMSTEIGER
Adelphobates quinquevittatus
Der aus Brasilien und Peru stammende Frosch trägt die Kaulquappen zu kleinen Wasserlöchern, wo das Weibchen sie mit unbefruchteten Eiern füttert.

2 cm

GRANULIERTER BAUMSTEIGER
Oophaga granulifera
Diese Art lebt in Costa Rica und Panama. Das Weibchen füttert die Kaulquappen mit unbefruchteten Eiern.

PARANUSS-BAUMSTEIGER
Adelphobates castaneoticus
Die Männchen dieser in Brasilien lebenden Art setzen die sehr gefräßigen Kaulquappen einzeln in kleine, wassergefüllte Löcher in Bäumen.

GRÜNER RIEDFROSCH
Hyperolius tuberilinguis
Dieser lebhafte Frosch ruft sehr laut. Zur Laichzeit können sich Tausende von Männchen versammeln und einen ohrenbetäubenden Lärm erzeugen.

BOLIFAMBA-RIEDFROSCH
Hyperolius bolifambae
Dieser kleine westafrikanische Frosch lebt im Buschland und laicht in Tümpeln. Der Ruf ist ein hohes Summen.

AUSTRALISCHE SUMPFFRÖSCHE

Zur Familie Australische Sumpffrösche (Limnodynastidae) gehören viele an Land lebende, grabende Arten. Zwei vor kurzer Zeit ausgestorbene Arten brüteten ihren Laich im Magen aus.

BRAUNGESTREIFTER SUMPFFROSCH
Limnodynastes peronii
Dieser australische Frosch überlebt die Trockenzeit im Boden vergraben. Nach starkem Regen kommt er hervor und legt seine Eier in schwimmende Schaumnester.

LAUBFRÖSCHE

Die große Familie Laubfrösche (Hylidae) ist weltweit verbreitet, besonders in der Neuen Welt. Die Frösche haben lange, schlanke Beine und Haftscheiben an ihren Zehen. Die meisten sind Baumbewohner und nachtaktiv. Viele Arten versammeln sich zum Laichen in nicht zu überhörenden Gruppen.

MITTELAMERIKANISCHER LAUBFROSCH
Cruziohyla calcarifer
Dieser in Bäumen lebende Frosch stammt aus Mittel- und dem nördlichen Südamerika. Mit den Spannhäuten seiner Füße gleitet er von Baum zu Baum.

ROTAUGEN-BACHFROSCH
Duellmanohyla rufioculis
Dieser Frosch aus den Wäldern Costa Ricas laicht in schnell fließenden Bächen. Mit ihren Mäulern können sich die Kaulquappen an Steinen festsaugen.

braune Oberseite mit dunklen Flecken

2–3 cm

FRÜHLINGSPFEIFER
Pseudacris crucifer
Der typische hochfrequente Ruf dieser aus den östlichen USA und Kanada stammenden kletternden Art kündigt den nahenden Frühling an.

5–7 cm

GROSSER HARLEKINFROSCH
Pseudis paradoxa
Die Kaulquappen dieses wasserlebenden Froschs sind bis zu viermal länger als die erwachsenen Tiere. Er lebt in Südamerika und auf Trinidad.

BAUMHÖHLEN-KRÖTENLAUBFROSCH
Trachycephalus resinifictrix
Der in den Baumkronen südamerikanischer Regenwälder lebende Frosch legt seine Eier in wassergefüllte Baumhöhlen.

ROSENBERGS LAUBFROSCH
Hypsiboas rosenbergi
Die Männchen dieses mittel- und südamerikanischen Froschs graben Löcher für ihre Eier in den feuchten Boden und verteidigen sie vehement gegen Rivalen.

4–5 cm

ORANGEFLANKEN-MAKIFROSCH
Phyllomedusa hypochondrialis
Dieser Bewohner trockener Biotope des nördlichen Südamerikas reibt ein wachsartiges Sekret auf seine Haut.

Haftscheiben an den Zehen

GROSSER FLUGLAUBFROSCH
Ecnomiohyla miliaria
Dieser große mittelamerikanische Frosch besitzt Hautsäume an den Beinen, die möglicherweise Gleitflüge unterstützen.

BOULENGERS KNICKZEHEN-LAUBFROSCH
Scinax boulengeri
Der in Mittelamerika und Kolumbien vorkommende Frosch laicht nach dem Regen in temporären Tümpeln. Die Männchen rufen jeden Tag vom gleichen Ort aus.

KUBA-LAUBFROSCH
Osteopilus septentrionalis
Der auf Kuba, den Cayman-Inseln und den Bahamas lebende Frosch ist auch in Florida eingeführt worden, wo ihm viele der einheimischen Frösche zum Opfer fallen.

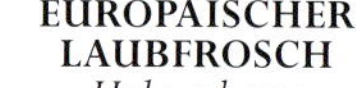

3–5 cm

EUROPÄISCHER LAUBFROSCH
Hyla arborea
Die Männchen versammeln sich im Frühjahr und rufen in lauten Chören. Die Paare laichen in nahe gelegenen Teichen.

ROTAUGEN-LAUBFROSCH
Agalychnis callidryas
Diese hervorragenden Kletterer legen ihre Eier auf die Blätter von über Gewässer ragenden Bäumen. Die schlüpfenden Kaulquappen fallen dann ins Wasser.

3–5 cm

LEMUREN-LAUBFROSCH
Agalychnis lemur
Dieser mittelamerikanische Frosch schläft tagsüber auf Blattunterseiten. Er laicht auf Blättern über dem Wasser.

MANAUS-KNOCHENKOPF-LAUBFROSCH
Osteocephalus taurinus
Dieser Baumbewohner lebt in südamerikanischen Wäldern. Er legt die Eier nach Regenfällen auf die Oberfläche von Tümpeln.

KLEINKÖPFIGER LAUBFROSCH
Dendropsophus microcephalus
Der tagsüber gelb und nachts rotbraun gefärbte Frosch aus Mittel- und Südamerika sowie Trinidad laicht in Tümpeln ab.

2–3 cm

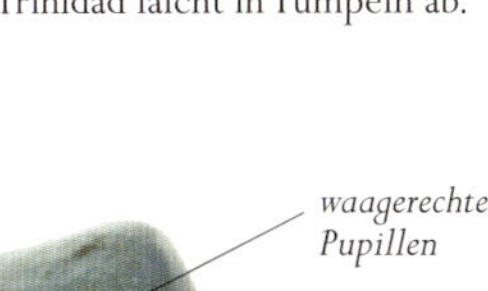

5–10 cm

KORALLEN-FINGER-LAUBFROSCH
Litoria caerulea
Der in Nordost-Australien und Neuguinea lebende gute Kletterer wird oft in der Nähe menschlicher Ansiedlungen angetroffen.

KRONEN-LAUBFROSCH
Anotheca spinosa
Der große, in Mittelamerika und Mexiko vorkommende Frosch lebt in Bromelien und Bananenstauden, wo er seine Eier in wassergefüllte Höhlungen legt.

6–8 cm

4–8 cm

MASKEN-LAUBFROSCH
Smilisca phaeota
Der nur nachtaktive Bewohner mittel- und südamerikanischer Regenwälder legt seine Eier in kleine Tümpel.

knochiger Fortsatz

5–7,5 cm

YUCATAN-PANZER-KOPF-LAUBFROSCH
Triprion petasatus
Dieser Bewohner mexikanischer und mittelamerikanischer Tieflandwälder zieht sich in Baumhöhlen zurück und verschließt den Eingang mit seinem Kopffortsatz.

NEUSEELÄNDISCHE URFRÖSCHE

Die Familie Neuseeländische Urfrösche (Leiopelmatidae) besteht aus vier Arten. Die Frösche besitzen zusätzliche Rippen und bewegen die Hinterbeine beim Schwimmen abwechselnd. Sie leben in feuchten Wäldern und sind nachtaktiv.

2,5–3,5 cm

ARCHEYS URFROSCH
Leiopelma archeyi
Die nur auf der neuseeländischen Nordinsel vorkommende und an Land lebende Art legt ihre Eier unter Totholz ab. Wegen des Lebensraumsverlusts und durch Krankheiten ist sie vom Aussterben bedroht.

LEIUPERIDAE

Diese Familie besteht aus einer kleinen Gruppe mittel- und südamerikanischer Frösche. Sie sind nachtaktiv und die meisten leben auf dem Boden. Die am besten bekannte Art der Familie Leiuperidae ist der Túngara-Frosch.

3–4 cm

TÚNGARA-FROSCH
Engystomops pustulosus
Während des Ablaichens produzieren die Weibchen dieser mittelamerikanischen Art ein Sekret, das die Männchen zu einem Schaumfloß für die Eier schlagen.

MADAGASKAR-BUNTFRÖSCHE

Viele der auf Madagaskar und Mayotte lebenden, tagaktiven Arten der Familie Madagaskarbuntfrösche (Mantellidae) warnen mit ihrer Färbung vor ihren Hautgiften. Oft sind sie durch Lebensraumverlust und Handel bedroht.

4,5–8 cm

WEISSLIPPEN-MADAGASKARFROSCH
Boophis albilabris
Der große, auf Madagaskar lebende Baumbewohner lebt an den Bächen, in denen er ablaicht. Die Hinterfüße tragen vollständige Schwimmhäute.

5–6 cm

ELEGANTER MADAGASKARFROSCH
Spinomantis elegans
Dieser Bewohner steinigen Ödlands lebt in großen Höhen, teilweise oberhalb der Baumgrenze.

2–3 cm

GOLDFRÖSCHCHEN
Mantella aurantiaca
Die leuchtende Farbe dieses aus den madagassischen Regenwäldern stammenden winzigen Froschs warnt potenzielle Räuber vor seinem starken Hautgift.

2–2,5 cm

MADAGASKAR-BUNTFRÖSCHCHEN
Mantella madagascariensis
Dieser madagassische Frosch laicht in Bergbächen und ist durch den Verlust seines Lebensraums bedroht. Sein Ruf besteht aus einem kurzen Zwitschern.

ENGMAULFRÖSCHE

Die Frösche der großen und vielfältigen Familie Engmaulfrösche (Microhylidae) leben in Amerika, Asien, Australien und Afrika. Die meisten sind Bodenbewohner und manche graben auch Baue. Oft zeichnen sie sich durch kräftige Hinterbeine, kurze Schnauzen und plumpe, oft tropfenförmige Körper aus.

5–7,5 cm

INDISCHER OCHSENFROSCH
Kaloula pulchra
Die in Asien weit verbreitete Art ist zum Kulturfolger geworden. Sie schützt sich durch ein unangenehmes, klebriges Sekret.

8–12 cm

TOMATENFROSCH
Dyscophus antongilii
Die auf Madagaskar lebende Art vergräbt sich tagsüber im Boden und sucht nachts nach Nahrung. Ihre klebrige Haut schützt sie vor Fressfeinden.

3–6 cm

SCHWARZGEFLECKTER KLEBFROSCH
Kalophrynus pleurostigma
Dieser philippinische Frosch schützt sich durch ein unangenehmes Sekret. Er laicht nach Regenfällen in Tümpeln.

2–3,5 cm

CAROLINA-ENGMAULFROSCH
Gastrophryne carolinensis
Diese aus dem Südosten der USA stammende Art laicht in Gewässern jeder Größe. Die Männchen rufen wie ein blökendes Schaf.

2–2,5 cm

GROSSER ZWERG-ENGMAULFROSCH
Stumpffia grandis
Der madagassische Frosch lebt im Falllaub hoch gelegener Wälder.

ASIATISCHE KRÖTENFRÖSCHE

Die Arten der Familie Asiatische Krötenfrösche (Megophryidae) sind zwischen Blättern hervorragend getarnt. Sie sind meistens Bodenbewohner.

ZIPFELFROSCH
Megophrys nasuta
Die »Hörner« und die Farbe tarnen die Tiere im Falllaub, wo sie ihrer Beute auflauern.

SCHLAMMTAUCHER

Die Familie Schlammtaucher (Pelodytidae) ist auf Europa und den Kaukasus beschränkt. Nach starken Regenfällen legen die Frösche ihren Laich in breiten Bändern ab.

3–5 cm

WESTLICHER SCHLAMMTAUCHER
Pelodytes punctatus
Beim Erklettern glatter Flächen benutzt dieser Frosch seine Unterseite als Saugnapf. Bei der Balz rufen beide Geschlechter.

ZUNGENLOSE

Diese aquatischen Arten sind sehr gut an ihren Lebensraum angepasst. Sie haben flache Körper, Schwimmhäute an den Hinterfüßen und nach oben gerichtete Augen. Wie der Name der Familie Zungenlose (Pipidae) verrät, besitzen die Tiere keine Zunge. Zum weiten Nahrungsspektrum gehört auch Aas.

Krallen für das Zerlegen der Nahrung

3–5 cm

FRASERS KRALLENFROSCH
Xenopus fraseri
Die in West- und Zentralafrika lebenden aquatischen Frösche gedeihen in von Menschen veränderter Umgebung und werden auch gegessen.

KLEINE WABENKRÖTE
Pipa parva
Bei dieser ausschließlich im Wasser lebenden Art aus Venezuela und Kolumbien entwickeln sich die Eier in der Rückenhaut des Weibchens.

EUROPÄISCHE SCHAUFELFUSSKRÖTEN

Arten der Familie Europäische Schaufelfußkröten (Pelobatidae) tragen an den Hinterbeinen hornige Fortsätze, mit denen sie sich bei Trockenheit eingraben.

4–8 cm

KNOBLAUCHKRÖTE
Pelobates fuscus
Die in Eurasien lebende Art ist in ihrer Farbe sehr variabel. Die Tiere können ihren gedrungenen Körper bei Bedrohung aufblasen.

DICROGLOSSIDAE

Diese Familie findet man in Afrika, Asien und auf verschiedenen pazifischen Inseln. Die Arten leben am Boden, jedoch immer in Gewässernähe. Viele laichen im Wasser, wo dann die Kaulquappen aufwachsen.

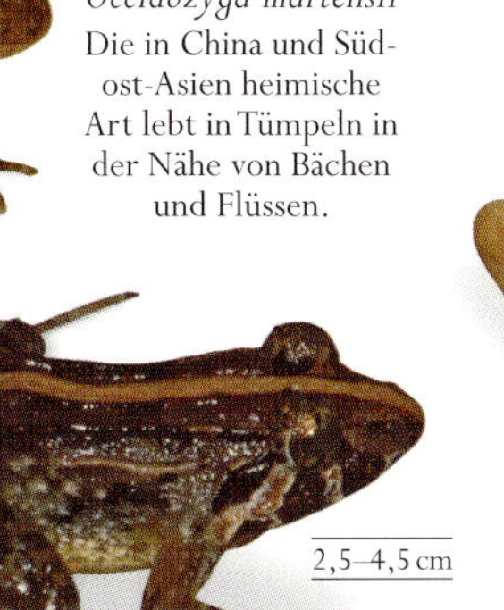

MARTENS' TÜMPELFROSCH
Occidozyga martensii
Die in China und Süd-ost-Asien heimische Art lebt in Tümpeln in der Nähe von Bächen und Flüssen.

ASIATISCHER OCHSENFROSCH
Hoplobatrachus tigerinus
Dieser große, gefräßige südasiatische Frosch laicht in der Regenzeit. Die Männchen rufen besonders laut.

RAJAMALLY-FROSCH
Fejervarya kirtisinghei
Die nur auf Sri Lanka vorkommende Art lebt im Falllaub in der Nähe von Bächen, aber auch in Gärten.

2,5–4,5 cm

INDISCHER SPORNFUSSFROSCH
Euphlyctis cyanophlyctis
Diese in Südasien verbreitete Art kann über die Wasseroberfläche schlittern.

ECHTE FRÖSCHE

Die große Familie Echte Frösche (Ranidae) ist in den meisten Teilen der Welt vertreten. Die meisten ihrer Arten haben kräftige Hinterbeine, mit denen sie sehr gut springen und schwimmen können. Sie laichen meistens zum Anfang des Frühjahrs, wobei die Tiere vieler Arten ihre Eier gemeinsam ablegen.

GOLIATHFROSCH
Conraua goliath
Dieser größte Frosch der Welt stammt aus Afrika und lebt aquatisch. Mit seinen kräftigen Beinen und den Schwimmhäuten ist er ein guter Schwimmer.

8–12 cm

TEICHFROSCH
Pelophylax kl. *esculentus*
Dieser Frosch ist eine Hybride (kl. = Kleptospezies) aus dem Kleinen Wasserfrosch und dem Seefrosch. Er lebt in oder am Wasser.

3,5–8 cm

WALDFROSCH
Lithobates sylvaticus
Dieser einzige amerikanische Frosch, der nördlich des Polarkreises lebt, laicht in temporären, fischfreien Tümpeln.

GRASFROSCH
Rana temporaria
Diese europäische Art lebt überwiegend an Land und sucht im Frühjahr die Laichgewässer auf. Die Weibchen legen den Laich in Ballen ab.

AMERIKANISCHER SUMPFFROSCH
Lithobates palustris
Der in Nordamerika weit verbreitete Frosch laicht im Frühjahr. Die Weibchen produzieren Laichballen von 2000 bis 3000 Eiern.

9–20 cm

AMERIKANISCHER OCHSENFROSCH
Lithobates catesbeianus
Der gefräßige Räuber braucht bis zu vier Jahre, um seine Endgröße zu erreichen. Er ist der größte nordamerikanische Frosch.

PHRYNOBATRACHIDAE

Diese Familie kleiner, an Land lebender oder semiaquatischer Frösche stammt aus Afrika südlich der Sahara. Die meisten Arten laichen das ganze Jahr über und legen die Eier im Wasser ab. In fünf Monaten sind die Tiere erwachsen.

warzige Haut

1,5–2 cm

GOLDENER PFÜTZENFROSCH
Phrynobatrachus auritus
Dieser die Böden zentralafrikanischer Regenwälder bewohnende Frosch laicht in winzigen Tümpeln.

SPRINGFRÖSCHE

Zu den in Afrika sowie auf Madagaskar und den Seychellen im offenen Gelände lebenden Arten der Familie Springfrösche (Ptychadenidae) gehören viele sehr farbige Frösche. Stromlinienförmige Körper und kräftige Hinterbeine machen sie zu guten Springern.

4,5–7 cm

MASKARENEN-SPRINGFROSCH
Ptychadena mascareniensis
Der auf landwirtschaftlich genutzter Fläche häufige Frosch hat lange Beine und ein spitzes Maul. Er laicht in Pfützen, Wagenspuren und Gräben.

RUDERFRÖSCHE

Die Familie Ruderfrösche (Rhacophoridae) ist in Afrika und einem großen Teil Asiens verbreitet und umfasst vor allem baumbewohnende Arten. Viele legen ihre Eier in Schaumnester ab, wo sie und die Kaulquappen vor Räubern geschützt sind.

4–6 cm

LANGNASEN-RUDERFROSCH
Polypedates longinasus
Die durch Lebensraumverlust bedrohte, baumbewohnende Art lebt in den übrig gebliebenen Regenwäldern Sri Lankas.

4,5–6 cm

RAUHÄUTIGER BAUMFROSCH
Chiromantis rufescens
Die in west- und zentralafrikanischen Wäldern lebende Art legt ihre Eier in Schaumnestern auf Ästen über dem Wasser ab.

7–9 cm

VIETNAMESICHER MOOSFROSCH
Theloderma corticale
Seine Färbung tarnt den Frosch gut im Moos. Er kann sich bei Gefahr zu einer Kugel zusammenrollen.

glänzend grüne Färbung

9–10 cm

mit Schwimmhäuten versehene Vorder- und Hinterbeine

WALLACE-FLUGFROSCH
Rhacophorus nigropalmatus
Dieser Baumbewohner aus den südostasiatischen Regenwäldern kann mit den gespreizten Schwimmhäuten von Baum zu Baum gleiten.

GRABFRÖSCHE

Die südlich der Sahara vorkommende Familie Grabfrösche (Pyxicephalidae) umfasst große Arten wie den Ochsenfrosch, aber auch normale Teich- und winzige Moosbewohner. Sie laichen im Wasser, einige auch an Land. Aus den Eiern schlüpfen Kaulquappen.

AFRIKANISCHER OCHSENFROSCH
Pyxicephalus adspersus
Die Männchen dieser afrikanischen Art verteidigen ihre Eier und Kaulquappen vehement. Sie graben Rinnen, damit die Kaulquappen das offene Wasser erreichen können.

NASENKRÖTEN

Die Nasenkröte, die einzige Art der Familie Rhinophrynidae, ist auf das Graben im Boden spezialisiert und ernährt sich von Ameisen. Sie hat eine lange, dünne Zunge, die sie aus dem schmalen Maul herausstrecken kann.

6–8 cm

NASENKRÖTE
Rhinophrynus dorsalis
Diese ungewöhnlich geformte Art verbringt die meiste Zeit in einem unterirdischen Bau und laicht nach Regenfällen in temporären Tümpeln.

AMERIKANISCHE SCHAUFELFUSS-KRÖTEN

Die Arten der Familie Amerikanische Schaufelfußkröten (Scaphiopodidae) leben auf trockenem Land und können lange Zeit unterirdisch ruhen. Nach Regenfällen laichen sie in temporären Tümpeln, die rasch verdunsten.

4–6 cm

FLACHLAND-SCHAUFELFUSS
Spea bombifrons
Der in trockenen nordamerikanischen und mexikanischen Ebenen lebende Frosch gräbt sich tagsüber ein und laicht nach Regenfällen.

5,5–9 cm

gefleckte Haut

SÜDLICHER SCHAUFELFUSS
Scaphiopus couchii
Diese nordamerikanische Art lebt in trockenen Lebensräumen weitgehend unterirdisch. Sie frisst nachts und laicht nach starken Regenfällen.

STRABOMANTIDAE

Die Arten dieser Familie stammen aus Südamerika und der Karibik. Es gibt keine Kaulquappen, da aus den Eiern unmittelbar Miniaturabbilder der erwachsenen Frösche schlüpfen.

1,5–3,5 cm

LIMON-PFEIFFROSCH
Pristimantis cerasinus
Die sich tagsüber im Falllaub versteckende Art klettert nachts in den Bäumen umher. Sie stammt aus den feuchten Tieflandwäldern Mittelamerikas.

2–4 cm

GOLDBAUCH-FROSCH
Pristimantis cruentus
Dieser an Land lebende Frosch stammt aus Mittel- und Südamerika und legt seine Eier in die Spalten von Baumstümpfen.

1,5–2,5 cm

ZWERG-PFEIFFROSCH
Pristimantis ridens
Dieser nachtaktive Frosch der mittel- und südamerikanischen Wälder besiedelt auch Gärten und legt seine Eier in Falllaub.

SCHLEICHENLURCHE

Schleichenlurche (Gymnophiona) sind lang gestreckte Amphibien, denen die Beine und meistens auch der Schwanz fehlen. Ringartige Hautfalten verleihen ihnen ein segmentiertes Aussehen.

Schleichenlurche leben in den Tropen und können von 12 cm bis 1,6 m lang sein. Die meisten benutzen ihren spitzen knochigen Kopf zum Graben. Sie kommen vor allem nach nächtlichen Regenfällen hervor, um Regenwürmer, Termiten und andere Insekten zu fressen. Wegen ihrer verkümmerten Augen verlassen sie sich auf ihren Geruchssinn. Ein Paar einziehbarer Fühler zwischen Augen und Nasenlöchern überträgt chemische Signale zur Nase. Alle Schleichenlurche verfügen über eine innere Befruchtung. Manche Arten legen Eier, doch bei anderen werden die Jungen entweder als Larven mit Kiemen oder als Miniaturausgaben der Eltern geboren.

STAMM	CHORDATA
KLASSE	LISSAMPHIBIA
ORDNUNG	GYMNOPHIONA
FAMILIEN	6
ARTEN	186

FISCHWÜHLEN

Die Arten der Familie Fischwühlen (Ichthyophiidae) legen ihre Eier in Wassernähe in die Erde. Die Weibchen verteidigen das Gelege, bis die Larven das Wasser aufgesucht haben.

33 cm

gelber Streifen entlang des Körpers

KOA-TAO-BLINDWÜHLE
Ichthyophis kohtaoensis
Diese in Südost-Asien vorkommende Fischwühle legt ihre Eier an Land ab, doch die Larven wachsen im Wasser auf.

ERDWÜHLEN

Die Mehrzahl der Arten der Familie Erdwühlen (Caeciliidae) lebt unterirdisch. Sie kommen in den meisten tropischen Regionen vor und variieren in der Länge. Manche werden länger als 1,5 m. Die Larven schlüpfen aus Eiern oder entwickeln sich im Körper des Weibchens.

65 cm

BLAUE KAMERUNWÜHLE
Herpele squalostoma
Die aus West- und Zentralafrika stammende Erdwühle lebt unterirdisch in der Nähe von Gewässern in Tieflandwäldern.

50 cm

PURPUR-ERDWÜHLE
Gymnopis multiplicata
Dieser mittelamerikanische Landbewohner besiedelt verschiedenste Lebensräume. Die Larven schlüpfen im Körper des Weibchens.

22 cm

KLEINKÖPFIGE LEDER-ERDWÜHLE
Dermophis parviceps
Die unterirdisch in den feuchten Wäldern Mittel- und Südamerikas lebende, schlanke Art kommt nachts zur Nahrungssuche heraus.

SCHWANZLURCHE

Anders als die übrigen Amphibien besitzen die Salamander und Molche echsenartige Körper, lange Schwänze und vier gleich große Beine.

Die als Schwanzlurche (Caudata) bezeichneten Salamander und Molche leben meist in feuchter Umgebung und sind weitgehend auf die nördliche Hemisphäre beschränkt. Von Kanada bis zum nördlichen Südamerika sind sie zahlreich vertreten. In der Größe reichen sie von über 1 m langen bis zu winzigen 2 cm messenden Tieren.

AMPHIBISCHE LEBENSWEISE

Manche Arten, vor allem die Molche, verbringen einen Teil ihres Lebens im Wasser und einen Teil auf dem Land. Manche Schwanzlurche leben ständig im Wasser, andere ausschließlich auf dem Land. Die meisten Arten haben eine glatte, feuchte Haut, über die sie auch in mehr oder weniger großem Umfang atmen können.

Die Salamander der Familie Plethodontidae besitzen gar keine Lungen und atmen nur über Haut und Gaumendach. Verglichen mit Froschlurchen haben Schwanzlurche relativ kleine Köpfe und auch kleinere Augen. Der Geruchssinn spielt bei der Nahrungs- und Partnersuche die wichtigste Rolle. Die meisten Arten, besonders die an Land lebenden, sind nachtaktiv und verstecken sich am Tag unter Steinen oder Totholz.

VERMEHRUNG

Die meisten Arten verfügen über eine innere Befruchtung. Die Männchen besitzen jedoch keinen Penis, sondern geben ihre Spermien in Form von als Spermatophoren bezeichneten Kapseln ab, die vom Weibchen aufgenommen werden. Das Weibchen kann sie natürlich auch zurückweisen. Bei vielen Molchen bekommen die Männchen zur Laichzeit Rückenkämme und leuchtende Farben.

Viele Schwanzlurche laichen im Wasser. Die geschlüpften Larven haben lange, schlanke Körper, hohe flossenähnliche Schwänze und große federähnliche Außenkiemen. Die fleischfressenden Larven ernähren sich von kleinen Wassertieren. An Land lebende Salamander-Arten sind oft lebendgebärend oder legen ihre Eier an Land ab. Das Larvenstadium wird in diesem Fall vollständig im Ei abgeschlossen, aus dem ein Miniaturebenbild der Eltern schlüpft.

STAMM	CHORDATA
KLASSE	LISSAMPHIBIA
ORDNUNG	CAUDATA
FAMILIEN	10
ARTEN	585

Ein Bergmolchmännchen riecht vor der Balz an einem Weibchen. So kann es Geschlecht und Art des Partners erkennen.

ARMMOLCHE

Die vollkommen aquatischen, aalähnlichen Molche der Familie Armmolche (Sirenidae) leben in den südlichen USA und in Mexiko. Sie zeigen auch als Erwachsene Larvenmerkmale und besitzen Außenkiemen, jedoch keine Hinterbeine.

GROSSER ARMMOLCH
Siren lacertina
Diese Art besitzt nur winzige Vorderbeine. Sie bewohnt seichte Flüsse, Seen und Teiche in den südöstlichen USA und im nordöstlichen Mexiko.

VULKAN-QUERZAHNMOLCHE

Die Familie Vulkan-Querzahnmolche (Rhyacotritonidae) besteht aus vier Arten. Die semiaquatisch lebenden Tiere legen ihre Eier unter Steine im Wasser.

7,5–11,5 cm

COLUMBIA-QUERZAHNMOLCH
Rhyacotriton kezeri
Die in den Wäldern von Oregon und Washington vorkommende Art laicht im Frühjahr. Der Holzeinschlag hat zum deutlichen Rückgang des Bestands geführt.

ECHTE SALAMANDER UND MOLCHE

Die Familie Echte Salamander und Molche (Salamandridae) besteht aus kleineren bis mittleren Arten. Die Eier werden im Weibchen befruchtet, wobei die Spermien im Verlauf einer komplizierten Balz in Form einer Spermatophore übergeben werden.

12–20 cm

KALIFORNISCHER GELBBAUCHMOLCH
Taricha torosa
Die nachtaktive Art laicht im Frühjahr in Teichen. Sie produziert ein tödliches Nervengift.

GEKNÖPFTER BIRMA-KROKODILMOLCH
Tylototriton verrucosus
Die mittelasiatische Art laicht nach dem Monsun. Ihre Warnfärbung weist auf schlecht schmeckende Sekrete hin.

15–30 cm

SPANISCHER RIPPENMOLCH
Pleurodeles waltl
Diese in Spanien und Marokko lebende Art verteidigt sich, indem sie die scharfen Enden ihrer Rippen durch die Haut presst, wenn sie ergriffen wird.

BERGMOLCH
Ichthyosaura alpestris
Der in Nordeuropa verbreitete Molch laicht Anfang des Frühjahrs. Das Weibchen legt die Eier einzeln in Wasserpflanzenblättern ab.

BRILLENSALAMANDER
Salamandrina terdigitata
Dieser versteckt lebende Salamander kommt nur in Bächen im italienischen Hügelland vor. Er hat einen langen, abgeplatteten Körper.

CHINESISCHER KURZFUSSMOLCH
Pachytriton labiatus
Der in chinesischen Bergbächen vorkommende Molch besitzt einen großen Schwanz und klebt seine Eier an Steine.

SARDISCHER GEBIRGSMOLCH
Euproctus platycephalus
Die nur auf Sardinien vorkommende Art lebt in Bächen und laicht unter Steinen. Wegen des Rückgang des Lebensraums ist sie gefährdet.

FEUERSALAMANDER
Salamandra salamandra
Dieser europäische Salamander sucht das Wasser nur auf, um die lebend geborenen Larven abzusetzen. Mit den Kopfdrüsen kann er ein giftiges Sekret versprühen.

GRÜNLICHER WASSERMOLCH
Notophthalmus viridescens
Dieser in Teichen laichende Molch kommt im östlichen Nordamerika vor. Die Jungen leben an Land, sind leuchtend rot und sehr giftig.

ZAGROS-MOLCH
Neurergus kaiseri
Die nur im Iran vorkommende Art lebt in Bächen. Wegen des Lebensraumverlusts und des Handels ist sie vom Aussterben bedroht.

JAPANISCHER FEUERBAUCHMOLCH
Cynops pyrrhogaster
Dieser überwiegend im Wasser lebende Molch warnt Feinde mit seinem leuchtend gefärbten Bauch vor den Giftdrüsen in seiner Haut.

TEICHMOLCH
Lissotriton vulgaris
Die in Europa und Westasien weit verbreitete Art laicht in Teichen. Dem geht eine komplizierte Balz voraus.

NÖRDLICHER KAMMMOLCH
Triturus cristatus
Die Männchen der in Europa und Zentralasien lebenden, in Teichen laichenden Art bekommen im Frühjahr auffällige Rückenkämme und balzen vor potenziellen Partnerinnen.

MARMORMOLCH
Triturus marmoratus
Der in Frankreich und Spanien vorkommende Molch lebt in Wäldern, Heiden und Hecken. Im Frühjahr laicht er in Teichen.

LUNGENLOSE SALAMANDER

Mit über 390 Arten ist die Familie Lungenlose Salamander (Plethodontidae) die größte unter den Schwanzlurchen. Ihre Arten haben keine Lungen, sondern atmen über ihre Mundschleimhaut und ihre Haut. Mit Ausnahme sechs europäischer Arten leben diese Salamander in verschiedenen Lebensräumen in Nord-, Mittel- und Südamerika und ernähren sich hauptsächlich von kleinen Wirbellosen.

kleine Beine

8–13 cm

Körper und Schwanz lang und schlank

GESTREIFTER KLETTER-SALAMANDER
Bolitoglossa striatula
Die kleine, Schwimmhäute besitzende Art ist nachtaktiv und versteckt sich am Tag unter Bananenblättern. Sie lebt in Costa Rica, Honduras und Nicaragua.

7–11 cm

ALLEGHANY-BACHRANDSALAMANDER
Desmognathus ochrophaeus
Die überwiegend landlebenden Tiere sieht man nach Regenfällen oft in Wäldern nach Nahrung suchen. Manchmal klettern sie dabei auf Bäume und Büsche.

ROBBENSALAMANDER
Desmognathus monticola
Diese kräftig gebaute Art ist nachtaktiv und verbirgt sich am Tag in ihrem Bau.

8–13 cm

11–15 cm

ALLENS WURMSALAMANDER
Oedipina alleni
Die im Falllaub der Tieflandwälder Costa Ricas lebende Art rollt bei Bedrohung den langen Körper und den Schwanz ein.

10–16 cm

DREISTREIFEN-GELBSALAMANDER
Eurycea guttolineata
Dieser Salamander ist ein sehr guter Schwimmer, verbringt aber viel Zeit in seinem Bau.

schwarzer Streifen entlang der Seite

7–11 cm

WILDERS GELBSALAMANDER
Eurycea wilderae
Die in der Nähe von Bächen lebende Art ist in den Bergwäldern der südlichen Appalachen verbreitet. Die Tiere paaren sich im Herbst und laichen im Winter.

11,5–21 cm

MISSISSIPPI-SALAMANDER
Plethodon mississippi
Der in Laubwäldern lebende Salamander schützt sich mit einem klebrigen Hautsekret vor Fressfeinden. Er legt seine Eier an Land ab.

ROTRÜCKEN-WALDSALAMANDER
Plethodon cinereus
Die an Land lebende Art verbirgt sich am Tag unter Borkenstücken und jagt nachts.

7–12 cm

RIESENSALAMANDER

Zur Familie Riesensalamander (Cryptobranchidae) gehören drei vollkommen im Wasser lebende Arten, je eine in Japan, China und Nordamerika. Sie ernähren sich von Würmern bis hin zu kleinen Säugetieren. Der Chinesische Riesensalamander ist der größte Salamander der Welt und wird etwa 1,8 m lang.

SCHLAMMTEUFEL
Cryptobranchus alleganiensis
Diese nordamerikanische Art benutzt den flachen Kopf, um unter Steinen Baue zu graben, in denen die Männchen die Eier bewachen. Die Haut ist sehr faltig.

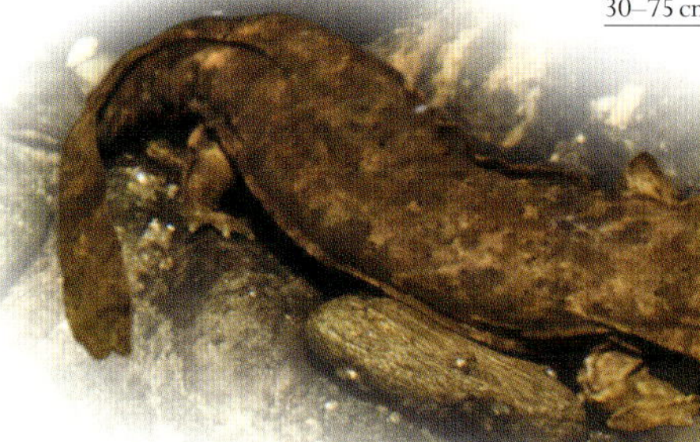

30–75 cm

flacher Körper

gespreizte Beine

1–1,4 m

JAPANISCHER RIESENSALAMANDER
Andrias japonicus
Diese im Wasser lebende Art ist durch den Verlust ihres Lebensraums bedroht. Bestimmte Männchen verteidigen die Höhlen, in denen die Weibchen ablaichen.

PORPHYRSALAMANDER
Gyrinophilus porphyriticus
Diesen lebhaften Bewohner von Bergquellen und -bächen findet man meistens versteckt unter Steinen oder Totholz.

ITALIENISCHER SCHLEUDER-ZUNGENSALAMANDER
Speleomantes italicus
Dieser norditalienische Salamander lebt in Spalten in der Nähe von Bergbächen.

ESCHSCHOLTZ-SALAMANDER
Ensatina eschscholtzii
Dieser nordamerikanische Salamander hat einen dicken, an der Basis schmaleren Schwanz. Um sich zu verteidigen, hält er ihn Feinden entgegen.

VIERZEHENSALAMANDER
Hemidactylium scutatum
Die erwachsenen Tiere leben im Moos, doch die Jungen wachsen im Wasser heran. An der Basis des Schwanzes befindet sich eine Einschnürung.

WINKELZAHN-MOLCHE

Etwa 50 kleine bis mittelgroße Arten zählen zur Familie Winkelzahnmolche (Hynobiidae). Sie leben in Asien, manche in Bergbächen, und laichen in Teichen oder Bächen und ihre Larven tragen Außenkiemen. Manche Arten haben Krallen.

DUNNS WINKELZAHNMOLCH
Hynobius dunni
Die Weibchen dieser gefährdeten japanischen Art legen »Laichsäcke« ab und die Männchen konkurrieren um die Besamung.

QUERZAHNMOLCHE

Diese Tiere leben meistens in Bauen und kommen nur nachts zum Fressen heraus. Die Familie Querzahnmolche (Ambystomatidae) umfasst 37 Arten, die alle in Nordamerika vorkommen. Manche, vor allem der Axolotl, leben auch als erwachsene Tiere im Wasser und behalten Larvenmerkmale wie die Außenkiemen bei. Die vier großen und aggressiven Arten der Gattung *Dicamptodon* aus dem westlichen Nordamerika sind früher in eine eigene Familie gestellt worden.

AXOLOTL
Ambystoma mexicanum
Erwachsene Tiere verlassen niemals das Wasser und gleichen mit ihren hohen Schwänzen und Außenkiemen großen Salamanderlarven.

18–25 cm

breiter Kopf mit kleinen Augen

gelbe oder weiße Zeichnung auf braunem oder schwarzem Grund

TIGER-SALAMANDER
Ambystoma tigrinum
Diese in einem großen Teil Nordamerikas heimische Art sucht im Frühjahr zum Laichen Teiche auf.

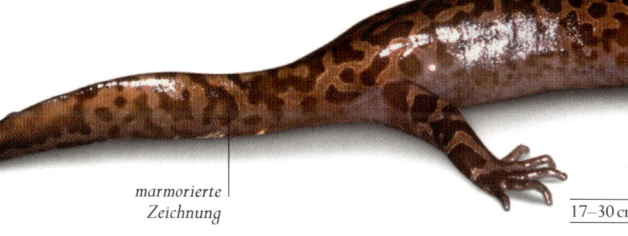

9–11 cm

MARMOR-QUERZAHNMOLCH
Ambystoma opacum
Dieser kurzschwänzige Salamander laicht im Herbst in ausgetrockneten Teichen, die sich im Winter mit Wasser füllen.

massiger Kopf

marmorierte Zeichnung

17–30 cm

PAZIFISCHER RIESEN-QUERZAHNMOLCH
Dicamptodon ensatus
Diese große, nachtaktive Art ist durch den Verlust ihrer Waldlebensräume bedroht. Sie weist ein aquatisches Larvenstadium auf.

OLME

Fünf der sechs Arten der Familie Olme (Proteidae) leben in Nordamerika, nur die sechste – der Grottenolm – in Europa. Diese Arten behalten auch als erwachsene Tiere Larvenmerkmale bei, wie lange, schmale Körper, Außenkiemen und kleine Augen.

GEFLECKTER FURCHENMOLCH
Necturus maculosus
Dieser gefräßige Räuber frisst verschiedene Wirbellose, Fische und Amphibien. Das Weibchen verteidigt seine sich entwickelnden Eier.

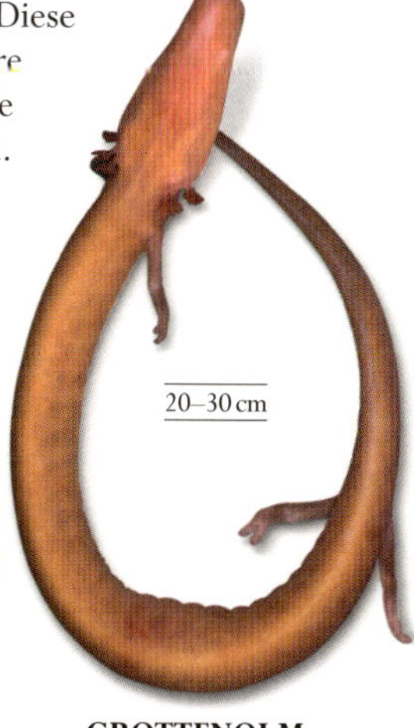

GROTTENOLM
Proteus anguinus
Dieser vollkommen aquatische, blinde Olm lebt in dunklen überfluteten Höhlen in Slowenien und Montenegro.

AALMOLCHE

Die im östlichen Nordamerika lebenden drei Arten der Familie Aalmolche (Amphiumidae) sind aquatische, aalähnliche Molche mit winzigen Beinen. Die Weibchen bewachen die Eier in einem Nest an Land. Aalmolche graben sich bei Trockenheit in Schlamm ein und bilden einen Kokon. Sie fressen Wirbellose, Fische, Schlangen und kleine Amphibien.

DREIZEHEN-AALMOLCH
Amphiuma tridactylum
Diese große, mit schleimiger Haut und langem Schwanz versehene Art kann sehr schmerzhaft zubeißen. Die Männchen paaren sich jedes Jahr, die Weibchen nur in jedem zweiten.

REPTILIEN

Reptilien (Reptilia) stellen eine erfolgreiche Gruppe verschiedenster wechselwarmer Wirbeltiere dar. Obwohl man sie gewöhnlich mit heißen, trockenen Gegenden in Verbindung bringt, leben sie weltweit in den unterschiedlichsten Lebensräumen.

STAMM	CHORDATA
KLASSE	REPTILIA
ORDNUNGEN	4
FAMILIEN	60
ARTEN	etwa 7700

Reptilienschuppen schützen ihren Besitzer. Sie sind mit Keratin verstärkt und oft mit Knochen unterlegt.

Das beschalte Ei erlaubt den Reptilien die Vermehrung außerhalb des Wassers. Die Schale schützt vor Verdunstung.

Bei Panzerechsen und den anderen heutigen Reptilien sind die Beine anders als bei Säugetieren seitlich abgewinkelt.

Reptilien regeln ihre Körpertemperatur über ihr Verhalten. So sonnen sie sich morgens, um Wärme aufzunehmen.

Die ersten Reptilien sind vor über 295 Millionen Jahren aus Amphibien hervorgegangen. Sie sind nicht nur die Vorfahren der heutigen Reptilien, sondern auch die der Säugetiere und Vögel. Während des Mesozoikums beherrschten Dinosaurier, Ichthyosaurier, Plesiosaurier und Pterosaurier die Erde. Die heutigen Reptiliengruppen sind zu dieser Zeit entstanden und überlebten das Massenaussterben vor 65 Millionen Jahren, als die Dinosaurier ausstarben.

Alle Reptilien teilen Eigenschaften wie die schuppige Haut und die durch ihr Verhalten (Sonnenbad) geprägte Thermoregulation. Doch sie weisen auch Unterschiede auf. Schildkröten sind durch einen Panzer geschützt. Die meisten Reptilien besitzen vier Beine. In der Ordnung Squamata (Schuppenkriechtiere), zu der die Echsen und Schlangen gehören, sind jedoch mehrfach Formen ohne Beine entstanden.

In heißen Wüsten herrschen meist Echsen und Schlangen vor, doch Reptilien aller Gruppen findet man in allen Lebensräumen der Tropen und Subtropen. In kühleren Klimazonen leben weniger Arten. Innerhalb eines jeden Ökosystems spielen Reptilien sowohl als Räuber als auch als Beute eine wichtige Rolle. Die meisten von ihnen sind Fleischfresser. Einige Leguane und Schildkröten sind reine Pflanzenfresser, doch viele sind opportunistische Allesfresser.

VERHALTEN UND ÜBERLEBEN

Die Tiere mancher Arten sind Einzelgänger. Andere weisen ein hoch entwickeltes Sozialverhalten auf. Obwohl sie bei Kälte träge sind, können Reptilien sehr aktiv werden, wenn sie eine höhere Körpertemperatur erreicht haben. Die Männchen vieler Arten bilden Reviere und balzen. Obwohl manche Schuppenkriechtiere lebendgebärend sind, vergräbt das Weibchen die Eier meistens nach einer inneren Befruchtung im Boden. Reptilien sind von Geburt an selbstständig, auch wenn manche Krokodile sich zwei oder mehr Jahre lang um ihre Jungen kümmern.

Reptilien werden wegen ihrer Haut und als Nahrungsquelle verfolgt. Zusammen mit dem Verlust der Lebensräume, Umweltverschmutzung und Klimaveränderung bedroht dies das Überleben vieler Arten.

MEERESSCHILDKRÖTE IN IHREM ELEMENT >
Die Suppenschildkröte mag urtümlich wirken, doch ist ihr Körperbau sehr gut an das Leben im Meer angepasst.

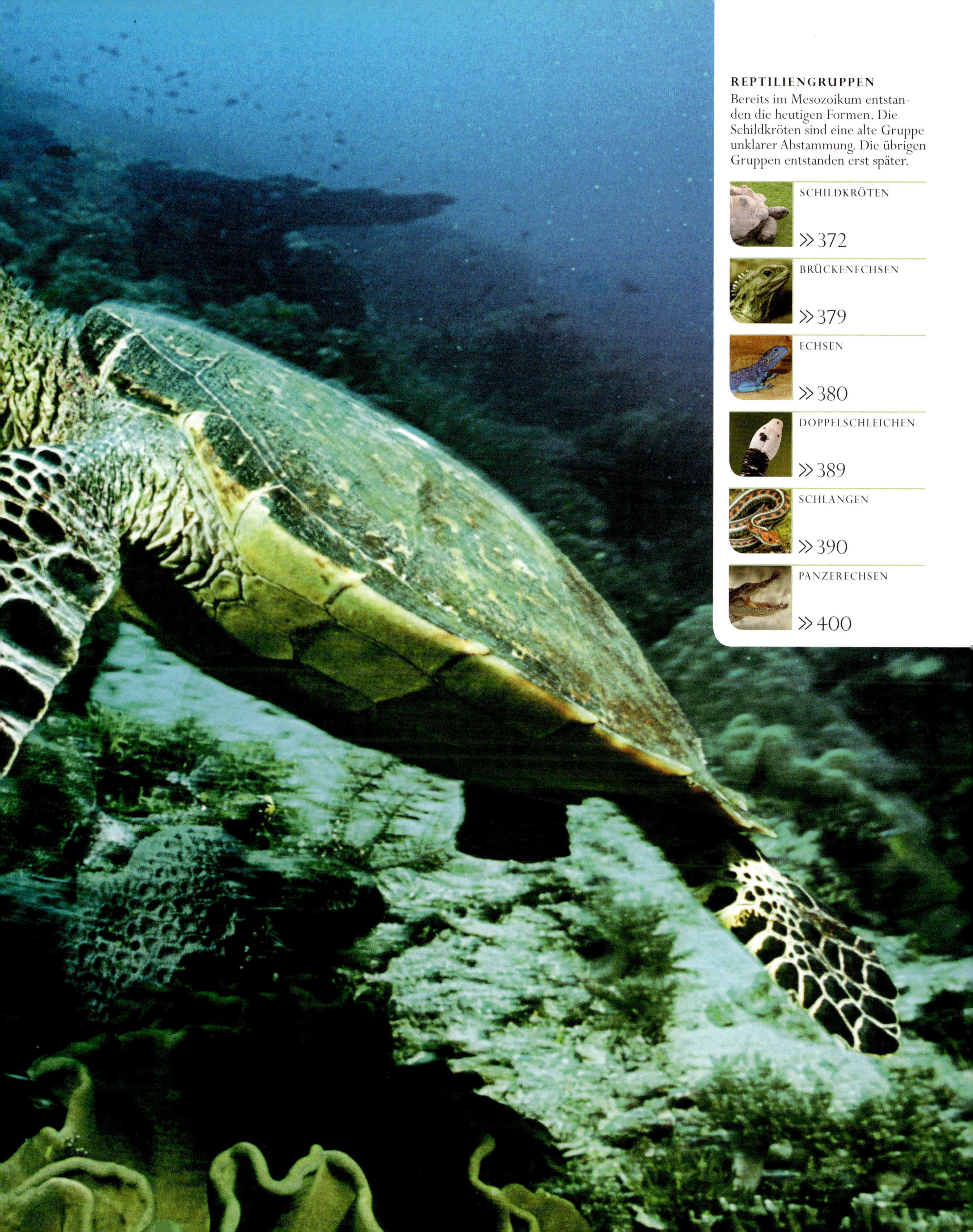

REPTILIENGRUPPEN

Bereits im Mesozoikum entstanden die heutigen Formen. Die Schildkröten sind eine alte Gruppe unklarer Abstammung. Die übrigen Gruppen entstanden erst später.

SCHILDKRÖTEN ≫ 372

BRÜCKENECHSEN ≫ 379

ECHSEN ≫ 380

DOPPELSCHLEICHEN ≫ 389

SCHLANGEN ≫ 390

PANZERECHSEN ≫ 400

SCHILDKRÖTEN

Mit ihrem Panzer, den stämmigen Beinen und dem schnabelartigen Maul unterscheiden sich Schildkröten (Testudines) wenig von ihren vor 200 Millionen Jahren lebenden Vorfahren.

Zu den Schildkröten gehören Land-, Meeres- und Süßwasserbewohner. Manche der ausgestorbenen Arten waren Giganten, doch die heute lebenden sind meist von moderater Größe. Eine Ausnahme bilden die Meeresschildkröten und die auf einigen Inseln vorkommenden Riesenschildkröten.

SCHUTZ UND FORTBEWEGUNG

Der Panzer besteht aus miteinander verschmolzenen, mit Hornschilden bedeckten Knochen. Der obere Teil wird als Carapax, der untere als Plastron bezeichnet. Die Schutzwirkung des Panzers ist unterschiedlich und fällt bei manchen im Wasser lebenden Arten am geringsten aus. Nicht alle Arten können den Kopf einziehen. Manche legen ihn nur seitlich unter den Panzerrand.

Landschildkröten sind eher langsame Tiere, doch manche Meeresschildkröten können dank ihrer zu Flossen umgewandelten Vorderbeine Geschwindigkeiten von bis zu 30 km/h erreichen. Viele Arten kommen mit wenig Sauerstoff aus und können stundenlang unter Wasser bleiben. Schildkröten haben einen langsamen Stoffwechsel und sind generell langlebig.

Manche Arten sind Fleisch-, andere Pflanzen-, doch die meisten Allesfresser. Ihre tierische Beute ist oft langsam oder wird von der lauernden Schildkröte überrascht. Die Nahrung wird meist mit den Hornschneiden des Schnabels zerteilt.

VERMEHRUNG

Schildkröten verteidigen keine Reviere, können jedoch große Heimatgebiete besetzen und Rangordnungen aufbauen. Ansonsten versammeln sie sich oft zum Sonnenbad oder zur Eiablage. Die Männchen mancher Arten zeigen ein ausgeprägtes Balzverhalten. Die Eier können rund oder länglich sein und eine feste oder elastische Schale aufweisen. Das Gelege wird vom Weibchen an Land vergraben. Fast alle Meeresschildkröten kommen nur zur Eiablage an Land. Bei vielen Arten, jedoch nicht bei allen, hängt das Geschlecht des Jungtiers von der Inkubationstemperatur ab.

STAMM	CHORDATA
KLASSE	REPTILIA
ORDNUNG	TESTUDINES
FAMILIEN	14
ARTEN	300

Eine junge Suppenschildkröte erreicht das Meer. Obwohl Bruststrände oft geschützt sind, bleibt die Art gefährdet.

SCHLANGENHALS-SCHILDKRÖTEN

Die in Südamerika und Australasien vorkommende Familie Schlangenhalsschildkröten (Chelidae) umfasst fleisch- und allesfressende Arten. Der charakteristische lange Hals kann nicht eingezogen werden, sondern wird seitlich unter den Panzerrand gelegt. Die Eier sind länglich und haben eine ledrige Schale.

34 cm

OSTAUSTRALISCHE SPITZKOPF-SCHILDKRÖTE
Emydura macquarii
Die im Becken des Murray River verbreitete Schildkröte frisst Amphibien, Fische und Algen. Die Männchen sind kleiner als die Weibchen.

75 cm

REIMANNS SCHLANGEN-HALSSCHILDKRÖTE
Chelodina reimanni
Diese Art aus Neuguinea frisst Krebstiere und Mollusken. Bei Gefahr legt sie ihren großen Kopf unter den Rand des Panzers.

25 cm

GLATTRÜCKEN-SCHLANGENHALSSCHILDKRÖTE
Chelodina longicollis
Die scheue australische Schildkröte kann mit ihrem langen Hals auch Beute außerhalb des Wassers erreichen.

50 cm

FRANSENSCHILDKRÖTE
Chelus fimbriatus
Diese ungewöhnlich aussehende südamerikanische Schildkröte lauert gut getarnt auf Fische, die sie durch Saugschnappen erbeutet.

PELOMEDUSEN-SCHILDKRÖTEN

Die meisten Arten der Familie Pelomedusenschildkröten (Pelomedusidae) sind fleischfressend und leben im Süßwasser. Bei Bedrohung können sie Kopf und Hals unter dem Panzerrand verbergen. Die in Afrika und auf Madagaskar heimischen Schildkröten können Trockenheit überstehen, indem sie sich im Schlamm eingraben.

brauner Rückenpanzer

helmähnliche Kopfschuppen

20 cm

STARRBRUST-PELOMEDUSE
Pelomedusa subrufa
Die in Afrika südlich der Sahara weit verbreitete fleischfressende Schildkröte ist sehr gesellig und jagt größere Beute oft in Gruppen.

GROSSKOPFSCHILDKRÖTEN

Die einzige Art der Familie Großkopfschildkröten (Platysternidae) lebt in den Waldbächen Süd- und Südost-Asiens. Die gefährdete Art sucht im flachen Wasser nach Nahrung, wobei sie eher auf dem Grund läuft als schwimmt.

18 cm

GROSSKOPF-SCHILDKRÖTE
Platysternon megacephalum
Diese kleine, fleischfressende Art besitzt einen großen Kopf mit kräftigen Kiefern und einen langen Schwanz.

SCHIENENSCHILDKRÖTEN

Die nah mit den Pelomedusenschildkröten verwandte Familie Schienenschildkröten (Podocnemididae) stammt mit Ausnahme einer auf Madagaskar lebenden Art aus dem tropischen Südamerika. Diese pflanzenfressenden Schildkröten bewohnen verschiedene Süßwasserbiotope und können ihren Kopf nicht im Panzer verbergen.

32 cm

ROTKOPF-SCHIENEN-SCHILDKRÖTE
Podocnemis erythrocephala
Diese Art lebt in den Sümpfen des südamerikanischen Rio-Negro-Einzugsgebiets.

ALLIGATORSCHILDKRÖTEN

Die in Nord- und Mittelamerika lebenden aquatischen Schildkröten sind für ihre Aggressivität bekannt. Die beiden Arten der Familie Alligatorschildkröten (Chelydridae) haben einen großen Kopf mit ausgesprochen kräftigen Kiefern. Sie sind Räuber, fressen aber auch Pflanzen.

55 cm

SCHNAPPSCHILDKRÖTE
Chelydra serpentina
Diese Schildkröte liegt oft halb im Schlamm vergraben auf der Lauer. Sie bewohnt Süßwasser-Lebensräume vom östlichen Nordamerika bis nach Ecuador.

80 cm

GEIERSCHILDKRÖTE
Macrochelys temminckii
Diese nordamerikanische Art ist eine der größten Süßwasserschildkröten und benutzt einen wurmartigen Zungenfortsatz, um Beute anzulocken, wenn sie auf der Lauer liegt.

WEICHSCHILDKRÖTEN

Die Arten der Familie Weichschildkröten (Trionychidae) bewohnen Süßwasserlebensräume in Nordamerika, Afrika und Südasien. Die flachen Panzer sind nicht mit Schilden, sondern mit ledriger Haut bedeckt. Ihre Größe reicht von 25 cm bis zu über 1 m Panzerlänge.

55 cm

DORNRAND-WEICHSCHILDKRÖTE
Apalone spinifera
Die nordamerikanische Art frisst vor allem Insekten und andere Wirbellose.

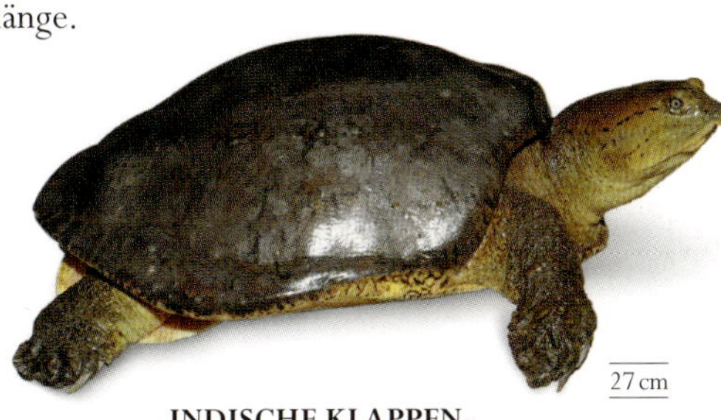

27 cm

INDISCHE KLAPPEN-WEICHSCHILDKRÖTE
Lissemys punctata
Diese Art weist Klappen im Bauchpanzer auf, die die eingezogenen Hinterbeine schützen.

35 cm

CHINESISCHE WEICHSCHILDKRÖTE
Pelodiscus sinensis
Die wegen ihres Fleischs verfolgte ostasiatische Art ist in der Natur selten geworden, doch auf Farmen werden Zehntausende Tiere gezüchtet.

PAPUA-WEICHSCHILDKRÖTEN

Die einzige Art der Familie Papua-Weichschildkröten (Carettochelyidae) ist ein Allesfresser. Der Rückenpanzer trägt keine Schilde. Die Nase ist verlängert, um Luft atmen zu können, während der Körper untergetaucht bleibt.

PAPUA-WEICHSCHILDKRÖTE
Carettochelys insculpta
Diese nachtaktive Schildkröte lebt in Neuguinea und Nordaustralien. Wie bei den Meeresschildkröten sind die Vorderbeine zu Flossen umgewandelt.

SCHLAMM-SCHILDKRÖTEN

Diese Neuweltschildkröten geben bei Bedrohung einen strengen Geruch ab. Die Arten der Familie Schlammschildkröten (Kinosternidae) laufen eher auf dem Grund von Seen und Flüssen, als dass sie schwimmen. Sie sind opportunistische Allesfresser und legen längliche, hartschalige Eier.

13 cm

PENNSYLVANIA-KLAPPSCHILDKRÖTE
Kinosternon subrubrum
Dieser Allesfresser lebt auf dem Grund langsam fließender, seichter Gewässer der südöstlichen USA.

GEWÖHNLICHE MOSCHUSSCHILDKRÖTE
Sternotherus odoratus
Dieser nordamerikanische Allesfresser gibt bei Bedrohung einen üblen Geruch ab und beißt auch zu.

LEDER-SCHILDKRÖTEN

Die einzige Art der Familie Lederschildkröten (Dermochelyidae) kann ihre Körpertemperatur über die der Umgebung erhöhen, sodass sie in kaltem Wasser leben kann. Der Panzer weist keine Schilde auf. Eine ledrige Haut bedeckt eine Schicht ölhaltigen, isolierenden Gewebes.

1,5 m

LEDERSCHILDKRÖTE
Dermochelys coriacea
Diese sich überwiegend von Quallen ernährende Schildkröte des offenen Meers ist die größte Schildkröten-Art der Welt. Sie ist weltweit verbreitet und dringt sogar in subarktische Gewässer vor.

MEERESSCHILDKRÖTEN

Die Arten der Familie Meeresschildkröten (Cheloniidae) leben überwiegend in den Küstengewässern der Meere. Mit stromlinienförmigen Körpern und flossenartigen Beinen sind sie an ihren Lebensraum sehr gut angepasst. Die Weibchen vergraben die Eier an Stränden. Die meisten Arten sind bedroht.

Mittelkiel bei jüngeren Tieren

großer Kopf mit Schnabel

1,2 m

hell gefärbte Unterseite

UNECHTE KARETTSCHILDKRÖTE
Caretta caretta
Diese fleischfressende Art lebt weltweit in Küstengewässern, unternimmt aber lange Wanderungen zu ihren Eiablagestränden.

mandelförmige Augen

1,3 m

flacher Carapax mit großen Schilden

SUPPENSCHILDKRÖTE
Chelonia mydas
Als einzige Meeresschildkröte sonnt sich diese Art auch an Land. Sie lebt in gemäßigten und tropischen Meeren und ist ein Pflanzenfresser.

75 cm

OLIV-BASTARD-SCHILDKRÖTE
Lepidochelys olivacea
Die hauptsächlich in flachen tropischen Küstengewässern lebende Art frisst die verschiedensten Wirbellosen und Algen.

1 m

ECHTE KARETT-SCHILDKRÖTE
Eretmochelys imbricata
Mit ihren hornigen Kiefern frisst diese Art Mollusken und andere Beute. Sie lebt weltweit in tropischen Gewässern.

NEUWELT-SUMPF-SCHILDKRÖTEN

Unter den Arten der Familie Neuwelt-Sumpfschildkröten (Emydidae) gibt es vollständig im Wasser sowie vollständig an Land lebende. Die meisten kommen in Nordamerika vor, zwei jedoch in Europa (wenn man die Sizilianische Sumpfschildkröte, *Emys trinacris*, als eigene Art betrachtet). Zu dieser Familie gehören viele bunt gezeichnete Arten.

Höckerreihe auf dem Carapax

gelbe Linien auf Kopf und Hals

starke Vorderbeine mit Krallen

27 cm

FALSCHE LANDKARTEN-SCHILDKRÖTE
Graptemys pseudogeographica
Die Weibchen dieser nordamerikanischen Art werden fast doppelt so groß wie die Männchen.

28 cm

ROTWANGEN-SCHMUCKSCHILDKRÖTE
Trachemys scripta elegans
Diese nordamerikanische Unterart ist früher oft im Handel angeboten worden. Ausgesetzte Tiere sind heute in Europa und Asien heimisch geworden. Daher ist der Import in die EU verboten.

27 cm

GELBWANGEN-SCHMUCKSCHILDKRÖTE
Trachemys scripta scripta
Diese aus den südlichen USA stammende Unterart ist ein tagaktiver Allesfresser.

23 cm

DIAMANTSCHILDKRÖTE
Malaclemys terrapin
Diese tagaktive Art lebt in den Brackgewässern des östlichen Nordamerikas und erbeutet mit ihren kräftigen Kiefern Krebs- und Weichtiere.

25 cm

ZIERSCHILDKRÖTE
Chrysemys picta
Die in Nordamerika weit verbreitete Süßwasserschildkröte ist im Sommer aktiv und überwintert bewegungslos unter Wasser.

20 cm

CAROLINA-DOSENSCHILDKRÖTE
Terrapene carolina
Die gebogenen Krallen der Männchen erleichtern es ihnen, sich bei der Paarung am Panzer der Weibchen festzuhalten.

charakteristisch gezeichneter Panzer

starke Krallen zum Graben

14 cm

SCHMUCK-DOSENSCHILDKRÖTE
Terrapene ornata
Diese landbewohnende Schildkröte des mittleren Nordamerikas ist ein Allesfresser und weicht in Bauen starker Hitze oder Kälte aus.

13 cm

TROPFENSCHILDKRÖTE
Clemmys guttata
Die gefleckte kleine Art frisst aquatische Wirbellose und Pflanzen in den Feuchtgebieten des östlichen Nordamerikas.

26 cm

LANGHALS-SCHMUCKSCHILDKRÖTE
Deirochelys reticularia
Dieser scheue Sumpfbewohner des östlichen Nordamerikas erbeutet Krebse und andere Tiere.

21 cm

EUROPÄISCHE SUMPFSCHILDKRÖTE
Emys orbicularis
Die früher in Europa weit verbreitete Art sonnt sich auf Holz oder Steinen, um bei Störungen blitzschnell im Wasser zu verschwinden.

13 cm

WALDBACHSCHILDKRÖTE
Glyptemys insculpta
Diese Schildkröte bewohnt die feuchten Wälder des nordöstlichen Nordamerikas. Während der Balz führen Männchen und Weibchen einen eleganten »Tanz« auf.

olivgrüne Haut mit gelben Flecken

26 cm

AMERIKANISCHE SUMPFSCHILDKRÖTE
Emydoidea blandingii
Der vor allem im Gebiet der nordamerikanischen Großen Seen heimische Allesfresser erbeutet Krebse besonders geschickt.

38 cm

FLORIDA-ROTBAUCH-SCHMUCKSCHILDKRÖTE
Pseudemys nelsoni
Diese Art lebt in den Gewässern Floridas. Bei der Balz streichelt das Männchen den Kopf des Weibchens mit den Vorderbeinen.

40 cm

NÖRDLICHE ROTBAUCH-SCHMUCKSCHILDKRÖTE
Pseudemys rubriventris
Dieser in den nordöstlichen USA lebende tagaktive Allesfresser bevorzugt große, tiefe Gewässer.

ALDABRA-RIESEN-SCHILDKRÖTE
Aldabrachelys gigantea

Die Aldabra-Riesenschildkröte ist die letzte Art der großen Schildkröten des Indischen Ozeans und kann über 300 kg erreichen. Obwohl sie auf drei Inseln des Aldabra-Atolls vorkommt, bevölkern über 90 % der Tiere trotz der Wasser- und Pflanzenarmut Grande-Terre, die bei Weitem größte der Inseln. Die schlechten Lebensbedingungen behindern ihr Wachstum, sodass viele von ihnen nicht geschlechtsreif werden. Die Tiere sind geselliger als die Riesenschildkröten anderer Inseln. Die Männchen werden größer als die Weibchen, doch verläuft die Balz friedlich. Die Eier werden im Boden vergraben und die Jungtiere schlüpfen in der Regenzeit. Die gesamte Population ist durch Naturkatastrophen und steigende Meeresspiegel hochgradig gefährdet.

GRÖSSE 1,2 m
LEBENSRAUM Grasland
VERBREITUNG Aldabra, Indischer Ozean
NAHRUNG Pflanzen

∧ **LEDRIGES GESICHT**
Die Haut ist robust, ledrig und abhängig von der Insel grau oder braun. Am Hals legt sie sich in Falten. Bei Gefahr kann die Schildkröte den Kopf in den Panzer einziehen.

< **HORNSCHNABEL**
Da Schildkröten zahnlos sind, werden die Pflanzen mit scharfen Hornleisten abgeschnitten, mit der Zunge in das Maul aufgenommen und als Ganzes geschluckt.

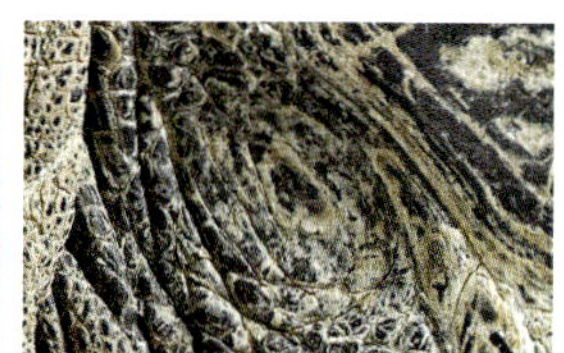

< **OHR**
Da Schildkröten keine Ohrmuscheln besitzen, liegt das Trommelfell in einer Vertiefung.

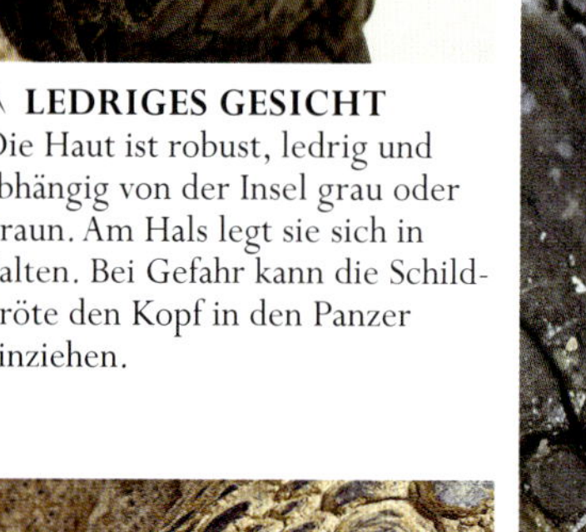

< **AUGE**
Das Auge ist relativ groß und verfügt über ein gut entwickeltes Augenlid. Schildkröten können Farben sehen, vor allem die roten und gelben Bereiche des Spektrums. So können sie vermutlich farbige Früchte finden.

∧ **VORDERBEIN**
Die zylindrisch geformten Vorderbeine sind länger als die Hinterbeine. So kann die Schildkröte ihren Körper beim Laufen vom Boden abheben. Die Beine sind mit großen Schuppen bedeckt.

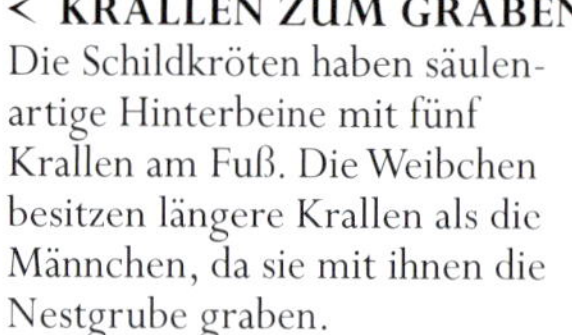

< **KRALLEN ZUM GRABEN**
Die Schildkröten haben säulenartige Hinterbeine mit fünf Krallen am Fuß. Die Weibchen besitzen längere Krallen als die Männchen, da sie mit ihnen die Nestgrube graben.

< **SCHWANZ**
Die Schildkröten können ihren kurzen Schwanz seitlich unter den Panzer legen. Die Männchen besitzen längere Schwänze als die Weibchen.

Hornschuppen bedecken Vorder- und Hinterbeine.

Die Vorderbeine tragen starke Krallen.

Die Hornschilde des Carapax weisen Wachstumsringe auf.

DAUERHAFT ∨
Verglichen mit den Galapagos-Riesenschildkröten hat diese Art einen runderen Kopf, eine spitzere Schnauze und ein lächelndes Maul. Die Tiere können über 100 Jahre alt werden.

ALTWELT-SUMPFSCHILDKRÖTEN

Die in der Alten und der Neuen Welt vorkommenden Arten der Familie Altwelt-Sumpfschildkröten (Geoemydidae) leben im Süßwasser und an Land, wobei die Panzerlängen von 14 bis 50 cm reichen. Von Pflanzen bis zu Fleisch reicht das Nahrungsspektrum in dieser Gruppe. Bei vielen Arten werden die Weibchen größer als die Männchen.

BRAUNE ERDSCHILDKRÖTE
Rhinoclemmys annulata
Dieser Pflanzenfresser lebt in den tropischen Wäldern Mittelamerikas und ist vor allem morgens und nach dem Regen aktiv.

DREISTREIFEN-SCHARNIERSCHILDKRÖTE
Cuora trifasciata
Diese fleischfressende Schildkröte stammt aus Südchina. Die Verwendung in der traditionellen chinesischen Medizin gefährdet den Bestand der Art.

GELBRAND-SCHARNIERSCHILDKRÖTE
Cuora flavomarginata
Dieser Allesfresser der chinesischen Reisfelder meidet tiefes Wasser und verbringt Stunden mit dem Sonnenbad an Land.

INDOMALAIISCHE BLATTSCHILDKRÖTE
Cyclemys dentata
Dieser Allesfresser lebt in Südost-Asien und verteidigt sich mit einer übel riechenden Flüssigkeit.

ZACKEN-ERDSCHILDKRÖTE
Geoemyda spengleri
Dieser Bewohner südchinesischer Bergwälder frisst kleine Wirbellose und Früchte. Der Rückenpanzer ist rechtwinklig, gekielt und stachlig.

LANDSCHILDKRÖTEN

Die in Amerika, Afrika und dem südlichen Eurasien heimischen Arten der Familie Landschildkröten (Testudinidae) können recht groß werden. Die Köpfe lassen sich in die gewölbten Panzer einziehen. Die landlebenden Tiere legen hartschalige Eier.

KALIFORNISCHE GOPHERSCHILDKRÖTE
Gopherus agassizii
Diese Art lebt in Bauen in den Wüsten des südwestlichen Nordamerikas. Obwohl vor allem Vegetarier, frisst sie auch Tiere.

GELBKOPFSCHILDKRÖTE
Indotestudo elongata
Diese Art des tropischen Südost-Asiens frisst Früchte und Aas. Sie versteckt sich bei Trockenheit im Falllaub.

STACHELRAND-GELENKSCHILDKRÖTE
Kinixys erosa
Dieser Allesfresser lebt in den Sümpfen des tropischen Westafrikas. Ältere Tiere bekommen ein Gelenk im hinteren Teil des Carapax.

KÖHLERSCHILDKRÖTE
Chelonoidis carbonaria
Obwohl sie gelegentlich Aas frisst, ist diese Schildkröte überwiegend Vegetarier. Sie lebt im nordöstlichen Südamerika.

STRAHLENSCHILDKRÖTE
Astrochelys radiata
Diese nur im südlichen Madagaskar vorkommende, bedrohte Art frisst hauptsächlich Pflanzen und ist zu Beginn des Tages aktiv.

STERNSCHILDKRÖTE
Geochelone elegans
Diese pflanzenfressende Art der Trockengebiete Indiens und Sri Lankas paart sich und legt ihre Eier zur Monsunzeit.

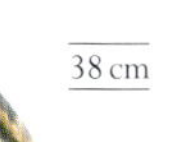

SPALTEN-SCHILDKRÖTE
Malacochersus tornieri
Dieser ostafrikanische Allesfresser bewohnt felsige Lebensräume, wo er sich in Spalten verstecken kann.

18 cm

ALDABRA-RIESENSCHILDKRÖTE
Aldabrachelys gigantea
Die nur auf dem Aldabra-Atoll im Indischen Ozean lebende große, pflanzenfressende Art kann durch ihre Nasenlöcher trinken.

1,2 m

Wachstumsringe auf dem Carapax von Jungtieren

große Vorderbeine

GALAPAGOS-RIESENSCHILDKRÖTE
Chelonoidis nigra
Dieser zu den größten Schildkröten der Welt gehörende Pflanzenfresser bewohnt in elf Unterarten mehrere Inseln des Galapagos-Archipels.

1,2 m

flacher Schild

Kiefer mit scharfer Hornleiste

GRIECHISCHE LANDSCHILDKRÖTE
Testudo hermanni
Diese pflanzenfressende Art besiedelt die trockenen Wälder eines Großteils des europäischen Mittelmeerraums und überwintert in den kalten Monaten.

19 cm

VIERZEHEN-SCHILDKRÖTE
Testudo horsfieldii
Dieser Pflanzenfresser aus den trockenen Gebieten Zentralasiens entkommt der Tageshitze in seinem Bau.

28 cm

BRÜCKENECHSEN

Die an Echsen erinnernden Brückenechsen gehören zu einer ursprünglicheren Ordnung. Ihre nächsten Verwandten starben vor 100 Millionen Jahren aus.

Brückenechsen (Ordnung Rhynchocephalia) unterscheiden sich in vielen Eigenschaften von den Echsen. Die Zähne sind zum Teil mit dem Kieferrand verschmolzen, sodass bei älteren Exemplaren durch Abrieb nur eine knöcherne Kauleiste übrig bleibt. Brückenechsen sind sehr langlebig, aber durch eingeführte Raubtiere gefährdet. Sie bewohnen Küstenwälder und sind schon bei niedrigen Temperaturen aktiv. Nachts jagen sie Wirbellose und erbeuten Vogeleier und Küken. Die Eier benötigen bis zu vier Jahre, um zu reifen, und nach der Ablage vergehen 11 bis 16 Monate bis zum Schlupf. Die Temperatur bestimmt das Geschlecht des Jungtiers.

STAMM	CHORDATA
KLASSE	REPTILIA
ORDNUNG	RHYNCHOCEPHALIA
FAMILIEN	1
ARTEN	2

BRÜCKEN-ECHSEN

Die oft als lebende Fossilien bezeichneten Arten der Familie Brückenechsen (Sphenodontidae) sind moderne Vertreter von Reptilien, die zur Zeit der Dinsosaurier lebten. Man findet sie nur noch auf den Inseln vor Neuseeland.

kräftiger Schwanz

BRÜCKENECHSE
Sphenodon punctatus
Brückenechsen können ihren Schwanz abwerfen, um Feinde zu verwirren. Die Männchen präsentieren ihren Rückenkamm bei der Balz.

60 cm

Beine mit kräftigen Krallen

ECHSEN

Die Echsen gehören zur Gruppe der Schuppenkriechtiere (Squamata). Die meisten Echsen besitzen vier Beine und einen langen, dünnen Schwanz, aber es gibt auch Arten ohne Beine.

Echsen sind wechselwarm und beziehen die Wärme aus ihrer Umgebung. Obwohl sie überwiegend als Bewohner der Tropen oder der Wüsten angesehen werden, sind sie weltweit verbreitet. Echsen findet man jenseits des Nordpolarkreises und bis zur Südspitze Südamerikas. Sie sind sehr anpassungsfähig und haben die verschiedensten Landlebensräume erobert, wobei viele Arten Bäume oder Felsen besiedeln. Beinlose Arten sind oft an das Graben angepasst, einige Arten gleiten von Baum zu Baum und weitere sind semiaquatisch, etwa eine marine Echse der Galapagos-Inseln.

ÜBERLEBENSSTRATEGIEN

Es gibt etwa 1,5 cm lange Echsen, aber auch den bis zu 3 m langen Komodowaran, doch die Mehrzahl misst zwischen 10 und 30 cm. Obwohl die meisten Echsen Fleischfresser sind, ernähren sich etwa zwei Prozent der Arten vor allem von Pflanzen. Viele Echsen sind jedoch auch die Nahrung anderer Fleischfresser. Sie verteidigen sich durch Schnelligkeit, Tarnung und Täuschung. Viele können ihren Schwanz abwerfen, um ihre Verfolger zu verwirren. Der Schwanz wächst dann später nach. Manche Arten können die Farbe wechseln, um sich zu tarnen oder zu kommunizieren. Das der Zirbeldrüse entsprechende lichtempfindliche Pinealorgan auf dem Kopf dient bei vielen Echsen als »drittes Auge«.

VERSCHIEDENE LEBENSWEISEN

Obwohl manche Echsen Einzelgänger sind, weisen andere komplexe soziale Strukturen auf, und die Männchen verteidigen ihre Reviere. Viele Arten legen ihre Eier in Nester im Boden, während sie bei anderen bis zum Schlupf im Eileiter verbleiben. Es gibt auch echte lebendgebärende Arten, bei denen der Embryo über eine Plazenta ernährt wird. Männchen besitzen Hemipenes (paarige Geschlechtsorgane), doch es gibt auch parthenogenetische Arten, bei denen sich die Weibchen ohne Männchen fortpflanzen. Manche Echsen kümmern sich um das Gelege, doch nur wenige um die geschlüpften Jungen.

STAMM	CHORDATA
KLASSE	REPTILIA
ORDNUNG	SQUAMATA
FAMILIEN (ECHSEN)	27
ARTEN	4560

STREITFRAGE

SQUAMATA: EINE ALLES UMFASSENDE ORDNUNG

Echsen und Schlangen werden heute nicht mehr als eigene Gruppen betrachtet. Ihre Vorfahren waren echsenähnliche Tiere, die im Mitteljura auftauchten. Die Schlangen haben sich vermutlich in der Mitte der Kreidezeit aus Echsenvorfahren entwickelt. Zu dieser Zeit hatten sich aber bereits verschiedene Echsenfamilien voneinander getrennt, von denen manche nun näher mit den Schlangen verwandt sind. Die Schlangen sind daher wahrscheinlich die Schwestergruppe einer aus Leguan- und Schleichen-Arten bestehenden Gruppe.

CHAMÄLEONS

Die nur in der Alten Welt verbreiteten Arten der Familie Chamäleons (Chamaeleonidae) besitzen lange Beine mit Greiffüßen und einen Greifschwanz als Anpassung an das Leben im Geäst. Ihre Augen können sich unabhängig voneinander bewegen, um Insekten oder kleine Wirbeltiere zu entdecken. Sie fangen sie mit ihrer langen, klebrigen Zunge. Zur Kommunikation und zur Tarnung können Chamäleons ihre Färbung verändern. Viele Arten sind vom Aussterben bedroht.

TANSANIA-STUMMELSCHWANZCHAMÄLEON
Rieppeleon brevicaudatus
Dieses außergewöhnliche ostafrikanische Chamäleon imitiert ein abgestorbenes Blatt.

PARSONS CHAMÄLEON
Calumma parsonii
Dieses größte Chamäleon der Welt kommt nur auf Madagaskar vor. Es jagt in den Baumkronen der Bergwälder nach Wirbellosen.

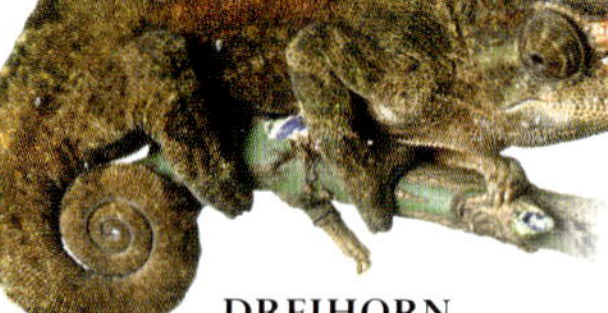

DREIHORN-CHAMÄLEON
Chamaeleo jacksonii
Diese tagaktive baumbewohnende Art stammt aus Ostafrika. Das Männchen trägt drei Hörner auf seinem Kopf.

EUROPÄISCHES CHAMÄLEON
Chamaeleo chamaeleon
Dieses Chamäleon lebt in Nordafrika und im Mittelmeerraum, wo es in Büschen nach Insekten sucht.

WARZENCHAMÄLEON
Furcifer verrucosus
Dieses große Chamäleon stammt aus der Küstenregion Madagaskars. Die scheue Art vertraut bei der Jagd auf Insekten auf ihre Tarnung.

PANTHER-CHAMÄLEON
Furcifer pardalis
Die auf Madagaskar in trockenen Wäldern lebende Art jagt in den Bäumen nach Insekten. Männchen sind sehr territorial.

JEMENCHAMÄLEON
Chamaeleo calyptratus
Diese Art stammt von der Südküste der Arabischen Halbinsel. Der Helm der Männchen ist größer als der der Weibchen.

AGAMEN

Die in Afrika, Südasien und Australasien verbreiteten kleinen Echsenarten der Familie Agamen (Agamidae) sind das in der Alten Welt lebende Gegenstück zu den Leguanen. Stacheln und Kämme zieren oft die Köpfe und Rücken dieser weichschalige Eier legenden Echsen. Die Männchen sind bunter gefärbt als die Weibchen.

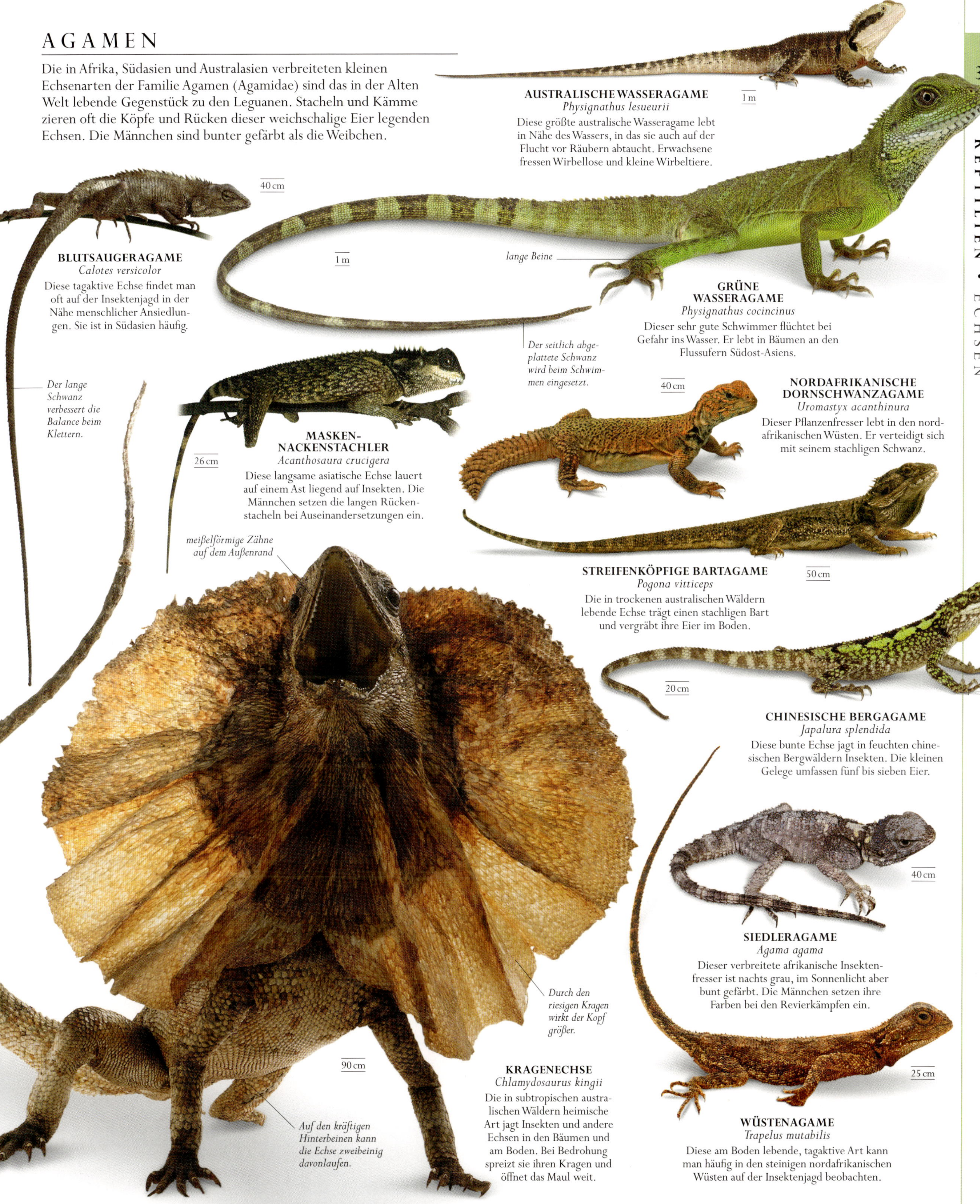

AUSTRALISCHE WASSERAGAME
Physignathus lesueurii
Diese größte australische Wasseragame lebt in Nähe des Wassers, in das sie auch auf der Flucht vor Räubern abtaucht. Erwachsene fressen Wirbellose und kleine Wirbeltiere.

BLUTSAUGERAGAME
Calotes versicolor
Diese tagaktive Echse findet man oft auf der Insektenjagd in der Nähe menschlicher Ansiedlungen. Sie ist in Südasien häufig.

GRÜNE WASSERAGAME
Physignathus cocincinus
Dieser sehr gute Schwimmer flüchtet bei Gefahr ins Wasser. Er lebt in Bäumen an den Flussufern Südost-Asiens.

NORDAFRIKANISCHE DORNSCHWANZAGAME
Uromastyx acanthinura
Dieser Pflanzenfresser lebt in den nordafrikanischen Wüsten. Er verteidigt sich mit seinem stachligen Schwanz.

MASKEN-NACKENSTACHLER
Acanthosaura crucigera
Diese langsame asiatische Echse lauert auf einem Ast liegend auf Insekten. Die Männchen setzen die langen Rückenstacheln bei Auseinandersetzungen ein.

STREIFENKÖPFIGE BARTAGAME
Pogona vitticeps
Die in trockenen australischen Wäldern lebende Echse trägt einen stachligen Bart und vergräbt ihre Eier im Boden.

CHINESISCHE BERGAGAME
Japalura splendida
Diese bunte Echse jagt in feuchten chinesischen Bergwäldern Insekten. Die kleinen Gelege umfassen fünf bis sieben Eier.

SIEDLERAGAME
Agama agama
Dieser verbreitete afrikanische Insektenfresser ist nachts grau, im Sonnenlicht aber bunt gefärbt. Die Männchen setzen ihre Farben bei den Revierkämpfen ein.

KRAGENECHSE
Chlamydosaurus kingii
Die in subtropischen australischen Wäldern heimische Art jagt Insekten und andere Echsen in den Bäumen und am Boden. Bei Bedrohung spreizt sie ihren Kragen und öffnet das Maul weit.

WÜSTENAGAME
Trapelus mutabilis
Diese am Boden lebende, tagaktive Art kann man häufig in den steinigen nordafrikanischen Wüsten auf der Insektenjagd beobachten.

PANTHERCHAMÄLEON
Furcifer pardalis

Dieses große Chamäleon kam ursprünglich nur auf Madagaskar vor, ist aber auch auf Mauritius und Réunion eingeführt worden. Es lebt in den Bäumen des feuchten Buschlands, und seine Füße sind so gut an das Ergreifen von Ästen angepasst, dass es kaum über eine ebene Fläche laufen kann. Die tagaktive Echse bewegt sich auf der Suche nach Insekten langsam durch die Zweige. Eine einmal entdeckte Beute fokussiert sie mit beiden Augen. Dann schleudert sie ihre lange Zunge hervor und ergreift das Insekt. Seine Farbveränderung ist bei diesem Chamäleon ein Stimmungsbarometer und dient nicht der Tarnung. Bei der Begegnung mit einem Rivalen bläst es seinen Körper auf und verändert die Farbe. Diese Demonstration der Dominanz reicht meistens, um jegliche Auseinandersetzung im Keim zu ersticken.

GRÖSSE 40–56 cm
LEBENSRAUM Bäume in feuchtem Buschland
VERBREITUNG Madagaskar
NAHRUNG Gliederfüßer

AUGEN >
Einzigartig ist, dass Chamäleons ihre Augen unabhängig voneinander bewegen können. Mit den in verschiedene Richtungen weisenden Augen können sie sich gleichzeitig nach Fressfeinden und nach Beute umsehen. Chamäleons besitzen keine Ohren.

< ZUNGE
Die Zunge ist sehr lang und wird mit großer Geschwindigkeit aus dem Maul geschleudert. So kann das Chamäleon nichts ahnende Beute aus größerer Entfernung ergreifen.

∨ HAUTFARBE
Die Färbung der Haut wird durch bestimmte Zellen, sogenannte Chromatophoren, hervorgerufen, die verschiedene Pigmente und Reflektoren enthalten. Ihre Größe und die Verteilung der Pigmente in ihnen verändert sich mit der Stimmung des Chamäleons.

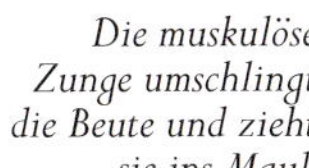

Die muskulöse Zunge umschlingt die Beute und zieht sie ins Maul.

Insekt

∨ KRALLENFÜSSE
Die Zehen des Chamäleons tragen Krallen und sind in Gruppen zu zweit und zu dritt auf gegenüberliegenden Seiten angeordnet. So kann das Tier Zweige fest umfassen.

Die Schuppen an der Spitze des Mauls bilden ein kleines Horn.

SCHWANZ >
Das Leben in den Bäumen wird dem Chamäleon durch seinen Greifschwanz erleichtert. Er dient als fünftes Bein und wickelt sich beim Klettern um die Zweige.

großer Kiefer

Spitze Stacheln verlaufen vom Maul zur Unterseite des Kiefers.

∨ UNTERSEITE
Die Unterseite wurde durch eine Glasplatte hindurch aufgenommen. Ist das Chamäleon in einem seltenen Fall gezwungen, auf einer glatten Fläche zu laufen, muss es die Zehen spreizen.

Stachelreihe

langer Schwanz

gespreizter Hinterfuß

gespreizter Vorderfuß

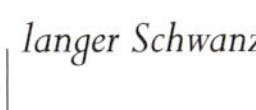

GECKOS

Die in den Tropen und Subtropen weit verbreitete Familie Geckos (Gekkonidae) umfasst über 1000 Arten in 100 Gattungen (oft werden ihre Unterfamilien als eigene Familien aufgefasst). Sie können glatte Flächen hinaufklettern und legen meistens Eier, doch gibt es auch lebendgebärende Arten.

12 cm

GEBÄNDERTER WÜSTENGECKO
Coleonyx variegatus
Dieser Gecko jagt Wirbellose in den Wüsten der westlichen USA. Anders als viele andere Geckos hat er bewegliche Augenlider.

20 cm

KUHLS FALTENGECKO
Ptychozoon kuhli
Die Spannhäute der Zehen und die Hautfalten dienen als Fallschirm, wenn sich dieser Gecko in den Regenwäldern Südost-Asiens von Bäumen fallen lässt.

21 cm

LEOPARDGECKO
Eublepharis macularius
Die ursprünglich aus dem südlichen Zentralasien stammende Art ist ein beliebtes Terrarientier, von dem es verschiedene Zuchtformen gibt.

15 cm

MAUERGECKO
Tarentola mauritanica
Der im Mittelmeerraum häufige Gecko jagt Insekten. Er lebt an Felswänden, besucht aber auch oft Häuser.

20 cm

WUNDERGECKO
Teratoscincus scincus
Zur Verteidigung bewegt dieser zentralasiatische Gecko den Schwanz, sodass eine Schuppenreihe aneinander reibt und ein zischendes Geräusch erzeugt.

leuchtende Farbe

Haftscheiben an den Zehen

25 cm

MADAGASKAR-TAGGECKO
Phelsuma madagascariensis
Diese tagaktive Art ist meistens auf Bäumen zu finden. Wie viele andere Geckos klebt sie ihre hartschaligen Eier an Äste.

25 cm

AFRIKANISCHER FETTSCHWANZ-GECKO
Hemitheconyx caudicinctus
Die in der westlichen Sahara verbreitete Art nutzt den Schwanz als Fettspeicher. Ihr fehlen die typischen Haftzehen.

40 cm

TOKEH
Gekko gecko
Die nach ihrem lauten, rauen Ruf benannte große südostasiatische Art sucht auch oft Häuser auf.

10 cm

34 cm

BÄNDERSCHWANZ-NACKTFINGER
Cyrtodactylus louisiadensis
Dieser große, nachtaktive Gecko aus Neuguinea frisst Wirbellose und kleine Frösche.

15 cm

BROOKS HALBFINGER
Hemidactylus brookii
Dieser in Nordindien oft in der Nähe der Menschen lebende Gecko kommt heute auch in Hongkong, Schanghai und auf den Philippinen vor.

EUROPÄISCHER HALBFINGER
Hemidactylus turcicus
Die kleine europäische, an ihrem miauenden Ruf zu erkennende Art jagt oft die in Häusern vom Licht angelockten Insekten.

LEGUANE

Die vor allem in der Neuen Welt heimische Familie Leguane (Iguanidae) umfasst knapp 30 Arten in acht Gattungen. Die meisten sind tagaktive Fleischfresser, obwohl die größeren Arten sich vegetarisch ernähren. Alle Leguanarten legen Eier.

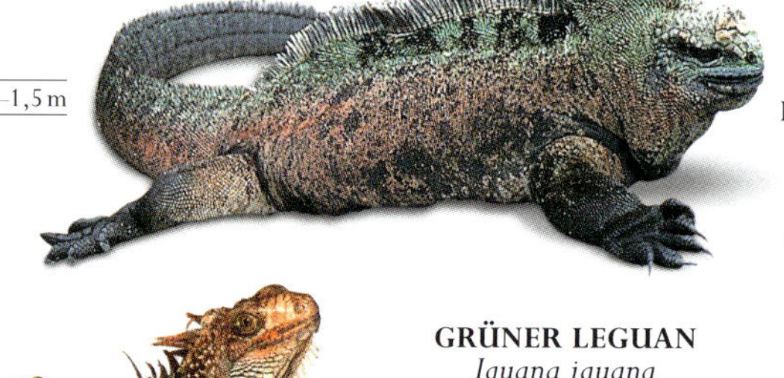

0,7–1,5 m

MEERECHSE
Amblyrhynchus cristatus
Diese Echse der Galapagos-Inseln taucht im Meer nach Algen und kann das aufgenommene Salz über Nasendrüsen ausscheiden.

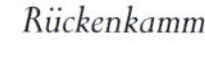

Rückenkamm

2 m

GRÜNER LEGUAN
Iguana iguana
Dieser in Mittel- und Südamerika verbreitete Leguan ist ein Pflanzenfresser. Die Männchen imponieren bei der Revierverteidigung, indem sie mit dem Kopf nicken.

peitschenähnlicher Schwanz

90 cm

SCHWARZER LEGUAN
Ctenosaura similis
Diese gesellige mittelamerikanische Art lebt in Gruppen mit einem dominanten Männchen. Die Pflanzenfresser erbeuten manchmal auch kleine Echsen.

HELMLEGUANE

Neun Arten baumbewohnender Echsen aus Mittel- und Südamerika bilden die Familie Helmleguane (Corytophanidae), die nah mit den Leguanen verwandt ist. Alle Arten tragen Helme. Ihre langen Beine und Schwänze erlauben ihnen, schnell vor Feinden zu fliehen.

segelartiger Kamm

leuchtend orange-farbene Iris

65 cm

lange Beine

STIRNLAPPENBASILISK
Basiliscus plumifrons
Diese Art der mittelamerikanischen Regenwälder bewohnt Flussufer. Der Helm und der Kamm auf Rücken und Schwanz werden von knochigen Stacheln gestützt.

langer Schwanz zum Balancieren

34 cm

HELMLEGUAN
Corytophanes cristatus
Dieser mittelamerikanische Leguan lebt von großen Gliederfüßern. Durch unregelmäßige Nahrungsaufnahme ist er für kürzere Zeit der Verfolgung durch Räuber ausgesetzt.

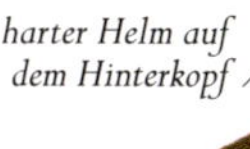

harter Helm auf dem Hinterkopf

KRONENBASILISK
Laemanctus longipes
Diese große insektenfressende mittelamerikanische Art lebt in kleinen Gruppen von einem Männchen und zwei bis drei Weibchen.

schlanke, grüne Füße und Beine

70 cm

KRÖTENECHSEN

Die auf Nord- und Mittelamerika beschränkten Arten der Familie Krötenechsen (Phrynosomatidae) bevorzugen eine trockene Umgebung und jagen Insekten. Sie sind meistens klein, unscheinbar gefärbt und stachlig. Die meisten Arten legen Eier, doch die in großen Höhen vorkommenden sind lebendgebärend.

8 cm

COLORADO-FRANSENZEHENLEGUAN
Uma notata
Verschließbare Ohren- und Nasenöffnungen, sich überlappende Kiefer und ineinandergreifende Augenlider schützen diesen Wüstenbewohner beim Graben im Sand.

20 cm

MALACHIT-STACHELLEGUAN
Sceloporus malachiticus
Diesem mittelamerikanischen tagaktiven Baumbewohner verleihen seine Schuppen ein stachliges Aussehen.

15 cm

WÜSTENKRÖTENECHSE
Phrynosoma platyrhinos
Diese Echse der nordamerikanischen Wüsten ernährt sich vor allem von Ameisen. Der flache Körper erhöht die Wärmeaufnahme beim Sonnenbad.

BUNTLEGUANE

Die meisten Arten der Familie Buntleguane (Polychrotidae) kommen aus der Karibik und sind kleine, baumbewohnende Insektenfresser. Obwohl sie oft grün oder braun gefärbt sind, können sie ihre Färbung abhängig von Stimmung und Umgebung ändern. Beide Geschlechter verteidigen ein Revier.

50 cm

RITTERANOLIS
Anolis equestris
Dieser größte Buntleguan kommt nur auf Kuba vor. Mit seinen Haftscheiben an den Zehen kann er glatte Wände emporklettern.

20 cm

ROTKEHL-ANOLIS
Anolis carolinensis
Die Männchen imponieren mit nickenden Kopfbewegungen und indem sie ihre bunte Kehlwamme spreizen.

FLOSSENFÜSSE

Alle 36 Arten der Familie Flossenfüße (Pygopodidae) haben lange Körper, keine Vorder- und stark reduzierte Hinterbeine. Sie leben in Australasien und jagen vor allem Insekten, grabend oder auf der Erdoberfläche. Sie sind mit den Geckos verwandt und legen weichschalige Eier.

12 cm

FRASERS FLOSSENFUSS
Delma fraseri
Diese insektenfressende australische Echse bewohnt Spinifex-Steppen. Sie kann sich gut durch den starren Bewuchs schlängeln.

21 cm

SCHLANGEN-FLOSSENFUSS
Pygopus lepidopodus
Die an eine Schlange erinnernde Art ist in Australien weit verbreitet. Sie ist tagaktiv und jagt Insekten und in Bauen lebende Spinnen.

60 cm

BURTONS SPITZKOPF-FLOSSENFUSS
Lialis burtonis
Diese australische Echse hat eine keilförmige Schnauze, mit der sie Skinke erbeutet.

SKINKE

Die weltweit verbreitete Familie Skinke (Scincidae) umfasst etwa 1400 Arten. Während die meisten als tagaktive Räuber leben, sind einige andere nachtaktive, grabende Echsen ohne Beine. Sie kommunizieren über optische und chemische Signale. Obwohl sie meistens Eier legen, gibt es auch lebendgebärende Arten.

leuchtende Färbung

35 cm

schwache Beine

FEUERSKINK
Mochlus fernandi
Dieser Insektenfresser lebt in den feuchten Waldgebieten Westafrikas. Seine Färbung macht ihn zu einem beliebten Terrarientier.

SMARAGDSKINK
Lamprolepis smaragdina
Der auf westpazifischen Inseln lebende Baumbewohner jagt Insekten auf kahlen Baumstämmen.

25 cm

21 cm

FÜNFSTREIFEN-SKINK
Plestiodon fasciatus
Dieser nordamerikanische Skink legt sich um seine Eier, um sie zu schützen. Er bevorzugt Waldgebiete und frisst am Boden lebende Insekten.

ORANGEROTER LANZENSKINK
Acontias percivali
Die beinlose afrikanische Art sucht im Falllaub nach Insekten. Sie gebiert bis zu drei lebende Junge.

30 cm

EIDECHSEN

Die Arten der Familie Eidechsen (Lacertidae) leben in den verschiedensten Lebensräumen der gesamten Alten Welt. Sie sind aktive Räuber und haben komplexe Sozialsysteme, wobei die Männchen ihr Revier verteidigen. Fast alle Arten legen Eier. Diese Echsen haben meist relativ große Köpfe.

ALGERISCHER SANDLÄUFER
Psammodromus algirus
Diese kleine Eidechse des Mittelmeerraums bewohnt Gegenden mit dichtem Buschwerk. Während der Fortpflanzungsperiode zeigen Männchen eine rote Fläche am Hals.

7,5 cm

20 cm

PERLEIDECHSE
Timon lepidus
Diese größte europäische Eidechse lebt in trockenem Buschland. Sie frisst Insekten, Eier und kleine Säugetiere.

WALDEIDECHSE
Zootoca vivipara
Die in ganz Europa und in den Alpen bis in 3000 m Höhe vorkommende bodenbewohnende Art lebt in verschiedenen Biotopen. Sie ist lebendgebärend.

15 cm

EUROPÄISCHER FRANSENFINGER
Acanthodactylus erythrurus
Die auf der Iberischen Halbinsel und in Nordafrika lebende Art trägt Fransen aus stachligen Schuppen an den Zehen und kann damit lockeren Sand überqueren.

9 cm

GRAN-CANARIA-RIESENEIDECHSE
Gallotia stehlini
Diese große Art lebt nur im Buschland von Gran Canaria. Sie ist tagaktiv und ernährt sich von Pflanzen.

80 cm

7,5 cm

RUINENEIDECHSE
Podarcis siculus
Diese im nördlichen Mittelmeerraum lebende Art bewohnt Grasböden und lebt oft in der Nähe menschlicher Ansiedlungen.

SCHIENENECHSEN

Die schnell laufenden amerikanischen Echsen der Familie Schienenechsen (Teiidae) bewohnen verschiedene Lebensräume. Die kleineren Arten fressen Insekten, die größeren entsprechend größere Tiere. Alle 120 Arten legen Eier, obwohl viele Arten nur aus Weibchen bestehen, die sich parthenogenetisch fortpflanzen. Sie legen entwicklungsfähige Eier ohne vorhergehende Paarung.

AMEIVE
Ameiva ameiva
Kräftige Kiefer erlauben dieser südamerikanischen Art, sich von kleinen Wirbeltieren und Insekten zu ernähren, die sie in offenen Lebensräumen erbeutet.

45 cm

langer, zur Verteidigung genutzter Schwanz

ROTER TEJU
Tupinambis rufescens
Diese große Art der Trockengebiete des zentralen Südamerika ist ein Räuber und Aasfresser, frisst aber auch Pflanzen.

1,2 m

BERBERSKINK
Eumeces schneideri
Dieser tagaktive Skink frisst Insekten, kleine Wirbeltiere und Aas. Er lebt in Nordafrika und in den südwestasiatischen Wüsten.

40 cm

VIELSTREIFENSKINK
Eutropis multifasciatus
Diese südasiatische Echse jagt in sonnigen Waldlichtungen Insekten und ist lebendgebärend.

35 cm

BLAUZUNGENSKINK
Tiliqua scincoides
Der an der blauen Zunge zu erkennende Skink ist ein tagaktiver Allesfresser. Er ist lebendgebärend.

72 cm

APOTHEKERSKINK
Scincus scincus
Dieser insektenfressende nordafrikanische Skink kann in den lockeren Sand abtauchen, um vor Feinden und der Hitze zu fliehen.

20 cm

15 cm

KLEINER BRAUNSKINK
Scincella lateralis
Dieser im Falllaub des Walds lebende nordamerikanische Skink jagt Insekten. Das Weibchen kann die Spermien zur Befruchtung der Eier speichern.

37 cm

WICKELSCHWANZ-SKINK
Corucia zebrata
Dieser gesellige Skink ist der größte der Welt. Er lebt auf Bäumen, ist Pflanzenfresser und hat einen Greifschwanz.

SCHILDECHSEN

Die 32 Arten der Familie Schildechsen (Gerrhosauridae) stammen alle aus Afrika südlich der Sahara und legen Eier. Mit ihren zylindrischen Körpern und gut entwickelten Beinen jagen sie Insekten in Felsengebieten und in der Steppe. Die Einzelgänger verhalten sich gegenüber anderen Mitgliedern ihrer Art oft aggressiv.

48 cm

SUDAN-SCHILDECHSE
Gerrhosaurus major
Dieser Allesfresser ist in den ostafrikanischen Steppen weit verbreitet. Er bewohnt Spalten in felsigen Gebieten oder Termitenbaue.

36 cm

MADAGASSISCHE RINGEL-SCHILDECHSE
Zonosaurus madagascariensis
Diese Art stammt von Madagaskar und sucht in offenen, trockenen Lebensräumen auf dem Boden nach Insekten.

GÜRTELSCHWEIFE

Die auf Süd- und Ostafrika beschränkten Arten der Familie Gürtelschweife (Cordylidae) sind nach den Ringen stachliger Schuppen auf ihren Schwänzen benannt. Der flache Körper lässt bei lebendgebärenden Arten nur geringe Wurfgrößen und bei eierlegenden nur zwei Eier zu.

KAP-GÜRTELSCHWEIF
Cordylus cordylus
Die nur in Südafrika vorkommende Echse lebt in dichten Kolonien. Die erwachsenen Tiere bilden eine Hierarchie mit einem dominanten Männchen aus.

21 cm

stachlige Schuppen

ZWERGTEJUS

Die 165 Arten der Familie Zwergtejus (Gymnophthalmidae) leben im tropischen Südamerika. Die kleinen Tiere tragen auf dem Rücken große Schuppen. Sie sind tagaktive und versteckt lebende Insektenfresser, die durch ihre Färbung im Falllaub gut getarnt sind. Die meisten Arten legen Eier.

BROMELIENECHSE
Anadia ocellata
Dieser mittelamerikanische Baumbewohner jagt Insekten und versteckt sich zwischen den Blättern.

8 cm

muskulöser Körper

glänzende Kopfschuppen

HÖCKERECHSEN

Viele Schuppen der vor allem in Mexiko lebenden Echsen der Familie Höckerechsen (Xenosauridae) sind durch unter ihnen liegende kegelförmige Hautknochenplatten verstärkt. Sie gebären lebende Junge in Bauen und fressen Insekten und andere Tiere.

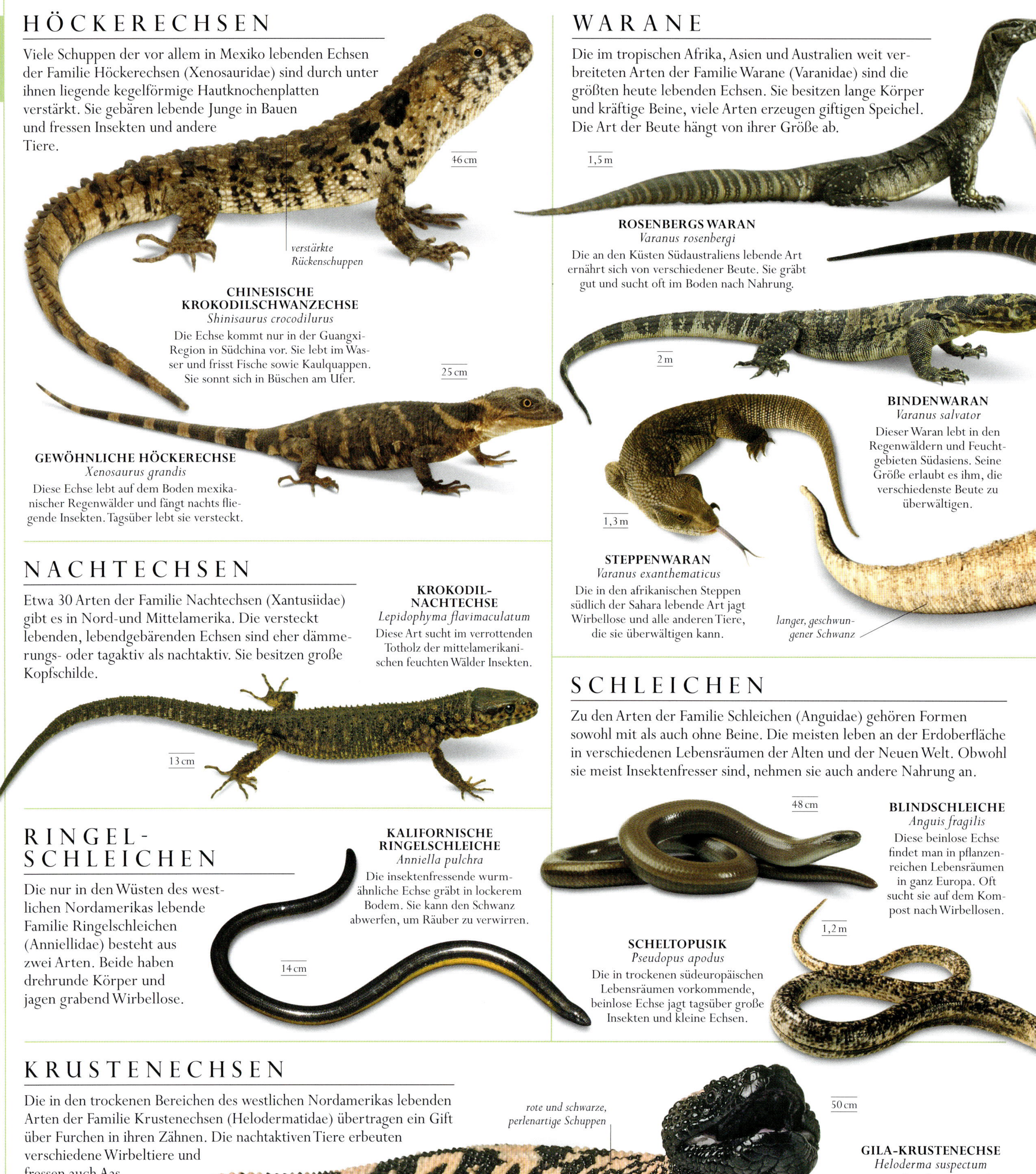

CHINESISCHE KROKODILSCHWANZECHSE
Shinisaurus crocodilurus
Die Echse kommt nur in der Guangxi-Region in Südchina vor. Sie lebt im Wasser und frisst Fische sowie Kaulquappen. Sie sonnt sich in Büschen am Ufer.

GEWÖHNLICHE HÖCKERECHSE
Xenosaurus grandis
Diese Echse lebt auf dem Boden mexikanischer Regenwälder und fängt nachts fliegende Insekten. Tagsüber lebt sie versteckt.

WARANE

Die im tropischen Afrika, Asien und Australien weit verbreiteten Arten der Familie Warane (Varanidae) sind die größten heute lebenden Echsen. Sie besitzen lange Körper und kräftige Beine, viele Arten erzeugen giftigen Speichel. Die Art der Beute hängt von ihrer Größe ab.

ROSENBERGS WARAN
Varanus rosenbergi
Die an den Küsten Südaustraliens lebende Art ernährt sich von verschiedener Beute. Sie gräbt gut und sucht oft im Boden nach Nahrung.

BINDENWARAN
Varanus salvator
Dieser Waran lebt in den Regenwäldern und Feuchtgebieten Südasiens. Seine Größe erlaubt es ihm, die verschiedenste Beute zu überwältigen.

STEPPENWARAN
Varanus exanthematicus
Die in den afrikanischen Steppen südlich der Sahara lebende Art jagt Wirbellose und alle anderen Tiere, die sie überwältigen kann.

NACHTECHSEN

Etwa 30 Arten der Familie Nachtechsen (Xantusiidae) gibt es in Nord-und Mittelamerika. Die versteckt lebenden, lebendgebärenden Echsen sind eher dämmerungs- oder tagaktiv als nachtaktiv. Sie besitzen große Kopfschilde.

KROKODIL-NACHTECHSE
Lepidophyma flavimaculatum
Diese Art sucht im verrottenden Totholz der mittelamerikanischen feuchten Wälder Insekten.

SCHLEICHEN

Zu den Arten der Familie Schleichen (Anguidae) gehören Formen sowohl mit als auch ohne Beine. Die meisten leben an der Erdoberfläche in verschiedenen Lebensräumen der Alten und der Neuen Welt. Obwohl sie meist Insektenfresser sind, nehmen sie auch andere Nahrung an.

BLINDSCHLEICHE
Anguis fragilis
Diese beinlose Echse findet man in pflanzenreichen Lebensräumen in ganz Europa. Oft sucht sie auf dem Kompost nach Wirbellosen.

SCHELTOPUSIK
Pseudopus apodus
Die in trockenen südeuropäischen Lebensräumen vorkommende, beinlose Echse jagt tagsüber große Insekten und kleine Echsen.

RINGEL-SCHLEICHEN

Die nur in den Wüsten des westlichen Nordamerikas lebende Familie Ringelschleichen (Anniellidae) besteht aus zwei Arten. Beide haben drehrunde Körper und jagen grabend Wirbellose.

KALIFORNISCHE RINGELSCHLEICHE
Anniella pulchra
Die insektenfressende wurmähnliche Echse gräbt in lockerem Bodem. Sie kann den Schwanz abwerfen, um Räuber zu verwirren.

KRUSTENECHSEN

Die in den trockenen Bereichen des westlichen Nordamerikas lebenden Arten der Familie Krustenechsen (Helodermatidae) übertragen ein Gift über Furchen in ihren Zähnen. Die nachtaktiven Tiere erbeuten verschiedene Wirbeltiere und fressen auch Aas.

GILA-KRUSTENECHSE
Heloderma suspectum
Diese Echse der Wüsten des südwestlichen Nordamerikas legt Eier. Sie jagt Insekten und am Boden lebende Wirbeltiere, darunter auch kleine Säugetiere.

RIESENWARAN
Varanus giganteus
Diese größte australische Echse ist scheu und bewohnt trockene Gebiete. Sie erzeugt einen leicht giftigen Speichel.

Fleckenmuster

2,5 m

starke Krallen zum Ausgraben der Beute

1,4 m

GOULDS WARAN
Varanus gouldii
Dieser Waran jagt aktiv alle Tiere, die kleiner als er selbst sind. Er lebt im offenen Wald- und Grasland in ganz Australien.

2 m

NILWARAN
Varanus niloticus
Als zweitgrößtes afrikanisches Reptil erbeutet dieser Waran verschiedene Wirbel- und Weichtiere, er frisst auch Aas.

1,4 m

ARGUSWARAN
Varanus panoptes
Diese Art aus Australien und Süd-Neuguinea ist selten weit entfernt von einem permanenten Gewässer zu finden. Sie jagt andere Reptilien.

3,1 m

Hautfalten am Hals

KOMODOWARAN
Varanus komodoensis
Diese größte Echse der Welt lebt nur auf einigen indonesischen Inseln. Ihre Beute sind große Säugetiere.

gut entwickelte, starke Beine

graubraune, schuppige Haut

DOPPELSCHLEICHEN

Obwohl sie an beinlose Echsen erinnern, unterscheiden sich die Reptilien der Unterordnung Doppelschleichen (Amphisbaenia) in ihrem Körperbau und Verhalten sehr von ihnen.

Doppelschleichen sind vollständig an eine unterirdische Lebensweise angepasst. Die meisten Arten haben ihre Beine vollständig verloren und besitzen lange Körper mit glatten Schuppen. Sie jagen mit Geruchssinn und Gehör nach im Boden lebenden Wirbellosen und töten sie mit ihren kräftigen Kiefern. Sie graben, indem sie den Körper zusammenziehen und wieder strecken, wobei sich der Kopf in den Boden bohrt. Ihre Augen werden von einer durchsichtigen Haut geschützt. Die Befruchtung ist eine innere, wobei manche Arten Eier legen und andere lebendgebärend sind. Doppelschleichen leben in Südamerika, Florida, Afrika, dem Nahen Osten und Südeuropa.

STAMM	CHORDATA
KLASSE	REPTILIA
ORDNUNG	SQUAMATA
FAMILIEN (DOPPELSCHLEICHEN)	4
ARTEN	165

DOPPELSCHLEICHEN

Alle Arten der Familie Doppelschleichen (Amphisbaenidae) sind grabende Reptilien mit speziell angepassten Köpfen und leben in Afrika südlich der Sahara und in Südamerika. Bei der Jagd von Wirbellosen orientieren sie sich am Geruch und an Geräuschen.

MAURISCHE NETZWÜHLE
Blanus cinereus
Die selten außerhalb des Bodens zu sehende, grabende Art kommt von Spanien bis nach Marokko vor und sucht im Falllaub nach Wirbellosen, vor allem Ameisen.

30 cm

stark verknöcherter Schädel

schwarz-weiße Zeichnung

45 cm

GEFLECKTE DOPPELSCHLEICHE
Amphisbaena fuliginosa
Diese wurmartige Echse jagt im Falllaub südamerikanischer Regenwälder Wirbellose. Bei starkem Regen kommt sie an die Oberfläche.

17 cm

LANGS DOPPELSCHLEICHE
Chirindia langi
Die in Südafrika lebende Art gräbt in sandigen Böden nach Termiten. Wenn sie gefangen wird, kann sie den Schwanz abwerfen, um ihrem Fressfeind zu entkommen.

SCHLANGEN

Schlangen (Serpentes) sind Räuber mit langen, gestreckten Körpern und sich überlappenden Schuppen. Eine Reihe von Arten besitzt Giftzähne.

Obwohl Schlangen in den Tropen am zahlreichsten sind, haben sie sich auch an ein Leben in kälteren Breiten und Höhen angepasst. Man findet sie auf allen Kontinenten mit Ausnahme der Antarktis. Sie leben meist an Land und oft in Bäumen, manche Arten graben, manche leben teils im Wasser und andere ganz im Meer. Die kleinsten Schlangen sind winzige fadenartige Tiere, die größten erreichen 10 m Länge. Die meisten Arten sind zwischen 30 cm und 2 m lang.

BESONDERE SINNE

Manche Schlangen besitzen rudimentäre Hinterbeine, doch sie bewegen sich durch Muskelkontraktionen, die Reibung erzeugen. Die schuppige Haut wird regelmäßig abgestreift, um Wachstum zu ermöglichen. Viele Schlangen besitzen nur einen Lungenflügel, während der Darm ein einfaches Rohr mit einem großen, muskulösen Magen ist. Anstelle von Augenlidern wird das Auge durch eine durchsichtige Schuppe geschützt. Das Sehvermögen kann gut sein, was aber sehr von der Lebensweise abhängt. Schlangen erkennen Schall als Vibrationen des Bodens und der Luft. Am wichtigsten ist ihr Geruchssinn. Dabei spielen die Nasenlöcher allerdings keine Rolle – die in der Luft schwebenden Moleküle werden mit der gegabelten Zunge eingesammelt. Manche Arten erkennen sogar die Körperwärme ihrer Beute.

TÖTEN, UM ZU LEBEN

Alle Schlangen sind Fleischfresser. Ihre spitzen Zähne sind nach hinten gekrümmt, um die Beute festzuhalten. Unabhängig davon, ob sie diese Tiere lebend fressen oder mit Gift oder durch Ersticken töten, verschlingen sie sie am Stück. Ihre elastischen Kiefer können Tiere bewältigen, die größer als ihr Kopf sind. Schlangen verteidigen sich mit Tarnung, Warnfarben oder Mimikry. Bei Bedrohung stoßen sie zu und beißen.

Die Arten kalter Lebensräume sind oft lebendgebärend, während jene wärmerer Zonen meist Eier legen. Zur inneren Befruchtung besitzen die Männchen paarige Geschlechtsorgane, die Hemipenes.

STAMM	CHORDATA
KLASSE	REPTILIA
ORDNUNG	SQUAMATA
FAMILIEN (SCHLANGEN)	18
ARTEN	über 2700

Bei Bedrohung benutzt die Mojave-Klapperschlange ihre Rassel, zeigt die Giftzähne und ist zum Zustoßen bereit.

ERDVIPERN

Die Arten der in Afrika und Südwest-Asien heimischen Familie Erdvipern (Atractaspididae) sind ausnahmslos giftig. Trotz ihres deutschen Namens sind sie nicht nah mit den Vipern verwandt, denn die Position der Giftzähne ist bei beiden Familien unterschiedlich. Erdvipern jagen unterirdisch kleine Säugetiere und Reptilien. Ihre relativ geringe Größe, ihre glatten Schuppen und ihre drehrunden Körper sind Anpassungen an ihre grabende Lebensweise. Die meisten Arten dieser Familie legen Eier.

75 cm

MAULWURF-ERDVIPER
Atractaspis fallax
Diese ostafrikanische Schlange hat große Giftzähne. Sie jagt andere grabende Wirbeltiere unterirdisch.

BOAS

Die meisten Arten der Familie Boas (Boidae) leben in Mittel- und Südamerika, einige jedoch auch auf Madagaskar und in Neuguinea. Sie kommen sowohl in Bäumen als auch in Feuchtgebieten vor, wo sie Wirbeltiere durch Umschlingen töten. Zur Familie Boidae gehört auch die Anakonda, die größte heute lebende Schlange. Die meisten Arten gebären lebende Junge.

aushängbare Kiefer zum Verschlingen großer Beute

KAISERBOA
Boa constrictor imperator
Diese relativ kleine Unterart der Abgottschlange lebt in Mittelamerika. Sie ist ein nachtaktiver Jäger kleiner Säugetiere.

sattelartige dunkle Zeichnung

1,8 m

DUMERILS BOA
Acrantophis dumerili
Die in den feuchten Wäldern Madagaskars lebende Schlange verbringt die trockenen kalten Monate in ihrem Bau in Starre.

kleine, glatte, gekörnte Schuppen

80 cm

GUMMIBOA
Charina bottae
Die Art bevorzugt kühle, feuchte Umgebungen. Sie lebt in Nordamerika in großen Höhen, im Norden bis British Columbia.

ÄGYPTISCHE SANDBOA
Gongylophis colubrinus
Diese afrikanische Schlange lauert in ihrem Bau auf ahnungslose Beute, wobei nur ihr Kopf zu sehen ist.

90 cm

Kleine, glatte Schuppen erleichtern das Graben.

1,1 m

Kopf mit kleinen Augen

den Kopf imitierender Schwanz

ERDPYTHON
Calabaria reinhardtii
Die in Westafrika lebende Schlange ist die einzige eierlegende Boa und im Widerspruch zu ihrem deutschen Namen kein Python.

braun gefleckte Tarnfarbe

langer, muskulöser Körper

2,5 m

REGENBOGENBOA
Epicrates cenchria
Mikroskopisch kleine Strukturen auf den Schuppen dieser südamerikanischen Art brechen das Licht und erzeugen einen bunten Schimmer. Sie jagt in den Wäldern nach Säugetieren.

2 m

glänzende Schuppen

1 m

NEUGUINEA-BOA
Candoia aspera
Die spitze Schnauze erleichtert die Identifizierung dieser Schlange von Neuguinea. Sich langsam bewegend, jagt sie kleine Wirbeltiere.

COOKS GARTENBOA
Corallus cookii
Die nur auf der karibischen Insel St. Vincent vorkommende Schlange jagt nachts in Bäumen nach Vögeln und Säugetieren.

1,5 m

10 m

ROSENBOA
Lichanura trivirgata
Diese langsame Schlange aus den Wüsten der westlichen USA überfällt Säugetiere und tötet sie durch Umschlingen.

1 m

mattgelb mit auffälligen dunklen Flecken

muskulöser Körper, um Beute zu umschlingen

GROSSE ANAKONDA
Eunectes murinus
Diese aquatische südamerikanische Art ist die größte Schlange der Neuen Welt. Sie lauert im Wasser und tötet ihre Beute durch Umschlingen.

ABGOTTSCHLANGE
Boa constrictor

Diese verbreitete Riesenschlange ist ein Landbewohner des tropischen Mittel- und Südamerikas. Obwohl sie oft in Wald- und Buschland gefunden wird, passt sie sich leicht an unterschiedliche andere Lebensräume an. Bewegungslos auf dem Boden liegend, lauert die Schlange auf Säugetiere. Sie ergreift die Beute mit den Kiefern, umschlingt sie und tötet sie durch Ersticken, bevor sie sie ganz verschlingt. Die Unterkieferäste sind nicht verbunden, sodass sie sehr große Beute bewältigen kann. Die Tiere sind Einzelgänger, doch suchen die Männchen zur Paarungszeit eine Partnerin, wobei sie sich an dem vom Weibchen abgegebenen Geruch orientieren. Die Weibchen sind größer als die Männchen und gebären 30 bis 50 etwa 30 cm lange lebende Junge. Diese Schlange wird oft als Terrarientier gehalten, doch ihre Neigung zu beißen macht sie unberechenbar.

GRÖSSE bis zu 2,5 m
LEBENSRAUM offenes Wald- und Buschland
VERBREITUNG Mittel- und Südamerika
NAHRUNG Säugetiere, Vögel, Reptilien

∧ FARBFORMEN
Es gibt viele Unterarten dieser Boa, die man anhand ihrer Größe und Zeichnung definiert. Auch die Färbung unterscheidet sich bei verschiedenen Populationen.

> TARNUNG
Die Pigmentierung der Schuppen erzeugt farbige Flächen, die die Umrisse der Schlange auflösen. So tarnt sie sich vor ihrer Beute und vor möglichen Fressfeinden.

∧ BAUCHSCHUPPEN
Die Bauchschuppen finden fast überall Halt und erlauben der Schlange, sich vorwärtszubewegen und auf Bäume zu klettern. Sie häutet sich regelmäßig.

> BEACHTLICHER GEGNER
Die Abgottschlange jagt mithilfe ihrer Augen und ihres Geruchssinns. Sie frisst unregelmäßig – ein kleines Beutetier kann zwei bis drei Wochen ausreichen. Hat eine große Schlange ein Reh erlegt, braucht sie mindestens ein halbes Jahr lang nichts zu fressen.

Auch bei geschlossenem Maul kann die Zunge durch eine Öffnung herausgeschoben werden.

< AUGE
Die Abgottschlange kann gut sehen, die Pupillen verengen sich bei hellem Licht zu einem Schlitz. Um die Augen herum ist der Kopf mit kleinen, aus Keratin bestehenden Schuppen besetzt.

gegabelte Zunge

RESTE DER BEINE ∧ >
Allen Schlangen fehlen die Beine, doch die ursprünglichen Arten wie diese Boa besitzen noch Reste eines Beckens sowie winzige, spornartige Überreste der Hinterbeine auf jeder Seite der Kloake.

ZÜNGELN ∧
Die gegabelte Zunge ist ein wichtiges Sinnesorgan. Die Schlangen züngeln, um Chemikalien aus der Luft aufzunehmen. Sie werden im Jacobson'schen Organ im Gaumendach analysiert.

NATTERN

Mit über 1600 Arten auf der ganzen Welt bilden die Nattern (Colubridae) die am weitesten verbreitete Schlangenfamilie. Tiere der Familie bewohnen verschiedene Lebensräume von Wüsten bis zu Feuchtgebieten. Viele Nattern-Arten legen Eier.

KÜSTEN-LYRASCHLANGE
Trimorphodon biscutatus
Diese nachtaktive Art aus dem westlichen Nordamerika lebt in felsigen Gegenden. Sie jagt Fledermäuse, andere kleine Säuger und Echsen.

STRUMPFBANDNATTER
Thamnophis sirtalis
Diese tagaktive nordamerikanische Natter jagt in verschiedenen Lebensräumen Wirbeltiere. In Manitoba versammeln sich die Tiere nach der Winterstarre in großen Mengen zur Paarung.

MADAGASKAR-HAKENNASENNATTER
Leioheterodon madagascariensis
Diese tagaktive, an ihrer aufgeworfenen Schnauze zu erkennende madagassische Natter jagt in Grasland und Wäldern Echsen und Amphibien.

RUTHVENS KÖNIGSNATTER
Lampropeltis ruthveni
Diese eierlegende Art stammt von der mexikanischen Hochebene, wo sie im trockenen Waldland Nagetiere und Echsen jagt.

KURZKOPF-ERDSCHLANGE
Geophis brachycephalus
Diese kleine, nachtaktive mittelamerikanische Art frisst vor allem Regenwürmer und Insektenlarven.

LANGNASENNATTER
Rhinocheilus lecontei
Die scheue, nachtaktive, an der spitzen Schnauze zu erkennende Art jagt in den trockenen Grasländern Nordamerikas Echsen.

MAULWURFSNATTER
Pseudaspis cana
Diese für Menschen harmlose, südafrikanische Art lebt in unterirdischen Bauen, wo sie Maulwürfe und andere kleine Säugetiere erwürgt und frisst.

KORALLEN-KÖNIGSNATTER
Lampropeltis zonata
Diese scheue Schlange bevorzugt hoch gelegene, bewaldete Lebensräume. Sie ist nur dann tagaktiv, wenn die Nächte zu kalt sind.

AFRIKANISCHE EIERSCHLANGE
Dasypeltis scabra
Diese Schlange ist auf Eier spezialisiert, die sie während der Brutzeit erbeutet. Den Rest des Jahres fastet sie.

KIEFERNNATTER
Pituophis melanoleucus
Bei Bedrohung kann diese lange, kräftige Schlange der nordamerikanischen Wälder eine übel riechende Flüssigkeit aus ihrer Kloake ausscheiden.

1 m

langer, schlanker Körper

GRÜNE RENNNATTER
Drymobius chloroticus
Diese schnelle, agile Schlange stammt aus den mittelamerikanischen Regenwäldern. Sie lebt meist in Wassernähe und ernährt sich von Fröschen.

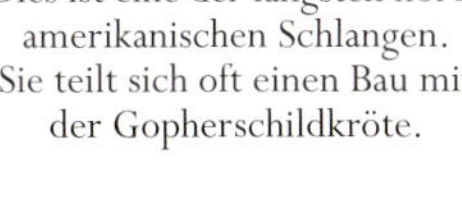

INDIGONATTER
Drymarchon corais
Dies ist eine der längsten nordamerikanischen Schlangen. Sie teilt sich oft einen Bau mit der Gopherschildkröte.

3 m

1,4 m

SIEGELRING-SCHWIMMNATTER
Nerodia sipedon
Diese im Wasser lebende lebendgebärende Art aus dem östlichen Nordamerika ist am Tag und in der Nacht aktiv. Sie frisst Amphibien und Fische.

1,2 m

GEBÄNDERTE SCHMUCKBAUMNATTER
Chrysopelea pelias
Diese südasiatische Schlange fliegt nicht aktiv, gleitet aber von Ästen aus durch die Luft, indem sie die Rippen spreizt.

1,8 m

MOELLENDORFFS KLETTERNATTER
Orthriophis moellendorffi
Diese Art stammt aus den Kalksteingebieten Chinas und Vietnams. Sie hat eine verlängerte Schnauze und einen langen Schwanz.

2,1 m

SCHLAMMNATTER
Farancia abacura
Diese nordamerikanische Schlange erbeutet im Wasser lebende Schwanzlurche mithilfe ihrer stark gekrümmten Zähne. Die Weibchen ringeln sich bis zum Schlupf um ihre Eier.

65 cm

kurze Schnauze

auffällige rote, weiße und schwarze Streifen

FALSCHE KORALLENOTTER
Erythrolamprus mimus
Mit ihrer auffälligen Zeichnung ahmt diese harmlose südamerikanische Schlange die hochgiftigen Korallenottern nach.

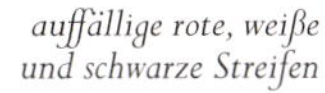

40 cm

ROTRÜCKEN-KAFFEESCHLANGE
Ninia sebae
Diese harmlose mittelamerikanische Schlange streckt ihren Hals, um ihre Feinde einzuschüchtern.

99 cm

GEBÄNDERTE KATZENAUGENNATTER
Leptodeira septentrionalis
Mit seinen großen Augen sucht dieser nachtaktive Baumbewohner nach Wirbeltieren und dem Laich der Laubfrösche.

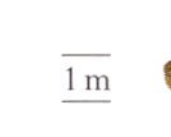

1,3 m

RIEMENNATTER
Imantodes cenchoa
Ihre großen Augen ermöglichen dieser schlanken Schlange die nächtliche Echsenjagd. Sie lebt in den tropischen amerikanischen Regenwäldern.

1 m

BRAUNE NACHTBAUMNATTER
Boiga irregularis
Die aus Australien und Neuguinea stammende Art ist versehentlich auf der westpazifischen Insel Guam eingeführt worden, wo sie die einheimische Fauna dezimiert hat.

3 m

BRASILIANISCHE GLATTNATTER
Hydrodynastes gigas
Diese semiaquatische Schlange stammt aus den südamerikanischen Regenwäldern. Wie Kobras kann sie den Hals abplatten, um beeindruckender zu wirken.

2 m

GLANZSPITZNATTER
Oxybelis fulgidus
Die schlanke Baumbewohnerin stammt aus den mittel- und südamerikanischen Regenwäldern. Sie hält ihre Beute in der Luft fest, bis ihr Gift sie gelähmt hat.

1,1 m

MONDNATTER
Oxyrhopus petola
Diese Art frisst Echsen und andere kleine Wirbeltiere. Sie ist ein tagaktiver Bewohner der südamerikanischen Regenwälder.

charakteristischer gelber Kragen

1,2 m

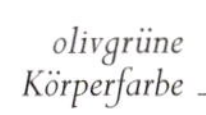

olivgrüne Körperfarbe

RINGELNATTER
Natrix natrix
Die in Europa weit verbreitete Art stellt sich bei Bedrohung tot. Die im Wasser lebende Natter frisst vor allem Amphibien.

»

» NATTERN

1,4 m

INDISCHE SCHMUCKNATTER
Coelognathus helena
Diese Art verbreitert ihren Hals und richtet sich auf, um ihre Feinde zu beeindrucken. Sie jagt meist bei Nacht Säugetiere.

1,6 m

RAUE GRASNATTER
Opheodrys aestivus
Der in den Wäldern des südöstlichen Nordamerikas lebende tagaktive Baumbewohner jagt Insekten und ist lebendgebärend.

2,4 m

SPITZKOPFNATTER
Gonyosoma oxycephalum
Die schnelle Schlange jagt in den Bäumen Vögel und Säugetiere. Sie lebt in den Regenwäldern Südost-Asiens.

langer, schlanker Körper

60 cm

SCHLINGNATTER
Coronella austriaca
Dieser versteckt lebende europäische Heidebewohner erwürgt seine Beute. Die Jungen schlüpfen im Körper des Weibchens aus den Eiern.

20 cm

GESTREIFTE SCHWARZKOPFNATTER
Tantilla melanocephala ruficeps
Diese grabende Schlange lebt in den tropischen Wäldern Mittelamerikas. Sie ist ein überwiegend tagaktiver Insektenfresser.

1 m

BALKAN-ZORNNATTER
Hierophis gemonensis
Die nur auf dem Balkan vorkommende Schlange lebt in trockenem Buschland und Olivenhainen. Sie ist tagaktiv und jagt Echsen.

1,4 m

SCHLANKNATTER
Platyceps najadum
Diese Natter lebt in trockenen, steinigen Lebensräumen des Mittelmeerraums. Tagsüber jagt sie kleine Eidechsen und Heuschrecken.

1,6 m

GEBÄNDERTE WASSERNATTER
Nerodia fasciata
Die in den Feuchtgebieten der südlichen USA lebende Schlange erbeutet Amphibien und Fische.

1,8 m

Kopf mit vorstehenden Augen

braune Zeichnung auf kräftigem Körper

helle Unterseite

DIADEMNATTER
Spalaerosophis diadema cliffordi
Diese in den nordafrikanischen Wüsten lebende Unterart ist in den kühleren Monaten tagaktiv, in den Sommermonaten jedoch nachtaktiv.

1,8 m

KORNNATTER
Pantherophis guttatus
Die im südöstlichen Nordamerika verbreitete Schlange sieht man nur selten. Sie jagt in Waldgebieten kleine Säugetiere.

2 m

HÜHNERFRESSER
Spilotes pullatus
Die große Schlange jagt kleine Wirbeltiere und entfernt sich selten weit vom Wasser. Sie ist in Süd- und Mittelamerika weit verbreitet.

80 cm

WESTLICHE HAKENNASENNATTER
Heterodon nasicus
Diese in den nordamerikanischen Prärien lebende Natter sticht mit ihren vergrößerten Zähnen die Lungen von Kröten an, damit sie sie besser schlucken kann.

2 m

EUROPÄISCHE EIDECHSENNATTER
Malpolon monspessulanus
Die schlanke Natter bewohnt trockene, buschbestandene und steinige Hügel des Mittelmeerraums. Sie jagt tagsüber kleine Wirbeltiere.

WALZENSCHLANGEN

Die auf Sri Lanka und in Südost-Asien vorkommenden grabenden Schlangen der Familie Walzenschlangen (Cylindrophiidae) besitzen drehrunde Körper und glatte Schuppen. Sie leben in feuchten Gebieten, verstecken sich in Bauen und jagen nachts Schlangen und Aale. Sie sind lebendgebärend.

CEYLON-WALZENSCHLANGE
Cylindrophis maculatus
Die auf Sri Lanka lebenden Schlangen fressen Wirbellose und ahmen mit dem abgeplatteten Schwanz Bewegungen der giftigen Kobra nach.

65 cm

SEESCHLANGEN

Diese extrem giftigen Schlangen der tropischen Küstengewässer des Indiks und Pazifiks gehören zur Unterfamilie Seeschlangen (Hydrophiinae), einem Teil der Familie Giftnattern (Elapidae). Mit ihrem abgeplatteten Schwanz können sie sehr gut schwimmen und Fische jagen.

NATTERN-PLATTSCHWANZ
Laticauda colubrina
Diese Schlange jagt nachts Fische im tropischen Indopazifik. Sie kann sich auch gut an Land fortbewegen.

1,4 m

GIFTNATTERN

Die Arten der Familie Giftnattern (Elapidae) tragen vorn im Maul kurze, ständig aufgerichtete Giftzähne. Sie haben sich an unterschiedliche Lebensräume angepasst. Manche Arten legen Eier, andere sind lebendgebärend.

ZENTRALAMERIKANISCHE KORALLENOTTER
Micrurus nigrocinctus
Diese mittelamerikanische Giftschlange sucht im Falllaub tropischer Wälder nach Beute. Die leuchtende Färbung dient der Warnung.

GELBKOPF-BRAUNSCHLANGE
Demansia psammophis
Die in Australien weit verbreitete Schlange ist ein tagaktiver Echsenjäger. Sie bevorzugt trockene, offene Lebensräume.

ÖSTLICHE SCHILDNASENKOBRA
Aspidelaps scutatus fulafulus
Dieser nachtaktive Jäger kleiner Echsen und Säugetiere lebt in den südafrikanischen Steppen. Er gräbt in sandigem Boden.

ROSENS SCHLANGE
Suta fasciata
Die in westaustralischen Trockengebieten lebende Schlange jagt Echsen.

GERINGELTE BRAUNSCHLANGE
Pseudonaja modesta
Die in steinigen australischen Wüsten lebende Schlange frisst Skinke. Durch den Verlust ihres Lebensraums ist ihr Bestand bedroht.

BERTHOLDS AUSTRALISCHE KORALLENOTTER
Simoselaps bertholdi
Die in Westaustralien weit verbreitete Schlange gräbt nach Echsen. Ihre Zeichnung soll Fressfeinde abschrecken.

WÜSTEN-TODESOTTER
Acanthophis pyrrhus
Diese Schlange der westaustralischen Wüsten lockt kleine Echsen und Säugetiere an, indem sie den Schwanz hin- und herbewegt.

MONOKELKOBRA
Naja kaouthia
Die in Südost-Asien verbreitete große Schlange jagt andere Schlangen und Ratten in Wäldern und Reisfeldern, oft in der Nähe menschlicher Ansiedlungen.

URÄUSSCHLANGE
Naja haje
Diese große Kobra jagt in den Wüsten Nord- und Zentralafrikas kleine Wirbeltiere. Bei Bedrohung richtet sie sich auf und spreizt den Halsschild.

KÖNIGSKOBRA
Ophiophagus hannah
Diese massige, waldbewohnende Art des tropischen Asiens jagt vor allem andere Schlangen. Für Schlangen ungewöhnlich, verteidigen beide Geschlechter das Gelege.

ROTE SPEIKOBRA
Naja pallida
Diese afrikanische Kobra spreizt bei Bedrohung nicht nur den Halsschild, sondern spuckt auch Gift in das Gesicht des Angreifers.

PYTHONS

Die Arten der Familie Pythons (Pythonidae) leben in Afrika, Asien und Australien und erkennen warmblütige Beute mit den Grubenorganen. Mit den Zähnen ergreifen sie sie, doch sie töten sie durch Umschlingen. Manche Arten bebrüten ihre Eier, indem sie durch Muskelzittern die Körpertemperatur erhöhen.

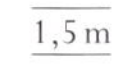

1,5 m

GRÜNER BAUMPYTHON
Morelia viridis
Die in den tropischen Wäldern Australasiens lebende baumbewohnende Schlange liegt meist auf einem Ast und lauert Echsen und kleinen Säugetieren auf.

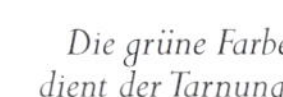

Die grüne Farbe dient der Tarnung.

1,8 m

KURZSCHWANZ-PYTHON
Python curtus
Dieser relativ kurze Python der südostasiatischen Regenwälder bebrütet sein Gelege.

3 m

SCHWARZKOPF-PYTHON
Aspidites melanocephalus
Die in Australien endemische Art kommt in den verschiedensten Lebensräumen vor. Sie jagt Schlangen und andere Reptilien.

TIGERPYTHON
Python molurus
Die in ihrer asiatischen Heimat seltene Schlange kommt heute sehr häufig in den Everglades in Florida vor. Wegen ihres großen Nahrungsspektrums (Vögel, Säugetiere und Reptilien) stellt sie für viele der dort heimischen Tiere eine Gefahr dar.

7 m

BLINDSCHLANGEN

Die Augen der Arten der Familie Blindschlangen (Typhlopidae) sind mit Schuppen bedeckt, sodass sie nahezu blind sind. Die kleinen, im Falllaub tropischer Wälder grabenden Schlangen fressen vor allem Wirbellose und tragen nur im Oberkiefer Zähne. Die meisten legen Eier.

35 cm

75 cm

AUSTRALISCHE BLINDSCHLANGE
Austrotyphlops nigrescens
Robuste Schuppen widerstehen dem Angriff von Ameisen, wenn diese grabende Schlange deren Larven und Eier frisst.

BLÖDAUGE
Typhlops vermicularis
Diese wurmähnliche europäische Schlange bewohnt trockene, offene Gebiete. Sie gräbt nach Wirbellosen, vor allem Ameisenlarven.

SCHLANKBLINDSCHLANGEN

Die kleinen, schlanken Schlangen der Familie Schlankblindschlangen (Leptotyphlopidae) graben nach Wirbellosen. Sie leben in den amerikanischen, afrikanischen und südostasiatischen Tropen.

30 cm

SENEGAL-SCHLANKBLINDSCHLANGE
Myriopholis rouxestevae
Diese Art lebt im Boden der westafrikanischen Wälder. Sie ist erst 2004 beschrieben worden.

VIPERN

Für die Arten der Familie Vipern (Viperidae) sind dicke Körper, gekielte Schuppen und ein dreieckiger Kopf typisch. Die hohlen Giftzähne sind umklappbar. Grubenottern besitzen Grubenorgane zwischen Augen und Nasenlöchern, mit denen sie Wärme wahrnehmen. Die meisten Vipern sind lebendgebärend.

1,5 m

GEWÖHNLICHE LANZENOTTER
Bothrops atrox
Die in den Wäldern des tropischen Amerikas lebende Schlange erkennt man am spitzen Kopf. Sie jagt nachts Vögel und Säugetiere.

85 cm

60 cm

WÜSTEN-HORNVIPER
Cerastes cerastes
Die in Nordafrika und auf der Sinai-Halbinsel lebende Schlange lauert im Sand vergraben auf kleine Säugetiere und Echsen.

STÜLPNASEN-LANZENOTTER
Porthidium nasutum
Diese tagaktive mittelamerikanische Schlange bevorzugt feuchte offene Wälder. Grubenottern wie diese Art gebären lebende Junge.

ERD-SCHLANGEN

Die an den schillernden Schuppen zu erkennenden beiden Arten der Familie Erdschlangen (Xenopeltidae) leben in Südost-Asien. Sie bewohnen Baue in Wäldern und jagen Amphibien, andere Reptilien und kleine Säugetiere. Sie legen Eier zur Vermehrung.

FLECKENPYTHON
Antaresia maculosa
Dieser Python lebt an den felsigen Hängen Nordaustraliens. Er fängt Fledermäuse am Eingang ihrer Höhlen.

NETZPYTHON
Python reticulatus
Die zu den längsten Schlangen der Welt gehörende Art bewohnt asiatische Regenwälder und tötet große Säugetiere durch Umschlingen.

REGENBOGEN-ERDSCHLANGE
Xenopeltis unicolor
Mit ihrem flachen Kopf kann sich die Schlange in verrottende Vegetation graben. Sie jagt Amphibien und Kleinsäuger.

NORDAMERIKANISCHER KUPFERKOPF
Agkistrodon contortrix
Ihre Zeichnung tarnt diese Schlange im Falllaub des bewaldeten Berglands. Sie lebt im östlichen Nordamerika.

ASPISVIPER
Vipera aspis
Diese europäische Viper bevorzugt warme, trockene Lebensräume und jagt kleine Säugetiere. Sie gebärt bis zu 20 lebende Junge.

KREUZOTTER
Vipera berus
Diese tagaktive Art jagt kleine Säugetiere und Echsen. Sie ist in den verschiedensten eurasischen Lebensräumen weit verbreitet.

GABUNVIPER
Bitis gabonica
Die in den tropischen afrikanischen Regenwäldern lebende, kräftige und schwere Schlange lauert Säugetieren auf.

TEXAS-KLAPPERSCHLANGE
Crotalus atrox
In der Nacht jagt diese Schlange Säugetiere. Sie ist in den trockenen Regionen des westlichen Nordamerikas verbreitet.

WESTLICHE KLAPPERSCHLANGE
Crotalus viridis
Diese Schlange aus dem mittleren Westen der USA jagt in der Morgen- und Abenddämmerung Säugetiere. Tagsüber versteckt sie sich in Spalten.

PUFFOTTER
Bitis arietans
Die überwiegend nachtaktive Giftschlange lauert meist bewegungslos Wirbeltieren auf. Sie kommt in felsigen afrikanischen Grassteppen vor.

MALAIISCHE MOKASSINOTTER
Calloselasma rhodostoma
Die südostasiatische Art jagt nachts in offenen Gebieten in Waldnähe Nagetiere und Echsen.

PANZERECHSEN

Panzerechsen (Crocodylia) sind im Wasser lebende Reptilien. Ihre robuste Haut und die kräftigen Kiefer machen sie zu sehr guten Jägern, doch sind sie gesellig und betreiben Brutpflege.

Alle Panzerechsen – Krokodile, Alligatoren und Gaviale – weisen den gleichen Körperbau auf: eine mit scharfen, unspezialisierten Zähnen bewaffnete, lange Schnauze, einen stromlinienförmigen Körper, einen muskulösen Schwanz und eine mit Knochenplatten verstärkte Haut. Das Leistenkrokodil ist das größte lebende Reptil.

SCHWIMMEN UND FRESSEN

Panzerechsen findet man in den Tropen der ganzen Welt, wo sie Süß- und Meerwasserlebensräume bewohnen. Da sich Augen, Ohren und Nasenlöcher oben auf dem Kopf befinden, können die Tiere bei der Jagd fast vollständig untergetaucht bleiben. Der kräftige Schwanz wird zum Schwimmen eingesetzt und die Beine erlauben das Laufen an Land.

Obwohl Panzerechsen unspezialisierte Fleischfresser sind, die sich von Fischen, Reptilien, Vögeln und Säugetieren ernähren, weisen sie besondere Fähigkeiten bei der Jagd auf bestimmte Beute auf, etwa wandernde Säugetiere oder Fische. Kleinere Tiere verschlingen sie ganz, doch große ertränken sie zuerst, bevor sie, sich im Wasser um die eigene Achse drehend, Fleischstücke herausreißen. Die Verdauung wird durch Steine im Magen und starke Magensäuren unterstützt.

SOZIALVERHALTEN UND BRUTPFLEGE

Vom Verhalten her ähneln Panzerechsen eher Vögeln (ihren nächsten Verwandten) als den übrigen Reptilien. Erwachsene Tiere bilden besonders an guten Beuteplätzen lockere Gruppen und können mit verschiedenen Lauten und Verhaltensweisen kommunizieren.

Während der Paarungszeit bilden Männchen Reviere und balzen vor den Weibchen. Die Befruchtung ist eine innere und die Weibchen vergraben Gelege hartschaliger Eier in einem Nest. Das Geschlecht der Jungen hängt von der Inkubationstemperatur ab. Sie rufen beim Schlupf, damit das Weibchen sie ausgräbt und zum Wasser trägt. Ihre Sterblichkeit ist hoch, doch sobald sie größer als 1 m sind, haben sie kaum noch natürliche Feinde.

STAMM	CHORDATA
KLASSE	REPTILIA
ORDNUNG	CROCODYLIA
FAMILIEN	3
ARTEN	23

Indem sie die Strömung ausnutzen, lauern diese Brillenkaimane mit geöffnetem Maul auf in Reichweite kommende Fische.

GAVIALE

Die beiden bedrohten Arten der Familie Gaviale (Gavialidae) kommen in Indien und Südost-Asien vor. Die schmalen Kiefer und spitzen Zähne eignen sich gut zum Fischfang.

GANGESGAVIAL
Gavialis gangeticus
Der Gavial gehört zu den größten Panzerechsen, frisst aber trotz seiner beeindruckenden Zähne nur Fische und greift keine Menschen an.

KROKODILE

Die in Lebensweise, Lebensraum und Ernährung eher unspezialisierten Arten der Familie Krokodile (Crocodylidae) kann man gut an dem bei geschlossenem Maul sichtbaren vierten Unterkieferzahn erkennen. Die tropischen Reptilien bewohnen viele Lebensräume in der Nähe von Flüssen und Küsten.

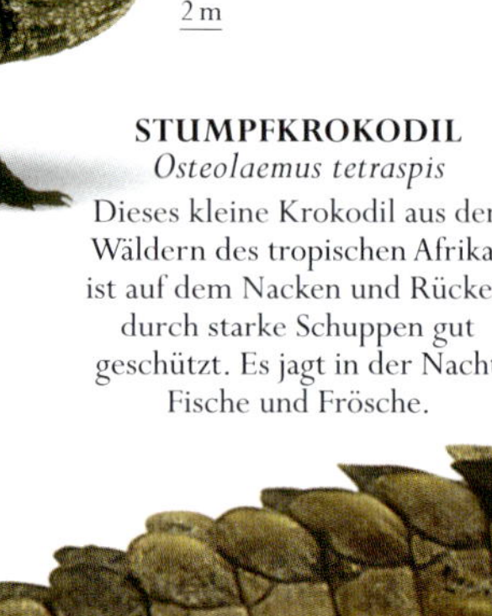

STUMPFKROKODIL
Osteolaemus tetraspis
Dieses kleine Krokodil aus den Wäldern des tropischen Afrikas ist auf dem Nacken und Rücken durch starke Schuppen gut geschützt. Es jagt in der Nacht Fische und Frösche.

3,5 m

RAUTENKROKODIL
Crocodylus rhombifer
Dieses nur auf Kuba vorkommende mittelgroße Krokodil bewohnt Sümpfe und jagt Fische und kleine Säugetiere. Es legt seine Eier in Löcher im Boden.

SIAM-KROKODIL
Crocodylus siamensis
Das nur in Südost-Asien vorkommende Krokodil ist in der Natur vom Aussterben bedroht. Es lebt in Feuchtgebieten und erbeutet verschiedene Nahrung.

Der Schwanz dient im Wasser als Antrieb.

ALLIGATOREN

Die Arten der Familie Alligatoren (Alligatoridae) ernähren sich von den verschiedenen Fischen, Vögeln und Säugetieren, die in ihrem Gewässer vorkommen. Diese Reptilien sind in den Sümpfen und Flüssen des tropischen Amerikas verbreitet. Die einzige in der Alten Welt vorkommende Art dieser Familie ist der seltene China-Alligator.

MISSISSIPPI-ALLIGATOR
Alligator mississippiensis
Schutzbemühungen haben es ermöglicht, dass diese nordamerikanische Art heute wieder verbreitet ist. Sie frisst Vögel, kleine Säugetiere und Schildkröten.

2,5 m

KROKODILKAIMAN
Caiman crocodilus
Dieser Kaiman hat ein großes Beutespektrum. Die in Mittel- und Südamerika verbreitete Art scheint die einzige Panzerechse zu sein, die von Menschen gemachte Gewässer besiedelt.

2 m

CHINA-ALLIGATOR
Alligator sinensis
Diese bedrohte Art des chinesischen Yangtse-Tals verbringt den Winter in Kältestarre in selbst gegrabenen Bauen.

BREITSCHNAUZENKAIMAN
Caiman latirostris
Diese in Mittelamerika weit verbreitete Art legt Bruthügel an. Sie ist gut an ihrer breiten Schnauze zu erkennen. Sie jagt Säugetiere und Vögel.

1,5 m

BRAUEN-GLATTSTIRNKAIMAN
Paleosuchus palpebrosus
Dieser südamerikanische Kaiman ist die kleinste Art der Neuen Welt unter den Panzerechsen. Sein Schädel erinnert an den eines Hundes.

1,7 m
knochiger Panzer

KEILKOPF-GLATTSTIRNKAIMAN
Paleosuchus trigonatus
Dieser kleine Kaiman der südamerikanischen Regenwälder lebt semiterrestrisch. Er baut sein Nest an einem Termitenbau, sodass die Eier warm bleiben.

LEISTENKROKODIL
Crocodylus porosus
Dieses größte heute lebende Reptil ist im indopazifischen Raum verbreitet und kann das offene Meer durchqueren. Es hat ein großes Nahrungsspektrum.

7 m
grünlicher, oft mit Algen bedeckter Körper

hoch oben liegende Augen
5 m

NILKROKODIL
Crocodylus niloticus
Dieses in Afrika weit verbreitete große Krokodil lebt im Süßwasser, ist aber auch schon an der Küste beobachtet worden. Die Nahrung variiert abhängig vom Alter.

RAUTENKROKODIL
Crocodylus rhombifer

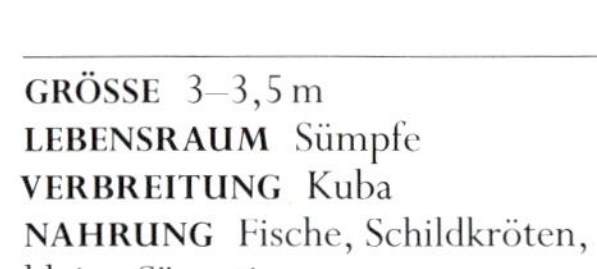

Dieses auffällig gezeichnete Krokodil kommt nur auf Kuba vor. Es ist mittelgroß und wird von Schilden mit darunter liegenden Knochenplatten geschützt. Es ist besser als andere Panzerechsen an das Land angepasst und kann hochbeinig gehen. Seine bevorzugte Beute sind Schildkröten, die mit den kräftigen Zähnen hinten im Rachen geknackt werden. Wegen der Jagd auf die Tiere und des Lebensraumverlusts sind die in der Natur verbliebenen Exemplare in den 1960er-Jahren eingefangen und im Zapata-Sumpf ausgesetzt worden, einem Schutzgebiet im Süden der Insel. Trotz des Schutzes bleibt die Population klein und die Bastardisierung mit den auch im Reservat vorkommenden Spitzkrokodilen gefährdet ihren Bestand.

GRÖSSE 3–3,5 m
LEBENSRAUM Sümpfe
VERBREITUNG Kuba
NAHRUNG Fische, Schildkröten, kleine Säugetiere

große, von Knochenplatten verstärkte Schuppen

knochige, an Hörner erinnernde Fortsätze am Hinterkopf

Klappe zum Verschließen des Ohrs unter Wasser

KRÄFTIGE BEINE ∨ >
Mithilfe seiner starken Hinterbeine kann dieses Krokodil über kurze Distanzen rennen. Da sie eher zum Laufen als zum Schwimmen dienen, tragen die Füße keine Schwimmhäute.

∨ NASENLÖCHER
Die paarigen Nasenlöcher liegen in einer erhöhten Gewebefläche am Ende der Schnauze. Unter Wasser können sie verschlossen werden.

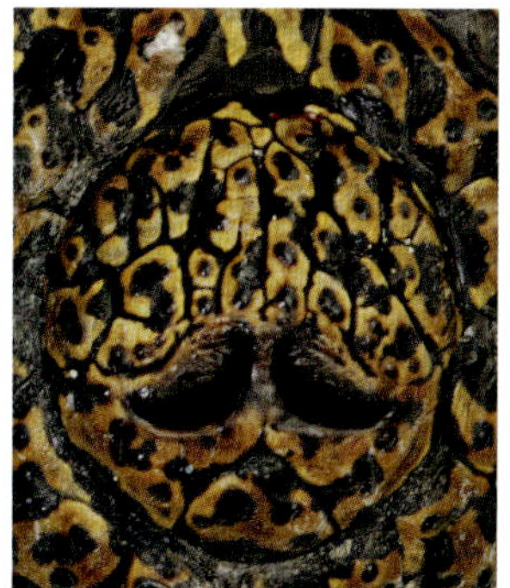

∧ FURCHTBARE KIEFER
Panzerechsen können ihre Nahrung nicht kauen, doch sie ergreifen die Beute mit ihren kräftigen Kiefern. Die Geschmacksknospen auf der Zunge ermöglichen ihnen, schlecht schmeckende Nahrung zurückzuweisen. Die Verdunstung bei geöffnetem Maul kühlt ihren Körper.

∧ SCHUPPENKAMM
Schuppen mit großen Fortsätzen vergrößern die Höhe des Schwanzes und verbessern den Antrieb im Wasser. Die vielen Blutgefäße nehmen beim Sonnenbad Wärme auf.

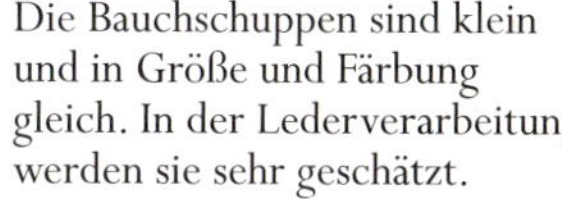

< BAUCHSCHUPPEN
Die Bauchschuppen sind klein und in Größe und Färbung gleich. In der Lederverarbeitung werden sie sehr geschätzt.

Die Schuppen entlang der Schnauze besitzen sensorische Papillen, die auf Schwingungen im Wasser reagieren.

Nasenlöcher

Unterkiefer

scharfe vordere Zähne

stumpfe, aber kräftigere hintere Zähne

∧ ÜBERRASCHUNGSANGRIFF
Scharfe Augen und empfindliche Ohren befinden sich auf der Kopfoberfläche, sodass die Beute auch entdeckt werden kann, wenn sich der Körper unter Wasser befindet. So kann das Krokodil sein Opfer überraschen. Den langen Unterkiefer kann es mit großer Kraft schließen, sodass die Beute nicht entkommen kann.

VÖGEL

Vögel (Aves) sind aktive Tiere. Viele Arten sind sehr attraktiv, andere singen komplexe Melodien. Was ihre Intelligenz und ihr Brutpflege-Verhalten betrifft, sind sie den Säugetieren ähnlich, aber sie weisen auch viele Merkmale ihrer Reptilienvorfahren auf.

STAMM	CHORDATA
KLASSE	AVES
ORDNUNGEN	29
FAMILIEN	196
ARTEN	10 117

Die Schwungfedern sind asymmetrisch, die äußere Fahne ist schmaler. So kann der Vogel in der Luft steuern.

Viele Küken sind Nesthocker: Sie sind nach dem Schlüpfen blind und nackt und auf die Fürsorge ihrer Eltern angewiesen.

Webervogel-Männchen bauen komplizierte Nester. Diese Kunstwerke zeugen von der Intelligenz der Vögel.

STREITFRAGE

SIND VÖGEL DINOSAURIER?

Traditionell stehen Vögel in einer anderen Klasse als die Reptilien, zu denen auch die Dinosaurier gehören. Heute vertreten Wissenschaftler jedoch die Meinung, dass man alle Nachfahren eines gemeinsamen Vorfahren derselben systematischen Gruppe zuordnen sollte. Demnach wären die Vögel ebenso wie *Tyrannosaurus* Dinosaurier.

Vögel sind die einzigen heute lebenden Tiere, die Federn tragen. Sie sind Wirbeltiere mit gleichmäßiger Körpertemperatur. Sie laufen auf zwei Beinen, ihre Vordergliedmaßen sind zu Flügeln umgebildet. Die Federn machen das Fliegen möglich und isolieren zudem den Körper. Deshalb können viele Vögel bei Kälte aktiv sein, ähnlich wie Säugetiere, die ein wärmendes Fell haben. Das Gefieder ist oft bunt, sodass der Vogel mit ihm visuelle Signale geben kann. Die Vögel haben sich aus einer Gruppe auf zwei Beinen laufender, fleischfressender Dinosaurier entwickelt, der auch *Tyrannosaurus* angehört. Es ist möglich, ja sogar wahrscheinlich, dass diese Vorfahren bereits Federn trugen.

ABHEBEN UND FLIEGEN

Keiner weiß genau, wie und weshalb sich die ersten Vögel in die Lüfte erhoben. Dieses Verhalten schlug sich jedoch für immer im Vogelkörper nieder. Die Handknochen veränderten sich stark, als sich die Arme zu Flügeln entwickelten. Schon die Vorfahren der Vögel unter den Dinosauriern hatten leichte, mit Luft gefüllte Knochen. Bei den Vögeln entwickelte sich zudem ein leistungsfähiges Herz-Kreislauf-System, das von einem vierkammerigen Herzen angetrieben wird. Mit ihrer hohen Stoffwechselrate können Vögel viel Energie erzeugen. Da bei ihnen ein System aus Luftsäcken mit der Lunge in Verbindung steht, ist ihre Atmung effizienter als die der Säugetiere.

Viele Reptilienmerkmale sind noch erhalten. Die unbefiederten Teile der Beine und Zehen sind mit Hornschuppen besetzt wie die Haut der Reptilien. Vögel scheiden Harnsäure aus, nicht in Wasser gelösten Harnstoff wie Säugetiere. Abfallstoffe aus Nieren und Darm werden über eine gemeinsame Öffnung abgegeben, die Kloake. Vogelgehirne sind höher entwickelt als die Gehirne heute lebender Reptilien. Deshalb sind Vögel nicht nur hervorragende Flieger, sondern zeigen bei der Aufzucht ihrer Jungen ein hoch entwickeltes Verhalten. Ihre Küken schlüpfen aus Eiern wie Reptilien, sie werden aber von intelligenten Elternvögeln großgezogen, die ihrem Nachwuchs viel Zeit und Energie widmen. Nach 60 Millionen Jahren der Evolution sind die Vögel mehr als nur Reptilien mit Federn.

EIN PFAU SCHLÄGT SEIN RAD >
Die Federn vieler Vögel sind bunt. Diese auffälligen Signale werden bei der Balz und anderen Formen der Kontaktaufnahme eingesetzt.

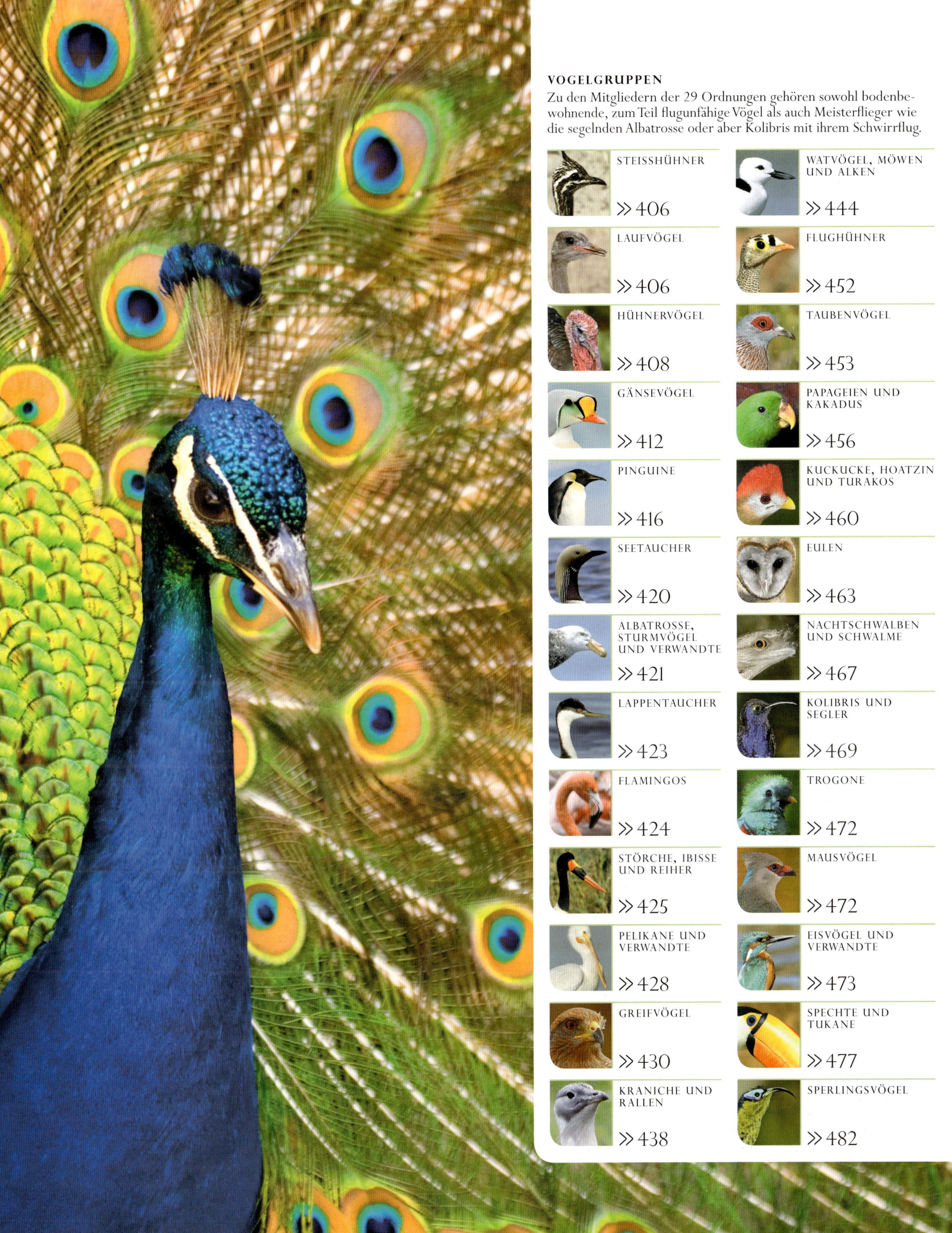

VOGELGRUPPEN

Zu den Mitgliedern der 29 Ordnungen gehören sowohl bodenbewohnende, zum Teil flugunfähige Vögel als auch Meisterflieger wie die segelnden Albatrosse oder aber Kolibris mit ihrem Schwirrflug.

STEISSHÜHNER » 406
LAUFVÖGEL » 406
HÜHNERVÖGEL » 408
GÄNSEVÖGEL » 412
PINGUINE » 416
SEETAUCHER » 420
ALBATROSSE, STURMVÖGEL UND VERWANDTE » 421
LAPPENTAUCHER » 423
FLAMINGOS » 424
STÖRCHE, IBISSE UND REIHER » 425
PELIKANE UND VERWANDTE » 428
GREIFVÖGEL » 430
KRANICHE UND RALLEN » 438
WATVÖGEL, MÖWEN UND ALKEN » 444
FLUGHÜHNER » 452
TAUBENVÖGEL » 453
PAPAGEIEN UND KAKADUS » 456
KUCKUCKE, HOATZIN UND TURAKOS » 460
EULEN » 463
NACHTSCHWALBEN UND SCHWALME » 467
KOLIBRIS UND SEGLER » 469
TROGONE » 472
MAUSVÖGEL » 472
EISVÖGEL UND VERWANDTE » 473
SPECHTE UND TUKANE » 477
SPERLINGSVÖGEL » 482

STEISSHÜHNER

Die bodenlebenden Steißhühner Mittel- und Südamerikas ähneln den Hühnervögeln der Alten Welt, ihre nächsten Verwandten sind jedoch die Laufvögel.

STAMM	CHORDATA
KLASSE	AVES
ORDNUNG	TINAMIFORMES
FAMILIEN	1
ARTEN	47

Die Steißhühner, die einzige Familie der Ordnung Tinamiformes, sind kleine bodenbewohnende Vögel mit rundlichen Körpern und kurzen Beinen. Alle Arten haben einen sehr kurzen Schwanz und wirken untersetzt. Einige tragen eine Haube.

Anders als die Laufvögel haben Steißhühner einen Brustbeinkamm, an dem die Flugmuskeln ansetzen, ein Merkmal, das auch alle anderen Vögel aufweisen. Ihre Flügel sind viel besser entwickelt als die der Laufvögel und sie können fliegen, wenn auch nur über kurze Entfernungen. Meist fliegen sie bei Gefahr nicht auf, sondern laufen vor Fressfeinden davon. Herz und Lunge der Steißhühner sind verhältnismäßig klein. Das ist wahrscheinlich der Grund, warum die Vögel schnell erschöpft sind.

Einige Gruppen kommen in Wäldern vor, andere in offenem Grasland. Alle Steißhühner ernähren sich von Samen, Früchten, Insekten und manchmal kleinen Wirbeltieren. Mit ihrem Tarngefieder sind die meisten Arten in der Natur schwierig zu entdecken. Leichter erkennt man sie an ihren charakteristischen Rufen.

ATTRAKTIVE EIER

Steißhuhn-Männchen paaren sich mit vielen Weibchen und kümmern sich um die Eier und Jungen. Die Nester werden in der Laubstreu am Boden gebaut. Die Eier sind türkis, rot oder violett und glänzen wie Porzellan.

STREITFRAGE

URSPRUNG DER GRUPPE

Traditionell trennt man die Steißhühner von den Laufvögeln. Beide Gruppen weisen Merkmale der Schädelknochen auf, die man bei anderen Vögeln nicht findet, was auf einen gemeinsamen Vorfahren schließen lässt. Wissenschaftler sind sich nicht sicher, ob dieser Vorfahr fliegen konnte, es ist aber wahrscheinlich.

PERLSTEISSHUHN
Eudromia elegans
F: Tinamidae
Diese Vögel kommen von Südchile bis nach Argentinien in hoch gelegenem Buschland vor. Anders als andere Steißhühner leben sie oft in Trupps.

31–35 cm

PISACCA-STEISSHUHN
Nothoprocta ornata
F: Tinamidae
In hoch gelegenen Grasländern der Anden lebt diese Art. Sie ist im westlichen Südamerika von Peru bis Nordargentinien verbreitet.

LAUFVÖGEL

Zu dieser Gruppe gehören die größten heute lebenden Vögel. Laufvögel sind flugunfähig. Einige leben in Trupps in offenen Lebensräumen, andere in Wäldern.

STAMM	CHORDATA
KLASSE	AVES
ORDNUNGEN	4
FAMILIEN	5
ARTEN	15

Die Laufvögel haben sich auf der Südhalbkugel entwickelt. Bestimmte Merkmale lassen darauf schließen, dass ihre Vorfahren fliegen konnten. Einige Merkmale, die mit dem Fliegen in Verbindung stehen, fehlen, andere sind noch vorhanden. Laufvögel haben keinen Brustbeinkamm, an dem bei anderen Vögeln die kräftigen Flugmuskeln ansetzen. Sie haben jedoch Flügel und der Teil ihres Gehirns, der das Fliegen steuert, ist gut entwickelt.

Die Strauße (Ordnung Struthioniformes) leben in offenen trockenen Lebensräumen in Afrika. Sie haben kräftige Beine und können in der Ebene schnell rennen. Ähnlich sehen die Nandus (Ordnung Rheiformes) aus, die aber nicht so schwer gebaut sind. Sie bewohnen südamerikanische Steppen. Wie bei den meisten Laufvögeln sind bei diesen beiden Gruppen die Zehen reduziert: Ein Nandu hat drei Zehen, ein Strauß nur zwei. Die Vögel haben große Flügel, mit denen sie balzen und beim Rennen das Gleichgewicht halten.

ARTEN AUS AUSTRALASIEN

Zu diesen Laufvögeln gehören die Kasuare und Emus (Ordnung Casuariiformes) und die Kiwis (Ordnung Apterygiformes). Alle Arten sind Waldvögel, nur der Emu bewohnt Busch- und Grasländer. Die winzigen Flügel dieser Vögel sind unter dem Gefieder, das eher an ein zottiges Fell erinnert, nicht zu erkennen. Die nachtaktiven Kiwis, die Nationalvögel Neuseelands, sind die einzigen Laufvögel, bei denen keine Zehen reduziert sind.

Das Straußen-Männchen scharrt eine flache Nistmulde, in die die Weibchen seines Harems bis zu 50 Eier legen.

STREIFENKIWI
Apteryx mantelli
F: Apterygidae
Dies ist eine der Kiwi-Arten Neuseelands. Die nachtaktiven Vögel spüren mit ihrem Geruchssinn Wirbellose im Boden auf. Die Nasenlöcher sitzen vorn am Schnabel.

fellähnliches Gefieder

65–70 cm

SÜDLICHER STREIFENKIWI
Apteryx australis
F: Apterygidae
Der Cousin von *A. mantelli* kommt auf der Südinsel Neuseelands vor und ist heller. Aufgrund von DNA-Analysen hat man ihn zu einer eigenen Art erklärt.

HELMKASUAR
Casuarius casuarius
F: Casuariidae

Kasuare sind Früchte fressende Regenwaldbewohner. Diese Art hat das größte Verbreitungsgebiet: Es erstreckt sich von Neuguinea bis nach Nordaustralien.

EMU
Dromaius novaehollandiae
F: Dromaiidae

Der größte heute lebende Vogel Australiens lebt in offenem Grasland. Wie bei den verwandten Kasuaren tragen die Küken ein gestreiftes Tarngefieder.

DARWINNANDU
Pterocnemia pennata
F: Rheidae

Die Art, die kleiner ist als der Nandu (*Rhea americana*), kommt in den südlichen Anden und in Patagonien vor, wo sie in kleinen Trupps lebt.

NANDU
Rhea americana
F: Rheidae

Der Laufvogel aus dem zentralen Südamerika hat ein Brutsystem, bei dem das Männchen ein großes Nest umsorgt, in das viele Weibchen Eier gelegt haben.

STRAUSS
Struthio camelus
F: Struthionidae

Der Strauß ist der größte Vogel der Erde. Er lebt in Savannen und Halbwüsten in Afrika. Männchen paaren sich mit mehreren Weibchen.

HAASTKIWI
Apteryx haastii
F: Apterygidae

Dies ist eine der beiden Kiwi-Arten mit grau scheckigem Gefieder. Sie kommt nur in Bergregionen im Westen der Südinsel Neuseelands vor.

ZWERGKIWI
Apteryx owenii
F: Apterygidae

Eingeführte Säugetiere haben diesen Kiwi fast ausgerottet. Er überlebt auf kleinen Inseln vor Neuseeland, auf denen keine Fressfeinde leben.

SOMALI-STRAUSS
Struthio camelus molydophanes
F: Struthionidae

Diese Form mit grauem Hals, die durch den ostafrikanischen Grabenbruch von anderen Populationen abgetrennt ist, wird manchmal als eigene Art geführt.

HÜHNERVÖGEL

Hühnervögel (Galliformes) sind an ein breites Spektrum von Lebensräumen angepasst. Die meisten leben auf dem Boden und fressen vor allem Pflanzen.

Obwohl einige Arten gute Flieger sind, erheben sich Hühnervögel meistens nur in die Luft, wenn Gefahr droht. Außer der in Westeurasien verbreiteten Wachtel und der Japanwachtel zieht keine Art weite Strecken. Die meisten Hühnervögel verbringen ihr Leben am Boden. Nur die Hokkohühner aus dem tropischen Amerika leben in Bäumen und bauen auch ihre Nester dort. Die ursprünglichsten Vögel der Gruppe sind die Großfußhühner, die in Wäldern in der indopazifischen Region leben. Sie vergraben ihre Eier in Haufen aus Pflanzenresten oder im Sand, sodass sie von der Wärme ausgebrütet werden, die beim Verfaulen der Pflanzenteile oder der vulkanischen Aktivität in der Region frei wird. Alle anderen Hühnervögel betreiben Brutpflege, aber nur die Weibchen ziehen die Jungen groß. Diese sind Nestflüchter, die bald nach dem Schlüpfen umherlaufen und Nahrung suchen.

Viele Männchen dieser Gruppe haben ein auffälliges Gefieder, mit dem sie bei der Balz einen Harem von Weibchen anlocken. Einige Arten tragen Sporne an den Füßen, um mit Rivalen zu kämpfen.

DOMESTIZIERTE ARTEN

Da man einige Arten, wie das Truthuhn, recht unkompliziert in Gefangenschaft halten kann, erlangten diese Vögel in vielen Ländern wirtschaftliche Bedeutung. Unsere Haushühner stammen vom Bankivahuhn aus Südost-Asien ab.

STAMM	CHORDATA
KLASSE	AVES
ORDNUNG	GALLIFORMES
FAMILIEN	5
ARTEN	290

STREITFRAGE

DEUTSCHE NAMEN

Oft spiegeln die deutschen Namen der Tierarten die biologischen Verwandtschaftsverhältnisse nicht deutlich wider. Verschiedene Vögel, wie die Steiß-, Flug- und Blässhühner, werden beispielsweise als Hühner bezeichnet, obwohl sie mit den Hühnervögeln nicht näher verwandt sind.

HAMMERHUHN
Macrocephalon maleo
F: Megapodiidae
Dieses Großfußhuhn kommt auf der indonesischen Insel Sulawesi vor. Es legt seine Eier in den Sandboden, wo sie von der Sonne oder vulkanischer Aktivität ausgebrütet werden.

BUSCHHUHN
Alectura lathami
F: Megapodiidae
Männchen dieses Großfußhuhns aus dem östlichen Australien regeln die Temperatur in den Bruthaufen aus verrottenden Pflanzenteilen, indem sie sie vergrößern oder verkleinern.

TUBERKEL-HOKKO
Crax rubra
F: Cracidae
Dieser große Hokko, der von Mexiko bis Ecuador verbreitet ist, hat eine Haube aus gelockten Federn. Männchen sind schwarz, Weibchen braun.

THERMOMETERHUHN
Leipoa ocellata
F: Megapodiidae
Diese Art baut einen Haufen aus Pflanzenteilen für seine Eier. Das Huhn frisst verschiedene Sämereien, ist aber vermutlich ein Allesfresser.

NACKTGESICHT-HOKKO
Crax fasciolata
F: Cracidae
Das Gesicht dieser südamerikanischen Art ist spärlich befiedert. Anders als verwandte Arten hat sie weder Hautlappen noch einen Schnabelhöcker.

BRAUNFLÜGEL-GUAN
Ortalis vetula
F: Cracidae
Dieses Mitglied der amerikanischen Hokkohühner ist die Art mit der nördlichsten Verbreitung. Man trifft sie von Texas bis Costa Rica an.

GRAUKOPFGUAN
Ortalis cinereiceps
F: Cracidae
Die Arten der Gattung *Ortalis* werden ihrer Rufe wegen auch Chakalakas genannt. Diese Art kommt in Buschland von Honduras bis Kolumbien vor.

BLAUKEHL-SCHAKUTINGA
Pipile cumanensis
F: Cracidae
Das glänzende schwarze Gefieder ist typisch für die baumbewohnende Gattung. Zur Brutzeit ruft dieser südamerikanische Vogel schrill.

SCHLUCHTENGUAN
Penelopina nigra
F: Cracidae
Der Vogel aus Mittelamerika verbringt mehr Zeit auf dem Boden als andere Guans. Wahrscheinlich ist er das einzige am Boden nistende Mitglied seiner Familie.

BARTGUAN
Penelope barbata
F: Cracidae
Wie verwandte Arten seiner Gattung lebt dieser Guan mit gestrichelter Brust in Regenwäldern. Er kommt in Ecuador und Peru vor.

SPIXGUAN
Penelope jacquacu
F: Cracidae
Die südamerikansche Art gehört zu einer Gruppe, die der Gattung *Ortalis* ähnelt, die Vögel sind aber kurzbeiniger. Die Art nistet in Bäumen und hat einen lauten Ruf.

CAUCA-GUAN
Penelope perspicax
F: Cracidae
Nur in der Gegend des Cauca-Tals im westlichen und nördlichen Kolumbien lebt dieser bronzefarben schimmernde Verwandte des Spixguans.

BRONZEGUAN
Penelope obscura
F: Cracidae
Dies ist der einzige braune Guan mit dunklen, statt rötlichen Beinen. Er ist von Brasilien bis ins nördliche Argentinien verbreitet.

ROTBRUSTGUAN
Penelope ochrogaster
F: Cracidae
Der für die Gattung typische Kehllappen ist bei dieser Art aus dem südlichen Zentralbrasilien besonders gut entwickelt.

GEIERPERLHUHN
Acryllium vulturinum
F: Numididae
Perlhühner sind afrikanische Hühnervögel, die in Trupps leben, aber monogam sind. Sie haben kahle Köpfe. Dies ist die größte Art. Sie ist im östlichen Afrika verbreitet.

BERGHAUBENWACHTEL
Oreortyx pictus
F: Odontophoridae
Die in den Rocky Mountains heimischen Vögel sind wie andere amerikanische Wachteln monogame Bodenbrüter.

SCHOPFWACHTEL
Callipepla californica
F: Odontophoridae
Von Oregon bis nach Kalifornien ist diese Art mit dem charakteristischen nickenden Schopf verbreitet, der aus sechs Federn gebildet wird.

GAMBELWACHTEL
Callipepla gambelii
F: Odontophoridae
Die Verwandte der Schopfwachtel hat einen längeren Schopf. Sie lebt in Wüsten im Süden von Kalifornien, wo die Schopfwachtel nicht vorkommt.

»

CHUKARHUHN
Alectoris chukar
F: Phasianidae

Dies ist das Steinhuhn mit der weitesten Verbreitung: Es kommt in ganz Zentralasien vor, typischerweise in trockenen Regionen. Typisch ist das schwarze Streifenmuster.

SCHWARZKOPF-STEINHUHN
Alectoris melanocephala
F: Phasianidae

Diese große rotbeinige Art bewohnt Halbwüsten auf der Arabischen Halbinsel und im Jemen. Sie bevorzugt Strauchvegetation mit Wacholderbüschen.

JAVA-WALDREBHUHN
Arborophila javanica
F: Phasianidae

In den Regenwäldern Südost-Asiens leben Waldrebhühner, kleine Hühnervögel mit Tarnfärbung und sehr kurzen Schwänzen. Viele, wie diese auf Java verbreitete Art, haben typisch gezeichnete Köpfe.

REBHUHN
Perdix perdix
F: Phasianidae

Das Rebhuhn ist die am weitesten verbreitete Art aus der kleinen Gattung eurasischer Hühnervögel.

WACHTELFRANKOLIN
Francolinus pondicerianus
F: Phasianidae

Wie beim verwandten Bankivahuhn haben die Männchen dieser südostasiatischen Art Sporne, die sie bei Kämpfen einsetzen.

ROTKEHLFRANKOLIN
Francolinus afer
F: Phasianidae

Dieser Bodenbrüter kommt in Wäldern und Grasländern vor und ist in Afrika von der Demokratischen Republik Kongo bis zum Kap verbreitet.

STRAUSSWACHTEL
Rollulus rouloul
F: Phasianidae

Die südostasiatische Straußwachtel ist mit den Waldrebhühnern verwandt, hat aber ein bunteres Gefieder. Männchen sind dunkelblau mit rötlicher Haube, die grünen Weibchen haben keine Haube.

GRAUBRAUEN-BAMBUSHUHN
Bambusicola thoracicus
F: Phasianidae

Es gibt zwei Arten von Bambushühnern. Die ostasiatischen Vögel sind mit den Frankolinen und dem Bankivahuhn verwandt. Diese Art ist in China heimisch.

WACHTEL
Coturnix coturnix
F: Phasianidae

Die Art, die in Grasländern und Halbwüsten Westeurasiens lebt, ist in den nördlichen Teilen ihres Verbreitungsgebiets ein Zugvogel.

TANNENHUHN
Canachites canadensis
F: Phasianidae

Wie andere in Wäldern lebende Raufußhühner kann dieser nordamerikanische Vogel die Nadeln von verschiedenen Koniferen verdauen, die die meisten Tiere verschmähen.

FELSENGEBIRGSHUHN
Dendragapus obscurus
F: Phasianidae

Dies ist eines von mehreren nordamerikanischen Raufußhühnern mit aufblasbaren Luftsäcken. Die dunkle Art lebt in Kiefernwäldern an der Pazifikküste.

SCHWEIFHUHN
Tympanuchus phasianellus
F: Phasianidae

Ein nördlicher Verwandter des Präriehuhns ist diese Art. Die Männchen haben violette Luftsäcke, die sie bei der Balz einsetzen.

PRÄRIEHUHN
Tympanuchus cupido
F: Phasianidae

Diese Art ist im Zentrum der USA verbreitet. Wie andere Präriehühner balzen die Männchen in Gruppen und blähen dabei ihre bunten Luftsäcke auf.

KLEINES PRÄRIEHUHN
Tympanuchus pallidicinctus
F: Phasianidae

Im südlichen Nordamerika kann man diese kleine Art antreffen. Sie bringt hohl klingende, brummende Rufe hervor, die typisch für die Gattung *Tympanuchus* sind.

AUERHUHN
Tetrao urogallus
F: Phasianidae
Im westlichen Eurasien ist das größte Raufußhuhn in Nadelwäldern verbreitet. Die Männchen singen zur Balz mit trillernden und wetzenden Lauten.

ALPENSCHNEEHUHN
Lagopus muta
F: Phasianidae
Dies ist eine von drei verwandten Arten, die sich im Winter weiß färben. Die Art ist zirkumpolar in der Tundra und in Gebirgen verbreitet.

SCHOTTISCHES MOORSCHNEEHUHN
Lagopus lagopus scotica
F: Phasianidae
Anders als seine Verwandten färbt sich diese britische Unterart des zirkumpolar verbreiteten Moorschneehuhns im Winter nicht weiß.

KALIFASAN
Lophura leucomelanos
F: Phasianidae
Dieser Fasan kommt in Wäldern vom Himalaya bis nach Myanmar vor. Auch auf den Hawaii-Inseln lebt eine eingebürgerte Population.

PRÄLATFASAN
Lophura diardi
F: Phasianidae
Wie viele Fasane hat dieser Vogel aus Südost-Asien nackte rote Hautpartien im Gesicht. Wie bei anderen *Lophura*-Arten zeigen beide Geschlechter dieses Merkmal.

SATYRTRAGOPAN
Tragopan satyra
F: Phasianidae
Der Gattung *Tragopan* gehören asiatische baumbrütende Fasane an. Diese Art ist im Himalaya verbreitet. Männchen haben einen Kehllatz, den sie bei der Balz präsentieren.

FASAN
Phasianus colchicus
F: Phasianidae
Die Art, die in Wäldern in Zentral- und Osteurasien heimisch ist, wurde im westlichen Europa eingebürgert, wo sie in Agrarland mancherorts häufig vorkommt.

DIAMANTFASAN
Chrysolophus amherstiae
F: Phasianidae
Wie bei vielen anderen Fasanen haben nur Männchen dieser Art ein auffälliges Gefieder und nur die Weibchen kümmern sich um die Jungen. Die Art ist in China und Myanmar verbreitet.

PALAWAN-PFAUFASAN
Polyplectron napoleonis
F: Phasianidae
Die Männchen dieser Art balzen mit ihren Schwanzfedern, die schillernde Augenflecken tragen.

BLAUER PFAU
Pavo cristatus
F: Phasianidae
Die tropische Art kommt in Indien und Sri Lanka vor. Männchen schlagen bei der Balz mit ihren langen Oberschwanzdecken ein schillerndes Rad.

BANKIVAHUHN
Gallus gallus
F: Phasianidae
Anders als die verwandten Frankoline paaren sich die Männchen der Stammart des Haushuhns mit vielen Weibchen. Nur die Männchen tragen einen Kamm und rote Hautlappen.

TRUTHUHN
Meleagris gallopavo
F: Phasianidae
Truthühner sind große Hühnervögel, die in Nordamerika heimisch sind. Diese Art aus dem Süden der USA ist die Stammart des domestizierten Truthuhns.

GÄNSEVÖGEL

Die Arten dieser Gruppe haben Schwimmhäute zwischen den Zehen und sind an das Schwimmen auf der Wasseroberfläche angepasst.

Die meisten Gänsevögel (Anseriformes) haben kurze Beine, die weit hinten am Körper ansetzen. Zwischen den Zehen sind Schwimmhäute ausgebildet. Alle Arten halten ihr Gefieder mit Öl aus ihrer Bürzeldrüse wasserdicht. Die südamerikanischen Wehrvögel und die Spaltfußgans aus Australasien haben unvollständig ausgebildete Schwimmhäute und verbringen viel Zeit an Land oder waten in Sümpfen. Diese Vögel gehören zwei alten Familien an. Alle anderen Gänsevögel werden einer Familie zugeordnet, deren ursprünglichste Mitglieder die Pfeifgänse sind.

SCHWÄNE, GÄNSE UND ENTEN

Bei Schwänen und Gänsen haben beide Geschlechter ein ähnliches Gefieder. Diese Vögel mit langen Hälsen und Flügeln sind vor allem außerhalb der Tropen verbreitet. Viele Arten brüten hoch im Norden und ziehen im Winter weiter in den Süden. Enten sind allgemein kleiner und haben kürzere Hälse als andere Gänsevögel. Die Erpel der meisten Arten sind im Prachtkleid auffälliger gefärbt als die Weibchen.

Die typischen Schnäbel der Gänsevögel haben Lamellen am Schnabelinnenrand, die eine Anpassung an das Filtern von Nahrung aus dem Wasser sind. Alle Arten weisen dieses Merkmal noch auf, auch solche, die sich an eine andere Ernährungsweise angepasst haben. Gänse weiden in Wiesen. Schwäne sind enger ans Wasser gebunden. Viele Enten gründeln: Sie tauchen beim Fressen mit dem Vorderkörper ins Wasser ein, sodass ihr Hinterkörper noch über die Wasseroberfläche ragt. Andere, wie die Tauchenten, tauchen bei der Nahrungssuche. Die Mitglieder einer Entengruppe, zu der Säger und Eiderenten gehören, tauchen auch im Meer. Säger haben schmale Schnäbel mit gesägten Rändern, mit denen sie glitschige Fische fangen können.

BRUTVERHALTEN

Die meisten Gänsevögel sind monogam, und manche Ehen halten ein Vogelleben lang. Fast alle Arten brüten auf dem Boden, nur wenige in Bäumen. Die Küken aller Gänsevögel können schon bald nach dem Schlüpfen laufen und schwimmen.

STAMM	CHORDATA
KLASSE	AVES
ORDNUNG	ANSERIFORMES
FAMILIEN	3
ARTEN	174

Der Formationsflug ist aerodynamisch günstig. Schneegänse verbrauchen deshalb auf ihrem Zug weniger Energie.

53–56 cm

auffällige rostrote Zeichnung

ROTHALSGANS
Branta ruficollis
F: Anatidae

Von den dunklen Gänsen der Gattung *Branta* ist diese Art die bunteste. Sie brütet im nordwestlichen Sibirien in der Nähe von Greifvögeln. Wahrscheinlich schützt sie dieses Verhalten vor Füchsen.

50–110 cm

KANADA-GANS
Branta canadensis
F: Anatidae

Die größte Art der Gattung *Branta* ist in Nordamerika heimisch und mittlerweile auch im nördlichen Europa verbreitet.

58–71 cm

WEISSWANGENGANS
Branta leucopsis
F: Anatidae

In Grönland und Russland brütet diese Art in der arktischen Tundra auf Kliffen. Hier sind ihre Gelege vor Fressfeinden sicher.

56–71 cm

HAWAII-GANS
Branta sandvicensis
F: Anatidae

Nur auf den Hawaii-Inseln kommt diese Gans vor. Mit ihren reduzierten Schwimmhäuten und den kräftigen Krallen können sie bestens auf Lavafeldern klettern.

81–94 cm

SCHWANENGANS
Anser cygnoides
F: Anatidae

In freier Natur ist diese Art, die domestiziert wurde, bedroht. In ihrem Heimatgebiet in Zentralasien lebt sie in Steppen.

60–75 cm

KURZSCHNABELGANS
Anser brachyrhynchus
F: Anatidae

Diese kleine graue Gans brütet in Grönland und Island in der Tundra auf Felsen. Sie überwintert im westlichen Europa.

STREIFENGANS
Anser indicus
F: Anatidae

Diese Vögel sind an die dünne Luft der Gebirge Zentralasiens angepasst. Sie ziehen über den Himalaya und verbringen den Winter in Indien und Myanmar.

71–76 cm

hellgrauer Körper

76–89 cm

GRAUGANS
Anser anser
F: Anatidae

Weit verbreitet ist diese typische Art der Gattung *Anser* auf Wiesen und in Feuchtgebieten Eurasiens. Sie ist die Stammart der Hausgänse.

KAISERGANS
Anser canagicus
F: Anatidae
Im nordöstlichen Sibirien und in Alaska trifft man diese Gans an. Sie weidet an Küsten Gräser und Algen und ist weniger gesellig als andere Gänse.

GRAUKOPFGANS
Chloephaga poliocephala
F: Anatidae
Die südamerikanischen Gänse der Gattung *Chloephaga* sind wahrscheinlich näher mit den Enten verwandt als andere Gänse. Diese Art kommt in Chile und Argentinien vor.

NILGANS
Alopochen aegyptiaca
F: Anatidae
Die Nilgans gehört zu einer Gruppe der Südhalbkugel, die nah mit den Enten verwandt ist. Sie ist in Afrika weit verbreitet.

SICHELPFEIFGANS
Dendrocygna eytoni
F: Anatidae
Pfeifgänse sind nach ihren sehr typischen pfeifenden Rufen benannt. Die Sichelpfeifgans kommt in Australien vor.

BLAUFLÜGELGANS
Cyanochen cyanoptera
F: Anatidae
Das dichte Gefieder dieser Gans ist eine Anpassung an die kühlen Hochländer ihrer Heimatgebiete in Eritrea und Äthiopien.

COSCOROBA-SCHWAN
Coscoroba coscoroba
F: Anatidae
Der kleinste Schwan ähnelt einer Gans. Er lebt nur in Sümpfen in den südlichen Teilen Chiles und Argentiniens.

SPALTFUSSGANS
Anseranas semipalmata
F: Anseranatidae
In Sumpfgebieten in Australien lebt diese langbeinige Art mit nur teilweise ausgebildeten Schwimmhäuten. Sie ist nicht eng mit anderen Gänsevögeln verwandt.

HÜHNERGANS
Cereopsis novaehollandiae
F: Anatidae
Die charakteristische Gans kommt nur im südlichen Australien und auf vorgelagerten Inseln vor, wo sie in kleinen Trupps auf Wiesen weidet.

TRAUERSCHWAN
Cygnus atratus
F: Anatidae
Der grauschwarze Schwan mit weißen Flügelspitzen brütet manchmal in riesigen Kolonien. Er ist in Australien und Tasmanien heimisch und wurde in Neuseeland, Europa und Nordamerika eingebürgert.

TROMPETERSCHWAN
Cygnus buccinator
F: Anatidae
Mit dem eurasischen Singschwan (*C. cygnus*) ist diese Art aus Nordamerika verwandt. Die Rufe der Vögel sind laut und trompetend.

HÖCKERSCHWAN
Cygnus olor
F: Anatidae
In Europa und Zentralasien brütet der Höckerschwan. Wie andere Schwäne taucht er mit dem Kopf und Hals ins Wasser ein, um Pflanzen abzuweiden.

SCHWARZHALSSCHWAN
Cygnus melancoryphus
F: Anatidae
Die südamerikanische Art verbringt mehr Zeit im Wasser als andere Schwäne und nistet auf schwimmendem Pflanzenwuchs.

WEISSRÜCKEN-PFEIFGANS
Thalassornis leuconotos
F: Anatidae
Dieser Vogel aus Afrika und Madagaskar ist mit den eigentlichen Pfeifgänsen der Gattung *Dendrocygna* verwandt, verbringt aber mehr Zeit im Wasser.

AFRIKANISCHE ZWERGENTE
Nettapus auritus
F: Anatidae
Wie andere Zwergenten nistet diese afrikanische Art in Baumhöhlen. Meist trifft man sie in Feuchtgebieten mit Seerosen an.

ORINOCO-GANS
Neochen jubata
F: Anatidae
Diese südamerikanische Entenverwandte lebt in tropischen Feuchtsavannen und in Wäldern an Flussufern.

HALSBANDWEHRVOGEL
Chauna torquata
F: Anhimidae
Wehrvögel sind große, untersetzte Vögel, die in Sumpfgebieten in Südamerika leben. Wie alle Arten hat dieser Vogel Knochensporne am Flügel, die er im Kampf einsetzt.

»

NORDAMERIKANISCHE PFEIFENTE
Anas americana
F: Anatidae
In seichten Gewässern schnattert diese Art und gründelt gelegentlich. Riesige Schwärme ziehen nach der Brutsaison von Nordamerika in die Karibik.

BAIKAL-ENTE
Anas formosa
F: Anatidae
Diese charakteristische Ente brütet in kühlen offenen Wäldern in Sibirien. Den Winter verbringt sie in Südost-Asien.

LÖFFELENTE
Anas clypeata
F: Anatidae
Bei Schwimmenten haben beide Geschlechter ein buntes Feld am Flügel, den Spiegel. Bei dieser in Feuchtgebieten auf der Nordhalbkugel verbreiteten Art ist er grün.

STOCKENTE
Anas platyrhynchos
F: Anatidae
Diese auf der Nordhalbkugel weit verbreitete Schwimmente kann sich mit verwandten Arten kreuzen. Vielleicht ist dies ein Hinweis darauf, dass sich die Gruppe vor nicht allzu langer Zeit aufgespalten hat.

INDISCHE LAUFENTE
Anas platyrhynchos
F: Anatidae
Diese domestizierte langhälsige Rasse der Stockente wurde im 19. Jahrhundert erstmals auf der Malaiischen Halbinsel und in Indien gezüchtet.

BAHAMA-ENTE
Anas bahamensis
F: Anatidae
In Ästuaren und Mangrovensümpfen mit salzhaltigem Wasser lebt diese südamerikanische Art. Beide Geschlechter sehen gleich aus.

HAUSENTE
Anas platyrhynchos
F: Anatidae
Die meisten domestizierten Enten stammen von der Stockente ab. Man hält sie ihrer Eier und Federn wegen oder als Fleischlieferanten.

BÜFFELKOPFENTE
Bucephala albeola
F: Anatidae
In Baumhöhlen, manchmal in aufgegebenen Spechthöhlen, nistet die kleinste Meerente Nordamerikas.

KRAGENENTE
Histrionicus histrionicus
F: Anatidae
Diese Meerente schwimmt auch auf schwerer See und brütet an Bächen im östlichen Nordamerika, auf Island und im westlichen Russland.

BRAUTENTE
Aix sponsa
F: Anatidae
Die Brautente nistet in hoch gelegenen Baumhöhlen. Die Küken springen später hinab ins Wasser unter dem Baum.

MANDARINENTE
Aix galericulata
F: Anatidae
Weil man fälschlich dachte, dieser Baumhöhlenbrüter wäre monogam, ist diese Art im nordöstlichen Asien ein Symbol für die Liebe. Sie wurde in Europa und Kalifornien eingebürgert.

STURZBACHENTE
Merganetta armata
F: Anatidae
Die südamerikanische Ente ist eine hervorragende Schwimmerin. Sie lebt in den Anden an schnell fließenden Gebirgsbächen und brütet zwischen Steinen am Ufer.

ROTSCHULTERENTE
Callonetta leucophrys
F: Anatidae
Wie andere tropische Enten zieht diese südamerikanische Art nicht. Sie trägt das ganze Jahr über ihr Prachtkleid.

46–55 cm

BRILLENENTE
Melanitta perspicillata
F: Anatidae

Die nordamerikanische Art brütet in der Nähe von Süßgewässern und überwintert auf dem Meer. Der Körper des Männchens ist völlig schwarz.

42–50 cm

KAPPENSÄGER
Lophodytes cucullatus
F: Anatidae

Dieser nordamerikanische Vogel fängt mit seinem Schnabel, der gesägte Ränder hat, Fische. Beim Tauchen stößt er mit den Füßen und verschafft sich Antrieb.

46–54 cm

weiße Zeichnung

KUPFER-SPIEGELENTE
Speculanas specularis
F: Anatidae

An den Flüssen Südamerikas kommt diese Ente vor. Der Ruf des Weibchens erinnert an das Bellen eines Hundes.

36–45 cm

ROSENOHRENTE
Malacorhynchus membranaceus
F: Anatidae

Die rosa Tupfen am Kopf der australischen Art sind weniger charakteristisch als das Zebramuster. Sie filtert mit Membranen am Schnabel Plankton aus dem Wasser.

35–43 cm

SCHWARZKOPF-RUDERENTE
Oxyura jamaicensis
F: Anatidae

Die in Nordamerika heimische Ente wurde in Europa eingeführt. Sie hat einen steifen Schwanz, der ihr beim Tauchen als Ruder dient.

40–47 cm

REIHERENTE
Aythya fuligula
F: Anatidae

Vorwiegend von wirbellosen Tieren ernährt sich diese eurasische Tauchente, anders als ihre Verwandten, die vor allem Pflanzen fressen.

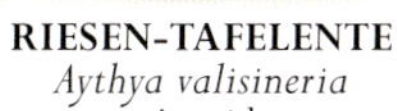

48–61 cm

RIESEN-TAFELENTE
Aythya valisineria
F: Anatidae

Der nordamerikanische Vogel ist die größte Tauchente. Tauchenten haben typisch untersetzte Körper und große Köpfe.

38–58 cm

EISENTE
Clangula hyemalis
F: Anatidae

Anders als die meisten Meerenten der Arktis brütet die Eisente in Lebensräumen sowohl in Salzwasser als auch in Süßwasser. Die Männchen haben verlängerte Schwanzfedern.

35–44 cm

ZWERGSÄGER
Mergellus albellus
F: Anatidae

Dieses Mitglied der Säger ist der einzige kleine weiße Gänsevogel im nördlichen Eurasien.

61–63 cm

BRANDGANS
Tadorna tadorna
F: Anatidae

Die meisten Mitglieder dieser Art sind Standvögel an den Küsten Europas. Asiatische Populationen ziehen im Winter von Gebieten im Binnenland in den Süden.

52–58 cm

MITTELSÄGER
Mergus serrator
F: Anatidae

Auf der Nordhalbkugel ist diese Art weit verbreitet. Sie brütet an Küsten und verbringt mehr Zeit auf dem Meer als andere Säger.

orangegelber Stirnhöcker

rosa getönte Brust

43–63 cm

PRACHT-EIDERENTE
Somateria spectabilis
F: Anatidae

An den Küsten der arktischen Tundra brütet dieser Vogel. Mit dem großen Körper kann er tief tauchen. Er fängt Wirbellose.

55–56 cm

PEPOSAKA-ENTE
Netta peposaca
F: Anatidae

Die südamerikanische Art gehört zu den Tauchenten, verbringt aber mehr Zeit mit dem Fressen an der Wasseroberfläche.

51–61 cm

SCHOPFENTE
Lophonetta specularioides
F: Anatidae

Die Schopfente der Anden ist wahrscheinlich eine reliktäre Art einer südamerikanischen Linie, von der die Schwimmenten (wie die Stockente) abstammen.

43–48 cm

SCHECKENTE
Polysticta stelleri
F: Anatidae

Wie verwandte Meerenten der Arktis und Subarktis überwintert diese Ente in riesigen Schwärmen von manchmal 20 000 Vögeln weiter im Süden.

PINGUINE

Typisch für Pinguine sind das schwarz-weiße Gefieder, die aufrechte Haltung und der watschelnde Gang. Sie sind ein Symbol der Meere der Südhalbkugel.

Alle Pinguine (Sphenisciformes) kommen in Küstenregionen der Südhalbkugel vor und sind an ein Leben im kalten Wasser angepasst. Die meisten Arten leben auf Inseln um die Antarktis, einige an den Südküsten Südamerikas, Afrikas und Australasiens.

Die flugunfähigen Vögel der Ordnung Sphenisciformes haben vielleicht einen gemeinsamen Vorfahren mit den Albatrossen. Auch mit den Seetauchern der Nordhalbkugel könnten sie verwandt sein.

SPEZIELLE ANPASSUNGEN

Bei Pinguinen sitzen die Beine weit hinten am Körper an. Dieses Merkmal weisen auch See- und Lappentaucher auf. Die Vögel können deshalb mit ihren Beinen im Wasser gut Antrieb erzeugen. An Land laufen Pinguine aufrecht, ihr watschelnder Gang auf den mit Schwimmhäuten versehenen Füßen wirkt unbeholfen. Wie andere flugunfähige Vögel haben Pinguine reduzierte Flügel, die bei ihnen zu Flossen umgebildet sind. Sie »fliegen« sozusagen unter Wasser. Die kurzen, dicht stehenden Federn sind an der Basis fein verästelt und speichern warme Luft. Eine Fettschicht unter der Haut sorgt ebenfalls für Isolierung. Die Federspitzen sind wasserdicht, denn die Vögel fetten sie mit Öl aus ihrer Bürzeldrüse ein. Das Blutgefäßsystem in Beinen und Füßen stellt sicher, dass der Körper des Vogels nicht auskühlt, wenn er auf Eis steht. Die größten Pinguin-Arten brüten ihre Eier auf den Füßen aus. Bei allen Pinguinen ist der Rücken dunkel und der Bauch hell. Wenn sie im Meer schwimmen, sind sie sowohl von oben als auch von unten gegen die helle Wasseroberfläche für Fressfeinde wie Seeleoparden kaum zu erkennen.

NAHRUNGSSUCHE UND BRUT

Pinguine tauchen bis 200-mal am Tag nach Fischen und Krill. Während des Brütens und der Aufzucht der Jungen wechseln sich die Elternvögel mit der Nahrungssuche ab. Kaiserpinguine gehören zu den wenigen Arten, die in der Antarktis brüten. Die Männchen brüten das einzige Ei im Polarwinter aus, während die Weibchen im Meer Nahrung fangen. Die meisten Pinguine brüten in Kolonien, zu denen sie regelmäßig zurückkehren.

STAMM	CHORDATA
KLASSE	AVES
ORDNUNG	SPHENISCIFORMES
FAMILIEN	1
ARTEN	18

STREITFRAGE

FLIEGENDE VORFAHREN?

Im frühen 20. Jahrhundert glaubte man, flugunfähige Vögel wären primitiv. Man hoffte, bei der Untersuchung ihrer Embryos einen direkten Hinweis auf Dinosauriervorfahren zu finden. Pinguineier waren begehrt. Die Mitglieder von Robert Falcon Scotts letzter Expedition (1910–1913) unternahmen eine wagemutige Exkursion zu einer Brutkolonie von Kaiserpinguinen. Als man die Eier, die sie gesammelt hatten, wissenschaftlich untersuchte, wurde die Embryotheorie widerlegt. Jüngere Untersuchungen der Anatomie und DNA der Vögel und von Fossilien zeigen, dass die Vorfahren der Pinguine fliegen konnten.

KÖNIGSPINGUIN
Aptenodytes patagonicus
F: Spheniscidae
Diese subantarktische Art ähnelt dem Kaiserpinguin. Sie hat eine orangegelbe Zeichnung an Kopf und Brust und brütet auf ihren Füßen ein einziges Ei aus.

KAISERPINGUIN
Aptenodytes forsteri
F: Spheniscidae
Der größte Pinguin nistet in Kolonien auf dem antarktischen Eis. Die Männchen brüten die Eier im bitterkalten Polarwinter allein aus.

FELSENPINGUIN
Eudyptes chrysocome
F: Spheniscidae
Der kleinste der subantarktisch verbreiteten Schopfpinguine klettert häufig über Felsen, daher sein Name.

ZWERGPINGUIN
Eudyptula minor
F: Spheniscidae
Die kleinste Pinguin-Art nistet in Erdlöchern. Sie kommt an den Küsten von Südaustralien und Neuseeland vor.

DICKSCHNABELPINGUIN
Eudyptes pachyrhynchus
F: Spheniscidae
In kühlen Wäldern an den Südküsten Neuseelands nistet diese Art. Die gelben Federn über den Augen und der rote Schnabel sind typisch für Pinguine der Gattung.

GOLDSCHOPFPINGUIN
Eudyptes chrysolophus
F: Spheniscidae
Dieser Vogel lebt auf Inseln im südlichen Atlantik und Indischen Ozean. Er ist die einzige Art der Gattung *Eudyptes*, die auf der Antarktischen Halbinsel brütet.

ZÜGELPINGUIN
Pygoscelis antarcticus
F: Spheniscidae

Der Zügelpinguin taucht nach Krill und Fischen. Er brütet an den Küsten der Antarktis und auf Inseln im Südatlantik.

ESELSPINGUIN
Pygoscelis papua
F: Spheniscidae

Der Eselspinguin brütet auf der Antarktischen Halbinsel und auf Inseln im Südlichen Ozean. Das Nest ist eine einfache Ansammlung aus Steinen, Stöckchen und Federn.

ADELIE-PINGUIN
Pygoscelis adeliae
F: Spheniscidae

Dies ist eine von drei *Pygoscelis*-Arten, die in der Antarktis und auf vorgelagerten Inseln verbreitet sind. Die einfache schwarz-weiße Färbung ist typisch für die Gattung.

GELBAUGENPINGUIN
Megadyptes antipodes
F: Spheniscidae

Dieser Verwandte der *Eudyptes*-Pinguine ist eine seltene Art, die auf Neuseeland in Gebüschen nistet, nicht in dichten Kolonien wie die *Eudyptes*-Arten.

GALAPAGOS-PINGUIN
Spheniscus mendiculus
F: Spheniscidae

Dies ist der einzige Pinguin, der in tropischen Regionen brütet. Der Humboldt-Strom, der entlang der Westküste Südamerikas fließt, kühlt hier das Meerwasser. Die Art nistet in Felsspalten.

HUMBOLDTPINGUIN
Spheniscus humboldti
F: Spheniscidae

An der Pazifikküste Südamerikas kommt diese Art vor. Sie gehört zu einer Gruppe von Arten, die in Erdhöhlen nisten. Die Streifen auf den Oberschenkeln sind charakteristisch.

MAGELLANPINGUIN
Spheniscus magellanicus
F: Spheniscidae

Dieser gebänderte Pinguin ist nah mit dem Humboldtpinguin verwandt. Er lebt in Kolonien an der Südspitze Südamerikas und auf den Falkland-Inseln.

BRILLENPINGUIN
Spheniscus demersus
F: Spheniscidae

Dies ist der einzige Pinguin, der in Afrika brütet. Die Brutkolonien findet man an den Südwestküsten. Die Rufe der Vögel erinnern an das Geschrei von Eseln.

KÖNIGSPINGUIN
Aptenodytes patagonicus

Der Königspinguin ist die zweitgrößte Pinguin-Art. Nur sein naher Verwandter, der Kaiserpinguin, ist größer. Anders als dieser lebt der Königspinguin auf Inseln der Subantarktis. Er jagt Fische, nicht aber Krill wie viele Pinguine, und taucht dabei manchmal bis in über 200 m Tiefe ins Meer hinab. Ein Weibchen legt immer nur ein einziges Ei und das einzige Junge ist erst nach über einem Jahr selbstständig. Aus diesem Grund können die Paare nicht jedes Jahr brüten. Die riesigen Brutkolonien mit Jungvögeln verschiedenen Alters trifft man auf einigen Inseln der südlichen Ozeane zu jeder Jahreszeit an.

GRÖSSE 94–100 cm
LEBENSRAUM flache Küsten subantarktischer Inseln
VERBREITUNG Inseln im Südatlantik und südlichen Indischen Ozean
NAHRUNG vor allem Laternenfische, auch Kalmare

schwarzer Oberschnabel

Pinguine trinken Meerwasser und scheiden überschüssiges Salz durch die Nasenlöcher aus.

∨ GUTE AUGEN
Pinguine jagen auf Sicht. Ihre wichtigste Beute sind Laternenfische. Die Vögel tauchen nachts nach diesen biolumineszierenden Fischen.

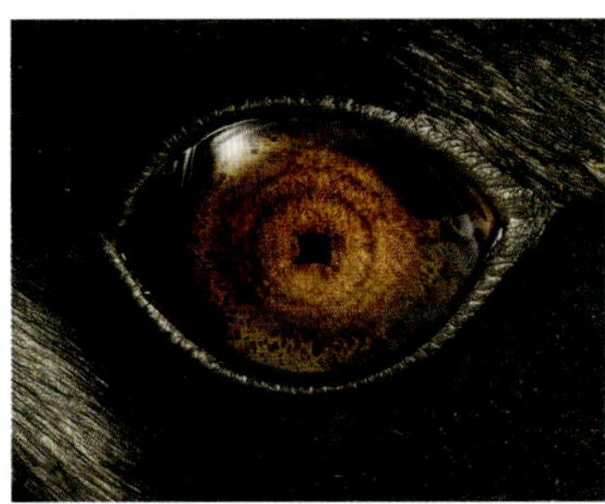

< STACHELIGE ZUNGE
Die muskulöse Zunge eines Pinguins ist stachelig: Papillen auf der Oberfläche haben sich zu nach hinten weisenden Häkchen entwickelt. So kann der Vogel Fische besser packen.

∧ FLOSSENÄHNLICHE FLÜGEL
Pinguine sind flugunfähige Vögel, die beim Tauchen mit Füßen und Flügeln Antrieb erzeugen. Mit den umgebildeten Flügeln »fliegen« sie unter Wasser.

∧ SCHÜTZENDE BAUCHFALTE
Das einzige Ei wird auf den Füßen unter einer wärmenden Hautfalte ausgebrütet, der Bruttasche. Ist das Küken einmal geschlüpft, sucht es in der Bruttasche Schutz.

∧ SCHUPPIGE HAUT
Schuppen an Beinen und Füßen erinnern daran, dass die Vögel von Reptilien abstammen. Die dunkle Haut speichert wahrscheinlich Wärme.

< DICHTES GEFIEDER
Die Federn bilden eine wasserdichte äußere und eine isolierende innere Schicht, eine Anpassung an das Tauchen im kalten Wasser.

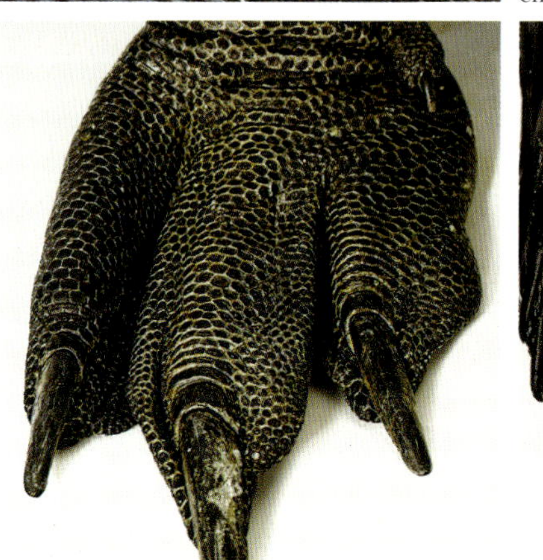

SCHWIMMHÄUTE >
Stöße der Füße, die mit Schwimmhäuten versehen sind, verschaffen dem Vogel unter Wasser Antrieb.

< SCHWANZ
Der kurze Schwanz besteht aus steifen Federn. Er dient beim Tauchen als Ruder, für kleine Arten an Land als Stütze.

∨ IM MEER GETARNT

Der Königspinguin sieht ebenso wie alle Pinguine aus wie ein Vogel im Frack: Der Bauch ist weiß und der Rücken dunkel. Beim Tauchen ist er deshalb getarnt: Fressfeinde erkennen ihn von unten mit seinem weißen Bauch vor der hellen Meeresoberfläche kaum. Blickt ein Räuber von oben auf ihn herab, ist sein dunkler Rücken über den dunklen Meerestiefen ebenfalls kaum zu erkennen.

Carotinoide sind für die gelbe Zeichnung verantwortlich. Einigen Pinguin-Arten fehlen sie.
gelber Streifen am Unterschnabel
gelbe Brust

SEETAUCHER

Diese Fischfresser tauchen in arktischen Gewässern. Sie haben Schwimmhäute zwischen den Zehen und bewegen sich an Land ungelenk, sind aber hervorragende Schwimmer.

Die Seetaucher sind die einzige Familie der Ordnung Gaviiformes. Während der Brutsaison stoßen sie klagende Rufe aus. Die Beine setzen bei ihnen weit hinten am Körper an. Die Vögel bewegen sich deshalb an Land unbeholfen, im Wasser jedoch sind sie geschickte und wendige Schwimmer und Taucher. Mit ihren stromlinienförmigen Körpern und den speerförmigen Schnäbeln erinnern sie ein wenig an Pinguine, die eine ähnliche Lebensweise haben. Womöglich stammen beide Vogelgruppen von einem gemeinsamem Vorfahren ab.

Obwohl die spitzen Flügel im Verhältnis zum Körper relativ klein sind, können Seetaucher schnell fliegen. Vor dem Abheben müssen größere Arten über die Wasseroberfläche laufen. Nur der Sterntaucher kann vom Land aus starten. Alle Arten ziehen im Winter in den Süden.

GEMEINSAME BRUTPFLEGE

Die Männchen wählen Nistplätze in der Ufervegetation arktischer Seen aus. Dort brüten beide Elternvögel und kümmern sich um die Jungen. Die Küken reiten auf dem Rücken ihrer Eltern, aber sie können bald nach dem Schlüpfen schwimmen und tauchen. Nach der Brutzeit verlieren die Vögel das auffällige Gefieder an Hals und Kopf. Im Schlichtkleid sind die verschiedenen Arten schwieriger zu unterscheiden.

STAMM	CHORDATA
KLASSE	AVES
ORDNUNG	GAVIIFORMES
FAMILIEN	1
ARTEN	5

Seetaucher fliegen mit ausgestrecktem Hals. Sie halten ihn ein wenig unterhalb des Körpers und wirken deshalb buckelig.

EISTAUCHER
Gavia immer
F: Gaviidae

69–91 cm

Dies ist einer der größten Seetaucher. Er brütet auf Seen in den subarktischen Regionen Nordamerikas und auf Island. Den Winter verbringt er an Küsten weiter südlich.

gestreiftes Feld

Kopf und Hals schwarz

GELBSCHNABELTAUCHER
Gavia adamsii
F: Gaviidae

76–91 cm

Diese große Art arktischer Gewässer kann man am gelblich weißen Schnabel von anderen Seetauchern unterscheiden.

STERNTAUCHER
Gavia stellata
F: Gaviidae

53–69 cm

Der kleinste Seetaucher nistet auf kleinen Teichen in der Tundra. Er ist zirkumpolar verbreitet und zieht zum Überwintern nach Europa, China oder den Südosten der USA.

PAZIFIK-TAUCHER
Gavia pacifica
F: Gaviidae

58–74 cm

Diese Art hat ein ähnlich gestreiftes Gefieder wie der Prachttaucher. Bei beiden Arten ist die Kehle außerhalb der Brutsaison weiß.

PRACHTTAUCHER
Gavia arctica
F: Gaviidae

58–73 cm

Diese Art brütet vor allem in Eurasien. Manchmal erreicht sie Alaska, überwintert aber weiter im Süden.

Kopf und Nacken grau

weiße Zeichnung im Sommer

ALBATROSSE, STURMVÖGEL UND VERWANDTE

Die langflügeligen Albatrosse und ihre Verwandten verbringen einen großen Teil ihres Lebens in der Luft. Während sie die Meeresoberfläche nach Fischen absuchen, legen sie weite Entfernungen zurück.

Die Vögel der Ordnung Röhrennasen (Procellariiformes) sind hervorragende Flieger, die außerhalb der Brutsaison kaum an Land kommen. Diese weltweit verbreiteten Seevögel haben röhrenartig verlängerte Nasenlöcher, daher der Name der Ordnung. Die meisten Arten leben auf der Südhalbkugel.

Ihre im Meer weit verstreute Beute spüren diese Vögel ungewöhnlicherweise mit dem Geruchssinn auf. Außer den kleinsten Arten haben alle sehr lange Flügel, und bei fast allen sitzen die Beine so weit hinten am Körper, dass sie nicht gut laufen können. Um Fressfeinde zu vertreiben, würgen viele der Vögel ein widerliches Öl aus, das sie im Magen produzieren. Mit diesem nährstoffreichen Öl füttern sie auch ihre Jungen.

NUR WENIGE JUNGE

Röhrennasen gehen Paarbindungen ein, manchmal für ein ganzes Leben, das bei größeren Arten mehrere Jahrzehnte dauern kann. Viele Arten nisten in Kolonien auf abgelegenen Inseln, kleinere oft in Höhlen. Diese Vögel haben wenig Nachwuchs, aber die Elternvögel umsorgen ihre Jungen sehr. Typischerweise brüten sie nur einmal pro Brutsaison ein einziges Ei aus. Trotz der langen Brutzeit sind die Jungen nach dem Schlüpfen Nesthocker und werden erst sehr spät flügge.

STAMM	CHORDATA
KLASSE	AVES
ORDNUNG	PROCELLARIIFORMES
FAMILIEN	4
ARTEN	133

Die langlebigen Wander-Albatrosse sind monogam. Mit komplizierten Balztänzen festigen sie die Partnerbindung.

WANDER-ALBATROS
Diomedea exulans
F: Diomedeidae
Die größte der *Diomedea*-Arten, die im Südlichen Ozean vorkommen, bindet sich für ihr ganzes Leben an einen Partner. Nur jedes zweite Jahr legt das Weibchen ein einziges Ei.

1,1–1,4 m

Die Flügel werden im Alter hell.

vorwiegend weißer Körper

hellrosa Schnabel

LAYSAN-ALBATROS
Phoebastria immutabilis
F: Diomedeidae
Zu den Albatrossen des nördlichen Pazifiks gehören Arten, die in den Tropen brüten. Diese kleine Art nistet auf Inseln, auch auf den Hawaii-Inseln.

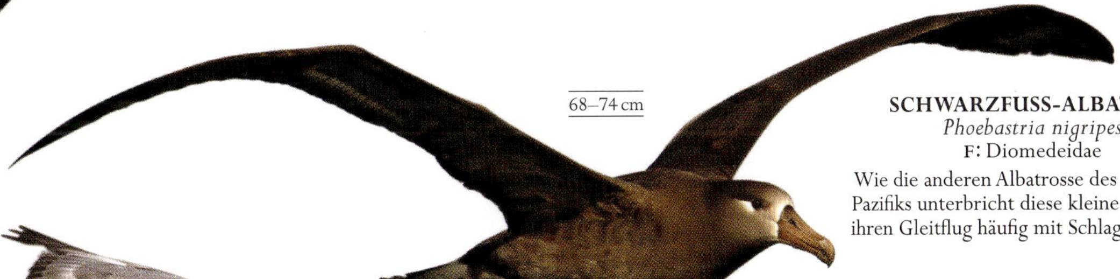

77–80 cm

68–74 cm

SCHWARZFUSS-ALBATROS
Phoebastria nigripes
F: Diomedeidae
Wie die anderen Albatrosse des nördlichen Pazifiks unterbricht diese kleine dunkle Art ihren Gleitflug häufig mit Schlagflugphasen.

45–50 cm

EISSTURMVOGEL
Fulmarus glacialis
F: Procellariidae
Dieser möwenähnliche Sturmvogel ist auf der Nordhalbkugel häufig. Er nistet auf Klippen und kann ein übel riechendes Magenöl ausstoßen, um Angreifer abzuwehren.

schwarze »Braue«

weißer und grauer Körper

SCHWARZBRAUEN-ALBATROS
Thalassarche melanophrys
F: Diomedeidae
Dies ist einer von mehreren Albatrossen mit dunklen Schnäbeln, die auf der Südhalbkugel vorkommen. Er nistet in dichten Kolonien. Weibchen legen jedes Jahr nur ein Ei.

80–95 cm

»

» ALBATROSSE, STURMVÖGEL UND VERWANDTE

AUDUBON-STURMTAUCHER
Puffinus lherminieri
F: Procellariidae
Dieser kleine Vogel brütet auf Inseln in den tropischen Ozeanen. Manchmal werden einzelne Populationen als eigenständige Arten klassifiziert.

ROSAFUSS-STURMTAUCHER
Puffinus creatopus
F: Procellariidae
Die variable Art kommt in dunklen und hellen Formen vor. Sie nistet auf Inseln vor Chile. Im Sommer ziehen die Vögel in den östlichen Pazifik.

GRAUNACKEN-STURMTAUCHER
Puffinus bulleri
F: Procellariidae
Auf Inseln vor dem nördlichen Neuseeland brütet dieser Sturmtaucher. Außerhalb der Brutsaison streift er über dem Pazifik umher.

GELBSCHNABEL-STURMTAUCHER
Calonectris diomedea
F: Procellariidae
Mit gewölbten Flügeln gleitet dieser große Sturmtaucher. Er brütet in der Mittelmeerregion und zieht im Winter zum Atlantik.

ANTARKTIS-WALVOGEL
Pachyptila desolata
F: Procellariidae
Die Art ist einer der kleinen grauen Walvögel der antarktischen Ozeane, die mit ihren breiten Schnäbeln Plankton aus dem Meerwasser schöpfen.

JOUANIN-STURMVOGEL
Bulweria fallax
F: Procellariidae
Die tropische Art des nordwestlichen Indischen Ozeans hat einen wellenförmigen Flug.

SCHNEE-STURMVOGEL
Pagodroma nivea
F: Procellariidae
Dies ist einer der wenigen Sturmvögel, die in der Antarktis brüten. Er zieht sogar bis zum Südpol.

WEISSFLÜGEL-STURMVOGEL
Thalassoica antarctica
F: Procellariidae
Dieser Vogel subantarktischer Meere taucht nach Fischen und Kalmaren. Er brütet auf Inseln um die Antarktis.

TEUFELS-STURMVOGEL
Pterodroma hasitata
F: Procellariidae
Wie viele der kleinen, schnellen *Pterodroma*-Arten ist diese tropisch verbreitet. Sie brütet auf einigen der karibischen Inseln.

KAP-STURMVOGEL
Daption capense
F: Procellariidae
Der Kap-Sturmvogel gehört zu einer Familie, deren Mitglieder vor allem auf der Südhalbkugel verbreitet sind. Er brütet auf Inseln um die Antarktis und überwintert weiter nördlich.

RIESEN-STURMVOGEL
Macronectes giganteus
F: Procellariidae
Im Südatlantik brütet der Riesen-Sturmvogel, der auch Aas frisst. Anders als viele andere Sturmvögel hat er kräftige Beine und kann an Land gut laufen.

MADEIRA-WELLENLÄUFER
Oceanodroma castro
F: Hydrobatidae
Der kleine Vogel hat einen weißen Bürzel und einen gegabelten Schwanz. Dies ist typisch für Sturmvögel der Nordhalbkugel. Man trifft ihn über dem Atlantik und dem Pazifik an.

LAPPENTAUCHER

Auf Teichen und Seen trifft man diese Vögel an, die beim Schwimmen tief im Wasser liegen. Sie tauchen nach kleinen Wassertieren.

Wie bei vielen tauchenden Vögeln sitzen bei Lappentauchern (Podicipediformes) die Beine weit hinten am Körper. An Land wirken sie deshalb unbeholfen, im Wasser aber sind sie sehr wendig. Mit den Lappen an ihren Zehen können die Vögel beim Tauchen mehr Antrieb erzeugen. Wenn sie ihre Füße nach vorn bewegen, ist der Wasserwiderstand gering. Lappentaucher können mit ihren Füßen auch steuern. Andere Vögel setzen dazu ihren Schwanz ein.

Der Schwanz eines Lappentauchers ist nicht mehr als ein Büschel Federn. Er dient vor allem dazu, Signale zu geben und wird oft aufgestellt.

Ihr Gefieder halten die Vögel mit Ölen aus ihrer Bürzeldrüse wasserdicht. Das Sekret besteht zur Hälfte aus Paraffin, ein einzigartiges Merkmal dieser Gruppe. Lappentaucher haben kleine Flügel und viele Arten fliegen nur ungern.

Traditionell gelten die Arten der Ordnung als nahe Verwandte der Seetaucher, Pinguine und Albatrosse. Jüngere Untersuchungen lassen aber auf eine Verwandtschaft zu den Flamingos schließen.

BALZ UND FORTPFLANZUNG

Während der Brutsaison zeigen einige Lappentaucher ein kompliziertes Balzverhalten. Sie nisten auf schwimmenden Vegetationsinseln in Süßgewässern. Die Jungen können nach dem Schlüpfen bereits schwimmen, suchen aber in den ersten Wochen oft auf dem Rücken der Eltern Zuflucht.

STAMM	CHORDATA
KLASSE	AVES
ORDNUNG	PODICIPEDIFORMES
FAMILIEN	1
ARTEN	22

Die Balz der Haubentaucher erreicht ihren Höhepunkt, wenn beide Vögel sich im Wasser aufrichten und Pflanzenteile präsentieren.

23–29 cm

ZWERGTAUCHER
Tachybaptus ruficollis
F: Podicipedidae
In der Alten Welt ist dies die am weitesten verbreitete Art der kleinen, rundlichen Lappentaucher. Zur Brutsaison hat sie einen rötlichen Hals.

24–36 cm

ROLLANDTAUCHER
Rollandia rolland
F: Podicipedidae
Der im südlichen Südamerika heimische Vogel lebt auf offenen Seen mit vielen Wasserpflanzen. Eine verwandte kurzflügelige Art der Anden ist flugunfähig.

30–38 cm

BINDENTAUCHER
Podilymbus podiceps
F: Podicipedidae
Dieser amerikanische Vogel ist untersetzter und hat einen gedrungeneren Schnabel als andere Lappentaucher. Vögel aus dem Norden ziehen im Winter in die Karibik, tropische Populationen sind Standvögel.

40–50 cm

graue Flanken

ROTHALSTAUCHER
Podiceps grisegena
F: Podicipedidae
Diese Art brütet in Eurasien und Nordamerika. Sie überwintert an Küsten weiter südlich. Wie andere Lappentaucher ziehen die Vögel nachts.

28–34 cm

SCHWARZHALSTAUCHER
Podiceps nigricollis
F: Podicipedidae
Wie andere Arten der Gattung *Podiceps* hat diese Art während der Brutsaison ein buntes Kopfgefieder. Sie ist auf der Nordhalbkugel verbreitet.

46–51 cm

HAUBENTAUCHER
Podiceps cristatus
F: Podicipedidae
Wegen ihrer eindrucksvollen Balz ist diese Art der Alten Welt bekannt. Wie bei anderen Lappentauchern sind beide Geschlechter auffällig gefärbt.

25–29 cm

INKATAUCHER
Podiceps occipitalis
F: Podicipedidae
Auf alkalischen oder sehr salzhaltigen Seen brütet diese südamerikanische Art in Kolonien. Sie ist von den Anden bis zu den Falkland-Inseln verbreitet.

schwarzer Kopf

55–75 cm

dunkelgrauer Rücken

Kehle, Brust und Bauch weiß

RENNTAUCHER
Aechmophorus occidentalis
F: Podicipedidae
Dies ist eine von zwei ähnlichen im westlichen Nordamerika verbreiteten Arten. Man trifft sie von Kanada bis Mexiko an. Nördliche Populationen überwintern vor der Pazifikküste.

FLAMINGOS

Diese bemerkenswerten Vögel leben an Salzwasser-Lagunen und alkalischen Seen. Früher stellte man sie in eine Gruppe mit den Störchen, heute gelten sie als Verwandte der Lappentaucher.

Die Flamingos (Ordnung Phoenicopteriformes) sind sehr gesellige Vögel. Sie sammeln sich in riesigen Schwärmen, manchmal zu Hunderttausenden. Oft stehen die Tiere so dicht gedrängt, dass sie sich kaum in die Luft erheben können und bei Bedrohung zunächst weglaufen. Die vielen Individuen im Schwarm bemerken nahende Fressfeinde leicht.

Nur im Schwarm wird das Brutverhalten der Vögel ausgelöst. Jedes Brutpaar baut später ein Schlammnest, die Größe des Territoriums ist dadurch bestimmt, wie weit der im Nest sitzende Vogel mit ausgestrecktem Hals gelangen kann. Einige Tage nach dem Schlüpfen sammeln sich Flamingo-Küken in großen Gruppen. Die Eltern füttern ihre Jungen mit nahrhafter Kropfmilch.

STAMM	CHORDATA
KLASSE	AVES
ORDNUNG	PHOENICOPTERIFORMES
FAMILIEN	1
ARTEN	6

NAHRUNG AUS DEM WASSER FILTERN

Die Schnäbel der Flamingos sind auf einzigartige Weise an das Filtrieren angepasst. Ein Flamingo taucht seinen lamellenbesetzten Schnabel ins Wasser und filtert winzige Algen und Krebstiere heraus. Pigmente aus der aufgenommenen Nahrung verleihen dem Gefieder die typische rosa Färbung. Die Vögel haben kaum Nahrungskonkurrenten, denn die Binnengewässer sind sehr salzhaltig oder ätzend und für die meisten Tiere lebensfeindlich.

Im ostafrikanischen Grabenbruch kann man riesige Schwärme von Zwergflamingos beim Fressen beobachten.

CHILE-FLAMINGO
Phoenicopterus chilensis
F: Phoenicopteridae
Den in Südamerika am weitesten verbreiteten Flamingo kann man von Peru bis Feuerland antreffen. Charakteristisch sind seine grauen Beine mit rosa Knien.

1–1,3 m

rosa und weißliches Gefieder

schwarze Schnabelspitze

rosa Knie

schlankes graues Bein

KUBA-FLAMINGO
Phoenicopterus ruber ruber
F: Phoenicopteridae
Diese karibische Unterart ist etwas kleiner als der ähnliche Rosaflamingo und sein Gefieder ist kräftiger rosa gefärbt.

1,2–1,4 m

sehr langer Hals

heller Schnabel

hellrote Schwungfedern

1,1–1,5 m

ROSAFLAMINGO
Phoenicopterus ruber roseus
F: Phoenicopteridae
Den größten und am weitesten verbreiteten Flamingo kann man in Afrika, Südeuropa und Zentralasien antreffen.

1–1,1 m

ANDEN-FLAMINGO
Phoenicoparrus andinus
F: Phoenicopteridae
Die Art mit gelben Beinen ist eine von zwei Flamingo-Arten, die nur in den Hochanden vorkommen. Die Vögel ziehen nomadisch zwischen verschiedenen Seen umher.

80–100 cm

ZWERGFLAMINGO
Phoeniconaias minor
F: Phoenicopteridae
Die kleinste Flamingo-Art sammelt sich in Afrika und Südost-Asien in riesigen Schwärmen auf stark alkalischen Seen.

STÖRCHE, IBISSE UND REIHER

Die meisten Arten dieser Gruppe haben lange Beine, um in Sümpfen und auf Wiesen zu schreiten, sowie lange Schnäbel, mit denen sie Beute packen.

Die Vögel der Ordnung Ciconiiformes, die man auch als Schreitvögel bezeichnet, jagen vor allem Fische und Amphibien, manchmal auch kleine Säugetiere und Insekten. Die meisten trifft man an Ufern von Flüssen und Seen an. Einige Arten der Familie der Störche bevorzugen trockenere Lebensräume wie Weideland.

Die Schnäbel der Mitglieder dieser Ordnung sind charakteristisch. Die Schnäbel von Reihern und Störchen sind meist gerade und spitz, die von Ibissen und Löfflern sind stark umgebildet. Ibisse haben dünne, gebogene Schnäbel, mit denen sie in Schlamm oder weichem Erdreich stochern. Löffler schwenken die abgeflachte Spitze ihres Schnabels in seichtem Wasser hin und her und schnappen zu, wenn sie Beute wahrnehmen. Reiher und Dommeln können ihren Hals s-förmig beugen. Sie schnellen mit dem Kopf blitzschnell nach vorn, um mit dem Schnabel Beute aufzuspießen. Dank dieser Skelettmodifikation fliegen diese Arten mit eingezogenem Hals, anders als Störche und Ibisse.

BRUTKOLONIEN

Viele Vögel dieser Gruppe brüten in Kolonien, manchmal gemeinsam mit anderen Arten. Zu den Ausnahmen gehören die sehr scheuen und einzelgängerischen Dommeln. Die Jungen aller Arten sind Nesthocker und werden mehrere Wochen lang im Nest gefüttert.

STAMM	CHORDATA
KLASSE	AVES
ORDNUNG	CICONIIFORMES
FAMILIEN	3
ARTEN	121

Störche nisten typischerweise in Bäumen. In Europa nehmen Weißstörche aber gern Nistplattformen auf hohen Gebäuden an.

0,9–1,2 m

WALDSTORCH
Mycteria americana
F: Ciconiidae
Dieser nordamerikanische Vogel gehört zu einer Gruppe von Störchen mit ibisähnlichen Schnäbeln. Er taucht seinen geöffneten Schnabel ins Wasser und schnappt zu, wenn er Beute wahrnimmt.

1,4–1,5 m

schwarz-weißes Gefieder

rot-schwarzer Schnabel

SATTELSTORCH
Ephippiorhynchus senegalensis
F: Ciconiidae
Dieser afrikanische Storch, der mit dem Jabiru verwandt ist, hat einen leicht nach oben gebogenen Schnabel mit gelbem »Sattel«. Die Vögel bilden Brutpaare.

1–1,2 m

WEISSSTORCH
Ciconia ciconia
F: Ciconiidae
Der europäische Weißstorch ist eine von drei *Ciconia*-Arten, die außerhalb der Tropen brüten. Er nutzt bei seinem Zug nach Afrika Aufwinde über dem Festland.

75–91 cm

WOLLHALSSTORCH
Ciconia episcopus
F: Ciconiidae
In Afrika und Asien kommt der am weitesten verbreitete tropische Storch vor. Meist jagt er in Feuchtgebieten, manchmal auch in Weideland.

schwarzes Gefieder

Schnabellücke

81–94 cm

KLAFFSCHNABEL
Anastomus lamelligerus
F: Ciconiidae
Klaffschnäbel sind kleine Störche tropischer Feuchtgebiete. Mit ihren charakteristischen Schnäbeln fangen und bearbeiten sie Weichtiere. Diese Art kommt in Afrika und Madagaskar vor.

langer, schwerer Schnabel

1,2–1,5 m

MARABU
Leptoptilos crumeniferus
F: Ciconiidae
Wie andere Störche der Gattung *Leptoptilos* hat diese afrikanische Art einen kahlen Kopf, sodass beim Fressen in den Kadavern toter Tiere das Gefieder nicht verklebt.

1,2–1,4 m

JABIRU
Jabiru mycteria
F: Ciconiidae
Der Jabiru, ein großer Storch, ist der größte flugfähige Vogel Südamerikas. Bei Erregung bläht er seinen kahlen Kehlsack auf.

»

» STÖRCHE, IBISSE UND REIHER

GRÜNREIHER
Butorides virescens
F: Ardeidae
Dieser kleine Reiher nordamerikanischer Feuchtgebiete lockt manchmal am Gewässerrand mit einem Köder Fische an.

NORDAMERIKANISCHE ROHRDOMMEL
Botaurus lentiginosus
F: Ardeidae
Diese typische einzelgängerische Dommel ist mit ihrem Tarngefieder in Schilfbeständen gut getarnt.

ROHRDOMMEL
Botaurus stellaris
F: Ardeidae
Wie ihre Verwandten hört man diese Dommel häufiger, als man sie sieht. Ihre lauten, tiefen Rufe klingen hohl.

ZWERGDOMMEL
Ixobrychus minutus
F: Ardeidae
Zu den kleinsten Dommeln gehört diese scheue Art der Alten Welt. Sie klettert im Schilf umher und erstarrt manchmal in aufrechter Pfahlstellung, ein typisches Verhalten von Dommeln.

SILBERREIHER
Ardea alba
F: Ardeidae
In Sumpfgebieten in weiten Teilen der Erde ist dieser große weiße Reiher verbreitet.

GRAUREIHER
Ardea cinerea
F: Ardeidae
Häufig sieht man den Graureiher in Eurasien und Afrika. Wie andere größere Reiher brütet er in Kolonien. Er baut seine Nester auf Bäumen.

WEISSHALSREIHER
Ardea pacifica
F: Ardeidae
Dieser große Reiher jagt in Sumpfgebieten und Grasländern in Australien und Neuguinea Insekten und kleine Wirbeltiere.

KRABBENREIHER
Nyctanassa violacea
F: Ardeidae
In tropischen Regionen sind diese Nachtreiher Standvögel, in kälteren Teilen des Verbreitungsgebiets ziehen sie im Winter in den Süden.

KUHREIHER
Bubulcus ibis
F: Ardeidae
Weltweit ist dieser kleine Reiher verbreitet. Er sucht in Grasländern Nahrung und folgt Weidetieren, um Kleintiere zu fangen, die sie aufscheuchen.

BLAUREIHER
Egretta caerulea
F: Ardeidae
Der violette Kopf und Hals dieser amerikanischen Art färben sich nach der Brutsaison graublau.

SEIDENREIHER
Egretta garzetta
F: Ardeidae
Die Art der Alten Welt beginnt sich in Amerika auszubreiten. Schnabel und Beine sind schwarz, eine Rasse hat gelbe Füße.

WEISSWANGENREIHER
Egretta novaehollandiae
F: Ardeidae
Dieser Reiher kommt in Indonesien, Australien und Neuseeland vor. Zur vielfältigen Nahrung gehören Insekten und Frösche.

DREIFARBENREIHER
Egretta tricolor
F: Ardeidae
Wie alle verwandten Arten spießt dieser Bewohner amerikanischer Sumpfgebiete mit seinem dolchförmigen Schnabel kleine Tiere auf.

KÜSTENREIHER
Egretta gularis
F: Ardeidae
Die Art der Küsten Afrikas und Indiens kommt in weißen und dunkelgrauen und ebenso in Mischformen vor.

KAHNSCHNABEL
Cochlearius cochlearius
F: Ardeidae
Der breite Schnabel dieser Art ist an das Herausschöpfen und Töten der Beute angepasst. Sie ist in Mittel- und Südamerika verbreitet.

NACHTREIHER
Nycticorax nycticorax
F: Ardeidae
Nachtreiher sehen nachts sehr gut. Dies ist die am weitesten verbreitete Art. Sie kommt in den meisten wärmeren Regionen außer in Australien vor.

58–65 cm

69–76 cm

MOLUKKEN-IBIS
Threskiornis molucca
F: Threskiornithidae
In ganz Australien ist diese Art häufig. Oft taucht sie in Stadtgebieten auf, wo sie mancherorts als Schädling gilt.

Kopf und Nacken kahl

65–75 cm

schwarze Schwungfedern

schwarze Schnabelspitze

42–45 cm

68–82 cm

59–76 cm

PADDYREIHER
Ardeola grayii
F: Ardeidae
Dieser in Südasien häufige Reiher lauert seiner Beute auf. Manchmal fliegt er auch niedrig über die Wasseroberfläche und packt Fische.

76–89 cm

HEILIGER IBIS
Threskiornis aethiopicus
F: Threskiornithidae
In Feuchtgebieten und Grasländern Afrikas und Madagaskars trifft man diesen Vogel häufig an. In Amerika und Europa wurde er eingebürgert.

Schmuckfedern im Prachtkleid

HAGEDASCH
Bostrychia hagedash
F: Threskiornithidae
Die häufige afrikanische Art kommt in Grasland, Wäldern, Parks und Gärten vor. Der deutsche Name spielt auf seinen Ruf im Flug an.

75–77 cm

STACHEL-IBIS
Threskiornis spinicollis
F: Threskiornithidae
Der deutsche Name dieser Art bezieht sich auf die Federn an der Basis des Halses. Die Art ist in Neuguinea und Australien verbreitet.

grauer Körper

55–65 cm

RÖTELREIHER
Egretta rufescens
F: Ardeidae
Der amerikanische Reiher kommt in weißen und rötlich grauen Formen vor. Wenn die Vögel Fische fangen, breiten sie oft die Flügel so aus, dass sie die Sonne auf der Wasseroberfläche nicht blendet.

BRAUNER SICHLER
Plegadis falcinellus
F: Threskiornithidae
Den Sichler mit der weitesten Verbreitung trifft man in wärmeren Teilen der Erde an. Er nistet manchmal gemeinsam mit Reihern in Kolonien auf Bäumen.

SCHWARZZÜGEL-IBIS
Theristicus melanopis
F: Threskiornithidae
In Südamerika ist diese Art in Grasländern gemäßigter Zonen von den Anden bis nach Patagonien verbreitet.

hellroter Fleck auf dem Flügel

im Prachtkleid rosarote Schmuckfedern

schwarze Flügelspitze

56–61 cm

90–92 cm

71–86 cm

80–90 cm

graue Beine

SCHARLACHSICHLER
Eudocimus ruber
F: Threskiornithidae
Der Nationalvogel von Trinidad ist im tropischen Amerika verbreitet. Das rote Pigment in seinem Gefieder stammt aus Krebstieren, die Teil seiner Nahrung sind.

AFRIKANISCHER LÖFFLER
Platalea alba
F: Threskiornithidae
Der einzige Löffler, der in Feuchtgebieten Afrikas vorkommt, hat rote Wangen und Beine.

LÖFFLER
Platalea leucorodia
F: Threskiornithidae
Die Art brütet in Eurasien und überwintert in Afrika. Anders als der Afrikanische Löffler nistet sie nicht gemeinsam mit Reihern und Störchen.

ROSALÖFFLER
Ajaia ajaja
F: Threskiornithidae
Wie andere Löffler ernährt sich diese charakteristische amerikanische Art von kleinen Wassertieren, indem sie ihren Schnabel im Wasser schwenkt.

PELIKANE UND VERWANDTE

Vertreter der Ordnung Ruderfüßer (Pelecaniformes) sind Fischfresser mit Schwimmhäuten zwischen den Zehen. Die meisten sind Stoßtaucher oder fangen ihre Beute an der Wasseroberfläche.

Ein Merkmal dieser Gruppe sind verkümmerte Nasenlöcher, die besonders für Stoßtaucher wie Kormorane, Scharben und Tölpel wichtig sind. Bei allen Vögeln dieser Ordnung sind die Füße ähnlich gebaut: Schwimmhäute verbinden alle vier Zehen miteinander. Viele Arten brüten ihre Eier mit ihren Füßen aus. Fregattvögel, deren Schwimmhäute zurückgebildet sind, wärmen ihre Eier mit einem kahlen Brutfleck auf der Brust, nicht mit den Füßen. Das Gefieder der Kormorane, Scharben und Schlangenhalsvögel ist nicht wasserdicht, deshalb breiten die Vögel nach dem Tauchen ihre Flügel zum Trocknen aus. Fregattvögel fangen aus demselben Grund ihre Beute im Flug.

Fregatt- und Tropikvögel sind an Land unbeholfen, aber hervorragende Flieger. Fregattvögel können Tage und Nächte lang in der Luft bleiben und legen bei der Nahrungssuche weite Entfernungen zurück.

KEHLSÄCKE

Fast alle Vögel der Ordnung haben einen Kehlsack, der verschiedenen Zwecken dienen kann. Pelikane schöpfen mit ihren dehnbaren Kehlsäcken, die ein enormes Fassungsvermögen haben, Fische aus dem Wasser. Kormorane und Schlangenhalsvögel blähen ihre Kehlsäcke während der Balz auf. Fregattvogel-Männchen treiben dies mit ihren riesigen roten Kehlsäcken auf die Spitze.

STAMM	CHORDATA
KLASSE	AVES
ORDNUNG	PELECANIFORMES
FAMILIEN	8
ARTEN	67

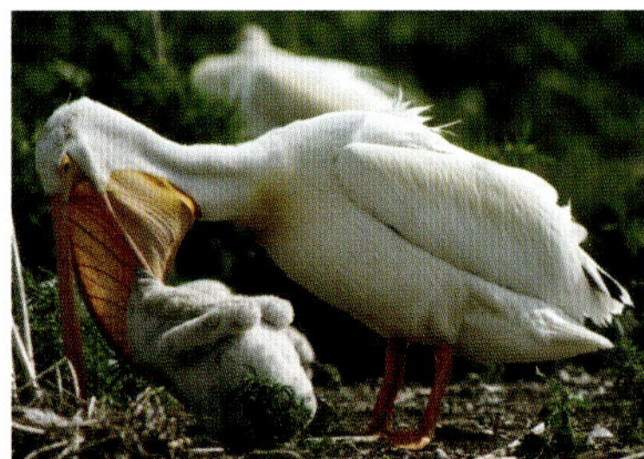

Dieser junge Pelikan holt sich eine vorverdaute Fischmahlzeit tief aus dem Kehlsack eines Elternvogels.

1,2–1,5 m

graues Gefieder

großer Schnabel

SCHUHSCHNABEL
Balaeniceps rex
F: Balaenicipitidae
Diese Watvögel, die in Sümpfen vom Sudan bis nach Sambia vorkommen, schöpfen mit ihren gewaltigen Schnäbeln Wirbeltiere aus Gewässern.

64–75 cm

BRAUNTÖLPEL
Sula leucogaster
F: Sulidae
Wie andere Tölpel nistet diese weit verbreitete Art – die einzige mit vorwiegend dunklem Gefieder – in Kolonien an tropischen Küsten, oft auf Inseln.

80–92 cm

MASKENTÖLPEL
Sula dactylatra
F: Sulidae
Dies ist der größte tropisch verbreitete Tölpel. Mit seinem schwarz-weißen Gefieder und dem langen gelben Schnabel ähnelt er den verwandten Tölpeln kalter Gewässer am meisten.

81 cm

BLAUFUSSTÖLPEL
Sula nebouxii
F: Sulidae
Dieser Tölpel, der an Felsenküsten von Kalifornien bis Peru und auf den Galapagos-Inseln lebt, präsentiert bei der Balz seine blauen Füße.

1–1,1 m

PRACHT-FREGATTVOGEL
Fregata magnificens
F: Fregatidae
Da sie unregelmäßig Nahrung finden, ziehen Fregattvögel wie diese amerikanische Art nur wenige Junge groß. Bei ihnen dauert die Aufzucht der Küken länger als bei allen anderen Vögeln.

56 cm

HAMMERKOPF
Scopus umbretta
F: Scopidae
Dieser Vogel afrikanischer Feuchtgebiete baut aus Ästen und Schlamm riesige Nester mit dicken Mauern. So sind die Jungen geschützt, die oft lange Zeit allein im Nest warten.

gelblich getönter Kopf

90–100 cm

Rücken weiß

BASSTÖLPEL
Morus bassanus
F: Sulidae
Drei ähnliche Arten nisten in großen Kolonien an Felsenküsten kalter Meere. Der Basstölpel kommt im Nordatlantik vor.

76–80 cm

WEISSSCHWANZ-TROPIKVOGEL
Phaethon lepturus
F: Phaethontidae
Tropikvögel sind Seevögel, die Seeschwalben ähneln. Ihre Beine sind so schwach, dass sie an Land auf dem Bauch vorwärts rutschen. Diese Art sieht man an vielen tropischen Küsten.

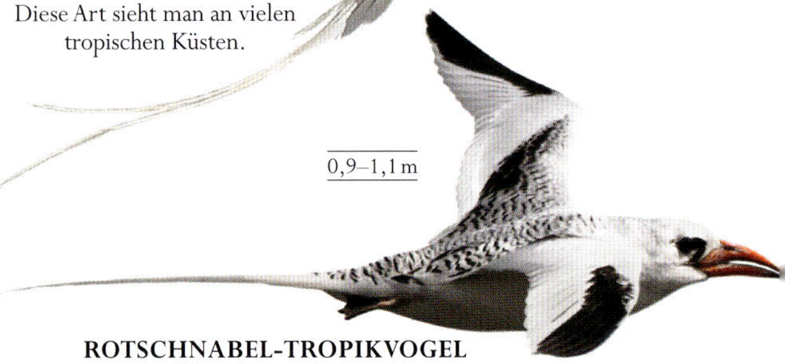

0,9–1,1 m

ROTSCHNABEL-TROPIKVOGEL
Phaethon aethereus
F: Phaethontidae
Diese Art ist ein vom östlichen Pazifik bis zum Atlantik verbreiteter Höhlenbrüter. Er zieht ein einziges Junges auf, eine Anpassung an das weit verteilte Nahrungsangebot in den Ozeanen.

AMERIKANISCHER SCHLANGENHALSVOGEL
Anhinga anhinga
F: Anhingidae
Diese amerikanische Art hat einen langen, gekrümmten Hals, ähnlich wie ein Kormoran, und einen geraden Schnabel, mit dem sie Fische aufspießt.

s-förmig gekrümmter Hals

speerförmiger Schnabel

75–95 cm

70–90 cm

OHRENSCHARBE
Phalacrocorax auritus
F: Phalacrocoracidae
Dieser typische mittelgroße Kormoran ist nach den beiden weißen Federbüscheln über den Augen benannt, die er im Brutkleid trägt.

71 cm

ROTGESICHTSSCHARBE
Phalacrocorax urile
F: Phalacrocoracidae
Von Japan bis in die Beringsee trifft man diese Art an. Sie gehört zu einer Gruppe von Kormoranen des Nordpazifiks, die hervorragend an ihren marinen Lebensraum angepasst sind.

80–100 cm

KORMORAN
Phalacrocorax carbo
F: Phalacrocoracidae
Diese Art ist in gemäßigten und tropischen Regionen weit verbreitet. Die Vögel jagen meist in seichten Gewässern und können bis 30 m tief tauchen.

50–55 cm

KRÄUSELSCHARBE
Phalacrocorax melanoleucos
F: Phalacrocoracidae
Dies ist ein in Australasien verbreitetes Mitglied einer ursprünglichen kurzschnäbeligen Gruppe kleiner Kormorane. Die meisten sind an Süßgewässer oder Ästuare gebunden.

65–80 cm

KRÄHENSCHARBE
Phalacrocorax aristotelis
F: Phalacrocoracidae
Die europäische Krähenscharbe trägt zur Brutzeit einen Schopf. Man trifft sie an Felsenküsten des nordöstlichen Atlantiks häufig an, wo sie auf Felsbändern nistet.

90–100 cm

GALAPAGOS-SCHARBE
Phalacrocorax harrisi
F: Phalacrocoracidae
Der einzige heute noch nicht ausgestorbene flugunfähige Kormoran ist auf den Galapagos-Inseln heimisch. Er hat sich aus einer amerikanischen Gruppe entwickelt, zu der die Ohrenscharbe gehört.

75–76 cm

BUNTSCHARBE
Phalacrocorax gaimardi
F: Phalacrocoracidae
An Küsten der gemäßigten Zonen in Südamerika kommt diese ungewöhnlich gefärbte Scharbe vor. Sie ähnelt einigen subantarktisch verbreiteten Scharben, hat aber offenbar keine nahen Verwandten.

orangefarbener Kehlsack

45–55 cm

ZWERGSCHARBE
Phalacrocorax pygmeus
F: Phalacrocoracidae
Die kleinste Scharbe kommt von Mitteleuropa bis Zentralasien in Schilfbeständen am Rand von Süßgewässern oder Brackwasser vor.

1,3–1,5 m

GRAUPELIKAN
Pelecanus philippensis
F: Pelecanidae
Diese Art aus Südasien schöpft wie die meisten Pelikane ihre Beute aus dem Wasser, während sie auf der Wasseroberfläche schwimmt.

reinweißes Gefieder

rote Schnabelspitze

1–1,4 m

BRAUNPELIKAN
Pelecanus occidentalis
F: Pelecanidae
Dieser braun und grau gefärbte Pelikan ist vom Süden der USA bis Südamerika verbreitet. Er brütet an Küsten und ist der einzige Stoßtaucher unter den Pelikanen.

1,3–1,6 m

NASHORNPELIKAN
Pelecanus erythrorhynchos
F: Pelecanidae
Dieser Pelikan brütet auf Binnenseen in Nordamerika und überwintert an den Küsten. Zur Brutzeit entwickelt sich ein flaches »Horn« auf seinem Schnabel.

GREIFVÖGEL

Fast alle Mitglieder der größten und bedeutendsten Gruppe am Tag jagender Vögel fressen ausschließlich Fleisch. In einigen Lebensräumen sind sie die Spitzenprädatoren.

Sogar die kleinsten Arten der Ordnung Greifvögel (Falconiformes), wie der kleine Halsband-Zwergfalke, sind hervorragende Jäger und können Vögel erbeuten, die so groß sind wie sie selbst. Manche Arten tropischer Regenwälder, unter ihnen die Harpyie und der Philippinen-Adler, jagen und erlegen große Affen und sogar kleine Hirsche. Greifvögel haben hervorragende Augen und jagen auf Sicht. Nur der Truthahngeier spürt seine Nahrung mit dem Geruchssinn auf. Die Vögel dieser Ordnung haben kräftige Krallen an den Zehen. Die hintere Zehe ist opponierbar, um Nahrung zu ergreifen. Mit ihren Hakenschnäbeln zerteilen die Vögel Fleisch. Verschiedene Gruppen zeigen unterschiedliches Jagdverhalten: Große Adler töten ihre Beute mit den Krallen, Falken durchtrennen meist mit einem Nackenbiss die Wirbelsäule ihres Opfers.

Die Vögel dieser Ordnung haben kräftige Flügel und einige Arten steigen hoch in die Luft auf. Die größten Greifvögel, wie Adler, Bussarde und Geier, segeln, um Energie zu sparen.

AASFRESSER

Die Geier der Alten Welt und die amerikanischen Kondore sind Aasfresser. Diese sehr großen Vögel haben weniger kräftige Schnäbel. Die Neuweltgeier sind möglicherweise enger mit den Störchen verwandt als mit anderen Greifvögeln.

STAMM	CHORDATA
KLASSE	AVES
ORDNUNG	FALCONIFORMES
FAMILIEN	3
ARTEN	319

STREITFRAGE

SIND FALKEN GREIFVÖGEL?

DNA-Untersuchungen weisen darauf hin, dass die Falken keine Greifvögel sind, sondern einer anderen Ordnung angehören, die den Papageienvögeln näher steht. Falken ähneln möglicherweise den Sperbern, weil sie eine ähnliche Lebensweise haben (konvergente Evolution).

TRUTHAHNGEIER
Cathartes aura
F: Cathartidae
Dieser verbreitete amerikanische Geier spürt Aas ungewöhnlicherweise mit dem Geruchssinn auf. Er nistet oft in dunklen Höhlungen, etwa unter großen Felsen.

RABENGEIER
Coragyps atratus
F: Cathartidae
Der Rabengeier ist geselliger als der verwandte Truthahngeier. Der opportunistische Aasfresser ist vom Zentrum der USA bis nach Chile verbreitet.

ANDENKONDOR
Vultur gryphus
F: Cathartidae
Der größte flugfähige Vogel Südamerikas segelt in den Anden auf Aufwinden. Er hält nach Aas Ausschau oder folgt anderen Aasfressern, wie Truthahngeiern.

KÖNIGSGEIER
Sarcoramphus papa
F: Cathartidae
Dieser große Vogel segelt hoch über Wäldern der amerikanischen Tropen und hält nach Aas Ausschau. Kopf und Schnabelwarzen sind bunt.

FLEDERMAUSFALKE
Falco rufigularis
F: Falconidae
Dieser amerikanische Falke jagt in der Dämmerung Vögel, Fledermäuse und Insekten. Er ist von Mexiko bis nach Argentinien verbreitet.

BUNTFALKE
Falco sparverius
F: Falconidae
Wie andere kleine Falken rüttelt der Buntfalke im Flug. Die Art ist in Nord- und Südamerika einschließlich der karibischen Inseln verbreitet.

MERLIN
Falco columbarius
F: Falconidae

Dieser geschickte Greifvogel erbeutet in der Luft andere Vögel. Er jagt auf der Nordhalbkugel über Hügelland und Mooren.

AMURFALKE
Falco amurensis
F: Falconidae

Amurfalken sammeln sich in Schwärmen, was für Falken ungewöhnlich ist. Die Art brütet in sumpfigem Waldland in Sibirien und China, sie überwintert im südlichen Afrika.

WANDERFALKE
Falco peregrinus
F: Falconidae

Der schnellste Greifvogel stößt im Sturzflug auf seine Beute herab. Er kommt weltweit in offenem Gelände vor, einschließlich Tundra und Halbwüsten.

TURMFALKE
Falco tinnunculus
F: Falconidae

Wie andere kleine Falken »steht« der Turmfalke über offenem Gelände im Rüttelflug in der Luft, wenn er den Boden nach Beute absucht. Er ist in Eurasien und Afrika verbreitet.

HALSBAND-ZWERGFALKE
Polihierax semitorquatus
F: Falconidae

Dieser afrikanische Falke stößt auf Insekten und Echsen auf dem Boden herab. Er brütet in den Nestern von Webervögeln. Die Vögel kooperieren manchmal bei der Aufzucht der Jungen.

BERG-KARAKARA
Phalcoboenus megalopterus
F: Falconidae

Karakaras sind langbeinige, eher träge Falkenverwandte. Wie andere Karakaras ist diese Art der Hochanden ein Aasfresser, er erbeutet aber auch kleine Tiere.

FALKLAND-KARAKARA
Phalcoboenus australis
F: Falconidae

Weil dieser auf den Falkland-Inseln heimische Karakara auch neugeborene Lämmer angreift, hat man ihn stark bejagt.

GELBKOPF-KARAKARA
Milvago chimachima
F: Falconidae

Diesen habichtähnlichen Aasfresser, der auch die Früchte von Ölpalmen nicht verschmäht, trifft man im südlichen Südamerika in Savannen und an Waldrändern an.

KARIBIK-KARAKARA
Caracara cheriway
F: Falconidae

In offenem Gelände lebt dieser häufige Karakara. Er nistet in Bäumen oder am Boden. Die Art ist im Süden der USA und im nördlichen Südamerika verbreitet.

FISCHADLER
Pandion haliaetus
F: Accipitridae

Der fast weltweit verbreitete Fischadler taucht beim Fangen seiner Beute meist ins Wasser ein. Er kann seine äußere Zehe nach hinten drehen, um glitschige Fische zu packen.

SEKRETÄR
Sagittarius serpentarius
F: Accipitridae

Dieser langbeinige Vogel afrikanischer Savannen jagt ungewöhnlicherweise auf dem Boden. Oft stampft er auf kleine Tiere, sodass sie nicht mehr fliehen können.

»

BRAHMINENWEIH
Haliastur indus
F: Accipitridae

Von Indien bis Australasien ist dieser Aasfresser verbreitet, den man an Flussufern und Küsten sieht. Er jagt auch lebende Fische und kleine Säugetiere.

SCHWALBENWEIH
Elanoides forficatus
F: Accipitridae

Der insektenfressende Greifvogel ist ein eleganter und wendiger Flieger. Er brütet im Südosten der USA und in Mittelamerika, den Winter verbringt er in Südamerika.

WEISSSCHWANZAAR
Elanus leucurus
F: Accipitridae

Dieser Aar hat einen strengen Blick, was typisch für die Gattung ist. Er rüttelt im Flug. Die Art ist von den USA bis nach Südamerika verbreitet.

WESPENBUSSARD
Pernis apivorus
F: Accipitridae

Der Wespenbussard gehört zu einer Gruppe tropischer Jäger, die sich von Bienen- und Wespenlarven ernähren. Er brütet in Eurasien und überwintert in Afrika.

STEINADLER
Aquila chrysaetos
F: Accipitridae

In offenen und halboffenen Landschaften auf der Nordhalbkugel lebt dieser eindrucksvolle Adler.

ÖSTLICHER KAISERADLER
Aquila heliaca
F: Accipitridae

Echte Adler der Gattung *Aquila* wie diese eurasische Art haben befiederte Läufe, die man auch als Hosen bezeichnet.

EINFARB-HAUBENADLER
Spizaetus cirrhatus
F: Accipitridae

Dieser asiatische Vogel hat eine Haube und jagt in Wäldern. Die variable Art kommt in dunklen und hellen Formen vor. Sie ist vom Himalaya bis nach Indonesien verbreitet.

WEISSKOPF-SEEADLER
Haliaeetus leucocephalus
F: Accipitridae

Dieser nordamerikanische Seeadler, der Nationalvogel der USA, erbeutet Fische und frisst auch Aas. Manchmal kooperieren die Vögel bei der Jagd.

WEISSBAUCH-SEEADLER
Haliaeetus leucogaster
F: Accipitridae

Von Indien bis Australasien lebt dieser Fischfänger an Seen und Flüssen. Wie andere große Adler baut er gewaltige Horste aus Ästen.

HABICHTSADLER
Hieraaetus fasciatus
F: Accipitridae

Diese Art lebt in Wäldern und Gebirgen. Der langflügelige, bussardähnliche Adler ist vom südlichen Eurasien bis nach Nordafrika verbreitet.

AFRIKANISCHER HABICHTSADLER
Hieraaetus spilogaster
F: Accipitridae

Dieser kleine Greifvogel aus dem Afrika südlich der Sahara jagt in bewaldeten Savannen und hügeligem Gelände.

WEISSRÜCKENGEIER
Gyps africanus
F: Accipitridae
Einer der häufigsten Geier in den afrikanischen Savannen südlich der Sahara ist diese Art. Die Vögel sammeln sich in großer Zahl bei toten Tieren. Man sieht sie auch in Städten und Dörfern.

BARTGEIER
Gypaetus barbatus
F: Accipitridae
In Gebirgen Afrikas und Eurasiens ist dieser Geier verbreitet, der sich vor allem von Knochenmark ernährt. Er lässt die Knochen aus der Luft auf Felsen fallen, sodass sie zersplittern.

OHRENGEIER
Torgos tracheliotus
F: Accipitridae
Wie die verwandten Geier der Gattung *Gyps* hat dieser Aasfresser einen langen Hals und einen kahlen Kopf. Er ist in trockenen Regionen Afrikas verbreitet.

GÄNSEGEIER
Gyps fulvus
F: Accipitridae
Dieser Geier kommt in Gebirgsregionen im Südwesten Eurasiens und im Nordosten Afrikas vor. Er brütet zwischen Felsen und auf Felsbändern.

SPERBERGEIER
Gyps rueppelli
F: Accipitridae
Der afrikanische Verwandte des Gänsegeiers ist dunkler. Er bewohnt trockene Gebiete. Diese Art soll von allen Vögeln am höchsten fliegen.

PALMGEIER
Gypohierax angolensis
F: Accipitridae
Ungewöhnlicherweise ernährt sich dieser afrikanische Geier fast ausschließlich vegetarisch. Er frisst vor allem Ölpalmenfrüchte, aber auch Fische und Aas.

WOLLKOPFGEIER
Trigonoceps occipitalis
F: Accipitridae
In Nord-, Ost- und Südafrika sieht man Wollkopfgeier oft in Paaren. Andere Geier-Arten sind beim Fressen an einem Kadaver meist in der Überzahl.

SCHMUTZGEIER
Neophron percnopterus
F: Accipitridae
Dieser Verwandte des Palmgeiers kommt in Südeurasien und Afrika vor. Er benutzt Steine, um Straußeneier zu knacken.

WEISSAUGENBUSSARD
Butastur teesa
F: Accipitridae
Dieser kleine Bussard aus Südasien lebt terrestrischer als verwandte Arten. Er jagt kleine Insekten und andere Tiere auf dem Boden.

ADLERBUSSARD
Buteo rufinus
F: Accipitridae
In Halbwüsten und Gebirgen kommt dieser Bussard vor. Er brütet in Mitteleuropa und Zentralasien. Einige Populationen verbringen den Winter in Nordafrika.

MÄUSEBUSSARD
Buteo buteo
F: Accipitridae
Der häufige Greifvogel kommt in hellen und dunklen Formen vor. Die nördlichen Populationen überwintern im tropischen Afrika und Asien.

»

SPERBER-GEIER
Gyps rueppellii

Der Sperbergeier gehört zu den Aasfressern, die geradezu ein Sinnbild für die afrikanischen Ebenen vom Senegal bis zum Sudan und nach Tansania sind. Wenn er nach Kadavern Ausschau hält, fliegt er in so großen Höhen, dass sein Blut daran angepasst ist, in der dünnen Luft ausreichend Sauerstoff aufzunehmen. Dieser Geier sucht mit seinen scharfsichtigen Augen trockenes, bergiges Terrain ab. Am frühen Morgen verlässt er seinen Ruheplatz auf einem Kliff, um mit dem Aufwind in den Himmel aufzusteigen. Oft wartet er geduldig, wenn nötig mehrere Tage lang, bis Raubtiere ihren Riss verlassen. Mit seinem besonders langen Hals gelangt er tiefer in die Kadaver als viele seiner Nahrungskonkurrenten.

GRÖSSE 85–97 cm
LEBENSRAUM trockenes, offenes Gelände
VERBREITUNG Nord- und Ostafrika
NAHRUNG Aas

> NICKHAUT
Die Nickhaut, das typische Vogelmerkmal, reinigt die Oberfläche des Augapfels und schützt das Auge beim gierigen Fressen vor Spritzern.

∨ HALSKRAUSE
Weiße flauschige Federn bilden eine Halskrause. Sie ist häufig mit Staub und Blut beschmutzt.

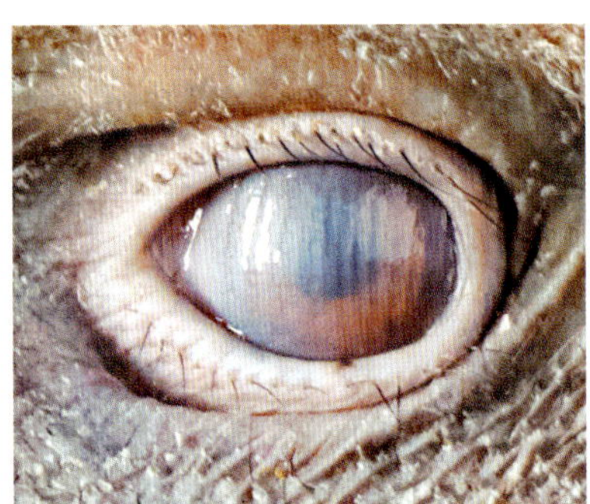

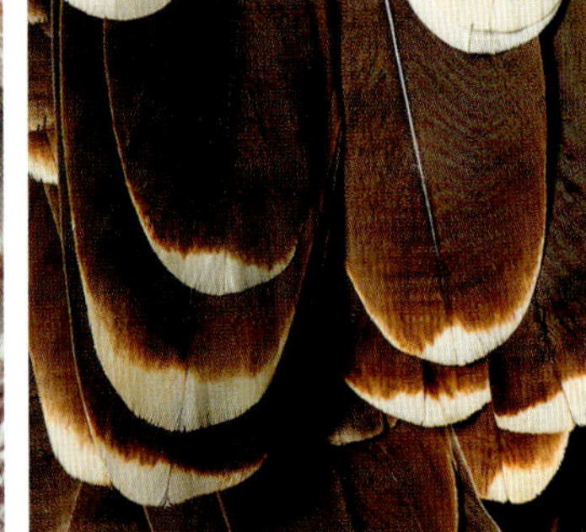

< WELLENMUSTER
Die dunklen Schwungfedern sind an den Spitzen hell, sodass das Gefieder aus der Entfernung ein Wellenmuster aufweist.

Nasenloch

Hakenschnabel

< GEFIEDER
Unter den Konturfedern, die dem Körper seine äußere Form verleihen, speichern flauschige Dunenfedern die Wärme. In großer Höhe ist dies lebenswichtig.

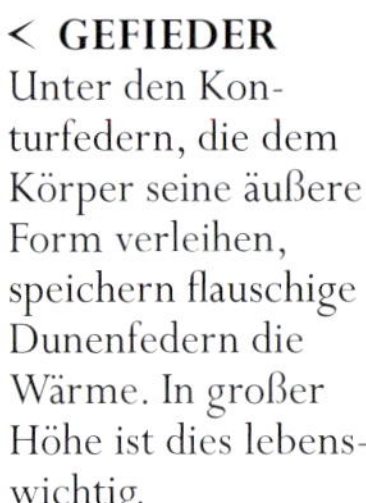

< BEIN
Die Oberschenkel sind befiedert, die kräftigen Beine aber kahl. Deshalb bleiben sie verhältnismäßig sauber, wenn der Vogel Aas frisst.

> HALS UND KOPF
Die spärlichen Dunen am Kopf sind oft blutbefleckt. Wäre der Kopf völlig befiedert, würden die Federn verkleben, wenn der Vogel beim Fressen Kopf und Hals tief in die Körper großer Säugetiere steckt. Mit seinem Hakenschnabel zerteilt er halb verwestes Fleisch und stochert im Aas.

Die Decken vermindern Luftturbulenzen.

Mit den längeren, steiferen Schwungfedern verschafft sich der Vogel Auf- und Vortrieb.

∧ FLÜGEL
Mit seinen langen, breiten Flügeln gleitet und segelt der Geier. Nach einer ausgiebigen Mahlzeit gestaltet sich das Abheben oft schwierig.

< FUSS
Da Geier ihre Füße nicht zum Töten von Beutetieren einsetzen, tragen sie keine mächtigen Krallen an den Zehen wie andere Greifvögel.

Die Haut an Kopf und Hals ist spärlich mit Dunen bedeckt.

46–53 cm

ROTRÜCKENBUSSARD
Buteo polyosoma
F: Accipitridae
Diese Art kommt in Südamerika an Berghängen vor, auch über der Baumgrenze. Die Vögel rütteln im Flug. Es gibt graue und braune Formen.

45–56 cm

ROTSCHWANZBUSSARD
Buteo jamaicensis
F: Accipitridae
Der Rotschwanzbussard ist der häufigste Bussard Nordamerikas. Paare greifen sich bei der spektakulären Balz in der Luft mit den Fängen.

43–61 cm

ROTSCHULTERBUSSARD
Buteo lineatus
F: Accipitridae
Der ruffreudigste der amerikanischen Bussarde kommt im östlichen und südlichen Nordamerika vor. Man trifft ihn in Wäldern nahe Gewässern an.

48–56 cm

PRÄRIEBUSSARD
Buteo swainsoni
F: Accipitridae
In Schwärmen ziehen Präriebussarde von Kanada nach Argentinien. Unter den Greifvögeln legt nur der Wanderfalke weitere Entfernungen zurück.

46–51 cm

FISCHBUSSARD
Busarellus nigricollis
F: Accipitridae
Dieser Verwandte des Schneckenweihs bewohnt Feuchtgebiete in Mittel- und Südamerika. Er stößt mit den Fängen voran ins Wasser, um Fische zu erbeuten.

34–37 cm

MISSISSIPPI-WEIH
Ictinia mississippiensis
F: Accipitridae
Der nordamerikanische Greifvogel, ein Verwandter der Bussarde, lebt in offenen Wäldern und nistet in Kolonien. Er überwintert in Südamerika.

54–61 cm

SAVANNENBUSSARD
Buteogallus meridionalis
F: Accipitridae
Dieser südamerikanische Bussard jagt am Boden. Manchmal folgt er Buschfeuern, um aufgescheuchte Kleintiere zu fangen.

60–66 cm

schmaler, stark gekrümmter Schnabel

36–40 cm

rote Füße

SCHNECKENWEIH
Rostrhamus sociabilis
F: Accipitridae
Der in Sümpfen in Florida, Mittel- und Südamerika verbreitete Vogel hat einen gekrümmten Schnabel, der an das Fressen von Wasserschnecken angepasst ist.

46–59 cm

WÜSTENBUSSARD
Parabuteo unicinctus
F: Accipitridae
Von Kalifornien bis Südamerika jagt diese Art in kleinen Gruppen, um Beutetiere aufzuscheuchen.

55–60 cm

tief gegabelter Stoß

SCHWARZMILAN
Milvus migrans
F: Accipitridae
Den Schwarzmilan sieht man in Eurasien, Afrika und Australasien in offenem Gelände. Seine vielfältige Nahrung besteht aus Fischen, kleinen Säugetieren, Aas und manchmal Abfällen.

ROTMILAN
Milvus milvus
F: Accipitridae
Wie andere Arten der Gattung *Milvus* hat der in Europa und dem Nahen Osten verbreitete Rotmilan relativ schwache Beine, ist aber ein hervorragender Segelflieger.

46–56 cm

SCHNEEBUSSARD
Leucopternis albicollis
F: Accipitridae
In Wäldern in Mittel- und Südamerika jagt dieser Bussard Reptilien, v. a. Schlangen. Er gilt als lethargisch und lässt Menschen nahe kommen.

HÖHLENWEIHE
Polyboroides typus
F: Accipitridae
In Afrika südlich der Sahara lebt diese Art, die Ölpalmenfrüchte frisst und kleine Wirbeltiere jagt. Seine Beine haben flexible Gelenke. Deshalb kann der Vogel geschickt Beutetiere aus Baumhöhlen hohlen.

60–66 cm

GRAUBÜRZEL-SINGHABICHT
Melieras melabates
F: Accipitridae
In trockenen, offenen Regionen Afrikas trifft man diese Art an, die im Flug einer Weihe ähnelt. Sie hat einen pfeifenden, melodischen Ruf.

43–56 cm

schwarze Flügelspitzen

Brust und Bauch weiß

44–52 cm

KORNWEIHE
Circus cyaneus
F: Accipitridae

Weihen haben schmale Stöße, schmale, spitze Flügel und lange Beine. Die Kornweihe ist auf der Nordhalbkugel weit verbreitet.

43–47 cm

WIESENWEIHE
Circus pygargus
F: Accipitridae

Eurasisch verbreitete Weihen wie die Wiesenweihe ziehen im Winter nach Afrika und Südasien. Diese Art lebt in offenen, grasbewachsenen Landschaften.

48–56 cm

♀

ROHRWEIHE
Circus aeruginosus
F: Accipitridae

Rohrweihen-Männchen sind nicht völlig grau wie die anderer Weihen, sondern braun wie die Weibchen mit grauen Partien an Flügeln und Stoß.

30–37 cm

SPERBERBUSSARD
Kaupifalco monogrammicus
F: Accipitridae

In den Savannen Afrikas ist der Sperberbussard heimisch. Er erbeutet große Insekten wie Heuschrecken und kleine Wirbeltiere.

25–35 cm

SCHIKRA-SPERBER
Accipiter badius
F: Accipitridae

Einen langen Stoß und kurze Schwingen hat dieses typische Mitglied der Gattung *Accipiter*. Es stößt auf kleine Tiere herab, auch auf Vögel.

48–62 cm

HABICHT
Accipiter gentilis
F: Accipitridae

Dieser große Vertreter der Gattung *Accipiter* aus Nordamerika und Eurasien erbeutet auch in dichten Wäldern Eichhörnchen und Vögel.

28–40 cm

SPERBER
Accipiter nisus
F: Accipitridae

Der Sperber ist eine der fast 50 Arten der Gattung *Accipiter*. Er jagt kleine Vögel und kommt von Europa bis nach Japan vor.

rote Hautpartien

SCHWARZBRUST-SCHLANGENADLER
Circaetus pectoralis
F: Accipitridae

In afrikanischen Grasländern fängt dieser Adler Echsen, kleine Säugetiere und Schlangen.

63–68 cm

EINFARB-SCHLANGENADLER
Circaetus cinereus
F: Accipitridae

Schlangenadler halten oft von exponierten Sitzwarten aus nach Beute Ausschau. Diese afrikanische Art rüttelt manchmal, bevor sie auf Schlangen herabstößt.

71–76 cm

lange, breite Flügel

62–67 cm

55–75 cm

55–70 cm

SCHLANGENADLER
Circaetus gallicus
F: Accipitridae

Das eurasische Mitglied einer Gruppe schlangenfressender Adler trifft man an steinigen Hängen und auf Küstenebenen an.

SCHLANGENWEIHE
Spilornis cheela
F: Accipitridae

Diese Art kommt häufig in der Nähe von Süßgewässern vor. Sie ist von Indien bis zu den Philippinen verbreitet.

GAUKLER
Terathopius ecaudatus
F: Accipitridae

Der Vogel afrikanischer Savannen ist der einzige in der Gruppe der Schlangenadler, der regelmäßig Aas frisst. Er fliegt sehr wendig und kunstvoll, daher sein deutscher Name.

rote Füße

KRANICHE UND RALLEN

Dieser Ordnung gehören vielfältige bodenlebende Vögel trockener und nasser Lebensräume an, von den eleganten Kranichen bis hin zu den scheuen Rallen.

Die meisten Mitglieder der Ordnung Kranichvögel (Gruiformes) haben lange Schnäbel und lange Beine. Möglicherweise gehören viele Arten, die traditionell dieser Ordnung zugeordnet werden, in eine andere. Die Sonnenralle und der Kagu sind wohl nicht näher mit Kranichen und Rallen verwandt, aber die Verwandtschaftsverhältnisse sind noch unklar.

Kraniche und ihre Verwandten verbringen den größten Teil ihres Lebens am Boden. Ihre Füße sind daran angepasst: Da sie sich nicht auf Bäumen niederlassen, ist die hintere Zehe reduziert oder ganz zurückgebildet. Die meisten aquatischen Mitglieder der Ordnung, wie die Binsenrallen und Blässhühner, haben Lappen an den Zehen. Fast drei Viertel der Arten der Gruppe gehören zur Familie der Rallen. Viele von ihnen haben seitlich abgeflachte Körper, mit denen sie flink durch Schilfbestände schlüpfen können.

Die viel größeren Trappen und Kraniche leben in offeneren Landschaften, wo auch ihre Balz stattfindet.

FLUGUNFÄHIGE ARTEN

Viele Arten dieser Gruppe haben einst abgelegene Inseln besiedelt. Da in diesen Lebensräumen ursprünglich keine Fressfeinde lebten, haben einige ihre Flugfähigkeit verloren. Heute sind Ratten und andere eingeführte Arten eine große Bedrohung für diese Arten.

STAMM	CHORDATA
KLASSE	AVES
ORDNUNG	GRUIFORMES
FAMILIEN	11
ARTEN	228

Mandschuren-Kraniche locken mit eindrucksvollen Balztänzen Partnerinnen an oder festigen ihre Paarbindung.

GROSSTRAPPE
Otis tarda
F: Otidae
Bei Trappen sind die Männchen größer als die Weibchen. Bei der in eurasischen Steppen verbreiteten Großtrappe ist der Größenunterschied besonders deutlich.

70–110 cm

rötliches Band

ZWERGTRAPPE
Tetrax tetrax
F: Otidae
Diese kleine Trappe brütet in offenen Lebensräumen in Eurasien und zieht im Winter in den Süden. Im Flug ähnelt sie einer Brandgans.

40–45 cm

KRAGENTRAPPE
Chlamydotis undulata
F: Otidae
In Ebenen und Wüstengebieten in Nordafrika und auf den Kanarischen Inseln trifft man diese Art trockener Lebensräume an.

55–65 cm

ROTSCHOPFTRAPPE
Lophotis ruficrista
F: Otidae
Wie andere Trappen balzt diese südafrikanische Art spektakulär. Die Männchen fliegen gaukelnd umher und Paare rufen im Duett.

53 cm

RIESENTRAPPE
Ardeotis kori
F: Otidae
Die Riesentrappe, einer der größten flugfähigen Vögel, ist im östlichen und südlichen Afrika verbreitet. Sie wird bis zu 19 kg schwer. Ihre Nahrung besteht aus kleinen Wirbeltieren, Aas und Sämereien.

1–1,4 m

WAMMENTRAPPE
Ardeotis australis
F: Otidae
Die Wammentrappe lebt in Grasländern und offenen Wäldern in Australien und im Süden Neuguineas. Die Männchen blasen ihren Kehlsack bei der Balz auf.

orangebrauner Flügel

schwarz-weiße Zeichnung

0,8–1,5 m

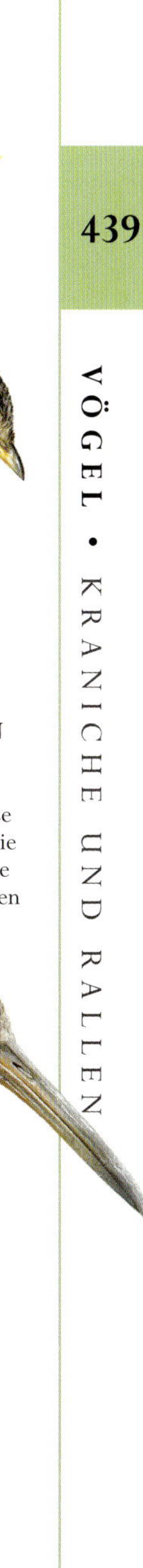

ROTFUSS-SERIEMA
Cariama cristata
F: Cariamidae

Seriemas, die mit den ausgestorbenen Terrorvögeln verwandt sind, bewohnen südamerikanische Grasländer. Diese Art hat eine sichelförmige Kralle, mit der sie kleine Beutetiere zerteilt.

75–90 cm

lange Haube

55 cm

weißliches Gefieder

KAGU
Rhynochetos jubatus
F: Rhynochetidae

Der Kagu, der nur in Wäldern auf Neukaledonien im südwestlichen Pazifik vorkommt, hat keine kräftige Flugmuskulatur. Er kann nur gleiten und setzt seine Flügel bei der Balz ein.

weiße Streifen

SONNENRALLE
Eurypyga helias
F: Eurypygidae

Dieser Jäger bewohnt feuchte Wälder in Mittel- und Südamerika. Bei der Balz und um Angreifer abzuschrecken, präsentiert er seine bunten Augenflecken auf den Flügeln.

43–48 cm

gebändertes Gefieder

15 cm

ROTNACKEN-LAUFHÜHNCHEN
Turnix tanki
F: Turnicidae

Wie andere Laufhühnchen bewohnt diese ostasiatische Art tropische Grasländer. Die Weibchen sind bunter und balzen um die Männchen, die für die Aufzucht der Jungen zuständig sind.

Körper und Flügel olivbraun

RALLENKRANICH
Aramus guarauna
F: Aramidae

Dieser kleine Vetter der Kraniche ist vor allem nachtaktiv. Er kommt in Feuchtgebieten im tropischen Amerika vor. Mit seinem Pinzettenschnabel holt er Schnecken aus ihren Häusern.

65–70 cm

lange graue Beine

BINDENRALLE
Gallirallus philippensis
F: Rallidae

Einige Arten der indopazifisch verbreiteten Gattung *Gallirallus* können nicht oder nur sehr schlecht fliegen. Doch diese Art war dazu fähig, viele Inseln von den Philippinen bis nach Neuseeland zu besiedeln.

28–33 cm

22–30 cm

10–15 cm

13–18 cm

19–23 cm

SCHIEFERRALLE
Laterallus jamaicensis
F: Rallidae

Die Schieferralle gehört zu einer Gruppe meist tropisch verbreiteter rötlich gemusterter Rallen. Sie brütet in Nordamerika.

GELBRALLE
Coturnicops noveboracensis
F: Rallidae

Die scheue nordamerikanische Art ist eine von mehreren ähnlich kräftig gestrichelten Rallen. Mit nächtlichen klickenden Rufen verrät sie ihre Anwesenheit.

MOHRENRALLE
Amaurornis flavirostra
F: Rallidae

Die Mohrenralle ist in Afrika südlich der Sahara weit verbreitet. Anders als viele ihrer scheuen Verwandten sieht man sie oft außerhalb der Deckung.

WACHTELKÖNIG
Crex crex
F: Rallidae

Sein knarrender Ruf verrät den scheuen Wachtelkönig. Er kommt u. a. in Pfeifengraswiesen und Niedermooren vor und brütet in Eurasien.

»

» KRANICHE UND RALLEN

WASSERRALLE
Rallus aquaticus
F: Rallidae

Arten der Gattung *Rallus* schlüpfen mit ihren seitlich zusammengedrückten Körpern mühelos durch Schilfbestände. Diesen eurasisch verbreiteten Vogel sieht man selten außerhalb der Deckung.

KÖNIGSRALLE
Rallus elegans
F: Rallidae

Die Art kommt im östlichen Nordamerika, in Mexiko und auf Kuba vor. Sie sucht in der Deckung nach Insekten, Spinnen, Krebstieren und Schnecken.

KLAPPERRALLE
Rallus longirostris
F: Rallidae

Anders als viele Rallen bevorzugt diese Art des tropischen Amerikas Salzmarschen und Mangrovensümpfe. Ihr klappernder Ruf ist charakteristisch.

VIRGINIA-RALLE
Rallus limicola
F: Rallidae

Dieser Langstreckenzieher ist von Nordamerika bis ins nördliche Südamerika verbreitet. Den scheuen Vogel bekommt man selten zu Gesicht.

WEISSBRAUENSUMPFHUHN
Porzana cinerea
F: Rallidae

Arten der Gattung *Porzana* haben relativ kurze Schnäbel und rufen charakteristisch. Diese Art ist eine typische Vertreterin. Sie ist von der Malaiischen Halbinsel bis nach Polynesien verbreitet.

ZIMTSUMPFHUHN
Porzana fusca
F: Rallidae

In Feuchtgebieten, Mangrovensümpfen und trockeneren Lebensräumen im östlichen Asien trifft man diese Art an. Ihre Brust ist zimtbraun.

CAROLINA-SUMPFHUHN
Porzana carolina
F: Rallidae

Die Art ist das häufigste nordamerikanische Mitglied der Familie der Rallen. Sie brütet in Feuchtgebieten und überwintert in der Karibik.

TÜPFELSUMPFHUHN
Porzana porzana
F: Rallidae

Dieser scheue Vogel verbirgt sich in dichter Vegetation, aus der sein scharfes *hwit, hwit, hwit* erklingt. Er brütet in Eurasien und ernährt sich von kleinen Wassertieren.

ZWERGSULTANSHUHN
Porphyrio martinica
F: Rallidae

In Sumpfgebieten des tropischen Amerikas kommt diese Art vor. Sie ist mit ihrem blauvioletten Gefieder und dem blauen Stirnschild leicht zu erkennen.

TEICHHUHN
Gallinula chloropus
F: Rallidae

Teichrallen der Gattung *Gallinula* sind laute Vögel mit dunklem Gefieder und ruckartigen Bewegungen. Das Teichhuhn ist fast weltweit verbreitet.

KAMMBLÄSSHUHN
Fulica cristata
F: Rallidae

Blässhühner sind schwarze Rallen mit weißem Stirnschild und Lappen an den Zehen. Diese Art, die in Afrika, Madagaskar und im Süden Spaniens vorkommt, hat zwei rote Auswüchse auf der Stirn.

AMERIKANISCHES BLÄSSHUHN
Fulica americana
F: Rallidae

Diesen Vogel trifft man in Nordamerika und im nördlichen Südamerika an. Wie alle Blässhühner kann er schwimmen. Er sucht in seichtem Wasser und an Land Nahrung.

GRAUHALS-KRONENKRANICH
Balearica regulorum
F: Gruidae

Afrikanische Kronenkraniche sind die einzigen Kraniche, die sich auf Bäumen niederlassen und Äste umgreifen können.

AFRIKANISCHE BINSENRALLE
Podica senegalensis
F: Heliornithidae

Die stromlinienförmige Art hat wie alle Binsenrallen Lappen an den Zehen. Die Art ist in Feuchtgebieten in Afrika südlich der Sahara verbreitet.

ZWERGBINSENRALLE
Heliornis fulica
F: Heliornithidae

Diese Binsenralle kommt im tropischen Amerika vor. Wie alle Binsenrallen ist sie scheu und ernährt sich von kleinen Tieren langsam fließender Gewässer.

GRAUFLÜGEL-TROMPETERVOGEL
Psophia crepitans
F: Psophiidae

Trompetervögel sind nach ihren lauten Rufen benannt. Die geselligen Bodenbewohner der Amazonas-Region können nur schlecht fliegen. Wie diese Art mit schwarzem Körper wirken sie buckelig.

PARADIESKRANICH
Anthropoides paradiseus
F: Gruidae

Außerhalb der Brutsaison zieht der vorwiegend weiße Paradieskranich nomadisch zwischen Seen, Grasländern und Agrarland hin und her.

BROLGA-KRANICH
Grus rubicunda
F: Gruidae

Dieser australische Kranich hat einen kahlen roten Kopf und eine schwarze Wamme. Seine Balztänze sind sehr eindrucksvoll.

MANDSCHUREN-KRANICH
Grus japonensis
F: Gruidae

Mandschuren-Kraniche brüten in Sibirien und überwintern in Korea und China. Die Art wird seltener. Wie verwandte Arten haben die Vögel einen kahlen roten Oberkopf.

KANADA-KRANICH
Grus canadensis
F: Gruidae

Der Kanada-Kranich ist von Nordamerika bis nach Sibirien verbreitet. Die Vögel ziehen in Familiengruppen in den Süden, einige bis nach Mexiko.

KRANICH
Grus grus
F: Gruidae

In Marschen, Heidegebieten und in der Tundra kann man diesen Kranich antreffen. Er brütet in Eurasien und zieht nach Nordafrika und Südasien, oft in V-Formation.

Die hellen Federn der Jungvögel fallen mit der Zeit aus, sodass ein Fleck weißer Haut sichtbar wird.
roter Kehlsack
Die Strahlen der Halsfedern sind nicht miteinander verbunden und wirken wie Haare.

∧ KRONE UND KOPFFÄRBUNG Diese Art hat eine goldene Krone, eine schwarze Stirn und kahle weiße Wangen mit rotem Fleck, der bei Vögeln aus Ostafrika breiter ist. Männchen und Weibchen können ihre roten Kehlsäcke aufblasen. Wenn sie die Luft entweichen lassen, erklingt ein dumpfer Ruf.

GRAUHALS-KRONENKRANICH
Balearica regulorum

Der Grauhals-Kronenkranich gehört zur Familie Gruidae, deren Mitglieder für ihre spektakulären Balztänze bekannt sind. In der offenen Savanne springen die Vögel umher, schlagen mit den Flügeln und verneigen sich. Manchmal scheint es, als würden sie Aggressionen ausagieren oder die Paarbindung festigen. Vor allem aber umwerben sie ihre Partnerinnen und präsentieren dabei ihren eindrucksvollen Kopfschmuck. Kronenkraniche haben keine lange gewundene Luftröhre wie Kranich-Arten mit längeren Schnäbeln und lassen keine trompetenden Laute erschallen. Bei der Balz stoßen sie Luft aus ihrem aufgeblähten roten Kehlsack aus, sodass ein dumpfer Laut ertönt. Zum Brüten ziehen sich Paare in feuchtere Lebensräume zurück, wo dichtere Vegetation die Nester tarnt. Die Nistplattformen bestehen aus Gräsern. Hier sind die Jungvögel vor Fressfeinden verborgen. Die Elternvögel ruhen versteckt in Bäumen.

GRÖSSE 1,1 m
LEBENSRAUM offene Landschaften
VERBREITUNG Ost- und Südafrika
NAHRUNG Gräser, Sämereien, Wirbellose, kleine Wirbeltiere

Schwarze Federn am Kopf wirken wie eine gewölbte Stirn.

Nasenloch

Schnabel kürzer und kräftiger als der anderer Kranich-Arten

NICKHAUT >
Die Bezeichnung Nickhaut kommt vom lateinischen *nictare*, das »blinzeln« bedeutet. Dieses durchsichtige »dritte Augenlid« reinigt die Oberfläche des Augapfels, wenn es sich über das Auge bewegt.

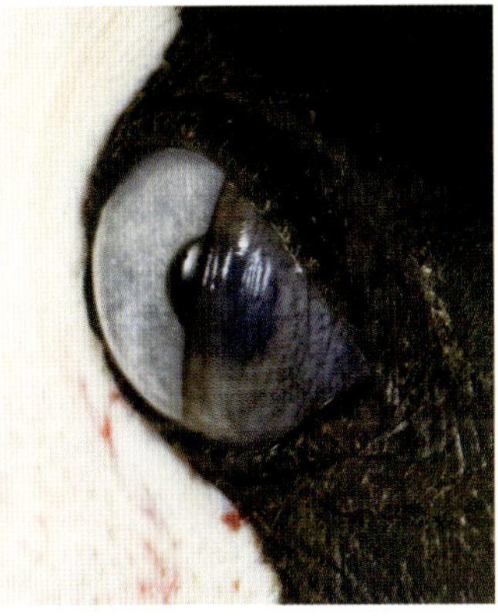

SCHMUCKFEDERN >
Sind die Flügel angelegt, hängen lange goldene Federn über den Schwungfedern seitlich am Körper herab.

∨ PRÄCHTIGER KRAGEN
Lange, spitze Konturfedern im oberen Teil des Körpers und dem unteren Halsbereich bilden einen Kragen. Das Gefieder ist vorwiegend grau.

FÜSSE
Kronenkraniche haben anders als andere Kranich-Arten eine lange hintere Zehe und können sich dadurch in Bäumen niederlassen. Vielleicht ist die Kralle ein Relikt baumbewohnender Vorfahren.

∧ LANGE BEINE
Die langen Beine sind beim Waten von Vorteil. Kronenkraniche haben aber kürzere Beine als andere Kranich-Arten.

weiße Deckfedern

schwarze Handschwingen

braune Armschwingen

∧ FLÜGEL
Im Flug sind die weißen Partien der Unterflügel deutlich sichtbar. Obwohl sie kräftige Flügel haben, ziehen diese tropischen Vögel nicht über weite Strecken wie andere Kranich-Arten.

WATVÖGEL, MÖWEN UND ALKEN

Die meisten Vögel dieser Gruppe trifft man an Küsten an. Viele sind daran angepasst, im Schlamm und seichten Wasser zu waten und mit ihren Schnäbeln nach Nahrung zu stochern.

Die Vögel der Ordnung Regenpfeiferartige (Charadriiformes) bilden drei Hauptgruppen. Zwei leben vor allem an Stränden: Regenpfeifer und Verwandte sind meist kurzbeinig und kurzschnäbelig, sie ernähren sich von Wirbellosen im Boden oder Schlamm. Einige Vögel dieser Gruppe, wie der Kiebitz, bevorzugen trockenere Lebensräume im Binnenland. Andere wie die Regenpfeifer sind stärker an Feuchtgebiete angepasst. Säbelschnäbler und Stelzenläufer schwenken ihre dünnen Schnäbel in seichtem Wasser, während Austernfischer mit ihren kräftigen Schnäbeln Muschelschalen öffnen. Die Vögel der zweiten Gruppe, zu der Strandläufer, Schnepfen und Verwandte gehören, stochern mit ihren langen Schnäbeln im Schlamm. Einige, wie Wasserläufer und Brachvögel, waten mit ihren langen Beinen bei der Nahrungssuche durch tieferes Wasser.

SEEVÖGEL

Zur dritten Gruppe dieser Ordnung gehören Möwen, Seeschwalben, Raubseeschwalben und Alken. Sie haben Schwimmhäute zwischen den Zehen und sind am stärksten ans Meer gebunden. Manche verbringen einen großen Teil ihres Lebens auf dem Meer, einige legen auf ihrem Zug enorme Strecken zurück. Möwen sind opportunistische Räuber, die man auch im Binnenland antrifft. Die arktisch verbreiteten Alken tauchen in den Meeren.

STAMM	CHORDATA
KLASSE	AVES
ORDNUNG	CHARADRIIFORMES
FAMILIEN	19
ARTEN	379

STREITFRAGE

ARTBILDUNG BEI MÖWEN

Neue Arten entstehen, wenn sich Populationen so stark auseinander entwickeln, dass sich die Tiere nicht mehr untereinander paaren. Man dachte, dass sich die Silbermöwe von asiatischen Vorfahren abgetrennt hat. Neuen Forschungen zufolge stammt sie von im Nordatlantik isolierten Möwen ab.

TRIEL
Burhinus oedicnemus
F: Burhinidae
Der vorwiegend nachtaktive Triel ist mit den Regenpfeifern verwandt. Die eurasische Art lebt im Binnenland in trockenen, steinigen Gebieten.

KRABBENTRIEL
Esacus recurvirostris
F: Burhinidae
Die Arten der Gattung *Esacus* fangen mit ihren meißelartigen Schnäbeln Beute, wie Krebse, am Wasser. Diese Art ist in Südasien verbreitet.

WEISSGESICHT-SCHEIDENSCHNABEL
Chionis albus
F: Chionidae
Dies ist einer von zwei weißen Scheidenschnäbeln. Sie kommen in der Antarktis vor und fressen Aas und Jungvögel anderer Arten.

MAGELLAN-REGENPFEIFER
Pluvianellus socialis
F: Chionidae
Dieser ungewöhnliche südamerikanische Watvogel, der einzige, der Nahrung für seine Jungen auswürgt, ist näher mit den Scheidenschnäbeln verwandt als andere Regenpfeifer.

IBISSCHNABEL
Ibidorhyncha struthersii
F: Ibidorhynchidae
Der Ibisschnabel ist der einzige Regenpfeifer-Verwandte mit langem, nach unten gebogenem Schnabel. Er stochert in steinigen Flussbetten zentralasiatischer Gebirge nach Wirbellosen.

KLIPPEN-AUSTERNFISCHER
Haematopus bachmani
F: Haematopodidae
Schwarze Austernfischer haben im Allgemeinen begrenztere Verbreitungsgebiete als mehrfarbige Arten. Diese Art trifft man nur an der Westküste Nordamerikas an.

AUSTERNFISCHER
Haematopus ostralegus
F: Haematopodidae
Der am weitesten verbreitete Austernfischer brütet im nördlichen Eurasien. Wie andere Arten öffnet er mit seinem langen Schnabel die Schalen von Muscheln.

REIHERLÄUFER
Dromas ardeola
F: Dromadidae
Der Reiherläufer ist wahrscheinlich enger mit den Möwen verwandt als mit den Regenpfeifern. Man trifft ihn an den Küsten des Indischen Ozeans an, wo er Krebstiere frisst.

SCHLAMMSTELZER
Cladorhynchus leucocephalus
F: Recurvirostridae
Diese australische Art fängt kleine schwimmende Wirbellose. Die Vögel sammeln sich in Schwärmen an Salzseen, wo sie Salinenkrebschen fressen.

ROTKOPF-SÄBELSCHNÄBLER
Recurvirostra novaehollandiae
F: Recurvirostridae
Der nomadische Vogel australischer Feuchtgebiete ist ein charakteristisch gezeichneter Watvogel. Die gesellige Art sucht in Schwärmen Nahrung.

SÄBELSCHNÄBLER
Recurvirostra avosetta
F: Recurvirostridae
Der eurasisch verbreitete Watvogel ist ein typischer Säbelschnäbler: Er schwenkt seinen Schnabel durchs Wasser, um kleine Wassertiere zu fangen.

SCHIEFSCHNABEL
Anarhynchus frontalis
F: Charadriidae
Mit den Kiebitzen ist der neuseeländische Vogel verwandt, der einzige mit zur Seite gekrümmtem Schnabel. Mit ihm holt er Wirbellose unter Steinen hervor.

STELZENLÄUFER
Himantopus himantopus
F: Recurvirostridae
Fast weltweit ist diese sehr variable Art verbreitet. Es gibt Formen mit weißem und schwarzem Hals, die verschiedene Arten sein könnten.

RING-RENNVOGEL
Peltohyas australis
F: Charadriidae
Diesen Verwandten der Kiebitze findet man in trockenen Teilen Australiens, oft weit von Gewässern entfernt.

SPORNKIEBITZ
Vanellus spinosus
F: Charadriidae
In Feuchtgebieten in Afrika und dem Nahen Osten kommt dieser Kiebitz vor. Wie der Masken- und Bronzekiebitz hat er am Flügelgelenk einen Sporn.

KIEBITZ-REGENPFEIFER
Pluvialis squatarola
F: Charadriidae
Das einzige Mitglied der Gattung *Pluvialis* mit grau, statt gelb geflecktem Rücken brütet in der Tundra in der Nähe der arktischen Küsten.

GOLDREGENPFEIFER
Pluvialis apricaria
F: Charadriidae
Die Gattung *Pluvialis* ist näher mit Stelzenläufern und Austernfischern verwandt als mit anderen Regenpfeifern. Diese Art hat im Brutkleid einen schwarzen Bauch.

MASKENKIEBITZ
Vanellus miles
F: Charadriidae
Viele Kiebitze haben gelbe Hautlappen am Kopf. Bei diesen in Australasien verbreiteten Vögeln sind sie besonders auffällig.

KIEBITZ
Vanellus vanellus
F: Charadriidae
Der eurasische Kiebitz hat eine charakteristische spitze Haube. Seine nasalen Rufe klingen wie *i-wit* oder *wiit*.

SANDREGENPFEIFER
Charadrius hiaticula
F: Charadriidae
Dies ist einer der am weitesten verbreiteten Arten der Gattung *Charadrius*. Sie brütet in der Arktis und verbringt den Winter in Afrika und Südwest-Asien.

KEILSCHWANZ-REGENPFEIFER
Charadrius vociferus
F: Charadriidae
Die meisten Populationen dieses Regenpfeifers ziehen zwischen Nord- und Südamerika hin und her.

MORNELL-REGENPFEIFER
Charadrius morinellus
F: Charadriidae
Die Weibchen dieser Art, die in der Tundra brütet, sind auffälliger gefärbt als die Männchen. Im Winter sind sie unscheinbarer.

»

BLAUSTIRN-BLATTHÜHNCHEN
Actophilornis africanus
F: Jacanidae
Der Vogel afrikanischer Feuchtgebiete hat wie alle Arten der Familie stark verlängerte Zehen, um über Pflanzen auf dem Wasser zu laufen.

HINDU-BLATTHÜHNCHEN
Metopidius indicus
F: Jacanidae
Diese Art ist in Indien und Südost-Asien verbreitet. Die Männchen haben einen abgeflachten Knochen im »Unterarm«, sodass sie ihre Jungen hochheben können.

KAMM-BLATTHÜHNCHEN
Irediparra gallinacea
F: Jacanidae
Von Asien bis Australien findet man diese Art. Wie bei anderen Blatthühnchen brüten die Männchen die Eier aus und kümmern sich um die Jungen.

FASAN-BLATTHÜHNCHEN
Hydrophasianus chirurgus
F: Jacanidae
Im südlichen Asien ist diese Art verbreitet, das einzige Blatthühnchen, das sein Gefieder wechselt: Nach der Brutsaison verliert es seinen langen Schwanz.

ROTSTIRN-BLATTHÜHNCHEN
Jacana jacana
F: Jacanidae
Die dominanten Weibchen dieser südamerikanischen Art paaren sich mit vielen Männchen.

STEPPENLÄUFER ♀
Pedionomus torquatus
F: Pedionomidae
Der wachtelähnliche Vogel, der in Grasländern in Afrika lebt, ist das einzige Mitglied seiner Familie. Er ist mit den Blatthühnchen verwandt.

BUNT-GOLDSCHNEPFE
Rostratula benghalensis
F: Rostratulidae
Mit den Blatthühnchen ist diese Art tropischer Feuchtgebiete der Alten Welt verwandt. Wie bei diesen paaren sich die dominanten Weibchen mit mehreren Männchen.

KLEINER SCHLAMMLÄUFER
Limnodromus griseus
F: Scolopacidae
Schlammläufer sind mit den Schnepfen verwandt und im Prachtkleid rötlich gefärbt. Diese Art ist in Nord- und Südamerika verbreitet.

KNUTT
Calidris canutus
F: Scolopacidae
Wie viele ziehende Watvögel verliert der Knutt, der in der Arktis brütet, sein charakteristisches Sommerkleid im Winter und wirkt dann unauffälliger.

ALPENSTRANDLÄUFER
Calidris alpina
F: Scolopacidae
Der Alpenstrandläufer ist ein typischer Watvogel, der in der Arktis brütet und im Herbst in Schwärmen in den Süden zieht.

BEKASSINE
Gallinago gallinago
F: Scolopacidae
Jungen dieser weit verbreiteten Art sind bald nach dem Schlüpfen aktiv. Anders als andere Watvögel füttern Schnepfenvögel ihre Jungen.

ZWERGSCHNEPFE
Lymnocryptes minimus
F: Scolopacidae
Eigentliche Schnepfen und Bekassinen haben lange Schnäbel, kurze Beine und ein Tarngefieder. Diese in der Alten Welt verbreitete Art ist die kleinste der Gruppe.

SANDERLING
Calidris alba
F: Scolopacidae
Der Sanderling brütet nördlich des Polarkreises. Im Winter zieht er in Schwärmen zu Sandstränden weiter im Süden.

HUDSON-SCHNEPFE
Limosa haemastica
F: Scolopacidae
Dies ist eine der beiden amerikanischen Arten der Gattung *Limosa*. Sie ist nach ihrem Brutgebiet benannt, das die Strände der Hudson Bay einschließt.

UFERSCHNEPFE
Limosa limosa
F: Scolopacidae
Einen leicht aufgebogenen Schnabel hat diese Art der Alten Welt, der typisch für diese Gattung ist. Sie sucht auch im Binnenland auf Wiesen, Weiden und Heideflächen Nahrung.

ODINSHÜHNCHEN ♀
Phalaropus lobatus
F: Scolopacidae
Das Odinshühnchens brütet in weiten Teilen der Arktis. Die bunten Weibchen balzen zur Brutzeit um die Männchen. Nur die Männchen ziehen die Jungen groß.

AMERIKANISCHER BRACHVOGEL
Numenius americanus
F: Scolopacidae
Der typische Brachvogel stochert mit seinem langen, gebogenen Schnabel im Schlamm nach Wirbellosen.

REGENBRACHVOGEL
Numenius phaeopus
F: Scolopacidae
Einen trillernden Ruf hat der kleinste Brachvogel. Er brütet in zirkumpolaren Regionen. Einige Vögel überwintern in Australien.

GRASLÄUFER
Tryngites subruficollis
F: Scolopacidae
Dieser Watvogel brütet in der nordamerikanischen Tundra und im östlichen Sibirien. Er überwintert in den Grasländern Südamerikas.

ROTSCHENKEL
Tringa totanus
F: Scolopacidae
Die meisten Watvögel brüten an Süßgewässern. Der in der Alten Welt verbreitete Rotschenkel brütet manchmal in Salzmarschen.

KLEINER GELBSCHENKEL
Tringa flavipes
F: Scolopacidae
In Wäldern in Alaska und Kanada brütet der Kleine Gelbschenkel. Er überwintert in der Karibik.

WANDER-WASSERLÄUFER
Heteroscelus incanus
F: Scolopacidae
Diese Art brütet in Alaska und hat zu dieser Zeit eine gebänderte Brust. Sie überwintert weiter südlich an der amerikanischen Pazifikküste.

KANADA-SCHNEPFE
Scolopax minor
F: Scolopacidae
Wie andere Schnepfen ist dieser amerikanische Vogel hervorragend getarnt. Die Augen sitzen weit oben am Kopf, sodass er eine gute Rundumsicht hat.

KAMPFLÄUFER
Philomachus pugnax
F: Scolopacidae
Kampfläufer-Männchen, die man in in feuchtem Grünland der Alten Welt antrifft, verändern sich im Frühjahr stark: Das graue Wintergefieder wird durch ein rot-schwarzes Prachtkleid mit auffälligem Kragen ersetzt.

DROSSEL-UFERLÄUFER
Actitis macularius
F: Scolopacidae
Wie der verwandte eurasische Flussuferläufer hat diese amerikanische Art einen kurzen Schnabel, mit dem sie Nahrung von trockenem Boden aufpickt.

STEINWÄLZER
Arenaria interpres
F: Scolopacidae
Der Steinwälzer, der auf der Nordhalbkugel brütet, dreht auf der Suche nach Nahrung Gegenstände um.

LÖFFEL-STRANDLÄUFER
Eurynorhynchus pygmeus
F: Scolopacidae
Wie Löffler haben diese Watvögel aus Ostasien einen löffelförmigen Schnabel, den sie in seichtem Wasser schwenken, um Wirbellose zu fangen.

FLECKEN-HÖHENLÄUFER
Attagis malouinus
F: Thinocoridae
Vier Arten kurzschnäbeliger pflanzenfressender Höhenläufer leben in offenen Lebensräumen in Südamerika. Diese Art lebt nur an der Südspitze des Kontinents.

»

» WATVÖGEL, MÖWEN, ALKEN

RENNVOGEL
Cursorius cursor
F: Glareolidae
Rennvögel sind unauffällige langbeinige, oft nachtaktive Bodenbewohner, die Regenpfeifern ähneln. Diese in Afrika und Asien verbreitete Art ist ein Zugvogel.

STELZEN-BRACHSCHWALBE
Stiltia isabella
F: Glareolidae
Die Stelzen-Brachschwalbe aus Australien und Indonesien hält sich meist in der Nähe von Süßgewässern auf. Sie kann auch Salzwasser trinken.

SCHWARZFLÜGEL-BRACHSCHWALBE
Glareola nordmanni
F: Glareolidae
Wie alle Brachschwalben ist diese Art ein Zugvogel. Sie brütet in Osteuropa und Zentralasien und verbringt den Winter in Afrika.

BINDEN-RENNVOGEL
Rhinoptilus cinctus
F: Glareolidae
Die meisten Rennvögel leben nur in Wüsten und Buschland, diese afrikanische Art kann man auch in Waldgebieten antreffen.

SAND-BRACHSCHWALBE
Glareola lactea
F: Glareolidae
Diese kleine in Südasien verbreitete Brachschwalbe mit gegabeltem Schwanz fängt wie ihre Verwandten Insekten im Flug.

ROTFLÜGEL-BRACHSCHWALBE
Glareola pratincola
F: Glareolidae
Wie die meisten Brachschwalben sammeln sich diese südeuropäischen Vögel in lauten Schwärmen in Feuchtgebieten.

GABELSCHWANZMÖWE
Creagrus furcatus
F: Laridae
Die einzige nachtaktive Möwe brütet auf den Galapagos-Inseln und überwintert in Südamerika. Sie fängt Fische und Kalmare.

HEMPRICHMÖWE
Larus hemprichii
F: Laridae
Wie viele Möwen wärmerer Regionen hat diese in Afrika und Asien verbreitete Art ein dunkles Gefieder, möglicherweise eine Anpassung an starke Sonneneinstrahlung.

SILBERMÖWE
Larus argentatus
F: Laridae
Diese Art, die mit der Heringsmöwe (*L. fuscus*) verwandt ist, sieht man in Europa und im östlichen Nordamerika oft in Küstenstädten.

LACHMÖWE
Larus ridibundus
F: Laridae
Wie andere Möwen dieser Gruppe hat die Lachmöwe im Winter einen weißen Kopf. Man trifft sie auf der Nordhalbkugel häufig an.

AZTEKENMÖWE
Larus atricilla
F: Laridae
Diese amerikanische Möwe hat einen lachenden Ruf. Sie brütet in Kolonien bei Ästuaren und in Salzmarschen.

HEERMANNMÖWE
Larus heermanni
F: Laridae
Diese dunkle Möwe ist in Nordamerika verbreitet. Oft sucht sie zusammen mit Braunpelikanen Nahrung und jagt ihnen die Beute ab.

EISMÖWE
Larus hyperboreus
F: Laridae
In der Arktis brütet diese große Art. Sie ist viel heller als die meisten verwandten weißköpfigen Möwen der Nordhalbkugel.

RINGSCHNABELMÖWE
Larus delawarensis
F: Laridae
Diese Art, die in Nordamerika brütet und in der Karibik überwintert, hat einen dunklen Schnabelring. Sie sucht in Agrarland Nahrung.

WEISSAUGENMÖWE
Larus leucophthalmus
F: Laridae
Nur am Roten Meer kommt die Weißaugenmöwe vor, wo sie wegen Ölverschmutzung gefährdet ist.

50–67 cm

DICKSCHNABELMÖWE
Larus pacificus
F: Laridae
Zu einer Gruppe auf der Südhalbkugel verbreiteter Möwen gehört diese australische Art. Sie lässt Muscheln auf Felsen herabfallen, sodass deren Schalen zerspringen.

28–30 cm

BONAPARTE-MÖWE
Larus philadelphia
F: Laridae
Diese nordamerikanische Möwe brütet in feuchten Nadelwäldern in Kanada und überwintert an den Küsten der Karibik.

55–66 cm

WESTMÖWE
Larus occidentalis
F: Laridae
Die große Möwe kommt an der Pazifikküste Nordamerikas vor. Sie nistet in Kolonien, meist auf Inseln oder Felsen vor der Küste.

40–42 cm

STURMMÖWE
Larus canus
F: Laridae
Die Art der Nordhalbkugel hat einen charakteristischen hohen, nasalen Ruf. Sie brütet im Binnenland in Mooren und an der Küste.

45–47 cm

GRAUMÖWE
Larus modestus
F: Laridae
Nur in Peru und Chile kommt diese Art vor. Sie brütet in der Atacama-Wüste, einer der trockensten Wüsten der Erde.

64–78 cm

großer weißer Kopf

Rücken und Flügel schiefergrau

rosa Füße

MANTELMÖWE
Larus marinus
F: Laridae
Die größte Möwe kommt an den Küsten des Nordatlantiks vor. Die aggressive Räuberin erbeutet die Jungen anderer Seevögel.

40–45 cm

SILBERKOPFMÖWE
Larus novaehollandiae
F: Laridae
Obwohl sie anders aussieht, ist diese australische Möwe mit der häufigen Lachmöwe verwandt. Sie sucht auch auf Müllhalden nach Nahrung.

57–61 cm

weiße Flecken

dreifarbiger Schnabel

gelbe Beine

FISCHMÖWE
Larus ichthyaetus
F: Laridae
Dieses Mitglied einer asiatischen Gruppe schwarzköpfiger Möwen brütet in Russland und überwintert im Mittelmeergebiet und an den Küsten des Indischen Ozeans.

38–40 cm

schmaler schwarzer Ring

keilförmiger Schwanz

ROSENMÖWE
Rhodostethia rosea
F: Laridae
Charakteristisch rosa getönt ist diese Möwe. Sie brütet in der arktischen Tundra und überwintert an den Küsten und auf dem Meer.

42–44 cm

BLUTSCHNABELMÖWE
Leucophaeus scoresbii
F: Laridae
Diese Möwe ist anderen Vögeln gegenüber sehr aggressiv. Sie kommt nur an der Südspitze Südamerikas und auf den Falkland-Inseln vor.

40–43 cm

ELFENBEINMÖWE
Pagophila eburnea
F: Laridae
Die arktische Möwe trifft man selten weit vom Packeis entfernt an. Sie folgt Eisbären, um an deren Riss zu fressen.

27–32 cm

SCHWALBENMÖWE
Xema sabini
F: Laridae
In der Arktis brütet die Verwandte der Elfenbein-Möwe. Sie zieht weite Strecken, um den Winter in Südamerika und Afrika zu verbringen.

35–40 cm

KLIPPENMÖWE
Rissa brevirostris
F: Laridae
Diese Art brütet auf Inseln in der Beringsee im Nordpazifik und verbringt den Winter weiter im Süden.

38–40 cm

DREIZEHENMÖWE
Rissa tridactyla
F: Laridae
Die häufigste Möwen-Art der Erde nistet in Kolonien auf Klippen. Man trifft sie im Nordatlantik und Pazifik an.

»

» WATVÖGEL, MÖWEN UND ALKEN

FEEN-SEESCHWALBE
Gygis alba
F: Laridae
Die kleine weiße Art lebt auf Inseln im tropischen Atlantik und Indischen Ozean. Sie legt ihre Eier manchmal direkt auf Äste von Bäumen.

INKA-SEESCHWALBE
Larosterna inca
F: Laridae
Die unverwechselbare Inka-Seeschwalbe trifft man in Peru und Chile an. Sie brütet an steinigen Küsten.

RÜPPELL-SEESCHWALBE
Sterna bengalensis
F: Laridae
Bei dieser Verwandten der Eil-Seeschwalbe färbt sich der sonst gelbe Schnabel zur Brutsaison orangefarben.

TRAUER-SEESCHWALBE
Chlidonias niger
F: Laridae
In Feuchtgebieten der Nordhalbkugel brütet diese kleine Seeschwalbe. Sie verbringt den Winter in Südamerika oder Afrika.

KÜSTEN-SEESCHWALBE
Sterna paradisaea
F: Laridae
Kein Tier legt weitere Strecken zurück als dieser Vogel: Von den Brutgebieten in der Arktis zieht er bis in die Antarktis. Er fängt Fische und Krebstiere.

ZWERG-SEESCHWALBE
Sterna albifrons
F: Laridae
Diese Seeschwalbe der Alten Welt gehört zu einer Gruppe küstenbewohnender Arten mit weißer Stirn.

RAUB-SEESCHWALBE
Sterna caspia
F: Laridae
Die größte Seeschwalbe kann man auf fast allen Kontinenten antreffen. Sie brütet wie die meisten Seeschwalben in Kolonien am Boden.

RUSS-SEESCHWALBE
Sterna fuscata
F: Laridae
Diese Seeschwalbe mit weißer Blesse auf der Stirn brütet in lärmenden Kolonien auf tropischen Inseln.

ORIENT-SEESCHWALBE
Sterna saundersi
F: Laridae
Rund um das Rote Meer und den Indischen Ozean ist diese kleine Seeschwalbe verbreitet. Früher klassifizierte man sie als Unterart der Zwerg-Seeschwalbe.

ZÜGEL-SEESCHWALBE
Sterna anaethetus
F: Laridae
In tropischen und subtropischen Regionen ist diese Art mit weißer Blesse über den Augen verbreitet. Sie verbringt viel Zeit auf dem Meer.

ROSEN-SEESCHWALBE
Sterna dougallii
F: Laridae
Wie bei verwandten Seeschwalben verblasst der schwarze Oberkopf dieser Art im Winter. Der Zugvogel ist vor allem auf der Südhalbkugel verbreitet.

WEISSWANGEN-SEESCHWALBE
Sterna repressa
F: Laridae
Die am Roten Meer und Indischen Ozean verbreitete Art hat ein dunkleres Gefieder als andere graue Seeschwalben.

EIL-SEESCHWALBE
Sterna bergii
F: Laridae
Die in der Alten Welt verbreitete Art gehört zu einer Gruppe von Seeschwalben mit Hauben.

SCHWARZNACKEN-SEESCHWALBE
Sterna sumatrana
F: Laridae
Im Indischen und Pazifischen Ozean findet man diese Art. Sie nistet in kleinen Kolonien.

SCHWARZMANTEL-SCHERENSCHNABEL
Rynchops niger
F: Laridae
Bei Scherenschnäbeln ist der Unterschnabel länger als der Oberschnabel. Sie durchpflügen mit ihm die Wasseroberfläche. Diese Art lebt in Nord- und Südamerika.

NODDI-SEESCHWALBE
Anous stolidus
F: Laridae
Noddi-Seeschwalben sind dunkle oder weiße tropische Seeschwalben. Dies ist die größte Art. Sie ist weit verbreitet.

SÜDPOLAR-SKUA
Stercorarius maccormicki
F: Stercorariidae
Der große Vogel attackiert andere Seevögel. Er gehört zu den wenigen Watvögeln, die an den Küsten der Antarktis brüten.

SPATEL-RAUBMÖWE
Stercorarius pomarinus
F: Stercorariidae
Raubmöwen sind aggressive möwenähnliche Vögel. Diese arktische Art tötet und frisst andere Seevögel. Auch Menschen greift sie an, wenn sie sich ihrem Nest nähern.

SCHMAROTZER-RAUBMÖWE
Stercorarius parasiticus
F: Stercorariidae
Dies ist die häufigste arktische Raubmöwe. Wie viele ihrer Verwandten jagt sie anderen Vögeln die Beute ab.

FALKEN-RAUBMÖWE
Stercorarius longicaudus
F: Stercorariidae
Wie andere Arten ist das kleinste Mitglied der Raubmöwen ein Zugvogel. Er brütet in zirkumpolaren Regionen und überwintert weiter südlich.

TORDALK
Alca torda
F: Alcidae
Der im Nordatlantik vorkommende Tordalk hat eine weiße Linie auf dem Schnabel. Wie andere Alken legt er stark zugespitzte Eier, die nicht von Klippen rollen können.

SCHOPFALK
Aethia cristatella
F: Alcidae
Wie andere Alken ernährt sich diese Art aus dem nördlichen Pazifik von planktonischen Krebstieren. Die Vögel reiben ihr Gefieder bei der Balz mit einem nach Zitrus riechenden Sekret ein.

KRABBENTAUCHER
Alle alle
F: Alcidae
Der kleine Alk brütet auf arktischen Inseln und überwintert weiter südlich auf dem Meer. Er ernährt sich von Fischchen und Krebstieren.

MARMELALK
Brachyramphus marmoratus
F: Alcidae
In Nadelwäldern auf Bäumen nistet die amerikanische Art. Flügge Junge verlassen in der Nacht das Nest und machen sich zum Meer auf.

TAUBENTEISTE
Cepphus columba
F: Alcidae
Im Nordpazifik trifft man die Taubenteiste an, die an kaltes Klima angepasst ist. Sie kann keine wärmeren Gewässer passieren, um in den Süden zu ziehen.

GRYLLTEISTE
Cepphus grylle
F: Alcidae
Diese Art der Nordküsten Nordamerikas und Eurasiens brütet in kleineren Kolonien als andere Alken und verbringt den Winter vor allem an Land.

NASHORNALK
Cerorhinca monocerata
F: Alcidae
Dieser Papageitaucher-Verwandte nistet wie diese Vögel in Erdhöhlen. Altvögel haben zur Brutzeit ein »Horn« auf dem Schnabel, daher der Name.

PAPAGEITAUCHER
Fratercula arctica
F: Alcidae
Dieses kleine, im Nordatlantik verbreitete Mitglied der Familie der Alkenvögel nistet wie andere Lunde in Kolonien in Erdhöhlen.

GELBSCHOPFLUND
Fratercula cirrhata
F: Alcidae
Wie der verwandte Papageitaucher fängt der im Pazifik verbreitete Gelbschopflund kleine Fische. Er hält sie überkreuzt im Schnabel und kann viele zugleich transportieren.

TROTTELLUMME
Uria aalge
F: Alcidae
Das typische Mitglied der Familie der Alkenvögel brütet an den Küsten des Nordatlantiks und Pazifiks. Er überwintert auf dem Meer.

FLUGHÜHNER

Mit ihrem bräunlichen Gefieder sind diese Vögel in Wüstenlebensräumen getarnt. Sie sind gut an das Leben in dieser trockenen Umgebung angepasst.

Mit ihren rundlichen Körpern und den kurzen Beinen könnte man Flughühner für Hühnervögel halten, bis sie sich schnell und gewandt in die Luft erheben. Die Vögel der Ordnung Flughühner (Pteroclidiformes) trifft man in trockenen Regionen in Asien, Afrika, Madagaskar und Südeuropa an. Sie sind nicht mit den subarktischen Raufußhühnern verwandt, sondern stehen den Tauben näher.

Flughühner haben lange, spitze Flügel. Alle Arten tragen ein Tarngefieder, das am Rücken gefleckt ist. Auffällige Bänder schmücken Kopf, Brust und Bauch vieler Arten. Die geselligen Vögel sammeln sich am frühen Morgen und manchmal am Abend in Schwärmen, um zu Wasserlöchern zu fliegen, oft über weite Strecken. Sie ernähren sich ausschließlich von Sämereien.

WASSERTRANSPORT

Flughühner brüten während der Regenzeit, wenn die Samen reifen. Das Nest ist nichts weiter als eine flache Mulde im Boden. Beide Elternvögel brüten und kümmern sich um die Jungen. Die Männchen versorgen die Küken in den trockenen Brutgebieten mit Wasser. Wenn die männlichen Elternvögel ein Wasserloch besuchen, saugen sich ihre Bauchfedern mit Wasser voll. Sind sie zurück im Nest, saugen die Küken dieses Wasser aus dem Bauchgefieder des Elternvogels auf.

STAMM	CHORDATA
KLASSE	AVES
ORDNUNG	PTEROCLIDIFORMES
FAMILIEN	1
ARTEN	16

Nama-Flughühner trinken an einem Wasserloch. Wie alle Flughühner sammeln sie sich dort in großen Schwärmen.

STEPPENFLUGHUHN
Syrrhaptes paradoxus
F: Pteroclididae
Dies ist eine der beiden Flughuhn-Arten Zentralasiens. Die große Art hat befiederte Zehen, einen langen Schwanz und an jedem Flügel eine verlängerte Schwungfeder.

30–41 cm

beigebraun gebändertes Gefieder

langer, spitzer Schwanz

25–28 cm

schwarze und weiße Bänder (nur bei Männchen)

DOPPELBAND-FLUGHUHN
Pterocles bicinctus
F: Pteroclididae
In Savannen und offenen Wäldern im südlichen Afrika ist diese Art verbreitet. Wie bei vielen Flughühnern haben die Männchen auffällige Bänder auf der Brust.

BRAUNBAUCHFLUGHUHN
Pterocles exustus
F: Pteroclididae
Vom Senegal bis nach Kenia und östlich bis nach Indien ist diese Art verbreitet. Die Vögel offener Wüsten sammeln sich in riesigen Schwärmen.

31–33 cm

weiß gebänderte Flügel

27–30 cm

schwarzes Band auf der Brust

24–26 cm

KRONENFLUGHUHN
Pterocles coronatus
F: Pteroclididae
Dieses Flughuhn mit gelber Kehle kommt in steinigen Wüstengebieten von der Sahara bis nach Pakistan vor. Es erträgt hohe Temperaturen und sogar Brackwasser.

WELLENFLUGHUHN
Pterocles lichtensteinii
F: Pteroclididae
Der kleine Vogel ist weniger gesellig als andere Flughuhn-Arten. Er kommt in Buschland und Halbwüsten von Nord- und Ostafrika bis nach Pakistan vor.

TAUBENVÖGEL

Die erfolgreiche Gruppe Samen und Früchte fressender Vögel ist fast weltweit verbreitet. Nur in den kältesten Regionen trifft man keine Tauben an.

Nach den Papageienvögeln sind die Taubenvögel (Columbiformes) die größte Gruppe pflanzenfressender baumbewohnender Vögel. Anders als die Hakenschnäbel der Papageien, mit denen die Tiere große Nüsse knacken, sind Taubenschnäbel weniger robust. Die Vögel ernähren sich von kleineren Sämereien. Einige tropische Gruppen, wie die Fruchttauben der indopazifischen Region, sind spezialisierte Früchtefresser, die in der Kronenregion der Regenwälder leben.

Die meisten Vögel dieser Ordnung sind kurzbeinig und einige Arten verbringen die meiste Zeit auf dem Boden. Tauben sind die einzigen Vögel, die beim Trinken nicht den Kopf zurückwerfen. Sie können Wasser einsaugen und »in einem Zug« trinken. In trockenen Regionen verschafft ihnen dies einen Vorteil. In ihrem Kropf speichern sie Nahrung. Ihre Jungen füttern sie mit Kropfmilch, einem Sekret, das der Milch der Säugetiere ähnelt.

AUSGESTORBENE TAUBEN

Der Erfolg vieler Tauben-Arten hat mit der hohen Zahl ihrer Nachkommen zu tun. Dennoch sind einige Arten gefährdet und andere bereits ausgestorben. Im 17. Jahrhundert starb die flugunfähige Dronte aus, verantwortlich war der Mensch. Die Wandertaube, einst einer der häufigsten Vögel Nordamerikas, wurde im 19. Jahrhundert durch rücksichtslose Bejagung ausgerottet.

STAMM	CHORDATA
KLASSE	AVES
ORDNUNG	COLUMBIFORMES
FAMILIEN	2
ARTEN	321

STREITFRAGE

DIE DRONTE

Zur Mitte des 19. Jahrhunderts stellten Wissenschaftler die ausgestorbene Dronte von Mauritius in die Ordnung der Taubenvögel. Jüngere Untersuchungen weisen auf eine Verwandtschaft zur Kragentaube hin. Die Dronte war also tatsächlich eine Taube mit Vorfahren aus dem indopazifischen Raum.

TURTELTAUBE
Streptopelia turtur
F: Columbidae
Die in Afrika und Eurasien verbreiteten Turteltauben sind kleine Verwandte der Feldtauben der Gattung *Columba*. Viele von ihnen haben einen typisch gezeichneten Hals.

PALMTAUBE
Streptopelia senegalensis
F: Columbidae
In Dörfern und Oasen in Afrika und im südlichen Asien ist die Palmtaube häufig. Ihr Gesang erinnert an ein Kichern.

ROSABRUST-KUCKUCKSTAUBE
Macropygia amboinensis
F: Columbidae
Die Tauben der Gattung *Macropygia* sind kuckucksähnliche Vögel in Regenwäldern der indopazifischen Region. Diese Art ist auf den Molukken, in Neuguinea und Australien verbreitet.

KAPTÄUBCHEN
Oena capensis
F: Columbidae
Diese langschwänzige Art, die am Boden Nahrung sucht, ist von Afrika bis nach Madagaskar und Saudi-Arabien verbreitet.

GUINEA-TAUBE
Columba guinea
F: Columbidae
Diese große afrikanische Taube ist in offenem Gelände südlich der Sahara häufig. Die Vögel sammeln sich oft um Dörfer und Städte.

ROSENTAUBE
Nesoenus mayeri
F: Columbidae
Dieser seltene Vogel kommt nur auf Mauritius vor. Er war vom Aussterben bedroht. Dank eines Nachzuchtprogramms scheint die Art im Moment gerettet zu sein.

RINGELTAUBE
Columba palumbus
F: Columbidae
Diese große Taube ist im westlichen Eurasien in Wäldern und Agrarland häufig. Oft sieht man sie auch in Parks und Gärten.

FELSENTAUBE
Columba livia
F: Columbidae
Felsentauben brüten in freier Natur auf Klippen. Das natürliche Verbreitungsgebiet dieser Art sind bergige Regionen Europas und Asiens.

STRASSENTAUBE
Columba livia
F: Columbidae
In Städten auf der ganzen Welt sieht man die domestizierten Nachfahren der Felsentauben. Man findet sie in vielen Gefiederfärbungen und -mustern.

»

KRAGENTAUBE
Caloenas nicobarica
F: Columbidae

Diese Taube, die möglicherweise mit der ausgestorbenen Dronte von Mauritius verwandt ist, kommt von Malaysia bis Neuguinea vor.

INKATÄUBCHEN
Columbina inca
F: Columbidae

Das Inkatäubchen trifft man in trockenen Regionen vom Süden der USA bis nach Mittelamerika an. Die Art gehört zu einer Gruppe meist unscheinbar gefärbter amerikanischer Kleintauben.

DIAMANTTÄUBCHEN
Geopelia cuneata
F: Columbidae

Gruppen der kleinen, nomadischen Taube trifft man im trockenen Binnenland Australiens an. An Wasserlöchern sammeln sich die Vögel in großer Zahl.

WOMPU-FRUCHTTAUBE
Ptilinopus magnificus
F: Columbidae

Fruchttauben sind vielfarbige Verwandte der Imperialtauben (*Ducula* spec.). Diese große Art aus Neuguinea und Australien lebt in den Baumkronen des Regenwalds.

BLAURINGTAUBE
Leptotila verreauxi
F: Columbidae

In Mittel- und Südamerika ist diese tropische Verwandte der Carolina-Taube weit verbreitet. Man trifft sie nördlich bis Texas an.

BARTLETT-DOLCHSTICHTAUBE
Gallicolumba criniger
F: Columbidae

Die fünf Dolchstichtauben-Arten der Philippinen sind nach dem blutroten Fleck auf ihrer Brust benannt. Dieser Vogel lebt auf den südlichen Inseln des Archipels.

HOPFTAUBE
Gallicolumba tristigmata
F: Columbidae

Der terrestrische Vogel aus den Wäldern Sulawesis (Indonesien) ist mit den Dolchstichtauben der Philippinen verwandt, ebenso vielleicht mit Arten des trockenen Australiens.

CAROLINA-TAUBE
Zenaida macroura
F: Columbidae

In offenen Lebensräumen in Nord- und Mittelamerika und in der Karibik trifft man die langschwänzige Carolina-Taube an.

ZWEIFARBEN-FRUCHTTAUBE
Ducula bicolor
F: Columbidae

Imperialtauben oder Große Fruchttauben sind Früchte fressende Regenwaldvögel. Das weiße Gefieder dieser Art aus Südost-Asien und Australasien ist oft mit Resten ihrer Nahrung befleckt.

GRÜNFLÜGELTAUBE
Chalcophaps indica
F: Columbidae

Am Boden sucht diese grün schillernde Taube nach Früchten und Sämereien. Sie ist von Indien bis auf Inseln im südwestlichen Pazifik in Regenwäldern verbreitet.

HAUBEN-FRUCHTTAUBE
Lopholaimus antarcticus
F: Columbidae

Diese große greifvogelähnliche Taube des östlichen Australiens ist nach der Haube auf dem Oberkopf benannt.

BRONZE-FRUCHTTAUBE
Ducula aenea
F: Columbidae

In der Kronenregion der Regenwälder von Indien bis nach Südost-Asien kann man den tiefen Ruf dieser Taube hören, die vor allem Früchte frisst.

VICTORIA-KRONTAUBE
Goura victoria
F: Columbidae

Krontauben sind die größten Tauben. Dieser Vogel aus dem nördlichen Neuguinea hat anders als die Rotbrust-Krontaube eine Haube mit weißen Spitzen.

WONGA-TAUBE
Leucosarcia melanoleuca
F: Columbidae

Diese charakteristisch gefärbte Taube kommt nur im östlichen Australien vor. Sie bewohnt vom südlichen Queensland bis nach Victoria Wälder und Gebüsche.

FASANTAUBE
Otidiphaps nobilis
F: Columbidae

Jüngere Forschungen weisen darauf hin, dass diese bodenbewohnende Taube Neuguineas zur selben Gruppe wie die Krontauben und vielleicht die ausgestorbene Dronte gehört.

ROTBRUST-KRONTAUBE
Goura scheepmakeri
F: Columbidae

Diese Art lebt im südlichen Neuguinea in Wäldern. Sie hat einen blaugrauen Rücken, eine kastanienbraune Brust und eine spitzenartige Haube.

GLANZ-ERDTAUBE
Geotrygon chrysia
F: Columbidae

Amerikanische Erdtauben sind Waldvögel der amerikanischen Tropen. Diese schillernde Art kommt in der Karibik einschließlich der Bahamas vor.

ROTNASEN-GRÜNTAUBE
Treron calvus
F: Columbidae

Über 20 Arten der Gattung *Treron* leben in den tropischen Regionen Afrikas und Asiens. Diese Art ist südlich der Sahara weit verbreitet.

BRONZEFLÜGELTAUBE
Phaps chalcoptera
F: Columbidae

Die schnell fliegenden Tauben aus Australien suchen auf dem Boden nach Nahrung. Die schillernden Flecken auf den Flügeln fallen bei dieser Waldbewohnerin besonders groß aus.

ROTSCHOPFTAUBE
Geophaps plumifera
F: Columbidae

Diese australische Taube kommt in trockenen, felsigen Lebensräumen vor, die mit Spinifexgras bewachsen sind, in dem sie nistet.

AUSTRALISCHE SCHOPFTAUBE
Ocyphaps lophotes
F: Columbidae

Dies ist eine von mehreren australischen Tauben mit schillernden Flügelfeldern. Die Art ist in offenen Lebensräumen auf dem ganzen Kontinent weit verbreitet.

PAPAGEIEN UND KAKADUS

Die meisten Papageienvögel (Psittaciformes) leben in tropischen Wäldern. Zur Ordnung gehören vielfältige und oft sehr bunte Arten.

Das charakteristischste Merkmal eines Papageienvogels ist sein gekrümmter Schnabel. Ober- und Unterschnabel sind gelenkig mit dem Schädel verbunden. So können die Vögel nicht nur harte Samen und Nüsse knacken, sondern sich mit dem Schnabel auch festhalten, wenn sie in Bäumen klettern. Die Beine sind kräftig. Mit den Füßen mit zwei nach vorn und zwei nach hinten weisenden Zehen greifen die Vögel Nahrung und bearbeiten sie. Oft sind beide Geschlechter bunt gefärbt, die Farbe Grün herrscht vor. Sie kommt durch eine Kombination von gelbem Pigment und blauem Streulicht zustande, das aufgrund der Struktur der Federn entsteht. Bei den Kakadus Australasiens findet man diese Federstruktur nicht, deshalb fehlen die Grün- und Blautöne in ihren Federkleidern.

Die Papageienvögel Australasiens sind sehr vielfältig. Dies lässt darauf schließen, dass die Gruppe ihren Ursprung in diesem Teil der Welt hat. Die ursprünglichsten Papageienvögel, der Kea und der flugunfähige Kakapo, leben auf Neuseeland.

GESELLIGE VÖGEL

Papageienvögel sind gesellig und leben oft in großen Schwärmen. Fast alle Arten gehen enge Paarbindungen ein. Die intelligenten und aufgeweckten Vögel sind beliebte Haustiere. Leider sind wegen des internationalen Handels mit Haustieren viele Arten vom Aussterben bedroht.

STAMM	CHORDATA
KLASSE	AVES
ORDNUNG	PSITTACIFORMES
FAMILIEN	1
ARTEN	375

Dunkelrote Aras sammeln sich an einer Lehmlecke. Hier nehmen sie Natrium auf, denn in der Region sind Mineralien rar.

KEA
Nestor notabilis
F: Psittacidae
Der opportunistische Allesfresser, der in Gebirgen lebt, frisst Aas und erbeutet die Jungen von Sturmvögeln. Er gehört mit dem Kakapo zu einer alten neuseeländischen Papageien-Gruppe.

48 cm

grünes, gebändertes Gefieder

60 cm

kurzer Schwanz

KAKAPO
Strigops habroptila
F: Psittacidae
Der einzige flugunfähige Papagei ist nachtaktiv. Er lebt auf kleinen Inseln vor der Küste Neuseelands. Männchen locken mit nebelhornähnlichen Rufen Weibchen an.

36 cm

ROSAKAKADU
Eolophus roseicapilla
F: Psittacidae
Der einzige Kakadu mit rosafarbenem Hals und Bauch ist ein kleiner Verwandter der Weißkakadus. Er ist in Australien in Gebieten mit lichtem Baumbewuchs weit verbreitet.

13–15 cm

FRÜHLINGSPAPAGEI
Loriculus vernalis
F: Psittacidae
Fledermaus-Papageien sind in der indopazifischen Region verbreitet. Genetische Untersuchungen weisen aber auf nahe Verwandtschaft zu den afrikanischen Unzertrennlichen hin. Diese Art lebt in Indien und Thailand.

12–15 cm

♀ ♂

BLAUKRÖNCHEN
Loriculus galgulus
F: Psittacidae
Fledermaus-Papageien sind die einzigen Vögel, die im Schlaf kopfüber hängen. Viele haben wie dieser kleine Waldvogel Südost-Asiens einen kurzen Schwanz und ein vorwiegend grünes Gefieder.

49 cm

GELBHAUBENKAKADU
Cacatua galerita
F: Psittacidae
Weißkakadus sind kreischende Papageienvögel, deren Verbreitungsgebiet sich von Indonesien bis in den pazifischen Raum erstreckt. Diese Art kommt in Neuguinea und Australien vor.

50–61 cm

ROTSCHWANZ-RABENKAKADU
Calyptorhynchus banksii
F: Psittacidae
Dies ist einer von mehreren australischen schwarzen Kakadus mit bunten Schwanzbinden. Der Ruf der Art ist typisch klagend.

NYMPHENSITTICH
Nymphicus hollandicus
F: Psittacidae

Der Nymphensittich ist im trockenen Binnenland Australiens verbreitet. Die Art ähnelt einem Sittich. DNA-Analysen zufolge ist sie aber ein kleiner Kakadu.

GELBMANTELLORI
Lorius garrulus
F: Psittacidae

Diese Art der Molukken gehört zu einer Gruppe grünflügeliger roter Loris, die auf Neuguinea und Inseln in der weiteren Region vorkommen.

WEISSBÜRZELLORI
Pseudeos fuscata
F: Psittacidae

Die braun-scheckige Färbung dieser Art ist für Loris einzigartig. Die Art kommt in Neuguinea und auf nahe gelegenen Inseln vor.

BLAUOHRLORI
Eos cyanogenia
F: Psittacidae

Die Loris der Gattung *Eos* sind rot und violett gefärbte indonesische Vögel. Dies ist die Art mit der östlichsten Verbreitung. Man findet sie nur in der Geelvink-Bay-Region in Neuguinea.

GELBKOPFLORI
Trichoglossus euteles
F: Psittacidae

Dieser langschwänzige Verwandte des Allfarbloris kommt auf der Insel Timor vor. Sein Gefieder ist wie bei vielen Papageienvögeln leuchtend grün.

BUNTLORI
Psitteuteles versicolor
F: Psittacidae

Der kleine Lori ist in Wäldern im Norden Australiens verbreitet. Er nistet in Höhlen in Eukalyptus-Bäumen, so wie viele andere Papageien in diesen Lebensräumen.

ALLFARBLORI
Trichoglossus haematodus
F: Psittacidae

Die variable Art trifft man in vielen Lebensräumen mit nektarreichen Blüten an. Ihr Verbreitungsgebiet umfasst weite Teile Australasiens und die Inseln im südwestlichen Pazifik.

KÖNIGSSITTICH
Alisterus scapularis
F: Psittacidae

Königssittiche sind Regenwaldvögel des tropischen Australasiens. Es gibt eine evolutionäre Verbindung zu asiatischen Sittichen. Diese Art ist im östlichen Australien verbreitet.

EDELPAPAGEI
Eclectus roratus
F: Psittacidae

Männchen und Weibchen dieser Art sehen so unterschiedlich aus, dass man sie früher für verschiedene Arten hielt. Man findet sie in Regenwäldern im tropischen Australasien.

WELLENSITTICH
Melopsittacus undulatus
F: Psittacidae

Die kleinen Vögel sind mit den Nektar trinkenden Loris verwandt. Sie leben nomadisch in trockenen Regionen Australiens. Sie sammeln sich in Schwärmen an Wasserlöchern.

ZIEGENSITTICH
Cyanoramphus novaezelandiae
F: Psittacidae

Kleine Sittiche mit bunter Stirn haben sich im südwestlichen Pazifik entwickelt. Diese Art ist die einzige, die auf Neuseeland vorkommt.

RINGSITTICH
Barnardius zonarius
F: Psittacidae

Nach seinem gelben Nackenring ist dieser australische Vogel benannt. Es gibt Formen mit schwarzem und grünem Kopf. In Wäldern ist die Art weit verbreitet.

»

FÄCHERPAPAGEI
Deroptyus accipitrinus
F: Psittacidae
Wahrscheinlich ist dieser südamerikanische Papagei näher mit den Aras als mit anderen kurzschwänzigen Papageien verwandt. Bei Erregung stellt er seinen roten Kragen auf.

SCHÖNSITTICH
Neophema pulchella
F: Psittacidae
Dieses Mitglied einer australischen Gruppe kleiner grüner Grassittiche kommt in offenen Wäldern im Südosten des Kontinents vor.

HALSBANDSITTICH
Psittacula krameri
F: Psittacidae
Diesen am weitesten verbreiteten asiatischen Sittich trifft man westlich bis nach Nordafrika an. In Europa leben Populationen verwilderter Gefangenschafts-Flüchtlinge.

MASKENSITTICH
Prosopeia personata
F: Psittacidae
Nur auf den Fidschi-Inseln kommt dieser Sittich mit zwei verwandten Arten vor. Weil die Wälder in seinem Heimatgebiet schrumpfen, wird er seltener.

ROSELLA-SITTICH
Platycercus eximius
F: Psittacidae
Rosella-Sittiche sind variabel gefärbte Vögel, die in Australien und auf den pazifischen Inseln der Region verbreitet sind.

ALEXANDRA-SITTICH
Polytelis alexandrae
F: Psittacidae
Die nomadischen Vögel aus dem Zentrum Australiens folgen Wasserläufen. Sie brüten oft in kleinen Kolonien in Eukalyptus-Bäumen.

SCHILDSITTICH
Polytelis swainsonii
F: Psittacidae
Zu einer Gruppe langschwänziger Papageien gehört dieser Vogel aus dem Südosten Australiens. Er brütet in Eukalyptus-Wäldern. Die Population schrumpft schnell.

GRAUPAPAGEI
Psittacus erithacus
F: Psittacidae
Der in afrikanischen Regenwäldern heimische Papagei ist sehr intelligent und ahmt Sprache hervorragend nach. Deshalb gelangen leider noch immer Wildfänge in den Tierhandel.

SCHWARZKÖPFCHEN
Agapornis personatus
F: Psittacidae
Die Art aus Tansania zählt zu den Unzertrennlichen – kleinen afrikanischen Papageienvögel, die in kleinen Schwärmen leben. Anders als die meisten Papageien baut dieser ein überdachtes Nest in einer Baumhöhle.

ROSENKÖPFCHEN
Agapornis roseicollis
F: Psittacidae
Dieser sehr gesellige Unzertrennliche bewohnt trockene Wälder und Halbwüsten im Südwesten Afrikas. Die Vögel sammeln sich bei Wasserstellen.

KAP-PAPAGEI
Poicephalus robustus
F: Psittacidae
Das größte Mitglied einer Gruppe v. a. grüngrauer afrikanischer Papageien kommt in Wäldern von Gambia bis zum Kap der Guten Hoffnung vor.

GELBBRUST-ARA
Ara ararauna
F: Psittacidae

Aras sind große, langschwänzige Papageienvögel mit spärlich befiederten Gesichtspartien. Dies ist eine der beiden blau-gelben Arten. Sie kommt im nördlichen Südamerika vor.

BLAUSTIRN-AMAZONE
Amazona aestiva
F: Psittacidae

Dieses Mitglied einer großen Gruppe vorwiegend grüner Papageien kommt in offenen Wäldern im östlichen Zentrum Südamerikas vor.

KÖNIGS-AMAZONE
Amazona guildingii
F: Psittacidae

Mehrere karibische Papageien der Gattung *Amazona* sind vom Aussterben bedroht. Diese Art versucht man mit einem Nachzuchtprogramm auf ihrer Heimatinsel St. Vincent zu retten.

ROTOHR-ARA
Ara rubrogenys
F: Psittacidae

Nur im trockenen Buschland im Zentrum Boliviens kommt dieser kleine Ara vor. Die kleinen Populationen sind wegen Lebensraum-Zerstörung und Tourismus bedroht.

HELLROTER ARA
Ara macao
F: Psittacidae

Wie alle Aras hat dieser laute Vogel einen mächtigen Schnabel, mit dem er Nüsse knackt. Er sammelt sich in Schwärmen und ist vom Süden Mexikos bis nach Brasilien verbreitet.

SCHWARZOHRPAPAGEI
Pionus menstruus
F: Psittacidae

Der Verwandte der *Amazona*-Arten ist ein kleiner Papagei, der in Tieflandwäldern von Costa Rica bis Bolivien häufig ist.

BLAUGENICK-SPERLINGSPAPAGEI
Forpus coelestis
F: Psittacidae

Sperlingspagageien sind kleine amerikanische Papageien. Nur die Spechtpapageien Neuguineas sind kleiner. Die Art kommt in Ecuador und Peru vor.

HYAZINTH-ARA
Anodorhynchus hyacinthinus
F: Psittacidae

Dieser große brasilianische Ara hat nur einen unbefiederten Augenring, ähnlich wie die verwandten *Aratinga*-Arten. Andere Aras haben größere kahle Gesichtspartien.

JENDAYA-SITTICH
Aratinga jandaya
F: Psittacidae

Aratinga ist eine Gattung vorwiegend grüner »Mini-Aras« aus dem nordöstlichen Brasilien. Einige haben ausgedehnte goldgelbe Gefiederpartien.

FELSENSITTICH
Cyanoliseus patagonus
F: Psittacidae

Diese Ara-Verwandten aus Patagonien brüten in Kolonien in Röhren in Erdböschungen. Die meisten Paare binden sich treu aneinander.

KANARIENFLÜGEL-SITTICH
Brotogeris chiriri
F: Psittacidae

Diese Art stammt aus dem Zentrum Südamerikas. Entflogene Käfigvögel haben in wärmeren Teilen der USA verwilderte Populationen gebildet.

MÖNCHSSITTICH
Myiopsitta monachus
F: Psittacidae

In gemäßigten Regionen Südamerikas lebt dieser Koloniebrüter. Er ist der einzige Papagei, der ein Nest aus Ästen baut, oft ein großes Gemeinschaftsnest.

BRAUNOHRSITTICH
Pyrrhura frontalis
F: Psittacidae

Die Gattun *Pyrrhula* ist mit der Gattung *Aratinga* verwandt. Die Vögel haben auffällige rotbraune oder rote Flecken, wie diese Art aus dem östlichen Südamerika.

KUCKUCKE, HOATZIN UND TURAKOS

Zu dieser Ordnung gehören die Kuckucke, meist unauffällig braun und grau gefärbte Vögel, der Hoatzin und die auffällig bunten Turakos.

Alle Mitglieder der Ordnung Kuckucksvögel (Cuculiformes) haben zwei nach vorn und zwei nach hinten weisende Zehen. Die ursprünglichsten Kuckucke sind untersetzte amerikanische Vögel, die in Bodennähe Nahrung suchen. Der Wegekuckuck hat diese Lebensweise auf die Spitze getrieben. Nicht alle Kuckuck-Arten legen ihre Eier in die Nester anderer Vögel. Fast alle bodenlebenden Kuckucke bauen Nester und ziehen ihre Jungen selbst groß, und auch viele ihrer Verwandten der Alten Welt, wie die tropischen Sporn- und Seidenkuckucke, tun dies. Kuckucke, die ihre Eier in die Nester anderer Vögel legen, nennt man Brutparasiten. Dieses Verhalten hat sich bemerkenswerterweise bei den altweltlichen Kuckucken zweimal unabhängig voneinander entwickelt. Die Jungen der Gattung *Clamator* wachsen so schnell, dass die Jungen ihrer Zieheltern neben ihnen verhungern. Die einer anderen Linie, darunter der in Eurasien verbreitete Kuckuck, werfen Eier und Junge ihrer Wirte aktiv aus dem Nest.

ENTFERNTE VERWANDTE

Turakos sind wahrscheinlich entfernte Verwandte der Kuckucke. Die Fruchtfresser kommen nur in Afrika vor. Sie haben mehrere Merkmale mit den Kuckucken gemein, wie den Bau ihrer Füße. Wie der ausschließlich Blätter fressende Hoatzin mit der Gruppe verwandt ist, gilt als nicht ganz sicher.

STAMM	CHORDATA
KLASSE	AVES
ORDNUNG	CUCULIFORMES
FAMILIEN	3
ARTEN	170

STREITFRAGE

RÄTSELHAFTER HOATZIN

Einige Merkmale dieses Vogels, wie die kräftigen Füße, erinnern an Hühnervögel. Der Hoatzin teilt aber auch mit den Kuckucken Merkmale, und DNA-Untersuchungen schienen diese Verwandtschaft zu bestätigen. In jüngerer Zeit wurde die Theorie angezweifelt und der Hoatzin in eine eigene Gruppe gestellt.

HOATZIN
Opisthocomus hoazin
F: Opisthocomidae
Die systematische Stellung dieses Vogels, der in Auwäldern in Südamerika lebt, ist unklar. Die Jungen des Pflanzenfressers haben Krallen an den Flügeln, die sie beim Klettern im Geäst einsetzen.

ROSSTURAKO
Musophaga rossae
F: Musophagidae
Der zweitgrößte Turako hat eine aufrechte rote Haube. Er ist das ostafrikanische Gegenstück zum Schildturako.

SCHILDTURAKO
Musophaga violacea
F: Musophagidae
Diese Art, eine der beiden Turakos mit glänzend violettem Gefieder, ist in Wäldern West- und Zentralafrikas verbreitet.

NACKTKEHL-LÄRMVOGEL
Corythaixoides personatus
F: Musophagidae
Wie andere Lärmvögel trifft man diese ostafrikanische Art in Baumsavannen an. Bei Erregung stellen die Vögel die Haube auf.

GRAUER LÄRMVOGEL
Corythaixoides concolor
F: Musophagidae
Die südafrikanische Art ist ein typischer Lärmvogel mit spitzer, zerzauster Haube.

RIESENTURAKO
Corythaeola cristata
F: Musophagidae
Dieser Turako mit fächerförmiger Haube aus West- und Zentralafrika ist das größte Mitglied der Familie der Turakos.

BINDENLÄRMVOGEL
Crinifer zonurus
F: Musophagidae
Wie alle Lärmvögel ist diese Art unauffällig gefärbt. Man trifft sie in Ostafrika an.

RUSPOLI-TURAKO
Tauraco ruspolii
F: Musophagidae
Ein sehr begrenztes Verbreitungsgebiet hat dieser Turako mit weißer Haube: Er kommt nur in Wäldern im südlichen Äthiopien vor.

ROTHAUBENTURAKO
Tauraco erythrolophus
F: Musophagidae
Der Vogel aus Angola ist einer der wenigen Turakos mit roter Haube. Dieses Pigment kommt möglicherweise nur bei Turakos vor.

HARTLAUBTURAKO
Tauraco hartlaubi
F: Musophagidae
In Wäldern im Hochland Ostafrikas kann man diesen Helmturako mit blauer Haube beobachten.

GUINEA-TURAKO
Tauraco persa
F: Musophagidae
Dieser Turako ist die am weitesten verbreitete Art einer Gruppe von Helmturakos mit weinroten Schwungfedern. Man findet ihn vom Senegal bis nach Angola.

FEDERHELMTURAKO
Tauraco corythaix
F: Musophagidae
Der südafrikanische Verwandte des Guinea-Turako hat ebenfalls weiße Streifen um die Augen. Seine Haube weist jedoch eine weiße Spitze auf.

JAKOBINER-KUCKUCK
Clamator jacobinus
F: Cuculidae
Zur Gattung *Clamator* gehören Vögel der Alten Welt mit großer Haube. Einige fressen wie diese tropische Art aus Afrika und Asien behaarte Schmetterlingsraupen, die von anderen Tieren gemieden werden.

HÄHERKUCKUCK
Clamator glandarius
F: Cuculidae
Der in Europa und Afrika verbreitete Kuckuck legt seine Eier in die Nester von Elstern. Wie die anderen *Clamator*-Arten werfen die Jungen den Nachwuchs der Wirte nicht aus dem Nest.

KLAASKUCKUCK
Chrysococcyx klaas
F: Cuculidae
Eng mit dem Goldkuckuck ist dieser kleine afrikanische Kuckuck verwandt. Er hat keine weißen Flecken auf den Flügeln wie dieser.

GOLDKUCKUCK
Chrysococcyx caprius
F: Cuculidae
Das afrikanische Mitglied einer Gruppe kleiner bronzefarben schimmernder tropischer Kuckucke legt seine Eier in die Nester von Webervögeln.

FÄCHERSCHWANZ-KUCKUCK
Cacomantis flabelliformis
F: Cuculidae
In Wäldern in Australasien kommt dieser Kuckuck vor. Er ist einer der wenigen Kuckucke auf pazifischen Inseln und der einzige, der auf den Fidschi-Inseln lebt.

BUSCHKUCKUCK
Cacomantis variolosus
F: Cuculidae
Die Art ist mit den asiatischen *Cacomantis*-Arten verwandt. Sie brütet im südlichen Asien. Populationen der Bergregionen ziehen im Winter ins wärmere Tiefland.

HOPFKUCKUCK
Cuculus saturatus
F: Cuculidae
Die Art aus Asien und Australien ist ein typisches Mitglied einer Gruppe Kuckucke der Alten Welt, die Sperbern ähneln. Vielleicht hilft dies dabei, Wirtsvögel von ihren Nestern aufzuscheuchen.

GRAUBAUCH-KUCKUCK
Cacomantis passerinus
F: Cuculidae
Von der Malaiischen Halbinsel bis Australien findet man diese Art, eine von vielen im indopazifischen Raum verbreiteten *Cacomantis*-Arten, die nah mit Gattung *Cuculus* verwandt sind.

BLASSKUCKUCK
Cuculus pallidus
F: Cuculidae
Viele Kuckucke der Alten Welt haben ein gebändertes Gefieder. Bei einigen, wie bei dieser australischen Art, ist die Bänderung nur bei Jungvögeln ausgebildet.

KUCKUCK
Cuculus canorus
F: Cuculidae
Die in Eurasien weit verbreitete Art überwintert in Afrika und Südasien. Sie ist nach ihrem wohlbekannen Ruf benannt.

»

» KUCKUCKE, HOATZIN UND TURAKOS

GELBSCHNABEL-KUCKUCK
Coccyzus americanus
F: Cuculidae
Diese Art gehört zu einer Gruppe amerikanischer baumbewohnender Kuckucke mit braunem Gefieder und weiß gefleckten Schwänzen.

SCHWARZBAUCH-KUCKUCK
Piaya melanogaster
F: Cuculidae
Wie andere amerikanische baumbewohnende Kuckucke baut diese Art ihre eigenen Nester und zieht ihre Jungen selbst groß. Man trifft sie von Kolumbien bis nach Bolivien an.

RIESEN-SEIDENKUCKUCK
Coua gigas
F: Cuculidae
Die bodenbewohnenden Seidenkuckucke Madagaskars haben blaue Hautpartien im Gesicht. Diese Art lebt in trockenen Küstenwäldern.

GUIRA-KUCKUCK
Guira guira
F: Cuculidae
Dieser struppig aussehende Vogel gehört mit den Anis zu den südamerikanischen Madenkuckucken. Die Vögel nisten in Gruppen in Bäumen.

SPORNKUCKUCK
Centropus sinensis
F: Cuculidae
Wie alle Spornkuckucke ist diese südasiatische Art ein Vogel mit kräftigen Beinen und langer gerader hinterer Fußkralle.

FASANENKUCKUCK
Dromococcyx phasianellus
F: Cuculidae
Im tropischen Südamerika lebt dieser Erdkuckuck auf dem Waldboden. Dort legt er seine Eier in die Nester kleinerer Sperlingsvögel.

FASAN-SPORNKUCKUCK
Centropus phasianinus
F: Cuculidae
Vor allem die Männchen kümmern sich bei Spornkuckucken um die Jungen. Diese in Australasien verbreitete Art hat zur Brutsaison einen schwarzen Körper und baut napfförmige Nester im Gras.

PFAUEN-KUCKUCK
Dromococcyx pavoninus
F: Cuculidae
Der kleinere Verwandte des Fasanenkuckucks ist im tropischen Südamerika verbreitet. Er erbeutet auf dem Boden Wirbellose.

RIEFENSCHNABEL-ANI
Crotophaga sulcirostris
F: Cuculidae
Dieser Ani ist von Kalifornien bis Argentinien verbreitet. Die Vögel nisten in Gruppen. Sie sind keine wendigen Flieger, aber schnelle Läufer.

RENAULDKUCKUCK
Carpococcyx renauldi
F: Cuculidae
Dies ist eine von drei Arten von asiatischen Laufkuckucken, die mit den Seidenkuckucken Madagaskars verwandt sind. Dieser Vogel lebt in Regenwäldern in Südost-Asien.

WEGEKUCKUCK
Geococcyx californianus
F: Cuculidae
Am Boden jagt dieser schnelle Läufer seine Beute. Der Wegekuckuck lebt in Wüsten und nistet in Kakteen. Er ist von den USA bis nach Mexiko verbreitet.

INDISCHER KOEL
Eudynamys scolopaceus
F: Cuculidae
Von Asien bis Australasien trifft man diesen tropischen Brutparasiten an, der Früchte frisst. Die Männchen sind schwarz, die Weibchen graubraun.

EULEN

Mit Augen, Gehör und lautlosem Flug sind Eulen (Strigiformes) hervorragend an das Jagen in der Nacht angepasst. Nur einige Arten jagen auch tagsüber.

Obwohl Eulen nicht mit den Greifvögeln verwandt sind, haben auch sie Hakenschnäbel und kräftige Krallen. Die meisten Arten sind unauffällig gefärbt und am Tag, wenn sie ruhen, gut getarnt. Schleiereulen haben einen herzförmigen Gesichtsschleier. Eulen mit rundem Gesichtsschleier sind typischer. Dieser Familie gehören vielfältige Arten an, von winzigen Käuzen hin zu den eindrucksvollen Uhus.

AUGEN UND GEHÖR

Alle Eulen haben große, nach vorn weisende Augen, die viel Licht einfangen. Die Vögel sehen deshalb in der Dämmerung gut. Mit ihrem binokularen Gesichtsfeld können sie die Entfernung präzise einschätzen, wenn sie angreifen. Die Augen sind aber nicht beweglich, deshalb muss die Eule den Kopf drehen, um ihre Beute im Blick zu behalten. Der lange, bewegliche Hals, der unter dem Federkleid verborgen ist, macht dies möglich. Eulen hören außerdem hervorragend. Dazu trägt der Gesichtsschleier bei, der Geräusche zu den großen Ohröffnungen leitet. Eine Eule kann ihre Beute anhand der Geräusche sehr genau lokalisieren. Bei den meisten nachtaktiven Arten sitzt eine Ohröffnung etwas höher, sodass die Vögel auch die Höhe genau einschätzen können, aus der die Geräusche kommen.

LEISE JÄGER

Eulen stoßen auf ihre Beute herab und strecken die Fänge vor, um sie zu packen. Sie nähern sich fast lautlos, denn sie schlagen selten mit ihren großen, runden Flügeln. Die Ränder der Schwungfedern sind weich und fein gezähnt, sodass die Flügelschläge fast lautlos sind. Einige tagaktive Arten haben keine gezähnten Schwungfederränder. Die meisten Eulen erbeuten kleine Säugetiere wie Mäuse und Wühlmäuse, einige Käuze zudem große Insekten. Eine Handvoll Arten sind auf Fische spezialisiert. Eine Eule zerteilt größere Beutetiere mit ihrem Hakenschnabel, kleinere verschlingt sie im Ganzen. Die unverdaulichen Teile der Mahlzeit, wie Knochen und Fell, werden später als Gewölle ausgewürgt.

STAMM	CHORDATA
KLASSE	AVES
ORDNUNG	STRIGIFORMES
FAMILIEN	2
ARTEN	202

STREITFRAGE

KREISCHEULEN

Der Gattung *Otus* gehören über 60 Arten an. In ihren Waldlebensräumen erkennt man diese kleinen Vögel mit Tarngefieder am zuverlässigsten an ihrem Ruf. Man kann die *Otus*-Eulen in zwei Gruppen einteilen: Die Zwergohreulen der Alten Welt rufen tiefer. Bei den amerikanischen Kreischeulen sind die Rufe schneller, trillernder und schriller. Einige Ornithologen stellen die Kreischeulen deshalb in die getrennte Gattung *Megascops*. Jüngere Forschungen scheinen diese Abtrennung aufgrund von DNA-Unterschieden zu untermauern.

SCHLEIEREULE
Tyto alba
F: Tytonidae
Die Schleiereule ist die Eule mit der weitesten Verbreitung. Sie kommt weltweit mit Ausnahme von Wüsten und Polargebieten vor. Ihr unheimlicher Schrei ist berüchtigt.

HISPANIOLA-SCHLEIEREULE
Tyto glaucops
F: Tytonidae
Nur auf der karibischen Insel Hispaniola lebt diese Eule in trockenen Wäldern. Sie ist gefährdet, denn sie wird von der kräftigeren Schleiereule verdrängt.

ZWERGOHREULE
Otus scops
F: Strigidae
Die kleine, flinke Eule aus dem westlichen Eurasien ist eine typische Art der Alten Welt mit Federohren. Sie nistet in Höhlen in Bäumen oder Gebäuden.

rotbrauner Körper

22–24 cm

MADAGASKAR-ZWERGOHREULE
Otus rutilus
F: Strigidae
Nur in bewaldeten Gebieten in Madagaskar kommt diese Eule vor. Die meisten Vögel sind grau, die selteneren rötlichen Formen trifft man nur in Regenwäldern an.

19–25 cm

WESTKREISCHEULE
Otus kennicottii
F: Strigidae
Diese im westlichen Nordamerika häufige Art bevorzugt bewaldete Gebiete in Flussnähe. Man trifft sie aber auch in Parks und Städten an.

OSTKREISCHEULE
Otus asio
F: Strigidae
Im östlichen Nordamerika ist diese Eule weit verbreitet. Es gibt graue und rötliche Formen. Die rötlichen Vögel kommen weiter im Osten vor.

»

Gesichts-schleier mit konzentrischen Ringen

65–70 cm

BARTKAUZ
Strix nebulosa
F: Strigidae
In zirkumpolaren Regionen in Nadelwäldern ist der große Bartkauz verbreitet. Er jagt manchmal tagsüber. Seine Beutetiere sind große Nager und Vögel.

47–53 cm

MALAIENKAUZ
Strix leptogrammica
F: Strigidae
Diese Eule bewohnt tropische Tieflandwälder in Indien und Südost-Asien. Man entdeckt sie selten, kann sie aber an ihrem charakteristischen Ruf erkennen.

60–62 cm

Gesichts-schleier

hellgraues, braun gestricheltes Gefieder

HABICHTSKAUZ
Strix uralensis
F: Strigidae
Dieser Verwandte des Bartkauzes ist eine eurasische Art, die in Laub- und Nadelwäldern vorkommt, manchmal auch in Städten.

37–39 cm

WALDKAUZ
Strix aluco
F: Strigidae
In ganz Eurasien kommt der Waldkauz in mit Bäumen bestandenem Agrarland, städtischen Gebieten und Gärten vor.

43–50 cm

STREIFENKAUZ
Strix varia
F: Strigidae
Im östlichen Nordamerika ist dieser große Kauz heimisch. Die aggressive Art breitet sich nach Westen aus und verdrängt den kleineren Fleckenkauz.

47–48 cm

FLECKENKAUZ
Strix occidentalis
F: Strigidae
Im westlichen Nordamerika lebt dieser Kauz in alten Nadelwäldern, wo er Gleithörnchen und kleinere Beute jagt.

25–28 cm

SALVIN-KREISCHEULE
Otus ingens
F: Strigidae
Dieser kaum erforschte Vogel aus feuchten Bergwäldern im nördlichen Südamerika ist größer als viele Kreischeulen und hat kleinere Federohren.

21–25 cm

CHOLIBA-KREISCHEULE
Otus choliba
F: Strigidae
Von Costa Rica bis nach Argentinien kommt die am weitesten verbreitete Kreischeule vor. Es gibt braune und graue Formen.

45–50 cm

WÜSTENUHU
Bubo ascalaphus
F: Strigidae
Der Wüstenuhu kommt in der Sahara vor. Die Art ist ein kleiner, hellerer und langbeinigerer Verwandter des Uhus.

60–75 cm

UHU
Bubo bubo
F: Strigidae
Der Uhu, eine der größten Eulen, ist in ganz Eurasien verbreitet. Er jagt Beutetiere bis zur Größe von Rehkitzen.

stark gebänderter Bauch

46–68 cm

VIRGINIA-UHU
Bubo virginianus
F: Strigidae
Die am weitesten verbreitete amerikanische Eule findet man von Alaska bis Argentinien in sehr vielfältigen Lebensräumen.

22–23 cm

SCHWARZKAPPEN-KREISCHEULE
Otus atricapilla
F: Strigidae
In den Wäldern Nord- und Südamerikas haben sich die verschiedenen Kreischeulen entwickelt. Viele tragen auffällige Federohren. Diese Art lebt in Zentral- und Südbrasilien.

66–75 cm

MILCHUHU
Bubo lacteus
F: Strigidae
Dies ist die größte afrikanische Eule. Im Süden der Sahara ist sie verbreitet. Zum breiten Beutespektrum gehören Schliefer und Perlhühner.

SÜDLICHE WEISS-GESICHTSEULE
Ptilopsis granti
F: Strigidae
Wie viele Eulen brütet dieser Vogel in Afrika südlich der Sahara in den Nestern anderer Vögel.

STREIFENOHREULE
Pseudoscops clamator
F: Strigidae
Die südamerikanische Eule lebt in offenen, sumpfigen Lebensräumen und nistet in der Bodenvegetation in Baumlöchern.

SPERBEREULE
Surnia ulula
F: Strigidae
Diese Verwandte der Sperlingskäuze findet man in Wäldern der Subarktis. Mit ihrem kleinen Kopf, dem langen Schwanz und der tagaktiven Lebensweise ähnelt sie einem Sperber.

ELFENKAUZ
Micrathene whitneyi
F: Strigidae
Wie andere Insektenfresser ist die kleine Eule mexikanischer Wüsten nicht auf einen lautlosen Flug angewiesen. Sie hat keine gezähnten Schwungfederränder, die die Fluggeräusche dämpfen.

BRILLENKAUZ
Pulsatrix perspicillata
F: Strigidae
Dies ist eine charakteristische Art mittel- und südamerikanischer Wälder. Die Jungen sind weiß mit schwarzem Gesicht.

SCHNEE-EULE
Nyctea scandiaca
F: Strigidae
Die große, arktisch verbreitete Schneeeule brütet in der offenen Tundra am Boden. Sie erbeutet Lemminge und Moorschneehühner.

ZWERG-SPERLINGSKAUZ
Glaucidium minutissimum
F: Strigidae
Wie verwandte kleine Eulen ist dieser Vogel aus Paraguay und dem Südosten Brasiliens am Tag und in der Nacht aktiv.

GNOMEN-SPERLINGSKAUZ
Glaucidium gnoma
F: Strigidae
Sperlingskäuze greifen oft furchtlos Beute an, die größer ist als sie selbst. Der kleine Kauz aus dem westlichen Nordamerika attackiert manchmal Raufußhühner.

BRASIL-SPERLINGSKAUZ
Glaucidium brasilianum
F: Strigidae
Die amerikanische Art hat hinten am Kopf Augenflecken, die Angreifer verwirren. Bei Erregung zuckt sie mit dem Schwanz.

KUBA-SPERLINGSKAUZ
Glaucidium siju
F: Strigidae
Viele Eulen nisten in Löchern in morschen Bäumen. Sperlingskäuze wählen Spechthöhlen. Diese Art kommt nur auf Kuba vor.

SUNDA-FISCHUHU
Ketupa ketupu
F: Strigidae
Dieser südostasiatische Uhu erbeutet mit seinen langen Krallen im Wasser Fische und andere Tiere.

»

RAUFUSSKAUZ
Aegolius funereus
F: Strigidae
Dieser Kauz der nördlichen zirkumpolaren Wälder ist daran angepasst, kleine Säugetiere unter der Schneedecke aufzufinden. Er jagt tagsüber.

SÄGEKAUZ
Aegolius acadicus
F: Strigidae
Der nahe Verwandte des Raufußkauzes kommt nur in Nordamerika vor, wo er vor allem kleine Nagetiere jagt.

WALDOHREULE
Asio otus
F: Strigidae
In Wäldern und Heidegebieten in weiten Teilen der Nordhalbkugel ist die Waldohreule verbreitet. Sie kann ihre langen Federohren anlegen.

SUMPFOHREULE
Asio flammeus
F: Strigidae
Die Sumpfohreule lebt in Nord- und Südamerika, Eurasien und Nordafrika und sogar auf vielen pazifischen Inseln in offenem Gelände.

STEINKAUZ
Athene noctua
F: Strigidae
Der Steinkauz ist in Eurasien und Nordafrika verbreitet. Er jagt nachts, manchmal auch am Tag, Wirbellose und kleine Wirbeltiere in offenen Wäldern, Agrarland und Halbwüsten.

KANINCHENKAUZ
Athene cunicularia
F: Strigidae
In Grasländern und Wüsten in Nord- und Südamerika kommt diese langbeinige Eule vor, die teilweise tagaktiv ist. Sie nistet in Bauen von Präriehunden und anderen Tieren.

BINDENHALSKAUZ
Ciccaba nigrolineata
F: Strigidae
Diese gebänderte Eule dichter tropischer Wälder ist nah mit der Gattung *Strix* verwandt. Sie ist von Mexiko bis nach Ecuador verbreitet.

KLÄFFERKAUZ
Ninox connivens
F: Strigidae
Von den indonesischen Molukken bis nach Australien ist dieser Kauz verbreitet, der nach seinem bellenden Ruf benannt ist.

NEUSEELAND-KUCKUCKSKAUZ
Ninox novaeseelandiae
F: Strigidae
Der Vogel hat große gelbe Augen, was typisch für die Buschkäuze Australasiens ist. Die Männchen sind ungewöhnlicherweise größer als die Weibchen.

BINDENFISCHEULE
Scotopelia peli
F: Strigidae
Diese afrikanische Eule jagt in Flusswäldern von niedrigen Ansitzen aus in langsam fließenden Gewässern. Sie erbeutet vor allem Fische, aber auch Krabben und Frösche.

NACHTSCHWALBEN UND SCHWALME

Alle Nachtschwalben und ihre Verwandten sind nachtaktiv. Die meisten sind Insektenfresser und fangen ihre Beute mit ihrem breiten Schnabel im Flug.

Diese Vögel jagen in der Nacht und sind am Tag mit ihrem Tarngefieder kaum zu entdecken. Sie ähneln in dieser Hinsicht den Eulen und einige Ornithologen nahmen eine Verwandtschaft beider Gruppen an. Jüngeren Forschungen zufolge sind sie aber mit den Seglern und Kolibris verwandt. Merkmale wie die schwachen Beine und die Tatsache, dass einige Arten in eine Starre fallen können, stützen dies.

Die Vögel der Ordnung Schwalmartige (Caprimulgiformes) haben große Köpfe und lange Flügel, mit denen sie in der Luft gewandt manövrieren. Ihre kurzen Schnäbel können sie beeindruckend weit aufsperren, um im Flug Insekten zu fangen. Die Eulenschwalme Australasiens, die kleine Wirbeltiere fangen, halten den Rekord. Der Fettschwalm ist der einzige Pflanzenfresser der Gruppe: Er ernährt sich von Früchten.

Alle diese Vögel sind Meister der Tarnung. Nachtschwalben verschmelzen mit der Laubstreu, wenn sie am Boden ruhen. Auf Bäumen lassen sie sich parallel zum Ast nieder. Eulenschwalme und Tagschläfer »erstarren« bei Störung und sehen dann aus wie abgebrochene Äste.

EINFACHE NESTER

Alle Vögel dieser Gruppe unternehmen beim Nestbau minimale Anstrengungen. Viele Nachtschwalben legen die Eier einfach in die Laubstreu und Tagschläfer nisten in Mulden auf Ästen.

STAMM	CHORDATA
KLASSE	AVES
ORDNUNG	CAPRIMULGIFORMES
FAMILIEN	5
ARTEN	125

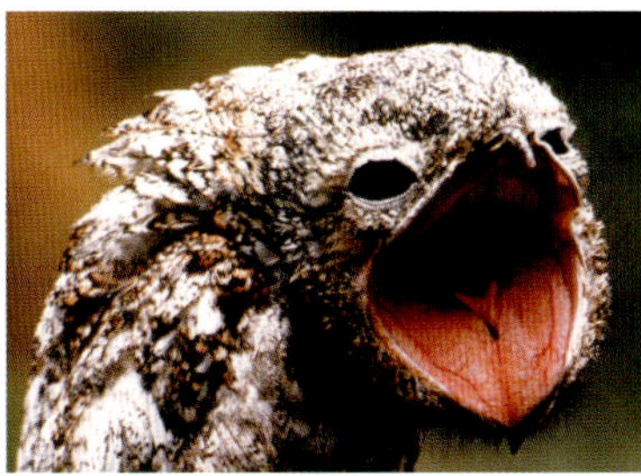

Der Riesentagschläfer sperrt seinen beachtlichen Schnabel auf. Dies ist ein kennzeichnendes Merkmal der Vogelgruppe.

41–48 cm

FETTSCHWALM
Steatornis caripensis
F: Steatornithidae
Dieser Früchte fressende Verwandte der Nachtschwalben nistet im nördlichen Südamerika in Höhlen. Der nachtaktive Vogel orientiert sich mit Echoortung.

orangegelbes Auge

lange Borsten am Schnabelgrund

grau geflecktes Gefieder

32–46 cm

EULENSCHWALM
Podargus strigoides
F: Podargidae
Dieser nachtaktive australische Vogel jagt von einer Sitzwarte aus. Wie andere Eulenschwalme ruht er am Tag unbeweglich und sieht dann aus wie ein abgebrochener Ast.

22–24 cm

FALKEN-NACHTSCHWALBE
Chordeiles minor
F: Caprimulgidae
Die Falkennachtschwalbe hat keine Borsten am Schnabelgrund. Womöglich ist das bei der Jagd auf Insekten im Flug von Vorteil. Die Art zieht zwischen Nord- und Südamerika hin und her.

In aufrechter Haltung ähnelt der Vogel einem Ast.

graubraune rindenähnliche Zeichnung

36–41 cm

URUTAU-TAGSCHLÄFER
Nyctibius griseus
F: Nyctibiidae
Tagschläfer sind nachtaktive Insektenfresser Mittel- und Südamerikas. Diese Art hat einen eindringlichen Ruf. Mit ihrem Gefieder ist sie auf Baumrinde perfekt getarnt.

20 cm

AUGEN-NACHTSCHWALBE
Nyctiphrynus ocellatus
F: Caprimulgidae
Dies ist eine kleine amerikanische Nachtschwalbe. Ihre Rufe sind klagend und monoton. Diese dunkle Art kommt in tropischen Wäldern vor.

19–21 cm

WINTER-NACHTSCHWALBE
Phalaenoptilus nuttallii
F: Caprimulgidae
In trockenen Teilen der USA und Mexikos kommt diese kleine Art vor. Sie ist einer der wenigen Vögel, die im Winter in eine Starre fallen.

24–28 cm

PAURAQUE
Nyctidromus albicollis
F: Caprimulgidae
Diese Art aus Mittel- und Südamerika hält sich in Buschland auf. Oft sieht man sie nachts auf Schotterpisten ruhen.

»

rotbraunes Band

26–28 cm

ZIEGENMELKER
Caprimulgus europaeus
F: Caprimulgidae
Wie viele Nachtschwalben der nördlichen gemäßigten Breiten ist diese Art ein Zugvogel. Im Sommer lebt sie in Heiden und Wäldern, im Winter zieht sie nach Afrika.

FLECKSCHWANZ-NACHTSCHWALBE
Caprimulgus maculicaudus
F: Caprimulgidae
Von Mexiko bis Paraguay findet man diese Nachtschwalbe, die wahrscheinlich nah mit Arten des tropischen Amerikas verwandt ist.

20 cm

25–27 cm

22 cm

23 cm

LANGSCHWANZ-NACHTSCHWALBE
Caprimulgus macrurus
F: Caprimulgidae
Zu den altweltlichen Nachtschwalben mit der weitesten Verbreitung gehört diese Art, die von Pakistan bis nach Australien und Neuguinea vorkommt.

MARMOR-NACHTSCHWALBE
Caprimulgus inornatus
F: Caprimulgidae
Dieser Vogel kommt von Mauretanien bis nach Saudi-Arabien vor und zieht südlich bis Liberia, in den Kongo und nach Tansania.

BERG-NACHTSCHWALBE
Caprimulgus saturatus
F: Caprimulgidae
Die Bergnachtschwalbe lebt in montanen Wäldern in Costa Rica und Panama.

25–35 cm

SCHLEPPEN-NACHTSCHWALBE
Caprimulgus climacurus
F: Caprimulgidae
Einige Nachtschwalben setzen ihre langen Schwanzfedern bei der Balz ein. Diese afrikanische Art ist vom Senegal bis nach Äthiopien verbreitet.

23–28 cm

STAFFELSCHWAN-NACHTSCHWALBE
Hydropsalis climacocerca
F: Caprimulgidae
Die Art der Amazonas-Region gehört zu einer Gruppe südamerikanischer Nachtschwalben, bei denen die Männchen lange, gegabelte Schwänze mit weißer Zeichnung haben. Sie beeindrucken mit ihnen wahrscheinlich die Weibchen.

MADAGASKAR-NACHTSCHWALBE
Caprimulgus madagascariensis
F: Caprimulgidae
Der Ruf dieser Nachtschwalbe aus Madagaskar und Aldabra (Seychellen) ähnelt dem Geräusch einer Glasmurmel, die auf hartem Boden kullert.

21 cm

22 cm

gefiecktes Tarnkleid

BINDENSCHWANZ-NACHTSCHWALBE
Lurocalis semitorquatus
F: Caprimulgidae
Dies ist eine der Nachtschwalben aus dem tropischen Amerika. Mit ihrem kurzen Schwanz und den langen Flügeln ähnelt sie bei der Jagd auf Insekten einer Fledermaus.

SCHEREN-NACHTSCHWALBE
Macropsalis creagra
F: Caprimulgidae
Männchen vieler Nachtschwalben haben auffällige Schwänze. Diese Art stammt von Vögeln des tropischen Amerikas ab und kommt nur im östlichen Südamerika vor.

stark verlängerte Schwanzfedern

34–76 cm

FAHNEN-NACHTSCHWALBE
Macrodipteryx longipennis
F: Caprimulgidae
Die afrikanische Art fängt u. a. Nachtfalter und Käfer. Männchen im Prachtkleid haben Flaggenfedern, die weit länger sind als ihr Körper. Bei ihren Balzflügen stellen sie sie auf.

21–23 cm

Flaggenfeder

KOLIBRIS UND SEGLER

Zur Ordnung gehören hervorragende Flieger: Segler erreichen die höchsten Geschwindigkeiten und Kolibris können im Schwirrflug in der Luft stehen.

Die Mitglieder der Ordnung Seglervögel (Apodiformes) haben kleine Füße, mit denen sie sich nur festhalten können. Doch diese Vögel können außerordentlich gut fliegen. Segler fangen im Flug Insekten. Kolibris können sogar rückwärts fliegen, und einige Arten schlagen über 70-mal in der Sekunde mit den Flügeln. Die Energie für diese beachtliche Leistung liefert ihnen der Blütennektar, den sie trinken. Ihre Jungen füttern diese Vögel mit proteinreichen Insekten und Spinnen. Kolibris weben in ihre fingerhutgroßen Nester Spinnweben zur Stabilisierung ein, Seglern dient ihr eigener Speichel als Klebstoff. Die Segler sind fast weltweit verbreitet, auch auf ozeanischen Inseln. Die Kolibris kommen nur in Nord- und Südamerika vor.

STAMM	CHORDATA
KLASSE	AVES
ORDNUNG	APODIFORMES
FAMILIEN	3
ARTEN	447

MAUERSEGLER
Apus apus
F: Apodidae
Der eurasisch verbreitete Mauersegler nistet in Höhlen und Nischen in Felsen oder an Gebäuden. In Städten sieht man ihn häufig. Er überwintert in Afrika.

16–17 cm

gegabelter Schwanz

SCHORNSTEINSEGLER
Chaetura pelagica
F: Apodidae
Die Art aus dem östlichen Nordamerika, die ursprünglich in Höhlen und Baumlöchern nistete, baut ihre Nester heute vor allem in offenen Kaminen in Städten. Sie überwintert in Südamerika.

12–15 cm

15–18 cm

WEISSBRUSTSEGLER
Aeronautes saxatalis
F: Apodidae
In Canyons und Gebirgen im westlichen Nordamerika und in Mittelamerika sammeln sich diese Vögel am Abend, um dort in Schwärmen zu schlafen.

20–22 cm

ALPENSEGLER
Tachymarptis melba
F: Apodidae
Der Alpensegler, der einen weißen Bauch hat, kommt im südlichen Eurasien, in Afrika und Madagaskar vor. Er fängt große Insekten.

SCHUPPENKEHL-EREMIT
Phaethornis eurynome
F: Trochilidae
Eremiten sind matt gefärbte Kolibris. Mit ihren langen Schnäbeln trinken sie aus *Heliconia*-Blüten. Diese Art lebt im östlichen Südamerika.

13 cm

12 cm

ADLERKOLIBRI
Eutoxeres aquila
F: Trochilidae
Das Verbreitungsgebiet dieses Vogels erstreckt sich von Costa Rica bis nach Peru. Mit seinem gebogenen Schnabel trinkt er Nektar aus *Heliconia*-Blüten.

gebogener Schnabel

blauvioletter Bauch

14–15 cm

11 cm

violetter »Ohrfleck«

blau schillernde Kehle

10 cm

GRÜNSTIRN-LANZENSCHNABEL
Doryfera ludovicae
F: Trochilidae
In Wäldern der Anden lebt diese Art, die Nektar aus fünf Epiphyten-Arten (Pflanzen, die auf anderen Pflanzen wachsen) Nektar trinkt. Eine der Pflanzen ist eine Mistel.

AMETHYSTOHRKOLIBRI
Colibri serrirostris
F: Trochilidae
Dies ist ein Mitglied der Gruppe der Veilchenohrkolibris, von denen die meisten in Wäldern im Hochland vorkommen. Diese Art lebt in südamerikanischen Savannen.

VIOLETTDEGENFLÜGEL
Campylopterus hemileucurus
F: Trochilidae
Degenflügel sind nach den verdickten Schäften ihrer Schwungfedern benannt. Diese Art aus Mittelamerika ist der größte Kolibri, der außerhalb Südamerikas verbreitet ist.

»

MOSKITOKOLIBRI
Chrysolampis mosquitus
F: Trochilidae

Diese südamerikanische Art offener Lebensräume hat einen rubinroten Oberkopf und eine bernsteingelbe Kehle. Bei wenig Licht kann der Vogel schwarz wirken.

GOLDMASKENKOLIBRI
Augastes lumachella
F: Trochilidae

Maskenkolibris tragen Gesichtsmasken. Sie kommen in trockenen Lebensräumen vor, wie in Savannen im Hochland. Diese Art ist im östlichen Brasilien verbreitet.

RUBINKOLIBRI
Clytolaema rubricauda
F: Trochilidae

Im Südosten Brasiliens kann man diesen Kolibri antreffen. Er ist eng mit Arten der Anden verwandt. Die Männchen haben rotbraune Schwanzfedern.

RUBINKEHLKOLIBRI
Archilochus colubris
F: Trochilidae

Die kleine Art ist der einzige Kolibri, der in den östlichen USA brütet. Er fliegt nonstop zum Golf von Mexiko, wo er den Winter verbringt.

HIMMELSSYLPHE
Aglaiocercus kingi
F: Trochilidae

Dieser Vogel, der zu einer vielfältigen Gruppe von Kolibris der Anden gehört, bewohnt Waldränder und Gärten. Die Männchen haben lange, tief gegabelte Schwänze.

FAHLSCHWANZKOLIBRI
Boissonneaua flavescens
F: Trochilidae

In Kolumbien, Venezuela und Ecuador trinkt diese Art aus den Blüten von Bäumen, oft gemeinsam mit anderen Vogel-Arten.

YUKATAN-AMAZILIE
Amazilia yucatanensis
F: Trochilidae

Zu einer großen Gruppe von Kolibris aus Mittelamerika gehört diese Art. Sie ist in offenen Wäldern in Mexiko verbreitet.

BLAUKINN-SMARAGDKOLIBRI
Chlorostilbon notatus
F: Trochilidae

Diese Art ist eine von vielen Smaragdkolibris. Man trifft sie in Wäldern und Agrarland im nördlichen Südamerika an.

BLAUKEHLNYMPHE
Lampornis clemenciae
F: Trochilidae

Zur Gruppe der Bergjuwelen, die in Mittelamerika ihren Ursprung hat, gehört dieser große mexikanische Kolibri. Die nördlichen Populationen sind Zugvögel.

BRUSTBAND-ANDENKOLIBRI
Coeligena torquata
F: Trochilidae

Waldnymphen sind waldbewohnende Kolibris der Anden. Diese weit verbreitete Art trifft man von Kolumbien bis nach Bolivien an.

SCHWARZOHRNYMPHE
Adelomyia melanogenys
F: Trochilidae

Dieser häufige Kolibri aus den Anden hat ein unauffälligeres Gefieder als viele seiner Verwandten. Beide Geschlechter sehen ähnlich aus.

ANNAKOLIBRI
Calypte anna
F: Trochilidae

Die Art aus dem westlichen Nordamerika überwintert weiter nördlich als andere Kolibris. Die Vögel trinken Nektar aus vielen verschiedenen Blüten.

WEISSOHR-KOLIBRI
Basilinna leucotis
F: Trochilidae
Der Kolibri kommt in montanen Kiefern- und Eichenwäldern vor, oft in der Nähe von Bächen. Er ist vom südlichen Arizona bis nach Nicaragua verbreitet.

9–10 cm

ESTELLA-ANDENKOLIBRI
Oreotrochilus estella
F: Trochilidae
Dieser Andenkolibri lebt in höheren Lagen als andere Arten der Gattung. Die Luft ist hier so dünn, dass er nicht schwirren kann.

13 cm

10 cm

9 cm

LUZIFER-KOLIBRI
Calothorax lucifer
F: Trochilidae
Dieser kleine Kolibri ist vom Süden der USA bis nach Mexiko verbreitet. Er lebt in Halbwüsten, vor allem dort, wo Agaven wachsen.

violette Kehle

gerader schwarzer Schnabel

GABEL-THALURANIA
Thalurania furcata
F: Trochilidae
Der südamerikanische Verwandte der mittelamerikanischen Smaragdkolibris kommt in Tieflandwäldern südlich bis ins nördliche Argentinien vor.

BREITSCHNABEL-KOLIBRI
Cynanthus latirostris
F: Trochilidae
Männchen dieser mexikanischen Smaragdkolibri-Art pendeln im Balzflug vor und zurück, um Weibchen anzulocken.

5–6 cm

12 cm

10 cm

Kehle schillernd grün

10 cm

23–26 cm

SCHWERTSCHNABEL-KOLIBRI
Ensifera ensifera
F: Trochilidae
Dies ist der einzige Vogel, dessen Schnabel länger ist als sein Körper. Er bevorzugt die Blüten von Passionsblumen.

BIENENELFE
Mellisuga helenae
F: Trochilidae
Dieser kleine Kolibri kommt nur auf Kuba vor, ist aber mit nordamerikanischen Arten verwandt, die als Zugvögel leben. Die Männchen sind die kleinsten Vögel der Erde.

FLAGGENSYLPHE
Ocreatus underwoodii
F: Trochilidae
In Wäldern der Anden lebt dieser bienengroße Kolibri. Er besucht gern Blütenstände in der Form von Flaschenbürsten.

TEMMINCK-KOLIBRI
Heliomaster squamosus
F: Trochilidae
Männchen dieser Art haben ein auffällig buntes Band um den Hals. Die Art ist mit den mittelamerikanischen Bergjuwelen verwandt, kommt aber im östlichen Brasilien vor.

ROTRÜCKEN-ZIMTELFE
Selasphorus rufus
F: Trochilidae
Unter den Arten vergleichbarer Größe zieht diese die weitesten Strecken, von Alaska bis nach Mexiko. Sie verteidigt ihre Reviere aggressiv.

9 cm

12 cm

9 cm

WEISSBAUCHKOLIBRI
Florisuga mellivora
F: Trochilidae
Genetische Untersuchungen lassen darauf schließen, dass diese große Art tropischer Tiefländer zu einer kleinen Linie gehört, die sich unabhängig von anderen Gruppen entwickelt hat.

WEISSBAND-SONNENNYMPHE
Heliangelus strophianus
F: Trochilidae
Sonnennymphen leben in Bergregionen in Südamerika. Diese Art trifft man von Kolumbien bis Ecuador an.

STERNELFE
Stellula calliope
F: Trochilidae
Die Sternelfe ist ein Zugvogel. Sie brütet in offenen Wäldern im westlichen Nordamerika und überwintert in Halbwüsten in Mexiko.

SPITZHAUBENELFE
Stephanoxis lalandi
F: Trochilidae
Dieser Vogel könnte mit den mittelamerikanischen Degenflügeln verwandt sein. Er bewohnt Bergwälder im östlichen Südamerika.

TROGONE

Trogone sind bunte Vögel tropischer Wälder. Die Fruchtfresser haben breite Schnäbel und einzigartig gebaute Füße.

Krähengroße Vögel gehören der Ordnung Trogone (Trogoniformes) an, die im tropischen Amerika, in Afrika und Asien verbreitet ist. Das Gefieder der Männchen ist bunter als das der Weibchen. Die langschwänzigen, kurzflügeligen Trogone sind gute Flieger, sie verlassen aber ungern die Deckung. Die erste und zweite Zehe am Fuß eines Trogons weisen nach hinten, die dritte und vierte nach vorn. Bei keiner anderen Vogelgruppe ist das der Fall. Diese ungewöhnlichen Kletterfüße sind so schwach, dass Trogone schlechte Läufer sind.

Trogone haben breite Schnäbel, mit denen sie große Früchte und Wirbellose wie Schmetterlingsraupen vertilgen. Mit ihren Schnäbeln graben sie außerdem Nisthöhlen in morschem Holz oder Termitenhügel.

STAMM	CHORDATA
KLASSE	AVES
ORDNUNG	TROGONIFORMES
FAMILIEN	1
ARTEN	40

türkis schillerndes Gefieder

35–100 cm

langer Schwanz (nur bei Männchen)

QUETZAL
Pharomachrus mocinno
F: Trogonidae
Der Quetzal ist ein bunt schillernder Trogon. Der lange Schwanz des Männchens dieser mittelamerikanischen Art ist viel länger als sein Körper.

31–36 cm

ROTKOPFTROGON
Harpactes erythrocephalus
F: Trogonidae
Diesen Trogon kann man vom Himalaya bis nach Sumatra antreffen. Der scheue Vogel sitzt wie viele seiner Verwandten oft lange Zeit unbeweglich still.

27–32 cm

ORANGEBRUSTTROGON
Harpactes oreskios
F: Trogonidae
Die Färbung dieses Vogels ist typisch für viele asiatische Trogone. Der Rücken ist unauffällig, der Bauch bunt. Diese Art ist im südöstlichen Asien heimisch.

blauvioletter Oberkopf

26–28 cm

KUBA-TROGON
Priotelus temnurus
F: Trogonidae
Dies ist eine von zwei *Priotelus*-Arten, die nur in der Karibik vorkommen. Sie ist der Nationalvogel von Kuba.

ungewöhnliche Schwanzfedern

28–30 cm

KUPFERTROGON
Trogon elegans
F: Trogonidae
Der einzige Trogon, dessen Verbreitungsgebiet sich bis in die USA erstreckt, lebt vom südlichen Arizona bis Mittelamerika in Bergwäldern.

25–27 cm

MASKENTROGON
Trogon personatus
F: Trogonidae
Das Gefieder der Männchen dieser Art, die in Bergwäldern in Südamerika verbreitet ist, ähnelt dem des Kupfertrogon.

MAUSVÖGEL

Diese Vögel huschen ähnlich wie Mäuse durchs Gebüsch. Diese kleine Gruppe unauffällig gefärbter Vögel ist nur in Afrika südlich der Sahara verbreitet.

STAMM	CHORDATA
KLASSE	AVES
ORDNUNG	COLIIFORMES
FAMILIEN	1
ARTEN	6

Mitglieder der einzigen Familie der Ordnung Mausvögel (Coliiformes) haben ein weiches Gefieder in Braun- oder Grautönen, aufstellbare Hauben und lange Schwänze. Sie sind gesellig und flink und ähneln in ihrem Verhalten Sittichen. Die Baumbewohner bauen aus Zweigen napfförmige Nester. Die Jungen sind beim Schlüpfen weit entwickelt. Ornithologen vermuten, dass die Mausvögel Überlebende einer vielfältigeren Gruppe sind, die in der Vergangenheit auch außerhalb Afrikas vorkam. Man hat in Europa versteinerte Mausvögel gefunden. Ihre systematische Stellung ist noch unklar: Sie könnten den Trogonen, den Eisvögeln oder den Spechten nahe stehen.

BRAUNFLÜGEL-MAUSVOGEL
Colius striatus
F: Coliidae
Dies ist der größte und einer der am weitesten verbreiteten Mausvögel. Er kommt von Nigeria bis Südafrika in Savannen und offenen Wäldern vor.

30–35 cm

33–35 cm

BLAUNACKEN-MAUSVOGEL
Urocolius macrourus
F: Coliidae
Die Mausvögel der Gattung *Urocolius* sind bessere Flieger und weniger »mausähnlich« als die der Gattung *Colius*. Diese Art trifft man vom Senegal bis nach Tansania in Buschland an.

EISVÖGEL UND VERWANDTE

Die meisten dieser Vögel lauern an einer Sitzwarte ihrer relativ großen Beute auf. Einige, wie die Nashornvögel, fressen auch Früchte. Die meisten brüten in Höhlen in Böschungen oder Bäumen.

Die Ordnung Rackenartige (Coraciiformes) ist weltweit verbreitet. Viele Arten haben ein buntes Gefieder und bei allen sind die Füße gleich gebaut: Wenn sie sitzen, weisen drei Zehen nach vorn, die beiden äußeren Zehen sind an der Basis verwachsen. Die Eigentlichen Eisvögel, Lieste und Fischereisvögel haben unterschiedliche Lebensweisen. Viele Arten jagen Landtiere wie Eidechsen, Nagetiere und Insekten, andere sind Stoßtaucher, die Fische erbeuten. Andere Mitglieder dieser Ordnung, die amerikanischen Motmots oder Sägeracken und die Racken der Alten Welt, jagen an Land. Ihre Schnäbel sind vielfältig geformt. Bienenfresser jagen in der Luft und halten mit ihren langen Schnäbeln stechende Insekten fest und quetschen wie mit einer Pinzette das Gift aus ihrem Körper. Wiedehopfe stochern mit ihren gebogenen Schnäbeln im Erdboden nach Larven. Nashornvögel pflücken mit ihren riesigen Schnäbeln Früchte und fangen Säugetiere, Reptilien und andere Vögel.

EINGEMAUERTE WEIBCHEN

Die Männchen einiger Nashornvögel verschließen die Nisthöhle, in der das Weibchen brütet. Sie mauern mit ihrem Schnabel wie mit einem Spatel mit Schlamm den Eingang zu. Nur einen Schlitz lassen sie offen, durch den sie das brütende Weibchen später füttern.

STAMM	CHORDATA
KLASSE	AVES
ORDNUNG	CORACIIFORMES
FAMILIEN	10
ARTEN	218

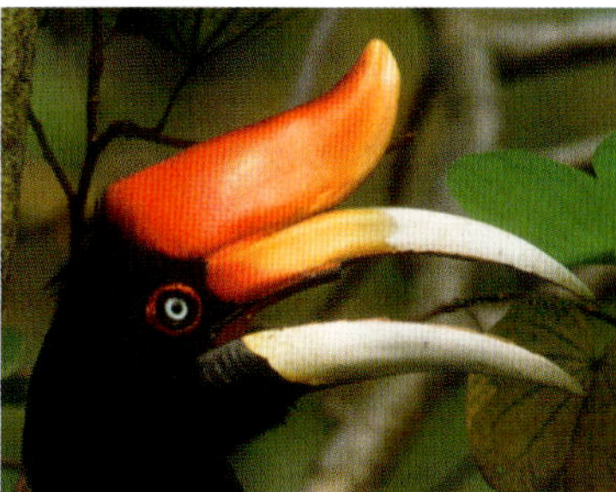

Die meisten Nashornvögel, wie dieser Rhinozerosvogel, haben einen hohlen Aufsatz auf dem Schnabel, der Rufe verstärkt.

GABELRACKE
Coracias caudatus
F: Coraciidae
Wie andere Racken der Gattung *Coracias* ist dieser afrikanische Vogel ein Jäger: Er stößt auf den Boden herab, um Eidechsen, Nagetiere und große Wirbellose zu erbeuten.
32–36 cm

28–30 cm

OPALRACKE
Coracias cyanogaster
F: Coraciidae
Diese zentralafrikanische Racke nistet wie viele ihrer Verwandten in Baumhöhlen. In ihrem ausgedehnten Verbreitungsgebiet ist sie häufig.

36–38 cm

SPATELRACKE
Coracias spatulatus
F: Coraciidae
Die Fahnen der äußeren Schwanzfedern dieser charakteristischen Racke aus Ostafrika sind spatelförmig.

29–32 cm

BLAURACKE
Coracias garrulus
F: Coraciidae
Die am weitesten verbreitete Art der Gattung *Coracias* überschlägt sich bei der Balz in der Luft. Sie kommt im westlichen Eurasien vor und überwintert in Afrika.

STICHELRACKE
Coracias naevius
F: Coraciidae
Im Vergleich zu anderen Arten ist diese Racke eher unauffällig gefärbt. Sie kommt in trockenen Regionen in Afrika südlich der Sahara vor.
36–41 cm

BLAUKOPF-ERDRACKE
Atelornis pittoides
F: Brachypteraciidae
Wie der Name sagt, halten sich Erdracken meist auf dem Erdboden auf. Dieser Regenwaldvogel ist die bunteste Art der Familie.
schwarzer Augenstreif
weiße Kehle
26 cm

DOLLARVOGEL
Eurystomus orientalis
F: Coraciidae
Nach den hellen Feldern auf den Unterflügeln, die mit Phantasie an das Dollarzeichen erinnern, ist dieser Vogel benannt. Er lebt in Wäldern vom Himalaya bis Australien.
27–30 cm

ZIMTROLLER
Eurystomus glaucurus
F: Coraciidae
Die Mitglieder dieser Gattung haben wie diese afrikanische Art längere Flügel und verfolgen ihre Beute gewandter als die der Gattung *Coracias*.
gelber Schnabel
27–30 cm

LANGSCHWANZ-ERDRACKE
Uratelornis chimaera
F: Brachypteraciidae
Wie andere Erdracken nistet diese Art der trockenen Wälder im südwestlichen Madagaskar in Erdhöhlen, die sie selbst gräbt.
langer brauner, dunkel gebänderter Schwanz
47–52 cm

»

» EISVÖGEL UND VERWANDTE

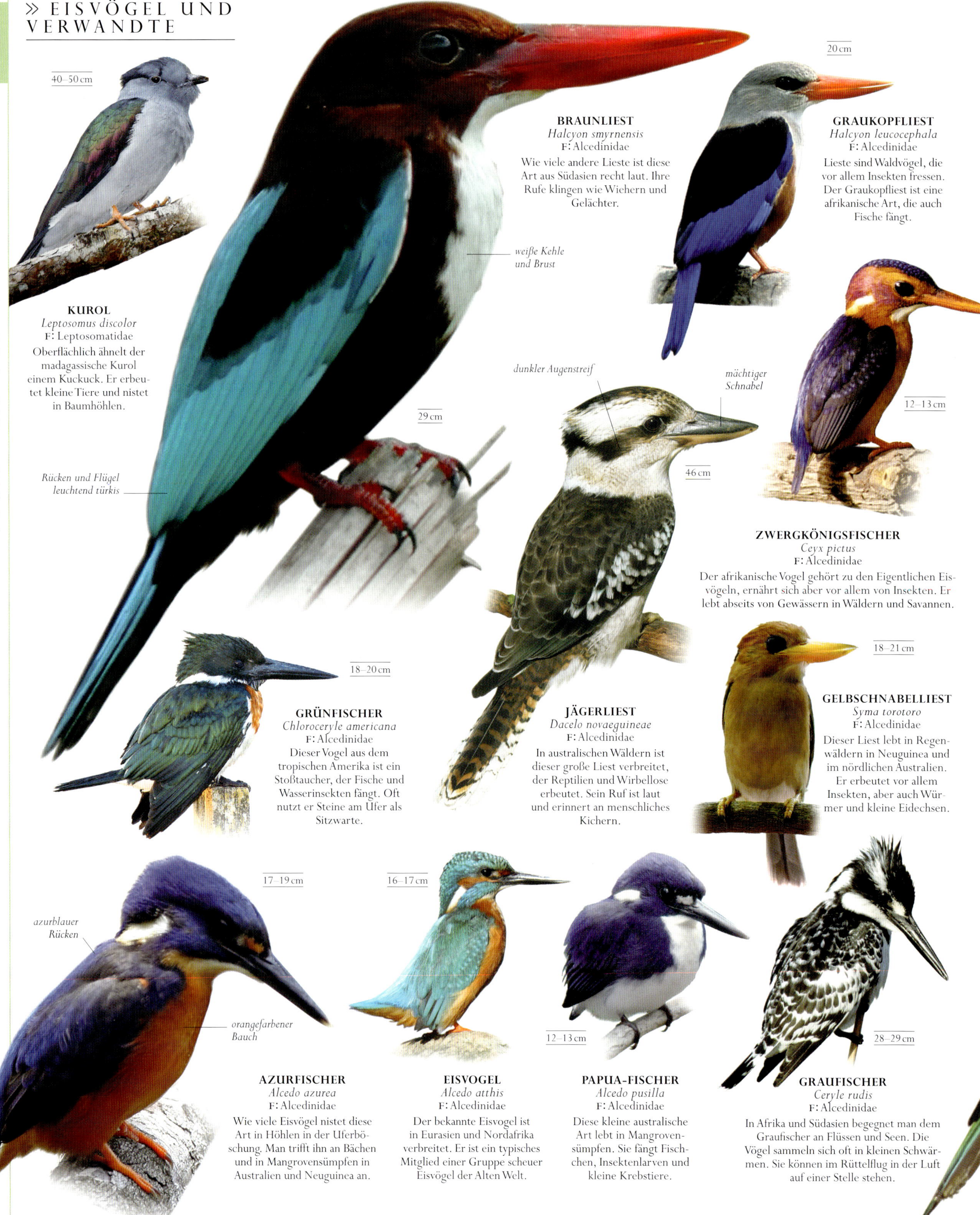

KUROL
Leptosomus discolor
F: Leptosomatidae
Oberflächlich ähnelt der madagassische Kurol einem Kuckuck. Er erbeutet kleine Tiere und nistet in Baumhöhlen.

BRAUNLIEST
Halcyon smyrnensis
F: Alcedinidae
Wie viele andere Lieste ist diese Art aus Südasien recht laut. Ihre Rufe klingen wie Wiehern und Gelächter.

GRAUKOPFLIEST
Halcyon leucocephala
F: Alcedinidae
Lieste sind Waldvögel, die vor allem Insekten fressen. Der Graukopfliest ist eine afrikanische Art, die auch Fische fängt.

ZWERGKÖNIGSFISCHER
Ceyx pictus
F: Alcedinidae
Der afrikanische Vogel gehört zu den Eigentlichen Eisvögeln, ernährt sich aber vor allem von Insekten. Er lebt abseits von Gewässern in Wäldern und Savannen.

GRÜNFISCHER
Chloroceryle americana
F: Alcedinidae
Dieser Vogel aus dem tropischen Amerika ist ein Stoßtaucher, der Fische und Wasserinsekten fängt. Oft nutzt er Steine am Ufer als Sitzwarte.

JÄGERLIEST
Dacelo novaeguineae
F: Alcedinidae
In australischen Wäldern ist dieser große Liest verbreitet, der Reptilien und Wirbellose erbeutet. Sein Ruf ist laut und erinnert an menschliches Kichern.

GELBSCHNABELLIEST
Syma torotoro
F: Alcedinidae
Dieser Liest lebt in Regenwäldern in Neuguinea und im nördlichen Australien. Er erbeutet vor allem Insekten, aber auch Würmer und kleine Eidechsen.

AZURFISCHER
Alcedo azurea
F: Alcedinidae
Wie viele Eisvögel nistet diese Art in Höhlen in der Uferböschung. Man trifft ihn an Bächen und in Mangrovensümpfen in Australien und Neuguinea an.

EISVOGEL
Alcedo atthis
F: Alcedinidae
Der bekannte Eisvogel ist in Eurasien und Nordafrika verbreitet. Er ist ein typisches Mitglied einer Gruppe scheuer Eisvögel der Alten Welt.

PAPUA-FISCHER
Alcedo pusilla
F: Alcedinidae
Diese kleine australische Art lebt in Mangrovensümpfen. Sie fängt Fischchen, Insektenlarven und kleine Krebstiere.

GRAUFISCHER
Ceryle rudis
F: Alcedinidae
In Afrika und Südasien begegnet man dem Graufischer an Flüssen und Seen. Die Vögel sammeln sich oft in kleinen Schwärmen. Sie können im Rüttelflug in der Luft auf einer Stelle stehen.

GÜRTELFISCHER
Megaceryle alcyon
F: Alcedinidae

Dieser Fischereisvogel aus Nordamerika ist auf den Fang von Fischen spezialisiert. Oft rüttelt er über dem Wasser, bevor er hinabstößt.

PARADIESLIEST
Tanysiptera sylvia
F: Alcedinidae

Viele Lieste, wie diese Art aus Neuguinea und Nordaustralien, nisten in Höhlen in Termitenhügeln.

BRAUNFLÜGELLIEST
Pelargopsis amauroptera
F: Alcedinidae

Der Braunflügelliest ist in Mangrovenwäldern von Indien bis zur Malaiischen Halbinsel verbreitet.

STORCHSCHNABELLIEST
Pelargopsis capensis
F: Alcedinidae

Im südlichen Asien kommt dieser Vogel vor, den man in Wassernähe in Wäldern antrifft, vor allem außerhalb des Verbreitungsgebiets des verwandten Braunflügelliests.

HALSBANDLIEST
Todiramphus chloris
F: Alcedinidae

Der Halsbandliest ist vom südlichen Asien bis zum Pazifik vor allem in Mangrovensümpfen an Küsten verbreitet.

WEISSSTIRNSPINT
Merops bullockoides
F: Meropidae

Dieser afrikanische Spint brütet in großen Kolonien. Vögel, die selbst nicht brüten, helfen anderen Paaren, die Jungen großzuziehen.

SMARAGDSPINT
Merops orientalis
F: Meropidae

In trockenen, offenen Lebensräumen Afrikas und Südasiens nistet der Smaragdspint in lockereren Kolonien als andere Spinte.

WEISSKEHLSPINT
Merops albicollis
F: Meropidae

Die Art, die in Afrika südlich der Sahara verbreitet ist, nistet wie andere Spinte in Röhren in Sandböschungen.

BIENENFRESSER
Merops apiaster
F: Meropidae

Wie andere Spinte fängt die im südwestlichen Eurasien und Afrika verbreitete Art Insekten im Flug. Bevor sie ihre Beute verschluckt, entfernt sie den Stachel.

REGENBOGENSPINT
Merops ornatus
F: Meropidae

Dies ist der einzige Spint Australiens. Die südlichsten Populationen ziehen in den Norden, um in Nordaustralien und Indonesien zu überwintern.

BLAUSCHEITEL-MOTMOT
Momotus momota
F: Momotidae

Wie die verwandten Spinte und viele Eisvögel nistet dieser bunt gefärbte Motmot aus dem tropischen Amerika in Röhren an Flussböschungen.

ZIMTBRUSTMOTMOT
Baryphthengus martii
F: Momotidae

Dieser Vogel mit kräftigem Schnabel fliegt plötzlich auf, um große Insekten und kleine Wirbeltiere zu erbeuten. Er ist in Mittel- und Südamerika verbreitet.

TÜRKISBRAUEN-MOTMOT
Eumomota superciliosa
F: Momotidae

Die spatelförmige Schwanzspitze dieser mittelamerikanischen Art entsteht, weil die Strahlen der Fahne davor an Sollbruchstellen abbrechen.

GRÜNTODI
Todus todus
F: Todidae

Todis sind kleine grüne Vögel aus der Karibik, die mit ihren flachen Schnäbeln Insekten im Flug fangen. Diese Art kommt nur in Wäldern auf Jamaika vor.

»

» EISVÖGEL UND VERWANDTE

ROTSCHNABELTOKO
Tockus erythrorhynchus
F: Bucerotidae

Tokos sind kleine afrikanische Jäger mit meist roten oder gelben Schnäbeln. Diese Art kommt vom Senegal bis nach Namibia in offenen Wäldern und Savannen vor.

BAUMHOPF
Phoeniculus purpureus
F: Phoeniculidae

Der afrikanische Baumhopf klettert wie ein Specht in Bäumen umher. Mit seinem Schnabel stochert er in morschem Holz nach Wirbellosen.

WIEDEHOPF
Upupa epops
F: Upupidae

Der Wiedehopf nistet in Afrika und Eurasien in Baumhöhlen. Er hat einen flatternden, unregelmäßigen Flug und stochert im Erdreich nach Insekten.

TROMPETER-HORNVOGEL
Bycanistes bucinator
F: Bucerotidae

Der Trompeter-Hornvogel lebt in Wäldern im östlichen und südlichen Afrika. Er ähnelt dem verwandten Silberwangen-Hornvogel.

SILBERWANGEN-HORNVOGEL
Bycanistes brevis
F: Bucerotidae

Diesen Fruchtfresser trifft man in Wäldern im östlichen Afrika an. Wie bei anderen Nashornvögeln sind die Schnäbel der Männchen größer mit auffälligem Aufsatz.

ORIENT-HORNVOGEL
Anthracoceros albirostris
F: Bucerotidae

Dieser asiatische Nashornvogel ist vom Himalaya bis auf Bali (Indonesien) in Kulturland und in Wäldern verbreitet.

MALABAR-HORNVOGEL
Anthracoceros coronatus
F: Bucerotidae

Wie die meisten anderen asiatischen Nashornvögel ist diese Art aus Indien und Sri Lanka ein Allesfresser. Früchte machen einen großen Teil ihrer Nahrung aus.

NÖRDLICHER HORNRABE
Bucorvus abyssinicus
F: Bucorvidae

Zwei Hornraben-Arten jagen in afrikanischen Grasländern. Diese Art kommt vom Senegal bis Kenia vor und erträgt trockenere Bedingungen als der Südliche Hornrabe.

SPECHTE UND TUKANE

Bei den Vögeln der Ordnung Spechtvögel (Piciformes), von denen die meisten in Höhlen brüten, sind die Füße gleich gebaut.

Die Spechte sind fast weltweit verbreitet. Diese Vögel halten sich mit ihren zygodactyl gestellten Zehen (zwei weisen nach vorn, zwei nach hinten) an Ästen fest. Mit ihrem steifen Stützschwanz stemmen sie sich fest, während sie mit ihren kräftigen Schnäbeln ins Holz hämmern. Dank ihrer langen, mit Häkchen besetzten Zunge holen sie Insektenlarven aus der Rinde. Andere Vögel der Gruppe trifft man vorwiegend in den Tropen an. Honiganzeiger fressen Bienenwachs. Glanzvögel jagen große Insekten, während Faulvögel Fliegen fangen. Bartvögel sind Fruchtfresser. Honiganzeiger legen ihre Eier in die Nester anderer Vogel-Arten. Andere Arten der Gruppe nisten in Höhlen in Bäumen, im Erdreich oder Termitenhügeln.

STAMM	CHORDATA
KLASSE	AVES
ORDNUNG	PICIFORMES
FAMILIEN	5
ARTEN	411

WEISSBRUSTTUKAN
Ramphastos tucanus
F: Ramphastidae
Wie alle Tukane nistet diese Art aus dem nördlichen Südamerika in Baumhöhlen. Oft nutzt sie verlassene Spechthöhlen.

BUNTTUKAN
Ramphastos dicolorus
F: Ramphastidae
Zu den kleinsten Tukanen der Gattung *Ramphastos* gehört der Bunttukan aus dem östlichen Südamerika. Er ist der einzige Tukan mit ausgedehnten roten Bauchpartien.

CUVIER-TUKAN
Ramphastos tucanus cuvieri
F: Ramphastidae
Dieser Vogel der Amazonas-Region wird oft als Unterart des Weißbrusttukans klassifiziert. Er hat einen dunkleren Schnabel als dieser.

DOTTERTUKAN
Ramphastos vitellinus
F: Ramphastidae
Tukane der Gattung *Ramphastos* sind schwarz mit weißer oder gelber Brust. Bei den Unterarten dieser südamerikanischen Art variiert die Färbung.

RIESENTUKAN
Ramphastos toco
F: Ramphastidae
Dieser Vogel aus dem nördlichen Südamerika ist der größte Tukan. Er bewohnt nicht nur Wälder wie andere Arten, sondern auch offenere Waldlebensräume.

LAUCH-ARASSARI
Aulacorhynchus prasinus
F: Ramphastidae
Die am weitesten verbreitete Art aus einer Gruppe kleiner Grünarassaris kommt von Mexiko bis Bolivien vor. Es gibt mehrere Unterarten.

FLECKEN-ARASSARI
Selenidera maculirostris
F: Ramphastidae
Diese Art aus dem südlichen Brasilien ist eine von mehreren kleinen Tukanen, bei denen die Geschlechter unterschiedlich gefärbt sind. Die Weibchen haben eine braune Färbung.

GOLDTUKAN
Baillonius bailloni
F: Ramphastidae
Im Südosten Brasiliens trifft man diesen Tukan mit dunkelgelbem Gefieder an. Er ist mit den Arassaris verwandt.

HALSBAND-ARASSARI
Pteroglossus torquatus
F: Ramphastidae
Diese Art ist der am nördlichsten verbreitete Arassari. Er kommt in feuchten Wäldern vom südlichen Mexiko bis ins nördliche Südamerika vor.

BRAUNOHR-ARASSARI
Pteroglossus castanotis
F: Ramphastidae
Arassaris sind langschwänzige, gesellige Tukane. Die meisten haben einen roten Bürzel und einen gebänderten Bauch. Diese Art lebt im nordwestlichen Südamerika.

»

PURPURMASKENBARTVOGEL
Lybius guifsobalito
F: Ramphastidae
Viele afrikanische Bartvögel kommen in offeneren Lebensräumen vor als die amerikanischen und asiatischen Arten, die Wälder bewohnen. Diese Art ist im östlichen Afrika verbreitet.

TUPFENBARTVOGEL
Capito niger
F: Ramphastidae
Diesen Bartvogel aus dem nördlichen Südamerika sieht man selten. Sein Ruf, der wie das Quaken eines Froschs klingt, ist jedoch oft zu hören.

ROTKOPFBARTVOGEL
Eubucco bourcierii
F: Ramphastidae
Von Costa Rica bis nach Peru ist diese Art verbreitet. Meist ist sie still, was für Bartvögel ungewöhnlich ist.

FURCHENSCHNABEL-BARTVOGEL
Lybius dubius
F: Ramphastidae
Bartvögel haben sensorische Borsten am Schnabelgrund. Bei dieser Art aus West- und Zentralafrika sind sie besonders lang.

BLAUWANGENBARTVOGEL
Megalaima asiatica
F: Ramphastidae
Asiatische Bartvögel suchen oft gemeinsam mit anderen Fruchtfressern in der Kronenregion nach Nahrung. Diese Art kann man vom Himalaya bis nach Thailand beobachten.

KUPFERSCHMIED
Megalaima haemacephala
F: Ramphastidae
Dies ist ein weit verbreiteter Bartvogel, den man an Waldrändern und in Gebüschen antrifft. Im südlichen Afrika ist sein unablässiger »hämmernder« Ruf ein vertrautes Geräusch.

MALABARSCHMIED
Megalaima rubricapillus
F: Ramphastidae
Dieser kleine asiatische Bartvogel kommt nur auf Sri Lanka und im südwestlichen Indien vor. Die häufige Art lebt auch in Städten.

CEYLON-GRÜNBARTVOGEL
Megalaima zeylanica
F: Ramphastidae
Dieser typische asiatische Bartvogel hat ein Verbreitungsgebiet vom Himalaya bis nach Indien und Sri Lanka. Der Fruchtfresser liebt Feigen besonders.

FEUERSTIRNBARTVOGEL
Pogoniulus pusillus
F: Ramphastidae
Nur in Wäldern entlang Flüssen an der Küste Ostafrikas lebt diese Art, die Insekten und Früchte frisst, auch die Beeren von Misteln.

HEULBARTVOGEL
Megalaima virens
F: Ramphastidae
Der größte asiatische Bartvogel ist ein lauter Geselle. Er kommt vom östlichen Himalaya bis zum Hochland in Thailand vor.

BINDENZWERGBÄRTLING
Pogoniulus bilineatus
F: Ramphastidae
Zwergbärtlinge sind kleine schwarzweiße afrikanische Bartvögel. Ihre wiederholten Rufe hört man den ganzen Tag. Diese Art ist südlich der Sahara weit verbreitet.

GELBSTIRNBARTVOGEL
Pogoniulus chrysoconus
F: Ramphastidae
Den weiter verbreiteten Verwandten des Feuerstirnbartvogels trifft man in trockenen, offenen Wäldern und in Savannen in Afrika südlich der Sahara an.

DIADEMHAARBÄRTLING
Tricholaema diademata
F: Ramphastidae

Diesen ostafrikanischen Bartvogel, der mit dem Tränenbartvogel verwandt ist, kommt in trockeneren Lebensräumen vor. Wie alle Bartvögel nistet er in Baumhöhlen.

TRÄNENBARTVOGEL
Tricholaema lacrymosa
F: Ramphastidae

Der Bartvogel feuchter Wälder in Zentral- bis Ostafrika ernährt sich vor allem von Feigen und Beeren.

TUKANBARTVOGEL
Semnornis ramphastinus
F: Ramphastidae

In Regenwäldern in Kolumbien und Ecuador kommt diese Art vor, die zwischen Bartvögeln und Tukanen steht. Sie frisst ausschließlich Früchte.

OHRFLECK-BARTVOGEL
Trachyphonus darnaudii
F: Ramphastidae

Die afrikanischen Bartvögel der Gattung *Trachyphonus* leben in offenen Lebensräumen und verbringen viel Zeit am Boden. Diese Art ist im östlichen Afrika verbreitet.

FLAMMENKOPF-BARTVOGEL
Trachyphonus erythrocephalus
F: Ramphastidae

Dieser typische bodenbewohnende Bartvogel frisst Insekten, Früchte, Samen und kleine Eidechsen. Oft gräbt er Nisthöhlen in Termitenhügel.

ROTBÜSCHEL-BARTVOGEL
Psilopogon pyrolophus
F: Ramphastidae

Dieser Bartvogel mit gestaffeltem Schwanz ist in Südost-Asien verbreitet. Sein Ruf erinnert an den Gesang einer Zikade.

GRAUBAUCH-LAUBPICKER
Prodotiscus zambesiae
F: Indicatoridae

Honiganzeiger wie diese Art fressen Insekten, Früchte und sogar Bienenwachs. Diese afrikanische Art legt Eier in die Nester von Brillenvögeln, kleinen Waldlandbewohnern.

WENDEHALS
Jynx torquilla
F: Picidae

Dieser eurasisch verbreitete Ameisenfresser hat einen schwächeren Schnabel als echte Spechte. Er kann seinen Kopf sehr weit drehen, daher sein Name.

GOLDSTIRN-ZWERGSPECHT
Picumnus aurifrons
F: Picidae

Zwergspechte sind kleine kleiberähnliche Mitglieder der Familie der Spechte. Mit ihren kurzen Schnäbeln holen sie Insekten aus morschem Holz. Diese Art kommt im Zentrum Südamerikas vor.

GOLDSCHUPPEN-ZWERGSPECHT
Picumnus exilis
F: Picidae

Dieser südamerikanische Zwergspecht hat wie alle Zwergspechte keinen steifen Stützschwanz. Er verbringt deshalb weniger Zeit an senkrechten Baumstämmen.

OCKERZWERGSPECHT
Picumnus limae
F: Picidae

Nur im östlichen Brasilien trifft man diese Art an. Wie andere Zwergspechte nistet sie in verlassenen Höhlen größerer Specht-Arten.

BÄNDER-ZWERGSPECHT
Picumnus temminckii
F: Picidae

In Wäldern im östlichen Paraguay, im Südosten Brasiliens und im Nordosten Argentiniens ist diese Art mit ihrer Färbung gut getarnt.

KLEINSTER ZWERGSPECHT
Picumnus pygmaeus
F: Picidae

Dieser Zwergspecht kommt nur in den tropischen Wäldern im Nordosten Brasiliens vor.

»

» SPECHTE UND TUKANE

30 cm

ERDSPECHT
Geocolaptes olivaceus
F: Picidae
Ungewöhnlicherweise lebt der Erdspecht auf dem Boden. Der südafrikanische Ameisenfresser bewohnt steinige, öde Gebiete und gräbt seine Nisthöhlen in Böschungen.

18 cm

NUBIERSPECHT
Campethera nubica
F: Picidae
Dieser Verwandte des europäischen Grünspechts kommt in trockenen Regionen im nordöstlichen Afrika vor, wo er oft in Paaren auftritt.

18–22 cm

GELBBAUCH-SAFTLECKER
Sphyrapicus varius
F: Picidae
Saftlecker hämmern Löcher in Baumstämme, um Baumsaft zu trinken. Diese Art brütet in Nordamerika und zieht in die Karibik.

28 cm

FEUERRÜCKEN-SPECHT
Dinopium javanense
F: Picidae
Diesen tropischen Specht trifft man in vielen Waldtypen an, sogar in Mangrovenwäldern. Er ist von Indien bis nach Borneo und Java verbreitet.

15–17 cm

RUNDSCHWANZ-SPECHT
Hemicircus canente
F: Picidae
Dies ist einer von zwei verwandten Spechten aus Südost-Asien mit Hauben. Der sehr kurze Schwanz ist gerundet, daher sein Name.

45–57 cm

40–49 cm

rote Haube

Männchen mit rotem Bartstreif

weißer Fleck am Flügel

HELMSPECHT
Dryocopus pileatus
F: Picidae
Der Helmspecht ist der größte Specht Nordamerikas. Anders als der eurasische Schwarzspecht haben amerikanische Mitglieder der Gattung eine deutliche Haube.

23 cm

BRONZESPECHT
Piculus chrysochloros
F: Picidae
Dieser Vogel folgt oft Schwärmen aus verschiedenen Vogel-Arten, die die Rinde von Bäumen nach Nahrung absuchen. Er ist ein typisches Mitglied der grünlichen Bänderspechte aus dem tropischen Amerika.

SCHWARZSPECHT
Dryocopus martius
F: Picidae
Dieser große Specht kommt in Wäldern im nördlichen Eurasien vor. Er gehört zu einer kleinen Gruppe vorwiegend schwarzer Arten mit rotem Oberkopf.

19–23 cm

weiße Unterseite

24 cm

CAROLINA-SPECHT
Melanerpes carolinus
F: Picidae
Wie andere Spechte der Gattung *Melanerpes* legt diese nordamerikanische Art Vorratslager in Rindenspalten an. Der Bauch ist rötlich getönt.

31–33 cm

GRÜNSPECHT
Picus viridis
F: Picidae
Der Grünspecht ist ein europäisches Mitglied einer altweltlichen Gruppe von Spechten mit grünem Rücken. Sein lachender Ruf ist unverkennbar.

19 cm

31 cm

ROTKOPFSPECHT
Melanerpes erythrocephalus
F: Picidae
Dieser charakteristische nordamerikanische Specht ist eine aggressive Art: Sie zerstört die Nester und Eier anderer Vögel in ihrem Revier.

GOLDMASKENSPECHT
Melanerpes flavifrons
F: Picidae
Die meisten Spechte der Gattung *Melanerpes* haben ein teilweise gebändertes Gefieder. Manche sind auffällig gefärbt wie diese südamerikanische Art.

SCHARLACHKOPF-SPECHT
Campephilus robustus
F: Picidae
Die Spechte der Gattung *Campephilus* sind schwarz-weiße Vögel mit roten Köpfen. Diese kräftige Art kommt nur im östlichen Südamerika vor.

HAARSPECHT
Picoides villosus
F: Picidae

Der Bestand des nordamerikanischen Verwandten des Dreizehenspechts wird größer, weil seine Beutetiere, die Larven von Borkenkäfern, häufiger vorkommen.

GOLDSPECHT
Colaptes auratus
F: Picidae

Dieser Specht und verwandte Arten haben bunte Unterflügel, die man im Flug aufblitzen sieht. Von dieser Art gibt es Formen mit roten und gelben Schwungfederschäften, die sich untereinander kreuzen.

DREIZEHENSPECHT
Picoides tridactylus
F: Picidae

Die im nördlichen Eurasien und Amerika vorkommende Art ist der Specht mit der nördlichsten Verbreitung. Die meisten anderen Spechte haben vier Zehen.

BUNTSPECHT
Dendrocopos major
F: Picidae

Dieses verbreitete Mitglied der eurasischen Gruppe der Buntspechte sieht man in Wäldern und Gärten von Europa bis nach Südost-Asien häufig.

MITTELSPECHT
Dendrocopos medius
F: Picidae

Dieses Mitglied der Buntspechte kommt nur in Europa und im südwestlichen Asien vor. Die Art trommelt seltener als der verwandte Buntspecht.

KURZSCHWANZ-GLANZVOGEL
Galbalcyrhynchus purusianus
F: Galbulidae

Glanzvögel sind auf das Erbeuten großer Insekten in der Luft spezialisiert. Dies ist eine von zwei kastanienbraunen Arten aus Südamerika.

ROTSCHWANZ-GLANZVOGEL
Galbula ruficauda
F: Galbulidae

Diese Art aus Mittel- und Südamerika ist am Rücken schillernd grün und unterseits rotbraun gefärbt. Dies ist typisch für die Gattung.

DREIZEHEN-GLANZVOGEL
Jacamaralcyon tridactyla
F: Galbulidae

Der am unauffälligsten gefärbte Glanzvogel lebt in trockenen Wäldern und nistet in Böschungen. Zwei seiner Zehen weisen nach vorn, eine nach hinten.

BREITMAUL-GLANZVOGEL
Jacamerops aureus
F: Galbulidae

Dies ist der größte Glanzvogel. Er kommt von Costa Rica bis nach Bolivien vor. Er frisst Insekten und manchmal kleine Eidechsen.

ROTKEHLFAULVOGEL
Nonnula rubecula
F: Bucconidae

Die Arten der Gattung *Nonnula* sind kleine, unscheinbar gefärbte Faulvögel. Diese typische südamerikanische Art lebt in Wäldern mit Lianensaum.

SCHWALBEN-FAULVOGEL
Chelidoptera tenebrosa
F: Bucconidae

Dieser Vogel ähnelt im Sitzen einer Schwalbe und im Flug einer Fledermaus. Er fängt im nördlichen Südamerika entlang Flussläufen fliegende Insekten.

SCHWARZSTIRNTRAPPIST
Monasa nigrifrons
F: Bucconidae

Trappisten sind Verwandte der Faulvögel mit schwarzem Körper. Die laute südamerikanische Art hält sich oft unterhalb von Affenhorden auf. Hier fängt sie kleine Tiere, die die Affen aufscheuchen.

WEISSZÜGEL-FAULVOGEL
Malacoptila panamensis
F: Bucconidae

Arten der Gattung *Malacoptila* sind braun gefärbt. Diese Art aus Mittelamerika und dem nordwestlichen Südamerika gilt als wenig scheu.

SCHWARZBRUST-FAULVOGEL
Notharchus pectoralis
F: Bucconidae

Dieser schwarz-weiße Faulvogel aus dem nordwestlichen Südamerika folgt Schwärmen von Treiberameisen. Er fängt Insekten, die vor den Ameisen fliehen.

WEISSOHRFAULVOGEL
Nystalus chacuru
F: Bucconidae

Wie andere Faulvögel hat diese Art aus dem Zentrum Südamerikas einen großen Kopf. Mit ihrem schweren Schnabel fängt sie kleine Tiere.

SPERLINGSVÖGEL

Zur großen Ordnung gehören fast 60 Prozent aller Vogelarten. Die Füße aller Sperlingsvögel sind hoch spezialisiert.

Wie viele Vögel haben Sperlingsvögel vier Zehen. Drei weisen nach vorn und eine nach hinten. Wenn sich ein Sperlingsvogel auf einem Ast niederlässt, rasten die Beugesehnen der Zehen ein, sodass sie nur aktiv gelöst werden können. In dieser Sitzhaltung kann der Vogel sogar schlafen.

Die Vögel der Ordnung Sperlingsvögel (Passeriformes) kommen weltweit in fast allen Lebensräumen vor: auf dem Festland, in Regenwäldern, Wüsten oder der arktischen Tundra. Manche sind winzig, wie die Goldhähnchen. Die größte Art ist der Kolkrabe.

VIELFALT

Zur Ordnung gehören Vögel, die an vielfältige Nahrungsquellen angepasst sind. Viele Insektenfresser haben nadelfeine Schnäbel, mit denen sie die Tiere von Blättern picken. Andere können ihren Schnabel weit aufsperren, um im Flug Insekten zu fangen. Etliche Arten haben dicke Schnäbel, mit denen sie Sämereien knacken. Die Schnäbel der Nektartrinker sind meist lang und gekrümmt. Die Stoffwechselrate ist bei diesen Vögeln hoch und das Gehirn verhältnismäßig groß. Einige Arten sind so intelligent, dass sie einfache Werkzeuge einsetzen. Die Jungen sind zunächst hilflos und werden in Nestern großgezogen. Dies können einfache napfförmige Gebilde, komplizierte Schlammnester oder hängende Beutel aus verwobenen Gräsern sein. Einige Sperlingsvögel sind Brutparasiten, die ihre Eier in die Nester anderer Vogelarten legen.

SINGVÖGEL

Sperlingsvögel kann man vor allem aufgrund des Baus ihres Stimmbildungsorgans in zwei Gruppen einteilen. Zur ersten Gruppe, den Suboscines oder Schreivögeln, gehören etwa ein Fünftel der Arten. Man trifft sie in den Tropen der Alten Welt an, am vielfältigsten sind sie aber in Amerika. Zu ihnen gehören die Breitrachen, Pittas, Ameisenvögel und Tyrannen. Zur zweiten Gruppe, den Oscines oder Singvögeln, gehören die restlichen Familien. Singvögel können komplizierte Gesänge hervorbringen, die bei der Balz und der Verteidigung der Reviere eine wichtige Rolle spielen. Die Melodien sind arttypisch.

STAMM	CHORDATA
KLASSE	AVES
ORDNUNG	PASSERIFORMES
FAMILIEN	96
ARTEN	5962

STREITFRAGE

AUSTRALISCHE SÄNGER

Aufgrund früher DNA-Analysen unterschied man zwei Singvogelgruppen: die Corvida und die Passerida. Zu den Corvida gehören Fleisch- und Fruchtfresser wie die Krähen und Paradiesvögel. Zu den weltweit verbreiteten Passerida gehören über ein Viertel aller Vogelarten. Mit neueren Methoden hat man mehrere ursprüngliche australische Gruppen identifiziert, wie die Leierschwänze, die zu keiner dieser beiden Gruppen gehören. Auch Fossilien stützen die Hypothese, dass die Singvögel in Australasien diversifizierten, bevor sich die Corvida und Passerida entwickelten.

BREITRACHEN

Zur Familie Breitrachen (Eurylaimidae) gehören Waldvögel aus dem tropischen Afrika und Asien. Die meisten fangen mit ihren breiten Schnäbeln Insekten in Bäumen. Mitglieder einer asiatischen Gruppe sind Fruchtfresser.

17–18 cm

SMARAGDBREITRACHEN
Calyptomena viridis
Dies ist einer von drei südostasiatischen grünen Breitrachen. Der Vogel ist ein Fruchtfresser und baut kugelige, hängende Nester.

KELLENSCHNABEL
Cymbirhynchus macrorhynchos
Wälder in Gewässernähe bewohnt dieser charakteristisch gefärbte südostasiatische Vogel. Seine beutelförmigen Nester hängen von Zweigspitzen herab.

HALSBAND-BREITRACHEN
Eurylaimus ochromalus
In den mittleren und oberen Stockwerken der Regenwälder von Myanmar bis Borneo und Sumatra sucht dieser Insektenfresser nach Nahrung.

JALAS

Die pinselförmigen Zungenspitzen der madagassischen Jalas (Philepittidae) lassen vermuten, dass ihre Vorfahren Nektartrinker waren. Heute gehören einer Gattung Fruchtfresser an. Die Mitglieder der anderen ähneln den nicht näher verwandten Nektarvögeln.

dünner, gebogener Schnabel

9 cm

LANGSCHNABEL-NEKTARJALA
Neodrepanis coruscans
Dies ist eine von zwei langschnäbeligen echten Nektarvogel-Arten aus dem östlichen Madagaskar, die sich von Blütennektar ernährt.

PITTAS

Vögel dieser altweltlichen Familie erbeuten in tropischen Regionen auf dem Waldboden Insekten. Die Pittas (Pittidae) haben rundliche Körper und kurze Schnäbel, viele Arten sind leuchtend bunt. Beide Elternvögel brüten die Eier aus.

20 cm

19 cm

BLAUFLÜGELPITTA
Pitta moluccensis
Von Südchina bis Borneo und Sumatra brütet diese Art in dichten Wäldern. Den Winter verbringen die Vögel in Gebüschen an Küsten.

BENGALENPITTA
Pitta brachyura
Wie seine Verwandten baut dieser Pitta, den man im südlichen Himalaya, Indien und Sri Lanka findet, überdachte Nester in Bodennähe.

SCHNURRVÖGEL

Die Schnurrvögel (Pipridae) sind mit den Schmuckvögeln verwandt. Die bunten Männchen balzen in Gruppen auf sogenannten Leks (Balzplätzen). Viele Arten vollführen dabei komplizierte Tänze. Die Weibchen bauen die Nester und ziehen die Jungen allein groß.

SCHMUCKVÖGEL

Zur vielfältigen Gruppe der Schmuckvögel (Cotingidae) aus dem tropischen Amerika gehören Frucht- und Insektenfresser. Die bunten Männchen sind sehr stimmfreudig. Einige Arten balzen in Bäumen, andere auf dem Boden.

ARARIPE-PIPRA
Antilophia bokermanni
Erst 1998 wurde diese Art beschrieben. Sie ist vom Aussterben bedroht und kommt nur in der Araripe-Hochebene im Nordosten Brasiliens vor.

BLAUBRUSTPIPRA
Chiroxiphia caudata
In den Regenwäldern im Süden Brasiliens lebt dieser farbenprächtige Vogel, dessen klagender Ruf an das Miauen einer Katze erinnert.

ROTBÜRZELPIPRA
Ilicura militaris
Bei den Männchen dieses Pipras aus Südost-Brasilien sind die mittleren Schwanzfedern verlängert. Die Vögel stellen bei der Balz die Federn am Bürzel auf.

STREIFENPIPRA
Machaeropterus regulus
Die unauffällige Art stammt aus dem nördlichen Südamerika. Männchen geben bei der Balz summende insektenähnliche Geräusche von sich.

GOLDKOPFPIPRA
Pipra erythrocephala
Das Männchen dieser südamerikanischen Art springt bei der Balz, schwirrt mit den Flügeln und rutscht hin und her.

NACKTKEHL-GLOCKENVOGEL
Procnias nudicollis
Glockenvögel sind nach ihren metallisch klingenden Rufen benannt. Die Männchen dieser Art aus dem östlichen Südamerika haben ein weißes Gefieder.

ORANGEKEHL-KOTINGA
Pipreola chlorolepidota
Grünkotingas wie diese kleine Art aus den Anden sind untersetzte grüne Vögel. Die Männchen haben meist einen schwarzen Kopf und eine rote oder gelbe Kehle.

PURPURBRUST-KOTINGA
Querula purpurata
Männchen dieser Art der Amazonas-Region haben einen schillernd violettroten Fleck auf der Kehle. Sie können im Rüttelflug Früchte pflücken.

SCHWARZNACKEN-TITYRA
Tityra cayana
Dieser Vogel der Kronenregion gehört zu einer Gruppe großköpfiger Fruchtfresser. Er nistet oft in verlassenen Spechthöhlen.

ANDEN-KLIPPENVOGEL
Rupicola peruvianus
Die Männchen dieser großen Art aus den Anden tragen Hauben und balzen in Gruppen um die Weibchen. Diese nisten zwischen Felsen und ziehen die Jungen allein groß.

TYRANNEN

In den Vogelgesellschaften Südamerikas sind oft ein Drittel aller Arten Tyrannen (Tyrannidae). Die Insektenfresser dieser Familie jagen ihre Insektenbeute typischerweise von einer Sitzwarte aus oder picken sie von Blättern ab.

17–21 cm

GELBBAUCH-SCHOPFTYRANN
Myiarchus crinitus
Der verbreitete große Tyrann ist ein Zugvogel. Wie seine Verwandten fängt er im Flug Insekten. Oft rüttelt er bei der Jagd.

15 cm

ÖSTLICHER WALD-SCHNÄPPERTYRANN
Contopus virens
Dieser Vogel harrt an einer Sitzwarte aus und fliegt plötzlich auf, um ein Insekt in der Luft zu fangen. Er brütet im östlichen Nordamerika.

22 cm

grauer Kopf

brauner Schwanz mit zimtbraunen Rändern

TRAUERTYRANN
Tyrannus melancholicus
Aggressiv und territorial ist dieser große Tyrann. Er nistet vom südlichen Nordamerika bis nach Südamerika in offenen Lebensräumen.

15 cm

Rücken und Flügel braun

Kehle und Bauch rot

RUBINTYRANN
Pyrocephalus rubinus
Diese Art offener Landschaften sucht in Bodennähe Nahrung. Die Männchen sind lebhaft rot, die Weibchen vorwiegend grau und weiß.

10 cm

GELBBAUCH-SPATELTYRANN
Todirostrum cinereum
Der kleine Tyrann aus Mittel- und Südamerika gehört zu einer Gruppe, deren Mitglieder auffliegen, um Insekten zu erbeuten. Er bewohnt offenere Lebensräume als seine Verwandten.

19 cm

SCHWALBENTYRANN
Hirundinea ferruginea
Dieser Tyrann aus dem nördlichen und zentralen Südamerika fängt ähnlich wie eine Schwalbe Insekten im Flug. Als Sitzwarte dienen Felsen.

17 cm

SCHWARZKOPF-PHOEBETYRANN
Sayornis nigricans
In den Tropen sucht diese Art in Bodennähe Nahrung, oft bei Gewässern, und taucht in Teiche, um Fischchen zu fangen.

AMEISENVÖGEL

Die Arten der Familie Ameisenvögel (Thamnophilidae) jagen in Wäldern im tropischen Amerika nahe am Boden Insekten. Einige folgen Treiberameisen und erbeuten Insekten, die vor den Räubern fliehen. Andere halten sich an senkrechten Stämmen fest.

18 cm

WEISSBART-AMEISENWÜRGER
Biatus nigropectus
Nur im südöstlichen Brasilien kommt diese wenig bekannte Art vor. Sie fängt in Bambuswäldern Insekten und ist wegen Waldrodungen bedroht.

AMEISENPITTAS UND -DROSSELN

Die kurzschwänzigen Ameisenpittas verbringen mehr Zeit am Boden als die baumbewohnenden Ameisendrosseln. Beide Gruppen der Familie Formicariidae sind Insektenfresser südamerikanischer Wälder.

18 cm

BARTSTREIF-AMEISENPITTA
Grallaria alleni
Die seltene Art kommt in isolierten Gebieten in Kolumbien und Ecuador vor. Sie lebt im Unterholz feuchter Bergwälder.

STAFFELSCHWÄNZE

Die Staffelschwänze (Maluridae) sind kleine Insektenfresser, die den Zaunkönigen der Nordhalbkugel ähneln. Sie sind aber näher mit den Honigfressern verwandt. Männchen der Staffelschwänze sind blau und schwarz. Borstenschwänze und Grasschlüpfer sind bräunlicher; sie leben in Grasländern.

STREIFEN-GRASSCHLÜPFER
Amytornis striatus
Wie die meisten Grasschlüpfer bevorzugt diese Art aus Zentralaustralien mit Spinifex-Gräsern bewachsene Lebensräume.

15–18 cm

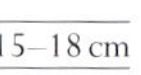

15 cm

WEISSBAUCH-STAFFELSCHWANZ
Malurus lamberti
Der australische Staffelschwanz mit der weitesten Verbreitung baut ein überdachtes Nest. Oft helfen die Jungen den Eltern bei der Aufzucht der nächsten Brut.

BÜRZELSTELZER

Die Bürzelstelzer (Rhinocryptidae) haben kräftige Beine und sind keine ausdauernden Flieger. Sie gehören zu den am stärksten ans Bodenleben angepassten südamerikanischen Sperlingsvögeln. Einige scharren mit einer langen hinteren Kralle im Boden und in der Laubstreu nach Nahrung.

14–15 cm

ROTNACKEN-BANDVOGEL
Melanopareia torquata
Bandvögel haben längere Schwänze als Tapaculos. Diese brasilianische Art bewohnt trockene Lebensräume.

MÜCKENFRESSER

Die untersetzten kurzschwänzigen und langbeinigen Insektenfresser der Familie Mückenfresser (Conophagidae) bewohnen das Unterholz von Wäldern. Die scheuen Vögel suchen in Bodennähe Nahrung.

13 cm

ROTKEHL-MÜCKENFRESSER
Conopophaga lineata
Diesen Vogel aus dem östlichen Südamerika, der häufiger ist als andere Mückenfresser, sieht man oft in gemischten Schwärmen.

14 cm

TÜRKIS-STAFFELSCHWANZ
Malurus splendens
Staffelschwänze gehen enge Paarbindungen ein, beide Partner paaren sich mitunter aber auch mit anderen Vögeln. Die Art lebt vorwiegend im südlichen Australien.

weiße Kehle

22 cm

leuchtend gelber Bauch

BENTEVI
Pitangus sulphuratus
Diese Art ist im tropischen Amerika weit verbreitet. Sie fliegt von einer Sitzwarte auf, um Insekten zu fangen, sucht aber auch in Bodennähe Beute.

LAUBENVÖGEL

Der in Australasien verbreiteten Familie Laubenvögel (Ptilonorhynchidae) gehören vorwiegend Fruchtfresser an. Die bunten Männchen bauen aufwendige sogenannte Lauben, um Weibchen anzulocken. Sie paaren sich mit vielen Partnerinnen und beteiligen sich nicht an der Aufzucht der Jungen.

23 cm

GRÜNLAUBENVOGEL
Ailuroedus crassirostris
Die Männchen drapieren Blätter auf dem Boden, um Weibchen anzulocken. Diese Art kommt in Neuguinea und im östlichen Australien vor.

Rücken und Flügel olivgrün

23–25 cm

SÄULENGÄRTNER
Prionodura newtoniana
Die Männchen dieser kleinen Art aus dem nördlichen Australien locken Partnerinnen an, indem sie einen bis 3 m hohen Turm aus Ästen bauen.

LEIERSCHWÄNZE

Die Leierschwänze (Menuridae) sind große australische Vögel, die am Boden Insekten fangen. Sie können Geräusche des Waldes hervorragend nachahmen. Männchen balzen mit ihren prächtigen Schwanzfedern.

80–96 cm

GRAURÜCKEN-LEIERSCHWANZ
Menura novaehollandiae
Den häufigsten Leierschwanz trifft man in Wäldern im südöstlichen Australien und Tasmanien an. Die äußeren Schwanzfedern sind leierförmig.

BAUMRUTSCHER

Die Vögel der australischen Familie Baumrutscher (Climacteridae) ähneln den Baumläufern (Certhiidae), sind aber nicht näher mit ihnen verwandt. Anders als diese stützen sie sich beim Klettern nicht mit ihrem Schwanz ab.

16–18 cm

BRAUNBAUM-RUTSCHER
Climacteris picumnus
Von dieser im Osten Australiens häufigen Art gibt es eine nördliche Form mit dunklem Rücken und eine südliche mit braunem Rücken.

TÖPFERVÖGEL

Die amerikanischen Vögel der Familie Töpfervögel (Furnariidae) erbeuten geschickt Wirbellose. Bekannt sind ihre vielfältigen, oft komplizierten Nester. Manche bestehen aus Zweigen, andere sind Röhren oder ähneln einem Lehmofen.

19–20 cm

WEISSZÜGEL-BAUMSPÄHER
Automolus leucophthalmus
Dieser südamerikanische Vogel mit charakteristischer weißer Iris jagt wie viele Insektenfresser in gemischten Trupps, die die Beute aufscheuchen.

18–20 cm

ROSTTÖPFER
Furnarius rufus
Im zentralen und südlichen Südamerika ist diese Art verbreitet. Ihr Schlammnest sieht aus wie ein Lehmofen, was typisch für die Gattung ist.

HONIGFRESSER

Die Familie Honigfresser (Melophagidae) lebt in Australien und auf den südwestlichen Inseln im Pazifik. Die lange Zunge mit pinselartiger Spitze dient zum Trinken von Nektar. Die Vögel sind wichtige Blütenbestäuber. Andere Nektartrinker, wie Nektarvögel, zeigen ähnliche Merkmale.

10–11 cm

SCHARLACH-HONIGFRESSER
Myzomela sanguinolenta
Dieser Vogel ist ein Mitglied einer Gruppe langschnäbeliger Nektartrinker, deren Stirn oft mit Pollen bestäubt ist. Er kommt im östlichen Australien vor.

olivgrüner Flügel

25–30 cm

BLAUOHR-HONIGFRESSER
Entomyzon cyanotis
In Australien und Neuguinea trifft man diesen großen, lauten Honigfresser an. Er frisst mehr Insekten als viele seiner Verwandten, aber auch Früchte.

19–21 cm

GOLDOHR-HONIGFRESSER
Meliphaga lewinii
Dieses Mitglied einer kurzschnäbeligen Gruppe lebt im östlichen Australien. Es frisst Insekten, Früchte und Beeren.

13–16 cm

ROTNACKEN-HONIGFRESSER
Acanthorhynchus tenuirostris
Die Art gehört zu einer alten Gruppe hochspezialisierter Nektartrinker, die Heidegebiete bewohnt. Sie lebt im östlichen Australien.

29–32 cm

TUI
Prosthemadera novaeseelandiae
Der Tui kommt nur in Neuseeland vor, ist aber mit den kurzschnäbeligen Honigfressern Australiens verwandt. Sein Repertoire an Rufen ist beachtlich.

16–19 cm

WEISSAUGEN-HONIGFRESSER
Phylidonyris novaehollandiae
Wie andere Honigfresser ernährt sich diese Art aus Südaustralien und Tasmanien unter anderem von zuckerhaltigem Honigtau, den Pflanzensaft saugende Insekten ausscheiden.

BAUMSTEIGER

Die Vögel der Familie Baumsteiger (Dendrocolaptidae) aus dem tropischen Amerika sind darauf spezialisiert, an Baumstämmen emporzuklettern. Sie haben steife Stützschwänze und kräftige Krallen zum Festhalten.

19 cm

LEPIDOCOLAPTES FALCINELLUS
Den typischen beigebraunen Baumsteiger trifft man nur in den Wäldern im südöstlichen Südamerika an.

SÜDSEEGRASMÜCKEN

Die kleine Familie grasmückenähnlicher Insektenfresser kommt in Australien und den Inseln der Region vor. Auch der kleinste Vogel Australiens, der Stutzschnabel, gehört zur Familie Südseegrasmücken (Acanthizidae). Die Vögel haben kurze Flügel und Schwänze und recht lange, unauffällig gefärbte Beine.

11 cm

GOLDHÄHNCHEN-DORNSCHNABEL
Acanthiza reguloides
Dornschnäbel sind meist grau, braun oder gelb. Diese östliche Art hat eine getüpfelte Stirn wie viele Arten der Gruppe.

mit weißen Streifen eingefasste, dunkle Maske

11–14 cm

WEISSBRAUEN-SERICORNIS
Sericornis frontalis
Die Arten dieser Gattung leben in Australasien im Gebüsch. Die meisten sind braun. Einige haben eine weiße Kopfzeichnung wie dieser Vogel, der in Australien und Tasmanien verbreitet ist.

PANTHERVÖGEL

Die Panthervögel (Pardalotidae), untersetzte australische Vögel, sammeln mit ihren dicken Schnäbeln Pflanzensaft saugende Schildläuse von Bäumen ab.

8–10 cm

FLECKENPANTHERVOGEL
Pardalotus punctatus
Drei der vier Panthervogel-Arten sind weiß gefleckt. Dieser aktive Vogel kommt in trockenen Wäldern im Süden und Osten Australiens vor.

SCHWALBENSTARE

Die Mitglieder der Familie Schwalbenstare (Artamidae) aus Südost-Asien, Neuguinea und Australien sind die einzigen Sperlingsvögel, die Puderdunen besitzen. Sie fangen im Flug Insekten und gehören zu den wenigen kleinen Sperlingsvögeln, die segeln können.

MASKEN-SCHWALBENSTAR
Artamus personatus
Diese Art mit dunklem Gesicht lebt nomadisch in trockeneren Teilen des australischen Binnenlands. Die Vögel sammeln sich oft in großen Schwärmen.

19 cm

WÜRGERKRÄHEN

Der Familie Würgerkrähen (Cracticidae) aus Australasien gehören sehr stimmfreudige, intelligente Allesfresser an. Arten der Gattung *Cracticus* sind Räuber, die der Gattung *Strepera* ähneln Rabenvögeln und die australischen Flötenvögel leben vorwiegend auf dem Boden. Alle bauen unordentliche Nester aus Zweigen.

FLÖTENVOGEL
Gymnorhina tibicen
Diese in Australien weit verbreitete Art hat ein sehr variables schwarz-weißes Gefieder. Ihr Gesang ist melodisch und vielfältig und sie kann Geräusche gut nachahmen.

34–44 cm

IORAS

Diese Regenwaldvögel leben meist hoch oben in der Kronenregion. Mit ihrem grünen oder gelben Gefieder sind die Ioras (Aegithinidae) gut getarnt, wenn sie Insekten fangen. Die Balzrituale der Männchen sind kompliziert.

15 cm

SCHWARZFLÜGEL-IORA
Aegithina tiphia
Den kleinsten und am weitesten verbreiteten Iora trifft man im gesamten tropischen Asien von Indien bis nach Borneo an. Der Vogel baut napfförmige Nester.

RABENVÖGEL

Der weltweit verbreiteten Familie der Rabenvögel (Corvidae) gehören einige der größten Sperlingsvögel an. Diese intelligenten, opportunistischen Vögel haben komplizierte Sozialsysteme und gehen starke Paarbindungen ein. Krähen können Werkzeuge einsetzen und zeigen spielerisches Verhalten.

33–39 cm

DOHLE
Corvus monedula
Der kleine Rabenvogel kommt im westlichen Eurasien und Nordafrika vor. Er nistet in Löchern in Felsen, Mauern oder Bäumen.

56–69 cm

KOLKRABE
Corvus corax
In offenen Lebensräumen auf der Nordhalbkugel trifft man den größten Sperlingsvogel der Erde an. Er ist der Rabenvogel mit dem größten Verbreitungsgebiet.

SCHILDRABE
Corvus albus
Dieser Verwandte des Kolkraben ist in Afrika und Madagaskar wahrscheinlich das häufigste Mitglied der Familie der Rabenvögel.

46–50 cm

25–30 cm

sehr langer Schwanz

BLAUHÄHER
Cyanocitta cristata
In Familiengruppen, die enge Bindungen eingehen, lebt dieser farbenprächtige nordamerikanische Häher. Er liebt Eicheln und trägt zu ihrer Verbreitung bei.

ELSTER
Pica pica
Von offenen Wäldern bis in Halbwüsten trifft man die häufige Elster an. Sie ist in Eurasien verbreitet. Sie ist mit den *Corvus*-Arten näher verwandt als asiatische Elstern.

46 cm

45–48 cm

SAATKRÄHE
Corvus frugilegus
Das ganze Jahr über sammeln sich Saatkrähen in Schwärmen. Die eurasische Art mit kahlem Schnabelgrund nistet in Kolonien in Bäumen.

47–52 cm

AASKRÄHE
Corvus corone
Die häufige eurasische Art lebt meist einzelgängerisch und hat ein breites Nahrungsspektrum. Sie vertilgt kleine Tiere, pflanzliche Kost und Aas.

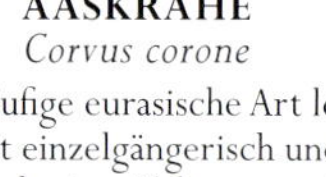

DRONGOS

Die schwarzen, langschwänzigen Drongos (Dicruridae) fliegen plötzlich auf, um Insekten zu erbeuten. Die aggressiven Vögel greifen manchmal größere Arten an, um ihre Nester vor ihnen zu verteidigen.

26 cm

GABELDRONGO
Dicrurus forficatus
Wie viele Drongos hat diese madagassische Art einen langen, gegabelten Schwanz und rote Augen. An der Schnabelbasis hat sie typische Federbüschel.

WÜRGER

Die Mitglieder der Familie Würger (Laniidae) jagen in offenen Landschaften. Viele Arten spießen Insekten und kleine Wirbeltiere als Vorräte auf Dornen auf. Die meisten Arten leben in Afrika und Eurasien, zwei in Nordamerika.

17–18 cm

NEUNTÖTER
Lanius collurio
Dieser Vogel brütet von Europa bis nach Sibirien und überwintert in Afrika. Wie andere Würger der Gattung *Lanius* hat er einen melodischen Ruf.

BUSCHWÜRGER

Nur in Afrika ist die Familie Buschwürger (Malaconotidae) verbreitet. Man begegnet den Vögeln meist in offenem Waldland mit Gebüschen. Mit ihren Hakenschnäbeln fangen sie große Insekten.

20 cm

BRILLENWÜRGER
Prionops plumatus
In Afrika südlich der Sahara ist der Brillenwürger verbreitet. Oft sammeln die Vögel sich in kleinen Trupps. Sie beherrschen viele verschiedene Rufe.

23 cm

ROTBAUCHWÜRGER
Laniarius atrococcineus
Diese Art hat ein auffälliges rot-schwarzes Gefieder Sie ist im südlichen Afrika verbreitet, bevorzugt in trockenen Gebieten.

orangeroter Schnabel

67 cm

ROTSCHNABELKITTA
Urocissa erythrorhyncha
In Wäldern vom Himalaya bis Ostasien plündert diese Art Küken aus Nestern und frisst Aas.

29 cm

GRÜNHÄHER
Cyanocorax yncas
Dieser Vogel ernährt sich von Früchten und Samen. Südamerikanische Populationen unterscheiden sich deutlich von mittelamerikanischen und könnten getrennte Arten sein.

31–35 cm

BLAUELSTER
Cyanopica cyanus
Die gesellige Blauelster brütet in Kolonien. Zwei getrennte Populationen (in Portugal und in Ostasien) könnten verschiedene Arten sein.

34 cm

EICHELHÄHER
Garrulus glandarius
Der Eichelhäher ist mit den Rabenvögeln der Alten Welt näher verwandt als mit den amerikanischen Hähern. Er legt im Herbst Vorratslager mit Eicheln an.

PIROLE

Die Familie Pirole (Oriolidae) ist in der Alten Welt verbreitet. Die Vögel leben in der Kronenregion und fressen Insekten und Früchte. Viele Arten sind auffällig gelb-schwarz gefärbt. Die Weibchen sind meistens grüner als die Männchen.

24 cm

EUROPÄISCHER PIROL
Oriolus oriolus
In Wäldern in West- und Zentraleurasien kommt der Pirol vor. Den Winter verbringen die Vögel in Afrika.

27–29 cm

AUSTALISCHER FEIGENPIROL
Sphecotheres vieilloti
Die Feigenpirole mit ihren kräftigen Schnäbeln sind Fruchtfresser. Diese Art trifft man im nördlichen und östlichen Australien an.

VANGAWÜRGER

Die mit den afrikanischen Brillenwürgern verwandten Mitglieder der Familie Vangawürger (Vangidae) sind räuberische Sperlingsvögel aus Madagaskar. Sie fangen Wirbellose, Reptilien und Frösche. Ihre Schnäbel sind je nach Nahrung und Art und Weise der Nahrungsaufnahme meisel-, sichel- oder dolchförmig.

20 cm

ROTVANGA
Schetba rufa
Dieser Vogel, der in Wäldern auf Madagaskar häufig ist, ähnelt den Würgern (Laniidae), ist aber nicht näher mit ihnen verwandt.

SCHNÄPPERWÜRGER

Die Schnäpperwürger (Platysteiridae) sind in Afrika verbreitete Insektenfresser. Sie haben flache Hakenschnäbel mit Borsten an der Basis und schnappen, ebenso wie die Fliegenschnäpper, plötzlich nach ihrer Beute.

13 cm

BRAUNKEHL-LAPPENSCHNÄPPER
Platysteira cyanea
Lappenschnäpper haben rote Hautpartien um die Augen. Diese Art kann man in Wäldern in Afrika südlich der Sahara häufig antreffen.

VIREOS

Oberflächlich ähneln die Vögel der Familie Vireos (Vireonidae) den amerikanischen Waldsängern, ihre Schnäbel sind jedoch dicker. Sie sind aber näher mit den Rabenvögeln, den Pirolen und Würgern der Alten Welt verwandt. Sie picken Insekten oder fangen sie im Flug.

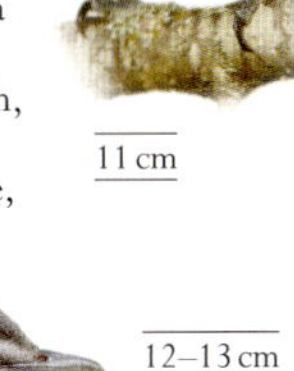

11 cm

SCHWARZKOPFVIREO
Vireo atricapilla
Die Art brütet in Nordamerika und zieht nach Mexiko. Die Geschlechter unterscheiden sich, anders als bei anderen Vireos. Männchen haben eine schwarze, Weibchen eine graue Kappe.

12–13 cm

ROTAUGENVIREO
Vireo olivaceus
Nordamerikanische Populationen der sehr stimmfreudigen Art ziehen nach Südamerika, wo sie sich Gruppen anschließen, die als Standvögel leben.

MEISEN

Diese gewandt kletternden Vögel nisten meist in Höhlen. Die Familie Meisen (Paridae) kommt in Nordamerika, Eurasien und Afrika in bewaldeten Lebensräumen vor. Oft hängen die Vögel kopfüber, wenn sie Insekten aus dem Laub picken oder Sämereien fressen.

12–14 cm

BUNTMEISE
Parus varius
Diese Art bewohnt Waldlebensräume wie Nadel- und Bambuswälder im nordöstlichen Asien, in Japan und auf Taiwan.

12–15 cm

SCHWARZKOPFMEISE
Parus atricapillus
In Nordamerika sieht man diese neugierige und geschickte Meise häufig. Wie andere Meisen legt sie Samenvorräte an.

14–16 cm

INDIANERMEISE
Parus bicolor
Die Meise aus dem östlichen Nordamerika ergänzt wie viele Meisen ihre Insektennahrung mit Samen. Sie hält sie fest, um sie mit dem Schnabel zertrümmern zu können.

14 cm

KOHLMEISE
Parus major
Die eurasische Kohlmeise kommt in verschiedenen Lebensräumen vor, von Wäldern bis in Heidegebiete und Siedlungen.

11–12 cm

BLAUMEISE
Parus caeruleus
Die in mit Laubbäumen bestandenen Gegenden in Europa, der Türkei und Nordafrika häufige Blaumeise besucht gern Futterspender in Gärten.

BEUTELMEISEN

Die dünnschnäbeligen Vögel der Familie Beutelmeisen (Remizidae) kommen in Afrika und Eurasien vor, eine Art in Amerika. Die meisten bauen aus Spinnweben und weichen Materialien beutel- oder flaschenförmige Nester, oft über dem Wasser.

11 cm

BEUTELMEISE
Remiza pendulinus
Das einzige Mitglied der Familie, das in weiten Teilen Eurasiens verbreitet ist, kommt in Sümpfen mit Bäumen vor, wo es hängende Nester baut.

9–11 cm

GOLDKÖPFCHEN
Auriparus flaviceps
Anders als die meisten Beutelmeisen baut diese Art kugelige Nester. Man findet sie im Gestrüpp von Halbwüsten im Süden der USA und in Mexiko.

PARADIESVÖGEL

Die meisten Mitglieder der Familie Paradiesvögel (Paradisaeidae), die man vor allem in Regenwäldern Neuguineas antreffen kann, ernähren sich von Früchten. Die Männchen spreizen ihre bunten, prächtigen Schmuckfedern in komplizierten Ritualen. Die Weibchen ziehen die Jungen später allein groß.

32 cm

gelbe Federn an den Flanken

KLEINER PARADIESVOGEL
Paradisaea minor
Diese Art lebt im Norden und Westen Neuguineas. Die Männchen balzen mit ihren langen gelben Schmuckfedern an den Flanken.

SÜDSEESCHNÄPPER

Die Südseeschnäpper (Petroicidae) sind untersetzte, rundköpfige Insektenfresser. Verbreitet sind sie von Australasien bis zu den Inseln im südwestlichen Pazifik. Bei einigen Arten helfen die Jungvögel ihren Eltern bei der Aufzucht der nächsten Brut.

13 cm

WEISSSCHWANZSCHNÄPPER
Microeca fascinans
Die häufige Art fängt mit ihrem breiten Schnabel Fliegen. Sie bewohnt Wälder in Australien und Neuguinea.

15 cm

GOLDBAUCHSCHNÄPPER
Eopsaltria australis
In Wäldern und Gärten im östlichen Australien stößt dieser Vogel von niedrigen Sitzwarten auf Wirbellose herab, die er am Boden fängt.

SEIDENSCHWÄNZE

Die Arten der Familie Seidenschwänze (Bombycillidae) sind Beerenfresser. Drei Arten kommen in den kühlen Wäldern im nördlichen Nordamerika und Eurasien vor.

lackroter Fleck

gelbe Schwanzspitze

18 cm

SEIDENSCHWANZ
Bombycilla garrulus
Die herrliche Art ist beigefarben mit rosa Tönung. Sie brütet in der Taiga. Auf ihrem Zug in den Süden werden die Vögel von beerentragenden Sträuchern angelockt.

SCHWANZMEISEN

Vögel der Familie Schwanzmeisen (Aegithalidae) sind rastlose Insektenfresser, die raffinierte hängende Nester bauen. Sie werden mit Spinnweben stabilisiert und mit Federn ausgelegt.

14 cm

SCHWANZMEISE
Aegithalos caudatus
Die Schwanzmeise mit der weitesten Verbreitung trifft man in Nord- und Zentralasien an. Außerhalb der Brutsaison sammeln sich die Vögel in Trupps.

SEIDENSCHNÄPPER

Zur Familie der Seidenschnäpper (Ptilogonatidae) aus Mittelamerika gehören nur vier Arten. Die Vögel sind nach ihrem weichen Gefieder (es ähnelt dem der verwandten Seidenschwänze) und ihrer Ernährungsweise benannt.

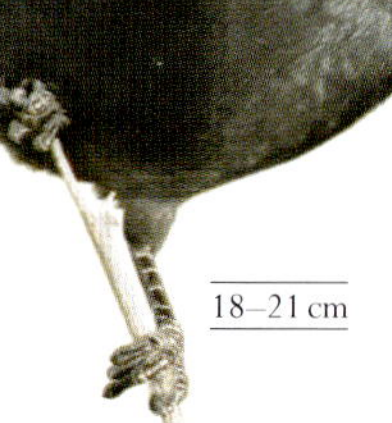

TRAUERSEIDENSCHNÄPPER
Phainopepla nitens
Dieser Vogel aus den südlichen USA und Mexiko nistet in Wäldern in Kolonien. In der Wüste nistet er territorial.

18–21 cm

MONARCHEN

Die langschwänzigen Mitglieder der Monarchen (Monarchidae) haben breite Schnäbel, mit denen sie Fliegen fangen. Die meisten Arten kommen in tropischen Wäldern der Alten Welt vor. Außer der Drosselstelze sind sie Baumbewohner, die ihre napfförmigen Nester mit Flechten dekorieren.

GRAUBRUST-PARADIESSCHNÄPPER
Terpsiphone viridis
In verschiedenen Farbformen kommt dieser Vogel vor, alle Männchen haben aber lange Schwanzfedern. Diese Art ist in Savannen südlich der Sahara verbreitet.

17–38 cm

DROSSELSTELZE
Grallina cyanoleuca
Anders als andere Mitglieder der Familie der Monarchen verbringt dieser australische Vogel viel Zeit auf dem Boden und baut ein großes Schlammnest.

DROSSELHÄHER

Zur Familie Drosselhäher (Corcoracidae) gehören zwei Arten sozialer Vögel, die auf dem Boden Nahrung suchen und große napfförmige Grasnester in Bäumen bauen, die sie mit Schlamm verkleistern.

GIMPELHÄHER
Struthidea cinerea
Diese bodenlebende Art sammelt sich in Trupps aus 6–20 Vögeln. Er kommt in Wäldern im nördlichen und östlichen Australien vor.

LERCHEN

Die braunen Vögel mit melodischen Rufen der Familie Lerchen (Alaudidae) kommen in offenen Lebensräumen vor. Die meisten sind in Afrika verbreitet, eine Art in Nordamerika. Viele haben eine lange hintere Kralle, die ihnen beim Laufen auf dem Boden Halt verschafft.

WÜSTENLÄUFER-LERCHE
Alaemon alaudipes
Diese Lerche hat einen gekrümmten Schnabel. Sie kommt in trockenen Lebensräumen in Nordafrika und im Nahen Osten vor und läuft oft am Boden.

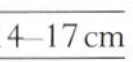

OHRENLERCHE
Eremophila alpestris
Die Ohrenlerche brütet im arktischen Nordamerika und in der Tundra Eurasiens. Sie überwintert weiter südlich an Küsten.

18–19 cm

FELDLERCHE
Alauda arvensis
Von den Britischen Inseln bis nach Japan ist die Art verbreitet. Sie bewohnt offene Lebensräume. Der Singflug der Männchen ist berühmt.

BÜLBÜLS

In wärmeren Teilen Eurasiens und Afrikas trifft man die Arten der Familie Bülbüls (Pycnonotidae) an. Die meisten Bülbüls sind gesellige, laute Fruchtfresser. Das weiche Gefieder vieler Arten ist außer roten oder gelben Unterschwanzfedern unauffällig gefärbt.

ROTSCHNABEL-BÜLBÜL
Hypsipetes leucocephalus
In Wäldern und Gärten in Indien, China und Thailand trifft man diese Art häufig an. Es gibt Formen mit dunklen und weißen Köpfen.

ROTOHRBÜLBÜL
Pycnonotus jocosus
Dieser häufige asiatische Bülbül ist von Indien bis zur Malaiischen Halbinsel verbreitet. Die opportunistische Art lebt in Wäldern und in Dörfern.

SCHWALBEN

Die Schwalben (Familie Hirundinidae) haben lange Flügel und gegabelte Schwänze. Mit ihren kurzen Schnäbeln, die sie weit aufsperren können, fangen sie Insekten im Flug. Sie bauen Schlammnester oder nisten in Baumlöchern oder Röhren in Erdböschungen.

20 cm

KAPSCHWALBE
Cecropis cucullata
Diese Schwalbe trifft man in afrikanischen Grasländern an. Sie brütet im Süden des Kontinents und zieht im Winter in den Norden.

12–14 cm

UFERSCHWALBE
Riparia riparia
Wie andere Schwalben zieht diese Art im Winter in die Tropen. Sie nistet auf der Nordhalbkugel in Kolonien an Flussufern.

12–15 cm

SUMPFSCHWALBE
Tachycineta bicolor
Die nordamerikanische Art bewaldeter Sumpfgebiete ergänzt ihre Insektennahrung mit Beeren. Deshalb kann sie weiter nördlich brüten als andere Schwalben.

15–19 cm

RAUCHSCHWALBE
Hirundo rustica
Fast weltweit kommt die Rauchschwalbe vor. Ursprünglich war sie eine Höhlenbrüterin, heute nutzt sie auch Gebäude.

TIMALIEN

Im Allgemeinen sind die Timalien im Vergleich zu den verwandten Grasmücken weniger gesellig, lauter und ziehen seltener. Die Arten der Familie Timalien (Timaliidae) sind in wärmeren Teilen der Alten Welt verbreitet und haben sich zu vielfältigen drossel- oder grasmückenähnlichen Formen entwickelt.

12 cm

BRAUNKOPF-PAPAGEIMEISE
Paradoxornis webbianus
Trotz des kurzen Samenfresserschnabels ist die langschwänzige chinesische Art vielleicht mit den insektenfressenden Grasmücken der Alten Welt verwandt.

14 cm

ROTSCHWANZSIVA
Minla ignotincta
Einer Meise ähnelt diese kleine Art. Sie ist eine laute Bewohnerin der Baumkronen in den Bergwäldern von Nepal, China und Myanmar.

15 cm

CHAPERRAL-TIMALIE
Chamaea fasciata
Der unscheinbare Vogel mit gestelztem Schwanz ist das einzige amerikanische Mitglied der Familie und vielleicht mit Papageimeisen verwandt.

23 cm

WEISSOHRTIMALIE
Heterophasia auricularis
Arten der Gattung *Heterophasia* sind Nektartrinker. Diese Art kommt nur auf Taiwan vor, wo man ihren Ruf in Gebirgswäldern oft hört.

33 cm

hängender Schwanz

rotbraunes Band

BRUSTBANDHÄHERLING
Garrulax pectoralis
Häherlinge sind große, waldbewohnende Timalien, die lachend rufen. Sie ziehen oft in gemischten Schwärmen umher. Diese Art kommt im Himalaya und in Südost-Asien vor.

16–17 cm

ROTKÄPPCHENTIMALIE
Timalia pileata
In niedrigem Gestrüpp in Südost-Asien ist dieser Vogel verbreitet, oft in Wassernähe und gemeinsam mit anderen Timalien.

13 cm

ROTKOPFYUHINA
Yuhina bakeri
Wie die eng verwandten Brillenvögel sind Yuhinas an das Trinken von Nektar angepasst. Diese Art trifft man im östlichen Himalaya an.

MÜCKENFÄNGER

Die kleinen Insektenfresser der amerikanischen Familie Mückenfänger (Polioptilidae) sind mit den Zaunkönigen verwandt, ähneln aber Grasmücken. Wie viele Zaunkönige stelzen einige Arten bei der Nahrungssuche ihren Schwanz.

12 cm

BLAUMÜCKEN-FÄNGER
Polioptila caerulea
Dieser nordamerikanische Mückenfänger stelzt seinen weiß gesäumten Schwanz, vielleicht, um Insekten aufzuscheuchen.

GRASMÜCKENARTIGE

Zur Familie Grasmückenartige (Sylviidae) gehören mehrere Insektenfresser mit dünnen Schnäbeln. Viele Grasmücken sind unauffällig gefärbt und am einfachsten an ihrem Ruf zu erkennen. Jüngere DNA-Analysen haben gezeigt, dass Halmsängerartige, Rohrsänger und Grassänger getrennten Familien angehören.

12–13 cm

WEISSBART-GRASMÜCKE
Sylvia cantillans
Wie viele Grasmücken der Gattung *Sylvia* brütet diese Art in mediterranen Lebensräumen mit Gebüschen und überwintert in Afrika.

14 cm

MÖNCHS-GRASMÜCKE
Sylvia atricapilla
Männchen der Gattung *Sylvia* besitzen meist schwarze oder braune Gefiederpartien. Weibchen dieser eurasischen Art haben einen braunen Oberkopf.

19–23 cm

KAP-GRASSÄNGER
Sphenoeacus afer
Im südafrikanischen Busch kommt die Art vor. Sie gehört zu einer alten afrikanischen Gruppe, die sich unabhängig von anderen altweltlichen Grasmücken entwickelt hat.

BAUMLÄUFER

Die kleinen Insektenfresser der Familie Baumläufer (Certhiidae) sind auf der Nordhalbkugel verbreitet. Sie suchen an aufrechten Baumstämmen Nahrung und stützen sich mit dem Schwanz ab.

WALDBAUMLÄUFER
Certhia familiaris
Dies ist die am weitesten verbreitete Art der Gattung *Certhia*. Man kann sie von den Britischen Inseln bis nach Japan in Laub- und Nadelwäldern antreffen.

13 cm

GELBSPÖTTER
Hippolais icterina
Einen melodischeren Ruf als die verwandten Rohrsänger hat diese Art. Sie lebt in eurasischen Wäldern und zieht im Winter nach Südafrika.

13–15 cm

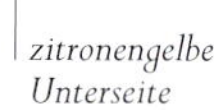

zitronengelbe Unterseite

13 cm

SCHILF-ROHRSÄNGER
Acrocephalus schoenobaenus
Dies ist einer von vielen Rohrsängern, die in Feuchtgebieten leben. Er brütet in Eurasien und zieht nach Afrika.

18–24 cm

SCHWARZBAUCH-LERCHENSÄNGER
Cincloramphus cruralis
Der australische Vogel nomadisiert in offenen Lebensräumen. Wie eine Lerche steigt er in den Himmel auf.

SILBEROHR-SONNENVOGEL
Leiothrix argentauris
Der in Bergwäldern Südost-Asiens verborgen lebende Vogel gehört einer Gruppe von Timalien an, zu der auch die Sivas und Häherlinge zählen.

BARTMEISE
Panurus biarmicus
Diese eurasisch verbreitete Art, eine spezialisierte Bewohnerin von Schilfbeständen, ist vielleicht mit den Lerchen verwandt.

GOLDHÄHNCHEN

Zur Familie Goldhähnchen (Regulidae) zählen die kleinsten Sperlingsvögel. Sie besitzen bunte Hauben und leben in kühlen nördlichen Wäldern. Wegen ihrer hohen Stoffwechselrate müssen sie ständig fressen, wenn sie wach sind. Mit ihren feinen Schnäbeln picken sie weiche Wirbellose von Blättern.

WINTER-GOLDHÄHNCHEN
Regulus regulus
Alle Goldhähnchen sind an Nadelwälder angepasst. Das eurasische Winter-Goldhähnchen hat gekerbte Füße und vorn verbreiterte Zehen, mit denen es an Nadeln Halt findet.

RUBINGOLDHÄHNCHEN
Regulus calendula
Wenn es die Federn am Oberkopf aufstellt, ist die rote Haube dieses nordamerikanischen Goldhähnchens deutlich sichtbar.

KLEIBER

Die Arten der Familie Kleiber (Sittidae) sind geschicktere Kletterer als die verwandten Baumläufer und können an aufrechten Stämmen kopfüber hinablaufen. Sie fressen Samen und Insekten. Manche legen in Rindenspalten Vorräte an.

MAUERLÄUFER
Tichodroma muraria
Der im zentralen Eurasien verbreitete Gebirgsvogel pflückt mit seinem spitzen Schnabel Insekten von Felsen.

KLEIBER
Sitta europaea
Wie andere Kleiber öffnet dieser verbreitete Waldvogel Nüsse, indem er sie in Rindenspalten klemmt und aufhämmert.

KANADA-KLEIBER
Sitta canadensis
Diese nordamerikanische Art ist ähnlich gefärbt wie der eurasische Kleiber, die Männchen sind aber bunter.

BRILLENVÖGEL

Bei den meisten Arten der Brillenvögel (Zosteropidae) sind die Augen von einem Ring weißer Federn umgeben. Die Nektartrinker haben bürstenartige Zungenspitzen.

11 cm

HEUGLIN-BRILLENVOGEL
Zosterops poliogastrus
Diese Art offener Waldländer kommt nur in isolierten Gebirgszügen in Äthiopien, Kenia und Tansania vor. Es gibt verschiedene Unterarten.

FEENVÖGEL

Beide Arten der Familie Feenvögel (Irenidae) trifft man in Südost-Asien an, wo sie in der Kronenregion Früchte fressen, bevorzugt Feigen. Die Männchen sind leuchtend blau gefärbt, die Weibchen sind matt grün.

TÜRKIS-FEENVOGEL
Irena puella
Der Türkisfeenvogel ist von Indien bis Indonesien verbreitet. Oft frisst er mit anderen Fruchtfressern wie Nashornvögeln und Tauben in Bäumen.

ZAUNKÖNIGE

Mit Ausnahme des in Eurasien verbreiteten Zaunkönigs kommen alle Arten der Familie Zaunkönige (Troglodytidae) in Amerika vor. Die meisten sind stimmfreudige, aber unauffällige kurzflügelige Vögel, die im Unterholz Insekten fangen. Manche schlafen auf dem Erdboden.

10 cm

ZAUNKÖNIG
Troglodytes troglodytes
Den einzigen in Eurasien verbreiteten Zaunkönig kann man auf der ganzen Nordhalbkugel antreffen. Es gibt viele Unterarten.

KAKTUSZAUNKÖNIG
Campylorhynchus brunneicapillus
Der größte Zaunkönig lebt in Wüsten in Kalifornien und Mexiko, wo er in Trupps auf dem Boden Nahrung sucht.

BUSCHZAUNKÖNIG
Thryomanes bewickii
Der langschwänzige Vogel hält sich in trockenen, offenen Lebensräumen in Kalifornien und Mexiko auf. Er verfügt über ein großes Gesangsrepertoire.

SPOTTDROSSELN

Die Familie Spottdrosseln (Mimidae) kommt in weiten Teilen Amerikas, in der Karibik und auf den Galapagos-Inseln vor. Die Vögel mit kräftigen Beinen sind meistens grau oder braun und sehr stimmfreudig. Manche Arten können Geräusche hervorragend nachahmen.

KATZENVOGEL
Dumetella carolinensis
Nach ihrem miauenden Ruf ist diese nordamerikanische Art benannt, die auf dem Boden Nahrung sucht. Sie verbringt den Winter in Mittelamerika und in der Karibik.

KRUMMSCHNABEL-SPOTTDROSSEL
Toxostoma curvirostre
In trockenen Lebensräumen mit Gesträuch im Süden der USA und in Mexiko stochert dieser Vogel im Boden nach Wirbellosen.

SPOTTDROSSEL
Mimus polyglottos
Sein großes Gesangsrepertoire gibt dieser nordamerikanische Vogel am Tag und in der Nacht zum Besten.

STARE

Die meisten Arten der Familie Stare (Sturnidae) sind gesellige, laute Vögel. Viele von ihnen haben ein prächtiges, metallisch glänzendes Gefieder. Stare lebten ursprünglich nur in der Alten Welt. Aus diesen Heimatgebieten wurden sie in Amerika und Australien eingeführt.

BEO
Gracula religiosa
In Wäldern im tropischen Asien ist dieser beliebte Käfigvogel heimisch. Er ahmt die menschliche Sprache hervorragend nach.

BALI-STAR
Leucopsar rothschildi
Der Bali-Star kommt nur in Regenwäldern auf Bali (Indonesien) vor. Die Art ist wegen Lebensraumzerstörung und Wildfängen für den Tierhandel vom Aussterben bedroht.

WEISSHALS-ATZEL
Streptocitta albicollis
Diese elsternähnliche Art lebt nur in Regenwäldern auf Sulawesi, Indonesien und Inseln der Region. Meist trifft man Paare an.

GELBSCHNABEL-MADENHACKER
Buphagus africanus
In Savannen in Afrika südlich der Sahara sieht man diesen Vogel auf großen Säugetieren sitzen. Er frisst deren Parasiten und pickt in offenen Wunden.

SMARAGD-GLANZSTAR
Lamprotornis iris
Diese glänzende westafrikanische Art ernährt sich vor allem von Früchten, besonders von Feigen, frisst aber auch Ameisen.

FLIEGENSCHNÄPPER

Mit den Drosseln ist die Familie Fliegenschnäpper (Muscicapidae) verwandt, die man in zwei Gruppen unterteilt: Eigentliche Fliegenschnäpper mit breiten Schnäbeln, die fliegende Insekten fangen, und Schmätzer, zu denen Rotkehlchen, Nachtigallen und Steinschmätzer zählen. Einige Arten sind bunt gefärbt, bei den meisten dieser kleinen Vögel herrschen aber graue und braune Farben vor.

JAPANSCHNÄPPER
Cyanoptila cyanomelaena
Zu einer großen Gruppe auffällig blauer Fliegenschnäpper gehört diese Art aus dem tropischen Ostasien. Sie sucht hoch oben in der Kronenregion Nahrung.

AFRIKANISCHES SCHWARZKEHLCHEN
Saxicola torquatus
Der kleine, aufrecht sitzende Insektenfresser hat einen rauen Ruf, der typisch für Schmätzer ist. In Grasland in Eurasien und Afrika ist er häufig.

ROTKEHLCHEN
Erithacus rubecula
Mit den Schmätzern ist das Rotkehlchen verwandt, das sich in Hecken und Wäldern aufhält. Man trifft es im westlichen Eurasien und in Nordafrika an.

STEINSCHMÄTZER
Oenanthe oenanthe
Steinschmätzer besitzen einen weißen Bürzel und leben in offenen Landschaften. Diese in Eurasien am weitesten verbreitete Art überwintert in Afrika.

ROTBAUCHSCHMÄTZER
Thamnolaea cinnamomeiventris
Dieser Vogel, der zu einer Gruppe dunkel gefärbter afrikanischer Schmätzer gehört, kommt in felsigen Lebensräumen mit Gebüsch vor.

GARTENROTSCHWANZ
Phoenicurus phoenicurus
Nach ihren rotbraunen Schwänzen sind die Rotschwänze benannt, die man vor allem in Asien antrifft. Diese Art kommt von Europa bis nach Zentralasien vor und zieht nach Ostafrika.

HILDEBRANDT-GLANZSTAR
Lamprotornis hildebrandti
In bewaldeten Savannen lebt dieser ostafrikanische Star, wo er große Insekten auf dem Boden erbeutet. Oft sammelt er sich mit anderen Staren-Arten in Schwärmen.

PRACHT-GLANZSTAR
Lamprotornis splendidus
Diese Art, die in Afrika südlich der Sahara weit verbreitet ist, gehört zu einer Gruppe afrikanischer Stare mit metallisch glänzendem Gefieder.

STAR
Sturnus vulgaris
Der in Eurasien heimische Star wurde in Nordamerika eingebürgert. Die Vögel schlafen in Gruppen, nachdem die Schwärme spektakuläre Flugmanöver vollführt haben.

BLAUKEHLCHEN
Luscinia svecica
Dieser Verwandte der Nachtigall brütet in feuchten Regionen im nördlichen Eurasien und zieht nach Afrika und Südost-Asien.

SCHATTENSCHMÄTZER
Myiomela leucura
Die Art bewohnt Flusswälder vom Himalaya bis nach Indochina. Meist hält sie sich in Bodennähe auf.

NACHTIGALL
Luscinia megarhynchos
Wegen ihres lauten, abwechslungsreichen Gesangs ist diese in West- und Zentraleurasien verbreitete Art berühmt. Sie singt nachts oder am Tag.

TRAUERSCHNÄPPER
Ficedula hypoleuca
Die Gattung vorwiegend asiatischer Schnäpper ist eng mit den Schmätzern verwandt. Diese Art kommt von Europa bis Sibirien vor.

DROSSELN

Die meisten Drosseln (Familie Turdidae) sind Waldbewohner, die auf dem Boden Wirbellose wie Regenwürmer, Schnecken und Insekten suchen. Sie sind weltweit verbreitet, die meisten Arten kommen jedoch in der Alten Welt vor. Viele singen sehr schön.

BERGKURZFLÜGEL
Brachypteryx montana
Vielleicht sind Kurzflügel näher mit den Schnäppern als mit den Drosseln verwandt. Die Vögel leben in Wäldern in Asien. Diese Art ist vom Himalaya bis nach Java verbreitet.

DAMADROSSEL
Zoothera citrina
Dies ist eine der vielen *Zoothera*-Arten der altweltlichen Tropen. Sie bewohnt Wälder vom Himalaya bis nach Bali (Indonesien).

ROTKEHL-HÜTTENSÄNGER
Sialia sialis
In offenem Waldland und auf Feldern im östlichen Nordamerika lebt diese Art. Manchmal nistet sie in alten Spechthöhlen.

HALSBANDDROSSEL
Ixoreus naevius
In alten Nadelwäldern im westlichen Nordamerika trifft man diesen Vogel an, der den Winter in Parks und Gärten verbringt. Wie viele Drosseln sucht er in der Laubstreu Nahrung.

SINGDROSSEL
Turdus philomelos
Von Europa bis nach Sibirien ist die Singdrossel verbreitet. Sie benutzt Steine als Amboss, um auf ihnen Schneckenhäuser zu zertrümmern.

WANDERDROSSEL
Turdus migratorius
Diese nordamerikanischen Drosseln sammeln sich im Winter manchmal in riesigen Schwärmen aus über 200 000 Vögeln an Schlafplätzen.

AMSEL
Turdus merula
Von Europa bis Nordafrika und Indien ist dieses bekannte langschwänzige Mitglied der Drosselfamilie verbreitet. Amseln sind sehr territoriale Vögel.

WACHOLDERDROSSEL
Turdus pilaris
Diese Drossel brütet im nördlichen Eurasien und überwintert weiter südlich, wo sich Trupps auf Feldern sammeln.

BLATTVÖGEL

Die Fruchtfresser der Familie Blattvögel (Chloropseidae) trifft man in Wäldern im südöstlichen Asien an. Mit den bürstenförmigen Spitzen ihrer Zungen nehmen sie Nektar auf, um ihre Nahrung zu ergänzen. Männchen sind charakteristisch grün mit blauer oder schwarzer Kehle.

ORANGEBAUCH-BLATTVOGEL
Chloropsis hardwickei
Einen attraktiven Gesang hat dieser Vogel, der in Wäldern in hohen Lagen lebt. Er ist vom Himalaya bis zur Malaiischen Halbinsel verbreitet.

PRACHTFINKEN

Die Familie Prachtfinken (Estrildidae), der kleine, sehr gesellige, oft bunt gefärbte Samenfresser angehören, ist im tropischen Afrika, Asien und Australien verbreitet. Viele Vögel leben in Grasland oder offenen Wäldern. Beide Eltern kümmern sich um die Jungen.

ZEBRAFINK
Taeniopygia guttata
In den trockeneren Teilen Australiens ist der Zebrafink heimisch. Er ist ein beliebter Ziervogel.

REISFINK
Lonchura oryzivora
Die gefährdete Art kommt auf Java und Bali vor. Sie plündert Getreide- und Reisfelder. Deshalb wird sie gejagt und für den Tierhandel gefangen.

VEILCHEN-ASTRILD
Uraeginthus ianthinogaster
Dieser ostafrikanische Vogel trockener Wälder gehört zu einer Gattung vorwiegend blauer Prachtfinken.

WELLENASTRILD
Estrilda astrild
In ganz Afrika ist dieser kleine Prachtfink häufig. Wie seine Verwandten sucht der rastlose Vogel in Schwärmen in offenen Landschaften nach Sämereien.

BUNTASTRILD
Pytilia melba
Männchen der Gattung *Pytilia* haben rote Flecken auf den Flügeln. Die afrikanische Art ist der Wirt der Spitzschwanz-Paradieswitwe (*Vidua paradisaea*), eines Brutparasiten.

GRÜNER TROPFENASTRILD
Mandingoa nitidula
Im westlichen bis südlichen Afrika kommt diese Art vor. Sie hat einen weiß gefleckten Bauch und ist scheuer als andere Prachtfinken.

MUSKAT-AMADINE
Lonchura punctulata
In Buschland in Südasien ist dieser Vogel häufig. Männchen und Weibchen sehen ähnlich aus.

ROTKÖPFIGE PAPAGEI-AMADINE
Erythrura psittacea
Papagei-Amadinen sind vorwiegend grüne Prachtfinken, die in Südost-Asien und auf pazifischen Inseln verbreitet sind. Diese Art lebt in Grasland auf der Insel Neukaledonien.

WITWENVÖGEL

Die afrikanischen Witwenvögel (Familie Viduidae) sind wie Kuckucke Brutparasiten. Ihre Wirte sind Prachtfinken. Wenn die Jungen ihre Schnäbel aufsperren, zeigen sie eine ähnliche Rachenzeichnung wie die Jungen der Zieheltern, die so hinters Licht geführt werden.

SCHMALSCHWANZ-PARADIESWITWE
Vidua paradisaea
Männchen dieser ostafrikanischen Art haben im Prachtkleid sehr lange Schwanzfedern, die sie bei ihren Balzflügen präsentieren.

MISTELFRESSER

Die Vögel der Familie Mistelfresser (Dicaeidae) sind mit den im tropischen Asien und Australasien verbreiteten Nektarvögeln verwandt. Wie diese trinken die Fruchtfresser auch Blütennektar, sie haben aber kürzere Schnäbel.

ROTSTEISS-MISTELFRESSER
Dicaeum hirundinaceum
Diese australische Art hat einen kurzen Darm, in dem sie die Beeren von Misteln schnell verdaut. So trägt sie zur Verbreitung der Samen bei.

SPERLINGE

Die dickschnäbeligen Samenfresser der Familie Sperlinge (Passeridae) sind in Afrika und Eurasien verbreitet. Neben den Sperlingen gehören die Schneefinken zur Familie, die von den Pyrenäen bis nach Tibet in Gebirgen verbreitet sind.

HAUSSPERLING
Passer domesticus
Der Haussperling, der ursprünglich in Eurasien und Nordafrika heimisch war, hat sich als Kulturfolger fast weltweit ausgebreitet.

WASSERAMSELN

Die Vögel der Familie Wasseramseln (Cinclidae) sind die einzigen Sperlingsvögel, die unter Wasser tauchen und schwimmen können. Ihr gut eingefettetes Gefieder ist wasserdicht und ihr Blut kann viel Sauerstoff aufnehmen.

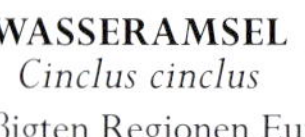

WASSERAMSEL
Cinclus cinclus
In gemäßigten Regionen Eurasiens ist die Wasseramsel verbreitet. Sie brütet bei schnell fließenden Bächen. Im Winter hält sie sich manchmal an langsamer fließenden Gewässern auf.

BAND-AMADINE
Amadina fasciata
Der rote Fleck am Hals des Männchens sieht aus, als hätte es eine durchgeschnittene Kehle. Die Art ist in trockenen Waldlandschaften in Afrika häufig.

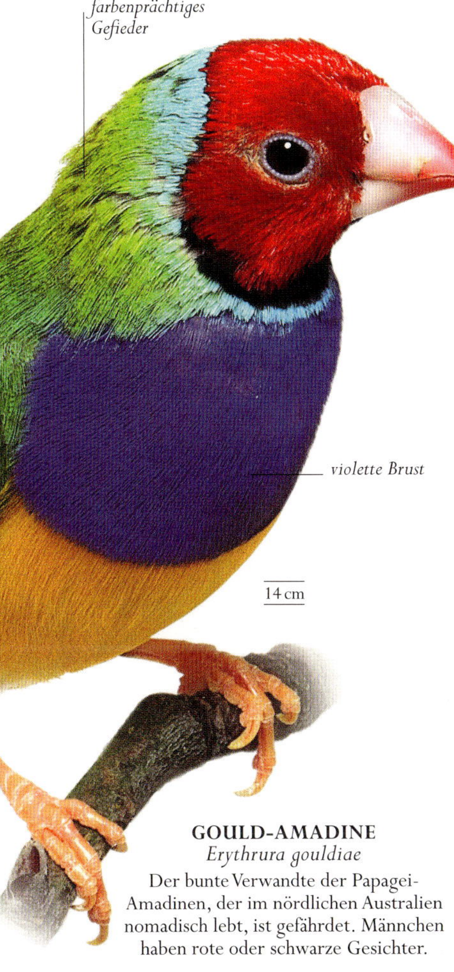

GOULD-AMADINE
Erythrura gouldiae
Der bunte Verwandte der Papagei-Amadinen, der im nördlichen Australien nomadisch lebt, ist gefährdet. Männchen haben rote oder schwarze Gesichter.

STELZEN UND PIEPER

Mitglieder der Familie Stelzen und Pieper (Motacillidae) kommen auf jedem Kontinent in offenen Lebensräumen vor. Sie fressen Insekten. Die meisten Stelzen haben längere Schwänze und sind bunter als die eher unauffälligen Pieper.

ROTKEHLPIEPER
Anthus cervinus
In der arktischen Tundra brütet dieser Pieper. Zur Brutzeit haben Männchen eine rötliche und Weibchen eine rosa Kehle.

14–17 cm

PAZIFISCHER WASSERPIEPER
Anthus rubescens
Dieser typische Pieper brütet in der arktischen Tundra und überwintert auf Feldern und an Küsten weiter im Süden.

15 cm

GOLDPIEPER
Tmetothylacus tenellus
Den Goldpieper trifft man im östlichen Afrika vom Sudan bis nach Tansania in offenem Busch- und Grasland an.

olivgrüner Rücken

16–17 cm

gelber Bauch

SCHAFSTELZE
Motacilla flava
Diese verbreitete eurasische Art überwintert in Afrika, Indien und Australien. Es gibt viele Unterarten, deren Köpfe grau oder schwarz gezeichnet sein können.

BACHSTELZE
Motacilla alba
Die Bachstelze ist in Eurasien weit verbreitet. Oft sieht man sie in Agrarland und in Siedlungen.

NEKTARVÖGEL

Die kleinen, flinken Nektartrinker der Familie Nektarvögel (Nectariniidae) ähneln den amerikanischen Kolibris: Auch sie haben lange, gebogene Schnäbel und lange Zungen. Sie sind in den Tropen der Alten Welt verbreitet. Die Männchen schillern meist in bunten Farben. Die Vögel sind sehr territorial.

GRAUBRUST-SPINNENJÄGER
Arachnothera affinis
Spinnenjäger sind unauffällig gefärbte, langschnäbelige Mitglieder der Familie der Nektarvögel. Wie alle anderen frisst diese Art aus Südost-Asien außer Nektar auch Insekten.

langer, gekrümmter Schnabel

15 cm

scharlachrote Brust

ROTBRUST-GLANZKÖPFCHEN
Chalcomitra senegalensis
In weiten Teilen Afrikas südlich der Sahara ist dieser große Nektarvogel häufig. Man trifft ihn in bewaldeten Lebensräumen an.

10 cm

PURPURNEKTARVOGEL
Cinnyris asiaticus
Wie alle Nektarvögel füttert diese Art aus dem südlichen Asien ihre Jungen vor allem mit Insekten. Die Männchen verlieren nach der Brutsaison ihr auffälliges Gefieder.

WEBERVÖGEL

Die geselligen Samenfresser der Familie Webervögel (Ploceidae) bauen komplizierte Nester. Nur die Männchen widmen sich dieser Aufgabe und die Weibchen wählen ihre Partner nach deren Fertigkeiten.

MARONENWEBER
Ploceus rubiginosus
Die meisten Webervögel gehören zur Gattung *Ploceus.* Diese Art ist im östlichen Afrika verbreitet.

11–13 cm

BLUTSCHNABELWEBER
Quelea quelea
Die afrikanischen Vögel gehören zu den häufigsten Vögeln der Erde. Die riesigen Schwärme richten bedeutende Ernteschäden an.

15–40 cm

SCHILDWIDA
Euplectes ardens
Männchen der Witwenvögel sind im Prachtkleid schwarz, und einige fächern bei ihren Balzflügen ihre langen Schwänze. Diese Art ist in Afrika südlich der Sahara weit verbreitet.

10–11 cm

NAPOLEONWEBER
Euplectes afer
Dieser afrikanische Vogel ist mit den Witwenvögeln verwandt. Männchen im Prachtkleid sind auffällig. Außerhalb der Brutsaison sind sie wie die Weibchen rot oder schwarz.

BRAUNELLEN

Die in Eurasien verbreiteten Arten der Braunellen (Prunellidae) sind meist bodenbewohnende Sperlingsvögel mit schmalen Schnäbeln. Die meisten Arten sind an Höhenlagen angepasst, kommen im Winter aber in tiefere Regionen, wo sie ihre Insektennahrung mit Sämereien ergänzen.

HECKEN-BRAUNELLE
Prunella modularis
Die Art lebt anders als viele Braunellen im Tiefland. Sie ist in den gemäßigten Zonen Eurasiens verbreitet.

FINKEN

Vielfältige Vögel der Familie Finken (Fringillidae) kommen in Eurasien, Afrika und im tropischen Amerika vor. Sie haben sich an ein breites Spektrum von Nahrungsquellen angepasst. Unter ihnen sind dünnschnäbelige Nektartrinker und Samenfresser mit dicken Schnäbeln.

12 cm

STIEGLITZ
Carduelis carduelis
Stieglitze holen mit ihren spitzen Schnäbeln die Samen aus den Fruchtständen hoher Pflanzen wie Disteln und Karden. Sie sind in Eurasien verbreitet.

12–13 cm

GOLDZEISIG
Carduelis tristis
Vor allem in Südamerika kommen vielfältige, auffällig gelbe Zeisige vor. Dieser Zugvogel ist eine nordamerikanische Art.

15 cm

BUCHFINK
Fringilla coelebs
Dem häufigsten europäischen Finken kann man auch in Nordasien begegnen. Im Winter sucht er oft gemeinsam mit anderen Finken-Arten Nahrung.

großes weißes Flügelfeld

17 cm

FICHTEN-KREUZSCHNABEL
Loxia curvirostra
Kreuzschnäbel holen mit ihren überkreuzten Schnabelspitzen Samen aus Zapfen. Der Fichten-Kreuzschnabel kommt in Nadelwäldern der Nordhalbkugel vor.

12 cm

MOSAMBIK-GIRLITZ
Serinus mozambicus
Zu einer Gruppe vor allem gelb gefärbter afrikanischer Girlitze gehört dieser Vogel. Er ist in Afrika südlich der Sahara häufig.

15–17 cm

GRAUKOPF-SCHNEEGIMPEL
Leucosticte tephrocotis
Das nordamerikanische Mitglied einer Gruppe von Gebirgsvögeln ist mit den Gimpeln (*Pyrrhula*) verwandt. Der Vogel lebt in felsigen Gebirgslandschaften.

STÄRLINGE

Die amerikanischen Arten der Familie Stärlinge (Icteridae) ähneln oberflächlich der Amsel, mit der sie nicht näher verwandt sind. Diese Gruppe steht den Finken nahe. Dank ihrer kräftigen Schnäbel kommen die Vögel mit harter Nahrung zurecht.

PURPURGRACKEL
Quiscalus quiscula
Dieser opportunistische nordamerikanische Vogel sucht auf Müllkippen Nahrung und plündert Getreidefelder.

GELBKOPF-SCHWARZSTÄRLING
Xanthocephalus xanthocephalus
In Feuchtgebieten im westlichen Nordamerika brütet dieser Vogel in Kolonien. Seine Nester baut er über dem Wasser, vielleicht zum Schutz vor Fressfeinden.

ROTSCHULTERSTÄRLING
Agelaius phoeniceus
In sumpfigen Lebensräumen lebt dieser nordamerikanische Vogel. Er nistet in Kolonien, oft gemeinsam mit dem dominanteren Gelbkopf-Schwarzstärling.

LERCHENSTÄRLING
Sturnella magna
Die Art aus dem östlichen Nordamerika baut ihre überdachten Nester in offenen Lebensräumen auf dem Boden.

BRAUNKOPF-KUHSTÄRLING
Molothrus ater
Der nordamerikanische Vogel legt viele Eier in die Nester anderer Sperlingsvögel. Verschiedene Wirtsarten ziehen seine Jungen groß.

BALTIMORE-TRUPIAL
Icterus galbula
Im Sommer ernährt sich dieser Vogel von Insekten, etwa von Schmetterlingsraupen. Im Winter ergänzt er seine Nahrung mit Nektar und Beeren.

BOBOLINK
Dolichonyx oryzivorus
Nach seinem Gesang im Flug ist dieser nordamerikanische Bodenbrüter benannt. Er verbringt den Winter im zentralen Südamerika.

KRÄHEN-STIRNVOGEL
Psarocolius decumanus
Wie alle Stirnvögel des tropischen Amerikas webt diese Art in lichten Wäldern lang gestreckte Nester, die von Zweigspitzen herabhängen.

gelbe Stirn

20 cm

ABENDKERNBEISSER
Hesperiphona vespertina
Kernbeißer haben mächtige Schnäbel, mit denen sie Samen knacken. Der Abendkernbeißer ist in Nordamerika verbreitet.

14 cm

HAUSGIMPEL
Carpodacus mexicanus
Der nordamerikanische Hausgimpel gehört zu den Karmingimpeln, von denen einige Arten in den gemäßigten Zonen Asiens vorkommen. Die Männchen sind rot oder blass gefärbt.

Oberkopf und Kinn schwarz

hellgrauer Rücken

22 cm

20 cm

14 cm

15–16 cm

MASKENKERNBEISSER
Eophona personata
Dieser auffällige Vogel brütet in kalten nördlichen Wäldern in Sibirien und Japan, er überwintert in Südchina.

HAKENGIMPEL
Pinicola enucleator
Der Hakengimpel lebt in Nadelwäldern der Nordhalbkugel. Sein Schnabel ähnelt dem der nah verwandten Gimpeln der Gattung *Pyrrhula*.

IIWI
Vestiaria coccinea
Nur auf Hawaii kommt dieser langschnäbelige Nektartrinker vor. Er bewohnt Bergwälder. Die größten Populationen halten sich in höheren Lagen auf.

GIMPEL
Pyrrhula pyrrhula
Gimpel haben kurze, sehr kräftige Schnäbel und dicke Köpfe. Dies ist die am weitesten verbreitete Art. Man trifft sie in Wäldern in gemäßigten Regionen Eurasiens an.

WALDSÄNGER

Die Waldsänger (Familie Parulidae) sind Insektenfresser, die mit den Finken verwandt sind. Die tropischen Arten leben als Standvögel, die Arten gemäßigter Zonen sind Zugvögel. Die Männchen verlieren im Winter ihr buntes Gefieder.

gelber Körper

12–13 cm

14 cm

11–14 cm

WEIDEN-GELBKEHLCHEN
Geothlypis trichas
Dieser Bewohner von Feuchtgebieten ist ein Zugvogel. Er verbringt den Winter in Kalifornien und Mexiko.

Beine und Füße blassbraun

GOLD-WALDSÄNGER
Dendroica petechia
Von Nordamerika bis in die Karibik ist diese Art verbreitet. Es gibt viele lokale Unterarten.

BRAUNBRUST-WALDSÄNGER
Dendroica castanea
In Fichtenwäldern im östlichen Nordamerika nistet dieser Vogel. Je nach Vorhandensein seiner Nahrung, den Raupen einer Wickler-Art, schwanken die Populationsgrößen.

11–13 cm

schwarze und weiße Streifen

18 cm

11–14 cm

SCHNÄPPER-WALDSÄNGER
Setophaga ruticilla
Dieser aktive Vogel zuckt mit seinem orange-schwarzen Schwanz und den Flügeln, um Insekten aufzuscheuchen. Er fängt seine Beute auch in der Luft.

GELBBRUST-WALDSÄNGER
Icteria virens
Der nordamerikanische Vogel ist für einen Waldsänger relativ groß. Er singt nachts und am Tag, außerdem ahmt er andere Vögel nach.

BAUMLÄUFER-WALDSÄNGER
Mniotilta varia
Die nordamerikanische Art läuft an Baumstämmen empor wie ein Baumläufer. Mit seinen langen hinteren Krallen findet der Vogel Halt.

15 cm

13 cm

13 cm

12 cm

UFER-WALDSÄNGER
Seiurus noveboracensis
Die große nordamerikanische Art lebt in Bodennähe. Sie sucht in feuchten Wäldern in der Laubstreu Nahrung und nistet im Gebüsch.

ZITRONEN-WALDSÄNGER
Protonotaria citrea
Diese Art nistet ungewöhnlicherweise in Baumhöhlen, manchmal in alten Spechthöhlen. Sie kommt in dicht bewaldeten Sumpfgebieten vor.

KAPUZEN-WALDSÄNGER
Wilsonia citrina
Wie der Schnäpper-Waldsänger erbeutet dieser Vogel im Flug Fliegen. Er lebt in Laubwäldern im Osten der USA.

GOLDFLÜGEL-WALDSÄNGER
Vermivora chrysoptera
Dieser Waldsänger aus dem östlichen Nordamerika nistet in offenen Lebensräumen mit Gebüsch. Er profitiert von Waldrodungen.

AMMERN

Die Ammern mit ihren kegelförmigen Schnäbeln ernähren sich meistens von Sämereien am Boden. Die Mitglieder der Familie Ammern (Emberizidae) sind sowohl in der Alten als auch in der Neuen Welt verbreitet.

rotes Auge

22 cm

weißer Bauch

GRUNDAMMER
Pipilo maculatus
Alle Grundammer-Arten sind langschwänzige amerikanische Sperlingsvögel. Die Grundammer mit ihren rotbraunen Flanken lebt in Dickichten in Nordamerika.

17 cm

KAPPENAMMER
Emberiza melanocephala
Diese Bewohnerin von Gebüschen und Olivenhainen brütet im Nahen Osten und überwintert in Indien.

18 cm

PRÄRIE-AMMER
Calamospiza melanocorys
Dieser Vogel nordamerikanischer Prärien ist eine bodenbrütende amerikanische Ammer.

langer, dunkler Schwanz

19 cm

GELBSCHENKEL-BUSCHAMMER
Pselliophorus tibialis
Nur in montanen Regenwäldern in Costa Rica und Panama lebt dieser laute tropische Vogel.

15 cm

GROSS-GRUNDFINK
Geospiza magnirostris
Auf den Galapagos-Inseln ist dieser Samenfresser heimisch. Die Art sucht seltener auf dem Erdboden Nahrung als andere Grundfinken.

14 cm

CAMPOS-AMMER
Coryphaspiza melanotis
In Grasländern im zentralen Südamerika kann man diese Art beobachten. Ihre Verwandtschafts-Verhältnisse sind unklar, vielleicht gehört sie zur Familie der Tangaren.

19 cm

GRAUKARDINAL
Paroaria coronata
Die Vögel der Gattung *Paroaria* kommen in Südamerika vor. Diese Art tritt in offenen Wäldern häufig auf.

TANGAREN

Zur amerikanischen Familie Tangaren (Thraupidae) gehören bunte Vögel, die in Wäldern im tropischen Südamerika leben. Die Finkenverwandten haben sich an unterschiedliche Nahrungsquellen angepasst, wie Früchte, Insekten, Samen und Nektar.

blauer »Mantel«

11 cm

grüner Flügel

GRÜNORGANIST
Chlorophonia cyanea
Die Fruchtfresser der Gattung *Chlorophonia* sind vorwiegend grün. Diese Art ist in Wäldern in Südamerika verbreitet. Sie baut kuppelförmige Nester.

14 cm

KAPPENNASCHVOGEL
Chlorophanes spiza
Die untersetzte Art lebt in den Baumkronen, wo sie mit ihrem gekrümmten Schnabel Früchte frisst. Oft sieht man sie mit anderen Tangaren in Schwärmen.

18–19 cm

SCHARLACHTANGARE
Piranga olivacea
Bei den meisten Arten der Gattung *Piranga* sind die Männchen im Prachtkleid rot. Dieser Zugvogel kommt in Nordamerika vor.

18 cm

KIEFERNTANGARE
Piranga ludoviciana
Der Vogel brütet im westlichen Nordamerika und verbringt den Winter in Mittelamerika. Er ist die einzige Art der Gattung *Piranga*, bei der Männchen im Prachtkleid vorwiegend gelb sind.

18 cm

BLAUSCHWINGEN-BERGTANGARE
Anisognathus somptuosus
Die meisten Bergtangaren im nördlichen Südamerika sind blau und gelb gefärbt wie dieser Bewohner montaner Regenwälder.

15 cm

JELSKI-TANGARE
Iridosornis jelskii
Das Mitglied einer Gruppe von Tangaren der Wälder der Anden kommt in Peru und Bolivien vor. Es hat eine gelbe Kopfzeichnung.

brauner und grauer Kopf

weißer, braun gestrichelter Bauch

14–16 cm

SINGAMMER
Melospiza melodia
Von Alaska bis Mexiko sieht man die Singammer häufig, die nach ihrem schönen Gesang benannt ist. Es gibt viele Unterarten.

11 cm

WECHSELPFÄFFCHEN
Sporophila corvina
Zu einer Gruppe von Samenfressern, die mit den Tangaren verwandt sein könnten, gehört diese Art mit variabler Gefiederfärbung. Sie lebt im tropischen Amerika.

15 cm

SPORNAMMER
Calcarius lapponicus
Die Spornammern sind nach ihren langen hinteren Krallen benannt. Die Art ist während der Brutsaison zirkumpolar verbreitet.

15–16 cm

dunkelgrauer Körper

Schwanz mit weißen Rändern

JUNKO
Junco hyemalis
Junkos sind graubraune nordamerikanische Ammern, die in Trupps am Boden Nahrung suchen. Diese Art besucht im Winter gern Futterspender in Gärten.

17–19 cm

DACHSAMMER
Zonotrichia leucophrys
In niedriger Vegetation hält sich die nordamerikanische Dachsammer auf. Die schwarzweiße Kopfzeichnung ist charakteristisch.

13–14 cm

SCHWIRRAMMER
Spizella passerina
Die Schwirrammer mit ihrem rotbraunen Oberkopf ist in offenem Waldland in Nordamerika häufig. Sie hat einen trillernden Ruf.

17–19 cm

FUCHSAMMER
Passerella iliaca
In Nordamerika ist die große Ammer weit verbreitet. Rücken und Brust sind rot gestrichelt. Meist suchen die Vögel in niedriger Vegetation Nahrung.

PURPURKEHL-ORGANIST
Euphonia chlorotica
Arten der Gattung *Euphonia* sind kleine Vögel, die vor allem Früchte fressen, besonders die Beeren von Misteln. Die Art lebt im nördlichen Südamerika.

10 cm

13 cm

Männchen im Prachtkleid mit blauem Bauch und Kopf

TÜRKISNASCHVOGEL
Cyanerpes cyaneus
Naschvögel des tropischen Amerikas trinken Nektar. Diese Art ist am weitesten verbreitet. Nach der Brutsaison haben Männchen ein unauffälliges mattgrünes Gefieder wie die Weibchen.

13 cm

AZURKOPFTANGARE
Tangara cyanicollis
Diese Art offener Wälder im nördlichen Südamerika gehört zu einer Gruppe von Tangaren mit besonders buntem, schillerndem Gefieder.

KARDINÄLE

Diese meist dickschnäbeligen Vögel sind Samenfresser wie die Ammern, viele sind aber ähnlich bunt wie Tangaren. Mit beiden Gruppen sind Arten der Familie Kardinäle (Cardinalidae) verwandt. Sie gehören zu einer großen Gruppe von amerikanischen Sperlingsvögeln.

18–21 cm

ROSENBRUST-KERNKNACKER
Pheucticus ludovicianus
Dieser Zugvogel hat einen mächtigen Schnabel, wie er für Arten typisch ist, die große Samen knacken. Er verschmäht auch Insekten nicht.

21–23 cm

ROTKARDINAL
Cardinalis cardinalis
Die Männchen dieses Standvogels aus dem Osten der USA und Mexiko sind rot. Die farbgebenden Carotinoide stammen aus ihrer Nahrung.

grüner Rücken

13 cm

PAPSTFINK
Passerina ciris
Im Süden der USA brütet der Papstfink, der den Winter in Mittelamerika und der Karibik verbringt. Nur die Männchen sind auffällig dreifarbig.

14 cm

INDIGOFINK
Passerina cyanea
Diese Art zieht zwischen Kanada und Südamerika hin und her. Die Männchen verlieren im Winter ihr blaues Prachtkleid.

SÄUGETIERE

Die Säugetiere (Mammalia) sind eine sehr erfolgreiche Tiergruppe. Sie können fast jeden Landlebensraum besiedeln. Mit einem Alter von 200 Millionen Jahren sind Säugetiere eine relativ junge Gruppe.

STAMM	CHORDATA
KLASSE	MAMMALIA
ORDNUNG	29
FAMILIEN	153
ARTEN	etwa 5500

Ein einziger Unterkieferknochen verleiht Säugetieren wie dem Beutelteufel einen kraftvollen Biss.

Die Barten bestehen aus einem Protein namens Keratin und filtern die Nahrung der Bartenwale aus dem Wasser.

Durch das Säugen erhalten junge Warzenschweine alle Nährstoffe, die sie in den ersten Lebenswochen benötigen.

STREITFRAGE

GLEICH GUT ANGEPASST

Beuteltier-Eigenschaften wie die etwas geringere Körpertemperatur werden manchmal als primitiv bezeichnet. Das erweckt den Anschein, dass Beuteltiere, deren Junge in einem embryonalen Zustand geboren werden, weniger fortgeschritten als Plazenta-Tiere seien. Tatsächlich sind beide Linien aber etwa zur gleichen Zeit entstanden.

Säugetiere verdanken ihren Erfolg einer besonderen Merkmalskombination, die es ihnen ermöglicht hat, die Reptilien als beherrschende Lebensform abzulösen. Wie die heutigen Reptilien atmen sie Luft, doch anders als sie sind sie warmblütig und können durch die Verarbeitung von Nahrung eine konstant hohe Körpertemperatur erhalten. So verlaufen die biochemischen Prozesse effektiv, ohne von der Sonnenwärme abhängig zu sein. Eine Besonderheit ist das Haar der Säugetiere, das es ihnen ermöglicht, auch bei Kälte und nachts aktiv zu sein. Da das Haarkleid sich erneuert, kann es sich auch den Jahreszeiten anpassen.

VARIATIONEN EINES THEMAS

Das Säugetierskelett wird von senkrecht unter dem Körper befindlichen Gliedmaßen gestützt. Das erlaubt es den landlebenden Tieren zu gehen, zu laufen und zu springen, doch die Grundstruktur ist sehr anpassungsfähig. Bei Robben und Walen dient sie dem Schwimmen, bei Fledermäusen dem Fliegen und bei Primaten dem Klettern oder Hangeln. Säugetierschädel besitzen kräftige Kiefer, wobei der aus einem Knochen bestehende Unterkiefer unmittelbar gelenkig mit dem Schädel verbunden ist. Die Bezahnung ist an den Nahrungstyp angepasst. Bestimmte Knochen, die bei Reptilien Teile des Unterkiefers bilden, haben bei Säugetieren eine neue Funktion bekommen. Sie sind zu zwei kleinen Knochen des Innenohrs geworden, die das einzige Gehörknöchelchen der Reptilien ergänzen und zum verbesserten Hörvermögen beitragen. Der Schädel dient auch dem Schutz des Gehirns, das größer und leistungsfähiger als bei anderen Gruppen ist. Damit verbunden sind Intelligenz und eine größere Lernfähigkeit, ein besseres Erinnerungsvermögen und komplexe Verhaltensweisen.

Diese Fähigkeiten müssen individuell angepasst werden, und junge Säugetiere tun das während der verlängerten Brutpflegezeit, die mit dem Säugen beginnt. Die Milchdrüsen sind aus Talgdrüsen entstanden, deren Sekrete dazu dienen, die Haut zu pflegen und vielleicht auch die Eier vor dem Austrocknen zu bewahren. Nach ihnen ist die gesamte Tiergruppe der Säugetiere (Mammalia) benannt worden.

FELL ALS TARNUNG >
Die Zeichnung dieses Jaguarfells löst den Umriss der Raubkatze auf, sodass ihre Beute sie schlechter erkennen kann.

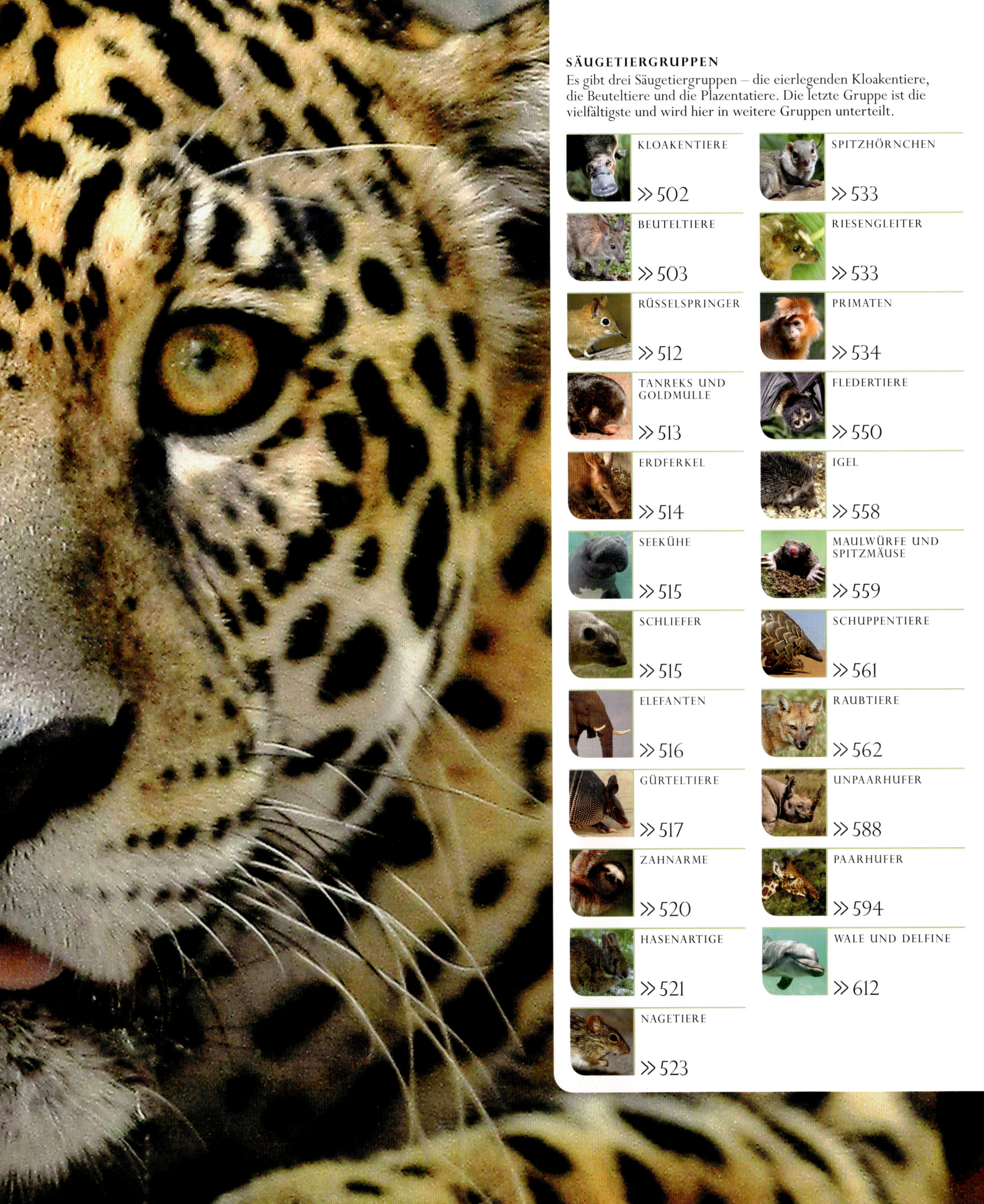

SÄUGETIERGRUPPEN

Es gibt drei Säugetiergruppen – die eierlegenden Kloakentiere, die Beuteltiere und die Plazentatiere. Die letzte Gruppe ist die vielfältigste und wird hier in weitere Gruppen unterteilt.

KLOAKENTIERE »502

BEUTELTIERE »503

RÜSSELSPRINGER »512

TANREKS UND GOLDMULLE »513

ERDFERKEL »514

SEEKÜHE »515

SCHLIEFER »515

ELEFANTEN »516

GÜRTELTIERE »517

ZAHNARME »520

HASENARTIGE »521

NAGETIERE »523

SPITZHÖRNCHEN »533

RIESENGLEITER »533

PRIMATEN »534

FLEDERTIERE »550

IGEL »558

MAULWÜRFE UND SPITZMÄUSE »559

SCHUPPENTIERE »561

RAUBTIERE »562

UNPAARHUFER »588

PAARHUFER »594

WALE UND DELFINE »612

KLOAKENTIERE

In der Säugetiergruppe der Kloakentiere (Monotremata) gibt es nur fünf Arten. Sie fallen durch ihre spezialisierten Schnauzen auf und legen Eier.

Schnabeltiere sowie Kurz- und Langschnabeligel, die auch als Ameisenigel bezeichnet werden, bewohnen verschiedene Lebensräume in Neuguinea, Australien und Tasmanien. Sie legen weichschalige Eier, aus denen die Jungen nach etwa zehn Tagen Brutzeit schlüpfen. Sie werden mit Milch aus den Milchdrüsen der Weibchen ernährt. Zitzen besitzen Kloakentiere jedoch nicht. Junge Schnabeligel leben im Beutel der Mutter, bis ihre Stacheln erscheinen, und werden dann wie junge Schnabeltiere einige Monate lang in einem Bau aufgezogen.

Kloakentiere finden und fressen ihre Beute mit ihren spezialisierten Schnauzen. Das teils im Wasser lebende Schnabeltier hat einen mit Elektrorezeptoren ausgestatteten Entenschnabel, mit dem es auch in trübem Wasser Wirbellose entdecken kann. Die langen Schnauzen und Zungen der Schnabeligel sind ideal, um Baue von Ameisen und Termiten zu durchsuchen und Würmer zu finden. Das Schnabeltier und die Schnabeligel besitzen keine Zähne, sondern verhornte Mahlflächen oder stachelige Zungen.

BEDEUTUNG DES NAMENS

Sowohl der deutsche als auch der wissenschaftliche Name beziehen sich auf die als Kloake bezeichnete einzige Öffnung, in die Darm, Harnleiter und Geschlechtsorgane münden.

STAMM	CHORDATA
KLASSE	MAMMALIA
ORDNUNG	MONOTREMATA
FAMILIEN	2
ARTEN	5

Die Schwimmhäute des Schnabeltiers sorgen im Wasser für den nötigen Vortrieb. Die Hinterfüße dienen der Steuerung.

SCHNABELTIER

Diese einzige Art der Familie Schnabeltiere (Ornithorhynchidae) ist sehr gut an den semiaquatischen Lebensstil angepasst. Sie hat einen stromlinienförmigen Körper, ein wasserdichtes Fell, Schwimmhäute und einen flachen Schwanz. Die Männchen tragen einen Giftsporn an jedem Hinterfuß.

kurzes, dichtes Fell

kleine Augen

empfindlicher Entenschnabel

40–60 cm

Giftsporn des Männchens

SCHNABELTIER
Ornithorhynchus anatinus
Die in den Flüssen und Bächen Ostaustraliens und Tasmaniens lebende seltene Art benutzt ihren mit Elektrorezeptoren ausgestatteten weichen Schnabel zur Jagd auf Wirbellose.

SCHNABELIGEL

Zur Familie Schnabeligel (Tachyglossidae) gehören die Kurz- und die Langschnabeligel. Ihre Körper sind mit Fell und Stacheln bedeckt. Mit den langen Schnauzen suchen sie nach Ameisen, anderen Insekten und Würmern.

spitze Stacheln zur Verteidigung

30–45 cm

KURZSCHNABELIGEL
Tachyglossus aculeatus
Der in Australien sowie auf Tasmanien und Neuguinea weit verbreitete Kurzschnabeligel trägt ein einziges Ei in seiner Bauchtasche.

60–100 cm

ÖSTLICHER LANGSCHNABELIGEL
Zaglossus bartoni
Diese größte Art der Kloakentiere lebt in den bewaldeten Hochländern des östlichen Neuguineas.

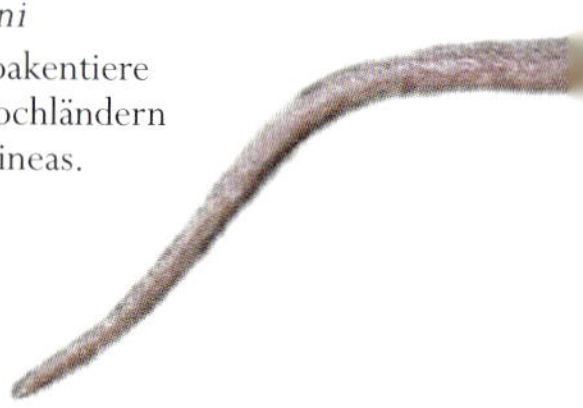

BEUTELTIERE

Beuteltiere sind Säugetiere und gebären lebende Junge in noch sehr unreifem Zustand, die dann meistens im Beutel der Mutter heranwachsen.

Beuteltiere bewohnen ein breites Spektrum an Lebensräumen, von der Wüste über trockenes Buschland bis zum tropischen Regenwald. Die meisten Arten sind Boden- oder Baumbewohner, einige Gleitflieger, eine lebt im Wasser und zwei ähnlich wie Maulwürfe unterirdisch. Die Ernährung ist ähnlich vielseitig: Es gibt Fleisch-, Insekten-, Pflanzen- und Allesfresser. Einige Beuteltiere fressen sogar Nektar und Pollen. Die Arten unterscheiden sich auch deutlich in der Größe, von den zu den kleinsten Säugetieren zählenden weniger als 4,5 g wiegenden Beutelmäusen bis zum Roten Riesenkänguru, dessen Männchen über 90 kg schwer werden können.

FRÜHE ENTWICKLUNG

Junge Beuteltiere werden blind und nackt geboren. Sie kriechen durch das Fell der Mutter und saugen sich an einer Zitze fest. Bei etwa der Hälfte der Beuteltier-Arten befinden sich diese Zitzen in einem schützenden Beutel. Manche Beuteltiere haben nur ein Junges zur gleichen Zeit, andere ein Dutzend oder mehr. Die Zeit, die die Jungen im Beutel verbringen, entspricht der Schwangerschaft der Plazentatiere.

Kängurus und einige andere Beuteltiere sind in der Lage, die Entwicklung eines Embryos vor der Einnistung in die Gebärmutter zu unterbrechen, wenn der Beutel bereits besetzt ist. Ist er wieder frei, entwickelt sich der Embryo weiter.

SIEBEN ORDNUNGEN

Beuteltiere werden heute in sieben große Gruppen eingeteilt: die Beutelratten (Didelphimorphia), die Mausopossums (Paucituberculata), die Bergopossums mit der Chiloé-Beutelratte als einziger Art (Microbiotheria), die Raubbeutlerartigen (Dasyuromorphia), die Nasenbeutler (Paramelemorphia), die Beutelmulle (Notoryctemorphia) und die australischen Arten der Ordnung Diprotodontia. Zu dieser größten Ordnung der Beuteltiere gehören der Koala, die Wombats, die Gleit-, Kletter- und Rüsselbeutler, die Beutelratten und die Kängurus.

STAMM	CHORDATA
KLASSE	MAMMALIA
ORDNUNGEN	7
FAMILIEN	18
ARTEN	289

STREITFRAGE

GAR NICHT PRIMITIV?

Beuteltiere sind früher als primitiv angesehen worden, da ihre Jungen in einem frühen Stadium geboren und nicht eine längere Zeit im Mutterleib über eine Plazenta ernährt werden. Man weiß heute, dass das eine Anpassung an unwirtliche Lebensräume ist und dass die Beuteltiere genauso weit entwickelt wie die Plazentatiere sind. Kängurus können zwei Jungtiere verschiedenen Alters tragen. Ein befruchtetes Ei entwickelt sich unmittelbar, wenn den beiden etwas geschieht. Diese Strategie bedeutet, dass sich die Population einer Beuteltier-Art unter ungünstigen Umweltbedingungen schneller erholen kann.

MAUSOPOSSUMS

Die geringere Zahl der Schneidezähne unterscheidet die Arten der Familie Mausopossums (Caenolestidae) von den anderen amerikanischen Beuteltieren. Alle sechs Arten leben in den Anden im westlichen Südamerika.

9–14 cm

ECUADOR-OPOSSUMMAUS
Caenolestes fuliginosus
Die in großen Höhen in Kolumbien, Ecuador und Venezuela lebende Art tötet ihre Beute mit ihren vergrößerten unteren Schneidezähnen.

BERGOPOSSUMS

Die einzige Art der Familie Bergopossums (Microbiotheriidae), die Chiloé-Beutelratte, ist mit dem dichten Fell auf Körper und Ohren gut an die Kälte angepasst und hält einen Winterschlaf.

8–13 cm

CHILOÉ-BEUTELRATTE
Dromiciops gliroides
Diese in kühlen Bambus- und gemäßigten Regenwäldern Chiles und Argentiniens lebende Art verringert den Wärmeverlust durch ihr Fell.

BEUTELMULLE

Zwei australische Arten bilden die Familie Beutelmulle (Notoryctidae). Lange Krallen und der verhornte Nasenschild ermöglichen ihnen das Graben. Sie haben keine Ohrmuscheln, die Augen sind zurückgebildet.

13–14,5 cm

GROSSER BEUTELMULL
Notoryctes typhlops
Diese Art ist auf das Graben in den Sandwüsten und im Spinifex-Grasland Zentralaustraliens spezialisiert.

BEUTELRATTEN

Die Beutelratten (Familie Didelphidae) haben spitze Schnauzen mit empfindlichen Tasthaaren und nackte Ohren. Viele Arten besitzen einen Greifschwanz zum Klettern und manchen fehlt der Beutel.

33–50 cm

VIRGINIA-OPOSSUM
Didelphis virginiana
Dieses größte amerikanische Beuteltier lebt in den Steppen sowie den gemäßigten und tropischen Wäldern der USA, Mexikos und Mittelamerikas.

18–29 cm

ROTE WOLLBEUTELRATTE
Caluromys lanatus
Dieser baumbewohnende Einzelgänger lebt in den feuchten Wäldern des westlichen und mittleren Südamerikas.

16–28 cm

NACKTSCHWANZ-WOLLBEUTELRATTE
Caluromys philander
Der lange Greifschwanz hilft dieser Art, sich durch die Bäume der feuchten Regenwälder des östlichen und mittleren Südamerikas zu bewegen.

»

» BEUTELRATTEN

11–14,5 cm

von dunklem Fell umgebene, große Augen

Greifschwanz

MAUS-ZWERGBEUTELRATTE
Marmosa murina
Die in Wäldern, der Pampa und Plantagen in Südamerika weit verbreitete nachtaktive Art besitzt einen langen Greifschwanz.

12–22 cm

WOLLIGE ZWERGBEUTELRATTE
Micoureus spec.
Die in Mittel- und Südamerika lebenden beutellosen Tiere mit ihrem dicken, wolligen Fell sind nachtaktive Baumbewohner und Allesfresser.

26–40 cm

SCHWIMMBEUTLER
Chironectes minimus
Diese Art ist das einzige wasserlebende Beuteltier und stammt aus Mittel- und Südamerika. Beide Geschlechter haben einen unter Wasser verschließbaren Beutel.

11–14 cm

FETTSCHWANZ-BEUTELRATTE
Thylamys elegans
Wie viele andere Beutelratten speichert diese chilenische Art Fett im Schwanz, wenn der Winter naht.

13–14,5 cm

PATAGONISCHE BEUTELRATTE
Lestodelphys halli
Die argentinische Art, die im Busch, in Savannen und Steppen lebt, weist die südlichste Verbreitung aller Beutelratten auf.

unselbstständige Junge

weißer Fleck über dem Auge

25–35 cm

GRAUE VIERAUGEN-BEUTELRATTE
Philander opossum
Diese Art trägt weiße Flecken auf der Stirn, sodass es wirkt, als ob sie vier Augen habe. Sie lebt in Mexiko, Mittel- und Südamerika.

10–15 cm

HAUS-SPITZMAUS-BEUTELRATTE
Monodelphis domestica
Die in Argentinien, Brasilien, Bolivien und Paraguay lebende kurzschwänzige Art bewohnt menschliche Behausungen, Wälder, Busch- und Grasland.

AMEISENBEUTLER

Der Ameisenbeutler oder Numbat ist die einzige Art der Familie Myrmecobiidae. Er trägt eine Streifenzeichnung, hat starke Krallen zum Graben und eine sehr lange Zunge, mit der er Termiten aus ihrem Bau holt.

20–28 cm

AMEISENBEUTLER
Myrmecobius fasciatus
Die nur in Eukalyptus- und anderen Wäldern in Westaustralien lebende tagaktive Art ist auf Termiten spezialisiert.

KANINCHEN-NASENBEUTLER

Zur Familie Kaninchennasenbeutler (Thylacomyidae) gehört wahrscheinlich nur noch eine Art. Die in trockenen Gebieten lebenden Tiere trinken nicht, sondern nehmen Flüssigkeit mit der Nahrung auf.

30–55 cm

GROSSER KANINCHEN-NASENBEUTLER
Macrotis lagotis
Diese grabende Art der zentralaustralischen Wüsten besitzt einen dreifarbigen Schwanz.

RAUBBEUTLER

Die Familie Raubbeutler (Dasyuridae) besteht aus über 70 mit starken Kiefern und spitzen Eckzähnen ausgerüsteten kleinen und großen Arten von Fleischfressern. Die Tiere besitzen auch scharfe Krallen an allen Zehen mit Ausnahme der ersten.

9,5–10,5 cm

MACDONNELL-FETTSCHWANZ-BEUTELMAUS
Pseudantechinus macdonnellensis
Der nachtaktive mittel- und westaustralische Insektenfresser speichert Fett an der Schwanzbasis.

BEUTELTEUFEL
Sarcophilus harrisii
Dieses größte fleischfressende Beuteltier der Welt ist nachtaktiv und lebt auf der Insel Tasmanien.

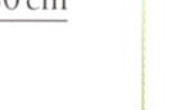

52–80 cm

14–25 cm

STUARTS BREITFUSS-BEUTELMAUS
Antechinus stuartii
Die in den ostaustralischen Wäldern lebende Art gehört zu einer Gattung, bei der die Männchen nach der Paarungszeit sterben.

17–25 cm

STREIFEN-BEUTELMARDER
Myoictis melas
Die Färbung dieser Art trägt zu ihrer Tarnung auf dem Boden der Regenwälder Indonesiens und Neuguineas bei.

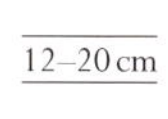

12–20 cm

26–40 cm

SCHWARZSCHWANZ-BEUTELMARDER
Dasyurus geoffroii
Dieser südwestaustralische nächtliche Jäger ist ein Bodenbewohner, kann aber auch klettern.

9–12 cm

KLEINER PINSELSCHWANZBEUTLER
Phascogale calura
Die fleischfressende Art mit schwarzer Quaste an ihrem rötlichen Schwanz bewohnt die Wälder in Südwestaustralien.

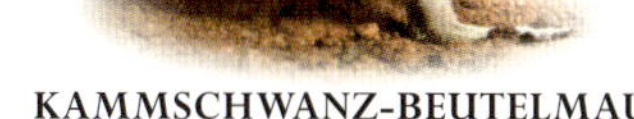

KAMMSCHWANZ-BEUTELMAUS
Dasycercus cristicauda
Dieser west- und zentralaustralische Fleischfresser bewohnt Wüsten, Heide und Grassteppen. Er speichert Fett in seinem Schwanz.

7–10 cm

SPRING-BEUTELMAUS
Antechinomys laniger
Diese schnellen Tiere hüpfen mit ihren langen Hinterbeinen durch Wälder, Steppen und Halbwüsten in Zentral- und Südaustralien.

5,5–6,5 cm

SÜDLICHE FLACHKOPF-BEUTELMAUS
Planigale tenuirostris
Diese nachtaktive Art lebt in Südost-Australien in Busch- und Grasland.

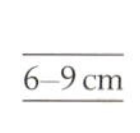

5–7,5 cm

WONGAI-NINGAUI
Ningaui ridei
Diese spitzmausähnliche nachtaktive Art jagt im trockenen Spinifex-Grasland Zentralaustraliens Insekten.

6–9 cm

DICKSCHWÄNZIGE SCHMALFUSS-BEUTELMAUS
Sminthopsis crassicaudata
Die im Grasland Südaustraliens lebende Art speichert Fett in ihrem Schwanz.

EIGENTLICHE LANGNASEN-BEUTLER

Neben verschmolzenen Hinterfußzehen und mehr als zwei gut entwickelten unteren Schneidezähnen besitzen die Arten der Familie Eigentliche Langnasenbeutler (Peramelidae) raues oder stacheliges Haar.

20–50 cm

FLACH-STACHEL-NASENBEUTLER
Echymipera kalubu
Dieser waldbewohnende nachtaktive Insektenfresser Neuguineas besitzt ein stacheliges Fell und einen nackten Schwanz.

28–36 cm

raues, gelblich braunes Fell

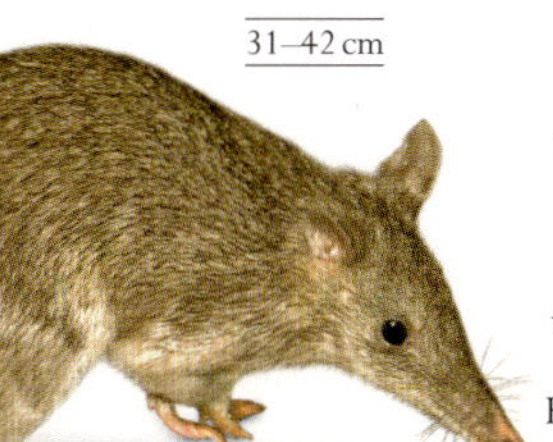

31–42 cm

GROSSER LANGNASENBEUTLER
Perameles nasuta
Die in den Regenwäldern und Wäldern des ostaustralischen Küstengebiets lebende nachtaktive Art gräbt nach Insekten.

27–35 cm

TASMANISCHER LANGNASEN-BEUTLER
Perameles gunnii
Dieser Langnasenbeutler lebt im Grasland und im grasbewachsenen Waldland Australiens und Tasmaniens.

KLEINER KURZNASENBEUTLER
Isoodon obesulus
Dieser Kurznasenbeutler lebt in der buschigen Heide des südlichen Australiens und verschiedener Inseln, einschließlich der Känguru-Insel und Tasmaniens.

KOALAS

Die einzige Art der Familie Koalas (Phascolarctidae) ist mit kräftigen Armen, opponierbaren Fingern und Zehen sowie scharfen gebogenen Krallen an das Klettern angepasst. Die Tiere schlafen jeden Tag 20 Stunden lang, da ihre Nahrung aus Eukalyptusblättern sehr nährstoffarm ist.

KOALA
Phascolarctos cinereus
Der sich fast ausschließlich von Eukalyptusblättern ernährende Koala lebt in den Wäldern Ostaustraliens. Er ist ein nachtaktiver Einzelgänger.

BILCHBEUTLER

Diese nachtaktiven, einen Greifschwanz besitzenden Allesfresser ernähren sich von Insekten, Früchten, Nektar und Pollen. Vier Arten der Familie Bilchbeutler (Burramyidae) sind in Australien endemisch, die fünfte lebt in Australien und Neuguinea.

NEUGUINEA-SCHLAFBEUTLER
Cercartetus caudatus
Dieser Baumbewohner lebt in den gemäßigten Regenwäldern Neuguineas und Nordost-Queenslands.

BERG-BILCHBEUTLER
Burramys parvus
Dieser Bodenbewohner felsiger hochgelegener australischer Lebensräume überwintert mehrere Monate lang unter dem Schnee.

RINGBEUTLER

Die Familie Ringbeutler (Pseudocheiridae) besteht aus den Ringbeutlern und dem lemurenähnlichen Riesengleitbeutler. Alle Arten sind auf das Fressen von Blättern spezialisierte Baumbewohner. Sie besitzen am Anfang des Dickdarms eine Aussackung zur Fermentierung der Zellulose in ihrer Nahrung.

GEWÖHNLICHER RINGBEUTLER
Pseudocheirus peregrinus
Diese Art lebt in verschiedenen Lebensräumen Ostaustraliens und Tasmaniens. In Neuseeland ist sie zum Schädling geworden.

LEMUREN-RINGBEUTLER
Hemibelideus lemuroides
Der nur in einem kleinen Regenwald-Bereich in Nordost-Queensland lebende Ringbeutler ist nachtaktiv.

WOMBATS

Die Beuteltiere der Familie Wombats (Vombatidae) haben kurze Schwänze und Beine, aber große Vorderpfoten mit langen Krallen zum Graben. Sie fressen Gras, das sie mit ihren kräftigen Kiefern zerkleinern und mit ihrem langen Darm verdauen.

NACKTNASEN-WOMBAT
Vombatus ursinus
Die in den Wäldern, der Heide und dem Küstenbuschland Südaustraliens lebende Art kann bis zu 200 m lange Tunnel graben.

SÜDLICHER HAARNASENWOMBAT
Lasiorhinus latifrons
Dieser Bewohner des mittleren Südaustraliens lebt gesellig in Bauen, geht aber allein auf Nahrungssuche.

KLETTERBEUTLER

Zur Familie Kletterbeutler (Phalangeridae) gehören die Kuskus- und Kusu-Arten sowie ihre Verwandten. Die meisten sind Baumbewohner mit opponierbaren Daumen an den Hinterfüßen und einem Greifschwanz. Bei den Kuskus-Arten ist der Schwanz teilweise oder vollständig nackt, bei den Kusus dagegen behaart.

TÜPFELKUSKUS
Spilocuscus maculatus
Bei diesem Kuskus sehen Männchen und Weibchen unterschiedlich aus, denn nur das Männchen ist gefleckt. Die Tiere leben in den Regenwäldern Neuguineas und Nordost-Australiens.

BÄRENKUSKUS
Ailurops ursinus
Diese größte Kuskus-Art bewohnt die Baumkronen der gemäßigten Regenwälder auf Sulawesi und mehreren anderen indonesischen Inseln.

CUNNINGHAMS KUSU
Trichosurus cunninghami
Dieser Kusu bewohnt dichte feuchte Wälder im Südosten Australiens, meist in Höhen von über 300 m.

SCHUPPENSCHWANZ-KUSU
Wyulda squamicaudata
Dieser nur in den nordwestaustralischen Kimberleys lebende nachtaktive Kusu ist ein Einzelgänger und bekommt immer nur ein Junges gleichzeitig.

KUSKUS
Phalanger spec.
Die Arten dieser Gattung leben auf Neuguinea und den umgebenden Inseln in verschiedenen Höhen, um nicht miteinander zu konkurrieren.

RIESEN-GLEITBEUTLER
Petauroides volans
Dieser größte Gleitflieger unter den Beuteltieren kann in der Luft über 100 m zwischen Bäumen zurücklegen. Er kommt in Ostaustralien vor.

GRÜNER RINGBEUTLER
Pseudochirops archeri
Der nach seinem dicken, grünlich grauen Fell benannte Einzelgänger kommt nur in den Regenwäldern im Norden von Queensland vor.

DAINTREE-RIVER-RINGBEUTLER
Pseudochirulus cinereus
Dieser an einen Lemuren erinnernde Ringbeutler lebt in den Bergregenwäldern des Daintree-River-Gebiets im nordöstlichen Queensland.

GLEITBEUTLER

Zur Familie Gleitbeutler (Petauridae) gehören mit Ausnahme des Riesengleitbeutlers (links) und der Zwerggleitbeutler (S. 508) die Gleit- und Streifenbeutler sowie der Hörnchenbeutler. Gleitbeutler besitzen eine behaarte Membran zwischen den Vorder- und Hinterbeinen. Streifenbeutler riechen streng und erbeuten mit dem langen vierten Finger im Holz bohrende Käfer.

GROSSER STREIFENBEUTLER
Dactylopsila trivirgata
Die auch im Geruch an ein Stinktier erinnernde Art ist ein nachtaktiver Baumbewohner aus dem Nordosten Queenslands und aus Neuguinea.

HÖRNCHENBEUTLER
Gymnobelideus leadbeateri
In feuchten Wäldern von Victoria in großer Höhe leben diese Tiere. Sie ernähren sich von Insekten und Baumsäften.

KURZKOPF-GLEITBEUTLER
Petaurus breviceps
Die Art ernährt sich vom Saft der Eukalyptusbäume. Sie lebt im Nordosten Australiens, auf Neuguinea und den Nachbarinseln.

RÜSSELBEUTLER

Diese kleine Art ist die einzige der Familie Rüsselbeutler (Tarsipedidae). Sie besitzt weniger Zähne als die Beutelratten, dafür aber eine lange, bürstenartige Zunge, mit der sie sich von Nektar und Pollen ernährt.

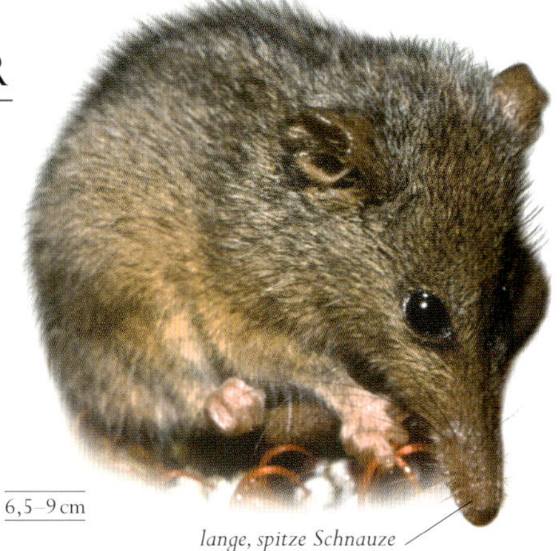

6,5–9 cm

lange, spitze Schnauze

HONIGBEUTLER
Tarsipes rostratus
Dieser die Heide und Wälder in Südwest-Australien bewohnende Rüsselbeutler ist auf Nektar und Pollen spezialisiert.

ZWERG-GLEITBEUTLER

Die Familie Zwerggleitbeutler (Acrobatidae) umfasst nur den Zwerggleitbeutler und den Federschwanzbeutler. Beide besitzen mit steifen Haaren gesäumte Schwänze.

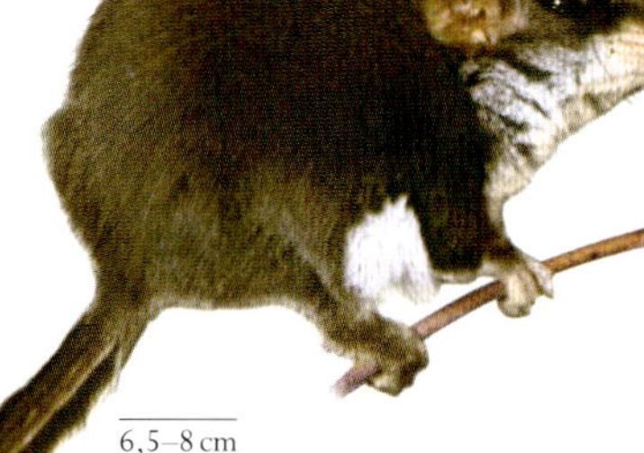

6,5–8 cm

ZWERG-GLEITBEUTLER
Acrobates pygmaeus
Diese Art ist der kleinste Gleitbeutler. Er lebt in ostaustralischen Wäldern und frisst Nektar.

KÄNGURUS

Die Kängurus (Familie Macropodidae) sind mittelgroße bis große Tiere, die zum Springen große Hinterbeine besitzen. Die vierten und fünften Zehen der Hinterbeine sind verstärkt, die zweiten und dritten rückgebildet worden. Der erste Zeh ist im Verlauf der Evolution verschwunden.

0,8–1,4 m

BERGKÄNGURU
Macropus robustus
Die über einen großen Teil des australischen Festlands verbreitete Art sucht oft den Schatten felsiger Überhänge auf.

auffällige Ohren

59–105 cm

FLINKWALLABY
Macropus agilis
Diese Art kommt sowohl in Australien als auch auf Neuguinea vor, wo sie Gras- und offenes Waldland besiedelt.

66–92 cm

rotbrauner Rücken

ROTNACKEN-WALLABY
Macropus rufogriseus
Diese Art lebt im küstennahen Wald- und Buschland des südöstlichen Australiens, einschließlich Tasmaniens und der Bass-Straße.

Der Schwanz dient als Stütze und beim Springen der Balance.

45–53 cm

PARMAWALLABY
Macropus parma
Die im Australischen Bergland vorkommende Art bewohnt verschiedene Waldlebensräume.

1–1,6 m

ROTES RIESENKÄNGURU
Macropus rufus
Dieses größte heute noch lebende Beuteltier ist in Australien weit verbreitet und lebt in Steppen und Wüsten.

Junges im Beutel

0,9–1,4 m

ÖSTLICHES GRAUES RIESENKÄNGURU
Macropus giganteus
Die im Osten Australiens weit verbreitete Art lebt in trockenem Wald- und Buschland. Eine Unterart gibt es auf Tasmanien.

0,9–1,4 m

WESTLICHES GRAUES RIESENKÄNGURU
Macropus fuliginosus
Dies ist die einzige Känguru-Art, die nicht die verzögerte Einnistung des Embryos in die Gebärmutter beherrscht. Sie lebt in Südaustralien einschließlich der Känguru-Insel.

RATTENKÄNGURUS

Zur Familie Rattenkängurus (Potoroidae) gehören Kaninchen-, Ratten- und Bürstenkängurus, kleine Beuteltiere, die den Kängurus der Familie Macropodidae ähneln. Anders als sie besitzen sie einen sägeartigen Prämolar zum Zerkleinern von Pflanzen.

34–38 cm

LANGSCHNAUZEN-KANINCHENKÄNGURU
Potorous tridactylus
Die im Südosten Australiens lebende Art hat kräftige Krallen, mit denen sie nach Pilzen gräbt.

30–38 cm

BÜRSTENSCHWANZ-RATTENKÄNGURU
Bettongia penicillata
Diese Art lebt in Südwest-Australien. Mit ihrem Greifschwanz kann sie Nistmaterial transportieren.

MOSCHUS-RATTENKÄNGURUS

Die Familie Hypsiprymnodontidae umfasst nur eine Art, deren Hinterfuß noch den bei allen anderen Kängurus rückgebildeten ersten Zeh aufweist.

15–28 cm

MOSCHUS-RATTENKÄNGURU
Hypsiprymnodon moschatus
Diese tagaktive Art bewohnt die tropischen Regenwälder Nord-Queenslands, wo sie nach Fallobst, Samen und Pilzen sucht.

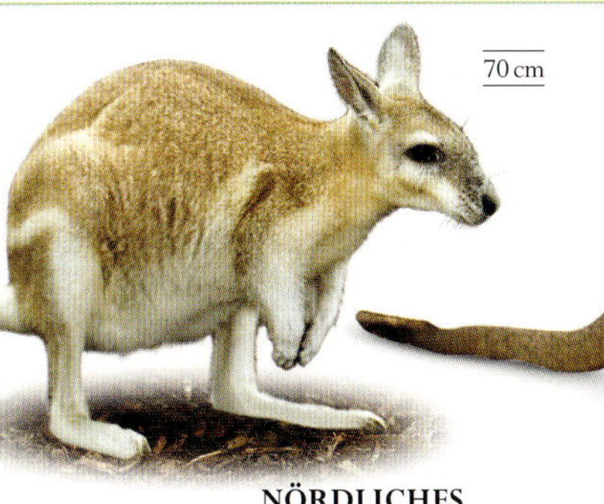

70 cm

NÖRDLICHES NAGELKÄNGURU
Onychogalea unguifera
Dieses mittelgroße Känguru findet man in ganz Nordaustralien.

43–71 cm

KURZNAGELKÄNGURU
Onychogalea fraenata
Diese nachtaktive Art hat man für ausgestorben gehalten. Die einzige übrig gebliebene Population lebt heute in einem kleinen Areal in Queensland.

29–63 cm

ROTHALSFILANDER
Thylogale thetis
Dieses waldbewohnende Känguru aus Ostaustralien sucht nachts den Waldrand auf, um Gras, Blätter und Schösslinge zu fressen.

muskulöse Schenkel

lange, schmale Fußsohle

66–85 cm

raues, dunkles Fell

SUMPFWALLABY
Wallabia bicolor
Dieses Känguru ist dunkler als andere Arten und lebt in tropischen und gemäßigten Wäldern sowie im Sumpfland von Ostaustralien.

31–39 cm

ZOTTEL-HASENKÄNGURU
Lagorchestes hirsutus
Die früher das gesamte australische Festland bewohnende Art lebt in der Natur nur noch auf zwei Inseln in Westaustralien.

24–30 cm

BRAUNES BUSCHKÄNGURU
Dorcopsis muelleri
Diese Art ist in den Tieflandregenwäldern West-Neuguineas und auf drei Inseln vor der Küste endemisch.

40–54 cm

QUOKKA
Setonix brachyurus
Das auf dem australischen Festland seltene Känguru lebt auf den Inseln Rottnest und Bald vor der Südwestküste.

51–81 cm

DORIA-BAUMKÄNGURU
Dendrolagus dorianus
Diese schwerste Art unter den Baumkängurus sucht regelmäßig den Boden auf. Sie lebt in den Bergwäldern Neuguineas.

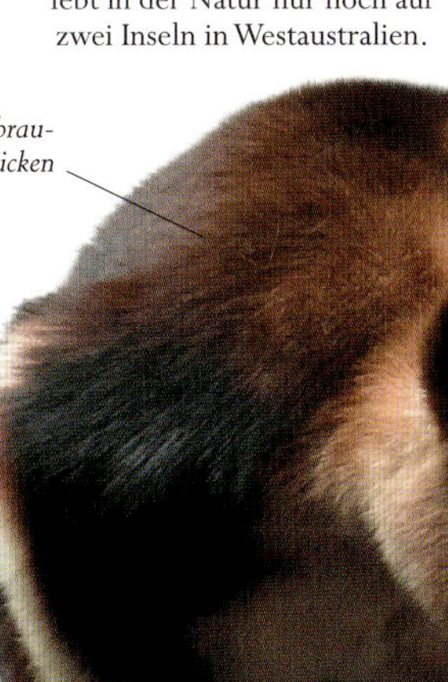

rötlich brauner Rücken

55–77 cm

kein Greifschwanz

GOODFELLOWS BAUMKÄNGURU
Dendrolagus goodfellowi
Dieses Baumkänguru lebt in den Bergregenwäldern Neuguineas, wo es sich von Blättern und Früchten ernährt.

50–60 cm

BÜRSTENSCHWANZ-FELSKÄNGURU
Petrogale penicillata
Die schwieligen Hinterfüße verbessern bei dieser südostaustralischen Art den Halt in felsigen Lebensräumen.

48–65 cm

LUMHOLTZ-BAUMKÄNGURU
Dendrolagus lumholtzi
Dieses kleinste Baumkänguru lebt in den Regenwäldern Nord-Queenslands.

∨ GROSSE JUNGS
Die Männchen der Roten Riesenkängurus sind deutlich schwerer als die Weibchen und manchmal doppelt so schwer. Nur die Männchen sind rot, die Weibchen eher blaugrau gefärbt. Die Männchen kämpfen in einem Boxkampf um die Weibchen.

samtige Nase

Drüsen in der Brust erzeugen einen Duftstoff, den das Männchen an Büschen verreibt, um seine Dominanz zu behaupten.

Kängurus lecken sich bei Hitze die Handgelenke, um das Blut in den hautnahen Gefäßen zu kühlen.

Elastische Sehnen speichern Energie, wenn das Bein gebeugt wird, und setzen sie beim nächsten Sprung frei.

ROTES RIESENKÄNGURU
Macropus rufus

Kängurus haben sich in Australien entwickelt, wo sie die ökologische Nische besetzen, die ansonsten von Weidetieren wie den Antilopen eingenommen wird. Gemeinsam ist diesen Arten, dass sie einen großen Magen zur Aufnahme von Gras besitzen. Das Leben im offenen Gelände ist gefährlich, und daher haben sowohl Kängurus als auch Antilopen eine Vielzahl an Anpassungen entwickelt, um Raubtieren aus dem Weg zu gehen. Sie leben in Gruppen, haben scharfe Sinne, sind groß genug, um die Umgebung nach Gefahren abzusuchen, und sind sehr schnell. Das Rote Riesenkänguru ist das größte und mit bis zu 50 km/h das schnellste Känguru. Das Weibchen trägt das Junge die ersten sieben Monate seines Lebens im Beutel. Rote Riesenkängurus sind gut an Dürre angepasst und können sogar für andere Tiere giftige Pflanzen fressen.

GRÖSSE 1–1,6 m
LEBENSRAUM Busch, Wüste
VERBREITUNG Australien
NAHRUNG Pflanzen

< AUGE
Die sich seitlich am Kopf befindenden Augen schaffen ein großes Gesichtsfeld. So kann das Känguru Raubtiere besser wahrnehmen.

> OHREN
Die Ohren sind groß und empfindlich. Sie sind drehbar, um zu erkennen, aus welcher Richtung Gefahr droht.

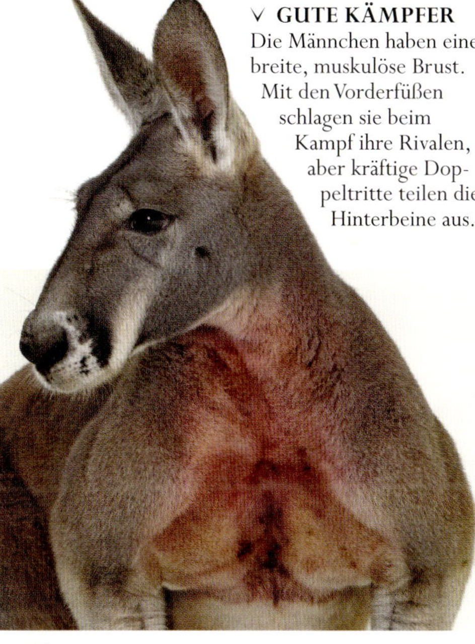

∨ GUTE KÄMPFER
Die Männchen haben eine breite, muskulöse Brust. Mit den Vorderfüßen schlagen sie beim Kampf ihre Rivalen, aber kräftige Doppeltritte teilen die Hinterbeine aus.

∧ KRALLEN
Die Füße tragen scharfe Krallen. Sie geben beim Springen Halt, dienen aber auch der Verteidigung und der Fellpflege.

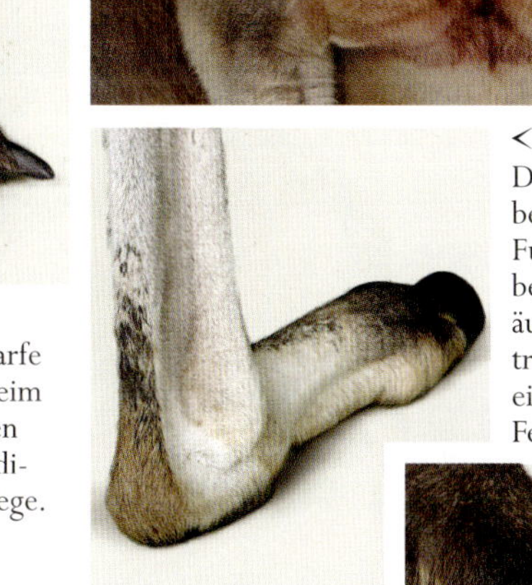

<∨ HINTERFUSS
Der Name *Macropus* bedeutet »großer Fuß«. Jeder Hinterfuß besitzt vier Zehen: ein äußeres, das Gewicht tragendes Paar und ein inneres, dass der Fellpflege dient.

Der Schwanz dient beim Springen als Gegengewicht und beim Sitzen als stützendes fünftes Bein.

∧ SPRINGEN
Rote Riesenkängurus springen mit scheinbar müheloser Eleganz. Sie können 9 m mit einem einzigen Sprung überwinden.

RÜSSELSPRINGER

Rüsselspringer einschließlich der Elefantenspitzmäuse bilden die Ordnung Macroscelidea. Sie ähneln Spitzmäusen, sind aber nicht mit ihnen verwandt.

Die an ihrer langen, beweglichen Schnauze zu erkennenden Tiere sind klein und haben einen langen Schwanz. Sie laufen auf allen vieren und hüpfen zur schnellen Fortbewegung auf den Hinterbeinen. Sie leben als Paare in einem bestimmten Gebiet, obwohl zwischen den Partnern wenig Kontakt besteht. Männchen und Weibchen legen sogar oft getrennte Nester an und verteidigen das Revier gegen Eindringlinge des gleichen Geschlechts. Die hauptsächlich tagaktiven Tiere legen Pfade an, auf denen sie Beute suchen und die sie zur schnellen Flucht benutzen. Die nur in Afrika vorkommenden Rüsselspringer bewohnen Wälder und Steppen, aber auch extrem trockene Wüsten. Manche Arten schützen sich in Felsspalten oder in Nestern aus trockenen Blättern, während die größeren flache Baue anlegen.

Rüsselspringer sind vor allem Insektenfresser, doch manche Arten erbeuten auch Spinnen und Würmer. Mit ihren empfindlichen Nasen suchen sie auf dem Boden und im Falllaub nach Nahrung und nehmen sie mit ihren langen Zungen auf.

SELBSTSTÄNDIGE JUNGTIERE

Je nach Art kann ein Pärchen Rüsselspringer mehrmals im Jahr Junge bekommen. Die Würfe sind klein und umfassen nur ein bis drei Junge, die bei Geburt weit entwickelt und bald selbstständig sind.

STAMM	CHORDATA
KLASSE	MAMMALIA
ORDNUNG	MACROSCELIDEA
FAMILIEN	1
ARTEN	15

STREITFRAGE
NÄCHSTE VERWANDTE

Die systematische Zuordnung der Rüsselspringer ist schwierig. So wurden sie früher oft in die Nähe der Insektenfresser gestellt. Heute bilden sie eine eigene Ordnung, die wohl zusammen mit den Tanreks und Goldmullen die Schwestergruppe der Elefanten, Seekühe und Schliefer ist.

RÜSSELSPRINGER

Die rein afrikanische Familie Rüsselspringer (Macroscelididae) kommt in verschiedenen Lebensräumen von Wüsten über Berge bis zu Wäldern vor. Die hauptsächlich insektenfressenden Rüsselspringer benutzen ihre lange, bewegliche Schnauze, um nach Nahrung zu suchen, die sie mithilfe ihrer Zunge ins Maul befördern.

Hinterbeine länger als Vorderbeine

langer, nackter Schwanz

9–11 cm

SAVANNEN-ELEFANTENSPITZMAUS
Elephantulus intufi
Die im trockenen Buschland Südafrikas weit verbreitete Art beansprucht große Reviere, die sie gegen gleichgeschlechtliche Rivalen verteidigt.

12–14 cm

WESTLICHE FELSEN-ELEFANTEN-SPITZMAUS
Elephantulus rupestris
Die im felsigen südafrikanischen Buschland lebende tagaktive Art verlässt ihre Felsspalten nur zur Nahrungssuche.

11–12,5 cm

NORDAFRIKANISCHE ELEFANTENSPITZMAUS
Elephantulus rozeti
Diese Art schlägt bei Bedrohung mit dem Schwanz und trommelt mit den Füßen.

9–14 cm

ROTE ELEFANTENSPITZMAUS
Elephantulus rufescens
Die in Süd- und Ostafrika lebende Art hat einen Schwanz, der so lang wie Körper und Kopf zusammen ist.

10–12 cm

SCHWARZFUSS-ELEFANTENSPITZMAUS
Elephantulus fuscipes
Die in den trockenen Grassteppen Zentralafrikas lebende Art gehört vielleicht einer anderen Rüsselspringergattung an.

16–20 cm

RÜSSELRATTE
Petrodromus tetradactylus
Die in feuchten Lebensräumen vorkommende zentral- und südafrikanische Art ist eine der am weitesten verbreiteten Elefantenspitzmäuse.

23–32 cm

RÜSSELHÜNDCHEN
Rhynchocyon petersi
Dieser riesige Rüsselspringer bewohnt die ostafrikanischen Küstenwälder. Die orangefarbene Zeichnung der Schnauze geht in Rot und Schwarz über.

10–12 cm

runde Ohren

KURZOHR-RÜSSELSPRINGER
Macroscelides proboscideus
Die mittelgroße südafrikanische Art bewohnt einige der trockensten Lebensräume der Welt. Die strikt monogamen Männchen bewachen ihre Weibchen.

TANREKS UND GOLDMULLE

Die Ordnung Afrosoricida besteht aus zwei Familien: Die Goldmulle weisen eine grabende Lebensweise auf, die Tanreks besetzen verschiedene Nischen.

Die meisten Arten der Ordnung Afrosoricida leben auf dem afrikanischen Festland, wobei die Tanreks außerdem auf Madagaskar vorkommen. Die verschiedenen Goldmull-Arten ähneln sich mit ihren an das Graben angepassten Körpern sehr. Dagegen zeigen Tanreks verschiedene Eigenschaften, die ihre vielfältigen Lebensräume widerspiegeln. Manche Arten kommen in tropischen Wäldern vor, wo sie den Boden oder zum Teil die Bäume bewohnen. Andere leben ähnlich den Ottern in Flüssen und Bächen. Außerdem gibt es grabende Tanrek-Arten.

Bis vor kurzer Zeit sind die Tanreks und Goldmulle den Insektenfressern zugeordnet worden. Heute werden sie in eine eigene Ordnung Afrosoricida gestellt, die wohl die Schwestergruppe der Rüsselspringer ist – und damit auch mit Elefanten, Seekühen und Schliefern verwandt.

UNGEWÖHNLICHE EIGENSCHAFTEN

Einige Eigenschaften der Tanreks und Goldmulle sind früher als primitiv angesehen worden, werden heute aber als Anpassungen an unwirtliche Umgebungen betrachtet. Dazu gehören ein geringer Gesamtumsatz und eine niedrige Körpertemperatur. Die Tiere können auch für bis zu drei Tage in einen Torpor verfallen, um bei Kälte Energie zu sparen. Ihre Nieren arbeiten sehr effizient, um ihren Wasserbedarf zu verringern.

STAMM	CHORDATA
KLASSE	MAMMALIA
ORDNUNG	AFROSORICIDA
FAMILIEN	2
ARTEN	etwa 57

Ein Wüstengoldmull frisst eine Heuschrecke. Nachts sucht er auf der Erdoberfläche vor allem nach Termiten.

GOLDMULLE

Die aus dem südlichen Afrika stammenden Arten der Familie Goldmulle (Chrysochloridae) haben kurze Beine mit kräftigen Krallen, ein dichtes, Feuchtigkeit abweisendes Fell und eine besonders auf dem Kopf verdickte Haut. Ihre Augen sind funktionslos und mit Haut bedeckt, äußere Ohrmuscheln fehlen. Goldmulle ähneln den Maulwürfen (Talpidae) aus Europa, Asien und Nordamerika sowie den Beutelmullen (Notoryctemorphia) aus Australien, die alle eine grabende Lebensweise aufweisen.

10–13 cm

JULIANAS GOLDMULL
Neamblysomus julianae
Die nur im trockenen südafrikanischen Hochland meist in sandigem Boden lebende Art sucht auch gut bewässerte Gärten auf.

weiches, dichtes, glänzendes Fell

mit einer dicken Hautschicht bedeckte Augen

ledriger, die Nasenlöcher bedeckender Schild

Spannhäute an den Zehen, um Erde nach hinten zu drücken

10–11 cm

KAP-GOLDMULL
Chrysochloris asiatica
Obwohl versteckt lebend, ist diese Art in Teilen Südafrikas häufig. Sie benutzt den vergrößerten zweiten Vorderzeh zum Graben.

11,5–14,5 cm

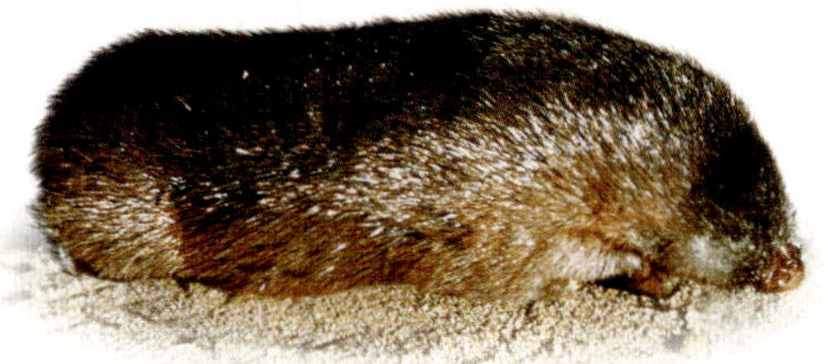

HOTTENTOTTEN-GOLDMULL
Amblysomus hottentotus
Dieser Goldmull bewohnt bis zu 200 m lange Tunnelsysteme und benutzt die zweiten und dritten Vorderzehen zum Graben.

7,5–8,5 cm

WÜSTEN-GOLDMULL
Eremitalpa granti
Diese Art bewohnt die Dünen der südwestafrikanischen Küste, einen der trockensten Lebensräume der Erde. Sie »schwimmt« eher durch den Sand, als dass sie Tunnel gräbt.

TANREKS

Die in Afrika und auf Madagaskar lebenden Tanreks ähneln den nicht mit ihnen verwandten Mäusen, Spitzmäusen, Igeln und Ottern. Ihr Gewicht reicht von 5 g bis über 1 kg. Die meist nachtaktiven Insektenfresser sehen schlecht und finden ihre Nahrung mit den Tasthaaren.

14–19 cm

STREIFENTANREK
Hemicentetes semispinosus
Diese schwanzlose Art besitzt ein zweifarbiges Stachelkleid – schwarz mit gelben Streifen und Kopfborsten.

26–39 cm

GROSSER TANREK
Tenrec ecaudatus
Die Weibchen dieser großen, landlebenden, rotbraun gefärbten Art haben bis zu 29 Zitzen, mehr als jedes andere Säugetier.

KLEINER IGELTANREK
Echinops telfairi
Mit den zu Stacheln modifizierten Haaren ähneln die Tiere verblüffend einem echten Igel. Sie rollen sich sogar zu einer Kugel zusammen.

10–15 cm

Stacheln mit weißen Spitzen

relativ große Ohren

scharfe Krallen

10–12 cm

REISWÜHLER
Oryzorictes spec.
Diese grabende Art mit ihren langen Krallen und kleinen Augen und Ohren kann in Feuchtgebieten und Reisfeldern sehr zahlreich vorkommen.

15–21 cm

GROSSER IGELTANREK
Setifer setosus
Die auf Madagaskar selbst in Städten weit verbreitete Art frisst verschiedenste Nahrung von Insekten über Regenwürmer bis zu Aas und Früchten.

ERDFERKEL

Das Erdferkel ist die einzige lebende Art der Ordnung Röhrenzähner (Tubulidentata). Es hat eine dicke Haut, lange Ohren und eine zylindrische Schnauze.

STAMM	CHORDATA
KLASSE	MAMMALIA
ORDNUNG	TUBULIDENTATA
FAMILIEN	1
ARTEN	1

Die Zehen des Erdferkels (vier an den Vorder-, fünf an den Hinterfüßen) tragen einen flachen Nagel zum Graben und zum Öffnen von Insektenbauen, die das Tier mit seinem guten Geruchssinn findet. Mit seiner langen, dünnen Zunge frisst es große Mengen von Insekten. Die außergewöhnlichen Zähne sind der Hauptgrund, die Art in eine eigene Ordnung zu stellen. Jungtiere werden mit Schneide- und Eckzähnen geboren, die jedoch bald ausfallen. Die hinteren Zähne haben keinen Schmelz und wachsen lebenslang. Sie sind säulenförmig und wurzellos, anders als die aller anderen Säugetiere.

ERDFERKEL

Die einzige Art der Familie Erdferkel (Orycteropodidae) ist ein nachtaktiver Einzelgänger. Mit den kräftigen Vorderbeinen graben sie die Baue von Ameisen und Termiten auf.

ERDFERKEL
Orycteropus afer
Die gelbliche Haut des Erdferkels ist oft von der Erde rot gefärbt, in der es gräbt. Es besitzt eine spärliche Behaarung, die aus Borsten besteht.

1–1,3 m

am Körper helleres Haar

lange, stumpfe Nägel

SEEKÜHE

Diese kleine Ordnung vollständig im Wasser lebender Säugetiere bewohnt verschiedene tropische Lebensräume, von Sümpfen und Flüssen bis zu marinen Küstengewässern. Die beiden Familien werden nach der Form ihres Schwanzes unterschieden.

STAMM	CHORDATA
KLASSE	MAMMALIA
ORDNUNG	SIRENIA
FAMILIEN	2
ARTEN	4

Seekühe (Sirenia) sind hervorragend an das Leben im Wasser angepasst. Ihre paddelartigen Vorderbeine eignen sich besonders zum Steuern. Die Hinterbeine sind dagegen unsichtbar und auf zwei in der Muskulatur verborgene Knochen reduziert. Der Schwanz treibt den stromlinienförmigen Körper an. Eine Fettschicht unter der Haut sorgt für Isolation, doch die Knochen sind sehr dicht, um dem Auftrieb entgegenzuwirken. Die Lungen und das Zwerchfell dehnen sich über fast die gesamte Länge der Wirbelsäule aus. Seekühe bewegen sich zwar langsam, können aber ihre Position im Wasser präzise einhalten oder verändern. Alle vier Arten sind vom Aussterben bedroht.

GABELSCHWANZSEEKÜHE

Die einzige Art der Familie Gabelschwanzseekühe (Dugongidae) benutzt ihre muskulöse Schnauze, um Seegraswiesen abzuweiden.

2,5–3 m

DUGONG
Dugong dugon
Die im indopazifischen Bereich lebenden Dugongs besitzen weder eine Rückenflosse noch Hinterbeine, jedoch eine waagerechte Schwanzflosse.

RUNDSCHWANZSEEKÜHE

Die Arten der Familie Rundschwanzseekühe (Trichechidae) haben kürzere Schnauzen. Sie verbringen viel Zeit damit, unter Wasser zu schlafen und alle 20 Minuten zum Atmen aufzutauchen.

2–2,8 m

AMAZONAS-MANATI
Trichechus inunguis
Diese Süßwasser-Art aus dem Amazonasbecken trägt meistens einen charakteristischen weißen Fleck auf der Brust.

3–4,6 m

FLORIDA-MANATI
Trichechus manatus latirostris
Diese größte heute noch lebende Seekuh bewohnt Süß- und marine Küstengewässer im Südosten der USA. Sie ernährt sich von Wasserpflanzen.

3–4 m

KARIBIK-MANATI
Trichechus manatus manatus
Diese von Mexiko bis Brasilien vorkommende Unterart ist kleiner und eher weiter von der Küste entfernt zu finden als der Florida-Manati.

SCHLIEFER

Die heutigen Schliefer gehören alle zu einer einzigen Familie der Ordnung Hyracoidea. Einst waren Schliefer die wichtigsten landlebenden Pflanzenfresser der Alten Welt. Heute gibt es nur noch vier Arten.

STAMM	CHORDATA
KLASSE	MAMMALIA
ORDNUNG	HYRACOIDEA
FAMILIEN	1
ARTEN	4

Unter den aus asiatischen, afrikanischen und europäischen Fossilien sehr gut bekannten Schliefern gab es bis zu 1 m hohe Arten. Anders als die meisten grasenden Tiere benutzen Schliefer statt der Schneidezähne ihre Backenzähne, um Pflanzen vor dem Kauen abzuschneiden. Die schwer verdauliche Nahrung erfordert einen komplexen Magen, in dem Bakterien die Fermentierung unterstützen.

Schliefer weisen verschiedene ursprüngliche Säugetier-Eigenschaften wie die schlechte Kontrolle der Körpertemperatur auf, ähneln aber auch den Elefanten: Die oberen Schneidezähne sind oft wie kleine Stoßzähne verlängert, die Sohlen tragen Polster und ihre Gehirne sind überaus leistungsfähig.

KLETTERSCHLIEFER

Die Arten der Familie Kletterschliefer (Procaviidae) leben in Afrika und im Nahen Osten. Man sieht die Tiere oft beim Sonnenbad oder wie sie sich wärmend aneinanderdrängen. Bei Hitze suchen sie den Schatten auf. So können sie ihre Temperatur regulieren.

32–60 cm

langes, seidiges Fell

kurze Schnauze

GEWÖHNLICHER BAUMSCHLIEFER
Dendrohyrax dorsalis
Diese dunkle, teils baumbewohnende Art aus West- und Zentralafrika hat einen typischen weißen Fleck am unteren Rücken und Steiß.

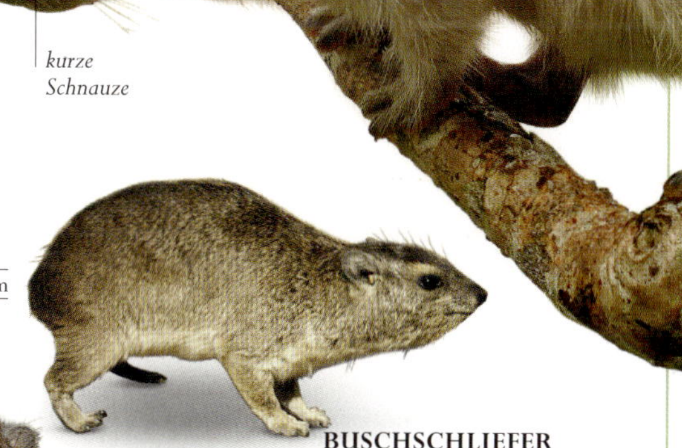

30–38 cm

BUSCHSCHLIEFER
Heterohyrax brucei
25 Unterarten des Buschschliefers bewohnen die felsigen Lebensräume Afrikas. Sie fressen Gras und Früchte sowie kleine Wirbeltiere.

30–70 cm

SAVANNEN-BAUMSCHLIEFER
Dendrohyrax arboreus
Dieser gute südafrikanische Kletterer bewohnt meist hohle Bäume. Nachts sind oft seine schrillen Rufe zu hören, mit denen er sein Revier verteidigt.

45–55 cm

KLIPPSCHLIEFER
Procavia capensis
Die von Afrika bis zum Nahen Osten lebenden geselligen Tiere nehmen lange Sonnenbäder. Ihre gummiartigen Sohlen geben ihnen auf Felsen Halt.

ELEFANTEN

Elefanten sind die größten Landsäugetiere und werden durch ihren gewaltigen Körper, den flexiblen Rüssel, die großen Ohren und die aus Elfenbein bestehenden Stoßzähne charakterisiert.

Elefanten sind die einzigen Mitglieder der Ordnung Proboscidea. Sie bewohnen die Steppen und Wälder der afrikanischen und asiatischen Tropen. Die Beinknochen der manchmal über 5 t wiegenden Tiere sind besonders kräftig und die Zehen werden von einem Gewebepolster verbunden. Ein Elefant frisst bis zu 16 Stunden am Tag und nimmt dabei bis zu 250 kg Pflanzen zu sich.

OHREN, NASE UND MUND

Der aus einer Fusion von Nase und Oberlippe entstandene Rüssel kann selbst kleinste Futterbrocken aufnehmen. Er kann Wasser ins Maul spritzen und dient beim Schwimmen als Schnorchel. Der Rüssel nimmt Gerüche und Vibrationen wahr und unterstützt so die Kommunikation. Mit Ohren werden ebenfalls Signale abgegeben. Abgespreizt signalisieren sie Aggressivität. Das Fächeln mit den Ohren wiederum trägt zur Wärmeabgabe bei. Die Stoßzähne sind ununterbrochen wachsende Schneidezähne. Sie werden benutzt zum Graben, um den Weg freizumachen und um Reviere zu markieren.

SOZIALVERHALTEN

Miteinander verwandte Kühe und ihre Kälber bilden eine von einer älteren Leitkuh geführte Herde. Bullen formen kurzlebige Gemeinschaften, kämpfen jedoch während der Paarungszeit mit jedem Rivalen.

STAMM	CHORDATA
KLASSE	MAMMALIA
ORDNUNG	PROBOSCIDEA
FAMILIEN	1
ARTEN	3

STREITFRAGE

EINE ART ODER ZWEI?

Die meisten Zoologen erkennen zwei afrikanische Elefanten-Arten an: den Steppenelefant und den kleineren Waldelefant. Die Unterschiede der Arten spiegeln sich in ihrer DNA wider. Trotzdem kreuzen sie sich dort, wo ihre Verbreitungsgebiete überlappen. Daher betrachten viele Naturschutz-Organisationen den Afrikanischen Elefanten als eine einzige Art.

ELEFANTEN

Die Familie Elephantidae umfasst die Elefanten und die ausgestorbenen Mammuts. Der charakteristische Rüssel wird zum Fressen, Trinken, zur Körperpflege und zu sozialen Interaktionen benutzt. Elefanten erzeugen Töne vom Trompeten bis zum Rumpeln im Infraschallbereich, mit denen sie über weite Entfernungen kommunizieren können.

ASIATISCHER ELEFANT
Elephas maximus
Die oft gezähmten Tiere haben kleinere Ohren als afrikanische Elefanten. Die Stoßzähne der Weibchen und mancher Männchen sind schwach ausgeprägt.

AFRIKANISCHER STEPPENELEFANT
Loxodonta africana
Beide Geschlechter dieses größten Landtiers tragen gut entwickelte, gebogene Stoßzähne.

AFRIKANISCHER WALDELEFANT
Loxodonta cyclotis
Mit fünf Nägeln an den Vorder- und vier an den Hinterfüßen erinnert dieser kleinere Elefant mit geraderen Stoßzähnen an den Asiatischen Elefanten.

GÜRTELTIERE

Die an ihrer Panzerung zu erkennenden Gürteltiere treten in verschiedenen Größen, Formen und Farben auf. Alle Arten stammen aus der Neuen Welt.

Die Gürteltiere sind die einzigen Arten der Ordnung Cingulata und kommen in verschiedenen Lebensräumen vor. Sie fressen hauptsächlich Insekten und andere Wirbellose. Trotz ihrer kurzen Beine können sie auf der Flucht vor Raubtieren schnell laufen und sich eingraben. Ihr Knochenpanzer ist mit Hornplatten bedeckt und schützt den Rücken. Bei den meisten Arten besteht er aus festen Schilden auf Schultern und Hüften und aus beweglich verbundenen Gürteln auf Rücken und Flanken. Manche Arten können sich auch zum Schutz der verletzlichen, behaarten Unterseite zusammenrollen. Gürteltiere haben wenige natürliche Feinde. Ungeachtet der Bedrohung durch Jäger und Lebensraumverlust vergrößert sich das Verbreitungsgebiet mancher Arten.

Trotz der Panzerung sind Gürteltiere gute Schwimmer. Indem sie Luft in Magen und Därme pressen, erhöhen sie ihren Auftrieb und können Gewässer überqueren. Sie entgehen Fressfeinden dadurch, dass sie einige Minuten lang tauchen.

VERHALTEN

Die meisten Gürteltier-Arten sind nachtaktiv, obwohl man sie manchmal auch tagsüber sieht. Sie sind größtenteils Einzelgänger und nur während der Paarungszeit gemeinsam aufzufinden. Männchen verhalten sich manchmal gegenüber Rivalen aggressiv.

STAMM	CHORDATA
KLASSE	MAMMALIA
ORDNUNG	CINGULATA
FAMILIEN	1
ARTEN	21

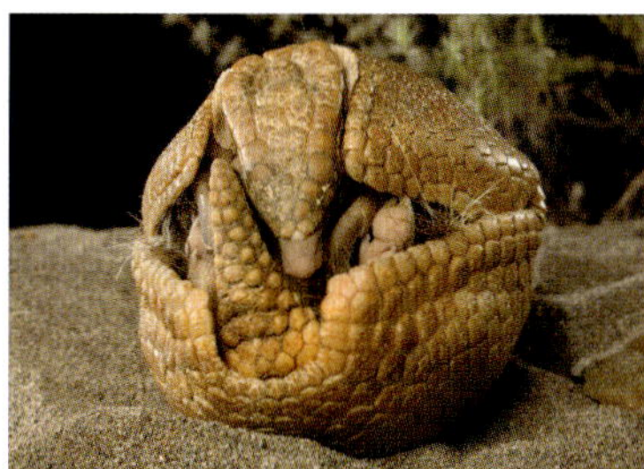

Im Gegensatz zur üblichen Meinung können sich nur die Gürteltiere der Gattung *Tolypeutes* zusammenrollen.

GÜRTELTIERE

Als einzige überlebende ihrer Ordnung ist die Familie Gürteltiere (Dasypodidae) in der Neuen Welt zu finden. Der Rücken der Tiere ist durch Knochenplatten geschützt, und mit ihren scharfen Krallen graben sie nach Wirbellosen und heben Baue aus. Von den etwa 20 Arten können sich manche bei Gefahr zu einer Kugel zusammenrollen, um ihre verletzliche Unterseite zu schützen.

24–57 cm

im Verhältnis zum Körper langer Schwanz

lange, spitze Schnauze zur Nahrungssuche

gut entwickelte Krallen

LANGNASEN-GÜRTELTIER
Dasypus spec.
Die sechs Arten dieser Gattung bewohnen schattige, felsige Gegenden. Anders als andere haben sie ein spärliches, gelbliches Fell, vor allem am Bauch.

22–40 cm

ANDEN-BORSTENGÜRTELTIER
Chaetophractus nationi
Diese Art trägt Haare zwischen ihren Gürteln und bewohnt hoch gelegene Grasländer. Sie wird wegen des Fleischs und des Panzers gejagt.

22–40 cm

BRAUNES BORSTENGÜRTELTIER
Chaetophractus villosus
Die in trockenen südamerikanischen Lebensräumen lebenden Tiere besitzen lange, grobe Haare zwischen ihren etwa 18 Gürteln.

26–33 cm

ZWERGGÜRTELTIER
Zaedyus pichiy
Dieses kleine Gürteltier hat dicke Rückenplatten. Es verkeilt sich bei Gefahr in seinem Bau und zeigt die gezackten Schuppen zur Verteidigung.

40–49 cm

SECHSBINDENGÜRTELTIER
Euphractus sexcinctus
Diese Art ist tagsüber aktiver als die meisten anderen. Die Tiere suchen in Grasländern und Wäldern pflanzliche und tierische Nahrung.

9–11,5 cm

GÜRTELMULL
Chlamyphorus truncatus
Dieses winzige Gürteltier aus Zentralargentinien lebt unterirdisch und »schwimmt« durch lockeren Sand. Der Kopf ist gegen Abschürfungen geschützt.

75–90 cm

RIESENGÜRTELTIER
Priodontes maximus
Dieses größte Gürteltier benutzt die lange, gebogene dritte Vorderkralle zur Nahrungssuche und zur Verteidigung.

30–70 cm

runde, rosa Ohren

Gürtel auf der schwärzlichen Oberseite

MITTELAMERIKANISCHES NACKTSCHWANZGÜRTELTIER
Cabassous centralis
Die Gürtel dieses mittel- und südamerikanischen Gürteltiers reichen nicht bis zum Schwanz. Es verlässt sich zum Schutz vor Feinden auf gute Deckung.

SECHSBINDEN-GÜRTELTIER
Euphractus sexcinctus

Trotz seines Namens kann dieses Gürteltier sechs bis acht Gürtel um seinen Leib tragen. Seine Oberseite ist von einem robusten Panzer geschützt. Er besteht aus Knochenplatten, die mit einer dünnen Schicht aus hornigem Material bedeckt und in die Haut des Tiers eingebettet sind. Die Gürtel dienen als Gelenke des Panzers und verleihen dem Tier Beweglichkeit, obwohl es sich nicht wie andere Gürteltier-Arten vollständig zu einer Kugel zusammenrollen kann. Das Sechsbindengürteltier läuft tagsüber in seinem Lebensraum umher und sucht nach Nahrung, die von Wurzeln und Schösslingen bis zu Wirbellosen und Aas reicht.

GRÖSSE 40–49 cm
LEBENSRAUM Wälder
VERBREITUNG Südamerika, vor allem der Süden Amazoniens
NAHRUNG Allesfresser

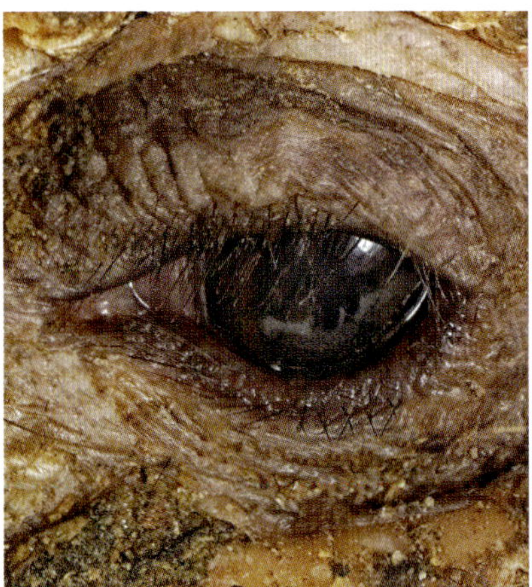

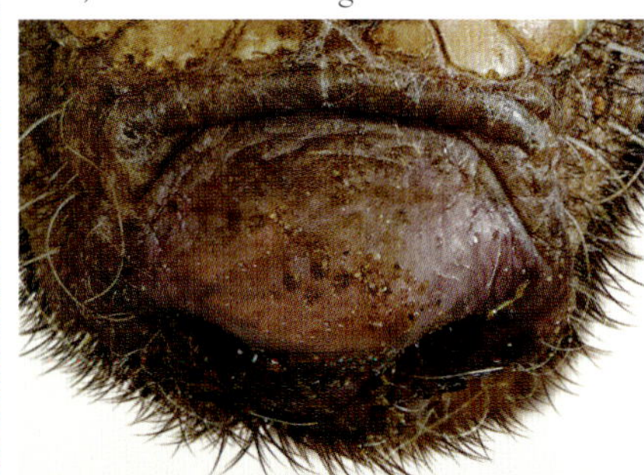

< GESCHÜTZTES AUGE
Auf Kosten eines eingeschränkten Gesichtsfelds wird das Auge durch den Kopfschild geschützt. Da das Tier ohnehin schlecht sieht, macht das keinen großen Unterschied.

< NASE
Gürteltiere haben einen sehr guten Geruchssinn, mit dem sie den Weg zu ihrer Nahrung finden, selbst wenn sie im Boden vergraben ist.

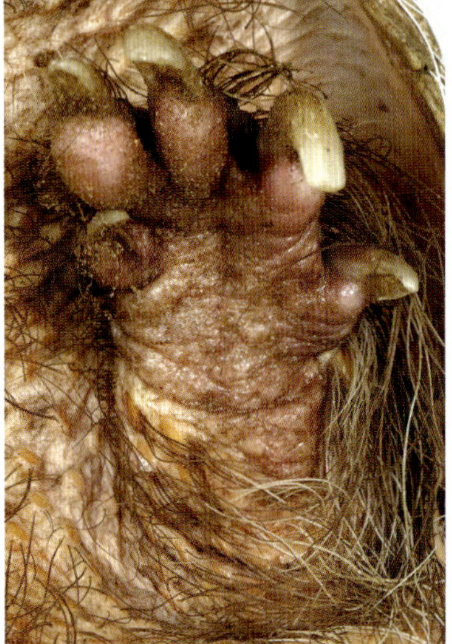

< STARKE BEINE
Dieses Gürteltier hat kurze, aber kräftige Beine. Beim Graben wird die von den Vorderbeinen gelockerte Erde mit den Hinterfüßen weggeschoben.

Der Kopf ist schmal und spitz und wird von verschmolzenen Knochenplatten geschützt.

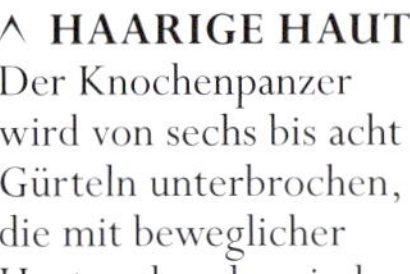

∧ HAARIGE HAUT
Der Knochenpanzer wird von sechs bis acht Gürteln unterbrochen, die mit beweglicher Haut verbunden sind.

SCHWANZ >
Drüsen an der Schwanzbasis geben durch kleine Löcher im Panzer Duftstoffe ab, mit denen das Gürteltier sein Revier markiert.

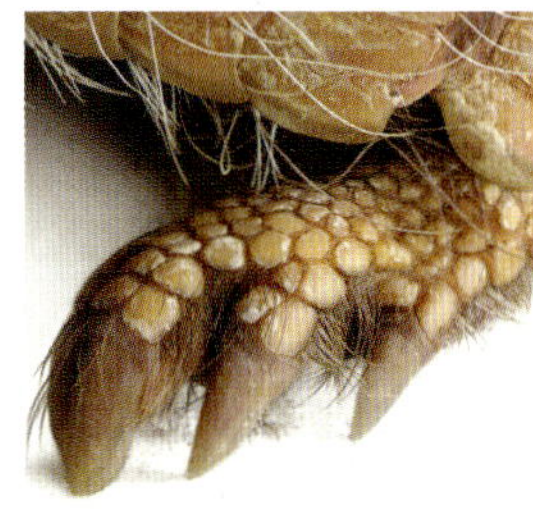

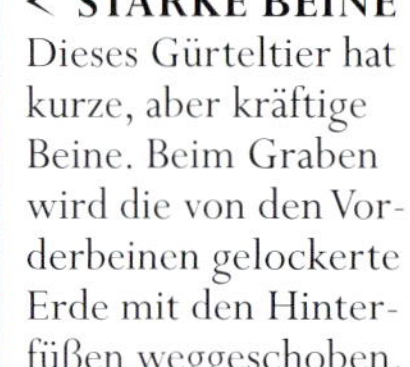

∧ KRALLEN
Lange, starke Krallen erlauben dem Gürteltier, sich schnell einzugraben. Im Handumdrehen kann es eine Grube ausheben, in der es Schutz findet.

∨ GEPANZERT GRABEN
Der charakteristische Panzer schützt vor Fressfeinden, auch wenn Gürteltiere lieber fliehen. Beim Graben verhindert der Panzer Abschürfungen. Gürteltiere graben, um Nahrung zu finden und um Baue zu errichten, in denen sie leben oder sich für kurze Zeit schützen.

Die nicht von Knochenplatten geschützten Körperteile weisen eine spärliche Behaarung auf.

ZAHNARME

Obwohl sie sich stark unterscheiden, haben Faultiere und Ameisenbären eins gemeinsam: Ihnen fehlt die normale Bezahnung der Säugetiere.

Die Arten der Ordnung Zahnarme (Pilosa) sind überwiegend Baumbewohner – nur der Große Ameisenbär lebt am Boden. Sie alle stammen aus Mittel- oder Südamerika.

Die beiden Ameisenbären-Familien ernähren sich von Ameisen, Termiten und anderen Kerbtieren. Sie besitzen keine Zähne, sondern fangen Insekten mit ihrer langen, klebrigen Zunge und zerdrücken sie vor dem Schlucken im Maul.

Die sich langsam bewegenden Faultiere sind Vegetarier. Sie besitzen keine Schneide- und Eckzähne, sondern zylindrische, wurzellose Zähne, die zum Zermahlen der Nahrung dienen. Ein Faultier kann bis zu einen Monat zur Verdauung benötigen, da das faserhaltige Blattmaterial langsam verschiedene Magenabteilungen passiert und von Bakterien verarbeitet wird.

LEBEN AUF BÄUMEN

Die langen Greifschwänze der baumbewohnenden Ameisenbären erlauben ihnen ein aktiveres Leben als den Faultieren. Einige dieser Arten können auch sehr gut schwimmen. Beim Laufen werden sie durch ihre großen, gekrümmten Krallen behindert, mit denen sich die Faultiere wie mit Haken an Äste hängen. Die Ameisenbären haben nur an den Vorderfüßen vergrößerte Krallen. Mit ihnen brechen sie Insektenbaue auf und sie können sich sehr gut damit verteidigen.

STAMM	CHORDATA
KLASSE	MAMMALIA
ORDNUNG	PILOSA
FAMILIEN	4
ARTEN	10

Zur Verteidigung stellen sich *Tamandua*-Arten auf die Hinterbeine und schlagen mit den Vorderfüßen zu.

DREIFINGER-FAULTIERE

Die Arten der Familie Dreifingerfaultiere (Bradypodidae) besitzen drei Zehen mit langen Krallen an jedem Fuß. Wegen der darin wachsenden Algen hat ihr Fell einen grünen Schimmer.

45–50 cm

KRAGENFAULTIER
Bradypus torquatus
Dieses kleine brasilianische Faultier besitzt ein langes, dunkles Fell, das oft Algen, Zecken und Schmetterlinge beherbergt.

zotteliges raues Fell

BRAUNKEHLFAULTIER
Bradypus variegatus
Diese Art mittel- und südamerikanischer Wälder ist die am weitesten verbreitete ihrer Familie. Weibchen locken Männchen mit schrillen Schreien an.

42–80 cm

45–76 cm

WEISSKEHLFAULTIER
Bradypus tridactylus
Die in den südamerikanischen Regenwäldern lebende Art sieht ohne Schwanz und Ohrmuscheln ungewöhnlich aus.

ZWEIFINGER-FAULTIERE

Die Arten der Familie Zweifingerfaultiere (Megalonychidae) haben an den Vorderfüßen nur zwei Krallen und keinen Schwanz.

ZWEIFINGERFAULTIER
Choloepus didactylus
Diese große Art kann gut schwimmen und sogar Flüsse durchqueren. Ihre hauptsächlichen Fressfeinde sind große Greifvögel wie die Harpyien.

zwei Zehen am Vorderfuß

drei Zehen am Hinterfuß

Das wellige, mehrfarbige Haar trägt zur Tarnung bei.

53–74 cm

ZWERGAMEISENBÄREN

Die Familie Zwergameisenbären (Cyclopedidae) umfasst nur eine rezente Art. Die langen Krallen und der Greifschwanz helfen dem Zwergameisenbär auf Bäumen zu leben, wo er Nester in Baumhöhlen anlegt.

18–22 cm

ZWERGAMEISENBÄR
Cyclopes didactylus
Dieser kleinste Ameisenbär ist ein sich langsam bewegender Baumbewohner. Bei Bedrohung kann er sich mit seinen Krallen gut zur Wehr setzen.

AMEISENBÄREN

Die in Mittel- und Südamerika heimischen Arten der Familie Ameisenbären (Myrmecophagidae) besitzen lange Schnauzen und Zungen. Mit ihren Krallen brechen sie Termiten- und Ameisenbaue auf. Die Insekten erbeuten sie mit ihrer stacheligen, mit klebrigem Speichel bedeckten Zunge.

SÜDLICHER TAMANDUA
Tamandua tetradactyla
Dieser südamerikanische Einzelgänger hat einen Greifschwanz. Nur die südlichen Populationen sind schwarz gezeichnet.

GROSSER AMEISENBÄR
Myrmecophaga tridactyla
Der Schwanz dieses größten Ameisenbärs ist fast so lang wie sein Körper. Mit seiner klebrigen Zunge erbeutet er bis zu 30 000 Insekten am Tag.

HASENARTIGE

Die Ordnung Hasenartige (Lagomorpha) besteht aus zwei Familien von Pflanzenfressern und bildet wahrscheinlich die Schwestergruppe der Nagetiere.

Die Hasenartigen besiedeln von tropischen Wäldern bis zur arktischen Tundra die verschiedensten Lebensräume. Alle sind landbewohnende Pflanzenfresser und nutzen die gleiche Nahrung wie viele Nagetiere. Wie bei ihnen wachsen die Zähne der Kaninchen, Hasen und Pikas das ganze Leben lang nach. Sie besitzen vier Schneidezähne im Oberkiefer, die Nagetiere nur zwei.

Da sie sich auf schwer verdauliche Nahrung spezialisiert haben, besitzen sie ein besonderes Verdauungssystem. Sie produzieren zwei verschiedene Arten Kot: feuchte Pellets, die gefressen werden, um weitere Nährstoffe aus ihnen zu gewinnen, und trockene als Abfall.

FRESSFEINDEN ENTKOMMEN

Pfeifhasen, die nagetierähnlichsten Arten der Hasenartigen, verstecken sich vor Fressfeinden in Bauen oder Spalten, nachdem sie sich mit einem Pfiff alarmiert haben. Dagegen besitzen Hasen und Kaninchen lange Ohren zum Erkennen von Gefahr und kräftige Beine zur Flucht. Ihre an den Seiten des Kopfs befindlichen Augen liefern einen nahezu 360° abdeckenden Rundumblick. Wenn sie einen Fressfeind bemerken, trommeln Hasen zur Warnung mit den Hinterbeinen auf den Boden.

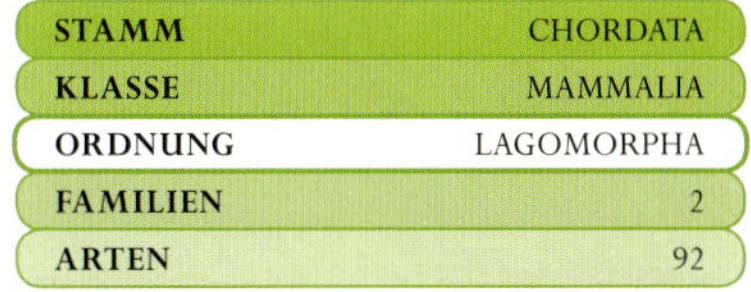

STAMM	CHORDATA
KLASSE	MAMMALIA
ORDNUNG	LAGOMORPHA
FAMILIEN	2
ARTEN	92

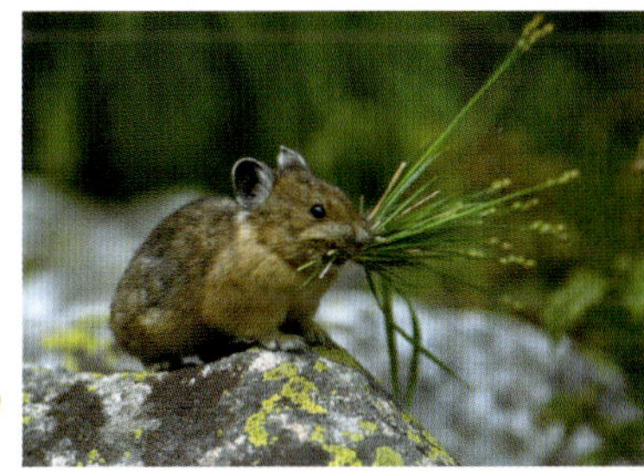

Um im Winter zu überleben, sammelt der Pfeifhase verschiedene Pflanzen und lagert sie getrocknet in seinem Bau.

HASEN

Die nahezu weltweit heimischen Arten der Familie Hasen (Leporidae) haben lange Ohren und große Hinterbeine, um Feinde zu entdecken und ihnen zu entkommen. Die großen Augen verraten die überwiegende Nachtaktivität. Kaninchen bewohnen oft dauerhafte Baue, Hasen eher kurzfristige.

34–45 cm

pelzige Pfote

WILDKANINCHEN
Oryctolagus cuniculus
Die von der Iberischen Halbinsel stammende Art ist mit verheerenden Folgen für die lokalen Lebensräume weltweit eingeführt worden.

13–18 cm

ZWERGKANINCHEN
Oryctolagus cuniculus
Zwergkaninchen gibt es in vielen Farben und Zeichnungen. Das runde Gesicht und die kleinen Ohren machen sie zum beliebten Haustier.

25–38 cm

ANGORAKANINCHEN
Oryctolagus cuniculus
Die wegen ihres zu Wolle gesponnenen Haars geschätzte Rasse stammt aus Anatolien in der heutigen Türkei.

15–30 cm

WIDDER-KANINCHEN
Oryctolagus cuniculus
Diese Rasse gehört zu den ältesten und hat lange Hängeohren. In Bezug auf die Farbe und Größe gibt es viele Variationen.

»

» HASEN

22–55 cm

BAUMWOLLSCHWANZ-KANINCHEN
Sylvilagus spec.
Die meisten der in der Neuen Welt verbreiteten 17 Arten dieser Gattung haben weiße Stummelschwänze.

braunes, manchmal rötliches Fell

lange Ohren mit schwarzen Spitzen

50–70 cm

FELDHASE
Lepus europaeus
Der Feldhase ernährt sich im Sommer von Gras und im Winter von Borke und Knospen. Er ist ein scheuer Einzelgänger, außer bei den Boxkämpfen zur Paarungszeit. Die Weibchen wehren Rammler ab, wenn sie nicht paarungsbereit sind.

kräftige Hinterbeine

MARSCHKANINCHEN 42–44 cm
Sylvilagus palustris
Die Art aus nordamerikanischen Feuchtgebieten kann gut schwimmen. Anders als ihre Verwandten läuft sie anstatt zu hüpfen.

36–46 cm

SCHNEESCHUHHASE
Lepus americanus
Die an das nordamerikanische Klima angepasste Art bekommt im Winter ein weißes Fell. Die großen Hinterfüße ermöglichen das Laufen auf lockerem Schnee.

55–70 cm

POLARHASE
Lepus arcticus
Die an polare und Berggebiete angepasste Art überlebt dank ihres im Winter weißen, dicken Fells und der Löcher im Schnee, die sie zum Schutz gräbt.

56–66 cm

PRÄRIEHASE
Lepus townsendii
Diese Art ist im westlichen Nordamerika weit verbreitet. Die nördliche Population wird im Winter weiß, während die südliche nur an den Flanken weißliche Flecken bekommt.

47–63 cm

KALIFORNISCHER ESELHASE
Lepus californicus
Die in den Prärien und dem Agrarland des westlichen Nordamerikas weit verbreitete Art unterliegt starken lokalen Populationsschwankungen.

lange Beine

45–60 cm

ANTILOPENHASE
Lepus alleni
Die langen Ohren und das reflektierende Fell helfen dieser Art, in den Wüsten und Grasländern Mexikos kühl zu bleiben.

46–65 cm

SCHNEEHASE
Lepus timidus
Der aus den Polar- und Bergregionen Eurasiens stammende Hase bekommt ein weißes Winterfell. Der Schwanz bleibt immer weiß.

52–60 cm

KAPHASE
Lepus capensis
Der in den offenen Lebensräumen Afrikas und des Nahen Ostens lebende Hase ähnelt dem nah verwandten Feldhasen.

PFEIFHASEN

Die Arten der Familie Pfeifhasen (Ochotonidae) sind kleine Pflanzenfresser, die an felsigen Hängen und in offenen Steppen in Nordamerika und Asien leben. Wenn sie vor Feinden in Spalten oder Baue flüchten, stoßen sie einen schrillen Alarmpfiff aus.

16–21 cm

AMERIKANISCHER PFEIFHASE
Ochotona princeps
Dieser nordamerikanische Bewohner von Geröllabhängen trocknet Nahrungshaufen in der Sonne und lagert sie in seinem Bau für den Winter ein.

NAGETIERE

Von winzigen Mäusen bis zu schweinegroßen Tieren leben Nagetiere in fast jedem Lebensraum. Sie stellen fast die Hälfte aller Säugetier-Arten.

Die Arten der Ordnung Nagetiere (Rodentia) besitzen je ein Paar auffällige, oft orange oder gelb gefärbte Schneidezähne im Ober- und Unterkiefer, die lebenslang wachsen. Das Nagen nutzt die Zähne so schnell ab, wie sie nachwachsen. Nagetiere besitzen keine Eckzähne, nur eine große Lücke zwischen den Schneide- und den drei oder vier Backenzähnen. Die systematische Einteilung der Nagetiere beruht auch auf von außen nicht sichtbaren Eigenschaften der Kiefer und Zähne.

ARTENVIELFALT

In Anpassung an ihre unterschiedlichen Lebensweisen besitzen Nagetiere oft Merkmale wie Schwimmhäute, große Ohren oder lange, zum Springen geeignete Hinterbeine. Manche legen Baue an, andere leben in Bäumen oder im Wasser, aber kein einziges im Meer. Viele Nagetiere bewohnen Wüsten und beziehen die nötige Feuchtigkeit nur aus ihrer Nahrung.

EINFLUSS DER NAGETIERE

Verschiedene Nagetier-Arten verbreiten Krankheiten, andere fressen oder kontaminieren große Mengen menschlicher Nahrung. Durch ihre Nähe zum Menschen ist die Hausmaus das am weitesten verbreitete nicht domestizierte Säugetier geworden. Sie besiedelt jeden Kontinent einschließlich der Antarktis und überlebt sogar in Bergwerken und Kühlhäusern. Manche Nagetiere richten an Ernten und Bäumen sowie durch ihr Graben Schäden an. Biber können ganze Landschaften verändern und Hunderte anderer Tier- und Pflanzen-Arten beeinflussen.

Auf der anderen Seite sind Nagetiere eine wichtige Nahrungsquelle für viele Raubtiere und auch für den Menschen. Viele kleine Arten, besonders die Hamster, werden als Haustiere gezüchtet.

STAMM	CHORDATA
KLASSE	MAMMALIA
ORDNUNG	RODENTIA
FAMILIEN	33
ARTEN	2277

STREITFRAGE

NAGETIER-SYSTEMATIK

Die große Diversität der Ordnung Rodentia macht eine systematische Gliederung schwierig. Die 33 Familien werden in die fünf Unterordnungen Hörnchen- (Sciuromorpha), Biber- (Castorimorpha), Dornschwanzhörnchen- (Anomaluromorpha), Mäuse- (Myomorpha) und Stachelschweinverwandte (Hystricomorpha) eingeteilt. Ein neueres Modell schlägt nur zwei Unterordnungen vor: Sciurognathi (Hörnchenkiefer) mit Hörnchen, Bibern und Mäusen sowie Hystricognathi (Stachelschweinkiefer) mit Meerschweinchen, Stachelschweinen, Chinchillas und Wasserschwein.

BIBER-HÖRNCHEN

Nur eine Art der einst weit verbreiteten Familie Aplodontiidae hat bis in die heutige Zeit überlebt. Das Biberhörnchen lebt in Bauen in feuchten Wäldern und Pflanzungen im westlichen Nordamerika.

BIBERHÖRNCHEN
Aplodontia rufa
Diese unter heutigen Nagetieren ursprünglichste Art bewohnt bewaldete Küstenberge in Westkanada und den USA.

HÖRNCHEN

Die mit Ausnahme der Polarregionen, Australiens und der Sahara fast überall vorkommenden Arten der Familie Hörnchen (Sciuridae) sind vom tropischen Regenwald bis zur arktischen Tundra und von den Baumwipfeln bis zu unterirdischen Tunneln zu Hause. Zu ihnen gehören die Eichhörnchen, die Präriehunde, die Streifenhörnchen und die Murmeltiere.

23–30 cm

GRAUHÖRNCHEN
Sciurus carolinensis
Diese Art aus den östlichen USA ist in Teilen Europas eingeführt worden, wo sie die einheimischen Eichhörnchen verdrängt.

18–24 cm

EICHHÖRNCHEN
Sciurus vulgaris
Wenn das Eichhörnchen sein Sommerfell bekommt, verliert es die langen Haarbüschel auf den Ohren.

GEWÖHNLICHES ROTHÖRNCHEN
Tamiasciurus hudsonicus
Die zwitschernden Rufe und das scharfe Bellen dieser Tiere sind in den Nadelwäldern Kanadas und der nördlichen USA häufig gehörte Laute.

SÜDLICHES GLEITHÖRNCHEN
Glaucomys volans
Dieser ausschließlich nachtaktive Bewohner der östlichen USA lebt in Baumhöhlen und auf Dachböden, im Winter oft in Gruppen.

25–46 cm

HELLES RIESENHÖRNCHEN
Ratufa affinis
Dies ist eine der vier Riesenhörnchen-Arten. Sie bewohnt die Wälder der Malaiischen Halbinsel, Borneos und Sumatras.

25–45 cm

SRI-LANKA-RIESENHÖRNCHEN
Ratufa macroura
Diese Art ist eins der größten Baumhörnchen und lebt in Südindien und auf Sri Lanka. Es frisst Früchte, Blüten und Insekten.

13–28 cm

PREVOSTS HÖRNCHEN
Callosciurus prevostii
Von diesen dreifarbigen Hörnchen gibt es 15 Arten. Diese lebt auf der Malaiischen Halbinsel, auf Borneo und Sumatra sowie auf Sulawesi.

»

» HÖRNCHEN

langer, buschiger Schwanz

17–27 cm

GRAUFUSSHÖRNCHEN
Heliosciurus gambianus
Die Art kommt in Waldgebieten afrikanischer Savannen von Senegal bis Simbabwe vor. Sie ernährt sich hauptsächlich von Akaziensamen.

24 cm

KAP-BORSTENHÖRNCHEN
Xerus inauris
Dieses grob behaarte Hörnchen schützt sich in Bauen vor den extremen Temperaturen der südafrikanischen Halbwüsten.

15–20 cm

GOLDMANTEL-ZIESEL
Spermophilus lateralis
Die wie ein zu groß geratenes Streifenhörnchen aussehende Art ist in den Wäldern und Bergen der westlichen USA ein gewohnter Anblick.

COLUMBIA-ZIESEL
Spermophilus columbianus
Dieses relativ große Erdhörnchen lebt in Kolonien auf Weiden und an Waldrändern von Idaho bis in den Westen Kanadas.

25–30 cm

kurzer, haariger Schwanz

12–15 cm

HOPI-STREIFENHÖRNCHEN
Tamias rufus
Die Streifenhörnchen verschiedener Teile der USA stellen unterschiedliche Arten dar. Dieses kommt in Utah, Colorado und Teilen Arizonas vor.

12–15 cm

STREIFEN-BACKENHÖRNCHEN
Tamias striatus
Dieser gestreifte Bodenbewohner ist auf den Waldcampingplätzen der östlichen USA häufig zu beobachten.

BIBER

Die Familie Biber (Castoridae) umfasst nur zwei Biber-Arten. Eine ist in Nordamerika weit verbreitet, die andere weist Inselvorkommen in Europa auf. Beide bauen Dämme aus Steinen, Schlamm, Baumstämmen und Ästen und schaffen so Lebensräume für andere Arten.

glänzendes braunes Fell

BIBER
Castor spec.
Der Europäische und der Amerikanische Biber sind unterschiedliche Arten, die aber beide ein semiaquatisches Leben führen.

0,8–1,2 m

flacher, schuppiger Schwanz

TASCHENRATTEN

Die nordamerikanischen Arten der Familie Taschenratten (Geomyidae) leben allein in flachen Bauen mit Zugang zu Wurzeln und Blättern. Sie sammeln die Nahrung in Backentaschen.

13–24 cm

GEBIRGS-TASCHENRATTE
Thomomys bottae
Diese Art legt ihre Baue in weichen Böden und Wiesen an und häuft dabei Hügel auf, die landwirtschaftliche Maschinen beschädigen können.

BILCHE

Die Arten der Familie Bilche (Gliridae) leben in Wäldern Europas und in Afrika südlich der Sahara sowie in einigen Gebieten Zentralasiens. Eine Art kommt in Japan vor. Bilche wirken wie nachtaktive Eichhörnchen und sind bis auf eine Art Baumbewohner. Viele Arten sind bedroht.

7–15 cm

AFRIKANISCHER BILCH
Graphiurus spec.
Es gibt 14 Arten afrikanischer Bilche. Sie ähneln sich sehr und besiedeln die Wälder Afrikas südlich der Sahara.

buschiger Schwanz

MURMELTIER
Marmota spec.
Verschiedene Murmeltier-Arten bevölkern die Bergwiesen und felsigen Gebiete Nordamerikas und Eurasiens. Murmeltiere halten bis zu neun Monate lang Winterschlaf.

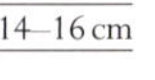

SCHWARZSCHWANZ-PRÄRIEHUND
Cynomys ludovicianus
Die tagaktiven Tiere leben in großen Gruppen in »Städten«, die aus gemeinsamen Bauen bestehen.

HARRIS-ANTILOPENZIESEL
Ammospermophilus harrisii
Dieser agile Bewohner der Sonora-Wüste und Nordmexikos ist in der Tageshitze aktiv und hält im Winter einen Winterschlaf.

TASCHENMÄUSE UND KÄNGURURATTEN

Die Familie Taschenmäuse (Heteromyidae) umfasst wenige seltene Arten. Sie kommt von Kanada bis Mittelamerika vor, wobei die Kängururatten überwiegend Wüsten bewohnen. Taschenmäuse laufen meist, während Kängururatten auf den Hinterbeinen hüpfen.

WÜSTEN-TASCHENMAUS
Chaetodipus penicillatus
Diese Art bewohnt wie viele andere nachtaktive Nagetiere die offenen Sandwüsten der südwestlichen USA und Nordmexikos.

MERRIAMS KÄNGURURATTE
Dipodomys merriami
Dieser mit ausgestrecktem Schwanz hüpfende nachtaktive Bewohner nordamerikanischer Wüsten ähnelt einem Miniaturkänguru.

SPRINGMÄUSE

Die Familie Springmäuse (Dipodidae) umfasst die Spring-, Hüpf- und Birkenmäuse. Mit ihren kräftigen Hinterbeinen und dem langen Schwanz können sie wie kleine Kängurus umherspringen.

WIESENHÜPFMAUS
Zapus hudsonius
Von der in kühlen Grasländern im nördlichen Nordamerika lebenden Art gibt es Inselpopulationen in den Bergen von Arizona und New Mexico.

KLEINE WÜSTENSPRINGMAUS
Jaculus jaculus
Dieser Wüstenbewohner kommt in Nordafrika vom Senegal bis Ägypten, im Süden bis Somalia und im Osten bis zum Iran vor.

SIEBENSCHLÄFER
Glis glis
Der Siebenschläfer hält tatsächlich über sechs Monate lang Winterschlaf. In manchen Mittelmeerländern wie Slowenien werden die Tiere auch gegessen.

HASELMAUS
Muscardinus avellanarius
Dieser nachtaktive Kletterer und Springer, der in buschigem Waldland in ganz Europa lebt, ernährt sich von Blüten, Früchten und Insekten.

WÜHLER

Über 680 gedrungene, kurzschwänzige Arten wie Hamster, Wühlmäuse, Lemminge und Bisamratten bilden die Familie Wühler (Cricetidae). Sie leben in der Alten Welt von Westeuropa bis Sibirien und bis zur Pazifikküste sowie in der Neuen Welt von Alaska bis Feuerland.

RÖTELMAUS
Myodes glareolus
Diese hauptsächlich in der Morgendämmerung und der Nacht aktive Wühlmaus bewohnt Buschland, Wälder und Gärten in den meisten Teilen Westeuropas und im Osten bis Russland.

FELDMAUS
Microtus arvalis
Dieser in den meisten Teilen Europas verbreitete grabende Graslandbewohner kommt auch weiter östlich und in Russland vor.

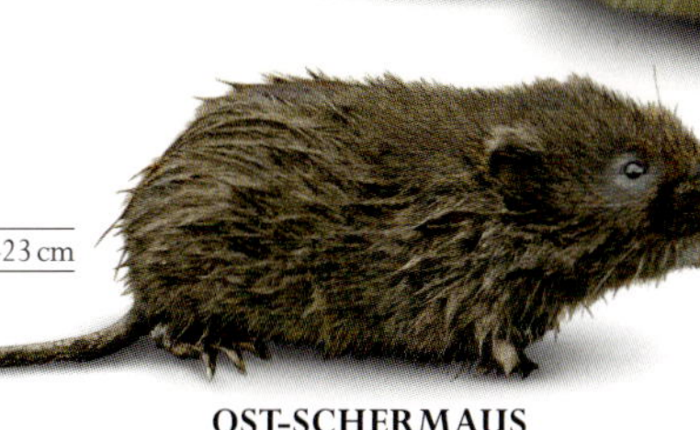

OST-SCHERMAUS
Arvicola amphibius
In Großbritannien und Teilen Europas lebt diese Art in der Nähe von Gewässern, doch in Russland und im Iran legt sie ausgedehnte Baue entfernt vom Wasser an.

BERGLEMMING
Lemmus lemmus
Die schwankende Populationsstärke dieses kleinen Säugetiers der europäischen Tundra beeinflusst die Vermehrungserfolge vieler arktischer Raubtiere.

STEPPENLEMMING
Lagurus lagurus
Diese einzige Art ihrer Gattung lebt in trockenen Grasebenen, die sich von der Ukraine bis in die westliche Mongolei erstrecken.

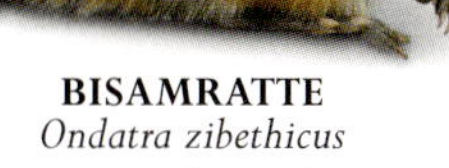

BISAMRATTE
Ondatra zibethicus
Dieser Bewohner der nordamerikanischen Flüsse, Teiche und Bäche ist in Europa eingeführt worden und hier heute weit verbreitet.

»

7–12 cm

relativ langer Schwanz

DAURISCHER ZWERGHAMSTER
Cricetulus barabensis
Da er die Feldfrüchte auf der Suche nach Samen plündert, kann dieser Hamster zum Schädling werden. Landwirte zerstören beim Pflügen seine Baue.

5–10 cm

ROBOROWSKI-ZWERGHAMSTER
Phodopus roborovskii
Diese Art aus den Steppen Zentralasiens ist ein beliebtes Haustier. Sie kann bis zu 15 Würfe pro Jahr bekommen.

20–34 cm

FELDHAMSTER
Cricetus cricetus
Dieser eurasische grabende Einzelgänger überwintert unterirdisch. Sein Bau kann bis zu 65 kg an Vorräten enthalten.

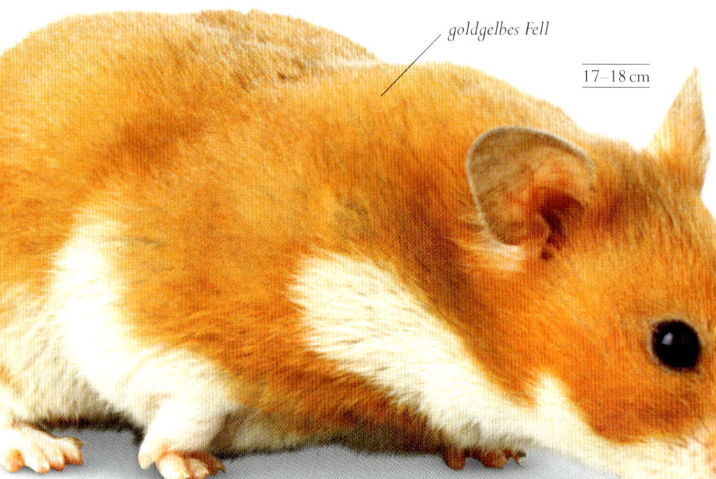
goldgelbes Fell

17–18 cm

17–18 cm

LANGHAAR-GOLDHAMSTER
Mesocricetus auratus
Aus dem Goldhamster sind viele ausgefallene Formen gezüchtet worden, die in der Natur keine Überlebenschance hätten.

SYRISCHER GOLDHAMSTER
Mesocricetus auratus
Die aus Syrien stammende Art, die in ihrer Heimat heute bedroht ist, hält man in Europa und Nordamerika als Haustier.

9–11 cm

WEISSFUSSMAUS
Peromyscus leucopus
Diese weit verbreitete und anpassungsfähige Art bewohnt fast jeden Landlebensraum in den mittleren und östlichen USA.

12–20 cm

RAUHAAR-BAUMWOLLRATTE
Sigmodon hispidus
Dieser kurzlebige, oberirdisch lebende Pflanzenfresser stammt aus den Grassteppen der südlichen USA und Mexikos.

LANGSCHWANZ-MÄUSE

Ein Fünftel aller Säugetier-Arten gehört zur Familie Langschwanzmäuse (Muridae). Sie ist weltweit verbreitet, sogar in den Polarregionen. Manche Arten übertragen gefährliche Krankheiten, andere sind landwirtschaftliche Schädlinge. Einige werden für die medizinische Forschung gezüchtet oder als Haustiere gehalten.

7–12 cm

ÄGYPTISCHE STACHELMAUS
Acomys cahirinus
Wie andere Stachelmäuse besitzt diese Art steife, schützende Haare am Körper und eine sehr dünne Haut, die in ihrem heißen, trockenen Lebensraum eine leichtere Kühlung ermöglicht.

7–12 cm

SINAI-STACHELMAUS
Acomys dimidiatus
Diese Art betrachtete man früher als mit der Ägyptischen Stachelmaus identisch. Sie kommt jedoch östlich des Roten Meers vor.

10–18 cm

SHAWS RENNMAUS
Meriones shawi
Die in den Wüsten Nordafrikas und des Nahen Ostens verbreitete Art hält keinen Winterschlaf, sondern lebt von bis zu 10 kg an Nahrungsvorräten.

9–18 cm

MONGOLISCHE RENNMAUS
Meriones unguiculatus
Die in den trockenen Steppen Zentralasiens lebende Art bildet große Gruppen. Viele Rennmäuse werden auch als Haustiere gehalten.

5–12 cm

HELLE RENNMAUS
Gerbillus perpallidus
Wie die meisten kleinen Nagetiere der Wüste sind diese Rennmäuse hell gefärbt. Sie sind in Nordafrika und im Nahen Osten weit verbreitet.

10–13 cm

FETTSCHWANZ-RENNMAUS
Pachyuromys duprasi
Wie viele andere Wüstensäugetiere speichert diese Art Fett im Schwanz. Der Schwanz ist unbehaart, damit er überschüssige Wärme abgeben kann.

NÖRDLICHE RIESENBORKENRATTE
Phloeomys pallidus
Die beiden Arten von Riesenborkenratten leben in hoch gelegenen Wäldern der Philippinen. Diese kommt nur auf Nord-Luzon vor.

SÜDLICHE RIESENBORKENRATTE
Phloeomys cumingi
Wie die kleinere nördliche Art verbringt diese den Tag in hohlen Bäumen oder Bauen und bekommt nur ein Junges zur gleichen Zeit.

HAUSMAUS
Mus musculus
Dieses kleine, schlanke Nagetier ist als sehr anpassungsfähige Art den Menschen um die ganze Welt gefolgt und überlebt sogar in der Antarktis.

ALBINO-HAUSMAUS
Mus musculus
Diese Albino-Zuchtform der Hausmaus ist ein verbreitetes Haustier und wird auch in der Forschung genutzt.

GELBHALSMAUS
Apodemus flavicollis
Dieser nachtaktive Waldbewohner ist in einem großen Teil seines europäischen Verbreitungsgebiets leicht mit der Waldmaus zu verwechseln.

WALDMAUS
Apodemus sylvaticus
Dies ist die am häufigsten vorkommende wilde Maus in Europa. Sie bewohnt jeden Landlebensraum, sogar in den Bergen.

ZWERGMAUS
Micromys minutus
Diese kleinste europäische Maus lebt in den verschiedensten mit Gras bewachsenen Lebensräumen, einschließlich Schilf und Getreidefeldern.

WANDERRATTE
Rattus norvegicus
Diese Ratte ist ein weltweit verbreiter Schädling, da sie sich über den Schiffsverkehr verbreitet und selbst entlegene Inseln besiedelt hat.

HAUSRATTE
Rattus rattus
Wegen ihrer Fähigkeit, an Bord von Schiffen zu leben, wird die Art auch als Schiffsratte bezeichnet. Ihre Flöhe können die Pest übertragen.

STREIFENGRASMAUS
Lemniscomys striatus
Diese auffällig gezeichnete Art ist ein verbreiteter Bewohner grasbewachsener Lebensräume Afrikas südlich der Sahara.

MADAGASSISCHE RIESENRATTE
Hypogeomys antimena
Diese einzige Art ihrer Gattung ist das größte Nagetier auf Madagaskar. Sie lebt nur in den sandigen Wäldern der Westküste.

BAMBUSRATTEN, BLINDMÄUSE

Zur Familie Spalacidae zählen Blindmäuse und -mulle sowie Bambus- und Maulwurfsratten. Große Schneidezähne zeichnen die unterirdisch lebenden Blindmäuse aus, die keine sichtbaren Augen und Ohren besitzen. Die Augen der Bambusratten sind zu erkennen.

15–26 cm

KLEINE BAMBUSRATTE
Cannomys badius
Die von Nepal bis Vietnam zu findende einzige Art ihrer Gattung legt in Wäldern, Grasland und manchmal Gärten Baue an.

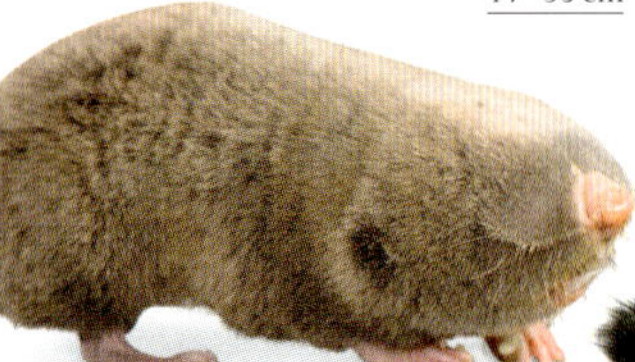
17–35 cm

OSTBLINDMAUS
Spalax microphthalmus
Diese blinde Art hat Tasthaare von der Schnauze bis zu den Augenhöhlen. Sie lebt in den Steppen der Ukraine und Südost-Russlands.

SPRINGHASEN

Die in Größe und Verhalten an Kaninchen erinnernden Arten der Familie Springhasen (Pedetidae) bringen nur ein einzelnes Junges zur Welt. Sie vermehren sich das ganze Jahr über, sind in ihren trockenen offenen Lebensräumen aber von Räubern bedroht.

35–43 cm

OSTAFRIKANISCHER SPRINGHASE
Pedetes surdaster
Springhasen entkommen ihren Verfolgern mit känguruartigen Sprüngen. Diese Art ist seltener als *Pedestes capensis* und lebt in der afrikanischen Serengeti.

35–43 cm
langer buschiger Schwanz

SÜDAFRIKANISCHER SPRINGHASE
Pedetes capensis
Diese Art verlässt nachts ihren Bau und frisst die im trockenen südlichen Afrika wachsenden Gräser und Kräuter.

SANDGRÄBER

Die unterirdisch lebenden Arten der Familie Sandgräber (Bathyergidae) haben nur rudimentäre Augen. Sie graben mithilfe ihrer langen Schneidezähne in Sand und lockerer Erde. Die Lippen schließen sich hinter den Zähnen, damit keine Erde ins Maul gelangt.

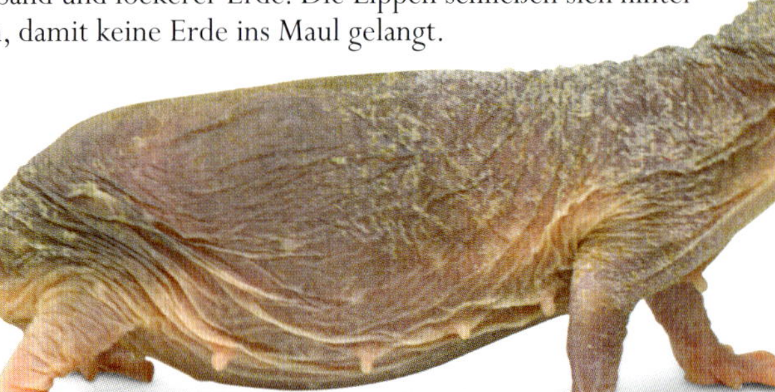
8–10 cm
lange, vorstehende Schneidezähne
langer, runder Schwanz

NACKTMULL
Heterocephalus glaber
Dieses sehr soziale Tier lebt in einer Gemeinschaft, in der jedes Tier bestimmte Aufgaben hat, die der Gruppe als Ganzes nützen.

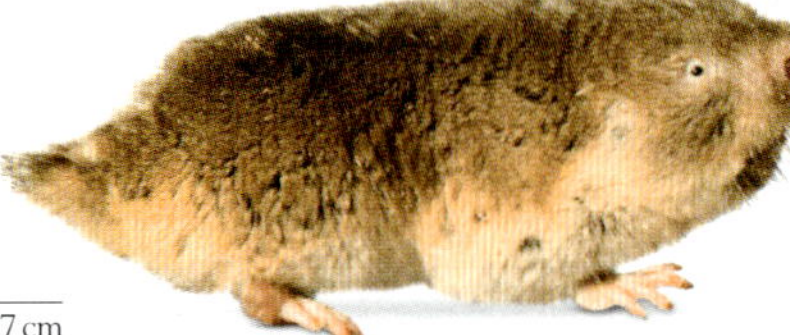
9–27 cm

AFRIKANISCHER GRAUMULL
Cryptomys hottentotus
Die von Tansania bis Südafrika vorkommende Art lebt in lockerer Erde und Ackerland, wo sie sich vor allem von Wurzeln ernährt.

17,5–33 cm

NAMAQUA-STRANDGRÄBER
Bathyergus janetta
Die in Namibia und im südwestlichen Südafrika lebende Art benutzt eher die Vorderfüße als die Zähne zum Graben.

BAUMSTACHLER

Die in amerikanischen Wäldern lebenden Baumbewohner der Familie Baumstachler (Erethizontidae) besitzen kurze Stacheln, die meist nicht länger als 10 cm sind. Die meisten haben auch einen Greifschwanz.

65–80 cm

NORDAMERIKANISCHER BAUMSTACHLER
Erethizon dorsatum
Dieser Baumbewohner lebt in ganz Nordamerika, von Alaska bis Mexiko. Die Stacheln sind unter dem zottigen Fell versteckt.

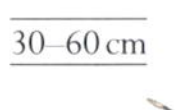
30–60 cm

GREIFSTACHLER
Coendou prehensilis
Diese nachtaktive Art bewohnt die Wälder Südamerikas und Trinidads. Sie schläft tagsüber und sucht in der Abenddämmerung nach Blättern und Schösslingen.

STACHELSCHWEINE

In den größten Teilen Afrikas und Südasiens kommen die 14 Arten der Familie Stachelschweine (Hystricidae) vor, die in Bauen leben. Sie tragen lange, steife Stacheln, die sie gegen die meisten Räuber schützen. Bei einer Bedrohung rasseln sie mit ihnen, um Feinde auf sie aufmerksam zu machen.

60–100 cm
Die Stacheln sind modifizierte Haare.

GEWÖHNLICHES STACHELSCHWEIN
Hystrix cristata
Die im nördlichen Afrika mit Ausnahme der Sahara weit verbreitete Art ist ein bekanntes nachtaktives Nagetier.

75–100 cm

SÜDAFRIKANISCHES STACHELSCHWEIN
Hystrix africaeaustralis
Diese Art der südafrikanischen Steppen sucht nachts nach Wurzeln und Beeren.

CHINCHILLAS UND HASENMÄUSE

Alle sieben Arten der südamerikanischen Familie Chincillas (Chinchillidae) besitzen einen auffälligen Schwanz und große Hinterbeine. Sie bewohnen meistens in Gruppen Baue oder felsige Aufschlüsse. Die meisten von ihnen sind heute selten, da sie als Pelztiere und als Schädlinge verfolgt werden.

Große Ohren tragen zur Regulation der Körpertemperatur bei.

lange Tasthaare zur räumlichen Wahrnehmung

buschiger Schwanz zur Balance

22–38 cm

CHINCHILLA
Chinchilla spec.
Das feine, dicke Fell der Chinchillas, das auch als Pelz geschätzt wird, schützt sie in ihrer Heimat in den Anden vor Kälte.

30–45 cm

CUVIER-HASENMAUS
Lagidium viscacia
Sein Fell schützt dieses aktive Nagetier vor der nächtlichen Kälte. Es lebt an steilen, steinigen Berghängen.

FELSENRATTEN

Die einzige Art der Familie Felsenratten (Petromuridae) lebt nur im südlichen Afrika. Der seltsame flache Schädel und die biegsamen Rippen sind Anpassungen an das Leben in Spalten und unter Steinen.

14–20 cm

FELSENRATTE
Petromus typicus
Die an trockenen, steinigen Hängen lebende Art kommt in der Dämmerung aus ihren Spalten hervor, um Samen und Schösslinge zu suchen.

ROHRRATTEN

Die beiden Arten der Familie Rohrratten (Thryonomyidae) besitzen ein hellbraunes, anliegendes Fell, das im trockenen Gras oder Schilf kaum auffällt. Die Tiere werfen zweimal pro Jahr gut entwickelte Junge.

35–60 cm

ROHRRATTE
Thryonomys spec.
Es gibt in Afrika zwei Arten: Die eine lebt in der Grassteppe, die andere in Schilfgürteln und Feuchtgebieten.

PAKARANAS

Die einzige Art der Familie Pakaranas (Dinomyidae) ist ein scheues, langsames und nahezu wehrloses Tier. Es lebt allein oder in Paaren in Bergwäldern, wo es von Jaguaren und Menschen gejagt wird.

70–80 cm

PAKARANA
Dinomys branickii
Durch den Verlust ihres Lebensraums in Südamerika und die Jagd sind die Pakaranas mittlerweile bedroht.

MEERSCHWEINCHEN

Die Familie Meerschweinchen (Caviidae) enthält einige der am weitesten verbreiteten und häufigsten südamerikanischen Nagetiere. Sie leben auf Bergwiesen wie in tropischen Überschwemmungsebenen und vermehren sich das ganze Jahr über.

20–40 cm

WILD-MEERSCHWEINCHEN
Cavia aperea
Meerschweinchen leben vor allem im Tiefland, doch diese Art kommt auch von Peru bis Chile in den Anden vor.

20–40 cm

ROSETTEN-MEERSCHWEINCHEN
Cavia aperea
Bei den Haustieren gibt es einige Fellvarianten. Diese hier besitzt Fellwirbel am ganzen Körper.

20–40 cm

LANGHAAR-MEERSCHWEINCHEN
Cavia aperea
Diese oft als Haustiere gehaltenen Meerschweinchen müssen regelmäßig gekämmt werden, damit ihr Fell nicht verfilzt.

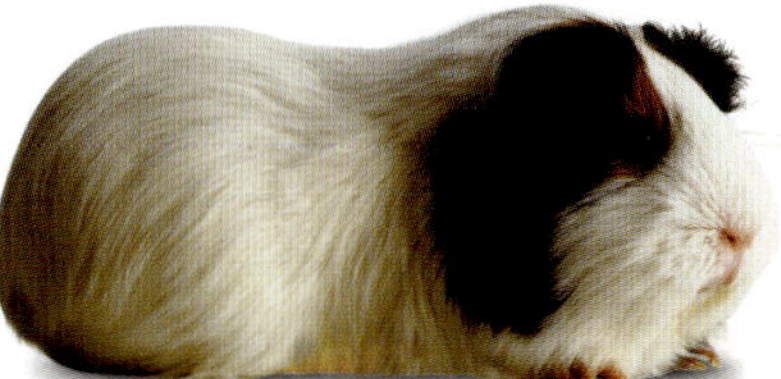

20–40 cm

HAUS-MEERSCHWEINCHEN
Cavia aperea
Die vor über 500 Jahren als Nahrungstier domestizierte Art ist weltweit ein beliebtes Haustier geworden.

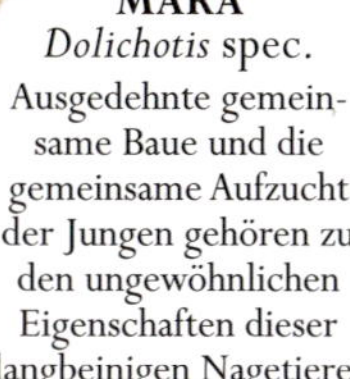

lange Ohren

69–75 cm

MARA
Dolichotis spec.
Ausgedehnte gemeinsame Baue und die gemeinsame Aufzucht der Jungen gehören zu den ungewöhnlichen Eigenschaften dieser langbeinigen Nagetiere.

GEWÖHNLICHES STACHELSCHWEIN

Hystrix cristata

Mit seinen drohend aufgerichteten Stacheln sieht das Stachelschwein recht beeindruckend aus. Ein einmal gestochener Fressfeind wird kaum einen weiteren Angriff riskieren. Löwen, Hyänen und sogar Menschen sind schon an den darauf folgenden Infektionen gestorben. Trotzdem handelt es sich bei Stachelschweinen um friedliche und sogar schreckhafte Tiere, die schnell die Flucht ergreifen. Stachelschweine leben allein oder in Familienverbänden, die sich ausgedehnte Bausysteme teilen. Das Gewöhnliche Stachelschwein kommt in einem großen Teil Nordafrikas vor und war sogar einmal in Südeuropa verbreitet. Die heute noch in Italien lebende Population kann ein Relikt dieser Zeit oder ein neuerer Import sein.

GRÖSSE 60–100 cm
LEBENSRAUM Grassteppe, lichte Wälder, felsige Gegenden
VERBREITUNG Nordafrika, im Süden bis Tansania mit Ausnahme der Sahara, Italien
NAHRUNG Wurzeln, Früchte und Knollen, gelegentlich Aas

< STACHELIGES KLEID
Das Aufstellen der Stacheln vermittelt den Eindruck von Größe. Ein in die Enge getriebenes Tier versucht so seinen Gegner zu täuschen. Schlägt das fehl, dreht es sich um und greift rückwärts an, um seine stachelige Rückseite ins Gesicht des Angreifers zu schieben.

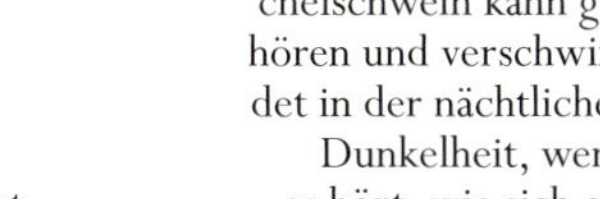

OHR >
Die kleinen Ohren liegen im groben Haar verborgen. Das Stachelschwein kann gut hören und verschwindet in der nächtlichen Dunkelheit, wenn es hört, wie sich ein anderes Tier nähert.

∨ AUGE
Das Stachelschwein kann schlecht sehen, doch ist das auch meistens nicht nötig. Mit dem Gehör und dem Geruchssinn findet es sich zurecht.

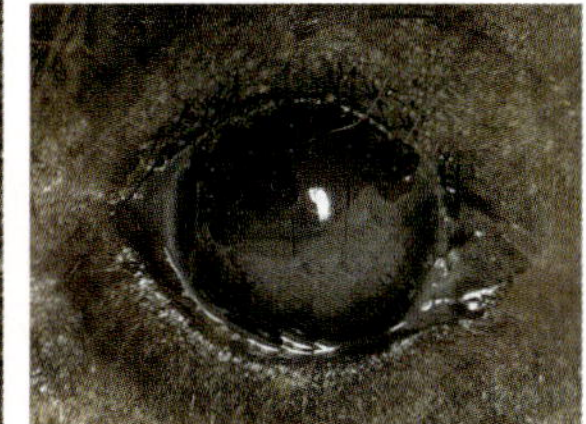

∨ MAUL UND ZÄHNE
Stachelschweine haben typische Nagetierzähne, mit denen sie grobe Wurzeln und Knollen zernagen können. Ihre Kiefermuskulatur ist ausgesprochen kräftig.

STACHELN >
Die Stacheln der Stachelschweine sind stark vergrößerte Haare. Sie werden von kräftigeren Versionen der gleichen Muskeln aufgerichtet, die beim Menschen Gänsehaut erzeugen können.

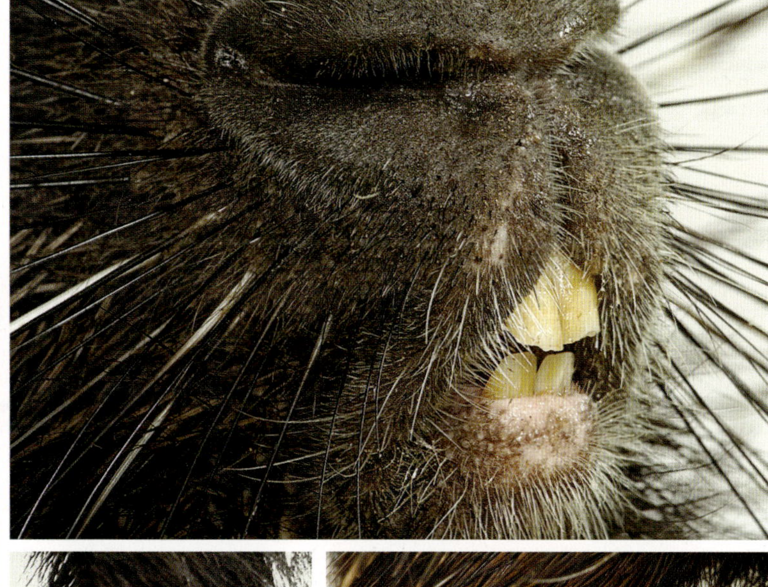

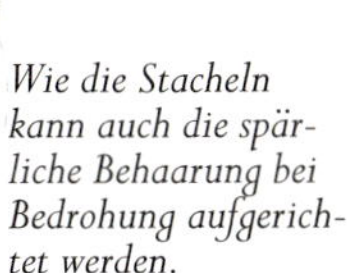

Wie die Stacheln kann auch die spärliche Behaarung bei Bedrohung aufgerichtet werden.

SCHWANZRASSELN ∧
Die verdickten Stacheln des Schwanzes sind hohl. Das Stachelschwein schüttelt sie bei Gefahr und warnt mit dem rasselnden Geräusch seine Feinde.

< ∧ FÜSSE UND KRALLEN
Stachelschweine laufen auf ihren flachen Sohlen mit einem leicht unbeholfenen Gang. Die Sohlen sind unbehaart und voller Schwielen. Die kurzen Zehen tragen zum Graben gut geeignete Krallen.

WASSERSCHWEINE

Die Unterfamilie Hydrochoerinae umfasst vier Arten und mit dem Wasserschwein oder Capybara das größte Nagetier. Wasserschweine bekommen am Ende der Regenzeit Junge, wenn das Gras am nahrhaftesten ist. Sie werden bis zu sechs Jahre alt.

WASSERSCHWEIN
Hydrochoerus hydrochaeris
Dieses Nagetier wird so groß wie ein Schwein und lebt halbaquatisch in den Sümpfen Südamerikas.

1–1,3 m

STACHELRATTEN

Obwohl die meisten Arten der Familie Stachelratten (Echimyidae) Pflanzen fressen, ernähren sich manche auch von Insekten. Sie sind in Südamerika weit verbreitet, doch meist wenig bekannt und teils ausgestorben.

STACHELRATTE
Proechimys spec.
Diese Arten haben ein stacheliges Fell, das sich unabhängig von dem der afrikanischen Stachelmäuse entwickelt hat.

16–30 cm

BAUMRATTEN

Die sieben Arten der Familie Baumratten (Capromyidae) leben in den Wäldern mehrerer Karibikinseln. Sechs sind vom Aussterben bedroht. Nur der Bestand der Kuba-Baumratte ist relativ sicher.

30–43 cm

KUBA-BAUMRATTE
Capromys pilorides
Diese Art ist in Kuba weit verbreitet. Andere Baumratten-Arten sind wegen des Verlusts ihres Lebensraums und der Jagd bedroht.

PAKAS

Zur Familie Pakas (Cuniculidae) gehören zwei nachtaktive Arten aus Mittel- und Südamerika. Wenn sie auf dem Waldboden nach Früchten, Wurzeln und Samen suchen, erinnern sie an kleine Schweine.

60–80 cm

PAKA
Cuniculus paca
Diese überwiegend waldbewohnende Art lebt im nördlichen Teil Südamerikas von Mexiko bis Paraguay.

TRUGRATTEN

Die Backenzähne dieser kleinen Arten bilden ein achtförmiges Muster, wenn sie abgenutzt werden. Das hat der Familie Trugratten (Octodontidae) ihren wissenschaftlichen Namen gegeben. Die Arten sind im südlichen Südamerika weit verbreitet.

DEGU
Octodon degus
Diese Art lebt in Chile an den Westflanken der Anden. Der Schwanz reißt leicht ab, wenn ein Räuber ihn ergreift.

12–19 cm

AGUTIS

Die langbeinigen Arten der Familie Agutis (Dasyproctidae) sind sehr scheu. Sie vermehren sich das ganze Jahr über, bekommen aber nur zwei Junge pro Wurf, die innerhalb einer Stunde laufen können.

GOLD-AGUTI
Dasyprocta leporina
Die in den Wäldern des nördlichen Südamerikas und der Kleinen Antillen lebende Art ist an ihrem orangefarbenen Steiß zu erkennen.

41–62 cm

BIBERRATTEN

Diese einzige Art der Familie Biberratten (Myocastoridae) stammt aus den südamerikanischen Sümpfen. Als Pelztier ist sie nach Europa gebracht worden.

36–65 cm

auffällige Schneidezähne

langer, drehrunder Schwanz

NUTRIA
Myocastor coypus
Diese Art mit struppigem Fell fällt durch ihre orangefarbenen Schneidezähne auf. Sie hat Schwimmhäute an den Hinterfüßen und einen schuppigen Schwanz.

41–62 cm

MITTELAMERIKANISCHES AGUTI
Dasyprocta punctata
Die von Mexiko bis Argentinien vorkommende Art frisst vor allem Früchte, aber auch Krabben. Paare sollen ihr Leben lang zusammenbleiben.

42–62 cm

AZARA-AGUTI
Dasyprocta azarae
Dieser Bewohner der Wälder Südbrasiliens, Paraguays und Nordargentiniens bellt bei Gefahr. Er frisst verschiedene Samen und Früchte.

SPITZHÖRNCHEN

Diese kleinen Säuger ähneln Eichhörnchen und benehmen sich auch so. Sie sind tagaktiv und verbringen viel Zeit mit der Futtersuche auf dem Boden.

Spitzhörnchen leben in den südostasiatischen Regenwäldern. Sie sind weder mit Spitzmäusen noch mit Hörnchen verwandt, sondern bilden die eigene Ordnung Scandentia. Mit ihren spitzen Krallen können sie sehr schnell auf Bäume klettern, die aber nur einen Teil ihres Lebensraums bilden. Zu ihrer gemischten Nahrung gehören Insekten, Würmer, Früchte, manchmal kleine Säugetiere, Reptilien und Vögel.

Manche Spitzhörnchen sind Einzelgänger, während andere in Paaren oder Gruppen leben. Sie vermehren sich schnell und ziehen ihre Jungen in Nestern in Baumspalten oder auf Ästen groß. Die Weibchen besuchen ihre Jungen nur ab und zu, um sie zu säugen.

STAMM	CHORDATA
KLASSE	MAMMALIA
ORDNUNG	SCANDENTIA
FAMILIEN	2
ARTEN	20

FEDERSCHWANZ-SPITZHÖRNCHEN

Die Familie Federschwanz-Spitzhörnchen (Ptilocercidae) umfasst nur eine Art. Sie ist nach dem langen Schwanz benannt, der an eine Schreibfeder erinnert. Er sorgt beim Klettern für eine gute Balance.

10–14 cm

FEDERSCHWANZ-SPITZHÖRNCHEN
Ptilocercus lowii
Anders als bei den meisten Spitzhörnchen ist der Schwanz dieser Art dünn mit einer bürstenartigen Spitze.

SPITZHÖRNCHEN

Die Arten der Familie Spitzhörnchen (Tupaiidae) besitzen lange Schnauzen, mit denen sie sowohl Insekten und andere Wirbellose sowie Früchte und Blätter finden. Mit ihren spitzen Krallen können sie sehr schnell auf Bäume klettern.

15–23 cm

TANA
Tupaia tana
Spitzhörnchen sind nachtaktive Bewohner südostasiatischer Wälder. Diese Art lebt auf Borneo und Sumatra sowie auf benachbarten Inseln.

RIESENGLEITER

Die beiden Arten der Ordnung Riesengleiter (Dermoptera) sind eher gleitende als fliegende Säugetiere. Sie leben in den südostasiatischen Regenwäldern.

Riesengleiter erkennt man an der fellbedeckten Membrane, die vom Hals über die Beine bis zum Schwanz reicht. Die Beine spannen diese Haut auf und ermöglichen das Manövrieren, wenn das Tier von Baum zu Baum segelt. Es kann dabei über 100 m zurücklegen. Die Tiere leben in den Baumkronen, wo sie tagsüber an Ästen hängen oder sich in Baumspalten verstecken. Nachts suchen sie nach Früchten und Blättern. Auf dem Boden sind sie kaum in der Lage sich fortzubewegen.

Die Zähne der Riesengleiter unterscheiden sich von denen anderer Säugetiere. Die unteren Schneidezähne sind kammartig geformt und dienen möglicherweise als Putzkamm der Fellpflege oder der Aufnahme von Pflanzensäften.

STAMM	CHORDATA
KLASSE	MAMMALIA
ORDNUNG	DERMOPTERA
FAMILIE	1
ARTEN	2

RIESENGLEITER

Die beiden Arten der Familie Riesengleiter (Cynocephalidae) kommen in Südost-Asien vor. Die auch als Flattermakis, Pelzflatterer oder Colugos bezeichneten Tiere bilden nach molekularbiologischen Untersuchungen wahrscheinlich die Schwestergruppe der Primaten.

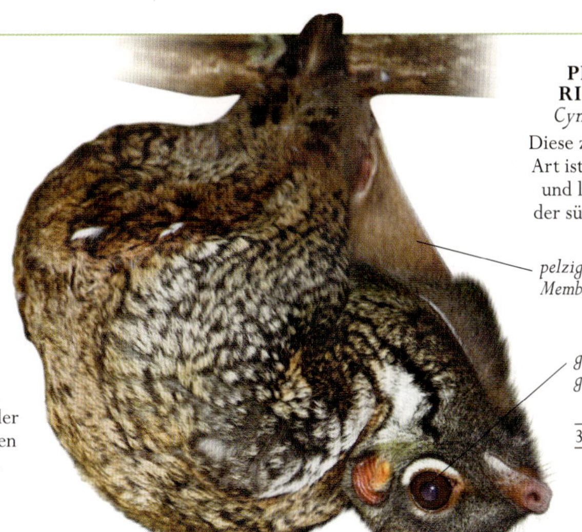

34–42 cm

MALAIEN-RIESENGLEITER
Cynocephalus variegatus
Diese Art lebt allein oder in kleinen Gruppen. Sie bewohnt Baumhöhlen oder schläft in Baumkronen in den tropischen Wäldern Malaysias und Indonesiens.

34–42 cm

PHILIPPINEN-RIESENGLEITER
Cynocephalus volans
Diese zweite Riesengleiter-Art ist ebenfalls nachtaktiv und lebt in den Wäldern der südlichen Philippinen.

PRIMATEN

Die Arten der Ordnung der Primaten, zu denen auch die Menschen gehören, haben ein relativ großes Gehirn und nach vorn gerichtete Augen, die dreidimensionales Sehen ermöglichen.

Mit Ausnahme weniger Arten einschließlich des Menschen sind Primaten auf die tropischen und subtropischen Regionen Amerikas, Afrikas und Asiens beschränkt. Ihre Größe reicht vom 30 g wiegenden Mausmaki bis zum bis zu 200 kg schweren Gorilla. Primaten verlassen sich eher auf ihre Augen als auf ihre Nase. Viele sind Baumbewohner und können stereoskopisch sehen, was ihnen beim Springen eine gute Abschätzung der Entfernung ermöglicht. Opponierbare Daumen und Greifschwänze sowie lange Arme und Beine sind weitere Anpassungen an das Leben in Bäumen.

WICHTIGE GRUPPEN

Primaten teilt man in zwei Unterordnungen ein. Zu den Nackt- oder Feuchtnasenaffen (Strepsirhini) gehören die eher nachtaktiven Lemuren, Loris, Galagos und ihre Verwandten. Sie haben einen besser entwickelten Geruchssinn als andere Primaten. Zu den Haar- oder Trockennasenaffen (Haplorhini) gehören die Neu- und die Altweltaffen mit den Menschenaffen, die meist tagaktiv und daher stärker vom Sehen abhängig sind.

SOZIALVERHALTEN

Die meisten Primaten leben in kleinen Familiengruppen, Harems mit einem einzigen Männchen oder großen Trupps gemischten Geschlechts. Die sexuelle Selektion bevorzugt die stärksten Männchen, was zu einem Geschlechtsdimorphismus führt, wie zum Beispiel in der Größe des Körpers oder der Eckzähne. Männchen und Weibchen können auch unterschiedlich gefärbt sein, was man als Geschlechts-Dichromatismus bezeichnet.

Die meisten Neuweltaffen sind monogam und die Eltern ziehen die Jungen gemeinsam auf. Altweltaffen leben oft in von verwandten Weibchen geführten Gruppen. Die Männchen beteiligen sich kaum oder gar nicht an der Aufzucht der Jungen. Primaten wachsen meist allmählich heran und vermehren sich langsam, sind aber auch recht langlebig. Die Großen Menschenaffen können in der Natur bis zu 45 Jahre alt werden und in zoologischen Gärten noch älter.

STAMM	CHORDATA
KLASSE	MAMMALIA
ORDNUNG	PRIMATES
FAMILIEN	13
ARTEN	etwa 250

STREITFRAGE

PRIMATEN-HOTSPOTS

Heute unterscheiden die Wissenschaftler viel mehr Primaten-Arten als noch vor einem Jahrzehnt, meist weil Unterarten als Arten anerkannt worden sind. Im Amazonasbecken können die durch Flüsse und Gebirge getrennten Populationen sich auf subtile Weise unterscheiden – etwa bei der Struktur der Chromosomen. Manche Wissenschaftler nehmen an, dass diese Affen durch geologische Veränderungen vor vielen Tausend Jahren isoliert wurden. Manche Wälder könnten viele auf diese Weise entstandene Arten enthalten und sind für Naturschutzgruppen, die die Biodiversität erhalten möchten, von besonderem Interesse.

GALAGOS

Die in Afrika südlich der Sahara lebenden Arten der Familie Galagos (Galagidae), die auch als Buschbabys bezeichnet werden, bewohnen verschiedene bewaldete Flächen, darunter Busch- und Baumsavannen. Ihre Hinterbeine sind länger als die Vorderbeine, sodass sie große Sprünge machen können. Sie waschen ihre Hände und Füße oft mit Urin, sodass diese griffiger sind und Duftmarken hinterlassen. Alle Arten sind nachtaktiv.

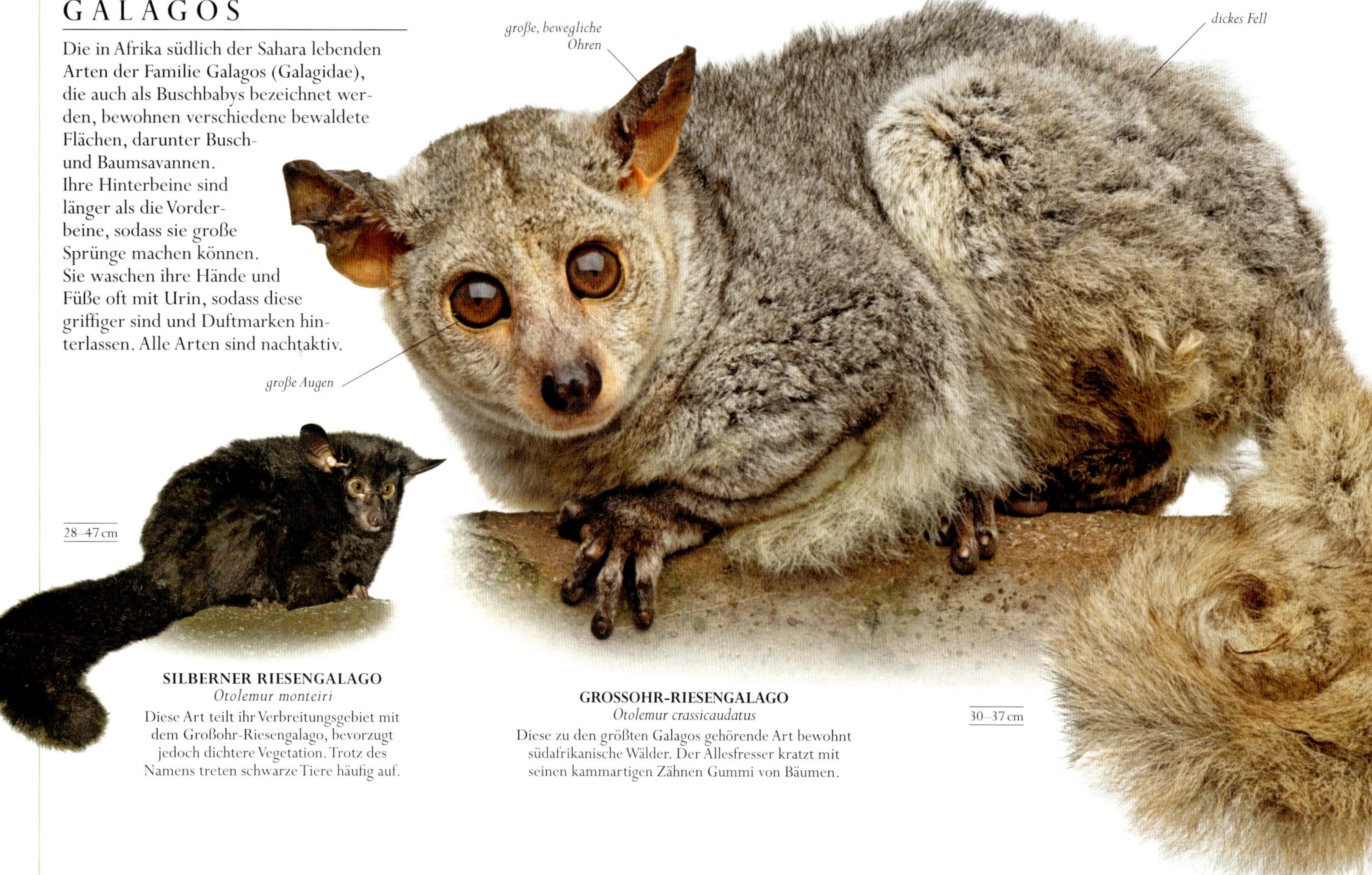

SILBERNER RIESENGALAGO
Otolemur monteiri
Diese Art teilt ihr Verbreitungsgebiet mit dem Großohr-Riesengalago, bevorzugt jedoch dichtere Vegetation. Trotz des Namens treten schwarze Tiere häufig auf.

GROSSOHR-RIESENGALAGO
Otolemur crassicaudatus
Diese zu den größten Galagos gehörende Art bewohnt südafrikanische Wälder. Der Allesfresser kratzt mit seinen kammartigen Zähnen Gummi von Bäumen.

LORIS

Diese kleinen nachtaktiven Allesfresser haben kurze Schwänze, ihre Vorder- und Hinterbeine sind gleich lang. Die Arten der Familie Loris (Lorisidae) haben zum Greifen von Ästen opponierbare Daumen und bewegen sich sehr viel bedächtiger als die Galagos. Sie klettern eher, als dass sie springen.

dichtes Fell

dunkle Augenringe

26–38 cm

SUNDA-PLUMPLORI
Nycticebus coucang
Dieser Lori bewegt sich sehr bedächtig durch die Bäume. Er bewohnt die Wälder Südost-Asiens.

ROTER SCHLANKLORI
Loris tardigradus
Diese schlanke Art von Sri Lanka bewegt sich mit ihren langen Beinen vorsichtig durch das Blätterdach.

7–26 cm

opponierbare Daumen

zangenartiger Griff

15–25 cm

ZWERGLORI
Nycticebus pygmaeus
Diese Art lebt in dichten Regen- und Bambuswäldern in Laos, Kambodscha, Vietnam und Südchina.

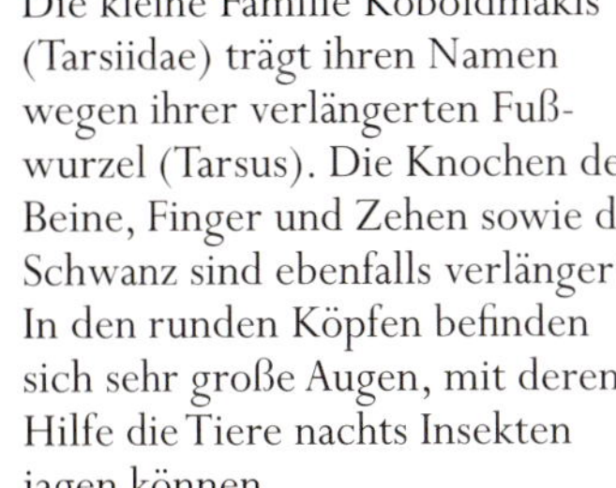

30–40 cm

POTTO
Perodicticus potto
Diese scheue Art lebt in den Regenwäldern Äquatorialafrikas. Die verlängerten Dornfortsätze der Halswirbel dienen zur Abwehr von Fressfeinden.

22–31 cm

GOLDENER BÄRENMAKI
Arctocebus aureus
Diese Art bewohnt das Unterholz der feuchten Tieflandwälder im äquatorialen West- und Zentralafrika.

SENEGAL-GALAGO
Galago senegalensis
Die in Zentralafrika und Teilen Ostafrikas weit verbreitete Art bewohnt trockene Waldgebiete in Savannen.

12–20 cm

große Ohren

14–17 cm

10,5–12,5 cm

DEMIDOFF-GALAGO
Galago demidoff
Dieser kleine Galago springt mit seinen langen Hinterbeinen durch die Baumkronen der Regenwälder West- und Zentralafrikas.

MOHOLI-GALAGO
Galago moholi
Das kleine, scheue Tier lebt in kleinen Gruppen im südlichen Afrika. Er springt von Baum zu Baum und frisst Insekten sowie gummihaltige Säfte von Bäumen.

langer Schwanz

KOBOLDMAKIS

Die kleine Familie Koboldmakis (Tarsiidae) trägt ihren Namen wegen ihrer verlängerten Fußwurzel (Tarsus). Die Knochen der Beine, Finger und Zehen sowie der Schwanz sind ebenfalls verlängert. In den runden Köpfen befinden sich sehr große Augen, mit deren Hilfe die Tiere nachts Insekten jagen können.

seidiges Fell

PHILIPPINEN-KOBOLDMAKI
Tarsius syrichta
Die nur in verschiedenen Regenwäldern und im Buschland der Philippinen heimische Art besitzt in Relation zu ihrer Körpergröße die größten Augen aller Säugetiere.

8,5–16,5 cm

8,5–16 cm

SUNDA-KOBOLDMAKI
Tarsius bancanus
Die an das Klettern und Springen auf Bäumen angepasste Art lebt in den tropischen Regenwäldern Sumatras und Borneos.

langer, schlanker Schwanz

LEMUREN

Die in den Wäldern Madagaskars lebenden Arten der Familie Echte Lemuren (Lemuridae) sind überwiegend Baumbewohner. Die meisten sind kathemeral, also sowohl tag- als auch nachtaktiv. Bei verschiedenen Arten sind die Männchen und Weibchen unterschiedlich gefärbt.

ALAOTRA-BAMBUSLEMUR
Hapalemur alaotrensis
Diese vom Aussterben bedrohte Art lebt in den Schilf- und Papyrussümpfen um Madagaskars größten See, den Lac Alaotra.

GROSSER BAMBUSLEMUR
Prolemur simus
Diese Art aus dem Südosten Madagaskars ist einer der seltensten Lemuren. Sie ernährt sich fast ausschließlich von Riesenbambus.

KATTA
Lemur catta
Die in Gruppen von bis zu 25 Tieren lebende Art hält sich oft auf dem Boden auf. Ihre Nahrung besteht aus Früchten, Pflanzen, Pflanzensäften und Borke.

SCHWARZ-WEISSER VARI
Varecia variegata
Dieser größte Lemur frisst überdurchschnittlich viele Früchte. Für Lemuren ungewöhnlich, legt er ein Blätternest für die Jungen an.

ROTBAUCHMAKI
Eulemur rubriventer
Diese monogame Art lebt in Gruppen, die sich aus einem Paar und den noch nicht selbstständigen Jungen zusammensetzen.

HALSBANDMAKI
Eulemur collaris
Diese Art besitzt Duftdrüsen an den Handgelenken, mit denen sie ihren langen, buschigen Schwanz zur Kommunikation einreibt.

WEISSKOPFMAKI
Eulemur albifrons
Nur das Männchen besitzt das weiße Fell, das sein schwarzes Gesicht umrahmt. Das Weibchen hat ein graues Gesicht.

MONGOZMAKI
Eulemur mongoz
Die während der Trockenzeit überwiegend nachtaktiven Tiere werden mit dem Beginn der Regenzeit zunehmend tagaktiv.

MOHRENMAKI
Eulemur macaco
Bei dieser Art unterscheiden sich die Farben der Männchen und Weibchen. Das Männchen ist schwarz, das Weibchen graubraun mit weißen Ohrbüscheln.

KATZENMAKIS

Die zu den kleinsten Primaten gehörenden Arten der Familie Katzenmakis (Cheirogaleidae) haben kurze Beine und große Augen. Alle sind nachtaktive Bewohner von Bäumen in den Wäldern Madagaskars und verfallen in eine als Torpor bezeichnete Starre, um die Trockenzeit zu überleben.

22–30 cm

WESTLICHER GABELSTREIFENMAKI
Phaner pallescens
Die Art ernährt sich von Baumsäften. Sie hat eine lange Zunge und große Prämolaren zum Schälen der Borke.

17–26 cm

GRAUER MAUSMAKI
Microcebus murinus
Die Nahrung dieser Art besteht aus Insekten, Blüten und Früchten. Das Weibchen trägt sein Junges während der ersten Wochen im Maul.

BRAUNER MAUSMAKI
Microcebus rufus
Diese omnivore Art bewohnt verschiedene Waldlebensräume. Sie frisst Früchte, Insekten und gummiartige Baumsäfte.

kurze Beine

BRAUNER FETTSCHWANZMAKI
Cheirogaleus major
Dieser Einzelgänger frisst hauptsächlich Früchte und Nektar. In der Regenzeit speichert er Fett in seinem Schwanz.

WIESELMAKIS

Zur Familie Wieselmakis (Lepilemuridae) zählen die mittelgroßen Wieselmakis. Sie haben vorstehende Schnauzen und große Augen, sind strikte Baumbewohner und nachtaktiv. Ihre energiearme Blattnahrung bewirkt, dass sie zu den am wenigsten aktiven Primaten gehören.

WEISSFUSS-WIESELMAKI
Lepilemur leucopus
Die auf dem Rücken graue und am Bauch weiße Art verbringt die längeren Pausen bei der Nahrungssuche senkrecht an Baumstämmen hängend.

GRAURÜCKEN-WIESELMAKI
Lepilemur dorsalis
Diese Art lebt in den feuchten Wäldern Nordwest-Madagaskars und nahe gelegener Inseln. Sie hat eine stumpfe Schnauze und kleine Ohren.

AYE-AYE

In der Familie Daubentoniidae gibt es nur eine Art – das Aye-Aye oder Fingertier von Madagaskar. Es hat lange, nackte Ohren, ein zottiges Fell, ständig nachwachsende Schneidezähne und sehr lange Finger.

AYE-AYE
Daubentonia madagascariensis
Mit dem besonders langen Mittelfinger finden und erbeuten die Tiere Insektenlarven in morschem Holz.

INDRIARTIGE

Die größten Lemuren – der Indri und die Sifakas – sowie die kleineren Wollmakis bilden die madagassische Familie Indriartige (Indriidae). Alle Arten können mit ihren kräftigen Beinen von Baum zu Baum springen und besitzen mit Ausnahme des Indris einen langen Schwanz.

42–52 cm

EDWARDS-SIFAKA
Propithecus edwardsi
Die im Südosten von Madagaskar in kleinen Familiengruppen lebenden Tiere können sich mit ihren opponierbaren Daumen an Baumstämmen festhalten.

COQUERELS SIFAKA
Propithecus coquereli
Wie andere Sifakas überwindet auch diese Art offene Flächen auf den Hinterbeinen hüpfend und balanciert dabei mit den Armen.

40–50 cm

LARVEN-SIFAKA
Propithecus verreauxi
Dieser im Südwesten Madagaskars lebende Sifaka kann mit seinen langen Beinen durch die stachelige Vegetation springen, ohne sich zu verletzen.

INDRI
Indri indri
Diese größte Lemuren-Art ist die einzige, die nur einen kleinen, rudimentären Schwanz besitzt.

KLAMMERSCHWANZ-AFFEN

Die Brüll-, Klammer- und Wollaffen der Familie Klammerschwanzaffen (Atelidae) sind die größten Neuweltaffen. Sie alle besitzen einen Greifschwanz, der ihnen beim Klettern als fünftes Bein dient. Die Beine der Klammeraffen sind länger als die der anderen Arten der Familie.

48–63 cm

großer Kehlkopf

ROTER BRÜLLAFFE
Alouatta seniculus
Dieser Brüllaffe besitzt ein vergrößertes Zungenbein, das ihm erlaubt, mehrere Kilometer weit hörbare Rufe zu erzeugen.

50–71 cm

GUATEMALA-BRÜLLAFFE
Alouatta pigra
Die auf der Halbinsel Yucatán sowie in Belize und Guatemala lebende Art bildet Gruppen von bis zu elf Tieren.

50–65 cm

SCHWARZER BRÜLLAFFE
Alouatta caraya
Diese Art lebt in Regenwäldern im zentralen Südamerika. Männchen sind schwarz, Weibchen gelbbraun.

48–68 cm

MANTELBRÜLLAFFE
Alouatta palliata
Dieser Brüllaffe trägt seinen Namen wegen des »Mantels« langer Haare an den Seiten. Er lebt in Mittel- und im nördlichen Südamerika.

40–55 cm

KOLUMBIEN-BRAUNKOPFKLAMMERAFFE
Ateles fusciceps rufiventris
Wie allen Klammeraffen fehlen dieser Unterart die Daumen. Sie lebt in Kolumbien und Panama.

31–63 cm

GEOFFROY-KLAMMERAFFE
Ateles geoffroyi
Die tagaktive, Früchte fressende Art lebt in relativ großen Gruppen von bis zu 35 Tieren in Wäldern in ganz Mittelamerika.

46–78 cm

SÜDLICHER SPINNENAFFE
Brachyteles arachnoides
Die auch als Schwarzgesicht-Spinnenaffe bezeichnete brasilianische Art ist wegen des Verlusts ihres Lebensraums vom Aussterben bedroht.

unbehaarte Schwanzspitze

50–65 cm

GRAUER WOLLAFFE
Lagothrix cana
Diese kräftig gebaute Art lebt in großen Trupps in den Primärwäldern Brasiliens, Boliviens und Perus.

40–69 cm

BRAUNER WOLLAFFE
Lagothrix lagotricha
Diese Art ist einer der größten Neuweltaffen und lebt in den Tiefland-Primärwäldern des oberen Amazoniens.

NACHTAFFEN

Die Arten der Familie Nachtaffen (Aotidae) sind die einzigen nachtaktiven Affen der Neuen Welt. Sie sind klein und besitzen große Augen in flachen, runden, dicht behaarten Gesichtern. Sie verfügen außerdem über einen gut entwickelten Geruchssinn.

24–42 cm

SCHWARZKÖPFIGER NACHTAFFE
Aotus nigriceps
Diese monogame Art bewohnt das zentrale und das obere Amazonasbecken sowie die Sekundärwälder in Brasilien, Bolivien und Peru.

24–48 cm

ÖSTLICHER GRAUKEHL-NACHTAFFE
Aotus trivirgatus
Diese Nachtaffen-Art ist vor allem bei hellem Mondlicht aktiv. Sie lebt in den Wäldern Venezuelas und des nördlichen Brasiliens.

SAKIS

Die Familie Sakiaffen (Pitheciidae) besteht aus verschiedenen kleinen bis mittelgroßen Affen, die tagaktive, gesellige Baumbewohner sind. Alle weisen die gleiche Bezahnung auf. Die ausgeprägten Schneide- und Eckzähne helfen ihnen bei der Bewältigung harter Samen und Früchte.

38–48 cm

SATANSAFFE
Chiropotes satanas
Diese Art lebt im südlichen Amazonien. Die Männchen haben einen Bart und eine »hochtoupierte« Frisur.

schwarze Haare mit weißen Spitzen

38–42 cm

KAHL-GESICHTIGER SAKI
Pithecia irrorata
Diese Art lebt in Westbrasilien, Nordbolivien und Ostperu. Sie ernährt sich überwiegend von Samen.

30–70 cm

WEISSKOPFSAKI
Pithecia pithecia
Die Männchen sind schwarz und tragen ein helles Fell um das Gesicht herum. Die Weibchen sind graubraun.

37–48 cm

MÖNCHSAFFE
Pithecia monachus
Diese scheue Art lebt im Kronendach der Wälder Nordwest-Brasiliens, Perus, Kolumbiens und Ecuadors.

31–42 cm

SCHWARZSTIRN-SPRINGAFFE
Callicebus nigrifrons
Dieser Fruchtfresser bewohnt die atlantischen Küstenwälder um São Paulo in Südost-Brasilien.

23–36 cm

HALSBAND-SPRINGAFFE
Callicebus torquatus
Diese Art bevorzugt nicht überflutete Wälder auf sandigen Böden in Brasilien. Die Tiere fressen hauptsächlich Früchte und Samen.

27–43 cm

ROTBAUCH-SPRINGAFFE
Callicebus moloch
Die monogame Art verteidigt Familien-Territorien und lebt in den niedrigeren Baumkronen der zentralbrasilianischen Wälder.

30–50 cm

SCHWARZGESICHT-UAKARI
Cacajao melanocephalus
Die sehr gesellige Art lebt in Gruppen von 30 oder mehr Tieren im oberen Amazonasbecken.

nacktes rotes Gesicht

langes, zottiges Fell

36–57 cm

ROTER UAKARI
Cacajao calvus rubicundus
Mehrere Unterarten des Roten Uakari bewohnen die saisonal überfluteten Wälder des Amazonasbeckens. Ihre roten Gesichter signalisieren vermutlich ihre Gesundheit.

KRALLEN- UND KAPUZINERAFFEN

Die Familie Kapuzinerartige (Cebidae) besteht aus kleinen geselligen Affen des tropischen und subtropischen Mittel- und Südamerikas. Die tagaktiven Baumbewohner besitzen nach vorn gerichtete Augen und kurze Schnauzen sowie mit Ausnahme der Kapuzineraffen lange, nicht zum Greifen geeignete Schwänze. Die Krallenaffen haben Krallen anstelle der Nägel und ihnen fehlt der dritte Backenzahn.

SPRINGTAMARIN
Callimico goeldii
Die Art bewohnt dichtes Unterholz wie die Bambuswälder im oberen Amazonien. Sie unternimmt auf der Suche nach Früchten auch Ausflüge in die Baumkronen.

SILBERÄFFCHEN
Callithrix argentata
Dieser spezialisierte Baumsaftfresser besitzt große Ohren, schmale Kiefer und kurze Eckzähne zum Aufreißen der Borke.

WEISSBÜSCHELAFFE
Callithrix jacchus
Die Weibchen paaren sich oft mit zwei Männchen, die sich beide an der Pflege der meistens als Zwillinge geborenen Jungen beteiligen.

WEISSKOPF-BÜSCHELAFFE
Callithrix geoffroyi
Diese Art benutzt Duftmarken, um Artgenossen von den Löchern abzuhalten, die sie in die Borke genagt haben, um an Pflanzensaft von Bäumen zu kommen.

SCHWARZBÜSCHELAFFE
Callithrix penicillata
Die monogame Art ist tagaktiv und lebt im Kronendach des Regenwalds, wo sie sich von Baumsäften ernährt.

ZWERGSEIDENÄFFCHEN
Callithrix pygmaea
Dieser kleinste Affe der Welt ernährt sich in den saisonal überfluteten Wäldern des oberen Amazonasbeckens vom Saft der Bäume.

KAISERSCHNURRBART-TAMARIN
Saguinus imperator
Der an seinem langen Schnurrbart zu erkennende Tamarin lebt in den tropischen Wäldern Perus, Brasiliens und Boliviens.

ROTBAUCH-TAMARIN
Saguinus labiatus
Das dominante Weibchen dieser Art gibt als Pherome bezeichnete Duftstoffe ab. Diese unterdrücken die Vermehrung anderer Weibchen der gleichen Gruppe.

ZWEIFARBEN-TAMARIN
Saguinus bicolor
Dieser baumbewohnende Tamarin lebt in den Tieflandwäldern Zentral-Amazoniens in der Nähe der brasilianischen Stadt Manaus.

20–25 cm

LISZTAFFE
Saguinus oedipus
Die auf ein sehr kleines Gebiet in Nordwest-Kolumbien und Panama beschränkte Art ernährt sich vor allem von Insekten und Früchten.

ROTHANDTAMARIN
Saguinus midas
Dieser im nordöstlichen Südamerika lebende Tamarin hat auffällig gefärbte Füße. Mit Ausnahme des Großzehs tragen alle anderen Zehen Krallen.

21–28 cm

20–27 cm

BRAUNRÜCKEN-TAMARIN
Saguinus fuscicollis
Diese Art lebt in Sekundärwäldern und an Waldrändern des oberen Amazonasbeckens. Sie frisst Insekten, Früchte, Nektar, Säfte von Bäumen.

geringelter Schwanz

GOLDENES LÖWENÄFFCHEN
Leontopithecus rosalia
Die Art zählt zu den am meisten gefährdeten Affen der Welt und lebt nur in den atlantischen Küstenwäldern Südost-Brasiliens.

20–25 cm

20–34 cm

GOLDKOPF-LÖWENÄFFCHEN
Leontopithecus chrysomelas
Die auf die atlantischen Wälder des südlichen Bahia im Nordosten Brasiliens beschränkte Art stellt bei Gefahr die Mähne auf, um größer zu wirken.

nacktes Gesicht

31–57 cm

27–37 cm

37–46 cm

Greifschwanz

BRAUNER KAPUZINER
Cebus olivaceus
Die vom Norden bis zur Mitte Südamerikas vorkommende Art hängt oft an ihrem Schwanz, um beim Fressen die Hände frei zu haben.

WEISSSCHULTER-KAPUZINER
Cebus capucinus
Dieser einzige in Mittelamerika lebende Kapuziner hat ein Verbreitungsgebiet von Honduras bis zu den Küsten Kolumbiens und Ecuadors.

leuchtend gelbe Beine

GROSSKOPF-KAPUZINER
Cebus apella macrocephalus
Diese Unterart aus den Wäldern im Westen Südamerikas benutzt Werkzeuge, um harte Früchte zu öffnen.

33–57 cm

27–32 cm

langer Schwanz mit schwarzer Spitze

BOLIVIANISCHER TOTENKOPFAFFE
Saimiri boliviensis
Die Männchen dieser Art setzen zur Paarungszeit um Hals und Schultern Fett an, wenn sie sich um die Weibchen streiten.

GEWÖHNLICHER TOTENKOPFAFFE
Saimiri sciureus
Diese gesellige Art lebt in großen Gruppen in unterschiedlichen Wäldern im nördlichen Südamerika.

Zehennägel

HUNDSAFFEN

Die in Afrika und Asien weit verbreiteten Arten der Familie Hundsaffen (Cercopithecidae) besitzen eng nebeneinander liegende, nach unten weisende Nasenlöcher. Mit Ausnahme der Paviane sind die meisten tagaktive Baumbewohner. Meerkatzen, Paviane und Makaken sind Allesfresser mit Backentaschen und einem einfachen Magen. Stummelaffen und Languren sind Blattfresser mit komplexen Mägen und besitzen keine Backentaschen.

nach vorn gerichtete Augen zur dreidimensionalen Sicht

45–64 cm

sandfarbenes Fell

43–53 cm

CEYLON-HUTAFFE
Macaca sinica
Diese kleinste Makaken-Art kommt nur in den feuchten Wäldern der Insel Sri Lanka vor.

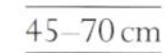

52–57 cm

SCHOPFMAKAK
Macaca nigra
Die nur auf der indonesischen Insel Sulawesi vorkommenden Affen haben nackte, rosa Hinterteile. Bei paarungsbereiten Weibchen schwellen sie deutlich an.

45–70 cm

BERBERAFFE
Macaca sylvanus
Der einzige außerhalb von Asien vorkommende Makake lebt in höher gelegenen Zedern- und Eichenwäldern Algeriens und Marokkos.

37–63 cm

JAVANERAFFE
Macaca fascicularis
Diese allesfressende südostasiatische Art ernährt sich von Insekten, Fröschen, Krabben, Früchten und Samen.

Löwenmähne

40–61 cm

BARTAFFE
Macaca silenus
Der in den West-Ghats (Bergen im Südwesten Indiens) heimische Baumbewohner lebt vor allem in den feuchten Monsunwäldern.

RHESUSAFFE
Macaca mulatta
Dieser Makake lebt in trockenen offenen Gebieten von West-Afghanistan über Indien bis Nordthailand und China. Erwachsene Tiere können bis zu 800 m schwimmend überwinden.

49–70 cm

BÄRENMAKAK
Macaca arctoides
Die auf Bäumen und auf dem Boden lebende Art kommt in den tropischen und subtropischen Feuchtwäldern Südost-Asiens vor.

47–60 cm

Vorder- und Hinterbeine gleich lang

opponierbare Daumen

SÜDLICHER SCHWEINSAFFE
Macaca nemestrina
Diese Art bewohnt Feuchtgebiete wie die südostasiatischen Regenwälder und Sümpfe. Sie frisst vor allem Früchte.

35–60 cm

INDISCHER HUTAFFE
Macaca radiata
Die südindische Art ist ein Allesfresser und verlässt sich manchmal auf den Menschen bei der Futtersuche.

dichtes Fell

47–60 cm

JAPANMAKAK
Macaca fuscata
Diese Art besiedelt den nördlichsten Lebensraum eines nichtmenschlichen Primaten und wärmt sich im Winter in heißen Quellen Japans auf.

44–70 cm

WEISSKEHL-MEERKATZE
Cercopithecus albogularis
Dieser baumbewohnende Allesfresser ist in Ost- und Südost-Afrika verbreitet, einschließlich der Inseln Sansibar und Mafia.

41–48 cm

ROTSCHWANZMEERKATZE
Cercopithecus ascanius
Diese baumbewohnende Art feuchter zentralafrikanischer Waldlebensräume hat große Backentaschen, in denen sie Nahrung sammelt.

46–56 cm

ÖSTLICHE VOLLBARTMEERKATZE
Cercopithecus lhoesti
Dieser Baumbewohner lebt in den meisten Primärwäldern der zentralafrikanischen Hochländer.

40–55 cm

DIANAMEERKATZE
Cercopithecus diana
Dieser Bewohner des hohen Kronendachs der westafrikanischen Primärwälder steigt nur selten auf den Boden herab.

langer Schwanz

40–64 cm

BRAZZA-MEERKATZE
Cercopithecus neglectus
Bei dieser teils auf dem Boden lebenden Art der zentralafrikanischen Sumpfwälder sind die Männchen größer als die Weibchen und haben einen blauen Hodensack.

49–66 cm

DIADEMMEERKATZE
Cercopithecus mitis
Diese afrikanische Art lebt in Gruppen von bis zu 40 Tieren, die aus einem Männchen, den Weibchen und ihrem Nachwuchs bestehen.

32–56 cm

MONAMEERKATZE
Cercopithecus mona
Dieser Baumbewohner lebt in den Regenwäldern und Mangrovengürteln von Ghana bis Kamerun.

44–63 cm

TANA-MANGABE
Cercocebus galeritus
Die nach dem Tana-Fluss in Kenia benannte bodenbewohnende Art, die nur dort vorkommt, kann mit ihren Schneidezähnen harte Samen knacken.

32–45 cm

SÜDLICHE ZWERGMEERKATZE
Miopithecus talapoin
Dieser kleinste Altweltaffe lebt in nassen und sumpfigen Wäldern in West- und Zentralafrika.

»

ÄTHIOPISCHE GRÜNMEERKATZE
Chlorocebus aethiops
Diese teils am Boden lebende nordostafrikanische Art ist an einem grünen Schimmer in der oberen Gesichtshälfte zu erkennen.

SÜDLICHE GRÜNMEERKATZE
Chlorocebus pygerythrus
Dieser Bewohner der Steppe und offener Wälder ist von Äthiopien über Ostafrika bis nach Südafrika verbreitet.

HUSARENAFFE
Erythrocebus patas
Die langen Beine und kurzen Zehen dieser Art sind eine Anpassung an das Laufen. Sie ist von West- bis Ostafrika verbreitet.

SCHOPFMANGABE
Lophocebus aterrimus
Dieser Baumbewohner bevorzugt den Regenwald. Er kommt in der Demokratischen Republik Kongo vor.

DRILL
Mandrillus leucophaeus
Dieser große Bodenbewohner der älteren Tieflandregenwälder lebt nur in Kamerun, Nigeria und Äquatorialguinea.

MANDRILL
Mandrillus sphinx
Die Gesichtszeichnung der in den Regenwäldern des westlichen Zentralafrikas lebenden Art ist bei Weibchen und Jungtieren blasser.

BÄRENPAVIAN
Papio ursinus
Dies ist einer der größten Paviane. Er bewohnt Wälder, Steppen, Halbwüsten und Berggebiete im südlichen Afrika.

STEPPENPAVIAN
Papio cynocephalus
Zur Nahrung dieser opportunistischen Art gehören Samen, Wurzeln, Insekten und andere Affen. Er lebt in Süd- und Ostafrika.

MANTELPAVIAN
Papio hamadryas
Diese Art lebt in Ost- und Zentralafrika, vor allem in Äthiopien. Das Männchen besitzt einen langen silbergrauen Schulterumhang.

GUINEA-PAVIAN
Papio papio
Als einer der kleinsten Paviane hat dieser im westlichen Äquatorialafrika auch eins der kleinsten Verbreitungsgebiete.

ANUBISPAVIAN
Papio anubis
Diese Art bildet in den Savannen und Steppen Zentralafrikas südlich der Sahara Trupps von bis zu 100 Tieren.

DSCHELADA
Theropithecus gelada
Diese sich von Gras ernährende Art des äthiopischen Hochlands trägt einen nackten, roten Hautfleck auf der Brust.

GOLDSTUMPFNASE
Rhinopithecus roxellana
Diese Art hat ein dichtes Fell, das ihr das Überleben in den hoch gelegenen Bergwäldern West- und Zentralchinas ermöglicht.

NASENAFFE
Nasalis larvatus
Dieser gute Schwimmer bewohnt Mangroven- und flussnahe Regenwälder auf Borneo. Er ist nach der langen Nase des Männchens benannt.

ANGOLA-STUMMELAFFE
Colobus angolensis
Dieser überwiegende Baumbewohner lebt in den Wäldern Angolas, des Kongos und anderer angrenzender Staaten.

GUEREZA
Colobus guereza
Diese auch als Mantelaffe bezeichnete Art ist in den feuchten tropischen Wäldern Zentral- und Ostafrikas weit verbreitet.

BENGALISCHER HANUMAN-LANGUR
Semnopithecus entellus
Dieser graue Affe lebt in Südasien einschließlich Indien und Pakistan.

SÜDLICHER HANUMAN-LANGUR
Semnopithecus priam
Die im Südosten Indiens und auf Sri Lanka lebende Art kommt in verschiedenen Lebensräumen vor und frisst vor allem Blätter.

SCHWARZER HAUBENLANGUR
Trachypithecus auratus
Die meisten Männchen und Weibchen dieser Art sind schwarz, doch manche behalten das orangefarbene Jugendkleid.

»

MANDRILL
Mandrillus sphinx

Wenn man von den Menschenaffen absieht, ist der Mandrill der größte Affe. Er lebt in Trupps, die meistens aus einem dominanten Männchen, mehreren Weibchen, einer Schar Jungtiere und verschiedenen sich nicht fortpflanzenden Männchen niedrigen Rangs bestehen. Manchmal vermischen sich mehrere Trupps zu Gruppen von über 200 Tieren. Es gibt eine strikte Hierarchie. Die Tiere signalisieren ihren Status mit farbiger Haut im Gesicht und am Steiß. Die Pigmentierung der Haut wird durch Hormone kontrolliert und ist ein guter Indikator für die Stärke des Tiers. Ein Rivale muss sich seiner Sache sehr sicher sein, bevor er ein eindrucksvoll gefärbtes Tier herausfordert. Ernsthafte Kämpfe gibt es nur zwischen gleichwertigen Gegnern.

GRÖSSE 63–81 cm
LEBENSRAUM dichter Regenwald
VERBREITUNG westliches Zentralafrika von Nigeria bis Kamerun
NAHRUNG hauptsächlich Früchte

˅ LANGES ANSTARREN
Durch die nach vorn gerichteten Augen hat der Mandrill eine stereoskopische Sicht. Er sieht farbig, sodass er reife Früchte und die visuellen Signale anderer Tiere erkennen kann.

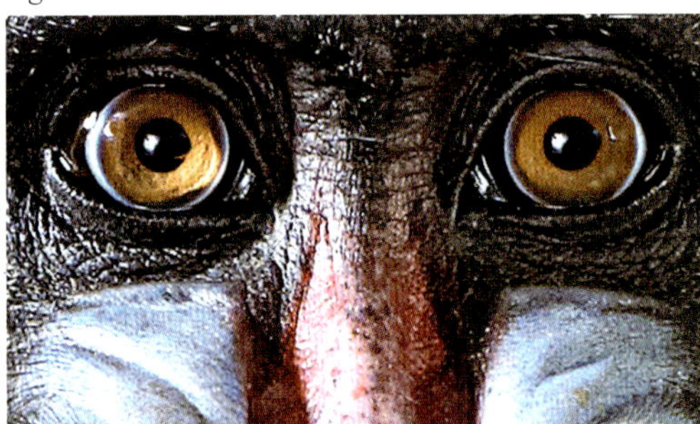

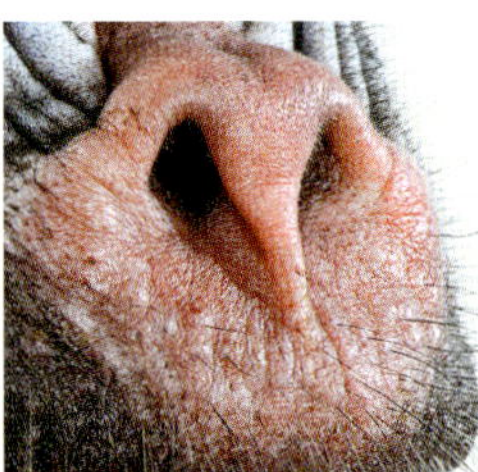

< NASE
Bei erwachsenen Männchen ist die Haut um die Nasenlöcher herum und in der Mitte der Schnauze hellrot. Weibchen und Jungtiere haben eine schwarze Nase.

Rillen zu beiden Seiten der Nase

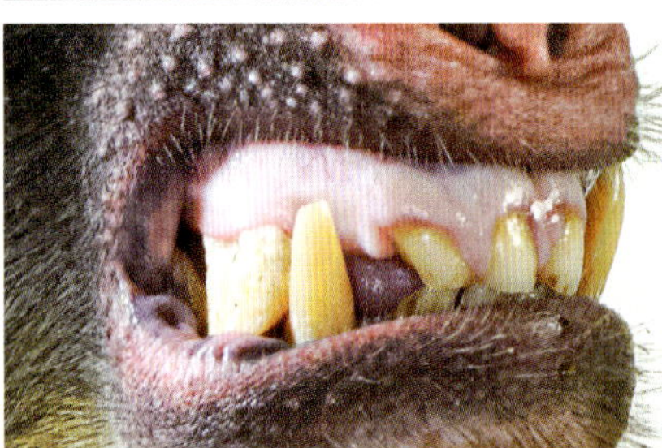

< ZÄHNE
Die langen Eckzähne werden hauptsächlich zum Kämpfen und Drohen benutzt. Die kleineren Backenzähne tragen ausgeprägte Höcker zum Zerkleinern von Pflanzenmaterial.

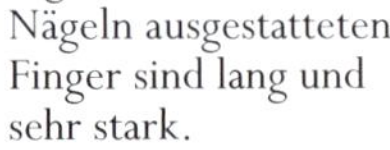

˄ GREIFEN
Mandrilldaumen sind kurz, aber wie die der Menschenaffen voll opponierbar, um Dinge zu ergreifen. Die mit kräftigen Nägeln ausgestatteten Finger sind lang und sehr stark.

˄ HINTERFÜSSE
Die Hinterfüße ähneln den Händen, denn die Zehen sind lang und zum Greifen geeignet. Mandrills können gut klettern und schlafen oft in den Ästen eines Baums.

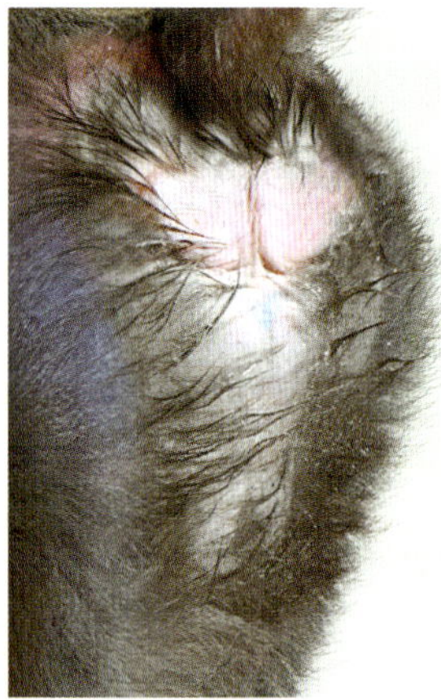

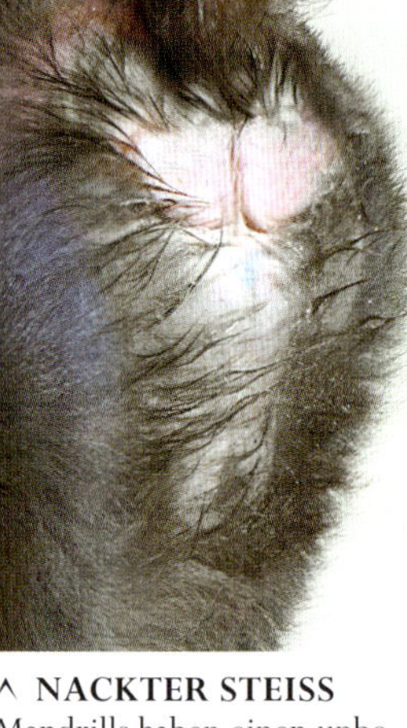

˄ NACKTER STEISS
Mandrills haben einen unbehaarten Steiß. Der Steiß eines rangniedrigen Männchens ist schwächer gefärbt.

kurzer Schwanz

relativ kurze Hinterbeine

lange, kräftige Arme

VIERBEINIG >
Mandrills verbringen die meiste Zeit auf dem Boden, wo sie sich auf allen vieren fortbewegen und am Tag 5–10 km zurücklegen.

ALPHA-TIER >
Die von einem Tier gezeigte Färbung ändert sich abhängig von der Stimmung. Das Alpha-Männchen weist die lebhaftesten Farben im Gesicht und auf dem Steiß auf.

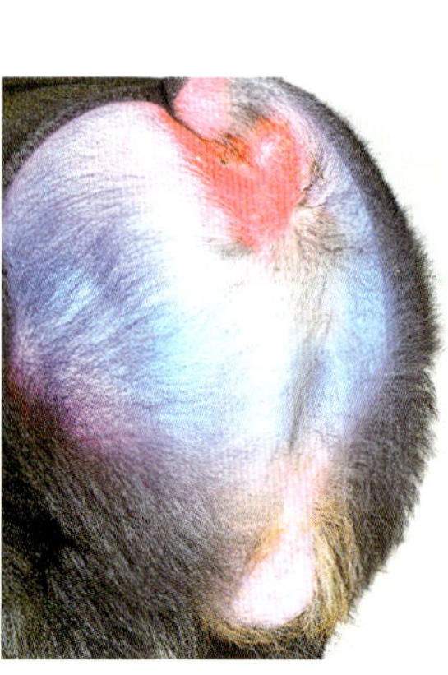

Die Brauenwülste beschatten die Augen im Sonnenlicht.
Fell aus langen, groben Haaren

> STARKES PROFIL
Der große Kopf des Mandrills bietet den Ansatz für die kräftigen Kiefermuskeln, mit denen er seine Pflanzennahrung zerkleinert. Die Ohrmuscheln sind relativ klein, obwohl die Tiere sehr gut hören. Nur hochrangige Männchen haben einen orangefarbenen Bart.

GIBBONS

Die Gibbons oder Kleinen Menschenaffen (Familie Hylobatidae) sind mittelgroße fruchtfressende Primaten. Sie haben keinen Schwanz und bewegen sich in der Regel durch Schwinghangeln (Brachiation) vorwärts. Gibbons leben meist monogam in Paaren. Duettgesänge stärken die Paarbindung und verkünden auch den Besitz eines Reviers. Manche Arten verstärken die Rufe mit ihren Kehlsäcken.

SCHWARZHAND-GIBBON
Hylobates agilis
Trotz variabler Fellfarbe haben alle Tiere weiße Brauen, die Männchen auch weiße Wangen. Die Art lebt in Thailand, Indonesien und Malaysia.

45–64 cm

SILBERGIBBON
Hylobates moloch
Die Männchen und Weibchen dieser im Westen von Java endemischen Art sind silbergrau mit einer schwarzen Kappe.

45–64 cm

GRAUER GIBBON
Hylobates muelleri
Dieser Gibbon stammt von Borneo. Die monogamen Paare verbringen im Durchschnitt pro Tag 15 Minuten mit dem Duettgesang.

44–64 cm

KAPPENGIBBON
Hylobates pileatus
Weibchen sind silbergrau mit schwarzem Gesicht, schwarzer Brust und Kappe. Männchen sind vollkommen schwarz. Die Art lebt in Thailand, Kambodscha und Laos.

44–64 cm

schwarze Kappe des Weibchens

weiße Füße und Hände

WEISS-BRAUENGIBBON
Hoolock hoolock
Männchen der auch Hulock genannten Gibbons sind schwarz, Weibchen braun mit dunkelbraunen Wangen. Sie leben in China, Nordost-Indien und im Nordwesten Myanmars.

45–64 cm

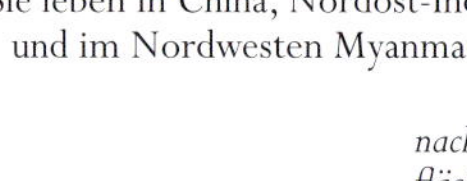

Haarschopf beim Männchen

♂ ♀

NÖRDLICHER WEISSWANGEN-SCHOPFGIBBON
Nomascus leucogenys
Die Jungen sind bei der Geburt cremefarben. Sie färben sich im Alter von zwei Jahren um.

45–64 cm

GELBWANGEN-SCHOPFGIBBON
Nomascus gabriellae
Männchen sind schwarz mit weißen Wangen, Weibchen gelbbraun mit schwarzer Kappe. Die Art lebt in Kambodscha, Laos und Vietnam.

45–64 cm

nackte Handflächen

WEISSHANDGIBBON
Hylobates lar
Der in der Fellfarbe variable, auch Lar genannte Gibbon lebt in den Wäldern von Thailand, Malaysia, Sumatra, Myanmar und Laos.

42–59 cm

silberweißer Sattel

SIAMANG
Symphalangus syndactylus
Dieser größte aller Gibbons lebt auf der indonesischen Insel Sumatra und auf der Malaiischen Halbinsel.

71–90 cm

MENSCHENAFFEN

Zur Familie Menschenaffen (Hominidae) gehören die größten Primaten – die Großen Menschenaffen einschließlich des Menschen. Orang-Utans sind Baum-, Schimpansen, Gorillas und Menschen eher Bodenbewohner. Schimpansen und Gorillas laufen auf den Knöcheln ihrer Hände. Kein Menschenaffe besitzt einen Schwanz. Die Männchen sind meist größer als die Weibchen, alle Arten haben relativ große Gehirne.

1,5–1,8 m

ÖSTLICHER GORILLA
Gorilla beringei
Die beiden Unterarten dieses größten Menschenaffen bewohnen den Bergnebelwald im Osten der Demokratischen Republik Kongo, in Ruanda und in Uganda.

BORNEO-ORANG-UTAN
Pongo pygmaeus
Dieser große Fruchtfresser lebt in den Baumkronen des Primärregenwalds auf der Insel Borneo.

0,8–1,5 m

sehr lange Arme

zottiges rotbraunes Fell

Greifhände und -füße

0,8–1,8 m

SUMATRA-ORANG-UTAN
Pongo abelii
Dieser größte baumbewohnende Menschenaffe kommt nur noch in den Resten des Regenwalds im Norden Sumatras vor.

70–83 cm

BONOBO
Pan paniscus
Der Bonobo ist ein wenig schlanker als der Schimpanse und lebt in den feuchten tropischen Wäldern der Demokratischen Republik Kongo.

WESTLICHER GORILLA
Gorilla gorilla
Zwei Unterarten leben in den Tiefland- und Sumpfwäldern im westlichen Zentralafrika. Erwachsene Männchen bezeichnet man als Silberrücken.

1,3–1,8 m

64–94 cm

SCHIMPANSE
Pan troglodytes
Die vier Unterarten des Schimpansen sind in den trockenen und feuchten Wäldern und Steppen in Äquatorialafrika verbreitet.

1,2–2,1 m

♂ ♀

MENSCH
Homo sapiens
Der durch seinen zweibeinigen Gang und seine schwache Behaarung charakterisierte Mensch bewohnt jedes Land mit Ausnahme der Antarktis.

FLEDERTIERE

Die meist nachtaktiven Fledertiere sind die einzigen aktiv fliegenden Säugetiere. Viele Arten benutzen die Echoortung zur Navigation und zur Jagd.

Fledertiere (Chiroptera) gibt es nahezu weltweit in den verschiedensten Lebensräumen. Die Ordnung wird oft in zwei Unterordnungen geteilt, Megachiroptera (Flughunde) und Microchiroptera (Fledermäuse), was jedoch heute umstritten ist (siehe Streitfrage). Die meisten Flughunde sind Fruchtfresser, während sich die Fledermäuse von Insekten ernähren. Manche Fledertiere trinken aber auch Nektar und fressen Pollen, einige saugen Blut und andere fressen kleine Wirbeltiere.

Die stark verlängerten Arm-, Hand- und Fingerknochen spannen eine elastische Flugmembran auf. Viele Arten besitzen auch eine Schwanzflughaut. Fledertiere ruhen meist mit dem Kopf nach unten, wobei sie an ihren Krallen hängen.

ECHOORTUNG

Flughunde orientieren sich meist mit den Augen und mit der Nase, Fledermäuse dagegen mithilfe der Echoortung. Sie stoßen Schallwellen durch ihr Maul oder ihre Nase aus und bilden ihre Umgebung anhand der reflektierten Echos ab. Die Arten, die ihre Nase benutzen, haben oft auffällige Nasenblätter, um den Schall zu bündeln. Das Gehör der Fledermäuse ist auf die Frequenz der Echos abgestimmt. Manche Arten achten auch auf die von der Beute erzeugten Geräusche.

LEBENSWEISE

Fledermäuse sind sehr gesellige Tiere, die zu Hunderten oder Tausenden, in Ausnahmefällen auch Millionen von Tieren zusammenleben. Sie schlafen in Bäumen, Höhlen, Gebäuden, Bergwerken und unter Brücken. Die Arten gemäßigter Lebensräume ziehen im Winter in wärmere Gebiete oder überwintern. Sie können auch in Starre verfallen, wenn die Nahrung zu anderen Jahreszeiten knapp wird. Viele Anpassungen haben sich in Bezug auf die Reproduktion entwickelt, wie Spermaspeicherung, verzögerte Befruchtung und verzögerte Einnistung, damit die Jungen zur richtigen Jahreszeit geboren werden.

STAMM	CHORDATA
KLASSE	MAMMALIA
ORDNUNG	CHIROPTERA
FAMILIEN	18
ARTEN	über 900

STREITFRAGE

EVOLUTIONS-PUZZLE

Die morphologischen und genetischen Analysen der Fledertier-Systematik stimmen nicht immer überein. So teilen die Flughunde einige Eigenschaften mit den Primaten und Riesengleitern, doch nach genetischen Untersuchungen stammen alle Fledertiere von einem gemeinsamen Vorfahren ab. Molekulare Daten legen nahe, dass die echoortenden Hufeisennasen die Schwestergruppe der Flughunde seien, die damit keine eigene Unterordnung mehr wären. Es ist möglich, dass die Echoortung bei den Flughunden mit Ausnahme einiger Arten der Gattung *Rousettus* verloren gegangen ist.

FLUGHUNDE

Die Arten der Familie Flughunde (Pteropodidae) sind über die tropischen und subtropischen Regionen der Alten Welt verbreitet. Sie besitzen hundeartige Gesichter mit großen Augen und setzen die Augen und die Nase ein, um Nahrung zu finden. Nur die Gattung *Rousettus* benutzt Zungenklicks zur Echoortung. Flughunde fressen Früchte, Nektar und Pollen. Sie tragen Krallen am Daumen und am zweiten Finger.

5–7,5 cm

LANGZUNGEN-FLUGHUND
Syconycteris australis
Diese Art kommt von Papua-Neuguinea bis zur australischen Ostküste vor. Mithilfe ihrer pinselartigen Zunge ernährt sie sich von Nektar.

11–18 cm

elastische Flugmembran

FRANQUET-EPAULETTENFLUGHUND
Epomops franqueti
Die Männchen dieser in West- und Zentralafrika vorkommenden Art stoßen hochfrequente Rufe aus.

6–8,5 cm

ZWERG-LANGZUNGEN-FLUGHUND
Macroglossus minimus
Dieser südostasiatische Flughund frisst mit seiner langen Zunge Nektar und Pollen.

7–13 cm

INDISCHER KURZNASENFLUGHUND
Cynopterus sphinx
Dies ist die einzige Flughund-Art, die aus Palmblättern Zelte baut. Sie lebt in Südost-Asien und in Indien.

NIL-FLUGHUND
Rousettus aegyptiacus
Die Art setzt Zungenklicks zur Echoortung ein und kommt im Nahen Osten und in Afrika vor, mit Ausnahme der Sahara.

HAMMERKOPF
Hypsignathus monstrosus
Die Männchen dieser Art sind größer als die Weibchen und besitzen eine stark vergrößerte Schnauze. Die Art lebt in West- und Zentralafrika.

GEOFFROYS FLUGHUND
Rousettus amplexicaudatus
Wie die anderen *Rousettus*-Arten frisst dieser südostasiatische Flughund Früchte und Nektar. Er schläft in Höhlen.

MOLUKKEN-NACKTRÜCKEN-FLUGHUND
Dobsonia moluccensis
Diese auf den Molukken weit verbreitete Art kommt selten in Nordaustralien vor.

WAHLBERGS EPAULETTEN-FLUGHUND
Epomophorus wahlbergi
Die in Wäldern und Steppen südlich der Sahara lebende Art trägt weiße Abzeichen auf den Schultern und über den Augen.

KLEINER ROTER FLUGHUND
Pteropus scapulatus
Diese nomadische australische Art frisst überwiegend Eukalyptusblüten. Gelegentlich wird sie auch in Papua-Neuguinea beobachtet.

PALMENFLUGHUND
Eidolon helvum
Die Kolonien dieses Flughunds können eine Million Tiere umfassen. Die wandernde Art ist in Afrika südlich der Sahara weit verbreitet.

RODRIGUES-FLUGHUND
Pteropus rodricensis
Dieser Mangroven- und Regenwaldbewohner lebt ausschließlich auf der Insel Rodrigues im Indischen Ozean.

HINTERINDISCHER FLUGHUND
Pteropus lylei
Die in Kambodscha, Thailand und Vietnam heimische Art kann Bäume schädigen, indem sie Blätter abstreift.

KALONG
Pteropus vampyrus
Diese größte Art der Fledertiere findet man auf dem Festland und den Inseln Südost-Asiens.

INDISCHER RIESENFLUGHUND
Pteropus giganteus
Die in Indien und Teilen Südost-Asiens vorkommende Art lebt in großen Kolonien in Wäldern und Sümpfen.

SCHWARZER FLUGHUND
Pteropus alecto
Diese Art hat eine Flügelspannweite von über einem Meter. Sie lebt in Indonesien, Neuguinea und Nordaustralien.

BRILLENFLUGHUND
Pteropus conspicillatus
Dieser Flughund bewohnt den primären und den sekundären Regenwald auf den Molukken (Indonesien), auf Neuguinea und im Nordosten Queenslands (Australien).

GRAUKOPF-FLUGHUND
Pteropus poliocephalus
Dieses größte australische Fledertier lebt in gemeinsamen Ruheplätzen im Regenwald und in anderen Wäldern.

HINTERINDISCHER FLUGHUND

Pteropus lylei

Der Hinterindische Flughund ist ein mittelgroßer Vertreter der Familie Pteropodidae. Flughunde sind gesellige Tiere, die sich tagsüber zu Hunderten zum Schlafen in einem Baum versammeln können, um in der Abenddämmerung auf der Suche nach reifen Früchten auszuschwärmen. Obwohl sie manchmal Bäume beschädigen, sind Flughunde für die Bestäubung und Samenverbreitung vieler Pflanzen wichtig, auch für die vieler Kulturpflanzen. Flughunde leben in den Tropen Afrikas, Asiens und Australiens, obwohl diese Art nur in Kambodscha, Thailand und Vietnam vorkommt. Sie bewohnt bewaldete Gebiete, darunter auch Mangroven und Obstplantagen.

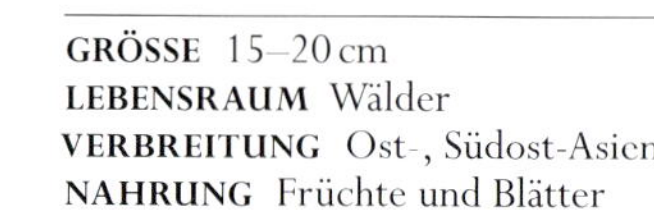

GRÖSSE 15–20 cm
LEBENSRAUM Wälder
VERBREITUNG Ost-, Südost-Asien
NAHRUNG Früchte und Blätter

Alle Fledertiere besitzen eine Daumenkralle, doch nur die Flughunde haben auch eine Kralle am zweiten Finger.

∨ HUNDEGESICHT
Flughunde besitzen große Augen zur Navigation und große Nasen zum Finden von Früchten, Pollen und Nektar, sodass sie ein hundeähnliches Aussehen aufweisen.

< GREIFKRALLEN
Die scharfen gebogenen Krallen sind perfekt geeignet, um an Ästen zu hängen. Dabei halten die Sehnen die Position, sodass die Krallen ohne Einsatz von Muskelkraft gekrümmt bleiben.

∧ HANDFLÜGEL
Der Flügel besteht aus den verlängerten Unterarm- und Fingerknochen, die eine am Körper befestigte Membran aufspannen. Ihre große Oberfläche erzeugt den Auftrieb.

∧ SCHWANZ ODER NICHT?
Pteropus-Arten haben keinen Schwanz, doch bei manchen wird eine Membran von einem Calcar genannten Sporn aufgespannt.

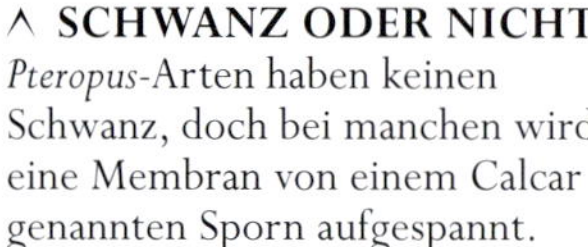

KOPFÜBER LAUFEN >
Flughunde benutzen ihre große Daumenkralle, um sich entlang der Äste zu bewegen. Mithilfe der Kralle können sie auch beim Fressen Früchte halten.

∧ EINGEWICKELT
Beim Schlafen hängen die meisten Flughunde mit dem Kopf nach unten und wickeln sich in ihre Flugmembran ein. Unbeschattet schlafende Flughunde riskieren Überhitzung, sodass sie mit den Flügeln schlagen und sich einspeicheln, um sich abzukühlen.

< ABHÄNGEN
Nur wenige Fledertiere können sich gut auf dem Boden bewegen oder von einer ebenen Fläche auffliegen. Aus der hängenden Position können sie jedoch sofort losfliegen. Tagsüber hängen sie beim Schlafen mit dem Kopf nach unten und drängen sich oft aneinander, um warm zu bleiben.

HUFEISENNASEN

Arten der Familie Hufeisennasen (Rhinolophidae) sind über Europa, Afrika, Asien und Australasien verbreitet. Ihr Nasenblatt ist charakteristisch hufeisenförmig. Sie besitzen die am weitesten entwickelte Echoortung aller Fledertiere, in Bezug auf die Schallabstrahlung und auf den Empfang.

Nasenblatt

3,5–4,5 cm

KLEINE HUFEISENNASE
Rhinolophus hipposideros
Die in Europa, Nordafrika und Westasien vorkommende Kleine Hufeisennase ist eine der kleinsten Fledermäuse der Welt.

verlängerte Fingerknochen

relativ kurze, breite Flügel

5,5–7 cm

5,5–6,5 cm

MEHELEY-HUFEISENNASE
Rhinolophus mehelyi
Diese Höhlen bewohnende mittelgroße Art kommt in Inselpopulationen in Süd- und Osteuropa sowie im Nahen Osten vor.

GROSSE HUFEISENNASE
Rhinolophus ferrumequinum
Diese größte europäische Hufeisennase kommt von Europa über Asien bis nach Japan vor.

RUNDBLATTNASEN

Die in einem großen Teil Afrikas, Asiens und Australasiens lebenden Arten der Familie Rundblattnasen (Hipposideridae) weisen kompliziert gebaute Nasenblätter auf. Wie bei den Hufeisennasen sind die Hinterfüße nur sehr schwach entwickelt.

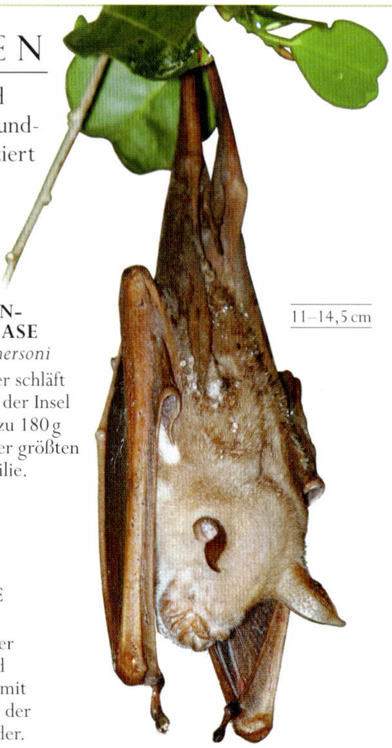

8–9 cm

11–14,5 cm

COMMERSON-RUNDBLATTNASE
Hipposideros commersoni
Dieser Waldbewohner schläft in hohlen Bäumen auf der Insel Madagaskar. Mit bis zu 180 g Gewicht ist dies eine der größten Arten ihrer Familie.

GEWÖHNLICHE RUNDBLATTNASE
Hipposideros caffer
Diese Savannenbewohner schlafen in Höhlen und Gebäuden in ganz Afrika mit Ausnahme der Sahara und der zentralafrikanischen Wälder.

MAUSSCHWANZ-FLEDERMÄUSE

Die Schwänze sind fast so lang wie ihre Körper und stellen ein typisches Merkmal der Familie Mausschwanzfledermäuse (Rhinopomatidae) dar. Die Tiere haben fleischige Schnauzen und ihre großen Ohren sind an der Basis verbunden.

5–9 cm

erster Finger (Daumen)

MAUSSCHWANZ-FLEDERMAUS
Rhinopoma spec.
Vier Arten schnell fliegender insektenfressender Mausschwanz-Fledermäuse leben in den trockenen und halbtrockenen Regionen Nordafrikas, des Nahen Ostens und Indiens.

HUMMELFLEDERMÄUSE

Die einzige Art der Familie Hummelfledermäuse (Craseonycteridae) hat lange breite Flügel, mit denen sie im Rüttelflug auf der Stelle schweben kann. Ihr fehlt sowohl ein Schwanz als auch der Calcar genannte knorpelige Sporn am Knöchel.

3–3,5 cm

HUMMELFLEDERMAUS
Craseonycteris thonglongyai
Die auch als Schweinsnasen-Fledermaus bezeichnete Art ist eines der kleinsten Säugetiere und lebt in an Flüssen gelegenen Höhlen in Thailand und Myanmar.

SCHLITZNASEN

Die Arten der Familie Schlitznasen (Nycteridae) haben eine Furche von ihren Nasenlöchern bis zur Grube zwischen den Augen. Der Knorpel am Schwanzende endet in Form eines »Y«.

5–6,5 cm

MALAIISCHE SCHLITZNASE
Nycteris tragata
Die Furche im Gesicht hilft dem Tier die Echoortungs-Rufe zu bündeln. Die Art lebt in tropischen Wäldern in Myanmar, Malaysia, Sumatra und Borneo.

GLATTNASIGE FREISCHWÄNZE

Die Arten der Familie Glattnasige Freischwänze (Emballonuridae) tragen ihren deutschen Namen, weil ihre Schwanzspitze durch die Schwanzmembran hindurchragt. Wegen der sackartigen Duftdrüsen an den Flügeln werden sie auch als Sackflügel-Fledermäuse bezeichnet.

6–10 cm

HILDEGARDS GRABFLATTERER
Taphozous hildegardeae
Die in Höhlen schlafende Art ernährt sich in den Küstenwäldern von Kenia und Tansania von Insekten.

4–5 cm

KLEINER GLATTNASEN-FREISCHWANZ
Emballonura monticola
Der kurze Schwanz dieser Art scheint in einer Scheide zu verschwinden. Sie lebt in Indonesien, Malaysia, Myanmar und Thailand.

3,5–5 cm

NASENFLEDERMAUS
Rhynchonycteris naso
Diese Art schläft tagsüber in Gruppen an der Unterseite von Ästen. Sie lebt in den tropischen Wäldern Mittel- und Südamerikas.

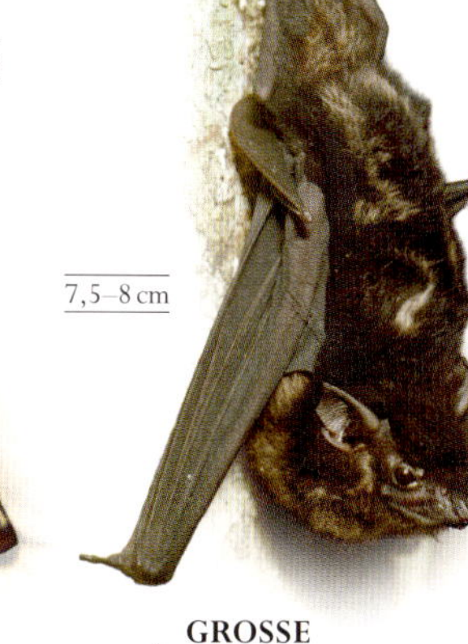

7,5–8 cm

GROSSE SACKFLÜGEL-FLEDERMAUS
Saccopteryx bilineata
Die Männchen dieser mittel- und südamerikanischen Art locken Weibchen mit dem Sekret ihrer Flügelsäcke an.

BLATTNASEN

Die Arten der Familie Blattnasen (Phyllostomidae) sind vom Südwesten der USA bis ins nördliche Argentinien verbreitet. Die meisten besitzen große Ohren und ein Nasenblatt, das wie eine Lanzenspitze geformt ist, um die Echoortung zu unterstützen.

8,5 cm

KLEINE LANZENNASE
Phyllostomus discolor
Diese Art gibt ihre Echoortungs-Rufe durch ihre Nase ab. Sie kommt in Mittel- und Südamerika vor.

6–6,5 cm

GELBOHR-FLEDERMAUS
Uroderma bilobatum
Die in den Tieflandwäldern von Mexiko bis zum zentralen Südamerika lebende Art baut sich Unterstände aus Blättern.

7–10 cm

GERVAIS' FRUCHTVAMPIR
Artibeus cinereus
Die besonders gern in Palmen schlafende Art lebt in Südamerika, einschließlich Venezuela, Brasilien und den Guyana-Staaten.

5–6,5 cm

SEBAS KURZSCHWANZ-BLATTNASE
Carollia perspicillata
Die Art lebt in den feuchten immergrünen und trockenen Laubwäldern eines großen Teils von Mittel- und Südamerika. Sie ist ein nicht spezialisierter Fruchtfresser.

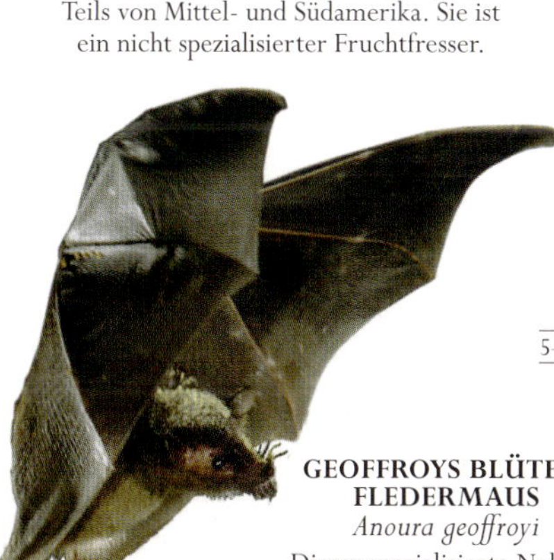

6–7,5 cm

GEOFFROYS BLÜTEN-FLEDERMAUS
Anoura geoffroyi
Dieser spezialisierte Nektarfresser hat längliche Backenzähne und eine pinselartige Zungenspitze. Er lebt in Mittel- und Südamerika.

5–6,5 cm

SEIDIGE KURZSCHWANZ-BLATTNASE
Carollia brevicauda
Diese Art ist in Mittelamerika und Amazonien weit verbreitet. Indem sie die Samen der Früchte tragenden Bäume verbreitet, unterstützt sie die Aufforstung.

6,5–9 cm

FRANSENLIPPEN-FLEDERMAUS
Trachops cirrhosus
Diese Fledermaus jagt Frösche, die sie an ihren Rufen erkennt. Sie lebt in Mittel- und Südamerika.

5–10 cm

STREIFEN-FRUCHTVAMPIR
Platyrrhinus lineatus
Die Art weist weiße Streifen auf Kopf und Rücken auf. Sie lebt in den feuchten Wäldern des zentralen Südamerikas.

5–6,5 cm

KALIFORNISCHE GROSSOHR-FLEDERMAUS
Macrotus californicus
Die eher nach Sicht als nach Echoortung Nachtfalter jagende Art lebt im Norden Mexikos und im Südosten der USA.

7–9,5 cm

VAMPIRFLEDERMAUS
Desmodus rotundus
Diese für das Trinken von Säugetierblut berüchtigte Fledermaus lebt in den verschiedensten Lebensräumen in Mittel- und Südamerika.

NACKTRÜCKENFLEDERMÄUSE

Die Flügel der Arten der Familie Mormoopidae setzen meist auf dem daher »nackten« Rücken an. Steife Haare säumen die Schnauze.

HASENMÄULER

Beide Arten der Familie Hasenmäuler (Noctilionidae) haben lange Beine, große Füße, Krallen und volle Lippen. Sie können mit ihren Backentaschen Nahrung im Flug transportieren.

TRICHTEROHREN

Die Arten der Familie Trichterohren (Natalidae) sind klein und schlank. Die erwachsenen Männchen tragen zur Sinneswahrnehmung ein sogenanntes Natalidenorgan auf der Schnauze.

4–5,5 cm

KLEINE NACKTRÜCKENFLEDERMAUS
Pteronotus davyi
Anders als bei anderen Fledermäusen treffen sich die Flügel auf dem Rücken. Die Art lebt in Mexiko und Südamerika.

10–13 cm

GROSSES HASENMAUL
Noctilio leporinus
Die Art ist darauf spezialisiert, mit den Krallen Fische von der Wasseroberfläche zu fangen. Sie lebt im tropischen Mittel- und Südamerika.

4–4,5 cm

MEXIKANISCHES TRICHTEROHR
Natalus stramineus
Diese insektenfressende, meist in Höhlen schlafende Fledermaus lebt in Mittel- und Südamerika, einschließlich einiger Inseln der Kleinen Antillen.

GROSSBLATTNASEN

Zur Familie Großblattnasen (Megadermatidae) gehört eine Handvoll relativ großer Fledermäuse. Diese Insektenfresser besitzen große Ohren und Augen sowie eine breite Schwanzflughaut, aber einen kleinen oder gar keinen Schwanz.

NEUSEELAND-FLEDERMÄUSE

Die einzige Art der Familie Neuseeland-Fledermäuse (Mystacinidae) kann ihre Flughäute einrollen, da sie sich oft auf dem Boden bewegt.

HAFTSCHEIBEN-FLEDERMÄUSE

Zur Familie Thyropteridae gehören drei Arten, die sich mit Haftscheiben an Handgelenken und Knöcheln an glatten Blättern festhalten können.

10–13 cm

AUSTRALISCHE GESPENSTFLEDERMAUS
Macroderma gigas
Die nur in Nordaustralien vorkommende Art gehört zu den größten Fledermäusen und jagt kleine Wirbeltiere.

6–8 cm

KLEINE NEUSEELAND-FLEDERMAUS
Mystacina tuberculata
Knapp über dem Waldboden fliegend, findet die Kleine Neuseeland-Fledermaus ihre Beute mit dem Geruchssinn im Falllaub.

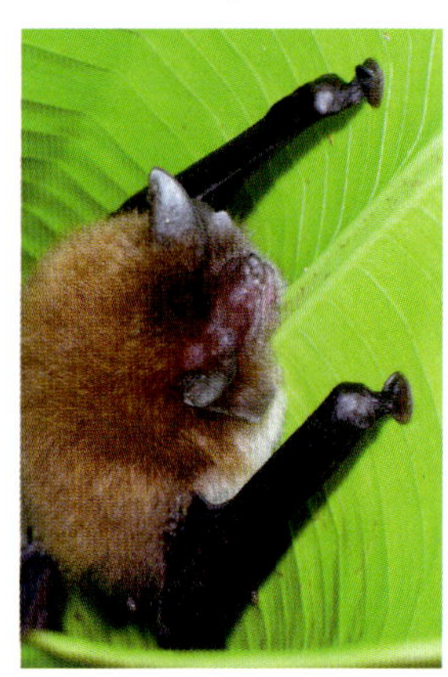

2,5–5,5 cm

DREIFARBIGE HAFTSCHEIBEN-FLEDERMAUS
Thyroptera tricolor
Dieser Insektenfresser bewohnt Tieflandwälder vom Süden Mexikos bis zum Südosten Brasiliens. Er schläft mit nach oben gerichtetem Kopf in gefalteten Blättern.

BULLDOGG-FLEDERMÄUSE

Die Arten der Familie Bulldoggfledermäuse (Molossidae) besitzen einen Schwanz, der über das Ende der Schwanzflughaut hinausragt. Sie sind robuste Arten mit langen, schmalen Flügeln zum schnellen Flug.

BREITOHREN-FREISCHWANZFLEDERMAUS
Nyctinomops laticaudatus
Diese Art findet man in den Tropen und Subtropen Mittel- und Südamerikas in verschiedenen Lebensräumen.

9–14 cm

8–9 cm

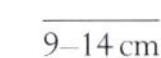

9,5 cm

MEXIKANISCHE BULLDOGGFLEDERMAUS
Tadarida brasiliensis
Kolonien mit Millionen Tieren dieser Art findet man in Höhlen und unter Brücken in Texas und Mexiko.

EUROPÄISCHE BULLDOGGFLEDERMAUS
Tadarida teniotis
Das Verbreitungsgebiet dieser einzigen europäischen Bulldoggfledermaus reicht vom Mittelmeer bis nach Süd- und Südost-Asien.

5–11,5 cm

MILLERS BULLDOGGFLEDERMAUS
Molossus pretiosus
Dieser Insektenfresser der trockenen Tieflandwälder, der offenen Savannen und der Kakteengestrüppe ist von Mexiko bis nach Brasilien verbreitet.

GLATTNASEN

Mit über 300 Arten ist die Familie Glattnasen (Vespertilionidae) die größte der Fledertiere. Mit Ausnahme der Polarregionen ist sie weltweit verbreitet. Die meisten Arten ernähren sich von Insekten. Sie besitzen glatte Nasen sowie kleine Augen.

5–8 cm

LANGFLÜGEL-FLEDERMAUS
Miniopterus schreibersii
Diese Art hat lange Fingerknochen und breite Flügel. Sie ist in Inselpopulationen in Südwest-Europa und Nord- und Westafrika verbreitet.

Ohren an der Basis zusammengewachsen

4–6 cm

GRAUES LANGOHR
Plecotus austriacus
Die Ohren dieser Art sind fast genauso lang wie ihr Körper. Sie lebt in Mittel- und Südeuropa sowie in Nordafrika.

10–13 cm

GROSSE BRAUNE FLEDERMAUS
Eptesicus fuscus
Die oft in Gebäuden schlafende insektenfressende Art ist von Südkanada bis nach Nordbrasilien und einigen karibischen Inseln verbreitet.

6–8 cm

GROSSER ABENDSEGLER
Nyctalus noctula
Dieser schnelle und kräftige Flieger mit schmalen, schwarzbraunen Flügeln ist über Nordost-Europa und Teile Asiens verbreitet.

5–6,5 cm

ZWEIFARBFLEDERMAUS
Vespertilio murinus
Diese hellbäuchige, dunkelrückige Art lebt in Bergen, Steppen und Wäldern von Ost- und Mitteleuropa bis nach Asien. Sie ist auch in Städten zu finden.

4–5 cm

FRANSENFLEDERMAUS
Myotis nattereri
Die von Nordwest-Afrika über Europa bis Südwest-Asien vorkommende Art fängt bei langsamem, rüttelndem Flug Insekten in ihrer mit Haaren gesäumten Schwanzflughaut.

7,5–9,5 cm

8–9,5 cm

NORDAMERIKANISCHE FRANSEN-FLEDERMAUS
Myotis thysanodes
Die Schwanzflughaut der im westlichen Nordamerika lebenden Art ist ebenfalls mit Haaren gesäumt.

3,5–4,5 cm

4,5–5,5 cm

4–6 cm

AMERIKANISCHE ZWERGFLEDERMAUS
Pipistrellus subflavus
Diese Art überwintert unterirdisch. Sie ist im östlichen Nordamerika von Südkanada bis Honduras verbreitet.

ZWERGFLEDERMAUS
Pipistrellus pipistrellus
Diese Art ist die am weitesten verbreitete Zwergfledermaus. Sie kommt von Westeuropa bis in den Fernen Osten und bis nach Nordafrika vor.

RAUHAUTFLEDERMAUS
Pipistrellus nathusii
Diese Art ist im Frühjahr und Herbst zu Wanderungen von über 1900 km Länge in der Lage. Sie kommt vor allem in Mittel- und Osteuropa vor.

WASSERFLEDERMAUS
Myotis daubentonii
Diese eurasische Art hat recht große Füße, mit denen sie von Wasserflächen aufsteigende Insekten fängt.

IGEL

Die in Eurasien und Afrika vorkommenden Igel bilden eine Familie, die nach dem hier vorgestellten Verwandtschaftsmodell die einzige innerhalb der Ordnung Erinaceomorpha ist.

Igel erinnern an Spitzmäuse und Maulwürfe, mit denen sie nach einem anderen Modell als Insektenfresser (Ordnung Eulipotyphla) zusammengefasst werden. Die großen Augen und das gute Gehör weisen auf ihre dämmerungs- oder nachtaktive Lebensweise hin. Die Ohren sind besonders bei den Arten der Wüsten groß, da sie auch der Kühlung dienen. Die Füße tragen meist fünf Zehen, oft mit scharfen Krallen zum Graben.

Die 16 Stacheligel-Arten besitzen aus modifizierten Haaren entstandene Stacheln. Diese bieten zusammen mit der Fähigkeit, sich zu einer Kugel zusammenzurollen, einen guten Schutz. Die acht Arten der Rattenigel tragen nur ein normales Fell und haben längere, nackte Schwänze.

VERSCHIEDENARTIGE NAHRUNG

Alle Igel-Arten werden als Allesfresser betrachtet, da ihre Nahrung zumindest zu einem kleinen Teil Früchte und Pilze enthält und sie auch Aas und Vogeleier gern mögen. Der Hauptanteil besteht jedoch aus lebenden Tieren, von Regenwürmern, Weichtieren und anderen Landwirbellosen bis zu kleinen Reptilien, Amphibien und Säugetieren. Die Nahrung wird visuell und mithilfe des sehr guten Geruchssinns entdeckt. Die zahlreichen sehr scharfen Zähne sind für eine derart unterschiedliche Nahrung sehr gut geeignet.

STAMM	CHORDATA
KLASSE	MAMMALIA
ORDNUNG	ERINACEOMORPHA
FAMILIEN	1
ARTEN	24

Ihre Immunität gegen viele Schlangengifte erlaubt es Igeln auch, gelegentlich Schlangen zu verzehren.

IGEL

Die Arten der Familie Igel (Erinaceidae) besitzen lange, empfindliche Schnauzen und behaarte Schwänze. Sie fressen nahezu alles, von Wirbellosen und Früchten bis zu Eiern und Aas. Die eurasischen und afrikanischen Igel tragen spitze Stacheln, während die südostasiatischen Rattenigel normale Haare besitzen und an Ratten oder Opossums erinnern. Die Rattenigel besitzen Duftdrüsen, die einen starken Knoblauchgeruch zur Reviermarkierung abgeben.

15–20 cm

KAP-IGEL
Atelerix frontalis
Der Gras- und Buschland sowie Gärten bewohnende südafrikanische Igel trägt ein weißes Band auf der Stirn, das einen guten Kontrast zu seinem dunklen Gesicht herstellt.

18–25 cm

ALGERISCHER IGEL
Atelerix algirus
Der in verschiedenen Lebensräumen des Mittelmeergebiets lebende, langbeinige Igel hat ein helles Gesicht und einen hellen Bauch sowie einen stachellosen »Scheitel« auf dem Kopf.

große Ohren

14–28 cm

LANGOHR-IGEL
Hemiechinus auritus
Lange Ohren helfen diesem nachtaktiven Igel Wärme abzustrahlen und sich in den nordafrikanischen und zentralasiatischen Wüsten abzukühlen.

14–28 cm

ÄTHIOPISCHER IGEL
Paraechinus aethiopicus
Dieser kleine, in Afrika und dem Nahen Osten vorkommende Igel ist gegen die Gifte von Schlangen und Skorpionen immun, die einen großen Teil seiner Nahrung ausmachen.

helle Stacheln mit dunklen Ringen

20–30 cm

WESTEUROPÄISCHER IGEL
Erinaceus europaeus
Die in ganz Westeuropa zu findende Art bewohnt Wälder, Ackerland und Gärten. In kühleren Regionen überwintert sie in einem Nest aus Blättern und Gras.

30–40 cm

GROSSER RATTENIGEL
Echinosorex gymnura
Die an eine Ratte erinnernde hell gefärbe, nachtaktive Art bewohnt Sümpfe und andere Feuchtgebiete in Malaysia.

MAULWÜRFE UND SPITZMÄUSE

Die drei Familien der Ordnung Soricomorpha ernähren sich von Insekten, haben eine lange Schnauze mit spitzen Zähnen, einen langen Schwanz und ein dichtes Fell.

Etwa 90 % der Arten der Ordnung Soricomorpha gehören zur Familie der Spitzmäuse (Soricidae). Die Arten sind die ursprünglichsten der Plazentatiere und haben im Vergleich zur Körpergröße kleine Gehirne. Ihre Größe reicht von der kleinen Etrusker-Spitzmaus mit gerade 2 g Gewicht bis zum 1 kg schweren Kuba-Schlitzrüssler.

Die Tiere sind gut an ihre Ernährungsweise angepasst und besitzen bewegliche, knorpelige Schnauzen sowie zahlreiche einfache, spitze Zähne, mit denen sie Regenwürmer, andere Wirbellose und sogar kleine Wirbeltiere erbeuten und zerlegen. Zusätzlich setzen manche Arten einen giftigen Speichel ein, der durch eine Furche in den unteren Schneidezähnen rinnt und größere Beutetiere schwächt, bevor sie getötet und verzehrt werden.

ÄHNLICH, ABER ANDERS

Im Gegensatz zu den meisten Arten, die ein kurzes, samtiges Fell besitzen, haben die Schlitzrüssler grobere, zottigere Haare. Die meisten weisen einen langen Schwanz auf, besonders jene, die ihn in Gehölzen zum Balancieren benötigen. Viele Maulwürfe besitzen dagegen einen kurzen Schwanz, wie es für grabende Säugetiere typisch ist. Andere Anpassungen sind die kleinen Augen und die zum Graben geeigneten Vorderbeine.

STAMM	CHORDATA
KLASSE	MAMMALIA
ORDNUNG	SORICOMORPHA
FAMILIEN	3
ARTEN	428

Einem Spitzmaus-Weibchen folgen seine Jungen in Form einer Kette, weil sich jedes am vorderen festhält.

SCHLITZRÜSSLER

Die Arten der Familie Schlitzrüssler (Solenodontidae) zeigen Merkmale der ersten Säugetiere, die in der Ära der Dinosaurier vor etwa 225 bis 265 Millionen Jahren entstanden sind, und ähneln großen Spitzmäusen. Sie haben lange, biegsame Schnauzen, nackte, schuppige Schwänze, kleine Augen und ein raues Fell. Sie besitzen giftigen Speichel, mit dem sie Beute von Wirbellosen bis zu kleinen Reptilien überwältigen können.

28–33 cm

HISPANIOLA-SCHLITZRÜSSLER
Solenodon paradoxus
Dies ist eine von zwei heute noch lebenden Arten der Familie der Schlitzrüssler. Sie ist nur von Hispaniola bekannt, der Karibik-Insel, die östlich von Kuba liegt.

struppiges braunes Fell

28–39 cm

KUBA-SCHLITZRÜSSLER
Solenodon cubanus
Im 20. Jahrhundert meinte man irrtümlich, dass diese nachtaktive Art, die ein längeres Fell als ihr Verwandter trägt, ausgestorben sei.

MAULWÜRFE UND DESMANE

Die kleinen, dunklen Insektenfresser der Familie Maulwürfe (Talpidae) sind mit ihren zylindrischen Körpern, dem kurzen, dichten Fell und den empfindlichen unbehaarten Schnauzen gut an eine grabende Lebensweise angepasst. Die schaufelartigen Vorderfüße mit ihren starken Krallen sind ständig nach außen gebogen. Dagegen besitzen die im Wasser lebenden Desmane mit steifen Haaren gesäumte Schwimmhäute und lange, flache Schwänze.

15–20 cm

STERNMULL
Condylura cristata
Dieser halbaquatische nordamerikanische Maulwurf besitzt elf Paare fleischiger Nasenanhänge und erkennt seine Beute durch Berührung.

11–17 cm

OSTAMERIKANISCHER MAULWURF
Scalopus aquaticus
Bei diesem gern in feuchten, sandigen Böden grabendem Maulwurf sind Ohren und Augen mit Fell bedeckt.

11–16 cm

EUROPÄISCHER MAULWURF
Talpa europaea
Diese scheue Art gräbt ausgedehnte Tunnel-Netze, die an der Oberfläche oft an den typischen Hügeln zu erkennen sind.

10–14 cm

KLEINER JAPANISCHER MAULWURF
Mogera imaizumii
Diese Art lebt in lockerer Erde. Anhand der Bezahnung kann man sie von nahen Verwandten unterscheiden.

11–16 cm

PYRENÄEN-DESMAN
Galemys pyrenaicus
Die in den Gebirgsbächen der Pyrenäen lebende Art gräbt selten Baue. Sie versteckt sich in Felsspalten oder Bauen von Wasserspitzmäusen.

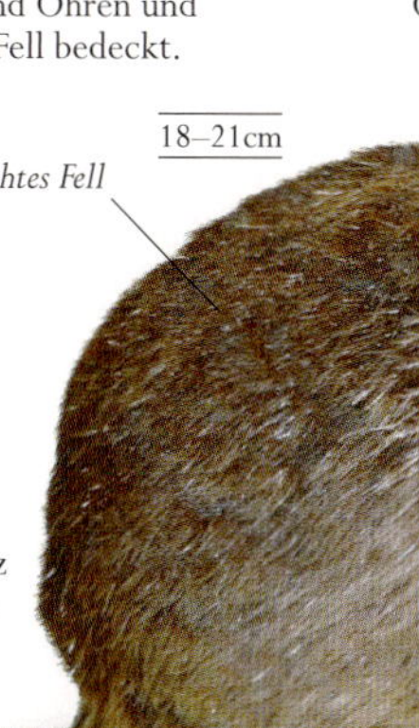

wasserdichtes Fell

18–21 cm

RUSSISCHER DESMAN
Desmana moschata
Diese größte Art ihrer Familie besitzt als Anpassung an das Schwimmen einen langen, platten Schwanz und Schwimmhäute an den Hinterfüßen.

SPITZMÄUSE

Mit ihren spitzen Schnauzen und Zähnen sind die Arten der Familie Spitzmäuse (Soricidae) überwiegend Insektenfresser, nehmen aber auch Samen, Früchte und Aas an. Die meist an Land lebenden Tiere müssen pro Tag mindestens 80% ihres eigenen Körpergewichts fressen. Sie können schlecht sehen, aber hervorragend hören und riechen. Sie setzen sogar Echoortung ein.

GARTENSPITZMAUS
Crocidura suaveolens
Wie andere Arten ihrer Gattung besitzt auch diese nicht die Eiseneinlagerungen, die bei vielen Spitzmäusen für rote Zahnspitzen sorgen.

5–7,5 cm

6–8 cm

SÜDAFRIKANISCHE SPITZMAUS
Crocidura cyanea
Die Männchen benutzen einen starken Moschusduft zur Reviermarkierung.

helle Füße

8–10 cm

MOSCHUSSPITZMAUS
Suncus murinus
Die in Südasien heimische, aber auch in anderen Teilen Asiens und Afrikas eingeschleppte anpassungsfähige Art lebt oft in der Nähe menschlicher Behausungen.

8–12 cm

5–6 cm

ZWERGSPITZMAUS
Sorex minutus
Die Art ist kleiner als die Waldspitzmaus, mit der sie oft gemeinsam lebt, hat aber einen im Verhältnis längeren, stärker behaarten Schwanz.

WASSERSPITZMAUS
Neomys fodiens
Die steifen Haare auf den Füßen und dem Schwanz verbessern die Schwimmfähigkeit dieser großen Spitzmaus, die vor allem im Wasser jagt.

6–10 cm

NÖRDLICHE KURZSCHWANZSPITZMAUS
Blarina brevicauda
Diese große, giftige nordamerikanische Art sucht ihre Nahrung in gegrabenen Tunneln oder unter Falllaub und Schnee.

5,5–8 cm

WALDSPITZMAUS
Sorex araneus
Diese in Nordeuropa am weitesten verbreitete Spitzmaus ist auf der Nahrungssuche ganzjährig Tag und Nacht aktiv.

GRAUE WÜSTENSPITZMAUS
Notiosorex crawfordi
Die in trockenen Gebieten Nordamerikas lebende Art kommt ohne zu trinken aus. Sie produziert hoch konzentrierten Urin.

6–7,5 cm

4–5 cm

kurzes, samtartiges Fell

5–8 cm

ALPENSPITZMAUS
Sorex alpinus
Der Schwanz dieser mitteleuropäischen Art ist so lang wie Kopf und Körper zusammen und dient der Balance.

3,5–5 cm

KLEINOHRSPITZMAUS
Cryptotis parva
Diese Art, der mithilfe ihres giftigen Speichels auch große Beute bewältigt, beißt auch in Eidechsenschwänze. Der abgeworfene Schwanz ist eine leichte Beute.

ETRUSKERSPITZMAUS
Suncus etruscus
Mit nur 2 g Gewicht gehört die Art zu den kleinsten Säugetieren. Sie kommt in Südeuropa und im Nahen Osten vor. Es gibt nah verwandte Arten in Asien.

SCHUPPENTIERE

Wenn man von den großen Hornschuppen absieht, erinnern diese Tiere wegen ihres Erscheinungsbilds und ihrer Nahrung an Ameisenbären.

Die überwiegend nachtaktiven, aber nur kleine Augen besitzenden Schuppentiere finden ihre Nahrung mit ihrem sehr guten Geruchssinn. Trotz der Ähnlichkeit mit den Ameisenbären gehören sie in eine ganz andere Ordnung (Pholidota) und sind die nächsten Verwandten der Raubtiere.

Die hornigen, den gesamten Körper bedeckenden Schuppen können ein Fünftel des Körpergewichts ausmachen. Trotzdem sind die Tiere hervorragende Schwimmer. Sie leben am Erdboden oder in den Bäumen. Bodenbewohner schlafen in tiefen Bauen, Baumbewohner in Baumhöhlen.

Mit ihren kräftigen Klauen können Schuppentiere Insektenbaue öffnen. Die Nahrung erbeuten sie mit der klebrigen Zunge, die sie bis zu 40 cm weit aus dem Maul strecken können. Wegen der Größe der Vorderkrallen laufen die Tiere mit eingeklappten Zehen auf den Handgelenken.

VOR ANGRIFFEN SICHER

Das Schuppenkleid dient als Schutz vor Angriffen. Zusätzlich rollen sich die Tiere bei Bedrohung und im Schlaf zusammen. Außerdem können sie eine übel riechende Flüssigkeit aus ihren Analdrüsen abgeben. Trotzdem werden Schuppentiere wegen ihres Fleischs, der Schuppen und ihrem angeblichen Wert in der traditionellen chinesischen Medizin verfolgt.

STAMM	CHORDATA
KLASSE	MAMMALIA
ORDNUNG	PHOLIDOTA
FAMILIEN	1
ARTEN	8

Mit der langen, klebrigen Zunge kann dieses Steppenschuppentier sowohl trinken als auch Insekten fangen.

SCHUPPEN-TIERE

Die acht Arten der Familie Schuppentiere (Manidae) leben im tropischen Afrika und Asien. Ihre Haut ist von großen Hornschuppen geschützt. Bei Bedrohung können sie sich zu einer Kugel zusammenrollen, wobei die scharfen Schuppenränder einen zusätzlichen Schutz bieten. Mit den Krallen der Vorderbeine öffnen sie die Baue der Ameisen und Termiten, um sie mit dem klebrigen Speichel ihrer langen Zungen zu erbeuten.

50–65 cm

30 Schuppen auf dem Schwanz

fleischige Nase

MALAIISCHES SCHUPPENTIER
Manis javanica
Diese eher baumbewohnende asiatische Art bewegt sich auf dem Boden ungeschickt. Bei Bedrohung kann sie jedoch schnell auf den Hinterbeinen laufen.

35–46 cm

WEISSBAUCHSCHUPPENTIER
Manis tricuspis
Dieser äquatorialafrikanische Baumbewohner hat ein helles Fell und dreispitzige Schuppen, doch nutzen sich die Spitzen oft im Alter ab.

LANGSCHWANZ-SCHUPPENTIER
Manis tetradactyla
Die westafrikanische Art lebt in den Baumkronen. Der Greifschwanz macht zwei Drittel der Gesamtlänge aus.

30–40 cm

45–75 cm

VORDERINDISCHES SCHUPPENTIER
Manis crassicaudata
Die überlappenden Schuppen und die zur Verteidigung abgegebene Flüssigkeit schützen diese Art sogar vor dem Tiger.

breite, abgerundete Schuppen

STEPPEN-SCHUPPENTIER
Manis temminckii
Diese einzige in Süd- und Ostafrika vorkommende Art ist sehr scheu. Sie wird wegen ihrer Schuppen verfolgt.

40–70 cm

RAUBTIERE

Die Körper der überwiegend fleischfressenden Raubtiere sind an die Jagd und ihre Zähne an das Ergreifen und das Töten der Beute angepasst.

Die ersten Raubtiere (Carnivora) entwickelten sich vor ungefähr 50 Millionen Jahren. Es handelte sich um kleine Baumbewohner, doch ihre Nachkommen, zu denen einige der größten Räuber der Welt gehören, weisen die verschiedensten Formen und Lebensweisen auf. In der Größe reichen sie vom 14 cm kleinen Mauswiesel bis zum Südlichen See-Elefant, der bis zu 7 m Länge erreichen kann. Zu den Raubtieren gehört mit dem Gepard das schnellste Landsäugetier, aber auch der berühmte Große Panda. Mit Ausnahme von Australien, wo sie durch den Menschen eingeführt worden sind, kommen Raubtiere auf jedem Kontinent vor. Und sie leben nicht nur auf dem Trockenen: Über 30 Robben-Arten sind in den Meeren zu Hause.

EIGENSCHAFTEN

Bei einer solchen Vielfalt ist es nicht leicht, die Gemeinsamkeiten herauszustellen. Zu den wichtigsten Merkmalen gehören die Zähne. Alle Raubtiere besitzen vier lange Eckzähne und spezielle, als Reißzähne bezeichnete Backenzähne zum Zerteilen von Fleisch. Ihre scharfen Kanten wirken wie Scheren.

Die meisten Raubtiere fressen zumindest etwas Fleisch, doch nur wenige ernähren sich ausschließlich davon. Verschiedene Arten wie die Füchse und Waschbären sind Allesfresser und nur eine Art, der Große Panda, ist ein reiner Pflanzenfresser. Seine Nahrung besteht hauptsächlich aus Bambus.

EINZELGÄNGER ODER RUDELTIER

Raubtiere können wie die meisten Marder und Bären Einzelgänger oder sehr gesellig sein, wie es die Wölfe oder die Erdmännchen sind. Gesellige Arten leben in gut organisierten Gruppen und teilen sich die Verantwortung für die Jagd, die Aufzucht der Jungen und die Verteidigung des Reviers. Robben sind meistens während der Paarungszeit gesellig, wenn sie sich auf dem Trockenen paaren und auch ihre Jungen gebären. Manche Arten versammeln sich an beliebten Plätzen zu Hunderten oder sogar zu Tausenden.

STAMM	CHORDATA
KLASSE	MAMMALIA
ORDNUNG	CARNIVORA
FAMILIEN	15
ARTEN	286

STREITFRAGE

ROBBEN ALS RAUBTIERE?

Auf den ersten Blick scheint es unglaublich zu sein, dass die Robben der früheren Ordnung Pinnipedia zur gleichen Gruppe wie die Marder und Wildkatzen gehören sollen. Doch der Aufbau der Schädel und Zähne sowie ihre DNA erzählen eine andere Geschichte. Robben besitzen zum Schwimmen umgebildete Gliedmaßen, müssen aber anders als Wale zur Vermehrung an Land kommen. Fossile und molekulare Daten deuten darauf hin, dass alle Robben einen gemeinsamen bärenähnlichen Vorfahren besitzen, der sich von den anderen Raubtieren vor etwa 23 Millionen Jahren getrennt hat.

HUNDE

Die Arten der Familie Hunde (Canidae) sind mittelgroße, langbeinige Säugetiere, die meistens einen buschigen Schwanz und aufrechte Ohren besitzen. Sie sind schnelle, intelligente Raubtiere, nehmen meistens aber auch pflanzliche Nahrung zu sich. Der sehr gesellige Wolf ist der Vorfahre des Haushunds, der vor 10 000 Jahren domestiziert worden ist.

BENGALFUCHS
Vulpes bengalensis
Dieser Allesfresser bewohnt offene Gebiete in Nepal und Indien. Paare bleiben mehrere Jahre lang zusammen und ziehen mehrere Würfe auf.

AFGHANFUCHS
Vulpes cana
Diese strikt nachtaktive Art bewohnt die Steppen der Arabischen Halbinsel und des Nahen Ostens. Sie frisst Wirbellose und Früchte.

STEPPENFUCHS
Vulpes corsac
Dieser in Rudeln lebende Fuchs der asiatischen Steppen ist ein opportunistischer Jäger kleiner Tiere. Er frisst auch pflanzliche Nahrung.

POLARFUCHS
Vulpes lagopus
Dieser stämmige Fuchs lebt in den nördlichsten Regionen der Welt. Zu seinen variablen Farben gehört auch ein strahlendes Schneeweiß.

KITFUCHS
Vulpes macrotis
Der in den südwestlichen USA lebende Fuchs kann sehr gut graben. Familien leben in Bauen mit bis zu 20 Eingängen.

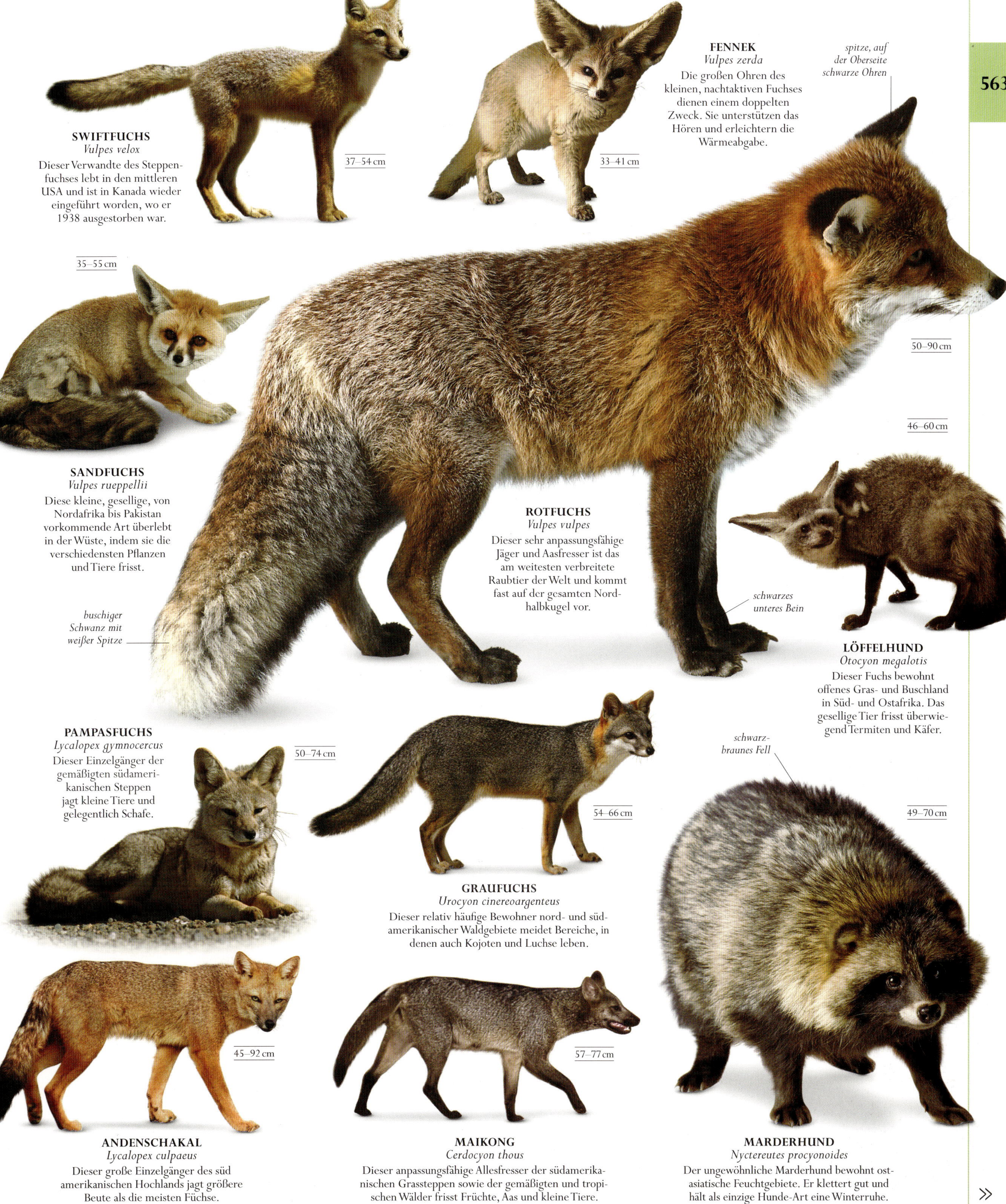

SWIFTFUCHS
Vulpes velox
Dieser Verwandte des Steppenfuchses lebt in den mittleren USA und ist in Kanada wieder eingeführt worden, wo er 1938 ausgestorben war.

FENNEK
Vulpes zerda
Die großen Ohren des kleinen, nachtaktiven Fuchses dienen einem doppelten Zweck. Sie unterstützen das Hören und erleichtern die Wärmeabgabe.

SANDFUCHS
Vulpes rueppellii
Diese kleine, gesellige, von Nordafrika bis Pakistan vorkommende Art überlebt in der Wüste, indem sie die verschiedensten Pflanzen und Tiere frisst.

ROTFUCHS
Vulpes vulpes
Dieser sehr anpassungsfähige Jäger und Aasfresser ist das am weitesten verbreitete Raubtier der Welt und kommt fast auf der gesamten Nordhalbkugel vor.

LÖFFELHUND
Otocyon megalotis
Dieser Fuchs bewohnt offenes Gras- und Buschland in Süd- und Ostafrika. Das gesellige Tier frisst überwiegend Termiten und Käfer.

PAMPASFUCHS
Lycalopex gymnocercus
Dieser Einzelgänger der gemäßigten südamerikanischen Steppen jagt kleine Tiere und gelegentlich Schafe.

GRAUFUCHS
Urocyon cinereoargenteus
Dieser relativ häufige Bewohner nord- und südamerikanischer Waldgebiete meidet Bereiche, in denen auch Kojoten und Luchse leben.

ANDENSCHAKAL
Lycalopex culpaeus
Dieser große Einzelgänger des süd amerikanischen Hochlands jagt größere Beute als die meisten Füchse.

MAIKONG
Cerdocyon thous
Dieser anpassungsfähige Allesfresser der südamerikanischen Grassteppen sowie der gemäßigten und tropischen Wälder frisst Früchte, Aas und kleine Tiere.

MARDERHUND
Nyctereutes procyonoides
Der ungewöhnliche Marderhund bewohnt ostasiatische Feuchtgebiete. Er klettert gut und hält als einzige Hunde-Art eine Winterruhe.

»

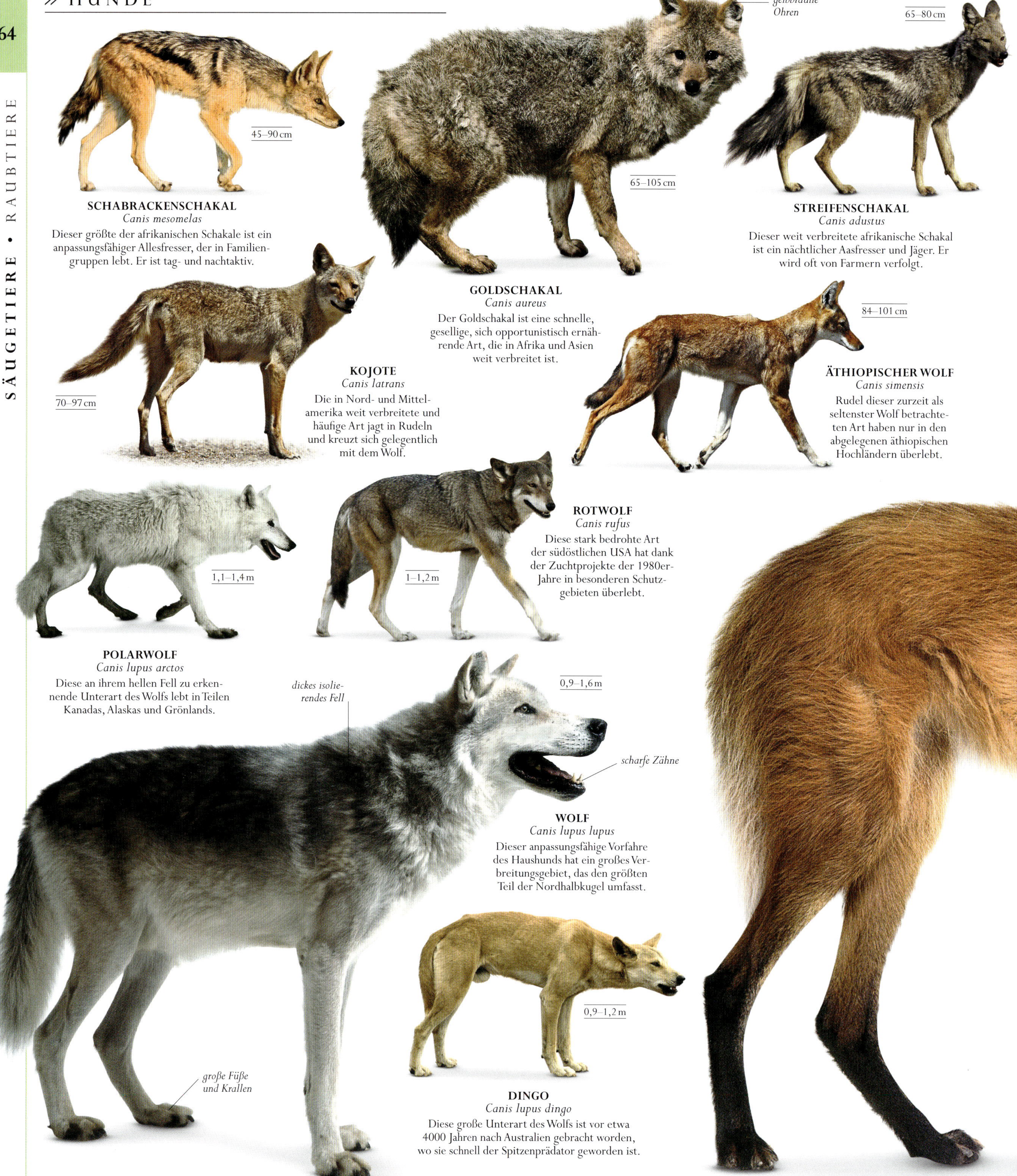

SCHABRACKENSCHAKAL
Canis mesomelas
Dieser größte der afrikanischen Schakale ist ein anpassungsfähiger Allesfresser, der in Familiengruppen lebt. Er ist tag- und nachtaktiv.

GOLDSCHAKAL
Canis aureus
Der Goldschakal ist eine schnelle, gesellige, sich opportunistisch ernährende Art, die in Afrika und Asien weit verbreitet ist.

STREIFENSCHAKAL
Canis adustus
Dieser weit verbreitete afrikanische Schakal ist ein nächtlicher Aasfresser und Jäger. Er wird oft von Farmern verfolgt.

KOJOTE
Canis latrans
Die in Nord- und Mittelamerika weit verbreitete und häufige Art jagt in Rudeln und kreuzt sich gelegentlich mit dem Wolf.

ÄTHIOPISCHER WOLF
Canis simensis
Rudel dieser zurzeit als seltenster Wolf betrachteten Art haben nur in den abgelegenen äthiopischen Hochländern überlebt.

ROTWOLF
Canis rufus
Diese stark bedrohte Art der südöstlichen USA hat dank der Zuchtprojekte der 1980er-Jahre in besonderen Schutzgebieten überlebt.

POLARWOLF
Canis lupus arctos
Diese an ihrem hellen Fell zu erkennende Unterart des Wolfs lebt in Teilen Kanadas, Alaskas und Grönlands.

WOLF
Canis lupus lupus
Dieser anpassungsfähige Vorfahre des Haushunds hat ein großes Verbreitungsgebiet, das den größten Teil der Nordhalbkugel umfasst.

DINGO
Canis lupus dingo
Diese große Unterart des Wolfs ist vor etwa 4000 Jahren nach Australien gebracht worden, wo sie schnell der Spitzenprädator geworden ist.

GOLDEN RETRIEVER
Canis lupus
Der in Schottland gezüchtete Jagdhund ist treu und intelligent und auch ein guter Haushund. Er liebt das Wasser.

BASSET
Canis lupus
Dieser Hund ist zur Spurensuche gezüchtet worden. Auf seinen kurzen Beinen bewegt er sich gut durch das Unterholz.

DALMATINER
Canis lupus
Die ursprünglich als Wach- und Jagdhunde gezüchteten Tiere haben später Pferdekutschen begleitet. Heute werden sie als Haustiere gehalten.

ALASKAN MALAMUTE
Canis lupus
Die in Alaska als Schlittenhund gezüchtete Rasse erinnert an den Wolf und gehört vielleicht zu den frühesten Hunderassen.

MÄHNENWOLF
Chrysocyon brachyurus
Dieser Allesfresser bewohnt die südamerikanischen Savannen, wo er dank seiner langen Beine das Gras überblicken kann.

GLATTHAAR-FOXTERRIER
Canis lupus
Der gut grabende Hund ist klein genug, um in Fuchsbauten einzudringen. Er ist zur Bekämpfung von Schädlingen gezüchtet worden.

CHIHUAHUA
Canis lupus
Diese kleinste Hunderasse ist trotzdem mutig. Chihuahuas stammen aus Mexiko und können nahezu jede Fellfarbe aufweisen.

LANGHAAR-COLLIE
Canis lupus
Der kräftige Körperbau dieser als Hütehund im schottischen Hochland gezüchteten Rasse wird von ihrem dicken Fell verborgen.

ROTHUND
Cuon alpinus
Dieser in Asien als aggressiver Jäger bekannte Wildhund lebt und jagt in Rudeln und greift sogar große Beute wie Hirsche und Ziegen an.

AFRIKANISCHER WILDHUND
Lycaon pictus
Dieser bedrohte Wildhund lebt in Rudeln, deren Mitglieder gemeinsam jagen, die Jungen aufziehen und kranke oder verletzte Verwandte unterstützen.

WALDHUND
Speothos venaticus
Diese kurzbeinige Art ist ein Jäger der Amazonas-Region. Er erbeutet hauptsächlich Nagetiere, entweder allein oder im Rudel.

BÄREN

Zur Familie Bären (Ursidae) gehören plump wirkende, aber sehr bewegliche Arten, die in Europa, Asien und Amerika leben. Die meisten sind Allesfresser, wobei Pflanzenkost den größten Nahrungsanteil ausmacht. Der Eisbär ist jedoch ein reiner Fleisch- und der Große Panda ein Pflanzenfresser. Mit Ausnahme säugender Weibchen sind Bären Einzelgänger.

BRAUNBÄR
Ursus arctos
Das Verbreitungsgebiet des Bärs umfasst Asien, Nordeuropa und Nordamerika und begründet ein großes Nahrungsspektrum. So frisst er saisonabhängig Beeren und laichende Lachse.

1,2–1,8 m

1,5–2,8 m

weißes Gesicht mit schwarzen Abzeichen

fünf bis zu 10 cm lange Krallen

GROSSER PANDA
Ailuropoda melanoleuca
Dieser gefährdete Bär lebt in zentralchinesischen Wäldern. Er frisst vor allem Bambus und hat sich in seiner Lebensweise an seine energiearme Nahrung angepasst.

OHRENROBBEN

Die Arten der Familie Ohrenrobben (Otariidae) unterscheiden sich von den Hundsrobben durch ihre Ohrmuscheln und die Flossen, mit denen sie sich auf dem Land bewegen können, wenn auch nicht sehr elegant. Ohrenrobben sind hervorragende Schwimmer, doch ihre Tauchgänge sind verglichen mit denen einiger Hundsrobben kurz. Sie leben in den meisten Meeren mit Ausnahme des Nordatlantiks.

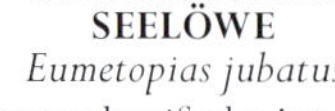

STELLERSCHER SEELÖWE
Eumetopias jubatus
Diese nordpazifische Art ist die größte Ohrenrobbe. Sie frisst vor allem Fische, kann aber auch kleinere Robben angreifen.

kräftiger Hals

2–3,3 m

schwarze Flossen

dunkelbraunes oder schwarzes Junges

ERWACHSENES TIER

JUNGTIER

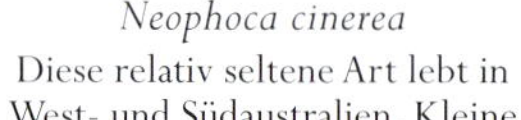

AUSTRALISCHER SEELÖWE
Neophoca cinerea
Diese relativ seltene Art lebt in West- und Südaustralien. Kleine Gruppen bleiben auch außerhalb der Paarungszeit zusammen.

1,3–2,5 m

1,6–2,5 m

NEUSEELÄNDISCHER SEELÖWE
Phocarctos hookeri
Diese seltene, nur bei Neuseeland lebende Art vermehrt sich nur auf wenigen Inseln vor der Küste.

1,8–2,6 m

MÄHNENROBBE
Otaria flavescens
Dieser kräftige Bewohner Südamerikas und der südatlantischen Falkland-Inseln jagt in Gruppen und dringt auf der Suche nach Fischen auch in Flüsse vor.

1,4–2,2 m

NÖRDLICHER SEEBÄR
Callorhinus ursinus
Außer in der Paarungszeit lebt diese Art küstenfern im Nordpazifik. Männchen können fünfmal so schwer wie die Weibchen werden.

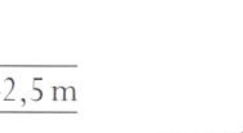

KALIFORNISCHER SEELÖWE
Zalophus californianus
Diese bekannte Art ist sowohl im Wasser als auch an Land sehr beweglich und springt gern zum Teil aus dem Wasser.

1,5–2,5 m

hundeartige Schnauze

stromlinienförmiger Körper

SCHWARZBÄR
Ursus americanus
Mit etwa 900 000 in verschiedenen nordamerikanischen Lebensräumen lebenden Exemplaren ist diese Art der häufigste Bär der Welt.

KRAGENBÄR
Ursus thibetanus
Dieser Waldbewohner ist in Bezug auf Lebensraum und Verhalten variabel. In den Tropen halten nur schwangere Weibchen eine Winterruhe.

EISBÄR
Ursus maritimus
Der Eisbär ist das größte Landraubtier und auch im Wasser zu Hause. Er verbringt den überwiegenden Teil seines Lebens auf dem arktischen Meereis.

MALAIENBÄR
Helarctos malayanus
Dieser scheue südostasiatische Waldbewohner frisst Insekten, Honig, Früchte und Schösslinge. Er ist tagaktiv, wird jedoch bei Störungen nachtaktiv.

BRILLENBÄR
Tremarctos ornatus
Dieser bedrohte Bewohner der Nebelwälder der Anden kann hervorragend klettern. Zur Nahrung gehören Früchte, Schösslinge und Fleisch.

LIPPENBÄR
Melursus ursinus
Dieser zottige indische Bär lebt in verschiedenen Lebensräumen. Mit den großen Krallen öffnet er Termitenbaue und saugt dann die Insekten heraus.

SÜDAFRIKANISCHER SEEBÄR
Arctocephalus pusillus
Eine Population lebt in Südafrika, die andere in Australien. Beide haben unter der Jagd gelitten.

GALAPAGOS-SEEBÄR
Arctocephalus galapagoensis
Diese kleinste Ohrenrobbe ist in der Gestalt am wenigsten variabel. Die Männchen sind kaum größer als die Weibchen.

GUADALUPE-SEEBÄR
Arctocephalus townsendi
Die an ihrer langen, spitz zulaufenden Nase zu erkennende Art vermehrt sich an nur von See aus zugänglichen Felsküsten und Höhlen.

ANTARKTISCHER SEEBÄR
Arctocephalus gazella
Diese Art vermehrt sich auf den verstreuten Inseln des Südpolarmeers. Sie erholt sich langsam von der exzessiven Bejagung.

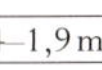

SÜDAMERIKANISCHER SEEBÄR
Arctocephalus australis
Dieser Jäger von Fischen, Kalmaren und Krebstieren vermehrt sich an den felsigen Stränden Südamerikas und der Falkland-Inseln.

NEUSEELÄNDISCHER SEEBÄR
Arctocephalus forsteri
Diese Art gebärt auf den Felsenküsten Australiens und Neuseelands ihre Jungen. Da sie nun geschützt ist, nimmt ihr Bestand langsam wieder zu.

EISBÄR
Ursus maritimus

Im Gegesatz zu anderen Bären hat der Eisbär eine konvexe »römische« Nase.

Dieses eindrucksvolle Tier ist sowohl im Meer als auch an Land zu Hause. Es ist das größte Landraubtier der Welt und macht einen schwerfälligen Eindruck, doch im Wasser verwandelt es sich in ein Geschöpf müheloser Eleganz. Eisbären sind Nomaden und verbringen einen großen Teil des Jahrs in den Eiswüsten des Nordpolarmeers. Im Sommer zwingt sie das schmelzende Eis, sich auf das Land zurückzuziehen, wo sie manchmal mit Menschen in Kontakt kommen. Junge Eisbären werden im Winter in der von ihrer Mutter gegrabenen Höhle geboren. Sie wacht bei der Geburt kaum aus der Winterruhe auf, säugt die Jungen aber im Schlaf drei Monate lang und verwendet ihre Fettreserven zur Erzeugung nahrhafter Milch. Im Frühjahr haben die Jungen deutlich zugenommen, während die Mutter fast verhungert ist. In den nächsten beiden Jahren wird sie ihnen beibringen, wie man schwimmt, Robben jagt, sich verteidigt und Schneehöhlen baut. Die globale Erwärmung gefährdet den Lebensraum der Eisbären, sodass sie möglicherweise aussterben werden.

GRÖSSE 1,8–2,8 m
LEBENSRAUM arktisches Eis
VERBREITUNG Nordpolarmeer, Polargebiete Russlands, Alaskas, Kanadas, Norwegens und Grönlands
NAHRUNG vor allem Robben

BEHAARTE OHREN >
Die kleinen Ohren sind vollkommen behaart und so vor Erfrierungen geschützt. Eisbären können gut hören, verlassen sich aber bei der Jagd meist auf ihren Geruchssinn, um die Beute zu finden.

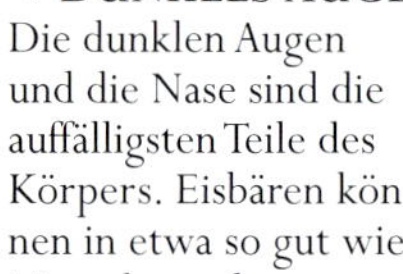

< DUNKLES AUGE
Die dunklen Augen und die Nase sind die auffälligsten Teile des Körpers. Eisbären können in etwa so gut wie Menschen sehen.

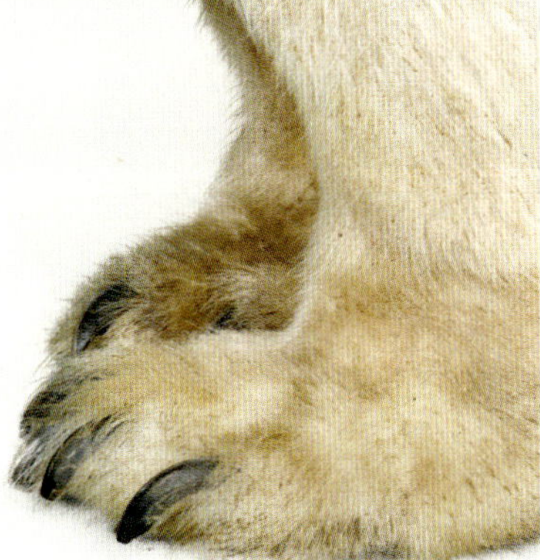

∧ TÖDLICHER SCHLAG
Die Vorderpfoten sind das wichtigste Werkzeug, um die Beute zu erlegen. Mit dem hervorragenden Geruchssinn können die Bären junge Robben in Höhlen unter dem Eis aufspüren und sie mit einem mächtigen Schlag töten.

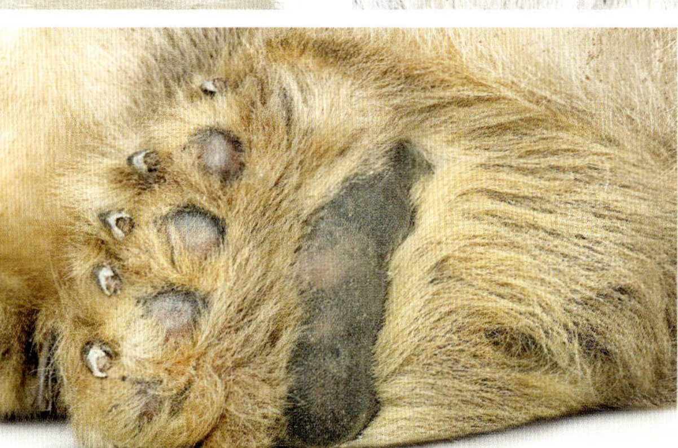

∧ PFOTEN ZUM PADDELN
Die riesigen, mit behaarten Sohlen versehenen Pfoten dienen beim Schwimmen als Paddel und lassen den Eisbären Dauergeschwindigkeiten von bis zu 6 km/h erreichen.

∧ STUMMELSCHWANZ
Der Eisbär benötigt keinen langen Schwanz, sodass der kurze Stummel im Fell verborgen ist.

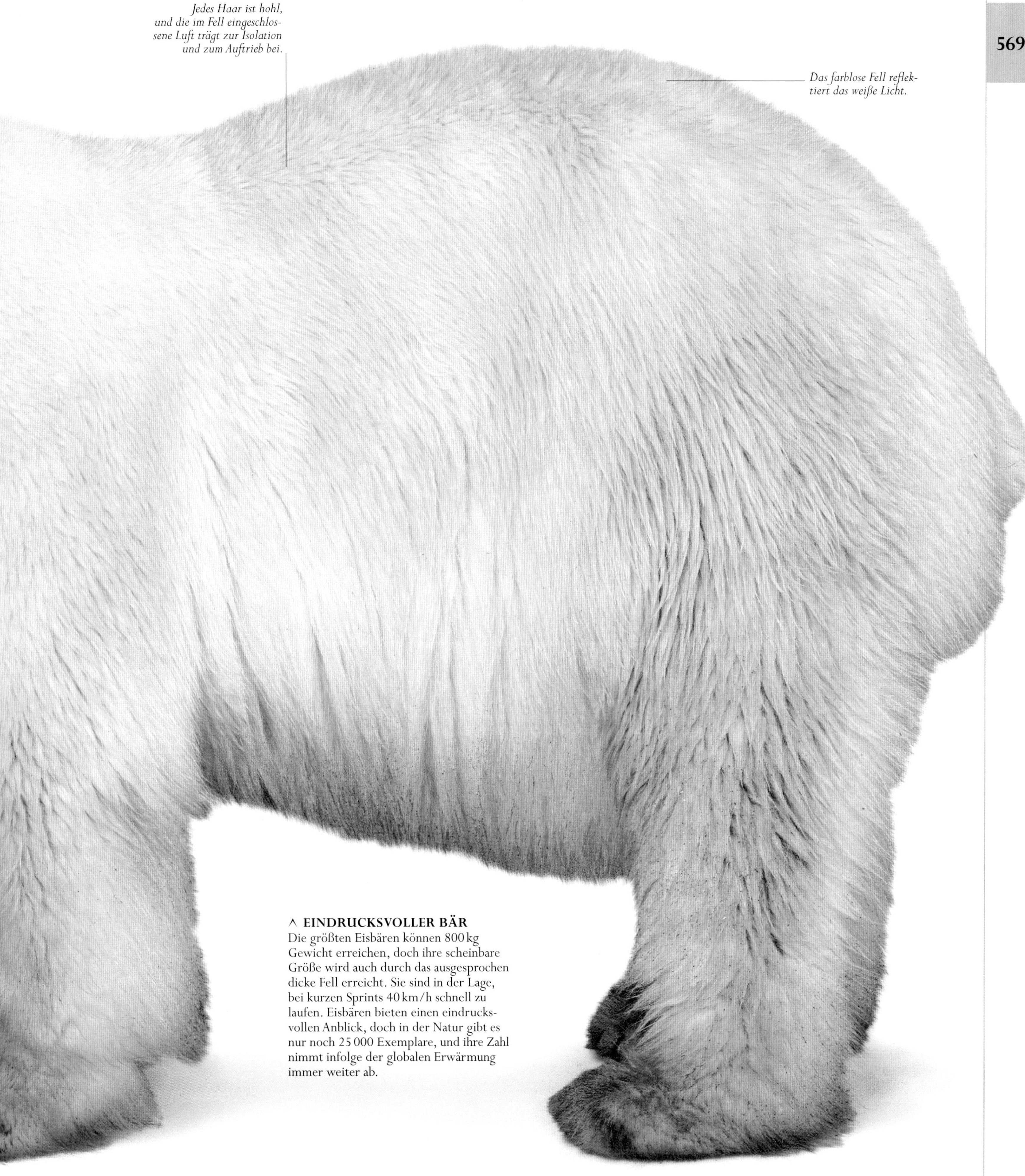
Jedes Haar ist hohl, und die im Fell eingeschlossene Luft trägt zur Isolation und zum Auftrieb bei.
Das farblose Fell reflektiert das weiße Licht.

∧ EINDRUCKSVOLLER BÄR
Die größten Eisbären können 800 kg Gewicht erreichen, doch ihre scheinbare Größe wird auch durch das ausgesprochen dicke Fell erreicht. Sie sind in der Lage, bei kurzen Sprints 40 km/h schnell zu laufen. Eisbären bieten einen eindrucksvollen Anblick, doch in der Natur gibt es nur noch 25 000 Exemplare, und ihre Zahl nimmt infolge der globalen Erwärmung immer weiter ab.

WALROSSE

Das Walross ist die einzige Art der Familie Walrosse (Odobenidae). Diese riesige arktische Robbe hat einen mit Blubber isolierten Körper, in beiden Geschlechtern Stoßzähne und einen Schnurrbart aus Tasthaaren zur Nahrungssuche. Tausende von Tieren kommen oft gemeinsam aus dem Wasser und ruhen auf Stränden und Eisschollen.

WALROSS
Odobenus rosmarus
Das Walross kommt in den seichteren arktischen Gewässern vor. Das Männchen ist doppelt so groß wie das Weibchen und balzt mit unter Wasser erzeugten Klicks und Glockenlauten.

HUNDSROBBEN

Die Arten der Familie Hundsrobben (Phocidae) sind stärker als die übrigen Robben an das Leben im Wasser angepasst. Anstelle von Ohrmuscheln besitzen sie nur kleine Öffnungen. Die Flossen sind an Land nutzlos, machen die Tiere aber zu geschickten Schwimmern. Die meisten Arten bewohnen kühle Gewässer und ernähren sich von Fischen und Wirbellosen.

ROSSROBBE
Ommatophoca rossii
Dieser seltene, schnelle Schwimmer jagt unter dem antarktischen Packeis Kalmare. Die Männchen sind kleiner als die Weibchen.

WEDDELLROBBE
Leptonychotes weddellii
Diese hervorragend tauchende Robbe ist auf lange, tiefe Tauchgänge unter dem antarktischen Schelfeis spezialisiert. Die Weibchen sind größer als die Männchen.

SEELEOPARD
Hydrurga leptonyx
Dieser furchterregende Räuber überfällt kleinere Robben, Fische und Pinguine am Rand des antarktischen Packeises, frisst aber auch Krill.

KEGELROBBE
Halichoerus grypus
Viele Tiere dieser nordatlantischen Robbe leben im Bereich der Britischen Inseln. Die Männchen werden bis zu dreimal so schwer wie die Weibchen.

BARTROBBE
Erignathus barbatus
Diese große arktische Robbe frisst am Grund lebende Fische und Wirbellose, die sie zum Teil mit ihren langen, steifen Tasthaaren aufspürt.

HAWAII-MÖNCHSROBBE
Monachus schauinslandi
Neben ihrer Verwandten im Mittelmeer ist dies die zweite heute noch lebende Mönchsrobben-Art. Es gibt von ihr nur noch weniger als 1400 Tiere.

SATTELROBBE
Pagophilus groenlandicus
Diese Robbe wandert im Winter nach Süden in lauten Grupppen. Sie folgt dem arktischen Packeis, auf dem sie auch ausruht.

KRABBENFRESSER
Lobodon carcinophaga
Trotz ihres Namens ernährt sich diese antarktische Art überwiegend von Krill, den sie mit ihren speziellen Zähnen aus dem Wasser filtert.

KLAPPMÜTZE
Cystophora cristata
Die Männchen dieses arktischen Einzelgängers besitzen eine aufblasbare Nasenwucherung. Die Jungen sind schon im Alter von fünf Tagen selbstständig.

SÜDLICHER SEE-ELEFANT
Mirounga leonina
Die großen Männchen dieser Art des Südpolarmeers haben eine rüsselartige Nase. Mit bis zu 5 t Gewicht sind sie die größten Raubtiere der Welt.

NÖRDLICHER SEE-ELEFANT
Mirounga angustirostris
Die Männchen dieser großen nordpazifischen Art haben eine rüsselartige Nase. Wie ihre südlichen Verwandten sind sie fast ausgerottet worden.

LARGHA-ROBBE
Phoca largha
Diese Robbe lebt auf den Eisschollen vor den Nordküsten von Sibirien und Yukon, Kanada. Erwachsene Tiere gehen eine stabile Paarbindung ein.

GEWÖHNLICHER SEEHUND
Phoca vitulina
Diese kleine Hundsrobbe ist an gemäßigten Küsten weit verbreitet. Sie ruht sich auf Sandstränden und in geschützten Riffen aus.

RINGELROBBE
Pusa hispida
Diese Art bewohnt vor allem das arktische Schelfeis. Die Jungen werden zu ihrem Schutz in Höhlen unter dem Eis geboren.

BAIKAL-ROBBE
Pusa sibirica
Diese kleine Süßwasserrobbe lebt im sibirischen Baikalsee. Im Winter hält sie mit den Zähnen und Krallen Atemlöcher im Eis offen.

KASPISCHE ROBBE
Pusa caspica
Etwa eine halbe Million dieser Robben lebt im Kaspischen Meer. Das Männchen soll nur eine Partnerin wählen – ohne mit anderen Männchen zu kämpfen.

STINKTIERE

Diese kleine Gruppe amerikanischer Raubtiere ist nach ihrer auffälligsten Eigenschaft benannt worden – dem Besprühen eines Angreifers mit übel riechendem Sekret. Der Familienname für die Stinktiere, Mephitidae, ist vom lateinischen Wort für »schädliche Ausdünstung der Erde« abgeleitet.

20–32 cm

32–49 cm

PALAWAN-STINKDACHS
Mydaus marchei
Diese plumpe Art lebt nur auf den philippinischen Inseln Palawan und Calamian. Sie frisst vor allem Wirbellose.

PATAGONISCHER SKUNK
Conepatus humboldtii
Dieser kleine Bewohner Südchiles und Argentiniens entdeckt Wirbellose im Boden mithilfe des Geruchssinns und gräbt sie aus.

25–35 cm

ÖSTLICHER FLECKENSKUNK
Spilogale putorius
Diese relativ kleine wieselähnliche Art aus dem Osten der USA ist beweglicher als andere Stinktiere und klettert gut.

23–33 cm

HAUBENSKUNK
Mephitis macroura
Die mittelamerikanische Art bewohnt verschiedene Lebensräume und frisst opportunistisch Früchte, Eier und kleine Tiere.

Die Streifen warnen den Angreifer vor den üblen Sekreten.

Die langen Rücken- und Schwanzhaare richten sich bei Bedrohung auf.

23–40 cm

STREIFENSKUNK
Mephitis mephitis
Dieser nachtaktive Allesfresser kommt von Kanada bis nach Mexiko vor. Die nördlichen Populationen halten Winterruhe.

KLEINBÄREN

Die Katzenfrette, Maki-, Wickel-, Wasch- und Nasenbären der Familie Kleinbären (Procyonidae) bewohnen die Neue Welt. Die Allesfresser ernähren sich vor allem von Pflanzen, besonders Früchten. Sie fressen ebenso Insekten, Schnecken sowie kleine Vögel und Säugetiere. Der Waschbär ist die größte Art.

SÜDAMERIKANISCHER NASENBÄR
Nasua nasua
Diese Art lebt in lockeren, von Weibchen dominierten Gruppen. Der gute Kletterer frisst Früchte und ergänzt die Nahrung mit erbeuteten Tieren.

43–68 cm

41–67 cm

WEISSRÜSSEL-NASENBÄR
Nasua narica
Dieser mittelamerikanische Allesfresser sucht tagsüber oft auf dem Boden nach Nahrung, schläft aber oft in den Bäumen.

schwache dunkle Ringe

KATZENBÄREN

Dieser baumbewohnende Pflanzenfresser wird meist in eine eigene Familie Katzenbären (Ailuridae) eingeordnet, obwohl ihn einige Zoologen zu den Kleinbären und andere zum Großen Panda stellen.

50–73 cm

KLEINER PANDA
Ailurus fulgens
Diese auch als Katzenbär bezeichnete Art bewohnt die gemäßigten Wälder des Himalayas. Sie frisst Früchte und auch gelegentlich kleine Tiere.

MARDER UND WIESEL

Die Arten der Familie Marder (Mustelidae) leben in Eurasien, Afrika und Amerika. Sie sind an ihren kurzen Beinen und dem gestreckten Körper zu erkennen, Dachs und Vielfraß wirken gedrungener. Die meisten sind gute Jäger und Schwimmer.

20–36 cm

EUROPÄISCHER NERZ
Mustela lutreola
Dieser semiaquatische Räuber war einst in Mittel- und Westeuropa weit verbreitet, ist heute aber viel seltener als der eingeführte Amerikanische Nerz.

30–43 cm

AMERIKANISCHER NERZ
Neovison vison
Dieser aggressive und versteckt lebende Räuber schwimmt auch gut. Durch Pelzfarmen ist er weltweit verbreitet worden.

Schwanz mit auffälliger schwarzer Spitze

MAKIBÄR
Bassaricyon gabbii
Dieser scheue nachtaktive Fruchtfresser ist eine von drei Arten, die in den Wäldern Mittelamerikas und des nördlichen Südamerikas leben.

WICKELBÄR
Potos flavus
Dieser mittel- und südamerikanische Baumbewohner pflückt mit seiner langen Zunge Früchte und sammelt Honig aus Wildbienenstöcken.

WASCHBÄR
Procyon lotor
Diese anpassungsfähige Art bevorzugt Wald- und Buschlebensräume in Nordamerika, sucht aber auch in Städten nach Abfällen.

NORDAMERIKANISCHES KATZENFRETT
Bassariscus astutus
Dieser mittelamerikanische Allesfresser sucht nachts nach Früchten und Tieren, wobei er oft sein Revier markiert.

EUROPÄISCHER ILTIS
Mustela putorius
Diese lebhafte nachtaktive Art findet man in den Wäldern und auf Wiesen in Mittel- und Westeuropa. Sie ist der Vorfahre des domestizierten Frettchens.

MAUSWIESEL
Mustela nivalis
Dieses kleinste Raubtier ist trotzdem ein effektiver Jäger und hat sich auf Mäuse spezialisiert.

HERMELIN
Mustela erminea
Dieser geschmeidige kleine Räuber lebt in den meisten Teilen der Nordhalbkugel. Die nördlichen Populationen bekommen im Winter ein weißes Fell.

SCHWARZFUSSILTIS
Mustela nigripes
Die in der Natur im späten 20. Jahrhundert ausgestorbene Art ist in Schutzgebieten im mittleren Westen der USA wieder angesiedelt worden.

LANGSCHWANZWIESEL
Mustela frenata
Die in der Neuen Welt weit verbreitete Art jagt Mäuse und Wühlmäuse. Tiere der nördlichen Populationen werden im Winter weiß.

»

» MARDER UND WIESEL

55–70 cm

SCHWEINSDACHS
Arctonyx collaris
Dieser südostasiatische Dachs wühlt sich mit seiner langen Schnauze durch die fressbaren Dinge auf dem Waldboden.

vier weiße Streifen von Kopf bis Schwanz

42–72 cm

SILBERDACHS
Taxidea taxus
Dieser Dachs bewohnt Grasländer und Wälder im ganzen mittleren Nordamerika. Er frisst die verschiedensten Pflanzen und Tiere.

weißer Streifen von der Nase bis zum Steiß

56–90 cm

EURASISCHER DACHS
Meles meles
Dieser gedrungene Dachs bewohnt bewaldete Gebiete in einem großen Teil Eurasiens. Er lebt gesellig in ausgedehnten Bauen.

74–96 cm

HONIGDACHS
Mellivora capensis
Dieser reizbare Dachs lebt in West- und Südasien sowie in Afrika. Er bricht Bienenstöcke auf, frisst aber auch Termiten, Skorpione und Stachelschweine.

47–55 cm

GROSSGRISON
Galictis vittata
Dieser anpassungsfähige Allesfresser mit dachsähnlicher Zeichnung lebt in den tropischen Wäldern und Grassteppen Mittel- und Südamerikas.

65–105 cm

ZOBEL
Martes zibellina
Dieser Jäger aus den Wäldern Sibiriens, Chinas und Japans wird von Menschen wegen seines weichen, seidigen Fells gejagt.

35–56 cm

VIELFRASS
Gulo gulo
Dieser große Marder ist in Nordamerika und Eurasien weit verbreitet. Sein Name leitet sich vom Wort »Fjellfräs« ab, was »Gebirgskatze« bedeutet.

flacher, spitz zulaufender Schwanz

dichtes, dunkelbraunes Fell

45–65 cm

FISCHERMARDER
Martes pennanti
Dieser in nordamerikanischen Wäldern lebende Marder frisst selten Fische, wagt sich aber an Stachelschweine heran.

45–58 cm

BAUMMARDER
Martes martes
Die in den meisten europäischen Wäldern verbreitete Art bekommt man selten zu sehen, da sie nachtaktiv ist und den Menschen scheut.

40–54 cm

STEINMARDER
Martes foina
Dieser eurasische Marder taucht abends aus einer Felsspalte oder einem hohlen Baum auf, um kleine Säugetiere, Vögel und Früchte zu suchen.

BANDILTIS
Ictonyx striatus
Dieser gestreifte afrikanische Iltis jagt in der Nacht. Bei Tag ruht er in hohlen Baumstämmen oder Bauen.

28–38 cm

lange Krallen zum Ausgraben von Insekten

Streifen vereinigen sich am Schwanz.

24–33 cm

WEISSNACKENWIESEL
Poecilogale albinucha
Die im mittleren und südlichen Afrika heimische Art lebt in selbstgegrabenen Bauen. In der Nacht jagt sie vor allem Nagetiere, die sie mit dem Geruchssinn findet.

1–1,3 m

RIESENOTTER
Pteronura brasiliensis
Dieser südamerikanische Räuber benötigt am Tag 3 kg Fisch. Es gibt nur noch weniger als 5000 Exemplare der bedrohten Art.

73–88 cm

KAP-FINGEROTTER
Aonyx capensis
Die Art lebt in wassernahen Wäldern und Feuchtgebieten in einem großen Teil Afrikas südlich der Sahara. Sie frisst vor allem Krebstiere, Frösche und Fische.

36–47 cm

weißgraue Flecken

KURZKRALLENOTTER
Aonyx cinerea
Dieser kleinste Otter lebt in den Feuchtgebieten Indiens und Südost-Asiens. Sein Überleben ist durch Lebensraumverlust und Umweltverschmutzung gefährdet.

kurze, stumpfe Krallen

50–90 cm

EURASISCHER FISCHOTTER
Lutra lutra
Fischotter leben sowohl in Flüssen als auch an der Küste, wenn sie genug Wasser zum Trinken und zum Waschen haben.

58–73 cm

NORDAMERIKANISCHER FISCHOTTER
Lontra canadensis
Die nordamerikanische Art bewohnt gut bewachsene Fluss- und Seeufer. Sie frisst vor allem Fische und Krebse, jagt aber auch kleine Landtiere.

75–120 cm

SEEOTTER
Enhydra lutris
Der Seeotter sucht im kühlen Nordpazifik nach Fischen und Muscheln, wobei ihn sein unglaublich dichtes Fell warm hält.

KATZEN

Die Arten der Familie Katzen (Felidae) gehören zu den spezialisiertesten Fleischfressern und viele von ihnen nehmen überhaupt keine pflanzliche Nahrung zu sich. Katzen können mit ihren muskulösen Körpern gut laufen, klettern, springen und schwimmen. Die kurzen Kiefer enthalten scharfe Zähne zum Zubeißen (Eckzähne) und Schneiden (Reißzähne). Die Krallen sind einziehbar.

LEOPARD
Panthera pardus
Diese anpassungsfähigste Großkatze lebt in ganz Afrika und Südasien. Sie versteckt ihre Beute oft vor anderen Raubtieren in Bäumen.

NEBELPARDER
Neofelis nebulosa
Der Bestand dieses großen, nachtaktiven, südostasiatischen Waldbewohners mit der wolkenartigen Zeichnung geht durch Jagd und Lebensraumverlust zurück.

SCHWARZER PANTHER
Panthera pardus
Die melanistische Schwarzfärbung tritt bei Leoparden nicht selten auf. Meistens findet man diese Tiere in den dichten, feuchten Wäldern Südost-Asiens.

TIGER
Panthera tigris
Diese größte Katze der Welt kann Beute von der Größe eines Büffels überwältigen. In Asien leben nur noch 3000–5000 Tiere in der Natur.

JAGUAR
Panthera onca
Diese einzige südamerikanische Großkatze ist ein hervorragender Kletterer und Schwimmer. Sie erbeutet Hirsche, Schildkröten und Fische.

LÖWE
Panthera leo
Dieser afrikanische Spitzenprädator lebt in Rudeln. Die Weibchen kooperieren bei der Jagd, um Beute wie Zebras oder Antilopen zu erlegen.

0,9–1,2 m

SCHNEELEOPARD
Uncia uncia
In den abgelegenen hohen Bergen Zentralasiens lebt diese Art als Einzelgänger und jagt wilde Schafe und Ziegen, Hirsche und Murmeltiere.

80–110 cm

EURASISCHER LUCHS
Lynx lynx
Dieser Luchs ist groß genug, um Rehe zu überwältigen. Eins dieser Beutetiere ernährt ihn eine Woche lang.

68–82 cm

PARDELLUCHS
Lynx pardinus
Die nun auch von Menschen nachgezüchtete Katze ist vermutlich die am meisten bedrohte der Welt, da in Spanien nur noch weniger als 150 Tiere in der Natur leben.

große Pinselohren

61–106 cm

KARAKAL
Caracal caracal
Dieser nächtliche Jäger mittelgroßer Beute wie Schliefer und kleiner Antilopen bewohnt trockenes Buschland in Afrika und Südwest-Asien.

kurzer Schwanz

65–105 cm

ROTLUCHS
Lynx rufus
Dieser anpassungsfähige Jäger kommt in ganz Nordamerika vor. Er jagt hauptsächlich Kaninchen.

53–67 cm

BORNEO-GOLDKATZE
Catopuma badia
Weniger als acht Exemplare dieses nur auf Borneo lebenden Waldbewohners sind seit 1928 gefangen worden.

80–106 cm

KANADISCHER LUCHS
Lynx canadensis
Diese Art bewohnt dichte Wälder und die Tundra. Sein Bestand schwankt abhängig von dem seiner wichtigsten Beute, dem Schneeschuh-Hasen.

kleiner Kopf mit hoch gelegenen Augen

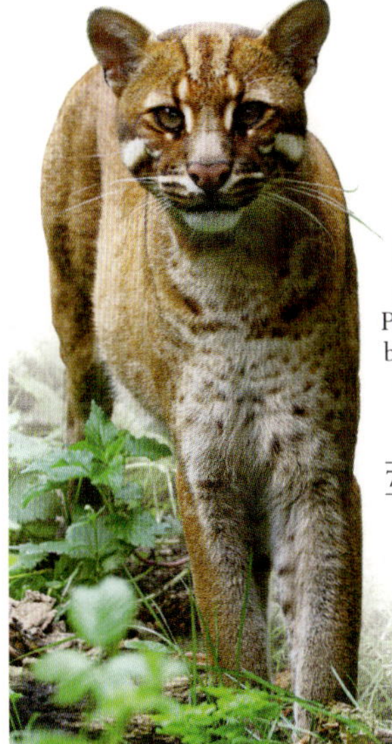

73–105 cm

ASIATISCHE GOLDKATZE
Catopuma temminckii
Diese goldbraune Katze bewohnt bewaldete südostasiatische Gebiete. Pärchen kooperieren bei der Jagd und der Jungtieraufzucht.

GEPARD
Gepard jubatus
Dieser schnellste Vierbeiner erreicht 104 km/h und kann Antilopen in der afrikanischen Steppe verfolgen und erbeuten.

1,2–1,5 m

langer Schwanz zur Balance

»

Die Ohren können unabhängig voneinander bewegt werden, um Gefahr oder Beute wahrzunehmen.

TIGER
Panthera tigris

Diese größte und eindrucksvollste Großkatze ist ein mächtiger Jäger von nahezu übernatürlicher Eleganz. Ihr Verbreitungsgebiet reicht von den tropischen Wäldern Indonesiens bis zu den Eiswüsten Sibiriens, wo die größten Exemplare leben. Ein ausgewachsenes Männchen kann 300 kg schwer werden und trotzdem mit einem Sprung 10 m zurücklegen. Erwachsene Tiger sind Einzelgänger, mit Ausnahme der Weibchen und ihren Jungen. Sie leben mit ihnen zwei oder mehr Jahre zusammen, um ihnen die lebenswichtigen Fähigkeiten beizubringen.

GRÖSSE 1,4–2,8 m
LEBENSRAUM Wald- und Buschland, Sümpfe, Savannen, Felslandschaften
VERBREITUNG Indien bis China, Sibirien, Malaiische Halbinsel, Sumatra
NAHRUNG vor allem Huftiere wie Hirsche und Schweine, auch kleinere Säugetiere und Vögel

Der Geruchssinn ist erstaunlich schwach ausgeprägt, obwohl Tiger ihr Revier mit Duftmarken markieren.

Mit den langen Tasthaaren kann der Tiger auch in nahezu völliger Dunkelheit seinen Weg durch das dichte Unterholz finden.

< GESTREIFTER KILLER
Das leuchtend orangefarbene, schwarz gestreifte Fell bietet eine hervorragende Tarnung, wenn sich der Tiger in den Sonnenflecken zwischen den Pflanzen bewegt. Die manchmal im Zoo zu sehenden weißen Tiger sind Züchtungen. Tiger sind fast bis zum Aussterben gejagt worden. In der Natur leben höchstens noch 5000 Tiere.

RUNDE PUPILLE >
Anders als die Pupillen der Kleinkatzen, die sich zu senkrechten Schlitzen zusammenziehen, sind die der Tiger immer rund. Sie vergrößern sich nachts und verkleinern sich tagsüber.

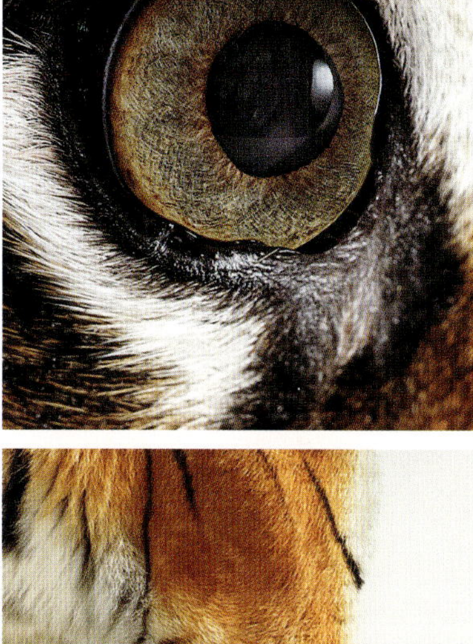

WEISSER OHRENFLECK ∨
Der auffällige weiße Fleck auf der Ohrenrückseite soll der Kommunikation dienen. Die Jungen nehmen die Ohrbewegungen ihrer Mutter wahr, die auf Gefahr hindeuten.

∧ STECHEN UND SCHNEIDEN
Vier lange Eckzähne sind für den tödlichen Biss verantwortlich. Die als Reißzähne bezeichneten Backenzähne schneiden leicht durch das Fleisch.

VORDERBEINE >
Der Tiger hat lange Beine und große Füße, sodass er schnell laufen, weit springen und Beute von der Größe eines Ochsen mit einem einzigen tödlichen Schlag zu Boden werfen kann.

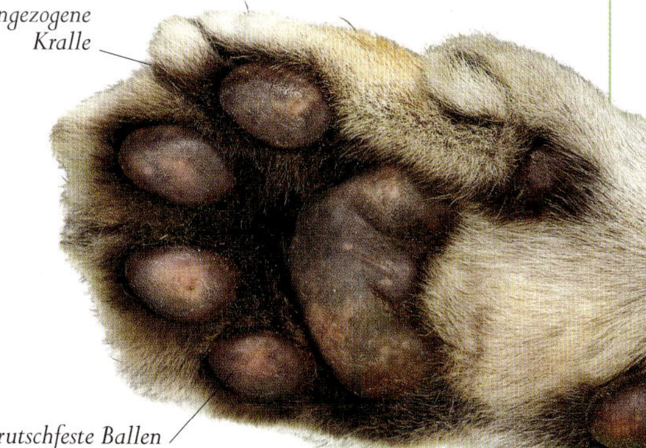

eingezogene Kralle

rutschfeste Ballen

∧ PFOTE MIT BALLEN
Tiger haben fünf Zehen, vier an der Fußsohle und die fünfte als Afterklaue. Die Krallen können vollständig eingezogen werden.

< SCHWANZENDE
Der lange Schwanz wird meist knapp über dem Boden gehalten. Der Tiger hält mit ihm bei der Jagd oder beim Klettern die Balance.

SIAMKATZE
Felis silvestris
Diese elegante Rasse stammt aus Thailand. Die Jungen werden cremefarben geboren und bekommen später die dunklen Abzeichen.

EUROPÄISCH KURZHAAR
Felis silvestris
Das Zeichnungsmuster dieser Rasse geht auf das der Wildform zurück.

SPHYNX-KATZE
Felis silvestris
Diese bis auf einen leichten Flaum haarlose Rasse ist in Kanada gezüchtet worden. Die Tiere suchen oft die Nähe des Menschen auf, weil es ihnen leicht kalt wird.

CORNISH REX
Felis silvestris
Bei dieser ungewöhnlichen Rasse fehlen die Deckhaare, sodass nur die Unterwolle zu sehen ist.

EUROPÄISCHE WILDKATZE
Felis silvestris silvestris
Diese Wildkatze geht in ihrem Bestand wegen Verfolgung, Lebensraumverlust und der Vermischung mit verwilderten Hauskatzen zurück.

PERSERKATZE
Felis silvestris
Diese lange bekannte und beliebte Rasse zeichnet sich durch ihr langes Fell und die verkürzte Schnauze aus.

MANX-KATZE
Felis silvestris
Kurzschwänzige Katzen sind auf der Isle of Man vor über 300 Jahren zufällig entstanden. Die Eigenschaft hat sich in der Inselpopulation schnell verbreitet.

ASIATISCHE WILDKATZE
Felis silvestris ornata
Diese Unterart unterscheidet sich von der Europäischen Wildkatze durch die geringere Größe und das gefleckte gelbliche Fell.

ROHRKATZE
Felis chaus
Die große und von Ägypten bis Indonesien relativ häufige Katze bevorzugt mit Gras bewachsene und sumpfige Lebensräume.

SANDKATZE
Felis margarita
Diese kleine Wüstenkatze lebt in Nordafrika, Arabien und Kasachstan. Sie jagt Rennmäuse und andere nachtaktive Nagetiere.

SCHWARZFUSSKATZE
Felis nigripes
Dieser opportunistische Einzelgänger ist in seiner südafrikanischen Heimat durch Verfolgung und Lebensraumverlust bedroht.

MANUL
Felis manul
Diese kurzbeinige Katze lebt in den steinigen Wüsten Zentralasiens. Das Fell ist bei der Jagd auf Rennmäuse, Pfeifhasen und Raufußhühner eine gute Tarnung.

SERVAL
Leptailurus serval
Die in Grassteppen im größten Teil Afrikas heimische, charakteristisch gezeichnete Art jagt hauptsächlich kleine Säugetiere.

MARMORKATZE
Pardofelis marmorata
Dieser seltene südostasiatische Waldbewohner ist an das Leben in Bäumen angepasst, klettert sehr gut und jagt vor allem Vögel.

ROSTKATZE
Prionailurus rubiginosus
Diese lebhafte, in Indien und auf Sri Lanka vorkommende Art jagt vor allem auf dem Boden, kann aber auch sehr gut klettern.

BENGALKATZE
Prionailurus bengalensis
Diese Art ist weit verbreitet. Russische Tiere sind bis zu dreimal so schwer wie indonesische.

FISCHKATZE
Prionailurus viverrinus
Diese bedrohte, nur noch an einzelnen Stellen in Süd- und Südost-Asien vorkommende Art jagt neben Fischen auch Wasservögel und Landtiere.

FLACHKOPFKATZE
Prionailurus planiceps
Diese südostasiatische, das Wasser liebende Art jagt vor allem Fische und Krebstiere, indem sie den Kopf ins Wasser steckt oder sie mit den Pfoten ergreift.

»

» KATZEN

sandfarbenes Fell

runder Kopf mit aufrechten Ohren

große Eckzähne zum Töten der Beute

0,9–1,6 m

lange Hinterbeine für schnelle Sprints und weite Sprünge

PUMA
Puma concolor
Der auch als Berglöwe bezeichnete Puma bewohnt zerklüftete Lebensräume in einem weiten Gebiet von Kanada bis nach Argentinien.

49–83 cm

JAGUARUNDI
Puma yagouaroundi
Dies ist eine der größten und am weitesten verbreiteten südamerikanischen Katzen-Arten. Sie jagt tagsüber kleine Säugetiere in unterschiedlichen Lebensräumen.

HYÄNEN

Die kleine Familie Hyänen (Hyaenidae) umfasst drei aasfressende Hyänen-Arten und den Erdwolf, der sich auf Insekten spezialisiert hat. Hyänen besitzen einen gedrungenen, hundeartigen Körper mit kurzen Hinterbeinen und knochenbrechenden Kiefern. Sie sind sehr intelligent und leben in Familiengruppen zusammen. Der leichter gebaute Erdwolf lebt allein oder in Paaren.

ERDWOLF
Proteles cristata
Dieser Verwandte der Hyänen ernährt sich ausschließlich von Insekten. Er lebt in Ost- und Südafrika in trockenem Grasland, das auch die Termiten bevorzugen.

55–80 cm

kräftiger Hals und Vorderkörper

1–1,7 m

TÜPFELHYÄNE
Crocuta crocuta
Dieser Aasfresser ist auch ein erfolgreicher Jäger von Huftieren. Er lebt in den unbewaldeten Gebieten Afrikas südlich der Sahara.

1–1,2 m

STREIFENHYÄNE
Hyaena hyaena
Diese kleine Hyäne lebt in offenen Gebieten von Nordafrika bis Indien. Sie ernährt sich von Aas, kleinen Beutetieren und Früchten.

1,1–1,4 m

SCHABRACKENHYÄNE
Hyaena brunnea
Dieser gesellige südafrikanische Aasfresser überlebt Wüstenbedingungen, indem er in der Nacht jagt und zusätzlich wasserhaltige Früchte frisst.

58–64 cm

BERGKATZE
Leopardus jacobita
Diese sehr seltene Art lebt nur in abgelegenen Hochländern. Sie erbeutet chinchillaähnliche Nagetiere, die Viscachas.

geflecktes, grau bis golden gefärbtes Fell

43–88 cm

SALZKATZE
Leopardus geoffroyi
Dieser Jäger von kleinen Säugetieren, Fischen und Vögeln durchstreift Grasländer, Wälder und Feuchtgebiete von Bolivien bis Südargentinien.

PAMPASKATZE
Leopardus colocolo
Diese überwiegend nachtaktive Art lebt in südamerikanischen Lebensräumen, von Wäldern über Steppen bis zu Sümpfen.

42–79 cm

39–55 cm

ONCILLA
Leopardus tigrinus
Dieser waldbewohnende nachtaktive Einzelgänger ist von Costa Rica bis Argentinien verbreitet und jagt Nagetiere, Opossums und Vögel.

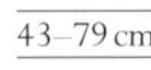

55–100 cm

OZELOT
Leopardus pardalis
Die Art bewohnt die Wälder Mittel- und Südamerikas. Sie jagt in der Nacht Nagetiere und andere Beute an Land und im Wasser.

43–79 cm

große Augen für die nächtliche Lebensweise

ans Klettern angepasster Körper

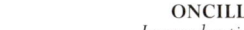

MARGAY
Leopardus wiedii
Die wegen ihres spärlichen Vorkommes und der Vorliebe für dichtes Unterholz seltene Art kommt von Mexiko bis zum nördlichen Südamerika vor.

in fleischigen Scheiden verborgene, starke Krallen

MADAGASSISCHE RAUBTIERE

Die Insel Madagaskar wurde von den anderen Landmassen vor etwa 100 Millionen Jahren getrennt, sodass sich ihre Säugetiere unabhängig von den übrigen entwickeln konnten. Ihre Raubtiere wurden in eine eigene Familie Madagassische Raubtiere (Eupleridae) gestellt. Sie sehen sehr unterschiedlich aus, da sie die Nischen von Räubern wie Katzen, Mardern und Schleichkatzen besetzen.

gedrungener Körper

40–45 cm

fuchsartige, spitze Schnauze

FANALOKA
Fossa fossana
Diese kleine, an die Zibetkatze erinnernde Art bewohnt die nassen Wälder Madagaskars. Sie jagt an Land und im Wasser Wirbellose.

60–80 cm

FOSSA
Cryptoprocta ferox
Die katzenartige Fossa ist das größte Raubtier Madagaskars. Sie jagt vor allem Lemuren, frisst aber auch andere kleine Tiere.

45–50 cm

FALANUK
Eupleres goudotii
Dieser am Boden lebende, nachtaktive Waldbewohner kann sehr gut graben. Mit den großen Füßen gräbt er Wirbellose aus.

30–38 cm

RINGELSCHWANZ-MUNGO
Galidia elegans
Dieses madagassische Gegenstück zum Mungo ist ein lebhafter Waldbewohner. Er frisst je nach Angebot Pflanzen und tierische Nahrung.

∨ ZERLEGUNGSEXPERTE
Dieser robuste Aasfresser kann einen Körper im Handumdrehen in seine Bestandteile zerlegen. Er wird versuchen, vor der Ankunft anderer Aasfresser große Fleischstücke herunterzuschlingen. Wenn es die Zeit erlaubt, wird er nun die Reste zerlegen und Teile in der Nähe verstecken. Oft bleibt von einem Pflanzenfresser nur der grüne Mageninhalt übrig.

Der Kamm langer Haare ist angelegt, wenn das Tier entspannt ist.

Die kürzeren Hinterbeine tragen zu dem typischen Erscheinungsbild bei.

GRÖSSE 1–1,2 m
LEBENSRAUM Steppen und Savannen, offener Busch bis Halbwüste
VERBREITUNG Nord- und Ostafrika, Naher Osten bis Ostindien
NAHRUNG überwiegend Aas

STREIFENHYÄNE

Hyaena hyaena

Die in Erzählungen als hinterlistige, feige Aasfresser dargestellten Hyänen sind selbst sehr gute Jäger. Die Streifenhyäne ist weniger gesellig als ihre getüpfelte Verwandte. Zumindest in Ostafrika neigt sie zu einem Einzelgängerdasein, außer wenn sie Junge hat. In Indien und Israel leben Streifenhyänen öfter in Familiengruppen, die von einem einzelnen Weibchen angeführt werden. Aas macht den größten Teil der Nahrung aus, aber Früchte, vor allem Melonen, liefern wertvolles Wasser. Streifenhyänen sind bei den Farmern unbeliebt, da diese befürchten, dass sie sich an den Nutztieren vergreifen und die Felder verwüsten. Doch sie benötigen zunehmend Schutz, da heute von ihnen vermutlich nur noch weniger als 10 000 Tiere in der Natur vorkommen.

Die muskulösen Schultern und der kräftige Nacken erlauben der Hyäne, ihr eigenes Körpergewicht an Aas zu tranportieren.

Die Ohren folgen Geräuschen in jede Richtung.

∧ **MAUL UND ZÄHNE**
Die kräftigen Kiefer werden von außergewöhnlich starken Muskeln bewegt. Mit den großen Backenzähnen können die Hyänen mit Leichtigkeit Knochen zertrümmern.

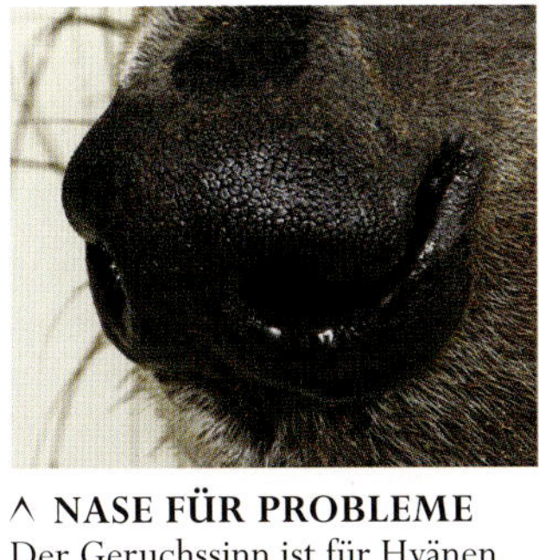

∧ **NASE FÜR PROBLEME**
Der Geruchssinn ist für Hyänen sehr wichtig. Die Tiere unterbrechen ihre Tätigkeiten oft, um ein Sekret aus einer Drüse unter dem Schwanz auf Steinen und Grasbüscheln zu verreiben.

∨ **KEHLE**
Der schwarze Kehlfleck scheint eine soziale Funktion zu erfüllen. Wenn sich zwei Hyänen treffen, beschnüffeln sie sich und berühren mit der Pfote den Halsfleck.

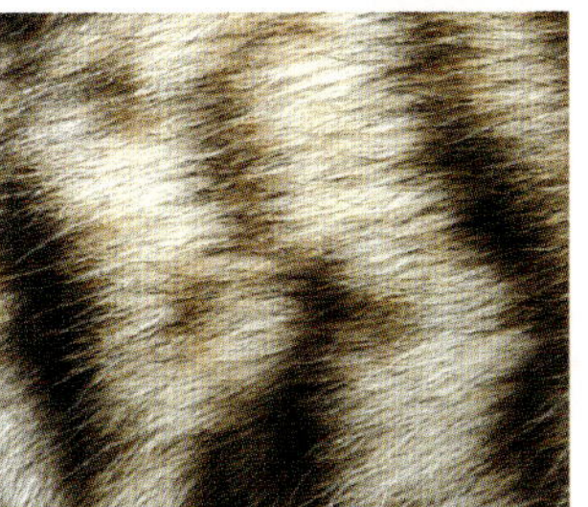

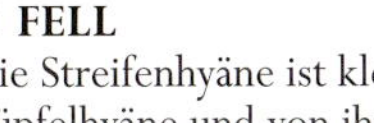

< **FELL**
Die Streifenhyäne ist kleiner als die Tüpfelhyäne und von ihr an den schwarzen Streifen auf den Beinen und Flanken gut zu unterscheiden.

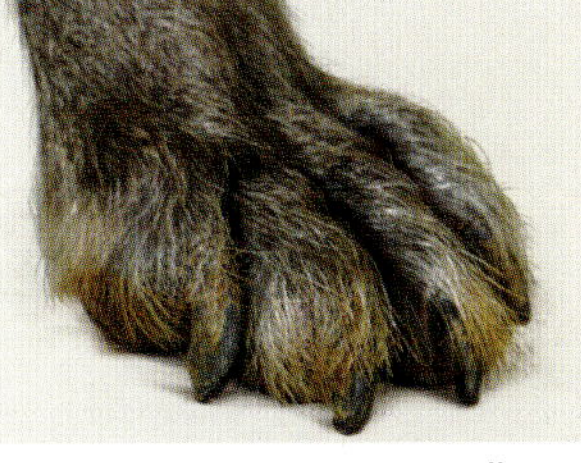

< ∧ **BEINE UND FÜSSE**
Die Füße erinnern eher an die von Hunden als die von Katzen. Die Krallen sind kräftig, aber nicht sehr scharf, und können nicht eingezogen werden. Die Vorderbeine sind deutlich länger als die Hinterbeine.

MANGUSTEN

Die Arten der Familie Mangusten (Herpestidae) sind kleine, meist bodenbewohnende Raubtiere, die in den warm gemäßigten bis tropischen Teilen Afrikas und Eurasiens oft in komplexen Gemeinschaften leben. Mangusten sind vielleicht die nächsten Verwandten der ursprünglichen Raubtiere.

24–46 cm

keilförmiger Kopf

scharfe, nicht einziehbare Krallen

FUCHS-MANGUSTE
Cynictis penicillata
Diese die trockenen Steppen Südafrikas bewohnende Art lebt in Gruppen, die von einem dominanten Männchen angeführt werden.

47–69 cm

WEISSSCHWANZ-MANGUSTE
Ichneumia albicauda
Der in trockenen Gebieten in Afrika und im Süden der Arabischen Halbinsel lebende Insektenfresser verzehrt auch Wirbeltiere und reife Beeren.

SCHLANKMANGUSTE
Galerella sanguinea
Die in Afrika weit verbreitete Art lebt meistens allein. Sie ist tagaktiv und vor allem vor der Abenddämmerung munter.

32–34 cm

ERDMÄNNCHEN
Suricata suricatta
Diese Art bewohnt Halbwüsten. Alle Gruppenmitglieder helfen bei der Jungenbetreuung, pflegen den Bau und halten Wache.

spitze Nase

unterbrochene Streifen

schlanker Schwanz

16–23 cm

SÜDLICHE ZWERGMANGUSTE
Helogale parvula
Dieses kleine Raubtier jagt in Gruppen im afrikanischen Gras-, Busch- und Waldland. Es frisst große Wirbellose wie etwa Grillen und Skorpione.

30–37 cm

DUNKEL-KUSIMANSE
Crossarchus obscurus
Dieser westafrikanische Waldbewohner lebt und jagt in wandernden Gruppen. Er soll auch ein gutes Haustier sein.

30–40 cm

ZEBRAMANGUSTE
Mungos mungo
Die in Wäldern südlich der Sahara lebenden Tiere bewohnen Baue, die sie oft in Termitenhügel gegraben haben. Die Gruppenmitglieder werden von älteren Weibchen geführt.

56–61 cm

ICHNEUMON
Herpestes ichneumon
Dieser grau gesprenkelte Mungo kommt von Spanien bis Südafrika in offenem Grasland vor.

45–53 cm

INDISCHER MUNGO
Herpestes edwardsi
Die meistens in Wäldern und Plantagen lebende Art jagt oft in der Nähe menschlicher Ansiedlungen nach Mäusen und Ratten.

33–48 cm

INDISCHE KURZSCHWANZMANGUSTE
Herpestes fuscus
Diese Art bewohnt die Wälder Indiens und Sri Lankas. Sie kann Schlangen töten, bevorzugt aber leichtere Beute.

39–47 cm

INDISCHE ROTMANGUSTE
Herpestes smithii
Dieser wenig bekannte indische Waldbewohner jagt Vögel, Reptilien und kleinere Säugetiere. Sein Schwanz ist manchmal länger als der Körper.

PARDELROLLER

Der scheue und nachtaktive Pardelroller ist die einzige Art der Familie Nandiniidae, die sich vermutlich vor 36–54 Millionen Jahren von den Vorfahren der Schleichkatzen und denen der Katzen getrennt hat.

PARDELROLLER
Nandinia binotata
Dieser häufige, aber scheue Baumbewohner lebt in Zentralafrika. Er ist ein Allesfresser, verzehrt aber vor allem Früchte.

SCHLEICHKATZEN

Die meisten Schleichkatzen besitzen eine kräftige Zeichnung und erinnern an langschwänzige Katzen, sind aber weniger als sie auf Fleischnahrung spezialisiert. Bei Bedrohung verspritzen die scheuen und nachtaktiven Arten der Familie Schleichkatzen (Viverridae) eine übel riechende Flüssigkeit aus einer Drüse am Schwanzansatz.

BINTURONG
Arctictis binturong
Die südostasiatische Art, die einen Greifschwanz besitzt, klettert auf der Suche nach Früchten und kleinen Tieren durch die Baumkronen.

AFRIKANISCHE ZIBETKATZE
Civettictis civetta
Dieser große, bodenbewohnende opportunistische Allesfresser ist ein Einzelgänger und markiert sein Revier mit einem strengen Moschusgeruch.

FLECKENMUSANG
Paradoxurus hermaphroditus
Dieser Fruchtfresser ist von Pakistan bis nach Indonesien verbreitet und wird in Palmöl- und Bananenplantagen als Schädling betrachtet.

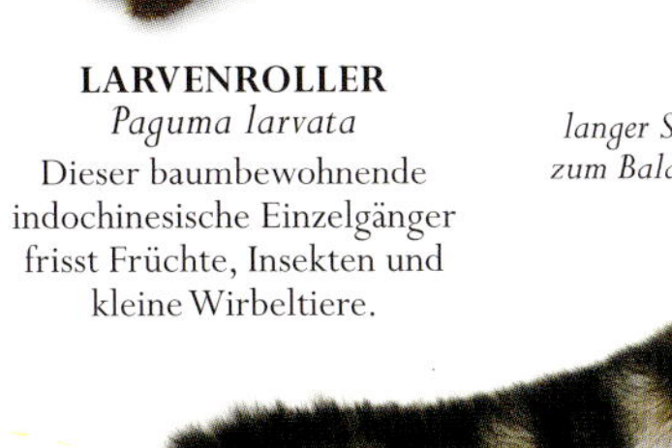

LARVENROLLER
Paguma larvata
Dieser baumbewohnende indochinesische Einzelgänger frisst Früchte, Insekten und kleine Wirbeltiere.

KLEINE INDISCHE ZIBETKATZE
Viverricula indica
Dieser Bodenbewohner lebt in Wäldern, Grasland und Bambusdickichten von Pakistan über China bis nach Indonesien.

KLEINFLECK-GINSTERKATZE
Genetta genetta
Dieser weit verbreitete Jäger kleiner Säugetiere und Vögel bewohnt Wälder und Buschland Afrikas und Südeuropas.

GROSSFLECK-GINSTERKATZE
Genetta tigrina
Diese Art lebt im östlichen Südafrika und in Lesotho. Sie frisst überwiegend Wirbellose, überwältigt aber auch gänsegroße Beute.

MALAIISCHE ZIBETKATZE
Viverra tangalunga
Diese auf die tropischen Wälder Malaysias, Indonesiens und der Philippinen beschränkte nachtaktive Art sucht ihre Nahrung vor allem auf dem Boden.

BÄNDER-LINSANG
Prionodon linsang
Diese scheue Art lebt in Baumhöhlen in südostasiatischen Wäldern, wo sie Ratten, Eichhörnchen, Echsen und Vögel jagt.

UNPAARHUFER

Alle Arten der Ordnung Unpaarhufer (Mesaxonia) sind Pflanzenfresser. Sie weisen auf den ersten Blick wenige Übereinstimmungen auf, stammen aber von gemeinsamen Vorfahren ab.

Zu den heutigen Unpaarhufern zählen Pferde, Tapire und Nashörner. Anders als die Paarhufer besitzen sie einen relativ einfachen Magen und verlassen sich auf Bakterien in ihrem Blind- und Grimmdarm, um die in den Pflanzen enthaltene Zellulose verdauen zu können.

In früheren Zeiten gehörten die Unpaarhufer zu den wichtigsten pflanzenfressenden Säugetieren und waren manchmal die dominierenden Pflanzenfresser in Steppen und Wäldern. Aus verschiedenen Gründen, zu denen auch die Konkurrenz der Paarhufer gehört, kennt man die meisten Arten heute nur noch als Fossilien.

BELASTBARE ZEHEN

Unpaarhufer belasten vor allem die dritten Zehen eines jeden Fußes mit ihrem Gewicht. Pferde haben sogar die übrigen Zehen zurückgebildet, und der einzige noch zum Laufen benutzte Zeh wird von einem hornigen Huf geschützt. Die anderen beiden Familien haben mehr funktionale Zehen – drei an allen Füßen bei den Nashörnern, drei an den Hinterbeinen und vier an den Vorderbeinen bei den Tapiren.

PFERDESTÄRKEN

Die mit Ausnahme der Antarktis und Australasiens über die ganze Welt verbreiteten heutigen Unpaarhufer sind vor allem Bewohner Afrikas und Asiens. Nur einige Tapir-Arten gibt es heute in Amerika und obwohl dort die Familie der Pferde einst entstanden war, starb sie vor rund 10 000 Jahren am Ende des Pleistozäns aus. Die spanischen Konquistadoren führten dann das moderne domestizierte Pferd im 15. Jahrhundert in Amerika ein.

Pferde haben eine lange Zeit der Domestikation hinter sich, vor allem als Transporttiere und als Zugtiere in der Land- und Forstwirtschaft. Als erster Equide wurde der Wildesel vor etwa 7000 Jahren domestiziert, das Pferd folgte 1000 Jahre später. Heute gibt es etwa 250 Pferderassen.

STAMM	CHORDATA
KLASSE	MAMMALIA
ORDNUNG	MESAXONIA
FAMILIEN	3
ARTEN	17

Das Spitzmaulnashorn besitzt eine bewegliche Oberlippe, mit der es Zweige und Blätter ergreifen kann.

NASHÖRNER

Der ein oder zwei Hörner tragende große Kopf macht die fünf Arten der Familie Nashörner (Rhinocerotidae) unverwechselbar. Obwohl der Körperbau, die Hörner und die dicke Haut dafür sorgen, dass sie kaum natürliche Feinde besitzen, sind diese meist als Einzelgänger lebenden Tiere durch die Jagd und die Vernichtung ihrer Lebensräume bedroht. Diese Pflanzenfresser können ihre Nahrung im hinteren Teil ihres Dickdarms aufschließen.

SUMATRA-NASHORN
Dicerorhinus sumatrensis
Diese vom Aussterben bedrohte Art der südostasiatischen Wälder ist das kleinste Nashorn. Das kleinere der beiden Hörner ist nur ein Stumpf.

1,2–1,5 m

dicke, wenig behaarte Haut

langes vorderes Horn

zum Greifen geeignete Oberlippe

1,4–1,7 m

SPITZMAULNASHORN
Diceros bicornis
Diese vom Aussterben bedrohten in Afrika südlich der Sahara lebenden Tiere sind kleiner und aggressiver als das Breitmaulnashorn. Mit ihrer Oberlippe ziehen sie Zweige und Blätter ins Maul.

TAPIRE

Die Arten der Familie Tapire (Tapirida) bewohnen tropische Wälder in Südost-Asien sowie in Mittel- und Südamerika. Diese Pflanzenfresser besitzen eine zum Rüssel umgestaltete Nase zum Ergreifen von Blättern. Typisch sind die ovalen Ohren und der vorstehende Steiß. Junge Tapire tragen ein gestreiftes Fell. Die gespreizten Zehen, von denen sich vier an den Vorder- und drei an den Hinterfüßen befinden, unterstützen das Laufen auf weichem Grund.

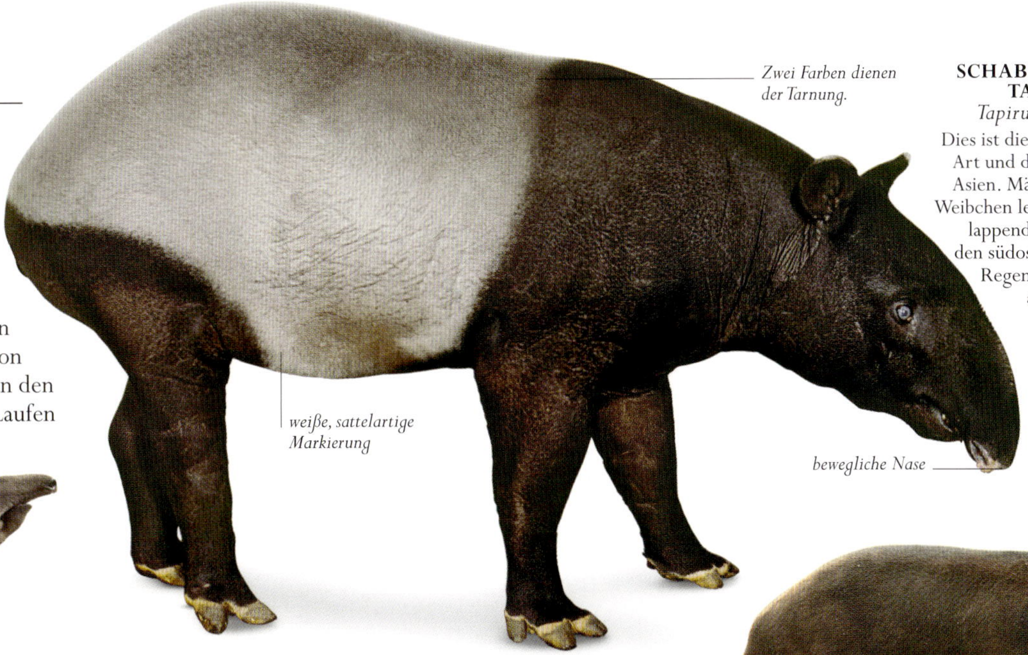

Zwei Farben dienen der Tarnung.

weiße, sattelartige Markierung

bewegliche Nase

90–105 cm

SCHABRACKEN-TAPIR
Tapirus indicus
Dies ist die größte Tapir-Art und die einzige in Asien. Männchen und Weibchen legen sich überlappende Pfade in den südostasiatischen Regenwäldern an.

77–108 cm

FLACHLANDTAPIR
Tapirus terrestris
Trotz seiner Größe ist dieser Tapir unauffällig. Er bewegt sich leicht durch das Unterholz, wird aber auch von Krokodilen erbeutet.

0,8–1,2 m

MITTELAMERIKA-NISCHER TAPIR
Tapirus bairdii
Dieses größte Säugetier Mittel- und Südamerikas bevorzugt wassernahe Lebensräume im dichten Wald und Sümpfe.

75–100 cm

BERGTAPIR
Tapirus pinchaque
Dieser kleinste Tapir bewohnt den Bergnebelwald der nördlichen Anden. Er hat ein dichtes, wolliges Fell und eine weiße Unterlippe.

charakteristischer Höcker vor der Schulter

1,5–1,9 m

länglicher Kopf

breites Maul

drei Zehen

BREITMAULNASHORN
Ceratotherium simum
Diese Art der afrikanischen Savanne ist das schwerste Nashorn. Es wird auch als weißes Nashorn bezeichnet, wobei das »weiß« auf das Burenwort »wyd« (breit) zurückgeht.

1,7–2 m

PANZERNASHORN
Rhinoceros unicornis
Dieser in den Grasländern, Wäldern und Feuchtgebieten Indiens und Nepals lebende einhörnige Einzelgänger trägt am Hals dicke Hautfalten.

1,4–1,7 m

JAVA-NASHORN
Rhinoceros sondaicus
Dieser einst in Südost-Asien weit verbreitete Einzelgänger ist eins der seltensten Tiere der Welt. Das kleine Horn wird nicht über 20 cm lang.

»

BREITMAUL-NASHORN

Ceratotherium simum

Trotz seines beunruhigenden Erscheinungsbilds ist dieser Riese der afrikanischen Steppen ein gemächlicher Vegetarier. Die großen Hörner dienen fast ausschließlich der Selbstverteidigung und dem Schutz der Jungen. Erwachsene Nashörner leben meistens allein, obwohl sie auch lockere Gruppen bilden. Bullen markieren ihre Reviere mit Urin und Kot. Sie konkurrieren um ein bestimmtes Weibchen, doch die meisten Auseinandersetzungen dienen dem Imponierverhalten, sodass sich das schwächere Tier zurückziehen kann. Durch die Jagd und den Verlust des Lebensraums ist der Bestand dieser Art stark zurückgegangen.

GRÖSSE 1,5–1,9 m
LEBENSRAUM Steppe
VERBREITUNG Mittel- und Südafrika
NAHRUNG Gras

∨ KURZSICHTIG
Nashörner sind ein wenig kurzsichtig. Die Augen auf den Seiten des Kopfs bieten ihnen ein großes Gesichtsfeld, erschweren aber die Sicht unmittelbar nach vorn.

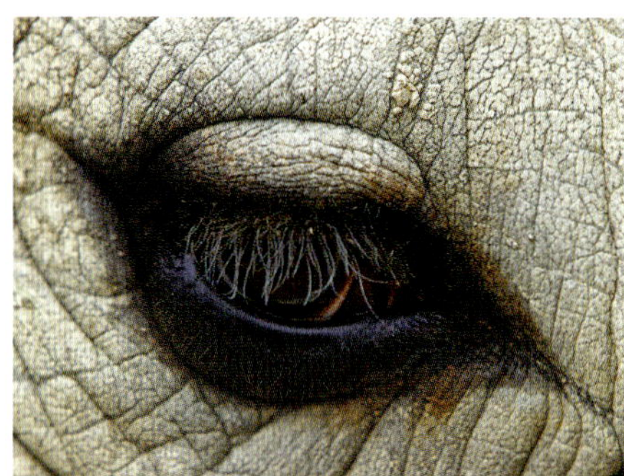

∨ HAARIGE OHREN
Die Ohren sind der haarigste Teil eines Nashornkörpers. Das Tier kann sehr gut hören und die Ohrmuscheln in jede Richtung drehen.

BREITES MAUL >
Das Breitmaulnashorn ist das größte Tier, das sich ausschließlich von Gras ernährt. Das gerade Maul ist zum Abweiden kurzen Grases ideal.

< HORN AUS HAAREN
Das Nasenhorn besteht aus einem als Keratin bezeichneten Eiweiß. Den gleichen Stoff findet man auch in Haaren und Nägeln. So ist das Horn nicht viel mehr als ein kompaktes Haarbüschel.

Das Horn eines erwachsenen Tiers kann bis zu 1,5 m lang werden – attraktiv für Wilddiebe.

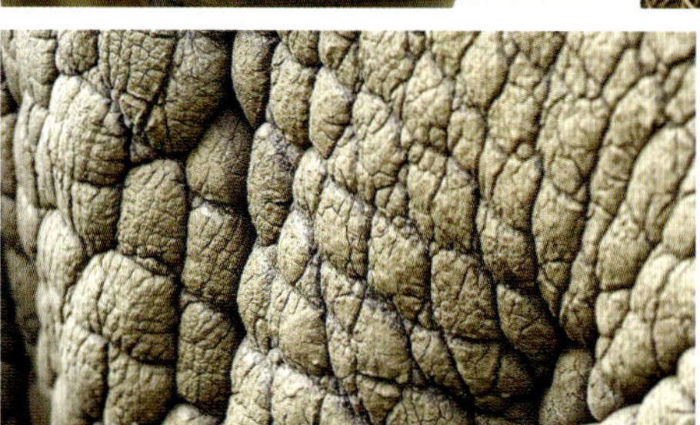

< DICKE HAUT
Trotz des zweiten Namens »Weißes Nashorn« ist die dicke faltige Haut grau gefärbt. Die insgesamt bis zu 2 cm dicke Haut wird durch sich überkreuzende Kollagenfasern verstärkt.

∧ KURZER SCHWANZ
Der kurze Schwanz hängt bei einem entspannten Tier herab und stellt sich bei Erregung auf, beispielsweise bei der Paarung.

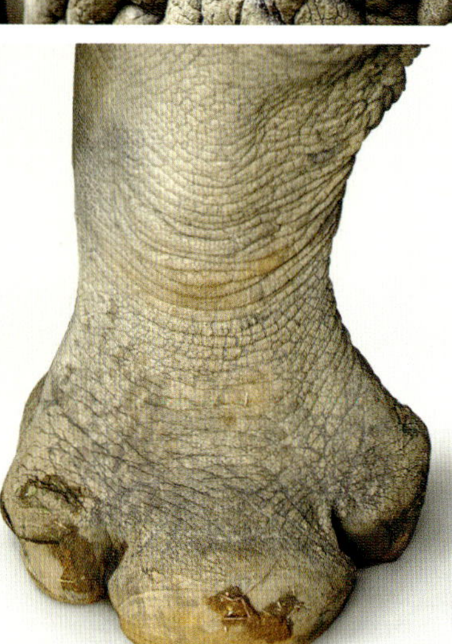

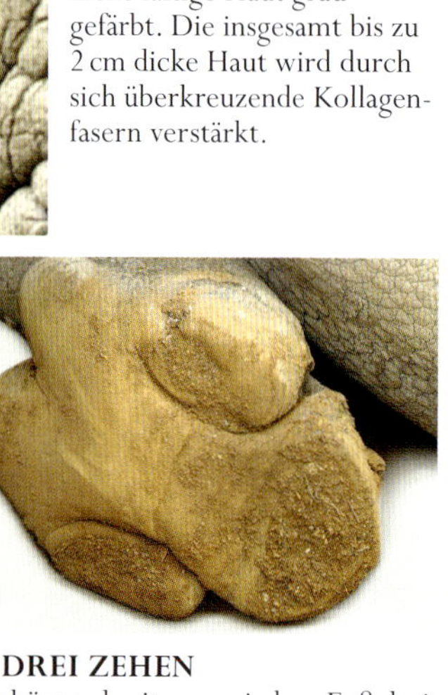

< FUSSUNTERSEITE
Durch die ungewöhnliche Fußform sind die Spuren leicht zu erkennen. Erfahrene Spurensucher können sogar die einzelnen Tiere an ihren Fußabdrücken erkennen.

< DREI ZEHEN
Nashörner besitzen an jedem Fuß drei Zehen. Das meiste Gewicht trägt der mittlere, während die anderen für Balance und guten Halt sorgen.

> SANFTER RIESE
Breitmaulnashörnern wird zu Unrecht eine üble Laune nachgesagt. Tatsächlich sind sie friedfertig und manchmal scheu. Sie greifen meist nur an, wenn sie provoziert werden oder verwirrt sind. Spitzmaulnashörner sind viel aggressiver.

Der ausgesprochen gute Geruchssinn ist ein Ausgleich für die Kurzsichtigkeit.

PFERDE

Obwohl die Familie Pferde (Equidae) unter den Fossilien gut vertreten ist, gibt es heute nur noch sieben Pferde-, Esel- und Zebra-Arten. Ihre Herden leben in Steppen und Wüsten. Sie können rundum sehen und ihre beweglichen Ohren ermöglichen es ihnen, Raubtiere frühzeitig wahrzunehmen. Die schnellen Tiere besitzen schlanke Beine mit einem einzigen Huf, das Fell ist mit Ausnahme der Mähne und des Schwanzes kurz.

DAMARA-ZEBRA
Equus quagga burchellii
Dieses südafrikanische Zebra ist eine Unterart des Steppenzebras. Es zeigt zwischen den schwarzen Streifen noch verwaschene Mittelstreifen.

BERGZEBRA
Equus zebra
Diese südwestafrikanische Art lebt in trockenen Berglebensräumen. Die breiten Streifen auf dem Steiß stehen im Kontrast zu den engen auf dem restlichen Körper.

BÖHM-ZEBRA
Equus quagga boehmi
Diese kleinste der sechs Unterarten des Steppenzebras hat breite, gut abgegrenzte Streifen. Sie lebt in den Savannen Ostafrikas.

GREVY-ZEBRA
Equus grevyi
Diese größte wilde Pferde-Art lebt in Ostafrika und besitzt große Ohren sowie schmale, variable Streifen und einen weißen Bauch.

KHUR
Equus hemionus khur
Dieser schnelle Läufer der trockenen asiatischen Steppen lebt in der Natur nur noch in einem Schutzgebiet im indischen Gujarat.

KULAN
Equus hemionus kulan
Diese Unterart des Asiatischen Esels ist größer als die meisten Esel und hat einen weiß gerahmten Rückenstreifen sowie eine kurze Mähne.

ONAGER
Equus hemionus onager
Die in ihrem asiatischen Lebensraum weitgehend ausgestorbene und heute noch im Iran lebende Unterart trägt einen Rückenstreifen.

KIANG
Equus kiang
Dieser größte Wildesel bewohnt das tibetische Hochland. Mit dem kastanienbraunen, im Winter wolligen Fell ist er der dunkelste der in Asien lebenden Esel.

SOMALISCHER WILDESEL
Equus asinus somalicus
Dieser nordostafrikanische Vorfahre des Hausesels hat ein kurzes graues Fell und gestreifte Beine.

HAUSESEL
Equus asinus
Dies ist die domestizierte Form des Afrikanischen Wildesels. Er ist als Transport- und Lastentier weltweit verbreitet.

PRZEWALSKI-PFERD
Equus ferus przewalskii
Dieses letzte echte Wildpferd weist oft helle Streifen an den Beinen auf. Es hat nur unter menschlicher Obhut überlebt, ist aber wieder in der Mongolei ausgewildert worden.

EXMOOR-PONY
Equus ferus
Dieses ursprüngliche widerstandsfähige Pony hat halbwild im Exmoor, England, überlebt. Es ist immer ein Falbe oder ein Brauner mit schwarzen Abzeichen.

SHIRE-HORSE
Equus ferus
Dieses Pferd ist in England aus holländischen Vorfahren gezüchtet worden. Es wird immer noch in der Land- und Forstwirtschaft eingesetzt.

ARABER
Equus ferus
Diese schnelle Wüstenrasse hat einen großen Einfluss auf die Entwicklung des modernen Rennpferds gehabt.

PAINT HORSE
Equus ferus
Diese amerikanische Rasse vereinigt ein kastanienbraunes bis schwarzes Fell mit verschieden ausgeprägten weißen Bereichen.

MAULTIER
Equus asinus × E. ferus
Die meist sterile Kreuzung hat den Körper eines Pferds, den Kopf und die Ohren des Esel-Vaters und ist ein kräftiges Lasttier.

MAULESEL
Equus ferus × E. asinus
Dieser Nachkomme eines Pferdehengsts und einer Eselsstute hat einen Eselskörper und den Kopf, die Ohren und die Mähne eines Pferds.

PAARHUFER

Die Paarhufer (Artiodactyla) stehen auf zwei oder vier Zehen. Die meisten sind Pflanzenfresser mit einem vielkammerigen Magen.

Paarhufer werden auch als Spalthufer bezeichnet, da jede Zehenspitze ihren eigenen Huf (oder Klaue) hat – eine harte, gummiartige Sohle, die von einer dicken Hornplatte umgeben ist. Der Huf nutzt sich zwar ab, wächst aber auch ständig nach. Nur die Familie Camelidae besitzt keine Hufe. Die Tiere laufen zwar auf zwei Zehen, die Platten sind jedoch auf kleine Nägel reduziert.

WIEDERKÄUEN

Paarhufer wandern auf der Nahrungssuche oft weite Strecken durch Grasland und Wälder. Die meisten Arten fressen entweder Gräser und Kräuter oder Schösslinge und Blätter. Ihr Verdauungstrakt ist sehr gut an grobe Pflanzenkost angepasst. Der Magen hat drei oder vier Kammern, deren Bakterien die in pflanzlichen Zellwänden enthaltene Zellulose verdauen und die enthaltenen Nährstoffe freisetzen können. Um das zu unterstützen, würgen die Tiere zum Teil verdaute Nahrung wieder hervor und kauen sie noch einmal, ein Vorgang, den man als Wiederkäuen bezeichnet. Paarhufer besitzen große, breite Zähne zur Zerkleinerung der Nahrung und einen langen Darm. Schweine haben als Allesfresser jedoch meist einen zweikammerigen Magen und Allzweckzähne. Manchmal sind ihre Eckzähne als Waffen oder zur Nahrungssuche verlängert.

DOMESTIKATION

Da Paarhufer in Australasien eingeführt worden sind, gibt es sie heute auf jedem Kontinent mit Ausnahme der Antarktis. Mit einer Schulterhöhe von 20 cm bei den Hirschferkeln bis zu nahezu 4 m bei den Giraffen variieren Paarhufer sehr in Bezug auf Größe und Gestalt. Viele Arten werden von Menschen gejagt, doch andere sind als Haustiere wirtschaftlich wichtig – Rinder, Lamas, Schafe und Schweine liefern Fleisch, Leder, Wolle, Milchprodukte und dienen als Transporttier. Durch Domestikation sind viele Rassen entstanden, die sich für bestimmte Zwecke eignen.

STAMM	CHORDATA
KLASSE	MAMMALIA
ORDNUNG	ARTIODACTYLA
FAMILIEN	10
ARTEN	240

STREITFRAGE

EINE ART ODER SECHS?

Taxonomen – jene Biologen, die Lebewesen klassifizieren – werden oft in »Splitter« und »Lumper« eingeteilt, je nachdem, ob sie eine mutmaßliche Art eher in viele einzelne Arten unterteilen oder ob sie mehrere Arten lieber zu einer zusammenführen. Zu Beginn der Erforschung Afrikas überwogen die »Splitter«, die zum Beispiel Dutzende von Giraffen-Arten beschrieben, die heute als eine einzige Art *Giraffa camelopardalis* betrachtet werden. Nach neueren genetischen Untersuchungen wäre es dagegen möglich, dass die sechs an ihrer Fellzeichnung zu unterscheidenden Giraffen-Unterarten tatsächlich unterschiedliche Arten sind.

NABELSCHWEINE

Die Arten der Familie Nabelschweine (Tayassuidae) der Neuen Welt teilen viele Merkmale mit den übrigen Schweinen. Doch sie haben einen komplexer aufgebauten Magen und kurze, gerade Eckzähne.

CHACO-PEKARI
Catagonus wagneri
Dieser große Pekari aus der Chaco-Region im zentralen Südamerika ist zuerst nach Fossilien beschrieben und erst 1975 lebend entdeckt worden.

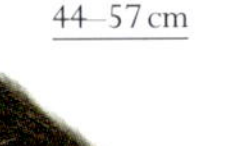

WEISSBART-PEKARI
Tayassu pecari
Die in großen Herden lebende mittel- und südamerikanische Art ist nicht ungefährlich. Bei Bedrohung greift sie eher an, als dass sie flieht.

weißer Kragen

30–50 cm

lange Schnauze

HALSBAND-PEKARI
Pecari tajacu
Die in tropischen und subtropischen Teilen Amerikas verbreitete tagaktive Art ist sehr gesellig. Allerdings gilt sie bei Farmern als Schadtier, da sie die Felder verwüstet.

SCHWEINE

Die in der Alten Welt lebenden Arten der Familie Schweine (Suidae) haben als einzige ihrer Ordnung vier Zehen, obwohl sie nur auf den mittleren laufen, und besitzen auch nur einen einfachen Magen. Sie sind größtenteils Allesfresser und suchen mit der Schnauze und den Eckzähnen nach Nahrung. Der kurze Schwanz endet in einer Quaste.

65–80 cm

HIRSCHEBER
Babyrousa babyrussa
Die Eckzähne der Männchen dieser Art wachsen nach oben, durchbohren die Schnauze und krümmen sich nach hinten. Die Tiere leben auf mehreren indonesischen Inseln.

zottige Mähne

64–85 cm

WARZENSCHWEIN
Phacochoerus africanus
Dieses Schwein hat ein warziges Gesicht und lange Eckzähne. Es frisst oft auf den Vorderbeinen knieend und hält beim Laufen den Schwanz aufrecht.

75–110 cm

RIESENWALDSCHWEIN
Hylochoerus meinertzhageni
Anders als die meisten Schweine hat diese nachtaktive Art ein dichtes schwarzes und gelbbraunes Fell.

60–85 cm

BUSCHSCHWEIN
Potamochoerus larvatus
Dieses in afrikanischen Wäldern und Schilfgürteln lebende Schwein hat ein braunes Fell und eine helle Mähne, die es aufstellt, wenn es erregt ist.

runder Rücken

60–75 cm

PINSELOHRSCHWEIN
Potamochoerus porcus
Diese zentralafrikanische Art trägt zwei Warzen auf der Schnauze und hat eine typische Gesichtszeichnung.

20–25 cm

ZWERGWILDSCHWEIN
Sus salvanius
Diese einst zwischen Indien und Nepal verbreitete kleine Art mit der spitz zulaufenden Schnauze ist heute vom Aussterben bedroht.

30–65 cm

VISAYAS-PUSTELSCHWEIN
Sus cebifrons
Drei Paar fleischiger Warzen im Gesicht schützen den Eber vor den Zähnen des Rivalen. Hier ist jedoch eine Bache abgebildet.

71–81 cm

BARTSCHWEIN
Sus barbatus
Diese Art wandert oft in Herden durch die südostasiatischen Wälder. Sie hat einen weißen Bart und typische Schwanzquasten.

schmale Mähne längerer Haare

60–110 cm

Die Schnauze endet in einer Rüsselscheibe.

WILDSCHWEIN
Sus scrofa
Die in Eurasien weit verbreitete Art ist der hauptsächliche Vorfahr der Hausschweine. Die Jungen sind gestreift, um sich im Dickicht verstecken zu können.

60–80 cm

PIÉTRAIN
Sus scrofa
Diese belgische Rasse liefert qualitativ hochwertiges Fleisch und trägt dunkle Flecken in helleren Körperbereichen.

70–80 cm

MIDDLE WHITE
Sus scrofa
Das in England als Fleischlieferant gezüchtete Schwein ist unpigmentiert und hat eine nach oben gerichtete Schnauze.

MOSCHUSHIRSCHE

Die vor allem in asiatischen Bergwäldern lebenden ungeselligen, nachtaktiven Arten der Familie Moschushirsche (Moschidae) sind nach der Moschusdrüse der erwachsenen Männchen benannt worden. Die kleinen Hirsche besitzen lange obere Eckzähne.

raues gelbbraunes Fell

verlängerte, bei Kämpfen eingesetzte Eckzähne

51–53 cm

HIMALAYA-MOSCHUSTIER
Moschus chrysogaster
Die Männchen des Hirschs aus Wäldern des chinesischen Hochlands markieren mithilfe ihrer Moschusdrüse ihr Revier.

HIRSCHFERKEL

Die Arten der Familie Hirschferkel (Tragulidae) leben in afrikanischen und asiatischen Tropenwäldern. Sie ähneln kleinen Hirschen, tragen jedoch kein Geweih. Bei Männchen ragen die verlängerten Eckzähne des Oberkiefers über den Unterkiefer hinaus. Wie Schweine haben die Tiere vier Zehen an jedem Fuß und relativ kurze Beine. Der Magen ist gekammert, um grobe Pflanzennahrung verarbeiten zu können.

25–31 cm

FLECKENKANTSCHIL
Moschiola meminna
Die kleine, nachtaktive und scheue Art lebt in Indien und Sri Lanka. Ihr Körper weist weiße Flecken und Streifen auf.

30–40 cm

charakteristische Zeichnung

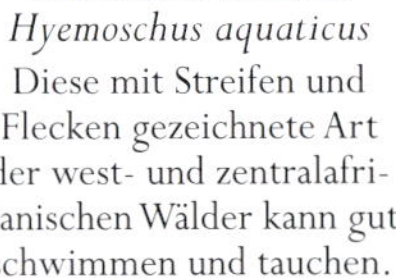

AFRIKANISCHES HIRSCHFERKEL
Hyemoschus aquaticus
Diese mit Streifen und Flecken gezeichnete Art der west- und zentralafrikanischen Wälder kann gut schwimmen und tauchen.

30–35 cm

GROSSKANTSCHIL
Tragulus napu
Trotz seiner geringen Größe ist dies das größte asiatische Hirschferkel. Auf dem Kopf verlaufen schwarze Streifen von den Augen bis zur Nase.

20–25 cm

KLEINKANTSCHIL
Tragulus javanicus
Dies ist das kleinste Huftier der Welt. Das Verwandtschafts-Verhältnis zu anderen Kantschilen der südostasiatischen Wälder ist unklar.

HIRSCHE

Die fast weltweit vorkommenden Arten der Familie Hirsche (Cervidae) fehlen nur weitgehend in Afrika und sind in Australien eingeführt worden. Sie bewohnen bewaldete und offene Lebensräume, bevorzugen jedoch oft die Übergangsbereiche. Die Größe und Form der Geweihe ist artspezifisch. Anders als die Hornträger werfen die Männchen jedes Jahr ihr Geweih ab und bekommen ein neues. Die Weibchen tragen meist kein Geweih.

83–110 cm

1–1,6 m

MÄHNENHIRSCH
Rusa timorensis
Dieser indonesische Waldbewohner ist in das trockene australische Buschland eingeführt worden. Er besitzt ein relativ großes Geweih.

SAMBAR
Rusa unicolor
Dieser große, dunkelbraune Hirsch mit einer auffälligen Mähne lebt in den südasiatischen Wäldern bis hin zum Fuß des Himalayas.

70–76 cm

PRINZ-ALFRED-HIRSCH
Rusa alfredi
Die auf den Philippinen endemische nachtaktive Art hat kurze Beine und helle Flecken. Sie bewegt sich in charakteristischer gebückter Haltung.

43–45 cm

CHINESISCHER MUNTJAK
Muntiacus reevesi
Die ostasiatische Art ist auch in Westeuropa eingeführt worden. Trotz ihrer geringen Größe richtet sie Schäden durch Verbiss an.

40–65 cm

INDISCHER MUNTJAK
Muntiacus muntjak
Diese südasiatische Art verteidigt sich mit dem kurzen einendigen Geweih und den langen Eckzähnen im Oberkiefer gegen Fressfeinde und Rivalen.

kurzer Schwanz

lange, schlanke Beine

1,1–1,2 m

DAVIDSHIRSCH
Elaphurus davidianus
Die nur aus menschlicher Obhut bekannte, vermutlich in China heimische Art ist 1865 vom Missionar Armand David beschrieben worden.

60–100 cm

AXISHIRSCH
Axis axis
Dieser in Australien und Nordamerika eingeführte indische Waldbewohner ist eine beliebte Beute des Tigers.

61–70 cm

SCHWEINSHIRSCH
Axis porcinus
Dieser asiatische Waldbewohner erinnert mit dem Verhalten an Schweine, mit gesenktem Kopf Hindernisse zu durchbrechen.

Schaufelgeweih

weiße Schwanzunterseite

75–100 cm

50–70 cm

SCHOPFHIRSCH
Elaphodus cephalophus
Diese Art lebt in asiatischen Bergwäldern. Die Männchen tragen kleine Geweihe und verlängerte Eckzähne sowie ein schwarzes Haarbüschel auf der Stirn.

DAMHIRSCH
Dama dama
Die oft als Wildbret gezüchtete Art ist an dem schaufelartigen Geweih und dem gefleckten Fell zu erkennen.

spitzes, verzweigtes Geweih

1,2–1,4 m

BARASINGHA
Rucervus duvaucelii
Dieser Bewohner indischer Feuchtgebiete ist in den USA eingeführt worden. Die Geweihe sind geschätzte Trophäen.

1–1,4 m

ROTHIRSCH
Cervus elaphus elaphus
Diese in Europa, der Türkei und Nordafrika lebende Art ist in Bezug auf Größe von Körper und Geweih sowie der Mähne variabel.

1,1–1,4 m

50–95 cm

WAPITI-HIRSCH
Cervus elaphus canadensis
Obwohl diese Unterart sich kaum vom Rothirsch unterscheidet, ergeben genetische Untersuchungen, es müsse sich um eine eigene Art handeln.

zottiges Fell am Hals

rötlich braunes Fell

SIKA-HIRSCH
Cervus nippon
Die an ihrem kräftigen Geweih zu erkennende Art kreuzt sich mit Rothirschen, vor allem außerhalb ihrer ostasiatischen Heimat.

1–1,1 m

80–100 cm

graubraunes Fell

MAULTIERHIRSCH
Odocoileus hemionus
Diese Art unterscheidet sich vom Weißwedelhirsch, mit dem sie im westlichen Nordamerika gemeinsam vorkommt, durch die schwarze Schwanzspitze und das Geweih.

WEISSWEDELHIRSCH
Odocoileus virginianus
Die Art kommt von Kanada bis Peru vor und ist in Europa und Neuseeland eingeführt worden. Der Schwanz dient als Warnsignal.

»

» HIRSCHE

REH
Capreolus capreolus
Das Fell dieser Wälder und Gebüsch bewohnenden Art ist im Sommer rötlich braun und wird im Winter dunkler, manchmal fast schwarz.

RENTIER
Rangifer tarandus
Die Sohlen dieser arktischen Art schrumpfen im Winter, sodass die Hufränder zum Graben nach Nahrung exponiert sind.

SUMPFHIRSCH
Blastocerus dichotomus
Diese Art der Feuchtgebiete ist der größte südamerikanische Hirsch. Er kann gut schwimmen und mit den Häuten zwischen den Zehen auf weichem Boden laufen.

KANADISCHER ELCH
Alces americanus
Diese größte Hirsch-Art bewohnt nordamerikanische Wälder. Die Schaufeln der Männchen unterscheiden sich von den verzweigten Geweihen der Weibchen.

BRAUNMAZAMA
Mazama gouazoubira
Dieser in mittel- und südamerikanischen Dickichten lebende Hirsch frisst in der Trockenzeit vor allem Früchte und Kakteen.

GROSSMAZAMA
Mazama americana
Dieser kleine Einzelgänger der südamerikanischen Wälder zieht Früchte den Blättern vor. Männchen tragen ein kurzes, unverzweigtes Geweih.

SÜDPUDU
Pudu puda
Dies ist eine der kleinsten Hirsch-Arten. Sie lebt in gemäßigten Regenwäldern in Argentinien und Chile.

PAMPASHIRSCH
Ozotoceros bezoarticus
Dieser schlanke Hirsch der südamerikanischen Grasländer und Feuchtgebiete stellt sich auf die Hinterbeine, um Laub an Ästen zu erreichen.

WASSERREH
Hydropotes inermis
Bei dieser Art bekommen weder Männchen noch Weibchen ein Geweih. Die Eckzähne des Oberkiefers können bei Männchen bis zu 8 cm lang werden.

GABELBÖCKE

Die unter nordamerikanischen Fossilien gut vertretene Familie Gabelböcke (Antilocapridae) enthielt Arten mit bizarr geformten oder mehreren Hörnern. Heute ist der Gabelbock ihr einziger Vertreter. Mit seinem Körperbau und den gespaltenen Hufen ähnelt er den Antilopen, doch fehlen ihm die äußeren Zehen und er wirft das Geweih nach der Paarungszeit ab.

GABELBOCK
Antilocapra americana
Dieses schnellste Säugetier der Neuen Welt bildet in offenem Grasland große Herden und ist das Gegenstück zu den Antilopen der Alten Welt.

HORNTRÄGER

Die vielfältige Familie Hornträger (Bovidae) ist mit Ausnahme der Antarktis auf allen Kontinenten vertreten. Trotz ihrer Vielfalt haben die Arten einige Gemeinsamkeiten. Sie tragen dauerhaft unverzweigte, oft gedrehte und geriffelte Hörner und haben einen vierkammerigen Wiederkäuermagen.

ELEN-ANTILOPE
Taurotragus oryx
Die Art mit spiraligen Hörnern ist die größte Antilope. Sie lebt in den Steppen von Äthiopien bis Südafrika. Männchen tragen manchmal weiße Streifen auf den Flanken.

NILGAU-ANTILOPE
Boselaphus tragocamelus
Der Körper dieser größten asiatischen Antilope fällt von der Schulter an ab. Männchen sind blaugrau und Weibchen gelbbraun gefärbt.

VIERHORN-ANTILOPE
Tetracerus quadricornis
Dieser Einzelgänger der asiatischen Wälder trägt meistens zwei Paar Hörner, eins zwischen den Ohren und eins auf der Stirn.

NYALA
Tragelaphus angasii
Diese Antilope der südafrikanischen Wälder hat spiralige Hörner und ein dunkelbraunes Fell mit senkrechten weißen Streifen.

BUSCHBOCK
Tragelaphus scriptus
Die in Wäldern südlich der Sahara verbreitete Art trägt auf Gesicht, Ohren und Schwanz Streifen und Flecken.

KLEINER KUDU
Tragelaphus imberbis
Männchen und Weibchen dieser nachtaktiven Antilope des trockenen nordostafrikanischen Buschlands tragen weiße Streifen auf dem Fell.

SITATUNGA
Tragelaphus spekii
Dieser hervorragende Schwimmer bewohnt zentralafrikanische Sümpfe. Er flüchtet vor Raubtieren oft in das Wasser.

BONGO
Tragelaphus eurycerus
Die Weibchen der in den dichten west- und zentralafrikanischen Wäldern gut getarnten Art sind meist leuchtender gefärbt als die Männchen. Beide Geschlechter tragen spiralförmige Hörner.

GROSSER KUDU
Tragelaphus strepsiceros
Die Männchen des Großen Kudu besitzen eins der schönsten Gehörne unter den Antilopen, mit zweieinhalb Wendeln bei erwachsenen Tieren.

»

KAFFERNBÜFFEL
Syncerus caffer
Dieser unberechenbare, gefährliche Büffel kann nicht domestiziert werden. Die Steppenform hat stärker gebogene Hörner und ist größer als die Waldform.

WASSERBÜFFEL
Bubalus bubalis
Obwohl sie großenteils wegen ihrer Milch und ihrer Kraft domestiziert wurden, gibt es in Asien auch noch einige wilde Wasserbüffel. Die Farbe und die Hörner sind variabel.

FLACHLAND-ANOA
Bubalus depressicornis
Dieser kleinste Wildbüffel bewohnt die Regenwälder Sulawesis. Verglichen mit anderen Büffeln sind seine Hörner gerade und stehen aufrecht.

BISON
Bison bison
Von den großen Herden der in Nordamerika lebenden Bisons sind wenige Wildtiere verblieben. Zahlreicher sind Nutztiere, die ihrer Häute und des Fleischs wegen gehalten werden.

WISENT
Bison bonasus
Die Art hat ein kürzeres Fell, aber längere Hörner als die Bisons. Ihr Vorkommen ist heute auf osteuropäische und russische Primärwälder beschränkt.

BANTENG
Bos javanicus
Unterschenkel, Schnauze, Steiß und Augenflecken dieses braunen südostasiatischen Büffels sind weiß. Mancherorts wird er als Zugtier gehalten.

YAK
Bos mutus
Diese isolierte Art mit zottigem Fell bewohnt die Gebirge Zentralasiens. Das Wildtier ist meist braun, doch die domestizierten Tiere sind variabler und weisen oft weiße Abzeichen auf.

GAUR
Bos gaurus
Diese größte, waldbewohnende Wildrind-Art ist dunkelbraun, an der Schnauze und den Unterschenkeln jedoch heller gefärbt.

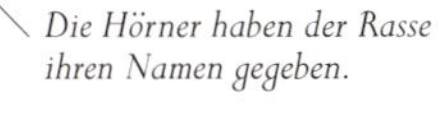

Die Hörner haben der Rasse ihren Namen gegeben.

1,2–1,5 m

TEXANISCHES LONGHORN
Bos primigenius
Die farblich variable Rasse mit den charakteristischen langen Hörnern ist robust und gut für extensive Weidehaltung geeignet.

1,2–1,5 m

HEREFORD-RIND
Bos primigenius
Diese englische Fleischrasse hat einen muskulösen Vorderkörper und zeichnet sich durch ihre Gutmütigkeit aus.

1,4–1,5 m

WATUSSI-RIND
Bos primigenius
Die bis zu 1,8 m langen, dicken Hörner dieser afrikanischen Rasse helfen den Tieren bei der Thermoregulation.

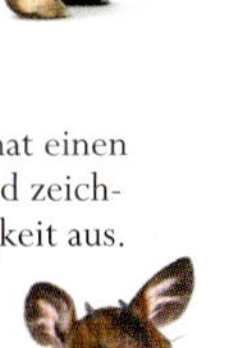

1,2–1,4 m

BRAHMAN
Bos primigenius indicus
Diese ursprünglich asiatische Rasse wird heute überall in den Tropen gehalten. Sie ist eine Form des Zebus und trägt auch den typischen Buckel.

35–42 cm

MAXWELLDUCKER
Philantomba maxwellii
Diese kleine, graubraune Art des westafrikanischen Regenwalds hat neben ihrer hellen Gesichtszeichnung wenige charakteristische Merkmale.

32–41 cm

BLAUDUCKER
Philantomba monticola
Dieser kleine Bewohner afrikanischer Wälder hat einfache konische Hörner. Er frisst Eier, Nagetiere und Ameisen als Ergänzung der Pflanzenkost.

40–50 cm

ZEBRADUCKER
Cephalophus zebra
Dies ist der einzige Ducker mit ungewöhnlicher Zeichnung. Sie dient an den Waldrändern seines westafrikanischen Lebensraums der Tarnung.

65–87 cm

GELBRÜCKENDUCKER
Cephalophus silvicultor
Das dunkle Fell dieses zentralafrikanischen Duckers trägt einen weißen oder gelben Fleck auf dem Rücken.

45–58 cm

SCHWARZSTIRNDUCKER
Cephalophus nigrifrons
Die dunkle Stirn und die dunklen Augendrüsen bilden einen Kontrast zu den helleren Brauen und geben diesem zentralafrikanischen Waldbewohner ein charakteristisches Gesicht.

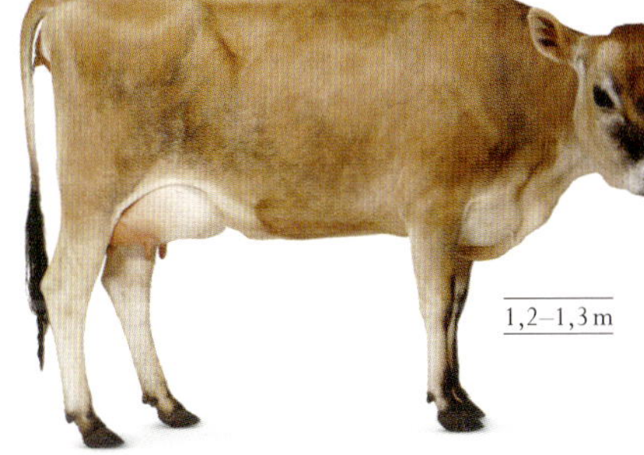

1,2–1,3 m

JERSEY-RIND
Bos primigenius
Die für ihre cremige Milch berühmte Rasse ist zuerst auf der Insel Jersey aus französischen Rindern gezüchtet worden.

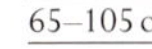

55–56 cm

OGILBY-DUCKER
Cephalophus ogilbyi
Dieser Ducker der westafrikanischen Regenwälder hat gut entwickelte Hinterviertel und einen rotbraunen Steiß.

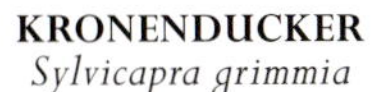

45–70 cm

KRONENDUCKER
Sylvicapra grimmia
Diese südlich der Sahara weit verbreitete Antilope besitzt kleine Hörner. Sie bewohnt verschiedene Lebensräume und frisst oft abgefallene Früchte.

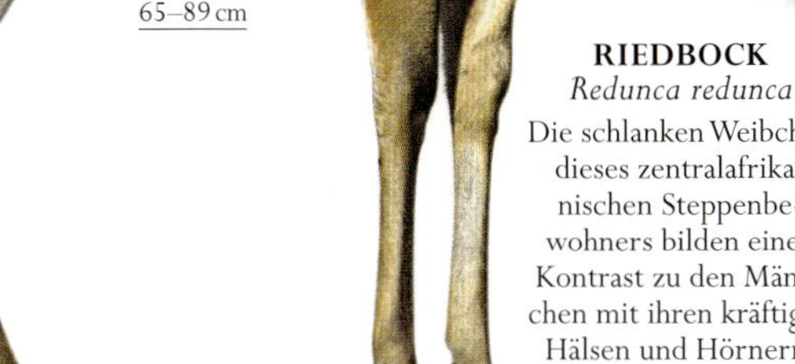

65–89 cm

RIEDBOCK
Redunca redunca
Die schlanken Weibchen dieses zentralafrikanischen Steppenbewohners bilden einen Kontrast zu den Männchen mit ihren kräftigen Hälsen und Hörnern.

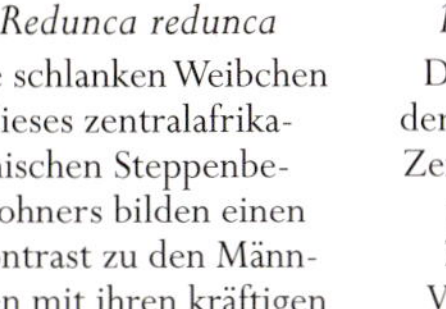

65–105 cm

GROSSRIEDBOCK
Redunca arundinum
Diese kräftige Antilope der Steppen des südlichen Zentralafrikas hat charakteristische schwarze Zeichnungen an den Vorderbeinen. Nur die Männchen tragen Hörner.

»

» HORNTRÄGER

ELLIPSEN-WASSERBOCK
Kobus ellipsiprymnus ellipsiprymnus
Trotz des Namens lebt diese Unterart in Savannen und Wäldern, flüchtet aber vor Raubtieren ins Wasser.

DEFASSA-WASSERBOCK
Kobus ellipsiprymnus defassa
Diese west- und zentralafrikanische Unterart hat einen weißen Steiß, nicht die Ellipse der anderen Unterart.

LETSCHWE
Kobus leche
Diese gesellige Antilope lebt in Feuchtgebieten im südlichen Zentralafrika, wo sie auf ihren langen Beinen durch seichtes Wasser laufen kann.

UGANDA-KOB
Kobus kob thomasi
Diese gesellige ostafrikanische Antilope besitzt einen weißen Kehlfleck. Die Männchen haben geriffelte, leierförmige Hörner.

PUKU
Kobus vardonii
Diese dem Kob sehr ähnliche Antilope stammt aus dem südlichen Zentralafrika und ist etwas kleiner und gedrungener.

PFERDE-ANTILOPE
Hippotragus equinus
Die geriffelten Hörner dieser in den Savannen südlich der Sahara lebenden Antilope sind leicht gekrümmt. Das Gesicht ist schwarz-weiß gefärbt.

MENDES-ANTILOPE
Addax nasomaculatus
Diese gefährdete Antilope der Sahara besitzt lange Hörner mit zwei oder drei Wendeln und ein hellsandfarbenes oder weißliches Fell.

SÄBELANTILOPE
Oryx dammah
Diese einst über die Sahara verbreitete Art wurde im 20. Jahrhundert fast ausgerottet. Man hat sie in einigen Gegenden wieder ausgewildert.

RAPPEN-ANTILOPE
Hippotragus niger
Die Hörner dieser kräftigen dunklen und mit weißer Gesichtszeichnung versehenen Antilope können über einen Meter lang werden.

ARABISCHE ORYX
Oryx leucoryx
Diese Antilope mit geraden Hörnern ist vor kurzer Zeit in einem Teil ihres früheren Lebensraums im Nahen Osten wieder ausgewildert worden.

OSTAFRIKANISCHE ORYX
Oryx beisa
Dieser graubraune ostafrikanische Wüstenbewohner trägt schwarze Zeichnungen und besitzt sehr lange, kaum gekrümmte Hörner.

SPIESSBOCK
Oryx gazella
Diese größte Art ihrer Gattung bewohnt trockene südafrikanische Lebensräume, ist aber auch in Nordamerika angesiedelt worden.

KUHANTILOPE
Alcelaphus buselaphus
Die große, langschädelige Antilope lebt in den ostafrikanischen Steppen. Ihre Unterarten unterscheiden sich in Beug auf Farbe und Hornform.

SÜDAFRIKANISCHE KUHANTILOPE
Alcelaphus caama
Diese kastanienbraune Antilope hat ein dunkleres Gesicht und einen dunklen Schwanz. Sie wird auch als Unterart der Kuhantilope betrachtet.

KLIPPSPRINGER
Oreotragus oreotragus
Diese Art bewohnt felsige Gebiete von Süd- über Ostafrika bis Äthiopien und kann zehnmal so weit springen, wie sie groß ist.

LICHTENSTEIN-ANTILOPE
Alcelaphus lichtensteinii
Die an ihren stark gekrümmten, nach innen gerichteten Hörnern zu erkennende Art lebt in den Savannen und Überschwemmungsgebieten Zentralafrikas.

BLEICHBÖCKCHEN
Ourebia ourebi
Diese südlich der Sahara lebende Antilope weist eine typische weiße Brauenlinie und eine große dunkle Drüse im Gesicht auf.

BUNTBOCK
Damaliscus pygargus dorcas
Die südafrikanische Antilope mit weißem Gesichtsfleck ist fast bis zur Ausrottung gejagt worden. Sie lebt heute nur noch in Schutzgebieten.

LEIERANTILOPE
Damaliscus korrigum
Die Männchen der ost- und zentralafrikanischen Art stellen sich oft auf Termitenhügel, um sich nach Rivalen und Raubtieren umzuschauen.

BLAUES STREIFENGNU
Connochaetes taurinus taurinus
Diese in großen Herden lebende Unterart kommt in den Savannen des südlichen Afrikas vor und wird auch als Südliches Streifengnu bezeichnet.

»

SPRINGBOCK
Antidorcas marsupialis
Die Antilope mit leierartigem Geweih lebt in trockenen Gebieten Südafrikas. Ihr Bestand ist durch die Jagd stark zurückgegangen.

THOMSON-GAZELLE
Eudorcas thomsonii
Diese häufigste Gazelle der ostafrikanischen Ebenen trägt einen breiten schwarzen Streifen an der Seite.

HIRSCHZIEGEN-ANTILOPE
Antilope cervicapra
Geschwindigkeiten bis zu 80 km/h erreicht die Art, die Gras- und offenes Waldland in Indien und Pakistan bewohnt.

KROPFGAZELLE
Gazella subgutturosa
Bei der nach dem großen Kehlkopf des brünstigen Männchens benannten zentralasiatischen Art tragen auch nur die Männchen Hörner.

DORKASGAZELLE
Gazella dorcas
Diese Art bewohnt die Wüsten von Nordafrika bis zum Nahen Osten. Sie kann ohne zu trinken überleben und nutzt die Feuchtigkeit der Nahrung.

EDMI-GAZELLE
Gazella gazella
Die in den Bergen und Ebenen des Nahen Ostens lebende Art gliedert sich in mehrere isolierte Unterarten, die durch Wilddiebe bedroht sind.

GÜNTHERS DIKDIK
Madoqua guentheri
Diese Art der ostafrikanischen Halbwüsten hat eine lange, bewegliche Schnauze, die sie zur Thermoregulation aufblasen kann.

KIRKS DIKDIK
Madoqua kirkii
Diese Antilope hat wie andere Dikdiks eine verlängerte, bewegliche Schnauze. Pärchen besetzen eigene Reviere.

SAIGA-ANTILOPE
Saiga tatarica
Die große Nase der nur in den zentralasiatischen Steppen lebenden, bedrohten Art wärmt die Atemluft im Winter und filtert im Sommer den Staub heraus.

GIRAFFENGAZELLE
Litocranius walleri
Auf den Hinterbeinen stehend kann diese ostafrikanische Gazelle Blätter außerhalb der Reichweite anderer Antilopen erreichen.

MOSCHUSBÖCKCHEN
Neotragus moschatus
Diese winzige rötliche südostafrikanische Antilope ist nachtaktiv und versteckt sich die meiste Zeit im dichten Buschwerk.

90–110 cm

DAMA-GAZELLE
Nanger dama
Diese seltene Gazelle der Sahara ist zweifarbig. Im Weißanteil unterscheiden sich die Unterarten, doch alle haben einen weißen Kehlfleck.

76–91 cm

GRANT-GAZELLE
Nanger granti
Diese Art der ostafrikanischen Ebenen kann ohne zu trinken überleben und folgt daher nicht den Wanderrouten vieler ihrer Verwandten.

60–90 cm

SÖMMERRINGS GAZELLE
Nanger soemmerringii
Diese der Grant-Gazelle ähnliche, aber seltenere ostafrikanische Art unterscheidet sich von ihr durch die Gesichtszeichnung und den größeren weißen Steißfleck.

45–60 cm

STEINBÖCKCHEN
Raphicerus campestris
Diese kleine ostafrikanische Antilope hat besonders große, innen weiße Ohren mit schwarzen Rändern und schwarzer Zeichnung der Innenseite.

45–60 cm

SHARPE-GREISBOCK
Raphicerus sharpei
Dieser scheue, kurze Hörner tragende, nachtaktive Einzelgänger lebt in Ostafrika und flüchtet vor Raubtieren in die Baue von Erdferkeln.

73–92 cm

IMPALA
Aepyceros melampus
Diese Antilope der afrikanischen Ebenen, deren Männchen leierförmige Hörner tragen, ist für die großen Raubkatzen eine wichtige Nahrungsquelle.

70–85 cm

GÄMSE
Rupicapra rupicapra
Die in den Bergen von Anatolien, Mittel- und Südeuropa lebende Art bildet voneinander isolierte Populationen, deren Angehörige ein jeweils leicht voneinander abweichendes Aussehen aufweisen.

57–78 cm

GRAUER GORAL
Naemorhedus goral
Der ziegenähnliche Pflanzenfresser hat gebogene Hörner und lebt in kleinen Herden in den Wäldern des Himalayas.

76–92 cm

SÜDLICHER SERAU
Capricornis sumatraensis
Die Art besitzt ein grobes Fell und eine charakteristische Mähne. Der Südliche Serau lebt an bewaldeten Berghängen und ernährt sich von Gras und Blättern.

80–95 cm

weißes Fell mit isolierender Unterwolle

SCHNEEZIEGE
Oreamnos americanus
Dieser hervorragende Kletterer der nördlichen Rocky Mountains besitzt ein dichtes weißes Fell, das ihn vor niedrigen Temperaturen und starkem Wind schützt.

»

MÄHNENSPRINGER
Ammotragus lervia
Dieser Bewohner trockener nordafrikanischer Bergregionen steht bei Gefahr regungslos still und ist dann sehr schwer zu erkennen.

MOSCHUSOCHSE
Ovibos moschatus
Diese Ziegen-Art der arktischen Tundra hat ein zottiges Fell mit dichter isolierender Unterwolle, das sie vor den Elementen schützt.

TAKIN
Budorcas taxicolor
Die in kleinen Herden in den Bergwäldern Chinas und Bhutans lebende Art hat ein zottiges Fell und eine gewölbte Schnauze.

HIMALAYA-TAHR
Hemitragus jemlahicus
Die Art lebt an den Felsenhängen des Himalayas. Sie hat Hufe mit gummiartigen Sohlen, die ihr auf abschüssigem oder instabilem Grund zusätzlichen Halt verleihen.

BLAUSCHAF
Pseudois nayaur
Die in den Wüsten und an den Abhängen der tibetischen Hochebene lebende Art bleibt nah an Felsen und schützt sich so vor Raubtieren.

ÄTHIOPISCHER STEINBOCK
Capra walie
Weil Jahreszeiten in den Bergen Äthiopiens nicht ausgeprägt sind, kann sich dieser seltene Steinbock das ganze Jahr über vermehren.

ALPENSTEINBOCK
Capra ibex
Diese oberhalb der Baumgrenze der Alpen lebende Art hat bis zu 1 m lange, gebogene Hörner, die besonders bei den Männchen eindrucksvoll sind.

SYRISCHER STEINBOCK
Capra nubiana
Die mit dem Alpensteinbock verwandte und vielleicht nur eine Unterart darstellende Art bewohnt die Berge in den Wüsten des Nahen Ostens.

SCHRAUBENZIEGE
Capra falconeri
Diese größte Wildziege lebt in den zentralasiatischen Bergen und ist wegen der Jagd auf ihre Korkenzieherhörner und ihr Fleisch gefährdet.

ANGORAZIEGE
Capra aegagrus
Das Fell dieser aus der Türkei stammenden Ziegenrasse ist als Mohair bekannt, eine leichte und robuste Wolle.

BAGOT-ZIEGE
Capra aegagrus
Diese englische Rasse ist eine von über 300 Ziegenrassen und stammt von Tieren ab, die Kreuzfahrer im 13. Jahrhundert mitgebracht hatten.

GOLDEN-GUERNSEY-ZIEGE
Capra aegagrus
Diese kleine, seltene, oft langhaarige Milchrasse wird auch für Ausstellungen gezüchtet und stammt von der Kanalinsel Guernsey.

90–100 cm

MUFFLON
Ovis orientalis
Aus Anatolien stammt die Art mit rötlichem Fell und hellem Sattel. Sie ist seit der Jungsteinzeit auf verschiedenen Mittelmeer-Inseln angesiedelt worden.

65–80 cm

MANX-LOAGHTAN-SCHAF
Ovis orientalis
Diese von der Isle of Man stammende, widerstandsfähige Fleisch- und Wollrasse hat meistens vier Hörner.

65–100 cm

COTSWOLD-SCHAF
Ovis orientalis
Diese aus England stammende weißgesichtige Rasse ist genügsam und wird wegen der Wolle und des Fleischs gehalten.

65–80 cm

JACOB-SCHAF
Ovis orientalis
Diese alte, genügsame Rasse hat ein geflecktes Fell und soll aus Palästina stammen. Sie kann drei Paar Hörner tragen.

0,9–1,2 m

ARGALI
Ovis ammon
Ausgewachsene Männchen dieser zuerst von Marco Polo (1254–1324) beschriebenen großen asiatischen Rasse bekommen lange Korkenzieherhörner.

65–110 cm

FETTSCHWANZSCHAF
Ovis orientalis
Diese hauptsächlich in Afrika und Asien lebende Rasse erträgt trockene Bedingungen und zehrt vom Fett in ihrem Schwanz und Hinterteil.

massive Hörner

kurze Beine

75–105 cm

DICKHORNSCHAF
Ovis canadensis
In Nordamerika leben Berg- und Wüstenformen dieser Art. Die Männchen nutzen die eindrucksvollen Hörner für Rangkämpfe und nur die hochrangigen können sich den Zugang zu den Weibchen sichern.

80–90 cm

DALLSCHAF
Ovis dalli
Ein weißes oder braunes Fell sowie gebogene gelbliche Hörner trägt die Art, die in den subarktischen Bergen Kanadas und Alaskas lebt.

0,9–1,1 m

SCHNEESCHAF
Ovis nivicola
Dieses sibirische Schaf hat helle Wolle und dunkle Beine und kann sich in rauem, bergigem Gelände sehr schnell bewegen.

GIRAFFEN

Die in den Fossilien sehr vielfältige Familie Giraffenartige (Giraffidae) wird heute nur noch von zwei Arten repräsentiert, die in Afrika südlich der Sahara leben. Obwohl sie sehr unterschiedlich aussehen, teilen sie doch viele gemeinsame Eigenschaften, darunter die lange, dunkle Zunge, die mit Haut bedeckten Hörner und die zweilappigen Eckzähne. Andererseits erinnern sie mit ihren gespaltenen Hufen, dem vierkammerigen Magen und den durch eine hornige Platte ersetzten oberen Schneidezähnen an die Hornträger.

OKAPI
Okapia johnstoni
Die auf die zentralafrikanischen Regenwälder beschränkte Art ist mit dem langen Hals und der beweglichen blauen Zunge der Giraffe ähnlich.

ROTHSCHILD-GIRAFFE
Giraffa camelopardalis rothschildi
Ungewöhnlich für eine Giraffe sind die »weißen Socken« dieser Unterart. Die Flecken reichen nicht bis zum Unterschenkel.

MASSAI-GIRAFFE
Giraffa camelopardalis tippelskirchi
Mit einem bis zu 2,4 m langen Hals zusätzlich zur Schulterhöhe ist dies die größte Unterart des höchsten Säugetiers der Welt.

NETZGIRAFFE
Giraffa camelopardalis reticulata
Diese vom nördlichen Kenia bis nach Äthiopien vorkommende Unterart hat oft mit hellen Zentren versehene vieleckige Flecken auf einem hellen Untergrund.

THORNICROFT-GIRAFFE
Giraffa camelopardalis thornicrofti
Diese Unterart aus Ostsambia trägt sternförmige oder gelappte Flecken, die sich bis auf die Unterschenkel erstrecken.

KAMELE

Als einzige innerhalb ihrer Ordnung besitzen die Arten der Familie Kamele (Camelidae) nur zwei Zehen, aber keine Hufe. Jeder Zeh hat einen kleinen Nagel an der Spitze und eine weiche Sohle, die beweglich ist, um in bergigem Gelände Halt zu finden und nicht im Sand zu versinken. Kamele haben auch charakteristische Zähne, ovale rote Blutkörperchen, einen dreikammerigen Magen und eine Beinmuskulatur, die so gestaltet ist, dass sie kniend ruhen.

DROMEDAR
Camelus dromedarius
Diese als Transporttier dienende arabische Art ist an das Leben in der Wüste angepasst. Nur die verwilderte australische Population zeigt Eigenschaften von Wildtieren.

1,7–2 m

TRAMPELTIER
Camelus ferus
Die weitgehend domestizierte Art kommt als Wildtier nur noch in kritisch kleinen Populationen in den Wüsten Asiens vor.

1,8–2,3 m

VIKUNJA
Vicugna vicugna
Diese kleinere der beiden in den Anden vorkommenden Kamel-Arten liefert eine feine Wolle, die Anlass der Zucht des Alpakas gewesen ist.

75–85 cm

LAMA
Lama guanicoe
Die vom Guanako abstammende Zuchtform dient als Lasttier und Fleischlieferant. Diese Tiere der Anden werden heute auch in Europa und Nordamerika gehalten.

1,7–1,8 m

langes, wolliges Fell

GUANAKO
Lama guanicoe
Die ursprünglich in den trockenen südamerikanischen Bergen vorkommende Art weist eine hohe Konzentration des Sauerstoff transportierenden Hämoglobins in ihrem Blut auf, sodass sie in großen Höhen leben kann.

1,1–1,2 m

Nagel an der Zehenspitze

ALPAKA
Vicugna vicugna
Die hoch in den Anden und heute auch in anderen Teilen der Welt grasenden Herden dieser Zuchtform sind wichtige Woll-Lieferanten.

75–90 cm

FLUSSPFERDE

Unter den Paarhufern besitzen nur die Arten der Familie Flusspferde (Hippopotamidae) vier Zehen an jedem Fuß. Sie haben tonnenförmige Körper, kurze, kräftige Beine und große Köpfe. Die breiten Mäuler mit den riesigen Eckzähnen dienen dem Fressen, Kämpfen und der Verteidigung. Die amphibische Lebensweise ist an den hoch gelegenen Augen und Nasenlöchern sowie der schweißdrüsenlosen, glatten Haut zu erkennen.

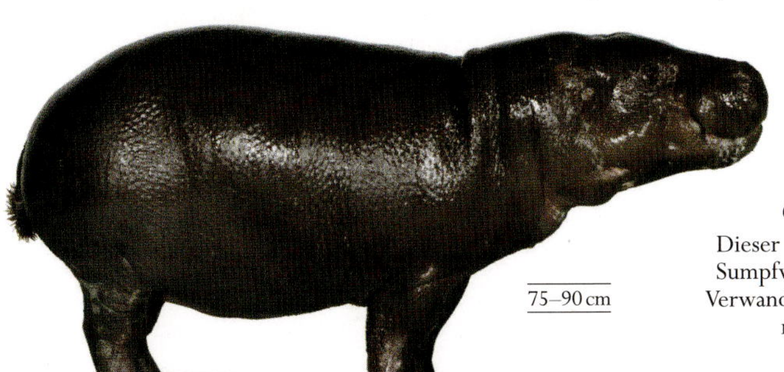

75–90 cm

ZWERG-FLUSSPFERD
Choeropsis liberiensis
Dieser Bewohner westafrikanischer Sumpfwälder ähnelt seinem großen Verwandten, hat aber eine im Verhältnis kleinere Schnauze.

1,3–1,7 m

FLUSSPFERD
Hippopotamus amphibius
Diese Art grast nachts allein und hält sich tagsüber gesellig im Wasser auf. Heute kommt sie nur noch im östlichen und südlichen Afrika vor.

TRAMPELTIER
Camelus ferus

Das Trampeltier oder Zweihöckrige Kamel ist extrem genügsam und lebt in den rauen südasiatischen Wüsten, in denen die Temperaturen zwischen 40 °C im Sommer und –29 °C im Winter schwanken. Die Tiere sind daran gewöhnt, auf der Suche nach Gras, Blättern und Büschen weite Entfernungen durch unwirtliches Gelände zurückzulegen. Wenn Wasser zur Verfügung steht, kann das Trampeltier über 100 l in 10 Minuten trinken. Wenn nichts anderes zur Verfügung steht, gibt es sich auch mit salzhaltigem Wasser zufrieden. Fast alle Trampeltiere der Welt sind domestiziert. In der Natur gibt es nur noch weniger als 1000 Exemplare in abgelegenen und unwirtlichen Gebieten Chinas und der Mongolei. Neuere Untersuchungen haben ergeben, dass sich diese Wildkamele genetisch von den domestizierten Tieren unterscheiden, sodass es umso dringender ist, etwas zu ihrem Schutz zu unternehmen.

vor dem Sand verschließbare Nasenlöcher

kleine, pelzige Ohren

Das dicke Fell hält das Tier warm und schützt vor Sonnenbrand.

zottige Mähne

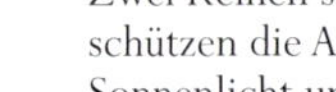

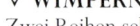

GRÖSSE 1,8–2,3 m
LEBENSRAUM Steinwüste, Steppe und steinige Ebenen
VERBREITUNG Asien
NAHRUNG Pflanzenfresser

∨ WIMPERN
Zwei Reihen sehr dichter Wimpern schützen die Augen vor starkem Sonnenlicht und Flugsand, sodass kein kostbares Wasser als Tränenflüssigkeit verschwendet wird.

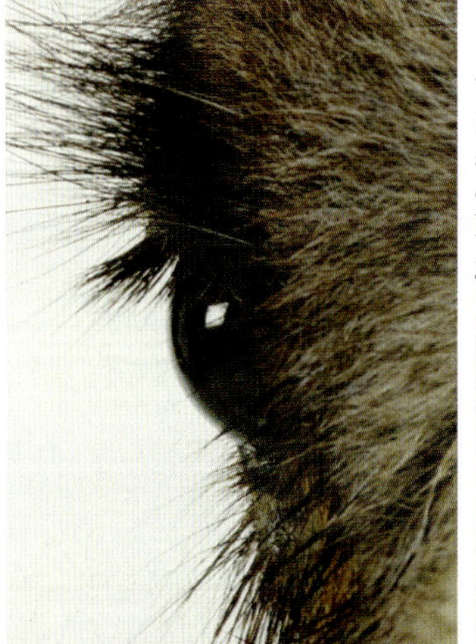

∨ SCHWIELEN
Die dicken Schwielen auf dem Knie ermöglichen das Knien. Trampeltiere ruhen kniend auf unter den Körper geschlagenen Beinen.

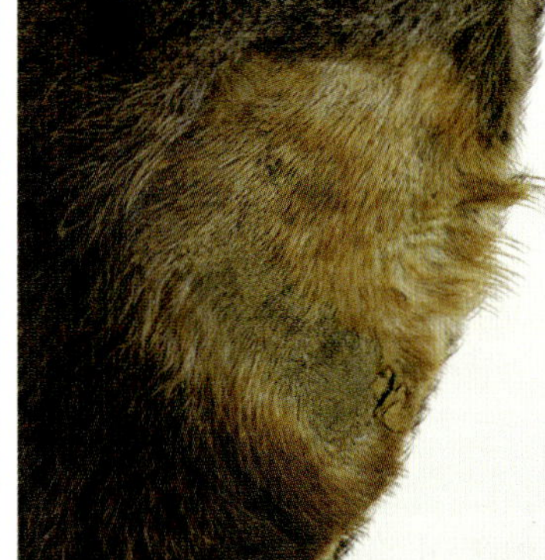

∧ MAUL
Eine Rinne in der Oberlippe leitet wertvolle aus der Nase laufende Flüssigkeit wieder in das Maul – nichts wird verschwendet.

∧ ZÄHNE
Kamele verschlucken die Nahrung ganz, würgen sie wieder hervor und kauen sie, um die Verdauung zu unterstützen. Verhungernde Tiere haben schon schwer verdauliche Seile und Leder gefressen.

< ∧ FÜSSE
Die Füße haben zwei Zehen und eine Schwielensohle, die das Kamel mit steinigem Boden, heißem Sand oder kompaktem Schnee zurechtkommen lässt.

∧ REISEN DURCH DIE WÜSTE
Trampeltiere sind langbeinige Nomaden, können 50 km am Tag zurücklegen und wochenlang ohne Nahrung und Wasser auskommen. Diese ungewöhnliche Widerstandsfähigkeit macht sie in trockenen Gebieten zu idealen Lasttieren. Sie fressen die verschiedensten Pflanzen und haben einen großen dreikammerigen Magen, in dem schwer verdauliche Nahrung langsam zerlegt wird. Bei unterernährten Kamelen sind die Höcker schlaff, weil die Fettreserven aufgebraucht sind.

WALE UND DELFINE

Wale und Delfine (Cetacea) sind vollkommen an das Wasser gebunden. Mit Ausnahme von vier Arten kommen alle im Meer oder in Küstengewässern vor.

Der hervorragend an das Wasser angepasste Walkörper ist stromlinienförmig und besitzt in Flossen umgewandelte Vorderbeine. Es gibt keine sichtbaren Hinterbeine, doch der Schwanz trägt als Antrieb eine waagerechte Fluke. Viele Arten haben auch eine Rückenflosse. Die Haut ist nahezu unbehaart und der Körper von einer dicken Blubberschicht isoliert, die bei Arten, die in kaltem Wasser leben, besonders dick ist.

ATMEN UND KOMMUNIZIEREN

Wale können zwar wegen ihrer Fähigkeit, Sauerstoff im Muskelgewebe zu speichern, tief und lange tauchen, müssen aber zum Atmen an die Wasseroberfläche kommen. Sie atmen über die als Blaslöcher bezeichneten Nasenlöcher auf der Kopfoberseite. Aus der ausgeatmeten Luft entsteht der durch kondensierende Feuchtigkeit sichtbare Blas, an dessen Eigenschaften man einige Arten eindeutig erkennen kann.

Die meisten Wal-Arten erzeugen Töne, und einige auch der Echoortung dienende Klicks. Die Klicks werden von Objekten reflektiert und informieren den Wal über Hindernisse. Andere kommunizieren über Klänge, die von Pfiffen und Grunzen bis zu den komplexen Gesängen mancher großer Wal-Arten reichen. Das Gehör ist gut, obwohl die Ohren zu einfachen Öffnungen hinter den Augen reduziert sind. Ohrmuscheln wären störend, da sie den Widerstand im Wasser erhöhen, und unnötig, da Wasser Schall sehr gut leitet.

JÄGER ODER FILTRIERER

Auf der Basis ihrer Ernährungsweise teilt man Wale in zwei Gruppen ein. Zahnwale fangen als Jäger von Fischen, großen Wirbellosen, Seevögeln, Robben und manchmal kleineren Krebstieren ihre Beute mit den spitzen Zähnen und verschlucken sie meist unzerkaut. Bartenwale besitzen dagegen vom Oberkiefer herabhängende hornige Barten, die als Siebe dienen. Das Wirbellose und kleine Fische enthaltende Wasser wird aufgenommen und mit der Zunge durch die Barten gepresst, sodass die Nahrungstiere im Maul verbleiben.

STAMM	CHORDATA
KLASSE	MAMMALIA
ORDNUNG	CETACEA
FAMILIEN	12
ARTEN	etwa 90

STREITFRAGE

VORFAHREN AN LAND

Die systematische Stellung der Wale ist lange diskutiert worden. Ihre vollständige Anpassung an das Leben im Wasser verschleiert die mit anderen Ordnungen übereinstimmenden Merkmale. Heute ist allgemein akzeptiert, dass sie die nächsten Verwandten der Paarhufer sind, insbesondere der Familie der Flusspferde. Daher werden Wale und Paarhufer auch als Ordnung oder Überordnung Cetartiodactyla zusammengefasst. Begründet wird das durch molekularbiologische Studien, aber auch durch morphologische Erkenntnisse wie die Übereinstimmung des Sprunggelenks bei Paarhufern und einigen fossilen Walvorfahren.

GLATTWALE

Die in kühlen gemäßigten und polaren Gewässern lebenden Arten der Familie Glattwale (Balaenidae) waren eine beliebte Beute der Walfänger, da man sich ihnen leicht nähern kann, sie oft in Küstennähe leben und eine dicke Blubberschicht besitzen. Glattwalen fehlen die Rückenflosse sowie die Kehlfurchen. Ihre stark gekrümmten Kiefer enthalten die längsten Barten aller Wale.

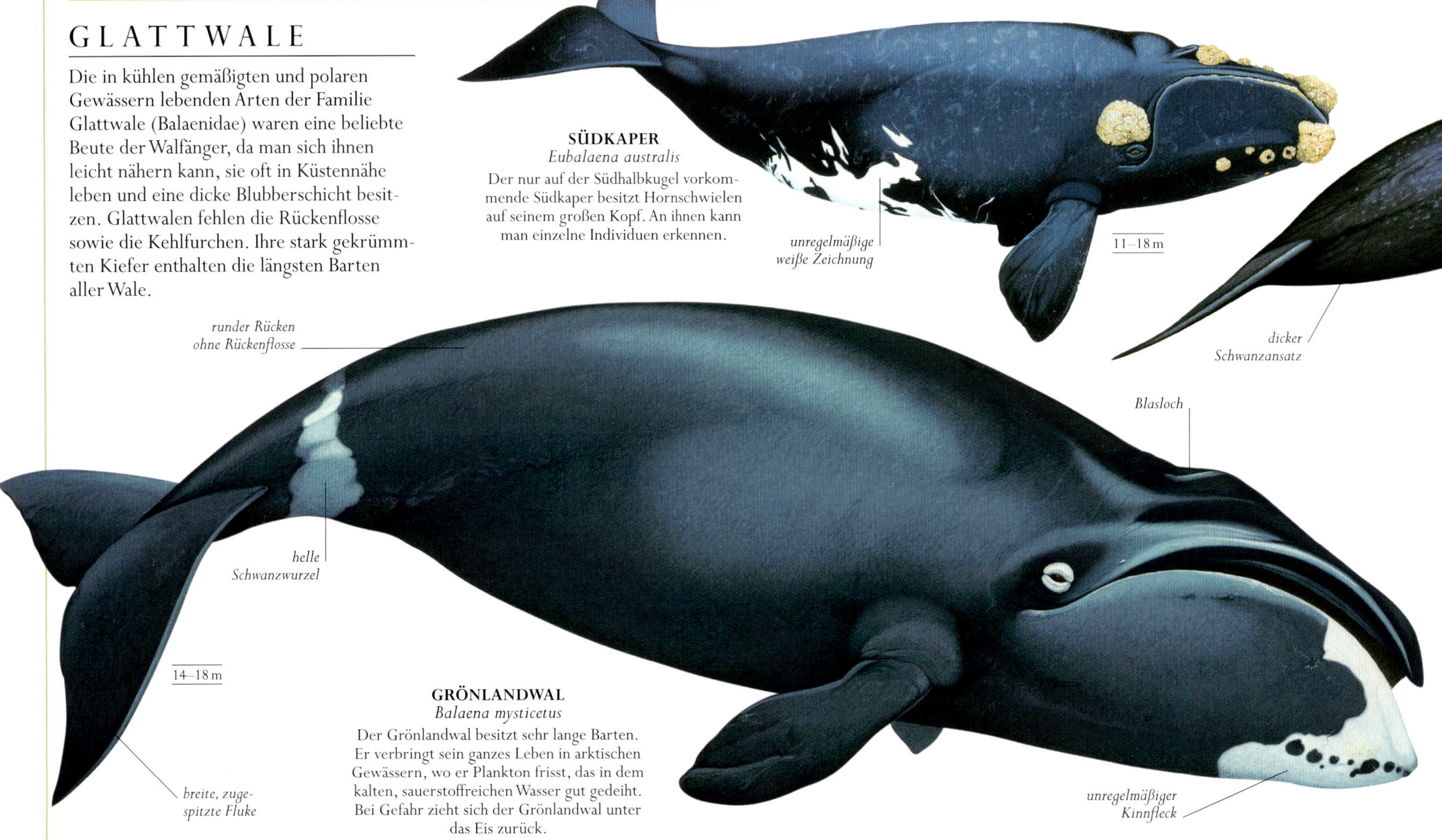

SÜDKAPER
Eubalaena australis
Der nur auf der Südhalbkugel vorkommende Südkaper besitzt Hornschwielen auf seinem großen Kopf. An ihnen kann man einzelne Individuen erkennen.

GRÖNLANDWAL
Balaena mysticetus
Der Grönlandwal besitzt sehr lange Barten. Er verbringt sein ganzes Leben in arktischen Gewässern, wo er Plankton frisst, das in dem kalten, sauerstoffreichen Wasser gut gedeiht. Bei Gefahr zieht sich der Grönlandwal unter das Eis zurück.

ZWERGGLATTWALE

Die einzige Art der Familie Zwergglattwale (Neobalaenidae) ist auf die Gewässer der südlichen Hemisphäre beschränkt. Im Gegensatz zu den echten Glattwalen besitzt der Zwergglattwal eine kleine Rückenflosse, aber keine Hornschwielen auf dem Kopf.

ZWERGGLATTWAL
Caperea marginata
Über diesen kleinsten Bartenwal ist wegen seines geringen Bestands nur wenig bekannt. Er besitzt kurze Flossen und einen nur schwach gebogenen Kiefer.

FURCHENWALE

Diese größte Familie der Bartenwale ist nach den Furchen an ihrer Kehle benannt, die beim Filtrieren das Maul erweitern. Die meisten Arten der Familie Furchenwale (Balaenopteridae) bekommen ihre Jungen in gemäßigten Gewässern und wandern im Sommer zur Nahrungssuche in die Polarregionen. Sie sind schlank und stromlinienförmig, haben lange Vorderflossen und eine weit hinten angesetzte Rückenflosse.

12–15 m

Tuberkel auf Kopf und Unterkiefer

lange Flossen

BUCKELWAL
Megaptera novaeangliae
Dieser charakteristische Wal weist oft individuell erkennbare Schwanzflossenmerkmale auf. Mehrere Wale können gemeinsam ihre Beutefische in einem Netz aus Luftblasen einkesseln.

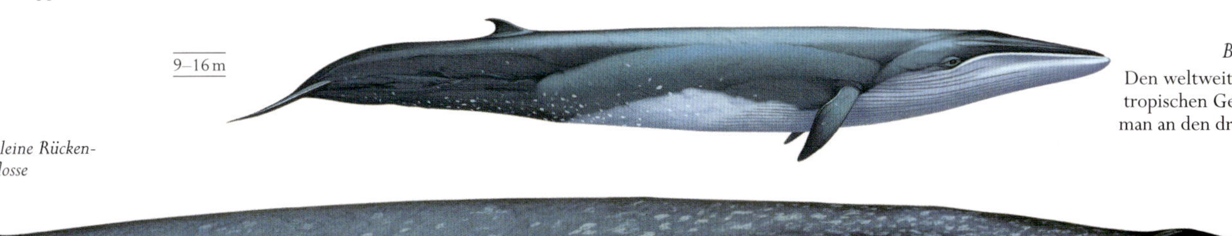

FINNWAL
Balaenoptera physalus
Dieser schnelle Schwimmer weist eine asymmetrische Zeichnung des Kiefers auf. Die oft geselligen Tiere können in Gruppen von sechs oder mehr Tieren auftreten.

9–16 m

EDENWAL
Balaenoptera edeni
Den weltweit in flachen tropischen und subtropischen Gewässern lebenden Wal erkennt man an den drei Furchen auf seiner Schnauze.

kleine Rückenflosse

breiter, flacher Kopf

21–27 m

von der Kehle bis zum Nabel verlaufende Furchen

BLAUWAL
Balaenoptera musculus
Der Blauwal ist das größte Tier der Welt und besitzt einen stärker gestreckten Körper als jeder andere große Wal sowie eine kleine Rückenflosse.

SEIWAL
Balaenoptera borealis
Der vor allem in gemäßigten Gewässern lebende Seiwal hat eine dunkelgraue Ober- und eine helle Unterseite sowie eine große Rückenflosse.

7–10 m

NÖRDLICHER ZWERGWAL
Balaenoptera acutorostrata
Dieser kleinste Furchenwal weist eine vom Blasloch ausgehende Furche auf. Die Vorderflossen tragen meistens weiße Flecken.

GRAUWALE

Die einzige Art der Familie Grauwale (Eschrichtiidae) ist nun auf den östlichen Nordpazifik beschränkt, da sie im Atlantik ausgerottet worden ist. Sie unternimmt zur Vermehrung weite jährliche Wanderungen vom Beringmeer in die Tropen, besonders in die Gewässer vor Niederkalifornien (Mexiko).

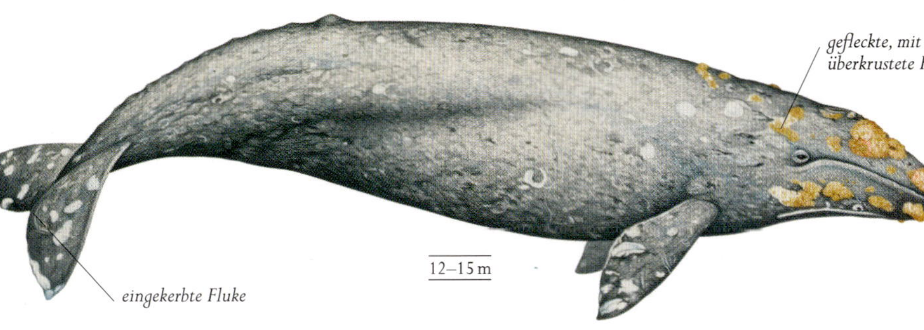

GRAUWAL
Eschrichtius robustus
Der Rücken weist keine Rückenflosse, aber einen Buckel und eine Reihe buckelartiger Wölbungen dahinter auf. Die Furchen der Kehle sind schwach entwickelt.

SCHNABELWALE

Die Arten der Familie Schnabelwale (Ziphiidae) leben im offenen Meer, meist in kleinen Gruppen, die sich um Meeresgräben versammeln. Sie fressen in Nähe des Meeresgrunds und tauchen eine Stunde lang und länger. Die meist wenigen Zähne dienen den Auseinandersetzungen der Männchen – die Nahrung wird einfach eingesaugt. Manche der 20 Arten sind noch nie lebend beobachtet worden.

4,5–5,5 m

GRAY-SCHNABELWAL
Mesoplodon grayi
Diese nur auf der Südhalbkugel lebende Art ist einer der wenigen Schnabelwale, die viele Zähne besitzen. Der schlanke Schnabel ist oft weißlich gefärbt.

4,5–6 m

BLAINVILLE-SCHNABELWAL
Mesoplodon densirostris
Diese verbreitete Art gehört mit ihrem geschwungenen Unterkiefer zu den leichter zu erkennenden Schnabelwalen.

schwarze Gesichtsmaske

weißer ovaler Fleck mit nach vorn gerichteten Spitzen

5–6 m

LAYARD-SCHNABELWAL
Mesoplodon layardii
Dieser Schnabelwal stammt von der Südhalbkugel. Das Männchen trägt lange, gebogene Zähne, die sich über dem Oberkiefer treffen können.

5–5,5 m

HUBBS-SCHNABELWAL
Mesoplodon carlhubbsi
Die vermutlich den Nordpazifik bewohnende Art trägt auf Schnabel und Kopf weiße Flecken. Das Männchen besitzt zwei auffällige Zähne.

4,7–5 m

JAPANISCHER SCHNABELWAL
Mesoplodon ginkgodens
Diese Art kennt man vor allem von gestrandeten Exemplaren im Pazifischen und Indischen Ozean. Die Männchen tragen charakteristische breite, dreieckige Zähne.

4,5–5 m

GERVAIS-SCHNABELWAL
Mesoplodon europaeus
Dieser Wal wird am häufigsten in der Nähe der Kanarischen Inseln beobachtet. Die Zähne der Männchen befinden sich an der Schnabelspitze.

POTTWALE

Mit dem schmalen Unterkiefer und der massiven Stirn vermitteln die Arten der Familie Pottwale (Physeteridae) einen frontlastigen Eindruck. Der Kopf enthält das Spermaceti-Organ, dessen Ölfüllung beim Tauchen der Tarierung dient. Die Nasenknochen sind asymmetrisch und das Blasloch befindet sich links. Pottwale jagen vor allem Kalmare in großen Tiefen und setzen die Echoortung zur Beutesuche ein.

POTTWAL
Physeter macrocephalus
Dieses größte Zähne tragende Tier ist weltweit verbreitet. Wenn es in die Tiefe abtaucht, präsentiert es die große, dreieckige Fluke.

11–20 m

breite, dreieckige Fluke

2,7–3,4 m

ZWERGPOTTWAL
Kogia breviceps
Dies ist einer der kleinsten Wale. Er bewohnt tiefe gemäßigte und tropische Gewässer und ist vor allem von gestrandeten Exemplaren her bekannt.

SCHWEINSWALE

Die Arten der Familie Schweinswale (Phocoenidae) sind kleiner und gedrungener als Delfine. Die Rückenflosse ist eher dreieckig als gebogen. Am auffälligsten sind die seitlich abgeflachten Zähne. Diese Jäger von Fischen, Kalmaren und Krebstieren benutzen Schall zur Ortung der Beute und zur Kommunikation. Die sechs Arten leben vor allem in flachen Küstengewässern.

1,7–2,2 m

WEISSFLANKEN-SCHWEINSWAL
Phocoenoides dalli
Diese nordpazifische Art hat einen kräftigen zweifarbigen Körper und einen kleinen Kopf. Sie bevorzugt das offene Meer.

runde Rückenflosse

1,3–2,2 m

Der weiße Bereich kann sich im Alter vergrößern.

BRILLENSCHWEINSWAL
Australophocaena dioptrica
Obwohl sie selten beobachtet wird, ist diese subantarktische Art leicht an ihrer Zeichnung zu erkennen. Die schwarzblaue Oberseite tarnt die Tiere von oben.

Knochenkamm

Fluke

1,2–1,9 m

GLATTSCHWEINSWAL
Neophocaena phocaenoides
Die Art lebt in allen asiatischen Küstengewässern und es gibt sogar eine chinesische Süßwasser-Population. Anstelle der Rückenflosse trägt sie einen Knochenkamm.

BAIRD-WAL
Berardius bairdii
Der Unterkiefer dieser nordpazifischen langschnäbeligen Art ist länger als der Oberkiefer, sodass die vorderen Zähne immer sichtbar sind.

NÖRDLICHER ENTENWAL
Hyperoodon ampullatus
Neben der gewölbten Stirn und der kleinen Rückenflosse besitzt diese nordatlantische Art einen langen Schnabel, der bei Männchen weiß und bei Weibchen grau ist.

SHEPHERD-SCHNABELWAL
Tasmacetus shepherdi
Diese vor allem durch gestrandete Tiere in Australasien und Südamerika bekannte Art hat eine diffuse Körperzeichnung und zahlreiche kleine Zähne.

CUVIER-SCHNABELWAL
Ziphius cavirostris
Diese weltweit verbreitete Art hat einen kürzeren Schnabel als andere ihrer Familie. Die Farbe ist variabel, wobei Kopf und Rücken immer weißlich sind.

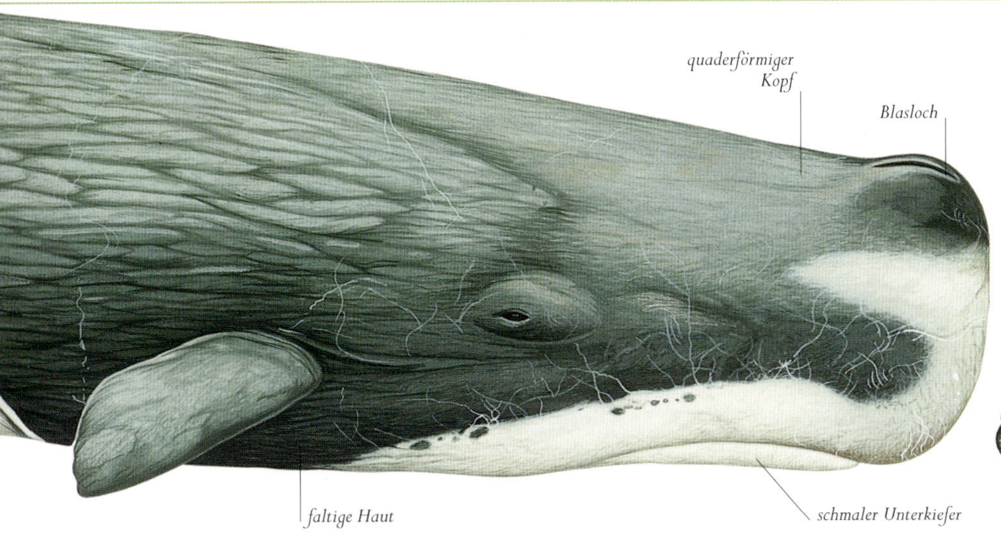

1,4–1,9 m

GEWÖHNLICHER SCHWEINSWAL
Phocoena phocoena
Die weit über die Nordhalbkugel verbreitete Art ist einer der bekanntesten Wale. Sie lebt oft an Flussmündungen und wandert manchmal in die Flüsse ein.

1,4–2 m

1,2–1,5 m

BURMEISTER-SCHWEINSWAL
Phocoena spinipinnis
Diese dunkle Art hat eine weit hinten angesetzte Rückenflosse und ist einer der häufigsten Wale der südamerikanischen Küsten.

KALIFORNISCHER SCHWEINSWAL
Phocoena sinus
Die im Golf von Kalifornien endemische Art ist einer der kleinsten und seltensten Schweinswale. In flachen Lagunen ragt oft ihre Rückenflosse aus dem Wasser.

GRÜNDELWALE

Die kleine Familie Gründelwale (Monodontidae) besteht aus nur zwei ungewöhnlichen, mittelgroßen, arktischen Wal-Arten. Die sehr geselligen, manchmal in mehrere Hundert Tiere zählenden Schulen lebenden Wale bewohnen Buchten, Flussmündungen, Fjorde und den Rand des Packeises. Keine der beiden Arten hat eine ausgeprägte Rückenflosse. Beide besitzen eine runde Stirn, die sich verformt, wenn die Tiere ihr weites Spektrum an Tönen produzieren.

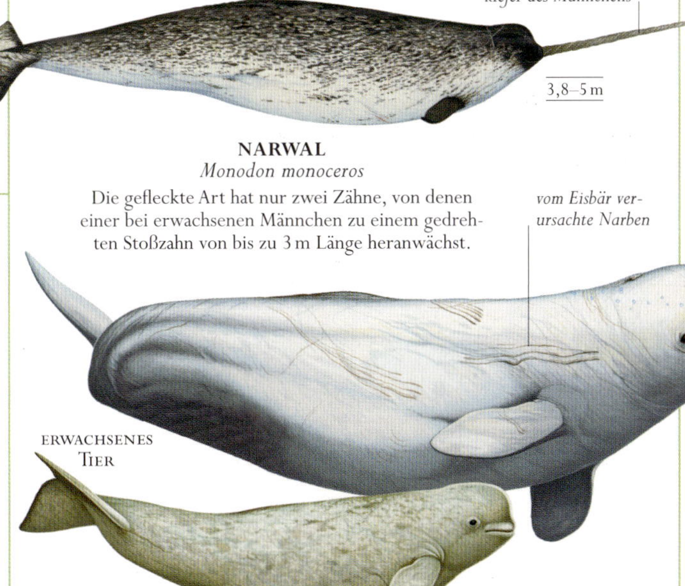

NARWAL
Monodon monoceros
Die gefleckte Art hat nur zwei Zähne, von denen einer bei erwachsenen Männchen zu einem gedrehten Stoßzahn von bis zu 3 m Länge heranwächst.

WEISSWAL
Delphinapterus leucas
Der Weißwal oder Belugawal ist zirkumpolar in arktischen und subarktischen Gewässern verbreitet. Er verbringt den Winter am und unter dem Packeis. Erwachsene Tiere sind vollkommen weiß.

DELFINE

Die weltweit oft im flachen Meer über dem Kontinentalschelf lebenden Arten der Familie Delfine (Delphinidae) haben meist eine gebogene Rückenflosse, einen ausgeprägten Schnabel sowie eine gewölbte Stirn. Ihre Farben und Zeichnungsmuster sind sehr unterschiedlich. Die meisten Delfine fressen überwiegend Fische und leben in Schulen.

1,6–1,8 m

STUNDENGLASDELFIN
Lagenorhynchus cruciger
Dieser selten beobachtete subarktische Delfin hat zwei weiße Flankenbereiche. Er lebt oft in Gesellschaft von Finnwalen. Walfänger konnten mit seiner Hilfe die Wale finden.

2,5–2,8 m

WEISSSCHNAUZENDELFIN
Lagenorhynchus albirostris
Diese nordatlantische Art begleitet oft Boote in der Bugwelle. Sie hat eine gekrümmte Rückenflosse und einen kräftigen weißen Schnabel.

1,9–2,5 m

WEISSSEITENDELFIN
Lagenorhynchus acutus
Die nur in den kühlen Gewässern des Nordatlantiks lebende Art weist eine gut abgegrenzte schwarze, graue und weiße Zeichnung mit einem gelben Streifen auf.

1,6–2,1 m

SCHWARZDELFIN
Lagenorhynchus obscurus
Die in den Küstengewässern der Südhalbkugel weit verbreitete gesellige und äußerst wendige Art springt auf der Jagd regelmäßig aus dem Wasser.

sichelförmige Rückenflosse

breite, dunkle Fluke

vernarbter Körper

2,6–3,8 m

RUNDKOPFDELFIN
Grampus griseus
Diese Art besitzt einen runden Kopf und einen überwiegend grauen Körper, der im Alter heller wird. Sie hat eine sichelförmige Rückenflosse und keinen Schnabel.

2–2,2 m

PEALE-DELFIN
Lagenorhynchus australis
Diese Art bewohnt die südamerikanischen Küsten. Sie hat einen weißen Achselfleck wie die *Cephalorhynchus*-Arten und ist vielleicht mit ihnen eng verwandt.

1,3–1,7 m

JACOBITA
Cephalorhynchus commersonii
Dieser kleine schnabellose Delfin aus den Gewässern des südlichen Südamerikas und des Indischen Ozeans ist ein hervorragender Schwimmer und Springer und hat eine breite, stumpfe Fluke.

2–2,6 m

BORNEO-DELFIN
Lagenodelphis hosei
Diese überaus gesellige Art lebt in den tiefen Gewässern der Südhalbkugel. Im Vergleich zum kräftigen Körper sind die Flossen und der Schnabel schmal.

1,2–1,5 m

HECTOR-DELFIN
Cephalorhynchus hectori
Die nur in neuseeländischen Gewässern vorkommende Art ist die kleinste ihrer Familie. Der Hinterrand der runden Rückenflosse ist gekerbt.

1,3–1,8 m

AMAZONAS-SOTALIA
Sotalia fluviatilis
Obwohl diese Art das Amazonasbecken besiedelt, ist sie mit den Arten der Meere und nicht mit den Flussdelfinen verwandt. Sie ähnelt einem kleinen Tümmler.

1,7–2,4 m

GEWÖHNLICHER DELFIN
Delphinus delphis
Die Flanken der oft große Schulen bildenden Delfine tragen das typische Stundenglasmuster, das man bei springenden Tieren leicht erkennen kann.

FLUSSDELFINE

Zur Familie Flussdelfine (Iniidae) gehören einschließlich des mittlerweile wohl ausgestorbenen Chinesischen Flussdelfins drei Arten. Sie zeichnen sich aus durch kleine Augen, eine gewölbte Stirn und lange Schnäbel. Der lange Schnabel ähnelt dem der Gangesdelfine, doch sind die Zähne der Flussdelfine bei geschlossenem Maul nicht zu sehen.

leicht nach unten gekrümmter Schnabel

1,8–2,5 m

AMAZONAS-DELFIN
Inia geoffrensis
Diesen größten Flussdelfin erkennt man an der fehlenden Rückenflosse und der oft rosa gefärbten Haut. Sein Verbreitungsgebiet überschneidet sich mit dem des La-Plata-Delfins.

2,1–2,6 m

RAUZAHNDELFIN
Steno bredanensis
Die in den meisten warmen Gewässern vorkommende Art besitzt einen konischen Kopf und eine breite, spitz auslaufende Rückenflosse.

1,9–3,9 m

GROSSER TÜMMLER
Tursiops truncatus
Dieser Delfin nimmt oft Kontakt zu Menschen auf. Die küstenfern lebenden Tiere sind größer und dunkler als die küstennahen und haben kürzere Flossen und Schnäbel.

lange, schlanke Flossen

deutlich abgesetzter Schnabel

1,7–2,3 m

ZÜGELDELFIN
Stenella frontalis
Dieser im tropischen und subtropischen Atlantik vorkommende Delfin trägt an der Unterseite dunkle und auf dem Rücken helle Flecken. Sie nehmen im Alter an Dichte zu.

1,8–2,5 m

STREIFENDELFIN
Stenella coeruleoalba
Die in den gemäßigten und tropischen Gewässern aller Meere lebende Art trägt ein Muster aus blauen Streifen und Keilen.

1,8–2,9 m

SÜDLICHER GLATTDELFIN
Lissodelphis peronii
Innerhalb seines Verbreitungsgebiets ist diese Art der einzige Delfin ohne Rückenflosse. Die schwarz-weiß gefärbten Tiere leben in allen kühlen Meeren der Südhalbkugel.

4,3–6 m

KLEINER SCHWERTWAL
Pseudorca crassidens
Diese einfarbig dunkle Art ist in flachen gemäßigten und tropischen Gewässern weit verbreitet. Sie erbeutet andere Wale und große Fische, oft auch aus Netzen heraus.

2,1–2,7 m

BREITSCHNABELDELFIN
Peponocephala electra
Diese küstenfern lebende tropische Art hat einen abgerundeten Kopf und eine große, spitze Rückenflosse. Sie ist einfarbig grau mit einer dunkleren Gesichtsmaske.

hohe Rückenflosse

2,1–2,6 m

ZWERGSCHWERTWAL
Feresa attenuata
Diese schnabellose, kleine, dunkle Art kann sehr aggressiv sein. In ihrem weltweiten tropischen Verbreitungsgebiet jagt sie andere Delfine.

weiße Unterseite

5,5–10 m

GROSSER SCHWERTWAL
Orcinus orca
Die typisch gefärbte, eine hohe Rückenflosse tragende Art ist einer der Spitzen-Prädatoren der marinen Nahrungskette. Sie erbeutet Fische, Robben, Haie und andere Wale.

lange, breite Flossen

3,5–7 m

LANGFLOSSEN-PILOTWAL
Globicephala melas
Diese oft Massenstrandungen zum Opfer fallende, gesellige Art ist in gemäßigten Gewässern weit verbreitet. Man erkennt leicht die gewölbte Stirn, wenn die Tiere aus dem Wasser schauen.

1,3–1,7 m

LA-PLATA-DELFIN
Pontoporia blainvillei
Obwohl die Art auch Flussmündungen und Küstengewässer im östlichen Südamerika bewohnt, zählt sie zu den Flussdelfinen. Sie hat den relativ zu ihrer Größe längsten Schnabel aller Wale.

GANGESDELFINE

Die Familie Gangesdelfine (Platanistidae) besteht aus zwei nahezu identischen Arten in den Flüssen Indus und Ganges. Ihre langen Zähne sind auch bei geschlossenem Maul sichtbar. Den kleinen Augen fehlen die Linsen, sodass die Tiere nahezu blind sind.

INDUS-DELFIN
Platanista minor
Diese Art ist blassblau bis braun und hat einen langen Schnabel, große Flossen und einen dreieckigen Rückenhöcker. Sie navigiert und jagt mithilfe der Echoortung.

kräftiger einfarbiger Körper

spitze Zähne

relativ breite Fluke

1,5–2,5 m

GLOSSAR

ABDOMEN
Der hintere bzw. untere Teil des Körpers. Bei Säugetieren bezeichnet man den Abschnitt zwischen Brustkorb und Becken (den Bauch) als Abdomen, bei Gliederfüßern den Abschnitt hinter der Brust (Thorax).

ADULT
Ein adultes Tier hat das letzte Stadium der Individualentwicklung erreicht.

AFTERFLOSSE
Eine meist unpaarige Flosse eines Fischs, die sich auf der Körperunterseite hinter dem After befindet.

ALKALOIDE
Bittere, manchmal giftige Stoffe, die manche Pflanzen und Pilze bilden.

ALLESFRESSER
Ein Tier, das sowohl Pflanzen als auch andere Tiere und möglicherweise Aas sowie Abfälle frisst.

ALLUVIUM
Ansammlungen von Material, das durch Verwitterung von festen Gesteinen abgetragen und in Flüssen oder Bächen abgelagert wurde.

AMPHIBOLE
Eine Gruppe häufiger gesteinsbildender Mineralien, oft mit komplexer Zusammensetzung. Meist handelt es sich um Calcium-Magnesium- oder um Natrium-Magnesium-Silicate.

ANGIOSPERMAE
Bedecktsamer. Samenpflanzen, bei denen die Samen innerhalb der Fruchtblätter gebildet werden, während sie bei den Nacktsamern frei aufliegen. *Siehe auch* Gymnospermae.

ANORGANISCHER STOFF
Eine chemische Verbindung der unbelebten Natur, die nicht auf Kohlenwasserstoffen aufbaut, bezeichnet man als anorganisch.

ANTENNE
Ein Fühler am Kopf eines Gliederfüßers. Antennen sind immer paarig. Sie dienen dem Tasten, dem Wahrnehmen von Geräuschen, Wärme oder Geruchsstoffen. Ihre Größe und Form kann sehr unterschiedlich sein, je nach ihrer Funktion.

ASCUS (PL. ASCI)
Eine winzige schlauchförmige Struktur, in der ein Vertreter der Schlauchpilze (Ascomycota) seine Sporen bildet.

AUSDAUERNDE PFLANZE
Eine Pflanze, die länger als zwei Wachstumsperioden lebt.

AUSSENSKELETT
Ein Skelett außen am Körper, das ein Tier stützt und schützt. Gliederfüßer haben kompliziert gebaute Außenskelette aus festen Platten, die gelenkig miteinander verbunden sind. Solche Skelette können nicht mitwachsen und müssen regelmäßig abgestreift und durch neue ersetzt werden.

ÄUSSERE BEFRUCHTUNG
Eine Art der Befruchtung, die außerhalb des Körpers des Weibchens stattfindet, meistens im Wasser. Bei Korallen zum Beispiel findet eine äußere Befruchtung statt.

BACKENZAHN (MOLAR)
Bei Säugetieren ein Zahn hinten im Kiefer. Backenzähne, Mahlzähne oder Molaren sind oben oft abgeflacht oder gefurcht und haben lange Wurzeln. Meist dienen sie zum Kauen.

BARTEN
Hornplatten, mit denen Bartenwale Nahrung aus dem Wasser filtern. Die Platten hängen vom Oberkiefer des Wals herab und haben fransige Ränder. In ihnen verfängt sich Nahrung, wie Krill, Plankton und kleine Fische, die dann verschluckt wird.

BASALE ANGIOSPERMEN
Eine Gruppe der Blütenpflanzen mit bestimmten ursprünglichen Merkmalen, die vor den anderen Gruppen von der Hauptlinie der Blütenpflanzen abzweigt. Zur Gruppe gehören die Seerosen.

BASIDIUM (PL. BASIDIEN)
Winzige Ständer, die sich bei Basidienpilzen am Fruchtkörper bilden. An einem Basidium entwickeln sich meist vier Sporen.

BAUCHFLOSSE
Eine der beiden paarigen hinteren Flossen eines Fischs. Bauchflossen befinden sich meist nahe an der Schwanzflosse, manchmal auch weiter vorn am Körper. Damit stabilisieren die meisten Fische ihre Lage im Wasser.

BAUMBEWOHNEND
Tiere, die ständig auf Bäumen leben, nennt man baumbewohnend.

BEERE
Eine fleischige bzw. saftige, meist vielsamige Frucht, die sich aus einem einzigen Fruchtknoten entwickelt hat. Eine Beere springt nicht auf. Viele Früchte werden umgangssprachlich als Beeren bezeichnet, obwohl dies nach botanischer Definition nicht stimmt; so sind Erdbeeren Sammelnussfrüchte.

BEFRUCHTUNG
Das Verschmelzen von Eizelle und Spermium. Eine befruchtete Eizelle kann sich zu einem neuen Lebewesen entwickeln.

BEUTEGREIFER
Ein Tier, das andere Tiere erbeutet und tötet, auch Räuber oder Fressfeind genannt. Manche Beutegreifer lauern ihren Opfern auf, die meisten verfolgen ihre Beute jedoch und greifen sie dann an.

BINOKULARER GESICHTSSINN
Wenn beide Augen eines Tiers nach vorn weisen, überschneiden sich die Sehfelder. Das Tier sieht räumlich und kann Entfernungen einschätzen.

BIOLUMINESZENZ
Die Fähigkeit eines Lebewesens, Licht zu erzeugen.

BIPED
Ein Tier, das auf zwei Beinen läuft, nennt man biped.

BLINDDARM
In diesem blind endenden Anfangsteil des Dickdarms eines Säugetiers wird oft pflanzliche Nahrung verdaut.

BLÜTE
Diese Fortpflanzungsstruktur der größten Gruppe der Blütenpflanzen besteht typischerweise aus Kelch-, Kron-, Staub- und Fruchtblättern.

BLÜTENSTAND
Bei vielen Blütenpflanzen sind mehrere oder viele Blüten in einem Blütenstand angeordnet.

BROMELIE
Eine Blütenpflanze aus der Familie der Bromeliaceae. Fast alle Bromelien-Arten kommen im tropischen Amerika vor, die meisten leben als Epiphyten auf Regenwaldbäumen. Sie wachsen auf Ästen, entnehmen dem Baum aber keine Nährstoffe. Viele bilden Blatttrichter, in denen sich Regenwasser sammelt. Darin wachsen verschiedene Insekten und Kaulquappen heran.

BRÜTEN
Brütende Elternvögel sitzen auf ihren Eiern, um sie zu wärmen, sodass sich die Küken im Inneren entwickeln können. Die Brutzeit kann weniger als 14 Tage bis mehrere Monate dauern.

BRUSTBEINKAMM
Bei Vögeln eine Vergrößerung des Brustbeins, an der die Flugmuskulatur ansetzt.

BRUSTFLOSSE
Eine der beiden paarigen vorderen Flossen eines Fischs. Brustflossen sind meist sehr beweglich und sitzen oft direkt hinter dem Kopf. Meist werden sie zum Manövrieren eingesetzt.

CARAPAX
Ein harter Schild, der die Körperoberseite eines Tiers bedeckt. Einige Wirbeltiere und viele wirbellose Tiere haben einen Carapax. Bei Schildkröten bezeichnet man den Rückenpanzer als Carapax.

CHEMISCHES ELEMENT
Ein Stoff, der durch chemische Verfahren nicht weiter zerlegt werden kann.

CHITIN
Die lang- und geradkettige, stickstoffhaltige, stabile Zuckerverbindung stabilisiert bei Pilzen und Algen die Zellwände und bildet bei Insekten wie Krebsen das Außenskelett.

CHLOROPHYLL
Dieses grüne Pigment nimmt bei der Fotosynthese Lichtenergie auf. Bestimmte Zellorganellen, die Chloroplasten, enthalten Chlorophyll.

CHROMOSOM
Strukturen in Zellen, konzentriert im Zellkern, Träger der Erbinformation (DNA).

DIKOTYLEDONEN
Die Gruppe der Pflanzen, die zwei Keimblätter (Cotyledonen) ausbilden. Sie werden auch als zweikeimblättrige Pflanzen bezeichnet. *Siehe auch* Monokotyledonen.

DNA (DESOXYRIBONUKLEINSÄURE)
Die Trägerin der Erbinformation in den Zellen von Lebewesen. In der DNA (oder RNA) sind die erblichen Merkmale kodiert.

DOMESTIZIERT
Ein Tier, das ständig oder zeitweise in menschlicher Obhut lebt. Einige dieser Tiere sehen noch genauso aus wie die Wildform. Von vielen domestizierten Tieren hat man Rassen gezüchtet, die in der Natur nicht vorkommen.

ECHOORTUNG (ECHOLOKATION)
Manche Tiere können Objekte in ihrer Nähe wahrnehmen, indem sie hochfrequente Laute ausstoßen. Das Echo dieser Laute wird von Hindernissen und von anderen Tieren zurückgeworfen. Der Sender der Laute nimmt ein »Bild« seiner Umgebung wahr. Fledermäuse und einige Vogel-Arten, die in Höhlen leben, orientieren sich mit Echoortung.

ECKZAHN
Ein Zahn eines Säugetiers mit einer einzigen Spitze. Mit den Eckzähnen wird die Beute gepackt und festgehalten. Eckzähne befinden sich weit vorn im Kiefer und sind vor allem bei Raubtieren groß.

EINFACHES BLATT
Ein Blatt mit ungeteilter Blattspreite, was den breiten, meist flächigen Teil des Blatts bezeichnet.

EINHÄUSIGE PFLANZE
Eine Pflanze, bei der sich die männlichen und weiblichen Blütenteile am selben Individuum bilden.

EINJÄHRIGE PFLANZE
Eine Pflanze, die ihren Lebenszyklus vom Keimen bis zum Absterben in einer einzigen Wachstumsperiode abschließt.

EKTOPARASIT
Ein Lebewesen, das parasitisch auf dem Körper eines anderen Lebewesens lebt. Einige Ektoparasiten verbringen ihr ganzes Leben auf ihrem Wirt. Viele andere, wie Zecken und Flöhe, entwickeln sich andernorts und klettern oder springen schließlich auf ihren Wirt, um dessen Blut zu saugen.

EMBRYO
Ein junges Tier oder eine Pflanze in einem frühen Entwicklungsstadium.

ENDEMISCH
Eine Art, die nur in einer bestimmten geografischen Region vorkommt, wie auf einer Insel, in einem Wald, einem Gebirgszug oder einem Land, bezeichnet man als endemisch.

ENDOPARASIT
Ein Lebewesen, das parasitisch im Körper eines anderen Lebewesens lebt. Ein Endoparasit ernährt sich entweder von den Geweben oder von der Nahrung des Wirts. Endoparasiten haben oft komplizierte Lebenszyklen mit mehreren Zwischenwirten und einem Endwirt.

ENZYME
Eine Gruppe von Stoffen, die alle Lebewesen bilden. Enzyme steuern biochemische Reaktionen im Körper, wie Verdauung oder Fotosynthese.

EPIPHYT
Eine Pflanze, Alge oder Flechte, die auf einer anderen Pflanze wächst, aber keine Nährstoffe von ihr bezieht. Epiphyten nennt man auch Aufsitzerpflanzen.

EUDIKOTYLEDONEN
Höher entwickelte Dikotyledonen. Zur Gruppe gehören die meisten Blütenpflanzen.

EUKARYOT, EUKARYONT
Ein Organismus, dessen Zellen einen Zellkern aufweisen. Protoctisten, Pilze, Pflanzen und Tiere sind Eukaryoten.

EVAPORIT
Sedimentgestein oder Mineral, das entsteht, wenn mineralienreiches Wasser (meist handelt es sich um Meerwasser) verdunstet.

FETTFLOSSE
Eine kleine Flosse, die sich bei manchen Fischen hinter der Rückenflosse befindet. Sie besteht vor allem aus Fettgewebe und Haut.

FLECHTE
Eine Symbiose eines Pilzes mit einer Alge oder einem Cyanobakterium, das Fotosynthese betreibt. Der Pilz bezieht von seinem Partner Nähr- und Aufbaustoffe und die Alge Mineralstoffe.

FOSSIL
Überreste eines urzeitlichen Lebewesens, die erhalten geblieben sind. Es kann sich zum Beispiel um Knochen, Zähne, Schalen, Fußspuren, Exkremente oder um Überreste von Bauen handeln.

FOTOSYNTHESE
Der Prozess, bei dem ein Organismus mit der Energie des Sonnenlichts Nähr- und Aufbaustoffe herstellt. Pflanzen, Algen und verschiedene Bakterien betreiben Fotosynthese.

FRUCHT
Eine Frucht entwickelt sich aus der Blüte einer Blütenpflanze und schließt einen oder mehrere Samen ein. Es gibt einfache Früchte und zusammengesetzte, bei denen die Fruchtknoten mehrerer Blüten miteinander verwachsen sind.

FRUCHTKÖRPER (PILZ)
Die fleischigen, Sporen entwickelnden Gebilde haben typischerweise einen Hut und einen Stiel oder sind schalenförmig.

GALLE
Ein tumorähnlicher Auswuchs an einer Pflanze. Die Bildung einer Galle wird von einem anderen Organismus ausgelöst, wie einem Pilz oder einem Insekt. Auf diese Weise schafft sich der Organismus ein schützendes Gebilde, in dem er sich entwickeln kann, und zugleich hat er eine Nahrungsquelle.

GAMETEN
Geschlechtszellen mit männlichen oder weiblichen Keimzellen. Bei Tieren sind die Gameten die Spermien und die unbefruchteten Eizellen.

GEBÄRMUTTER
Bei weiblichen Säugetieren entwickeln sich in der Gebärmutter die Jungen. Bei Placentaliern sind die Jungen über eine Plazenta mit der Gebärmutterwand verbunden.

GEISSEL (FLAGELLUM)
Mit diesem fadenförmigen Gebilde wird Antrieb erzeugt. Flagellaten (Protisten) bewegen sich mit ihren Geißeln vorwärts.

GEN
Als Gen bezeichnet man die Grundeinheit der Vererbung aller Lebewesen. Es handelt sich um einen Abschnitt der DNA, in dem typischerweise die »Bauanleitung« für ein bestimmtes Protein kodiert ist.

GESCHLECHTSDIMORPHISMUS
Bei Arten mit ausgeprägtem Geschlechtsdimorphismus unterscheiden sich Weibchen und Männchen deutlich. Oft sind die Größenunterschiede auffällig, wie bei See-Elefanten.

GESTEIN
Eine feste Vereinigung aus einem oder mehreren Mineralien.

GEWEIH
Eine knöcherne Bildung auf dem Kopf von Hirschen. Anders als Hörner sind Geweihe oft verzweigt. Die meisten Geweihträger werfen ihr Geweih einmal im Jahr ab und ersetzen es durch ein neues. Geweihe spielen beim Balzverhalten eine Rolle.

GLEICHWARM
Ein Tier, das eine gleichmäßig warme Körpertemperatur aufrechterhält, die unabhängig von der Umgebungstemperatur ist, bezeichnet man als gleichwarm oder warmblütig.

GYMNOSPERMAE
Nacktsamer. Eine Samenpflanze, deren Samen nicht in eine Frucht eingeschlossen sind. Oft werden die Samen in Zapfen gebildet. *Siehe auch* Angiospermae.

HERMAPHRODIT
Zwitter. Ein Individium, das die Fortpflanzungsorgane beider Geschlechter oder Teile davon besitzt. Schnecken etwa sind Zwitter.

HOCHBLATT
Ein umgebildetes Blatt, das unter einer Blüte oder einem Blütenstand entspringt und oft auffällig gefärbt ist.

HOLZ
Ein Gewebe aus dickwandigen, verholzten Gefäßen, in denen Wasser geleitet wird. Es hat in der Pflanze zudem eine Stützfunktion.

HORMON
Ein biochemischer Botenstoff, der im Körper gebildet wird. Hormone beeinflussen Abläufe in anderen Teilen des Körpers.

HORN
Ein spitzer Auswuchs auf dem Kopf eines Hornträgers wie eines Schafs, einer Ziege oder einer Antilope. Es handelt sich um einen oft gekrümmten Überzug eines Knochenzapfens.

HYDROTHERMALER GANG
Überhitzte wässrige Lösungen dringen in Gesteinsspalten ein und bilden Erzlagerstätten mit hohem Anteil an Buntmetallen.

HYPHEN
Aneinandergereihte Zellen von Pilzen ergeben feine Pilzfäden. Ein Geflecht aus vielen Hyphen wird als Mycel bezeichnet.

IMMERGRÜNE PFLANZE
Eine Pflanze, die ihre Blätter nicht zu einer bestimmten Jahreszeit abwirft. Die meisten Nadelbäume sind immergrün.

INNENSKELETT
Innenskelette bilden sich im Inneren des Körpers und bestehen oft aus Knochen. Anders als ein Außenskelett kann ein Innenskelett mit dem restlichen Körper mitwachsen.

INNERE BEFRUCHTUNG
Die Befruchtung findet im Körper des Weibchens statt. Die innere Befruchtung ist ein Merkmal vieler Tiere, die auf dem Festland leben, vor allem von Insekten und Wirbeltieren.

KÄTZCHEN
Ein hängender Blütenstand, der meist aus vielen Blüten des gleichen Geschlechts zusammengesetzt ist.

KEIMLING
Ein frühes Entwicklungsstadium einer Pflanze, das sich aus Samen oder Sporen bildet.

KEIMRUHE
Bei Säugetieren bezeichnet man eine Verzögerung zwischen der Befruchtung einer Eizelle und der Entwicklung des Embryos als Keimruhe. Dadurch kann das Jungtier geboren werden, wenn die Bedingungen günstig sind, wie zum Beispiel ein reiches Nahrungsangebot.

KELCH
Der Kelch einer Blüte besteht aus Kelchblättern und bildet den äußeren Ring der Blütenhülle. Die Kelchblätter sind meist klein und blattförmig; sie schließen die Blütenknospe ein.

KERATIN
Ein widerstandsfähiges Faserprotein, aus dem Haare, Krallen und Hörner von Säugetieren bestehen.

KIEMEN
Fische, Amphibien, Krebstiere und Weichtiere besitzen diese Organe, die Sauerstoff aus dem Wasser aufnehmen.

KLETTERPFLANZE
Eine Pflanze, die an einer senkrechten Oberfläche emporklettert, etwa an einem Felsen oder einem Baum, den sie als Stütze nutzt. Kletterpflanzen beziehen keine Nährstoffe von anderen Pflanzen, aber sie können diese schwächen, indem sie sie weitgehend vom Licht abschirmen.

KLOAKE
Eine Öffnung am hinteren Körperende. Bei einigen Wirbeltiergruppen, wie Knochenfischen und Amphibien, münden Darm, Nieren und die Ausführgänge der Geschlechtsorgane in die Kloake.

KLON
Wenn zwei oder mehr identische Organismen die gleichen Gene aufweisen, bezeichnet man sie als Klone.

KNORPEL
Diese elastische Substanz bildet Teile des Wirbeltierskeletts. Bei den meisten Wirbeltieren bestehen die Gelenke zum Teil aus Knorpel. Bei Knorpelfischen bilden Knorpel einen großen Teil des Skeletts.

KOHLENHYDRAT
Ein Einfach- oder Mehrfachzucker. Kohlenhydrate liefern dem Organismus Energie.

KOKON
Eine Hülle aus Seide. Viele Insekten spinnen einen Kokon, der ihre Puppe umgibt. Manche Spinnen weben einen Kokon für ihre Eier.

KOLONIE
Eine Gruppe von Tieren, die derselben Art angehören und gemeinsam leben. Oft besteht eine »Aufgabenteilung«, um die Überlebenschancen der Kolonie-Mitglieder zu erhöhen. Bei einigen Arten, die in Kolonien leben, besonders bei im Wasser lebenden Wirbellosen, sind die Mitglieder ständig miteinander verbunden. Bei anderen, wie Ameisen und Wespen, gehen die Individuen einzeln auf Nahrungssuche, leben aber im gleichen Nest.

KOMMENSALE
Ein Tier, das in einer engen Partnerschaft mit einer anderen Art lebt. Nur der Kommensale ist der Nutznießer, der Wirt wird jedoch nicht geschädigt.

KOMPLEXAUGE
Ein Auge, das aus Einzelaugen zusammengesetzt ist, von denen jedes eine eigene Linse hat. Ein Komplexauge kann aus mehreren Dutzend bis Tausenden von Einzelaugen bestehen. Komplexaugen sind ein gemeinsames Merkmal aller Gliederfüßer.

KRAUTIGE PFLANZE
Eine nicht verholzende Pflanze, Stauden, Ein- und Zweijährige. Die meisten krautigen Pflanzen sind wesentlich kleiner als Sträucher und Bäume.

KRISTALL
Ein Festkörper, dessen Atome oder Moleküle regelmäßig in einem Kristallgitter angeordnet sind. Ein Kristall hat eine typische Gestalt und besitzt charakteristische physikalische und optische Eigenschaften.

KRONE (BLÜTE)
Der innere Ring der Blütenhülle, der aus Kronblättern besteht. Diese sind häufig auffällig gefärbt, um bestäubende Insekten anzulocken.

LAMELLEN
Als Lamellen werden bei Lamellenpilzen (Blätterpilzen) die radial gestellten, dünnen, blättrigen Strukturen an der Hutunterseite bezeichnet, an denen sich die Sporen bilden.

LARVE
Ein noch nicht fertig entwickeltes, aber unabhängiges Tier. Manche Larven sehen völlig anders aus als ihre Eltern und haben eine abweichende Lebensweise.

LAUBABWERFENDE PFLANZE
Eine Pflanze, die zu einer bestimmten Jahreszeit ihr Laub abwirft. Viele Pflanzen der gemäßigten Zonen werfen vor dem Winter ihre Blätter ab.

LAVA
Gesteinsschmelze, die bei einem Vulkanausbruch austritt und sich beim Abkühlen verfestigt.

LEBENSZYKLUS
Die Entwicklung eines Lebewesens von der Bildung der Geschlechtszellen bis zum Tod.

LEGERÖHRE
Ein Fortsatz am Hinterleib der Weibchen vieler Insektenarten, mit dem die Eier abgelegt werden.

LEGUMINOSE
Pflanzen aus der Familie der Hülsenfrüchtler (Fabaceae). Viele Leguminosen beherbergen in Wurzelknöllchen Bakterien, die elementaren Stickstoff aus der Luft fixieren. Auf diese Weise tragen diese Pflanzen zur Nährstoffversorgung des Bodens bei.

MAGMA
Gesteinsschmelze, die sich unter der Erdoberfläche befindet.

MAGMATISCHES GESTEIN
Gestein, das sich aus erstarrter Lava oder erstarrtem Magma gebildet hat.

MAGNOLIIDAE
Eine Gruppe der Blütenpflanzen, deren Mitglieder bestimmte ursprüngliche Merkmale aufweisen, wie einheitlichen Tepalen (Blütenblättern) statt unterscheidbaren Kelch- und Kronblättern.

MANDIBELN
Paarige Mundwerkzeuge (Oberkiefer) bei mehreren Gliederfüßergruppen, wie Tausendfüßern, Insekten und Krebstieren.

MAUSER
Bei der Mauser wechselt ein Vogel sein Federkleid. Ausgefallene Federn werden durch an derselben Stelle nachwachsende ersetzt.

MAXILLEN
Paarige Mundwerkzeuge bei manchen Gliederfüßern wie Krebstieren und Insekten. Die ersten Maxillen entsprechen dem Unterkiefer, die zweiten Maxillen der Unterlippe.

METAMORPHES GESTEIN
Gestein, das durch Wärme oder Druck in der Erdkruste verändert wurde. Dabei bilden sich neue Mineralien.

METAMORPHOSE
Eine Verwandlung der Körpergestalt, die vor allem bei vielen wirbellosen Tieren stattfindet, während sie zum adulten Tier heranwachsen. Bei Insekten kann die Verwandlung vollständig oder unvollständig sein. Bei einer vollständigen Verwandlung wird der Körper in einem Ruhestadium, der Puppe, völlig umgebaut. Bei einer unvollständigen Verwandlung finden jedes Mal, wenn das Tier sich häutet, weniger einschneidende Veränderungen statt.

MIGRATION
Eine regelmäßig stattfindende Wanderung einer Tier-Art in eine andere Region und wieder zurück. Wandernde Tiere folgen einer bestimmten Route. Die meisten wandern zu bestimmten Jahreszeiten, um anderswo gute Bedingungen für die Aufzucht ihrer Jungen zu nutzen oder im Winter der Kälte zu entgehen.

MIMIKRY
Eine Form der Tarnung, bei der ein Tier ein anderes Tier oder ein Objekt nachahmt, wie einen Zweig oder ein Blatt. Mimikry kommt bei Insekten sehr häufig vor. Viele harmlose Arten ahmen solche nach, die stechen oder beißen können.

MINERAL
Ein anorganischer natürlich vorkommender Feststoff mit definierter chemischer Zusammensetzung und einer bestimmten Kristallstruktur.

MITOCHONDRIUM
Eine Organelle in der Zelle eines Eukaryoten, in der die Zellatmung stattfindet.

MONOGAM
Tiere paaren sich mit einem einzigen Partner, entweder während einer Brutsaison oder ein Leben lang. Viele Tiere, die sich intensiv um ihre Jungen kümmern, gehen monogame Partnerschaften ein.

MONOKOTYLEDONEN
Gruppe der Blütenpflanzen, die ein einziges Keimblatt (Cotyledon) ausbilden. Sie werden auch als einkeimblättrige Pflanzen bezeichnet. *Siehe auch* Dikotyledonen.

MUTUALISMUS
Ein Verhältnis zweier verschiedener Arten in einer ökologischen Gemeinschaft, von der beide Arten profitieren. Eine Blütenpflanze und ein bestäubendes Insekt zum Beispiel bilden eine solche Gemeinschaft.

MYCEL
Ein Geflecht aus den fadenförmigen Hyphen eines Pilzes.

MYCORRHIZA
Eine Symbiose zwischen einem Pilz und den Wurzeln einer Pflanze. Der Pilz erhält Nähr- und Aufbaustoffe von der Pflanze und die Pflanze kann über das Pilzmycel mehr Mineralstoffe aufnehmen.

NAHRUNGSKETTE
Organismen, die als Nahrung miteinander in Verbindung stehen, bilden eine Nahrungskette. Pflanzen stehen jeweils am Beginn.

NODIUM (PL. NODIEN)
Eine Verdickung an der Sprossachse einer Pflanze, die man auch als Knoten bezeichnet. Oft entspringen an den Nodien Blätter.

NUSS
Eine trockene, hartschalige Frucht, die meist nur einen Samen enthält.

NYMPHE
Das letzte Larvenstadium bei unvollkommener Verwandlung mancher Insekten. Nymphen weisen bereits Flügelansätze auf, können jedoch nicht wie die adulten Tiere fliegen.

ÖKOLOGISCHE NISCHE
Der Platz und die Rolle eines Lebewesens in seinem Lebensraum. Zwei Arten können zwar den gleichen Lebensraum teilen, aber nie die gleiche Nische besetzen.

ÖKOSYSTEM
Das dynamische Wirkungsgefüge zwischen zusammenlebenden Arten, die im selben Lebensraum vorkommen, und ihrer nicht belebten Umgebung.

OPERCULUM
Ein Deckel. Einige Schnecken verschließen ihr Gehäuse mit einem Operculum, nachdem sie sich zurückgezogen haben. Auch den Kiemendeckel eines KnochenFischs bezeichnet man als Operculum.

OPPONIERBAR
Primaten beispielsweise haben einen opponierbaren Daumen. Das bedeutet, dass er dem Zeigefinger gegenübersteht und gegen ihn gedrückt werden kann. So können Primaten Gegenstände festhalten.

ORGAN
Teile innerhalb des Körpers, die aus bestimmten Gewebe-Arten bestehen und eine definierte Funktion erfüllen. Das Herz und die Haut eines Tiers oder das Blatt einer Pflanze sind Organe.

ORGANELLE
Teile von pflanzlichen oder tierischen Zellen, die besonderen physiologischen Leistungen dienen.

ORGANISCHE VERBINDUNG
Chemische Verbindungen, die auf Kohlenwasserstoff und seinen Abkömmlingen basieren, sind organische Verbindungen.

OVIPAR
Tiere, die sich fortpflanzen, indem sie Eier legen, bezeichnet man als ovipar.

PAARHUFER
Darunter versteht man Huftiere mit einer geraden Anzahl von Zehen, wie Hirsche, Schweine und Antilopen.

PARASIT
Dieser Organismus lebt in einem Wirtsorganismus und schädigt diesen, weil er sich von ihm ernährt. Die meisten Parasiten sind viel kleiner als ihre Wirte, haben einen komplizierten Lebenszyklus und produzieren sehr viele Nachkommen. Parasiten schwächen ihren Wirt oft, töten ihn aber meist nicht.

PARASITOID
Anders als Parasiten töten Parasitoide ihren Wirt schließlich. Sehr viele Parasitoide gehören der Insektenordnung der Hautflügler an.

PARTHENOGENESE
Eine Art der Fortpflanzung, bei der sich eine Eizelle zu einem jungen Tier entwickelt, ohne vorher von einem Spermium befruchtet worden zu sein. Die Nachkommen sind mit dem Elterntier genetisch identisch. Tiere, bei denen es zwei verschiedene Geschlechter gibt, bringen parthenogenetisch immer Weibchen hervor. Bei Wirbellosen ist diese Form der Fortpflanzung häufig.

PFLANZENFRESSER
Ein Tier, das sich von Pflanzen oder Algen ernährt.

PHEROMON
Tiere bilden diese chemischen Stoffe, die auf Artgenossen eine Wirkung haben. Pheromone sind oft flüchtige Stoffe, die sich in der Luft ausbreiten und bei Tieren in einiger Entfernung eine Reaktion auslösen.

PLANKTON
Als Plankton bezeichnet man Organismen, die im Wasser treiben. Viele Plankton-Organismen sind winzig und schweben im offenen Wasser, vor allem nahe der Meeresoberfläche. Plankton-Organismen können sich oft aktiv bewegen, sind aber zu klein, um gegen starke Strömungen anzukommen. Tierische Plankton-Organismen nennt man Zooplankton, planktonische Algen dagegen Phytoplankton.

PLASTRON
Der flache Panzer, der den Bauch einer Schildkröte bedeckt.

PLAZENTA
Ein Organ, über das ein Embryo vor der Geburt Nährstoffe und Sauerstoff aus dem Blut der Mutter aufnimmt.

POLLEN
Samenpflanzen bilden winzige Pollenkörner. In den Pollenkörnern befinden sich die männlichen Gameten, die eine weibliche Eizelle in einer Samenanlage befruchten.

POLYGAM
Ein Fortpflanzungssystem, bei dem sich die Individuen während einer Brutsaison mit mehr als einem Partner paaren, bezeichnet man als polygam.

PRACHTKLEID
Das Federkleid, das die meisten Vogel-Arten vor und am Beginn der Fortpflanzungszeit tragen, wird auch Brutkleid genannt. Vor allem bei Männchen ist es oft viel auffälliger als das Schlichtkleid.

PROKARYOT, PROKARYONT
Damit bezeichnet man Organismen, deren Zellen keinen Kern haben. Archaeen und Bakterien sind Prokaryoten.

PROTEIN
Der auch Eiweiß genannte Stoff aus Ketten von Aminosäuren ist in Nahrungsmitteln wie Fleisch, Käse und Bohnen enthalten. Proteine erfüllen im Körper wichtige Funktionen.

PSEUDOPODIUM
Ein Fortsatz einer Zelle, der seine Form verändern kann. Viele Einzeller bewegen sich mit Pseudopodien vorwärts oder nehmen Nahrung mit ihnen auf. Pseudopodien findet man bei Protoctisten wie Amöben.

PUPPE
Bei Insekten mit vollständiger Metamorphose (Verwandlung) bezeichnet man das Stadium im Lebenszyklus als Puppe, in dem der Körper der Larve aufgebrochen und zum Körper des adulten (ausgewachsenen) Insekts umgebildet wird. In diesem Stadium nimmt das Insekt keine Nahrung auf und kann sich meist nicht oder kaum bewegen. Manche Puppen zucken, wenn man sie berührt. Die Puppe ist mit einer harten Puppenhülle geschützt und manchmal von einem Seidenkokon umgeben.

RAUBTIER
Die Carnivora (Raubtiere) sind eine Ordnung der Säugetiere. Ein Räuber ist ein Tier, das sich von lebendig ergriffenen Tieren ernährt.

REVIER
Ein Gebiet, das von einem Tier oder einer Gruppe von Tieren gegen Artgenossen ver-

teidigt wird. Im Revier stehen oft Ressourcen zur Verfügung (wie Nahrung), mit denen Partner angelockt werden können.

RHIZOM
Ein kriechender oder unterirdisch wachsender Teil der Sprossachse, an dem sich neue Triebe bilden können.

RUDIMENTÄR
Ein Organ, das zurückgebildet ist oder nicht funktioniert.

RÜSSEL
Nase und Oberlippe oder Mundwerkzeuge eines Tiers können zu einem Rüssel umgebildet sein. Insekten trinken mit ihrem Rüssel Flüssigkeiten. Oft ist er lang und dünn. Schmetterlinge rollen ihren Saugrüssel ein, wenn sie nicht an Blüten trinken.

SAMEN
Entwicklungsstadium einer Samenpflanze: Ein Embryo ist häufig in Nährgewebe eingebettet und von einer Samenschale umgeben.

SAMENANLAGE
Eine Bildung, in der sich die Eizelle einer Samenpflanze befindet. Bei Bedecktsamern sind die Samenanlagen in ein Fruchtblatt eingeschlossen, bei Nacktsamern liegen sie frei. Nach der Befruchtung entwickelt sich die Samenanlage zu einem Samen.

SCHLICHTKLEID
Bei Vögeln tragen viele Arten nach einer Mauser zum Ende der Brutsaison ein anderes Gefieder, das vor allem bei Männchen oft unauffälliger ist.

SCHNABEL
Ein spitz zulaufender Kiefer ohne Zähne. Schnäbel haben sich bei einigen Wirbeltier-Gruppen unabhängig voneinander entwickelt, wie bei Vögeln und Schildkröten.

SCHNEIDEZAHN
Bei Säugetieren bezeichnet man die flachen Zähne vorn im Kiefer, mit dem das Tier Nahrungsteile abschneidet und kaut, als Schneidezähne.

SCHWIMMBLASE
Eine mit Gas gefüllte Blase, mit der die meisten Knochenfische ihren Auftrieb steuern. Indem sie den Gasdruck in der Blase regulieren, können sie im Wasser »stillstehen«, statt aufzusteigen oder abzusinken.

SEDIMENTGESTEIN
Ein Gestein, das aus Gesteinsbruchstücken, organischen Ablagerungen und anderen Materialien entstanden ist, die sich verfestigt haben.

SPALTÖFFNUNG
Eine winzige Pore im Abschlussgewebe einer Pflanze, die sich öffnen und schließen kann. Die Spaltöffnungen gewährleisten bei der Fotosynthese und Atmung den Gasaustausch.

SPERMATOPHORE
Ein Spermienpaket, das entweder direkt vom Männchen zum Weibchen übertragen wird oder indirekt, zum Beispiel, indem es auf dem Boden abgelegt wird. Viele Tiere bilden Spermatophoren, wie Salamander und einige Gliederfüßer.

SPORE
Eine Zelle mit einfachem Chromosomensatz. Anders als Gameten können Sporen ohne Befruchtung zu neuen Lebewesen heranwachsen. Pilze und Sporenpflanzen bilden Sporen.

SPOROPHYT
Die Generation im Lebenszyklus einer Pflanze, die Sporen bildet. Bei Farnen und Samenpflanzen ist der Sporophyt die dominierende (sichtbare) Generation.

SPRITZLOCH
Bei Haien und Rochen eine Öffnung hinter dem Auge, durch die Wasser zu den Kiemen gelangt.

SPROSSKNOLLE
Ein unterirdisches Speicherorgan einer Pflanze, das aus der verdickten Basis der Sprossachse besteht.

STAUBBEUTEL
Anthere. Die Struktur des Staubblatts einer Blütenpflanze, in der Pollen gebildet wird.

STAUBBLÄTTER
Die männlichen Geschlechtsorgane einer Blüte. Ein Staubblatt (Staminum) besteht aus dem Staubbeutel (Anthere) und dem Staubfaden (Filament).

STEMPEL
Die weiblichen Geschlechtsorgane einer Blüte, die aus Fruchtknoten (Ovarium), Griffel (Stylus) und Narbe (Stigma) bestehen.

STICKSTOFF-FIXIERUNG
Ein chemischer Prozess, bei dem der elementare Stickstoff aus der Luft in komplexere Stickstoff-Verbindungen umgewandelt wird. Bestimmte Mikroorganismen fixieren Stickstoff.

STIGMA (PL. STIGMEN)
Bei Insekten und Tausendfüßern gelangt durch diese Öffnungen in der Körperwand Luft in die Tracheen. Durch die verschließbaren Stigmen lässt sich der Gastransport regulieren.

STOFFWECHSEL
Die biochemischen Abläufe, die im Körper eines Tiers oder einer Pflanze stattfinden. Bei einigen Stoffwechsel-Vorgängen werden Nährstoffe aufgebrochen und Energie freigesetzt. Bei anderen wird Energie verbraucht, zum Beispiel bei der Kontraktion von Muskeln.

STRAUCH
Eine holzige ausdauernde Pflanze mit mehreren Stämmen.

SYMBIOSE
Eine Vergesellschaftung zweier verschiedener Arten, die für beide Partner vorteilhaft ist.

TARNKLEID
Eine Färbung oder ein Muster, mit dem ein Tier optisch mit seiner Umgebung verschmilzt. So getarnt ist es vor seinen Fressfeinden sicherer oder es kann sich an seine Beute anschleichen, ohne von ihr wahrgenommen zu werden.

TEPALE
Ein Blatt der Blütenkrone. Bei Blüten mit Tepalen sind Kelch- und Kronblätter nicht zu unterscheiden.

TERRESTRISCH
Tiere, die hauptsächlich oder ständig auf dem Erdboden leben, haben eine terrestrische Lebensweise.

THORAX
Der mittlere Teil des Körpers eines Gliederfüßers. Im Thorax befinden sich kräftige Muskeln und an ihm setzen Beine und Flügel an, sofern das Tier solche besitzt. Bei Wirbeltieren bezeichnet man den Brustkorb als Thorax.

TORPOR
Ein schlafähnlicher Zustand, bei dem die Prozesse im Körper viel langsamer ablaufen. So überstehen manche Tiere schwierige Bedingungen, wie extreme Kälte oder Nahrungsmangel.

TRACHEENSYSTEM
Ein stark verästeltes, leistungsfähiges Röhrensystem sorgt im Inneren des Insektenkörpers für den Gasaustausch.

TRÄCHTIGKEIT
Die Zeitspanne von der Befruchtung bis zur Geburt bei einem lebendgebärenden Tier, wie einem Säugetier.

UNGESCHLECHTLICHE VERMEHRUNG
Eine Art der Vermehrung, bei der nur ein Elterntier beteiligt ist. Die Nachkommen sind mit dem Elternorganismus genetisch identisch (Klone). Ungeschlechtliche Vermehrung kommt am häufigsten bei Mikroben, Pflanzen und wirbellosen Tieren vor.

UNPAARHUFER
Huftiere mit einer ungeraden Anzahl von Zehen, wie Pferde, Zebras, Nashörner und Tapire.

VEKTOR
Ein Organismus, der einen Krankheitserreger oder genetische Information von einem Wirt zum nächsten überträgt.

VIVIPARIE
Eine Art der Fortpflanzung, bei der keine Eier gelegt werden, sondern es werden lebende, weit entwickelte Jungen zur Welt gebracht.

VORBACKENZAHN (PRÄMOLAR)
Bei Säugetieren ein Zahn, der sich im Kiefer zwischen dem Eckzahn und den Backenzähnen befindet. Bei vielen Raubtieren bilden ein klingenförmiger Vorbackenzahn im Oberkiefer und ein Backenzahn im Unterkiefer eine Brechschere, mit der das Tier Fleisch durchtrennen kann.

WECHSELWARM
Ein Tier, dessen Körpertemperatur von der Umgebungstemperatur abhängig ist, bezeichnet man als wechselwarm oder auch als kaltblütig.

WIEDERKÄUER
Ein Huftier mit einem spezialisierten Verdauungssystem: Der Magen besteht aus mehreren Abschnitten. Einer, der Pansen, beherbergt unzählige Mikroorganismen, die dazu beitragen, die Pflanzennahrung aufzuschließen. Um den Prozess zu beschleunigen, würgt ein Wiederkäuer verschluckte Nahrung meist wieder hoch und kaut sie erneut.

WINTERSCHLAF
Eine Ruheperiode mancher gleichwarmer Tiere im Winter, bei der die Körpertemperatur herabgesetzt ist und Atmung und Herzschlag verlangsamt sind.

WIRT
Ein Organismus, auf oder in dem ein Parasit lebt und von dem er sich ernährt.

WURZELKNÖLLCHEN
Rundliche Verdickungen an den Wurzeln einer Leguminose, in der sich stickstofffixierende Bakterien befinden.

ZAPFEN
Der Zapfen von Pflanzen besteht aus verholzenden Tragblättern und einer verholzenden Achse. Im Zapfen werden Samenanlagen oder Pollenkörner gebildet. Viele Bäume bilden Zapfen, etwa Nadelbäume und Erlen.

ZELLE
Die grundlegende Einheit aller Lebewesen.

ZELLKERN
Rundlicher, abgegrenzter Körper in Zellen von Eukaryoten, in der sich ein großer Teil der Erbinformation befindet.

ZELLULOSE
Ein Vielfachzucker, der bei Pflanzen als Bestandteil von Gewebefasern vorkommt und so als Baustoff dient. Tiere können Zellulose schlecht verdauen. Manche Pflanzenfresser brechen sie mithilfe von Mikroorganismen in ihrem Verdauungssystem auf.

ZUSAMMENGESETZTES BLATT
Ein Blatt, dessen Spreite sich aus mehreren, voneinander getrennten Fiederblättern zusammensetzt. *Siehe auch* einfaches Blatt.

ZWEIHÄUSIGE PFLANZE
Eine Pflanze, bei der männliche und weibliche Blüten oder Zapfen sich an verschiedenen Individuen bilden.

ZWEIJÄHRIGE PFLANZE
Eine Pflanze, die ihren Lebenszyklus vom Keimen bis zum Absterben in zwei Jahren abschließt. Meist werden während des ersten Jahres Nährstoffe gespeichert, die für die Samenbildung im zweiten Jahr verwendet werden.

ZWIEBEL
Bei Zwiebelpflanzen besteht die Zwiebel aus dem unteren Teil der Sprossachse und fleischig verdickten Niederblättern. In der Zwiebel werden Nährstoffe für eine Ruheperiode oder die Bildung von Früchten mit Samen gespeichert.

ZYGODACTYLE FÜSSE
Spezialisierte Füße, bei denen die zweite und dritte Zehe nach vorn und die erste und vierte nach hinten weisen. Mit dieser Zehenstellung können Vögel Baumstämme emporklettern oder an senkrechten Stämmen oder anderen Oberflächen sitzen. Papageien, Kuckucke, Turakos, Eulen, Tukane und Spechte haben zygodactyle Füße.

ZYTOPLASMA
Das geleeartige Innere einer Zelle mit den Organellen. In Eukaryotenzellen konzentriert es sich in der Region um den Zellkern.

REGISTER

Die **fett** gedruckten Seitenzahlen beziehen sich auf Feature-Doppelseiten oder die Vorstellung von Tier- oder Pflanzengruppen.

A

Aal, Europäischer 331
Aale 331
Aalmolch, Dreizehen- 369
Aalmolche 369
Aasfresser 430
Aaskrähe 486
Abdomen 260, 274
Abendkernbeißer 497
Abendsegler, Großer 557
Abgottschlange **392–393**
Abies
alba 119
grandis 119
magnifica 119
Abutilon megapotamicum 187
Acacia
dealbata 173
glaucoptera 173
Acanthaceae **197**
Acanthaster planci 317
Acanthasteridae **317**
Acanthiza reguloides 486
Acanthizidae **486**
Acanthochitonidae **313**
Acanthodactylus erythrurus 386
Acantholyda erythrocephala 297
Acanthophis pyrrhus 397
Acanthopleura granulata 313
Acanthorhynchus tenuirostris 485
Acanthosaura crucigera 381
Acanthoscurria insubtilis 264
Acanthosoma haemorrhoidale 281
Acanthosomatidae **281**
Acanthuridae **348**
Acanthurus leucosternon 348
Acanthus mollis 197
Acaridae **263**
Acarus siro 263
Accipiter
badius 437
gentilis 437
nisus 437
Accipitridae **431–436**
Acer
palmatum 189
pseudoplatanus 189
saccharum 189
Acetobacter aceti 92
Achat 59
Achatina fulica 308
Achatinidae **308**
Achatschnecke, Große 308
Acheta domestica 277
Achias rothschildi 289
Achillea millefolium 205
Acinonyx jubatus 577
Acipenser sturio 330
Acipenseridae **330**
Acipenseriformes **330**
Ackerbohnenkäfer 287
Ackerling
Raustieliger 213
Südlicher 213
Voreilender 213
Acoela 256
Acomys
cahirinus 526
dimidiatus 526
Aconitum napellus 154
Acontias percivali 386
Acoraceae **130**
Acorales **130**
Acorus calamus 130
Acrantophis dumerili 390
Acrididae **277**
Acrobates pygmaeus 508
Acrobatidae **508**
Acrocephalus schoenobaenus 490
Acropora spec. 255
Acroporidae **255**
Acryllium vulturinum 409
Actias luna 292
Actinidia chinensis 191
Actinidiaceae **191**
Actiniidae **255**
Actinopterygii 320, **330–348**
Actinoptychus
heliopelta 102
spec. 102
Actinosphaerium spec. 101
Actitis macularius 447
Actophilornis africanus 446
Adamellit 67
Adamin 53
Adansonia digitata 186
Addax nasomaculatus 602
Adelie-Pinguin 417
Adelomyia melanogenys 470
Adelphobates
castaneoticus 359
galactonotus 359
quinquevittatus 359
Adernseitling, Orangerötlicher 223
Adlerbussard 433
Adlerfarn 112
Adlerkolibri 469
Adlerrochen, Gefleckter 327
Adonis annua 154
Adonisröschen, Herbst- 154
Adoxa moschatellina 206
Adoxaceae **206**
Adventivwurzeln 130
Aechmea chantinii 145
Aechmophorus occidentalis 423
Aegilops neglecta 146
Aegithalidae **488**
Aegithalos caudatus 488
Aegithina tiphia 486
Aegithinidae **486**
Aegolius
acadicus 466
funereus 466
Aeonium tabuliforme 166
Aepyceros melampus 605
Aerenchym 126
Aeronautes saxatalis 469
Aerva lanata 157
Aesculus hippocastanum 189
Aeshnidae **275**
Aethia cristatella 451
Aetobatus narinari 327
Affenbrotbaum 186
Afghanfuchs 562
Afrikanischer Elefant 516
Afrixalus paradorsalis 358
Afrosoricida 513
Aga-Kröte 355, **356–357**
Agalychnis
callidryas 360
lemur 360
Agama agama 381
Agamen **381**
Agamidae **381**
Agaonidae **298**
Agapanthaceae **132**
Agapanthus africanus 132
Agapornis
personatus 458
roseicollis 458
Agardhiella subulata 103
Agaricaceae **212–213**
Agaricales **212–225**
Agaricus
arvensis 212
augustus 212
bisporus 212
campestris 212
xanthodermus 212
Agave americana 133
Agave, Hundertjährige 133
Agelaius phoeniceus 496
Agelas tubulata 250
Agelasidae **250**
Agelenidae **265**
Agglomerat 65
Ägirin 56
Agkistrodon contortrix 399
Aglaiocercus kingi 470
Aglaophenia cupressina 253
Aglaopheniidae **253**
Agraylea multipunctata 291
Agrocybe
cylindracea 213
pediades 213
Agromyza rondensis 288
Agromyzidae **288**
Agrostemma githago 162
Agrostis stolonifera 147
Aguti
Azara- 532
Gold- 532
Mittelamerikanisches 532
Agutis **532**
Ahnfeltia spec. 104
Ahorn 241
Berg- 189
Fächer- 189
Gewöhnlicher Zucker- 189
Ährenfischartige **337**
Ailanthus altissima 189
Ailuridae **572**
Ailuroedus crassirostris 485
Ailuropoda melanoleuca 566
Ailurops ursinus 507
Ailurus fulgens 572
Aix galericulata 414
Aix sponsa 414
Aizoaceae **156**
Ajuga reptans 198
Akanthit 41
Akanthus, Pracht- 197
Akashiwo sanguinea 100
Akazie, Lehm- 173
Akazien **293**
Akebia quinata 152
Akebie, Fingerblättrige 152
Akelei, Gewöhnliche 155
Aktinolith 56
Alaemon alaudipes 489
Alaskan Malamute 565
Alauda arvensis 489
Alaudidae **489**
Albatros 34
Laysan- 421
Schwarzbrauen- 421
Schwarzfuß- 421
Wander- 421
Albatrosse **421–423**
Albertosaurus spec. 84
Albit 61
Albizia julibrissin 173
Alca torda 451
Alcea pallida 187
Alcedinidae **474–475**
Alcedo
atthis 474
azurea 474
pusilla 474
Alcelaphus
buselaphus 603
caama 603
lichtensteinii 603
Alces americanus 598
Alchemilla vulgaris 183
Alcidae **451**
Alcyoniidae **254**
Alcyonium
digitatum 254
glomeratum 254
Aldabra-Riesenschildkröte **376–377**
Aldabrachelys gigantea **376–377**
Alectoris
chukar 410
melanocephala 410
Alectura lathami 408
Alestidae **333**
Alethopteris serlii 76
Aleuria aurantia 240
Aleurites moluccana 178
Alexandra-Sittich 458
Aleyrodidae **280**
Algenblüte 94, 100
Algenfarn, Großer 113
Algenpilze 101
Alisma plantago-aquatica 130
Alismataceae **130**
Alismatales **130–132**
Alisterus scapularis 457
Alitta virens 259
Alken **451**
Alle alle 451
Allfarblori 457
Alliaceae **132**
Alligator
mississippiensis 401
sinensis 401
Alligatoren **400–401**
Alligatoridae **401**
Allium
sphaerocephalon 132
ursinum 132
Allobates femoralis 358
Allophan 59
Almandin 54
Alnus rubra 176
Alocasia macrorrhizos 131
Aloe vera 140
Aloe, Echte 140
Alopias vulpinus 326
Alopiidae **326**
Alopochen aegyptiaca 413
Alosa alosa 332
Alouatta
caraya 538
palliata 538
pigra 538
seniculus 538
Alpaka 609
Alpen 62
Alpenrose, Baum- 191
Alpenschneehuhn 411
Alpensegler 469
Alpenspitzmaus 560
Alpensteinbock 606
Alpenstrandläufer 446
Alpenveilchen, Herbst- 195
Alpha-Männchen 546
Alpinia officinarum 149
Alstroemeria spec. 141
Alstroemeriaceae **141**
Altweltaffen 534, **542–549**
Alunit 50
Alveolata 33, 94, **100**
Alytes obstetricans 352
Alytidae **352**
Amadina fasciata 495
Amadine
Band- 495
Gould- 495
Muskat- 494
Rotköpfige Papagei- 494
Amanita
caesarea 214
citrina 214
fulva 214
muscaria 214, **216–217**
pantherina 214
phalloides 214
rubescens 214
virosa 214
Amanitaceae **214**
Amaranthaceae **157**
Amaranthus caudatus 157
Amaryllidaceae **132, 133**
Amaryllis 133
Amatitlania nigrofasciata 347
Amaurornis flavirostra 439
Amazilia yucatanensis 470
Amazilie, Yukatan- 470
Amazona
aestiva 459
guildingii 459
Amazonas-
Delfin 616
Sotalia 616
Amazone
Blaustirn- 459
Königs- 459
Amberbaum 167
Amblygonit 52
Amblyrhynchus cristatus 384
Amblysomus hottentotus 513
Ambonychia spec. 80
Amborella trichopoda 124
Amborellaceae **124**
Amborellales **124**
Ambulakralfüßchen 314–316
Ameerega trivittata 358
Ameisen 274, **299**
Ameisenbär, Großer 520, 521
Ameisenbären **520–521**
Ameisenbeutler **504**
Ameisenbuntkäfer 284
Ameisendrosseln **484**
Ameisenigel **502**
Ameisenjungfer 283
Ameisenpitta, Bartstreif- 484
Ameisenpittas **484**
Ameisenvögel 482, **484**
Ameisenwürger, Weißbart- 484
Ameiurus nebulosus 333
Ameiva ameiva 386
Ameive 386
Amelanchier lamarckii 182
Amethyst 58
Amethystohrkolibri 469
Amietophrynus rangeri 354
Aminoa spec. 256
Ammenhai, Atlantischer 324
Ammern **498–499**
Ammodytes tobianus 346
Ammodytidae **346**
Ammoniten 21, 74
Ammophila arenaria 147
Ammospermophilus harrisii 525
Ammotragus lervia 606
Amöben 94, **96**
Amöbenruhr 96
Amoebozoa 33, 94, **96**
Amorphophallus titanum 131
Ampfer, Krauser 164
Amphibien 34, 318, **350–369**
Amphibolit 69
Amphidinium carterae 100
Amphinomidae **259**
Amphiprion ocellaris 347
Amphisbaena fuliginosa 389
Amphisbaenia **389**
Amphisbaenidae **389**
Amphiuma tridactylum 369
Amphiumidae **369**
Amplexus 352
Ampullariidae **306**
Ampulloclitocybe clavipes 220
Amsel 493
Amurfalke 431
Amytornis striatus 484
Anabantidae **348**
Anablepidae **338**
Anableps anableps 338
Anacamptis pyramidalis 136
Anacardiaceae **187**
Anacardium occidentale 187
Anadia ocellata 387
Anagallis arvensis 195
Anakonda, Große 390, 391
Analcim 61
Analdrüsen 561
Ananas 144
Ananas comosus 144
Anarhichadidae **346**
Anarhichas lupus 346
Anas
americana 414
bahamensis 414
clypeata 414
formosa 414
platyrhynchos 414
Anaspidea **307**
Anastomus lamelligerus 425
Anatidae **412–415**
Anatis ocellata 287
Anax longipes 275
Anaxyrus americanus 355
Ancylus fluviatilis 308
Andalusit 55
Anden-Flamingo 424
Andenkolibri
Brustband- 470
Estella- 471
Andenkondor 430
Andenschakal 563
Andesin 61
Andesit 65
Porphyrischer 65
Andradit 54
Andreaea rupestris 111
Andreaeaceae **111**
Andrena fulva 299
Andrenidae **299**
Andrias
japonicus 368
scheuchzeri 24
Androctonus amoreuxi 262
Andrognathidae **260**
Androsace villosa 195
Anemone
coronaria 154
hepatica 155
pulsatilla 154
Anemone, Garten- 154
Anemonen **254–255**
Anemonenbecherling 239
Anemonenbrand 235
Anemonenfisch, Orangeringel- 347
Anemonia viridis 255
Angamiana aetherea 280
Angelica sylvestris 202
Angiospermae **122–207**
Angiospermen **122–207**
Basale 124–127
Anglerfisch
Fächerflossen- 336
Sargassum- 336
Warzen- 336
Anglesit 50
Angorakaninchen 521
Angoraziege 606
Anguidae **388**
Anguilla anguilla 331
Anguilliformes **331**
Anguis fragilis 388
Anhimidae **413**
Anhinga anhinga 429
Anhingidae **429**
Anhydrit 51
Ani, Riefenschnabel- 462
Anigozanthos flavidus 145
Animalia 28
Anischampignon, Weißer 212
Anisognathus somptuosus 498
Anisomorpha buprestoides 276
Anistrichterling, Grüner 215
Ankerit 49
Ankylosaurus magniventris 85
Annakolibri 470
Annattostrauch 186
Annelida 249, **258–259**
Anniella pulchra 388
Anniellidae **388**
Annona squamosa 129
Annonaceae **129**
Anoa, Flachland- 600
Anobiidae **284**
Anobium punctatum 284
Anodonta spec. 303
Anodorhynchus hyacinthinus 459
Anolis
carolinensis 385
equestris 385
Anolis 385
Rotkehl- 385
Anomalopidae **338**

Anomaluromorpha **523**
Anoplogaster cornuta 338
Anoplogastridae **338**
Anorthit 60
Anorthoklas 61
Anorthosit 67
Anotheca spinosa 361
Anoura geoffroyi 555
Anous stolidus 451
Anser
anser 412
brachyrhynchus 412
canagicus 413
cygnoides 412
indicus 412
Anseranas semipalmata 413
Anseriformes **412–415**
Anseropoda placenta 317
Antalis dentalis 313
Antaresia maculosa 399
Antechinomys laniger 505
Antechinus stuartii 505
Antennariidae **336**
Antennarius maculatus 336
Antennen 274
Antheraea polyphemus 292
Anthericum liliago 133
Anthicidae **286**
Anthicus floralis 286
Anthidium manicatum 299
Anthocharis cardamines 295
Anthocoridae **281**
Anthocoris nemorum 281
Anthomyiidae **288**
Anthophoridae **299**
Anthoxanthum odoratum 147
Anthozoa **254–255**
Anthracoceros
albirostris 476
coronatus 476
Anthrazit 71
Anthropoides paradiseus 441
Anthus
cervinus 495
rubescens 495
Anthyllis vulneraria 173
Antidorcas marsupialis 604
Antigonon leptopus 164
Antilocapra americana 598
Antilocapridae **598**
Antilope cervicapra 604
Antilopen **602–605**
Antilopenhase 522
Antilopenziesel, Harris- 525
Antilophia bokermanni 483
Antimon 40
Antimonit 41
Antipathes spec. 255
Antipathidae **255**
Antirrhinum majus 200
Anubispavian 544
Aonyx cinerea 575
Aotidae **539**
Aotus
nigriceps 539
trivirgatus 539
Apalone spinifera 373
Apatit 52
Apatura iris 294
Apfel, Prärie- 182
Apfeldeckelschnecken 306
Apfelfruchtfliege 291
Apfelschnecke 306
Aphelandra squarrosa 197
Aphidecta obliterata 287
Aphididae **280**
Aphrodita aculeata 259
Aphroditidae **259**
Aphrophora alni 280
Aphrophoridae **280**
Aphyllanthes monspeliensis 134
Apiaceae **202**
Apiales **202–203**
Apicomplexa **100**
Apidae **299**
Apikalmeristem 116
Apis mellifera 299
Aplacophora 34, **301**
Aplodontia rufa 523
Aplodontiidae **523**
Aplysia punctata 307
Aplysiidae **307**
Aplysina archeri 251
Aplysinidae **251**
Apocynaceae **196–197**
Apodemus
flavicollis 527
sylvaticus 527
Apodidae **469**
Apodiformes **469**
Apogon compressus 344
Apogonidae 315, **344**
Apollo 296
Aponogeton distachyos 130
Aporia crataegi 295
Aporocactus flagelliformis 159
Aporrhaidae **305**
Aporrhais pespelecani 305
Apothecien 242, 244, 245
Apothekerskink 387
Aptenodytes
forsteri 416
patagonicus 416, **418–419**
Apterygidae **406, 407**
Apterygiformes **406**
Apteryx
australis 406
haastii 407
mantelli 406
owenii 407
Apus apus 469
Aquamarin 56
Aquifoliaceae **203**
Aquifoliales **203**
Aquila
chrysaetos 432
heliaca 432
Aquilegia vulgaris 155
Ara
ararauna 459
macao 459
rubrogenys 459
Ara
Gelbbrust- 459
Hellroter 459
Hyazinth- 459
Rotohr- 459
Araber 593
Araceae **130, 131**
Arachis hypogaea 173
Arachnida **262–267**
Arachnoidiscus spec. 102
Arachnothera affinis 495
Aradidae **281**
Aradus betulae 281
Aragonit 48
Araliaceae **202, 203**
Aramidae **439**
Aramus guarauna 439
Araneidae **264**
Araneus diadematus 264
Arapaima 331
Arapaima gigas 331
Arapaimidae **331**
Araripe-Pipra 483
Arassari
Braunohr- 477
Flecken- 477
Halsband- 477
Lauch- 477
Aratinga jandaya 459
Araucaria
araucana 120
mirabilis 77
Araukarie, Chilenische 120
Arborophila javanica 410
Arbutus unedo 191
Arca noae 302
Arcella
bathystoma 96
discoides 96
gibbosa 96
vulgaris 96
Archaea 22, 29
Archaeen 32, 90, 92
Archaeobalanidae **269**
Archaeocyathid 78
Archaeopteryx 25
lithographica 83
Archaeplastida 94, **103–105**
Arche-Noah-Muschel 302
Archenmuscheln 302
Archerella flavum 99
Archilochus colubris 470
Archimylacris eggintoni 79
Archispirostreptus gigas 261
Architaenioglossa **306**
Arcidae **302**
Arcoida **302**
Arctictis binturong 587
Arctiidae **292**
Arctocebus aureus 535
Arctocephalus
australis 567
forsteri 567
galapagoensis 567
gazella 567
pusillus 567
townsendi 567
Arctonyx collaris 574
Ardea
alba 426
cinerea 426
pacifica 426
Ardeidae **426–427**
Ardeola grayii 427
Ardeotis
australis 438
kori 438
Ardisia crenata 190
Areca catechu 142
Arecaceae **142–143**
Arecales **142**
Arenaria
interpres 447
serpyllifolia 162
Arenga pinnata 142
Arenicola marina 259
Arenicolidae **259**
Areolae **192**
Argali 607
Argas persicus 263
Argasidae **263**
Arge ochropus 297
Argidae **297**
Argon 13
Argonauta hians 312
Argonautidae **312**
Argulidae **269**
Argulus spec. 269
Arguswaran 389
Argyroneta aquatica 265
Argyropelecus affinis 335
Ariolimacidae **308**
Ariolimax columbianus 308
Arion ater 308
Arionidae **308**
Arisaema consanguineum 131
Arisarum vulgare 131
Aristolochia 296
clematitis 128
Aristolochiaceae **128**
Aristoteles 28
Arkose 72
Armadillidiidae **270**
Armadillidium vulgare 270
Armeria maritima 165
Armflosser 336
Armfüßer 34, 80, 248, **301**
Armillaria gallica 223
Armleuchteralge, Gewöhnliche 105
Armleuchteralgen 103, **105**
Armmolch, Großer 366
Armmolche **366**
Armoracia rusticana 185
Aromobatidae **358**
Aronstab, Gefleckter 131
Aronstabgewächse 130
Arothron hispidus 340
Arrhenatherum elatius 146
Arsen 40
Arsenate 53
Arsenopyrit 42
Art 28, 29
Artamidae **486**
Artamus personatus 486
Artedi, Peter 28
Artemia salina 269
Artemiidae **269**
Artemisia dracunculus 205
Arthroleptidae **352**
Arthroleptis poecilonotus 352
Arthropoda **260–299**
Arthurdendyus triangulatus 257
Artibeus cinereus 555
Artinit 48
Artiodactyla **594–611**
Artischocke, Wilde 205
Artocarpus heterophyllus 181
Arum maculatum 131
Arundo donax 146
Arvicola amphibius 525
Asarum europaeum 128
Ascalaphidae **283**
Ascarididae **257**
Ascaris spec. 257
Asci 236, 242
Asclepias tuberosa 196
Ascocoryne cylichnium 239
Ascomycota **236–241**, 242
Asellidae **270**
Asellus aquaticus 270
Asiatische Krötenfrösche **362**
Asilidae **288**
Asimina triloba 129
Asio
flammeus 466
otus 466
Asparagaceae **133–135**
Asparagales **132–140**
Asparagus officinalis 133
Aspergillus 241
Asphodelaceae **140**
Asphodelus aestivus 140
Aspidelaps scutatus fulafulus 397
Aspidistra elatior 134
Aspidites melanocephalus 398
Aspisviper 399
Aspleniaceae **115**
Asplenium
ruta-muraria 115
scolopendrium 115
trichomanes 115
Asseln 270
Asselspinne, Küsten- 268
Asselspinnen 34, **268**
Astacidae **271**
Aster novi-belgii 204
Aster, Glattblatt- 204
Asteraceae **204–205**
Asterales **204–206**
Asterias rubens 316
Asteriidae **316**
Asterina gibbosa 317
Asterinidae **317**
Asteroidea **316**
Asterophora parasitica 221
Asterophyllites equisetiformis 76
Astflechte, Grubige 244
Asthenosoma varium 315
Astilbe chinensis var. *taquetii* 167
Astilbe, Purpur- 167
Astraeus hygrometricus 227
Astragalus glycyphyllos 174
Astrantia major 202
Astriclypeidae **315**
Astrochelys radiata 378
Astrolithium spec. 98
Astrophyllit 57
Astrophytum ornatum 159, **160–161**
Astropyga radiata 315
Astyanax mexicanus 333
Atacamit 47
Atelerix
algirus 558
frontalis 558
Ateles
fusciceps rufiventris 538
geoffroyi 538
Atelidae **538**
Atelopus
barbotini 355
varius 355
zeteki 355
Atelornis pittoides 473
Athene
cunicularia 466
noctua 466
Atheriniformes **337**
Atherinopsidae **337**
Äthiopischer Wolf 564
Atlasblume 171
Atmosphäre 12, 13, 20
Atractaspididae **390**
Atractaspis fallax 390
Atrax robustus 264
Atrina vexillum 302
Atriplex hortensis 157
Atropa belladonna 202
Atta spec. 299
Attagis malouinus 447
Attelabidae **287**
Atyidae **271**
Atyopsis moluccensis 271
Atzel, Weißhals- 492
Aubrieta deltoides 185
Aucuba japonica 195
Auerhuhn 411
Augastes lumachella 470
Augengneis 69
Augentierchen 33
Grünes 97
Schlankes 97
Augit 57
Aukube, Japanische 195
Aulacorhynchus prasinus 477
Aulopiformes **334**
Aulostomidae **339**
Aulostomus chinensis 339
Aurelia aurita 252
Aurichalcit 49
Auricularia
auricula-judae 234
mesenterica 234
Auriculariaceae **234**
Auriculariales **234**
Auriparus flaviceps 488
Auripigment 42
Auriscalpiaceae **233**
Auriscalpium vulgare 233
Aurorafalter 295
Außenkiemen 366
Außenskelett 260
Aussterben 21
Auster 80
Europäische 302
Hahnenkamm- 302
Austern 302
Austernseitling 223
Australophocaena dioptrica 614
Austrobaileya scandens 124
Austrobaileyaceae **124**
Austrobaileyales **124**
Austrolebias nigripinnis 338
Austropotamobius pallipes 271
Austrotyphlops nigrescens 398
Automolus leucophthalmus 485
Avena sativa 147
Averrhoa carambola 180
Aves **404–499**
Avicennia germinans 197
Avitelmessus grapsoideus 79
Avocado 129
Axinella damicornis 251
Axinellidae **251**
Axinit 55
Axis axis 597
Axis porcinus 597
Axishirsch 597
Axopodien 98
Aye-Aye 537
Aythya
fuligula 415
valisineria 415
Azadirachta indica 188
Azara microphylla 179
Azolla filiculoides 113
Azollaceae **113**
Aztekenmöwe 448
Azurfischer 474
Azurit 48
Azurjungfer, Hufeisen- 275
Azurkopftangare 499

B

Babyrousa babyrussa 595
Bachflohkrebs 270
Bachfrosch, Rotaugen- 360
Bachhaft, Europäischer 283
Bachneunauge 322
Fernöstliches 322
Bachplanarie 257
Bachrandsalamander, Alleghany- 368
Bachstelze 495
Bacillus
subtilis 92
thuringiensis 92
Backenhörnchen, Streifen- 524
Backenklee, Behaarter 174
Backentaschen 542, 556
Bacteria 22, **92–93**
Bacteroides fragilis 92
Badeschwamm, Mittelmeer- 250
Baeomyces rufus 245
Baeomycetaceae **245**
Baeospora myosura 220
Baeriidae **250**
Baetidae **274**
Bagot-Ziege 606
Bahama-Ente 414
Baiera munsteriana 77
Baikal-
Ente 414
Robbe 571
Baillonius bailloni 477
Bakterien 32, 90, **92–93**
Balaena mysticetus 612
Balaeniceps rex 428
Balaenicipitidae **428**
Balaenidae **612**
Balaenoptera
acutorostrata 613
borealis 613
edeni 613
musculus 613
physalus 613
Balaenopteridae **613**
Balanidae **269**
Balantidium coli 100
Balanus nubilus 269
Baldachinspinnen **264**
Baldrian, Echter Arznei- 206
Baldriangewächse 206
Balearica regulorum 441, 443
Bali-Star 492
Balistidae **340**
Balistoides conspicillum 340
Ballonblume, Großblütige 206
Balsambirne 172
Balsaminaceae **191**
Balzverhalten 372, 352, 423, 438, 443
Bambushuhn, Graubrauen- 410
Bambusicola thoracicus 410
Bambuslemur
Alaotra- 536
Großer 536
Bambusratte, Kleine 528
Bambusratten **528**
Banane 148
Bananenfrosch, Kamerun- 358
Bananenschnecke 308
Bändereisenerz 70
Bandfisch, Roter 344
Bandiltis 575
Bandvogel, Rotnacken- 484
Bandwürmer **256**
Banggai-Kardinalbarsch 320
Bangiomorpha pubescens 23
Banisteriopsis caapi 179
Bankera fuligineoalba 234
Bankeraceae **234**
Bankivahuhn 408, 411
Banksia serrata 150
Banteng 600
Baptisia 287
australis 174
Barasingha 597
Barbarakraut, Gewöhnliches 185
Barbarea vulgaris 185
Barben **332**
Bärblinge **332**
Barbourfrösche 354
Bären 31, **566–569**
Bärenklau, Gewöhnlicher Wiesen- 202
Bärenkuskus 507
Bärenmakak 542
Bärenmaki, Goldener 535
Bärenpavian 544
Bärenschote 174

Bärenspinner 292
Barnardius zonarius 457
Barrakuda, Großer 348
Barschfische **344–348**
Bart-Feuerborstenwurm 259
Bartaffe 542
Bartagame, Streifenköpfige 381
Barten 500
Bartenwale 500, **612–613**
Bartfaden 200
Bartgeier 433
Bartguan 409
Bärtierchen 34, 248, **259**
Bartkauz 464
Bartmeise 491
Bartrobbe 570
Bartschwein 595
Bartvögel 477, **478–479**
Bartwurm 259
Baryphthengus martii 475
Baryt 51
Barytocalcit 47
Basalt 13, 62, 64
Basalt, Porphyrischer 64
Baseball, Lebender 178
Baseodiscus hemprichii 300
Basidie 210
Basidienpilze **210–235**, 242
Basidiomycota **210–235**, 242
Basilikum 198
Basilinna leucotis 471
Basiliscus plumifrons 385
Basommatophora **308**
Bassaricyon gabbii 573
Bassariscus astutus 573
Basset 565
Basstölpel 428
Bastardschildkröte, Oliv- 374
Bastpalme 143
Batholithe 62
Bathyergidae **528**
Bathyergus janetta 528
Bathynomus giganteus 270
Bathypterois longifilis 334
Batocera rufomaculata 286
Batrachoididae **337**
Batrachoidiformes **337**
Battarrea digueti 213
Baum der Reisenden 149
Baumbart, Gewöhnlicher 244
Baumfrosch, Rauhäutiger 364
Baumgrenze 16
Baumharz 77
Baumhopf 476
Baumkänguru
  Doria- 509
  Goodfellows 509
  Lumholtz- 509
Baumkröte 354
Baumläufer 485, 490
Baummarder 574
Baumpython, Grüner 398
Baumratte, Kuba- 532
Baumratten **532**
Baumrutscher 485
Baumschliefer
  Gewöhnlicher 515
  Savannen- 515
Baumspäher, Weißzügel- 485
Baumsteiger 485
  Bernstein- 359
  Dreistreifen- 358
  Falscher Fünfstreifen- 358
  Fünfstreifen- 359
  Gelbgebänderter 359
  Glanzschenkel- 358
  Granulierter 359
  Netz- 350
  Paranuss- 359
Baumsteigerfrösche 350, **358–359**
Baumsteigerkröte, Grüne 355
Baumtrichterling, Leuchtender 222
Baumwanze, Rotbeinige 282
Baumweißling 295
Baumweta, Wellington- 277
Baumwolle, Amerikanische 187
Baumwollratte, Rauhaar- 526
Bauxit 45
Bayldonit 53
Bazzania trilobata 109
Becherfarn, Schwarzer 113
Becherkätzchen, Spalier- 195
Becherkätzchengewächse **195**
Becherling
  Kastanienbrauner 240
  Morchel- 240
Becherqualle 252
Beckenmoos, Gemeines 109
Bedecktsamer 33
Beerenschwamm 250
Beerentang, Japanischer 102
Befruchtung, innere 365
Begonia listada 172
Begoniaceae **172**
Begonien **172**
Beilbauchfisch, Silber- 333
Beinbrech 140
Beinwell, Gewöhnlicher 195
Bekassine 446
Belemnit 81
Bellis perennis 204
Belone belone 337
Belonidae **337**
Beloniformes **337**
Belostomatidae **281**
Belugawal 615
Bengalenpitta 482
Bengalfuchs 562
Bengalkatze 581
Benitoit 56
Bentevi 485
Beo 492
Berardius bairdii 615
Berberaffe 542
Berberidaceae **152, 155**
Berberis vulgaris 152
Berberitze, Gewöhnliche 152
Berberskink 387
Bergagame, Chinesische 381
Bergenia stracheyi 167
Bergenie, Himalaya- 167
Berghaubenwachtel 409
Bergjuwelen **470**
Bergkänguru 508
Bergkatze 583
Bergkristall 59
Bergkurzflügel 493
Berglemming 525
Berglorbeer 129
Berglöwe 28, **582**
Bergmammutbaum 121
Bergmolch 367
Bergopossums **503**
Bergtangare, Blauschwingen- 498
Bergtapir 589
Bergzebra 592
Bernstein 38
Bertholletia excelsa 191
Beryciformes **338**
Beryll 56
Besenginster 175
Besenheide 191
Beta vulgaris 157
Bete 157
Betelpalme 142
Betonica officinalis 198
Betta splendens 348
Bettongia penicillata 509
Bettwanze 281
Betula ermanii 176
Betulaceae **176**
Beutelfrosch, Gehörnter 358
Beutelfrösche **358**
Beutelmarder
  Schwarzschwanz- 505
  Streifen- 505
Beutelmaus
  Dickschwänzige Schmalfuß- 505
  Kammschwanz- 505
  MacDonnell-Fettschwanz- 505
  Spring- 505
  Stuarts Breitfuß- 505
  Südliche Flachkopf- 505
Beutelmäuse **503**
Beutelmeise 488
Beutelmeisen **488**
Beutelmull, Großer 503
Beutelmulle **503**, 513
Beutelratte
  Fettschwanz- 504
  Graue Vieraugen- 504
  Haus-Spitzmaus- 504
  Patagonische 504
Beutelratten **503–504**
Beutelstäubling 213
Beutelteufel 500, **505**
Beuteltiere 35, 500, **503–511**
Biatus nigropectus 484
Biber 523, 524
  Amerikanischer 524
  Europäischer 524
Biberhörnchen 523
Biberratten **532**
Biberverwandte **523**
Bibio marci 288
Bibionidae **288**
Biddulphia
  pulchella 101
  spec. 101
Bienen 274, **297–299**
Bienenelfe 471
Bienenfresser 475
Bienenlarven, Parasiten 263
Bienenwolf 298
Biflustra spec. 78
Bignoniaceae **199**
Bikonta **96**
Bilch, Afrikanischer 524
Bilchbeutler 506
  Berg- 506
Bilche **524**
Bilsenkraut, Schwarzes 202
Bims 64
Bindenfischeule 466
Bindenhalskauz 466
Bindenralle 439
Bindentaucher 423
Bindenwaran 388
Bindenzwergbärtling 478
Bingelkraut, Ausdauerndes 178
Binse, Flatter- 146
Binsenjungfer, Gewöhnliche 275
Binsenlilie 134
Binsenralle, Afrikanische 441
Binsenrallen **438**
Binturong 587
Biodiversität 18
Biodiversitäts-Hotspot 22
Biome 18
Biorhiza pallida 298
Biosphäre 90
Biotit 59
Biotitschiefer 68
Bipaliidae **257**
Bipalium kewense 257
Birgus latro 272
Birke 241
  Ermans 176
Birkengewächse **176**
Birkenmäuse **525**
Birkenmilchling, Zottiger 232
Birkenporling 230
Birkenröhrling 227
Birkentäubling, Grasgrüner 233
Birne, Weiden- 183
Birnenschorf 241
Birnenstäubling 213
Bisamratte 525
Bisamratten **525**
Bison 18, 600
Bison
  bison 600
  bonasus 600
Bisporella citrina 239
Bistorta officinalis 164
Bitis
  arietans 399
  gabonica 399
Bitta flavolineata 281
Bitterholz 189
Bitterling 303, 332
Bitterorange 188
Bivalvia **302–303**
Bixa orellana 186
Bixaceae **186**
Bjerkandera adusta 230
Blaberidae **277**
Blandfordia grandiflora 135
Blandfordiaceae **135**
Blanus cinereus 389
Blaps mucronata 287
Blarina brevicauda 560
Blas 612
Blasenbaum, Rispiger 189
Blasenbecherling 240
Blasenfarn, Zerbrechlicher 115
Blasenflechte, Röhrige 244
Blasenkirsche 202
Blasenkopffliege 289
Blasenschnecke, Spitze 308
Blasenseestern 316
Blasiger Basalt 64
Blässhuhn, Amerikanisches 441
Blässhühner 408, 438, **440–441**
Blasskuckuck 461
Blasssporrübling, Brennender 222
Blastocerus dichotomus 598
Blastocladiomycota 33
Blatt, Grünes 293
Blattellidae **277**
Blattfisch 345
Blattfloh, Eschen- 280
Blattfußkrebse **269**
Blatthornkäfer **285**, 298
Blatthühnchen
  Blaustirn- 446
  Fasan- 446
  Hindu- 446
  Kamm- 446
  Rotstirn- 446
Blattlaus, Lupinen- 280
Blattläuse 283
Blättling, Laubholz- 231
Blattnase
  Sebas Kurzschwanz- 555
  Seidige Kurzschwanz- 555
Blattnasen **555**
Blattodea **277**
Blattschildkröte, Indomalaiische 378
Blattschmetterling, Indischer 294
Blattschneiderameise 290, 299
Blattsteiger
  Düsterer 358
  Goldener 358
Blattvögel **494**
Blattvogel, Orangebauch- 494
Blattwurm, Grüner 259
Blaubrustpipra 483
Blauducker 601
Blaue Koralle 254
Blauelster 487
Blauer Planet 13
Blaufisch 344
Blauflügelgans 413
Blauflügelpitta 482
Blaufußtölpel 428
Blaugeringelter Krake, Großer 312
Blauglockenbaum, Chinesischer 200
Blauhäher 486
Blauhai 325
Blaukehlchen 493
Blaukehlnymphe 470
Blaukissen, Griechisches 185
Blaukrönchen 456
Bläuling 175
  Himmelblauer 297
Blaumeise 488
Blaumückenfänger 490
Blauohrlori 457
Blaupunktrochen 327, **328–329**
Blauracke 473
Blaureiher 426
Blauringtaube 454
Blauschaf 606
Blaustern, Peruanischer 134
Blauwal 318, 613
Blauwangenbartvogel 478
Blauzungenskink 387
Bleichböckchen 603
Bleichromat 38
Bleiglanz 41
Blenniidae **348**
Blennius ocellaris 348
Blepharotes splendidissimus 288
Blinddarm 588
Blinder Höhlensalmler 333
Blindmäuse **528**
Blindschlange, Australische 398
Blindschlangen **398**
Blindschleiche 388
Blindwühle, Koa-Tao- 365
Blindwühlen **350**
Blödauge 398
Blubber 612
Blumenrohr, Essbares 148
Blumenwanze, Wald- 281
Blutender Zahn 304
Blütenfledermaus, Geoffroys 555
Blütenhüllblätter 128
Blütenkörbchen 204
Blütenmulmkäfer 286
Blütenpflanzen 76, **122–207**
Blutgerinnung 258
Blutsaugeragame 381
Blutschnabelmöwe 449
Blutschnabelweber 495
Blutseestern 316
Blutzikade, Gewöhnliche 280
Boa constrictor 392
  constrictor imperator 390
Boa, Dumerils 390
Boas **390**
Bobaum 181
Bobolink 496
Bockkäfer **286**
Bodenbildung 15
Bodenfrosch, Fidschi- 354
Boeremia hedericola 241
Bohadschia argus 315
Böhm-Zebra 592
Bohne, Feuer- 175
Bohrmuschel, Große 303
Bohrmuscheln **303**
Bohrschwamm
  Gelber 251
  Roter 251
Bohrseeigel, Riffdach- 315
Boidae **390**
Boiga irregularis 395
Boissonneaua flavescens 470
Bojit 66
Bolbitiaceae **213**
Bolbometopon muricatum 347
Boleit 46
Boletaceae **226–227**
Boletales **226–227**, 230
Boletus
  badius 226
  calopus 226
  edulis 226
  parasiticus 226
  reticulatus 226
Bolitoglossa striatula 368
Bomarea multiflora 141
Bombina orientalis 354
Bombus terrestris 299
Bombycidae **293**
Bombycilla garrulus 488
Bombycillidae **488**
Bombyliidae **288**
Bombylius major 288
Bombyx mori 293
Bonaparte-Möwe 449
Bondarzewiaceae **233**
Bongo 599
Bonobo 549
Boophis albilabris 361
Bootsmannfisch, Nördlicher 337
Bootsmannfische **337**
Boracit 49
Boraginaceae **194, 195**
Borago officinalis 195
Borassus flabellifer 143
Borate 49
Borax 49
Bordetella pertussis 92
Boreidae **288**
Boreus hyemalis 288
Borneobarbe 332
Borneo-Delfin 616
Bornit 41
Boronia
  megastigma 188
  serrulata 188
Borretsch, Einjähriger 195
Borstengürteltier
  Anden- 517
  Braunes 517
Borstenhörnchen, Kap- 524
Borstenscheibling, Umberbrauner 229
Borstenschwänze 484
Borstenwürmer 306
Bos
  gaurus 600
  javanicus 600
  mutus 600
  primigenius 601
  primigenius indicus 601
Boselaphus tragocamelus 599
Bostrychia hagedash 427
Boswellia sacra 189
Botaurus
  lentiginosus 426
  stellaris 426
Bothriolepis canadensis 82
Bothriuridae **262**
Bothrops atrox 398
Botrychium lunaria 113
Bougainvillea glabra 163
Bougainvillee, Glatte 163
Boulangerit 43
Bournonit 43
Bovidae **599**
Bovist, Bleigrauer 212
Bovista plumbea 212
Boviste **226**
Brachiation 548
Brachiopoda **301**
Brachiosaurus spec. 84
Brachschwalbe
  Rotflügel- 448
  Sand- 448
  Schwarzflügel- 448
  Stelzen- 448
Brachvogel, Amerikanischer 447
Brachycybe spec. 260
Brachygobius doriae 348
Brachypelma smithi 264, 266
Brachypteraciidae **473**
Brachypteryx montana 493
Brachyramphus marmoratus 451
Brachyteles arachnoides 538
Brachytheciaceae **111**
Brachythecium velutinum 111
Brackwespe 298
Braconidae **298**
Bradypodidae **520**
Bradypus
  torquatus 520
  tridactylus 520
  variegatus 520
Brahmaea wallichii 293
Brahmaeidae **293**
Brahman 601
Brahmaspinner 293
Brahminenweih 432
Branchiopoda **269**
Brandgans 415
Brandkraut, Strauchiges 198
Brandpilze **235**
Brandrodung 20
Brandschopf, Silber- 157
Branta
  canadensis 412
  leucopsis 412
  ruficollis 412
  sandvicensis 412
Brassica oleracea 184
Brassicaceae **184–185**
Brassicales **184–185**
Brauen-Glattstirnkaiman 401
Braunalgen 33, 102
Braunbär 19, 566
Braunbauchflughuhn 452
Braunbaumrutscher 485
Braune Fledermaus, Große 557
Braunellen 495
Brauner Bär 292
Braunfäule 229
Braunflügelguan 409
Braunflügelliest 475
Braunkehlfaultier 520
Braunkohle 71
Braunkopfklammeraffe, Kolumbien- 538
Braunliest 474
Braunmazama 598
Braunohrsittich 459
Braunpelikan 429
Braunporling, Nadelholz- 230

Braunschlange
  Gelbkopf- 397
  Geringelte 397
Braunskink, Kleiner 387
Brauntölpel 428
Braunwurzgewächse **197**
Brautente 414
Brazilianit 53
Brazza-Meerkatze 543
Brechnuss, Gewöhnliche 197
Brechnussgewächse **196**
Breit-Wegerich 200
Breitflossenkärpfling 338
Breitmaulnashorn 589, **590–591**
Breitmundfliege 289
Breitrachen 482
  Halsband- 482
  Smaragd- 482
Breitschnabeldelfin 617
Breitschnabelkolibri 471
Breitschnauzenkaiman 401
Brekzie 73
Brennhaare 184, 267
Brennnessel, Große 184
Brennnesselgewächse **180**
Brennnesselzünsler 292
Brentidae **287**
Breviceps macrops 354
Brevicipitidae **354**
Brillenbär 567
Brillenente 415
Brillenflughund 551
Brillenkaiman 400
Brillenkauz 465
Brillenpinguin 417
Brillensalamander 367
Brillenschweinswal 614
Brillenvögel 479, **490–491**
Brillenvogel, Heuglin- 491
Brillenwürger 487
Briza maxima 146
Brochantit 51
Brolga-Kranich 441
Brombeere, Echte 183
Bromeliaceae **144, 145**
Bromelienechse 387
Bronzeflügeltaube 455
Bronzeguan 409
Bronzespecht 480
Brotkrumenschwamm 251
Brotkrustenbombe 64
Brotogeris chiriri 459
Broussonetia papyrifera 181
Bruchheil, Virginischer 169
Bruchus rufimanus 287
Brucit 45
Brückenechse 379
Brückenechsen 34, **379**
Brugmansia sanguinea 202
Brüllaffe
  Guatemala- 538
  Roter 538
  Schwarzer 538
Brüllaffen **538**
Brunnenbauer 320, 330
  Goldstirn- 344
Brunnenkresse, Echte 185
Brunnenlebermoos 108, 109
Brunnenmoos 111
Brustbandhäherling 490
Brustbeinkamm 406
Brutbeutel 358
Brutfleck 428
Brutkolonien 418
Brutkörper 108
Brutparasiten 494
Brutpflege 350, 400, 404, 408, 500
Brutstrände 372
Bruttasche 418
Brutverhalten 424
Bryce Canyon 15
Bryonia dioica 172
Bryophyta **110–111**
Bryophyten 108, **110–111**
Bryozoa **300**
Bt-Toxine 92
Bubalus
  bubalis 600
  depressicornis 600
Bubo
  ascalaphus 464
  bubo 464
  lacteus 464
  virginianus 464
Bubulcus ibis 426
Buccinidae **306**
Buccinum undatum 306
Bucconidae **481**
Bucephala albeola 414
Bucerotidae **476**
Buche, Amerikanische 176
Buchfink 496
Buchlungen 260
Buchsbaum, Gewöhnlicher 150
Buchweizen, Echter 164
Buckelwal 613
Bucorvidae **476**
Bucorvus abyssinicus 476
Buddleja davidii 200
Budorcas taxicolor 606
Büffelkopf-Papageifisch 347
Büffelkopfente 414
Bufo bufo 355
Bufonidae **354–357**
Bülbüls **489**
Bulgaria inquinans 239
Bulgariaceae **239**
Bulldoggfledermaus
  Europäische 556
  Mexikanische 556
  Millers 556
Bulldoggfledermäuse **556**
Bullenhai 323, 325
Bulweria fallax 422
Bummalo 334
Buntastrild 494
Buntbock 603
Buntfalke 430
Buntfröschchen, Madagaskar- **361**
Buntleguane **385**
Buntlori 457
Buntmeise 488
Buntscharbe 429
Buntspecht 481
Bunttukan 477
Buphagus africanus 492
Buprestidae **284**
Burgess-Schiefer 23
Burma-Nimbaum, Gewöhnlicher 188
Burramys parvus 506
Burrawang 117
Burseraceae **189**
Bursidae **306**
Bürstenkängurus 509
Bürstenspinner, Schlehen- 293
Bürzeldrüse 412, 416, 423
Bürzelstelzer **484**
Busarellus nigricollis 436
Buschammer, Gelbschenkel- 498
Buschbabys **534**
Buschbock 599
Büschelaffe
  Schwarz- 540
  Weiß- 540
  Weißkopf- 540
Büschelbarsch, Langschnauzen- 346
Büschelhelmling, Buntstieliger 222
Büschelschwärzling, Gezonter 230
Buschfisch, Leopard- 348
Buschhuhn 408
Buschkänguru, Braunes 509
Buschkuckuck 461
Buschschliefer 515
Buschschwein 595
Buschwindröschen 239
Buschwürger 487
Buschzaunkönig 491
Bussarde **433, 436**
Butastur teesa 433
Buteo
  buteo 433
  jamaicensis 436
  lineatus 436
  polyosoma 436
  rufinus 433
  swainsoni 436
Buteogallus meridionalis 436
Buthidae **262**
Buthus occitanus 262
Butomaceae **131**
Butomus umbellatus 131
Butorides virescens 426
Butterfisch 347
Butternuss 176
Butterpilz 227
Butterrübling 222
Buxaceae **150**
Buxales **150**
Buxus sempervirens 150
Bycanistes
  brevis 476
  bucinator 476
Byssusfäden 302, 303

C

Cabassous centralis 517
Cabomba caroliniana 125
Cabombaceae **125**
Cacajao
  calvus rubicundus 539
  melanocephalus 539
Cacatua galerita 456
Cacomantis
  flabelliformis 461
  passerinus 461
  variolosus 461
Cactaceae **158**
Caeciliidae **365**
Caenogastropoda **305**
Caenolestes fuliginosus 503
Caenolestidae **503**
Caenorhabditis elegans 257
Caiman
  crocodilus 401
  latirostris 401
Calabaria reinhardtii 391
Calamophyton primaevum 76
Calamospiza melanocorys 498
Calandrinia feltonii 165
Calanidae **269**
Calanus glacialis 269
Calappa hepatica 273
Calappidae **273**
Calathea crocata 148
Calcar 552, 554
Calcarius lapponicus 499
Calcera 250
Calcit 38, 47
Calcium-Carbonat 250
Calendula officinalis 205
Calidris
  alba 446
  alpina 446
  canutus 446
Caligidae **269**
Caligo idomeneus 295
Caligus spec. 269
Calla palustris 131
Calliactis 272
Calliblepharis ciliata 103
Callicarpa bodinieri 201
Callicebus
  moloch 539
  nigrifrons 539
  torquatus 539
Callicoma serratifolia 180
Callimico goeldii 540
Callionymidae **348**
Callipallenidae **268**
Callipepla
  californica 409
  gambelii 409
Calliphora vicina 289
Calliphoridae **289**
Callisia
  erycina 303
  repens 144
Callistemon
  subulatus 170
  viridiflorus 170
Callithrix
  argentata 540
  geoffroyi 540
  jacchus 540
  penicillata 540
  pygmaea 540
Callonetta leucophrys 414
Callorhinchidae **323**
Callorhinchus milii 323
Callorhinus ursinus 566
Callosciurus prevostii 523
Calloselasma rhodostoma 399
Calluna vulgaris 191
Callyspongia
  plicifera 251
  ramosa 251
Callyspongiidae **251**
Calocybe
  carnea 221
  gambosa 221
Caloenas nicobarica 454
Calonectris diomedea 422
Caloplaca verruculifera 244
Calopterygidae **275**
Calopteryx splendens 275
Calostoma cinnabarinum 227
Calostomataceae **227**
Calotes versicolor 381
Calothorax lucifer 471
Caltha palustris 154
Calumma parsonii 380
Caluromys philander 503
Calvatia gigantea 212
Calycanthaceae **129**
Calycanthus floridus 129
Calypso bulbosa 136
Calypte anna 470
Calyptomena viridis 482
Calyptorhynchus banksii 456
Calyptraeidae **305**
Camassia quamash 135
Camelidae 594, **609–611**
Camellia
  granthamiana 194
  sinensis 194
Camelus
  dromedarius 609
  ferus 609, **610–611**
Campanula trachelium 206
Campanulaceae **204, 206**
Campanulariidae **253**
Campephilus robustus 480
Campethera nubica 480
Campos-Ammer 498
Campsis × tagliabuana 199
Campylodiscus spec. 101
Campylopterus hemileucurus 469
Campylorhynchus brunneicapillus 491
Canachites canadensis 410
Cananga odorata 129
Canarium indicum 189
Cancellothyrididae **301**
Cancer pagurus 273
Cancridae **273**
Cancrinit 60
Candoia aspera 391
Candolle, Professor de 161
Canellaceae **128**
Canellales **128**
Canidae 29, **562–565**
Canis
  adustus 564
  aureus 564
  latrans 564
  lupus 565
  lupus arctos 564
  lupus dingo 564
  lupus lupus 564
  mesomelas 564
  rufus 564
  simensis 564
Canna indica 148
Cannabaceae **180–181**
Cannabis sativa 181
Cannaceae **148**
Cannomys badius 528
Cantharellaceae **228**
Cantharellales **228, 229**
Cantharellus cibarius 228
Cantharidae **284**
Caperea marginata 613
Capito niger 478
Capnodiales **238**
Capparaceae **184**
Capparis spinosa 184
Capra
  aegagrus 606
  falconeri 606
  ibex 606
  nubiana 606
  walie 606
Caprella acanthifera 270
Caprellidae **270**
Capreolus capreolus 598
Capricornis sumatraensis 605
Caprifoliaceae **206–207**
Caprimulgidae **467–468**
Caprimulgiformes **467–468**
Caprimulgus
  climacurus 468
  europaeus 468
  inornatus 468
  macrurus 468
  maculicaudus 468
  madagascariensis 468
  saturatus 468
Capromyidae **532**
Capromys pilorides 532
Capsella bursa-pastoris 185
Capsicum frutescens 203
Capulidae **305**
Capulus ungaricus 305
Capybara 532
Carabidae **284**
Carabus violaceus 284
Caracal caracal 577
Caracara cheriway 431
Carangidae **346**
Caranx sexfasciatus 346
Carapa guianensis 188
Carapax 269, 270
Carapidae **337**
Carapus acus 337
Carassius gibelio 332
Carbonate 38, 47–49
Carbonicola pseudorobusta 80
Carcharhinidae **325**
Carcharhiniformes **325**
Carcharhinus
  leucas 325
  longimanus 325
Carcharias taurus 326
Carcharocles auriculatus 82
Carcharodon carcharias 323, **326**
Cardamine bulbifera 185
Cardiidae **303**
Cardinalidae **499**
Cardinalis cardinalis 499
Cardiocrinum giganteum 141
Cardioglossa gracilis 352
Cardiopteridaceae **203**
Cardone 205
Carduelis
  carduelis 496
  tristis 496
Caretta caretta 374
Carettochelyidae **374**
Carettochelys insculpta 374
Carex pendula 145
Cariama cristata 439
Cariamidae **439**
Carica papaya 184
Caricaceae **184**
Carnallit 46
Carnegiea gigantea 158
Carnivora 29
Carnotit 53
Carolina-
  Specht 480
  Sumpfhuhn 440
  Taube 454
Carollia
  brevicauda 555
  perspicillata 555
Carotinoide 419
Carpiliidae **273**
Carpilius maculatus 273
Carpinus betulus 176
Carpobrotus edulis 156
Carpococcyx renauldi 462
Carpodacus mexicanus 497
Carya illinoinensis 176
Caryophyllaceae **162–163**
Caryophyllales **156–165**
Caryophyllia smithii 255
Caryophylliidae **255**
Cashewnuss 187
Cassia fistula 173
Cassiopea andromeda 252
Cassiopeidae **252**
Castanea sativa 176
Castanospermum australe 174
Castniidae **293**
Castor spec. 524
Castoridae **524**
Castorimorpha **523**
Casuariidae **407**
Casuariiformes **406**
Casuarina torulosa 176
Casuarinaceae **176**
Casuarius casuarius 407
Catagonus wagneri 594
Catalpa bignonioides 199
Catenipora spec. 79
Catharanthus roseus 196
Cathartes aura 430
Cathartidae **430**
Catocala ilia 293
Catopsis hahnii 145
Catopuma
  badia 577
  temminckii 577
Cauca-Guan 409
Caudata **366–369**
Caulerpa lentillifera 105
Caulolatilus microps 345
Caulophryne jordani 336
Caulophrynidae **336**
Cavansit 58
Cavia aperea 529
Caviidae **529**
Ceanothus americanus 181
Cebidae **540**
Cebus
  apella macrocephalus 541
  capucinus 541
  olivaceus 541
Cecidomyiidae **288**
Cecopis vulnerata 280
Cecropis cucullata 489
Cedrus
  atlantica 120
  deodara 120
  libani 120
Ceiba pentandra 187
Celastraceae **171**
Celastrales **171**
Celosia argentea 157
Celtis occidentalis 184
Cenometra emendatrix 314
Centaurea cyanus 204
Centaurium erythraea 197
Centranthus ruber 206
Centrarchidae **344**
Centrolenidae **353**
Centromachetes pococki 262
Centropus
  phasianinus 462
  sinensis 462
Centropyxis aculeata 96
Cepaea nemoralis 308
Cephalanthera rubra 136
Cephalocereus senilis 158
Cephalochordata **319**
Cephalophus
  nigrifrons 601
  ogilbyi 601
  silvicultor 601
  zebra 601
Cephalopoda **309–312**
Cephalorhynchus
  commersonii 616
  hectori 616
Cephalotaceae **180**
Cephalotaxus fortunei 120
Cephalotus follicularis 180
Cephidae **297**
Cephus nigrinus 297
Cepola macrophthalma 344
Cepolidae 308, **344**
Cepphus
  columba 451
  grylle 451
Cerambycidae **286**
Ceramium virgatum 104
Cerastes cerastes 398
Cerastium arvense 162
Cerastoderma edule 303
Ceratites nodosus 80

Ceratium tripos 100
Ceratobatrachidae **354**
Ceratobatrachus guentheri 354
Ceratocapnos claviculata 152
Ceratodon purpureus 111
Ceratodontidae **349**
Ceratodontiformes **349**
Ceratonia siliqua 174
Ceratopetalum gummiferum 180
Ceratophryidae **353**
Ceratophrys
  cranwelli 353
  ornata 353
Ceratophyllaceae **124**
Ceratophyllales **124**
Ceratophyllum demersum 124
Ceratopogonidae **289**
Ceratotherium simum 589, **590–591**
Ceratozamia mexicana 117
Cercartetus caudatus 506
Cerci 277
Cercis siliquastrum 174
Cercocebus galeritus 543
Cercomonas longicauda 99
Cercopidae **280**
Cercopithecidae **542–547**
Cercopithecus
  albogularis 543
  ascanius 543
  diana 543
  lhoesti 543
  mitis 543
  mona 543
  neglectus 543
Cercozoa 98
Cercozoen 33
Cerdocyon thous 563
Cereopsis novaehollandiae 413
Cerianthidae **255**
Cerianthus membranaceus 255
Cerithiidae **305**
Cerithioidea **305**
Cerorhinca monocerata 451
Certhia familiaris 490
Certhiidae 485, **490**
Cerussit 49
Cervidae **596–598**
Cervus
  elaphus canadensis 597
  elaphus elaphus 597
  nippon 597
Ceryle rudis 474
Cetacea **612–617**
Cetartiodactyla 612
Cetoniidae **285, 286**
Ceyx pictus 474
Chabasit 61
Chaenocephalus aceratus 347
Chaetoderma spec. 301
Chaetodermatidae **301**
Chaetodipus penicillatus 525
Chaetodon
  quadrimaculatus 344
  semilarvatus 330
Chaetodontidae **344**
Chaetophractus
  nationi 517
  villosus 517
Chaetopleura papilio 313
Chaetura pelagica 469
Chakalakas 409
Chalcanthit 50
Chalcedon 60
Chalcididae **298**
Chalciporus piperatus 226
Chalcis sispes 298
Chalcolepidius limbatus 284
Chalcomitra senegalensis 495
Chalcophaps indica 454
Chalcophyllit 53
Chalinidae **250**
Chalkosin 42
Chamaea fasciata 490
Chamaecostus igneus 148
Chamaecyparis lawsoniana 121
Chamaeleo
  chamaeleon 380
  jacksonii 380
Chamaeleonidae **380**
Chamaerops humilis 143
Chamäleon
  Europäisches 380
  Parsons 380
Chamäleons **380**
Champignons **212**
Chanidae **332**
Channichthyidae **347**
Chanos chanos 332
Chaperral-Timalie 490
Chara vulgaris 105
Characidae **333**
Characiformes **333**
Charadriidae **445**
Charadrius
  hiaticula 445
  morinellus 445
  vociferus 445
Charina bottae 390
Charonia tritonis 306
Chauliodus sloani 335
Chauna torquata 413
Chaunacidae **336**
Chaunax endeavouri 336
Cheilopogon heterurus 337
Cheilostomata-Moostierchen 78
Cheirogaleidae **537**
Cheirogaleus major 537
Cheliceraten **262–268**
Chelidae **372**
Chelidonichthys lucerna 341
Chelidonium majus 153
Chelidoptera tenebrosa 481
Cheliferidae **262**
Chelodina
  longicollis 372
  reimanni 372
Chelonia mydas 374
Cheloniidae **374**
Chelonoidis
  carbonaria 378
  nigra 379
Chelus fimbriatus 372
Chelydra serpentina 373
Chiasmodon niger 346
Chiasmodontidae **346**
Chiastolith-Hornfels 69
Chicorée 205
Chihuahua 565
Chile-Flamingo 424
Chileglöckchen 142
Chili 203
Chiloé-Beutelratte 503
Chimaera monstrosa 323
Chimaeridae **323**
Chimaeriformes **323**
Chimären 320, **323**
China-Alligator 401
Chinchilla spec. 529
Chinchillas **529**
Chinchillidae **529**
Chinesischer Sternanis 124
Chipoka-Maulbrüter 347
Chirindia langi 389
Chirodropidae **252**
Chiromantis rufescens 364
Chironectes minimus 504
Chironex fleckeri 252
Chironomidae **288**
Chironomus plumosus 288
Chiropotes satanas 539
Chiroptera **550–551**
Chiroxiphia caudata 483
Chitala ornata 331
Chiton
  glaucus 313
  marmoratus 313
Chitonidae **313**
Chlamydosaurus kingii 381
Chlamydoselachidae **323**
Chlamydoselachus anguineus 323
Chlamydotis undulata 438
Chlamyphorus truncatus 517
Chlidonias niger 450
Chloephaga poliocephala 413
Chloranthaceae **124**
Chloranthales **124**
Chlorarachnion reptans 99
Chlorargyrit 47
Chloritoid 55
Chlorocebus
  aethiops 544
  pygerythrus 544
Chloroceryle americana 474
Chlorociboria aeruginascens 239
Chlorophanes spiza 498
Chlorophonia cyanea 498
Chlorophyll 22, 101, 103
Chlorophyllum rhacodes 212
Chlorophytum comosum 133
Chloropidae **289**
Chloroplasten 97, 99
Chloropsis hardwickei 494
Chloroseidae **494**
Chlorostilbon notatus 470
Choerodon fasciatus 346
Choeropsis liberiensis 609
Choisya ternata 188
Cholera 93
Choloepus didactylus 520
Chondria dasyphylla 104
Chondrichthyes 320, **323–329**
Chondrostereum purpureum 222
Chorda 322
Chorda dorsalis 318
Chordata 28, **318–617**
Chordatiere 34, 247, **318–617**
Chordeiles minor 467
Choriaster granulatus 317
Chorthippus brunneus 277
Christrose 122
Christusdorn 178
Chromalveolata **94**
Chromate 50
Chromatophoren 311, 383
Chromista 33, 94, **101–102**
Chromit 44
Chromobotia macracanthus 332
Chromodorididae **307**
Chromodoris annae 307
Chromosomen 26
Chroogomphus rutilus 227
Chrysemys picta 375
Chrysididae **298**
Chrysilla lauta 265
Chrysiridia rhipheus 295
Chrysoberyll 45
Chrysochloridae **513**
Chrysochloris asiatica 513
Chrysochroa chinensis 284
Chrysococcyx
  caprius 461
  klaas 461
Chrysocyon brachyurus 565
Chrysokoll 59
Chrysolampis mosquitus 470
Chrysolophus amherstiae 411
Chrysomelidae **287**
Chrysopa perla 283
Chrysopelea pelias 395
Chrysopidae **283**
Chrysopogon zizanioides 147
Chrysopras 60
Chrysosplenium oppositifolium 167
Chrysotil 59
Chthoniidae **262**
Chthonius ischnocheles 262
Chukarhuhn 410
Chyranthes bidentata 157
Chytridiomycota 33
Chytridiomykose 350
Cicadella viridis 280
Cicadellidae **280**
Cicadidae **280**
Ciccaba nigrolineata 466
Cicer arietinum 174
Cichlidae **347**
Cichorium intybus 205
Ciconia
  ciconia 425
  episcopus 425
Ciconiidae **425**
Ciconiiformes **425**
Ciguatera 100
Ciliophora 100
Cimbicidae **297**
Cimex lectularius 281
Cimicidae **281**
Cinchona calisaya 196
Cinclidae **494**
Cinclоramphus cruralis 490
Cinclus cinclus 494
Cinctura lilium 306
Cingulata **517–519**
Cinnamomum zeylandicum 129
Cinnyris asiaticus 495
Circaea lutetiana 171
Circaetus
  cinereus 437
  gallicus 437
  pectoralis 437
Circus
  aeruginosus 437
  cyaneus 437
  pygargus 437
Cirolanidae **270**
Cirrhitidae **346**
Cirsium vulgare 205
Cistaceae **186**
Cistus incanus 186
Citrin 58
Citrullus lanatus 172
Citrus
  aurantium 188
  limon 188
Civettictis civetta 587
Cladonia
  floerkeana 244
  portentosa 244
Cladoniaceae **244**
Cladorhynchus leucocephalus 445
Cladosporium cladosporioides 238
Cladoxylon scoparium 76
Clamator 460
  glandarius 461
  jacobinus 461
Clangula hyemalis 415
Clarkia amoena 171
Clathraceae **234**
Clathrina clathrus 250
Clathrinidae **250**
Clathrulina elegans 99
Clathrus
  archeri 234
  ruber 234
Clavagellidae **303**
Clavaria
  fragilis 214
  zollingeri 214
Clavariaceae **214**
Clavariadelphaceae **229**
Clavariadelphus pistillaris 229
Claviceps purpurea 238
Clavicipitaceae **238**
Clavulina coralloides 228
Clavulinaceae **228**
Clavulinopsis
  corniculata 214
  helvola 214
Claytonia perfoliata 164
Cleidopus gloriamaris 338
Cleistocactus brookei 158
Clematis vitalba 154
Clemmys guttata 375
Cleridae **284**
Clerodendrum splendens 201
Clethra alnifolia 191
Clethraceae **191**
Climacteridae **485**
Climacteris picumnus 485
Cliona celata 251
Clionaidae **251**
Clione limacina 307
Clionidae **307**
Clitellum 258
Clitocybe
  dealbata 215
  geotropa 225
  nebularis 215
  odora 215
Clitopilus prunulus 214
Clivia minima 133
Clivie, Zimmer- 133
Cloeon dipterum 274
Clogmia albipunctata 289
Closterium spec. 105
Clostridium
  botulinum 93
  tetani 93
Clupea harengus 332
Clupeiformes **332**
Clusiaceae **177**
Clytolaema rubricauda 470
Cnidaria 249, **252–255**
Cnidocysten 255
Cobitidae **332**
Coccidae **280**
Coccinella septempunctata 287
Coccinellidae **287**
Cocculus carolinus 152
Coccyzus americanus 462
Cochlearius cochlearius 426
Cocos nucifera 142
Coelacanthiformes **349**
Coelestin 51
Coeligena torquata 470
Coelognathus helena 396
Coelom 258
Coelophysis bauri 84
Coenagrion puella 275
Coenagrionidae **275**
Coenobitidae **272**
Coffea arabica 196
Coix lacryma-jobi 146
Cola nitida 186
Colaptes auratus 481
Colchicaceae **141**
Colchicum autumnale 141
Colemanit 49
Coleonyx variegatus 384
Coleoptera **284–287**
Colibri serrirostris 469
Coliidae **472**
Coliiformes **472**
Colius striatus 472
Collema furfuraceum 245
Collemataceae **245**
Colletes spec. 299
Colletidae **299**
Collie, Langhaar- 565
Colobometridae **314**
Colobus
  angolensis 545
  guereza 545
Colocasia esculenta 131
Colochirus robustus 315
Colossendeidae **268**
Colossendeis megalonyx 268
Colpoda
  cucullus 100
  inflata 100
Colpophyllia spec. 255
Coltricia perennis 229
Colubridae **394–395**
Colugos 533
Columba
  guinea 453
  livia 453
  palumbus 453
Columbidae **453–455**
Columbiformes **453–455**
Columbina inca 454
Comasteridae **314**
Combretaceae **169**
Comephoridae **341**
Comephorus baikalensis 341
Commelina coelestis 144
Commelinaceae **144**
Commelinales **144–145**
Compsognathus longipes 84
Condylura cristata 559
Conepatus humboldtii 572
Conger conger 331
Congridae **331**
Conidae **306**
Coniophora puteana 227
Conium maculatum 202
Connochaetes taurinus taurinus 603
Conocardium spec. 80
Conocephalaceae **109**
Conocephalum conicum 109
Conocybe apala 213
Conophagidae **484**
Conophytum minutum 156
Conopidae **289**
Conopophaga lineata 484
Conraua goliath 363
Consolida ajacis 154
Constellaria spec. 78
Contopus virens 484
Conus textile 306
Convallaria majalis 134
Convolutidae **256**
Convolvulaceae **201**
Convolvulus sylvaticus 201
Cooksonia hemisphaerica 76
Copernicia macroglossa 142
Copernicia prunifera 143
Copiapit 51
Coprinellus
  disseminatus 223
  micaceus 223
Coprinopsis
  atramentaria 223
  picacea 223
Coprinus comatus 212
Coptotermes formosanus 277
Coracias
  caudatus 473
  cyanogaster 473
  garrulus 473
  naevius 473
  spatulatus 473
Coraciidae **473**
Coraciiformes **473–476**
Coragyps atratus 430
Coralliidae **254**
Corallina officinalis 103
Corallium rubrum 254
Corallus cookii 391
Corcoracidae **489**
Cordaites spec. 77
Cordierit-Hornfels 69
Cordulegaster maculata 275
Cordulegastridae **275**
Corduliidae **275**
Cordyceps militaris 238
Cordycipitaceae **238**
Cordylidae **387**
Cordyline australis 135
Cordylus cordylus 387
Coregonus artedi 334
Coreidae **281**
Corixa punctata 281
Corixidae **281**
Cornaceae **190**
Cornales **190, 195**
Cornish rex 580
Cornus florida 190
Coromus diaphorus 261
Coronella austriaca 396
Correa pulchella 188
Correa, Lachs- 188
Cortaderia selloana 147
Cortinariaceae **218**
Cortinarius
  alboviolaceus 218
  armillatus 218
  bolaris 218
  caperatus 218
  elegantissimus 218
  flexipes 218
  malachius 218
  mucosus 218
  pholideus 218
  rufoolivaceus 218
  sodagnitus 218
  splendens 218
  triumphans 218
  violaceus 218
Corucia zebrata 387
Corvida 482
Corvidae **486**
Corvus
  albus 486
  corax 486
  corone 486
  frugilegus 486
  monedula 486
Corydalidae **283**
Corydalus cornutus 283
Corylus avellana 176
Coryphaena hippurus 346
Coryphaenidae **346**
Coryphaenoides acrolepis 336
Coryphaspiza melanotis 498
Corythaeola cristata 460
Corythaixoides
  concolor 460
  personatus 460
Corytophanes cristatus 385

Corytophanidae **385**
Coscinocera hercules 292
Coscoroba coscoroba 413
Coscoroba-Schwan 413
Cossidae **293**
Costaceae **148**
Cotinus coggygria 187
Cotoneaster horizontalis 183
Cotswold-Schaf 607
Cottidae **341**
Cottus gobio 341
Coturnicops noveboracensis 439
Coturnix coturnix 410
Coua gigas 462
Coues, Elliot 28
Coulter, Thomas 161
Covellin 42
Cracidae **408–409**
Cracticidae **486**
Cracticus 486
Crambe maritima 185
Crangon crangon 271
Crangonidae **271**
Craniata 319
Craniidae **301**
Craseonycteridae **554**
Craseonycteris thonglongyai 554
Craspedacusta sowerbyi 253
Crassatella lamellosa 80
Crassula deceptor 166
Crassulaceae **166**
Crassulaceen **166**
Crataegus monogyna 183
Cratenemertidae **300**
Craterellus
cornucopioides 228
tubaeformis 228
Cratosomus roddami 287
Craugastor
crassidigitus 353
fitzingeri 353
megacephalus 353
Craugastoridae **353**
Crax
fasciolata 408
rubra 408
Creagrus furcatus 448
Crepidotaceae **219**
Crepidotus
mollis 219
variabilis 219
Crepidula fornicata 305
Cressida cressida 296
Crex crex 439
Cricetidae **525**
Cricetulus barabensis 526
Cricetus cricetus 526
Crinifer zonurus 460
Crinipellis scabella 221
Crinoidea **314**
Crinum × powellii 133
Crocidura
cyanea 560
suaveolens 560
Crocodylia **400–403**
Crocodylus
niloticus 401
porosus 401
rhombifer 400, **402–403**
siamensis 400
Crocosmia × crocosmiiflora 135
Crocus sativus 135
Crocuta crocuta 582
Cromileptes altivelis 345
Crossarchus obscurus 586
Crotalus
atrox 399
viridis 399
Croton tiglium 178
Crotophaga sulcirostris 462
Cruciata laevipes 196
Crucibulum laeve 221
Crustacea 249, 269
Cruziohyla calcarifer 360
Cryphonectria 236
Cryptobranchidae **368**
Cryptobranchus alleganiensis 368
Cryptochiton stelleri 313
Cryptoclidus eurymerus 83
Cryptomeria japonica 121
Cryptomys hottentotus 528
Cryptoprocta ferox 583
Cryptosporidium parvum 100
Cryptotis parva 560
Ctenanthe amabilis 148
Ctenidae **265**
Ctenizidae **264**
Ctenocephalides felis 288
Ctenopharyngodon idella 332
Ctenopoma acutirostre 348
Ctenosaura similis 384
Cubozoa 252
Cuculidae **461–462**
Cuculiformes **460–462**
Cuculus
canorus 461
pallidus 461
saturatus 461
Cucumariidae **315**
Cucumis sativus 172
Cucurbita pepo 172
Cucurbitaceae **172**
Cucurbitales **172**
Cudoniaceae **241**
Culcita novaeguineae 317
Culicoides nubeculosus 289
Cuniculidae **532**
Cuniculus paca 532
Cunoniaceae **180**
Cuon alpinus 565
Cuora
flavomarginata 378
trifasciata 378
Cuphea ignea 169
Cupressaceae **121**
Cupressocrinites crassus 81
Cupressus macrocarpa 121
Cuprit 44
Curculionidae **287**
Curcuma longa 149
Cursorius cursor 448
Cuscuta epithymum 201
Cuterebra fontinella 291
Cuticula 257
Cuvier-Tukan 477
Cuvier, Georges 24
Cyanea
capillata 253
lamarckii 253
Cyaneidae **253**
Cyanellen 103
Cyanerpes cyaneus 499
Cyanobakterien 23, 32, 90, 242
Cyanochen cyanoptera 413
Cyanocitta cristata 486
Cyanocorax yncas 487
Cyanoliseus patagonus 459
Cyanophora paradoxa 103
Cyanopica cyanus 487
Cyanoptila cyanomelaena 492
Cyanoramphus novaezelandiae 457
Cyanotrichit 50
Cyathea
dealbata 113
medullaris 113
smithii 113
Cyatheaceae **113**
Cyathus striatus 221
Cybaeidae **265**
Cycadaceae **117**
Cycadophyta 116
Cycas revoluta 117
Cyclamen hederifolium 195
Cyclemys dentata 378
Cycloneritimorpha **304**
Cyclopedidae **520**
Cyclopes didactylus 520
Cyclopidae **269**
Cyclopteridae **341**
Cyclopteris orbicularis 76
Cyclopterus lumpus 341
Cycloramphidae **355**
Cyclostomata **322**
Cygnus
atratus 413
buccinator 413
cygnus 413
melancoryphus 413
olor 413
Cylindrophiidae **396**
Cylindrophis maculatus 396
Cymbidium tracyanum 136
Cymbirhynchus macrorhynchos 482
Cymbopogon nardus 147
Cynanthus latirostris 471
Cynara cardunculus 205
Cynictis penicillata 586
Cynipidae **298**
Cynocephalidae **533**
Cynocephalus
variegatus 533
volans 533
Cynognathus 25
crateronotus 83
Cynomys ludovicianus 525
Cynops pyrrhogaster 367
Cynopterus sphinx 550
Cynosurus cristatus 146
Cyperaceae **145**
Cyperus papyrus 145
Cyphellaceae **220, 222**
Cyphoderia ampulla 99
Cypraea tigris 305
Cypraeidae **305**
Cypridinidae **270**
Cyprinidae **332**
Cypriniformes **332**
Cyprinodontidae **338**
Cyprinodontiformes **338**
Cyprinus carpio 332
Cypripedium acaule 136
Cypris spec. 270
Cyriopalus wallacei 286
Cyrtodactylus louisiadensis 384
Cystodermella cinnabarina 225
Cystophora cristata 571
Cystopteris fragilis 115
Cytisus scoparius 175

D

Dacelo novaeguineae 474
Dachpilz
Goldbrauner 224
Graugrüner 224
Rehbrauner 224
Dachs-Ammer 499
Dachs, Eurasischer 574
Dachse **574**
Dactylis glomerata 146
Dactylochelifer latreillei 262
Dactylopsila trivirgata 507
Dactylopteridae **341**
Dactylopterus volitans 341
Daedalea quercina 230
Daedaleopsis confragosa 231
Dalatiidae **324**
Daldinia concentrica 238
Dallschaf 607
Dalmanites caudatus 79
Dalmatiner 565
Dama dama 597
Dama-Gazelle 605
Damadrossel 493
Damalinia caprae 282
Damaliscus
korrigum 603
pygargus dorcas 603
Damara-Zebra 592
Damhirsch 597
Danaus plexippus 294
Danburit 55
Danio rerio 332
Daphne mezereum 186
Daphnia magna 269
Daphniidae **269**
Daption capense 422
Dardanus
megistos 272
pedunculatus 272
Darlingtonia californica 194
Darmbakterien 90
Darmparasiten 257
Darwin-Nandu 407
Darwin, Charles 24–27, 32
Darwinfrosch 355
Dasineura sisymbrii 288
Daspletosaurus torosus 84
Dasselfliege 291
Dasyatidae **327**
Dasyatis pastinaca 327
Dasycercus cristicauda 505
Dasypeltis scabra 394
Dasypodidae **517**
Dasyprocta
azarae 532
leporina 532
punctata 532
Dasyproctidae **532**
Dasypus spec. 517
Dasyuridae **505**
Dasyuromorphia 503
Dasyurus geoffroii 505
Datiscaceae **172**
Datolith 54
Dattel, Chinesische 181
Dattelpalme 142
Datura stramonium 202
Daubentonia madagascariensis 537
Daubentoniidae **537**
Daucus carota 202
Dauerporling 229
Daumen, Opponierbare 534
Davidaster rubiginosus 314
Davidia involucrata 190
Davidiellaceae **238**
Davidshirsch 21, 597
Dazit 65
Decodon verticillatus 169
Degenbinse 148
Degenflügel 469
Degu 532
Deilephila elpenor 294
Deinococcus radiodurans 92
Deirochelys reticularia 375
Delfin 24
Gewöhnlicher 616
Delfine **616–617**
Delia spec. 288
Delma fraseri 385
Delphinapterus leucas 615
Delphinidae **616–617**
Delphinium cardinale 154
Delphinus delphis 616
Demansia psammophis 397
Demospongiae **250–251**
Dendragapus obscurus 410
Dendrobates
auratus 359
leucomelas 359
tinctorius 359
Dendrobatidae **358–359**
Dendrobium spec. 137
Dendrocolaptidae **485**
Dendrocopos
major 481
medius 481
Dendrocygna eytoni 413
Dendrohyrax
arboreus 515
dorsalis 515
Dendroica
castanea 497
petechia 497
Dendrolagus
dorianus 509
goodfellowi 509
lumholtzi 509
Dendrolimus pini 292
Dendronephthya spec. 254
Dendropsophus microcephalus 361
Dentaliidae **313**
Dermanyssidae **263**
Dermanyssus gallinae 263
Dermaptera **276**
Dermateaceae **239**
Dermestes lardarius 284
Dermestidae **284**
Dermochelyidae **374**
Dermochelys coriacea 374
Dermophis parviceps 365
Dermoptera **533**
Deroptyus accipitrinus 458
Desman
Pyrenäen- 559
Russischer 559
Desmana moschata 559
Desmane **559**
Desmodus rotundus 555
Desmognathus
monticola 368
ochrophaeus 368
Desulfurococcus mobilis 92
Detritus 258, 259, 270
Detritusfresser 256
Deuterocohnia lorentziana 144
Devon 17, 62, 82
Diaboleit 46
Diadematidae **315**
Diademhaarbärtling 479
Diademmeerkatze 543
Diademnatter 396
Diademseeigel
Bleistift- 315
Roter 315
Diamant 40
Diamantfasan 411
Diamantschildkröte 375
Diamanttäubchen 454
Dianameerkatze 543
Dianthus armeria 162
Diaspor 45
Diasporus diastema 355
Dicaeidae **494**
Dicaeum hirundinaceum 494
Dicentra spectabilis 153
Dicerorhinus sumatrensis 588
Diceros bicornis 588
Dichelostemma ida-maia 133
Dichorisandra reginae 144
Dichte 38
Dickblattgewächse **166**
Dickfuß
Braunschuppiger 218
Hygrophaner 218
Weißvioletter 218
Dickhörnige Seerose 255
Dickhornschaf 607
Dickkopffalter 294
Dickmaulrüssler, Gefurchter 287
Dickschnabelmöwe 449
Dickschnabelpinguin 416
Dickschwanzskorpione 262
Dicksonia antarctica 113
Dicksoniaceae **113**
Dicranaceae **111**
Dicranum montanum 111
Dicrodium spec. 76
Dicroglossidae **363**
Dicronorhina derbyana 286
Dicrurus forficatus 487
Dictyophorus spumans 277
Didelphidae **503**
Didelphimorphia 503
Didelphis virginiana 503
Didymellaceae **241**
Didymocyrtis tetrathalamus 98
Didymograptus murchisoni 78
Dieffenbachia seguine 131
Dieffenbachie 131
Difflugia proteiformis 96
Digitalis purpurea 200
Dikdik
Günthers 604
Kirks 604
Dikotyledonen 28
Dillenia suffruticosa 155
Dilleniaceae **155**
Dilleniales **155**
Dimetrodon loomisi 83
Dinema polybulbon 138–139
Dingel, Violetter 137
Dingo 564
Dinoflagellata **100**
Dinoflagellaten 33, 94, **100**
Dinomyidae **529**
Dinomys branickii 529
Dinopium javanense 480
Dinosaurier 82, **84–87**, 370, 404
Diodon holocanthus 340
Diodontidae **340**
Diodora listeri 304
Diogenidae **272**
Diomedea exulans 421
Diomedeidae **421**
Dionaea muscipula 163
Dioon edule 117
Diopsid 57
Diorit 67
Dioscorea spec. 140
Dioscoreaceae **140**
Dioscoreales **140**
Diospyros virginiana 191
Diplocarpon rosae 239
Diplocaulus magnicornis 82
Diplocystidiaceae **227**
Diplodocus longus 84
Diploneis spec. 101
Diplotrypa spec. 78
Dipodidae **525**
Dipodium squamatum 136
Dipodomys merriami 525
Diprotodontia **503**
Dipsacaceae **206–207**
Dipsacales **206–207**
Dipsacus fullonum 207
Diptera **288–291**
Dipturus batis 327
Discidae **308**
Discinaceae **240**
Disciotis venosa 240
Discocyrtus spec. 263
Discoglossidae **353**
Discoglossus pictus 353
Discus patulus 308
Dismorphia amphione 295
Disphyma crassifolium 156
Dissostichus mawsoni 346
Distichodontidae **333**
Distichodus lusosso 333
Distichodus, Langschnauzen- 333
Distichopora violacea 253
Ditrichaceae **111**
Diuris corymbosa 137
Divana diva 293
Divergenzzone 14
Diversität 18, 24
DNA 22, 26, 32, 90
DNS 22
Dobsonia moluccensis 551
Dodecatheon hendersonii 195
Dohle 486
Dohlenkrebs 271
Doktor, Gelber Segelflossen- 19
Doktorfisch, Weißkehl- 348
Dolchstichtaube, Bartlett- 454
Dolchwespe 298
Doldenblütler **202–203**, 296
Dolerit 67
Dolichonyx oryzivorus 496
Dolichopodidae **289**
Dolichotis spec. 529
Dollarvogel 473
Dolomedes fimbriatus 265
Dolomedidae **265**
Dolomit 47, 72
Domänen 28, 32
Domestikation 588, 594
Dommeln **425**
Donacidae **303**
Donax cuneatus 303
Doppelbandflughuhn 452
Doppelpalmfarn, Mexikanischer 117
Doppelschleiche
Gefleckte 389
Langs 389
Doppelschleichen 34, **389**
Dorcopsis muelleri 509
Dorippe frascone 315
Dorkasgazelle 604
Dornenkronen-Seestern 306, 317
Dornfortsätze 535
Dornfühlerassel 270
Dorngoldwespe, Glänzende 298
Dornhai 324
Schwarzer 324
Dornhaie 324
Dornschnabel, Goldhähnchen- 486
Dornschwanzagame, Nordafrikanische 381
Dornschwanzhörnchenverwandte **523**
Dorsche **336**
Dorycnium hirsutum 174
Doryfera ludovicae 469
Doryrhamphus dactyliophorus 339
Dosenschildkröte
Carolina- 375
Schmuck- 375
Dosinia anus 303
Dost, Gewöhnlicher 198

Dotterblume, Sumpf- 154
Dottertukan 477
Douglasie, Gewöhnliche 120
Dracaena draco 135
Drachenbaum, Echter 135
Drachenfisch, Schwarzer 335
Drachenkopf, Brauner 341
Drachenwurz 131
Dracunculus vulgaris 131
Drehmoos, Brandstellen- 111
Drehwurz, Herbst- 137
Dreifarbenreiher 426
Dreifingerfaultiere **520**
Dreihornchamäleon 380
Dreimasterblume, Silber- 144
Dreissena polymorpha 303
Dreistachliger Stichling 339
Dreizehenmöwe 449
Dreizehenspecht 481
Drepanaspis spec. 82
Drill 544
Drimia maritima 134
Drimys winteri 128
Dromaiidae **407**
Dromaius novaehollandiae 407
Dromedar 609
Dromia personata 273
Dromiciops gliroides 503
Dromiidae **273**
Dromococcyx
pavoninus 462
phasianellus 462
Drongos **487**
Dronte 453
Drosera rotundifolia 163
Droseraceae **163**
Drosophila melanogaster 290
Drosophilidae **290**
Drosselhäher 489
Drosseln **493**
Drosselstelze 489
Drückerfisch, Leopard- 340
Drupa ricinus 306
Drüsenköpfchen 180
Dryas octopetala 183
Drymarchon corais 395
Drymobius chloroticus 395
Dryocopus
martius 480
pileatus 480
Dryopteridaceae **115**
Dryopteris filix-mas 115
Dschelada 545
Ducker **601**
Ducula
aenea 454
bicolor 454
Duellmanohyla rufioculis 360
Duettgesänge 548
Dufrenit 52
Duftdrüsen 558
Duftmarken 534
Duftstacheling, Schwarzer 234
Dugesia
gonocephala 257
lugubris 257
tigrina 257
Dugong 515
Dugong dugon 515
Dugongidae **515**
Dumbo-Oktopus 312
Dumerils Boa 390
Dumetella carolinensis 492
Dumontinia tuberosa 239
Dumortierit 54
Dunenfedern 434
Dungfliege, Gelbe 290
Dunit 67
Durianbaum 187
Durio zibethinus 187
Dynastes hercules 285
Dynastidae **285**
Dyscophus antongilii 362
Dysdera crocata 264
Dysderidae **264**
Dysphania
ambrosioides 157
cuprina 293
Dytiscidae **284**
Dytiscus marginalis 284

E

Ebenaceae **191**
Eberesche, Amerikanische 183
Ecballium elaterium 172
Echeneidae **346**
Echeneis naucrates 346
Echeveria setosa 166
Echiichthys vipera 346
Echimyidae **532**
Echinacea purpurea 204
Echinaster callosus 316
Echinasteridae **316**
Echinidae **315**
Echiniscidae **259**
Echiniscoides sigismundi 259
Echiniscoididae **259**
Echiniscus spec. 259
Echinocactus spec. 158
Echinocardium cordatum 315
Echinocereus triglochidiatus 159
Echinodermata 249, **314–317**
Echinodiscus auritus 315
Echinoidea **315**
Echinometra mathaei 315
Echinops
bannaticus 205
telfairi 514
Echinosorex gymnura 558
Echinothrix calamaris 315
Echinothuridae **315**
Echinus esculentus 315
Echium vulgare 194
Echoortung 550, 551, 554, 555, 560, 612, 617
Echsen 34, 370, **380–389**
Echte Karettschildkröte 374
Echymipera kalubu 505
Eciton burchellii 299
Eclectus roratus 457
Ecnomiohyla miliaria 360
Ectobius lapponicus 277
Edelkastanie 236
Edelkoralle, Rote 254
Edelpapagei 457
Edelreizker 232
Edenwal 613
Edmi-Gazelle 604
Efeu 202
Gewöhnlicher 203
Egel 249, 258
Egeria densa 132
Egerlingsschirmling
Rosablättriger 212
Egerlingsschirmpilz, Anlaufender 212
Egretta
caerulea 426
garzetta 426
gularis 426
novaehollandiae 426
rufescens 427
tricolor 426
Ehrenpreis, Echter 200
Eibe, Europäische 121
Eiche
Kermes- 177
Scharlach- 177
Stiel- 177
Eichelhäher 487
Eichenfarn 115
Eichenmilchling 232
Eichenschrecke, Gewöhnliche 277
Eichenspinner 292
Eichenwirrling 230
Eichhörnchen 523
Eichhornia crassipes 145
Eidechsen **386**
Eidechsenfisch, Riff- 334
Eidechsenfische **334**
Eidechsennatter, Europäische 396
Eiderente, Pracht- 415
Eiderenten **412**
Eidolon helvum 551
Eierschlange, Afrikanische 394
Eikapsel 323
Eikokon 258
Einbeere, Vierblättrige 140
Eingeweidefisch 337
Eingeweidefische **337**
Eingeweidesack 301, 304
Einkeimblättrige 130, 150
Einsiedler, Weißpunkt- 272
Einsiedlerkrebse 253, **272**
Eintagsfliege, Dänische 274
Eintagsfliegen **274**
Einzeller 22
Eipilze 101
Eisbär 567, **568–569**
Eisbohrkern 17
Eisen 41
Eisenblüte-Aragonit 48
Eisenerz 70
Eisenholz, Pohutukawa- 170
Eisenhut, Blauer 154
Eisenia foetida 258
Eisenkraut, Echtes 201
Eisenstein 70
Eisente 415
Eisfisch, Scotia-See- 347
Eiskraut 156
Eismöwe 448
Eissturmvogel 421
Eistaucher 420
Eisvögel 35, **473–476**
Eisvogel 474
Kleiner 294
Eiszeit 17
Eklogit 69
Ektoparasiten 288, 290
Elaeagnaceae **180, 181**
Elaeagnus angustifolia 181
Elaeis guineensis 143
Elanoides forficatus 432
Elanus leucurus 432
Elaphocordyceps ophioglossoides 238
Elaphodus cephalophus 597
Elaphomyces granulatus 241
Elaphomycetaceae **241**
Elaphurus davidianus 597
Elapidae **396, 397**
Elateridae **284**
Elch, Kanadischer 598
Electrophorus electricus 335
Elefant 83
Afrikanischer 516
Asiatischer 516
Elefanten 35, 512, 513, **516**
Elefantenrüsselfisch 331
Elefantenspitzmaus
Nordafrikanische 512
Rote 512
Savannen- 512
Schwarzfuß- 512
Westliche Felsen- 512
Elefantenspitzmäuse **512**
Elefantenzahn 313
elektrische Felder 323
elektrische Organe 327
Elektrorezeptoren 323, 326, 502
Elen-Antilope 599
Eleocharis dulcis 145
Elephantidae **516**
Elephantulus
fuscipes 512
intufi 512
rozeti 512
rufescens 512
rupestris 512
Elephas maximus 516
Elettaria cardamomum 149
Eleutherodactylidae **355**
Eleutherodactylus coqui 355
Elfenbeinmöwe 449
Elfenbeinschneckling 220
Elfenblume 152
Elfenkauz 465
Ellerling, Jungfern- 220
Ellisella spec. 254
Ellisellidae **254**
Elopidae **330**
Elopiformes **330**
Elops saurus 330
Elpidiidae **315**
Elsbeere 183
Elster 486
Elymus farctus 146
Elytren 284
Emballonura monticola 555
Emballonuridae **555**
Emberiza melanocephala 498
Emberizidae **498–499**
Embothrium coccineum 151
Empididae **291**
Empis tessellata 291
Empusa pennata 276
Empusidae **276**
Emu 407
Emus **406**
Emus hirtus 285
Emydidae **375**
Emydoidea blandingii 375
Emys
orbicularis 375
trinacris 375
Enargit 43
Encephalartos
altensteinii 117
horridus 117
Endeidae **268**
Endeis spinosa 268
Engelhai, Atlantischer 325
Engelhaie **325**
Engelstrompete, Rote 202
Engelwurz, Gewöhnliche Wald- 202
Engmaulfrosch
Carolina- 362
Großer Zwerg- 362
Engmaulfrösche **362**
Engraulis ringens 332
Engystomops pustulosus 361
Enhydra lutris 575
Ensete ventricosum 148
Ensifera ensifera 471
Ensis siliqua 303
Entamoeba histolytica 96
Enten **412–415**
Entenmuscheln **269**, 306
Entenwal, Nördlicher 615
Enterococcus faecalis 93
Enteroctopus dofleini 312
Entoloma
incanum 214
porphyrophaeum 214
rhodopolium 214
serrulatum 214
Entolomataceae **214**
Entomyzon cyanotis 485
Enzian, Frühlings- 197
Enziangewächse **196**
Enzyme 192
Eodalmanitina macrophtalma 79
Eolophus roseicapilla 456
Eophona personata 497
Eopsaltria australis 488
Eos cyanogenia 457
Eozän 62
Epaulettenflughund
Franquet- 550
Wahlbergs 551
Epaulettenhai 324
Ephedra
sinica 117
trifurca 117
Ephedraceae **117**
Ephemera danica 274
Ephemerella ignita 274
Ephemerellidae **274**
Ephemeridae **274**
Ephemeroptera **274**
Ephippidae **344**
Ephippiorhynchus senegalensis 425
Epicrates cenchria 391
Epidalea calamita 354
Epidot 55
Epilobium
angustifolium 171
hirsutum 171
Epimedium davidii 152
Epinephelus lanceolatus 345
Epipactis atrorubens 137
Epiperipatus broadwayi 258
Epiphyten 108, 112, 144
Episyrphus balteatus 290
Epitheca 101
Epitheca princeps 275
Epitoniidae **305**
Epitonium scalare 305
Epomophorus wahlbergi 551
Epomops franqueti 550
Epsomit 51
Eptesicus fuscus 557
Equetus lanceolatus 345
Equidae **592–593**
Equisetaceae **113**
Equisetum arvense 113
Equus asinus 592
asinus × *E. ferus* 593
asinus somalicus 592
ferus 593
ferus × *E. asinus* 593
ferus przewalskii 593
grevyi 592
hemionus khur 592
hemionus kulan 592
hemionus onager 592
kiang 592
quagga boehmi 592
quagga burchellii 592
zebra 592
Eranthis hyemalis 154
Erbsenkrabben **272**
Erbsenmuscheln **302**
Erbsenstein 72
Erbsenstreuling 227
Erdachse 12
Erdbeerbaum, Westlicher 191
Erdbeere, Wald- 182
Erdbeerfröschchen 19, **359**
Erdferkel 35, **514**, 605
Erdhummel 299
Erdkröte 355
Erdkruste 12, 14
Erdmännchen 562, 586
Erdmantel 12, 14
Erdnuss 173
Erdpython 391
Erdracke
Blaukopf- 473
Langschwanz- 473
Erdrauch, Gewöhnlicher 153
Erdrutsch 15
Erdschildkröte
Braune 378
Zacken- 378
Erdschlange
Kurzkopf- 394
Regenbogen- 399
Erdschlangen **399**
Erdspecht 480
Erdstern
Gewimperter 228
Großer Nest- 228
Halskrausen- 228
Kragen- 228
Sieb- 228
Erdsterne 210, **228**
Erdtaube, Glanz- 455
Erdviper, Maulwurf- 390
Erdvipern **390**
Erdwarzenpilz 234
Erdwolf 582
Erdwühle
Kleinköpfige Leder- 365
Purpur- 365
Erdwühlen **365**
Erdzunge, Täuschende 239
Eremitalpa granti 513
Eremiten 469
Eremobates spec. 263
Eremobatidae **263**
Eremophila
alpestris 489
maculata 200
Eresidae **264**
Eresus kollari 264
Eretmochelys imbricata 374
Erica spec. 191
Ericaceae **190–191**
Ericales **190–195**
Erignathus barbatus 570
Erinaceidae **558**
Erinaceomorpha **558**
Erinaceus europaeus 558
Eriocheir sinensis 273
Eriogonum
giganteum 164
umbellatum 164
Eriostemon spicatus 188
Eriosyce subgibbosa 158
Eristalis tenax 290
Erithacus rubecula 492
Erle, Oregon- 176
Erlenschüppling, Zitronengelber 225
Erodium foetidum 168
Erosion 15, 62
Erotylidae **286**
Erpel 412
Eryma leptodactylina 79
Eryngium maritimum 203
Erysimum cheiri 184
Erysiphaceae **238**
Erysiphales **238**
Erysiphe alphitoides 238
Erythrin 53
Erythrocebus patas 544
Erythrolamprus mimus 395
Erythroxylaceae **178**
Erythroxylum coca 178
Erythrura
gouldiae 495
psittacea 494
Erzwespe 298
Esche, Blumen- 199
Escherichia coli 92
Eschrichtiidae **613**
Eschrichtius robustus 613
Eschscholtz-Salamander 369
Eschscholzia californica 153
Esel **592**
Eselhase, Kalifornischer 522
Eselsohr 240
Eselspinguin 417
Esocidae **335**
Esociformes **334–335**
Esox niger 335
Espadarana prosoblepon 353
Esparsette, Futter- 173
Espostoa lanata 158
Essigbaum 187
Estragon 205
Estrilda astrild 494
Estrildidae **494**
Ethmostigmus trigonopodus 261
Etmopteridae **324**
Etmopterus spinax 324
Etrusker-Spitzmaus 559, 560
Eubalaena australis 612
Eublepharis macularius 384
Eubucco bourcierii 478
Eucalyptus
camaldulensis 170
coccifera 170
gunnii 170
urnigera 170
Euchitonia elegans 98
Euchloron megaera 294
Eucommia ulmoides 195
Eucommiaceae **195**
Eucrossorhinus dasypogon 324
Eudikotyledonen 128, 130, **150–207**
Eudocimus ruber 427
Eudorcas thomsonii 604
Eudromia elegans 406
Eudynamys scolopaceus 462
Eudyptes
chrysocome 416
chrysolophus 416
pachyrhynchus 416
Eudyptula minor 416
Euglena
gracilis 97
mutabilis 97
spirogyra 97
viridis 97
Euglossa asarophora 299
Euglypha spec. 99
Eukalyptus 506
Mostgummi- 170
Roter 170
Trichterfrucht- 170
Eukaryota 22, 28
Eukaryoten 32, 90
Euklas 54
Eulalia viridis 259
Eule (Vogel) 24
Eule (Schmetterling) 293

Eulemur
albifrons 536
collaris 536
macaco 536
mongoz 536
rubriventer 536
Eulen 35, **463–466**
Eulenschwalm 467
Eulenschwalme **467**
Eulipotyphla **558**
Eumeces schneideri 387
Eumetopias jubatus 566
Eumomota superciliosa 475
Eunectes murinus 391
Euonymus europaeus 171
Euoplocephalus 85, **86–87**
Euphausia superba 270
Euphausiidae **270**
Euphlyctis cyanophlyctis 363
Eupholus linnei 287
Euphonia chlorotica 499
Euphorbia
characias 178
milii 178
obesa 178
peplus 178
Euphorbiaceae **178**
Euphractus sexcinctus **518–519**
Euplectella aspergillum 251
Euplectellidae **251**
Euplectes
afer 495
ardens 495
Eupleres goudotii 583
Euproctus platycephalus 367
Euproops rotundatus 79
Euprymna berryi 309
Euptychia cymela 294
Eurasischer Dachs 574
Europäisch Kurzhaar 580
Europäische Schaufelfußkröten **362**
Eurotiales **241**
Eurrhypara hortulata 292
Euryale ferox 125
Eurycea
guttolineata 368
wilderae 368
Eurydema dominulus 282
Eurygaster maura 281
Eurylaimidae **482**
Eurylaimus ochromalus 482
Euryleptidae **256**
Eurynorhynchus pygmeus 447
Eurypegasus draconis 339
Eurypharyngidae **331**
Eurypharynx pelecanoides 331
Eurypyga helias 439
Eurypygidae **439**
Eurystomus
glaucurus 473
orientalis 473
Eurytides marcellus 296
Euschemon rafflesia 294
Euspira pulchella 306
Eusthenopteron foordi 82
Eutoxeres aquila 469
Eutropis multifasciatus 387
Evadne nordmanni 269
Evarcha arcuata 265
Evolution 24–27
Evolutionstheorie 32
Exacum affine 197
Excavata 33, 94, **97**
Exidia glandulosa 234
Exmoor-Pony 593
Exobasidiaceae **235**
Exobasidiales **235**
Exobasidium vaccinii 235
Exocoetidae **337**
Extrusivgesteine 62, 64

F

Fabaceae **173–175**
Fabales **173–175**
Facelinidae **307**
Fächerfisch, Schwarzer 338
Fächergarnele, Molukken- 271
Fächerpapagei 458
Fächerschwanzkuckuck 461
Fackellilie, Schopf- 140
Fadenflechten 242
Fadenstäubling 96
Fadenwürmer 35, 248, **257**
Fagaceae **177**
Fagales **176–177**
Fagopyrum esculentum 164
Fagus grandifolia 176
Fahlschwanzkolibri 470
Fahnenbarsch, Juwelen- 345
Falanuk 583
Fälbling, Wurzelnder Marzipan- 219
Falco
amurensis 431
columbarius 431
peregrinus 431
rufigularis 430
sparverius 430
tinnunculus 431
Falconidae **430–431**
Falconiformes **430–431**
Falke, Wander- 19
Fallopia convolvulus 164
Falsche Korallenotter 395
Faltengebirge 14
Faltengecko, Kuhls 384
Faltenschirmling, Gelber 212
Faltentintling, Grauer 223
Falterfisch, Vierfleck- 344
Falterfische, Masken- 330
Fältling, Gallertfleischiger 230
Familie 29
Fanaloka 583
Fangschrecke, Hauben- 276
Fangschreckenkrebs, Bunter 271
Fangzahnfisch 338
Fannia canicularis 289
Fanniidae **289**
Farancia abacura 395
Färberfrosch 359
Färberhülse, Blaue 174
Farne 33, **112–115**
Echte **113–115**
Farnwedel 112
Fasan 411
Fasanenkuckuck 462
Fasantaube 455
Fasciola hepatica 256
Fasciolariidae **306**
Fasciolidae **256**
Fasciolopsis buski 256
Faserling, Büscheliger 223
Fass-Schwamm 251
Faucaria tuberculosa 156
Fauchschabe, Madagaskar- 277
Faultiere 520
Faulvögel **477**
Faulvogel
Rotkehl- 481
Schwalben- 481
Schwarzbrust- 481
Weißohr- 481
Weißzügel- 481
Faviidae **255**
Fechterschnecke, Große 305
Federgras, Riesen- 148
Federhelmturako 461
Federhydroid 253
Federlibelle, Blaue 275
Federmoos 111
Federohren 463
Federschwanz-Spitzhörnchen 533
Federschwanzbeutler 508
Feenvögel **491**
Feenvogel, Türkis- 491
Feige, Echte 181
Feigenbohrer 286
Feigenkaktus 159
Feigenpirol, Austalischer 487
Feigenwespe 298
Feilenfisch, Mimik- 341
Fejervarya kirtisinghei 363
Feldhamster 526
Feldhase 522
Feldlerche 489
Feldmaus 525
Feldskorpion 262
Feldspatgrit 72
Feldtricherling 215
Felidae **576–582**
Felis
chaus 580
manul 581
margarita 581
nigripes 581
silvestris 580
silvestris ornata 580
silvestris silvestris 580
Felsenbirne, Kupfer- 182
Felsengebirgshuhn 410
Felsenklaffmoos 111
Felsenpinguin 416
Felsenratte 529
Felsenratten **529**
Felsensittich 459
Felsentaube 453
Felsit 67
Felskänguru, Bürstenschwanz- 509
Fenchelporling 229
Fennek 563
Fensterblatt 131
Fensterfalle, Gewöhnliche 192–193
Ferberit 51
Feresa attenuata 617
Fergusonit 45
Ferula communis 202
Fettflosse 333, 334, 335
Fetthenne 296
Purpur- 166
Fettkraut, Gewöhnliches 199
Fettschwalm 467
Fettschwanzgecko, Afrikanischer 384
Fettschwanzmaki, Brauner 537
Fettschwanzschaf 607
Feuchtnasenaffen **534–537**
Feuerbauchmolch, Japanischer 367
Feuerborstenwurm, Bart- 259
Feuerdorn, Gelbfrüchtiger 183
Feuerfalter, Kleiner 297
Feuerkäfer, Scharlachroter 286
Feuerkolben
Chinesischer 131
Gewöhnlicher 131
Feuerkoralle 253
Feuerrückenspecht 480
Feuersalamander 367
Feuerseeigel 315
Feuerskink 386
Feuerstein 73
Feuerstirnbartvogel 478
Feuerwanze 282
Ficedula hypoleuca 493
Fichte
Blau- 119
Gewöhnliche 119
Sitka- 119
Fichten-Kreuzschnabel 496
Fichtenkoralle, Grünfleckende 229
Ficus
carica 181
religiosa 181
Fieberklee 206
Fieberkleegewächse 204
Filzblume 205
Fingerhut, Roter 200
Fingerkraut, Gänse- 182
Fingerotter, Kap- 575
Fingerschwamm, Giftiger 250
Fingertier 537
Finken **496–497**
Finnwal 613
Fischadler 431
Fischbussard 436
Fische **320–349**
Fischereisvögel 473
Fischermarder 574
Fischkatze 581
Fischlaus 269
Fischmöwe 449
Fischotter
Eurasischer 575
Nordamerikanischer 575
Fischuhu, Sunda- 465
Fischwühlen **365**
Fissidens taxifolius 111
Fissidentaceae **111**
Fissurellidae **304**
Fistulina hepatica 224
Fjellfräs 574
Fjordland-Nationalpark 110
Flachkopfkatze 581
Flachlandtapir 589
Flagellaten **97**
Flaggensylphe 471
Flamingos 34, **424**
Flammenbusch, Chilenischer 151
Flammenkopfbartvogel 479
Flämmling, Prächtiger 225
Flammulina velutipes 223
Flanellstrauch, Kalifornischer 186
Flaschenstäubling 213
Flattermakis **533**
Flavocetraria nivalis 244
Flechten 33, **242–245**
Fleckenkantschil 596
Fleckenkauz 464
Fleckenmusang 587
Fleckenpanthervogel 486
Fleckenpython 399
Fleckenskunk, Östlicher 572
Fledermaus-Papageien 456
Fledermäuse **550**
Fledermausfalke 430
Fledermausfisch, Langflossen- 344
Fledermausfliege 290
Fledertiere 35, **550–557**
Fleischfliege, Graue 289
Fleischflosser 34, 82, 318, 349
Fleischfressende Pflanze 192
Flieder, Garten- 199
Fliegen 274, **288–291**
Fliegenhaft 274
Fliegenpilz 214, **216–217**
Fliegenschnäpper 487, 492
Flinkwallaby 508
Flöhe 288
Flohkrebs 270
Florfliege 283
Floridakärpfling 338
Florisuga mellivora 471
Flossenfuß
Burtons Spitzkopf- 385
Frasers 385
Schlangen- 385
Flossenfüße **385**
Flötenvogel 486
Flügeldecken 284
Flügelknöterich, Acker- 164
Flügelrossfisch, Kleiner 339
Flügelschnecken 305, 307
Flügelstorax, Borstiger 194
Flugfisch, Atlantischer Kinnbartel- 337
Flugfrosch, Wallace- 364
Flughahn 341
Flughühner 35, 408, **452**
Flughund, Geoffroys 551
Flughunde **550**
Fluglaubfrosch, Großer 360
Flugmembran 550
Flugmuskeln 406
Fluorit 46
Flussbarsch 344
Flussblindheit 289
Flussdeckelschnecke 306
Flussdelfin, Chinesischer 616
Flussdelfine **616–617**
Flusskrebse 271
Flussmuscheln 303
Flussmützenschnecke 308
Flussneunauge 322
Flussperlmuschel 303
Flusspferd 609
Flusspferde **609**, 612
Flusswels 333
Flustra foliacea 300
Flustridae **300**
Fomes fomentarius 231
Fomitopsidaceae **230**
Fomitopsis pinicola 230
Fontinalaceae **111**
Fontinalis antipyretica 111
Foraminifera **98**
Foraminiferen 33, **98**
Forficula auricularia 276
Forficulidae **276**
Formationsflug 412
Formica rufa 299
Formicariidae **484**
Formicidae **299**
Forpus coelestis 459
Forsythia suspensa 199
Forsythie, Hänge- 199
Fossa 583
Fossa fossana 583
Fossilführender Schieferton 72
Fossilien 22, 24, **74–87**
Pflanzen **76–77**
Wirbellose **78–81**
Wirbeltiere **82–87**
Fotosynthese 22, 90, 94, 303
Fouquieria columnaris 191
Fouquieriaceae **191**
Fox, George 29
Foxterrier, Glatthaar- 565
Fragaria vesca 182
Francolinus
afer 410
pondicerianus 410
Frangipani, Rote 196
Frankenia laevis 163
Frankeniaceae **163**
Frankliniella spec. 283
Franklinit 44
Fransenfinger, Europäischer 386
Fransenfledermaus 557
Nordamerikanische 557
Fransenlippenfledermaus 555
Fransenschildkröte 372
Fransenzehenleguan, Colorado- 385
Fratercula
arctica 451
cirrhata 451
Frauenfisch 330
Frauenfische **330**
Frauenmantel, Gewöhnlicher 183
Frauenschuh, Kurzstängeliger 136
Frauentäubling 233
Fraxinus ornus 199
Freesia × kewensis 135
Freesie 135
Fregata magnificens 428
Fregatidae **428**
Fregattvögel 26, **428**
Fregattvogel, Pracht- 428
Freilandgloxinie, Stängellose 199
Freischwänze, Glattnasige 555
Freischwanzfledermaus, Breitohren- 556
Fremontodendron californicum 186
Fringilla coelebs 496
Fringillidae **496**
Frithia pulchra 156
Fritillaria meleagris 140
Fromia monilis 317
Frosch 24, 82, 352
Froschbiss, Europäischer 132
Frösche 350
Froschfische 337
Froschkäfer 287
Froschlöffel, Gewöhnlicher 130
Froschlurche 34, **352–365**
Froschschnecken **306**
Frostschneckling 220
Fruchtblätter 122
Fruchtfäule 239
Fruchtknoten 126, 127, 161
Fruchtkörper 210, 236
Fruchttaube
Bronze- 454
Hauben- 454
Wompu- 454
Zweifarben- 454
Fruchttauben 453
Fruchtvampir
Gervais' 555
Streifen- 555
Frühjahrslorchel 240
Frühlingspapagei 456
Frühlingspfeifer 360
Frullania tamarisci 109
Frullaniaceae **109**
Fuchsammer 499
Füchse **562–563**
Fuchshai, Gemeiner 326
Fuchsia
fulgens 171
magellanica 171
Fuchsie, Scharlach- 171
Fuchsmanguste 586
Fuchsschwanz, Garten- 157
Fucoxanthin 101
Fucus 259
serratus 102
Fulgora laternaria 280
Fulgoridae **280**
Fulgurit 68
Fulica cristata 441
Fulmarus glacialis 421
Fumaria officinalis 153
Funaria hygrometrica 111
Funariaceae **111**
Fundulopanchax amieti 338
Fünfeckstern 317
Fünfstreifen-Skink 386
Fungia fungites 255
Fungiidae **255**
Funkie 135
Furchenbiene, Vierbinden- 299
Furchenmolch, Gefleckter 369
Furchenschnabelbartvogel 478
Furchenwale **613**
Furcifer
pardalis 380, 382
verrucosus 380
Furnariidae **485**
Furnarius rufus 485
Fusobacterium nucleatum 93
Futterwanze, Grüne 281

G

Gabbro, Geschichteter 66
Gabelblattgewächse 112
Gabelbock 598
Gabelböcke **598**
Gabeldrongo 487
Gabelracke 473
Gabelschwanzmöwe 448
Gabelschwanzseekühe **515**
Gabelstreifenmaki, Westlicher 537
Gabeltang 105
Gabeltrichterling, Kaffeebrauner 225
Gabelzahnmoos, Berg- 111
Gabunviper 399
Gadidae **336**
Gadiformes **336**
Gadus morhua 336
Gagat 38, 71
Gagea reticularis 141
Gagelstrauch 177
Gahnit 44
Gaidropsarus mediterraneus 336
Galagidae **534**
Galago
demidoff 535
moholi 535
senegalensis 535
Galago
Demidoff- 535
Moholi- 535
Senegal- 535
Galagos **534–535**
Galanthus nivalis 132
Galapagos-
Finken 25, 27
Pinguin 417
Riesenschildkröte 377, 379
Scharbe 429
Galathea strigosa 272
Galatheidae **272**
Galbalcyrhynchus purusianus 481
Galbula ruficauda 481
Galbulidae **481**
Galega officinalis 174
Galemys pyrenaicus 559
Galeocerdo cuvier 325
Galeodes arabs 263
Galeodidae **263**
Galerella sanguinea 586
Galerina
calyptrata 219
marginata 219
Galgant 149
Galictis vittata 574
Galidia elegans 583
Galipnuss 189
Galium aparine 196
Gallenröhrling 226
Gallenstacheling 234
Gallertbecher
Blassroter 239
Großsporiger 239, 240

Gallertflechten 242
Gallertkäppchen, Grüngelbes 239
Gallicolumba
  criniger 454
  tristigmata 454
Galliformes **408–409**
Gallimimus bullatus 84
Gallinago gallinago 446
Gallinula chloropus 440
Gallirallus philippensis 439
Gallmücke 288
Gallotia stehlini 386
Gallus gallus 411
Gallwespe, Eichenschwamm- 298
Gambelwachtel 409
Gametophyten 103, 110, 112
Gammaridae **270**
Gammarus pulex 270
Gämse 605
Gangesdelfine **617**
Gangesgavial 400
Ganoderma
  applanatum 230
  lucidum 230
Ganodermataceae **230**
Gänse **412**
Gänseblümchen 204
Gänsegeier 433
Gänsevögel 34, **412–415**
Gardenia jasminoides 196
Gardenie, Kap- 196
Garrulax pectoralis 490
Garrulus glandarius 487
Garrya elliptica 195
Garryaceae **195**
Garryales **195**
Gartenboa, Cooks 391
Gartenglanzkäfer 285
Gartenkreuzspinne 264
Gartenrotschwanz 492
Gartenspitzmaus 560
Gasteracantha cancriformis 264
Gasteropelecidae **333**
Gasteropelecus sternicla 333
Gasterosteidae **339**
Gasterosteus aculeatus 339
Gastralraum 252
Gastrolepidia clavigera 259
Gastropacha quercifolia 292
Gastrophryne carolinensis 362
Gastropoda **304–308**
Gastrotheca cornuta 358
Gattung 29
Gauchheil, Acker- 195
Gaugauholz 177
Gaukler 437
  Vierfleck- 284
Gauklerblume, Gefleckte 200
Gaultheria procumbens 191
Gaur 600
Gauromydas heros 290
Gavia
  adamsii 420
  immer 420
  pacifica 420
  stellata 420
Gaviale **400**
Gavialidae **400**
Gavialis gangeticus 400
Gaviidae **420**
Gaviiformes **420**
Gazania rigens 205
Gazania spec. 205
Gazanie 205
  Geäugte 205
Gazella
  dorcas 604
  gazella 604
  subgutturosa 604
Gazellen **604–605**
Geastraceae **228**
Geastrales **228**
Geastrum
  fimbriatum 228
  fornicatum 228
  striatum 228
  triplex 228
Gebirge 19
Gebirgsmolch, Sardischer 367
Geburtshelferkröte 350
  Gemeine 352
Geburtshelferkröten 352
Gecarcinidae **273**
Gecarcoidea natalis 273
Geckos **384**
Gediegene Elemente **40–41**
Gefalteter Schiefer 68
Gefäßpflanzen 76
Geflügel, Parasiten 263
Gehörknöchelchen 500
Geier 430
Geierperlhuhn 409
Geierschildkröte 373
Geigenrochen, Atlantischer 327
Geißblatt
  Trompeten- 207
  Wald- 207
Geißblattgewächse **206**
Geißel 99, 101
Geißelkammern 250
Geißelskorpion 263
Geißelskorpione **263**
Geißelspinnen 263
Geißeltierchen **97**
Geißraute, Echte 174
Geistermuräne 331
Geisterpfeifenfisch, Robuster 339
Gekko gecko 384
Gekkonidae **384**
Gelastocoridae **281**
Gelbaugenpinguin 417
Gelbbauchmolch, Kalifornischer 366
Gelbdolde, Schwarze 235
Gelbdoldenrost 235
Gelbflechte, Wand- 244
Gelbfuß
  Großer 227
  Kupferroter 227
Gelbhalsmaus 527
Gelbhaubenkakadu 456
Gelbhorn 189
Gelbkehlchen, Weiden- 497
Gelbkopflori 457
Gelbkopfschildkröte 378
Gelbmantellori 457
Gelbohr-Fledermaus 555
Gelbralle 439
Gelbrandkäfer 284
Gelbrückenducker 601
Gelbsalamander
  Dreistreifen- 368
  Wilders 368
Gelbschenkel, Kleiner 447
Gelbschnabelkuckuck 462
Gelbschnabelliest 474
Gelbschnabeltaucher 420
Gelbschopflund 451
Gelbspötter 490
Gelbstirnbartvogel 478
Gelbwangen-Schildkröte 375
Gelenkschildkröte, Stachelrand- 378
Gelidiella
  acerosa 104
  calcicola 104
Gelidium pusillum 104
Gelsemiaceae **196**
Gemmae 108
Gemüsewanze, Zierliche 282
Gene 26
Generationswechsel 103
Genetta
  genetta 587
  tigrina 587
Genista aetnensis 174
Gentiana verna 197
Gentianaceae **196–197**
Gentianales **196–197**
Geocalycaceae **109**
Geochelone elegans 378
Geococcyx californianus 462
Geocolaptes olivaceus 480
Geodiidae **250**
Geoemyda spengleri 378
Geoemydidae **378**
Geoglossaceae **239**
Geoglossum fallax 239
Geometra papilionaria 293
Geometridae **293**
Geomyidae **524**
Geopelia cuneata 454
Geophaps plumifera 455
Geophilidae **261**
Geophilus flavus 261
Geophis brachycephalus 394
Geoplanidae **257**
Geopora arenicola 240
Geospiza magnirostris 498
Geothlypis trichas 497
Geotrupidae **284**
Geotrygon chrysia 455
Gepard 577
Geradezahnmoos 111
Geraniaceae **168**
Geraniales **168**
Geranien **168**
Geranium
  pratense 168
  robertianum 168
Gerbillus perpallidus 526
Germer 142
Gerrhosauridae **387**
Gerrhosaurus major 387
Gerridae **281**
Gerris lacustris 281
Gersemia rubiformis 254
Gerste, Saat- 147
Gerüstsilikate 58–61
Geschiebelehm 70
Geschlechtsdimorphismus 26, 534
Gesichtsschleier 463
Gesneriaceae **199**
Gespenstfledermaus, Australische 556
Gespenstheuschrecken 276
Gespenstlaufkäfer 284
Gespenstschrecke, Malaiische
  Riesen- 276
Gespinstblattwespe 297
Gesteine 13, **62–73**
  magmatische 13
  metamorphe 13
  Sediment- 13
Getreidewanze, Gewöhnliche 281
Geum rivale 183
Geweihfarn, Gewöhnlicher 115
Geweihschwamm 251
Gewölle 463
Gewürzbeere 190
Gewürzlilie, Indische 149
Gewürznelkenbaum 170
Gewürzstrauch, Echter 129
Giardia lamblia 97
Giardiasis 97
Gibbaeum velutinum 156
Gibbifer californicus 286
Gibbon, Grauer 548
Gibbons 548
Gibbsit 45
Giebel 332
Gießkannenschwamm 251
Gifthäubling 219
Giftnattern 397
Giftsporn 502
Giftstacheln 342
Giftzähne 390, 398
Gigantocypris spec. 270
Gigantopteris nicotianaefolia 77
Gila-Krustenechse 388
Gimpel 496, 497
Gimpelhäher 489
Ginglymostoma cirratum 324
Ginglymostomatidae **324**
Ginkgo 33, 77, 117
Ginkgo biloba 117
Ginkgoaceae **117**
Ginkgophyta **116–117**
Ginkgos **116**
Ginseng 202
  Koreanischer 203
Ginster, Ätna- 174
Ginsterkatze
  Großfleck- 587
  Kleinfleck- 587
Gips 50
Gipsstein 70
Giraffa
  camelopardalis 594
  camelopardalis reticulata 608
  camelopardalis thornicrofti 608
  camelopardalis tippelskirchi 608
Giraffe 30
  Massai- 608
  Netz- 608
  Rothschild- 608
  Thornicroft- 608
Giraffen 594, **608**
Giraffengazelle 604
Giraffenhalskäfer 287
Giraffidae **608**
Girlitz, Mosambik- 496
Gitterling, Roter 234
Gladiolus italicus 135
Glanzfischartige **335**
Glanzkölbchen 197
Glanzköpfchen, Rotbrust- 495
Glanzmispel, Kahle 182
Glanzspitznatter 395
Glanzstar
  Hildebrandt- 493
  Pracht- 493
  Smaragd- 492
Glanzvögel **477**
Glanzvogel
  Breitmaul- 481
  Dreizehen- 481
  Kurzschwanz- 481
  Rotschwanz- 481
Glareola
  lactea 448
  nordmanni 448
  pratincola 448
Glareolidae **448**
Glasflügler, Hornissen- 294
Glasfrosch
  Fleischmanns 353
  Geister- 353
  Nicaragua- 353
  Weißgefleckter 353
Glasfrösche **353**
Glasschwämme **251**
Glaswels, Indischer 333
Glattdelfin, Südlicher 617
Glatthafer, Gewöhnlicher 146
Glatthai, Weißgefleckter 326
Glattnasen **557**
Glattnasen-Freischwanz, Kleiner 555
Glattnasige Freischwänze **555**
Glattnatter, Brasilianische 395
Glattrochen 327
Glattschweinswal 614
Glattstirnkaiman
  Brauen- 401
  Keilkopf- 401
Glattwale **612**
Glauberit 50
Glaucidium
  brasilianum 465
  gnoma 465
  minutissimum 465
  siju 465
Glaucium flavum 153
Glaucomys volans 523
Glaucophyta **103**
Glaucophyten 33, **103**
Glaukodot 42
Glaukonit 59, 70
Gleicheniaceae **113**
Gleitbeutler 503, **507**, **508**
  Kurzkopf- 507
Gleithörnchen, Südliches 523
Gliederfüßer 34, 248, 249, **260–299**
Glimmersandstein 70
Glimmertintling 223
Gliridae **524**
Glis glis 525
Glischrochilus hortensis 285
Globicephala melas 617
Globularia alypum 200
Glockenblume, Nesselblättrige 206
Glockenblumengewächse **204**
Glockendüngerling 225
Glockenpolyp 253
Glockenvogel, Nacktkehl- 483
Gloeophyllaceae **229**
Gloeophyllales **229**
Gloeophyllum odoratum 229
Glomeridae **260**
Glomeris marginata 260
Glomeromycota **33**
Gloriosa superba 141
Glossina morsitans 291
Glossinidae **291**
Glossodoris atromarginata 307
Glossopteris 25
Glossoscolecidae **258**
Glossoscolex spec. 258
Glucke, Krause 231
Glycymerididae **302**
Glycymeris glycymeris 302
Glycyrrhiza glabra 175
Glyphotaelius pellucidus 291
Glyptemys insculpta 375
Glyptostrobus spec. 77
Gnathonemus petersii 331
Gneis 69
Gnetaceae **117**
Gnetophyta 116, **117**
Gnetophyten 116, **117**, 124
Gnetum gnemon 117
Gnitze 289
Gobiesocidae **339**
Gobiesociformes **339**
Gobiidae **348**
Goethit 40, 45
Gold 41
Goldbauchfrosch 365
Goldbauchschnäpper 488
Goldbaumsteiger 359
Golden Retriever 565
Golden-Guernsey-Ziege 606
Goldfisch 332
Goldflechte, Gelbe 244
Goldfröschchen 361
Goldhähnchen 491
Goldhamster
  Langhaar- 526
  Syrischer 526
Goldkatze
  Asiatische 577
  Borneo- 577
Goldköpfchen 488
Goldkopfpipra 483
Goldkröte 350
Goldkuckuck 461
Goldlack 184
Goldlärche 120
Goldmakrele, Große 346
Goldmaskenkolibri 470
Goldmaskenspecht 480
Goldmull
  Hottentotten- 513
  Julianas 513
  Kap- 513
  Wüsten- 513
Goldmulle 35, 512, **513**
Goldpieper 495
Goldregen, Gewöhnlicher 175
Goldregenpfeifer 445
Goldringelgrundel 348
Goldröhrling 227
Goldrute, Kanadische 205
Goldschakal 564
Goldschimmel 238
Goldschnepfe, Bunt- 446
Goldschopfpinguin 416
Goldspecht 481
Goldstumpfnase 545
Goldtukan 477
Goldwespe 298
Goldzeisig 496
Goliathfrosch 363
Goliathkäfer 285
Goliathus cacicus 285
Golovinomyces cichoracearum 238
Gomphaceae **229**
Gomphales **229**
Gomphidae **275**
Gomphidiaceae **227**
Gomphidius roseus 227
Gomphus
  externus 275
  floccosus 229
Gonatium spec. 264
Gonepteryx cleopatra 295
Gongylophis colubrinus 391
Goniasteridae **316**
Goniatites crenistria 80
Goniodorididae **307**
Goniophyllum pyramidale 79
Goniopora
  columna 255
  spec. 255
Gonorynchidae **332**
Gonorynchiformes **332**
Gonorynchus greyi 332
Gonyleptidae **263**
Gonyosoma oxycephalum 396
Goodeniaceae 204, **206**
Gopherschildkröte 395
  Kalifornische 378
Gopherus agassizii 378
Goral, Grauer 605
Gorgonenhaupt 316
Gorgonia ventalina 254
Gorgonien **254**
Gorgoniidae **254**
Gorgonin 254
Gorgonocephalidae **316**
Gorgonocephalus caputmedusae 316
Gorilla 534
  Östlicher 549
  Westlicher 549
Gorilla
  beringei 549
  gorilla 549
Gossypium hirsutum 187
Götterblume, Hendersons 195
Gottesanbeterin 283
  Europäische 276
Gottesanbeterinnen **276**
Gotteslachs 335
Gould, John 27
Goulds Waran 389
Goura
  scheepmakeri 455
  victoria 455
Grabflatterer, Hildegards 555
Grabfrösche 364
Gracilaria
  bursa-pastoris 103
  foliifera 103
Gracula religiosa 492
Grallaria alleni 484
Grallina cyanoleuca 489
Grampus griseus 616
Gran-Canaria-Rieseneidechse 386
Granat-
  Hornfels 69
  Schiefer 13
Granatapfel 169
Granatapfel-Sandstein 70
Granatbarsch 338
Granatperidotit 65
Granatschiefer 68
Grand Canyon 62
Granit 67
Granitporphyr 66, 67
Granodiorit 66
Grant-Gazelle 605
Grant, Robert 24
Grantessa spec. 250
Granulit 68
Graphidaceae **245**
Graphis scripta 245
Graphit 40
Graphium sarpedon 296
Graphiurus spec. 524
Graptemys pseudogeographica 375
Graptolith 78
Grasbarsch 344
Grasbaum, Südlicher 140
Gräser **144–148**
Grasfrosch 363
Grashüpfer, Brauner 277
Graskarpfen 332
Grasland 18
Grasläufer 447
Graslilie, Astlose 133
Grasmilbe, Herbst- 263
Grasmücken **490**
Grasmückenartige **490**
Grasnatter, Raue 396
Grasnelke, Gewöhnliche 165
Grassänger 490
Grasschlüpfer 484
  Streifen- 484
Grasschwertel, Gestreiftes 135
Graubauchkuckuck 461
Grauer Gibbon 548
Graufischer 474
Graufuchs 563

Graufußhörnchen 524
Graugans 412
Grauhörnchen 523
Graukardinal 498
Graukopf-Flughund 551
Graukopfgans 413
Graukopfguan 409
Graukopfliest 474
Graumöwe 449
Graumull, Afrikanischer 528
Graupapagei 458
Graupelikan 429
Graureiher 426
Graustieltäubling, Gelber 233
Grauwacke 72
Grauwal 613
Grauwale **613**
Greenockit 41
Greifschwanz 383, 387, 506, 507, 520, 534, 561
Greifvögel 34, **430–437**
Greiskraut, Gewöhnliches Jakobs- 204
Grenadier, Pazifischer 336
Grenadierfische **336**
Grenadille, Königs- 179
Grevillea
banksii 151
robusta 151
Grevy-Zebra 592
Griechische Landschildkröte 379
Grifola frondosa 231
Grillen **277**
Grimmdarm 588
Grimmia pulvinata 111
Grimmiaceae **111**
Grimpoteuthidae **312**
Grimpoteuthis plena 312
Gromia sphaerica 99
Gromphadorhina portentosa 277
Grönlandhai 324
Grönlandwal 612
Groppe 341
Großblattnasen **556**
Großfußhühner **408**
Großgrison 574
Großkantschil 596
Großkopfschildkröte 373
Großkopfschildkröten **373**
Großlibellen 275
Großmazama 598
Großohrfledermaus, Kalifornische 555
Großriedbock 601
Großschabe, Amerikanische 277
Großsporiger Gallertbecherling 239
Großtrappe 438
Grossular 54
Grossulariaceae **166**
Grottenolm 369
Grubenlorchel 241
Grubenorgane 398
Grubenottern **398**
Gruidae **441**
Gruiformes **438–439**
Grünalgen 33, 103, **105**, 242
Grünbartvogel, Ceylon- 478
Grundammer 498
Gründelwale **615**
Grundfink, Groß- 498
Grundhaie **325–326**
Grüner Leguan 384
Grünes Blatt 293
Grünfischer 474
Grünflügeltaube 454
Grünhäher 487
Grunion 337
Grünlaubenvogel 485
Grünlilie 133
Grünmeerkatze
Äthiopische 544
Südliche 544
Grünorganist 498
Grünreiher 426
Grünspanbecherling, Kleinsporiger 239
Grünspecht 480
Grüntaube, Rotnasen- 455
Grüntodi 475
Gruppensilikate **55**
Grus
canadensis 441
grus 441
japonensis 441
rubicunda 441
Gryllacrididae **277**
Gryllacris subdebilis 277
Gryllidae **277**
Gryllotalpa gryllotalpa 277
Gryllotalpidae **277**
Gryllteiste 451
Gryllus bimaculatus 277
Gryphaea arcuata 80
Guan 409
Guanako 609
Guarianthe aurantiaca 136
Guarianthe, Orange 136
Guave 170
Guereza 545
Guinea-
Pavian 544
Taube 453
Turako 461
Guira guira 462
Guira-Kuckuck 462
Gularen 330
Gulo gulo 574
Gummiboa 390
Gunnera manicata 155
Gunneraceae **155**
Gunnerales **155**
Günsel, Kriechender 198
Guppys 338
Gurke 172
Gürtel 313
Gürtelfischer 475
Gürtelfuß
Duftender 218
Geschmückter 218
Gürtelmull 517
Gürtelschweif, Kap- 387
Gürtelschweife **387**
Gürteltiere 35, 517
Guzmania lingulata 144
Gygis alba 450
Gymnobelideus leadbeateri 507
Gymnocalycium horstii 159
Gymnocarpium dryopteris 115
Gymnochlora stellata 33, 99
Gymnodinium
brevis 100
catenatum 100
spec. 100
Gymnomuraena zebra 331
Gymnophiona **365**
Gymnophthalmidae **387**
Gymnopilus junonius 225
Gymnopis multiplicata 365
Gymnopus
fusipes 222
peronatus 222
Gymnorhina tibicen 486
Gymnosomata **307**
Gymnospermen **116–121**
Gymnotidae **335**
Gymnotiformes **335**
Gymnotus carapo 335
Gymnura altavela 327
Gymnuridae **327**
Gynandriris sisyrinchium 135
Gypaetus barbatus 433
Gypohierax angolensis 433
Gyps
africanus 433
fulvus 433
rueppellii 433, **434–435**
Gyrinidae **284**
Gyrinophilus porphyriticus 369
Gyrinus marinus 284
Gyromitra esculenta 240
Gyroporaceae **227**
Gyroporus cyanescens 227
Gyrosigma spec. 101

H

Haarkleid 500
Haarmützenmoos, Großes 111
Haarnasenaffen 534, **538–549**
Haarnasenwombat, Südlicher 506
Haarqualle, Gelbe 253
Haarschwindling, Brauner 221
Haarspecht 481
Haarstern
Robuster 314
Tropischer 314
Haarsterne **314**
Haastkiwi 407
Habicht 437
Habichtsadler 432
Afrikanischer 432
Habichtskauz 464
Hadogenes phyllodes 262
Haeckel, Ernst 29, 32
Haemodoraceae **145**
Haemulidae **344**
Hafer, Saat- 147
Haferwurzel 204
Haftscheibenfledermaus, Dreifarbige 556
Haftscheibenfledermäuse **556**
Hagedasch 427
Häherkuckuck 461
Häherlinge 491
Hahnenfuß, Gewöhnlicher Scharfer 154
Hahnenfußgewächse 152
Hahnenkamm 229
Hai, Weißer 320, 323, **326**
Haie 320, **323–326**
Haifischzahn 82
Hain-Schnirkelschnecke 308
Hainbuche, Gewöhnliche 176
Hainschwebfliege 290
Hakengimpel 497
Hakenlilie 133
Hakennasennatter
Madagaskar- 394
Westliche 396
Hakenwurmlarven 257
Halbfinger
Brooks 384
Europäischer 384
Halbmetalle 40
Halcyon
leucocephala 474
smyrnensis 474
Haliaeetus
leucocephalus 432
leucogaster 432
Haliastur indus 432
Halichoerus grypus 570
Halichondria panicea 251
Halichondriidae **251**
Haliclona spec. 250
Haliclystus auricula 252
Halictidae **299**
Halictus quadricinctus 299
Halimione portulacoides 157
Haliotidae **304**
Haliotis rufescens 304
Halleflint 68
Hallimasch, Fleischfarbener 223
Halmfliege 289
Halmsängerartige **490**
Halmwespe 297
Halogenide 38, 46–47
Haloragaceae **166**
Halsbanddrossel 493
Halsbandliest 475
Halsbandmaki 536
Halsbandsittich 458
Halsbandwehrvogel 413
Hamadryas arethusa 294
Hamamelidaceae **167**
Hamamelis virginiana 167
Hämatit 45
Hamearis lucina 297
Hammerhai, Glatter 326
Hammerhuhn 408
Hammerkopf 428, 551
Hammermuscheln **302**
Hamster 523, 525
Hanf, Kultur- 181
Hanfgewächse **180**
Hanfpalme, Chinesische 143
Hanuman-Langur
Bengalischer 545
Südlicher 545
Hapalemur alaotrensis 536
Hapalochlaena lunulata 312
Haplorhini 534
Harfenschnecken 306
Harlekinfrosch, Großer 360
Harmotom 61
Harnsäure 404
Harnstoff 404
Harpa costata 306
Harpactes
erythrocephalus 472
oreskios 472
Harpadon nehereus 334
Harpidae **306**
Harpyie **430**, 520
Harrisia jusbertii 158
Hartlaubturako 461
Hartriegel, Blumen- 190
Hartriegelgewächse 190
Haschisch 181
Hasel 122, **176**
Haselmaus 525
Haselwurz, Gewöhnliche 128
Hasen **521–522**
Hasenartige 35, **521–522**
Hasenglöckchen 135
Hasenkänguru, Zottel- 509
Hasenmaul, Großes 556
Hasenmäuler **556**
Hasenmaus, Cuvier- 529
Hasenmäuse **529**
Hasenschwanzgras 146
Haubenadler, Einfarb- 432
Haubenlangur, Schwarzer 545
Haubenpilz, Sumpf- 239
Haubenskunk 572
Haubentaucher 423
Hauerit 42
Hausente 414
Hausesel 592
Hausgimpel 497
Haushuhn 282, 408
Haushund 562
Hausmaus 523, 527
Albino- 527
Hausratte 527
Haussperling 494
Hauswurz, Dach- 166
Hautknochenplatten 388
Hautskelette 249
Hautzähnchen 323
Hauyn 61
Hawaii-Gans 412
Hebe 'Red Edge' 201
Hebeloma
crustuliniforme 219
radicosum 219
Hechte **334–335**
Hechtkraut, Herzförmiges 145
Heckenbraunelle 495
Hector-Delfin 616
Hedera helix 203
Hederich, Acker- 185
Heermannmöwe 448
Hefen 33, 236
Heftelnabeling, Blaustieliger 229
Heide 191
Heidekrautgewächse **190**
Heidelbeere 235
Heiderotkappe 227
Heilbutt 340
Heiligenkraut, Graues 205
Heimchen 277
Helarctos malayanus 567
Heliangelus strophianus 471
Helianthemum nummularium 186
Helianthus annuus 204
Helicidae **291, 308**
Heliconia 469
stricta 149
Heliconiaceae **149**
Heliconius erato 295
Heliobatis radians 82
Heliodiscus spec. 98
Heliodor 56
Heliomaster squamosus 471
Heliopora coerulea 254
Helioporidae **254**
Heliornis fulica 441
Heliornithidae **441**
Heliosciurus gambianus 524
Heliotrop 60
Helix
aspersa 308
pomatia 308
Helkesimastix spec. 99
Helleborus lividus 155
Helmkasuar 407
Helmleguan 385
Helmleguane **385**
Helmling
Dehnbarer 222
Gelbmilchender 222
Orangegelber 222
Rosablättriger 222
Schwarzgezähnelter 222
Helmspecht 480
Heloderma suspectum 388
Helodermatidae **388**
Helogale parvula 586
Helotiaceae **239**
Helotiales **239**
Helvella
crispa 241
lacunosa 241
Helvellaceae **241**
Helwingiaceae **203**
Hemerocallidaceae **140**
Hemerocallis fulva 140
Hemibelideus lemuroides 506
Hemicentetes semispinosus 514
Hemicidaris intermedia 81
Hemicircus canente 480
Hemidactylium scutatum 369
Hemidactylus
brookii 384
turcicus 384
Hemideina crassidens 277
Hemiechinus auritus 558
Hemimorphit 55
Hemipenes 380, 390
Hemiphractidae **358**
Hemiphractus proboscideus 358
Hemiptera **280–282**
Hemiscylliidae **324**
Hemiscyllium ocellatum 324
Hemitheconyx caudicinctus 384
Hemitragus jemlahicus 606
Hemlocktanne, Westliche 120
Hemprichmöwe 448
Hennastrauch 169
Henne und Küken 167
Hennig, Willi 30
Henricia oculata 316
Hepialidae **293**
Heracleum sphondylium 202
Herbst-Grasmilbe 263
Herbst-Zeitlose 141
Herbstlorchel 241
Hereford-Rind 601
Hericiaceae **233**
Hericium coralloides 233
Hering, Atlantischer 332
Heringe **332**
Herkuleskäfer 285
Herkuleskeule 229
Herkulesspinner 292
Hermelin 573
Hermissenda crassicornis 307
Hermodice carunculata 259
Herpele squalostoma 365
Herpestes
edwardsi 586
fuscus 586
ichneumon 586
smithii 586
Herpestidae **586**
Herz, Tränendes 153
Herzblatt, Sumpf- 171
Herzigel, Kleiner 315
Herzmuschel, Essbare 303
Herzmuscheln **302–303**
Herzzüngler, Rio-Benito- 352
Hesperiidae **294**
Hesperiphona vespertina 497
Heteractis magnifica 255
Heterobasidion annosum 233
Heterocephalus glaber 528
Heteroconger hassi 331
Heterodera glycines 257
Heteroderidae **257**
Heterodon nasicus 396
Heterodontidae **324**
Heterodontiformes **324**
Heterodontus portusjacksoni 324
Heterohyrax brucei 515
Heterokonta **101**
Heteromyidae **525**
Heterophasia auricularis 490
Heteropiidae **250**
Heteropoda venatoria 265
Heteropterygidae **276**
Heteropteryx dilatata 276, 279
Heteroscelus incanus 447
Heuchera americana 167
Heulandit 60
Heulbartvogel 478
Heuschrecken **277**
Heuschreckenbaum, Brasilianischer 173
Heusenkraut, Klapper- 171
Hevea brasiliensis 178
Hexabranchus sanguineus 307
Hexactinellida **251**
Hexanchidae **323**
Hexanchus griseus 323
Hexathelidae **264**
Hexenbesen 241
Hexenbutter 234
Hexenei 234, 235
Hexenkraut, Gewöhnliches 171
Hibbertia scandens 155
Hieraaetus
fasciatus 432
spilogaster 432
Hierophis gemonensis 396
Himalaya-Tahr 606
Himanthalia elongata 102
Himantoglossum hircinum 137
Himbeerrost 235
Himerometra robustipinna 314
Himerometridae **314**
Himmelblaue Prunkwinde 201
Himmelsbambus 152
Himmelsgucker 347
Himmelsleiter, Blaue 190
Himmelssylphe 470
Hinterindischer Flughund 551, **552–553**
Hinterkiemerschnecken 304
Hiobsträne 146
Hippeastrum spec. 133
Hippobosca equina 290
Hippoboscidae **290**
Hippocampus kuda 339
Hippocrepis comosa 175
Hippoglossus hippoglossus 340
Hippolais icterina 490
Hippolytidae **271**
Hippophae rhamnoides 180
Hippopotamidae **609**
Hippopotamus amphibius 609
Hipposideridae **554**
Hipposideros
caffer 554
commersoni 554
Hippotragus
equinus 602
niger 602
Hippuris vulgaris 200
Hirnkoralle 79
Hirsche **596–598**
Hirscheber 595
Hirschferkel 594, **596**
Afrikanisches 596
Hirschkäfer 285
Hirschtrüffel 238
Warzige 241
Hirschziegenantilope 604
Hirschzungenfarn 115
Hirtentäschel, Gewöhnliches 185
Hirundinea ferruginea 484
Hirundinidae **489**
Hirundo rustica 489
Hister quadrimaculatus 284
Histeridae **284**
Histrio histrio 336
Histrionicus histrionicus 414
Hoatzin 460
Hochgucker 335
Hochmoore 110
Hochseehai, Weißspitzen- 325
Höckerechse, Gewöhnliche 388
Höckerechsen 388
Höckerschwan 413

Höhenläufer, Flecken- 447
Höhere Krebse 270
Höhlenmalerei 21
Höhlensalmler, Blinder 333
Höhlenweihe 436
Hokko
  Nacktgesicht- 408
  Tuberkel- 408
Hokkohühner 408, 409
Holcus lanatus 147
Holocentridae **338**
Holothuria edulis 315
Holothuriidae **315**
Holothuriodea **315**
Holozän 62
Holunder, Schwarzer 206
Holzbohrer 293
Holzkeule
  Geweihförmige 238
  Vielgestaltige 238
Holzritterling, Rötlicher 225
Holzwespe, Riesen- 297
Homeorhynchia acuta 80
Hominidae **549**
Homo sapiens 549
Honckenya peploides 162
Honiganzeiger 477, **479**
Honigbeutler 508
Honigbiene, Westliche 299
Honigdachs 574
Honigfresser 484, 485
  Blauohr- 485
  Goldohr- 485
  Rotnacken- 485
  Scharlach- 485
  Weißaugen- 485
Honiggras, Wolliges 147
Honigpalme 143
Honigstrauch, Echter 168
Hoolock hoolock 548
Hopfen, Gewöhnlicher 181
Hopfenbuche, Japanische 176
Hopfkuckuck 461
Hopftaube 454
Hoplobatrachus tigerinus 363
Hoplostethus atlanticus 338
Hordeum vulgare 147
Hornblatt, Raues 124
Hornblattgewächse **124**
Hornblende 56
  -Granit 67
Hörnchen 523, 524
  Prevosts 523
Hörnchenbeutler 507
Hörnchenkiefer **523**
Hörnchenverwandte **523**
Hornfels 69
  Granat- 69
Hornfliege 291
Hornfrosch
  Chaco- 353
  Schmuck- 353
Hornhecht 337
Hornhechtartige **337**
Hornisse 299
Hornissen-Glasflügler 294
Hornissenschwärmer 260
Hornklee, Gewöhnlicher 174
Hornkraut, Gewöhnliches Acker- 162
Hornmohn, Gelber 153
Hornmoose 108
Hornrabe, Nördlicher 476
Hornschilde 372
Hornschwämme **250–251**
Hornstein 73
Hornträger 596, **599–607**
Hornviper, Wüsten- 398
Hornvogel
  Malabar- 476
  Orient- 476
  Silberwangen- 476
  Trompeter- 476
Hornwespe, Rosenbürsten- 297
Hornzahnmoos 111
Hortensie, Garten- 190
Hortensiengewächse 190
Hosta 'Halycon' 135
Hottentottenfeige 156
Howlit 49
Hübnerit 51
Hudson-Schnepfe 446
Hufeisenklee 297
  Gewöhnlicher 175
Hufeisennase
  Große 554
  Kleine 554
  Meheley- 554
Hufeisennasen 550, **554**
Hühnerfresser 396
Hühnergans 413
Hühnervögel 34, 406, **408–411**
Hüllreste 217
Hulock 548
Hülsenfrüchtler 173
Humboldt-Strom 417
Humboldt-Pinguin 417
Humit 54
Hummelfledermaus 554
Hummelfledermäuse **554**
Hummer 19, 79
Hummerschere, Bananenblättrige 149
Humulus lupulus 181
Hunde 31, **562–565**
Hundertfüßer 248, **260–261**
Hundezahn-Calcit 47
Hundezähner **83**
Hundsaffen **542–545**
Hundsfisch, Europäischer 334
Hundsflechte, Schuppen- 245
Hundsgiftgewächse 196
Hundshaie **324**
Hundsrobben 31, **570–571**
Hundsrute 235
Hundswurz, Pyramiden- 136
Hüpfmäuse 525
Husarenaffe 544
Husarenfisch, Diadem- 338
Hut 210
Hutaffe
  Ceylon- 542
  Indischer 543
Hüttensänger, Rotkehl- 493
Hyacinthoides non-scripta 135
Hyacinthus orientalis 134
Hyaena
  brunnea 582
  hyaena 582, **584–585**
Hyaenidae **582**
Hyalinobatrachium fleischmanni 353
Hyalocyten 110
Hyalonema sieboldi 251
Hyalonematidae **251**
Hyalophan 61
Hyänen **582, 584–585**
Hyazinthe 134
Hybanthus floribundus 179
Hybride 363
Hydnaceae **228**
Hydnangiaceae **220**
Hydnellum peckii 234
Hydnum repandum 228
Hydra 253
Hydra vulgaris 253
Hydractinia echinata 253
Hydractiniidae **253**
Hydrangea macrophylla 190
Hydrangeaceae **190**
Hydridae **253**
Hydrobatidae **422**
Hydrocharis morsus-ranae 132
Hydrocharitaceae **132**
Hydrochoerinae **532**
Hydrochoerus hydrochaeris 532
Hydrocynus vittatus 333
Hydrodynastes gigas 395
Hydrolacaceae **201**
Hydrolagus colliei 323
Hydrometra stagnorum 281
Hydrometridae **281**
Hydrophasianus chirurgus 446
Hydrophiinae **396**
Hydropotes inermis 598
Hydropsalis climacocerca 468
Hydropsyche contubernalis 291
Hydropsychidae **291**
Hydroptilidae **291**
Hydroskelett 248
Hydrosphäre 12
Hydrothermalquellen 90
Hydroxide 45
Hydroxylgruppe 45
Hydroxylherderit 52
Hydrozinkit 48
Hydrozoa **253**
Hydrozoen **253**
Hydrozoenkolonie 253
Hydrurga leptonyx 570
Hyemoschus aquaticus 596
Hygrobia hermanni 284
Hygrobiidae **284**
Hygrocybe
  calyptriformis 220
  chlorophana 220
  coccinea 220
  conica 220
  pratensis 220
  psittacina 220
  punicea 220
  virginea 220
Hygrophoraceae **220**
Hygrophoropsidaceae **227**
Hygrophoropsis aurantiaca 227
Hygrophorus
  eburneus 220
  hypothejus 220
Hyla arborea 360
Hylidae **360–361**
Hylobates
  agilis 548
  lar 548
  moloch 548
  muelleri 548
  pileatus 548
Hylobatidae **548**
Hylochoerus meinertzhageni 595
Hymenaea courbaril 173
Hymenium 226, 228, 229
Hymenochaetaceae **229**
Hymenochaetales **229**
Hymenochaete rubiginosa 229
Hymenogastraceae **219**
Hymenopodidae **276**
Hymenoptera **297–299**
Hymenopus coronatus 276
Hynobiidae **369**
Hynobius dunni 369
Hyophorbe lagenicaulis 143
Hyoscyamus niger 202
Hypecoum imberbe 153
Hypercompe scribonia 292
Hypericum
  androsaemum 177
  perforatum 177
Hyperoliidae **358–359**
Hyperolius
  bolifambae 359
  tuberilinguis 359
Hyperoodon ampullatus 615
Hyphen 210
Hypholoma
  capnoides 224
  fasciculare 224
  sublateritium 224
Hypnaceae **111**
Hypnum cupressiforme 111
Hypocreaceae **238**
Hypocreales **238**
Hypogeomys antimena 527
Hypogymnia
  physodes 244
  tubulosa 244
Hypomyces chrysospermus 238
Hypotheca 101
Hypoxylon fragiforme 238
Hypsiboas rosenbergi 360
Hypsignathus monstrosus 551
Hypsilophodon foxii 85
Hypsipetes leucocephalus 489
Hypsiprymnodon moschatus 509
Hypsiprymnodontidae **509**
Hystricidae **528**
Hystricognathi **523**
Hystricomorpha **523**
Hystrix
  africaeaustralis 528
  cristata 528, 531

I

Ibacus brevipes 271
Ibis
  Heiliger 427
  Japanischer 21
  Molukken- 427
  Schwarzzügel- 427
  Stachel- 427
Ibisse **425–427**
Ichneumia albicauda 586
Ichneumon 586
Ichneumonecidae **298**
Ichthyophiidae **365**
Ichthyophis kohtaoensis 365
Ichthyosaura alpestris 367
Ichthyosaurier 370
Iconaster longimanus 316
Ictaluridae **333**
Icteria virens 497
Icteridae **496**
Icterus galbula 496
Ictinia mississippiensis 436
Ictonyx striatus 575
Idesia polycarpa 179
Igel 35, **558**
  Algerischer 558
  Äthiopischer 558
  Kap- 558
  Langohr- 558
  Westeuropäischer 558
Igelfisch, Braunflecken- 340
Igelkolben, Gewöhnlicher Ästiger 148
Igelstäubling 213
Igeltanrek
  Großer 514
  Kleiner 514
Ignimbrit 64
Iguana iguana 384
Iguanidae **384**
Iiwi 497
Ilex aquifolium 203
Ilicura militaris 483
Illiciaceae **124**
Illicium verum 124
Ilmentit 44
Iltis, Europäischer 573
Ilyocoris cimicoides 281
Imantodes cenchoa 395
Immergrün, Gewöhnliches Großes 196
Impala 605
Impatiens glandulifera 191
Inachidae **273**
Incarvillea delavayi 199
Incilius coniferus 355
Indianermeise 488
Indianernessel, Späte 198
Indicatoridae **479**
Indigofink 499
Indigonatter 395
Indotestudo elongata 378
Indri 537
Indri indri 537
Indriartige **537**
Indriidae **537**
Indus-Delfin 617
Infraschallbereich 516
Ingwer, Gewöhnlicher 149
Inia geoffrensis 616
Iniidae **616–617**
Inkalilie 141
Inkatäubchen 454
Inkataucher 423
Inkubationstemperatur 400
Innenskelett 248
Inocybaceae **219**
Inocybe
  asterospora 219
  erubescens 219
  geophylla 219
  griseolilacina 219
  lacera 219
  rimosa 219
Inonotus radiatus 229
Insecta **274–299**
Insekten 35, 248, **274–299**
Insektenfresser 513, 558
Inselsilikate 54–55
Intrusivgesteine 62, 64
Iodictyum phoeniceum 300
Ionosphäre 13
Iora, Schwarzflügel- 486
Ioras 486
Iphiclides podalirius 296
Ipnopidae **334**
Ipomoea tricolor 201
Irediparra gallinacea 446
Irena puella 491
Irenidae **491**
Iriatherina werneri 337
Iridaceae **135**
Iridosornis jelskii 498
Iris × germanica 135
Ischnochiton comptus 313
Ischnochitonidae **313**
Isidien 242
Isistius plutodus 324
Isoodon obesulus 505
Isoperla grammatica 276
Isopoden 270
Isopogon anemonifolius 151
Isoptera **277**
Isthmia nervosa 101
Istiophoridae **348**
Istiophorus albicans 348
Isurus oxyrinchus 326
Ixobrychus minutus 426
Ixoreus naevius 493

J

Jabiru 425
Jabiru mycteria 425
Jacamaralcyon tridactyla 481
Jacamerops aureus 481
Jacana jacana 446
Jacanidae **446**
Jacaranda mimosifolia 199
Jacarandabaum 199
Jackfruchtbaum 181
Jacobschaf 607
Jacobita 616
Jacobson'sches Organ 393
Jaculus jaculus 525
Jadeit 57
Jagdspinne, Gerandete 265
Jägerliest 474
Jaguar 500, **576**
Jaguarundi 582
Jakoba bahamensis 97
Jakobinerkuckuck 461
Jalas 482
Jamesonit 43
Janthina janthina 305
Janthinidae **305**
Japalura splendida 381
Japanische Riesenkrabbe 273
Japanmakak 543
Japanschnäpper 492
Japanwachtel 408
Jarlit 47
Jarosit 51
Jasmin, Echter 199
Jasminum officinale 199
Jasminwurzelgewächse 196
Jaspis 59
Jatropha gossypifolia 178
Java-Nashorn 589
Javaneraffe 542
Jelski-Tangare 498
Jemenchamäleon 380
Jendaya-Sittich 459
Jersey-Rind 601
Jochpilze **33**
Johannisbeere
  Schwarze 166
  Wohlriechende 166
Johannisbrotbaum 174
Johanniskraut, Gewöhnliches Tüpfel- 177
Johanniskrautrost 235
Jojobastrauch 165
Jordanella floridae 338
Jubaea chilensis 143
Judasbaum, Gewöhnlicher 174
Judasohr 234
Judenbart 167
Jugendstadium 248
Juglandaceae **176**
Juglans
  cinerea 176
  regia 176
Julidae **261**
Julus scandinavius 261
Juncaceae **146**
Junceella fragilis 254
Junco hyemalis 499
Juncus effusus 146
Jungermanniaceae **109**
Juniperus
  chinensis 121
  occidentalis 121
Junko 499
Jura 62
Justicia brandegeana 197
Justizie, Garnelen- 197
Jynx torquilla 479

K

Kabeljau 330, 336
  Antarktischer 346
  Maori- 346
Kaburakia excelsa 256
Kachelseesteren 316
Kaempferia galanga 149
Käfer 274, **284–287**
Käferschnecke, Linien- 313
Käferschnecken 34, **313**
Kaffeeschlange, Rotrücken- 395
Kaffeestrauch, Arabischer 196
Kaffernbüffel 600
Kagu 438, 439
Kahlfruchtmoos, Breitblättriges 109
Kahlkopf, Spitzkegeliger 225
Kahnfüßer 34, 313
Kahnschnabel 426
Kahnschnecken **304**
Kaiseradler, Östlicher 432
Kaiserboa 390
Kaiserfisch
  Imperator- 345
  Pfauen- 345
Kaisergans 413
Kaisergranat 271
Kaiserling 214
Kaiserpinguin 416
Kaiserskorpion 262
Kakadus **456–459**
Kakaobaum, Echter 186
Kakapo 456
Kakteen 16
Kaktuszaunkönig 491
Kalamiten 112
Kalanchoe blossfeldiana 166
Kalebasse 172
Kalifasan 411
Kalk 72
Kalkröhrenwurm 259
  Bunter 259
Kalkrotalge 103
Kalkschwamm 78
  Papillen- 250
Kalkschwämme 250
Kalksteinbrekzie 72
Kalla, Goldene 131
Kallima inachus 294
Kalmar, Gewöhnlicher 309
Kalmare 249, **309**, 418
Kalmus 130
Kalomel 47
Kalong 551
Kalophrynus pleurostigma 362
Kaloula pulchra 362
Kambrium 23, 62, 78, 82, 248
Kamel, Zweihöckriges 609, **610–611**
Kamele **609–611**
Kamelhalsfliegen 283
Kamerunwühle, Blaue 365
Kammblässhuhn 441
Kammgras, Wiesen- 146
Kammkelchmoos, Verschiedenblättriges 109
Kammkoralle 228
Kammmolch, Nördlicher 367
Kammmuschel 80, 302
Kammzähnerhaie **323**
Kampfermilchling 232
Kampffisch, Siamesischer 348
Kampfläufer 447
Kanada-
  Gans 412
  Kleiber 491
  Kranich 441
  Schnepfe 447

Kanäozoikum 24
Kanarienflügelsittich 459
Kängurupfote, Große 145
Känguruatte, Merriams 525
Kängururatten **525**
Känguruus 503, **508–511**
Kaninchen 204, 521
  Baumwollschwanz- 522
Kaninchenkänguru, Langschnauzen- 509
Kaninchenkängurus **509**
Kaninchenkauz 466
Kaninchennasenbeutler 504
  Großer 504
Kanonierblume, Eingehüllte 184
Känozoikum 62
Kap-Hase 522
Kap-Papagei 458
Kapernstrauch 184
Kapgrassänger 490
Kaphyazinthe, Echte 134
Kapokbaum, Weißer 187
Kappenammer 498
Kappengibbon 548
Kappenmohn, Kalifornischer 153
Kappennaschvogel 498
Kappensäger 415
Kappenständel 136
Kapschwalbe 489
Kapstachelbeere 202
Kaptäubchen 453
Kapuziner
  Brauner 541
  Großkopf- 541
  Weißschulter- 541
Kapuzineraffen **540**
Kapuzinerkresse, Echte 184
Karakal 577
Karakara
  Berg- 431
  Falkland- 431
  Gelbkopf- 431
  Karibik- 431
Karbolchampignon 212
Karbon 62, 76
Kardamom, Malabar- 149
Karde, Wilde 207
Kardengewächse **206**
Kardinalbarsch
  Banggai- 320
  Punktstreifen- 344
Kardinalbarsche 315
Kardinäle **499**
Kardinals-Lobelie, Blaue 206
Karenia brevis 100
Karettschildkröte
  Echte 374
  Unechte 374
Karlodinium veneficum 100
Karnaubapalme 143
Karneol 60
Karpfen 332
Karpfenfische **332**
Kartoffel 203
Kartoffelbovist
  Dickschaliger 227
  Netzsporiger 227
Kaspische Robbe 571
Kassie, Röhren- 173
Kassina maculata 358
Kassiterit 44
Kastanie
  Australische 174
  Edel- 176
Kasuare **406**
Käthchen, Flammendes 166
Kathetostoma laeve 347
Katta 536
Katzen **576–583**
Katzenaugennatter, Gebänderte 395
Katzenbär 572
Katzenbären **572**
Katzenfloh 288
Katzenfrett, Nordamerikanisches 573
Katzenfrette **572**
Katzenhai, Kleingefleckter 326
Katzenmakis **537**
Katzenvogel 492
Katzenwels 333
Kaulquappen 350, 352, 360, 364
Kaupifalco monogrammicus 437
Kauri Pine Amber 77
Kaurischnecke, Tiger- 305
Kaurischnecken **305**
Kaviar 330
Kea 456
Kegelkopfmoos 109
Kegelrobbe 570
Kegelschnecke, Textil- 306
Kehlsäcke 428, 548
Kehlwamme 385
Keilkopf-Glattstirnkaiman 401
Keilschwanzregenpfeifer 445
Keimblatt 130
Kelchbecherling, Scharlachroter 241
Kelchblätter 122, 127, 150, 192
Kellenschnabel 482
Kellerbecherling 240
Kellerschwamm, Brauner 227
Kelp 101
Keratin 370, 393, 500, 590
Kermesbeere, Amerikanische 164
Kernbeißer 497
Kernit 49
Kernkeule
  Puppen- 238
  Zungen- 238
Kernknacker, Rosenbrust- 499
Kernpilz, Rossapfel- 238
Kettenhecht 335
Kettensilikate 56–57
Ketupa ketupu 465
Keuchhusten 92
Keule
  Röhrige 215
  Wurmförmige 214
Khur 592
Kiang 592
Kichererbse 174
Kiebitz 445
Kiebitzregenpfeifer 445
Kiefer
  Chinesische Rot- 119
  Dreh- 119
  Monterey- 119
  Schirm- 119
  Schwarz- 119
  Strand- 119
  Wald- 119
  Zirbel- 119
Kieferklauen 262, 266
Kieferlose 82, 318
Kiefernnatter 394
Kiefernspinner 292
Kieferntangare 498
Kiemen 320
Kiemenschlitzaal, Marmorierter 340
Kiemenschlitzaale **340**
Kiemenschlitze 328
Kieselalgen 33, 94, **101–102**
Killifische **338**
Kimberleys 17
Kimberlit 66
Kinixys erosa 378
Kinnbartel 336
Kinosternidae **374**
Kinosternon subrubrum 374
Kirsche, Vogel- 182
Kirschtomate 202
Kissenmoos, Polster- 111
Kissenseesterne **317**
Kissenstern, Großer 317
Kitfuchs 562
Kiwi 27
Kiwifrucht 191
Kiwis **406**
Klaaskuckuck 461
Kladistik 30
Kladogramm 30, 31
Kläfferkauz 466
Klaffmuscheln **303**
Klaffschnabel 425
Klammeraffe, Geoffroy- 538
Klammeraffen **538**
Klammerschwanzaffen **538**
Klapperralle 440
Klapperschlange 19
  Mojave- 390
  Texas- 399
  Westliche 399
Klapperschwamm 231
Klappertopf, Kleiner 200
Klappmütze 571
Klappschildkröte, Pennsylvania- 374
Klasse 28
Klebfrosch, Schwarzgefleckter 362
Klebsame, Schmalblättriger 203
Klebsamengewächse **202**
Klee, Rot- 175
Kleefarn, Vierblättriger 113
Kleiber 491
Kleiderlaus 282
Kleinbären **572–573**
Kleinkantschil 596
Kleinlibellen 275
Kleinohrspitzmaus 560
Kleptospezies 363
Kletterbeutler 503, **507**
Kletternatter, Moellendorffs 395
Klettersalamander, Gestreifter 368
Kletterschliefer **515**
Klima 16
Klimaveränderung 16, 17
Klimazonen 17
Klinochlor 58
Klinoklas 53
Klippenassel 270
Klippenmöwe 449
Klippenvogel, Anden- 483
Klippschliefer 515
Klippspringer 603
Kloake 502
Kloakentiere 35, **502**
Klonen 27
Klumpfuß
  Prächtiger 218
  Rosavioletter 218
  Schöngelber 218
  Violettroter 218
Knabenkraut, Helm- 137
Knäuelgras, Wiesen- 146
Knautia arvensis 207
Kniphofia uvaria 140
Knoblauchkröte 362
Knoblauchschwindling, Langstieliger 221
Knöchelgang 549
Knochenhecht, Gewöhnlicher 330
Knochenhechte **330**
Knochenpanzer 517, 518
Knochenzüngler **331**
Knollen 130
Knollenblätterpilz
  Gelber 214
  Grüner 214
  Kegelhütiger 214
Knorpel 330
Knorpelfische 34, 318, 320, **323–329**
Knorpeltang 105
Knurrhahn, Roter 341
Knutt 446
Koala 503, **506**
Koalas **506**
Kob, Uganda- 602
Kobaltglanz 41
Koboldhai 326
Koboldmaki
  Philippinen- 535
  Sunda- 535
Koboldmakis 535
Kobralilie 194
Kobus
  ellipsiprymnus defassa 602
  ellipsiprymnus ellipsiprymnus 602
  kob thomasi 602
  leche 602
  vardonii 602
Köcherfliegen 291
Koel, Indischer 462
Koelreuteria paniculata 189
Kofferfisch, Weißpunkt- 340
Kogia breviceps 614
Kohl, Wild- 184
Kohle 74
Kohlenbeere 238
Kohlendioxid 13, 20, 22
Kohlenstoff 40
Köhlerschildkröte 378
Kohlfliege 288
Kohlmeise 488
Kohlschnake 289
Kohlweißling, Kleiner 295
Kojote 564
Kokastrauch, Echter 178
Kokkelstrauch, Carolina- 152
Kokonfrosch, Glatter 353
Kokospalme 142
Kolanuss, Bittere 186
Kolga hyalina 315
Kolibris 35, 122, 467, **469–471**
Kolkrabe 482, 486
Komodowaran 380, **389**
Komplexaugen 248, 274, 276, 279
Kompostwurm 258
Kondor 430
Konifere 77
König-Salomon-Zwergbarsch 347
Königin-Alexandra-Vogelflügler 296
Königsfarn 113
Königsgeier 430
Königskerze, Kleinblütige 200
Königskobra 397
Königsnatter
  Korallen- 394
  Ruthvens 394
Königspalme, Kubanische 143
Königspinguin 416, **418–419**
Königsralle 440
Königssittich 457
Kontaktmetamorphose 68
Konturfedern 434
Konvergenzzone 14
Köpfchen 204
Köpfchenflechte, Braune 245
Kopfeibe, Chinesische 120
Kopffüßer 34, 249, **309–312**
Kopflaus 282
Koralle
  Amethystfarbene 214
  Steife 229
Korallen 38, 252, **254–255**
Korallenkalk 72
Korallenmoos 103, 196
Korallenotter
  Bertholds Australische 397
  Falsche 395
  Zentralamerikanische 397
Korallenraute, Duftende 188
Korallenriff 17, 19
Korallenwein, Dünnstieliger 164
Korallenwels, Gestreifter 333
Korbblütler **204–206**
Korkstacheling, Scharfer 234
Kormoran 429
Kormorane **428**
Kornblume 204
Kornblumenröhrling 227
Körnchenröhrling 227
Körnchenschirmling, Zinnoberbrauner 225
Kornnatter 396
Kornrade, Gewöhnliche 162
Kornweihe 437
Korund 44
Kotinga
  Orangekehl- 483
  Purpurbrust- 483
Kotingas, Grün- 483
Kotyledone 130
Krabbe 79
Krabben **272–273**
Krabbenfresser 571
Krabbenreiher 426
Krabbenspinne 264
  Veränderliche 265
Krabbentaucher 451
Kragenbär 567
Kragenechse 381
Kragenente 414
Kragenfaultier 520
Kragengeißeltierchen 33
Kragenhai 323
Kragentaube 453, **454**
Kragentrappe 438
Kragenzähnerhaie 323
Krähen 482
Krähenscharbe 429
Krake, Gewöhnlicher **310–311**, 312
Kraken 249, **309–312**
Krallenaffen **540**
Krallenfrosch, Frasers 362
Kranich 441
Kraniche 34, **438–441**
Kranzschlinge, Madagaskar- 197
Kratzdistel, Gewöhnliche 205
Kratzlebermoos 109
Kräuselkrankheit 241
Kräuselmyrte, Chinesische 169
Kräuselscharbe 429
Kreationismus 26
Krebse, Höhere 270
Krebsspinne, Schlanke 268
Krebstiere 35, 248, 249, **269–273**
Kreide 62, 73
Kreischeule
  Choliba- 464
  Salvin- 464
  Schwarzkappen- 464
Kreischeulen **463**
Kreiselschnecken **304**
Krempentrichterling, Riesen- 215
Krempling, Kahler 227
Kreuzblümchen, Pannonisches 175
Kreuzblütler 184
Kreuzdorn, Echter 181
Kreuzdorngewächse 180
Kreuzkröte 354
Kreuzlabkraut, Gewöhnliches 196
Kreuzotter 399
Kreuzschnäbel 496
  Fichten- 496
Kreuzspinne, Höhlen- 264
Kriebelmücke 289
Krill, Antarktischer 270
Kristallform 38
Kristallsysteme 38
Krokodile **400–401**
Krokodilkaiman 401
Krokodilmolch, Geknöpfter Birma- 366
Krokodilschwanzechse, Chinesische 388
Krokoit 38, 50
Kronblätter 122, 126, 144, 150, 161, 192
Kronenbasilisk 385
Kronenducker 601
Kronenflughuhn 452
Kronenkranich, Grauhals- 441, 443
Krontaube
  Rotbrust- 455
  Victoria- 455
Kronwicke, Bunte 175
Kropfgazelle 604
Kropfmilch 424
Kröte 352
  Aga- 355–357
  Amerikanische 355
  Rangers 354
Kröten 350
  Echte 354–355
Krötenechsen **385**
Krötenfisch, Korallen- 337
Krötenfische **337**
Krötenfrösche, Asiatische **362**
Krötenlaubfrosch, Baumhöhlen- 360
Krotonölbaum 178
Krüppelfüßchen, Gallertfleischiges 219
Krustenalgen **313**
Krustenechse, Gila- 388
Krustenechsen **388**
Krustenflechte, Mauer- 244
Krustenflechten **242**
Kryolith 47
Kryptobiose 259
Kryptopterus bicirrhis 333
Kuba-Flamingo 424
Kuba-Trogon 472
Küchenschelle, Gewöhnliche 154
Kuckuck 461
Kuckucke **460–462**
Kuckuckskauz, Neuseeland- 466
Kuckuckstaube, Rosabrust- 453
Kuckucksvögel 35
Kudu 30
  Großer 599
  Kleiner 599
Kuehneromyces mutabilis 225
Kugeldistel, Banater 205
Kugelfisch, Weißflecken- 340
Kugelfische **340**
Kugelpilz, Kohliger 238
Kugelträgerflechte 244
Kuhantilope 603
  Südafrikanische 603
Kuhkraut 162
Kuhreiher 426
Kuhröhrling 227
Kuhstärling, Braunkopf- 496
Küken 404, 412, 418, 420, 424, 452
Kulan 592
Kulturchampignon 212
Kunzea baxteri 170
Kupfer 38, 40
Kupferglucke 292
Kupferkies 41
Kupferkopf, Nordamerikanischer 399
Kupferschmied 478
Kupfertrogon 472
Kürbis, Gemüse- 172
Kurkuma 149
Kurol 474
Kurzbüchsenmoos, Samt- 111
Kurzflügel 493
Kurzflügelkäfer 285
Kurzfußmolch, Chinesischer 367
Kurzkopffrosch, Wüsten- 354
Kurzkopffrösche **354**
Kurzkrallenotter 575
Kurznagelkänguru 509
Kurznasen-Flughund, Indischer 550
Kurznasenbeutler, Kleiner 505
Kurzschnabelgans 412
Kurzschnabeligel 502
Kurzschwanzmanguste, Indische 586
Kurzschwanzpython 398
Kurzschwanzspitzmaus, Nördliche 560
Kusimanse, Dunkel- 586
Kuskus 507
Küstenmammutbaum 121
Küstenreiher 426
Kusu 507
  Cunninghams 507
  Schuppenschwanz- 507
Kyanit 54
Kyanitschiefer 68

L

La-Plata-Delfin 617
Labiatae **197**
Labidura riparia 276
Labiduridae **276**
Labkraut, Kletten- 196
Labridae **346**
Labroides dimidiatus 346
Labrus mixtus 346
Laburnum anagyroides 175
Laccaria
  amethystina 220
  laccata 220
Lacertidae **386**
Lachenalia aloides 134
Lachmöwe 448
Lachsfische **334**
Lackporling
  Flacher 230
  Glänzender 230
Lacktrichterling
  Rötlicher 220
  Violetter 220
Lacrymaria lacrymabunda 223
Lactarius
  blennius 232
  camphoratus 232
  deliciosus 232
  fuliginosus 232
  hepaticus 232
  piperatus 232
  quietus 232
  torminosus 232
  turpis 232
Lactobacillus acidophilus 93
Ladoga camilla 294
Laemanctus longipes 385
Laetiporus sulphureus 230
Lagenaria siceraria 172
Lagenodelphis hosei 616

Lagenorhynchus
acutus 616
albirostris 616
australis 616
cruciger 616
obscurus 616
Lagerstroemia indica 169
Lagidium viscacia 529
Lagomorpha **521**
Lagopus
lagopus scotica 411
muta 411
Lagorchestes hirsutus 509
Lagothrix
cana 538
lagotricha 538
Lagurus
lagurus 525
ovatus 146
Laichkraut, Schwimmendes 132
Lake Bonney 17
Lama 609
Lama guanicoe 609
Lamarck, Jean-Baptiste 24
Lambertia formosa 151
Lamellen 210, 217
Lamellenpilze 210
Lamiaceae **197, 198**
Lamiales **197–201**
Laminaria hyperborea 102
Lamnidae **326**
Lamniformes **326**
Lampetra
fluviatilis 322
planeri 322
tridentata 322
Lampornis clemenciae 470
Lampranthus spec. 156
Lampridae **335**
Lampridiformes **335**
Lampris guttatus 335
Lamprolepis smaragdina 386
Lampropeltis
ruthveni 394
zonata 394
Lamprophyr 66
Lamproptera meges 296
Lamprotornis
hildebrandti 493
iris 492
splendidus 493
Lampyridae **284**
Lampyris noctiluca 284
Landkartenflechte 245
Landkartenschildkröte, Falsche 375
Landlungenschnecken **308**
Landschaften 13
Landschildkröte, Griechische 379
Landschildkröten 372, **378–379**
Langbeinfliege 289
Langfingerfrösche **352**
Langflügelfledermaus 557
Langnasenbeutler 505
Großer 505
Tasmanischer 505
Langnasenchimäre 323
Langnasengürteltier 517
Langnasennatter 394
Langohr, Graues 557
Langoustini 271
Langschnabeligel, Östlicher 502
Langschwanzmäuse **526**
Langschwanzschuppentier 561
Langschwanzwiesel 573
Languren 542
Langustenschwänze 271
Langzungenflughund 550
Zwerg- 550
Laniarius atrococcineus 487
Laniidae **487**
Lanius collurio 487
Lantana camara 201
Lanzennase, Kleine 555
Lanzenotter
Gewöhnliche 398
Stülpnasen- 398
Lanzenschnabel, Grünstirn- 469
Lanzenskink, Orangeroter 386
Lanzettfischchen 34, 318, 319
Lapageria rosea 142
Lappenschnäpper, Braunkehl- 487
Lappentang 103
Lappentaucher 34, **423**
Lapworthura miltoni 81
Lärche, Japanische 120
Lardizabalaceae **152**
Largha-Robbe 571
Laridae **448, 449, 450**
Larix kaempferi 120
Lärmvogel
Binden- 460
Grauer 460
Nacktkehl- 460
Larosterna inca 450
Larus
argentatus 448
atricilla 448
canus 449
Larus (Fortsetzung)
delawarensis 448
heermanni 448
hemprichii 448
hyperboreus 448
ichthyaetus 449
leucophthalmus 448
marinus 449
modestus 449
novaehollandiae 449
occidentalis 449
pacificus 449
philadelphia 449
ridibundus 448
Larven, planktonische 252
Larvenroller 587
Larvenstadium 366
Larvikit 67
Lasallia pustulata 245
Lasiocampa quercus 292
Lasiocampidae **292**
Laterallus jamaicensis 439
Laternenfisch **334**, 418
Gepunkteter 334
Kleiner 338
Laternenhaie **324**
Laternenträger 280
Lathraea clandestina 200
Lathyrus latifolius 174
Laticauda colubrina 396
Latimeria
chalumnae 349
menadoensis 349
Latimeriidae **349**
Latrodectus mactans 265
Laubenvögel **485**
Laubflechten **242**
Laubfrosch
Boulengers Knickzehen- 360
Europäischer 360
Kleinköpfiger 361
Korallenfinger- 361
Kronen- 361
Kuba- 360
Lemuren- 360
Manaus-Knochenkopf- 360
Masken- 361
Mittelamerikanischer 360
Rotaugen- 360
Sumaco-Horn- 358
Yucatan-Panzerkopf- 361
Laubfrösche **360–361**
Laubmoose 108, **110–111**
Laubpicker, Graubauch- 479
Lauch
Bär- 132
Kugel- 132
Laufente, Indische 414
Laufhühnchen, Rotnacken- 439
Laufkäfer, Violetter 284
Laufvögel 34, **406–407**
Laumontit 61
Lauraceae **129**
Laurales **129**
Laurencia obtusa 105
Lauriea siagiani 272
Laurus nobilis 129
Läuseholz 188
Lavandula angustifolia 198
Lavendel, Echter 198
Lavendelheide, Formosa- 191
Lawsonia inermis 169
Lazulith 53
Lazurit 61
Leadhillit 48
Lebachia piniformis 77
Lebender Stein 156
Lebensbaum, Riesen- 121
Lebensräume 18
Leberblümchen 155
Leberegel, Großer 256
Lebermoose 33, **108–109**
Leberreischling 224
Lecanora muralis 244
Lecanoraceae **244**
Leccinum
scabrum 227
versipelle 227
Lecidea fuscoatra 245
Lecideaceae **245**
Lecythidaceae **191**
Lederkoralle 254
Lederschildkröte 374
Lederschildkröten **374**
Lederstrauch, Dreiblättriger 188
Ledra aurita 280
Legebohrer 278, 279
Leguan
Grüner 384
Schwarzer 384
Leguane 380, 384
Leguminosen 257
Leierantilope 603
Leierschwanz, Graurücken- 485
Leierschwänze 482, **485**
Leimkraut
Stängelloses 162
Taubenkropf- 162
Lein, Ausdauernder 178
Leinkraut, Gewöhnliches 200
Leioheterodon madagascariensis 394
Leiopelma archeyi 361
Leiopelmatidae **361**
Leiothrix argentauris 491
Leipoa ocellata 408
Leishmania tropica 97
Leishmaniose 97
Leistenkrokodil 400, **401**
Leitbündel 130
Leitfossilien 74
Leiuperidae **361**
Lek 483
Lemminge **525**
Lemmus lemmus 525
Lemna gibba 131
Lemniscomys striatus 527
Lemur catta 536
Lemuren 534, **536–537**
Lemuridae **536**
Lenormandiopsis nozawae 104
Lentibulariaceae **199**
Lenzites betulina 231
Leontice leontopetalum 152
Leontopithecus
chrysomelas 541
rosalia 541
Leopard 576
Leopard-Buschfisch 348
Leopard-Drückerfisch 340
Leopardenmotte, Große 292
Leopardenmuräne 331
Leopard-Gecko 384
Leopardus
colocolo 583
geoffroyi 583
jacobitus 583
pardalis 583
tigrinus 583
wiedii 583
Leotia lubrica 239
Leotiaceae **239**
Lepadogaster candolii 339
Lepas anatifera 269
Lepidobatrachus laevis 353
Lepidochelys olivacea 374
Lepidocolaptes falcinellus 485
Lepidocrocit 45
Lepidodendron 76
Lepidolit 58
Lepidophyma flavimaculatum 388
Lepidoptera **292–297**
Lepidosireniformes **349**
Lepidoziaceae **109**
Lepidurus packardi 269
Lepilemur
dorsalis 537
leucopus 537
Lepilemuridae **537**
Lepiota
aspera 212
cristata 212
ignivolvata 212
Lepisma saccharina 274
Lepismatidae **274**
Lepisosteidae **330**
Lepisosteiformes **330**
Lepisosteus osseus 330
Lepista
nuda 215
personata 215
Lepomis cyanellus 344
Leporidae **521**
Leptaena rhomboidalis 80
Leptailurus serval 581
Leptodeira septentrionalis 395
Leptonychotes weddellii 570
Leptopelis
modestus 352
nordequatorialis 352
Leptoptilos crumeniferus 425
Leptosomatidae **474**
Leptosomus discolor 474
Leptosphaeria acuta 241
Leptosphaeriaceae **241**
Leptotila verreauxi 454
Leptotyphlopidae **398**
Lepus
alleni 522
americanus 522
arcticus 522
californicus 522
capensis 522
europaeus 522
timidus 522
townsendii 522
Leratiomyces ceres 225
Lerchen **489**
Lerchensänger, Schwarzbauch- 490
Lerchensporn, Rankender 152
Lerchenstärling 496
Lestes sponsa 275
Lestidae **275**
Lestodelphys halli 504
Lethenteron reissneri 322
Lethocerus grandis 281
Letschwe 602
Leucanthemum vulgare 204
Leucetta chagosensis 250
Leucettidae **250**
Leuchtenbergia principis 158
Leuchtkäfer, Großer 284
Leuchtorgane 334
Leuciscus pachecoi 82
Leucoagaricus
badhamii 212
leucothites 212
Leucobryum glaucum 111
Leucocoprinus birnbaumii 212
Leuconia nivea 250
Leucopaxillus giganteus 215
Leucophaeus scoresbii 449
Leucopsar rothschildi 492
Leucopternis albicollis 436
Leucosarcia melanoleuca 455
Leucosia anatum 273
Leucosiidae **273**
Leucospermum cordifolium 151
Leucosticte tephrocotis 496
Leucozona leucorum 290
Leuresthes tenuis 337
Levkoje, Garten- 185
Lewisia brachycalyx 165
Leycesteria formosa 207
Leycesterie, Schöne 207
Lialis burtonis 385
Liatris spicata 205
Libelle 19
Libellen **275**
Libelloides macaronius 283
Libellula
depressa 275
saturata 275
Libellulidae **275**
Libethenit 53
Lichanura trivirgata 391
Lichtenstein-Antilope 603
Lichtnelke, Kuckucks- 162
Lichtnussbaum 178
Lieschen, Blaues 197
Lieste 473, 474
Ligia oceanica 270
Ligiidae **270**
Liliaceae **140–141**
Liliales **140–142**
Lilie
Madonnen- 141
Türkenbund- 141
Lilien 130, **140–141**
Lilienhähnchen 287
Lilioceris lilii 287
Lilium
candidum 141
martagon 141
Limacidae **308**
Limacina helicina 307
Limax cinereoniger 308
Limnephilidae **291**
Limnodromus griseus 446
Limnodynastes peronii 359
Limnodynastidae **359**
Limodorum abortivum 137
Limonit-Sandstein 70
Limonium sinuatum 165
Limosa
haemastica 446
limosa 446
Limulidae **268**
Limulus polyphemus 268
Linaceae **178**
Linaria vulgaris 200
Linarit 50
Linckia laevigata 317
Linde, Amerikanische 187
Lineus longissimus 300
Linné, Carl von 28, 29
Linsang, Bänder- 587
Linum perenne 178
Linyphiidae **264**
Liochelidae **262**
Liposcelididae **283**
Liposcelis liparius 283
Lippenbär 567
Lippenblütler 197
Lippfisch
Harlekin- 346
Kuckucks- 346
Lippfische **330**
Liquidambar formosana 167
Liriodendron tulipifera 128
Lissamphibia **350–369**
Lissemys punctata 373
Lissodelphis peronii 617
Lissonota spec. 298
Lissotriton vulgaris 367
Listspinne 265
Lisztaffe 541
Litchi chinensis 189
Lithobates
catesbeianus 363
palustris 363
sylvaticus 363
Lithobiidae **261**
Lithobius variegatus 261
Lithobus forficatus 261
Lithocarpus edulis 177
Lithocolla globosa 99
Lithomelissa setosa 98
Lithops aucampiae 156
Lithospermum purpureocaeruleum 195
Litocranius walleri 604
Litoria caerulea 361
Litschi 189
Littorina littorea 305
Littorinidae **305**
Littorinimorpha **305**
Liza aurata 337
Lobaria pulmonaria 245
Lobariaceae **245**
Lobelia siphilitica 206
Lobelie, Blaue Kardinals- 206
Lobodon carcinophaga 571
Lobophyllia spec. 255
Lobularia maritima 185
Lodde 335
Lodoicea maldivica 143
Löffelente 414
Löffelhund 563
Löffelstör 330
Löffelstöre **330**
Löffler 425, 427
Afrikanischer 427
Loganellia spec. 82
Loganiaceae **196–197**
Loliginidae **309**
Loligo vulgaris 309
Lolium perenne 147
Lonchura
oryzivora 494
punctulata 494
Longhorn, Texanisches 601
Lonicera
periclymenum 207
sempervirens 207
Lontra canadensis 575
Lopha cristagalli 302
Lophelia pertusa 255
Lophiidae **336**
Lophiiformes **336**
Lophius piscatorius 336
Lophocebus aterrimus 544
Lophocolea heterophylla 109
Lophodytes cucullatus 415
Lopholaimus antarcticus 454
Lophonetta specularioides 415
Lophotis ruficrista 438
Lophura
diardi 411
leucomelanos 411
Loranthaceae **165**
Lorbeerbaum 129
Lorcheln **240**
Loriculus
galgulus 456
vernalis 456
Loris 534, **535**
Loris tardigradus 535
Lorisidae **535**
Lorius garrulus 457
Löss 70
Lota lota 336
Lotidae **336**
Lotosblume, Indische 150
Lotus corniculatus 174
Lovenia spec. 81
Loveniidae **315**
Löwe 28, **576**
Löwenäffchen
Goldenes 541
Goldkopf- 541
Löwenmaul, Garten- 200
Löwenzahn, Wiesen- 204
Loxia curvirostra 496
Loxodonta
africana 516
cyclotis 516
Lucanidae **285**
Lucanus cervus 285
Lucernariidae **252**
Luchs
Eurasischer 577
Kanadischer 577
Ludwigia alternifolia 171
Luffa cylindrica 172
Luftsäcke 404
Luftverschmutzung 20
Luftwurzeln 139
Luidia ciliaris 316
Luidiidae **316**
Luma apiculata 170
Lumbricidae **258**
Lumbricus terrestris 258
Lunaria annua 185
Lungen 349
Lungenentzündung 93, 236
Lungenfisch
Afrikanischer 349
Australischer 349
Lungenfische **349**
Lungenflechte, Braune 245
Lungenkraut, Echtes 195
Lunularia cruciata 109
Lunulariaceae **109**

Lupine, Vielblättrige 175
Lupinenblattlaus 280
Lupinus polyphyllus 175
Lurocalis semitorquatus 468
Luscinia
  megarhynchos 493
  svecica 493
Lutjanidae **345**
Lutjanus kasmira 345
Lutra lutra 575
Luzerne 175
Luzifer-Kolibri 471
Lybius
  dubius 478
  guifsobalito 478
Lycaena phlaeas 297
Lycaenidae **297**
Lycalopex
  culpaeus 563
  gymnocercus 563
Lycaon pictus 565
Lychnis flos-cuculi 162
Lycidae **285**
Lycoperdon
  echinatum 213
  excipuliforme 213
  perlatum 213
  pratense 213
  pyriforme 213
Lycosa tarantula 265
Lycosidae **265**
Lyctidae **285**
Lyctus opaculus 285
Lygocoris pabulinus 281
Lymantriidae **293**
Lymnaea stagnalis 308
Lymnaeidae **308**
Lymnocryptes minimus 446
Lynx
  canadensis 577
  lynx 577
  pardinus 577
  rufus 577
Lyophyllaceae **221**
Lyophyllum decastes 221
Lypopersicon esculentum 202
Lyraschlange, Küsten- 394
Lyrella lyra 101
Lysandra bellargus 297
Lysichiton americanum 131
Lysimachia nummularia 195
Lystrosaurus 25
Lythraceae **169**
Lythrum salicaria 169

M

Macaca
  arctoides 542
  fascicularis 542
  fuscata 543
  mulatta 542
  nemestrina 543
  nigra 542
  radiata 543
  silenus 542
  sinica 542
  sylvanus 542
Macadamia integrifolia 151
Macadamianuss, Echte 151
Machaeropterus regulus 483
Maclura pomifera 181
Macrocephalon maleo 408
Macrocheira kaempferi 273
Macrochelys temminckii 373
Macrocyclops albidus 269
Macroderma gigas 556
Macrodipteryx longipennis 468
Macroglossus minimus 550
Macrolepiota procera 213
Macromia illinoiensis 275
Macromiidae **275**
Macronectes giganteus 422
Macropodidae **508**
Macropsalis creagra 468
Macropus
  agilis 508
  fuliginosus 508
  giganteus 508
  parma 508
  robustus 508
  rufogriseus 508
  rufus 508, 511
Macropygia amboinensis 453
Macroscelidea **512**
Macroscelides proboscideus 512
Macroscelididae **512**
Macrosiphum albifrons 280
Macrotis lagotis 504
Macrotus californicus 555
Macrotyphula fistulosa 215
Macrouridae **336**
Macrozamia
  communis 117
  moorei 117
Madagaskar-Buntfrösche 361
Madagaskarfrosch
  Eleganter 361
  Weißlippen- 361
Madagassische Raubtiere **583**
Madenhacker, Gelbschnabel- 492
Madoqua
  guentheri 604
  kirkii 604
Maerl 103
Magellanpinguin 417
Magma 14, 62
Magmatische Gesteine 62, **64–67**
Magnesit 47
Magnolia
  campbellii 128
  longipetiolata 77
Magnoliaceae **128**
Magnoliales **128–129**
Magnolie 77
  Campbells Himalaya- 128
Magnoliidae 33, **128–129**, 130, 150
Mähnenhirsch 596
Mähnenrobbe 566
Mähnenspringer 606
Mähnenwolf 565
Mahonia aquifolium 155
Mahonie, Gewöhnliche 155
Maiapfel, Gewöhnlicher 152
Maifisch 332
Maiglöckchen, Gewöhnliches 134
Maikong 563
Mairitterling 221
Mais 147
Makaken 542
Makibär 573
Makibären **572**
Makifrosch, Orangeflanken- 360
Mako, Kurzflossen- 326
Makrele
  Atlantische 348
  Großaugen- 346
Makrelenhaie **326**
Malabarschmied 478
Malacanthidae **345**
Malachit 38, 49
Malaclemys terrapin 375
Malacochersus tornieri 379
Malaconotidae **487**
Malacoptila panamensis 481
Malacorhynchus membranaceus 415
Malacosteus niger 335
Malacostraca **270–273**
Malaienbär 567
Malaienkauz 464
Malaria 94, 100
Mallotus villosus 335
Malpighiaceae **179**
Malpighiales **177–179**
Malpolon monspessulanus 396
Maluridae **484**
Malurus
  lamberti 484
  splendens 484
Malus ioensis 182
Malva moschata 186
Malvaceae **186–187**
Malvales **186–187**
Malve, Moschus- 186
Malvengewächse 186
Malvenrost 235
Mammalia 28, **500–617**
Mammillaria hahniana 159
Mammut 21, **516**
Mammutblatt 155
Manati
  Amazonas- 515
  Florida- 515
  Karibik- 515
Mandarinente 414
Mandarinfisch 348
Mandelandesit 65
Mandelbasalt 64
Mandibeln 279
Mandingoa nitidula 494
Mandrill 544, **546–547**
Mandrillus
  leucophaeus 544
  sphinx 544, **546–547**
Mandschuren-Kranich 438, 441
Mangabe, Tana- 543
Manganknolle 71
Mangifera indica 187
Mango, Echte 187
Mangobohrer 286
Mangrovebaum 179
Mangrovenqualle 252
Mangusten 586
Manidae **561**
Manihot esculenta 178
Maniok, Echter 178
Manis
  crassicaudata 561
  javanica 561
  tetradactyla 561
Mannsblut 177
Mannshand, Tote 254
Mannsschild, Zottiger 195
Mannstreu, See- 203
Manta birostris 327
Mantarochen 327
Mantelaffe 545
Mantelbrüllaffe 538
Mantelhöhle 301, 302, 305, 306
Mantella
  aurantiaca 361
  madagascariensis 361
Mantellidae **361**
Mantelmoos 109
Mantelmöwe 449
Mantelpavian 544
Manteltiere 34, **318**
Mantidae **276**
Mantis religiosa 276
Mantispa styriaca 283
Mantispidae **283**
Mantodea **276**
Manul 581
Manx-Katze 580
Manx-Loaghtan-Schaf 607
Mara 529
Marabu 425
Maräne, Amerikanische Kleine 334
Maranta leuconeura 148
Marantaceae **148**
Marasmiaceae **221**
Marasmius
  alliaceus 221
  androsaceus 221
  oreades 221
Marchantia polymorpha 109
Marchantiaceae **109**
Marchantiophyta **108–109**
Marder **572–575**
Marderhund 563
Margaritifera margaritifera 303
Margaritiferidae **303**
Margay 583
Margerite, Magerwiesen- 204
Mariendistel, Gewöhnliche 205
Marienkäfer
  Augenfleck- 287
  Nadelbaum- 287
  Pilz- 287
  Siebenpunkt- 287
Marihuana 181
Markasit 42
Marmelalk 451
Marmor 62, 69
Marmorgarnele, Gewöhnliche 271
Marmorkatze 581
Marmormolch 367
Marmosa murina 504
Marmota spec. 525
Maronenröhrling 226
Maronenweber 495
Marschkaninchen 522
Marsilea quadrifolia 113
Marsileaceae **113**
Martes
  foina 574
  martes 574
  pennanti 574
  zibellina 574
Märzfliege 288
Masdevallia wagneriana 136
Maskenkernbeißer 497
Maskenkiebitz 445
Maskensittich 458
Maskentölpel 428
Maskentrogon 472
Massenaussterben 32, 370
Mastacembelidae **340**
Mastacembelus erythrotaenia 340
Mastigias papua 252
Mastigiidae **252**
Mastigonemata **101**
Mastigoteuthidae **309**
Mastigoteuthis spec. 309
Mastocarpus stellatus 103
Matteuccia struthiopteris 115
Matthiola incana 185
Matucana intertexta 159
Mauergecko 384
Mauerläufer 491
Mauerraute 115
Mauersegler 469
Maulbeerbaum 293
  Schwarzer 181
Maulbeergewächse **180**
Maulbrutpflege 344
Maulesel 593
Maulstachler 335
Maultier 593
Maultierhirsch 597
Maulwurf
  Europäischer 559
  Kleiner Japanischer 559
  Ostamerikanischer 559
Maulwürfe 513, 558, **559**
Maulwurfsgrille 277
Maulwurfsnatter 394
Maulwurfsratten **528**
Mäuse 463, **526–527**
Mäusebussard 433
Mäusedorn, Stachliger 134
Mäuseschwanz 220
Mäuseschwänzchen, Kleines 155
Mäuseverwandte 523
Mausmaki 534
  Brauner 537
  Grauer 537
Mausopossums **503**
Mausschwanzfledermaus 554
Mausschwanzfledermäuse **554**
Mausvögel 35, **472**
Mausvogel
  Blaunacken- 472
  Braunflügel- 472
Mauswiesel 562, **573**
Maxillipoda 269
Maxwell-Ducker 601
Mazama
  americana 598
  gouazoubira 598
Meandrina spec. 79
Meconema thalassinum 277
Meconopsis cambrica 153
Medicago sativa 175
Medinilla magnifica 169
Medusengeneration 253
Medusenstadium 252, 254
Meeraal 331
Meerampfer, Blutroter 105
Meeräsche, Gold- 337
Meeräschen **337**
Meerbrasse, Blaugefleckte 344
Meere 19
Meerechse 384
Meeresleuchten 100
Meeresschildkröten 372, **374**
Meerhand, Rote 254
Meerkatzen 542
Meerkohl, Küsten- 185
Meermandel 302
Meerneunauge 322
Meerrabe 345
Meerrettich, Gewöhnlicher 185
Meerrettichbaum 184
Meersalat 105
Meersau 324
Meerschweinchen 529
  Haus- 529
  Langhaar- 529
  Rosetten- 529
  Wild- 529
Meerträubel, Chinesisches 117
Meerzwiebel, Weiße 134
Megaceryle alcyon 475
Megachasma pelagios 326
Megachasmidae **326**
Megachilidae **299**
Megachiroptera 550
Megacollybia platyphylla 225
Megadermatidae **556**
Megadyptes antipodes 417
Megalaima
  asiatica 478
  haemacephala 478
  rubricapillus 478
  virens 478
  zeylanica 478
Megalonychidae **520**
Megalopidae **330**
Megalops atlanticus 330
Megaloptera **283**, 288
Megalosaurus bucklandi 84
Megapodiidae **408**
Megaptera novaeangliae 613
Megascops 463
Megophryidae **362**
Megophrys nasuta 362
Mehlmilbe 263
Mehlpilz 214
Mehltau 238
  Echter, an Apfelbäumen 238
  Echter, an Eichen 238
Meisen **488**
Melaleuca cajuputi 170
Melampsora hypericorum 235
Melampsoraceae **235**
Melanamansia fimbrifolia 104
Melanerpes
  carolinus 480
  erythrocephalus 480
  flavifrons 480
Melanitta perspicillata 415
Melanochromis chipokae 347
Melanoleuca polioleuca 225
Melanopareia torquata 484
Melanotaeniidae **337**
Melanterit 51
Melanthiaceae **142**
Melastomataceae **169**
Melde, Garten- 157
Meleagris gallopavo 411
Meles meles 574
Meliaceae **188**
Melianthaceae **168**
Melianthus major 168
Melicertidae **253**
Melicertum octocostatum 253
Melieras melabates 436
Meliphaga lewinii 485
Mellisuga helenae 471
Mellivora capensis 574
Melocactus salvadorensis 159
Meloe proscarabaeus 286
Meloidae **286**
Melophagidae **485**
Melopsittacus undulatus 457
Melospiza melodia 499
Melursus ursinus 567
Membracidae **280**
Membranipora membranacea 300
Membraniporidae **300**
Menacanthus stramineus 282
Menander menander 297
Mendes-Antilope 602
Menispermaceae **152**
Menispermum canadense 152
Menoponidae **282**
Mensch 534, **549**
Menschenaffen 534, **548–549**
menschlicher Einfluss 20
Mentha aquatica 198
Menura novaehollandiae 485
Menuridae **485**
Menyanthaceae 204, **206**
Menyanthes trifoliata 206
Mephitidae **572**
Mephitis
  macroura 572
  mephitis 572
Mercurialis perennis 178
Merganetta armata 414
Mergel 73
Mergellus albellus 415
Mergus serrator 415
Meriones
  shawi 526
  unguiculatus 526
Meripilaceae **230**
Meripilus giganteus 230
Merlin 431
Meromyza pratorum 289
Meropidae **475**
Merops
  albicollis 475
  apiaster 475
  bullockoides 475
  orientalis 475
  ornatus 475
Merostomata **268**
Meruliaceae **230**
Mesaxonia **588–593**
Mesembryanthemum crystallinum 156
Mesocricetus auratus 526
Mesolith 61
Mesoplodon
  carlhubbsi 614
  densirostris 614
  europaeus 614
  ginkgodens 614
  grayi 614
  layardii 614
Mesopolobus typographi 298
Mesosaurus 25
Mesozoikum 24, 62, 76, 82
Mespilus germanica 183
Messerfisch, Gebänderter 335
Mesua ferrea 177
Meta menardi 264
Meta-Autunit 52
Meta-Torbernit 52
Metaldetes taylori 78
Metamorphe Gesteine 62, **68–69**
Metamorphose 62, 248, 320, 322, 350
Metasepia pfefferi 309
Metasequoia glyptostroboides 121
Metasolpuga picta 263
Methan 13, 20
Methanococcoides burtonii 92
Methanospirillum hungatei 92
Methocha ichneumonides 299
Metopidius indicus 446
Metridiidae **255**
Metridium senile 255
Metrosideros excelsa 170
Metroxylon sagu 143
Micoureus spec. 504
Micrasterias spec. 105
Micrathene whitneyi 465
Microbiotheria **503**
Microbiotheriidae **503**
Microcebus
  murinus 537
  rufus 537
Microchiroptera 550
Microdesmidae **348**
Microeca fascinans 488
Microhylidae **362**
Micromys minutus 527
Microtus arvalis 525
Micrurus nigrocinctus 397
Middle White 595
Miesmuschel 80, **302**
Migmatit 68
Mikrogranit 66
Mikroklin 60
Mikroorganismen **88–105**
Milben 262
Milchfisch 332

Milchling
  Graugrüner 232
  Leberbrauner 232
  Olivbrauner 232
  Rußbrauner 232
Milchlinge **232**
Milchquarz 58
Milchuhu 464
Millepora spec. 253
Milleporidae **253**
Millerit 42
Milvago chimachima 431
Milvus
  migrans 436
  milvus 436
Milzkraut, Gegenblättriges 167
Mimetesit 53
Mimidae **492**
Mimikry 260, 390
Mimosa pudica 173
Mimulus guttatus 200
Mimus polyglottos 492
Mimusops elengi 194
Mineralien 38, 62
Miniopterus schreibersii 557
Minla ignotincta 490
Minze, Wasser- 198
Minzestrauch, Australischer 198
Miopithecus talapoin 543
Miozän 62
Mirabilis jalapa 163
Miridae **281**
Mirounga
  angustirostris 571
  leonina 571
Mispel, Echte 183
Mississippi-
  Alligator 401
  Salamander 368
  Weih 436
Mistbiene 290
Mistel 165
Mistelfresser 494
  Rotsteiß- 494
Mistpilz, Gold- 213
Misumena vatia 265
Mitochondrien 90, 97
Mitrula paludosa 239
Mitsukurina owstoni 326
Mitsukurinidae **326**
Mittelamerikanischer Tapir 589
Mittelmeerfeldgrille 277
Mittelsäger 415
Mittelspecht 481
Mniaceae **111**
Mniotilta varia 497
Mnium hornum 111
Mochlus fernandi 386
Moderkäfer, Schwarzer 285
Mogera imaizumii 559
Mohn
  Klatsch- 153
  Schlaf- 153
Möhre, Wilde 202
Mohrenmaki 536
Mohrenralle 439
Mohs'sche Härteskala 38
Mokassinotter, Malaiische 399
Mola mola 341
Molche **366–369**
Molidae **341**
Mollusca 249, **301–313**
Mollusken 23, **301–313**
Molossidae **556**
Molossus pretiosus 556
Molothrus ater 496
Molybdänit 42
Molybdate 51
Momordica charantia 172
Momotidae **475**
Momotus momota 475
Monacanthidae **341**
Monachus schauinslandi 570
Monadenium guentheri 178
Monameerkatze 543
Monarchen **489**
Monarchfalter 294
Monarchidae **489**
Monarda fistulosa 198
Monazit 53
Mönchsaffe 539
Mönchsgrasmücke 490
Mönchskappe 160
Mönchskopf 225
Mönchspfeffer 198
Mönchsrobbe, Hawaii- 570
Mönchssittich 459
Mond 12
Mondbechermoos 109
Mondfisch 340, 341
Mondnatter 395
Mondraute, Echte 113
Mondrauten **112–113**
Mondsame, Amerikanischer 152
Mondvogel 294
Mongozmaki 536
Monilia fructigena 239
Monocentridae **338**
Monocirrhus polyacanthus 345
Monocotyledoneae **130**
Monodactylidae **345**
Monodactylus argenteus 345
Monodon monoceros 615
Monodontidae **615**
Monograptus convolutus 78
Monokelkobra 397
Monokotyledonen 28, 128, **130–149**, 150
Monorchiidae **256**
Monotremata **502**
Monstera deliciosa 131
Montbretie 135
Montiniaceae **201**
Moorbinse, Niedere 144
Moorschneehuhn, Schottisches 411
Moose 33, **108–111**
Moosfrosch, Vietnamesicher 364
Moostierchen 34, 78, 248, **300**
  Trepostomata- 78
  Blätter- 300
Moostierchenkalk 72
Mopalia ciliata 313
Mopaliidae **313**
Moraceae **180–181**
Morchel, Käppchen- 240
Morchella
  elata 240
  esculenta 240
  semilibera 240
Morchellaceae **240**
Morcheln **240**
Morelia viridis 398
Morganit 56
Moringa oleifera 184
Moringaceae **184**
Mormolyce phyllodes 284
Mormoopidae **556**
Mormyridae **331**
Mornellregenpfeifer 445
Morpho peleides 294
Morphofalter, Blauer 294
Mortoniceras rostratum 80
Morus
  bassanus 428
  nigra 181
Mosaikseestern 316
Moschidae **596**
Moschiola meminna 596
Moschus chrysogaster 596
Moschus-Rattenkängurus 509
Moschusböckchen 604
Moschusdrüse 596
Moschushirsche 596
Moschuskraut 206
Moschuskrautgewächse **206**
Moschusochse 606
Moschusschildkröte, Gewöhnliche 374
Moschusspitzmaus 560
Moschustier, Himalaya- 596
Moskitokolibri 470
Motacilla
  alba 495
  flava 495
Motacillidae **495**
Motmot
  Blauscheitel- 475
  Türkisbrauen- 475
  Zimtbrust- 475
Motmots 473, **475**
Möwen **446–451**
Mücken **288–291**
Mückenfänger 490
Mückenfresser 484
  Rotkehl- 484
Mufflon 607
Mugilidae **337**
Mugiliformes **337**
Mullidae **344**
Mullus surmuletus 344
Mundpapillen 258
Mungo 586
  Indischer 586
Mungos mungo 586
Muntiacus
  muntjak 596
  reevesi 596
Muntjak
  Chinesischer 596
  Indischer 596
Münzgold, Kletterndes 155
Muraena lentiginosa 331
Muraenidae **331**
Muränen **331**
Murchisonia bilineata 80
Muricidae **306**
Muridae **526**
Murmeltier 525
Murmeltiere **523**
Mus musculus 527
Musa acuminata 148
Musaceae **148**
Musca domestica 289
Muscardinus avellanarius 525
Muscari comosum 135
Muschelkrebse **270**
Muscheln 34, 249, **302–303**
Muschelseitling, Gelbstieliger 222
Muscicapidae **492**
Muscidae **289**
Musella lasiocarpa 148
Muskatnuss 129
Muskovit 58
Muskovitschiefer 68
Musophaga
  rossae 460
  violacea 460
Musophagidae **460–461**
Mussidae **255**
Mustela
  erminea 573
  frenata 573
  lutreola 572
  nigripes 573
  nivalis 573
  putorius 573
Mustelidae **572**
Mustelus asterias 326
Mutilla europaea 298
Mutinus caninus 235
Mutterkornpilz 238
Mya arenaria 303
Mycel 210
Mycena
  acicula 222
  crocata 222
  epipterygia 222
  galericulata 222
  inclinata 222
  pelianthina 222
  rosea 222
Mycenaceae **222**
Mycetophilidae **288**
Mycoblastaceae **244**
Mycorrhiza 210, 212, 216, 217, 226, 236
Mycteria americana 425
Myctophidae **334**
Myctophiformes **334**
Myctophum punctatum 334
Mydaus marchei 572
Mydidae **290**
Myiarchus crinitus 484
Myidae **303**
Myiomela leucura 493
Myiopsitta monachus 459
Myliobatidae **327**
Mylonit 68
Myocastor coypus 532
Myocastoridae **532**
Myodes glareolus 525
Myoictis melas 505
Myoida **303**
Myomorpha 523
Myosotis scorpioides 195
Myosurus minimus 155
Myotis
  daubentonii 557
  nattereri 557
  thysanodes 557
Myriapoden **260**
Myriapora truncata 300
Myriaporidae **300**
Myrica gale 177
Myricaceae **177**
Myrichthys colubrinus 331
Myriopholis rouxestevae 398
Myriophyllum hippuroides 166
Myriostoma coliforme 228
Myristica fragrans 129
Myristicaceae **129**
Myrmecobiidae **504**
Myrmecobius fasciatus 504
Myrmecophaga tridactyla 521
Myrmecophagidae **521**
Myrmeleontidae **283**
Myrobalane, Indische 169
Myrothamnaceae **155**
Myrtaceae **169–170**
Myrtales **169–171**
Myrte, Braut- 170
Myrtengewächse 169
Myrtus communis 170
Mysidae **270**
Mysis relicta 270
Mystacina tuberculata 556
Mystacinidae **556**
Mytilidae **302**
Mytiloida **302**
Mytilus edulis 302
Myzomela sanguinolenta 485

N

Nabelflechte, Pustelförmige 245
Nabelschweine **594**
Nachtaffe
  Östlicher Graukehl- 539
  Schwarzköpfiger 539
Nachtaffen **539**
Nachtbaumnatter, Braune 395
Nachtechse, Krokodil- 388
Nachtechsen **388**
Nachtfalter 292
Nachtigall 493
Nachtigallen **492**
Nachtkerze
  Gewöhnliche 171
  Weiße 171
Nachtkerzengewächse **169–171**
Nachtreiher 427
Nachtschattengewächse **201–203**
Nachtschwalbe
  Augen- 467
  Berg- 468
  Bindenschwanz- 468
  Fahnen- 468
  Falken- 467
  Fleckschwanz- 468
  Langschwanz- 468
  Madagaskar- 468
  Marmor- 468
  Scheren- 468
  Schleppen- 468
  Staffelschwan- 468
  Winter- 467
Nachtschwalben **467–468**
Nachtschwalme 35
Nackenstachler, Masken- 381
Nacktfinger, Bänderschwanz- 384
Nacktkiemer 307
Nacktmull 528
Nacktnasenaffen **534–537**
Nacktnasenwombat 506
Nacktrückenfledermaus, Kleine 556
Nacktrückenfledermäuse **556**
Nacktrückenflughund, Molukken- 551
Nacktsamer **116–121**
Nacktschnecken **304**
Nacktschwanzgürteltier, Mittelamerikanisches 517
Nadelbäume 33
Nadelgehölze **118–121**
Nadelkissen, Herzblättriges 151
Naemorhedus goral 605
Nagekäfer, Gewöhnlicher 284
Nagelfluh 73
Nagelhaie **324**
Nagelkänguru, Nördliches 509
Nagelkopf-Calcit 47
Nagelrochen 327
Nagetiere 35, 521, **523–532**
Naididae **258**
Naja
  haje 397
  kaouthia 397
  pallida 397
Nama-Flughuhn 452
Nandina domestica 152
Nandinia binotata 587
Nandiniidae **587**
Nandu 407
Nandus **406**
Nanger
  dama 605
  granti 605
  soemmerringii 605
Napfbecherling, Kernbrandiger 240
Napfschildlaus 280
Napfschnecke, Gewöhnliche 304
Napfschnecken **304**
Napoleonweber 495
Narbe 161
Narceus americanus 261
Narcissus pseudonarcissus 133
Nardia compressa 109
Nartheciaceae **140**
Narthecium ossifragum 140
Narwal 615
Narzisse 133
Nasalis larvatus 545
Nasenaffe 545
Nasenbär
  Südamerikanischer 572
  Weißrüssel- 572
Nasenbären **572**
Nasenbarteln 324
Nasenbeutler 503
Nasenblätter 550, 555
Nasendrüsen 384
Nasenfledermaus 555
Nasenhorn 590
Nasenkröte 365
Nasenkröten **365**
Nashornalk 451
Nashörner **588–591**
Nashornfrosch 354
Nashornpelikan 429
Nashornvögel 473, **476**
Nasturtium officinale 185
Nasua
  narica 572
  nasua 572
Natalidae **556**
Natalidenorgan 556
Natalus stramineus 556
Naticidae **306**
Natrix natrix 395
Natrolith 61
Nattern **394–396**
Natternplattschwanz 396
Natternkopf, Gewöhnlicher 194
Natternzunge, Gewöhnliche 113
Natternzungen **112–113**
natürliche Auslese 26
Naucoridae **281**
Nautilidae **309**
Nautilus pompilius 309
Navicula spec. 102
Neamblysomus julianae 513
Nebelparder 576
Necator americanus 257
Necora puber 273
Necrophorus investigator 285
Nectariniidae **495**
Nectria cinnabarina 238
Nectriaceae **238**
Necturus maculosus 369
Negombata magnifica 250
Nektarine 241
Nektarjala, Langschnabel- 482
Nektarvögel 482, 485, **495**
Nelke, Büschel- 162
Nelkenpfeffer 170
Nelkenschwindling 221
Nelkenwurz, Bach- 183
Nelumbo nucifera 150
Nelumbonaceae **150**
Nemateleotris magnifica 348
Nematoda **257**
Nembrotha kubaryana 307
Nemertea **300**
Nemoptera sinuata 283
Nemopteridae **283**
Neobalaenidae **613**
Neobisiidae **262**
Neobisium maritimum 262
Neobulgaria pura 239
Neocallimastigomycota **33**
Neoceratodus forsteri 349
Neochen jubata 413
Neodrepanis coruscans 482
Neofelis nebulosa 576
Neoferdina cumingi 317
Neogastropoda **305**
Neolepas spec. 269
Neomys fodiens 560
Neophema pulchella 458
Neophoca cinerea 566
Neophocaena phocaenoides 614
Neophron percnopterus 433
Neoregelia carolinae 144
Neotragus moschatus 604
Neotrombicula autumnalis 263
Neovison vison 572
Nepa cinera 282
Nepenthaceae **163**
Nepenthes vogelii 163
Nephelinsyenit 66
Nephila clavipes 265
Nephilidae **265**
Nephrit 56
Nephropidae **271**
Nephrops norvegicus 271
Nephtheidae **254**
Nepidae **282**
Neptunides polychrous 286
Nereididae **259**
Nerita peloronta 304
Neritidae **304**
Neritina communis 304
Nerium oleander 196
Nerodia
  fasciata 396
  sipedon 395
Nertera granadensis 196
  grandicollis 281
Nervensystem 252
Nerz
  Amerikanischer 572
  Europäischer 572
Nesoenus mayeri 453
Nesselkapseln 255
Nesselqualle, Blaue 253
Nesseltiere 34, 248, 249, **252–255**
Nesselzellen 249, 252, 307
Nestflüchter 408
Nesthocker 404, 421, 425
Nestor notabilis 456
Netta peposaca 415
Nettapus auritus 413
Netzaugenfisch 334
Netzflügler 283
Netzgiraffe 608
Netzpython 399
Netzwanze, Distel- 280
Netzwühle, Maurische 389
Neuguinea-Boa 391
Neunauge, Pazifisches 322
Neunaugen 34, 320, **322**
Neuntöter 487
Neurergus kaiseri 367
Neuroptera **283**
Neurotoxin 340
Neuschnecken **305**
Neuseeland-
  Fledermaus, Kleine 556
  Plattwurm 257
Neuseelandflachs 140
Neuseeland-Fledermäuse 556
Neuseeländische Urfrösche **361**
Neuwelt-Messerfische 335

Neuwelt-Sumpfschildkröten **375**
Neuweltaffen 534, **538–541**
Neuweltgeier **430**
Neuweltschildkröten **374**
Nichtmetalle 40
Nickel-Eisen 40
Nickhaut 434, 443
Nicotiana tabacum 203
Nidulariaceae **221**
Nidularium innocentii 144
Nierenfleck 297
Nieswurz, Mallorquinische 155
Nigella arvensis 154
Nil-Tilapia 347
Nilflughund 551
Nilgans 413
Nilgau-Antilope 599
Nilkrokodil 401
Nilwaran 389
Ningaui ridei 505
Ningaui, Wongai- 505
Ninia sebae 395
Ninox
  connivens 466
  novaeseelandiae 466
Nipa burtinii 77
Niphates
  digitalis 251
  spec. 251
Niphatidae **251**
Nipponemertes pulchra 300
Nissen 282
Nisthöhle 473
Nitella translucens 105
Nitidulidae **285**
Nitrate 49
Nitrobacter spec. 92
Nitronatrit 49
Nitrosospira spec. 93
Noctilio leporinus 556
Noctilionidae **556**
Noctiluca scintillans 100
Noctuidae **293**
Nomascus
  gabriellae 548
  leucogenys 548
Nonnula rubecula 481
Noppenseestern
  Panamaischer 317
  Rotgrauer 317
Norbergit 54
Nordsee-Garnele 271
Nostoc spec. 93
Notharchus pectoralis 481
Nothobranchiidae **338**
Nothofagaceae **177**
Nothofagus nervosa 177
Notiosorex crawfordi 560
Notodontidae **294**
Notonecta glauca 282
Notonectidae **282**
Notophthalmus viridescens 367
Notopteridae **331**
Notoryctemorphia **503**, 513
Notoryctes typhlops 503
Notoryctidae **503**
Nototheniidae **346**
Novocrania anomala 301
Nubierspecht 480
Nucella lapillus 306
Nucleariidae **96**
Nudibranchia **307**
Numbat 504
Numenius
  americanus 447
  phaeopus 447
Numididae **409**
Nummulitenkalk 72
Nusseibe, Kalifornische 121
Nutria 532
Nuytsia floribunda 165
Nyala 599
Nyctaginaceae **163**
Nyctalus noctula 557
Nyctanassa violacea 426
Nyctea scandiaca 465
Nyctemera amica 292
Nyctereutes procyonoides 563
Nycteribiidae **290**
Nycteridae **554**
Nycteris tragata 554
Nycticebus
  coucang 535
  pygmaeus 535
Nycticorax nycticorax 427
Nyctidromus albicollis 467
Nyctinomops laticaudatus 556
Nyctiphrynus ocellatus 467
Nymphaea
  alba 125, 126
  'Sunrise' 125
Nymphaeaceae **125**
Nymphaeales **124–125**
Nymphalidae **294–295**
Nymphensittich 457
Nymphicus hollandicus 457
Nymphoides peltata 206
Nymphon gracile 268
Nymphonidae **268**
Nystalus chacuru 481

O

Obelia geniculata 253
Oberflächenwasser 12
Oberkreide 86
Obsidian 65
Occidozyga martensii 363
Oceanodroma castro 422
Ocellen 274
Ochotona princeps 522
Ochotonidae **522**
Ochrolechia parella 245
Ochrolechiaceae **245**
Ochsenfrosch
  Afrikanischer 364
  Amerikanischer 363
  Asiatischer 363
  Indischer 362
Ocimum basilicum 198
Ockerseestern 316
Ockertäubling 233
Ocreatus underwoodii 471
Octodontidae **532**
Octopodidae **312**
Octopus
  briareus 312
  spec. 312
  vulgaris 310, 312
Ocyphaps lophotes 455
Ocypode saratan 273
Ocypodidae **273**
Odinshühnchen 446
Odobenidae **570**
Odobenus rosmarus 570
Odocoileus
  hemionus 597
  virginianus 597
Odontaspididae **326**
Odontodactylidae **271**
Odontodactylus scyllarus 271
Odontophoridae **409**
Oedemera nobilis 286
Oedemeridae **286**
Oedipina alleni 368
Oena capensis 453
Oenanthe oenanthe 492
Oenothera
  biennis 171
  speciosa 171
Oestridae **291**
Ofenfischchen 274
Ogcocephalidae **336**
Ogcocephalus darwini 336
Ogilby-Ducker 601
Ohrdrüsen 354, 357
Ohrengeier 433
Ohrenlerche 489
Ohrenqualle 252
Ohrenrobben 31, **566–567**
Ohrenscharbe 429
Ohrfleckbartvogel 479
Ohrlappenpilz, Gezonter 234
Ohrmuscheln 566
Ohröffnung, Eulen 463
Ohrwurm 276
  Gewöhnlicher 276
Ohrwürmer **276**
Ohrzikade, Echte 280
Okapi 608
Okapia johnstoni 608
Okenia elegans 307
Okenit 58
Ökosystem 18
Ölbaumgewächse 197
Olea europaea 199
Oleaceae 197, **199**
Oleander 196
Ölfisch, Großer Baikal- 341
Oligocarpia gothanii 76
Oligozän 62
Olindiasidae **253**
Oliva porphyria 306
Olivenbaum 199
Olivenit 53
Olivenschnecke 306
Olividae **306**
Olivin 55
Olivingabbro 66
Ölkäfer, Schwarzblauer 286
Olme 369
Ölpalme, Afrikanische 143
Ölteppich 20
Ölweide, Schmalblättrige 181
Ommatophoca rossii 570
Omphalotaceae **222**
Omphalotus illudens 222
Onager 592
Onagraceae **169, 171**
Onchozerkose 289
Oncidium spec. 136
Oncilla 583
Oncorhynchus
  mykiss 334
  nerka 334
Ondatra zibethicus 525
Onobrychis viciifolia 173
Onoclea sensibilis 115
Onychogalea
  fraenata 509
  unguifera 509
Onychophora **258**
Onymacris candidipennis 287
Onyx 60
Oogonium 105
Oolithenkalk 72
Oolithischer Eisenstein 70
Oonopidae **264**
Oonops domesticus 264
Oophaga
  granulifera 359
  pumilio 359
Opal 60
Opalracke 473
Operculum 239, 301, 304, 306
Opheodrys aestivus 396
Ophichthidae **331**
Ophidiaster ophidianus 317
Ophidiasteridae **317**
Ophidiiformes **337**
Ophiocoma nigra 316
Ophiocomidae **316**
Ophiocordycipitaceae **238**
Ophioderma spec. 316
Ophiodermatidae **316**
Ophioglossaceae **113**
Ophioglossum vulgatum 113
Ophiophagus hannah 397
Ophiothrix fragilis 316
Ophiotrichidae **316**
Ophiuroidea **316**
Ophrys apifera 137
Opisthobranchier **304**
Opisthocomidae **460**
Opisthocomus hoazin 460
Opisthokonta 94, **96**
Opisthoproctidae **335**
Opisthoproctus soleatus 335
Opistognathidae **344**
Opistognathus aurifrons 344
Opossum, Virginia- 503
Opossummaus, Ecuador- 503
Opuntia ficus-indica 159
Orang-Utan, Sumatra- 549
Orangebecherling 236, 240
Orangebrusttrogon 472
Orangenblume, Mexikanische 188
Orangenkirsche 179
Orchestia gammarellus 270
Orchidaceae **136–139**
Orchideen 130, **136–139**
Orchideenmantis 276
Orchis militaris 137
Orcinus orca 617
Ordnung 29
Ordovizium 62, 74
Oreamnos americanus 605
Oreasteridae **317**
Orectolobidae **324**
Orectolobiformes **324**
Oreochromis niloticus eduardianus 347
Oreortyx pictus 409
Oreotragus oreotragus 603
Oreotrochilus estella 471
Organist, Purpurkehl- 499
Orgelkoralle 254
Orgyia antiqua 293
Origanum vulgare 198
Orinoco-Gans 413
Oriolidae **487**
Oriolus oriolus 487
Ornithogalum umbellatum 134
Ornithoptera
  alexandrae 296
  priamus 296
Ornithorhynchidae **502**
Ornithorhynchus anatinus 502
Ortalis cinereiceps 409
Orthodontiaceae **111**
Orthodontium lineare 111
Orthoklas 61
Orthoptera **277**
Orthoquarzit 71
Orthriophis moellendorffi 395
Orycteropodidae **514**
Orycteropus afer 514
Oryctolagus cuniculus 521
Oryx
  beisa 602
  dammah 602
  gazella 602
  leucoryx 602
Oryx
  Arabische 602
  Ostafrikanische 602
Oryza sativa 147
Oryzorictes spec. 514
Osagedorn 181
Oscines 482
Osculum 251
Osilinus turbinatus 304
Osmeridae **335**
Osmeriformes **335**
Osmunda regalis 113
Osmundaceae **113**
Osmylidae **283**
Osmylus fulvicephalus 283
Osphronemidae **348**
Ossikel 314–316
Ostafrikanischer Springhase 528
Ostblindmaus 528
Osteocephalus taurinus 360
Osteoglossiformes **331**
Osteolaemus tetraspis 400
Osteopilus septentrionalis 360
Osterluzei, Gewöhnliche 128
Osterluzeifalter, Spanischer 296
Ostkreischeule 463
Ostraciidae **340**
Ostracion meleagris 340
Ostracoda **270**
Ostrea edulis 302
Ostreidae **302**
Ostreoida **302**
Ostrya japonica 176
Osyris alba 165
Otanthus maritimus 205
Otaria flavescens 566
Otariidae **566**
Otidae **438**
Otidea onotica 240
Otidiphaps nobilis 455
Otiorhynchus sulcatus 287
Otis tarda 438
Otocyon megalotis 563
Otolemur
  crassicaudatus 534
  monteiri 534
Otus
  asio 463
  atricapilla 464
  choliba 464
  ingens 464
  kennicottii 463
  rutilus 463
  scops 463
Oudemansiella mucida 223
Ourebia ourebi 603
Ovibos moschatus 606
Ovis
  ammon 607
  canadensis 607
  dalli 607
  nivicola 607
  orientalis 607
Oxalidaceae **180**
Oxalidales **180**
Oxalis articulata 180
Oxide 44–45
Oxybelis fulgidus 395
Oxycirrhites typus 346
Oxycomanthus bennetti 314
Oxydesmidae **261**
Oxynotus centrina 324
Oxyrhopus petola 395
Oxyria digyna 164
Oxyura jamaicensis 415
Ozelot 583
Ozon 13
Ozonschicht 13, 20
Ozotoceros bezoarticus 598

P

Paarhufer 35, **594–611**, 612
Paarungszeit 400
Pachycephalosaurus wyomingensis 85
Pachycereus
  pringlei 158
  schottii 158
Pachymatisma johnstonia 250
Pachyteuthis abbreviata 81
Pachytriton labiatus 367
Pachyuromys duprasi 526
Paddelbarsch 345
Paddyreiher 427
Paedocypris progenetica 318
Paeonia officinalis 167
Paeoniaceae **167**
Pagodroma nivea 422
Pagophila eburnea 449
Pagophilus groenlandicus 570
Pagrus caeruleostictus 344
Paguma larvata 587
Paguristes cadenati 272
Pahoehoe 64
Paint Horse 593
Paka 532
Pakarana 529
Pakaranas **529**
Pakas 532
Palaemon serratus 271
Palaemonidae **271**
Paläogen 62
Paläozen 62
Paläozoikum 62, 301
Paleosuchus
  palpebrosus 401
  trigonatus 401
Palinuridae **271**
Pallas, Peter 32
Palmaria palmata 103
Palmen **130**
Palmendieb 272
Palmenflughund 551
Palmentang 102
Palmfarne 33, **116–117**
Palmfrucht 77
Palmgeier 433
Palmlilie
  Josua- 133
  Kerzen- 133
Palmtaube 453
Palmyrapalme 143
Palomena prasina 282
Palpares libelluloides 283
Palpen 279
Pampasfuchs 563
Pampasgras 147
Pampashirsch 598
Pampaskatze 583
Pamphiliidae **297**
Pan
  paniscus 549
  troglodytes 549
Panaeolus
  papilionaceus 225
  semiovatus 225
Panax ginseng 203
Panda
  Großer 562, 566
  Kleiner 572
Pandalidae **271**
Pandalus montagui 271
Pandanaceae **142**
Pandanales **142**
Pandanus tectorius 142
Pandinus imperator 262
Pandion haliaetus 431
Panellus serotinus 222
Panorpa communis 288
Panorpidae **288**
Panther, Schwarzer 576
Panthera
  leo 28, 576
  onca 576
  pardus 576
  tigris 576, **578–579**
Pantherchamäleon 380, **382–383**
Pantherophis guttatus 396
Pantherpilz 214
Panthervögel **486**
Pantoffelschnecken **305**
Pantophthalmidae **291**
Pantophthalmus bellardii 291
Panulirus femoristriga 271
Panurus biarmicus 491
Panzerechsen 30, 34, 370, **400–403**
Panzernashorn 589
Panzerwangen 341
Papageien **456–459**
Papageienvögel 35, 430, **456–459**
Papageifisch
  Büffelkopf- 347
  Masken- 320
Papageimeise, Braunkopf- 490
Papageitaucher 451
Papau, Dreilappige 129
Papaver
  rhoeas 153
  somniferum 153
Papaveraceae **152–153**
Papaya 184
Paphiopedilum villosum 136
Papierboot, Geflügeltes 312
Papiermaulbeerbaum 181
Papilio
  glaucus 297
  machaon 296
Papilionidae **296–297**
Papio
  anubis 544
  cynocephalus 544
  hamadryas 544
  papio 544
  ursinus 544
Pappel
  Silber- 179
  Zitter- 179
Papstfink 499
Papua-
  Fischer 474
  Weichschildkröte 374
  Weichschildkröten **374**
Parabuteo unicinctus 436
Paradieskranich 441
Paradiesliest 475
Paradiesschnäpper, Graubrust- 489
Paradiesvögel 482, **488**
Paradiesvogel, Kleiner 488
Paradiesvogelblume 149
Paradieswitwe
  Schmalschwanz- 494
  Spitzschwanz- 494
Paradisaea minor 488
Paradisaeidae **488**
Paradoxides bohemicus 79
Paradoxornis webbianus 490
Paradoxurus hermaphroditus 587
Paraechinus aethiopicus 558
Paraffin 423
Parakautschukbaum, Amazonas- 178

Paraluteres prionurus 341
Paramelemorphia **503**
Paranotothenia magellanica 346
Paranuss 191
Parapodien 307
Parasaurolophus walkeri 85
Parasiten 256
Parasolpilz 213
Paratetilla bacca 250
Pardalotidae **486**
Pardalotus punctatus 486
Pardelluchs 577
Pardelroller 587
Pardofelis marmorata 581
Pardosa amentata 265
Paridae **488**
Paris quadrifolia 140
Parmawallaby 508
Parmelia sulcata 244
Parmeliaceae **244**
Parnassia palustris 171
Parnassiaceae **171**
Parnassius apollo 296
Paroaria coronata 498
Parodia graessneri 158
Parotiden 354, 357
Parribacus antarcticus 271
Parrotia persica 167
Parrotie 167
Parrotiopsis jacquemontiana 167
Parthenocissus quinquefolia 168
Parthenogenese 380, 386
Parulidae **497**
Parus
atricapillus 488
bicolor 488
caeruleus 488
major 488
varius 488
Passer domesticus 494
Passerella iliaca 499
Passeridae **494**
Passeriformes **482–499**
Passerina
ciris 499
cyanea 499
Passiflora
caerulea 178
quadrangularis 179
Passifloraceae **178, 179**
Passionsblume, Blaue 178
Passionsblumengewächse **177**
Patella vulgata 304
Patellidae **304**
Patellogastropoda **304**
Paucituberculata **503**
Paulinella chromatophora 99
Paulownia tomentosa 200
Pauraque 467
Paviane 542, **544–545**
Pavo cristatus 411
Paxillaceae **227**
Paxillus involutus 227
Pazifik-Taucher 420
Peale-Delfin 616
Pecari tajacu 594
Pechnelke, Alpen- 162
Pechstein 65
Pecten maximus 80, 302
Pectinidae **302**
Pedetes
capensis 528
surdaster 528
Pedetidae **528**
Pediculidae **282**
Pediculus
humanus capitis 282
humanus humanus 282
Pedionomidae **446**
Pedionomus torquatus 446
Pedipalpen 263, 267, 268
Pedostibes hosii 354
Pegasidae **339**
Pegmatit 66
Peitschenkaktus 159
Peitschenkorallen **254**
Peitschenmoos, Dreilappiges 109
Peitschenwurm 257
Pekannuss 176
Pekari
Chaco- 594
Halsband- 594
Weißbart- 594
Pektolith 56
Pelanomodon spec. 83
Pelargonie, Apfelduft- 168
Pelargonium odoratissimum 168
Pelargopsis
amauroptera 475
capensis 475
Pelecanidae **429**
Pelecaniformes **428–429**
Pelecanus
erythrorhynchos 429
occidentalis 429
philippensis 429
Pélés Haar 64
Pelikanaal 331
Pelikanaale **331**
Pelikane 34, **428–429**
Pelikanfuß 305
Pellia epiphylla 109
Pelliaceae **109**
Pelobates fuscus 362
Pelobatidae **362**
Pelodiscus sinensis 373
Pelodytes punctatus 362
Pelodytidae **362**
Pelomedusa subrufa 372
Pelomeduse, Starrbrust- 372
Pelomedusenschildkröten **372**
Pelomedusidae **372**
Pelophylax kl. *esculentus* 363
Peltigera praetextata 245
Peltigeraceae **245**
Peltohyas australis 445
Pelzblattwespe 297
Pelzflatterer 533
Pelzmotte 292
Penaeidae **271**
Penaeus monodon 271
Penelope
barbata 409
jacquacu 409
obscura 409
ochrogaster 409
perspicax 409
Penelopina nigra 409
Penicillidia fulvida 290
Penicillin 236, 241
Penicillium 241
notatum 236
Penicillus philippinensis 303
Penium spec. 105
Pennatulidae **254**
Penstemon spec. 200
Pentaceraster cumingi 317
Pentacrinites spec. 81
Pentatoma rufipes 282
Pentatomidae **282**
Pentlandit 42
Pentremites pyriformis 81
Peponocephala electra 617
Peposaka-Ente 415
Pepsis heros 298
Perameles
gunnii 505
nasuta 505
Peramelidae **505**
Perca fluviatilis 344
Percidae **344**
Perciformes **344–348**
Perdix perdix 410
Pergidae **297**
Periclimenes yucatanicus 271
Peridium 228
Peridotit 67
Perinotum 313
Periophthalmus barbarus 348
Peripatidae **258**
Peripatopsidae **258**
Peripatopsis moseleyi 258
Periplaneta americana 277
Perithecien 236
Perla bipunctata 276
Perlboot 80, 309
Perleidechse 386
Perlen 38
Perlhühner **464**
Perlidae **276**
Perlmutt 38
Perlpilz 214
Perlseestern 317
Perlsteißhuhn 406
Perm 62
Pernis apivorus 432
Perodicticus potto 535
Peromyscus leucopus 526
Peronidella pistilliformis 78
Perowskit 44
Persea americana 129
Perserkatze 580
Persimone 191
Pertusaria pertusa 245
Pertusariaceae **245**
Perückenstrauch, Europäischer 187
Pest 93
Pestwurz, Gewöhnliche 205
Petalen 122
Petalit 58
Petaluridae **275**
Petasites hybridus 205
Petauridae **507**
Petauroides volans 507
Petaurus breviceps 507
Petersfisch 338
Petersfischartige **338**
Petrodromus tetradactylus 512
Petrogale penicillata 509
Petroicidae **488**
Petrolisthes ohshimai 272
Petromuridae **529**
Petromus typicus 529
Petromyzon marinus 322
Petromyzontida 320, **322**
Petromyzontidae **322**
Petromyzontiformes **322**
Petrorhagia nanteuilii 163
Peziza
badia 240
cerea 240
vesiculosa 240
Pezizaceae **240**
Pezizales **240–241**
Pfaffenhütchen 171
Pfahlrohr 146
Pfau 404
Blauer 411
Pfauenkuckuck 462
Pfauenspinner 292
Pfaufasan, Palawan- 411
Pfeffer, Echter 128
Pfeffermilchling 232
Pfefferminze 198
Pfefferröhrling 226
Pfeifente, Nordamerikanische 414
Pfeifenwinden **128**, 296
Pfeiffrosch
Breitkopf- 353
Caretta- 355
Coqui- 355
Fitzingers 353
Isla-Bonita- 353
Kupfer- 352
Limon- 365
Zwerg- 365
Pfeifgans, Weißrücken- 413
Pfeifgänse **412**
Pfeifhase 521
Amerikanischer 522
Pfeifhasen **521–522**
Pfeilgiftfrösche **358–359**
Pfeilkraut
Gewöhnliches 130
Riesenblättriges 131
Pfeilschwänze **262**
Pfeilschwanzkrebs 79, **268**
Pfeilschwanzkrebse 34, **268**
Pfeilwurz, Bunte 148
Pfennigkraut 195
Pferde 588, **592–593**
Pferdeantilope 602
Pferdelausfliege 290
Pfifferling 228
Falscher 227
Pfingstrose, Bauern- 167
Pfirsich 241
Pflanzenwespen 297
Pflasterzähne 331
Pflaume, Gewöhnliche 182
Pflugnasenchimäre 323
Pfützenfrosch, Goldener 364
Phacelia tanacetifolia 194
Phacochoerus africanus 595
Phacops spec. 79
Phaeolus schweinitzii 230
Phaeophilacris geertsi 277
Phaethon
aethereus 428
lepturus 428
Phaethontidae **428**
Phaethornis eurynome 469
Phainopepla nitens 488
Phaius tankervilleae 137
Phalacrocoracidae **429**
Phalacrocorax
aristotelis 429
auritus 429
carbo 429
gaimardi 429
harrisi 429
melanoleucos 429
pygmeus 429
urile 429
Phalaenopsis 'Lipperose' 137
Phalaenoptilus nuttallii 467
Phalanger spec. 507
Phalangiidae **263**
Phalangium opilio 263
Phalaropus lobatus 446
Phalcoboenus
australis 431
megalopterus 431
Phalera bucephala 294
Phallaceae **235**
Phallales 229, **234–235**
Phallus
impudicus 235
merulinus 235
Phanaeus demon 285
Phaner pallescens 537
Phaps chalcoptera 455
Pharidae **303**
Pharomachrus mocinno 472
Phascogale calura 505
Phascolarctidae **506**
Phascolarctos cinereus 506
Phaseolus coccineus 175
Phasianidae **410–411**
Phasianus colchicus 411
Phasmatidae **276**
Phasmatodea **276**
Phazelia tanacetifolia 194
Phellinus igniarius 229
Phellodon niger 234
Phelsuma madagascariensis 384
Pherbellia cinerella 291
Pheucticus ludovicianus 499
Phialella quadrata 253
Phialellidae **253**
Phidoloporidae **300**
Philadelphus spec. 190
Philander opossum 504
Philanthus triangulum 298
Philantomba
maxwellii 601
monticola 601
Philepittidae **482**
Philesiaceae **142**
Philippinen-Adler 430
Philodendron, Kletternder 131
Philomachus pugnax 447
Philopotamidae **291**
Philopotamus montanus 291
Philotes sonorensis 297
Phiomia serridens 83
Phlebia tremellosa 230
Phloeomys
cumingi 527
pallidus 527
Phlogopit 58
Phlomis fruticosa 198
Phlox paniculata 190
Phlox, Stauden- 190
Phoca
largha 571
vitulina 571
Phocarctos hookeri 566
Phocidae **570**
Phocides polybius 294
Phocoena
phocoena 615
sinus 615
spinipinnis 615
Phocoenidae **614–615**
Phocoenoides dalli 614
Phodopus roborovskii 526
Phoebastria
immutabilis 421
nigripes 421
Phoebetyrann, Schwarzkopf-
484
Phoeniconaias minor 424
Phoenicopteridae **424**
Phoenicopteriformes **424**
Phoenicopterus
chilensis 424
ruber roseus 424
ruber ruber 424
Phoeniculidae **476**
Phoeniculus
purpureus 476
phoenicurus 492
Phoenix dactylifera 142
Pholadidae **303**
Pholadomyoida **303**
Pholas dactylus 303
Pholcidae **264**
Pholcus phalangioides 264
Pholidae **347**
Pholidota **561**
Pholiota
alnicola 225
aurivella 225
squarrosa 225
Pholis gunnellus 347
Phoneutria nigriventer 265
Phormium tenax 140
Phorusrhacos inflatus 83
Phosgenit 48
Phosphate 38, 52–53
Phosphorus jansoni 286
Photinia serratifolia 182
Photoblepharon palpebratum 338
Photophoren 334, 335
Phragmidiaceae **235**
Phragmidium
rubi-idaei 235
tuberculatum 235
Phragmipedium × sedenii 136
Phragmites australis 147
Phrictus quinquepartitus 280
Phryganea grandis 291
Phryganeidae **291**
Phrynidae **263**
Phrynobatrachidae **364**
Phrynobatrachus auritus 364
Phrynosoma platyrhinos 385
Phrynosomatidae **385**
Phrynus spec. 263
Phthiraptera **282**
Phylidonyris novaehollandiae 485
Phyllidia varicosa 307
Phyllidiidae **307**
Phylliidae **276**
Phyllit 69
Phyllium bioculatum 276
Phyllobates
lugubris 358
terribilis 358
Phyllodocidae **259**
Phylloide 101–105
Phyllomedusa hypochondrialis 360
Phyllonomaceae **203**
Phyllopteryx taeniolatus 339
Phyllostachys nigra 146
Phyllostomidae **555**
Phyllostomus discolor 555
Phylogenetische Systematik 30
Phymatolithon calcareum 103
Physalacriaceae **223**
Physalia physalis 253
Physaliidae **253**
Physalis alkekengi 202
Physcia aipolia 244
Physciaceae **244**
Physella acuta 308
Physematium spec. 98
Physeter macrocephalus 614
Physeteridae **614–615**
Physidae **308**
Physignathus
cocincinus 381
lesueurii 381
Physophora hydrostatica 253
Physophoridae **253**
Phyteuma orbiculare 206
Phytolacca americana 164
Piaya melanogaster 462
Pica pica 486
Picea
abies 119
pungens 119
sitchensis 119
Picidae **479–480**
Piciformes **477**
Picoides
tridactylus 481
villosus 481
Pictodentalium formosum 313
Piculus chrysochloros 480
Picumnus
aurifrons 479
exilis 479
limae 479
pygmaeus 479
temminckii 479
Picus viridis 480
Pieper **495**
Pieridae **295**
Pieris
formosa 191
rapae 295
Piétrain 595
Pigeonit 57
Pikas **521**
Pilea involucrata 184
Pilgermuschel
Große 302
Kleine 302
Pillenfarn 113
Pilosa **520–521**
Pilotwal, Langflossen- 617
Pilularia globulifera 113
Pilze **32, 208–245**
Pilzfäden 210
Pilzhyphen 242
Pilzkoralle 255
Pilzmücke 288
Pimelodidae **333**
Pimenta dioica 170
Pinaceae **119–120**
Pinealorgan 380
Pinguicula vulgaris 199
Pinguine 34, **416–419**, 420, 423, 570
Pinicola enucleator 497
Pinie 119
Pinnidae **302**
Pinnipedia 562
Pinnotheres spec. 272
Pinnotheridae **272**
Pinnulae 314
Pinnularia spec. 101
Pinophyta **118–119**
Pinselohrschwein 595
Pinselschwanzbeutler, Kleiner 505
Pinus
cembra 119
contorta 119
nigra 119
pinaster 119
pinea 119
radiata 119
sylvestris 119
tabuliformis 119
Pionierpflanzen 128
Pionus menstruus 459
Pipa parva 362
Piper nigrum 128
Piperaceae **128**
Piperales **128**
Pipidae **362**
Pipile cumanensis 409
Pipilo maculatus 498
Pipistrellus
nathusii 557
pipistrellus 557
subflavus 557
Pipra erythrocephala 483
Pipreola chlorolepidota 483

Pipridae **483**
Piptoporus betulinus 230
Piranga
ludoviciana 498
olivacea 498
Piranha, Roter 333
Pirol, Europäischer 487
Pirole 487
Pisacca-Steißhuhn 406
Pisaster ochraceus 316
Pisaura mirabilis 265
Pisauridae **265**
Pisolithus arhizus 227
Pistia stratiotes 131
Pitangus sulphuratus 485
Pitar dione 303
Pithecia
irrorata 539
monachus 539
pithecia 539
Pitheciidae **539**
Pitta
brachyura 482
moluccensis 482
Pittas 482
Pittidae **482**
Pittosporaceae **202–203**
Pittosporum tenuifolium 203
Pituophis melanoleucus 394
Placoderm 82
Plagiochila asplenioides 109
Plagiochilaceae **109**
Planariidae **257**
Planigale tenuirostris 505
Plankton 250, 269, 612
Planorbarius corneus 308
Planorbidae **308**
Plantaginaceae 197, **200–201**
Plantago
lanceolata 200
major 200
Plasmodium 94, 96
falciparum 100
Platalea
alba 427
leucorodia 427
Platanaceae **151**
Platane, Bastard- 151
Platanista minor 617
Platanistidae **617**
Platanthera bifolia 136
Platanus × *hispanica* 151
Platax teira 344
Plateosaurus spec. 84
Plathelminthes 249, **256–257**
Platin 40
Plattbauch 275
Plattentektonik 14
Plattenzähne 328
Platterbse, Breitblättrige 174
Plattfische **340**
Plattschwanz, Nattern- 396
Plattwurm, Neuseeland- 257
Plattwürmer 34, 248, 249, **256–257**
Platycarya strobilacea 176
Platyceps najadum 396
Platycercus eximius 458
Platycerium bifurcatum 115
Platycis minuta 285
Platycnemididae **275**
Platycnemis pennipes 275
Platycodon grandiflorum 206
Platymantis vitianus 354
Platymeris biguttata 282
Platysteira cyanea 487
Platysteiridae **487**
Platysternidae **373**
Platysternon 373
megacephalum 373
Platystomatidae **289**
Platyura marginata 288
Plazenta 380
Plazentatiere **500–617**
Plecoptera **276**
Plecotus austriacus 557
Plectaster decanus 316
Plectorhinchus chaetodonoides 344
Plegadis falcinellus 427
Pleione formosana 136
Pleistozän 62
Pleosporales **241**
Plesiosaurier 83, 370
Plestiodon fasciatus 386
Plethodon
cinereus 368
mississippi 368
Plethodontidae 366, **368**
Pleurodeles waltl 366
Pleuronectes platessa 340
Pleuronectidae **340**
Pleuronectiformes **340**
Pleurotaceae **223**
Pleurotomaria anglica 80
Pleurotus
cornucopiae 223
ostreatus 223
Pliozän 62
Ploceidae **495**
Ploceus rubiginosus 495
Plotosidae **333**
Plotosus lineatus 333
Plumbaginaceae **165**
Plumbago zeylanica 165
Plumeria rubra 196
Plumplori, Sunda- 535
Plusiotis resplendens 285
Pluteaceae **224**
Pluteus
cervinus 224
chrysophaeus 224
salicinus 224
Pluvialis
apricaria 445
squatarola 445
Pneumocystis jirovecii 236
Poaceae **146–147**
Poales **144–148**
Podargidae **467**
Podargus strigoides 467
Podica senegalensis 441
Podiceps
cristatus 423
grisegena 423
nigricollis 423
occipitalis 423
Podicipedidae **423**
Podicipediformes **423**
Podilymbus podiceps 423
Podocnemis erythrocephala 373
Podonidae **269**
Podophyllum peltatum 152
Podoscypha multizonata 230
Podosphaera leucotricha 238
Podospongiidae **250**
Poecilia latipinna 338
Poeciliidae **338**
Poecilobothrus nobilitatus 289
Poecilogale albinucha 575
Pogona vitticeps 381
Pogoniulus
bilineatus 478
chrysoconus 478
pusillus 478
Poicephalus robustus 458
Polareis 17
Polarfuchs 16, **562**
Polargebiete 19
Polarhase 522
Polarwolf 564
Polemoniaceae **190**
Polemonium caeruleum 190
Polihierax semitorquatus 431
Polioptila caerulea 490
Polioptilidae **490**
Pollack, Pazifischer 336
Pollen 122, 126, 161
Pollenkörner 128, 150
Pollensäcke 139
Pollucit 61
Polringkomplex 100
Polybasit 43
Polyboroides typus 436
Polycentridae **345**
Polyceridae **307**
Polychaeten 258
Polychrotidae **385**
Polycladida **257**
Polydesmidae **261**
Polydesmus complanatus 261
Polygala nicaeensis 175
Polygonaceae **164**
Polygonatum multiflorum 134
Polygonum aviculare 164
Polyhalit 51
Polymita picta 308
Polynoidea **259**
Polyodon spathula 330
Polyodontidae **330**
Polypedates longinasus 364
Polypen 253, 254
Polypenstadium 252
Polyplacophora 313
Polyplectron napoleonis 411
Polypodiaceae **115**
Polypodium vulgare 115
Polyporaceae **231**
Polyporales **230–231**
Polyporus
badius 231
brumalis 231
squamosus 231
tuberaster 231
Polyprion americanus 345
Polyprionidae **345**
Polysiphonia lanosa 105
Polystichum setiferum 115
Polysticta stelleri 415
Polytelis
alexandrae 458
swainsonii 458
Polytrichaceae **111**
Polytrichum commune 111
Polyxenidae **260**
Polyxenus lagurus 260
Polyzoniidae **261**
Polyzonium germanicum 261
Pomacanthidae **345**
Pomacanthus imperator 345
Pomacea canaliculata 306
Pomacentridae **347**
Pomatomidae **344**
Pomatomus saltatrix 344
Pomatoschistus minutus 348
Pompholyxophrys ovuligera 96
Pompilidae **298**
Poncirus trifoliata 188
Pongo
abelii 549
pygmaeus 549
Pontederia cordata 145
Pontederiaceae **145**
Pontoporia blainvillei 617
Populus
alba 179
tremula 179
Porania pulvillus 317
Poraniidae **317**
Porcellanidae **272**
Porcellio spinicornis 270
Porcellionidae **270**
Porella platyphylla 109
Porellaceae **109**
Porenkoralle 255
Porichthys notatus 337
Porifera 248, **250–251**
Porites lobata 255
Poritidae **255**
Porling, Schuppiger 231
Porlinge **229–231**
Poronia punctata 238
Porphyrio martinica 440
Porphyrischer
Andesit 65
Basalt 64
Trachyt 65
Porphyrsalamander 369
Porpita porpita 253
Porpitidae **253**
Porrerost 235
Porthidium nasutum 398
Portugiesische Galeere 253
Portulaca oleracea 165
Portulacaceae **165**
Portulak 165
Winter- 164
Portunidae **273**
Portunus pelagicus 273
Porzana
carolina 440
cinerea 440
fusca 440
Posidonia oceanica 132
Posidoniaceae **132**
Posthörnchen 309
Posthornschnecke 308
Potamidae **273**
Potamochoerus
larvatus 595
porcus 595
Potamogeton natans 132
Potamogetonaceae **132**
Potamon potamios 273
Potamotrygon motoro 327
Potamotrygonidae **327**
Potentilla anserina 182
Potoroidae **509**
Potorous tridactylus 509
Potos flavus 573
Potto 535
Pottwal 614
Pottwale **614–615**
Prachtanemone 255
Prachtfinken 494
Prachtkäfer 284
Prachtkärpfling, Amiets 338
Prachtlibelle, Gebänderte 275
Prachtregenbogenfisch 337
Prachtscharte, Ährige 205
Prachtschmerle 332
Prachtschwertgrundel 348
Prachtsternschnecke, Schwarzrand- 307
Prachttaucher 420
Präkambrium 62, 78
Prälatfasan 411
Prärieammer 498
Präriebussard 436
Präriehase 522
Präriehuhn 410
Kleines 410
Präriehund, Schwarzschwanz- 525
Präriehunde **523**
Prärielilie, Essbare 135
Prehnit 58
Preiselbeere 191
Primaten 35, **534–549**, 550
Primates **534–549**
Primelgewächse **190**
Primula
scandinavica 195
spec. 195
veris 195
Primulaceae 190, **195**
Prinz-Alfred-Hirsch 596
Priodontes **517**
Prionace glauca 325
Prionailurus
bengalensis 581
planiceps 581
rubiginosus 581
viverrinus 581
Prionodon linsang 587
Prionodura newtoniana 485
Prionops plumatus 487
Priotelus temnurus 472
Pristidae **327**
Pristiformes **327**
Pristimantis
cerasinus 365
cruentus 365
ridens 365
Pristiophoridae **324**
Pristiophoriformes **324**
Pristiophorus cirratus 324
Pristis pectinata 327
Proboscidea **516**
Procavia capensis 515
Procaviidae **515**
Procellariidae **421–422**
Procellariiformes **421–422**
Proceratosaurus bradleyi 84
Procnias nudicollis 483
Proconsul africanus 83
Procyon lotor 573
Procyonidae **572–573**
Prodotiscus zambesiae 479
Proechimys spec. 532
Prokaryoten 22, 32, 89, **90–93**
Prolemur simus 536
Propithecus
coquereli 537
edwardsi 537
verreauxi 537
Prosobranchier 304
Prosopeia personata 458
Prostanthera rotundifolia 198
Prostheceraeus vittatus 256
Prosthemadera novaeseelandiae 485
Protacanthamoeba caledonica 96
Protea cynaroides 150
Proteaceae **150–151**
Proteales **150–151**
Protee, Königs- 150
Proteidae **369**
Proteles cristata 582
Proteus anguinus 369
Prothallium 112
Prothorax 283
Protista 29
Protoctista 29, **94–105**
Protoctisten 32, **94–105**
Protonotaria citrea 497
Protopteridae **349**
Protopterus annectens 349
Protoreaster lincki 317
Protorohippus spec. 83
Protozoa 100
Proustit 43
Provitellus turrum 256
Prunella modularis 495
Prunellidae **495**
Prunus
avium 182
domestica 182
Przewalski-Pferd 593
Psammodromus algirus 386
Psarocolius decumanus 496
Psathyrella
candolleana 223
multipedata 223
Psathyrellaceae **223**
Pselliophorus tibialis 498
Psetta maxima 340
Pseudacris crucifer 360
Pseudantechinus macdonnellensis 505
Pseudanthias squamipinnis 345
Pseudaspis cana 394
Pseudemys nelsoni 375
Pseudeos fuscata 457
Pseudepidalea viridis 354
Pseudis paradoxa 360
Pseudobiceros flowersi 257
Pseudobulben 139
Pseudoceros dimidiatus 257
Pseudocerotidae **257**
Pseudocheiridae **506**
Pseudocheirus peregrinus 506
Pseudochirops archeri 507
Pseudochirulus cinereus 507
Pseudochromidae **347**
Pseudochromis fridmani 347
Pseudoclitocybe cyathiformis 225
Pseudocolochirus violaceus 315
Pseudocrinites bifasciatus 81
Pseudofumaria lutea 153
Pseudohydnum gelatinosum 234
Pseudois nayaur 606
Pseudolarix amabilis 120
Pseudonaja modesta 397
Pseudoplatystoma fasciatum 333
Pseudopodien 96, 98, 99
Pseudopus apodus 388
Pseudorca crassidens 617
Pseudoscops clamator 465
Pseudoskorpion 262
Pseudotsuga menziesii 120
Psidium guajava 170
Psilocybe semilanceata 225
Psilopogon pyrolophus 479
Psilotaceae **113**
Psilotum nudum 113
Psittacidae **456–459**
Psittaciformes **456–459**
Psittacosaurus spec. 85
Psittacula krameri 458
Psittacus erithacus 458
Psitteuteles versicolor 457
Psocidae **283**
Psococerastis gibbosa 283
Psocoptera **283**
Psophia crepitans 441
Psophiidae **441**
Psychodidae **289**
Psychrobacter urativorans 93
Psygmophyllum multipartitum 77
Psyllidae **280**
Psyllobora vigintiduopunctata 287
Psyllopsis fraxini 280
Ptelea trifoliata 188
Ptenoglossa **305**
Pteridophyta **112–115**
Pterioida **302**
Pterocladiella capillacea 104
Pterocles
bicinctus 452
coronatus 452
exustus 452
lichtensteinii 452
Pteroclididae **452**
Pteroclidiformes **452**
Pterocnemia pennata 407
Pterodroma hasitata 422
Pteroglossus
castanotis 477
torquatus 477
Pterois volitans 341–343
Pteromalidae **298**
Pteronotus davyi 556
Pteronura brasiliensis 575
Pterophoridae **293**
Pterophorus pentadactyla 293
Pterophyllum scalare 347
Pteropodidae **550**
Pteropus
alecto 551
conspicillatus 551
giganteus 551
lylei 551–553
poliocephalus 551
rodricensis 551
scapulatus 551
vampyrus 551
Pterosaurier 370
Pterostylis spec. 137
Pterostyrax hispidus 194
Ptilinopus magnificus 454
Ptilium crista-castrensis 111
Ptilocercidae **533**
Ptilocercus lowii 533
Ptilogonatidae **488**
Ptilonorhynchidae **485**
Ptilophora leliaertii 104
Ptilopsis granti 465
Ptilosarcus gurneyi 254
Ptychadena mascareniensis 364
Ptychadenidae **364**
Ptychozoon kuhli 384
Puccinia
allii 235
malvacearum 235
smyrnii 235
Pucciniaceae **235**
Pucciniales **235**
Pucciniastraceae **235**
Pucciniastrum epilobii 235
Puderdunen 486
Pudu puda 598
Puffinus
bulleri 422
creatopus 422
lherminieri 422
Puffotter 399
Puku 602
Pulicidae **288**
Pulmonaria officinalis 195
Pulsatrix perspicillata 465
Pulvinaria regalis 280
Puma 28, **582**
Puma
concolor 28, 582
yagouaroundi 582
Punica granatum 169
Punktaugen 266, 274
Puntius
anchisporus 332
tetrazona 332
Puppigerus crassicostata 83
Purpurglöckchen, Hohes 167
Purpurgrackel 496
Purpurmaskenbartvogel 478

Purpurnektarvogel 495
Pusa
caspica 571
hispida 571
sibirica 571
Pustelschwein, Visayas- 595
Putzerlippfisch 346
Putzkamm 533
Puya raimondii 145
Pycna repanda 280
Pycnogonida **268**
Pycnogonum littorale 268
Pycnonotidae **489**
Pycnonotus jocosus 489
Pycnopodia helianthoides 316
Pycnopodiidae **316**
Pycnoporus cinnabarinus 231
Pygocentrus nattereri 333
Pygoplites diacanthus 345
Pygopodidae **385**
Pygopus lepidopodus 385
Pygoscelis
adeliae 417
antarcticus 417
papua 417
Pyracantha rogersiana 183
Pyralidae **292**
Pyrargyrit 43
Pyrgomorphidae **277**
Pyrit 42
Pyritknollen 71
Pyrocephalus rubinus 484
Pyrochroa coccinea 286
Pyrochroidae **286**
Pyrococcus furiosus 92
Pyrolusit 45
Pyromorphit 52
Pyronemataceae **240**
Pyrop 54
Pyrophyllit 59
Pyroxen-Hornfels 69
Pyrrhocoridae **282**
Pyrrhocoris apterus 282
Pyrrhotin 42
Pyrrhula 496
pyrrhula 497
frontalis 459
Pyrus salicifolia 183
Python
curtus 398
molurus 398
reticulatus 399
Pythonidae **398**
Pythons **398–399**
Pytilia melba 494
Pyxicephalidae **364**
Pyxicephalus adspersus 364

Q

Quallen **252**
Quappe 336
Mittelmeer- 336
Quartär 62
Quarz 38
Quarzgrit 72
Quarzit 68
Quarzkonglomerat 73
Quassia amara 189
Quastenflosser 349
Komoren- 349
Manado- 349
Quecke, Gewöhnliche Strand- 146
Quecksilber 41
Quelea quelea 495
Queller, Kurzähren- 157
Quercus
coccifera 177
coccinea 177
robur 177
spec. 77
Querder 322
Querula purpurata 483
Querzahnmolch
Columbia- 366
Jefferson- 350
Quetzal 472
Quiscalus quiscula 496
Quisqualis indica 169
Quokka 509

R

Rabengeier 430
Rabenkakadu, Rotschwanz- 456
Rabenvögel **486**
Racken **473**
Radiärsymmetrie 249
Radicchio 205
Radiolaria **98**
Radnetzspinnen **264**
Radula 301, 304, 313
Radula complanata 109
Radulaceae **109**
Rafflesia parnoldii 179
Rafflesiaceae **179**
Ragwurz, Bienen- 137
Raja clavata 327
Rajamally-Frosch 363
Rajidae **327**
Rajiformes **327**
Raketenfrosch, Regenwald- 358
Rallen **438–441**
Rallenkranich 439
Rallidae **439–440**
Rallus
aquaticus 440
elegans 440
limicola 440
longirostris 440
Ramalina fraxinea 244
Ramalinaceae **244**
Ramaria
abietina 229
botrytis 229
stricta 229
Ramphastidae **477–479**
Ramphastos
dicolorus 477
toco 477
tucanus 477
tucanus cuvieri 477
vitellinus 477
Rana
pueyoi 82
temporaria 363
Ranatra linearis 282
Ranellidae **306**
Rangifer tarandus 598
Ranidae **363**
Ranitomeya
imitator 358
reticulata 350
Rankenfüßer 269
Ranunculaceae 152, **154–155**
Ranunculales **152–155**
Ranunculus acris 154
Raphanus raphanistrum 185
Raphe 101
Raphia farinifera 143
Raphicerus
campestris 605
sharpei 605
Raphidia notata 283
Raphidiidae **283**
Raphidioptera **283**
Rappen-Antilope 602
Rasling, Geselliger 221
Raspelzunge 301, 304, 313
Rattenflöhe 93
Rattenigel 558
Großer 558
Rattenkänguru
Bürstenschwanz- 509
Moschus- 509
Rattenkängurus **509**
Rattenschwanz, Pazifischer 336
Rattus
norvegicus 527
rattus 527
Ratufa
affinis 523
macroura 523
Raubbeutler 503, **505**
Raubmöwe
Falken- 451
Schmarotzer- 451
Spatel- 451
Raubtiere 35, **562–587**
Madagassische **583**
Raubwanzen **282**
Rauchporling, Angebrannter 230
Rauchquarz 58
Rauchschwalbe 489
Raufußhühner **452**
Raufußkauz 466
Rauhautfledermaus 557
Raukopf, Rotschuppiger 218
Rauten-Uferbold 276
Rautengewächse **187**
Rautenkrokodil 400, **402–403**
Rauzahndelfin 617
Ravenala madagascariensis 149
Ray, John 28
Realgar 42
Rebe, Rostrote 168
Rebhuhn 410
Rebhuhnbeere, Niedere 191
Rebutia heliosa 158
Recurvirostra
avosetta 445
novaehollandiae 445
Recurvirostridae **445**
Redunca
arundinum 601
redunca 601
Regalecidae **335**
Regalecus glesne 335
Regenbogenboa 391
Regenbogenforelle 334
Regenbogenspint 475
Regenbrachvogel 447
Regenpfeifer 445
Regenwürmer 249, 258
Regionalmetamorphose 68
Regolith 15
Regulidae **491**
Regulus
calendula 491
regulus 491
Reh 598
Reich 28
Reiher **425–427**
Reiherente 415
Reis 147
Reisfink 494
Reisigbecherchen, Zitronengelbes 239
Reißzähne 562, 576
Reiswühler 514
Reliktkrebschen 270
Remiza pendulinus 488
Remizidae **488**
Renauldkuckuck 462
Rennfrosch, Rotbeiniger 358
Rennmaus
Fettschwanz- 526
Helle 526
Mongolische 526
Shaws 526
Rennnatter, Grüne 395
Renntaucher 423
Rennvogel 448
Binden- 448
Ring- 445
Rentier 598
Rentierflechte, Graue 244
Reproduktion 26
Reptilia **370–403**
Reptilien 34, 318, 319, **370–403**
Reptilienschuppen 370
Reseda odorata 184
Resedaceae **184**
Resede, Garten- 184
Rettichhelmling, Rosa 222
Rhabarber, Handlappiger 164
Rhabdinopora socialis 78
Rhabditidae **257**
Rhacophoridae **364**
Rhacophorus nigropalmatus 364
Rhaebo haematiticus 355
Rhagio tringarius 290
Rhagionidae **290**
Rhagoletis pomonella 291
Rhagonycha fulva 284
Rhamnaceae **180–181**
Rhamnus cathartica 181
Rhaphidophoridae **277**
Rhea americana 407
Rheidae **407**
Rheiformes **406**
Rhesusaffe 542
Rheum palmatum 164
Rheumaptera hastata 293
Rhexia virginica 169
Rhinanthus minor 200
Rhincodon typus 324
Rhincodontidae **324**
Rhinella marina 355, **356–357**
Rhinobatidae **327**
Rhinobatos lentiginosus 327
Rhinoceros
sondaicus 589
unicornis 589
Rhinocerotidae **588**
Rhinocheilus lecontei 394
Rhinochimaera pacifica 323
Rhinochimaeridae **323**
Rhinoclavis asper 305
Rhinoclemmys 378
Rhinocryptidae **484**
Rhinoderma darwinii 355
Rhinolophidae **554**
Rhinolophus
ferrumequinum 554
hipposideros 554
mehelyi 554
Rhinomuraena quaesita 331
Rhinophoren 307
Rhinophrynidae **365**
Rhinophrynus dorsalis 365
Rhinopithecus roxellana 545
Rhinopoma spec. 554
Rhinopomatidae **554**
Rhinoptilus cinctus 448
Rhinozerosvogel 473
Rhipsalis baccifera 158
Rhizaria 33, 94, **98–99**
Rhizocarpaceae **245**
Rhizocarpon 242
Rhizocarpon geographicum 245
Rhizoid 101, 108
Rhizome 112, 192
Rhizophora mangle 179
Rhizophoraceae **179**
Rhodeus amarus 332
Rhodiola rosea 166
Rhodochrosit 49
Rhodocollybia
butyracea 222
maculata 222
Rhododendron arboreum 191
Rhodonit 56
Rhodostethia rosea 449
Rhombenporphyr 65
Rhus typhina 187
Rhyacotriton kezeri 366
Rhyacotritonidae **366**
Rhynchocephalia **379**
Rhynchocyon petersi 512
Rhynchonycteris naso 555
Rhynochetidae **439**
Rhynochetos jubatus 439
Rhyolith, Gebänderter 64
Rhyssa spec. 298
Rhytisma acerinum 241
Rhytismataceae **241**
Rhytismatales **241**
Ribes
nigrum 166
odoratum 166
Riccia fluitans 109
Ricciaceae **109**
Richterit 57
Ricinus communis 178
Rickenella fibula 229
Riebeckit 57
Riedbock 601
Riedfrosch
Bolifamba- 359
Grüner 359
Mitchells 350
Riedfrösche **358–359**
Riemenfisch 335
Riemennatter 395
Riementang 102
Riementillandsie, Hahns 145
Riemenzunge, Bocks 137
Rieppeleon brevicaudatus 380
Riesenbambus 536
Riesenborkenratte
Nördliche 527
Südliche 527
Riesenbovist 212
Riesenchampignon 212
Riesendarmegel 256
Rieseneidechse 386
Gran-Canaria- 386
Rieseneule 293
Riesenfenchel 202
Riesenflughund, Indischer 551
Riesengalago
Großohr- 534
Silberner 534
Riesengespenstschrecke, Malaiische 279
Riesengleitbeutler 506, **507**
Riesengleiter 35, **533**, 550
Malaien- 533
Philippinen- 533
Riesengürteltier 517
Riesenhörnchen
Helles 523
Sri-Lanka- 523
Riesenhüpferling, Weißer 269
Riesenkänguru
Östliches Graues 508
Rotes 503, 508, **510–511**
Westliches Graues 508
Riesenkelp 94
Riesenkrabbe, Japanische 269, **273**
Riesenkrabbenspinne 265
Riesenkrake, Pazifischer 309, 312
Riesenkugler 260
Riesenlilie 141
Riesenmaulhai 326
Riesenmuschel
Große 303
Schuppige 303
Riesenotter 575
Riesenporling 230
Riesenratte, Madagassische 527
Riesenröhrenwurm 259
Riesensalamander 24, **368**
Japanischer 368
Riesenschildkröte 372, 379
Aldabra- **376–377**
Galapagos- 377, **379**
Riesenseerose, Amazonas- 125
Riesensepie, Australische 309
Riesentagschläfer 467
Riesentausendfüßer, Afrikanischer 261
Riesentrappe 438
Riesentukan 477
Riesenturako 460
Riesenwaldschwein 595
Riesenwanzen **280**
Riesenwaran 389
Riesenwasserwanze 281
Riffhai, Weißspitzen- 325
Riffkalmar, Großflossen- 309
Riffkrake, Karibischer 312
Riftia pachyptila 259
Rindenpilz, Violetter 222
Rindenwanze, Birken- 281
Rinder 256, **600–601**
Ringbeutler 506–507
Daintree-River- 507
Gewöhnlicher 506
Grüner 507
Lemuren- 506
Ringdüngerling 225
Ringelblume, Garten- 205
Ringelnatter 395
Ringelrobbe 571
Ringelschleiche, Kalifornische 388
Ringelschleichen **388**
Ringelschwanzmungo 583
Ringeltaube 453
Ringelwürmer 34, 248, 249, **258–259**
Ringrübling, Buchen- 223
Ringschnabelmöwe 448
Ringsilikate 56
Ringsittich 457
Riparia riparia 489
Rippenmolch, Spanischer 366
Rissa
brevirostris 449
tridactyla 449
Risspilz
Erdblättriger 219
Grauvioletter 219
Kegeliger 219
Spindelsporiger 219
Sternsporiger 219
Ziegelroter 219
Ritteranolis 385
Ritterfalter 296, 297
Ritterfisch, Gebänderter 345
Ritterling, Schwarzfaseriger 215
Ritterlinge **215**
Rittersporn
Garten- 154
Roter 154
Ritterstern 133
Rivulidae **338**
Rizinus 178
Robben 562, **570–571**
Robbensalamander 368
Robinia pseudoacacia 175
Robinie 175
Rochen 82, 320, 323, 325, **327–329**
Rodentia **523–533**
Rodrigues-Flughund 551
Rohrdommel 426
Nordamerikanische 426
Röhrenaal, Ohrfleck- 331
Röhrennasen 421
Röhrenspinne, Rote 264
Röhrenwurm 78, 259
Schlamm- 258
Rohrkatze 580
Rohrkolben, Breitblättriger 148
Röhrling, Parasitischer 226
Röhrlinge **226**
Rohrratte 529
Rohrratten **529**
Rohrsänger 490
Rohrweihe 437
Rollandia rolland 423
Rollandtaucher 423
Rollassel, Gewöhnliche 270
Rollulus rouloul 410
Rollwespe 299
Romanechit 45
Romneya coulteri 153
Rosa
canina 28, 182
gallica var. *officinalis* 182
rugosa 182
Rosaceae 180, **182–183**
Rosaflamingo 424
Rosakakadu 456
Rosales **180–184**
Rosalöffler 427
Roscoea humeana 149
Rose
Essig- 182
Hag- 28
Hecken- 28
Hunds- 28, 182
Kartoffel- 182
Rosella-Sittich 458
Rosenbergs
Laubfrosch 360
Waran 388
Rosen-Boa 391
Rosengewächse 180
Rosenkäfer 286
Rosenköpfchen 458
Rosenmöwe 449
Rosenohrente 415
Rosenquarz 58
Rosenrost 235
Rosens Schlange 397
Rosentaube 453
Rosenwurz 166
Rosmarin 198
Rosmarinus officinalis 198
Rosskastanie, Gewöhnliche 189
Rosskastanien **280**
Rossrobbe 570
Rossturako 460
Rostkatze 581
Rostpilze 235
Rostratula benghalensis 446
Rostratulidae **446**
Rostrhamus sociabilis 436
Rostrum 324
Rosttöpfer 485
Rotalgen 33, **103–105**
Rotangpalmen 142

Rotaugenvireo 487
Rotbauchmaki 536
Rotbauchschmätzer 492
Rotbauchunke, Chinesische 354
Rotbauchwürger 487
Rotblättrigkeit 235
Rotbürzelpipra 483
Rotbüschelbartvogel 479
Rötegewächse **196**
Rötelmaus 525
Rötelreiher 427
Rötelritterling
  Lilastiel- 215
  Violetter 215
Roter Flughund, Kleiner 551
Roter Thun 348
Rotfeuerfisch 341, **342–343**
Rotfuchs 563
Rotgesichtsscharbe 429
Rothalsfilander 509
Rothalsgans 412
Rothalstaucher 423
Rothaubenturako 461
Rothirsch 19, 597
Rothörnchen, Gewöhnliches 523
Rothschild, Walter 28
Rothund 565
Rotkäppchentimalie 490
Rotkardinal 499
Rotkehl-Anolis 385
Rotkehlchen 492
Rotkehlfrankolin 410
Rotkehlpieper 495
Rotknie-Vogelspinne, Mexikanische 264, **266–267**
Rotkopfbartvogel 478
Rotkopfspecht 480
Rotkopftrogon 472
Rotkopfyuhina 490
Rotlachs 334
Rötling
  Gesägtblättriger 214
  Niedergedrückter 214
  Porphyrbrauner 214
Rotluchs 577
Rotmanguste, Indische 586
Rotmilan 436
Rotnackenwallaby 508
Rotohrbülbül 489
Rotpustelpilz 238
Rotrückenbussard 436
Rotschenkel 447
Rotschnabelbülbül 489
Rotschnabelkitta 487
Rotschnabeltoko 476
Rotschopftaube 455
Rotschopftrappe 438
Rotschulterbussard 436
Rotschulterente 414
Rotschulterstärling 496
Rotschwanzbussard 436
Rotschwänze **492**
Rotschwanzmeerkatze 543
Rotschwanzsiva 490
Rotularia bognoriensis 78
Rotvanga 487
Rotwangen-Schmuckschildkröte 375
Rotwolf 564
Rousettus 550
  aegyptiacus 551
  amplexicaudatus 551
Roystonea regia 143
Rubiaceae **196**
Rubingoldhähnchen 491
Rubinkehlkolibri 470
Rubinkolibri 470
Rubintyrann 484
Rübling
  Breitblättriger 225
  Gefleckter 222
  Spindeliger 222
Rubus fruticosus 183
Rucervus duvaucelii 597
Ruchgras, Gewöhnliches 147
Rückenschaler **269**
Rückenschwimmer, Gewöhnlicher 282
Rucksackschnecke, Graugelbe 308
Ruderente, Schwarzkopf- 415
Ruderfrosch, Langnasen- 364
Ruderfrösche **364**
Ruderfußkrebse **269**
Ruderschnecken **307**
Ruhmeskrone 141
Ruineneidechse 386
Rumex crispus 164
Rundblattnase
  Commerson- 554
  Gewöhnliche 554
Rundblattnasen **554**
Rundkopfdelfin 616
Rundmäuler **322**
Rundrochen, Hallers 327
Rundschwanzseekühe **515**
Rundschwanzspecht 480
Rupicapra rupicapra 605
Rupicola peruvianus 483
Ruprechtskraut 168
Rusa
  alfredi 596
  timorensis 596
  unicolor 596
Ruscus aculeatus 134
Ruspoli-Turako 461
Rüssel 516
Rüsselbeutler 503, **508**
Rüsselhündchen 512
Rüsselkäfer 287
Rüsselratte 512
Rüsselspringer 35, **512**, 513
  Kurzohr- 512
Rußtau 238
Russula
  aeruginea 233
  claroflava 233
  emetica 233
  foetens 233
  nobilis 233
  ochroleuca 233
  rosea 233
  sanguinaria 233
  sardonia 233
Russulaceae **232**
Russulales **232–233**
Ruta chalepensis 188
Rutaceae **187–188**
Rutenpilze 210, 229, **234–235**
Rutil 45
Rutscher 485
Rutstroemia firma 239
Rutstroemiaceae **239**
Rynchops niger 451

S

Saatkrähe 486
Säbelantilope 602
Sabellaria alveolata 259
Sabellaridae **259**
Sabellastarte sanctijosephi 259
Sabellidae **259**
Säbelschnäbler 445
  Rotkopf- 445
Säbelzahnkatze 83
Saccharina latifolia 102
Saccharum officinarum 147
Saccopharyngiformes **331**
Saccopteryx bilineata 555
Sachatamia
  albomaculata 353
  ilex 353
Säckelblume, Amerikanische 181
Sackflügel-Fledermaus, Große 555
Sackflügel-Fledermäuse **555**
Safran, Echter 135
Safranschirmling 212
Saftkugler, Gerandeter 260
Saftlecker, Gelbbauch- 480
Saftling
  Größter 220
  Kirschroter 220
  Papageigrüner 220
  Rosenroter 220
  Schwärzender 220
  Stumpfer 220
Sägegarnele 271
Sägehai, Langnasen- 324
Sägehaie **324**
Sägekauz 466
Säger **412**
Sägeracken **473**
Sägerochen, Westlicher 327
Sägetang 102
Sagittaria sagittifolia 130
Sagittarius serpentarius 431
Sagopalme 143
Sagopalmfarn, Japanischer 117
Sagra buqueti 287
Saguaro 158
Saguinus
  bicolor 540
  fuscicollis 541
  imperator 540
  labiatus 540
  midas 541
  oedipus 541
Saiga tatarica 604
Saiga-Antilope 604
Saimiri
  boliviensis 541
  sciureus 541
Saintpaulia tongwensis 199
Saki, Kahlgesichtiger 539
Sakis **539**
Salamander 366
  Echte **366**
  Lungenlose **368**
Salamandra salamandra 367
Salamandridae **366**
Salamandrina terdigitata 367
Salbei, Echter 198
Salicaceae **179**
Salicornia europaea 157
Salinenkrebschen 269
Salix
  alba 179
  caprea 179
Salmler **333**
Salmonella enterica 93
Salmonidae **334**
Salmoniformes **334**
Salticidae **265**
Salvelinus alpinus 334
Salvia officinalis 198
Salvinia
  formosa 76
  natans 113
Salviniaceae **113**
Salzkatze 583
Salzmelde, Portulak- 157
Salzmiere 162
Samarskit 44
Sambar 596
Sambucus nigra 206
Samenfarne 76, **124**
Samtfußkrempling 227
Samtfußrübling 223
Samtkrabbe 273
Samtmilbe, Rote 263
Samtpappel, Kriechende 187
San-Andreas-Verwerfung 14
Sandaal, Kleiner 346
Sandbiene, Rotpelzige 299
Sandboa, Ägyptische 391
Sanddollar, Zweikerben- 315
Sanddorn 180
Sandelholz, Weißes 165
Sanderling 446
Sandfisch, Greys 332
Sandfische **332**
Sandfuchs 563
Sandgräber **528**
Sandkatze 581
Sandklaffmuschel 303
Sandkraut, Thymianblättriges 162
Sandküling 348
Sandläufer, Algerischer 386
Sandlaufkäfer 299
Sandmücken **97**
Sandohrwurm 276
Sandregenpfeifer 445
Sandröhrling 227
Sandstein 13, 70
  Glaukonit- 70
  Granatapfel- 70
Sandtigerhai 326
Sanguisorba minor 183
Sanopus splendidus 337
Sansevieria trifasciata 134
Santalaceae **165**
Santalales **165**
Santalum album 165
Santolina chamaecyparissus 205
Sapindaceae **187–189**
Sapindales **187–189**
Saponaria officinalis 163
Sapotaceae **194**
Sarcandra glabra 124
Sarcococca hookeriana 150
Sarcodon scabrosus 234
Sarcophaga carnaria 289
Sarcophagidae **289**
Sarcophilus harrisii 505
Sarcophyton trocheliophorum 254
Sarcopterygii 320, **349**
Sarcoptes scabiei 263
Sarcoptidae **263**
Sarcoptilus grandis 254
Sarcoramphus papa 430
Sarcoscypha austriaca 241
Sarcoscyphaceae **241**
Sardelle, Südamerikanische 332
Sargocentron diadema 338
Saron marmoratus 271
Sarracenia
  flava 194
  minor **192–193**
  psittacina 194
  × *stevensii* 194
Sarraceniaceae **190, 194**
Sassafras albidum 129
Satansaffe 539
Sattelrobbe 570
Sattelstorch 425
Saturniidae **292**
Satyr-Tragopan 411
Sauerklee, Raupen- 180
Sauerkleegewächse **180**
Säuerling 164
Sauerstoff 13
Saugassel, Deutsche 261
Säugen 500
Säugetiere 22, 82, 318, 319, **500–617**
Säugetierschädel 500
Säugetierskelett 500
Saugnäpfe 311
Saugscheibe 322
Saugwürmer 256
Säulenflechte, Rotfrüchtige 244
Säulengärtner 485
Saumpilz
  Behangener 223
  Tränender 223
Savannenbussard 436
Saxicola torquatus 492
Saxifraga
  aizoides 167
  stolonifera 167
Saxifragaceae **166–167**
Saxifragales **166–167**
Sayornis nigricans 484
Scabiosa prolifera 207
Scalopus aquaticus 559
Scalpellidae **269**
Scampi 271
Scandentia **533**
Scaphiopodidae **365**
Scaphiopus couchii 365
Scaphopoda **313**
Scarabaeidae **285**
Scaridae **347**
Scathophaga stercoraria 290
Scathophagidae **290**
Scelidosaurus harrisonii 85
Sceloporus malachiticus 385
Schaben 79, **277**
Schabrackenhyäne 582
Schabrackenschakal 564
Schabrackentapir 589
Schachblume, Gewöhnliche 140
Schachtelhalm 76
  Acker- 113
Schachtelhalme 112, **113**
Schafe 607
Schafgarbe, Wiesen- 205
Schafstelze 495
Schakale **564**
Schakutinga, Blaukehl- 409
Scharben 428, **429**
Scharlachkopfspecht 480
Scharlachsichler 427
Scharlachtangare 498
Scharnierschildkröte
  Dreistreifen- 378
  Gelbrand- 378
Schattenschmätzer 493
Schaufelfuß
  Flachland- 365
  Südlicher 365
Schaufelfußkröten
  Amerikanische **365**
  Europäische **362**
Schaumheuschrecke 277
Schaumzikade, Erlen- 280
Scheckente 415
Scheelit 51
Scheibenquallen **252–253**
Scheibenzüngler 353
  Gemalter 353
Scheidenmuschel, Schotenförmige 303
Scheidenstreifling, Rotbrauner 214
Scheidling
  Großer 224
  Wolliger 224
Scheinbockkäfer, Grüner 286
Scheinfüßchen 96
Scheinkalla, Gelbe 131
Scheinlerchensporn, Gelber 153
Scheinmohn, Kambrischer 153
Scheinparrotie 167
Scheinsonnenhut, Roter 204
Scheinzypresse, Lawsons 121
Schelfeis 20
Scheltopusik 388
Scherenschnabel, Schwarzmantel- 451
Schermaus, Ost- 525
Schetba rufa 487
Schichtpilz
  Blutender Laubholz- 233
  Zottiger 233
Schichtporling, Rotrandiger 230
Schichtsilikate **58–59**
Schiefblattgewächse 172
Schiefer 68
Schieferralle 439
Schieferton 72
Schiefmundmoos, Großes 109
Schienenechsen **386–387**
Schienenschildkröte, Rotkopf- 373
Schienenschildkröten **373**
Schierling, Gefleckter 202
Schiffsbohrwurm 303
Schiffshalter 346
Schildbauch, Connemara- 339
Schildbäuche **339**
Schildborstling, Gewöhnlicher 240
Schildechse
  Madagassische Ringel- 387
  Sudan- 387
Schildechsen **387**
Schildfarn, Borstiger 115
Schildfisch 314
Schildkröten 34, 370, **372–379**
Schildläuse 486
Schildnasenkobra, Östliche 397
Schildrabe 486
Schildsittich 458
Schildturako 460
Schildwida 495
Schilf-Rohrsänger 490
Schilfrohr 147
Schillerfalter, Großer 294
Schillerporling, Erlen- 229
Schimpanse 24, **549**
Schinkenmuschel, Schwarze 302
Schirmling
  Feuerfüßiger 212
  Spitzschuppiger 212
Schirmlinge **212**
Schirmtanne, Japanische 121
Schistocerca gregaria 277
Schistosoma nasale 256
Schistosomatidae **256**
Schizophyllaceae **224**
Schizophyllum commune 224
Schizoretepora notopachys 78
Schlafbeutler, Neuguinea- 506
Schlafhaie **324**
Schlafkrankheit 94, 97, 291
Schlafmoos, Zypressenförmiges 111
Schlamm-Röhrenwurm 258
Schlammfliegen **283**
Schlammläufer, Kleiner 446
Schlammnatter 395
Schlammnester 424, 485, 489
Schlammschildkröten **374**
Schlammschnecken **126**
Schlammspringer, Atlantischer 348
Schlammstelzer 445
Schlammtaucher 362
  Westlicher 362
Schlammteufel 368
Schlangen 34, 370, 380, **390–399**
Schlangenaal, Ringel- 331
Schlangenadler 437
  Einfarb- 437
  Schwarzbrust- 437
Schlangengift 558
Schlangenhalsschildkröte
  Glattrücken- 372
  Reimanns 372
Schlangenhalsschildkröten **372**
Schlangenhalsvögel **428**
Schlangenhalsvogel, Amerikanischer 429
Schlangenstern
  Glatter 316
  Schwarzer 316
  Zerbrechlicher 316
Schlangensterne **316**
Schlangenweihe 437
Schlangenwurz 131
Schlankblindschlange, Senegal- 398
Schlankblindschlangen **398**
Schlanklori, Roter 535
Schlankmanguste 586
Schlanknatter 396
Schlauchpflanze
  Gewöhnliche Gelbe 194
  Papageien- 194
Schlauchpflanzengewächse **190**
Schlauchpilze 33, **236–241**, 242
Schlehe 296
Schlehenfedergeistchen 293
Schleichen 380, **388**
Schleichenlurche 34, **365**
Schleichkatzen 587
Schleiereule 463
  Hispaniola- 463
Schleierling, Dunkelvioletter 218
Schleimaale 34, 318, 319, **322**
Schleimbeere, Himalaya- 150
Schleimfische **348**
Schleimfuß, Heide- 218
Schleimkopf, Gelbgestiefelter 218
Schleimkopfartige **338**
Schleimpilze 94, **96**
Schleimrübling, Wurzel- 223
Schleuderzungensalamander, Italienischer 369
Schliefer 35, 464, 512, 513, **515**
Schlinger, Schwarzer 346
Schlingerhaie **324**
Schlingnatter 396
Schlitznase, Malaiische 554
Schlitznasen **554**
Schlitzrüssler 559
  Hispaniola- 559
  Kuba- 559
Schlossband 302
Schluchtenguan 409
Schlumbergera truncata 159
Schlupfwespe 298
Schlüsselblume 195
  Echte 195
Schmätzer 492
Schmeißfliege, Blaue 289
Schmerlen **332**
Schmerzwurz, Gewöhnliche 140
Schmetterlinge 274, **292–297**
Schmetterlingsblütler **173–175**
Schmetterlingshaft
  Östlicher 283
  Schwalbenschwanz- 283
Schmetterlingsmücke 289
Schmetterlingsorchidee 137
Schmetterlingsrochen 327
Schmetterlingsstrauch 200
Schmetterlingstramete 231
Schmitzia hiscockiana 103
Schmuckbaumnatter, Gebänderte 395

Schmucklilie, Afrikanische 132
Schmucknatter, Indische 396
Schmuckschildkröte 375
  Florida-Rotbauch- 375
  Gelbwangen- 375
  Langhals- 375
  Nördliche Rotbauch- 375
  Rotwangen- 375
Schmuckvögel 483
Schmuckzikade, Binsen- 280
Schmutzbecherling 239
Schmutzgeier 433
Schnabeligel 502
Schnabelkerfe **280–281**
Schnabeltier 502
Schnabelwal
  Baird- 615
  Blainville- 614
  Cuvier- 615
  Gervais- 614
  Gray- 614
  Hubbs- 614
  Japanischer 614
  Layard- 614
  Shepherd- 615
Schnabelwale **614–615**
Schnapper, Blaustreifen- 345
Schnäpperwürger 487
Schnappschildkröte 373
Schnecken 34, 249, **304–308**
Schneckenweih 436
Schnee-Eule 465
Schneeball, Gewöhnlicher 206
Schneebeere, Gewöhnliche 207
Schneebussard 436
Schneeflechte 244
Schneeflockenobsidian 65
Schneegänse 412
Schneegimpel, Graukopf- 496
Schneeglöckchen, Kleines 132
Schneehase 522
Schneeleopard 577
Schneeschaf 607
Schneeschuhhase **522**, 577
Schneeziege 605
Schnegel, Schwarzer 308
Schnepfenfliege, Goldgelbe 290
Schnepfenmesserfisch 339
Schnirkelschnecke, Hain- 308
Schnurfüßer, Schwarzer 261
Schnurrvögel 483
Schnurwurm, Ringel- 300
Schnurwürmer 34, 248, **300**
Scholle 340
Schöllkraut 153
Schönflechte, Zitronen- 244
Schönfrucht, Bodinieres 201
Schönfußröhrling 226
Schönkopf, Fleischroter 221
Schönpolster, Kriechendes 144
Schönsittich 458
Schopfalk 451
Schopfente 415
Schopfgibbon
  Borneo- 549
  Gelbwangen- 548
  Nördlicher Weißwangen- 548
Schopfhirsch 597
Schopfmakak 542
Schopfmangabe 544
Schopfpinguine 19, **416**
Schopftaube, Australische 455
Schopftintling 212
Schopftyrann, Gelbbauch- 484
Schopfwachtel 409
Schornsteinsegler 469
Schotentang 102
Schraubenbaum 142
Schraubenschnecken 306
Schraubenziege 606
Schreivögel 482
Schriftflechte 245
Schriftgranit 67
Schuhschnabel 428
Schulp 309
Schuppen 320
Schuppenkehl-Eremit 469
Schuppenkriechtiere 370
Schuppentier
  Malaiisches 561
  Vorderindisches 561
Schuppentiere 35, **561**
Schuppenwurz, Niedrige 200
Schüppling
  Goldfell- 225
  Sparriger 225
Schüsselflechte 244
  Lippen- 244
Schusterpalme, Gewöhnliche 134
Schützenfisch 344
Schwalben **489**
Schwalbenmöwe 449
Schwalbenschwanz 296
Schwalbenschwanz-Schmetterlingshaft 283
Schwalbenstar, Masken- 486
Schwalbenstare **486**
Schwalbentyrann 484
Schwalbenweih 432
Schwalme **467–468**
Schwamm
  Blauer 250
  Gelber 250
Schwämme 23, 34, 248, **250–251**
Schwäne 412
Schwanenblume 131
Schwanengans 412
Schwantesia ruedebuschii 156
Schwanzanhänge 274, 275, 276
Schwanzlurche 34, 350, **366–369**
Schwanzmeise 488
Schwanzmeisen **488**
Schwanzstachel 327
Schwärmer 294
Schwarzbär 567
Schwarzbauchkröte 355
Schwarzbauchkuckuck 462
Schwarzbüschelaffe 540
Schwarzdelfin 616
Schwarze Witwe 265
Schwarzer Flughund 551
Schwarzer Leguan 384
Schwarzer Panther 576
Schwarzfußiltis 573
Schwarzfußkatze 581
Schwarzhalsschwan 413
Schwarzhalstaucher 423
Schwarzhandgibbon 548
Schwarzkäfer 287
Schwarzkehlchen, Afrikanisches 492
Schwarzköpfchen 458
Schwarzkopfmeise 488
Schwarzkopfpython 398
Schwarzkopfvireo 487
Schwarzkümmel, Acker- 154
Schwarzmilan 436
Schwarzohrnymphe 470
Schwarzohrpapagei 459
Schwarzrohrbambus 146
Schwarzspecht 480
Schwarzstärling, Gelbkopf- 496
Schwarzstirnducker 601
Schwarzstirntrappist 481
Schwebfliege 290
  Große 290
Schwefel 40
Schwefelkopf
  Graublättriger 224
  Grünblättriger 224
  Ziegelroter 224
Schwefelporling 230
Schwefelritterling 215
Schweifhuhn 410
Schweine **594–595**
Schweinebandwurm 256
Schweinsaffe, Südlicher 543
Schweinsdachs 574
Schweinshaie **324**
Schweinshirsch 597
Schweinsnasen-Fledermaus 554
Schweinswal
  Burmeister- 615
  Gewöhnlicher 615
  Kalifornischer 615
Schweinswale **614–615**
Schwertlilie, Deutsche 135
Schwertschnabelkolibri 471
Schwertträger 338
Schwertwal
  Großer 617
  Kleiner 617
Schwiegermutterzunge 134
Schwimmbeutler 504
Schwimmblase 330
Schwimmblätter 127
Schwimmenten **414**
Schwimmfarn 113
Schwimmglocke 253
Schwimmhäute 357, 428, 502
Schwimmkrabben **273**
Schwimmnatter, Siegelring- 395
Schwindling
  Halsband- 221
  Rosshaar- 221
Schwingfliegen **290**
Schwinghangeln 548
Schwirrammer 499
Schwungfedern 404
Sciadopitys verticillata 121
Sciaena umbra 345
Sciaenidae **345**
Scilla peruviana 134
Scinax boulengeri 360
Scincella lateralis 387
Scincidae **386–387**
Scincus scincus 387
Sciomyzidae **291**
Sciuridae **523**
Sciurognathi **523**
Sciuromorpha **523**
Sciurus
  carolinensis 523
  vulgaris 523
Scleroderma
  bovista 227
  citrinum 227
Sclerodermataceae **227**
Sclerotiniaceae **239**
Scolia procer 298
Scoliidae **298**
Scolopacidae **446–447**
Scolopax minor 447
Scolopendra hardwickei 261
Scolopendridae **261**
Scomber scombrus 348
Scombridae **348**
Scophthalmidae **340**
Scopidae **428**
Scopus umbretta 428
Scorpaena porcus 341
Scorpaenidae **341**
Scorpaeniformes **341**
Scorpionidae **262**
Scotopelia peli 466
Scott, Robert Falcon 416
Scrophulariaceae **197, 200**
Scutelleridae **281**
Scutellinia scutellata 240
Scutigera coleoptrata 261
Scutigeridae **261**
Scyliorhinidae **326**
Scyliorhinus canicula 326
Scyllaridae **271**
Scyphozoa **252**
Scytodes thoracica 264
Scytodidae **264**
Sechsaugenspinne, Zwerg- 264
Sechsbinden-Gürteltier 517, **518–519**
Sechskiemerhai, Stumpfnasen- 323
Securigera varia 175
Sedimentgesteine 62, **70–74**
Sedum 296
  telephium 166
See-Elefant
  Nördlicher 571
  Südlicher 562, **571**
See-Mannstreu 203
Seeadler
  Weißbauch- 432
  Weißkopf- 432
Seeanemonen 252, **254–255**, 271, 347
Seeapfel 315
Seebär
  Antarktischer 567
  Galapagos- 567
  Guadalupe- 567
  Neuseeländischer 567
  Nördlicher 566
  Südafrikanischer 567
  Südamerikanischer 567
Seedrache 339
Seefeder, Orange 254
Seefedern **254**
Seefledermaus, Rotlippen- 336
Seefrosch 363
Seegras, Gewöhnliches 132
Seegurke 337
  Kalifornische 315
Seegurken 259, 314, **315**
Seehase 341
  Gepunkteter 307
Seehasen **307**
Seeheide, Glatte 163
Seehund, Gewöhnlicher 571
Seeigel 314, 315
  Essbarer 315
  -Larve 248
  Purpur- 315
Seekanne, Gewöhnliche 206
Seekatze 323
Seekatzen **323**
Seekröte 336
Seekühe 35, 512, 513, **515**
Seeleopard 416, 570
Seelilien 81, **314**
Seelilienkalk 72
Seelöwe
  Australischer 566
  Kalifornischer 566
  Neuseeländischer 566
  Stellerscher 566
Seemaus 259
Seenadel, Gebänderte 339
Seenadelartige **339**
Seenelke 255
Seeohr, Rotes 304
Seeotter 575
Seepapagei 347
Seepferdchen 339
  Ästuar- 339
Seepocke, Gewöhnliche 269
Seeratte, Gefleckte 323
Seerinde 300
Seerose
  Dickhörnige 255
  Weiße 125–126
Seesaibling 334
Seescheiden **307**
Seeschlangen 335, **396**
Seeschmetterling 348
Seeschwalbe
  Eil- 450
  Feen- 450
  Inka- 450
Seeschwalbe (Fortsetzung)
  Küsten- 450
  Noddi- 451
  Orient- 450
  Raub- 450
  Rosen- 450
  Rüppell- 450
  Ruß- 450
  Schwarznacken- 450
  Trauer- 450
  Weißwangen- 450
  Zügel- 450
Seeschwalbe, Zwerg- 450
Seeskorpion, Langstachliger 341
Seestern 81
  Blauer 317
  Dornenkronen- 317
  Gänsefuß- 317
  Gewöhnlicher 316
  Kurzarmiger 317
  Purpurroter 317
  Siebenarmiger 316
  Sonnenblumen- 316
Seesterne **316–317**
Seetaucher 34, 416, **420**, 423
Seeteufel 336
Seetraube 105
Seewalze
  Ananas- 315
  Augenfleck- 315
  Gelbe 315
  Rote Essbare 315
Seewespe 252
Seewolf, Gestreifter 346
Seezunge 340
Segelfalter 296
Segelfisch, Atlantischer 348
Segge, Hänge- 145
Segler 467, **469**
Sehen, dreidimensionales 534
Seide, Thymian- 201
Seidelbast, Gewöhnlicher 186
Seidenakazie 173
Seidenbiene 299
Seidenkuckuck, Riesen- 462
Seidenkuckucke **460**
Seidenpflanze, Knollige 196
Seidenreiher 426
Seidenschnäpper 488
  Trauer- 488
Seidenschwanz 488
Seidenschwänze **488**
Seidenspat 50
Seidenspinnen **265**
Seidenspinner 293
Seifenbaumgewächse 187
Seifenkraut, Echtes 163
Seifenritterling 215
Seitling, Rillstieliger 223
Seiurus noveboracensis 497
Seiwal 613
Sekretär 431
Selasphorus rufus 471
Selenidera maculirostris 477
Selliera radicans 206
Semibalanus balanoides 269
Semmelstoppelpilz 228
Semnopithecus
  entellus 545
  priam 545
Semnornis ramphastinus 479
Sempervivum tectorum 166
Senecio jacobaea 204
Sepalen 122
Sepia
  apama 309
  latimanus 309
  officinalis 309
Sepia
  Breitkeulen- 309
  Flammende 309
Sepien **309**
Sepiidae **309**
Sepiolidae **309**
Sepiolit 58
Sepioteuthis lessoniana 309
Sepsidae **290**
Sepsis spec. 290
Septarie 71
Sequoia
  dakotensis 77
  sempervirens 121
Sequoiadendron giganteum 121
Serapias lingua 137
Serau, Südlicher 605
Sericornis frontalis 486
Sericornis, Weißbrauen- 486
Seriema, Rotfuß- 439
Serinus mozambicus 496
Serpentinit 69
Serpula vermicularis 259
Serpulidae **258–259**
Serranidae **345**
Serval 581
Sesia apiformis 294
Sesiidae **294**
Setifer setosus 514
Setonix brachyurus 509
Setophaga ruticilla 497
Seychellennuss 143
Sharpe-Greisbock 605
Shigella dysenteriae 93
Shinisaurus crocodilurus 388
Shire-Horse 593
Sialia sialis 493
Sialidae **283**
Sialis lutaria 283
Siam-Krokodil 400
Siamang 548
Siamesischer Kampffisch 348
Siamkatze 580
Siboglinidae **259**
Sichelpfeifgans 413
Sicheltanne, Japanische 121
Sichler, Brauner 427
Sicht, stereoskopische 546
Sicus ferrugineus 289
Siderit 48
Siebenpunkt-Marienkäfer 287
Siebenschläfer 525
Siedleragame 381
Siegwurz, Saat- 135
Sifaka
  Coquerels 537
  Edwards- 537
  Larven- 537
Sifakas **537**
Sigillaria aeveolaris 76
Sigmodon hispidus 526
Sikahirsch 597
Silber 41
Silberäffchen 540
Silberblatt, Einjähriges 185
Silberdachs 574
Silbereiche
  Australische 151
  Rotblühende 151
Silberfischchen 274
Silberflossenblatt 345
Silbergibbon 548
Silberkopfmöwe 449
Silberkraut, Strand- 185
Silberlöwe 28
Silbermöwe 448
Silberpfeil 335
Silberreiher 426
Silberrücken 549
Silberwurz, Weiße 183
Silene
  acaulis 162
  suecica 162
  vulgaris 162
Silicium 250
Siliciumdioxid 94, 98, 250
Silikate 38, **54–61**
Sillimanit 55
Silphidae **285**
Siltstein 73
Silur 62, 76, 82
Siluridae **333**
Siluriformes **333**
Silurus glanis 333
Silverstoneia flotator 358
Silybum marianum 205
Simaroubaceae **189**
Simmondsia chinensis 165
Simmondsiaceae **165**
Simoselaps bertholdi 397
Simuliidae **289**
Simulium ornatum 289
Singammer 499
Singdrossel 493
Singhabicht, Graubürzel- 436
Singschwan 413
Singvögel 35, **482–499**
Sinnpflanze 173
Siphlonuridae **274**
Siphlonurus lacustris 274
Sipho 303, 305
Siphonaptera **288**
Siren lacertina 366
Sirenia **515**
Sirenidae **366**
Siricidae **297**
Sisyrinchium striatum 135
Sitatunga 599
Sitta
  canadensis 491
  europaea 491
Sittidae **491**
Sivas 491
Skalar 347
Skapolith 60
Skarn 68
Skimmia japonica 188
Skimmie, Japanische 188
Skinke **386–387**
Sklerotienporling 231
Skolezit 61
Skorpione **262**
Skorpionsfliege, Gewöhnliche 288
Skorpionsfliegen **288**
Skua, Südpolar- 451
Skunk, Patagonischer 572
Smaragd 56
Smaragdkolibri, Blaukinn- 470

Smaragdkolibris **471**
Smaragdskink 386
Smaragdspint 475
Smilacaceae **142**
Smilax aspera 142
Smilisca phaeota 361
Smilodon spec. 83
Sminthopsis crassicaudata 505
Smithsonit 47
Smyrnium olusatrum 235
Sodalith 61
Sode, Strand- 157
Solanaceae **201–203**
Solanales **201–203**
Solanum tuberosum 203
Solaster endeca 316
Solasteridae **316**
Solea solea 340
Soleidae **340**
Solenodon
  cubanus 559
  paradoxus 559
Solenodontidae **559**
Solenostomidae **339**
Solenostomus cyanopterus 339
Soliclymenia paradoxa 80
Solidago canadensis 205
Somateria spectabilis 415
Sommerjasmin 190
Sömmerrings Gazelle 605
Sommersteinpilz 226
Sommertrüffel 241
Somniosidae **324**
Somniosus microcephalus 324
Sonderling, Indischer 169
Sonne 12
Sonnenblume, Gewöhnliche 204
Sonneneruptionen 12
Sonnennymphe, Weißband- 471
Sonnenradschnecke 305
Sonnenralle 438, 439
Sonnenröschen, Gewöhnliches 186
Sonnenstern, Violetter 316
Sonnentau, Rundblättriger 163
Sonnenvogel, Silberohr- 491
Sorbus
  americana 183
  torminalis 183
Soredien 242
Sorex
  alpinus 560
  araneus 560
  minutus 560
Sori 115
Soricidae **560**
Soricomorpha **559–560**
Sotalia fluviatilis 616
Spadix 130
Spalacidae **528**
Spalaerosophis diadema cliffordi 396
Spalax microphthalmus 528
Spaltbeine 269
Spaltblättling 224
Spaltenschildkröte 379
Spaltfußgans 412, **413**
Spalthufer 594
Spaltöffnungen 126, 139
Spaltzahnmoos, Erd- 111
Spanische Tänzerin 307
Spanner 293
Sparassidaceae **231**
Sparassidae **265**
Sparassis crispa 231
Sparganiaceae **148**
Sparganium erectum 148
Spargel, Gemüse- 133
Sparidae **344**
Sparisoma cretense 347
Spateling, Dottergelber 241
Spatelracke 473
Spateltyrann, Gelbbauch- 484
Spatha 130, 131
Spathularia flavida 241
Spea bombifrons 365
Spechte 35, **477–481**
Spechttintling 223
Speckkäfer 284
Speculanas specularis 415
Speerspanner, Großer 293
Speikobra, Rote 397
Speisemorchel 240
Speitäubling
  Buchen- 233
  Kirschroter 233
Speleomantes italicus 369
Speothos venaticus 565
Sperber 430, 437
  Schikra- 437
Sperberbussard 437
Sperbereule 465
Sperbergeier 433, **434–435**
Sperlinge **494**
Sperlingskauz
  Brasil- 465
  Gnomen- 465
  Kuba- 465
  Zwerg- 465
Sperlingspapagei, Blaugenick- 459
Sperlingsvögel **482–499**
Spermaceti-Organ 614
Spermaspeicherung 550
Spermatophore 366
Spermatozoide 108
Spermophilus
  columbianus 524
  lateralis 524
Spezifisches Gewicht 38
Sphaerophoraceae **244**
Sphaerophorus globosus 244
Sphaerotheriidae **260**
Sphagnaceae **111**
Sphagnum palustre 111
Sphalerit 41
Sphecidae **298**
Sphecotheres vieilloti 487
Spheniscidae **416–419**
Sphenisciformes **416–419**
Spheniscus
  demersus 417
  humboldti 417
  magellanicus 417
  mendiculus 417
Sphenocleaceae **201**
Sphenodon punctatus 379
Sphenodontidae **379**
Sphenoeacus afer 490
Sphenophyllum emarginatum 76
Sphingidae **294**
Sphynx-Katze 580
Sphyraena barracuda 348
Sphyraenidae **348**
Sphyrapicus varius 480
Sphyrna zygaena 326
Sphyrnidae **326**
Spicula 250, 251
Spiegelente, Kupfer- 415
Spießbock 602
Spilit 65
Spilocuscus maculatus 507
Spilogale putorius 572
Spilornis cheela 437
Spilotes pullatus 396
Spindelbaumgewächse 171
Spindelbombe 64
Spinndrüsen 266
Spinnen 262, **264–267**
Spinnenaffe, Südlicher 538
Spinnenameise, Große 298
Spinnenjäger, Graubrust- 495
Spinnenläufer 261
Spinnentiere 34, 248, 260, **262–267**
Spinnmilbe, Gewöhnliche 263
Spinomantis elegans 361
Spinte 475
Spiranthes spiralis 137
Spirastrella cunctatrix 251
Spirastrellidae **251**
Spiriferina walcotti 80
Spirobolidae **261**
Spirobranchus giganteus 258
Spirorbis borealis 259
Spirostreptidae **261**
Spirula spirula 309
Spirulidae **309**
Spitz-Wegerich 200
Spitzenkoralle 78
Spitzhaubenelfe 471
Spitzhörnchen 35, 533
Spitzkopfkugelfisch, Sattel- 341
Spitzkopfnatter 396
Spitzkopfschildkröte, Ostaustralische 372
Spitzmaulnashorn 588
Spitzmaus, Südafrikanische 560
Spitzmäuse 512, 558, 559, **560**
Spitzmorchel 240
Spitzschlammschnecke 308
Spix-Guan 409
Spizaetus cirrhatus 432
Spizella passerina 499
Splintholzkäfer 285
Spodumen 57
Spondylidae **302**
Spondylus linguafelis 302
Spongastericus quadricornis 98
Spongia officinalis adriatica 250
Spongiidae **250**
Spongin 250
Sporen 108, 110, 112, 210, 236, 242
Sporenständer 210
Sporentierchen 33, **100**
Spornammer 499
Spornblume, Rote 206
Sporne 408
Spornfußfrosch, Indischer 363
Spornkiebitz 445
Spornkuckuck 462
  Fasan- 462
Spornkuckucke **460**
Sporolithon ptychoides 104
Sporophila corvina 499
Sporophyt 108, 110, 112
Spottdrossel 492
  Krummschnabel- 492
Spottdrosseln **492**
Spriggina floundersi 78
Springaffe
  Halsband- 539
  Rotbauch- 539
  Schwarzstirn- 539
Springbock 604
Springfrosch, Maskarenen- 364
Springfrösche **364**
Springhase, Südafrikanischer 528
Springhasen **528**
Springkrabbe, Schwamm- 272
Springkraut, Drüsiges 191
Springkrebs, Blaustreifen- 272
Springmäuse **525**
Springspinnen **265**
Springtamarin 540
Spritzgurke 172
Spritzloch 328
Spulwürmer 257
Spumellaria 98
Squalidae **324**
Squaliformes **324**
Squalus acanthias 324
Squamata 370, **380–399**
Squatina dumeril 325
Squatinidae **325**
Squatiniformes **325**
Stabheuschrecken 260, **276**
Stabwanze 282
Stachelaal, Rotstreifen- 340
Stachelbart, Ästiger 233
Stachelhäuter 34, 248, 249, **314–317**
Stacheling
  Ohrlöffel- 233
  Schmutziger 234
Stachelleguan, Malachit- 385
Stachelmakrelen **256**
Stachelmaus
  Ägyptische 526
  Sinai- 526
Stacheln 531
Stachelnasenbeutler, Flach- 505
Stachelpolyp 253
Stachelratte 532
Stachelratten **532**
Stachelschnecken **306**
Stachelschwein
  Gewöhnliches 528, **530–531**
  Südafrikanisches 528
Stachelschweine **528**
Stachelschweinkiefer **523**
Stachelschweinverwandte **523**
Stachelseerose 125
Stachelwanze, Wipfel- 281
Staffelschwanz
  Türkis- 484
  Weißbauch- 484
Staffelschwänze **484**
Stamm 28
Stammbaum 32
Ständelwurz, Braunrote 137
Ständerpilze 33
Stannin 42
Stapelia gettleffii 197
Staphylinidae **285**
Staphylinus olens 285
Staphylococcus
  epidermidis 93
  spec. 90
Staphylothermus marinus 92
Star 493
Stare **492**
Stärlinge **496**
Staubblätter 122, 126, 127
Staubläuse **283**
Stäublinge 210, **212–213**
Stauntonia hexaphylla 152
Steatornis caripensis 467
Steatornithidae **467**
Stechapfel, Weißer 202
Stechginster, Kleinblütiger 174
Stechpalme, Gewöhnliche 203
Stechpalmengewächse **203**
Stechrochen 328
  Gewöhnlicher 327
  Pfauenaugen- 327
Stechwinde, Raue 142
Steckmuscheln **302**
Stegoceras validum 85
Stegosaurus spec. 85
Steinadler 432
Steinbock
  Äthiopischer 606
  Syrischer 606
Steinböckchen 605
Steinbrech, Fetthennen- 167
Steinbrecher 166
Steinbutt 340
Steinfisch 341
Steinfliegen **276**
Steinhuhn 410
  Schwarzkopf- 410
Steinkauz 466
Steinkohle 71
Steinkorallen **254**
Steinläufer, Gewöhnlicher 261
Steinmarder 574
Steinpilz 226
Steinsalz 38, 46, 70
Steinsame, Blauroter 195
Steinschmätzer 492
Steintuff 64
Steinwälzer 447
Steißhühner 34, **406**, 408
Stellaria
  media 163
  solaris 305
Stellula calliope 471
Stelzen 495
Stemonitis spec. 96
Stemonuraceae **203**
Stenella
  coeruleoalba 617
  frontalis 617
Steno bredanensis 617
Stenocactus multicostatus 159
Stenopelmatidae **277**
Stenorhynchus debilis 273
Stentor muelleri 100
Stephanit 43
Stephanodiscus spec. 101
Stephanotis floribunda 197
Stephanoxis lalandi 471
Steppenelefant 516
Steppenflughuhn 452
Steppenfuchs 562
Steppenläufer 446
Steppenlemming 525
Steppenpavian 544
Steppenschuppentier 561
Steppenwaran 388
Stercorariidae **451**
Stercorarius
  longicaudus 451
  maccormicki 451
  parasiticus 451
  pomarinus 451
Stereaceae **233**
Stereum
  hirsutum 233
  rugosum 233
Stern von Bethlehem 134
Sterna
  albifrons 450
  anaethetus 450
  bengalensis 450
  bergii 450
  caspia 450
  dougallii 450
  fuscata 450
  paradisaea 450
  repressa 450
  saundersi 450
  sumatrana 450
Sterndolde, Große 202
Sternelfe 471
Sternfrucht 180
Sternmiere, Vogel- 163
Sternmoos, Schwanenhals- 111
Sternmull 559
Sternoptychidae **335**
Sternotherus odoratus 374
Sternpflanze 161
Sternrußtau 239
Sternschildkröte 378
Sterntaucher 420
Stewartia malacodendron 194
Sthenopis argenteomaculatus 293
Stibiconit 45
Stichelracke 473
Sticherus cunninghamii 113
Stichling, Dreistachliger 339
Stichlinge 330, **339**
Stichlingsartige **339**
Stichodactylida **255**
Stichopodidae **315**
Stichopus californicus 315
Stickstoff 13
Stictodiscus spec. 102
Stiefmütterchen, Gewöhnliches Wildes 179
Stieglitz 496
Stiel 210
Stielbovist, Winter- 213
Stielporling, Schwarzroter 231
Stierkäfer 284
Stierkopfhai, Port-Jackson- 324
Stierkopfhaie **324**
Stigmaria ficoides 76
Stigmen 260
Stilbit 61
Stilbum splendidum 298
Stiltia isabella 448
Stinkdachs, Palawan- 572
Stinkmorchel 210, **235**
Stinkschirmling 212
Stinktäubling 233
Stinktiere **572**
Stinkwanze, Grüne 282
Stintartige **335**
Stipa gigantea 148
Stirnlappenbasilisk 385
Stirnvogel, Krähen- 496
Stockente 414
Stockrose, Blasse 187
Stockschwämmchen 225
Stolone 253
Stomata 17
Stomiidae **335**
Stomiiformes **335**
Stör, Europäischer 330
Störche 34, **425–427**
Storchschnabel, Wiesen- 168
Storchschnabelgewächse **168**
Storchschnabelliest 475
Störe **330**
Stoßtaucher 428, 473
Stoßzähne 516
Strabomantidae **365**
Strahlenblüten 204
Strahlenflosser 34, 318, 320, **330–348**, 349
Strahlenqualle 253
Strahlenschildkröte 378
Strahlentierchen 33, **98**
Strandgräber, Namaqua- 528
Strandhafer, Gewöhnlicher 147
Strandläufer, Löffel- 447
Strandschnecke, Gewöhnliche 305
Strandschnecken **305–306**
Straßentaube 453
Strauchflechten 242
Strauchmohn, Kalifornischer 153
Strauchveronika 201
Strauß 407
  Somali- 407
Strauße **406**
Straußfarn, Europäischer 115
Straußgras, Gewöhnliches Weißes 147
Straußwachtel 410
Streifenbarbe 344
Streifenbeutler 507
  Großer 507
Streifendelfin 617
Streifenfarn, Brauner 115
Streifengans 412
Streifengnu, Blaues 603
Streifengrasmaus 527
Streifenhörnchen 523
  Hopi- 524
Streifenhyäne 582, **584–585**
Streifenkauz 464
Streifenkiwi 406
  Südlicher 406
Streifenohreule 465
Streifenpipra 483
Streifenschakal 564
Streifenskunk 572
Streifentanrek 514
Strelitzia reginae 149
Strelitziaceae **149**
Strepera 486
Strepsirhini 534
Streptocarpus saxorum 199
Streptocitta albicollis 492
Streptococcus pneumoniae 93
Streptopelia
  senegalensis 453
  turtur 453
Strigidae **463–466**
Strigiformes **463–466**
Strigops habroptila 456
Strix
  aluco 464
  leptogrammica 464
  nebulosa 464
  occidentalis 464
  uralensis 464
  varia 464
Strobilation 252
Stromabecherling, Harter 239
Stromatolithen 23
Stromatopora concentrica 78
Stromatoporoid 78
Strombidae **305**
Strombus gigas 305
Strongylocentrotidae **315**
Strongylocentrotus purpuratus 315
Strontianit 47
Stropharia
  cyanea 225
  semiglobata 225
Strophariaceae **224–225**
Strubbelkopfröhrling 226
Strudelwurm
  Gestreifter 257
  Korallen- 256
  Sternenhimmel- 257
  Trauer- 257
Strumpfbandnatter 394
Struthidea cinerea 489
Struthio
  camelus 407
  camelus molydophanes 407
Struthionidae **407**
Struthioniformes **406**
Strychnos nux-vomica 197
Stubenfliege 289
  Kleine 289
Stummelaffe, Angola- 545
Stummelaffen **542**
Stummelfuß
  Guyana- 355
  Panama- 355
  Pracht- 355

Stummelfüßchen, Gewöhnliches 219
Stummelfüßer 35, 248, **258**
Stummelfußfrösche 354
Stummelschwanzchamäleon, Tansania- 380
Stummelschwanzsepia, Berrys 309
Stumpffia grandis 362
Stumpfkrokodil 400
Stundenglasdelfin 616
Sturmmöwe 449
Sturmschwalben 421
Sturmtaucher 422
  Audubon- 422
  Gelbschnabel- 422
  Graunacken- 422
  Rosafuß- 422
Sturmvögel 421, **422**
Sturmvogel
  Jouanin- 422
  Kap- 422
  Riesen- 422
  Schnee- 422
  Teufels- 422
  Weißflügel- 422
Sturnella magna 496
Sturnidae **492**
Sturnus vulgaris 493
Sturzbachente 414
Stutzschnabel 486
Stylasteridae **253**
Styli 274
Stylochidae **256**
Styloichthys 349
Stylommatophora **308**
Styracaceae **194**
Styracosaurus albertensis 85
Suaeda maritima 157
Subduktion 14
Subduktionszone 14
Suboscines 482
Succisa pratensis 207
Südfrösche **353**
Südkaper 612
Südpudu 598
Südseegrasmücken **486**
Südseeschnäpper 488
Sugilith 56
Suidae **595**
Suillaceae **227**
Suillus
  bovinus 227
  granulatus 227
  grevillei 227
  luteus 227
  variegatus 227
Sula
  dactylatra 428
  leucogaster 428
  nebouxii 428
Sulfate 50–51
Sulfide 42–43
Sulfolobus acidocaldarius 92
Sulfosalze 43
Sulidae **428**
Sumatra-Nashorn 588
Sumatrabarbe 332
Sumpfdeckelschnecken **306**
Sumpffrosch
  Amerikanischer 363
  Braungestreifter 359
Sumpffrösche, Australische 359
Sumpfhirsch 598
Sumpfohreule 466
Sumpfschildkröte
  Amerikanische 375
  Europäische 375
  Sizilianische 375
Sumpfschildkröten
  Altwelt- **378**
  Neuwelt- **375**
Sumpfschwalbe 489
Sumpfwallaby 509
Sumpfzypresse, Zweizeilige 121
Suncus
  etruscus 560
  murinus 560
Superkontinent 17
Suppenschildkröte 370, 372, **374**
Surenbaum, Chinesischer 188
Suricata suricatta 586
Surnia ulula 465
Sus
  barbatus 595
  cebifrons 595
  salvanius 595
  scrofa 595
Süßholz, Spanisches 175
Süßlippe, Harlekin- 344
Süßwasserkalk 72
Süßwasserkrabbe 273
Süßwassermuschel 80
Süßwasserpolypen 253
Süßwasserqualle 253
Süßwasserschnecken **256**
Suta fasciata 397
Swiftfuchs 563
Sycettidae **250**
Sycon ciliatum 250
Syconycteris australis 550
Syenit 66
Sylvia
  atricapilla 490
  cantillans 490
Sylvicapra grimmia 601
Sylviidae **490**
Sylvilagus
  palustris 522
  spec. 522
Sylvin 46
Syma torotoro 474
Symphalangus syndactylus 548
Symphoricarpos albus 207
Symphytum officinale 195
Symplesiomorphie 30
Synanceia verrucosa 341
Synanceiidae **341**
Synapomorphie 30
Synapta maculata 315
Synaptidae **315**
Synbranchidae **340**
Synbranchiformes **340**
Synbranchus marmoratus 340
Syncerus caffer 600
Synchiropus splendidus 348
Syngnathidae **339**
Syngnathiformes **339**
Synodontidae **334**
Synodus variegatus 334
Syphilis 206
Syringa vulgaris 199
Syrphidae **290**
Syrphus ribesii 290
Syrrhaptes paradoxus 452
Systematik 28
Syzygium aromaticum 170

T

Tabak, Virginischer 203
Tabanidae **290**
Tabanus bromius 290
Tachopteryx thoreyi 275
Tachybaptus ruficollis 423
Tachycineta bicolor 489
Tachyglossidae **502**
Tachyglossus aculeatus 502
Tachymarptis melba 469
Tachypleus tridentatus 268
Tachypodoiulus niger 261
Tadarida
  brasiliensis 556
  teniotis 556
Tadorna tadorna 415
Taeniopygia guttata 494
Taeniura lymma 327, **328–329**
Tafelente, Riesen- 415
Tafelkoralle 79
Tagfalter 292
Taggecko, Madagaskar- 384
Taglilie, Braunrote 140
Tagschläfer 467
Tahr, Himalaya- 606
Taiwania cryptomerioides 121
Takin 606
Talgdrüsen 500
Talinum okanoganense 164
Talitridae **270**
Talk 59
Talpa europaea 559
Talpidae 513, **559**
Tamandua 520
  Südlicher 521
Tamandua tetradactyla 521
Tamaricaceae **165**
Tamarin
  Braunrücken- 541
  Kaiserschnurrbart- 540
  Rotbauch- 540
  Rothand- 541
  Zweifarben- 540
Tamarinde 173
Tamarindus indica 173
Tamariske, Französische 165
Tamarix gallica 165
Tamias
  rufus 524
  striatus 524
Tamiasciurus hudsonicus 523
Tamus communis 140
Tana 533
Tang 102
Tangara cyanicollis 499
Tangaren **498–499**
Tanne
  Küsten- 119
  Prächtige 119
  Weiß 119
Tannenhuhn 410
Tannennadelrost 235
Tannenwedel 200
Tannenzapfenfisch 338
Tanrek, Großer 514
Tanreks 35, **512–514**
Tanysiptera sylvia 475
Tanzfliege 291
Tapaculos 484
Taphozous hildegardeae 555
Taphrina
  betulina 241
  deformans 241
Taphrinaceae **241**
Taphrinales **241**
Tapinella atrotomentosa 227
Tapinellaceae **227**
Tapire 588, **589**
Tapiridae **589**
Tapirus
  bairdii 589
  indicus 589
  pinchaque 589
  terrestris 589
Taraxacum officinale 204
Tardigrada **259**
Tarentola mauritanica 384
Taricha torosa 366
Tarnung 260
Taro 131
Tarpun, Atlantischer 330
Tarpune **330**
Tarsiidae **535**
Tarsipedidae **508**
Tarsipes rostratus 508
Tarsius
  bancanus 535
  syrichta 535
Tarzetta cupularis 240
Taschenfarn, Australischer 113
Taschenkrebs 273
Taschenmaus, Wüsten- 525
Taschenmäuse **525**
Taschenratte, Gebirgs- 524
Taschenratten **524**
Taschentuchbaum 190
Tasmacetus shepherdi 615
Tauben **453–455**
Taubenteiste 451
Taubenvögel 35, **453–455**
Täubling 233
  Blutroter 233
  Zinnober- 233
  Zitronenblättriger 233
Tauchenten 412
Taufliege, Schwarzbäuchige 290
Taumelkäfer 284
Tauraco
  corythaix 461
  erythrolophus 461
  hartlaubi 461
  persa 461
  ruspolii 461
Taurotragus oryx 599
Taurulus bubalis 341
Tausendblatt, Tannenwedel- 166
Tausenddollarfisch 331
Tausendfüßer 34, 248, **260–261**
Tausendgüldenkraut, Echtes 197
Tauwurm 258
Taxidea taxus 574
Taxodium dubium 77
Taxus baccata 121
Tayassu pecari 594
Tayassuidae **594**
Tectus niloticus 304
Teerfleckenkrankheit an Ahorn 241
Teestrauch 194
Tegenaria duellica 265
Teichfrosch 363
Teichhuhn 440
Teichläufer, Gewöhnlicher 281
Teichlebermoos, Flutendes 109
Teichmolch 367
Teichmuschel 303
Teiidae **386**
Teju, Roter 386
Tellerschnecken **308**
Tellina
  madagascariensis 303
  radiata 303
  virgata 303
Tellinidae **303**
Telopea speciosissima 151
Teloschistaceae **244**
Teloschistes chrysophthalmus 244
Temminck-Kolibri 471
Tenebrionidae **287**
Tennantit 43
Tenrec ecaudatus 514
Tentakel 252, 253
Tenthredinidae **297**
Tenthredo arcuata 297
Tepalen 128
Tephritidae **291**
Tephromela atra 244
Teppichhai, Fransen- 324
Teppichhaie **324**
Terathopius ecaudatus 437
Teratoscincus scincus 384
Terebra subulata 306
Terebratalia transversa 301
Terebrataliidae **301**
Terebratulina retusa 301
Terebridae **306**
Teredinidae **303**
Teredo navalis 303
Terminalia catappa 169
Termiten 97, **277**
Termitidae **277**
Termopsidae **277**
Terpsiphone viridis 489
Terrapene
  carolina 375
  ornata 375
Terrorvögel 439
Tertiär 62
Testacella haliotidea 308
Testacellidae **308**
Testudines **372–379**
Testudinidae **378–379**
Testudo hermanni 379
Tetanospasmin 93
Tetillidae **250**
Tetracerus quadricornis 599
Tetraclita squamosa 269
Tetraclitidae **269**
Tetraedrit 43
Tetrameles nudiflora 172
Tetranychidae **263**
Tetranychus urticae 263
Tetrao urogallus 411
Tetraodontidae **340**
Tetraodontiformes **340**
Tetrapoden 349, 350
Tetrax tetrax 438
Tettigoniidae **277**
Teuerling, Striegeliger 221
Teuerlinge **212**
Teufelsabbiss, Gewöhnlicher 207
Teufelskralle, Kugel- 206
Thalaina clara 293
Thalassarche melanophrys 421
Thalassoica antarctica 422
Thalassornis leuconotos 413
Thalictrum flavum 154
Thallus 108
Thalurania furcata 471
Thalurania, Gabel- 471
Thamnolaea cinnamomeiventris 492
Thamnophilidae **484**
Thamnophis sirtalis 394
Thanasimus formicarius 284
Thaumoctopus mimicus 312
Theaceae **194**
Thecla betulae 297
Thecosomata **307**
Theka 253
Theken 253
Thelenota ananas 315
Thelephora terrestris 234
Thelephorales **234**
Thelocactus bicolor 159
Theloderma corticale 364
Thelyphonidae **263**
Thelyphonus spec. 263
Thenardit 50
Theobroma cacao 186
Theragra chalcogramma 336
Theraphosidae **264**
Theridiidae **265**
Theristicus melanopis 427
Thermobia domestica 274
Thermometerhuhn 408
Thermoproteus tenax 92
Thermoregulation 370
Theropithecus gelada 545
Thinocoridae **447**
Thomisidae **265**
Thomomys bottae 524
Thomson-Gazelle 604
Thomsonit 61
Thorax 260, 274
Thraupidae **498–499**
Threskiornis
  aethiopicus 427
  molucca 427
  spinicollis 427
Threskiornithidae **427**
Thripidae **283**
Thripse 283
Thryomanes bewickii 491
Thryonomyidae **529**
Thryonomys spec. 529
Thuidiaceae **111**
Thuidium tamariscinum 111
Thuja plicata 121
Thujamoos 111
Thun, Roter 348
Thunnus thynnus 348
Thylacomyidae **504**
Thylamys elegans 504
Thylogale thetis 509
Thymelaeaceae **186**
Thymian-Seide 201
Thymian, Echter 198
Thymus vulgaris 198
Thyroptera tricolor 556
Thyropteridae **556**
Thysania agrippina 293
Thysanoptera **283**
Thysanotus tuberosus 135
Thysanozoon nigropapillosum 257
Thysanura **274**
Tibouche, Glänzende 169
Tibouchina urvilleana 169
Tichodroma muraria 491
Tiefseevampir 312
Tiegelteuerling 221
Tierläuse 282
Tiger 576, **578–579**
Tigerhai 325
Tigerplanarie 257
Tigerpython 398
Tigersalmler 333
Tigerspatelwels 333
Tigerwurm 256
Tilapia 347
Tilia americana 187
Tiliqua scincoides 387
Tillandsia
  cyanea 144
  dyeriana 144
Timalia pileata 490
Timalien **490–491**
Timaliidae **490–491**
Timon lepidus 386
Tinamidae **406**
Tinamiformes **406**
Tinea pellionella 292
Tineidae **292**
Tingidae **280**
Tingis cardui 280
Tintenfisch
  Gewöhnlicher 309
  Karnevals- 312
Tintenfischpilz 234
Tintling 212
  Gesäter 223
Tiphiidae **299**
Tipula oleracea 289
Tipulidae **289**
Titanenwurz 131
Titanit 55
Titanopsis calcarea 156
Tityra cayana 483
Tityra, Schwarznacken- 483
Tmetothylacus tenellus 495
Tockus erythrorhynchus 476
Todesotter, Wüsten- 397
Todidae **475**
Todiramphus chloris 475
Todirostrum cinereum 484
Todus todus 475
Tokeh 384
Tollkirsche, Echte 202
Tolmiea menziesii 167
Tölpel **428**
Tolypeutes 517
Tomate 202
Tomatenfrosch 362
Tonicella lineata 313
Tönnchenstadium 259
Tonschiefer 68
Tonstein 70
Toona sinensis 188
Topas 55
Töpfervögel **485**
Topografie 16, 18
Tordalk 451
Torfmoos, Sumpf- 111
Torfmoose **110**
Torgos tracheliotus 433
Torpedinidae **327**
Torpediniformes **327**
Torpedo marmorata 327
Torpor 513, 537
Torreya californica 121
Torymidae **298**
Torymus spec. 298
Tote Mannshand 254
Totengräber, Kleiner 285
Totenkäfer 287
Totenkopfaffe
  Bolivianischer 541
  Gewöhnlicher 541
Totentrompete 228
Toxodon platensis 83
Toxoplasma gondii 100
Toxostoma curvirostre 492
Toxotes jaculatrix 344
Toxotidae **344**
Tracheen 260
Trachelophorus giraffa 287
Trachemys
  scripta elegans 375
  scripta scripta 375
Trachichthyidae **338**
Trachinidae **346**
Trachops cirrhosus 555
Trachycarpus fortunei 143
Trachycephalus resinifictrix 360
Trachyphonus
  darnaudii 479
  erythrocephalus 479
Trachypithecus auratus 545
Trachyt 65
  Porphyrischer 65
Tradescantia zebrina 144
Tragelaphus
  angasii 599
  eurycerus 599

Tragelaphus (Fortsetzung)
imberbis 599
scriptus 599
spekii 599
strepsiceros 599
Tragopan satyra 411
Tragopogon porrifolius 204
Tragulidae **596**
Tragulus
javanicus 596
napu 596
Tramete
Gebuckelte 231
Rötende 231
Striegelige 231
Zinnoberrote 231
Trametes
gibbosa 231
hirsuta 231
versicolor 231
Trampeltier 609, **610–611**
Tränenbartvogel 479
Tränendes Herz 153
Tränenfälbling, Tongrauer 219
Transformstörung 14
Trapa natans 169
Trapelus mutabilis 381
Trapezidae **303**
Trapezium oblongum 303
Trapezmuschel 303
Trappen **438**
Trappisten **481**
Traubenhyazinthe, Schopfige 135
Trauer-Strudelwurm 257
Trauerschnäpper 493
Trauerschwan 413
Trauertyrann 484
Träuschling
Braunsporiger 225
Halbkugeliger 225
Orangeroter 225
Travertin 70
Treiberameisen **484**
Treibhausgase 17, 20
Tremarctos ornatus 567
Tremolit 56
Treron calvus 455
Triaenodon obesus 325
Triakidae **326**
Trialeurodes vaporariorum 280
Trias 62
Triceratium
favus 102
spec. 102
Triceratops prorsus 85
Trichapion rostrum 287
Trichaptum abietinum 231
Trichechidae **515**
Trichechus
inunguis 515
manatus latirostris 515
manatus manatus 515
Trichiosoma lucorum 297
Trichodectidae **282**
Trichoglossus
euteles 457
haematodus 457
Tricholaema
diademata 479
lacrymosa 479
Tricholoma
portentosum 215
saponaceum 215
sulphureum 215
Tricholomataceae **215**
Tricholomopsis rutilans 225
Trichomonoides trypanoides 97
Trichoptera **291**
Trichosurus cunninghami 507
Trichter 309, 311
Trichterling
Keulenfuß- 220
Nebelgrauer 215
Trichternetzspinne, Sydney- 264
Trichterohr, Mexikanisches 556
Trichterohren **556**
Trichuridae **257**
Trichuris trichiura 257
Tridacna
gigas 303
squamosa 303
Trifolium pratense 175
Triglidae **341**
Trigonoceps occipitalis 433
Trilobiten 74, 78, 79
Trimorphodon biscutatus 394
Trinema spec. 99
Tringa
flavipes 447
totanus 447
Trionychidae **373**
Triopsidae **269**
Triplit 52
Tripogandra multiflora 144
Triprion petasatus 361
Triticum aestivum 147
Tritonshorn 306
Triturus
cristatus 367
marmoratus 367
Trochidae **304**
Trochila ilicina 239
Trochilidae **469–471**
Trockennasenaffen 534
Trog-Lederkoralle 254
Troglodytes troglodytes 491
Troglodytidae **491**
Trogon
elegans 472
personatus 472
Trogone 35, **472**
Trogonidae **472**
Trogoniformes **472**
Troides brookiana 296
Trollblume, Europäische 155
Trollius europaeus 155
Trombiculidae **263**
Trombidium holosericeum 263
Trompetenbaum, Gewöhnlicher 199
Trompetenfisch, Pazifischer 339
Trompetenpfifferling 228
Trompetenwinde, Hybrid- 199
Trompeterschwan 413
Trompetervogel, Grauflügel- 441
Trona 47
Tropaeolaceae **184**
Tropaeolum majus 184
Tropfenastrild, Grüner 494
Tropfenschildkröte 375
Tropidaster pectinatus 81
Tropikvogel 428
Rotschnabel- 428
Weißschwanz- 428
Troposphäre 13
Trottellumme 451
Trüffel 240
Périgord- 241
Weiße 241
Trugameise 299
Trugkoralle 300
Trugratten **532**
Trupial, Baltimore- 496
Truthahngeier 430
Truthuhn 411
Tryngites subruficollis 447
Trypanosoma brucei 94, **97**
Trypanosomen 33, 291
Tsetsefliege 97, **291**
Tsuga heterophylla 120
Tuber
aestivum 241
magnatum 241
melanosporum 241
Tuberaceae **241**
Tubifex spec. 258
Tubipora musica 254
Tubiporidae **254**
Tubulanidae **300**
Tubulanus annulatus 300
Tubularia spec. 253
Tubulariidae **253**
Tubulidentata **514**
Tuff 71
Tui 485
Tukanbartvogel 479
Tukane **477–481**
Tulipa sylvestris 140
Tulostoma brumale 213
Tulostomataceae **213**
Tulpe, Wilde 140
Tulpenbaum 128
Tümmler, Großer 617
Tümpelfrosch, Martens' 363
Túngara-Frosch 361
Tunicata **318**
Tupaiidae **533**
Tüpfelfarn, Gewöhnlicher 115
Tüpfelhyäne **582**, 585
Tüpfelkuskus 507
Tüpfelsumpfhuhn 440
Tupfenbartvogel 478
Tupinambis rufescens 386
Turakos 460
Turbanschnecke, Silbermund- 304
Turbanschnecken **304**
Turbinidae **304**
Turbo argyrostomus 304
Turdidae **493**
Turdus
merula 493
migratorius 493
philomelos 493
pilaris 493
Türkis 52
Türkisnaschvogel 499
Turmalin 56
Turmfalke 431
Turmschnecke, Große 305
Turmschnecken **305**
Turnicidae **439**
Turnix tanki 439
Turritella terebra 305
Turritellidae **305**
Tursiops truncatus 617
Turteltaube 453
Tutufa bubo 306
Tylopilus felleus 226
Tylototriton verrucosus 366
Tympanuchus
cupido 410
pallidicinctus 410
phasianellus 410
Typha latifolia 148
Typhaceae **148**
Typhlopidae **398**
Typhlops vermicularis 398
Typhoeus typhoeus 284
Typhulaceae **215**
Typhus 93
Tyrannen 482, **484**
Tyrannidae **484**
Tyrannosaurus 404
Tyrannus melancholicus 484
Tyto
alba 463
glaucops 463
Tytonidae **463**
Tyuyamunit 53

U
Uakari
Roter 539
Schwarzgesicht- 539
Uca vocans 273
Uferläufer, Drossel- 447
Uferschnepfe 446
Uferschwalbe 489
Uhu 464
Ulex parviflorus 174
Ulexit 49
Ulmaceae 180, **184**
Ulmaridae **252**
Ulme, Feld- 184
Ulmengewächse 180
Ulmus minor 184
Ulva lactuca 105
Uma notata 385
Umbelliferae **202**
Umbellularia californica 129
Umbilicaria polyphylla 245
Umbilicariaceae **245**
Umbilicus rupestris 166
Umbonia crassicornis 280
Umbra krameri 334
Umbridae **334**
Ummidia audouini 264
Uncia uncia 577
Uncinariidae **257**
Unechte Karettschildkröte 374
Ungarnkappe 305
Unikonta **96**
Unionidae **303**
Unionoida **303**
Unken 354
Unpaarhufer 35, **588–593**
Unterarten 28
Unterkieferäste 392
Unterkieferknochen 500
Upupa epops 476
Upupidae **476**
Uraeginthus ianthinogaster 494
Uraniafalter 295
Uraniidae **295**
Uraninit 44
Uranoscopidae **347**
Uratelornis chimaera 473
Uräusschlange 397
Urfarne 112, **113**
Urfrosch, Archeys 361
Urfrösche, Neuseeländische **361**
Uria aalge 451
Urobatis halleri 327
Urocerus gigas 297
Urocissa erythrorhyncha 487
Urocolius macrourus 472
Urocyon cinereoargenteus 563
Urocystidaceae **235**
Urocystidiales **235**
Urocystis anemones 235
Uroderma bilobatum 555
Uromastyx acanthinura 381
Urotrygonidae **327**
Urpferd 83
Ursidae **566–569**
Ursus
americanus 567
arctos 566
maritimus 567, **568–569**
thibetanus 567
Urtica dioica 184
Urticaceae 180, **184**
Urticina felina 255
Urutau-Tagschläfer 467
Urweltmammutbaum 121
Usnea filipendula 244
Uterinmilch 323
UV-Licht 13

V
Vaccaria hispanica 162
Vaccinium 235
vitis-idaea 191
Valenciniidae **300**
Valeriana officinalis 206
Valerianaceae **206**
Vallisneria americana 132
Vampir-Fledermaus 555
Vampyroteuthidae **312**
Vampyroteuthis infernalis 312
Vanadate 53
Vanadinit 53
Vanda 'Rothschildiana' 137
Vanellus
miles 445
spinosus 445
vanellus 445
Vangawürger 487
Vangidae **487**
Vanilla planifolia 137
Vanille, Echte 137
Varanidae **388**
Varanus
exanthematicus 388
giganteus 389
niloticus 389
panoptes 389
priscus 83
rosenbergi 388
salvator 388
Varecia variegata 536
Vari, Schwarz-weißer 536
Variscit 52
Varroa cerana 263
Varroamilbe 263
Varunidae **273**
Vasenschwamm
Azurblauer 251
Rosa 251
Vasenschwämme **272**
Veilchenastrild 494
Veilchengewächse **177**
Veilchenohrkolibris **469**
Veilchenschnecke 305
Veilchenschnecken **305**
Veneridae **303**
Veneroida **303**
Venturia pyrina 241
Venturiaceae **241**
Venusfächer 254
Venusfliegenfalle 163
Venusmuschel 80, **303**
Venusnabel, Echter 166
Veratrum spec. 142
Verbascum thapsus 200
Verbena officinalis 201
Verbenaceae **201**
Verbreitungsstrategien, Blütenpflanzen 122
Vergissmeinicht, Sumpf- 195
Vermehrungsstrategien 320
Vermicularia spirata 305
Vermikulit 59
Vermivora chrysoptera 497
Veronica
hulkeana 201
officinalis 200
Verpa conica 240
Verpel, Fingerhut- 240
Verrucaria maura 245
Verrucariaceae **245**
Verwitterung 13, 15
Vespa crabro 299
Vespertilio murinus 557
Vespertilionidae **557**
Vespidae **299**
Vespula vulgaris 299
Vestiaria coccinea 497
Vestinautilus cariniferous 80
Vesuvianit 55
Vetigastropoda **304**
Vibrio cholerae 93
Viburnum opulus 206
Vicia sativa 174
Victoria amazonica 125
Vicugna vicugna 609
Vidua paradisaea 494
Viduidae **494**
Viehbremse, Gewöhnliche 290
Vielborster 258, **259**
Vielfraß 574
Vielstreifenskink 387
Vieraugenfisch 338
Vierfleck-Gaukler 284
Vierhorn-Antilope 599
Vierzehensalamander 369
Vierzehenschildkröte 379
Vikunja 609
Vinca major 196
Viola tricolor 179
Violaceae **179**
Violettdegenflügel 469
Violettporling, Gewöhnlicher 231
Vipera
aspis 399
berus 399
Viperfisch, Sloanes 335
Viperidae **398**
Vipern **398**
Viperqueise 346
Viren 22
Vireo
atricapilla 487
olivaceus 487
Vireos **487**
Virginia-
Opossum 503
-Ralle 440
-Uhu 464
Visayas-Pustelschwein 595
Viscum album 165
Vitaceae **168**
Vitales **168**
Vitessa suradeva 292
Vitex agnus-castus 198
Vitis
coignetiae 168
vinifera 168
Viverra tangalunga 587
Viverricula indica 587
Viverridae **587**
Vivianit 53
Viviparidae **306**
Viviparus viviparus 306
Vögel 34, 318, 319, **404–499**
Vogel-Kirsche 182
Vogelflügler, Königin-Alexandra- 296
Vogelknöterich, Acker- 164
Vogelmilbe, Rote 263
Vogelspinne 266
Rote Usambara 264
Vogelspinnen **264**
Vollbartmeerkatze, Östliche 543
Volvariella
bombycina 224
gloiocephala 224
Vombatidae **506**
Vonones sayi 262
Vorderkiemerschnecken **304**
Vorticella spec. 100
Vulkan-Querzahnmolche **366**
Vulkanausbrüche 12
Vulkane 14
Vulpes 29
bengalensis 562
cana 562
corsac 562
lagopus 562
macrotis 562
rueppellii 563
velox 563
vulpes 29, 563
zerda 563
Vultur gryphus 430

W
Wabenkröte, Kleine 362
Wacholder
Chinesischer 121
Westlicher 121
Wacholderdrossel 493
Wachsrose 255
Wachtel 408, 410
Wachtelfrankolin 410
Wachtelkönig 439
Wahlenbergia gloriosa 206
Walch, Übersehener 146
Wald
Gemäßigter 19
Nadel- 19
Tropischer 19
Waldameise, Rote 299
Waldbachschildkröte 375
Waldbaumläufer 490
Waldeidechse 386
Waldelefant, Afrikanischer 516
Waldfrosch 363
Waldhund 565
Waldhyazinthe, Weiße 136
Waldkauz 464
Waldmaus 527
Waldnymphen **470**
Waldohreule 466
Waldrebe, Gewöhnliche 154
Waldrebhuhn, Java- 410
Waldsalamander, Rotrücken- 368
Waldsänger 487, 497
Baumläufer- 497
Braunbrust- 497
Gelbbrust- 497
Gold- 497
Goldflügel- 497
Kapuzen- 497
Schnäpper- 497
Ufer- 497
Zitronen- 497
Waldschabe, Lappland- 277
Waldschnäppertyrann, Östlicher 484
Waldspitzmaus 560
Waldsteigerfrosch
Brauner 352
Kamerun- 352
Waldstorch 425
Waldvögelein, Rotes 136
Wale 35, **612–617**
Walhai 323, 324
Wallabia bicolor 509
Wallace, Alfred Russel 25, 26
Walnuss, Echte 176

Walnussgewächse **176**
Walross 31, **570**
Walrosse **570**
Walzenschlange, Ceylon- 396
Walzenschlangen **396**
Walzenseestern 317
Walzenspinnen **263**
Wammentrappe 438
Wandelröschen 201
Wanderameise 299
Wanderdrossel 493
Wanderfalke 19, 431
Wandermuschel 303
Wanderratte 527
Wanderspinne, Brasilianische 265
Wandertaube 453
Wanzen 274, **280–282**
Wapiti-Hirsch 597
Waran, Rosenbergs 388
Warane **388**
Warmblütigkeit 500
Warmzeit 17
Warnfarben 390
Warzenchamäleon 380
Warzenschnecke 307
Warzenschwein 500, **595**
Waschbär 573
Waschbären 562, **572–573**
Washingtonia filifera 142
Washingtonpalme, Kalifornische 142
Wasseragame
Australische 381
Grüne 381
Wasserähre, Kap- 130
Wasseramsel 494
Wasseramseln **494**
Wasserassel 270
Wasserbock
Defassa- 602
Ellipsen- 602
Wasserbüffel 600
Wasserfledermaus 557
Wasserfloh 269
Wasserfrosch, Kleiner 363
Wassergefäßsystem der Stachelhäuter 314
Wasserhyazinthe 145
Wasserläufer
Gewöhnlicher 281
Wander- 447
Wasserlinse, Bucklige 131
Wasserlungenschnecken 308
Wassermelone 172
Wassermolch, Grünlicher 367
Wassernatter, Gebänderte 396
Wassernuss
Chinesische 145
Gewöhnliche 169
Wasserpest, Dichtblättrige 132
Wasserpieper, Pazifischer 495
Wasserralle 440
Wasserreh 598
Wassersack, Helmförmiger 109
Wassersalat 131
Wasserschimmel 33
Wasserschwein 532
Wasserschweine **532**
Wasserskorpion 282
Wasserspinne 265
Wasserspitzmaus 560
Wattwurm 259
Watussi-Rind 601
Watvögel 34, **444–451**
Wavellit 52
Weberbauerocereus johnsonii 158
Weberknechte **262**
Webervögel 404, **495**
Wechselkröte 354
Wechselpfäffchen 499
Weddellrobbe 570
Wegekuckuck 460, 462
Wegerich
Breit- 200
Spitz- 200
Wegerichgewächse 197
Wegschnecke, Schwarze 308
Wegwespe 298
Wehrvögel 412
Weichkäfer, Rotgelber 284
Weichkorallen 254
Weichritterling, Dunkelfleischiger 225
Weichschildkröte 374
Chinesische 373
Dornrand- 373
Indische Klappen- 373
Papua- 374
Weichschildkröten **373**
Papua- **374**
Weichselia reticulata 76
Weichtiere 34, 248, 249, **301–313**
Weide
Sal- 179
Silber- 179
Weidelgras, Deutsches 147
Weidengewächse **177**
Weidenröschen 122
Schmalblättriges 171
Zottiges 171
Weiderich, Blut- 169
Weiderichgewächse 169
Weigela florida 207
Weigelie, Liebliche 207
Weihen **437**
Weihnachtsbaumwurm 258
Weihnachtsinsel-Krabbe 273
Wein, Wilder 168
Weinbergschnecke 308
Gefleckte 308
Weinrebe 168
Weinrebengewächse **168**
Weinschwärmer, Mittlerer 294
Weißaugenbussard 433
Weißaugenmöwe 448
Weißbartgrasmücke 490
Weißbauchkolibri 471
Weißbauchschuppentier 561
Weißbrauengibbon 548
Weißbrauensumpfhuhn 440
Weißbrustsegler 469
Weißbrusttukan 477
Weißbürzellori 457
Weißbüschelaffe 540
Weißdorn 281, 296
Gewöhnlicher Eingriffeliger 183
Weiße-Fliege, Gewächshaus- 280
Weißes Nashorn 590
Weißflankenschweinswal 614
Weißfußmaus 526
Weißfußmäuse **291**
Weißgesichtseule, Südliche 465
Weißhalsreiher 426
Weißhandgibbon 548
Weißkakadus 456
Weißkehlfaultier 520
Weißkehlmeerkatze 543
Weißkehlspint 475
Weißkopfmaki 536
Weißkopfsaki 539
Weißmoos 111
Weißnackenwiesel 575
Weißohrkolibri 471
Weißohrtimalie 490
Weißrückengeier 433
Weißschnauzendelfin 616
Weißschwanzaar 432
Weißschwanzmanguste 586
Weißschwanzschnäpper 488
Weißseitendelfin 616
Weißspitzen-Hochseehai 325
Weißspitzen-Riffhai 325
Weißstirnspint 475
Weißstorch 425
Weißwal 615
Weißwangengans 412
Weißwangenreiher 426
Weißwedelhirsch 597
Weißwurz, vielblütige 134
Weizen, Saat- 147
Wellenastrild 494
Wellenflughuhn 452
Wellenläufer, Madeira- 422
Wellensittich 457
Wellhornschnecke, Gewöhnliche 306
Wellhornschnecken **305–306**
Welse **333**
Welwitschia 117
mirabilis 117
Welwitschiaceae **117**
Wendehals 479
Wendeltreppe, Echte 305
Wendeltreppen **305**
Wespe, Gewöhnliche 299
Wespen 260, **297–299**
Wespenbussard 432
Wespenspinne 262
Westkreischeule 463
Westmöwe 449
Wetterstern 227
Wicke, Saat- 174
Wickelbär 573
Wickelbären **572–573**
Wickelschwanzskink 387
Widderchen, Sechsfleck- 294
Widderkaninchen 521
Wiedehopf 476
Wiederkäuen 594, 599
Wiesel **572–575**
Wieselmaki
Graurücken- 537
Weißfuß- 537
Wieselmakis **537**
Wiesenchampignon 210, 212
Wiesenellerling 220
Wiesenhüpfmaus 525
Wiesenkeule, Goldgelbe 214
Wiesenknopf, Kleiner 183
Wiesenknöterich, Schlangen- 164
Wiesenkoralle, Gelbe 214
Wiesenraute, Gelbe 154
Wiesenstäubling 213
Wiesenweihe 437
Wildesel 588
Afrikanischer 592
Somalischer 592
Wildhund, Afrikanischer 565
Wildkaninchen 521
Wildkatze
Asiatische 580
Europäische 580
Wildpferd 593
Wildschwein 595
Willemit 55
Wilsonia citrina 497
Wimpernrotalge 103
Wimpertierchen 33, **100**
Windengewächse 201
Winkelzahnmolch, Dunns 369
Winkelzahnmolche **369**
Winkerkrabben 273
Winteraceae **128**
Wintergoldhähnchen 491
Winterhaft 288
Winterling, Kleiner 154
Winterporling 231
Winterrinde 128
Winterruhe 568
Winterschlaf 525
Wirbellose 78, **248–317**
Wirbellosen-Stammbaum 248
Wirbelsäule 318
Wirbeltiere 34, **318–617**
Wisent 600
Wismut 41
wissenschaftliche Namen 28
Witherit 47
Witwenblume, Wiesen- 207
Witwenvögel 494
Wiwaxia corrugata 23
Woese, Carl 29
Wolf 562, **564**
Äthiopischer 564
Wölfe 562, **564**
Wolffia arhiza 131
Wolframate 51
Wolfsmilch
Garten- 178
Palisanden- 178
Wolfsmilchgewächse **177**
Wolfsspinne, Dunkle 265
Wolfsspinnen **265**
Wollaffe
Brauner 538
Grauer 538
Wollaffen **538**
Wollastonit 56
Wollbeutelratte
Nacktschwanz- 503
Rote 503
Wollbiene, Große 299
Wollhaarmammut 21
Wollhalsstorch 425
Wollhandkrabbe, Chinesische 273
Wollknöterich, Flaumiger 164
Wollkopfgeier 433
Wollkrabbe 273
Wollmakis 537
Wollschweber, Großer 288
Wombats 503, 506
Wonga-Taube 455
Woodsiaceae **115**
Wrackbarsch 345
Wühler **525–526**
Wühlmäuse 463, **525**
Wulfenit 51
Wunderblume 163
Wundergecko 384
Wundklee, Gewöhnlicher 173
Wundstarrkrampf 93
Würfelfalter, Schlüsselblumen- 297
Würfelquallen **252**
Würfelschnecke 304
Würger 487
Würgerkrähen 486
Wurmfarn, Gewöhnlicher 115
Wurmmollusken **301**
Wurmsalamander, Allens 368
Wurmseegurke, Gefleckte 315
Wurzelbohrer 293
Wurzelknöllchen 173
Wurzelschwamm 233
Wüste 19
Wüstenagame 381
Wüstenbussard 436
Wüstengecko, Gebänderter 384
Wüstenheuschrecke 277
Wüstenkrötenechse 385
Wüstenläuferlerche 489
Wüstenspitzmaus, Graue 560
Wüstenspringmaus, Kleine 525
Wüstentodesotter 397
Wüstenuhu 464
Wyulda squamicaudata 507

X

Xanthocephalus xanthocephalus 496
Xanthoceras sorbifolium 189
Xanthoria parientina 244
Xanthorrhoea australis 140
Xanthorrhoeaceae **140**
Xantusiidae **388**
Xema sabini 449
Xenopeltidae **399**
Xenopeltis unicolor 399
Xenophoridae **305**
Xenopus fraseri 362
Xenosauridae **388**
Xenosaurus grandis 388
Xenotim 52
Xerula radicata 223
Xerus inauris 524
Xestospongia 272
Xiphactinus spec. 82
Xylaria
hypoxylon 238
polymorpha 238
Xylariaceae **238**
Xylariales **238**
Xyleutes eucalypti 293
Xylocopa latipes 299
Xyridaceae **148**
Xyris spec. 148

Y

Yak 600
Yamswurzel 140
Yersinia pestis 93
Ylang-Ylang 129
Yosemite-Nationalpark 118
Yucca
brevifolia 133
gloriosa 133
Yuhina bakeri 490
Yuhinas **490**

Z

Zackenbarsch, Riesen- 345
Zaedyus pichiy 517
Zaglossus bartoni 502
Zagros-Molch 367
Zahnarme 35, **520–521**
Zahnkärpflinge 338
Zahnwale 612, **614–617**
Zahnwurz, Zwiebel- 185
Zalophus californianus 566
Zamia pumila 117
Zamiaceae **117**
Zantedeschia elliottiana 131
Zanthoxylum americanum 188
Zapfen 118
Zapus hudsonius 525
Zärtling, Blaugrüner 214
Zaubernuss,Virginische 167
Zaunkönig **491**
Zaunkönige 484, **491**
Zaunrübe, Rotfrüchtige 172
Zea mays 147
Zebrabärbling 332
Zebrabuntbarsch 347
Zebraducker 601
Zebrafink 494
Zebramanguste 586
Zebramuräne 331
Zebras **592**
Zecken **262**
Zeder
Atlas- 120
Himalaya- 120
Libanon- 120
Zehnfußkrebse **270**
Zeidae **338**
Zeiformes **338**
Zeitlose, Herbst- 141
Zelkova serrata 184
Zelkove, Japanische 184
Zellwand 92
Zenaida macroura 454
Zenaspis spec. 82
Zephronia spec. 260
Zerene eurydice 295
Zerynthia rumina 296
Zeus faber 338
Zibetkatze
Afrikanische 587
Kleine Indische 587
Malaiische 587
Zichorie 205
Ziegelbarsch, Grauer 345
Ziegen 282, **606**
Ziegenmelker 468
Ziegensittich 457
Zieralgen 105
Zierbanane 148
Zierschildkröte 375
Ziesel
Columbia- 524
Goldmantel- 524
Ziest, Heil- 198
Zigarettenblümchen 169
Zigarrenhai, Großzahn- 324
Zigeunerpilz 218
Zimmerimmergrün, Rosafarbenes 196
Zimtapfel 129
Zimtbaum, Ceylon- 129
Zimtelfe, Rotrücken- 471
Zimterle, Erlenblättrige 191
Zimtroller 473
Zimtstange 129
Zimtsumpfhuhn 440
Zingiber officinale 149
Zingiberaceae **149**
Zingiberales **148–149**
Zinkenit 43
Zinkit 45
Zinnober 41
Zinnwaldit 59
Zipfelfrosch 362
Ziphiidae **614–615**
Ziphius cavirostris 615
Zirbeldrüse 380
Zirkon 55
Zistrosengewächse **186**
Zitrone 188
Zitronellagras, Dichtblättriges 147
Zitronenfalter, Mittelmeer- 295
Zitteraal 335
Zittergras, Größtes 146
Zitterrochen, Marmor- 327
Zitterspinne, Große 264
Zitterzahn 234
Ziziphus jujuba 181
Zobel 574
Zonosaurus madagascariensis 387
Zonotrichia leucophrys 499
Zooide 300
Zoosphaerium spec. 260
Zootermopsis angusticollis 277
Zoothera citrina 493
Zornnatter, Balkan- 396
Zostera marina 132
Zosteraceae **132**
Zosteropidae **491**
Zosterops poliogastrus 491
Zuckerpalme, Molukken- 142
Zuckerrohr 147
Zuckertang 102
Zuckmücke 288
Zügeldelfin 617
Zügelpinguin 417
Zunderschwamm
Echter 231
Falscher 229
Zungenbein 538
Zungenklicks 550, 551
Zungenlose 362
Zürgelbaum, Amerikanischer 184
Zweifarbfledermaus 557
Zweifingerfaultier 520
Zweifingerfaultiere **520**
Zweikeimblättrige 150
Zwerchfell 515
Zwergameisenbär 520
Zwergameisenbären **520**
Zwergbeutelratte
Maus- 504
Wollige 504
Zwergbinsenralle 441
Zwergdommel 426
Zwergente, Afrikanische 413
Zwergfalke, Halsband- 430, **431**
Zwergflamingo 27, **424**
Zwergfledermaus 557
Amerikanische 557
Zwergflusspferd 609
Zwergglattwal 613
Zwergglattwale **613**
Zwerggleitbeutler 507, **508**
Zwerggürteltier 517
Zwerghamster
Daurischer 526
Roborowski- 526
Zwergkaninchen 521
Zwergkiwi 407
Zwergkönigsfischer 474
Zwerglori 535
Zwergmanguste, Südliche 586
Zwergmaus 527
Zwergmeerkatze, Südliche 543
Zwergmispel, Fächer- 183
Zwergohreule 463
Madagaskar- 463
Zwergohreulen **463**
Zwergpalme, Europäische 143
Zwergpinguin 416
Zwergpottwal 614
Zwergsäger 415
Zwergscharbe 429
Zwergschnepfe 446
Zwergschwertwal 617
Zwergseidenäffchen 540
Zwergspecht
Bänder- 479
Goldschuppen- 479
Goldstirn- 479
Kleinster 479
Zwergspecht, Ocker- 479
Zwergspitzmaus 560
Zwergsultanshuhn 440
Zwergtaucher 423
Zwergtejus 387
Zwergtrappe 438
Zwergwal, Nördlicher 613
Zwergwasserlinse, Wurzellose 131
Zwergwildschwein 595
Zwiebel, Küchen- 132
Zwiebeln **130**
Zwitterling, Beschleierter 221
Zygaena filipendulae 294
Zygaenidae **294**
Zylinderrose 255
Zypresse, Monterey- 121

DANK UND BILDNACHWEIS

Berater der Smithsonian Institution:

Dr. Don E. Wilson, Senior Scientist/Chair of the Department of Vertebrate Zoology;
Dr. George Zug, Emeritus Research Zoologist, Department of Vertebrate Zoology, Division of Amphibians and Reptiles;
Dr. Jeffrey T. Williams: Collections Manager, Department of Vertebrate Zoology

Dr. Hans-Dieter Sues, Curator of Vertebrate Paleontology/Senior Research Geologist, Department of Paleobiology

Paul Pohwat, Mineral Collection Manager, Department of Mineral Sciences;
Leslie Hale, Rock and Ore Collections Manager, Department of Mineral Sciences;
Dr. Jeffrey E. Post, Geologist/Curator, National Gem and Mineral Collection, Department of Mineral Sciences

Dr. Carla Dove, Program Manager, Feather Identification Lab, Division of Birds, Department of Vertebrate Zoology

Dr. Warren Wagner, Research Botanist/ Curator, Chair of Botany, and Staff of the Department of Botany

Gary Hevel, Museum Specialist/Public Information Officer, Department of Entomology; Dana M. De Roche, Department of Entomology

Department of Invertebrate Zoology:
Dr. Rafael Lemaitre: Research Zoologist/ Curator of Crustacea;
Dr. M. G. (Jerry) Harasewych, Research Zoologist;
Dr. Michael Vecchione, Adjunct Scientist, National Systemics Laboratory, National Marine Fisheries Service, NOAA;
Dr. Chris Meyer, Research Zoologist;
Dr. Jon Norenburg, Research Zoologist;
Dr. Allen Collins, Zoologist, National Systemics Laboratory, National Marine Fisheries Service, NOAA;
Dr. David L. Pawson, Senior Research Scientist;
Dr. Klaus Rutzler, Research Zoologist;
Dr. Stephen Cairns, Research Scientist / Chair

Weitere Berater:

Dr. Diana Lipscomb, Chair/Professor Biological Sciences, George Washington University

Dr. James D. Lawrey, Department of Environmental Science and Policy, George Mason University

Dr. Robert Lücking, Research Collections Manager/Adjunct Curator, Department of Botany, The Field Museum

Dr. Thorsten Lumbsch, Associate Curator/ Chair, Department of Botany, The Field Museum

Dr. Ashleigh Smythe, Visiting Assistant Professor of Biology, Hamilton College

Dr. Matthew D. Kane, Program Director, Ecosystem Science, Division of Environmental Biology, National Science Foundation

Dr. William B. Whitman, Department of Microbiology, University of Georgia

Andrew M. Minnis: Systematic Mycology and Microbiology Laboratory, USDA

Dorling Kindersley möchte den folgenden Mitarbeitern herzlich danken:
David Burnie, Kim Dennis-Bryan, Sarah Larter, Alison Sturgeon für die inhaltliche Gliederung; Hannah Bowen, Sudeshna Dasgupta, Jemima Dunne, Angeles Gavira Guerrero, Cathy Meeus, Andrea Mills, Manas Ranjan Debata, Paula Regan, Alison Sturgeon, Andy Szudek, Miezan van Zyl für das Lektorat; Helen Abramson, Niamh Connaughton, Manisha Majithia, Claire Rugg für die Lektoratsassistenz; Sudakshina Basu, Steve Crozier, Clare Joyce, Edward Kinsey, Amit Malhotra, Neha Sharma, Nitu Singh für die Gestaltung; Amy Orsborne für die Cover-Gestaltung; Richard Gilbert, Ann Kay, Anna Kruger, Constance Novis, Nikky Twyman, Fiona Wild für das Korrektorat; Sue Butterworth für das Register; Claire Cordier, Laura Evans, Rose Horridge und Emma Shepherd von der DK Picture Library; Mohammad Usman für die Herstellung; Stephen Harris für die Durchsicht des Pflanzenkapitels und Derek Harvey, der mit seinem außerordentlichen Fachwissen und seiner Begeisterung für dieses Projekt einen unverzichtbaren Beitrag geleistet hat.

Der Verlag dankt folgenden Personen und Institutionen für die freundliche Genehmigung zur Abbildung ihrer Fotografien und dafür, dass sie Dorling Kindersley Zugang zu ihren Bildarchiven gewährten:
Anglo Aquarium Plant Co LTD, Strayfield Road, Enfield, Middlesex EN2 9JE, http:// anglo-aquarium.co.uk; **Cactusland**, Southfield Nurseries, Bourne Road, Morton, Bourne, Lincolnshire PE10 0RH, www.cactusland.co.uk; **Burnham Nurseries Orchids**, Burnham Nurseries Ltd, Forches Cross, Newton Abbot, Devon TQ12 6PZ, www.orchids.uk.com; **Triffid Nurseries**, Great Hallows, Church Lane, Stoke Ash, Suffolk IP23 7ET, www.triffidnurseries.co.uk; **Amazing Animals**, Heythrop, Green Lane, Chipping Norton, Oxfordshire OX7 5TU, www.amazinganimals.co.uk; **Birdland Park and Gardens**, Rissington Rd, Bourton-on-the-Water, Gloucestershire GL54 2BN, www.birdland.co.uk; **Virginia Cheeseman F.R.E.S.**, 21 Willow Close, Flackwell Heath, High Wycombe, Buckinghamshire HP10 9LH, www.virginiacheeseman.co.uk; **Cotswold Falconry Centre**, Batsford Park, Batsford, Moreton in Marsh, Gloucestershire GL56 9AB, www.cotswold-falconry.co.uk; **Cotswold Wildlife Park**, Burford, Oxfordshire OX18 4JP, www.cotswoldwildlifepark.co.uk; **Emerald Exotics**, 37A Corn Street, Witney, Oxfordshire OX28 6BW, www.emerald-exotics.co.uk; **Shaun Foggett**, www.crocodilesoftheworld.co.uk.

Bildnachweis
Alamy Images: The Africa Image Library 545, Amazon Images 539, Arco Images GmbH / Huetter C 587, Art Directors & TRIP 143, blickwinkel 144, 146, 162, 303, 321, 322, 557, 601, Steffen Hauser / botanikfoto 142, Penny Boyd 586, Brandon Cole Marine Photography 515, BSIP SA 93, James Caldwell 265, Rosemary Calvert 20, CuboImages srl 147, Andrew Darrington 287, Danita Delimont 151, Garry DeLong 105, Paul Dymond 454, Emilio Ereza 344, David Fleetham 320, Florapix 148, Florida Images 148, Martin Fowler 156, Les Gibbon 301, Rupert Hansen 29, Chris Hellier 143, Imagebroker / Florian Kopp 566, Indiapicture / P S Lehri 597, Interphoto 29, T. Kitchin & V. Hurst 23, Chris Knapton 27, S. & D. & K. Maslowski / FLPA 28, Carver Mostardi 555, Tsuneo Nakamura / Volvox Inc 571, The Natural History Museum, London 256, Nic Hamilton Photographic 29, Pictorial Press Ltd, 28, Matt Smith 176, Stefan Sollfors 264, Sylvia Cordaiy Photo Library Ltd 17, Natural Visions 149, Joe Vogan 564, Wildlife GmbH 28, 130, 151, WoodyStock 155; **Maria Elisabeth Albinsson:** CSIRO 95mr, 100um; **Algaebase.org:** Robert Anderson 104um, Ignacio Bárbara 104ur, Colin Bates 104gor, Mirella Coppola di Canzano (c) University of Trieste 104mlo, Prof MD Guiry 103aur, 104, Razy Hoffman 103um, E.M.Tronchin & O.De Clerck 104mru; **Ardea:** Ian Beames 535, John Cancalosi 390, John Clegg 257, 270, Steve Downer 312, 554, Jean-Paul Ferrero 272, 505, 587, Kenneth W Fink 551, 598, Francois Gohier 598, Joanna Van Gruisen 596, Steve Hopkin 257, 261, 299, Tom & Pat Leeson 575, Ken Lucas 34, 271, 300, 313, Ken Lucas 581, Thomas Marent 582, John Mason 287, Pat Morris 35, 513, 555, 560, Pat Morris 501, 581, Gavin Parsons 268, David Spears (Last Refuge) 263, David Spears / Last Refuge 269, Peter Steyn 513, Andy Teare 575, Duncan Usher 265, M Watson 370, 596, 608; **Australian National Botanic Gardens:** © M.Fagg 179; **Nick Baker, ecologyasia:** 554; **Jón Baldur Hlíðberg (www.fauna.is)**: 323mr, 334ur, 335, 336ml, 337ur, 340m, 503; **Bar Aviad:** Bar Aviad 562; **Michael J Barritt:** 505; **Dr. Philippe Béarez / Muséum national d'histoire naturelle, Paris:** 332gor; **Photo Biopix.dk**: N. Sloth 105, 105, 113, 115, 259, 263, 265, 269, 271, 273, 275, 281, 282, 284, 290, 298, 324gol; **Biosphoto:** Jany Sauvanet 529; **Ashley M. Bradford:** 289ml; **(c) Brent Huffman / Ultimate Ungulate Images:** Brent Huffman 596, 607; **David Bygott:** 35, 515; **Ramon Campos:** 504; **David Cappaert:** 280gom; **CDC:** Courtesy of Larry Stauffer, Oregon State Public Health Laboratory 93um, Dr. Richard Facklam 93mlo, Janice Haney Carr 32mr, 93gom, Segrid McAllister 93mro; **Tyler Christensen:** 298; **Josep Clotas:** 324; **Patrick Coin:** Patrick Coin 261; **Niall Corbet:** 528; **Corbis:** 13, 22, Theo Allofs 19, 122, 404, Alloy 12, Steve Austin 122, Hinrich Baesemann 420, Barrett & MacKay / All Canada Photos 29, 31, E. & P. Bauer 467, Tom Bean 14, Annie Griffiths Belt 428, Biodisc 33, 236, Biodisc / Visuals Unlimited 282, Jonathan Blair 38, Tom Brakefield 21, 24, 29, Frank Burek 19, Janice Carr 90, W. Cody 19, 107, 118, Brandon D. Cole 317, Richard Cummins 20, Tim Davis 31, Renee DeMartin 24, Dennis Kunkel Microscopy, Inc / Visuals Unlimited 33, 100, Dennis Kunkel Microscopy, Inc. 33, 93, DLILLC 24, 31, 412, 438, Pat Doyle 26, Wim van Egmond 98, Ric Ergenbright 13, Ron Erwin 24, Eurasia Press / Steven Vidler 407, Neil Farrin / JAI 27, Andre Fatras 26, Natalie Fobes 209, Patricia Fogden 350, Christopher Talbot Frank 16, Stephen Frink 346, Jack Goldfarb / Design Pics 19, C. Goldsmith / BSIP 22, Mike Grandmaison 118, Franck Guiziou / Hemis 19, Don Hammond / Design Pics 19, Martin Harvey / Gallo Images 19, 31, Helmut Heintges 24, Pierre Jacques / Hemis 19, Peter Johnson 18, 452, Don Johnston / All Canada Photos 262, Mike Jones 404, Wolfgang Kaehler 18, 26, 236, Karen Kasmauski 27, Steven Kazlowski / Science Faction 16, Layne Kennedy 38, Antonio Lacerda / EPA 15, Frans Lanting 14, 18, 19, 23, 31, 247, 248, 372, 421, 456, 501, Frederic Larson / San Francisco Chronicle 20, Lester Lefkowitz 18, Charles & Josette Lenars 21, Library of Congress - digital ve / Science Faction 28, Wayne Lynch / All Canada Photos 520, Bob Marsh / Papilio 210, Chris Mattison 370, Joe McDonald 350, 523, Momatiuk / Eastcott 31, moodboard 16, 319, 371, Sally A. Morgan 25, Werner H. Mueller 19, David Muench 110, NASA 13, David A. Northcott 385, Owaki - Kulla 15, 19, William Perlman 32, Photolibrary 30, Patrick Pleau / EPA 19, Louie Psihoyos / Science Faction 16, Ivan Quintero / EPA 20, Radius Images 107, 112, Lew Robertson 19, Jeffrey Rotman 19, 328, Kevin Schafer 27, David Scharf / Science Faction 28, Dr. Peter Siver 89, 91, Paul Souders 13, 19, 24, Keren Su 18, Glyn Thomas / moodboard 19, Steve & Ann Toon / Robert Harding World Imagery 411, Craig Tuttle 319, 405, Jeff Vanuga 22, Visuals Unlimited 14, 33, 92, 98, 100, Kennan Ward 13, Michele Westmorland 18, Stuart Westmorland 501, Ralph White 90, Norbert Wu 321, 328, Norbert Wu / Science Faction 316, 319, Yu Xiangquan / Xinhua Press 21, Robert Yin 272, Robert Yinn 318, Frank Young 237, Frank Young / Papilio 209; **Alan Couch:** 505; **David Cowles:** David Cowles at http: / / rosario.wallawalla.edu / inverts 256; **Whitney Cranshaw:** 286ml; **Alan Cressler:** 260; **CSIRO:** 332mro; **Michael J Cuomo:** www.phsource.us 256; **Ignacio De la Riva:** 361m; **Frances Dipper:** 250, 251; **Jane K. Dolven:** 98um; **Dorling Kindersley:** Demetrio Carrasco / Courtesy of Huascaran National Park 145, Natural History Museum, London 280; **Dreamstime.com:** 600, Amskad 299, John Anderson 344, Argestes 172, Michael Blajenov 597, Mikhail Blajenov 605, Steve Byland 524, Bonita Chessier 538, Musat Christian 544, Clickit 599, Colette6 597, Ambrogio Corralloni 522, Cosmln 298, Davthy 537, Dbmz 297, Destinyvispro 607, Docbombay 524, Edurivero 598, Stefan Ekernas 545, Stefan Ekernas 501, Michael Flippo 601, Joao Estevao Freitas 261, Geddy 270, Eric Geveart 548, Daniel Gilbey 604, Maksum Gorpenyuk 597, Jeff Grabert 583, Morten Hilmer 570, Iorboaz 596, Eric Isselee 35, 521, 523, 525, 532, 600, 601, 603, Isselee 526, Jontimmer 598, Jemini Joseph 597, Juliakedo 604, Valery Kraynov 33, 172, Adam Larsen 503, Sonya Lunsford 597, Stephen Meese 595, Milosluz 261, Jason Mintzer 522, Mlane 180, Nina Morozova 133, 148, Derrick Neill 522, Duncan Noakes 605, outdoorsman 577, Pancaketom 557, Natalia Pavlova 567, Susan Pettitt 589, Xiaobin Qiu 566, Rajahs 570, Laurent Renault 538, Derek Rogers 570, Dmitry Rukhlenko 600, Steven Russell Smith Photos 557, Ryszard 299, Benjamin Schalkwijk 544, Olga Sharan 595, Paul Shneider 597, Sloth92 543, 544, Smellme 537, 606, Nico Smit 582, 603, Nickolay Stanev 603, Vladimirdavydov 290, Oleg Vusovich 571, Leigh Warner 581, Worldfoto 551, Judy Worley 588, Zaznoba 543; **Shane Farrell:** 262mr, 280ur; **Carol Fenwick (www.carolscornwall.com):** 105mo; **David Fenwick (www.aphotoflora.com):** 339gor; **Hernan Fernandez:** 504; **Flickr.com:** Ana Cotta 539, Pat Gaines 572, Sonnia Hill 152, Barry Hodges 131, Emilio Esteban Infantes 131, Marj Kibby 136, Kate Knight 180, Ron Kube, Calgary, Alberta, Canada 573, John Leverton 589, John Merriman 180, Moonmoths 293ur, Marcio Motta MSc. Biologist of Maracaja Institute for Mammalian Conservation 583, Jerry R. Oldenettel 171, Jennifer Richmond 169; **Florida Museum of Natural History:** Dr. Arthur Anker 512; **FLPA:** 30, Nicholas and Sherry Lu Aldridge 105, Ingo Arndt / Minden Pictures 209, 243, 316, Fred Bavendam 309, 324, Fred Bavendam / Minden Pictures 270, 273, 309, 314, 315, Stephen Belcher / Minden Pictures 273, Neil Bowman 551, Jim Brandenburg 563, Jonathan Carlile / Imagebroker 269, Christiana Carvalho 507, B. Borrell Casals 264, Nigel Cattlin 258, 263, Robin Chittenden 308, Arthur Christiansen 525, Hugh Clark 557, D. Jones 270, 308, Flip De Nooyer / FN / Minden 201, Tiu De Roy / Minden Pictures 570, Tui De Roy / Minden Pictures 400, 406, 598, Dembinsky Photo Ass 560, Reinhard Dirscher 309, Jasper Doest / Minden Pictures 374, Richard Du Toit / Minden Pictures 35, 501, 512, Michael Durham / Minden Pictures 517, 557, Gerry Ellis 507, 558, Gerry Ellis / Minden Pictures 555, Suzi Eszterhas / Minden Pictures 586, Tim Fitzharris / Minden Pictures 31, Michael & Patricia Fogden 117, Michael & Patricia Fogden / Minden Pictures 350, 513, 525, 555, Andrew Forsyth 500, Foto Natura Stock 35, 529, 529, 551, Tom

and Pam Gardner 508, Bob Gibbons 137, 158, Michael Gore 536, 561, 601, Christian Handl / Imagebroker 598, Sumio Harada / Minden Pictures 521, Richard Herrmann / Minden Pictures 341, Paul Hobson 599, David Hoscking 556, 557, Michio Hoshino / Minden Pictures 31, David Hosking 535, 554, 555, David Hosking 123, 260, 407, 514, 525, 527, 528, 543, 545, 560, 564, 566, 567, 572, 586, 596, 600, 601, 605, Jean Hosking 144, David Hoskings 571, G E Hyde 560, Imagebroker 35, 143, 146, 147, 156, 325, 366, 407, 424, 522, 523, 524, 529, 557, 564, 571, 572, 574, 597, 598, 602, 607, 608, 609, Mitsuaki Iwago / Minden Pictures 545, D Jones 260, 264, D. Jones 262, Donald M. Jones / Minden Pictures 522, Gerard Lacz 34, 407, 571, 574, Frank W Lane 512, 528, 539, 550, Mike Lane 540, 563, 574, Hugh Lansdown 542, Frans Lanting 249, 533, 535, 538, 561, Albert Lleal / Minden Pictures 262, 274, Thomas Marent / Minden Pictures 33, 34, 135, 260, 263, 273, 514, 539, 548, 549, Colin Marshall 256, S & D & K Maslowski 249, 525, Chris Mattison 318, 351, 371, Rosemary Mayer 164, Claus Meyer / Minden Pictures 540, 555, Derek Middleton 560, 575, Hiroya Minakuchi / Minden Pictures 252, Minden Pictures 573, Yva Momatiuk & John Eastcott / Minden Pictures 602, Geoff Moon 556, Piotr Naskrecki 354, Piotr Naskrecki / Minden Pictures 261, Chris Newbert / Minden Pictures 251, 303, Mark Newman 575, Flip Nicklin / Minden Pictures 270, 500, Dietmar Nill / Minden Pictures 554, R & M Van Nostrand 35, 535, 604, 606, Erica Olsen 538, Pete Oxford / Minden Pictures 317, 583, 592, P.D.Wilson 269, Panda Photo 252, 560, Philip Perry 586, 587, Fritz Polking 370, Fabio Pupin 371, R.Dirscherl 334, Mandal Ranjit 561, Len Robinson 508, Walter Rohdich 308, L Lee Rue 572, Cyril Ruoso / Minden Pictures 538, 544, Keith Rushforth 124, SA Team / FN / Minden 374, 532, 555, Kevin Schafer / Minden Pictures 520, Malcolm Schuyl 249, 571, Silvestris Fotoservice 122, 556, Mark Sisson 135, Jurgen & Christine Sohns 149, 156, 308, 500, 509, 532, 539, 562, 572, 589, 601, Egmont Strigl / Imagebroker 570, Chris and Tilde Stuart 35, 512, 528, 558, 560, 595, 607, Krystyna Szulecka 173, Roger Tidman 341, Steve Trewhella 210, 252, 270, Jan Van Arkel / FN / Minden 259, Peter Verhoog / FN / Minden 251, Jan Vermeer / Minden Pictures 31, Albert Visage 558, Tony Wharton 113, Terry Whittaker 541, 567, 581, 596, Hugo Willcox / FN / Minden 525, D P Wilson 34, 251, 259, 301, P.D. Wilson 269, Winifred Wisniewski 588, Martin B. Withers 501, 504, 505, 508, 509, 522, 556, 586, 601, Konrad Wothe 563, 576, Konrad Wothe / Minden Pictures 371, 501, 528, Norbert Wu 334, Norbert Wu / Minden Pictures 251, 268, 338, 555, Shin Yoshino / Minden Pictures 502, Ariadne Van Zandbergen 599, Xi Zhinong / Minden Pictures 21, Gertjan De Zoete / Minden Pictures 436; **Dr. Peter M. Forster:** 329mru; **Getty Images:** 3D4Medical.com 95, 97, Doug Allan 347, Pernilla Bergdahl 107, 123, Dr. T. J. Beveridge 33, 92, Tom Brakefield 501, 565, Brandon Cole / Visuals Unlimited 249, Robin Bush 423, David Campbell 525, Carson 92, Brandon Cole 34, 319, Comstock 544, Alan Copson 37, 63, Bruno De Hogues 425, De Agostini Picture Library 34, 250, Dea Picture Library 336, Digital Vision 549, Georgette Douwma 23, 330, Guy Edwardes 501, Stan Elems 268, Raymond K Gehman / National Geographic 570, Geostock 420, Larry Gerbrandt / Flickr 316, Daniel Gotshall 34, 301, James Gritz 249, Martin Harvey 107, 116, 473, Kallista Images 263, Tim Jackson 122, Adam Jones / Visuals Unlimited 193, Barbara Jordan 29, Tim Laman 249, Mauricio Lima 319, Jen & Des Bartlett 561, O. Louis Mazzatenta / National Geographic 23, Nacivet 488, National Geographic 35, 313, 514, 516, 522, 523, 542, Photodisc 35, 517, 545, 598, Radius Images 37, 39, 110, Jeff Rotman 320, Martin Ruegner 107, Alexander Safonov 320, Kevin Schafer 421, David Sieren 107, 109, Doug Sokell 313, Carl de Souza / AFP 540, David Aaron Troy / Workbook Stock 22, James Warwick 406; **Terry Goss:** 321gor, 325mru, 325ur; **Michael Gotthard:** 274; **Dr. Brian Gratwicke:** 335m; **Agustin Camacho Guerrero:** 504; **Antonio Guillén Oterino:** 33cb, 105mlu; **Jason Hamm:** 334gom; **David Harasti:** 338mro, 345mu, 346mru; **Martin Heigan:** 277mr; **R.E. Hibpshman:** 336ur; **Pierson Hill:** 340gom; **Karen Honeycutt:** 330crb; **Russ Hopcroft / UAF:** 307; **David Iliff:** 329ul; **Laszlo S. Ilyes:** 329mro; **imagequestmarine.com:** 132, 250, 252, 253, 255, 336, 337, Peter Batson 259, 269, 312, Alistair Dove 256, Jim Greenfield 253, 255, 268, Peter Herring 270, 315, David Hosking 273, Johnny Jensen 35, 271, Andrey Necrasov 270, Peter Parks 305, Photographers / RGS 34, 300, Tony Reavill 315, RGS 251, Andre Seale 254, 313, Roger Steene 270, 273, 315, Kåre Telnes 252, 255, 300, 301, 316, Jez Tryner 253, 255, 317, Masa Ushioda 273, Carlos Villoch 255; **Imagestate:** Marevision 319; **Institute for Animal Health, Pirbright:** 289um; **iStockphoto.com:** Arsty 34 (Sea Lamprey), 322, Tatiana Belova 329, Nancy Nehring 101; **It's a Wildlife:** 505, 509; **Valter Jacinto:** 299cl; **Courtnay Janiak:** 95aur, 103ur; **Dr. Peter Janzen:** 351, 352, 355, 356, 357, 358, 360, 361, 364; **www.jaxshells.org:** Bill Frank 308; **Johnny Jensen:** 34, 349gol; **Guilherme Jofili:** 555; **Brian Kilford:** 290tc; **Stefan Köder:** 521; **Ron Kube:** 525; **Jordi Lafuente Mira (www.landive.es):** 329mlo; **Daniel Lahr:** Image by Sonia G.B.C Lopes and 96mu; **Klaus Lang & WWF Indonesia:** 589; **Richard Ling:** 309; **Lonely Planet Images:** Karl Lehmann 514; **Frédéric Loreau:** Frédéric Loreau 257; **marinethemes.com:** 324m, Kelvin Aitken 34, 323mu, 323ur; **Marc Bosch Mateu:** 345mr; **M. Matz:** Harbor Branch Oceanographic Institution / NOAA Ocean Exploration program 99um; **Joseph McKenna:** 337ul; **Dr. James Merryweather:** 33 (Glomeromycota); **micro*scope:** Wolfgang Bettighofer (http: / / www.protisten.de) 33mo, 96gor, 96agor, William Bourland 33ul, 33ur, 96ur, 99mu, 99ur, 100gol, 100gom, 100amlo, Guy Brugerolle 97m, Aimlee Laderman 99mlu, Charley O'Kelly 97agor, David J Patterson 33aml, 95agor, 96gol, 96gom, 96mro, 96ml, 96um, 97gol, 97gom, 97gor, 97mr, 98m, 99mr, 100agol, David Patterson and Aimlee Ladermann 99gom, David Patterson and Bob Andersen 33m, 33aul, 99ul, 99aml, 100m, 100mru, 100ul, 103gor, David Patterson and Mark Farmer 33amro, David Patterson and Michele Bahr 99gor, 99gor, David Patterson and Wie-Song Feng 101ul, David Patterson, Linda Amaral Zettler, Mike Peglar and Tom Nerad 33amlu, 95mra, 98gom, 99mlo, David Patterson, Shauna Murray, Mona Hoppenrath and Jacob Larsen 100aur, Hwan Su Yoon 99mro; **Michael M. Mincarone:** 335ur; **Nathan Moy:** 524; **Andy Murch / Elasmodiver.com:** 324mlo, 328m, 329mlu, 337mr; **NASA:** Reto Stockli 10; **Courtesy, National Human Genome Research Institute:** 504; **The Natural History Museum, London:** 25, 289; **naturepl.com:** 250, Eric Baccega 548, Niall Benvie 259, Mark Carwardine 551, Bernard Castelein 548, 562, Brandon Cole 314, Sue Daly 34, 300, 312, Bruce Davidson 535, 587, Suzi Eszterhas 543, Jurgen Freund 253, 315, Nick Garbutt 574, Chris Gomersall 404, Nick Gordon 532, Willem Kolvoort 170, 253, 306, Fabio Liverani 273, Neil Lucas 137, Barry Mansell 556, 560, Luiz Claudio Marigo 517, 539, Nature Production 123, 125, 308, 312, 322, 559, NickGarbutt 587, Pete Oxford 503, 528, 539, 587, Doug Perrine 501, 515, Reinhard / ARCO 203, Michel Roggo 332, Jeff Rotman 312, 315, Anup Shah 542, 597, 606, David Shale 253, Sinclair Stammers 256, Kim Taylor 251, 258, 261, 269, Dave Watts 505, 506, 509, Staffan Widstrand 539, Mike Wilkes 528, Rod Williams 535, 543, 581, Solvin Zankl 253; **Natuurlijkmooi.net (www.natuurlijkmooi.net):** Anne Frijsinger & Mat Vestjens 105gom; **New York State Department of Environmental Conservation. All rights reserved.:** 334gol; **NHPA / Photoshot:** A.N.T. Photo Library 257, 503, 505, 506, 507, 550, Bruce Beehler 502, George Bernard 280, Joe Blossom 595, Mark Bowler 541, Paul Brough 604, Gerald Cubitt 605, Stephen Dalton 556, 599, Manfred Danegger 574, Nigel J Dennis 575, 601, Patrick Fagot 605, Nick Garbutt 35, 533, 537, 587, Adrian Hepworth 573, Daniel Heuclin 505, 506, 509, 527, 529, 532, 533, 559, 594, 596, 606, Daniel Heuclin / Photoshot 572, David Heuclin 561, Ralph & Daphne Keller 507, Dwight Kuhn 559, NHPA / Photoshot 592, Michael Patrick O'Neil / Photoshot 567, Haroldo Palo JR 504, 563, Photo Researchers 558, 559, 560, 587, Steve Robinson 603, Andy Rouse 595, Jany Sauvanet 517, 532, 583, John Shaw 573, David Slater 507, Morten Strange 555, Dave Watts 509, Martin Zwick / Woodfall Wild Images / Photoshot 567; **NOAA:** Andrew David / NMFS / SEFSC Panama City; Lance Horn, UNCW / NURC - Phantom II ROV operator 345um, NMFS / SEFSC Pascagoula Laboratory, Collection of Brandi Noble 344mru; **Filip Nuyttens:** 103ul; **Dr. Steve O'Shea:** 309; **OceanwideImages.com;** : 323-323m, 509, Gary Bell 34, 268, 271, 316, Chris & Monique Fallows 328mru, Rudie Kuiter 321mru, 324ul, 349bl; **Thomas Palmer:** 103cr; **Papiliophotos:** Clive Druett 526; **Naomi Parker:** 100ml; **E. J. Peiker:** 405; **Philip G. Penketh:** 291gol; **Otus Photo:** 504; **Photolibrary:** 88, 95, 249, 323, 527, age fotostock 250, 251, 302, 303, 538, 598, age fotostock / John Cancalosi 577, age fotostock / Nigel Dennis 35, 561, All Canada Photos 523, Amana Productions 124, Animals Animals 522, 541, 598, Sven-Erik Arndt / Picture Press 572, Kathie Atkinson 34, 301, Marian Bacon 559, Roland Birke 101, Roland Birke / Phototake Science 269, Ralph Bixler 315, Tom Brakefield / Superstock 592, Juan Carlos Calvin 348, Scott Camazine 33, 101, Corbis 171, Barbara J. Coxe 169, De Agostini Editore 166, Nigel Dennis 501, Design Pics Inc 314, 551, Olivier Digoit 262, 345, Reinhard Dirscheri 303, Guenter Fischer 282, David B Fleetham 314, Fotosearch Value 172, Borut Furlan 309, Garden Picture Library 147, Garden Picture Library / Carole Drake 131, Peter Gathercole / OSF 270, Karen Gowlett-Holmes 255, 316, Christian Heinrich / Imagebroker 186, Imagebroker 188, 507, 517, 524, 606, Imagestate 603, Ingram Publishing 92tr, Tips Italia 537, Japan Travel Bureau 574, Chris L Jones 114, Mary Jonilonis 307, Klaus Jost 323, Juniors Bildarchiv 525, 574, 577, 600, Manfred Kage 101, 102, 263, Paul Kay 300, 305, 317, 329, Dennis Kunkel 35, 102, 257, Dennis Kunkel / Phototake Science 253, Gerard Lacz 407, 501, Werner & Kerstin Layer Naturfotogr 562, Marevision 308, 317, 341, Marevision / age fotostock 273, Luiz C Marigo 503, MAXI Co. Ltd 331, Fabio Colombini Medeiros 34, 258, Darlyne A Murawski 101, 101, 263, Tsuneo Nakamura 571, Paulo de Oliveira 34, 309, 335, 337, OSF 268, 302, 505, 506, 512, 513, 520, 528, 529, 555, 596, 604, OSF / Stanley Breeden 596, Oxford Scientific (OSF) 250, 263, 586, P&R Fotos 265, Doug Perrine 348, Peter Arnold Images 147, 179, 504, 537, 540, 548, 549, 551, 582, 587, Photosearch Value 254, Pixtal 525, Wolfgang Poelzer / Underwater Images 300, Mike Powles 271, Ed Reschke 96, Ed Reschke / Peter Arnold Images 253, 308, Howard Rice / Garden Picture Library 167, Carlos Sanchez Alonso / OSF 560, Kevin Schafer 581, Alfred Schauhuber 282, Ottfried Schreiter 334, Science Foto 104, Secret Sea Visions 317, Lee Stocker / OSF 558, Superstock 556, James Urback / Superstock 571, Franklin Viola 315, Toshihiko Watanabe 152, WaterFrame / Underwater Images 250, 251, Mark Webster 255, Doug Wechsler 501, White 551, 599, 603; **Bernard Picton:** 103amr; **Linda Pitkin / lindapitkin.net:** 34, 34, 250, 251, 252, 253, 254, 255, 256, 257, 258, 259, 269, 271, 272, 273, 307, 309, 312, 314, 315, 316, 317, 321, 325, 333, 334, 336, 339, 340, 341, 344, 345, 346, 347, 348; **Marek Polster:** 330cra, 501, 527, 540; **Premaphotos Wildlife:** Ken Preston-Mafham 263, Rod Preston-Mafham 264; **Sion Roberts:** 103mo, 103ml; **Malcolm Ryen:** 512; **Jim Sanderson:** 577, 581, 583; **Ivan Sazima:** 324mro; **Scandinavian Fishing Year Book (www.scandfish.com):** 346mu; **Science Photo Library:** 17, 25, 210, Wolfgang Baumeister 92, Dr. Tony Brain 94, Dee Breger 89, 95, Clouds Hill Imaging Ltd 256, CNRI 92, 93, 257, Jack Coulthard 145, A.B. Dowsett 93, Eye of Science 92, 93, 97, 236, 242, Steve Gschmeissner 34, 259, Lepus 94, 100, Dr. Kari Lounatmaa 92, 93, LSHTM 100, Meckes / Ottawa 94, Pasieka 92, Maria Platt-Evans 29, Simon D. Pollard 265, Dr. Morley Read 35, 258, 258, Dr. M. Rohde, GBF 92, Professor N. Russell 93, SCIMAT 92, Scubazoo 370, Nicholas Smythe 517, Sinclair Stammers 270, M.I. Walker 257, Kent Wood 257; **Michael Scott:** 206; **SeaPics.com:** 34, 322, 332, 515, Mark V. Erdmann 349, Hirose / e-Photography 328, Doug Perrine 347; **Victor Shilenkov:** photographer: Sergei Didorenko 341mro; **Vasco García Solar:** 503; **Dennis Wm Stevenson, Plantsystematic.org:** 124; **Still Pictures:** R. Koenig / Blickwinkel 149, WILDLIFE / D.L. Buerkel 336; **Malcolm Storey, www.bioimages.org.uk:** 242; **James N. Stuart:** 526; **Dr. Neil Swanberg:** 98gor; **Tom Swinfield:** 504; **Tom Murray:** 291mu; **Muséum de Toulouse:** Maud Dahlem 559; **Valerius Tygart:** 501, 515; **Uniformed Services University, Bethesda, MD:** TEM of D. radiodurans acquired in the laboratory of Michael Daly; http: / / www.usuhs.mil / pat / deinococcus / index_20.htm 92mo; **United States Department of Agriculture:** 257; **University of California, Berkeley:** mushroomobserver.org / Kenan Celtik 33gom; **US Fish and Wildlife Service:** Tim Bowman 420mu; **USDA Agricultural Research Service:** Scott Bauer 277mru, Eric Erbe, Bugwood.org 92-93m; **USDA Forest Service (www.forestryimages.org):** Joseph Berger 291mlo, James Young, Oregon State University, USA 281m; **Ed Uthman, MD:** 100tr; **www.uwp.no:** Erling Svenson 324mo, 336mr, Rudolf Svenson 322mo, 322-322u, 334ml; **Ellen van Yperen, Truus & Zoo:** 544; **Koen van Dijken:** 288cra; **Erik K Veland:** 509; **Luc Viatour:** 340ul; **A. R. Wallace Memorial Fund:** 286um; **Thorsten Walter:** 334ul; **Wikipedia, The Free Encyclopedia:** 130, Graham Bould 313, From Brauer, A., 1906. Die Tiefsee-Fische. I. Systematischer Teil. In C. Chun. Wissenschaftl. Ergebnisse der deutschen Tiefsee-Expedition 'Valdivia', 1898-99. Jena 15:1-432 335mlu, Shureg / http: / / commons.wikimedia.org / wiki / File:Leishmania_amastigotes.jpg 33ml, 97um, Siga / http: / / commons.wikimedia.org / wiki / File:Anobium_punctatum_above.jpg 284mlo; **D. Wilson Freshwater:** 104gom, 104m, 104mlu; **Carl Woese, University of Illinois:** 29; **Alan Wolf:** 556; **WorldWildlifeImages.com/Greg & Yvonne Dean:** 34, 35, 405, 409, 410, 425, 430, 431, 434, 441, 448, 452, 453, 457, 458, 459, 460, 461, 462, 463, 464, 466, 468, 469, 471, 472, 473, 475, 477, 478, 479, 480, 481, 483, 484, 492, 498, 501, 508, 514, 515, 520, 524, 525, 528, 532, 534, 537, 539, 540, 541, 543, 544, 551, 554, 563, 572, 574, 575, 577, 583, 586, 587, 588, 592, 594, 595, 599, 600, 601, 602, 603, 604, 605, 608; **WorldWildlifeImages.com/Andy & Gill Swash:** 384, 409, 413, 414, 429, 431, 432, 446, 456, 460, 461, 462, 464, 465, 466, 467, 468, 469, 470, 471, 472, 476, 477, 478, 479, 480, 481, 482, 483, 486, 498, 499, 523, 542, 545, 556, 564; **Dr. Daniel A. Wubah:** 33ftr; **Tomoko Yuasa:** 98ur, 98agor; **Bo Zaremba:** 288ml; **Zauber:** 35, 501, 533